◎中國近代建築史料匯編編委會 編

# 中國近代建築史料匯編（第三辑）

## ——上海市行號路圖録（第三册）

同濟大學出版社

# 上海市銀行

總行

經辦銀行各種業務
代理市庫收付

推進市民經濟福利事業
扶助本市工商業

第一辦事處

第二辦事處

第三辦事處

| | | |
|---|---|---|
| 總行： | 九江路五〇號 | 電話一五四三〇號 |
| 第一辦事處： | 愚園路二四七號 | 電話二一八一九號 |
| 第二辦事處： | 中華路一四五〇號 | 電話七〇五〇七號 |
| 第三辦事處： | 中正東路五〇一號 | 電話八四〇一一號 |
| 第四辦事處： | 中正北二路二八四號 | 電話三〇二九八號 |
| 第五辦事處： | 東大名路一一二四號 | 電話五一四九五號 |

民國三十六年
吳國楨題

# 上海市行號路圖錄

# SHANGHAI STREET DIRECTORY

## 一名商用地圖

福利營業股份有限公司出版

PUBLISHED BY
THE FREE TRADING CO. LTD.

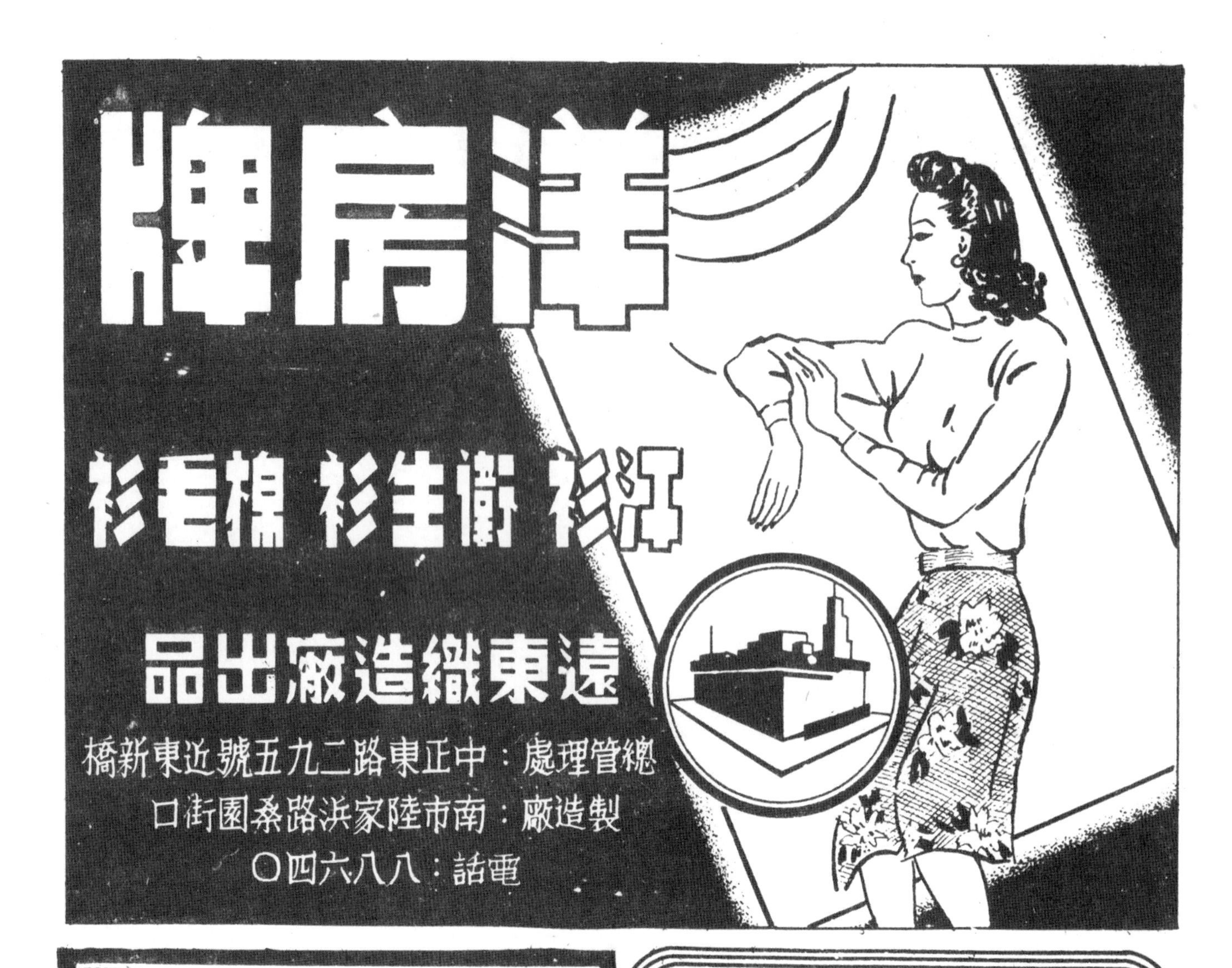
洋房牌
汗衫 衛生衫 棉毛衫
遠東織造廠出品
總管理處：中正東路二九五號近東新橋
製造廠：南市陸家浜路桑園街口
電話：八八六四〇

禾
禾字牌
橡膠套鞋
到處有售
質料純粹　經久耐穿
中禾橡膠物品製造廠出品
總發行所　上海金陵路威澤街承忠里四號
電話八一五一九一　電報掛號五七五八

# 序（一）

葛福田

本公司成立於民國二十六年，以造福人羣，溥利社會爲營業之宗旨。當福田受任之初，鑑於上海爲遠東第一商埠，我國經濟重心，店肆櫛比，工廠林立，商賈輻輳，道路縱横，不獨行商旅客，不易記憶，卽工商同業，亦難統計。考上海原有行名簿，分區圖等之出版，但行名簿有字無圖，分區圖有圖不詳。又何況一路之長，延及數里，一衖之廣，住有千家，若欲尋覓一店一家，自此端達於彼端，奔波終日，問津無自，望洋興嘆。當時福田不自量力，具有將行名簿與分區圖合而爲一之計劃，聘請專家，分區實地測繪，精密調查，在進行開始之時，阻礙横生，艱苦備嘗，羣嗤如此偉大工作，恐難成功。福田抱至堅之信念，下最大之決心，其間雖人力財力，屢難爲繼，而再接再厲，百折不撓，歷時一年又半，動員數百餘人，此計劃終能實現，定名爲「上海市行號路圖錄」，一名「上海商用地圖」。於二十八年出版第一編，卽前公共租界區域，二十九年出版第二編卽前法租界區域，此書不但於道路里巷，門牌號碼，詳繪細載，使外來商旅，可以按圖索驥，頭頭是道，且將工商行號，業務地址，分門別類，卽本地工廠亦如指掌數紋，羅羅清疏，所以一編纔出，萬人爭閱，許爲輿地史上空前之貢獻。此時南市閘北區域，已經淪陷，第三編遂無法進行，福田輾轉後方，而本公司亦卽停業矣。迨抗戰勝利以後，來滬接收各機關，均向本公司索取此書，作爲藍本，凡警務，地政，保甲區，社會團體等，各機關之進行，獲助於本書尤多。惟時閱八年，上海租界已經收回，路名既多更改，門牌亦經整理，本書遂成上海歷史上之文獻，與現實不乏變易之處。茲徇各界之請，修正再版，并將南市閘北，繼續進行，以竟全功，而成完璧。除將路名門牌，建築牌號，變遷更易之點，推陳出新，不厭求詳，重行測繪調查，更將本書前有缺憾，設法彌補，并增加各業分類索引，便於檢查，劃分保甲警務區域，以清界限，使書盡其用，用得其便。計自本年春初，以迄秋杪，歷時九月，賴各界之協助，同仁之努力，首集方克藏事。當本書付印之時，適物價騰踊，工資增加，尤以紙張爲甚，一切文化事業，靡不受其影響，本公司不惜耗費巨資，亦以謀副各界屬望之殷，而欲遂其初衷也。福田自問譾陋，負此鉅艱，尚希黨國先進，社會賢達，賜予指導，尤所企望焉。

# 華新絲業股份有限公司

**NEW CHINA SILK INDUSTRIES CORPORATION**

**總管理處：**上海南京西路四號 電話九〇六七二號 電報掛號三四〇三

**第一繅絲廠：**無錫東門外菩提浜

**第二繅絲廠：**杭州東街路一二三〇號

**第三繅絲廠：**杭州陳衙營五六號

# 印度唋喱飯店

歐美大菜 咖啡茶點 唋喱鷄飯 別具風味

福州路七一一號 電話九〇八一一一

南京路

# 新雅

粵菜館

菜精價實 中外馳名

電話九〇〇八〇

# 序（二）

史籍圖誌，繪聲留形，蓋以紀其實也。上海爲世界名都，我國唯一大埠，密邇京畿，據長江門戶，扼經濟中心，全市面積，達千餘方里，戰後人口已超越五百萬，其間市廛林立，道路縱横，初臨其地，輒爲茫然，有無所適從之感，即久居斯土者，亦常興岐途之嘆。坊間雖不乏圖籍，可資參考，然大都有圖無文，有文無圖，本書綜合一切，圖文相輔而行，别立一格，在國外固已有前例，而在國內，尚屬創著。初版第一二兩編，已於民國二十八九年之間次第問世，惜彼時市區，四郊淪陷，所能實行測繪者，僅限以前租界一隅，所謂孤島圈而已。當本書發軔之初，羣議以爲如斯艱巨工作，難望成功，然同人等抱堅忍不拔之志，中間雖屢經顛躓，而愈益奮勵，盛暑酷寒，不少怠忽。第一編問世，自覺瑕疵難免，猶蒙各界贊許，實深自愧。故於第二編之進行，力求精進，方擬將南市閘北，一氣彙編，適敵寇侵及全市，遂致南市閘北，無法進行。今幸抗戰勝利，全市光復，而租界亦經收回。當勝利復員之際，本市各機構，均向本公司購備本書，以資參考，其他廠商之詢購者，尤指不勝屈。奈第一二編，早經售罄，無法應命，紛促再版。然本市光復以還，區界之劃分，路名之更改，門牌之重編，人口之異動，均有莫大之變遷，編者認爲非重行測繪編製，無由適合現實。爰自本年春間開始測繪，迄今費時九月，全部完成。現就中正路幹道爲界，分爲兩部，先以中正路以北，包括以前公共租界，滬西越界區，閘北區，爲上册。其餘中正路以南，包括以前法租界全部及越界區滬南區爲下册。至於本書未載詳圖之各地區，此後擬按年出版，逐步改進，增加篇幅。俟上海全市得測繪完成，更將推行及於其他都會，如京漢平津等處。士英不敏，竊以此自期，尤望各界先進，賜予指教，以臻完善，實企望之。

民國三十六年十月雙十節蘭陵鮑士英序

# 上海市行號路圖錄上册總目錄

| | | | | | 頁數 |
|---|---|---|---|---|---|
| 第二十四圖 | 東至河南北路 | 西至浙江北路 | 南至天潼路 | 北至海甯路 | 一〇六—一〇七 |
| 第二十五圖 | 東至河南北路 | 西至浙江北、中路 | 南至蘇州河、廈門路 | 北至天潼路 | 一一〇—一一一 |
| 第二十六圖 | 東至乍浦路 | 西至河南北路 | 南至北蘇州路、天潼路 | 北至塘沽路 | 一一四—一一五 |
| 第二十七圖 | 東至乍浦路 | 西至河南北路 | 南至塘沽路 | 北至武進路 | 一一八—一一九 |
| 第二十八圖 | 東至四川北路 | 西至寶山路、河南北路 | 南至武進路 | 北至邢家橋路、虬江路 | 一二二—一二三 |
| 第二十九圖 | 東至五台路、奉天路、溧陽路 | 西至四川北路 | 南至武進路 | 北至溧陽路、虬江路 | 一二六—一二七 |
| 第三十圖 | 東至溧陽路 | 西至乍浦路 | 南至餘杭路、崑山路 | 北至武進路 | 一三〇—一三一 |
| 第三十一圖 | 東至九龍路 | 西至乍浦路 | 南至漢陽路、吳淞路、武昌路 | 北至餘杭路、崑山路 | 一三四—一三五 |
| 第三十二圖 | 東至武昌路 | 西至乍浦路 | 南至黃浦路、北蘇州路 | 北至武昌路 | 一三八—一三九 |
| 第三十三圖 | 東至九龍路 | 西至武昌路 | 南至揚子江路 | 北至漢陽路、吳淞路 | 一四二—一四三 |
| 第三十四圖 | 東至永定路 | 西至九龍路 | 南至黃浦江 | 北至東長治路 | 一四六—一四七 |
| 第三十五圖 | 東至商邱路 | 西至溧陽路 | 南至東長治路 | 北至鴨綠江路 | 一五〇—一五一 |
| 第三十六圖 | 東至周家嘴路 | 西至哈爾濱路 | 南至鴨綠江路、溧陽路 | 北至庫倫路 | 一五四—一五五 |
| 第三十七圖 | 東至高陽路 | 西至商邱路、瑞金路 | 南至東餘杭路 | 北至岳州路、周家嘴路 | 一五八—一五九 |
| 第三十八圖 | 東至高陽路 | 西至商邱路 | 南至東長治路 | 北至東餘杭路 | 一六二—一六三 |
| 第三十九圖 | 東至丹徒路 | 西至永定路 | 南至黃浦江 | 北至東長治路 | 一六六—一六七 |
| 第四十圖 | 東至舟山路、提籃橋 | 西至丹徒路 | 南至黃浦江 | 北至長陽路、東長治路 | 一七〇—一七一 |
| 第四十一圖 | 東至保定路、臨潼路 | 西至舟山路、提籃橋 | 南至黃浦江 | 北至霍山路 | 一七四—一七五 |
| 第四十二圖 | 東至大連路 | 西至海門路、舟山路 | 南至霍山路 | 北至昆明路 | 一七八—一七九 |
| 第四十三圖 | 東至保定路 | 西至公平路、昆明路 | 南至昆明路 | 北至東餘杭路 | 一八二—一八三 |
| 第四十四圖 | 東至舟山路、海門路 | 西至高陽路 | 南至東長治路 | 北至東餘杭路 | 一八六—一八七 |
| 第四十五圖 | 東至安國路 | 西至高陽路 | 南至東餘杭路 | 北至岳州路 | 一九〇—一九一 |
| 第四十六圖 | 東至岳州路、周家嘴路 | 西至沙涇港 | 南至庫倫路 | 北至高陽路、物華路 | 一九四—一九五 |
| 第四十七圖 | 東至沙涇港路 | 西至寶安路、邢家宅路 | 南至庫倫路 | 北至海甯洋行 | 一九八—一九九 |
| 第四十八圖 | 東至同嘉路、哈爾濱路 | 西至長春路 | 南至東嘉興路、虬江路 | 北至天同路 | 二〇二—二〇三 |
| 第四十九圖 | 東至寶安路 | 西至四川北路 | 南至邢家橋路 | 北至吉祥路、山陰路 | 二〇六—二〇七 |
| 第五十圖 | 東至四川北路 | 西至寶山路 | 南至士慶路 | 北至四川北路 | 二一〇—二一一 |
| 第五十一圖 | 東至邢家橋路 | 西至川公路 | 南至虬江路、新廣路 | 北至士慶路 | 二一四—二一五 |
| 第五十二圖 | 東至寶源路、廣東街 | 西至公興路 | 南至虬江路 | 北至香山路 | 二一八—二一九 |
| 第五十三圖 | 東至河南北路 | 西至浙江北路 | 南至海甯路 | 北至天目路 | 二二二—二二三 |
| 第五十四圖 | 東至浙江北路 | 西至滿州路 | 南至海甯路、新疆路 | 北至新民路 | 二二六—二二七 |
| 第五十五圖 | 東至滿州路 | 西至烏鎮路、新疆路、大統路 | 南至蘇州河 | 北至新民路 | 二三〇—二三一 |
| 第五十六圖 | 東至烏鎮路、新疆路、大統路 | 西至華盛路、梅園路 | 南至蘇州河 | 北至新民路、大統路、共和路 | 二三四—二三五 |
| 第五十七圖 | 東至成都北路 | 西至淮安路 | 南至新閘路 | 北至蘇州河 | 二三八—二三九 |
| 第五十八圖 | 東至成都北路 | 西至慈谿路 | 南至北京西路 | 北至新閘路 | 二四二—二四三 |
| 第五十九圖 | 東至成都北路 | 西至中正北二、一路 | 南至南京西路、吳江路 | 北至北京西路 | 二四六—二四七 |
| 第六十圖 | 東至成都北路 | 西至中正北一路 | 南至威海衛路 | 北至南京西路、吳江路 | 二五〇—二五一 |
| 第六十一圖 | 東至成都北路 | 西至中正北一、南一路 | 南至鉅鹿路 | 北至威海衛路 | 二五四—二五五 |
| 第六十二圖 | 東至中正北一路 | 西至陝西北路 | 南至中正中路 | 北至威海衛路 | 二五八—二五九 |
| 第六十三圖 | 東至中正北二、北一路 | 西至泰興路、茂名北路 | 南至威海衛路 | 北至北京西路 | 二六二—二六三 |

| | | | | | 頁數 |
|---|---|---|---|---|---|
| 第六十四圖 | 東至慈谿路 | 西至泰興路 | 南至北京西路 | 北至新閘路 | 二六六—二六七 |
| 第六十五圖 | 東至淮安路、中正北二 | 西至淮安路、泰興路 | 南至新閘路 | 北至蘇州河 | 二七〇—二七一 |
| 第六十六圖 | 東至淮安路 | 西至江甯路 | 南至康定路 | 北至昌平路 | 二七四—二七五 |
| 第六十七圖 | 東至泰興路 | 西至江甯路、陝西北路 | 南至新閘路 | 北至康定路 | 二七八—二七九 |
| 第六十八圖 | 東至泰興路 | 西至陝西北路 | 南至北京西路 | 北至新閘路 | 二八二—二八三 |
| 第六十九圖 | 東至泰興路、茂名北路 | 西至江甯路、陝西北路 | 南至威海衞路 | 北至北京西路 | 二八六—二八七 |
| 第七十圖 | 東至陝西北路 | 西至銅仁路 | 南至中正中路 | 北至南京西路 | 二九〇—二九一 |
| 第七十一圖 | 東至銅仁路 | 西至梵皇渡路、華山路 | 南至中正中路 | 北至南京西路 | 二九四—二九五 |
| 第七十二圖 | 東至膠州路、華山路 | 西至迪化北路 | 南至中正西路 | 北至北京西路、梵皇渡路 | 二九八—二九九 |
| 第七十三圖 | 東至銅仁路 | 西至膠州路、華山路 | 南至南京西路 | 北至北京西路 | 三〇二—三〇三 |
| 第七十四圖 | 東至江甯路 | 西至銅仁路 | 南至南京西路 | 北至北京西路 | 三〇六—三〇七 |
| 第七十五圖 | 東至陝西北路 | 西至常德路 | 南至北京西路 | 北至新閘路 | 三一〇—三一一 |
| 第七十六圖 | 東至常德路 | 西至梵皇渡路 | 南至北京西路 | 北至新閘路 | 三一四—三一五 |
| 第七十七圖 | 東至常德路 | 西至延平路 | 南至新閘路 | 北至康定路 | 三一八—三一九 |
| 第七十八圖 | 東至常德路 | 西至延平路 | 南至康定路 | 北至餘姚路 | 三二二—三二三 |
| 第七十九圖 | 東至西康路 | 西至常德路 | 南至康定路 | 北至海防路、餘姚路 | 三二六—三二七 |
| 第八十圖 | 東至西康路 | 西至常德路 | 南至新閘路 | 北至康定路 | 三三〇—三三一 |
| 第八十一圖 | 東至江甯路 | 西至西康路 | 南至新閘路 | 北至昌平路 | 三三四—三三五 |
| 第八十二圖 | 東至歸化路 | 西至西康路 | 南至昌平路 | 北至海防路 | 三三八—三三九 |
| 第八十三圖 | 東至蘇州河 | 西至歸化路 | 南至昌平路 | 北至安遠路 | 三四二—三四三 |
| 第八十四圖 | 東至歸化路 | 西至西康路 | 南至海防路 | 北至安遠路 | 三四六—三四七 |
| 第八十五圖 | 東至西康路 | 西至膠州路 | 南至海防路、餘姚路 | 北至安遠路 | 三五〇—三五一 |
| 第八十六圖 | 東至西康路 | 西至膠州路 | 南至安遠路 | 北至長壽路 | 三五四—三五五 |
| 第八十七圖 | 東至江甯路 | 西至西康路 | 南至安遠路 | 北至普陀路 | 三五八—三五九 |
| 第八十八圖 | 東至蘇州河 | 西至江甯路 | 南至安遠路 | 北至澳門路、歸化路、普陀路 | 三六二—三六三 |
| 第八十九圖 | 東至蘇州河 | 西至歸化路 | 南至澳門路 | 北至蘇州河 | 三六六—三六七 |
| 第九十圖 | 東至蘇州河、歸化路 | 西至江甯路 | 南至普陀路 | 北至蘇州河 | 三七〇—三七一 |
| 第九十一圖 | 東至江甯路 | 西至西康路 | 南至普陀路 | 北至蘇州河 | 三七四—三七五 |
| 第九十二圖 | 東至西康路 | 西至蘇州河 | 南至藥水衖以南 | 北至蘇州河 | 三七八—三七九 |
| 第九十三圖 | 東至西康路 | 西至中紡第一廠 | 南至長壽路 | 北至藥水衖以南 | 三八二—三八三 |
| 第九十四圖 | 東至膠州路 | 西至西灘以西 | 南至餘姚路 | 北至蘇州河 | 三八六—三八七 |
| 第九十五圖 | 東至西灘以西 | 西至奇異安迪生電器公司 | 南至餘姚路 | 北至蘇州河 | 三九〇—三九一 |
| 第九十六圖 | 東至梵皇渡後路、長寧路 | 西至小新莊以西 | 南至餘姚路、康定路、長寧支路 | 北至蘇州河 | 三九四—三九五 |
| 第九十七圖 | 東至金司徒廟 | 西至梵皇渡路以西 | 南至高家宅以南 | 北至餘姚路、康定路 | 三九八—三九九 |
| 第九十八圖 | 東至延平路 | 西至金司徒廟 | 南至葉家宅 | 北至餘姚路 | 四〇二—四〇三 |
| 第九十九圖 | 東至延平路 | 西至康家橋以西 | 南至金家巷、梵皇渡路 | 北至葉家宅 | 四〇六—四〇七 |
| 第一〇〇圖 | 東至迪化北路 | 西至鎮寧路 | 南至愚園路 | 北至金家巷、梵皇渡路 | 四一〇—四一一 |
| 第一〇一圖 | 東至迪化北路 | 西至鎮寧路 | 南至中正西路 | 北至愚園路 | 四一四—四一五 |
| 第一〇二圖 | 東至鎮甯路 | 西至江蘇路 | 南至中正西路 | 北至諸安浜 | 四一八—四一九 |
| 第一〇三圖 | 東至鎮甯路 | 西至江蘇路 | 南至諸安浜 | 北至錢家巷 | 四二二—四二三 |

| 圖 | 東至 | 西至 | 南至 | 北至 | 頁數 |
| --- | --- | --- | --- | --- | --- |
| 第一〇四圖 | 東至梵皇渡路、鎮寧路 | 西至江蘇路 | 南至錢家巷 | 北至南曹家宅 | 四二六—四二七 |
| 第一〇五圖 | 東至南曹家宅 | 西至盧薛宅 | 南至長寧路 | 北至長寧支路 | 四三〇—四三一 |
| 第一〇六圖 | 東至長寧路 | 西至北曹家宅以西 | 南至長寧支路 | 北至蘇州河 | 四三四—四三五 |
| 第一〇七圖 | 東至盧薛宅 | 西至中山公園 | 南至長寧路 | 北至蘇州河 | 四三八—四三九 |
| 第一〇八圖 | 東至江蘇路 | 西至娥眉月路 | 南至諸安浜 | 北至長寧路 | 四四二—四四三 |
| 第一〇九圖 | 東至江蘇路 | 西至孫家宅、石家宅 | 南至中正西路、武夷路 | 北至諸安浜 | 四四六—四四七 |
| 第一一〇圖 | 東至石家、宅孫家宅 | 西至凱旋路 | 南至武夷路 | 北至姚家角 | 四五〇—四五一 |
| 第一一一圖 | 東至娥眉月路 | 西至姚家角 | 南至孫家宅 | 北至長寧路、中山公園 | 四五四—四五五 |
| 第一一二圖 | 東至中山公園 | 西至凱旋路 | 南至長寧路以南 | 北至蘇州河 | 四五八—四五九 |

# 編輯例言

一 本書編製以圖爲主體而輔以文字故編輯體例與其他行名簿等逈不相同惟因本市幅員廣大道路錯綜調查爲艱如待全部繪製勢必曠日持久而更動亦必隨時增多且全集裝訂似嫌笨重不便故將本市劃分爲上下兩册上册先以中正路北包括前公共租界及滬西越界區閘北區之一部爲限其他各區僅於市區圖上示其方位輪廓詳細繪製待諸下册

二 本書所載路圖一百十二幅大樓圖五十五座均係派員實地調查測繪編製惟以手續繁多致與出版時間距離達九閱月之久人事變遷固爲一因其里衖名稱商店牌號或有更易雖曾隨時隨地重覆採訪加以修改惟以複查不易週詳自難免於掛漏更有付印以後發覺其變遷而事實上已不及修改者祇得暫仍其舊俟再版時更正

三 本市路名迭經更改不易記憶即久居本市之人亦感困難外埠旅客試以新路名僱車更瞠目不知所趨矣以致常起無謂之糾紛本書爲便利閱者參考雖全部採用新路名但仍將舊路名及英文譯名并列以便對照故新舊路名之對照因已詳載路圖不再另立表格尚有如安和寺路改爲察哈爾路今又改爲法華路開納路市府新圖已更名武定路將來擬與武定路接通但現時路牌上爲開源路本書爲符合實際情形仍載開源路以便尋覓其他如庫倫路大通路交通路等在虹口閘北區等均有重複或同音之處及尚在更換中之路牌則有待市政當局之更換路牌後於再版時修正

四 本書里衖名稱號碼均根據實地調查之所得註明於圖中惟里衖一類中每有其不同之點按其實際可分爲四(一)有里衖名稱並有號數者(二)有里衖名稱而無號數者(三)有里衖號數而無名稱者(四)有里衖名稱及號數俱無者其里衖房屋之門牌有照馬路店面房屋所編列例如衖口最後之店而爲 200 號其衖內之房屋自第一宅起編爲 202 號依此順次而下但亦有不在此例而另行編號者

五 本書爲使閱者易於檢查里衖所在起見特編輯里衖索引及衖號索引於簡端所有里衖名稱及號數均以第一字筆劃爲類序例如『順安里』可於里衖索引十二劃內查得之如欲查 500 或 600 衖則可於衖號索引 5 或 6 字內查得之凡兼有名稱及號數之里衖將名稱編入里衖索引內衖號數編入衖號索引內以便互見例如南京東路七九九衖大慶里見於里衖索引大字下同時衖號索引內亦載入之

六 大樓圖以一層爲單位每層作一平面圖房間號數行商牌號等寫字間以及電梯扶梯之位置出入甬道衞生設備之場所均逐一載明俾利檢查有時大樓名稱祇有西文一種者則僅舉其原有之名稱以符實際至大樓內有一二層多係住家而無商號者現均删去其他如全部屬一家例如合作大樓僅係中央信託合作社或全部公寓性質者概從略

七　索引一項除里衖及衖號之外另編有路名索引大樓索引及廣告索引並列於篇首其分類均以名稱之第一字筆劃多寡爲序檢查極便

八　本書於詳細路圖之外另製總圖一種註明各詳細路圖圖號例如某某行號位於某路之某一段可於此總圖中一查先知其屬於某一圖號即可按照其圖號於分幅圖中查得之

九　本書各頁除按次編列號數外復於每圖之兩邊註明圖號該圖號與總圖所載分幅之圖號相吻合以便檢查

十　本書路圖中列入之行號有時一個門牌內設有十餘家行號之多者因限於路圖之篇幅地位僅就其中較爲顯著者註明之其餘未能一一列入請閱者諒之

十一　本書首端刊有市區圖係指示方位輪廓及市區市界綫（區界爲地政分區界綫）所有區界綫按照市府圖表所訂區界製繪其未接收區亦註明之現值省市劃界問題尚未決定俟政府確定市界後若有更動當予修正市區圖背面載有市史沿革掌故以助閱者之考證

十二　繼市區圖之後復有保甲圖一種方位輪廓一如前例但區界係按照民政分區繪製例如市區圖之黃浦區包括舊公共租界及法租界全部保甲行政圖之黃浦區僅南至民國路北至蘇州路東至黃浦灘西至山西路一地區而已行政圖與地政圖區域之不同既如上述故復於保甲圖上列表詳載各區公所警察局消防處之地址電話以利閱者檢查至於各保辦公處地址電話亦因人事常更地址不易確定故已刪去

十三　本書內刊有交通圖凡於公共汽車有軌及無軌電車分別製成現行之路綫俾乘車者知所由循惟停車之站因限於圖幅未能一一繪入僅於停車之交叉點附近合繪一站以示數種車輛經過時均停於此其詳細站位則詳載於分圖中查現時交通路綫時有變動如某綫之展長某綫之開闢本書秖能儘付印前極力使之符合實際情形餘則需俟再版時再行修正其他如火車輪船及郊區民營汽車圖上僅指示其起點故另製交通表以利檢閱

十四　現在郵政當局爲求投遞迅速起見創立分區制本書爲便利閱者明瞭寄發郵信地區照郵局規定區界特製郵區圖註明區號以免查詢之勞至各區郵筒可於分圖中查見之

十五　凡不在本書分圖中之路名里衖以及其他等暫不列入索引欄籍免無從尋查

十六　本書出版之先雖經一再校勘惟魯魚亥豕在所難免而各圖內容亦容有未盡之處深冀閱者不吝指示再版時得據以修正俾成善本

編者謹識

# 上海市行號路圖錄上册路名索引

| 永定路 | 北起東長治路 | 南至東大名路 | 34 38 39 |
|---|---|---|---|

## 六劃

| 路名 | 起 | 至 | 圖號 |
|---|---|---|---|
| 江西中路 | 北起蘇州路 | 南至中正東路 | 1 2 3 5 |
| 江西北路 | 北起武進路 | 南至北蘇州路 | 5 26 27 |
| 江西南路 | 北起中正東路 | 南至民國路 | 1 |
| 江蘇路 | 北起長甯路 | 南至華山路 | 1 2 103 104 105 108 109 |
| 江陰路 | 東起黃陂北路 | 西至成都北路 | 18 19 60 |
| 江灣路 | 北起西體育會路 | 南至四川北路 | 50 |
| 江甯路 | 北起宜昌路 | 南至南京西路 | 66 67 68 69 74 81 82 84 87 88 90 91 |
| 西光復路 | 東起蘇州河船塢 | 西至鐵路西 | 92 |
| 西藏中路 | 北起蘇州路 | 南至中正東路 | 10 11 12 13 14 15 22 |
| 西藏北路 | 北起新疆路 | 南至北蘇州路 | 22 23 54 |
| 西藏南路 | 北起中正東路 | 南至復興中路 | 10 |
| 西康路 | 北起蘇州河 | 南至南京西路 | 74 75 79 80 81 82 84 85 86 87 91 92 93 |
| 西街 | 北起海甯路 | 南至崑山路 | 27 |
| 西上麟路 | 北起廣東路 | 南至中正東路 | 9 |
| 西蘇州路(東段) | 東起西藏中路 | 西至中正北二路 | 21 55 56 57 65 |
| (西段) | 東起淮安路 | 西至宜昌路 | 83 88 89 90 91 |
| 西安路 | 東起唐山路 | 西至溧陽路 | 35 38 |
| 西華路 | 北起東寶山路 | 南至寶山路 | 28 |
| 百官街 | 北起海甯路 | 南至崑山路 | 27 |
| 百祿路 | 北起新民路 | 南至開封路 | 23 54 |
| 光復路 | 東起西藏北路 | 西至廣肇路 | 22 55 56 57 65 83 |
| 曲阜路 | 東起浙江北路 | 西至西藏北路 | 22 23 |
| 交通路(黃浦區) | 東起河南中路 | 西至山東中路 | 8 |
| (引翔區) | 東起沙涇港 | 西至天同路 | 46 47 |
| (閘北區) | 東起寶山路 | 西至眞茹 | 52 |
| 老閘街 | 東起福建北路 | 西至北蘇州路 | 25 |
| 老其美路 | 北起其美路 | 南至溧陽路 | 47 |
| 舟山路 | 北起岳州路 | 南至霍山路 | 40 41 42 43 44 45 |
| 如皋路 | 北起端金路 | 南至鴨綠江路 | 35 36 46 |
| 多倫路 | 北起四川北路 | 南至橫浜路 | 50 |
| 多倫東路 | 東起四川北路 | 西至多倫路 | 50 |
| 安慶路 | 東起四川北路 | 西至浙江北路 | 27 53 |
| 安遠路 | 東起西蘇州路 | 西至長壽路 | 83 84 85 86 87 88 94 95 |
| 安國路 | 北起岳州路 | 南至昆明路 | 42 43 45 |
| 安南路 | 東起銅仁路 | 西至常德路 | 70 71 |
| 吉祥路 | 東起歐陽路 | 西至山陰路 | 49 |
| 共和路 | 東起大統路 | 西至恆豐路 | 56 |
| 汕頭路 | 東起廣西北路 | 西至西藏中路 | 11 15 |
| 同嘉路 | 北起天同路 | 南至庫倫路 | 47 48 |
| 成都北路 | 北起西蘇州路 | 南至中正中路 | 17 18 19 20 21 57 58 59 60 61 |
| 成都南路 | 北起中正中路 | 南至林森中路 | 17 61 |

## 七劃

| 路名 | 起 | 至 | 圖號 |
|---|---|---|---|
| 虬江路 | 東起九龍路 | 西至共和新路 | 28 29 48 51 52 |
| 虬江支路 | 東起虬江路 | 西至虬江路 | 28 29 51 |
| 邢家橋路 | 東起七慶路 | 西至虬江路 | 28 29 48 51 |
| 邢家宅路 | 東起溧陽路 | 西至七慶路 | 47 48 49 |
| 吳淞路 | 北起虬江路 | 南至北蘇州路 | 29 30 31 32 33 51 |
| 吳江路 | 東起南京西路 | 西至茂名南路 | 59 60 63 69 |
| 沙涇港路 | 北起香烟橋 | 南至庫倫路 | 46 47 |
| 沙涇路 | 北起庫倫路 | 南至溧陽路 | 36 |
| 延平路 | 北起餘姚路 | 南至新聞路 | 77 78 98 99 |
| 克明路 | 東起四川北路 | 西至東寶興路 | 51 |
| 芝罘路 | 東起浙江中路 | 西至西藏中路 | 13 |
| 利民路 | 東起沙涇港路 | 西至同嘉路 | 4 48 |
| 佛陀街 | 北起南京東路 | 南至九江路 | 7 |

## 八劃

| 路名 | 起 | 至 | 圖號 |
|---|---|---|---|
| 河南中路 | 北起蘇州路 | 南至中正東路 | 1 2 3 5 6 7 8 9 |
| 河南北路 | 北起天目路 | 南至北蘇州路 | 5 24 25 26 27 28 53 |
| 河南南路 | 北起中正東路 | 南至民國路 | 1 9 |
| 泗涇路 | 東起江西中路 | 西至河南中路 | 1 2 |
| 金華路 | 北起南京東路 | 南至九江路 | 12 |
| 金山路 | 北起大名路 | 南至黃浦江 | 32 |
| 金隆街 | 東起河南中路 | 西至山東中路 | 9 |
| 金陵東路 | 東起中山東二路 | 西至西藏南路 | 1 9 |
| 金陵西路 | 東起連雲路 | 西至中正中路 | 17 |
| 武勝路 | 東起西藏中路 | 西至威海衛路 | 10 15 16 18 |
| 武夷路 | 東起中正西路 | 西至凱旋路 | 109 110 |
| 武昌路 | 東起揚子江路 | 西至江西北路 | 26 31 32 33 |
| 武進路 | 東起九龍路 | 西至河南北路 | 27 28 29 30 53 |
| 武定路 | 東起中正北二路 | 西至延平路 | 57 65 67 77 80 81 108 |
| 長陽路 | 東起引翔港 | 西至海門路 | 40 42 |
| 長沙路 | 北起新閘路 | 南至鳳陽路 | 14 |
| 長治路 | 東起九龍路 | 西至外白渡橋 | 32 33 |
| 長甯路 | 東起梵皇渡路 | 西至哈密路 | 96 105 106 107 108 111 112 |
| 長甯支路 | 東起梵皇渡路 | 西至長甯路 | 96 105 106 |
| 長安路 | 東起光復路 | 西至廣肇路 | 56 |
| 長壽路 | 東起西蘇州路 | 西至梵皇渡路 | 86 87 88 93 94 95 96 |

| | | | |
|---|---|---|---|
| 長壽支路 | 東起天生味製廠 | 西至長壽路 | 96 |
| 長春路 | 北起四川北路 | 南至士慶路 | 48 49 |
| 青海路 | 北起南京西路 | 南至南京西路以南 | 59 60 |
| 青島路 | 東起黃河路 | 西至新昌路 | 20 21 |
| 青浦路 | 北起大名路 | 南至揚子江路 | 33 |
| 披亞士路 | 北起塘沽路 | 南至蟠龍街 | 26 |
| 東寶興路 | 東起虬江路 | 西至寶山路 | 48 51 |
| 東漢陽路 | 東起新建路 | 西至溧陽路 | 35 38 |
| 東新民路 | 東起羅浮路 | 西至寶山路 | 28 53 |
| 東餘杭路 | 東起大連路 | 西至溧陽路 | 30 35 37 38 43 44 45 |
| 東長治路 | 東起海門路 | 西至溧陽路 | 34 35 38 39 40 44 |
| 東大名路 | 東起海門路 | 西至溧陽路 | 34 39 40 |
| 東嘉興路 | 東起沙涇路 | 西至溧陽路 | 29 36 48 |
| 東橫浜路 | 北起多倫路 | 南至橫浜河 | 50 |
| 迪化中路 | 北起中正中路 | 南至林森中路 | 101 |
| 迪化北路 | 北起梵皇渡路 | 南至中正中路 | 72 100 101 |
| 吟桂路 | 東起四川北路 | 西至東橫浜路 | 50 |
| 物華路 | 東起海拉爾路 | 西至香烟橋 | 46 |
| 其美路 | 北起魏德邁路 | 南至天同路 | 47 |
| 昌平路(東段) | 東起淮安路 | 西至江甯路 | 66 82 83 |
| 昌平路(西段) | 東起常德路 | 西至延平路 | 78 79 81 |
| 宜昌路 | 東起西蘇州路 | 西至西康路 | 90 91 |
| 定興路 | 東起白河路 | 西至大通路 | 14 59 |
| 奉天路 | 北起庫倫路 | 南至溧陽路 | 29 36 |
| 奉賢路 | 東起泰興路 | 西至江甯路 | 69 |
| 拓臯路 | 東起奉天路 | 西至奉天路 | 36 |
| 周家嘴路 | 東起黎平路 | 西至東長治路 | 35 36 37 45 46 |
| 昆明路 | 東起齊齊哈爾路 | 西至唐山路 | 42 43 44 |
| 昇平街 | 北起威海衛路 | 南至中正中路 | 62 |
| 虎丘路 | 北起蘇州路 | 南至北京東路 | 4 |
| 直隸路 | 北起蘇州路 | 南至九江路 | 6 7 |
| 岳州路 | 東起安國路 | 西至通州路 | 37 45 46 |

九劃

| | | | |
|---|---|---|---|
| 南林路 | 北起新民路 | 南至海甯路 | 54 |
| 南京東路 | 東起中山東一路 | 西至西藏中路 | 3 7 12 14 15 |
| 南京西路 | 東起西藏中路 | 西至中正西路 | 14 15 19 59 60 63 69 70 71 72 73 74 101 |
| 南天潼路 | 東起天潼路 | 西至河南北路 | 5 |
| 南崇明路 | 東起四川北路 | 西至大場路 | 26 |
| 南陽路 | 東起陝西北路 | 西至銅仁路 | 74 |
| 南匯路 | 北起北京西路 | 南至南京西路 | 68 69 |
| 南星路 | 北起新民路 | 南至光復路 | 56 |
| 南潯路 | 北起漢陽路 | 南至揚子江路 | 31 33 |
| 南無錫路 | 西起直隸路 | 南至甯波路 | 6 |
| 恆通路 | 東起共和路 | 西至光復路 | 56 |
| 恆豐路 | 北起康吉路 | 南至光復路 | 57 65 |
| 茂名北路 | 北起南京西路 | 南至中正中路 | 62 63 69 |
| 茂名南路 | 北起中正中路 | 南至復興中路 | 62 |
| 茂林路 | 東起峨眉路 | 西至吳淞路 | 30 |
| 陝西北路(北段) | 北起宜昌路 | 南至安遠路 | 87 91 |
| 陝西北路(南段) | 北起康定路 | 南至中正中路 | 62 67 68 69 70 74 75 81 |
| 陝西南路 | 北起中正中路 | 南至徐家匯路 | 62 |
| 香港路 | 東起虎丘路 | 西至江西中路 | 4 5 |
| 香山路 | 東起寶昌路 | 西至止園路 | 52 |
| 英士路 | 北起中正東路 | 南至建國東路 | 17 |
| 厚德街 | 東起邢家橋路 | 西至四川北路 | 51 |
| 重慶北路 | 北起江陰路 | 南至中正東路 | 17 18 |
| 哈爾濱路 | 北起庫倫路 | 南至吳淞路 | 29 36 48 |
| 威海衛路 | 東起黃陂北路 | 西至中正中路 | 18 60 61 62 63 69 70 |
| 牯嶺路 | 東起西藏中路 | 西至黃河路 | 14 |
| 胡家木橋路 | 北起物華路 | 南至庫倫路 | 46 47 |
| 保定路 | 北起周家嘴路 | 南至惠民路 | 41 42 43 |
| 建平路 | 北起東大名路 | 南至黃浦江 | 34 |

十劃

| | | | |
|---|---|---|---|
| 浙江北路 | 北起天目路 | 南至北蘇州路 | 22 23 24 25 53 54 |
| 浙江中路 | 北起蘇州路 | 南至中正東路 | 10 11 12 13 22 25 |
| 浙江南路 | 北起中正東路 | 南至民國路 | 9 10 |
| 海甯路 | 東起九龍路 | 西至百祿路 | 23 24 27 30 35 53 54 |
| 海拉爾路 | 東起物華路 | 西至梧州路 | 46 |
| 海口路 | 北起廣東路 | 南至北海路 | 9 10 |
| 海山路 | 東起吳淞路 | 西至虬江支路 | 29 |
| 海防路 | 東起淮安路 | 西至餘姚路 | 79 82 83 84 85 |
| 海南路 | 北起嘉興路 | 南至武進路 | 29 |
| 海門路(南段) | 北起昆明路 | 南至東大名路 | 40 42 44 |
| 海門路(北段) | 北起岳州路 | 南至東餘杭路 | 37 45 |
| 海昌路 | 北起民立路 | 南至南星路 | 56 |
| 庫倫路(閘北區) | 東起西藏北路 | 西至國慶路 | 22 23 55 56 |
| 庫倫路(引翔區) | 北起溧陽路 | 南至周家嘴路 | 36 37 46 47 48 |
| 唐山路 | 東起周家嘴路 | 西至商邱路 | 38 43 44 |
| 連雲路 | 北起中正東路 | 南至金陵中路 | 16 17 |
| 泰興路 | 北起康定路 | 南至南京西路 | 63 64 65 67 68 69 |

| 路名 | 起 | 至 | 頁 |
|---|---|---|---|
| 高陽路 | 北起海拉爾路 | 南至黃浦江 | 37 38 39 44 45 46 |
| 烏鎮路 | 北起新民路 | 南至光復路 | 55 56 |
| 甜安路 | 北起靶子場 | 南至四川北路 | 50 |
| 蛾眉路 | 北起海甯路 | 南至天潼路 | 30 31 32 33 |
| 娥眉月路 | 北起愚園路 | 南至諸安浜 | 108 111 |
| 旅順路 | 北起東長治路 | 南至東大名路 | 34 35 |

## 十一劃

| 路名 | 起 | 至 | 頁 |
|---|---|---|---|
| 梵皇渡路 | 東起愚園路 | 西至長甯路 | 71 72 76 96 97 99 100 104 106 107 112 |
| 梵皇渡後路 | 東起長壽路 | 西至梵皇渡路 | 96 106 |
| 崑山路 | 東起吳淞路 | 西至四川北路 | 27 30 31 |
| 商邱路 | 北起周家嘴路 | 南至黃浦江 | 34 35 37 38 |
| 康定路 | 東起淮安路 | 西至梵皇渡路 | 65 66 67 77 78 79 80 81 96 97 98 |
| 康樂路 | 北起天目路 | 南至七浦路 | 24 53 |
| 崇明路 | 北起江西北路 | 南至大場路 | 26 |
| 盛澤路 | 北起中正東路 | 南至民國路 | 9 |
| 常德路 | 北起澳門路 | 南至中正中路 | 71 73 75 76 77 78 79 80 85 86 93 |
| 崧廈街 | 北起甯海東路 | 南至金陵東路 | 9 |
| 梧州路 | 北起沙涇路 | 南至東漢陽路 | 35 36 |
| 淮安路 | 東起中正北二路 | 西至江甯路 | 57 65 66 82 83 |
| 莫干山路 | 東起西蘇州路 | 西至歸化路 | 89 90 |
| 通州路 | 北起胡家木橋路 | 南至東餘杭路 | 37 46 |
| 國慶路 | 北起新民路 | 南至滿州路 | 55 |
| 望亭路 | 北起中正東路 | 南至林森東路 | 15 16 |
| 梅園路 | 北起秣陵路 | 南至光復路 | 56 |
| 張家宅路 | 北起善昌里 | 南至北京西路 | 64 |

## 十二劃

| 路名 | 起 | 至 | 頁 |
|---|---|---|---|
| 華山路 | 北起梵皇渡路 | 南至徐家匯路 | 71 72 73 |
| 華盛路 | 北起廣肇路 | 南至光復路 | 56 |
| 華興路 | 東起浙江北路 | 西至天保路 | 54 |
| 甯波路 | 東起四川中路 | 西至六合路 | 3 6 12 13 |
| 甯海東路 | 東起中正東路 | 西至西藏南路 | 9 10 |
| 甯海西路 | 東起西藏南路 | 西至連雲路 | 10 16 |
| 開封路 | 東起甘肅路 | 西至西藏北路 | 23 |
| 開原路 | 東起梵皇渡路 | 西至江蘇路 | 104 |
| 雲南中路 | 北起南京東路 | 南至中正東路 | 10 11 12 |
| 雲南北路 | 北起芝罘路 | 南至南京東路 | 13 |
| 雲南南路 | 北起中正東路 | 南至民國路 | 10 |
| 揚子江路 | 東起九龍路 | 西至武昌路 | 33 |
| 棋盤街 | 東起江西中路 | 西至山東中路 | 1 9 |
| 黃浦路 | 東起青浦路 | 西至長治路 | 32 33 |
| 黃河路 | 北起新閘路 | 南至南京西路 | 14 15 19 20 21 |
| 黃陂北路 | 北起南京西路 | 南至中正東路 | 15 16 17 18 19 |
| 黃陂南路 | 北起中正東路 | 南至徐家匯路 | 16 |
| 順德路 | 東起斯文里 | 西至淮安路 | 57 |
| 順徵路 | 東起天保路 | 西至百祿路 | 54 |
| 普安路 | 北起中正東路 | 南至崇德路 | 15 16 |
| 普陀路 | 東起歸化路 | 西至西康路 | 87 88 89 90 91 |
| 湖北路 | 北起南京東路 | 南至浙江中路 | 8 9 10 11 12 |
| 菜市街 | 東起永定路 | 西至溧陽路 | 34 |
| 貴州路 | 北起廈門路 | 南至九江路 | 12 13 |
| 無錫路 | 東起福建中路 | 西至顧家街 | 13 |
| 凱旋路 | 北起梵皇渡路 | 南至虹橋路 | 110 112 |
| 紫金路 | 北起中正東路 | 南至民國路 | 1 |
| 閔行路 | 北起吳淞路 | 南至揚子江路 | 32 33 |
| 彭澤路 | 北起海甯路 | 南至河南北路 | 26 27 |
| 富民路 | 北起中正中路 | 南至東湖路 | 71 |
| 惠民路 | 東起蘭州路 | 西至東大名路 | 40 41 |

## 十三劃

| 路名 | 起 | 至 | 頁 |
|---|---|---|---|
| 新鄉路 | 東起四川北路 | 西至建國公司 | 51 |
| 新昌路 | 北起新閘路 | 南至南京西路 | 15 19 20 21 55 |
| 新橋路 | 北起蘇州路 | 南至新閘路 | 21 |
| 新閘路 | 東起西藏中路 | 西至梵皇渡路 | 14 21 57 58 64 65 67 68 75 76 77 80 81 |
| 新會路 | 東起江甯路 | 西至常德路 | 86 87 |
| 新疆路 | 東起西藏北路 | 西至大統路 | 23 54 55 56 |
| 新民路 | 東起浙江北路 | 西至華盛路 | 54 55 56 |
| 新建路 | 北起周家嘴路 | 南至東長治路 | 37 38 |
| 新廣路 | 北起寶源路 | 南至虬江路 | 28 51 |
| 新康路 | 東起四川中路 | 西至江西中路 | 3 |
| 新泰路 | 北起泰安里 | 南至北蘇州路 | 25 |
| 新化路 | 東起常德路 | 西至膠州路 | 84 85 |
| 新菜場路 | 北起蘇州路 | 南至北京東路 | 6 |
| 溪口路 | 北起中正東路 | 南至金陵東路 | 1 |
| 滇池路 | 東起中正東一路 | 西至四川中路 | 3 |
| 溧陽路 | 北起四川北路 | 南至東大名路 | 29 30 33 34 35 36 47 48 49 |
| 溫州路 | 北起西蘇州路 | 南至北京西路 | 14 21 |
| 圓明園路 | 北起蘇州路 | 南至滇池路 | 3 4 |
| 愚園路 | 東起常德路 | 西至長甯路 | 72 73 100 101 103 108 112 |
| 鉅鹿路 | 東起金陵西路 | 西至常熟路 | 17 61 |
| 廈門路 | 東起福建中路 | 西至西藏中路 | 13 22 25 |

| 路名 | 起 | 至 | 圖號 |
|---|---|---|---|
| 榆林路 | 東起蘭州路 | 西至臨潼路 | 41 |
| 靖遠街 | 北起廣東路 | 南至中正東路 | 9 |
| 塘沽路 | 東起大名路 | 西至浙江北路 | 24 26 27 31 33 |
| 嵩山路 | 北起中正東路 | 南至太倉路 | 15 16 |
| 瑞金路 | 東起周家嘴路 | 西至海拉爾路 | 36 37 |
| 楊樹浦路 | 東起黎平路 | 西至海門路 | 41 |
| **十四劃** | | | |
| 福德路 | 東起長治路 | 西至吳淞路 | 32 |
| 福州路 | 東起中山東一路 | 西至西藏中路 | 2 8 11 15 |
| 福建中路 | 北起蘇州路 | 南至中正東路 | 6 7 8 9 12 13 |
| 福建北路 | 北起海甯路 | 南至北蘇州路 | 24 25 |
| 福建南路 | 北起中正東路 | 南至民國路 | 9 |
| 福康路 | 北起三育中學 | 南至新閘路 | 64 65 |
| 漢口路 | 東起中山東一路 | 西至西藏中路 | 2 7 8 11 12 15 |
| 漢中路 | 東起華盛路 | 西至光復路 | 56 |
| 漢陽路 | 東起九龍路 | 西至吳淞路 | 31 33 |
| 滿州路 | 北起新民路 | 南至光復路 | 22 23 54 55 |
| 銅仁路 | 北起南京西路 | 南至中正中路 | 70 71 73 74 75 |
| 鳳陽路 | 東起西藏中路 | 西至南京西路 | 12 13 14 15 19 20 59 |
| 慈谿路 | 北起新閘路 | 南至北京西路 | 57 58 59 64 |
| 嘉興路 | 東起九龍路 | 西至吳淞路 | 29 |
| 蒙古路 | 東起西藏北路 | 西至大統路 | 55 56 |
| 趙家橋路 | 東起常德路 | 西至膠州路 | 73 76 |
| **十五劃** | | | |
| 廣東路 | 東起中山東一路 | 西至西藏中路 | 1 2 8 9 10 11 |
| 廣西北路 | 北起芝罘路 | 南至中正東路 | 10 11 12 13 |
| 廣西南路 | 北起中正東路 | 南至林森東路 | 10 |
| 廣東街 | 北起虬江路 | 南至四川北路 | 28 52 |
| 熱河路 | 北起新疆路 | 南至開封路 | 23 54 |
| 膠州路 | 北起長壽路 | 南至愚園路 | 72 73 76 77 78 85 86 94 |
| 澳門路 | 東起西蘇州路 | 西至西康路 | 88 89 90 91 |
| 橫浜路 | 北起陳家花園 | 南至東橫浜路 | 50 |
| 慶陽路 | 東起沙涇港路 | 西至其美路 | 47 |
| **十六劃** | | | |
| 霍山路 | 東起蘭州路 | 西至海門路 | 40 41 42 |
| 餘姚路 | 東起西康路 | 西至康定路 | 78 79 85 94 95 96 97 98 |
| 餘杭路 | 東起九龍路 | 西至吳淞路 | 30 31 |
| 鴨綠江路 | 東起周家嘴路 | 西至溧陽路 | 35 36 37 |
| **十七劃** | | | |
| 龍門路 | 北起武勝路 | 南至桃園路 | 10 15 16 |
| 蕪湖路 | 東起山東中路 | 西至福建中路 | 9 |
| 靜安老街 | 東起華山路 | 西至南京西路 | 72 |
| **十八劃** | | | |
| 臨潼路 | 北起長陽路 | 南至楊樹浦路 | 41 42 |
| 鴻興路 | 北起中華新路 | 南至寶山路 | 52 |
| **十九劃** | | | |
| 蟠龍街 | 北起塘沽路 | 東至乍浦路 | 26 |
| 歸化路(北段) | 北起西蘇州路 | 南至長壽路 | 84 88 89 90 |
| (南段) | 北起淮安路 | 南至新閘路 | 66 67 82 83 |
| 羅浮路 | 北起龔家宅路 | 南至武進路 | 28 |
| 藏東路 | 北起士慶路 | 南至橫浜河 | 48 51 |
| 寶通路 | 北起嚴家閣路 | 南至虬江路 | 28 52 |
| 寶昌路 | 北起青雲路 | 南至虬江路 | 52 |
| 寶安路 | 北起四達路 | 南至溧陽路 | 47 49 |
| 寶源路 | 東起寶興路 | 西至寶山路 | |
| 寶山路 | 北起橫浜路 | 南至天目路 | 28 50 52 53 |
| **二十劃** | | | |
| 蘇州路 | 東起中山東一路 | 西至西藏中路 | 4 5 6 13 22 25 |
| 醴陵路 | 北起東長治路 | 南至東大名路 | 24 |
| **二十二劃** | | | |
| 龔家宅路 | 東起虬江支路 | 西至羅浮路 | 28 |

# 上海市行號路圖錄上冊里衖索引



| 名稱 | 地址 | 圖號 |
| --- | --- | --- |
| **一劃** | | |
| 一品里 | 大沽路三八三號 | 六一 |
| 一新坊 | 梧州路二〇九號 | 三六 |
| **二劃** | | |
| 九江里 | 雲南中路三〇八號 | 一二 |
| 九江里 | 廣西北路二九七號 | 一二 |
| 九如里 | 金陵西路四四號 | 一七 |
| 九如里 | 鳳陽路四六三號 | 一九 |
| 九如里 | 長壽路二六四號 | 八七 |
| 九思里 | 福建北路六九衖內 | 二五 |
| 九福里 | 江陰路八八號 | 一九 |
| 九福里 | 南京西路四七一號 | 一九 |
| 九福新邨 | 茂名北路一四一號 | 六二 |
| 人安里 | 牯嶺路一四五號 | 一四 |
| 人安里 | 白河路牯嶺路南 | 一四 |
| 人安里 | 霍山路二一號 | 四〇 |
| 人和里 | 長壽路一五二號 | 八七 |
| 人和里 | 鳳陽路五八號 | 一四 |
| 人和里 | 江蘇路四六二衖四二三號 | 一〇九 |
| 人瑞里 | 中正北一路二九三號 | 六三 |
| 人壽里 | 海甯路七九一號 | 二四 |
| 人壽坊 | 鳳陽路三四四衖內 | 二〇 |
| 人豐里 | 北京東路五九六號 | 一三 |
| 人豐里 | 福建中路五八九號 | 一三 |
| 人龢里 | 安遠路五一四號 | 八六 |
| 八仙坊 | 甯海西路七三號 | 一六 |
| 八仙坊二衖 | 甯海西路八三號 | 一六 |
| 八仙坊總衖 | 甯海西路一〇九號 | 一六 |
| 又一邨 | 常德路五四五衖內 | 七七 |
| 又新里 | 九江路山東中路東 | 七 |
| 又新里 | 山東中路三三八號 | 七 |
| 又新邨 | 歸化路九三九號 | 八八 |
| **三劃** | | |
| 三元坊 | 福州路七二九號 | 一一 |
| 三元坊 | 汕頭路西藏中路東 | 一一 |
| 三元坊 | 長壽路五七九號 | 九四 |
| 三元坊 | 新聞路一三四〇號 | 八一 |
| 三元坊 | 威海衛路中正北一路東 | 六一 |
| 三元里一衖 | 虬江支路六一號 | 二九 |
| 三元里二衖 | 虬江支路五三號 | 二九 |
| 三元里三衖 | 虬江支路四三號 | 二九 |
| 三多里一衖 | 成都北路五三二號 | 一九 |
| 三多里二衖 | 成都北路五二四號 | 一九 |
| 三多里三衖 | 成都北路五一二號 | 一九 |
| 三多里四衖 | 成都北路五〇二號 | 一九 |
| 三多里五衖 | 成都北路四九〇號 | 一九 |
| 三多里六衖 | 成都北路四七八號 | 一九 |
| 三多里 | 金陵西路五〇號 | 一七 |
| 三多里 | 唐山路一三三號 | 三八 |
| 三多里 | 周家嘴路七八六號 | 四五 |
| 三多里 | 康定路五三七號 | 八〇 |
| 三安里 | 邢家橋路一八二號 | 五一 |
| 三安里 | 虬江路二四五號 | 五一 |
| 三成坊 | 新昌路三〇〇號 | 二〇 |
| 三成坊 | 新昌路三一〇號 | 二〇 |
| 三官堂 | 新昌路三一號 | 一九 |
| 三和里 | 四川中路五五九號 | 五 |
| 三和里 | 江西中路四三二號 | 五 |
| 三和里 | 西康路八九四號 | 八四 |
| 三和里 | 西康路九〇二號 | 八四 |
| 三和里 | 西康路九一〇號 | 八四 |
| 三和里 | 新化路三八〇號 | 八四 |
| 三星里 | 北京西路一三四號 | 一四 |
| 三星里 | 北京西路一四二號 | 一四 |
| 三星里 | 山西北路四四九號 | 五三 |
| 三星里 | 永壽路甯海東路北 | 一〇 |
| 三星里 | 北京西路四七四號 | 五八 |
| 三星坊 | 康定路四一八號 | 八一 |
| 三泰衖 | 山西北路至福建北路 | 二五 |
| 三益里 | 新聞路四四五號 | 二一 |
| 三益里 | 塘沽路九三號 | 三三 |
| 三益里 | 中正北一路三一五衖內 | 六三 |
| 三益邨 | 舟山路二五四號 | 四三 |
| 三益邨 | 唐山路五九九號 | 四三 |
| 三祝里 | 溫州路八八號 | 一四 |
| 三祝里 | 溫州路一〇〇號 | 一四 |
| 三祝里 | 重慶北路二九三號 | 一八 |
| 三陸里 | 鴨綠江路一五一號 | 三六 |
| 三義坊 | 梵皇渡路二七號 | 一〇〇 |
| 三義里 | 梵皇渡路七四號 | 一〇〇 |
| 三瑞里 | 中正北一路二〇一號 | 六三 |
| 三善里 | 虬江路五〇一號 | 五二 |
| 三新里總衖 | 四川北路一四六六號 | 二九 |
| 三陽里 | 公平路五二五號 | 四五 |
| 三壽里 | 大名路一七九號 | 三三 |
| 三鳳里 | 成都北路五八六號 | 二〇 |
| 三慰邨 | 中正北二路一三四號 | 六四 |
| 三德里 | 中正東路一〇〇六號 | 一六 |
| 三德里 | 成都北路北京西路北 | 二〇 |
| 三德里 | 新昌路三五三號 | 二〇 |
| 三德里 | 海甯路四川北路東 | 二七 |
| 三德里 | 鴨綠江路一五一號 | 三六 |
| 三德里 | 常德路三二三號 | 七三 |
| 三德坊 | 嘉興路五九號 | 二九 |
| 三德坊 | 康定路三九號 | 六七 |
| 三德坊 | 康定路六一號 | 六七 |
| 三餘里 | 中正東路一四六二衖內 | 一七 |
| 三餘里 | 淮安路二六九號 | 六五 |
| 三餘坊 | 西康路一〇四七號 | 八六 |
| 上吉坊 | 新聞路四一八號 | 二一 |
| 上海里 | 安慶路三八八號 | 五三 |
| 上海新市場 | 南京西路九五四號 | 六九 |
| 久仁里 | 武定路九八〇號 | 七七 |
| 久安里 | 龍門路五四號 | 一〇 |
| 久安里 | 龍門路六四號 | 一〇 |
| 久安里 | 龍門路七四號 | 一〇 |
| 久安里 | 西藏南路一〇號 | 一〇 |
| 久安里 | 安慶路四〇四號 | 五三 |

| 名稱 | 地址 | 圖號 |
| --- | --- | --- |
| 久安里一街 | 湖北路一三〇號 | 八 |
| 久安里一街 | 福建中路一二七號 | 八 |
| 久安里二街 | 湖北路一一二號 | 八 |
| 久安南里 | 廣東路湖北路東 | 八 |
| 久安邨 | 愚園路一〇五〇號 | 一〇八 |
| 久和里 | 西藏北路二二二號 | 二三 |
| 久思里 | 福建北路六九號 | 二五 |
| 久耕里 | 九龍路五三三號 | 三〇 |
| 久耕里 | 海甯路五七號 | 三〇 |
| 久耕里 | 海甯路九七號 | 三〇 |
| 久耕里 | 峨嵋路四一八號 | 三〇 |
| 久遠里 | 海甯路二四一號 | 三〇 |
| 久興里 | 鳳陽路四七六號 | 二〇 |
| 久興里 | 成都北路五七二號 | 二〇 |
| 千愛里 | 山陰路二號 | 五〇 |
| 廿一坊 | 梵皇渡路三四七街內 | 九九 |
| 大中里 | 中正北一路二一四號 | 六〇 |
| 大方里 | 成都北路一五二號 | 一八 |
| 大同里 | 陝西北路五二五號 | 七五 |
| 大同里 | 陝西北路五三五號 | 七五 |
| 大同坊 | 盛澤路五號 | 九 |
| 大同里 | 北京西路四六〇街內 | 五八 |
| 大吉里 | 靖遠街七三號 | 二五 |
| 大吉里 | 天潼路六七一號 | 一〇一 |
| 大年坊 | 永源浜迪化北路西 | 八 |
| 大成里 | 山西南路二六號 | 一六 |
| 大成里 | 甯海西路望亭路東 | 五九 |
| 大成里 | 大通路一四三號 | 五九 |
| 大成商場 | 江甯路三六號 | 六九 |
| 大旭里 | 長壽路二七五號 | 八六 |
| 大姓坊 | 浙江中路二六二號 | 一二 |
| 大陸里 | 東橫浜路士慶路北 | 五〇 |
| 大通里 | 鳳陽路大通路東 | 五九 |
| 大通里 | 大通路三三一號 | 五八 |
| 大森里 | 諸安浜娥眉月路東 | 一〇八 |
| 大華商場 | 南京西路一〇四〇號 | 六九 |
| 大華新邨 | 南匯路七二號 | 六九 |
| 大順里 | 西藏中路四三號 | 一〇 |
| 大新坊 | 漢口路五八八號 | 一二 |
| 大新坊 | 湖北路二五九號 | 一二 |

| 名稱 | 地址 | 圖號 |
| --- | --- | --- |
| 大新邨 | 江蘇路五〇七號 | 一〇二 |
| 大新邨 | 常德路五四五街內 | 七七 |
| 大新一邨 | 白河路四〇號 | 一四 |
| 大康里 | 武定路四三〇號 | 六七 |
| 大勝里 | 大通路二七三號 | 五八 |
| 大勝里 | 大通路二七四號 | 五八 |
| 大裕坊 | 大沽路五一九號 | 六一 |
| 大裕里 | 江甯路七六九號 | 八二 |
| 大福里 | 武定路號三一五 | 六七 |
| 大德里 | 成都北路一六二號 | 一八 |
| 大德里 | 高陽路岳州路西 | 四六 |
| 大德里 | 四川北路一五四五號 | 五一 |
| 大德里 | 新閘路九一一號 | 六四 |
| 大德坊 | 江甯路三六〇號 | 六七 |
| 大慶里 | 九江路七八〇號 | 一二 |
| 大慶里 | 西藏中路三六八號 | 一二 |
| 大慶里 | 西藏中路三九八號 | 一二 |
| 大慶里 | 南京東路七九九號 | 一二 |
| 大慶里 | 雲南中路三四一號 | 一二 |
| 大慶坊 | 海甯路二五三號 | 三〇 |
| 大興里 | 福州路六三六號 | 一一 |
| 大興里 | 江陰路八三號 | 一八 |
| 大興里 | 成都北路九八八號 | 二一 |
| 大興里 | 吳淞路四二九號 | 三〇 |
| 大興坊 | 橫浜路寶山路東 | 五〇 |
| 大興坊 | 大通路二六二號 | 五八 |
| 大豐里 | 梵皇渡路八五八號 | 九六 |
| 大鵬里 | 常德路三八一號 | 七六 |
| 子祥里 | 東寶興路二九號 | 四八 |
| 子祥里 | 東寶興路三七號 | 四八 |
| 子祥里 | 東寶興路四五號 | 四八 |
| 子祥里 | 東寶興路六一號 | 四八 |
| 小南坊 | 梵皇渡後路六六號 | 一〇六 |
| 小新莊 | 長壽路九四五街內 | 九六 |
| 山海里 | 山海關路大通路東 | 五八 |
| 山海新邨 | 山海關路二八九號 | 五八 |
| 山海新邨 | 山海關路二八五街一四號 | 五八 |
| 山樂邨 | 梵皇渡路二六九號 | 九九 |
| 士德里 | 四川北路一五八九號 | 五一 |

## 四劃

| 名稱 | 地址 | 圖號 |
| --- | --- | --- |
| 中州里 | 中州路一八一號 | 二八 |
| 中州里 | 虬江路五一三號 | 二八 |
| 中和里 | 河南中路二五九號 | 八 |
| 中和新邨 | 大沽路四八九號 | 六一 |
| 中文德里 | 新橋路五二號 | 二一 |
| 中保坊 | 山東中路一二八號 | 八 |
| 中振坊 | 梵皇渡路六五號 | 一〇〇 |
| 中華里 | 甯海東路六九號 | 九 |
| 中華里 | 福建南路八五號 | 九 |
| 中華里 | 金陵東路二四六號 | 九 |
| 中華新邨 | 泰興路四五號 | 六七 |
| 中興里 | 常德路三二號 | 七三 |
| 中興邨 | 西康路五八號 | 八一 |
| 中實新邨 | 愚園路五七九號 | 一〇一 |
| 五和里 | 江甯路五三六號 | 六六 |
| 五福里 | 北京東路八一九號 | 一三 |
| 五福里 | 連雲路三一號 | 一六 |
| 五福里 | 唐山路六三五號 | 四三 |
| 五福里 | 歸化路九二一號 | 八八 |
| 五福街 | 南京東路至甯波路 | 六—七 |
| 五餘坊 | 西康路一一四一號 | 八六 |
| 仁里 | 江陰路一七六號 | 一九 |
| 仁元里 | 虬江路七二號 | 二九 |
| 仁元里 | 羅浮路九九號 | 二八 |
| 仁安里 | 嵩山路二〇號 | 一六 |
| 仁安里 | 甯海西路一六五號 | 一六 |
| 仁如里 | 鴨綠江路一〇七號 | 三六 |
| 仁志里 | 浙江北路一六四號 | 二四 |
| 仁初里 | 周家嘴路四一〇號 | 三七 |
| 仁初里 | 周家嘴路通州路西 | 三七 |
| 仁初里 | 新建路二一〇街內 | 三七 |
| 仁和里 | 鴨綠江路一〇七號 | 三六 |
| 仁和里 | 九龍路大名路東 | 三三 |
| 仁和里 | 青浦路大名路東 | 三三 |
| 仁和里 | 長甯支路一二號 | 九六 |
| 仁美里 | 北京東路四二七號 | 六 |
| 仁美里 | 甯波路山東北路西 | 六 |

| 名稱 | 地址 | 圖號 |
| --- | --- | --- |
| 仁茂里 | 東餘杭路九七八號 | 四三 |
| 仁源里 | 臨潼路三〇〇號 | 四二 |
| 仁智里 | 四川北路五四號 | 二六 |
| 仁智里 | 天潼路四川北路東 | 二六 |
| 仁智里總衖 | 武昌路四四九號 | 二六 |
| 仁達邨 | 常德路五四五衖內 | 七七 |
| 仁德里 | 東長治路四二五號 | 三五 |
| 仁德里 | 西安路商邱路西 | 三五 |
| 仁德里 | 南無錫路六四號 | 六 |
| 仁德里 | 黃河路北京西路北 | 一四 |
| 仁德坊 | 梵皇渡路九〇五號 | 九六 |
| 仁慶里 | 昆明路三六五號 | 四二 |
| 仁興里 | 東大名路七三七號 | 三九 |
| 仁興里 | 北京東路六二二號 | 一三 |
| 仁興里 | 廈門路二七號 | 一三 |
| 仁興里 | 天同路謙益里西 | 四七 |
| 仁濟里 | 山海關路一四〇號 | 二一 |
| 仁濟里 | 新閘路四三三號 | 二一 |
| 介祉里 | 福建中路四一七號 | 一二 |
| 介福里 | 南陽路一一號 | 七四 |
| 元元里 | 江甯路七〇七號 | 八二 |
| 元安里 | 商邱路一六一號 | 三四 |
| 元成里 | 通州路三五六號 | 四六 |
| 元吉里 | 江甯路四五五號 | 八一 |
| 元芳衖 | 中山東一路六A號 | 二 |
| 元芳衖 | 四川中路一二六號 | 二 |
| 元芳里 | 東大名路五六三號 | 三四 |
| 元芳里 | 長甯路四二號 | 九六 |
| 元亨里 | 海甯路一〇二二號 | 五四 |
| 元亨里一衖 | 唐家衖七九號 | 二五 |
| 元亨里二衖 | 唐家衖八三號 | 二五 |
| 元和里 | 商邱路一二二號 | 三四 |
| 元和坊 | 鴨綠江路一三九號 | 三六 |
| 元和坊 | 如皋路鴨綠江路北 | 三六 |
| 元善里 | 梵皇渡路三一號 | 一〇〇 |
| 元善里 | 梵皇渡路三九號 | 一〇〇 |
| 元善里 | 梵皇渡路四七號 | 一〇〇 |
| 元發邨 | 梵皇渡路六八三衖內 | 九七 |
| 元慶里 | 乍浦路二〇二號 | 三一 |
| 元慶里 | 塘沽路三六三號 | 三一 |

| 名稱 | 地址 | 圖號 |
| --- | --- | --- |
| 元福里 | 商邱路一四〇號 | 三四 |
| 元福里 | 常德路五三〇號 | 八〇 |
| 元興里 | 鳳陽路三一四號 | 二〇 |
| 元濟里 | 塘沽路四九九號 | 二六 |
| 元濟里 | 四川北路八一二號 | 二六 |
| 公平里 | 長沙路鳳陽路北 | 一四 |
| 公平里 | 公平路四二五號 | 四四 |
| 公平坊 | 公平路二二〇號 | 四〇 |
| 公平坊 | 公平路東大名路北 | 四〇 |
| 公平坊 | 東長治路九三六號 | 四〇 |
| 公安里 | 中正東路六二五號 | 一六 |
| 公安里 | 武定路二五八衖內 | 六七 |
| 公安坊 | 西康路五六七號 | 七九 |
| 公安里二衖 | 吳淞路二六〇號 | 三一 |
| 公安里三衖 | 吳淞路二七二號 | 三一 |
| 公安里四衖 | 吳淞路三〇六號 | 三一 |
| 公安里東衖 | 漢陽路七九號 | 三一 |
| 公安里總衖 | 漢陽路三五號 | 三一 |
| 公和里 | 南潯路一五三號 | 三三 |
| 公益里 | 長治路一四二號 | 三三 |
| 公益里 | 西安路二四七號 | 三五 |
| 公益里 | 梵皇渡路八三四號 | 九七 |
| 公益坊 | 四川北路九八九號 | 二七 |
| 公益坊 | 長甯支路三五號 | 九六 |
| 公順里 | 廣東路二八六號 | 八 |
| 公順里 | 廣東路三〇〇號 | 八 |
| 六桂坊 | 浙江北路三〇七號 | 五四 |
| 六桂坊 | 餘姚路西康路西 | 七九 |
| 六儀坊 | 江陰路一〇六號 | 一九 |
| 升安里 | 甯波路四七三號 | 一二 |
| 友益里 | 雲南南路六〇號 | 一〇 |
| 天生里 | 康樂路二二號 | 二四 |
| 天水坊 | 寶源路寶通路東 | 五二 |
| 天同里 | 天同路一五六號 | 四七 |
| 天同里 | 天同路一七〇號 | 四七 |
| 天保里 | 天保路海甯路北 | 五四 |
| 天厚里 | 岳州路二八八號 | 四五 |
| 天福里 | 天津路三五七號 | 一二 |
| 天福里 | 安慶路九八號 | 二七 |
| 天福里 | 武進路四三九號 | 二七 |

| 名稱 | 地址 | 圖號 |
| --- | --- | --- |
| 天福里 | 慈谿路九〇號 | 五八 |
| 天祿里 | 浙江北路一〇二號 | 二四 |
| 天德里 | 士慶路三〇一號 | 五〇 |
| 天樂坊 | 吳江路六一號 | 六〇 |
| 天樂坊 | 康樂路二三八號 | 五三 |
| 天錫里 | 福建南路三八號 | 九 |
| 天豐一邨 | 膠州路一七〇號 | 七六 |
| 天寶里 | 山海關路二五二號 | 五八 |
| 天豐里 | 成都北路八七九號 | 五八 |
| 天鑫里 | 新疆路八一號 | 五四 |
| 太平坊 | 漢口路三四一號 | 八 |
| 太平坊 | 康定路一三五三號 | 九七 |
| 太平衖 | 成都北路北京西路北 | 二〇 |
| 太平衖 | 黃河路二一五號 | 二〇 |
| 太性里 | 岳州路三六四號 | 四五 |
| 太和坊 | 福州路二九三號 | 八 |
| 太和坊 | 山東中路一八〇號 | 八 |
| 太和坊 | 武定路八〇號 | 六五 |
| 太和里 | 西康路六一〇號 | 八一 |
| 太和邨 | 威海衛路一九〇號 | 一八 |
| 太和邨 | 成都北路二四〇號 | 一八 |
| 太原坊 | 甯海東路二五〇號 | 一〇 |
| 太原坊 | 中正東路四〇一號 | 一〇 |
| 太原坊 | 廣西南路四號 | 一〇 |
| 太原坊 | 廣西南路一二號 | 一〇 |
| 太原坊 | 廣西南路一八號 | 一〇 |
| 太原坊 | 溫州路四一號 | 一四 |
| 太原坊 | 海甯路七一一號 | 二四 |
| 太原坊 | 塘沽路七九六號 | 二四 |
| 太原里 | 福建北路二八六號 | 二四 |
| 太源里 | 六合路一四六號 | 一三 |
| 戈登里 | 江甯路六〇六號 | 六六 |
| 戈登別墅 | 江甯路七〇二號 | 八二 |
| 戈登新邨 | 江甯路五五〇號 | 六六 |
| 文元里 | 西藏中路九五號 | 一〇 |
| 文元里 | 西藏中路八三號 | 一〇 |
| 文元里 | 西藏中路七五號 | 一〇 |
| 文元坊 | 愚園路六八八號 | 一〇〇 |
| 文元新邨 | 梵皇渡路眞光小學衖南 | 一〇四 |
| 文安坊 | 黃陂南路二〇號 | 一六 |

| 名稱 | 地址 | 圖號 |
|---|---|---|
| 文安坊 | 連雲路四三號 | 一六 |
| 文明里 | 牛莊路六五〇號 | 一三 |
| 文昌里 | 海甯路九八三號 | 二四 |
| 文彥坊 | 橫浜路寶山路東 | 五〇 |
| 文培里 | 邢家宅路五八號 | 四七 |
| 文盛坊 | 中正東路一四六二衖內 | 一七 |
| 文華坊 | 歸化路四三五號 | 八二 |
| 文裕坊 | 大沽路五一九號 | 六一 |
| 文惠坊 | 海甯路康樂路東 | 五三 |
| 文德坊 | 北京西路一三〇〇號 | 七五 |
| 文德里 | 陝西北路三二六號 | 七四 |
| 文德里 | 銅仁路二四〇衖內 | 七四 |
| 文劉里 | 康定路一四七二號 | 九六 |
| 日新里 | 福建中路香粉衖內 | 一二 |
| 日新里 | 唐山路四一六號 | 四四 |
| 月安里 | 梧州路三五五號 | 三六 |
| 月桂里 | 中正東路至廣東路 | 九 |
| 丹鳳里 | 牯嶺路一〇〇號 | 一四 |
| 王家沙花園 | 北京西路中正北二路東 | 五九 |

## 五劃

| 名稱 | 地址 | 圖號 |
|---|---|---|
| 卡德新邨 | 中正北二路一五四衖內 | 六四 |
| 世昌里 | 東漢陽路二六四號 | 三五 |
| 世述里 | 成都北路五六三號 | 五九 |
| 世界里 | 福州路三二八號 | 八 |
| 世厚里一衖 | 安國路一一八號 | 四三 |
| 世厚里 | 安國路一二八號 | 四三 |
| 世厚里三衖 | 安國路一三四號 | 四三 |
| 世厚里四衖 | 安國路一四四號 | 四三 |
| 世厚里五衖 | 安國路一五四號 | 四三 |
| 世德里 | 淮安路二三三號 | 六五 |
| 乍浦里 | 乍浦路八三號 | 二六 |
| 乍浦里 | 乍浦路一一三號 | 二六 |
| 北仁智里 | 四川北路五〇六號 | 二六 |
| 北仁智里 | 四川北路七〇〇號 | 二六 |
| 北四川里 | 四川北路一六〇四號 | 五一 |
| 北四川里 | 邢家橋路一〇九號 | 五一 |
| 北永泰里 | 歸化路康定路北 | 六六 |
| 北長安里 | 猛將街二二號 | 三〇 |
| 北長康里 | 曲阜路一七二號 | 二三 |

| 名稱 | 地址 | 圖號 |
|---|---|---|
| 北長康里 | 開封路一八九號 | 二三 |
| 北長康里一衖 | 文昌路九〇號 | 二三 |
| 北長康里二衖 | 文昌路一〇〇號 | 二三 |
| 北高陽里 | 盆湯衖二〇號 | 七 |
| 北高壽里 | 天目路二四五號 | 五三 |
| 北貴里 | 福建中路一四一號 | 八 |
| 北貴里 | 湖北路一三八號 | 八 |
| 北新安里 | 新會路一九六號 | 八七 |
| 北興里 | 西藏中路六四九號 | 一四 |
| 北興里 | 西藏中路六六一號 | 一四 |
| 北興里 | 新閘路八號 | 一四 |
| 北戴河衖 | 塘沽路四川北路東 | 二六 |
| 四平里 | 天潼路八三一號 | 二五 |
| 四合邨 | 餘姚路六〇八號 | 九五 |
| 四明別墅 | 愚園路迪化北路西 | 一〇〇 |
| 四雄邨 | 陝西北路七二三號 | 八一 |
| 四達里 | 山陰路四一號 | 四九 |
| 四達里 | 山陰路恆豐里南 | 四九 |
| 四達里 | 山陰路五七號 | 四九 |
| 四達坊 | 大連路四七三號 | 四二 |
| 四維邨 | 泰興路三五五號 | 六八 |
| 四德里 | 甯海西路一五六號 | 一六 |
| 四德邨 | 江蘇路二四九號 | 一〇三 |
| 兄弟邨 | 中正西路五九七衖內 | 一〇二 |
| 平安坊 | 新昌路四三二衖內 | 二一 |
| 平安里 | 成都北路七四一衖內 | 五八 |
| 平安里 | 福州路六〇四號 | 一一 |
| 平安里 | 浙江中路福州路北 | 一一 |
| 平安里 | 塘沽路長治路東 | 三三 |
| 平安里一衖 | 九龍路一六九號 | 三三 |
| 平安里二衖 | 九龍路一五九號 | 三三 |
| 平安里三衖 | 九龍路一四九號 | 三三 |
| 平安里四衖 | 九龍路一三九號 | 三三 |
| 平民邨 | 餘姚路四八七衖內 | 九八 |
| 平和里 | 北京西路二三九號 | 二〇 |
| 平和里 | 黃河路一五五號 | 二〇 |
| 平泉別墅 | 新昌路三六一號 | 二〇 |
| 平喬里 | 北京西路一二〇號 | 一四 |
| 平陽里 | 北無錫路四六號 | 六 |
| 平陽里 | 成都北路七四一衖內 | 五八 |

| 名稱 | 地址 | 圖號 |
|---|---|---|
| 平望里 | 平望路六號 | 一一 |
| 平樂里 | 西藏中路三三〇號 | 一二 |
| 平樂里 | 西藏中路三四〇號 | 一二 |
| 正心里 | 唐山路七六五號 | 四三 |
| 正名里 | 慈谿路一八〇號 | 五八 |
| 正明里 | 常德路三三號 | 七一 |
| 正明里 | 常德路四三號 | 七一 |
| 正明里 | 常德路五三號 | 七一 |
| 正明里 | 常德路六三號 | 一 |
| 正修里 | 開封路二一〇號 | 二三 |
| 正德里 | 安國路三〇號 | 四三 |
| 正賢坊 | 長沙路一四九號 | 一四 |
| 正興里 | 新廣路二六一號 | 五一 |
| 民生新邨 | 梵皇渡路一三一二號 | 一〇六 |
| 民安坊 | 中正中路三九二號 | 六一 |
| 民福里 | 中正中路一〇一三號 | 七一 |
| 民樂邨 | 其美路溧陽路北 | 四七 |
| 永元坊 | 岳州路三九五號 | 四五 |
| 永平里 | 貴州路二九七號 | 一三 |
| 永平里 | 鴨綠江路一一一號 | 三六 |
| 永平里 | 海甯路八〇八號 | 五三 |
| 永平里 | 順德路八九號 | 五七 |
| 永平里 | 淮安路九〇號 | 五七 |
| 永平安里 | 甯波路六二〇號 | 一三 |
| 永平安里 | 雲南北路一六號 | 一三 |
| 永仁里 | 恆通路四七號 | 五六 |
| 永安坊 | 廣西北路一一二號 | 一〇 |
| 永安坊 | 廣西北路二二二號 | 一〇 |
| 永安坊 | 顧家衖內牛莊路北 | 一三 |
| 永安里 | 盆湯衖一〇八號 | 七 |
| 永安里 | 甯海西路望亭路東 | 一六 |
| 永安里 | 大沽路一六六衖內 | 一八 |
| 永安里 | 周家嘴路八六四號 | 四五 |
| 永安里 | 四川北路一九五三號 | 五〇 |
| 永安里 | 四川北路一九六三號 | 五〇 |
| 永安里 | 四川北路一九七三號 | 五〇 |
| 永安里 | 多倫路一五三號 | 五〇 |
| 永安里 | 多倫路一六三號 | 五〇 |
| 永安里 | 多倫路一七三號 | 五〇 |
| 永安里 | 多倫路一八三號 | 五〇 |

| 名稱 | 地址 | 圖號 |
| --- | --- | --- |
| 永安里 | 安慶路二八八號 | 五三 |
| 永安里 | 淮安路一二〇號 | 五七 |
| 永安里 | 北京西路六三〇號 | 六四 |
| 永安里 | 長壽路一八二號 | 八七 |
| 永安里 | 長壽路二一四號 | 八七 |
| 永安里 | 長壽路五九三號 | 九四 |
| 永安里 | 長甯支路祥豐皮廠東 | 一〇五 |
| 永安里一街 | 河南北路三四二號 | 二七 |
| 永安里二街 | 河南北路海甯路北 | 二七 |
| 永安邨 | 梵皇渡路中山公園東 | 一〇七 |
| 永安邨 | 武夷路中正西路西 | 一〇九 |
| 永安新邨 | 西康路五四五號 | 七九 |
| 永吉里 | 江西中路一五號 | 一 |
| 永吉里 | 江西中路三一號 | 一 |
| 永吉里 | 香粉街三四號 | 一二 |
| 永吉里 | 西藏中路五八七號 | 一四 |
| 永吉里 | 西藏中路五七九號 | 一四 |
| 永吉里 | 牯嶺路二八號 | 一四 |
| 永吉里 | 海甯路七〇三號 | 二四 |
| 永吉里 | 武進路四三七號 | 二七 |
| 永吉里 | 康定路一一四五號 | 九八 |
| 永吉里 | 東長治路六五七號 | 三八 |
| 永吉里 | 昌平路二三二號 | 八二 |
| 永吉里 | 吳江路一六四號 | 六三 |
| 永吉里 | 南京西路八四九號 | 六三 |
| 永吉里 | 北京西路九六六號 | 六八 |
| 永成里 | 東大名路六四九號 | 三九 |
| 永年里 | 中正東路八二五號 | 一七 |
| 永年里 | 鳳陽路三七六號 | 二〇 |
| 永年里 | 鳳陽路四〇六號 | 二〇 |
| 永利坊 | 中正北一路二一六號 | 六〇 |
| 永定里 | 山海關路中正北二路東 | 六四 |
| 永青里 | 威海衞路五六三街內 | 六二 |
| 永和里 | 開封路二三六號 | 二三 |
| 永和里 | 吳淞路一〇四號 | 三二 |
| 永和里 | 寶昌路虬江路口 | 五二 |
| 永和里 | 同嘉路五五號 | 四七 |
| 永和坊 | 海甯路一一六一號 | 二三 |
| 永和邨 | 康定路一三九五號 | 九七 |
| 永芳里 | 熱河路六七街內 | 二三 |

| 名稱 | 地址 | 圖號 |
| --- | --- | --- |
| 永亨坊 | 梧州路三三六號 | 三六 |
| 永昌里 | 東長治路三八五號 | 三五 |
| 永昌里 | 旅順路西安路南 | 三五 |
| 永昌里 | 通州路周家嘴路北 | 三七 |
| 永昌里 | 周家嘴路七九四號 | 四五 |
| 永泉里 | 長壽路二二五號 | 八六 |
| 永記里 | 康定路一一四五號 | 九八 |
| 永根里 | 長甯路一二六號 | 一〇五 |
| 永泰里 | 新閘路九六五號 | 六四 |
| 永泰里 | 康定路六三二街內 | 七九 |
| 永盛里 | 光復路一六一號 | 五五 |
| 永盛坊 | 膠州路九二八號 | 八六 |
| 永康里 | 北京東路七九六號 | 一三 |
| 永康里 | 大沽路一一〇號 | 一八 |
| 永康里 | 北蘇州路九九六號 | 二二 |
| 永康里 | 曲阜路一五三號 | 二二 |
| 永康里 | 南京西路二〇七四號 | 一〇一 |
| 永康里一街 | 東長治路三九四號 | 三四 |
| 永康里二街 | 東長治路三八〇號 | 三四 |
| 永清里 | 甯波路二四四號 | 六 |
| 永清里 | 海甯路康樂路西 | 二四 |
| 永祥里 | 商邱路二八七號 | 三五 |
| 永華坊 | 永源浜三三號 | 一〇一 |
| 永順里 | 江甯路五二四號 | 六六 |
| 永順里 | 昌平路八七號 | 六六 |
| 永順里 | 南京西路二〇六〇號 | 一〇一 |
| 永道里 | 中正東路七五一號 | 一六 |
| 永善里 | 新閘路一〇五六號 | 一七 |
| 永甯里 | 威海衞路三五七號 | 六一 |
| 永甯巷 | 張家花園七二街內 | 六三 |
| 永甯坊 | 康定路七三三街內 | 七七 |
| 永源街 | 永源浜內 | 一〇一 |
| 永源里 | 天津路七號 | 三 |
| 永源里 | 梵皇渡路長甯支路口 | 九六 |
| 永貴里 | 中正東路一四六二街內 | 一七 |
| 永貴里 | 東長治路六六八號 | 三九 |
| 永業里 | 威海衞路三三五號 | 六一 |
| 永業坊 | 岳州路四一四號 | 四五 |
| 永業坊 | 海防路二八四號 | 八四 |
| 永業新邨 | 永興路鴻興路東 | 五二 |

| 名稱 | 地址 | 圖號 |
| --- | --- | --- |
| 永福里 | 中正東路一〇七四號 | 一六 |
| 永福里 | 餘杭路四四號 | 三一 |
| 永福坊 | 哈爾濱路二九號 | 二九 |
| 永壽里 | 新昌路五四六號 | 二一 |
| 永壽里 | 新閘路三五四號 | 二一 |
| 永樂里 | 山東中路二〇二號 | 八 |
| 永樂里 | 山東中路二二八號 | 八 |
| 永樂里 | 海甯路八一一號 | 二四 |
| 永樂坊 | 士慶路七三號 | 四八 |
| 永樂坊 | 四川北路一七七四號 | 五一 |
| 永樂坊 | 四川北路一七八四號 | 五一 |
| 永樂坊 | 鳳陽路七二四號 | 五九 |
| 永樂坊 | 鳳陽路七三八號 | 五九 |
| 永樂邨 | 梧州路三二六號 | 三六 |
| 永樂邨 | 梵皇渡路七四〇號 | 九七 |
| 永樂邨 | 梵皇渡路七四九號 | 九七 |
| 永樂邨 | 梵皇渡路七五〇號 | 九七 |
| 永樂邨 | 梵皇渡路七五九號 | 九七 |
| 永樂邨 | 江蘇路四一一號 | 一〇三 |
| 永樂新邨 | 浙江北路四一一號 | 二二 |
| 永樂新邨 | 威海衞路四二五號 | 六一 |
| 永慶里 | 浙江南路一四號 | 一〇 |
| 永慶里 | 天目路二三三號 | 五三 |
| 永慶里 | 安慶路四七八號 | 五三 |
| 永慶里 | 新疆路二二一號 | 五四 |
| 永慶里 | 泰興路五〇六號 | 六五 |
| 永慶里 | 川公路一七六號 | 五一 |
| 永慶里 | 西康路一三七一街內 | 九二 |
| 永慶坊 | 梵皇渡路一一一四號 | 一〇六 |
| 永慶坊 | 望亭路三二號 | 一六 |
| 永慶坊 | 老閘街一二號 | 二五 |
| 永慶坊 | 大沽路五〇六號 | 六一 |
| 永慶坊 | 成都北路三三街內 | 六一 |
| 永德里 | 鉅鹿路九八號 | 六一 |
| 永德里 | 香粉街四八號 | 一二 |
| 永德里 | 唐山路七九一號 | 四三 |
| 永儀里 | 光復路二二一號 | 五五 |
| 永興里 | 梵皇渡路長甯路西 | 一〇六 |
| 永興里 | 邢家宅路一五四號 | 四九 |
| 永興里 | 溧陽路一〇一四街內 | 四七 |

| 名稱 | 地址 | 圖號 |
|---|---|---|
| 永興里 | 廈門路三九號 | 一三 |
| 永興里 | 岳州路二五四號 | 四五 |
| 永餘里 | 南京西路二〇四二號 | 一〇一 |
| 永餘坊 | 福建中路三五二號 | 七 |
| 永豐坊 | 邢家橋路二二九號 | 五一 |
| 永豐坊 | 四川北路一五一五號 | 五一 |
| 永豐里 | 開原路一八九街內 | 一〇四 |
| 玉林里 | 山海關路三九五號 | 五八 |
| 玉珊坊 | 北京西路一五四八號 | 七六 |
| 生生里 | 康定路六〇〇號 | 七九 |
| 生生里 | 江蘇路四六二街內 | 一〇九 |
| 生吉里 | 唐山路八二七號 | 四三 |
| 生甡里 | 康定路一一九號 | 九八 |
| 生葆里 | 塘沽路九九七號 | 二四 |
| 田莊 | 愚園路六〇八號 | 一〇〇 |
| 白玉坊 | 新會路三一二號 | 八六 |
| 白玉坊南里 | 新會路三一三號 | 八六 |
| 立成里南街 | 梵皇渡後路四四號 | 一〇六 |
| 立新里 | 海拉爾路庫倫路南 | 三六 |

## 六劃

| 名稱 | 地址 | 圖號 |
|---|---|---|
| 百一里 | 金司徒廟康定路南 | 九八 |
| 百花巷 | 中正東路昇平街南 | 六二 |
| 百善里 | 士慶路六六號 | 四八 |
| 百祿坊 | 大名路一八二號 | 三三 |
| 百祿坊 | 南潯路五三號 | 三三 |
| 百福里 | 東大名路三五七號 | 三四 |
| 百福里 | 旅順路一五號 | 三四 |
| 百樂里 | 長甯路四八四號 | 一〇七 |
| 百樂坊 | 南京西路一九五五號 | 一〇一 |
| 百樂商場 | 梵皇渡路二七號 | 七一 |
| 百德里 | 顧家街寧波路北 | 一三 |
| 百興里 | 西藏中路六四九號 | 一四 |
| 百興里 | 西藏中路六六一號 | 一四 |
| 全益里 | 昌平路二一六號 | 八二 |
| 全福里 | 成都北路三〇一號 | 六〇 |
| 全樂里 | 康定路七七號 | 六七 |
| 伍福里 | 海寧路二七二號 | 三〇 |
| 光明邨 | 中正東路昇平街南 | 六二 |
| 光明邨 | 江寧路一〇〇〇號 | 八八 |

| 名稱 | 地址 | 圖號 |
|---|---|---|
| 光明邨 | 安遠路四一八街內 | 八六 |
| 光華坊 | 寧波路五二〇號 | 一三 |
| 光裕里 | 臨潼路二八號 | 四一 |
| 光復里 | 寶源路一五四號 | 五二 |
| 光遠坊 | 北京西路二五六號 | 二〇 |
| 兆福里 | 河南中路二七一號 | 八 |
| 兆福里 | 漢口路二七一號 | 八 |
| 兆益里 | 常德路五五二號 | 八〇 |
| 兆豐邨 | 愚園路娥眉月路西 | 一一一 |
| 兆豐別墅 | 長寧路中山公園東 | 一〇七 |
| 共和里 | 安遠路膠州路南 | 九四 |
| 共和里 | 餘姚路三〇六街南 | 九四 |
| 共和里 | 崑山路一七二號 | 三〇 |
| 共和坊 | 武昌路三三九號 | 三二 |
| 印雲里 | 歸化路九二九號 | 八八 |
| 同仁里 | 吳淞路一四三號 | 三二 |
| 同仁里 | 武昌路二九一號 | 三二 |
| 同心里 | 長壽路六三號 | 八八 |
| 同生里 | 西安路一〇四號 | 三五 |
| 同生里 | 周家嘴路一一號 | 三五 |
| 同光邨 | 江寧路一七四號 | 六八 |
| 同光邨 | 江寧路一八二號 | 六八 |
| 同光邨 | 江寧路一八八號 | 六八 |
| 同吉里 | 天津路三一號 | 三 |
| 同安里 | 漢口路四五五號 | 八 |
| 同安里 | 金陵西路重慶北路西 | 一七 |
| 同安里 | 七浦路三五八號 | 二四 |
| 同安坊 | 新橋路二九號 | 二一 |
| 同安坊 | 愚園路六六八街內 | 一〇三 |
| 同安邨 | 愚園路六六八街內 | 一〇三 |
| 同孚坊 | 中正北一路二二七號 | 六三 |
| 同和里 | 金陵西路一一二號 | 一七 |
| 同和里 | 南京西路六八八號 | 五九 |
| 同和里 | 塘沽路九八七號 | 二四 |
| 同和古里 | 寧波路七四號 | 三 |
| 同昌里 | 海寧路五七〇號 | 二七 |
| 同春坊 | 浙江中路六三號 | 一〇 |
| 同春坊 | 浙江中路七三號 | 一〇 |
| 同春坊 | 鳳陽路二二八號 | 一四 |
| 同春坊 | 定興路黃河路東 | 一四 |

| 名稱 | 地址 | 圖號 |
|---|---|---|
| 同益里 | 北無錫路六六號 | 六 |
| 同益里 | 南京西路四七九號 | 一九 |
| 同益里 | 英士路四七號 | 一七 |
| 同益坊 | 愚園路六六八街內 | 一〇〇 |
| 同益邨 | 成都北路三七八號 | 一九 |
| 同益邨 | 成都北路三八八號 | 一九 |
| 同益邨 | 成都北路三九八號 | 一九 |
| 同益邨 | 成都北路四〇八號 | 一九 |
| 同康里 | 中正南一路一七號 | 六一 |
| 同康里 | 中正中路四二九號 | 六一 |
| 同康里 | 康定路一三五六號 | 九七 |
| 同康坊 | 周家嘴路六二〇號 | 四五 |
| 同登里 | 寧海西路一八八號 | 一六 |
| 同發里 | 安慶路三五〇號 | 五三 |
| 同裕里 | 江陰路一三〇號 | 一九 |
| 同福里 | 南京西路二七〇號 | 一九 |
| 同福里 | 鳳陽路三〇三號 | 一九 |
| 同福里 | 周家嘴路七五〇號 | 四五 |
| 同福里 | 中正北一路二五一街內 | 六三 |
| 同福里 | 西康路一二三三街內 | 九三 |
| 同壽里 | 大通路一六〇號 | 五九 |
| 同壽里 | 大通路定興路北 | 五九 |
| 同壽里 | 成都北路六〇九號 | 五九 |
| 同壽坊 | 成都北路六〇八號 | 二〇 |
| 同樂里 | 武進路五六六號 | 二八 |
| 同樂里 | 張家花園一〇六街內 | 六三 |
| 同樂坊 | 海防路五〇七號 | 七九 |
| 同德里 | 武昌路四二〇號 | 二六 |
| 同德里 | 成都北路鳳陽路北 | 五九 |
| 同德里 | 新閘路一四五一號 | 七五 |
| 同德坊 | 岳州路四〇七號 | 四五 |
| 同慶里 | 金陵西路八八號 | 一七 |
| 同慶里 | 乍浦路三四四號 | 三〇 |
| 同慶里 | 岳州路三一二號 | 四五 |
| 同餘里 | 南天潼路七〇號 | 五 |
| 同餘里一街 | 西康路五一九號 | 七九 |
| 同餘里二街 | 西康路五二九號 | 七九 |
| 同餘里三街 | 西康路五三九號 | 七九 |
| 同興里 | 福州路六一四號 | 一一 |
| 同興里 | 開封路二五八號 | 二三 |

| 名稱 | 地址 | 圖號 |
| --- | --- | --- |
| 同豐里 | 唐山路五七四號 | 四三 |
| 合大里一街 | 保定路三七五號 | 四三 |
| 合大里二街 | 保定路三五七號 | 四三 |
| 合安坊 | 東餘杭路五九五號 | 三七 |
| 合安坊 | 大沽路三六一號 | 六一 |
| 合利坊 | 新會路二一九號 | 八六 |
| 合信里 | 東餘杭路五九五街內 | 三七 |
| 合泰坊 | 愚園路六六號 | 七三 |
| 合泰坊 | 趙家橋路五七號 | 七三 |
| 合衆里 | 雲南南路三九號 | 一〇 |
| 合衆里 | 甯海東路二六六號 | 一〇 |
| 合衆里 | 江甯路六八五街內 | 八二 |
| 合意里 | 長春路二〇〇號 | 四九 |
| 合慶里 | 廣東街四川北路北 | 二八 |
| 合慶里 | 大沽路四三七號 | 六一 |
| 合興里西街 | 黃河路新聞路南 | 一四 |
| 合興里 | 新聞路二二九號 | 一四 |
| 合興里 | 長壽路六八四號 | 九四 |
| 合興坊 | 金陵西路七二號 | 一七 |
| 合興坊 | 西康路五六〇號 | 八一 |
| 吉安里 | 福建南路八四號 | 九 |
| 吉安里 | 西康路餘姚路南 | 七九 |
| 吉如里 | 金陵東路一八三號 | 一 |
| 吉美邨 | 南京西路一六一〇號 | 七三 |
| 吉祥里 | 山東北路二六號 | 六 |
| 吉祥里 | 河南中路五三一號 | 六 |
| 吉祥里 | 虬江支路二一二號 | 二八 |
| 吉慶坊 | 湖北路二一號 | 一〇 |
| 吉慶坊 | 浙江中路二八號 | 一〇 |
| 吉慶坊 | 順徵路三四號 | 五四 |
| 吉慶里 | 岳州路三一七號 | 四五 |
| 吉慶里 | 山西北路四五七號 | 五三 |
| 吉慶里 | 棋盤街三七號 | 一 |
| 吉慶里一街 | 江西中路一四號 | 一 |
| 吉慶里二街 | 江西中路二四號 | 一 |
| 吉慶里三街 | 江西中路三四號 | 一 |
| 地豐里 | 迪化北路二五號 | 七二 |
| 多福里 | 中正中路五〇四號 | 六一 |
| 如陞里 | 康定路六五九號 | 八〇 |
| 如陞里 | 常德路六八八號 | 八〇 |

| 名稱 | 地址 | 圖號 |
| --- | --- | --- |
| 如陞里 | 常德路六九六號 | 八〇 |
| 如意里 | 河南中路五七五號 | 六 |
| 如意里 | 山東北路北京東路南 | 六 |
| 如意里 | 七浦路河南北路西 | 二四 |
| 如意里 | 張家花園六四號 | 六三 |
| 存仁里 | 寶山路一二五號 | 二八 |
| 存善里 | 梵皇渡路九一七號 | 九六 |
| 存志新邨 | 慈谿路北京西路北 | 五八 |
| 存善里 | 梵皇渡路九五七號 | 九六 |
| 存福里 | 川公路二一號 | 五一 |
| 存德坊 | 庫倫路三一號 | 三六 |
| 安仁里 | 中正中路一〇〇一號 | 七一 |
| 安平里 | 昌平路一三三號 | 六六 |
| 安平里一街 | 昌平路九七號 | 六六 |
| 安平里二街 | 昌平路一一五號 | 六六 |
| 安吉里 | 甯海東路一〇七號 | 九 |
| 安全邨 | 成都北路六一一號 | 五九 |
| 安多里 | 高陽路一八五號 | 三九 |
| 安君坊 | 常德路七三〇號 | 七九 |
| 安定里 | 乍浦路一三一號 | 一九 |
| 安定邨 | 江蘇路武定路對面 | 一〇八 |
| 安宜坊 | 新聞路八八八號 | 六五 |
| 安宜邨 | 西藏北路七四號 | 二二 |
| 安宜邨 | 西藏北路九八號 | 二二 |
| 安迪里 | 山西北路四八五號 | 五三 |
| 安登別墅 | 南京西路一一四〇號 | 七四 |
| 安康里 | 雲南中路三〇七號 | 一二 |
| 安康里 | 九江路雲南中路西 | 一二 |
| 安康里一街 | 公平路五六三號 | 四五 |
| 安康里二街 | 公平路五七一號 | 四五 |
| 安康里三街 | 公平路五八一號 | 四五 |
| 安逸坊 | 武定路五三一號 | 八一 |
| 安逸坊 | 陝西北路六六三號 | 八一 |
| 安逸坊 | 陝西北路六七三號 | 八一 |
| 安順里 | 武定路泰興路東 | 六五 |
| 安順里 | 山海關路二七四號 | 五八 |
| 安順里 | 武定路泰興路東 | 六五 |
| 安慎里 | 四川北路一六四九號 | 五一 |
| 安慎里 | 四川北路一六三五號 | 五一 |
| 安福里 | 中州路五八號 | 二八 |

| 名稱 | 地址 | 圖號 |
| --- | --- | --- |
| 安福里 | 中州路六〇號 | 二八 |
| 安福里 | 中州路六二號 | 二八 |
| 安福里 | 中州路六四號 | 二八 |
| 安甯坊 | 威海衞路三九〇號 | 六〇 |
| 安甯里 | 中州路一九號 | 二八 |
| 安甯里二街 | 中州路二九號 | 二八 |
| 安甯里三街 | 中州路三九號 | 二八 |
| 安甯里四街 | 中州路四九號 | 二八 |
| 安甯里北街 | 中州路豫隆行棧北 | 二八 |
| 安甯里 | 四川北路一三四一號 | 二八 |
| 安樂里 | 周家嘴路七八三號 | 四五 |
| 安樂里 | 吟桂路多倫東路南 | 五〇 |
| 安樂坊 | 南京西路一一二九號 | 六九 |
| 安樂坊 | 四川北路一九二七號 | 五一 |
| 安樂邨 | 中正中路三八五號 | 六一 |
| 安樂邨 | 康定路八一八號 | 七八 |
| 安慶里 | 霍山路四七號 | 四〇 |
| 安慶里 | 江西北路五九號 | 二六 |
| 安慶里 | 江西北路六九號 | 二六 |
| 安慶坊 | 常德路二五三號 | 七三 |
| 安慶坊 | 常德路二六三號 | 七三 |
| 安豐坊 | 華山路南京西路南 | 七二 |
| 安豐里 | 海防路西康路東 | 八四 |
| 年安坊 | 中正北一路六九號 | 六二 |
| 成志里 | 臨潼路三〇三號 | 四二 |
| 成厚里 | 唐山路七七八號 | 四三 |
| 成都坊 | 成都北路四七號 | 六一 |
| 成德里 | 安慶路三九五號 | 五三 |
| 成德里 | 威海衞路二四一號 | 六一 |
| 成德坊 | 江甯路六一六號 | 六六 |
| 成德坊 | 昌平路二二一號 | 六六 |
| 旭東里 | 中正北一路九三號 | 六二 |
| 曲江里 | 福建中路二四九號 | 一二 |
| 曲江里 | 漢口路五二二號 | 一二 |
| 有恆里 | 餘杭路四五號 | 三〇 |
| 有恆里 | 餘姚路二三號 | 七九 |
| 有恆里 | 餘姚路一九號 | 七九 |
| 有恆邨 | 東餘杭路五五七號 | 三七 |
| 有恆新邨 | 東餘杭路五〇五號 | 三七 |
| 有餘里 | 新聞路九一五號 | 六四 |

| 名稱 | 地址 | 圖號 |
| --- | --- | --- |
| 江家邨 | 中正西路四六七街內 | 一〇二 |
| 江夏里 | 瑞金路一三號 | 三六 |
| 老泰安里 | 山西北路八三號 | 二五 |
| 老泰德里 | 新閘路七一九號 | 六四 |
| 老修德里 | 鳳陽路五四一號 | 五九 |
| 老船塢街 | 溧陽路東大名路南 | 三四 |
| 自由坊 | 廣東路四一四號 | 八 |
| 自在里 | 陝西北路四九三號 | 七五 |
| 至德里 | 北京西路九七六號 | 六八 |
| 舟山里 | 舟山路五四號 | 四二 |
| 行仁坊 | 中正東路八〇九號 | 一七 |
| 西文德里 | 歸化路四二〇號 | 八三 |
| 西新別墅 | 陝西北路五八七號 | 八一 |
| 西新別墅 | 陝西北路五九七號 | 八一 |
| 西新別墅 | 陝西北路六〇七號 | 八一 |
| 西新南里 | 凱旋路長甯路南 | 一一二 |
| 西金家街 | 新閘路一八七五號 | 七六 |
| 西中和里 | 福州路二七二號 | 八 |
| 西公和里 | 福州路福建中路東 | 八 |
| 西晝錦里 | 漢口路東晝錦里內 | 七 |
| 西鄰里 | 成都北路二五四號 | 一八 |
| 西興隆坊 | 中正東路一三七〇號 | 一七 |
| 西祥康里 | 鳳陽路成都北路東 | 一九 |
| 西餘慶坊 | 海甯路乍浦路口 | 三〇 |
| 西祥鑫里 | 大通路二八九號 | 五八 |
| 西嚟里 | 陝西北路二四九號 | 七四 |
| 西嚟別墅 | 陝西北路三四二號 | 七四 |
| **七劃** | | |
| 佑福里 | 大沽路一〇三號 | 一七 |
| 佑福里 | 中正東路一二一六號 | 一七 |
| 克明里 | 東餘杭路七四一號 | 四五 |
| 克明里 | 四川北路一六八九號 | 五一 |
| 克儉里 | 吳淞路六一六號 | 二九 |
| 克儉里 | 吳淞路六五二號 | 二九 |
| 克儉里 | 嘉興路三五號 | 二九 |
| 克勤里 | 溧陽路三號 | 三四 |
| 利原邨 | 武夷路瑞士總會北 | 一〇九 |
| 吳興里 | 大通路二二五號 | 五八 |
| 吳興坊 | 霍山路一四四號 | 四一 |
| 君子里 | 張家宅路九七號 | 六四 |
| 均安坊 | 通州路一七九號 | 四六 |
| 均安里 | 浙江北路二〇二號 | 二四 |
| 均安里 | 廈門路七六號 | 二五 |
| 均泰里 | 餘姚路五二六號 | 九五 |
| 均泰北里 | 安遠路八二五號 | 九四 |
| 均益里 | 安慶路三六六號 | 五三 |
| 均益里 | 天目路八五號 | 五三 |
| 均益里 | 安遠路九二三號 | 九五 |
| 均益西里 | 北海路八二號 | 一〇 |
| 均益東里 | 北海路四八號 | 八 |
| 均福里 | 大沽路五二六號 | 六一 |
| 均樂邨 | 中正東路一二九二號 | 一七 |
| 均濟里 | 順徵路百祿路東 | 五四 |
| 虯江里 | 虯江路一八七號 | 五一 |
| 宋家街 | 北京東路六八八號 | 一三 |
| 宋家街 | 廈門路七五號 | 一三 |
| 宏仁里 | 公平路五四二號 | 四五 |
| 宏仁里 | 公平路五五二號 | 四五 |
| 宏仁里 | 北京西路一四〇三號 | 七三 |
| 宏吉里 | 新閘路六七五號 | 五八 |
| 宏業花園 | 愚園路一〇八六號 | 一〇八 |
| 宏興里 | 北京東路八五〇號 | 一三 |
| 宏興里 | 長甯路八二號 | 一〇六 |
| 宏興里 | 梵皇渡路長甯路西 | 一〇六 |
| 宏餘坊 | 中正東路二二三號 | 九 |
| 宏餘坊 | 甯海東路七〇號 | 九 |
| 孝本里二街 | 公平路三九一號 | 四四 |
| 孝本里三街 | 公平路四〇一號 | 四四 |
| 孝本里四街 | 公平路四一一號 | 四四 |
| 岐山里 | 長壽路六五五號 | 九四 |
| 歧山邨 | 愚園路一〇三二號 | 一〇八 |
| 志文坊 | 新閘路一八五四號 | 七六 |
| 志安坊 | 四川北路一九九九街內 | 五〇 |
| 志安坊 | 多倫路二〇二號 | 五〇 |
| 志善里 | 虯江路一九三號 | 五一 |
| 志誠里 | 康定路一三三五號 | 九七 |
| 志勤坊 | 餘姚路二〇六號 | 八五 |
| 志蘭里 | 膠州路九五〇號 | 八六 |
| 忻康里 | 康定路一四六九號 | 九七 |
| 忻康里 | 康定路一四七九號 | 九七 |
| 忻康里 | 梵皇渡路八三一號 | 九七 |
| 更富里 | 江西北路四二九號 | 二七 |
| 求安里 | 四川北路一九五三號 | 五〇 |
| 求安里 | 四川北路一九六三號 | 五〇 |
| 求安里 | 四川北路一九七三號 | 五〇 |
| 求安里 | 多倫路一五三號 | 五〇 |
| 求安里 | 多倫路一七三號 | 五〇 |
| 求安里 | 多倫路一六三號 | 五〇 |
| 求安里 | 多倫路一八三號 | 五〇 |
| 求安里 | 四川北路一九九九街內 | 五〇 |
| 求志里 | 溧陽路一四一三號 | 四九 |
| 求志里 | 四川北路一九九六號 | 四九 |
| 求志里 | 四川北路二〇〇八號 | 四九 |
| 求志里 | 四川北路二〇〇二號 | 四九 |
| 沙遜里 | 山東中路六二號 | 九 |
| 沙遜里 | 廣東路三一三號 | 九 |
| 狄思威里 | 寶安路一三號 | 六七 |
| 汪家里 | 中正西路四六七街內 | 一〇二 |
| 汪家街 | 中正西路五九七街內 | 一〇二 |
| 汾安里 | 東長治路八九四號 | 四〇 |
| 汾陽坊 | 中正北一路三四號 | 六一 |
| 汾陽坊 | 中正中路五四〇號 | 六一 |
| 沈吉里 | 康定路一〇〇二街東 | 九八 |
| 沁園邨 | 新閘路一一二四號 | 六七 |
| 秀雲里 | 英士路二六號 | 一七 |
| 秀德里 | 長壽路一〇九八號 | 九六 |
| 秀蘭邨 | 江甯路三四四號 | 六七 |
| 秀蘭邨 | 江甯路三五四號 | 六七 |
| 艮友邨 | 中正西路五九七街內 | 一〇二 |
| 艮友別墅 | 江蘇路二三五號 | 一〇三 |
| 艮榮邨 | 西康路五九五號 | 七九 |
| 足足里 | 安遠路四五九號 | 八五 |
| **八劃** | | |
| 亨昌里 | 愚園路一三七六號 | 一一一 |
| 來安里 | 東新民路五五號 | 二八 |
| 來安里 | 永定路八七號 | 三四 |
| 來安坊 | 新閘路一五七六號 | 八〇 |
| 來福邨 | 愚園路六六八街內 | 一〇〇 |

| 名稱 | 地址 | 圖號 |
| --- | --- | --- |
| 兩宜坊 | 中正西路三二九號 | 一〇一 |
| 兩宜坊 | 周家嘴路東漢陽路南 | 三五 |
| 兩宜弄 | 岳州路一七一號 | 四五 |
| 阜安里 | 甯波路二〇七號 | 六 |
| 阜成里 | 天津路四四號 | 三 |
| 阜豐里 | 莫干山路蘇州河西 | 八九 |
| 協成里 | 長壽支路五六號 | 九六 |
| 協和里 | 河南中路四二七號 | 七 |
| 協和里 | 黃河路一三二號 | 一四 |
| 協和里 | 牯嶺路黃河路東 | 一四 |
| 協興里 | 甘肅路一五三號 | 二三 |
| 協興里 | 長甯支路七九號 | 一〇六 |
| 和邨 | 北無錫路四〇號 | 六 |
| 和平坊 | 開封路一五〇號 | 二三 |
| 和平坊 | 東寶興路二五四號 | 五一 |
| 和平坊總街 | 東寶興路二七二號 | 五一 |
| 和平里 | 虬江支路二一六號 | 二八 |
| 和平邨 | 新昌路三一五號 | 二〇 |
| 和平邨 | 北京西路一二八五號 | 七四 |
| 和平路街 | 南京西路至愚園路 | 七二 |
| 和合里 | 武定路二五八街內 | 六七 |
| 和安坊 | 長沙路一三九號 | 一四 |
| 和康里 | 庫倫路三一〇號 | 四七 |
| 和康里 | 大沽路四五二號 | 六一 |
| 和康里一街 | 浙江北路二六二號 | 五三 |
| 和康里二街 | 浙江北路二七二號 | 五三 |
| 和康里三街 | 浙江北路二八二號 | 五三 |
| 和康里四街 | 浙江北路二九二號 | 五三 |
| 和康里五街 | 浙江北路三〇二號 | 五三 |
| 和康里六街 | 浙江北路三一〇號 | 五三 |
| 和康里七街 | 浙江北路安慶路南 | 五三 |
| 和壽坊 | 東餘杭路八六二號 | 四四 |
| 和樂里 | 河南北路三六八號 | 二七 |
| 和樂里 | 新閘路三五三號 | 二一 |
| 和樂坊 | 江甯路一〇八〇街內 | 八八 |
| 和慶里 | 山海關路二〇〇號 | 二一 |
| 和濟里 | 浙江北路一一四號 | 二四 |
| 和豐里 | 武昌路大名路東 | 三二 |
| 和豐里 | 武昌路大名路東 | 三三 |
| 和豐里 | 大沽路四一一街內 | 六一 |

| 名稱 | 地址 | 圖號 |
| --- | --- | --- |
| 京兆里 | 新昌路三三一號 | 二〇 |
| 味清里 | 成都北路六五號 | 六一 |
| 味清里 | 大沽路三八三街內 | 六一 |
| 味豐里 | 大沽路四一一街內 | 六一 |
| 宗德坊 | 長壽路九一號 | 八七 |
| 尚仁里 | 山東中路一一七號 | 八 |
| 尚文里 | 威海衛路二五一號 | 六一 |
| 尚義坊 | 永善路二六號 | 一六 |
| 尚勤里 | 青島路六〇號 | 二一 |
| 尚德坊 | 銅仁路二五〇號 | 七四 |
| 尚德坊 | 膠州路長壽路東 | 九四 |
| 尚德新邨 | 威海衛路九二號 | 一八 |
| 居安里 | 甯海東路一九二號 | 一〇 |
| 居易里 | 六合路一二七號 | 一三 |
| 居易里 | 六合路一三九號 | 一三 |
| 岳州坊 | 岳州路四一五號 | 四五 |
| 忠和坊 | 江蘇路三二〇號 | 一〇八 |
| 忠茂里 | 成都北路七五號 | 六一 |
| 宣德里 | 海甯路二一一號 | 三〇 |
| 念吾新邨 | 中正中路四七〇號 | 六一 |
| 承吉里 | 北蘇州路八一四號 | 二五 |
| 承吉里 | 浙江北路二二號 | 二五 |
| 承吉里後街 | 新唐家街二〇號 | 二五 |
| 承志里 | 盛澤路八〇號 | 九 |
| 承志里 | 盛澤路六二號 | 九 |
| 承康里 | 唐山路七二五號 | 四三 |
| 承啓里 | 武勝路六九號 | 一〇 |
| 承善里 | 長壽路一〇四五號 | 九六 |
| 承業里 | 蛾眉路二六三號 | 三一 |
| 承業里 | 鉅鹿路四二號 | 一七 |
| 承業里 | 金陵西路二六九號 | 一七 |
| 承業里 | 金陵西路三〇七號 | 一七 |
| 承裕邨 | 西康路一六七號 | 七五 |
| 承裕邨 | 西康路一八一號 | 七五 |
| 承慶坊 | 武進路三一二號 | 二九 |
| 承德里 | 成都北路一二九號 | 六一 |
| 承德里 | 江甯路一〇一四號 | 八八 |
| 承德坊 | 北京西路成都北路東 | 二〇 |
| 承興里 | 新昌路三六〇號 | 二〇 |
| 承興里 | 黃河路二五三號 | 二〇 |

| 名稱 | 地址 | 圖號 |
| --- | --- | --- |
| 承興里 | 黃河路二八一號 | 二〇 |
| 承興里 | 新昌路三四〇號 | 二〇 |
| 承興里 | 青島路四五號 | 二〇 |
| 承蔭里 | 常德路二八一號 | 七三 |
| 怡安里 | 天津路一三八號 | 六 |
| 怡安里 | 中正北二路一八六號 | 六四 |
| 怡如里 | 天潼路六四六號 | 二四 |
| 怡如里 | 海防路二七八號 | 八四 |
| 怡成坊 | 臺灣路四二號 | 六 |
| 怡和里 | 永定路東大名路北 | 三九 |
| 怡和里 | 永定路四〇號 | 三九 |
| 怡和里 | 永定路五〇號 | 三九 |
| 怡和里北街 | 成都北路一〇三三號 | 五七 |
| 怡和里南街 | 成都北路一〇一九號 | 五七 |
| 怡春里 | 金隆街四八號 | 九 |
| 怡益里 | 山西南路一〇號 | 八 |
| 怡樂里 | 金陵西路八二號 | 一七 |
| 怡樂邨 | 新閘路常德路西 | 七七 |
| 怡興里 | 七浦路四二七號 | 二四 |
| 怡豐里 | 梵皇渡路八九六號 | 九六 |
| 怡豐里 | 梵皇渡路八七〇號 | 九六 |
| 怡豐里 | 梵皇渡路八八〇號 | 九六 |
| 明月邨 | 開原路一八八號 | 一〇四 |
| 明智里 | 貴州路三〇號 | 一二 |
| 明智里 | 廣西北路三二一號 | 一二 |
| 明智里 | 廣西北路三五三號 | 一二 |
| 明華里 | 霍山路二八九號 | 四二 |
| 明遠里 | 新橋路五一街內 | 二一 |
| 明福里 | 西康路六四八號 | 八二 |
| 明德里 | 大連路五〇九號 | 四二 |
| 明德里 | 安慶路三八〇號 | 五三 |
| 明德南里 | 東長治路六四二號 | 三九 |
| 明耀邨 | 康定路二九七號 | 八一 |
| 昌平里 | 昌平路一〇〇號 | 八三 |
| 昌平里 | 昌平路一一八號 | 八三 |
| 昌平里 | 昌平路一三六號 | 八三 |
| 昌平里 | 昌平路一五六號 | 八三 |
| 昌厚里 | 泰興路三七三號 | 六八 |
| 昌運里 | 大沽路四六八街內 | 六一 |
| 昌興里 | 河南中路八〇號 | 一 |

| 名稱 | 地址 | 圖號 |
|---|---|---|
| 昌興里 | 廣東路二三七號 | 一 |
| 昌興里 | 海門路五九六號 | 四五 |
| 昇昌里 | 北京東路五四三A號 | 六 |
| 昇康里 | 七浦路六〇四號 | 二三 |
| 昇康里 | 海甯路一〇七三號 | 二三 |
| 昆明里 | 溧陽路九四一號 | 四七 |
| 東三德里 | 龍門路中正東路北 | 一六 |
| 東公和里 | 福州路三七九號 | 八 |
| 東中和里 | 福州路二五二號 | 八 |
| 東平里 | 浙江中路一三號 | 一〇 |
| 東平里 | 大統路四四號 | 五六 |
| 東平里 | 康定路一四八四號 | 九六 |
| 東安里一衖 | 丹徒路三三一號 | 四五 |
| 東安里二衖 | 丹徒路三四一號 | 四五 |
| 東長安里 | 吳淞路三五五號 | 三〇 |
| 東昇里 | 浙江中路二三號 | 一〇 |
| 東昇里 | 成都北路五八九號 | 五九 |
| 東武里 | 西藏中路四九號 | 一〇 |
| 東陸里 | 士慶路至東横浜路 | 五〇 |
| 東麻里 | 安遠路四〇三號 | 八五 |
| 東祥鑫里 | 大通路二九〇號 | 五八 |
| 東普益里 | 七浦路四八五號 | 二四 |
| 東晝錦里 | 漢口路三八六號 | 七 |
| 東貴興里 | 廣東路三八〇號 | 八 |
| 東華里 | 福州路二六九號 | 八 |
| 東華里 | 唐山路二五八號 | 三八 |
| 東華坊 | 愚園路九八三號 | 一〇八 |
| 東福海里四衖 | 温州路七三號 | 一四 |
| 東福海里三衖 | 温州路八三號 | 一四 |
| 東福海里總衖 | 温州路九三號 | 一四 |
| 東福海里一衖 | 温州路一〇一號 | 一四 |
| 東福海里總衖 | 黄河路二九二號 | 一四 |
| 東新餘里 | 虬江路二〇九號 | 五一 |
| 東壽坊 | 武進路五六九號 | 二七 |
| 東興里 | 英士路一號 | 一七 |
| 東興里 | 英士路一一號 | 一七 |
| 東興里 | 江蘇路五〇七衖內 | 一〇二 |
| 東興里 | 海甯路一七七號 | 三〇 |
| 東興里 | 吳淞路四四四號 | 三〇 |
| 東盧家宅 | 長甯路四七六號 | 一〇八 |

| 名稱 | 地址 | 圖號 |
|---|---|---|
| 東瀛里 | 西康路一三七一衖內 | 九二 |
| 秀德里 | 長壽路一〇九八號 | 九六 |
| 季慶坊 | 吳淞路五二九號 | 三〇 |
| 林琴坊 | 西康路四九二號 | 八一 |
| 林泉里 | 七浦路泰源里內 | 二四 |
| 林祥里 | 恆通路一四〇號 | 五六 |
| 松生里 | 中正東路一二五六衖內 | 一七 |
| 松江街 | 湖北路至浙江中路 | 一〇 |
| 松安里 | 北京東路六二七號 | 一三 |
| 松柏里 | 山東北路四五號 | 六 |
| 松柏里 | 山東北路五三號 | 六 |
| 松柏里 | 中正東路一四六二衖內 | 一七 |
| 松柏里 | 新昌路三二八號 | 二〇 |
| 松柏里 | 海山路三一號 | 二九 |
| 松柏里 | 虬江路二〇八號 | 二九 |
| 松洞里 | 七浦路三一二號 | 二四 |
| 松盛里 | 長甯路五一八號 | 一〇七 |
| 松陽里 | 廈門路五三號 | 一三 |
| 松壽里 | 北京東路六〇八號 | 一三 |
| 松壽里 | 新閘路五八七號 | 五八 |
| 松壽里 | 西康路六號 | 七四 |
| 松壽里 | 西康路十四號 | 七四 |
| 松壽里 | 西康路二四號 | 七四 |
| 松慶里 | 七浦路六一〇號 | 二三 |
| 松慶里 | 海甯路一〇八一號 | 二三 |
| 松蘭里 | 歸化路四四三號 | 八二 |
| 武定坊 | 武定路六〇〇號 | 八一 |
| 武定邨 | 武定路一八一號 | 六七 |
| 武定坊 | 西康路四二〇號 | 八一 |
| 武定別墅 | 武定路九一六號 | 七七 |
| 武昌里 | 成都北路六三二號 | 二〇 |
| 武林里 | 新閘路六五三號 | 五八 |
| 武林邨 | 江甯路五一六號 | 六六 |
| 武陵坊 | 廣西北路二二九號 | 一一 |
| 武陵邨 | 康定路一三〇四號 | 九七 |
| 武陵邨 | 膠州路二七三衖內 | 七七 |
| 波斯衞衕 | 福州路五三一號 | 一一 |
| 河南里 | 山西北路一六〇號 | 二五 |
| 泳吉里 | 成都北路八九五號 | 五八 |
| 泳吉里 | 成都北路九〇九號 | 五八 |

| 名稱 | 地址 | 圖號 |
|---|---|---|
| 泳吉里 | 新閘路五五一號 | 五八 |
| 泳源里 | 海甯路八五八號 | 五三 |
| 育仁里 | 西藏中路五四號 | 一〇 |
| 育仁里 | 西藏中路六六號 | 一〇 |
| 育仁里 | 雲南中路二七號 | 一〇 |
| 育倫里 | 新橋路一九號 | 二一 |
| 育倫坊 | 重慶北路三九號 | 一七 |
| 育麟里 | 山海關路大通路西 | 五八 |
| 芝瑞里 | 威海衞路五六三衖內 | 六二 |
| 芝瑞里 | 昇平街茂名北路東 | 六二 |
| 芝興里 | 威海衞路四六二號 | 六三 |
| 花園里 | 長甯路八三號 | 九六 |
| 近淵坊 | 公興路一七號 | 五二 |
| 迎春坊 | 湖北路二〇三號 | 一一 |
| 延平邨 | 延平路二〇九號 | 九八 |
| 延吉里 | 新唐家衖一一號 | 二五 |
| 延吉里 | 天潼路浙江北路西 | 二五 |
| 延年坊 | 南京西路一六〇三號 | 七一 |
| 延林里 | 榆林路一七號 | 四一 |
| 延康里 | 漢口路三八九號 | 八 |
| 延康里 | 山西南路四五號 | 八 |
| 延哲里 | 南京西路和平路衖內 | 七二 |
| 延陵里 | 山海關路四四〇號 | 六四 |
| 延陵邨 | 愚園路裕東煙廠西 | 一一一 |
| 延慶里 | 粘嶺路一二〇號 | 一四 |
| 延齡坊 | 海防路新化路南 | 八四 |
| 金友里 | 東餘杭路一〇七八號 | 四三 |
| 金水里 | 開封路一一四號 | 二三 |
| 金玉里 | 中正東路四三八號 | 九 |
| 金玉里 | 西上麟一一號 | 九 |
| 金玉里 | 中正東路四五六號 | 九 |
| 金司徒廟 | 康定路一二九衖東 | 九八 |
| 金思里 | 霍山路三一五號 | 四二 |
| 金城里 | 安遠路一八八號 | 八七 |
| 金城別墅 | 南京西路一五三七號 | 七一 |
| 金星里 | 同嘉路二四號 | 四七 |
| 金家宅 | 成都北路七一一號 | 五八 |
| 金屋北里 | 士慶路吟桂路南 | 五〇 |
| 金書里 | 天潼路一四八號 | 三二 |
| 金書里 | 峨眉路一五號 | 三二 |

| 名稱 | 地址 | 圖號 |
|---|---|---|
| 金書里 | 峨眉路三七號 | 三二 |
| 金書里 | 武昌路二三九號 | 三二 |
| 金貴里 | 漢陽路一三七號 | 三一 |
| 金隆里 | 金隆街一三號 | 九 |
| 金隆里 | 金隆街三五號 | 九 |
| 金裕里 | 康定路一一五號 | 六七 |
| 金福里 | 峨眉路一八號 | 三二、三三 |
| 金順里 | 虬江支路中州路西 | 二八 |
| 金壽里 | 西上麟路五八號 | 九 |
| 金壽里 | 廣東路三六九號 | 九 |
| 金壽里 | 山東中路四一號 | 九 |
| 金壽里 | 山東中路六一號 | 九 |
| 阿瑞里 | 四川北路一八五六號 | 四九 |
| 長生巷 | 愚園路四八三街內 | 一〇一 |
| 長安里 | 新鄉路三八號 | 五一 |
| 長安里 | 新鄉路四二號 | 五一 |
| 長安里 | 吳淞路四一三號 | 三〇 |
| 長安里 | 吳淞路四二一號 | 三〇 |
| 長吉里 | 西藏中路五八四號 | 一三 |
| 長春里 | 昆明路一一三號 | 四三 |
| 長春里 | 塘沽路八二八號 | 二四 |
| 長春坊 | 長安路四九號 | 五六 |
| 長春坊 | 虬江路二三三號 | 五一 |
| 長春里 | 諸安浜九二號東 | 一〇三 |
| 長城邨 | 康定路一〇〇八號 | 九八 |
| 長耕里 | 中正東路一五八號 | 一 |
| 長康里總衖 | 康定路三六七號 | 八一 |
| 長智里 | 西藏北路二六六號 | 二三 |
| 長源里 | 海寧路四〇四號 | 二七 |
| 長義坊 | 梵皇渡路七二號 | 一〇〇 |
| 長義坊 | 梵皇渡路七四號 | 一〇〇 |
| 長壽里 | 曲阜路一四六號 | 二三 |
| 長福里 | 鳳陽路一三六號 | 一四 |
| 長福里 | 成都北路八三二號 | 二一 |
| 長福里 | 山海關路一五六號 | 二一 |
| 長福里 | 中正北二路一四六號 | 六四 |
| 長慶里 | 鴨綠江路一一四號 | 三五 |
| 長慶里 | 通州路一九九號 | 三七 |
| 長慶里 | 河南北路二四四衖內 | 二六 |
| 長慶里 | 大通路二九九號 | 五八 |

| 名稱 | 地址 | 圖號 |
|---|---|---|
| 長興里 | 天目路五七號 | 五三 |
| 長興里 | 瑞金路周家嘴路南 | 三六 |
| 長興里 | 庫倫路周家嘴路西 | 三六 |
| 長興里 | 長春路一二九號 | 四八 |
| 長興里 | 寶通路一三五號 | 五二 |
| 長興里 | 諸安浜八〇號 | 一〇三 |
| 長餘里 | 金陵街四三號 | 九 |
| 長豐里 | 中正北一路一〇二號 | 六一 |
| 長鑫里 | 天津路一四五號 | 七 |
| 青陽里 | 南京東路三〇六號 | 七 |
| 青雲里 | 大通路三〇〇號 | 五八 |
| 青蓮坊 | 河南中路一六六號 | 二 |
| 青蓮坊 | 川公路一四七號 | 五一 |
| 青蓮里 | 黃河路三二七衖內 | 二一 |

## 九劃

| 名稱 | 地址 | 圖號 |
|---|---|---|
| 保安坊 | 南京東路四八六號 | 七 |
| 保安坊 | 中正東路八九四號 | 一〇 |
| 保安里 | 天津路四四〇號 | 一二 |
| 保安里 | 寧波路四九七號 | 一二 |
| 保安里 | 海寧路五一四號 | 二七 |
| 保安里 | 寶源路寶通路東 | 五二 |
| 保記里 | 寧波路三二七號 | 六 |
| 保原坊 | 北海寧路二四號 | 三〇 |
| 保康里 | 浙江中路五六三號 | 一三 |
| 保康里 | 浙江中路五七五號 | 一三 |
| 保康里 | 浙江中路五八三號 | 一三 |
| 保齡里 | 悟州路東漢陽路北 | 三五 |
| 信平里 | 龍門路二號 | 一〇 |
| 信平里 | 龍門路一二號 | 一〇 |
| 信平里 | 龍門路三〇號 | 一〇 |
| 信業里 | 大通路三三四號 | 五八 |
| 信儀邨 | 梵皇渡路七三二號 | 九七 |
| 信儀邨 | 梵皇渡路七二四號 | 九七 |
| 冠羣坊 | 南京東路三〇一號 | 七 |
| 則敬坊 | 邢家宅路一六號 | 四七 |
| 則敬坊 | 邢家宅路二四號 | 四七 |
| 南山邨 | 長壽路一〇七九號 | 九六 |
| 南安里 | 新閘路一〇九九號 | 六八 |
| 南洋里 | 陝西北路南陽路南 | 七四 |
| 南洋新邨 | 南陽路七七號 | 七四 |
| 南洋新邨 | 西康路南陽路南 | 七四 |
| 南林里 | 南林路華興路南 | 五四 |
| 南長安里 | 崑山路一〇八號 | 三〇 |
| 南高陽里 | 南京東路山西南路西 | 七 |
| 南高壽里 | 安慶路五〇九號 | 五三 |
| 南高壽里 | 海寧路九四二號 | 五三 |
| 南曹家宅 | 江蘇路三五號 | 一〇 |
| 南祥福里 | 中正北二路一五四號 | 六四五 |
| 南通里 | 英士路六六號 | 一七 |
| 南通里 | 英士路七六號 | 一七 |
| 南通邨 | 娥眉月路中紡宿舍西 | 一一一 |
| 南陽里 | 浙江北路一四六號 | 二四 |
| 南陽西里 | 牯嶺路西藏中路西 | 一四 |
| 南陽東里 | 牯嶺路西藏中路西 | 一四 |
| 厚生里 | 高陽路二四一號 | 三八 |
| 厚福里二衖 | 福康路新閘路北 | 六五 |
| 厚德里 | 福建中路五三三號 | 一三 |
| 厚德里 | 新昌路三七五號 | 二〇 |
| 厚德里 | 甘肅路一九七號 | 二三 |
| 厚德里 | 甘肅路二一七號 | 二三 |
| 厚德里 | 菜市街醴陵路西 | 三四 |
| 厚德新邨 | 諸安浜一一二號東 | 一〇三 |
| 厚餘里 | 浙江北路一一三八號 | 二四 |
| 品安坊 | 餘姚路六六七號 | 九七 |
| 宣化坊 | 諸安浜四五號 | 一〇二 |
| 咸寧里 | 海寧路九二三號 | 二四 |
| 咸寧里 | 塘沽路九七四號 | 二四 |
| 咸德里 | 西藏中路五五九號 | 一四 |
| 威海別墅 | 威海衛路七二七號 | 六二 |
| 威海新邨 | 威海衛路一二號 | 一八 |
| 威鳳里 | 威海衛路五〇二 | 六三 |
| 建業里 | 安遠路五〇七號 | 八五 |
| 建業里 | 新閘路五四八號 | 五七 |
| 思源邨 | 永定路三一衖內 | 三四 |
| 思義坊 | 南京西路得利車行西衖內 | 七一 |
| 思德里 | 菜市街一一九號 | 三四 |
| 恆安里 | 康樂路六號 | 二四 |
| 恆安里 | 康樂路一六號 | 二四 |
| 恆安坊 | 東餘杭路八四九號 | 四五 |

| 名稱 | 地址 | 圖號 |
| --- | --- | --- |
| 恒安里 | 四川北路一五四五街內 | 五一 |
| 恒安里 | 安遠路三三二號 | 八六 |
| 恒安坊 | 餘姚路三〇六號 | 九四 |
| 恒吉里 | 江寧路六八五號 | 八二 |
| 恒吉里 | 天潼路河南北路西 | 二四 |
| 恒吉坊 | 七浦路二〇七號 | 二四 |
| 恒昌里 | 安遠路二八號 | 八八 |
| 恒泰里 | 周家嘴路八五〇號 | 四五 |
| 恒泰里 | 西康路藥水街八號 | 九二 |
| 恒清里一街 | 鳳陽路七號 | 一二 |
| 恒清里二街 | 鳳陽路一七號 | 一二 |
| 恒盛里 | 寶安路溧陽路北 | 四九 |
| 恒康里 | 中正東路一四六二街內 | 一七 |
| 恒康里南街 | 天潼路五九七號 | 二五 |
| 恒祥里 | 西康路五六六號 | 八一 |
| 恒祥里西街 | 峨眉路三三八號 | 三〇 |
| 恒祥里南街 | 餘杭路一三三號 | 三〇 |
| 恒善里 | 海寧路四川北路東 | 二七 |
| 恒業里總街 | 江西中路一三五號 | 二 |
| 恒業里 | 泗涇路河南中路東 | 二 |
| 恒業里 | 中正東路一四一四號 | 一七 |
| 恒業里 | 長壽路三五六號 | 九三 |
| 恒源里 | 天津路一七九號 | 七 |
| 恒德里 | 福建中路二〇四號 | 八 |
| 恒德里 | 常德路六三三號 | 七七 |
| 恒德里 | 長寧路三四七號 | 一〇五 |
| 恒德里 | 長寧路三八一號 | 一〇八 |
| 恒餘里 | 唐家街二二六號 | 二四 |
| 恒豐里 | 武昌路二三〇號 | 三三 |
| 恒豐里 | 峨眉路七一號 | 三三 |
| 恒豐里 | 吳淞路一七六號 | 三三 |
| 恒豐里 | 山陰路六九號 | 四九 |
| 恒豐里 | 寶安路溧陽路北 | 四九 |
| 施安里 | 通州路八三號 | 三七 |
| 春邨 | 延平路葉家宅內 | 九九 |
| 春平坊 | 常德路二四〇號 | 七三 |
| 春在里 | 新橋路九號 | 二一 |
| 春安里 | 海寧路七八〇號 | 五三 |
| 春江別墅 | 康定路八八八號 | 七八 |
| 春耕里 | 中正東路三四〇號 | 九 |

| 名稱 | 地址 | 圖號 |
| --- | --- | --- |
| 春桂里 | 海寧路七九四號 | 五三 |
| 春陽里 | 東餘杭路二一一號 | 三五 |
| 春陽里 | 梧州路一一九號 | 三五 |
| 春陽里 | 張家花園四〇號 | 六三 |
| 春華里 | 新昌路四〇〇號 | 二一 |
| 春暉里 | 成都北路一〇二八號 | 二一 |
| 春暉里 | 安慶路四〇九號 | 五三 |
| 春壽里 | 廈門路七五街內 | 一三 |
| 春福里 | 康定路一〇三號 | 六七 |
| 星邨 | 新閘路一〇三九號 | 六八 |
| 星邨 | 餘姚路一三四號 | 八五 |
| 星順里 | 餘姚路康定路東 | 九六 |
| 星樂里 | 餘姚路四八七號 | 九八 |
| 映生里 | 海山路一九號 | 二九 |
| 柳迎邨 | 北京西路一七二九號 | 七二 |
| 柳迎里 | 東餘杭路九五一號 | 四五 |
| 柳迎里 | 東餘杭路九八一號 | 四五 |
| 柏德里 | 中正北一路三三六號 | 六〇 |
| 柏蘭里 | 安遠路三九二號 | 八六 |
| 珊家園 | 鳳陽路一〇〇號 | 一四 |
| 珊家園東街 | 鳳陽路西藏中路西 | 一四 |
| 洽義里 | 中正西路九七三號 | 一〇九 |
| 洽興里 | 開封路二四三號 | 二三 |
| 洽興里 | 曲阜路二二四號 | 二三 |
| 洽興里 | 西藏北路一三〇號 | 二三 |
| 洽興里 | 西藏北路一五〇號 | 二三 |
| 洽興里 | 文昌路一〇一號 | 二三 |
| 洽興里三街 | 文昌路一一一號 | 二三 |
| 洪安坊 | 唐家街一一六號 | 二五 |
| 洪業坊 | 如皋路一三號 | 三六 |
| 洪福里 | 南天潼路七三號 | 五 |
| 洪福里 | 河南北路三六號 | 五 |
| 洪福里 | 梧州路一九一號 | 三六 |
| 洪慶坊 | 海防路二一八號 | 八四 |
| 洪德里 | 浙江中路五九九號 | 一三 |
| 洪德里 | 浙江中路六〇七號 | 一三 |
| 洪德里 | 廈門路一三七號 | 一三 |
| 洪德里 | 成都北路一一六街內 | 一七 |
| 派克里 | 黃河路一〇七號 | 二〇 |
| 派克新邨 | 黃河路二三一號 | 二〇 |

| 名稱 | 地址 | 圖號 |
| --- | --- | --- |
| 盆湯街 | 福建中路至山西南路 | 七 |
| 省慶里 | 塘沽路八七六號 | 二四 |
| 紀園 | 康定路五六三號 | 八〇 |
| 紀家花園 | 多倫路四川北路南 | 五〇 |
| 美倫里 | 金隆街四〇號 | 九 |
| 美華里 | 盛澤路二二號 | 九 |
| 美楣里 | 四川北路一七四六號 | 五一 |
| 茂林坊 | 西康路七四四號 | 八二 |
| 茂盛里 | 無錫路一三六號 | 一三 |
| 茂盛里 | 歸化路四五五街內 | 八二 |
| 茂海里 | 海門路一三一號 | 四四 |
| 茂海新邨 | 東餘杭路一〇四七號 | 四四 |
| 茂福里 | 塘沽路福建北路西 | 二四 |
| 茂榮坊 | 延平路二二一號 | 九八 |
| 茂德里 | 鉅鹿路一三三號 | 六一 |
| 英明里 | 悟州路一九九街內 | 三六 |
| 英明里 | 悟州路二四五街內 | 三六 |
| 衍慶里 | 廈門路二三〇號 | 二三 |
| 衍慶里 | 蘇州路九七一號 | 二三 |
| 貞吉里 | 成都北路五九七號 | 五九 |
| 重華新邨 | 南京西路一〇八一號 | 六九 |
| 重慶里 | 成都北路二七三號 | 六〇 |
| 首圭坊 | 鉅鹿路一七二號 | 六一 |
| 香粉街 | 福建中路至浙江中路 | 一二 |

## 十劃

| 名稱 | 地址 | 圖號 |
| --- | --- | --- |
| 修德坊 | 北京東路六四七號 | 一三 |
| 修德里 | 鳳陽路成都北路西 | 五九 |
| 修德里 | 張家花園三五號 | 六三 |
| 修德新邨 | 成都北路四八三號 | 五九 |
| 修德新邨 | 成都北路四九三號 | 五九 |
| 修德新邨 | 成都北路五〇三號 | 五九 |
| 修德新邨 | 成都北路五一五號 | 五九 |
| 修德新邨 | 成都北路五二七號 | 五九 |
| 侯在里 | 鳳陽路四三九號 | 一九 |
| 倚雲里 | 威海衛路二八九號 | 六一 |
| 唐家街 | 七浦路三九五號 | 二四 |
| 唐家街 | 七浦路四一三號 | 二四 |
| 唐家街 | 江蘇路五〇七街內 | 一〇二 |
| 容邨 | 大通路二五六號 | 五八 |

| 名稱 | 地址 | 圖號 |
| --- | --- | --- |
| 家福里 | 北京西路一〇七〇號 | 六八 |
| 峻德里 | 大沽路四一一街內 | 六一 |
| 師善里 | 西安路二五四號 | 三五 |
| 師善里 | 商邱路二一七號 | 三五 |
| 師善里 | 商邱路二三五號 | 三五 |
| 師善里公街 | 東長治路四三一號 | 三五 |
| 師善里 | 東長治路四四九號 | 三五 |
| 徐家園 | 唐家衖三五號 | 二四 |
| 徐家園 | 唐家衖四三號 | 二四 |
| 恩慶里 | 西康路一六六號 | 七五 |
| 悅來坊 | 天潼路六五七號 | 二五 |
| 恭安坊 | 東餘杭路一〇二一號 | 四五 |
| 恭慶里 | 福建北路二二六號 | 二四 |
| 振華里 | 海防路二九三號 | 八二 |
| 振隆坊 | 威海衛路三八一號 | 六一 |
| 振興里 | 海寧路六八四號 | 五三 |
| 振興里 | 長壽路七六五號 | 九四 |
| 振德坊 | 諸安浜一〇四號東 | 一〇三 |
| 時應里 | 陝西北路二九九號 | 七四 |
| 晉仁坊 | 中正西路四三一號 | 一〇一 |
| 晉祥里 | 慈谿路一一四號 | 五八 |
| 晉陽里 | 惠民路七四號 | 四一 |
| 晉陽里 | 楊樹浦路一一五號 | 四一 |
| 晉源里 | 商邱路一七八號 | 三四 |
| 晉福里 | 北京西路五二四號 | 五八 |
| 晉福里 | 唐家衖五一號 | 二五 |
| 晉壽里 | 安慶路五三四號 | 五三 |
| 晉德坊 | 成都北路一八三號 | 六一 |
| 晉德坊 | 成都北路一九三號 | 六一 |
| 晉興邨 | 中正西路五九七號 | 一〇二 |
| 晉鴻里 | 威海衛路五六三號 | 六二 |
| 桃林里 | 成都北路一六二街內 | 一八 |
| 桃源坊 | 普安路五一號 | 一六 |
| 桃源坊 | 七浦路一四一號 | 二六 |
| 桃源坊 | 天潼路五四六號 | 二六 |
| 桃源坊一街 | 河南北路一一〇號 | 二六 |
| 桃源坊二街 | 河南北路一二〇號 | 二六 |
| 桃源坊 | 河南北路一四〇號 | 二六 |
| 桃源坊 | 河南北路一八二號 | 二六 |
| 桃源里 | 霍山路八八號 | 四一 |
| 桃源里 | 惠民路七三號 | 四一 |
| 桂林里 | 中正東路一三九四街內 | 一七 |
| 桂馥坊 | 英士路三一號 | 一七 |
| 桂馨里 | 熱河路開封路北 | 二三 |
| 桂馨里 | 成都北路一四〇號 | 一八 |
| 海防邨 | 海防路四一〇號 | 八四 |
| 海防里 | 海防路二七一號 | 八二 |
| 海源坊 | 海防路五七八號 | 八五 |
| 海聯里 | 新閘路一八二〇號 | 七六 |
| 浙興里 | 邢家宅路一八二號 | 四八 |
| 浙興里 | 溧陽路小菜場北 | 四八 |
| 浦行別墅 | 成都北路六九六號 | 二〇 |
| 浦恆坊 | 成都北路二七四號 | 一八 |
| 泰仁里 | 浙江北路四九號 | 二二 |
| 泰安里 | 黃陂南路二號 | 一六 |
| 泰安里 | 天潼路七五九號 | 二五 |
| 泰安里 | 天潼路七二七號 | 二五 |
| 泰安里 | 三泰衖一五號 | 二五 |
| 泰安里 | 三泰衖四九號 | 二五 |
| 泰安里 | 山西北路一一九號 | 二五 |
| 泰安里 | 山西北路一三九號 | 二五 |
| 泰安里 | 山西北路一六一號 | 二五 |
| 泰安里 | 山西北路六三號 | 二五 |
| 泰安里 | 山西北路四七號 | 二五 |
| 泰安里 | 三泰衖五〇號 | 二五 |
| 泰安里 | 福建北路五六號 | 二五 |
| 泰安里 | 新泰路六〇號 | 二五 |
| 泰安坊一街 | 公平路六五二號 | 四五 |
| 泰安坊二街 | 公平路六六二號 | 四五 |
| 泰安坊三街 | 公平路六七二號 | 四五 |
| 泰安坊四街 | 公平路六八二號 | 四五 |
| 泰安坊五街 | 公平路六八八號 | 四五 |
| 泰安坊六街 | 公平路六九六號 | 四五 |
| 泰安坊七街 | 公平路七〇六號 | 四五 |
| 泰利巷 | 南京西路一六六四號 | 七三 |
| 泰來里 | 海寧路七六四號 | 五三 |
| 泰來里 | 山西北路四二七號 | 五三 |
| 泰來里 | 淮安路二〇九號 | 六五 |
| 泰來里一街 | 江寧路一三三五號 | 九一 |
| 泰來里二街 | 江寧路一三四五號 | 九一 |
| 泰來里三街 | 江寧路一三五三號 | 九一 |
| 泰來里四街 | 江寧路一三六一號 | 九一 |
| 泰昌里 | 東餘杭路一一四〇號 | 四三 |
| 泰記街 | 天津路一一〇號 | 六 |
| 泰威邨 | 茂林路三一號 | 三〇 |
| 泰威邨 | 吳淞路四〇二號 | 三〇 |
| 泰家莊 | 梵皇渡路一四八七號 | 一〇七 |
| 泰盛坊 | 安南路八〇號 | 七一 |
| 泰華里 | 塘沽路六七三號 | 二六 |
| 泰華里 | 江西北路二〇七號 | 二六 |
| 泰華里東街 | 江西北路一九四號 | 二六 |
| 泰華里東街 | 江西北路二〇六號 | 二六 |
| 泰源里 | 七浦路至塘沽路 | 二四 |
| 泰福里 | 臨潼路二九一號 | 四二 |
| 泰壽里 | 愚園路裕東煙棧南 | 一一一 |
| 泰德里 | 新閘路七八一號 | 六四 |
| 泰興里 | 茂名北路七六號 | 六二 |
| 泰興里 | 茂名北路八六號 | 六二 |
| 泰興里 | 茂名北路九六號 | 六二 |
| 泰興邨 | 長壽路三四四號 | 九三 |
| 留步坊 | 中正東路八八四號 | 一〇 |
| 留餘里 | 長沙路鳳陽路北 | 一四 |
| 留餘里 | 鳳陽路一五〇街內 | 一四 |
| 留餘坊 | 華山路南京西路南 | 七二 |
| 甡昌里 | 海寧路三七號 | 五四 |
| 甡德里 | 長寧支路一〇〇號 | 一〇六 |
| 益壽里 | 川公路廣東街西 | 五二 |
| 益壽里 | 武昌路二六〇號 | 三一 |
| 益壽里北街 | 吳淞路二〇三號 | 三一 |
| 益壽里南街 | 吳淞路一八三號 | 三一 |
| 益壽坊 | 南京西路一五八七號 | 七一 |
| 益豐里 | 貴州路一九八號 | 一三 |
| 益豐里 | 貴州路二二五號 | 一三 |
| 益豐里 | 醴陵路六八號 | 三四 |
| 益豐里 | 安國路一二七號 | 四三 |
| 益豐里 | 安國路一三三號 | 四三 |
| 益豐里 | 成都北路七七九號 | 五八 |
| 眞吉里 | 成都北路五九七號 | 五九 |
| 祖德里 | 安遠路七〇六號 | 九四 |
| 神州里 | 浙江中路一六七號 | 一一 |

| 名稱 | 地址 | 圖號 |
|---|---|---|
| 純畚里 | 武定路三二號 | 六五 |
| 耕山里 | 安慶路三八一號 | 五三 |
| 耕久里 | 盆湯街五福街東 | 七 |
| 耕莘里 | 威海衞路三〇一街 | 六一 |
| 耕興里 | 寧波路三六三號 | 六 |
| 耕疇里 | 温州路五四號 | 一四 |
| 耕續邨 | 中正西路四A號 | 七二 |
| 致和里 | 中正北二路一七〇號 | 六四 |
| 致祥里 | 常德路六四八號 | 八〇 |
| 致祥里 | 重慶北路一六號 | 一七 |
| 致富里 | 福建中路三五一號 | 一二 |
| 致慶里 | 安慶路二八七號 | 五三 |
| 致慶里 | 梵皇渡路一一二八號 | 一〇六 |
| 致德邨 | 康定路一〇五三號 | 九八 |
| 荼陽里 | 康樂路二四三號 | 五三 |
| 馬安里 | 重慶北路一四〇號 | 一八 |
| 馬安里 | 重慶北路一五〇號 | 一八 |
| 馬安里 | 重慶北路一六〇號 | 一八 |
| 馬安里 | 重慶北路一七〇號 | 一八 |
| 馬安里 | 重慶北路一八八號 | 一八 |
| 馬安里 | 大沽路一八六號 | 一八 |
| 馬吉里 | 重慶北路一一號 | 一七 |
| 馬吉里 | 重慶北路二一號 | 一七 |
| 馬吉里 | 重慶北路二九號 | 一七 |
| 馬樂里 | 中正東路八七三號 | 一七 |
| 馬德里 | 黃陂北路五二號 | 一六 |
| 馬德里 | 大沽路四二號 | 一六 |
| 高家宅 | 康定路餘姚路東 | 九七 |
| 高家宅 | 梵皇渡路七五九街北 | 九七 |
| 高陞里 | 中正東路一三一〇號 | 一七 |
| 高照里 | 淮安路三四號 | 五七 |
| 高照里 | 新閘路七五〇號 | 五七 |
| 高福坊 | 寶山路二二六號 | 五二 |
| 高福里 | 迪化北路二三號 | 七二 |
| 高壽里 | 安慶路五一〇號 | 五三 |
| 草鞋浜 | 西康路一二三三號 | 九三 |

## 十一劃

| 名稱 | 地址 | 圖號 |
|---|---|---|
| 乾信坊 | 長陽路三四〇號 | 四二 |
| 乾記里 | 天津路山西南路東 | 六 |
| 乾記里 | 寧波路山西南路東 | 六 |
| 乾興坊 | 安遠路三八號 | 八八 |
| 健　邨 | 西康路三七〇號街內 | 八一 |
| 務安里 | 西康路八一七號 | 八五 |
| 務安里 | 西康路八二七號 | 八五 |
| 卿雲里 | 海寧路七九九號 | 二四 |
| 啓文里 | 菜市街永定路西 | 三四 |
| 啓秀坊 | 長春路二四七號 | 四九 |
| 啓秀坊 | 長春路二五七號 | 四九 |
| 啓德里 | 長壽路四五三號 | 八六 |
| 啓德里 | 膠州路九三八號 | 八六 |
| 培信里 | 庫倫路周家嘴路西 | 四六 |
| 培德里 | 高陽路二七七號 | 三八 |
| 培德里總街 | 新閘路五六五號 | 五八 |
| 培德里 | 大通路山海關路北 | 五八 |
| 崇安里 | 海防路三〇二號 | 八四 |
| 崇順里 | 東寶興路六〇號 | 五一 |
| 崇華坊 | 丹徒路一九四號 | 四四 |
| 崇裕里 | 菜市街商邱路西 | 三四 |
| 崇義里 | 唐山路七九九號 | 四三 |
| 崇義坊 | 四川北路口厚德街 | 五一 |
| 崇敬邨 | 鳳陽路六二四號 | 五九 |
| 崇福里 | 中正中路三六七號 | 六一 |
| 崇業里 | 虬江支路一六〇號 | 二八 |
| 崇業里 | 四川北路一三八五號 | 二八 |
| 崇業里 | 岳州路三三五號 | 四五 |
| 崇德里 | 南星路二八號 | 五六 |
| 崇德里 | 南星路六六號 | 五六 |
| 崇讓里 | 福州路四二〇號 | 八 |
| 崑山花園 | 崑山路四川北路東 | 二七 |
| 常樂里 | 溧陽路六三七號 | 三六 |
| 康　邨 | 康定路八五〇號 | 七八 |
| 康吉里 | 新民路六〇四號 | 五四 |
| 康成里 | 長寧路五六九號 | 一一一 |
| 康家邨 | 梵皇渡路康家橋內 | 九八 |
| 康家橋 | 梵皇渡路三四七街內 | 九九 |
| 康寧里 | 澳門路五八號 | 九一 |
| 康寧里 | 澳門路八〇號 | 九一 |
| 康寧邨 | 康定路七一六號 | 七八 |
| 康寧邨 | 延平路葉家宅 | 九九 |
| 康腦邨 | 康定路常德路東 | 七九 |
| 康福里 | 長寧支路一四號 | 九六 |
| 康樂里 | 康定路一七九號 | 六七 |
| 康樂里 | 新閘路四二一號 | 二一 |
| 康樂里一街 | 山西北路五四一號 | 五三 |
| 康樂里二街 | 山西北路五五一號 | 五三 |
| 康樂里三街 | 山西北路五六一號 | 五三 |
| 康樂里四街 | 山西北路五七一號 | 五三 |
| 康樂坊 | 康定路一二八八號 | 九七 |
| 康樂邨 | 餘姚路六九三號 | 九七 |
| 康樂邨 | 中正中路七四〇號 | 六二 |
| 彩如里 | 七浦路歸仁里內 | 二四 |
| 得發里 | 康定路一三八一號 | 九七 |
| 得福里 | 武定路泰興路東 | 六五 |
| 張家浜 | 鳳陽路新昌路東 | 一九 |
| 張家花園 | 威海衞路茂名北路東 | 六三 |
| 惟祥里 | 盛澤路五三號 | 九 |
| 惟祥里 | 金陵東路一九六號 | 九 |
| 惟善里 | 浙江南路五七號 | 九 |
| 惟慶里 | 天津路二四七號 | 七 |
| 望雲里 | 河南中路天津路南 | 三 |
| 望德里 | 江寧路一五五號 | 六八 |
| 望德里 | 北京西路一〇六〇號 | 六八 |
| 梅　邨 | 茂名北路一〇八號 | 六二 |
| 梅　邨 | 茂名北路一一八號 | 六二 |
| 梅　邨 | 茂名北路一二八號 | 六二 |
| 梅　邨 | 威海衞路六六五號 | 六二 |
| 梅　邨 | 梵皇渡路七六六號 | 九七 |
| 梅　邨 | 梵皇渡路七七六號 | 九七 |
| 梅　邨 | 愚園路悪爾康南 | 九七 |
| 梅東新邨 | 北京西路二四〇號 | 二〇 |
| 梅南坊 | 南京西路二八二號 | 一九 |
| 梅南坊 | 新昌路一〇號 | 一九 |
| 梅南坊 | 新昌路三八號 | 一九 |
| 梅福里 | 黃河路一二五號 | 二〇 |
| 梅樂邨 | 新昌路三一街內 | 一九 |
| 梅興里 | 大通路北京西路北 | 五八 |
| 清和坊 | 浙江中路一〇八號 | 一一 |
| 清和坊 | 浙江中路一一八號 | 一一 |
| 清和坊 | 浙江中路一二八號 | 一一 |

| 名稱 | 地址 | 圖號 |
| --- | --- | --- |
| 清河里 | 山西南路三一號 | 八 |
| 清河里 | 漢口路四二九號 | 八 |
| 清華里 | 黃河路三〇九號 | 二一 |
| 清遠里 | 北京東路二八八號 | 五 |
| 清遠里 | 蘇州路江西中路西 | 五 |
| 清源里 | 溧陽路一三三五號 | 四九 |
| 涵仁里 | 康定路八七二號 | 七八 |
| 涵養邨 | 康定路八八號 | 六六 |
| 淩雲別墅 | 康定路六二七號 | 八〇 |
| 猛將街 | 吳淞路四〇七號 | 三〇 |
| 盛昌里 | 泰興路六三七號 | 六七 |
| 盛涇里 | 蘇州路七六七號 | 二五 |
| 祥元里 | 慈谿路一九〇號 | 五八 |
| 祥吉里 | 寶山路橫浜路西 | 五〇 |
| 祥安里 | 金陵東路一五號 | 一 |
| 祥安里 | 成都北路九七二號 | 二一 |
| 祥安里 | 康樂路二五一號 | 五三 |
| 祥光里 | 東長治路八一〇號 | 三九 |
| 祥和里 | 峨眉路三九五號 | 三〇 |
| 祥和里 | 峨眉路四〇五號 | 三〇 |
| 祥康里 | 天津路一五七號 | 七 |
| 祥康里 | 新昌路八七號 | 一九 |
| 祥康里 | 新昌路一一九號 | 一九 |
| 祥新里 | 安慶路四八七號 | 五三 |
| 祥裕里 | 東漢陽路四二七號 | 三八 |
| 祥裕里 | 東餘杭路商邱路東 | 三八 |
| 祥裕里一街 | 四川南路金陵東路北 | 一 |
| 祥裕里二街 | 四川南路三〇號 | 一 |
| 祥福里 | 山海關路二〇一號 | 二〇 |
| 祥興里 | 武定路二七六號 | 六七 |
| 祥豐里 | 廣東街四川北路北 | 二八 |
| 祥豐里 | 邢家橋路二〇六號 | 五一 |
| 祥豐里 | 虬江路二七三號 | 五一 |
| 祥豐里 | 武夷路福世花園西 | 一〇九 |
| 祥鑫里 | 大通路三一五號 | 五八 |
| 祥鑫里 | 大通路三一六號 | 五八 |
| 祥驎里 | 威海衛路重慶北路西 | 一八 |
| 祥麟里 | 塘沽路一〇一二號 | 二四 |
| 祥麟里 | 海寧路九四五號 | 二四 |
| 竟成坊 | 岳州路七六六號 | 四五 |

| 名稱 | 地址 | 圖號 |
| --- | --- | --- |
| 第安坊 | 澳門路一〇一號 | 九一 |
| 紹耕里 | 武勝路四〇一號 | 一八 |
| 紹興里 | 山西北路五二七號 | 五三 |
| 通安里總街 | 泰興里六二五號 | 六七 |
| 通亨里 | 長壽路七〇七號 | 九四 |
| 通海里 | 通州路三五〇號 | 四六 |
| 通業里 | 膠州路三一九街內 | 七七 |
| 通裕里 | 交通路一七號 | 八 |
| 通裕里 | 交通路三三號 | 八 |
| 通德里一街 | 舟山路三九一號 | 四五 |
| 通德里二街 | 舟山路四〇一號 | 四五 |
| 通德里三街 | 舟山路四一一號 | 四五 |
| 通德里四街 | 舟山路四三五號 | 四五 |
| 逢吉里 | 貴州路七七號 | 一二 |
| 逢吉里 | 貴州路一三一號 | 一二 |
| 逢吉里 | 峨眉路二八一號 | 三一 |
| 逢源里 | 唐山路七八一號 | 四三 |
| 連生里 | 愚園路二五九街內 | 七二 |
| 連富里 | 七浦路一〇四號 | 二六 |
| 陶朱里 | 福建中路二六六號 | 七 |
| 陶朱里 | 九江路福建中路東 | 七 |
| 陳耕里 | 長寧路安樂廠北七一五號 | 一〇七 |
| 麥加里 | 溧陽路九六五號 | 四七 |
| 麥拿里 | 四川北路一八一一號 | 五〇 |
| 基安坊 | 中正北一路三一五街內 | 六三 |
| 授書里 | 迪化北路聖彼德堂西 | 一〇〇 |

## 十二劃

| 名稱 | 地址 | 圖號 |
| --- | --- | --- |
| 巽陽里 | 七浦路二五四號 | 二四 |
| 勝利坊 | 東寶興路二九八號 | 五一 |
| 善全里 | 龍泉園三六號 | 一二 |
| 善全里 | 龍泉園四四號 | 一二 |
| 善全里 | 龍泉園五〇號 | 一二 |
| 善昌里 | 中正北二路二二九號 | 六四 |
| 善昌里 | 新閘路八五三號 | 六四 |
| 善旌坊 | 大連路五二九號 | 四二 |
| 善福里 | 新閘路一〇五一號 | 六八 |
| 善樂里 | 成都北路一二八號 | 一七 |
| 善德坊 | 天同路一八二號 | 四七 |
| 善德里 | 慈谿路一〇二號 | 五八 |

| 名稱 | 地址 | 圖號 |
| --- | --- | --- |
| 善慶坊 | 青海路四九號 | 六〇 |
| 善慶里 | 七浦路河南北路西 | 二四 |
| 善慶里 | 江蘇路四六九街內 | 一〇二 |
| 富林邨 | 梵皇渡路康家橋內 | 九九 |
| 富春里 | 哈爾濱路五七號 | 二九 |
| 富春坊 | 安國路一六四號 | 四三 |
| 富春坊 | 安國路二〇四號 | 四三 |
| 富康里 | 天津路三〇五號 | 七 |
| 富康里 | 天津路二九五號 | 七 |
| 富康里 | 中正東路成都北路東 | 一七 |
| 富貴里 | 河南北路二四四街內 | 二六 |
| 富華里 | 安慶路九〇號 | 二七 |
| 富源里 | 長壽路六六四號 | 九四 |
| 富闓邨 | 長寧路三二一號 | 一〇五 |
| 富潤里 | 貴州路二九〇號 | 一三 |
| 富潤里 | 海寧路九二九號 | 二四 |
| 富慶里 | 安慶路河南北路西 | 五三 |
| 富慶里 | 河南北路四七七號 | 五三 |
| 富慶里 | 河南北路四八五號 | 五三 |
| 富慶里 | 河南北路四九三號 | 五三 |
| 富興里 | 長壽路三九〇號 | 九三 |
| 寧安坊 | 開封路一三四號 | 二三 |
| 寧安坊 | 浙江北路四五八號 | 五四 |
| 寧安里 | 海寧路九九七號 | 二三 |
| 寧紹里 | 江西中路五一號 | 一 |
| 寧康里 | 浙江北路三七二號 | 五三 |
| 寧康里 | 浙江北路三八二號 | 五三 |
| 寧康里 | 浙江北路三九二號 | 五三 |
| 寧康里 | 浙江北路四〇二號 | 五三 |
| 寧康里 | 浙江北路四一二號 | 五三 |
| 寧康里 | 浙江北路四二二號 | 五三 |
| 寧興里 | 寧海東路一七號 | 九 |
| 寧興里 | 寧海東路二五號 | 九 |
| 尊德里 | 廈門路一三六號 | 二二 |
| 尊德里 | 東餘杭路六二八號 | 三八 |
| 復思善堂 | 七浦路江西北路東 | 二六 |
| 復新里 | 中正東路一二七八號 | 一七 |
| 復興邨 | 庫倫路一一四號 | 五五 |
| 復興里 | 福州路三八四號 | 八 |
| 復興里 | 普安路三五號 | 一六 |

| 名稱 | 地址 | 圖號 |
|---|---|---|
| 復興里 | 高陽路四五四號 | 四五 |
| 復興里 | 新化路三六四號 | 八四 |
| 復興里 | 長寧路凱旋路口 | 一一二 |
| 惠明里 | 北京東路五二八號 | 六 |
| 惠林邨 | 江寧路三六〇街內 | 六七 |
| 惠清里 | 成都北路一〇五〇街內 | 二一 |
| 惠然里 | 北京西路一〇八號 | 一四 |
| 敦仁里 | 虬江路五八八號 | 二八 |
| 敦本里 | 商邱路四〇八號 | 三七 |
| 敦裕里二街 | 陝西北路二七七號 | 七四 |
| 敦裕里一街 | 陝西北路二八七號 | 七四 |
| 敦貽里 | 北京東路六〇七號 | 一三 |
| 敦禮總街 | 邢家橋路八七號 | 五一 |
| 斯文里東街 | 新閘路五六八號 | 五七 |
| 斯文里東街 | 大通路四六四號 | 五七 |
| 斯文里東街 | 大通路五一〇號 | 五七 |
| 斯文里東街 | 大通路五四六號 | 五七 |
| 斯文里 | 大連路三八〇號 | 四二 |
| 斯文里 | 新閘路五九四號 | 五七 |
| 斯文里 | 新閘路六二二號 | 五七 |
| 斯文里 | 西蘇州路五九四號 | 五七 |
| 斯文里 | 新閘路六七二號 | 五七 |
| 斯文里南街 | 新閘路六三八號 | 五七 |
| 斯文里南街 | 大通路四六三號 | 五七 |
| 斯文里南街 | 大通路五〇九號 | 五七 |
| 斯盛里 | 牯嶺路五一號 | 一四 |
| 衆樂里 | 武定路五五一號 | 八一 |
| 景行路 | 天津路二一二號 | 六 |
| 景行里 | 寧波路山西南路東 | 六 |
| 景和里 | 福建中路二四六號 | 七 |
| 景昌里 | 張家宅路四九街內 | 六四 |
| 景星里 | 安慶路九三號 | 二七 |
| 景星里 | 北京西路四三四號 | 五八 |
| 景庭坊 | 中正北一路三一號 | 六二 |
| 景祥里 | 猛將街七六號 | 三〇 |
| 景華里 | 海寧路九五七號 | 二四 |
| 景雲邨 | 餘姚路八〇八號 | 九六 |
| 景德坊 | 陝西北路八二四號 | 八一 |
| 景德里 | 塘沽路九八一號 | 二四 |
| 景餘里 | 唐山路八〇九號 | 四三 |

| 名稱 | 地址 | 圖號 |
|---|---|---|
| 景興里 | 七浦路河南北路西 | 二四 |
| 景興里 | 河南北路一八五號 | 二四 |
| 景興里 | 河南北路一四三號 | 二四 |
| 景興里 | 河南北路九九號 | 二四 |
| 景興里 | 東餘杭路九二九號 | 四五 |
| 景興里 | 北京西路三三五號 | 二〇 |
| 朝陽里 | 吳淞路一〇一號 | 三二 |
| 朝陽里 | 吳淞路一二九號 | 三二 |
| 普安里 | 普安路三三號 | 一六 |
| 普安里 | 周家嘴路四〇九A | 三七 |
| 普益里 | 虬江路九二號 | 二九 |
| 普益里 | 北京西路八〇九號 | 六三 |
| 普愛坊 | 山東中路九九號 | 八 |
| 普愛坊 | 廣東路三五二號 | 八 |
| 普賢坊 | 甘肅路一一七號 | 二三 |
| 棣隆里 | 山西北路五五六號 | 五三 |
| 棣隆里 | 山西北路五六八號 | 五三 |
| 棣源里四街 | 山西北路五七六號 | 五三 |
| 棣專里 | 塘沽路八五號 | 三三 |
| 森昌里 | 康家橋內 | 九八 |
| 森富里 | 長壽路一〇八〇號 | 九六 |
| 森福里 | 望亭路三五號 | 一六 |
| 森福里 | 中正東路六一三號 | 一六 |
| 森福里 | 寧海西路一五〇號 | 一六 |
| 森業里 | 安遠路四一八街內 | 八六 |
| 植蔭坊 | 北京西路六〇號 | 一四 |
| 湧泉坊 | 愚園路三九五號 | 一〇一 |
| 渭文坊 | 紫金街三號 | 一 |
| 渭水坊 | 寧波路五四二號 | 一三 |
| 渭陽里一街 | 西華路寶山路東 | 二八 |
| 渭陽里二街 | 西華路寶山路東 | 二八 |
| 渭陽里三街 | 西華路寶山路東 | 二八 |
| 渭德里 | 北京西路一五六四號 | 七六 |
| 琪芳里 | 寶山路祥吉里內 | 五〇 |
| 畫錦里 | 漢口路三六〇號 | 七 |
| 畫錦里 | 九江路山西南路東 | 七 |
| 登賢里 | 鳳陽路三四四號 | 二〇 |
| 粵秀坊 | 海寧路四六八號 | 二七 |
| 粵秀坊 | 海寧路四八二號 | 二七 |
| 統泉邨 | 南京西路得利車行西街內 | 七一 |

| 名稱 | 地址 | 圖號 |
|---|---|---|
| 統益里 | 長壽路一五〇號 | 八七 |
| 統益邨 | 長壽路九七號 | 八七 |
| 統益東里 | 江寧路一二二八號 | 八八 |
| 統益東里 | 江寧路一二五二號 | 八八 |
| 紫金坊 | 福建中路八八號 | 八 |
| 紫金坊 | 廣東路四四〇號 | 八 |
| 紫陽里 | 武定路一九〇號 | 六七 |
| 華山邨二街 | 西康路二八六號 | 七五 |
| 華山邨三街 | 西康路二七六號 | 七五 |
| 華安坊 | 浙江北路四三二號 | 五四 |
| 華安坊 | 華興路三三號 | 五四 |
| 華安坊 | 中正東路一四六二街內 | 一七 |
| 華成坊 | 江蘇路五五九號 | 一〇二 |
| 華東里 | 曲阜路甘肅路西 | 二三 |
| 華東里 | 昆明路三八一號 | 四二 |
| 華康里 | 邢家橋路至長春路 | 四九 |
| 華盛頓里 | 虬江路四九號 | 四八 |
| 華順里一街 | 中正北一路二三四號 | 六〇 |
| 華順里二街 | 中正北一路二五二號 | 六〇 |
| 華順里三街 | 中正北一路二六二號 | 六〇 |
| 華順里四街 | 中正北一路二七二號 | 六〇 |
| 華順里五街 | 中正北一路二八二號 | 六〇 |
| 華順里六街 | 中正北一路二九二號 | 六〇 |
| 華順里七街 | 中正北一路三〇二號 | 六〇 |
| 華福里 | 溧陽路一〇八四街內 | 四七 |
| 華福里 | 西康路七一四號 | 八二 |
| 華專里 | 九江路五五五號 | 一二 |
| 華眞坊 | 海寧路八二六號 | 五三 |
| 華德邨 | 江蘇路諸安國民學校西 | 一〇九 |
| 華慶里 | 梵皇渡路一〇九二號 | 一〇六 |
| 華興坊 | 浙江北路三九〇號 | 五四 |
| 華興坊 | 士慶路四七號 | 四八 |
| 華興里 | 岳州路二九九號 | 四五 |
| 華興里 | 長壽路一〇四二號 | 九六 |
| 華嚴里 | 張家花園五六街內 | 六三 |
| 茱市街 | 長壽路一九一號 | 八七 |
| 孝祥坊 | 寧波路四五六號 | 一三 |
| 貴傳里 | 鳳陽路成都北路西 | 五九 |
| 貴福里 | 永源浜內 | 一〇一 |
| 貽思里 | 膠州路一二〇號 | 七六 |

| 名稱 | 地址 | 圖號 |
|---|---|---|
| 越瀴坊 | 北海路二六七號 | 一〇 |
| 越璽坊 | 北海路二七九號 | 一〇 |
| 進福里 | 長寧支路九一號 | 一〇六 |
| 逸民里 | 鳳陽路四四八號 | 二〇 |
| 逸安郵 | 江蘇路五五九街內 | 一〇二 |
| 道達里 | 新昌路二八〇號 | 二〇 |
| 道達里 | 北京西路三一八號 | 二〇 |
| 達義坊 | 永壽路中正東路南 | 一〇 |
| 達德里 | 江寧路七二七號 | 八二 |
| 遂志里 | 青島路三六號 | 二一 |
| 遂志里 | 青島路四八號 | 二一 |
| 開封里 | 開封路二三〇號 | 二三 |
| 隆慶里 | 寧波路二八四號 | 六 |
| 雁郵 | 延平路葉家宅內 | 九九 |
| 集益里 | 南京東路三七四號 | 七 |
| 集益里 | 天津路一九五號 | 七 |
| 集益里 | 長壽路三四二號 | 九三 |
| 集賢里 | 東餘杭路高陽路西 | 三八 |
| 集賢郵 | 江寧路一〇三三號 | 八七 |
| 集賢里 | 東餘杭路高陽路西 | 三八 |
| 雲上郵 | 陝西北路三三二號 | 七四 |
| 雲昌里 | 唐家街二三六號 | 二四 |
| 雲福里 | 鳳陽路中正北二路東 | 五九 |
| 雲壽坊 | 愚園路七一八號 | 一〇三 |
| 雲蘭坊 | 威海衛路五八三號 | 六二 |
| 順大里 | 東寶興路三二三號 | 五一 |
| 順天郵 | 成都北路二六四號 | 一八 |
| 順天郵 | 重慶北路三一九號 | 一八 |
| 順天郵 | 江陰路重慶北路西 | 一八 |
| 順天坊 | 海寧路三一六號 | 二七 |
| 順安里 | 武昌路三二六號 | 三一 |
| 順和里總街 | 崇明路一〇九號 | 二六 |
| 順和里 | 天潼路四七八號 | 二六 |
| 順明里 | 福建中路五六六號 | 六 |
| 順明里 | 直隸路二六九號 | 六 |
| 順泰里 | 武定路四四〇號 | 八一 |
| 順盛里 | 士慶路一六二號 | 五一 |
| 順康里 | 廈門路五〇號 | 二五 |
| 順康里 | 蘇州路七四九號 | 二五 |
| 順裕里 | 七浦路三一三號 | 二四 |

| 名稱 | 地址 | 圖號 |
|---|---|---|
| 順壽里 | 南無錫路一六號 | 六 |
| 順慶里北街 | 七浦路三〇三號 | 二四 |
| 順慶里 | 天潼路七二六號 | 二四 |
| 順慶里一街 | 山西北路一九九號 | 二四 |
| 順慶里二街 | 山西北路二〇九號 | 二四 |
| 順慶里三街 | 山西北路二一九號 | 二四 |
| 順慶里四街 | 山西北路二二九號 | 二四 |
| 順慶里五街 | 山西北路二三九號 | 二四 |
| 順慶里六街 | 山西北路二四九號 | 二四 |
| 順慶里七街 | 山西北路二五九號 | 二四 |
| 順慶里八街 | 山西北路二六九號 | 二四 |
| 順慶里九街 | 山西北路二七九號 | 二四 |
| 順徵里 | 海寧路六九六號 | 五三 |
| 順柳村 | 中正西路五九七街內 | 一〇二 |
| 順德里 | 鳳陽路三二六號 | 二〇 |
| 順德里 | 周家嘴路七三三號 | 四五 |
| 順德里 | 新閘路淮安路西 | 六五 |
| 順德里 | 延平路葉家宅內 | 九九 |
| 順德里 | 中正西路九六三號 | 一〇九 |
| 順興里 | 東餘杭路八七六號 | 四四 |
| 順興里 | 邢家橋一〇二號 | 五一 |
| 順興里 | 新民路八一四號 | 五五 |
| 順餘里 | 南京西路二〇五二號 | 一〇一 |
| 黃浦街 | 餘姚路五三〇號 | 九五 |
| 揚子郵 | 江蘇路五〇七街內 | 一〇二 |

## 十三劃

| 名稱 | 地址 | 圖號 |
|---|---|---|
| 溥益東里 | 歸化路九二四號 | 八八 |
| 溥益東里 | 歸化路九六四號 | 八八 |
| 傳壽里 | 鳳陽路三四四街內 | 二〇 |
| 勤郵 | 威海衛路三四八號 | 六〇 |
| 勤安坊 | 康樂路一〇六號 | 五三 |
| 勤安坊 | 康樂路一三四號 | 五三 |
| 勤益北里 | 岳州路四二五號 | 四五 |
| 勤益坊 | 中正北一路一〇八號 | 六一 |
| 勤益新郵 | 張家花園一〇一號 | 六三 |
| 勤裕里 | 庫倫路一〇八號 | 四六 |
| 勤餘坊 | 寧海西路一八四號 | 一六 |
| 勤餘里 | 商邱路一六八號 | 三四 |
| 勤健里 | 長壽路七四三號 | 九五 |

| 名稱 | 地址 | 圖號 |
|---|---|---|
| 滙山里 | 東大名路海門路對面 | 四〇 |
| 滙山里 | 東大名路一一六六號 | 四〇 |
| 滙中里 | 福建中路二六一號 | 一二 |
| 滙成里 | 山東南路三八號 | 九 |
| 滙成里 | 山東南路四六號 | 九 |
| 滙成里 | 山東南路五六號 | 九 |
| 愼安西里 | 峨眉路二三九號 | 三一 |
| 愼吉里 | 塘沽路八五八號 | 二四 |
| 愼行郵 | 武定路三七〇號 | 六七 |
| 愼福里 | 羅浮路一〇九號 | 二八 |
| 愼福里 | 羅浮路一二一號 | 二八 |
| 愼福里 | 羅浮路一三一號 | 二八 |
| 愼福里 | 羅浮路一三九號 | 二八 |
| 愼德里 | 中正西路四E號 | 七二 |
| 愼餘里 | 天潼路八四七號 | 二五 |
| 愼餘里 | 北蘇州路八〇二號 | 二五 |
| 愼餘里 | 武定路六三號 | 六五 |
| 愼餘坊 | 中正北一路二六九號 | 六三 |
| 愚谷郵 | 愚園路三六一號 | 一〇一 |
| 愚谷郵 | 南京西路一八九二號 | 一〇一 |
| 愚園坊 | 愚園路四八三號 | 一〇一 |
| 愚園郵 | 愚園路娥眉月路西 | 一一一 |
| 愚園新郵 | 愚園路七五〇號 | 一〇三 |
| 意大里 | 長陽路三二八號 | 四二 |
| 愷樂里 | 羅浮路五二號 | 二八 |
| 愷樂里 | 羅浮路六四號 | 二八 |
| 愛文坊 | 北京西路一三一二號 | 七五 |
| 愛文郵 | 西康路一二五號 | 七四 |
| 愛文新郵 | 北京西路一一九二號 | 七五 |
| 愛仁里 | 黃河路二〇七號 | 二〇 |
| 愛仁里 | 北京西路二一八號 | 二〇 |
| 愛多里 | 福建南路一四號 | 九 |
| 愛而坊 | 安國路二九七號 | 四五 |
| 愛敬坊 | 鉅鹿路一一〇號 | 六一 |
| 愛壽里 | 新昌路六四號 | 一九 |
| 愛蓮坊 | 江西北路一七四號 | 二六 |
| 敬安坊 | 武勝路一四七號 | 一六 |
| 敬盛里 | 安慶路二九五號 | 五三 |
| 新郵 | 康定路九三五號 | 九八 |
| 新郵 | 中正西路四六三號 | 一〇一 |

| 名稱 | 地址 | 圖號 |
| --- | --- | --- |
| 新中邨 | 新昌路二一五號 | 二〇 |
| 新中里 | 新昌路二四五號 | 二〇 |
| 新安里 | 愚園路六二七號 | 一〇一 |
| 新光邨 | 愚園路六六八街內 | 一〇三 |
| 新有餘里 | 共和路三五號 | 五六 |
| 新昌里 | 天潼路三一八號 | 二六 |
| 新茂里 | 西安路二三五號 | 三五 |
| 新星里 | 福州路同興里內 | 一一 |
| 新記里 | 新建路二一〇號 | 三七 |
| 新唐家街 | 天潼路至浙江北路 | 二五 |
| 新唐家街 | 天潼路福建北路西 | 二五 |
| 新唐家街 | 天潼路福建北路西 | 二四 |
| 新泰德里 | 新閘路七一九街內 | 六四 |
| 新益豐里 | 安國路一四七號 | 四三 |
| 新益豐里 | 安國路一三九號 | 四三 |
| 新馬樂里 | 重慶北路二六號 | 一七 |
| 新馬樂里 | 重慶北路四八號 | 一七 |
| 新馬德里 | 中正東路一一二〇號 | 一六 |
| 新馬德里 | 中正東路一一四八號 | 一六 |
| 新馬德里 | 大沽路二九五號 | 一六 |
| 新馬德里 | 黃陂北路中正東路北 | 一六 |
| 新盛里 | 華盛路二一號 | 五六 |
| 新祥里 | 四川北路一五六九號 | 五一 |
| 新康里 | 天潼路唐家街一〇七號 | 二五 |
| 新康里 | 閔行路二三二號 | 三三 |
| 新康里 | 塘沽路一五五號 | 三三 |
| 新康里 | 峨眉路一三二號 | 三三 |
| 新康里 | 閔行路一八八號 | 三三 |
| 新康里 | 閔行路一七八號 | 三三 |
| 新康里 | 武昌路一七八號 | 三三 |
| 新華里 | 中正北一路四一號 | 六二 |
| 新華里 | 中正北一路四九號 | 六二 |
| 新華園 | 愚園路二三五號 | 七二 |
| 新普慶里 | 福建中路一一二號 | 八 |
| 新愚邨 | 愚園路愚園邨內 | 一一一 |
| 新閘邨 | 新閘路八七六號 | 六五 |
| 新慶里 | 武昌路乍浦路西 | 二六 |
| 新慶餘里 | 北京東路六五八號 | 一三 |
| 新德里 | 川公路三九號 | 五一 |
| 新樂邨 | 餘姚路八〇〇號 | 九六 |
| 新樂邨 | 海寧路六九一號 | 二四 |
| 新樂邨 | 塘沽路七八八號 | 二四 |
| 新樂邨 | 新閘路一〇五〇號 | 六七 |
| 新餘里 | 新昌路二九五號 | 二〇 |
| 新餘邨 | 昌平路二五〇號 | 八二 |
| 新餘坊 | 舟山路昆明路北 | 四三 |
| 新興里 | 新閘路九二九號 | 六四 |
| 新疆里 | 新疆路烏鎮路西 | 五五 |
| 新鑫里 | 大通路二四五號 | 五八 |
| 會元里 | 乍浦路三一三號 | 二七 |
| 會樂里 | 雲南中路二四三號 | 一一 |
| 會樂里 | 雲南中路二五三號 | 一一 |
| 會樂里 | 雲南中路二六五號 | 一一 |
| 會樂里 | 福州路七二六號 | 一一 |
| 楨安坊 | 武勝路龍門路西 | 一六 |
| 業華里 | 南京西路七六九號 | 五九 |
| 業廣里 | 唐山路六八五號 | 四三 |
| 極源坊 | 愚園路一二九二號 | 一一一 |
| 楊家街 | 諸安浜五六號東 | 一〇三 |
| 椿桂里 | 黃河路三二七街內 | 二一 |
| 椿壽里 | 新閘路一〇一三號 | 六八 |
| 椿蔭坊 | 通州路一八九號 | 四六 |
| 椿蔭里 | 江寧路七一三號 | 八二 |
| 毓秀坊 | 福建北路二六〇號 | 二四 |
| 毓麟里 | 牯嶺路一〇三號 | 一四 |
| 源安里 | 閔行路一三一號 | 三二、三三 |
| 源坊里 | 商邱路九九號 | 三四 |
| 源坊里 | 商邱路一〇九號 | 三四 |
| 源坊里 | 商邱路一一九號 | 三四 |
| 源坊里 | 商邱路一二九號 | 三四 |
| 源茂里 | 天潼路浙江北路西 | 二三 |
| 源茂里 | 浙江北路九五號 | 二三 |
| 源茂里 | 天同路一九一號 | 四七 |
| 源茂新邨 | 愚園路七八號 | 七三 |
| 源和里 | 江寧路一一九二號 | 八八 |
| 源昌里 | 醴陵路一一號 | 三四 |
| 源昌里 | 醴陵路一二號 | 三四 |
| 源昌里 | 醴陵路二二號 | 三四 |
| 源昌里 | 醴陵路三二號 | 三四 |
| 源昌里 | 醴陵路四二號 | 三四 |
| 源昌里 | 菜市街一七〇號 | 三四 |
| 源泰里 | 山東中路九號 | 九 |
| 源泰里 | 山東中路一九號 | 九 |
| 源泰里 | 西上麟一六號 | 九 |
| 源裕里 | 常德路一〇九號 | 七一 |
| 源達里 | 東長治路二七〇號 | 三四 |
| 源遠里 | 天津路三二號 | 三 |
| 源遠里 | 寧波路八三號 | 三 |
| 源福里 | 唐山路八一八號 | 四三 |
| 源福里 | 昆明路二八一號 | 四三 |
| 滄州坊 | 威海衛路四八五號 | 六二 |
| 滄州別墅 | 南京西路一二一三號 | 七〇 |
| 煦成邨 | 中正中路三五九號 | 六一 |
| 瑞吉里 | 東嘉興路一七五號 | 二九 |
| 瑞吉里 | 東新嘉路二六號 | 二九 |
| 瑞吉里 | 溧陽路八〇七號 | 二九 |
| 瑞吉里 | 嘉興路一七七號 | 二九 |
| 瑞安里 | 新昌路新閘路北 | 二一 |
| 瑞芝里 | 寧波路四七〇號 | 一三 |
| 瑞芝里一街 | 泰興路五二二號 | 六五 |
| 瑞芝里二街 | 泰興路五三〇號 | 六五 |
| 瑞芝里三街 | 泰興路五三八號 | 六五 |
| 瑞昌里一街 | 旅順路七六號 | 三四 |
| 瑞昌里二街 | 旅順路六六號 | 三四 |
| 瑞昌里三街 | 旅順路五六號 | 三四 |
| 瑞和坊 | 虬江路八〇七號 | 五二 |
| 瑞泰里 | 北蘇州路二三二號 | 二六 |
| 瑞泰里 | 天潼路四川北路東 | 二六 |
| 瑞益邨 | 膠州路一三四號 | 七六 |
| 瑞益邨 | 膠州路一四八號 | 七六 |
| 瑞康里 | 山東中路二二七號 | 八 |
| 瑞康里 | 哈爾濱路二九七號 | 四八 |
| 瑞康里 | 哈爾濱路二七九號 | 四八 |
| 瑞康里 | 哈爾濱路二六九號 | 四八 |
| 瑞康里 | 嘉興路二三一號 | 四八 |
| 瑞康里 | 庫倫路四〇三號 | 四八 |
| 瑞康里 | 溧陽路八七一號 | 四八 |
| 瑞康里 | 溧陽路八五三號 | 四八 |
| 瑞康里 | 庫倫路四二九號 | 四八 |
| 瑞康里 | 東嘉興路一一號 | 四八 |

| 名稱 | 地址 | 圖號 |
|---|---|---|
| 瑞康里 | 北京東路八三〇號 | 一三 |
| 瑞雲邨 | 梵皇渡路一九七號西 | 一〇〇 |
| 瑞源里 | 福建北路二四四號 | 二四 |
| 瑞源里 | 東嘉興路二八三號 | 三六 |
| 瑞福里 | 廣西南路七號 | 一〇 |
| 瑞福里 | 廣西南路一三號 | 一〇 |
| 瑞福里 | 梵皇渡路六八三號 | 九七 |
| 瑞福里 | 廣西南路一九號 | 一〇 |
| 瑞福里 | 廣西南路二三號 | 一〇 |
| 瑞福里 | 廣西南路二九號 | 一〇 |
| 瑞福里 | 永壽路中正東路南 | 一〇 |
| 瑞德里 | 庫倫路一一號 | 三六 |
| 瑞德里 | 大通路二三七號 | 五八 |
| 瑞慶里 | 哈爾濱路二二〇號 | 三六 |
| 瑞慶里 | 東長治路七一七號 | 三八 |
| 瑞慶里 | 東嘉興路三〇四號 | 三六 |
| 瑞慶里 | 奉天路一七三號 | 三六 |
| 瑞餘里 | 同嘉路五號 | 四七 |
| 瑞餘里 | 庫倫路四二四號 | 四八 |
| 瑞餘里 | 庫倫路三四二號 | 四七 |
| 瑞餘里 | 同嘉路八號 | 四七 |
| 瑞興里 | 瑞金路上海釀造廠東衖內 | 三六 |
| 瑞興里 | 威海衛路四五七號 | 六二 |
| 瑞興坊 | 北無錫路山西南路西 | 六 |
| 瑞臨里 | 中正東路二三〇號 | 一 |
| 瑞豐里 | 東嘉興路五台路西 | 二九 |
| 瑞靄里 | 山海關路四〇六號 | 五八 |
| 祿壽里 | 東餘杭路一一〇七號 | 四三 |
| 經遠里 | 新閘路六一三號 | 五八 |
| 經遠里 | 大通路四一六號 | 五八 |
| 經遠里 | 大通路四二四號 | 五八 |
| 經德坊 | 安遠路八一〇號 | 九四 |
| 經緯里 | 悟州路三六二號 | 三六 |
| 羣玉坊 | 汕頭路六五號 | 一一 |
| 羣玉坊 | 廣東路七三四號 | 一一 |
| 羣玉坊 | 西藏中路一五〇號 | 一一 |
| 羣玉坊 | 雲南中路一一九號 | 一一 |
| 羣玉坊 | 雲南中路一二九號 | 一一 |
| 羣益坊 | 寧波路四四六號 | 一三 |
| 羣壽里 | 鳳陽路一六一號 | 一四 |

| 名稱 | 地址 | 圖號 |
|---|---|---|
| 羣賢坊 | 中正東路西藏中路西 | 一〇 |
| 羣賢里 | 周家嘴路九〇〇號 | 四五 |
| 聖賢邨 | 西康路海防路南 | 八二 |
| 義生里 | 岳州路三〇九號 | 四五 |
| 義成坊 | 成都北路七七二號 | 二〇 |
| 義順里 | 昌平路八七衖內 | 六六 |
| 義德里 | 成都北路三德里內 | 二〇 |
| 義興里 | 通州路三六〇號 | 四六 |
| 義豐里 | 吳淞路三三二號 | 三一 |
| 萬安里 | 北京東路四〇〇號 | 六 |
| 萬茂里 | 天潼路唐家衖內 | 二四 |
| 萬祥里 | 安慶路三五一號 | 五三 |
| 萬福里 | 陝西北路八三二號 | 八一 |
| 葆青坊 | 七浦路三二一號 | 二四 |
| 葆青坊 | 天潼路七二八號 | 二四 |
| 萱春里 | 威海衛路三四七號 | 六一 |
| 裕安里 | 北蘇州路七七六號 | 二五 |
| 裕洪里 | 北京西路三六四號 | 二〇 |
| 裕和坊 | 南京西路四五五號 | 一九 |
| 裕益里 | 泰興路六〇九號 | 六七 |
| 裕通里 | 長寧路三二〇號 | 九三 |
| 裕隆里 | 熱河路四九號 | 二三 |
| 裕新里 | 溧陽路九二九號 | 四七 |
| 德裕里 | 雲南中路八號 | 一〇 |
| 裕德里 | 雲南中路一八號 | 一〇 |
| 裕德里 | 雲南中路二八號 | 一〇 |
| 裕德里 | 雲南中路四〇衖 | 一〇 |
| 裕德里 | 廣西北路五號 | 一〇 |
| 裕德里 | 廣西北路一五號 | 一〇 |
| 裕德里 | 廣西北路二五號 | 一〇 |
| 裕慶里 | 七浦路浙江北路東 | 二四 |
| 裕慶里 | 天潼路浙江北路東 | 二四 |
| 裕慶里 | 長壽路一七一號 | 八七 |
| 裕慶里 | 新閘路黃河路西 | 二一 |
| 裕積里 | 閔行路一三〇號 | 三二 |
| 裕興里 | 溧陽路九二九號 | 四八 |
| 裕興里 | 長寧路五三一號 | 一〇八 |
| 裕鑫里 | 海寧路一〇一〇號 | 五四 |
| 誠信坊 | 長陽路三四三號 | 四二 |
| 誠意里 | 張家宅路三三號 | 六四 |

| 名稱 | 地址 | 圖號 |
|---|---|---|
| 鉅美里 | 長寧路四六九號 | 一〇八 |
| 頌九坊 | 張家花園五六衖內 | 六三 |
| 預順里 | 塘沽路七七號 | 二四 |
| 賈祿里 | 歸化路武定路南 | 六七 |
| 鼎吉里 | 安遠路三一〇號 | 八六 |
| 鼎和邨 | 武夷路凱旋路東 | 一一〇 |
| 鼎昌里 | 成都北路九〇二號 | 二一 |
| 鼎康里 | 梵皇渡路一二五四號 | 一〇六 |
| 鼎業里 | 長寧路一六號 | 九六 |
| 鼎餘里 | 北京東路七五一號 | 一三 |
| 鼎餘里 | 北京東路七六一號 | 一三 |
| 鼎餘里 | 芝罘路一〇號 | 一三 |
| 鼎餘里 | 芝罘路三〇號 | 一三 |
| 鼎餘里 | 成都北路三德里內 | 二〇 |
| 鼎豐里 | 浙江中路二四二號 | 一一 |
| 鼎豐里 | 漢口路五八九號 | 一一 |
| 葉家宅 | 延平路武定路北 | 九八 |
| 楚邨 | 愚園路六六八衖內 | 一〇〇 |
| 廉餘邨 | 諸安浜一七號 | 一〇二 |

## 十四劃

| 名稱 | 地址 | 圖號 |
|---|---|---|
| 嘉平里 | 中正北二路一六九號 | 六四 |
| 嘉平坊 | 北京西路一六〇四號 | 七六 |
| 嘉禾坊 | 常德路八一號 | 七一 |
| 嘉德里 | 周家嘴路七五三號 | 四五 |
| 嘉樂邨 | 江寧路六八五衖內 | 八二 |
| 壽春里 | 泰興路五〇七號 | 六七 |
| 壽春里 | 泰興路四八一號 | 六七 |
| 壽康里 | 山東南路一〇號 | 九 |
| 壽康里 | 盛澤路一七號 | 九 |
| 壽康里 | 西康路一三七一衖北 | 九三 |
| 壽康里 | 浙江中路八三號 | 一〇 |
| 壽康里 | 新閘路四七一號 | 二一 |
| 壽華里 | 東長治路三六一號 | 三五 |
| 壽萱里 | 威海衛路五四九號 | 六二 |
| 壽萱坊 | 趙家橋路七七號 | 七三 |
| 壽椿北里 | 九龍路四九七號 | 三〇 |
| 壽椿北里 | 峨眉路三七四號 | 三〇 |
| 壽椿南里 | 九龍路四八七號 | 三〇 |
| 壽椿南里 | 峨眉路三六六號 | 三〇 |

| 名稱 | 地址 | 圖號 |
| --- | --- | --- |
| 壽寧里 | 峨眉路二九七號 | 三一 |
| 壽德里 | 吳淞路六七〇號 | 二九 |
| 壽蔭坊 | 天同路一七一號 | 四八 |
| 慈仁坊 | 膠州路五二號 | 七三 |
| 慈安里 | 南京東路一二〇號 | 三 |
| 慈安里 | 天津路五二六號 | 一二 |
| 慈安里 | 寧波路五八七號 | 一二 |
| 慈吉里 | 中正南一路三九號 | 六一 |
| 慈和里 | 雲南中路二五四號 | 一一 |
| 慈和里 | 雲南中路二八八號 | 一二 |
| 慈和里 | 雲南中路二九八號 | 一二 |
| 慈和里 | 廣西北路二七七號 | 一二 |
| 慈和里 | 廣西北路二八七號 | 一二 |
| 慈孝邨 | 新聞路一三一六號 | 八一 |
| 慈昌里 | 南京東路一二〇號 | 三 |
| 慈昌里 | 南京東路一四六號 | 三 |
| 慈昌里 | 四川中路四〇九號 | 三 |
| 慈昌里 | 四川中路四二三號 | 三 |
| 慈厚北里 | 安南路四八號 | 七一 |
| 慈厚北里 | 南京西路一四五一號 | 七一 |
| 慈厚南里總街 | 安南路三七號 | 七一 |
| 慈厚南里總街 | 中正中路一二三八號 | 七一 |
| 慈厚南里西總街 | 安南路五五號 | 七一 |
| 慈厚南里西總街 | 中正中路一二五六號 | 七一 |
| 慈淑里 | 雲南中路三七〇號 | 一二 |
| 慈益里 | 九江路直隸路東 | 七 |
| 慈惠里 | 威海衛路八四四號 | 七〇 |
| 慈惠里 | 陝西北路一一九號 | 七〇 |
| 慈惠里 | 陝西北路一二九號 | 七〇 |
| 慈惠北里 | 南京西路一四五一號 | 七一 |
| 慈惠南里 | 中正中路九三〇號 | 七〇 |
| 慈惠南里 | 中正中路九六〇號 | 七〇 |
| 慈善里 | 南星路六五號 | 五六 |
| 慈順里 | 寧波路一〇號 | 三 |
| 慈順里 | 四川中路四九九號 | 三 |
| 慈裕里 | 九江路二一八號 | 三 |
| 慈樂里 | 南京東路二〇八號 | 三 |
| 慈德里 | 漢口路六四九號 | 一一 |
| 慈德里 | 廣西北路二三六號 | 一一 |
| 慈德里 | 浙江中路二二九號 | 一一 |

| 名稱 | 地址 | 圖號 |
| --- | --- | --- |
| 慈德里 | 浙江中路二一九號 | 一一 |
| 慈慶里 | 九江路六二三號 | 一二 |
| 慈慶里 | 浙江中路二七五號 | 一二 |
| 慈興里 | 廣西北路三四〇號 | 一二 |
| 慈興里 | 金華路七號 | 一二 |
| 慈興里 | 金華路一九號 | 一二 |
| 慈興里 | 九江路六八四號 | 一二 |
| 慈豐里 | 九江路三六八號 | 七 |
| 慈豐里 | 九江路四一四號 | 七 |
| 慈豐里 | 山西南路一三三號 | 七 |
| 慈豐里 | 山西南路一三四號 | 七 |
| 慈豐里 | 南京東路三八七號 | 七 |
| 慈覺里 | 九江路五四八號 | 一二 |
| 榮光新邨 | 川公路永慶里內 | 五一 |
| 榮吉里 | 山東中路一一六號 | 八 |
| 榮吉里 | 廣東路三二二號 | 八 |
| 榮昌里 | 長壽路二八五號 | 八六 |
| 榮昌里 | 東餘杭路一一四三號 | 四三 |
| 榮茂里 | 新聞路一一〇四街內 | 六七 |
| 榮陞里 | 江西北路四二六號 | 二七 |
| 榮康里 | 成都北路三四號 | 一七 |
| 榮康里 | 成都北路四四號 | 一七 |
| 榮康里 | 茂名北路二三〇號 | 六三 |
| 榮陽里 | 平望路三六號 | 一一 |
| 榮陽里 | 泰興路五二三號 | 六七 |
| 榮陽里 | 北京西路一〇八〇號 | 六八 |
| 榮華里 | 海寧路九五七號 | 二四 |
| 榮華里 | 吟桂路士慶路北 | 五〇 |
| 榮華新邨 | 新昌路一五一號 | 二〇 |
| 榮源里 | 趙家橋路六七號 | 七三 |
| 榮業新邨 | 南京西路四五〇號 | 一九 |
| 榮寧里 | 康定路一四〇〇號 | 九七 |
| 榮壽里 | 北海路一八號 | 八 |
| 榮壽里 | 貴州路二九八號 | 一三 |
| 榮壽里 | 貴州路三〇六號 | 一三 |
| 榮壽里 | 貴州路三一四號 | 一三 |
| 榮壽里 | 貴州路三二二號 | 一三 |
| 榮壽里 | 廈門路一六一號 | 一三 |
| 榮福里 | 老其美路八一號 | 四七 |
| 榮慶里 | 河南北路四〇九號 | 五三 |

| 名稱 | 地址 | 圖號 |
| --- | --- | --- |
| 榮慶里總街 | 梵皇渡路六五三號 | 九七 |
| 榮慶里 | 梵皇渡路六七一號 | 九七 |
| 榮慶西里 | 長壽路八六七號 | 九五 |
| 榮樂里 | 威海衛路四〇五號 | 六一 |
| 槎馨邨 | 梵皇渡路中山公園東 | 一〇七 |
| 滿春坊三街 | 台灣路九號 | 六 |
| 滿春坊二街 | 台灣路一九號 | 六 |
| 滿春坊一街 | 台灣路二九號 | 六 |
| 滿庭坊 | 西上麟六九號 | 九 |
| 漁光邨 | 愚園路六六九號 | 一〇三 |
| 熙華里 | 公平路二二五號 | 四〇 |
| 熙華里 | 公平路二四九號 | 四〇 |
| 熙華里 | 東長治路九一二號 | 四〇 |
| 爾康里 | 梵皇渡路長寧路西 | 一〇六 |
| 甄慶里 | 新廣路永慶里內 | 五一 |
| 甄慶里 | 新聞路一一二一號 | 六八 |
| 福心東里 | 菜市街一七五號 | 三四 |
| 福田邨 | 北京西路泰興路東 | 六四 |
| 福田邨 | 泰興路三六二號 | 六四 |
| 福申里 | 北海路三一號 | 九 |
| 福申里 | 中正東路五二四街 | 九 |
| 福世花園 | 武夷路中正西路西 | 一〇九 |
| 福安坊 | 新聞路一四八九號 | 七五 |
| 福安里 | 威海衛路三八〇號 | 六〇 |
| 福如里 | 張家花園六一號 | 六三 |
| 福如里 | 張家花園六九號 | 六三 |
| 福秀坊 | 鉅鹿路二〇一號 | 六一 |
| 福林里 | 中正北一路七〇號 | 六一 |
| 福明里 | 北京西路四八二號 | 五八 |
| 福明邨 | 中正中路四二四號 | 六一 |
| 福和里 | 福建中路五〇九號 | 一三 |
| 福昌東里 | 西藏中路二二號 | 一〇 |
| 福昌東里 | 雲南中路九號 | 一〇 |
| 福昌南里 | 中正東路七五六號 | 一〇 |
| 福星里 | 永壽路三三號 | 一〇 |
| 福星里 | 永壽路三七號 | 一〇 |
| 福星里 | 橫浜路一六號 | 五〇 |
| 福星坊 | 山西南路三三一號 | 六 |
| 福致里 | 平望路福州路南 | 一一 |
| 福致里 | 廣西北路一五四號 | 一一 |

| 名稱 | 地址 | 圖號 |
|---|---|---|
| 福致里 | 廣西北路一六二號 | 一一 |
| 福剛里 | 北京西路一四三三號 | 七三 |
| 福谷里 | 威海衛路五六三街內 | 六二 |
| 福海里 | 寧海西路一七四號 | 一六 |
| 福祥里 | 福州路六八二號 | 一一 |
| 福祥里一街 | 雲南中路二〇二號 | 一一 |
| 福祥里二街 | 雲南中路二一四號 | 一一 |
| 福祥里三街 | 雲南中路二二四號 | 一一 |
| 福祥里 | 天潼路六七六號 | 二四 |
| 福祥里 | 吳淞路五八六號 | 二九 |
| 福祥里 | 哈爾濱路 | 二九 |
| 福康里 | 新閘路九〇六號 | 六五 |
| 福康里 | 康定路四五二號 | 八一 |
| 福康里 | 中正西路四三三號 | 一〇一 |
| 福康里 | 海寧路九九八號 | 五四 |
| 福康里 | 浙江北路二九五號 | 五四 |
| 福森里 | 長壽路一〇五八號 | 九六 |
| 福新里 | 東寶興路三四號 | 四八 |
| 福裕里 | 北海路雲南中路東 | 一〇 |
| 福裕里 | 廣東路六八九號 | 一〇 |
| 福裕里 | 雲南中路七六號 | 一〇 |
| 福惠里 | 交通路天同路口 | 四七 |
| 福源里 | 西藏中路四七五號 | 一四 |
| 福源里 | 南京西路七〇號 | 一四 |
| 福源里 | 鳳陽路一〇七號 | 一四 |
| 福源里 | 鳳陽路一二七號 | 一四 |
| 福源里 | 西康路四九一號 | 八〇 |
| 福源里 | 康定路五〇一號 | 八〇 |
| 福源里 | 康定路五一九號 | 八〇 |
| 福綏里 | 天津路一七〇號 | 六 |
| 福祿里 | 六合路一一七號 | 一三 |
| 福祿里 | 新昌路四八〇號 | 二一 |
| 福壽里 | 海寧路八一四號 | 五三 |
| 福壽里 | 安慶路康樂路東 | 五二 |
| 福壽邨 | 中正西路五九七街內 | 一〇二 |
| 福壽里 | 廈門路六四號 | 二五 |
| 福臨里 | 中正北二路二四號 | 五九 |
| 福熙里 | 中正北二路一三一號 | 六四 |
| 福熙里 | 中正北二路一四三號 | 六四 |
| 福寧里 | 九江路五九九號 | 一二 |
| 福寧里 | 浙江中路二七四號 | 一二 |
| 福慶坊 | 浙江北路一三二號 | 二四 |
| 福慶里 | 牛莊路七七〇號 | 一三 |
| 福慶里 | 重慶北路九三街內 | 一七 |
| 福德里 | 江西南路三八號 | 一 |
| 福德里 | 北京東路七一三街內 | 一三 |
| 福德里 | 中正東路一二二八號 | 一七 |
| 福德里 | 四川北路一七二六號 | 五一 |
| 福德里 | 吳江路一五六號 | 六三 |
| 福德里 | 西康路一〇〇一號 | 八六 |
| 福德里 | 西康路一一九七號 | 九三 |
| 福德坊一街 | 常德路二三號 | 七一 |
| 福德坊二街 | 常德路一三號 | 七一 |
| 福德坊三街 | 常德路三號 | 七一 |
| 福興里 | 北京東路三六〇號 | 六 |
| 福興里 | 蘇州路河南中路西 | 六 |
| 福興里 | 唐家街一〇七號 | 二五 |
| 福興里 | 士慶路一九四號 | 五一 |
| 福興坊 | 中正東路一〇九六號 | 一六 |
| 福闌里 | 乍浦路三四七號 | 二七 |
| 福闌里 | 大沽路九〇號 | 一八 |
| 福蔭里 | 山西北路四六九號 | 五三 |
| 福寶里 | 威海衛路二二九號 | 六一 |
| 福鑫里 | 福康路九二〇號 | 六五 |
| 福鑫里 | 福康路新閘路北 | 六五 |
| 種德里 | 山西南路三三二號 | 六 |
| 管鮑里 | 天津路四四五號 | 一二 |
| 精一里 | 邢家宅路一一五號 | 四九 |
| 精勤坊 | 廣西北路八〇號 | 一〇 |
| 精勤坊 | 浙江中路九一號 | 一〇 |
| 精德里 | 菜市街醴陵路西 | 三四 |
| 維新里 | 新昌路四三二街內 | 二一 |
| 維新里 | 泰興路三九六號 | 六四 |
| 綠楊邨 | 康定路七三三號 | 七七 |
| 綠綺新邨 | 青海路九〇號 | 六〇 |
| 聚星里 | 福州路四四六號 | 八 |
| 聚星里 | 福建中路一九四號 | 八 |
| 聚星里 | 龔家宅路二〇一號 | 二八 |
| 聚源坊 | 福建中路福州路南 | 八 |
| 聚源里 | 塘沽路康樂路西 | 二四 |
| 聚慶里 | 新閘路四五六號 | 二一 |
| 聚慶里 | 新閘路四七八號 | 二一 |
| 聚慶里 | 成都北路九四〇號 | 二一 |
| 聚賢里 | 膠州路三一九街內 | 七七 |
| 聚錦里 | 牯嶺路黃河路東 | 一四 |
| 聚興坊 | 鳳陽路四三四號 | 二〇 |
| 聚興里 | 山海關路二八五號 | 五八 |
| 聚寶坊一街 | 成都北路九五一街 | 二一 |
| 聚寶坊二街 | 成都北路九六一街 | 二一 |
| 聚寶坊三街 | 成都北路九七一街 | 二一 |
| 聚寶坊一街 | 成都北路九五一號 | 五七 |
| 聚寶坊二街 | 成都北路九六一號 | 五七 |
| 聚寶坊三街 | 成都北路九七一號 | 五七 |
| 蓀吉里 | 中正南一路三九號 | 六一 |
| 豪星坊 | 廣東街虬江支路南 | 二八 |
| 赫林里 | 四川北路吟桂路南 | 五〇 |
| 赫德坊 | 常德路康定路東 | 七七 |
| 肇慶里 | 成都北路八七四號 | 二一 |
| 肇慶里 | 成都北路八八四號 | 二一 |
| 肇慶里 | 山海關路一六八號 | 二一 |
| 輔仁里 | 成都北路七〇號 | 一七 |
| 輔仁里 | 成都北路八〇號 | 一七 |
| 輔仁里 | 成都北路九〇號 | 一七 |
| 輔仁里 | 成都北路一〇〇號 | 一八 |
| 輔仁里 | 成都北路一一〇〇號 | 一八 |
| 輔安里 | 成都北路二五五號 | 六〇 |
| 輔德里 | 成都北路七號 | 六一 |
| 輔慶里 | 東大名路一〇二七號 | 四〇 |
| 銘興里 | 東餘杭路九三二號 | 四三 |
| 鳳生里 | 海門路四一號 | 四〇 |
| 鳳翔里 | 海寧路一五號 | 五四 |
| 鳳瑞里 | 白河路鳳陽路北 | 一四 |
| 鳳鳴里 | 岳州路四九號 | 四六 |
| 鳳鳴里 | 岳州路八五號 | 四六 |
| 鳳德里 | 公平路四四五號 | 四四 |
| 鳴玉坊 | 南京西路六四六號 | 五九 |
| 鳴德里 | 西康路一一一五號 | 八六 |
| 緒裕邨 | 中正西路五九七街內 | 一〇二 |

## 十五劃

| 名稱 | 地址 | 圖號 |
|---|---|---|
| 儉邨 | 開原路一六四街內 | 一〇四 |
| 儉德坊 | 愚園路娥眉月路西 | 一一一 |
| 圖南里 | 河南北路三六五號 | 五三 |
| 增祥里 | 康定路四一三號 | 八一 |
| 增裕里 | 寧波路六五九號 | 一二 |
| 隨安里 | 五福街七八號 | 六 |
| 隨安里 | 五福街八六號 | 六 |
| 隨雲里一街 | 膠州路五一號 | 七二 |
| 隨雲里二街 | 膠州路六一號 | 七二 |
| 隨雲里三街 | 膠州路七一號 | 七二 |
| 審社里 | 江西北路三六四號 | 二七 |
| 實業里 | 安慶路二七五號 | 五三 |
| 廟街 | 南京西路一六三四號 | 七三 |
| 廣仁里 | 北京西路成都北路西 | 五九 |
| 廣安里 | 南潯路七〇號 | 三三 |
| 廣業里 | 昌平路二〇一號 | 六六 |
| 廣裕里 | 天潼路二二五號 | 三二 |
| 廣裕里 | 海拉爾路三一號 | 三六 |
| 廣益里 | 長壽路七九二號 | 九四 |
| 廣福里 | 西上麟四七號 | 九 |
| 廣福里 | 靖遠街五一號 | 九 |
| 廣福里 | 月桂里五〇號 | 九 |
| 廣福里 | 邢家橋路一八七號 | 五一 |
| 廣興里北一街 | 塘沽路五六七號 | 二六 |
| 廣興里北二街 | 塘沽路五九七號 | 二六 |
| 廣興里南一街 | 武昌路五五八號 | 二六 |
| 廣興里南二街 | 武昌路五七八號 | 二六 |
| 賽慶里 | 新閘路九四四號 | 六五 |
| 德仁里 | 廣西北路四二八號 | 一二 |
| 德仁里 | 廣西北路四四六號 | 一二 |
| 德仁里 | 天津路四七八號 | 一二 |
| 德仁里 | 邢家橋路二三一號 | 五一 |
| 德心里 | 九龍路一八九號 | 三三 |
| 德心里 | 長治路二〇六號 | 三三 |
| 德心里 | 長治路二一四號 | 三三 |
| 德安坊 | 甘肅路二〇八號 | 二三 |
| 德安坊 | 悟州路二〇二號 | 三六 |
| 德安坊 | 海防路四〇三號 | 八二 |
| 德安里 | 吳淞路三八二號 | 三〇 |
| 德安里 | 山西北路一二號 | 二五 |

| 名稱 | 地址 | 圖號 |
|---|---|---|
| 德安里 | 山西北路二六號 | 二五 |
| 德安里 | 山西北路三六號 | 二五 |
| 德安里十街 | 山西北路一二六號 | 二五 |
| 德安西里 | 山西北路九號 | 二五 |
| 德安西里 | 山西北路一九號 | 二五 |
| 德安西里 | 山西北路二九號 | 二五 |
| 德安里總街 | 北蘇州路五二〇號 | 二五 |
| 德安里 | 梵皇渡路一二〇〇號 | 一〇六 |
| 德年新邨 | 武進路五二一號 | 二七 |
| 德年邨 | 威海衛路張家花園 | 六三 |
| 德和里 | 山西南路三四九號 | 六 |
| 德和里 | 廣東路四二〇號 | 八 |
| 德和里 | 中正東路二一三號 | 九 |
| 德和里 | 安遠路四九八號 | 八六 |
| 德明里總街 | 九龍路八二三號 | 二九 |
| 德明里 | 澳門路一〇三號 | 九一 |
| 德祉里 | 江西南路一C號 | 一 |
| 德祉里 | 金陵東路三四號 | 一 |
| 德泰里 | 海寧路六七〇號 | 五三 |
| 德恩里 | 吟桂路東橫浜路口 | 五〇 |
| 德培里 | 金陵東路一一〇八號 | 一 |
| 德培里 | 武勝路龍門路西 | 一六 |
| 德盛里 | 淮安路一〇九號 | 六五 |
| 德康里 | 羅浮路七六號 | 二八 |
| 德康里 | 羅浮路八八號 | 二八 |
| 德康里 | 羅浮路一〇〇號 | 二八 |
| 德康里 | 羅浮路一一〇號 | 二八 |
| 德康里 | 羅浮路一二〇號 | 二八 |
| 德康里 | 羅浮路一三〇號 | 二八 |
| 德康里 | 海山路四七號 | 二九 |
| 德康里 | 虬江路二二八號 | 二九 |
| 德康里 | 康定路六一六號 | 七九 |
| 德康西里 | 海山路六五號 | 二九 |
| 德隆坊 | 長壽路八三〇號 | 九四 |
| 德隆邨 | 成都南路六號 | 六一 |
| 德順里 | 中正東路一二一〇號 | 一七 |
| 德順里 | 連雲路一九號 | 一六 |
| 德順里 | 重慶北路一九一號 | 一八 |
| 德華里 | 彭澤路七八號 | 二七 |
| 德寧里 | 交通路沙涇路港西 | 四七 |

| 名稱 | 地址 | 圖號 |
|---|---|---|
| 德裕里 | 六合路三六號 | 一二 |
| 德裕里 | 六合路五二號 | 一二 |
| 德裕里 | 東餘杭路五四一號 | 三七 |
| 德福里 | 江西南路三八號 | 一 |
| 德福里 | 黃陂北路二二三號 | 一八 |
| 德福里 | 黃陂北路二三三號 | 一八 |
| 德福里 | 黃陂北路二四三號 | 一八 |
| 德福里 | 東餘杭路一〇三〇號 | 四三 |
| 德福里 | 川公路寶通路東 | 五二 |
| 德壽里 | 安慶路四八八號 | 五三 |
| 德銘里一街 | 江西南路九號 | 一 |
| 德銘里二街 | 江西南路一九號 | 一 |
| 德銘里三街 | 江西南路二九號 | 一 |
| 德慶里 | 中正東路七七號 | 一 |
| 德慶里 | 通州路二七四號 | 四六 |
| 德慶里一街 | 茂名北路二六四號 | 六三 |
| 德慶里二街 | 茂名北路二七四號 | 六三 |
| 德慶里三街 | 茂名北路二八二號 | 六三 |
| 德慶里四街 | 茂名北路二九〇號 | 六三 |
| 德慶里五街 | 茂名北路三〇〇號 | 六三 |
| 德慶里六街 | 茂名北路三一〇號 | 六三 |
| 德慶坊 | 江寧路三六三號 | 六七 |
| 德鄰里 | 東寶興路一〇一號 | 五一 |
| 德潤坊 | 安慶路四六一號 | 五三 |
| 德潤里 | 江蘇路五〇七街內 | 一〇二 |
| 德潤里 | 中州路八三號 | 二八 |
| 德潤里 | 長治路一九七號 | 三三 |
| 德興坊 | 山東中路二七八號 | 七 |
| 德興坊 | 甘蕭路開封路北 | 三三 |
| 德興坊 | 甘肅路一四一號 | 三三 |
| 德興里 | 山西北路六八號 | 二五 |
| 德興里 | 山西北路七八號 | 二五 |
| 德興里 | 山西北路八八號 | 二五 |
| 德興里 | 山西北路九八號 | 二五 |
| 德興里 | 山西北路一〇八號 | 二五 |
| 德興里 | 牛莊路七三一號 | 一三 |
| 德興里 | 武昌路三二〇街內 | 三一 |
| 德興里 | 海寧路五一一號 | 二七 |
| 德興里 | 塘沽路六四〇號 | 二七 |
| 德興里西一街 | 江西北路二六八號 | 二七 |

| 名稱 | 地址 | 圖號 |
| --- | --- | --- |
| 德興里西二街 | 江西北路二九〇號 | 二七 |
| 德興里東二街 | 江西北路二七一號 | 二七 |
| 德興里南一街 | 塘沽路五七二號 | 二七 |
| 德興里南二街 | 塘沽路五九四號 | 二七 |
| 德興里 | 海寧路一二九號 | 五四 |
| 德興里 | 中正北二路一九九號 | 六四 |
| 德臨里 | 汕頭路八號 | 一一 |
| 德臨里 | 雲南中路一五八號 | 一一 |
| 德臨里 | 福州路六七一號 | 一一 |
| 德豐里 | 北京東路七〇二號 | 一三 |
| 德馨里 | 南京東路三二四號 | 七 |
| 德馨里 | 九龍路 | 二九 |
| 德馨里 | 嘉興路五八號 | 二九 |
| 德馨里 | 安遠路二六七號 | 八四 |
| 慶生里 | 七浦路四六二號 | 二四 |
| 慶安里 | 望亭路六八號 | 一六 |
| 慶和里 | 河南中路三三三號 | 七 |
| 慶和里 | 漢口路二六六號 | 七 |
| 慶長里 | 安慶路三九六號 | 五三 |
| 慶順里 | 北京東路三一六號 | 五 |
| 慶雲里 | 悟州路二九五號 | 三六 |
| 慶雲里 | 沙涇路一〇四號 | 三六 |
| 慶雲里 | 大通路一二三號 | 五九 |
| 慶雲里 | 愚園路二五九號 | 七二 |
| 慶福里 | 蘇州路清遠里內 | 五 |
| 慶福里 | 周家嘴路七六二號 | 四五 |
| 慶福里 | 南京西路一一二二號 | 七四 |
| 慶壽里 | 四川北路一八五一號 | 五〇 |
| 慶餘里 | 西安路一九六號 | 三五 |
| 慶餘里 | 東長治路四〇五號 | 三五 |
| 慶餘里 | 成都北路八四二號 | 二一 |
| 慶餘坊 | 康定路八六三號 | 七七 |
| 樂邨 | 愚園路六六八街內 | 一〇三 |
| 樂仁里 | 西華路寶山路東 | 二八 |
| 樂安里 | 昆明路保定路西 | 四二 |
| 樂安坊 | 成都北路八一一號 | 五八 |
| 樂安坊 | 西康路一一二三號 | 八六 |
| 樂安坊 | 安遠路二六四號 | 八七 |
| 樂安坊 | 梵皇渡路二四九號 | 九九 |
| 樂安里 | 新昌路四一八號 | 二一 |

| 名稱 | 地址 | 圖號 |
| --- | --- | --- |
| 樂善里 | 海寧路江西北路東 | 二七 |
| 樂善里一街 | 寶通路二一四號 | 五二 |
| 樂善里二街 | 寶通路二二四號 | 五二 |
| 樂善里三街 | 寶通路二三四號 | 五二 |
| 樂善里四街 | 寶通路二四四號 | 五二 |
| 樂勤坊 | 歸化路昌平路南 | 六六 |
| 樂餘里一街 | 雲南中路一二〇號 | 一一 |
| 樂餘里一街 | 廣西北路一〇九號 | 一一 |
| 樂餘里二街 | 雲南中路一三〇號 | 一一 |
| 樂餘里二街 | 廣西北路一一九號 | 一一 |
| 歐家村 | 庫倫路海拉爾路東 | 三六 |
| 潤德里 | 沙涇路東嘉興路南 | 三六 |
| 潤德里 | 唐山路四四六號 | 四四 |
| 潤德里 | 東長治路九〇九號 | 四四 |
| 潤德里 | 威海衛路五一九號 | 六二 |
| 潤德東里 | 永定路七〇號 | 三九 |
| 潘家庫 | 武夷路凱旋路東 | 一一〇 |
| 膠州坊 | 膠州路四一〇號 | 七七 |
| 膠州邨 | 膠州路九〇八號 | 八六 |
| 蝶來新邨 | 南京西路一九八四號 | 一〇一 |
| 諸安新邨 | 江蘇路四六九號 | 一〇二 |
| 鄰聖坊 | 中正中路三九五號 | 六一 |
| 霞厚里 | 廈門路四二號 | 二五 |
| 霞興里一弄 | 茂名北路威海衛路北 | 六三 |
| 霞興里二街 | 茂名北路二〇〇號 | 六三 |
| 霞興里三街 | 茂名北路二一〇號 | 六三 |
| 霞興里四街 | 茂名北路二二〇號 | 六三 |
| 養正中里 | 唐山路四一五號 | 四四 |
| 養正南里 | 南潯路一二九號 | 三三 |
| 養志里 | 七浦路江南北路西 | 二六 |
| 養和邨 | 長壽路一六〇號 | 八七 |
| 養和里 | 新閘路五六六號 | 五七 |
| 養慈坊 | 岳州路七六號 | 三七 |
| 養德里 | 餘姚路六四一號 | 九七 |
| 黎照邨 | 愚園路九〇九號 | 一〇三 |

## 十六劃

| 名稱 | 地址 | 圖號 |
| --- | --- | --- |
| 儒林里 | 威海衛路三八二號 | 六〇 |
| 擇鄰處 | 常德路七八一號 | 七八 |
| 擇鄰處 | 常德路七七一號 | 七八 |

| 名稱 | 地址 | 圖號 |
| --- | --- | --- |
| 墾業里 | 庫倫路一三二號 | 四六 |
| 墾業里 | 海拉爾路通州路南 | 四六 |
| 憶庭村 | 江蘇路五〇五號 | 一〇二 |
| 憶梅邨 | 新閘路一二〇九號 | 六八 |
| 憶莪邨 | 銅仁路二四〇號 | 七四 |
| 樹德里 | 公平路四四八號 | 四四 |
| 樹德里 | 士慶路四六號 | 四八 |
| 樹德里 | 新閘路九三九號 | 六四 |
| 樹豐北里 | 保定路一二四號 | 四二 |
| 樹豐南里 | 保定路霞山路南 | 四一 |
| 濂溪坊 | 平望路廣東路北 | 一一 |
| 濂溪坊 | 廣西北路一一八號 | 一一 |
| 燕華里 | 西康路六六九號 | 七九 |
| 燕慶里 | 成都北路八二五號 | 五八 |
| 燕慶里 | 成都北路八三五號 | 五八 |
| 熾榮坊 | 北京西路一五八〇號 | 七六 |
| 積安坊 | 龍門路二七號 | 一六 |
| 積安坊 | 武勝路龍門路西 | 一六 |
| 積善坊 | 江寧路一六七號 | 六八 |
| 積善里 | 北海寧路六九號 | 三〇 |
| 積善里 | 天同路一五五號 | 四七 |
| 積善里 | 金陵西路六〇號 | 一七 |
| 積善里 | 餘姚路三四三號 | 七八 |
| 積善里 | 康定路一三二五號 | 九七 |
| 積善里 | 虬江路一七三號 | 五一 |
| 積善里 | 邢家橋路一一四號 | 五一 |
| 積善里 | 寶山路三八一號 | 五二 |
| 積善里 | 東長治路五四九號 | 三八 |
| 積福里 | 天津路三九二號 | 一二 |
| 積福里 | 寧波路四五七號 | 一二 |
| 積福里 | 顧家衖三四號 | 一三 |
| 積德里 | 邢家橋路一一四號 | 四八 |
| 積德里 | 長寧支路六七號 | 一〇六 |
| 積餘里 | 通州路二八八號 | 四六 |
| 興仁里 | 河南中路五八〇號 | 三 |
| 興仁里 | 寧波路河南中路東 | 三 |
| 興仁里 | 北京東路河南中路東 | 三 |
| 興和里 | 南京西路四一一號 | 一九 |
| 興昌里 | 七浦路二八七號 | 二四 |
| 興和里 | 南京西路四一一號 | 一九 |

| 名稱 | 地址 | 圖號 |
|---|---|---|
| 興盛坊 | 山西北路五二二號 | 五三 |
| 興盛坊 | 蒙古路一一七號 | 五五 |
| 興祥里 | 岳州路四二三號 | 四五 |
| 興順里 | 猛將衖五八號 | 三〇 |
| 興隆坊 | 重慶北路九四號 | 一七 |
| 興隆坊 | 諸安浜楊家衖內 | 一〇三 |
| 興隆里 | 餘姚路七二七號 | 九七 |
| 興義里 | 康定路五四五號 | 八〇 |
| 興業里 | 四川南路二五號 | 一 |
| 興業里 | 中正東路八三五號 | 一七 |
| 興業里 | 峨眉路三五二號 | 三〇 |
| 興業里 | 大連路五四七號 | 四二 |
| 興業里 | 南京西路九七二號 | 六九 |
| 興業北里 | 溧陽路九九四號 | 四八 |
| 興樂里 | 北京西路黃河路東 | 一四 |
| 興德邨 | 愚園路一二八〇號 | 一一一 |
| 興慶里 | 寶源路光復里內 | 五二 |
| 興慶里 | 茂名北路一一一號 | 六二 |
| 興慶里 | 茂名北路一二一號 | 六二 |
| 興慶里 | 茂名北路一三三號 | 六二 |
| 興餘里 | 大沽路四二八衖內 | 六一 |
| 興聯坊 | 長寧路一五五衖內 | 一〇五 |
| 蕃生里 | 東長治路六八五號 | 三八 |
| 蕃衍里 | 鳳陽路五四二號 | 五九 |
| 蕃祉路一衖 | 茂名北路二五七號 | 六九 |
| 蕃祉里二衖 | 茂名北路二六七號 | 六九 |
| 蕃祉里三衖 | 茂名北路二七七號 | 六九 |
| 蕃祉里四衖 | 茂名北路二八五號 | 六九 |
| 蕃祉里五衖 | 茂名北路二九三號 | 六九 |
| 蕃祉里六衖 | 茂名北路三〇三號 | 六九 |
| 蕃興里 | 唐山路六七四號 | 四三 |
| 衞海里 | 威海衞路二六九號 | 六一 |
| 親仁里 | 南京東路三三八號 | 七 |
| 親仁里 | 鴨綠江路一二一號 | 三六 |
| 謀福里 | 虬江路七七一號 | 五二 |
| 豫康里 | 滿州路光復路北 | 五五 |
| 賢鄰別墅 | 愚園路四七〇號 | 一〇〇 |
| 遷善里 | 北京西路一〇〇四號 | 六八 |
| 錢江里 | 寧波路四三〇號 | 一三 |
| 錢江新邨 | 康樂路一八六號 | 五三 |

| 名稱 | 地址 | 圖號 |
|---|---|---|
| 錢江新邨 | 康樂路一九四號 | 五三 |
| 錢江新邨 | 康樂路二〇二號 | 五三 |
| 錢江新邨 | 康樂路二一〇號 | 五三 |
| 錢江新邨 | 康樂路二一八號 | 五三 |
| 錢江新邨 | 康樂路二二六號 | 五三 |
| 錢江新邨 | 康樂路二三四號 | 五三 |
| 錢家巷 | 開原路一八九衖內 | 一〇四 |
| 錫安坊 | 大沽路一六六號 | 一八 |
| 錫慶坊 | 大沽路四四二號 | 六一 |
| 錫賢里 | 漢口路湖北路東 | 八 |
| 錦福里 | 寧海東路八九號 | 九 |
| 錦業邨 | 江蘇路四六九衖內 | 一〇二 |
| 錦華里 | 華盛路長安路東 | 五六 |
| 錦園 | 愚園路八〇五衖內 | 一〇二 |
| 錦樂里 | 威海衞路一七二號 | 一八 |
| 錦興里 | 中正北一路二二八號 | 六〇 |
| 靜安里 | 南京西路一一六八號 | 七四 |
| 靜安別墅 | 南京西路一〇二五號 | 七四 |
| 靜安別墅 | 威海衞路茂名北路西 | 六九 |
| 靜安商場 | 愚園路三一〇號 | 七二 |
| 靜安新邨 | 南京西路六一二號 | 五九 |
| 靜宜里 | 武昌路三六〇號 | 三一 |
| 靜華新村 | 南匯路一〇號 | 六九 |
| 靜雲里 | 膠州路五六號 | 七三 |
| 靜雲里 | 膠州路六八號 | 七三 |
| 靜業坊 | 南京西路茂名北路西 | 六九 |
| 靜園新邨 | 愚園路六〇八衖內 | 一〇三 |
| 頤和里 | 乍浦路一三〇號 | 三二 |
| 頤和里 | 乍浦路一一〇號 | 三二 |
| 頤康里 | 新昌路四三一號 | 二一 |
| 頤康里 | 新昌路四四一號 | 二一 |
| 頤康里 | 新昌路四五一號 | 二一 |
| 頤康里 | 新昌路四五九號 | 二一 |
| 頤康里 | 新昌路四八一號 | 二一 |
| 頤福里 | 寶山路二七號 | 二八 |
| 頤福里 | 寶山路四七號 | 二八 |
| 頤福里 | 寶山路六九號 | 二八 |
| 頤樂里 | 唐山路三一〇號 | 四四 |
| 餘安坊 | 開封路二〇八號 | 二三 |
| 餘耕里 | 新茱場路六號 | 六 |

| 名稱 | 地址 | 圖號 |
|---|---|---|
| 餘順里 | 浙江南路四九號 | 九 |
| 餘順里 | 天潼路河南北路西 | 二四 |
| 餘森里 | 七浦路三九四號 | 二四 |
| 餘森里 | 七浦路四〇四號 | 二四 |
| 餘業里 | 虬江路一八六號 | 二九 |
| 餘慶坊 | 中正東路八六五號 | 一七 |
| 餘慶坊 | 唐家衖一一九號 | 二五 |
| 餘慶坊 | 海寧路二八一號 | 三〇 |
| 餘慶坊 | 猛將衖八四號 | 三〇 |
| 餘慶坊 | 蒙古路二四三號 | 五五 |
| 餘慶坊 | 四川北路一九〇六號 | 四九 |
| 餘慶坊 | 長春路溧陽路南 | 四九 |
| 餘慶坊 | 海寧路二二三號 | 三〇 |
| 餘慶里 | 康樂路五一號 | 二四 |
| 餘慶里 | 武進路五四八號 | 二八 |
| 餘慶里 | 東長治路六九〇號 | 三九 |
| 餘慶里 | 東餘杭路一〇五一號 | 四五 |
| 餘慶里 | 溫州路三三號 | 一四 |
| 餘慶里 | 成都北路五九八號 | 二〇 |
| 餘慶里 | 江寧路一六六號 | 六八 |
| 餘慶里 | 延平路康定路南 | 七七 |
| 餘德里 | 康定路五八路 | 六六 |
| 餘德里 | 康定路七八號 | 六六 |
| 餘德坊 | 長沙路一三三號 | 一四 |
| 餘興里 | 湖北路三〇二號 | 一二 |
| 餘興里 | 湖北路三三二號 | 一二 |
| 餘興里 | 福建中路三〇五號 | 一二 |
| 餘興里 | 南京東路五五九號 | 一二 |
| 餘蔭里 | 北京東路六四〇號 | 一三 |
| 龍吉里 | 浙江北路一二九號 | 一三 |
| 龍吉里 | 浙江北路一三九號 | 一三 |
| 龍泉園 | 南京東路至寧波路 | 一二 |
| 龍福里 | 浙江北路一五六號 | 二四 |
| 龍福里 | 浙江北路一六二號 | 二四 |
| 龍興里 | 天津路四二六號 | 一二 |
| 雙餘里 | 江蘇路南曹家宅衖二五號 | 一〇五 |

## 十七劃

| 名稱 | 地址 | 圖號 |
|---|---|---|
| 懋益里 | 新昌路三八九號 | 二〇 |
| 懋益里 | 新昌路三九九號 | 二〇 |

| 名稱 | 地址 | 圖號 |
| --- | --- | --- |
| 懋益里 | 山海關路一五三號 | 二〇 |
| 懋德里一街 | 新昌路六三號 | 一九 |
| 懋德里二街 | 新昌路七三號 | 一九 |
| 濟康里 | 新閘路八五二號 | 六五 |
| 濟陽里 | 天津路一一三號 | 七 |
| 濟陽里 | 河南中路四七九號 | 七 |
| 聯安里 | 乍浦路九六號 | 三二 |
| 聯安里 | 天潼路二四二號 | 三二 |
| 聯安坊 | 愚園路一三五二號 | 一一一 |
| 聯成坊 | 東大名路建平路北口 | 三四 |
| 聯吉里 | 南京西路一七五六號 | 七二 |
| 聯和新邨 | 天目路一九三號 | 五三 |
| 聯珠里 | 北京西路四七三號 | 五九 |
| 聯華公寓 | 銅仁路三三〇號 | 七四 |
| 聯寶里 | 康定路五六〇號 | 七九 |
| 觀森里 | 北京西路一一七七號 | 七四 |
| 謙益里 | 天同路一三五號 | 四七 |
| 謙益坊 | 淮安路四五號 | 六五 |
| 謙益坊 | 武定路淮安路西 | 六五 |
| 謙厚里 | 龔家宅路一六八號 | 一八 |
| 謙福里 | 七浦路二五七號 | 二四 |
| 謙慶里 | 七浦路二二七號 | 二四 |
| 駿蔚里 | 武定路一六六號 | 六七 |
| 駿蔚里 | 泰興路五八七號 | 六七 |
| 翰經坊 | 康定路一一七四號 | 九八 |
| 鴻仁里總街 | 天津路五一一號 | 三 |
| 鴻吉里 | 溫州路新閘路北 | 二一 |
| 鴻安里 | 武進路五四一號 | 二七 |
| 鴻安里 | 海寧路五九〇號 | 二七 |
| 鴻安里 | 張家花園一一〇號 | 六三 |
| 鴻章里 | 江寧路五九八號 | 六六 |
| 鴻祥里 | 吳淞路一九九號 | 三二 |
| 鴻祥里 | 新閘路三五號 | 一四 |
| 鴻祥里 | 新閘路五七號 | 一四 |
| 鴻祥里 | 長沙路一五〇號 | 一四 |
| 鴻祥里 | 長沙路一六二號 | 一四 |
| 鴻祥里北街 | 天潼路二一一號 | 三二 |
| 鴻祥里東街 | 吳淞路一九號 | 三二 |
| 鴻運坊 | 中正東路龍門路西 | 一六 |
| 鴻運坊 | 寧海西路八四號 | 一六 |

| 名稱 | 地址 | 圖號 |
| --- | --- | --- |
| 鴻運坊 | 寧海西路一二二號 | 一六 |
| 鴻運坊 | 龍門路四九號 | 一六 |
| 鴻運別墅 | 南京西路七〇街內 | 一四 |
| 鴻瑞里 | 溫州路八二號 | 一四 |
| 鴻瑞里 | 長沙路一七五號 | 一四 |
| 鴻瑞里 | 新閘路一四七號 | 一四 |
| 鴻遠里 | 威海衛路五六三街內 | 六二 |
| 鴻壽坊 | 西康路一一一五街內 | 八六 |
| 鴻福里 | 長壽路西康路西 | 八六 |
| 鴻福里 | 北京西路一四五七號 | 七三 |
| 鴻慶里 | 新閘路六六號 | 一四 |
| 鴻慶里總街 | 新閘路一四〇號 | 一四 |
| 鴻慶里 | 武定路二三七號 | 六七 |
| 鴻禧里 | 武定路二六一號 | 六七 |
| 鴻興里北街 | 北京西路一四八九號 | 六三 |
| 鴻興里 | 廈門路二四三號 | 一三 |
| 鴻興里 | 河南北路三〇六號 | 二七 |
| 鴻興里 | 塘沽路七〇八號 | 二七 |
| 鴻興里 | 彭澤路五一號 | 二七 |
| 鴻興里東街 | 彭澤路七一號 | 二七 |
| 鴻興里 | 東餘杭路七二七號 | 四五 |
| 鴻懋里 | 唐山路六九六號 | 四三 |

## 十八劃

| 名稱 | 地址 | 圖號 |
| --- | --- | --- |
| 檳榔邨 | 安遠路二五七號 | 八四 |
| 魏盛里 | 四川北路一八八一號 | 五〇 |
| 歸仁里 | 天潼路七四六號 | 二四 |
| 歸仁里 | 天潼路七五四號 | 二四 |
| 歸仁里 | 七浦路福建北路東 | 二四 |
| 歸仁里 | 福建北路二一四號 | 二四 |
| 爵德里 | 淮安路一九五號 | 六五 |
| 禮査邨 | 中正東路九五三號 | 一七 |
| 禮福坊 | 天潼路黃浦路口 | 三二 |
| 藏玉新邨 | 成都北路六四二號 | 二〇 |
| 豐泰坊 | 寶通路一八三號 | 五二 |
| 豐盛里 | 五福街一〇五號 | 六 |
| 豐盛里 | 四川北路一三六〇號 | 二九 |
| 豐盛里 | 四川北路一三八六號 | 二九 |
| 豐盛里一街 | 茂名北路一八九號 | 六九 |
| 豐盛里二街 | 茂名北路一九九號 | 六九 |

| 名稱 | 地址 | 圖號 |
| --- | --- | --- |
| 豐盛里三街 | 茂名北路二〇九號 | 六九 |
| 豐盛里四街 | 茂名北路二二一號 | 六九 |
| 豐盛里五街 | 茂名北路二三五號 | 六九 |
| 豐盛里六街 | 茂名北路二四五號 | 六九 |
| 豐裕里 | 天目路二七三號 | 五三 |
| 豐樂里 | 四川北路一九九九街內 | 五〇 |
| 醬園街 | 新昌路四三二號 | 二一 |
| 馥馨里 | 雲南中路二四四號 | 一一 |
| 雜鐵街 | 公平路四四三號 | 四四 |

## 十九劃

| 名稱 | 地址 | 圖號 |
| --- | --- | --- |
| 懷安坊 | 福建北路海寧路南 | 二四 |
| 懷安里 | 鳳陽路一五〇號 | 一四 |
| 懷安里 | 商邱路一七一號 | 三四 |
| 懷安里 | 棠市街醴陵路東 | 三四 |
| 懷遠新邨 | 西康路草鞋浜內 | 九三 |
| 懷遠中里 | 山東中路二八六號 | 七 |
| 懷蔭里 | 武定路五三七號 | 八一 |
| 懷德里 | 七浦路三八四號 | 二四 |
| 懷德里 | 鳳陽路二〇〇號 | 一四 |
| 懷興里 | 東長治路八〇五號 | 四四 |
| 瀚邨 | 鉅鹿路一八〇號 | 六一 |
| 藥水街 | 西康路一一五〇一號 | 九二 |
| 鏞壽里 | 寧波路六六六號 | 一三 |
| 鏞壽里 | 雲南北路寧波路北 | 一三 |
| 鵬飛坊 | 鳳陽路三九九號 | 一九 |
| 鵬程里 | 河南北路三八一號 | 五三 |
| 麒麟邨 | 泰興路五六六號 | 六五 |
| 麗雲坊 | 成都北路七四一街內 | 五八 |
| 麗農里 | 南潯路北 | 三三 |

## 二十劃

| 名稱 | 地址 | 圖號 |
| --- | --- | --- |
| 寶山里 | 寶源路八九號 | 五二 |
| 寶山里 | 寶山路四〇三號 | 五二 |
| 寶元坊 | 岳州路三七一號 | 四五 |
| 寶元里 | 江寧路四〇〇街內 | 六七 |
| 寶壬里 | 北京西路一一一〇號 | 六八 |
| 寶生里 | 武進路五〇二號 | 二八 |
| 寶安里 | 黃陂南路二五號 | 一六 |
| 寶安坊 | 江寧路五六二號 | 六六 |

| 名稱 | 地址 | 圖號 |
|---|---|---|
| 寶成里 | 寧海東路九〇號 | 九 |
| 寶康里 | 江陰路一九號 | 一八 |
| 寶康里 | 浙江南路三二號 | 一〇 |
| 寶訓坊 | 大通路二五〇號 | 五八 |
| 寶華里 | 東長治路五七三號 | 三八 |
| 寶裕里 | 中正東路二八五號 | 九 |
| 寶裕里 | 浙江南路一一號 | 九 |
| 寶裕里 | 浙江南路二三號 | 九 |
| 寶裕里 | 浙江南路三三號 | 九 |
| 寶裕里 | 寧海東路一二〇號 | 九 |
| 寶裕坊 | 成都北路一五五號 | 六一 |
| 寶善里 | 河南中路一〇七號 | 九 |
| 寶善里 | 廣東西路二九九號 | 九 |
| 寶善里 | 北京西路一〇〇四街內 | 六八 |
| 寶善里 | 寧海西路一四九號 | 一六 |
| 寶順里 | 川公路廣東街西 | 五二 |
| 寶隆里 | 東餘杭路一七八號 | 三五 |
| 寶隆里 | 溧陽路東餘杭路南 | 三五 |
| 寶發里 | 寶昌路寶山路東 | 五二 |
| 寶誠里 | 四川北路一六三四號 | 五一 |
| 寶德里 | 香粉街八五號 | 一二 |
| 寶德里 | 浙江中路三七〇號 | 一二 |
| 寶德里 | 虬江支路 | 二九 |
| 寶慶里 | 天潼路六六六號 | 二四 |
| 寶餘坊 | 海防路四五五號 | 八二 |
| 寶興邨 | 山海關路二六四號 | 五八 |
| 寶興坊 | 寶通路一七八號 | 五二 |
| 寶興里 | 寧海東路一二九號 | 九 |
| 寶興里 | 浙江南路七七號 | 九 |
| 寶興里 | 開封路一七一號 | 二三 |
| 寶興里 | 梧州路三二號 | 三五 |
| 寶興坊二街 | 河南北路四二六號 | 二七 |
| 寶興坊三街 | 河南北路四三六號 | 二七 |
| 寶興里四街 | 河南北路四四六號 | 二七 |
| 寶興里五街 | 河南北路四五六號 | 二七 |
| 寶興里 | 多倫路一七八號 | 五〇 |
| 競業里 | 新橋路七一號 | 二一 |
| 競華里 | 昆明路三三三號 | 四三 |
| 耀華新邨 | 慈谿路六三號 | 六四 |
| 蘆花塘 | 江陰路五七號 | 一八 |
| 蘆花塘 | 黃陂北路二四九號 | 一八 |
| 蘇安坊 | 澳門路一〇一號 | 九一 |
| 蘇州里 | 黃河路二二三號 | 二〇 |
| 蘇潤里 | 廈門路六〇號 | 二五 |
| 蘇潤里 | 蘇州路七六五號 | 二五 |
| 覺園 | 北京西路一四〇〇號 | 七五 |
| 鐘秀里 | 顧家街七九號 | 一三 |
| 騰鳳里 | 四川中路五四八號 | 四 |
| 騰鳳里 | 四川中路五七二號 | 四 |
| 騰鳳里 | 虎丘路北京東路北 | 四 |

## 二十一劃

| 名稱 | 地址 | 圖號 |
|---|---|---|
| 櫻華里 | 常德路長壽路北 | 九三 |
| 櫻華里 | 常德路一二三〇號 | 八六 |
| 蘭心里 | 溧陽路天同路南 | 四七 |
| 蘭邨 | 江陰路五一號 | 一八 |
| 蘭言里 | 梧州路一九九街內 | 三六 |
| 蘭言里 | 梧州路二四五街內 | 三六 |
| 蘭亭邨 | 烏鎮路二一號 | 五五 |
| 蘭蔵里 | 哈爾濱路一四四號 | 三六 |
| 蘭德里 | 江蘇路四六九街內 | 一〇二 |
| 顧家街 | 北京東路至寧波路 | 一三 |
| 鶴守里 | 淮安路六二號 | 五七 |
| 鶴鳴里 | 普安路五八號 | 一六 |
| 鶴壽里 | 康定路一三八三號 | 九七 |

## 二十二劃

| 名稱 | 地址 | 圖號 |
|---|---|---|
| 龢樂坊 | 浙江中路二〇〇號 | 一一 |
| 龢樂坊 | 福州路五六六號 | 一一 |
| 鑄范里 | 北無錫路四三號 | 六一 |
| 鑄范新里 | 新閘路四五七號 | 二一 |
| 懿德里 | 寧海東路一八二號 | 一〇 |

## 二十三劃

| 名稱 | 地址 | 圖號 |
|---|---|---|
| 鱗鳳里 | 華盛路一一六號 | 五六 |

## 二十四劃

| 名稱 | 地址 | 圖號 |
|---|---|---|
| 鑫益里 | 山西北路二六二號 | 二四 |
| 鑫森里 | 梵皇渡路一一七〇號 | 一〇六 |
| 鑫順里 | 天潼路八三〇號 | 二四 |
| 鑫義邨 | 中正西路五九七街內 | 一〇二 |
| 鑫德里 | 海寧路八五六號 | 五三 |
| 鑫德里 | 新閘路七四五號 | 六四 |

# 上海市行號路圖錄上冊街號索引

| 街號 | 地址 | 圖號 |
| --- | --- | --- |
| 一C街 | 江西南路德昶里 | 一 |
| 一街 | 英士路東興里 | 一七 |
| 二街 | 龍門路信平里 | 一〇 |
| 二街 | 黃陂南路泰安里 | 一六 |
| 二街 | 山陰路千愛里 | 四九 |
| 三街 | 紫金街渭文坊 | 一 |
| 三街 | 溧陽路克勒里 | 三四 |
| 三街 | 常德路福德坊三街 | 七一 |
| 四街 | 廣西南路太源坊 | 一〇 |
| 四A街 | 中正西路耕讀邨 | 七二 |
| 四E街 | 中正西路愼德里 | 七二 |
| 五街 | 盛澤路大同坊 | 九 |
| 五街 | 廣西北路裕德里 | 一〇 |
| 五街 | 貴州路慈淑里 | 一二 |
| 五街 | 同嘉路瑞餘里 | 四七 |
| 五街 | 澳門路歸化路東 | 八八 |
| 六A街 | 中正東一路元芳街 | 二 |
| 六街 | 新榮塲路餘耕里 | 六 |
| 六街 | 平望路平望里 | 一一 |
| 六街 | 永善路尙義坊 | 一六 |
| 六街 | 康樂路恆安里 | 二四 |
| 六街 | 克明路克明里 | 五一 |
| 六街 | 成都南路德隆邨 | 六一 |
| 六街 | 西康路松壽里 | 七四 |
| 六街 | 普陀路歸化路西 | 九〇 |
| 七A街 | 中正東一路福州路南 | 二 |
| 七街 | 天津路永源里 | 三 |
| 七街 | 廣西南路瑞福里 | 一〇 |
| 七街 | 金華路慈興里 | 一二 |
| 七街 | 鳳陽路恆清里一街 | 一二 |
| 七街 | 溫州路南京西路口 | 一四 |
| 七街 | 惠民路楊樹浦路北 | 四一 |
| 七街 | 成都北路輔德里 | 六一 |
| 八街 | 雲南中路裕德里 | 一〇 |
| 八街 | 汕頭路德臨里 | 一一 |
| 八街 | 新閘路北興里 | 一四 |
| 八街 | 同嘉路瑞康里 | 四七 |
| 九街 | 江西南路德銘里一街 | 一 |
| 九街 | 台灣路滿春坊三街 | 六 |
| 九街 | 山西南路福州路北 | 八 |
| 九街 | 山東中路源泰里 | 九 |
| 九街 | 永壽路遠義坊 | 一〇 |
| 九街 | 雲南中路福昌東里 | 一〇 |
| 九街 | 新橋路春在里 | 二一 |
| 九街 | 山西北路德安西里 | 二五 |
| 一〇街 | 甯波路慈順里 | 三 |
| 一〇街 | 山西南路怡德里 | 八 |
| 一〇街 | 山東南路壽康里 | 九 |
| 一〇街 | 西藏南路久安里 | 一〇 |
| 一〇街 | 芝罘路鼎餘里 | 一三 |
| 一〇街 | 新昌路梅南坊 | 一九 |
| 一〇街 | 陝西北路中正中路口 | 六二 |
| 一〇街 | 南匯路靜華新邨 | 六九 |
| 一一街 | 西上麟金玉里 | 九 |
| 一一街 | 浙江南路寶裕里 | 九 |
| 一一街 | 西藏中路中正東路口 | 一〇 |
| 一一街 | 英士路東興里 | 一七 |
| 一一街 | 重慶北路馬吉里 | 一七 |
| 一一街 | 新唐家街延吉里 | 二五 |
| 一一街 | 醴陵路源昌里 | 三四 |
| 一一街 | 周家嘴路同生里 | 三五 |
| 一一街 | 鴨綠江路永平里 | 三六 |
| 一一街 | 新嘉路瑞康里 | 四八 |
| 一一街 | 南匯路大華商場 | 六九 |
| 一一街 | 膠州路愚園路北 | 七二 |
| 一一街 | 南陽路介福里 | 七四 |
| 一一街 | 餘姚路西康路西 | 七九 |
| 一二街 | 廣西北路永安坊 | 一〇 |
| 一二街 | 廣西南路太源坊 | 一〇 |
| 一二街 | 龍門路信平里 | 一〇 |
| 一二街 | 威海衛路威海衛新邨 | 一八 |
| 一二街 | 山西北路德安里 | 二五 |
| 一二街 | 老閘街永慶坊 | 二五 |
| 一二街 | 醴陵路源昌里 | 三四 |
| 一二街 | 永定路東大名路北 | 三九 |
| 一二街 | 梵皇渡後路長壽路西 | 九六 |
| 一二街 | 長甯支路仁和里 | 九六 |
| 一三街 | 江西中路棋盤街 | 一 |
| 一三街 | 金隆街金隆里 | 九 |
| 一三街 | 浙江中路東平里 | 一〇 |
| 一三街 | 廣西南路瑞福里 | 一〇 |
| 一三街 | 如皋路洪業坊 | 三六 |
| 一三街 | 瑞金路江夏里 | 三六 |
| 一三街 | 寶安路狄思威里 | 四七 |
| 一三街 | 常德路福德坊二街 | 七一 |
| 一三街 | 梵皇渡後路長壽路西 | 九六 |
| 一四街 | 江西中路吉慶里一街 | 一 |
| 一四街 | 福建南路愛多里 | 九 |
| 一四街 | 浙江南路永慶里 | 一〇 |
| 一四街 | 西蘇州路新昌路東 | 二一 |
| 一四街 | 西康路松壽里 | 七四 |
| 一四街 | 同嘉路庫倫路斜對面 | 七四 |
| 一四街 | 長甯支路康福里 | 九六 |
| 一五街 | 江西中路永吉里 | 一 |
| 一五街 | 金陵東路祥安里 | 一 |
| 一五街 | 廣西北路裕德里 | 一〇 |
| 一五街 | 望亭路中正東路南 | 一六 |
| 一五街 | 康樂路餘慶里 | 二四 |
| 一五街 | 三泰街泰安里 | 二五 |
| 一五街 | 北海甯路吳淞路西 | 三〇 |
| 一五街 | 峨眉路金書里 | 三二 |
| 一五街 | 旅順路百福里 | 三四 |
| 一五街 | 新疆路鳳翔里 | 三四 |
| 一六街 | 南無錫路順壽里 | 五四 |
| 一六街 | 西上麟源泰里 | 六 |
| 一六街 | 雲南北路永平安里 | 九 |
| 一六街 | 重慶北路致祥里 | 一三 |
| 一六街 | 康樂路恆安里 | 一七 |
| 一六街 | 邢家宅路則敬坊 | 二四 |
| 一六街 | 東寶興路虬江路北 | 四七 |
| 一六街 | 橫浜路福星里 | 四八 |

| 街號 | 地址 | 圖號 |
| --- | --- | --- |
| 一六街 | 趙家橋路常德路西 | 七三 |
| 一六街 | 長寗路鼎業里 | 九六 |
| 一七街 | 交通路通裕里 | 八 |
| 一七街 | 盛澤路壽康里 | 九 |
| 一七街 | 甯海東路甯興里 | 九 |
| 一七街 | 榆林路延林里 | 四一 |
| 一七街 | 鳳陽路恆清里二街 | 一二 |
| 一七街 | 公興路近淵坊 | 五二 |
| 一七街 | 中正南一路同康里 | 六一 |
| 一七街 | 成都北路中正中路北 | 六一 |
| 一七街 | 中正北一路中正中路北 | 六二 |
| 一八街 | 諸安浜廉餘邨 | 一〇二 |
| 一八街 | 北海路榮壽里 | 八 |
| 一八街 | 雲南中路裕德里 | 一〇 |
| 一八街 | 峨眉路金福里 | 三二 |
| 一九街 | 武夷路中正西路西 | 一〇九 |
| 一九街 | 江西南路德銘里二街 | 一 |
| 一九街 | 台灣路滿春坊二街 | 六 |
| 一九街 | 山東中路源泰里 | 九 |
| 一九街 | 廣西南路瑞福里 | 一〇 |
| 一九街 | 金華路慈興里 | 一二 |
| 一九街 | 連雲路德順里 | 一六 |
| 一九街 | 黃陂北路中正東路北 | 一七 |
| 一九街 | 江陰路寶康里 | 一八 |
| 一九街 | 新橋路育倫里 | 二一 |
| 一九街 | 山西北路德安西里 | 二五 |
| 一九街 | 中州路安甯里 | 二八 |
| 一九街 | 海山路映生里 | 二九 |
| 一九街 | 吳淞路鴻祥里東街 | 三二 |
| 一九街 | 青海路南京西路南 | 六〇 |
| 一九街 | 張家宅路北京西路北 | 六四 |
| 一九街 | 餘姚路有恆里 | 七九 |
| 二〇街 | 盆湯街北高陽里 | 七 |
| 二〇街 | 嵩山路仁安里 | 一六 |
| 二〇街 | 黃陂南路文安坊 | 一六 |
| 二〇街 | 新唐家街承吉里後街 | 二五 |
| 二〇街 | 陝西北路中正中路北 | 六二 |
| 二〇街 | 安南路銅仁路西 | 七一 |
| 二一街 | 湖北路吉慶坊 | 一〇 |
| 二一街 | 英士路中正東路南 | 一七 |
| 二一街 | 重慶北路馬吉里 | 一七 |
| 二一街 | 霍山路人安里 | 四〇 |
| 二一街 | 川公路存福里 | 五一 |
| 二一街 | 大統路光復路北 | 五五 |
| 二一街 | 烏鎮路鬬亭邨 | 五五 |
| 二一街 | 華盛路新盛里 | 五六 |
| 二一街 | 成都北路中正中路北 | 六一 |
| 二一街 | 澳門路歸化路東 | 八八 |
| 二二街 | 盛澤路美華里 | 九 |
| 二二街 | 西藏中路福昌東里 | 一〇 |
| 二二街 | 廣西北路永安坊 | 一〇 |
| 二二街 | 康樂路天生里 | 二四 |
| 二二街 | 浙江北路承吉里 | 二五 |
| 二二街 | 猛將街北長安里 | 三〇 |
| 二二街 | 醴陵路源昌里 | 三四 |
| 二二街 | 南匯路靜華新邨 | 六九 |
| 二二街 | 趙家橋路常德路西 | 七三 |
| 二三街 | 浙江南路寶裕里 | 九 |
| 二三街 | 浙江中路東昇里 | 一〇 |
| 二三街 | 廣西南路瑞福里 | 一〇 |
| 二三街 | 吳江路青海路西 | 六〇 |
| 二三街 | 常德路福德坊一街 | 七一 |
| 二三街 | 迪化北路高福里 | 七二 |
| 二三街 | 餘姚路有恆里 | 七九 |
| 二四街 | 江西路吉慶里二街 | 一 |
| 二四街 | 山東中路棋盤街北 | 九 |
| 二四街 | 香粉街福建中路西 | 一二 |
| 二四街 | 連雲路中正東路南 | 一七 |
| 二四街 | 北海甯路保原坊 | 三〇 |
| 二四街 | 邢家宅路則敬坊 | 四七 |
| 二四街 | 同嘉路金星里 | 四七 |
| 二四街 | 新鄉路存福里 | 五一 |
| 二四街 | 中正北二路福臨里 | 五九 |
| 二四街 | 西康路松壽里 | 七四 |
| 二五街 | 四川南路興業里 | 一 |
| 二五街 | 甯海東路甯興里 | 九 |
| 二五街 | 廣西北路裕德里 | 一〇 |
| 二五街 | 廈門路蘇州路西 | 一三 |
| 二五街 | 黃陂南路寶安里 | 一六 |
| 二五街 | 迪化北路地豐里 | 七二 |
| 二六街 | 山東北路吉祥里 | 六 |
| 二六街 | 山西南路大年坊 | 八 |
| 二六街 | 永善路尙義坊 | 一六 |
| 二六街 | 英士路秀雲里 | 一七 |
| 二六街 | 重慶北里新馬樂里 | 一七 |
| 二六街 | 山西北路德安里 | 二五 |
| 二六街 | 福建北路泰安里 | 二五 |
| 二六街 | 五台路瑞吉里 | 二九 |
| 二七街 | 甯波路江西中路東 | 三 |
| 二七街 | 雲南中路育仁里 | 一〇 |
| 二七街 | 廈門路仁興里 | 一三 |
| 二七街 | 龍門路中正東路北 | 一六 |
| 二七街 | 黃陂北路大沽路南 | 一七 |
| 二七街 | 寶山路順福里 | 二八 |
| 二七街 | 餘杭路吳淞路東 | 三〇 |
| 二七街 | 張家宅路誠意里 | 六四 |
| 二八街 | 梵皇渡路百樂商場 | 七二 |
| 二八街 | 浙江中路吉慶坊 | 一〇 |
| 二八街 | 雲南中路裕德里 | 一〇 |
| 二八街 | 粘嶺路永吉里 | 一四 |
| 二八街 | 康樂路塘沽路南 | 二四 |
| 二八街 | 臨潼路光裕里 | 四一 |
| 二八街 | 安遠路恆昌里 | 八八 |
| 二九街 | 江西南路德銘里三街 | 一 |
| 二九街 | 台灣路滿春坊一街 | 六 |
| 二九街 | 廣西南路瑞福里 | 一〇 |
| 二九街 | 重慶北路馬吉里 | 一七 |
| 二九街 | 新橋路同安坊 | 二一 |
| 二九街 | 山西北路德安西里 | 二五 |
| 二九街 | 中州路安甯里二街 | 二八 |
| 二九街 | 哈爾濱路永福坊 | 二九 |
| 二九街 | 東寶興路子祥里 | 四八 |
| 二九街 | 青海路南京西路南 | 六〇 |
| 二九街 | 慈谿路北京西路北 | 六四 |
| 二九街 | 膠州路愚園路北 | 七二 |
| 三〇街 | 四川南路祥裕里二街 | 一 |
| 三〇街 | 龍門路信平里 | 一〇 |
| 三〇街 | 貴州路明智里 | 一二 |
| 三〇街 | 芝罘路鼎餘里 | 一三 |
| 三〇街 | 安國路正德里 | 四三 |

| 街號 | 地址 | 圖號 |
| --- | --- | --- |
| 三〇街 | 陝西北路中正中路北 | 六二 |
| 三〇街 | 南陽路陝西北路西 | 七四 |
| 三一街 | 江西中路永吉里 | 一 |
| 三一街 | 天津路同吉里 | 三 |
| 三一街 | 山西南路清河里 | 八 |
| 三一街 | 北海路福申里 | 九 |
| 三一街 | 連雲路五福里 | 一六 |
| 三一街 | 英士路桂馥坊 | 一七 |
| 三一街 | 新昌路三官堂梅樂邨 | 一九 |
| 三一街 | 海山路松柏里 | 二九 |
| 三一街 | 茂名路泰威邨 | 三〇 |
| 三一街 | 永定路東大名路北 | 三四 |
| 三一街 | 庫倫路存德坊 | 三六 |
| 三一街 | 安國路昆明路北 | 四三 |
| 三一街 | 新疆路南林路 | 五四 |
| 三一街 | 中正北一路景庭坊 | 六二 |
| 三一街 | 梵皇渡路元善里三街 | 一〇〇 |
| 三二街 | 浙江南路寶康里 | 一〇 |
| 三二街 | 望亭街永慶坊 | 一六 |
| 三二街 | 醴陵路源昌里 | 三四 |
| 三二街 | 梧州路寶興里 | 三五 |
| 三二街 | 安國路正德里 | 四三 |
| 三二街 | 武定路純益里 | 六五 |
| 三三街 | 浙江南路寶裕里 | 九 |
| 三三街 | 永壽路福星里 | 一〇 |
| 三三街 | 溫州路餘慶里 | 一四 |
| 三三街 | 普安路普安里 | 一六 |
| 三三街 | 華興路華安坊 | 五四 |
| 三三街 | 成都北路中正中路北 | 六一 |
| 三三街 | 張家宅路誠意里 | 六四 |
| 三三街 | 常德路正明里一街 | 七一 |
| 三四街 | 金陵東路德祉里 | 一 |
| 三四街 | 江西中路吉慶里三街 | 一 |
| 三四街 | 盛澤路美華里 | 九 |
| 三四街 | 香粉街永吉里 | 一二 |
| 三四街 | 顧家街積福里 | 一三 |
| 三四街 | 成都北路榮康里 | 一七 |
| 三四街 | 東寶興路福新里 | 四八 |
| 三四街 | 順徵路吉慶坊 | 五四 |
| 三四街 | 淮安路高照里 | 五七 |
| 三四街 | 中正北一路汾陽坊 | 六一 |
| 三四街 | 南匯路靜華新邨 | 六九 |
| 三五街 | 金隆街金隆里 | 九 |
| 三五街 | 新閘路鴻祥里 | 一四 |
| 三五街 | 普安路復興里 | 一六 |
| 三五街 | 望亭路森福里 | 一六 |
| 三五街 | 唐家街徐家園 | 二四 |
| 三五街 | 嘉興路克儉里 | 二九 |
| 三五街 | 漢陽路公安里總街 | 三一 |
| 三五街 | 橫浜路東橫浜路西 | 五〇 |
| 三五街 | 共和路新有餘里 | 五六 |
| 三五街 | 張家花園修德里 | 六三 |
| 三五街 | 長壽支路公益坊 | 九六 |
| 三五街 | 江蘇路南曹家宅 | 一〇五 |
| 三六街 | 河南北路洪福里 | 五 |
| 三六街 | 北海路湖北路東 | 八 |
| 三六街 | 平望路榮陽里 | 一一 |
| 三六街 | 六合路德裕里 | 一二 |
| 三六街 | 龍泉園善全里 | 一二 |
| 三六街 | 英士路中正東路南 | 一七 |
| 三六街 | 青島路遂志里 | 二一 |
| 三六街 | 山西北路德安里 | 二五 |
| 三六街 | 江甯路大成商場 | 六九 |
| 三六街 | 趙家橋路常德路西 | 七三 |
| 三六街 | 普陀路歸化路西 | 九〇 |
| 三七街 | 棋盤街吉慶里 | 一 |
| 三七街 | 永壽路福星里 | 一〇 |
| 三七街 | 重慶北路馬吉里後街 | 一七 |
| 三七街 | 峨眉路金書里 | 三二 |
| 三七街 | 東寶興路子祥里 | 四八 |
| 三七街 | 新疆路甡昌里 | 五四 |
| 三七街 | 安南路慈厚南里總街 | 七一 |
| 三八街 | 江西南路德福里 | 一 |
| 三八街 | 山東南路匯成里 | 九 |
| 三八街 | 福建南路天錫里 | 九 |
| 三八街 | 新昌路梅南坊 | 一九 |
| 三八街 | 新鄉路長安里 | 五一 |
| 三八街 | 安南路銅仁路西 | 七一 |
| 三八街 | 安遠路乾興坊 | 八八 |
| 三九街 | 台灣路福建中路東 | 六 |
| 三九街 | 廈門路永興里 | 一三 |
| 三九街 | 重慶北路育倫坊 | 一七 |
| 三九街 | 山西北路北蘇州路北 | 二五 |
| 三九街 | 唐家街老閘街北 | 二五 |
| 三九街 | 中州路安甯里三街 | 二八 |
| 三九街 | 川公路新德里 | 五一 |
| 三九街 | 中正南一路蓀吉里 | 六一 |
| 三九街 | 康定路三德坊 | 六七 |
| 三九街 | 梵皇渡路元善里二街 | 一〇〇 |
| 四〇街 | 北無錫路和邨 | 六 |
| 四〇街 | 金隆街美倫里 | 九 |
| 四〇街 | 雲南中路裕德里 | 一〇 |
| 四〇街 | 白河路大新一邨 | 一四 |
| 四〇街 | 永定路怡和里 | 三九 |
| 四〇街 | 張家花園春陽里 | 六三 |
| 四〇街 | 江蘇路長甯路東 | 一〇五 |
| 四一街 | 盆湯街五福街東 | 七 |
| 四一街 | 山東中路金壽里 | 九 |
| 四一街 | 山東南路甯海東路南 | 九 |
| 四一街 | 溫州路太原坊 | 一四 |
| 四一街 | 浙江北路永樂新邨 | 二二 |
| 四一街 | 海門路鳳生里 | 四〇 |
| 四一街 | 山陰路四達里 | 四九 |
| 四一街 | 中正北一路新華里 | 六二 |
| 四一街 | 中正北二路南京西路北 | 六三 |
| 四二街 | 台灣路怡成坊 | 六 |
| 四二街 | 大沽路馬德里 | 一六 |
| 四二街 | 鉅鹿路承業里 | 一七 |
| 四二街 | 廈門路震厚里 | 二五 |
| 四二街 | 猛將街吳淞路西 | 三〇 |
| 四二街 | 醴陵路源昌里 | 三四 |
| 四二街 | 新鄉路長安里 | 五一 |
| 四二街 | 長甯路元芳里 | 九六 |
| 四三街 | 北無錫路鑄范路 | 六 |
| 四三街 | 金隆街長餘里 | 九 |
| 四三街 | 西藏中路大順里 | 一〇 |
| 四三街 | 連雲路文安坊 | 一六 |
| 四三街 | 唐家街徐家園 | 二四 |
| 四三街 | 虬江支路三元里三街 | 二九 |
| 四三街 | 常德路正明里 | 七一 |

| 街號 | 地址 | 圖號 |
| --- | --- | --- |
| 四四街 | 江西中路廣東路南 | 一 |
| 四四街 | 天津路阜成里 | 三 |
| 四四街 | 福建中路廣東路南 | 九 |
| 四四街 | 龍泉園善金里 | 一二 |
| 四四街 | 成都北路榮康里 | 一七 |
| 四四街 | 金陵西路九如里 | 一七 |
| 四四街 | 餘杭路永福里 | 三一 |
| 四四街 | 大統路東平里 | 五六 |
| 四四街 | 梵皇渡後路立成里南街 | 一〇六 |
| 四五街 | 山東北路松柏里 | 六 |
| 四五街 | 山西南路延康里 | 八 |
| 四五街 | 青島路承興里 | 二〇 |
| 四五街 | 餘杭路有恒里 | 三〇 |
| 四五街 | 東寶興路子祥里 | 四八 |
| 四五街 | 淮安路謙益坊 | 六五 |
| 四五街 | 諸安浜宣化坊 | 一〇二 |
| 四六街 | 北無錫路平陽里 | 六 |
| 四六街 | 山東南路滙成里 | 九 |
| 四六街 | 士慶路樹德里 | 四八 |
| 四七街 | 西上鱗路慶福里 | 九 |
| 四七街 | 英士路同益里 | 一七 |
| 四七街 | 山西北路泰安里 | 二五 |
| 四七街 | 寶山路順福里 | 二八 |
| 四七街 | 海山路德康里 | 二九 |
| 四七街 | 餘杭路峨眉路西 | 三〇 |
| 四七街 | 霍山路安慶里 | 四〇 |
| 四七街 | 士慶路華興坊 | 四八 |
| 四七街 | 恆通路永仁里 | 五六 |
| 四七街 | 成都北路成都坊 | 六一 |
| 四七街 | 梵皇渡路元善里一街 | 一〇〇 |
| 四八街 | 北海路均益東里 | 八 |
| 四八街 | 金隆街怡春里 | 九 |
| 四八街 | 香粉街永德里 | 一二 |
| 四八街 | 重慶北路新馬樂里 | 一七 |
| 四八街 | 青島路遂志里 | 二一 |
| 四八街 | 東寶興路虬江路北 | 四八 |
| 四八街 | 張家花園春陽里 | 六三 |
| 四八街 | 安南路慈厚北里 | 七一 |
| 四九街 | 浙江南路餘順里 | 九 |
| 四九街 | 西藏中路東武里 | 一〇 |

| 街號 | 地址 | 圖號 |
| --- | --- | --- |
| 四九街 | 溫州路北京西路北 | 一四 |
| 四九街 | 龍門路鴻運坊 | 一六 |
| 四九街 | 浙江北路泰仁里 | 二二 |
| 四九街 | 熱河路裕隆里 | 二三 |
| 四九街 | 三泰街泰安里 | 二五 |
| 四九街 | 中州路安甯里四街 | 二八 |
| 四九街 | 鴨綠江路梧州路西 | 三六 |
| 四九街 | 岳州路鳳鳴里 | 四六 |
| 四九街 | 虬江路華盛頓里 | 四八 |
| 四九街 | 長安路長春坊 | 五六 |
| 四九街 | 青海路善慶坊四街 | 六〇 |
| 四九街 | 中正北一路新華里 | 六二 |
| 四九街 | 張家宅路北京西路北 | 六四 |
| 五〇街 | 月桂里廣福里 | 九 |
| 五〇街 | 龍泉園善全里 | 一二 |
| 五〇街 | 金陵西路三多里 | 一七 |
| 五〇街 | 山西北路德興里 | 二五 |
| 五〇街 | 三泰街泰安里 | 二五 |
| 三〇街 | 廈門路順康里 | 二五 |
| 五〇街 | 永定路怡和里 | 三九 |
| 五〇街 | 長陽路海門路東 | 四〇 |
| 五〇街 | 庫倫路周家嘴路西 | 四六 |
| 五一街 | 江西中路甯紹里 | 一 |
| 五一街 | 天津路鴻仁里總街 | 三 |
| 五一街 | 五福街大津路南 | 七 |
| 五一街 | 靖遠街廣福里 | 九 |
| 五一街 | 牯嶺路斯盛里 | 一四 |
| 五一街 | 普安路桃源坊 | 一六 |
| 五一街 | 江陰路蘭郵 | 一八 |
| 五一街 | 新橋路西蘇州路南 | 二一 |
| 五一街 | 唐家街晉福里 | 二五 |
| 五一街 | 彭澤路鴻興里 | 二七 |
| 五一街 | 哈爾濱路九龍路西 | 二九 |
| 五一街 | 膠州路隨雲里一街 | 七二 |
| 五二街 | 金陵東路溪口路西 | 一 |
| 五二街 | 六合路德裕里 | 一二 |
| 五二街 | 黃陂北路馬德里 | 一六 |
| 五二街 | 新橋路中文德里 | 二一 |
| 五二街 | 羅浮路愷樂里 | 二八 |
| 五二街 | 膠州路慈仁坊 | 七三 |

| 街號 | 地址 | 圖號 |
| --- | --- | --- |
| 五三街 | 山東北路松柏里 | 六 |
| 五三街 | 盛澤路惟祥里 | 九 |
| 五三街 | 廈門路松陽里 | 一三 |
| 五三街 | 虬江支路三元里二街 | 二九 |
| 五三街 | 南潯路百祿坊 | 三三 |
| 五三街 | 瑞金路瑞興里 | 三六 |
| 五三街 | 常德路正明里 | 七一 |
| 五四街 | 西藏中路育仁里 | 一〇 |
| 五四街 | 龍門路久安里 | 一〇 |
| 五四街 | 溫州路耕疇里 | 一四 |
| 五四街 | 四川北路仁智里 | 二六 |
| 五四街 | 舟山路舟山里 | 四二 |
| 五四街 | 昆明路海門路西 | 四四 |
| 五五街 | 東新民路來安里 | 二八 |
| 五五街 | 嘉同路禾和里 | 四七 |
| 五五街 | 新疆路甡昌里 | 五四 |
| 五五街 | 安南路慈厚南里西總街 | 七一 |
| 五六街 | 廣東路四川中路東 | 二 |
| 五六街 | 山東路南滙成里 | 九 |
| 五六街 | 新昌路南京西路北 | 一九 |
| 五六街 | 福建北路泰安里 | 二五 |
| 五六街 | 旅順路瑞昌里三街 | 三四 |
| 五六街 | 克明路四川北路西 | 五一 |
| 五六街 | 張家花園頌九坊華嚴里 | 六三 |
| 五六街 | 膠州路靜雲里 | 七三 |
| 五六街 | 南陽路陝西北路西 | 七四 |
| 五七街 | 浙江南路惟善里 | 九 |
| 五七街 | 新聞路鴻祥里 | 一四 |
| 五七街 | 江陰路蘆花塘 | 一八 |
| 五七街 | 哈爾濱路富春里 | 二九 |
| 五七街 | 海甯路久耕里 | 三〇 |
| 五七街 | 山陰路四達里 | 四九 |
| 五七街 | 天目路長興里 | 五三 |
| 五七街 | 陝西北路慈惠南里 | 七〇 |
| 五七街 | 趙家橋路合泰坊 | 七三 |
| 五八街 | 西上鱗路金壽里 | 九 |
| 五八街 | 鳳陽路人和里 | 一四 |
| 五八街 | 普安路鶴鳴里 | 一六 |
| 五八街 | 中州路安福里 | 二八 |
| 五八街 | 嘉興路德馨里 | 二九 |

| 街號 | 地址 | 圖號 |
| --- | --- | --- |
| 五八街 | 北海寧路乍浦路東 | 三〇 |
| 五八街 | 猛將街興順里 | 三〇 |
| 五八街 | 邢家宅路文培里 | 四七 |
| 五八街 | 吳江路中正北一路東 | 五九 |
| 五八街 | 康定路餘德里 | 六六 |
| 五八街 | 澳門路康寧里 | 九一 |
| 五九街 | 六合路寧波路南 | 一二 |
| 五九街 | 江西北路安慶里 | 二六 |
| 五九街 | 嘉興路三德坊 | 二九 |
| 六〇街 | 雲南南路友益里 | 一〇 |
| 六〇街 | 北京西路植蔭里 | 一四 |
| 六〇街 | 黃陂北路武勝路南 | 一六 |
| 六〇街 | 金陵西路積善里 | 一七 |
| 六〇街 | 青島路尙勤里 | 二一 |
| 六〇街 | 廈門路蘇潤里 | 二五 |
| 六〇街 | 新泰路泰安里 | 二五 |
| 六〇街 | 中州路安福里 | 二八 |
| 六〇街 | 東寶興路崇順里 | 五一 |
| 六一街 | 山東中路金壽里 | 九 |
| 六一街 | 唐家街天潼路南 | 二五 |
| 六一街 | 虬江支路三尤里一街 | 二九 |
| 六一街 | 東寶興路子祥里 | 四八 |
| 六一街 | 吳江路天樂坊 | 六〇 |
| 六一街 | 張家花園福如里 | 六三 |
| 六一街 | 張家宅路北京西路北 | 六四 |
| 六一街 | 康定路三德坊 | 六七 |
| 六一街 | 膠州路隨雲里二街 | 七二 |
| 六一街 | 安遠路歸化路東 | 八三 |
| 六二街 | 山東中路沙遜里 | 九 |
| 六二街 | 盛澤路承志里 | 九 |
| 六二街 | 中州路安福里 | 二八 |
| 六二街 | 淮安路鶴守里 | 五七 |
| 六二街 | 安遠路西蘇州路西 | 八八 |
| 六三街 | 棋盤街紗布交易所西後街 | 一 |
| 六三街 | 西藏中路中正東路北 | 一〇 |
| 六三街 | 浙江中路同春坊 | 一〇 |
| 六三街 | 武勝路龍門路北 | 一〇 |
| 六三街 | 新昌路懋德里一街 | 一九 |
| 六三街 | 山西北路壽安里 | 二五 |
| 六三街 | 慈溪路耀華新邨 | 六四 |
| 六三街 | 武定路愼餘里 | 六五 |
| 六三街 | 常德路正明里 | 七一 |
| 六三街 | 長壽路同心里 | 八八 |
| 六四街 | 南無錫路仁德里 | 六 |
| 六四街 | 盆湯街五福街西 | 七 |
| 六四街 | 龍門路久安里 | 一〇 |
| 六四街 | 連雲路金陵西路北 | 一七 |
| 六四街 | 新昌路愛壽里 | 一九 |
| 六四街 | 廈門路福壽邨 | 二五 |
| 六四街 | 中州路安福里 | 二八 |
| 六四街 | 羅浮路愷樂里 | 二八 |
| 六四街 | 張家花園如意里頌九坊 | 六三 |
| 六四街 | 趙家橋路膠州路東 | 七三 |
| 六五街 | 汕頭路羣玉坊 | 一一 |
| 六五街 | 顧家街牛莊路北 | 一三 |
| 六五街 | 溫州路北京西路北 | 一四 |
| 六五街 | 海山路康德西里 | 二九 |
| 六五街 | 南星路慈善里 | 五六 |
| 六五街 | 成都北路味清里 | 六一 |
| 六五街 | 長甯路長甯支路口 | 九六 |
| 六五街 | 梵皇渡路中振坊 | 一〇〇 |
| 六五街 | 開原路梵皇渡路西 | 一〇四 |
| 六六街 | 江西中路廣東路南 | 一 |
| 六六街 | 北無錫路同益里 | 六 |
| 六六街 | 福建中路廣東路南 | 九 |
| 六六街 | 西藏中路育仁里 | 一〇 |
| 六六街 | 新聞路鴻福里 | 一四 |
| 六六街 | 英士路南通里 | 一七 |
| 六六街 | 旅順路瑞昌里二街 | 三四 |
| 六六街 | 士慶路百善里 | 四八 |
| 六六街 | 南星路崇德里 | 五六 |
| 六六街 | 愚園路合泰坊 | 七三 |
| 六六街 | 梵皇渡後路小南坊 | 一〇六 |
| 六七街 | 廣東路四川中路東 | 一 |
| 六七街 | 熱河路永芳里 | 二三 |
| 六七街 | 中正北一路新華里 | 六二 |
| 六七街 | 愚園路常德路西 | 七三 |
| 六七街 | 趙家橋路榮源里 | 七三 |
| 六七街 | 長甯支路積德里 | 一〇六 |
| 六八街 | 顧家街北京東路南 | 一三 |
| 六八街 | 溫州路北京西路北 | 一四 |
| 六八街 | 望亭路慶安里 | 一六 |
| 六八街 | 連雲路金陵西路北 | 一七 |
| 六八街 | 山西北路德興里 | 二五 |
| 六八街 | 吳淞路福德路北 | 三二 |
| 六八街 | 醴陵路益豐里 | 三四 |
| 六八街 | 岳州路通州路東 | 三七 |
| 六八街 | 膠州路靜雲里 | 七三 |
| 六九街 | 西上麟路滿延坊 | 九 |
| 六九街 | 甯海東路中華里 | 九 |
| 六九街 | 武勝路永啓里 | 一〇 |
| 六九街 | 福建北路九恩里 | 二五 |
| 六九街 | 江西北路安慶里 | 二六 |
| 六九街 | 寶山路順福里 | 二八 |
| 六九街 | 羅浮路東新民路北 | 二八 |
| 六九街 | 北海甯路積善里 | 三〇 |
| 六九街 | 山陰路恒豐里 | 四九 |
| 六九街 | 新民路南林路東 | 五四 |
| 六九街 | 中正北一路年安坊 | 六二 |
| 六九街 | 張家花園福如里 | 六三 |
| 七〇街 | 南天潼路同餘里 | 五 |
| 七〇街 | 甯海東路宏餘坊 | 九 |
| 七〇街 | 南京西路福源里鴻運別墅 | 一四 |
| 七〇街 | 成都北路輔仁里 | 一七 |
| 七〇街 | 南潯路廣安里 | 三三 |
| 七〇街 | 永定路潤德東里 | 三九 |
| 七〇街 | 克明路四川北路西 | 五一 |
| 七〇街 | 中正北一路福林里 | 六一 |
| 七一街 | 新橋路競業里 | 二一 |
| 七一街 | 彭澤路鴻興里東街 | 二七 |
| 七一街 | 峨眉路恒豐里 | 三三 |
| 七一街 | 旅順路東長治路北 | 三五 |
| 七一街 | 瑞金路周家嘴路西 | 三六 |
| 七一街 | 長春路士慶路北 | 四八 |
| 七一街 | 膠州路隨雲里三街 | 七二 |
| 七二街 | 金陵西路合興坊 | 一七 |
| 七二街 | 虬江路仁尤里 | 二九 |
| 七二街 | 張家花園永甯巷 | 六三 |
| 七二街 | 南匯路大華新邨 | 六九 |
| 七二街 | 梵皇渡路三義坊 | 一〇〇 |

| 街號 | 地址 | 圖號 |
| --- | --- | --- |
| 七三街 | 南京東路四川中路東 | 三 |
| 七三街 | 南天潼路洪福里 | 五 |
| 七三街 | 靖遠街大吉里 | 九 |
| 七三街 | 浙江中路同春坊 | 一〇 |
| 七三街 | 溫州路東福海里四街 | 一四 |
| 七三街 | 甯海西路八仙坊 | 一六 |
| 七三街 | 新昌路懋德里二街 | 一九 |
| 七三街 | 中州路德潤里 | 二八 |
| 七三街 | 塘沽路長治路南 | 三三 |
| 七三街 | 惠民路桃源里 | 四一 |
| 七三街 | 士慶路永樂坊 | 四八 |
| 七三街 | 張家宅路北京西路北 | 六四 |
| 七四街 | 甯波路同和古里 | 三 |
| 七四街 | 龍門路久安里 | 一〇 |
| 七四街 | 溫州路北京西路北 | 一四 |
| 七四街 | 西藏北路安宜邨 | 二二 |
| 七四街 | 惠民路晉陽里 | 四一 |
| 七四街 | 梵皇渡路三義坊 | 一〇〇 |
| 七五街 | 西藏中路文元里 | 一〇 |
| 七五街 | 廈門路宋家街 | 一三 |
| 七五街 | 成都北路思茂里 | 六一 |
| 七五街 | 茂名北路昇平街對面 | 六二 |
| 七六街 | 雲南中路福裕里 | 一〇 |
| 七六街 | 英士路南通里 | 一七 |
| 七六街 | 廈門路均安里 | 二五 |
| 七六街 | 羅浮路德康里 | 二八 |
| 七六街 | 孟將街景祥里 | 三〇 |
| 七六街 | 旅順路瑞昌里一街 | 三四 |
| 七六街 | 岳州路養慈坊 | 三七 |
| 七六街 | 恆通路麟鳳里 | 五六 |
| 七六街 | 茂名北路泰興里 | 六二 |
| 七七街 | 中正東路德慶里 | 一 |
| 七七街 | 浙江南路寶興里 | 九 |
| 七七街 | 貴州路逢吉里 | 一二 |
| 七七街 | 虬江路橫浜河西 | 四八 |
| 七七街 | 中正北一路中正中路北 | 六二 |
| 七七街 | 康定路全樂里 | 六七 |
| 七七街 | 趙家橋路壽宣坊 | 七三 |
| 七七街 | 南陽路南洋新邨 | 七四 |
| 七八街 | 五福街隨安里 | 六 |

| 街號 | 地址 | 圖號 |
| --- | --- | --- |
| 七八街 | 大沽路黃陂北路口 | 一八 |
| 七八街 | 山西北路德興里 | 二五 |
| 七八街 | 七浦路江西北路東 | 二六 |
| 七八街 | 彭澤路德華里 | 二七 |
| 七八街 | 士慶路四川北路東 | 五一 |
| 七八街 | 愚園路源茂新邨 | 七三 |
| 七九街 | 顧家街鐘秀里 | 一三 |
| 七九街 | 唐家街元亨里一街 | 二五 |
| 七九街 | 漢陽路公安里東街 | 三一 |
| 七九街 | 長甯支路協興里 | 一〇六 |
| 八〇街 | 河南中路昌興里 | 一 |
| 八〇街 | 盛澤路承志里 | 九 |
| 八〇街 | 廣西北路精勤坊 | 一〇 |
| 八〇街 | 白河路毓麟里 | 四 |
| 八〇街 | 成都北路輔仁里 | 一七 |
| 八〇街 | 東橫浜路橫浜路南 | 五〇 |
| 八〇街 | 武定路太和坊 | 六五 |
| 八〇街 | 安南路泰盛坊 | 七一 |
| 八〇街 | 澳門路康甯里 | 九一 |
| 八〇街 | 諸安浜長興里 | 一〇三 |
| 八一街 | 崑山路吳淞路西 | 三一 |
| 八一街 | 老其美路榮福里 | 四七 |
| 八一街 | 新疆路天鑫里 | 五四 |
| 八一街 | 常德路嘉禾坊 | 七一 |
| 八一街 | 江甯路北京西路南 | 七四 |
| 八一街 | 梵皇渡路迪化北路西 | 一〇〇 |
| 八二街 | 北海路均益西里 | 一〇 |
| 八二街 | 溫州路鴻瑞里 | 一四 |
| 八二街 | 金陵西路怡樂里 | 一七 |
| 八二街 | 海南路吳淞路西 | 二九 |
| 八二街 | 東橫浜路橫浜路東 | 五〇 |
| 八二街 | 長甯路長甯支路口 | 一〇六 |
| 八三街 | 浙江中路壽康里 | 一〇 |
| 八三街 | 西藏中路文元里 | 一〇 |
| 八三街 | 溫州路東福海里三街 | 一四 |
| 八三街 | 甯海西路八仙坊二街 | 一六 |
| 八三街 | 江陰路大興里 | 一八 |
| 八三街 | 山西北路老泰安里 | 二五 |
| 八三街 | 唐家街元亨里二街 | 二五 |
| 八三街 | 乍浦路乍浦里 | 二六 |

| 街號 | 地址 | 圖號 |
| --- | --- | --- |
| 八三街 | 中州路德潤里 | 二八 |
| 八三街 | 通州路施安里 | 三七 |
| 八三街 | 新民路南林路東 | 五四 |
| 八三街 | 長甯路花園里 | 一〇五 |
| 八四街 | 福建南路吉安里 | 九 |
| 八四街 | 甯海西路鴻運坊 | 一六 |
| 八四街 | 唐家街大潼路南 | 二五 |
| 八四街 | 猛將街餘慶坊 | 三〇 |
| 八四街 | 通州路周家嘴路南 | 三七 |
| 八四街 | 克明路四川北路西 | 五一 |
| 八四街 | 國慶路滿州路西 | 五五 |
| 八四街 | 張家花園吳江路南 | 六三 |
| 八五街 | 福建南路中華里 | 九 |
| 八五街 | 香粉街寶德里 | 一二 |
| 八五街 | 塘沽路棣蕚里 | 三三 |
| 八五街 | 岳州路鳳鳴里 | 四六 |
| 八五街 | 虬江路東寶興路東 | 四八 |
| 八五街 | 天目路均益里 | 五三 |
| 八六街 | 五福街隨安里 | 六 |
| 八六街 | 士慶路四川北路東 | 四八 |
| 八六街 | 烏鎮路蒙古路南 | 五五 |
| 八六街 | 茂名北路泰興里 | 六二 |
| 八七街 | 新昌路祥康里 | 一九 |
| 八七街 | 永定路來安里 | 三四 |
| 八七街 | 邢家橋路敦禮總街 | 五一 |
| 八七街 | 昌平路永順里 | 六六 |
| 八七街 | 康定路歸化路東 | 六七 |
| 八八街 | 福建中路紫金坊 | 八 |
| 八八街 | 溫州路三祝里 | 一四 |
| 八八街 | 金陵西路同慶里 | 一七 |
| 八八街 | 江陰福九福里 | 一九 |
| 八八街 | 山西北路德興里 | 二五 |
| 八八街 | 羅浮路德康里 | 二八 |
| 八八街 | 霍山路桃源里 | 四一 |
| 八八街 | 康定路涵養邨 | 六六 |
| 八八街 | 愚園路膠州路東 | 七三 |
| 八八街 | 昌平路淮安路西 | 八三 |
| 八九街 | 甯海東路錦福里 | 九 |
| 八九街 | 虬江支路四川北路東 | 二九 |
| 八九街 | 寶源路寶山里 | 五二 |

| 街號 | 地址 | 圖號 |
|---|---|---|
| 八九街 | 順德路永平里 | 五七 |
| 九〇街 | 甯海東路寶成里 | 九 |
| 九〇街 | 成都北路輔仁里 | 一七 |
| 九〇街 | 大沽路福蘭里 | 一八 |
| 九〇街 | 文昌路北長康里一街 | 二三 |
| 九〇街 | 安慶路富華里 | 二七 |
| 九〇街 | 淮安路永平里 | 五七 |
| 九〇街 | 慈溪路天福里 | 五八 |
| 九一街 | 浙江中路精勤坊 | 一〇 |
| 九一街 | 長春路士慶路北 | 四八 |
| 九一街 | 長壽路宗德坊 | 八七 |
| 九一街 | 長甯支路進福里 | 一〇六 |
| 九二街 | 廣西北路廣東路南 | 一〇 |
| 九二街 | 威海衞路尚德新邨 | 一八 |
| 九二街 | 虬江路普益里 | 二九 |
| 九三街 | 溫州路東福海里總街 | 一四 |
| 九三街 | 重慶北路中正東路北 | 一七 |
| 九三街 | 安慶路景星里 | 二七 |
| 九三街 | 塘沽路三益里 | 三三 |
| 九三街 | 中正北一路旭東里 | 六二 |
| 九三街 | 茂名北路興慶里 | 六二 |
| 九四街 | 重慶北路興隆坊 | 一七 |
| 九四街 | 唐家街天潼路南 | 二五 |
| 九四街 | 邢家橋路東寶興路南 | 五一 |
| 九四街 | 安南路常德路東 | 七一 |
| 九五街 | 西藏中路文元里 | 一〇 |
| 九五街 | 浙江北路源茂里 | 二三 |
| 九五街 | 永定路東長治路南 | 三四 |
| 九五街 | 常德路安南路對面 | 七一 |
| 九六街 | 南京西路西藏中路西 | 一四 |
| 九六街 | 乍浦路聯安里 | 三二 |
| 九六街 | 克明路四川北路西 | 五一 |
| 九六街 | 茂名北路泰興里 | 六二 |
| 九七街 | 新橋路西蘇州路口 | 二一 |
| 九七街 | 海甯路久耕里 | 三〇 |
| 九七街 | 蒙古路滿州路西 | 五五 |
| 九七街 | 烏鎮路蒙古路南 | 五五 |
| 九七街 | 張家宅路君子里 | 六四 |
| 九七街 | 昌平路安平里一街 | 六六 |
| 九七街 | 長壽路統益邨 | 八七 |

| 街號 | 地址 | 圖號 |
|---|---|---|
| 九八街 | 福建中路廣東路北 | 八 |
| 九八街 | 西藏北路安宜邨 | 二二 |
| 九八街 | 山西北路德興里 | 二五 |
| 九八街 | 七浦路江西北路東 | 二六 |
| 九八街 | 安慶路天福里 | 二七 |
| 九八街 | 鉅鹿路永慶里 | 六一 |
| 九九街 | 山東中路普愛坊 | 八 |
| 九九街 | 河南北路景興里 | 二四 |
| 九九街 | 羅浮路仁元里 | 二八 |
| 九九街 | 商邱路源坊里 | 三四 |
| 九九街 | 恆通路叔德里 | 五六 |
| 九九街 | 趙家橋路膠州路東 | 三七 |
| 一〇〇街 | 牯嶺路丹鳳里 | 一四 |
| 一〇〇街 | 溫州路三祝里 | 一四 |
| 一〇〇街 | 鳳陽路珊家園 | 一四 |
| 一〇〇街 | 成都北路輔仁里 | 一八 |
| 一〇〇街 | 文昌路北長康里二街 | 二三 |
| 一〇〇街 | 羅浮路德康里 | 二八 |
| 一〇〇街 | 昌平路昌平里一街 | 八三 |
| 一〇一街 | 福建中路廣東路北 | 八 |
| 一〇一街 | 溫州路東福海里一街 | 一四 |
| 一〇一街 | 重慶北路中正東路北 | 一七 |
| 一〇一街 | 文昌路洽興里 | 二三 |
| 一〇一街 | 福建北路唐家街 | 二五 |
| 一〇一街 | 吳淞路朝陽里 | 三一 |
| 一〇一街 | 東寶興路德隣里 | 五一 |
| 一〇一街 | 中正北一路旭東里 | 六二 |
| 一〇一街 | 張家花園勤益新邨 | 六三 |
| 一〇一街 | 澳門路第安坊 | 九一 |
| 一〇二街 | 新閘路長沙路對面 | 一四 |
| 一〇二街 | 浙江北路天祿里 | 二四 |
| 一〇二街 | 唐家街天潼路南 | 二五 |
| 一〇二街 | 邢家橋路順興里 | 五一 |
| 一〇二街 | 慈溪路善德里 | 五八 |
| 一〇二街 | 中正北一路長豐里 | 六一 |
| 一〇二街 | 句容路安遠路南 | 八三 |
| 一〇三街 | 牯嶺路毓麟里 | 一四 |
| 一〇三街 | 大沽路佑福里 | 一七 |
| 一〇三街 | 康定路春福里 | 六七 |
| 一〇三街 | 澳門路德明里 | 九一 |

| 街號 | 地址 | 圖號 |
|---|---|---|
| 一〇四街 | 七浦路連富里 | 二六 |
| 一〇四街 | 吳淞路永和里 | 三二 |
| 一〇四街 | 西安路同生里 | 三五 |
| 一〇四街 | 沙涇路慶雲里 | 三六 |
| 一〇五街 | 福州路四川中路西 | 二 |
| 一〇五街 | 五福街豐泰坊 | 六 |
| 一〇五街 | 士慶路永樂坊 | 五一 |
| 一〇六街 | 江西中路廣東路北 | 二 |
| 一〇六街 | 江陰路六藝坊 | 一九 |
| 一〇六街 | 虬江支路四川北路東 | 二九 |
| 一〇六街 | 士慶路四川北路東 | 五一 |
| 一〇六街 | 康樂路勤安坊 | 五三 |
| 一〇六街 | 張家花園同樂里 | 六三 |
| 一〇七街 | 寧海東路安吉里 | 九 |
| 一〇七街 | 河南中路寶善里 | 九 |
| 一〇七街 | 鳳陽路福源里 | 一四 |
| 一〇七街 | 黃河路派克里 | 二〇 |
| 一〇七街 | 唐家街新康里 | 二五 |
| 一〇七街 | 唐家街福興里 | 二五 |
| 一〇七街 | 鴨綠江路仁和里 | 三六 |
| 一〇七街 | 虬江路東寶興路東 | 四八 |
| 一〇八街 | 金陵東路德培里 | 一 |
| 一〇八街 | 盆湯街永安里 | 七 |
| 一〇八街 | 浙江中路清和坊 | 一一 |
| 一〇八街 | 廣西北路濂溪坊 | 一一 |
| 一〇八街 | 北京西路惠然里 | 一四 |
| 一〇八街 | 山西北路德興里 | 二五 |
| 一〇八街 | 崑山路吳淞路西 | 三〇 |
| 一〇八街 | 庫倫路勤裕里 | 四六 |
| 一〇八街 | 滿州路庫倫路南 | 五五 |
| 一〇八街 | 茂名北路梅邨 | 六二 |
| 一〇八街 | 中正北一路勤益坊 | 六一 |
| 一〇八街 | 康定路歸化路東 | 六六 |
| 一〇九街 | 浙江中路廣東路北 | 一一 |
| 一〇九街 | 廣西北路樂餘里一街 | 一一 |
| 一〇九街 | 寧海西路八仙坊總街 | 一六 |
| 一〇九街 | 崇明路順和里 | 二六 |
| 一〇九街 | 羅浮路愼福里 | 二八 |
| 一〇九街 | 商邱路源坊里 | 三四 |
| 一〇九街 | 邢家橋路北四川里 | 五一 |

| 街號 | 地址 | 圖號 |
| --- | --- | --- |
| 一〇九街 | 淮安路德盛里 | 六五 |
| 一〇九街 | 常德路源裕里 | 七一 |
| 一一〇街 | 天津路泰記街 | 六 |
| 一一〇街 | 成都北路輔仁里 | 一八 |
| 一一〇街 | 大沽路永康里 | 一八 |
| 一一〇街 | 河南北路桃源坊一街 | 二六 |
| 一一〇街 | 羅浮路德康里 | 二八 |
| 一一〇街 | 乍浦路順和里 | 三二 |
| 一一〇街 | 鉅鹿路愛敬坊 | 六一 |
| 一一〇街 | 張家花園鴻安里 | 六三 |
| 一一一街 | 温州路新聞路南 | 一四 |
| 一一一街 | 江陰路重慶北路東 | 一八 |
| 一一一街 | 文昌路洽興里三街 | 二三 |
| 一一一街 | 庫倫路瑞德里 | 三六 |
| 一一一街 | 茂名北路興慶里 | 六二 |
| 一一二街 | 福建中路新普慶里 | 八 |
| 一一二街 | 金陵西路同和里 | 一七 |
| 一一二街 | 曲阜路甘肅路西 | 二三 |
| 一一二街 | 慈溪路山海關路南 | 五八 |
| 一一二街 | 長壽路江寧路東 | 八八 |
| 一一三街 | 天津路濟陽里 | 七 |
| 一一三街 | 乍浦路乍浦里 | 二六 |
| 一一三街 | 昆明路長春里 | 四三 |
| 一一三街 | 張家宅路北京西路北 | 六四 |
| 一一三街 | 長壽路陝西北路東 | 八七 |
| 一一四街 | 開封路金水里 | 二三 |
| 一一四街 | 浙江北路和濟里 | 二四 |
| 一一四街 | 峨眉路閔行路北 | 三三 |
| 一一四街 | 鴨綠江路長慶里 | 三五 |
| 一一四街 | 邢家橋路積善里 | 五一 |
| 一一四街 | 康樂路安慶路南 | 五三 |
| 一一四街 | 庫倫路復興村 | 五五 |
| 一一四街 | 慈溪路晉祥里 | 五八 |
| 一一四街 | 康定路逸廬 | 六六 |
| 一一五街 | 寶山路西華路北 | 二八 |
| 一一五街 | 楊樹浦路晉陽里 | 四一 |
| 一一五街 | 邢家宅路精一里 | 四九 |
| 一一五街 | 昌平路安平里二街 | 六六 |
| 一一五街 | 康定路金裕里 | 六七 |
| 一一五街 | 西康路南陽路北 | 七四 |
| 一一六街 | 山東中路榮吉里 | 八 |
| 一一六街 | 成都北路大沽路斜對面 | 一八 |
| 一一六街 | 唐家街洪安坊 | 二五 |
| 一一六街 | 保定路霍山路北 | 四二 |
| 一一六街 | 華盛路麟鳳里 | 五六 |
| 一一六街 | 武定路麒麟邨 | 六五 |
| 一一七街 | 山東中路尚仁里 | 八 |
| 一一七街 | 六合路福祿里 | 一三 |
| 一一七街 | 甘肅路普賢坊 | 二三 |
| 一一七街 | 蒙古路興盛坊 | 五五 |
| 一一七街 | 成都北路大沽路南 | 六一 |
| 一一八街 | 浙江中路清和坊 | 一一 |
| 一一八街 | 廣西北路濂溪坊 | 一一 |
| 一一八街 | 安國路曲厚里一街 | 四三 |
| 一一八街 | 茂名北路梅邨 | 六二 |
| 一一八街 | 安南路常德路東 | 七一 |
| 一一八街 | 昌平路昌平里二街 | 八三 |
| 一一九街 | 雲南中路羣玉坊 | 一一 |
| 一一九街 | 廣西北路樂餘里二街 | 一一 |
| 一一九街 | 新昌路祥康里 | 一九 |
| 一一九街 | 山西北路泰安里 | 二五 |
| 一一九街 | 唐家街餘慶坊 | 二五 |
| 一一九街 | 菜市街思德里 | 三四 |
| 一一九街 | 商邱路源坊里 | 三四 |
| 一一九街 | 梧州路春陽里 | 三五 |
| 一一九街 | 虬江路東寶興路東 | 四八 |
| 一一九街 | 陝西北路慈惠里 | 七〇 |
| 一二〇街 | 南京東路慈安里 | 三 |
| 一二〇街 | 寧海東路寶裕里 | 九 |
| 一二〇街 | 雲南中路樂餘里一街 | 一一 |
| 一二〇街 | 北京西路平喬里 | 一四 |
| 一二〇街 | 牯嶺路延慶里 | 一四 |
| 一二〇街 | 河南北路桃源坊二街 | 二六 |
| 一二〇街 | 羅浮路德康里 | 二八 |
| 一二〇街 | 順德路永安里 | 五七 |
| 一二〇街 | 華山路南京西路南 | 七二 |
| 一二〇街 | 膠州路貽思里 | 七六 |
| 一二一街 | 羅浮路愼福里 | 二八 |
| 一二一街 | 鴨綠江路親仁里 | 三六 |
| 一二一街 | 天目路康樂路東 | 五三 |
| 一二一街 | 中正北一路威海衛路南 | 六二 |
| 一二一街 | 茂名北路興慶里 | 六二 |
| 一二二街 | 寧海西路鴻運坊 | 一六 |
| 一二二街 | 七浦路江西北路西 | 二六 |
| 一二二街 | 寶山路順福里 | 二八 |
| 一二二街 | 商邱路元和里 | 三四 |
| 一二二街 | 海防路歸化路口 | 八三 |
| 一二二街 | 長寧支路長寧路西 | 一〇五 |
| 一二三街 | 惠民路四德來路北 | 四一 |
| 一二三街 | 長寧路江蘇路北 | 一〇五 |
| 一二四街 | 無錫路福建中路西 | 一三 |
| 一二四街 | 霍山路舟山路北 | 四一 |
| 一二四街 | 保定路樹豐北里 | 四二 |
| 一二四街 | 康樂路安慶路南 | 五三 |
| 一二四街 | 中正北一路威海衛路南 | 六一 |
| 一二四街 | 張家花園鴻安里 | 六三 |
| 一二五街 | 四川中路廣東路北 | 二 |
| 一二五街 | 漢口路四川中路西 | 二 |
| 一二五街 | 黃河路梅福里 | 二〇 |
| 一二五街 | 開封路甘肅路西 | 二三 |
| 一二五街 | 唐家街天潼路南 | 二五 |
| 一二五街 | 寶山路存仁里 | 二八 |
| 一二五街 | 霍山路舟山路東 | 四二 |
| 一二五街 | 西康路愛文邨 | 七四 |
| 一二六街 | 四川中路元芳街 | 二 |
| 一二六街 | 山西北路德安里十街 | 二五 |
| 一二六街 | 開原路梵皇渡路西 | 一〇四 |
| 一二六街 | 長寧路永根里 | 一〇五 |
| 一二七街 | 六合路居易里 | 一三 |
| 一二七街 | 鳳陽路福源里 | 一四 |
| 一二七街 | 安國路益豐里 | 四三 |
| 一二七街 | 句容路安遠路南 | 八三 |
| 一二七街 | 澳門路陝西北路西 | 九一 |
| 一二八街 | 中正東路四川中路西 | 一 |
| 一二八街 | 山東中路中保坊 | 八 |
| 一二八街 | 浙江中路清和坊 | 一一 |
| 一二八街 | 成都北路善樂里 | 一八 |
| 一二八街 | 安國路世厚里 | 四三 |
| 一二八街 | 茂名北路梅邨 | 六二 |
| 一二九街 | 寧海東路寶興里 | 九 |

| 街號 | 地址 | 圖號 |
| --- | --- | --- |
| 一二九街 | 雲南中路羣玉坊 | 一一 |
| 一二九街 | 浙江北路龍吉里 | 二三 |
| 一二九街 | 吳淞路朝陽里 | 三二 |
| 一二九街 | 南潯路養正南里 | 三三 |
| 一二九街 | 商邱路源坊里 | 三四 |
| 一二九街 | 長春路長興里 | 四八 |
| 一二九街 | 新疆路德興里 | 五四 |
| 一二九街 | 成都北路承德里 | 六一 |
| 一二九街 | 陝西北路慈惠里 | 七〇 |
| 一三〇街 | 湖北路久安里一街 | 八 |
| 一三〇街 | 雲南中路樂餘里二街 | 一一 |
| 一三〇街 | 江陰路同裕里 | 一九 |
| 一三〇街 | 西藏北路洽興里 | 二三 |
| 一三〇街 | 七浦路江西北路西 | 二六 |
| 一三〇街 | 羅浮路德康里 | 二八 |
| 一三〇街 | 乍浦路順和里 | 三二 |
| 一三〇街 | 閔行路裕積里 | 三三 |
| 一三〇街 | 鴨綠江路周家嘴路西 | 三五 |
| 一三〇街 | 常德路南京西路南 | 七一 |
| 一三一街 | 廣東路四川中路西 | 一 |
| 一三一街 | 貴州路逢吉里 | 一二 |
| 一三一街 | 乍浦路安定里 | 二六 |
| 一三一街 | 羅浮路愼福里 | 二八 |
| 一三一街 | 閔行路源安里 | 三三 |
| 一三一街 | 海門路茂海里 | 四四 |
| 一三一街 | 中正北二路福熙里 | 六四 |
| 一三二街 | 黃河路協和里 | 一四 |
| 一三二街 | 浙江北路福慶坊 | 二四 |
| 一三二街 | 海寧路吳淞路東 | 三〇 |
| 一三二街 | 南潯路長治路南 | 三三 |
| 一三二街 | 峨眉路新康里 | 三三 |
| 一三二街 | 霍山路舟山路北 | 四一 |
| 一三二街 | 昆明路舟山路西 | 四二 |
| 一三二街 | 庫倫路嬰業里 | 四六 |
| 一三二街 | 沙涇港路交通路北 | 四七 |
| 一三三街 | 山西南路慈豐里 | 七 |
| 一三三街 | 北海路浙江中路西 | 一〇 |
| 一三三街 | 長沙路餘德坊 | 一四 |
| 一三三街 | 餘杭路恆祥里南街 | 三〇 |
| 一三三街 | 唐山路三多里 | 三八 |
| 一三三街 | 惠民路四德來路北 | 四一 |
| 一三三街 | 安國路益豐里 | 四三 |
| 一三三街 | 茂名北路興慶里 | 六二 |
| 一三三街 | 昌平路安平里 | 六六 |
| 一三四街 | 山西南路慈豐里 | 七 |
| 一三四街 | 北京西路三星里 | 一四 |
| 一三四街 | 開封路寧安坊 | 二三 |
| 一三四街 | 安國路世厚里三街 | 四三 |
| 一三四街 | 康樂路勤安坊 | 五三 |
| 一三四街 | 中正北二路三慰邨 | 六四 |
| 一三四街 | 膠州路瑞益邨 | 七六 |
| 一三四街 | 餘姚路星邨 | 八五 |
| 一三五街 | 江西中路恆業里總街 | 二 |
| 一三五街 | 霍山路舟山路東 | 四二 |
| 一三五街 | 天同路謙益里 | 四七 |
| 一三五街 | 長春路士慶路北 | 四八 |
| 一三五街 | 虬江路東寶興路東 | 四八 |
| 一三五街 | 克明路天壽里 | 五一 |
| 一三五街 | 寶通路長興里 | 五二 |
| 一三六街 | 江西中路廣東路北 | 二 |
| 一三六街 | 無錫路茂盛里 | 一三 |
| 一三六街 | 鳳陽路長福里 | 一四 |
| 一三六街 | 廈門路尊德里 | 二二 |
| 一三六街 | 茂名北路梅邨 | 六二 |
| 一三六街 | 昌平路昌平里 | 八三 |
| 一三六街 | 長甯路江蘇路北 | 一〇五 |
| 一三七街 | 浙江中路福州路南 | 一一 |
| 一三七街 | 廈門路洪德里 | 一三 |
| 一三七街 | 漢陽路金貴里 | 三一 |
| 一三八街 | 廣東路江西路東 | 二 |
| 一三八街 | 天津路怡安里 | 六 |
| 一三八街 | 湖北路北貴里 | 八 |
| 一三八街 | 浙江北路厚餘里 | 二四 |
| 一三八街 | 虬江路吳淞路東 | 二九 |
| 一三八街 | 塘沽路南潯路東 | 三三 |
| 一三九街 | 六合路居香里 | 一三 |
| 一三九街 | 長沙路和安坊 | 一四 |
| 一三九街 | 大沽路黃陂北路西 | 一七 |
| 一三九街 | 浙江北路龍吉里 | 二三 |
| 一三九街 | 山西北路泰安里 | 二五 |
| 一三九街 | 羅浮路愼福里 | 二八 |
| 一三九街 | 九龍路平安里四街 | 三三 |
| 一三九街 | 鴨綠江路元和坊 | 三六 |
| 一三九街 | 安國路新益豐里 | 四三 |
| 一三九街 | 蒙古路國慶路東 | 五五 |
| 一四〇街 | 山東中路交通路南 | 八 |
| 一四〇街 | 新閘路長沙路西 | 一四 |
| 一四〇街 | 成都北路桂馨里 | 一七 |
| 一四〇街 | 重慶北路馬安里 | 一八 |
| 一四〇街 | 成都北路桂馨里 | 一八 |
| 一四〇街 | 山海關路仁濟里 | 二一 |
| 一四〇街 | 河南北路桃源坊 | 二六 |
| 一四〇街 | 七浦路河南北路東 | 二六 |
| 一四〇街 | 河南北路桃源坊 | 二六 |
| 一四〇街 | 商邱路元福里 | 三四 |
| 一四〇街 | 恆通路林祥里 | 五六 |
| 一四〇街 | 吳江路中正北一路西 | 六三 |
| 一四〇街 | 句容路安遠路南 | 八三 |
| 一四〇街 | 長甯路江蘇路北 | 一〇五 |
| 一四一街 | 福建中路北貴里 | 八 |
| 一四一街 | 甘肅路德興坊 | 二三 |
| 一四一街 | 七浦路桃源坊 | 二六 |
| 一四一街 | 茂名北路九福新邨 | 六二 |
| 一四一街 | 陝西北路威海衞路北 | 七〇 |
| 一四二街 | 北京西路三星里 | 一四 |
| 一四二街 | 長治路公益里 | 三三 |
| 一四三街 | 河南北路景興里 | 二四 |
| 一四三街 | 吳淞路同仁里 | 三二 |
| 一四三街 | 香山路聚安坊 | 五二 |
| 一四三街 | 大通路大成里 | 五九 |
| 一四三街 | 中正北二路福熙里 | 六四 |
| 一四四街 | 廣西北路汕頭路對面 | 一一 |
| 一四四街 | 哈爾濱路鬮蕨里 | 一六 |
| 一四四街 | 霍山路吳興坊 | 三一 |
| 一四四街 | 安國路世厚里四街 | 四三 |
| 一四五街 | 天津路長鑫里 | 七 |
| 一四五街 | 牯嶺路人安里 | 一四 |
| 一四五街 | 張家宅路底 | 六四 |
| 一四六街 | 南京東路慈昌里 | 三 |
| 一四六街 | 六合路太源里 | 一三 |

| 街號 | 地址 | 圖號 |
| --- | --- | --- |
| 一四六街 | 曲阜路長壽里 | 二三 |
| 一四六街 | 浙江北路南陽里 | 二四 |
| 一四六街 | 虬江路吳淞路東 | 二九 |
| 一四六街 | 邢家宅路永興里北 | 四九 |
| 一四六街 | 中正北二路長福里 | 六四 |
| 一四七街 | 新聞路鴻瑞里 | 一四 |
| 一四七街 | 武勝路敬安坊 | 一六 |
| 一四七街 | 安國路新益豐里 | 四三 |
| 一四七街 | 邢家宅路永興里斜對面 | 四九 |
| 一四七街 | 川公路青蓮坊 | 五一 |
| 一四八街 | 天潼路金書里 | 三二 |
| 一四八街 | 邢家宅路永興里北 | 四九 |
| 一四八街 | 膠州路瑞益邨 | 七六 |
| 一四九街 | 長沙路正賢坊 | 一四 |
| 一四九街 | 寧海西路寶善里 | 一六 |
| 一四九街 | 九龍路平安里三街 | 三三 |
| 一四九街 | 惠民路臨潼路西 | 四一 |
| 一四九街 | 膠州路北京西路北 | 七六 |
| 一五〇街 | 西藏中路羣玉坊 | 一一 |
| 一五〇街 | 無錫路福建中路西 | 一三 |
| 一五〇街 | 長沙路鴻祥里 | 一四 |
| 一五〇街 | 鳳陽路懷安里留餘坊 | 一四 |
| 一五〇街 | 寧海西路森福里 | 一六 |
| 一五〇街 | 重慶北路馬安里 | 一八 |
| 一五〇街 | 西藏北路洽興里 | 二三 |
| 一五〇街 | 開封路和平坊 | 二三 |
| 一五〇街 | 新建路東餘杭路南 | 三八 |
| 一五〇街 | 長壽路統益里 | 八七 |
| 一五一街 | 新昌路榮華新邨 | 二〇 |
| 一五一街 | 商邱路菜市街北 | 三四 |
| 一五一街 | 鴨綠江路三陞里 | 三六 |
| 一五二街 | 福建中路福州路南 | 八 |
| 一五二街 | 成都北路大方里 | 一八 |
| 一五二街 | 七浦路河南北路東 | 二六 |
| 一五二街 | 長壽路人和里 | 八七 |
| 一五三街 | 山海關路懋益里 | 二〇 |
| 一五三街 | 曲阜路永康里 | 二二 |
| 一五三街 | 甘肅路洽興里 | 二三 |
| 一五三街 | 南潯路公和里 | 三三 |
| 一五三街 | 多倫路永安里 | 五〇 |
| 一五三街 | 東寶興路四川北路東 | 五一 |
| 一五三街 | 中正北二路北京西路北 | 六四 |
| 一五四街 | 廣西北路福致里 | 一一 |
| 一五四街 | 大沽路重慶北路東 | 一八 |
| 一五四街 | 安國路世厚里五街 | 四三 |
| 一五四街 | 邢家宅路永興里 | 四九 |
| 一五四街 | 中正北二路南祥福里 | 六四 |
| 一五四街 | 江寧路北京西路北 | 六八 |
| 一五五街 | 黃河路平和里 | 二〇 |
| 一五五街 | 開封路熱河路東 | 二三 |
| 一五五街 | 塘沽路新康里 | 三三 |
| 一五五街 | 天同路積善里 | 四七 |
| 一五五街 | 成都北路寶裕坊 | 六一 |
| 一五五街 | 江寧路望德里 | 六八 |
| 一五五街 | 長寧路興聯坊 | 一〇五 |
| 一五六街 | 寧海西路四德里 | 一六 |
| 一五六街 | 山海關路長福里 | 二一 |
| 一五六街 | 浙江北路龍福里 | 二四 |
| 一五六街 | 天同路天同里 | 四七 |
| 一五六街 | 吳江路福德里 | 六三 |
| 一五六街 | 昌平路昌平里 | 八三 |
| 一五七街 | 天津路祥康里 | 七 |
| 一五七街 | 如皋路鴨綠江路北 | 三六 |
| 一五七街 | 舟山路昆明路南 | 四二 |
| 一五八街 | 中正東路長耕里 | 一一 |
| 一五八街 | 雲南中路德臨里 | 一一 |
| 一五八街 | 東寶興路四川北路東 | 五一 |
| 一五九街 | 九龍路平安里二街 | 三三 |
| 一六〇街 | 重慶北路馬安里 | 一八 |
| 一六〇街 | 江陰路成都北路東 | 一九 |
| 一六〇街 | 虬江支路崇業里 | 二八 |
| 一六〇街 | 山西北路河南里 | 二五 |
| 一六〇街 | 大通路同壽里 | 五九 |
| 一六〇街 | 延平路武定路北 | 七七 |
| 一六〇街 | 長壽路養和邨 | 八七 |
| 一六一街 | 廈門路榮壽里 | 一三 |
| 一六一街 | 北京西路溫州路對面 | 一四 |
| 一六一街 | 鳳陽路羣壽里 | 一四 |
| 一六一街 | 山西北路泰安里 | 二五 |
| 一六一街 | 商邱路元安里 | 三四 |
| 一六一街 | 光復路永盛里 | 五五 |
| 一六一街 | 吳江路中正北一路西 | 六三 |
| 一六二街 | 廣西北路福致里 | 一一 |
| 一六二街 | 長沙路鴻祥里 | 一四 |
| 一六二街 | 成都北路大德里桃林里 | 一八 |
| 一六二街 | 浙江北路龍福里 | 二四 |
| 一六二街 | 安國路逢源里 | 四三 |
| 一六二街 | 士慶路順盛里 | 五一 |
| 一六三街 | 多倫路永安里 | 五〇 |
| 一六四街 | 南京西路黃河路東 | 一四 |
| 一六四街 | 開封路熱河路東 | 二三 |
| 一六四街 | 浙江北路仁志里 | 二四 |
| 一六四街 | 新唐家街萬茂里 | 二四 |
| 一六四街 | 安國路富春坊 | 四三 |
| 一六四街 | 鉅鹿路中正南一路東 | 六一 |
| 一六四街 | 吳江路永吉里 | 六三 |
| 一六四街 | 開原路儉邨 | 一〇四 |
| 一六五街 | 寧海西路仁安里 | 一六 |
| 一六五街 | 庫倫路海拉爾路西 | 三六 |
| 一六五街 | 寶源路寶通路東 | 五二 |
| 一六五街 | 海昌路大統路北 | 五六 |
| 一六六街 | 河南中路青蓮坊 | 二 |
| 一六六街 | 大沽路錫安坊 | 一八 |
| 一六六街 | 龔家宅路羅浮路東 | 二八 |
| 一六六街 | 武定路駿蔚里 | 六七 |
| 一六六街 | 江寧路餘慶里 | 六八 |
| 一六六街 | 西康路恩慶里 | 七五 |
| 一六六街 | 開原路江蘇路東 | 一〇四 |
| 一六七街 | 浙江中路神州里 | 一一 |
| 一六七街 | 開封路熱河路東 | 二三 |
| 一六七街 | 丹徒路唐山路南 | 四四 |
| 一六七街 | 江寧路積善坊 | 六八 |
| 一六七街 | 西康路承裕邨 | 七五 |
| 一六八街 | 山海關路肇慶里 | 二一 |
| 一六八街 | 龔家宅路謙厚里 | 二八 |
| 一六八街 | 商邱路勤餘里 | 三四 |
| 一六九街 | 九龍路平安里一街 | 三三 |
| 一六九街 | 中正北二路嘉平里 | 六四 |
| 一七〇街 | 天津路福綏里 | 六 |
| 一七〇街 | 重慶北路馬安里 | 一八 |

| 街號 | 地址 | 圖號 |
| --- | --- | --- |
| 一七〇街 | 天同路天同里 | 四七 |
| 一七〇街 | 中正北二路致和里 | 六四 |
| 一七〇街 | 膠州路天豐一邨 | 七六 |
| 一七一街 | 開封路寶興里 | 二三 |
| 一七一街 | 商邱路懷安里 | 三四 |
| 一七一街 | 海門路昆明路南 | 四四 |
| 一七一街 | 岳州路兩宜街 | 四五 |
| 一七一街 | 天同路壽蔭坊 | 四七 |
| 一七一街 | 寶源路寶通路東 | 五二 |
| 一七一街 | 長壽路裕慶里 | 八七 |
| 一七一街 | 新會路西康路東 | 八七 |
| 一七二街 | 威海衞路錦樂里 | 一八 |
| 一七二街 | 曲阜路北長康里 | 二三 |
| 一七二街 | 崑山路共和里 | 三〇 |
| 一七二街 | 交通路沙涇港路西 | 四七 |
| 一七二街 | 寶源路寶通路東 | 五二 |
| 一七二街 | 鉅鹿路首主坊 | 六一 |
| 一七二街 | 諸安浜娥眉月路東 | 一〇八 |
| 一七三街 | 中州路中州里 | 二八 |
| 一七三街 | 奉天路瑞慶里 | 三六 |
| 一七三街 | 多倫路永安里 | 五〇 |
| 一七三街 | 東寶興路四川北路東 | 五一 |
| 一七三街 | 虬江路積善里 | 五一 |
| 一七三街 | 國慶路庫倫路北 | 五五 |
| 一七三街 | 新會路西康路東 | 八七 |
| 一七四街 | 寧海西路福海里 | 一六 |
| 一七四街 | 江西北路愛蓮坊 | 二六 |
| 一七四街 | 庫倫路海拉爾路西 | 四六 |
| 一七四街 | 江寧路同光邨 | 六八 |
| 一七四街 | 長寧路江蘇路北 | 一〇五 |
| 一七五街 | 長沙路鴻壽里 | 一四 |
| 一七五街 | 曲阜路永康里 | 二二 |
| 一七五街 | 東嘉興路瑞吉里 | 二九 |
| 一七五街 | 陝西北路南京西路南 | 七〇 |
| 一七五街 | 膠州路新閘路南 | 七六 |
| 一七六街 | 江陰路仁里 | 一九 |
| 一七六街 | 吳淞路恆豐里 | 三三 |
| 一七七街 | 重慶北路大沽路北 | 一八 |
| 一七七街 | 海寧路東興里 | 三〇 |
| 一七八街 | 龔家宅路羅浮路東 | 二八 |
| 一七八街 | 武昌路新康里 | 三三 |
| 一七八街 | 閔行路新康里 | 三三 |
| 一七八街 | 商邱路晉源里 | 三四 |
| 一七八街 | 東餘杭路寶隆里 | 三五 |
| 一七八街 | 多倫路寶興里 | 五〇 |
| 一七八街 | 寶通路寶興坊 | 五二 |
| 一七九街 | 天津路恆源里 | 七 |
| 一七九街 | 大名路三壽里 | 三三 |
| 一七九街 | 通州路均安里 | 四六 |
| 一七九街 | 長安路華盛路東 | 五六 |
| 一七九街 | 中正北二路北京西路北 | 六四 |
| 一七九街 | 康定路康樂里 | 六七 |
| 一八〇街 | 山東中路太和坊 | 八 |
| 一八〇街 | 慈溪路正名里 | 五八 |
| 一八〇街 | 鉅鹿路瀚村 | 六一 |
| 一八〇街 | 延平路武定路北 | 七七 |
| 一八一街 | 中州路中州里 | 二八 |
| 一八一街 | 蒙古路國慶路西 | 五五 |
| 一八一街 | 武定路武定邨 | 六七 |
| 一八一街 | 西康路承裕邨 | 七五 |
| 一八二街 | 寧海東路懿德里 | 一〇 |
| 一八二街 | 江西北路武昌路南 | 二六 |
| 一八二街 | 河南北路桃源坊 | 二六 |
| 一八二街 | 大名路百祿坊 | 三三 |
| 一八二街 | 天同路善德坊 | 四七 |
| 一八二街 | 邢家宅路浙興里 | 四八 |
| 一八二街 | 邢家橋路三安里 | 五一 |
| 一八二街 | 滿州路蒙古路南 | 五五 |
| 一八二街 | 江寧路同光邨 | 六八 |
| 一八二街 | 長壽路永安里 | 八七 |
| 一八三街 | 金陵東路吉如里 | 一 |
| 一八三街 | 大沽路重慶北路東 | 一七 |
| 一八三街 | 吳淞路崇壽里南街 | 三一 |
| 一八三街 | 多倫路永安里 | 五〇 |
| 一八三街 | 成都北路晉德坊 | 六一 |
| 一八三街 | 歸化路康定路南 | 六七 |
| 一八四街 | 寧海西路勤餘坊 | 一六 |
| 一八四街 | 鉅鹿路中正南一路東 | 六一 |
| 一八五街 | 河南北路景興里 | 四二 |
| 一八五街 | 唐山路新建路東 | 三八 |
| 一八五街 | 高陽路安多里 | 三九 |
| 一八六街 | 大沽路馬安里 | 一八 |
| 一八六街 | 虬江路餘里業 | 二九 |
| 一八六街 | 康樂路錢江新邨 | 五三 |
| 一八六街 | 中正北二路怡安里 | 六四 |
| 一八七街 | 邢家橋路廣福里 | 五一 |
| 一八七街 | 虬江路虬江里 | 五一 |
| 一八八街 | 寧海西路同登里 | 一六 |
| 一八八街 | 重慶北路馬安里 | 一八 |
| 一八八街 | 閔行路新康里 | 三三 |
| 一八八街 | 江寧路同光邨 | 六八 |
| 一八八街 | 安遠路金城里 | 八七 |
| 一八八街 | 開原路明月邨 | 一〇四 |
| 一八九街 | 開封路北長康里 | 二三 |
| 一八九街 | 九龍路德心里 | 三三 |
| 一八九街 | 通州路椿蔭里 | 四六 |
| 一八九街 | 大統路新民路南 | 五六 |
| 一八九街 | 開原路江蘇路東 | 一〇四 |
| 一九〇街 | 威海衞路太和邨 | 一八 |
| 一九〇街 | 霍山路臨潼路口 | 四一 |
| 一九〇街 | 大統路南星路北 | 五六 |
| 一九〇街 | 慈溪路祥元里 | 五八 |
| 一九〇街 | 武定路紫陽里 | 六七 |
| 一九〇街 | 膠州路新閘路南 | 七六 |
| 一九〇街 | 延平路武定路北 | 七七 |
| 一九〇街 | 餘姚路常德路西 | 八五 |
| 一九一街 | 牯嶺路黃河路東 | 一四 |
| 一九一街 | 重慶北路德順里 | 一八 |
| 一九一街 | 梧州路洪福里 | 三六 |
| 一九一街 | 寶山路虬江路北 | 五二 |
| 一九一街 | 天同路源茂里 | 四七 |
| 一九一街 | 常德路南京西路北 | 七三 |
| 一九一街 | 長壽路菜市街 | 八七 |
| 一九二街 | 寧海東路居安里 | 一〇 |
| 一九三街 | 天潼路鴻祥里 | 三二 |
| 一九三街 | 天目路聯和新邨 | 五三 |
| 一九四街 | 福建中路聚星里 | 八 |
| 一九四街 | 新昌路鳳陽路北 | 二〇 |
| 一九四街 | 江西北路泰華里東街 | 二六 |
| 一九四街 | 龔家宅路羅浮路東 | 二八 |

| 街號 | 地址 | 圖號 |
|---|---|---|
| 一九四街 | 丹徒路崇華坊 | 四四 |
| 一九四街 | 士慶路福興里 | 五一 |
| 一九四街 | 康樂路錢江新邨 | 五三 |
| 一九四街 | 烏鎮路新疆路北 | 五五 |
| 一九四街 | 烏鎮路新疆路北 | 五六 |
| 一九四街 | 江寧路北京西路北 | 六八 |
| 一九四街 | 新會路西康路東 | 八七 |
| 一九五街 | 天津路集益里 | 七 |
| 一九五街 | 福建中路福州路北 | 八 |
| 一九五街 | 成都北路普德坊 | 六一 |
| 一九五街 | 淮安路歸仁里 | 六五 |
| 一九六街 | 金陵東路惟祥里 | 九 |
| 一九六街 | 龔家宅路羅浮路東 | 二八 |
| 一九六街 | 西安路慶餘里 | 三五 |
| 一九六街 | 新會路北新安里 | 八七 |
| 一九七街 | 甘肅路厚德里 | 二三 |
| 一九七街 | 長治路德潤里 | 三三 |
| 一九七街 | 歸化路康定路南 | 六七 |
| 一九八街 | 貴州路益豐里 | 一三 |
| 一九九街 | 山西北路順慶里一街 | 二四 |
| 一九九街 | 武進路乍浦路東 | 三〇 |
| 一九九街 | 梧州路鴨綠江路北 | 三六 |
| 一九九街 | 中正北二路德興里 | 六四 |
| 一九九街 | 茂名北路豐盛里二街 | 六九 |
| 二〇〇街 | 北京東路四川中路西 | 五 |
| 二〇〇街 | 浙江中路緐樂里 | 一一 |
| 二〇〇街 | 鳳陽路懷德里 | 一四 |
| 二〇〇街 | 山海關路和慶里 | 二一 |
| 二〇〇街 | 長春路合意里 | 四九 |
| 二〇〇街 | 茂名北路震興里二街 | 六三 |
| 二〇〇街 | 延平路康定路南 | 七七 |
| 二〇一街 | 山海關路祥福里 | 二〇 |
| 二〇一街 | 龔家宅路聚星里 | 二八 |
| 二〇一街 | 中正北一路三瑞里 | 六三 |
| 二〇一街 | 昌平路廣業里 | 六六 |
| 二〇二街 | 雲南中路福祥里一街 | 一一 |
| 二〇二街 | 浙江北路均安里 | 二四 |
| 二〇二街 | 乍浦路元慶里 | 三一 |
| 二〇二街 | 梧州路德安坊 | 三六 |
| 二〇二街 | 臨潼路霍山路南 | 四一 |

| 街號 | 地址 | 圖號 |
|---|---|---|
| 二〇二街 | 多倫路志安坊 | 五〇 |
| 二〇二街 | 康樂路錢江新邨 | 五三 |
| 二〇三街 | 湖北路迎春坊 | 一一 |
| 二〇三街 | 吳淞路益壽里北街 | 三一 |
| 二〇四街 | 福建中路恆德里 | 八 |
| 二〇四街 | 安國路富春坊 | 四三 |
| 二〇六街 | 江西北路泰華里東街 | 二六 |
| 二〇六街 | 長治路德心里 | 三三 |
| 二〇六街 | 邢家橋路祥豐里 | 五一 |
| 二〇六街 | 餘姚路志勤坊 | 八五 |
| 二〇七街 | 寧波路阜安里 | 六 |
| 二〇七街 | 黃河路愛仁里 | 二〇 |
| 二〇七街 | 七浦路恆吉坊 | 二四 |
| 二〇七街 | 江西北路泰華里 | 二六 |
| 二〇七街 | 武夷路中正西路西 | 一〇九 |
| 二〇八街 | 南京東路慈樂里 | 三 |
| 二〇八街 | 甘肅路德安坊 | 二三 |
| 二〇八街 | 開封路餘安里 | 二三 |
| 二〇八街 | 虬江路松柏里 | 二九 |
| 二〇八街 | 膠州路新閘路南 | 七六 |
| 二〇九街 | 山西北路順慶里二街 | 二四 |
| 二〇九街 | 虬江路東新餘里 | 五一 |
| 二〇九街 | 淮安路泰來里 | 六五 |
| 二〇九街 | 茂名北路豐盛里三街 | 六九 |
| 二〇九街 | 延平路延平邨 | 九八 |
| 二一〇街 | 浙江中路緐樂里 | 一一 |
| 二一〇街 | 開封路正修里 | 二三 |
| 二一〇街 | 新建路新記里 | 三七 |
| 二一〇街 | 臨潼路霍山路南 | 四一 |
| 二一〇街 | 康樂路錢江新邨 | 五三 |
| 二一〇街 | 茂名北路震興里三街 | 六三 |
| 二一〇街 | 延平路康定路南 | 七七 |
| 二一一街 | 海甯路宜德里 | 三〇 |
| 二一一街 | 東餘杭路春陽里 | 三五 |
| 二一一街 | 江蘇路開原路南 | 一〇四 |
| 二一二街 | 天津路景行里 | 六 |
| 二一二街 | 重慶北路武勝路南 | 一八 |
| 二一二街 | 虬江支路吉祥里 | 二八 |
| 二一二街 | 諸安浜娥眉月路東 | 一〇八 |
| 二一三街 | 中正東路德和里 | 九 |

| 街號 | 地址 | 圖號 |
|---|---|---|
| 二一三街 | 邢家宅路士慶路北 | 四八 |
| 二一三街 | 烏鎮路新疆路北 | 五五 |
| 二一四街 | 雲南中路福祥里二街 | 一一 |
| 二一四街 | 重慶北路武勝路南 | 一八 |
| 二一四街 | 福建北路歸仁里 | 二四 |
| 二一四街 | 長治路德心里 | 三三 |
| 二一四街 | 舟山路昆明路北 | 四三 |
| 二一四街 | 通州路岳州路西 | 四六 |
| 二一四街 | 士慶路四川北路西 | 五〇 |
| 二一四街 | 寶通路樂善里一街 | 五二 |
| 二一四街 | 中正北一路大中里 | 六〇 |
| 二一四街 | 長壽路永安里 | 八七 |
| 二一五街 | 福建中路漢口路南 | 八 |
| 二一五街 | 新昌路新中邨 | 二〇 |
| 二一五街 | 黃河路太平街 | 二〇 |
| 二一五街 | 浙江北路海甯路南 | 二三 |
| 二一五街 | 泰興路南京西路北 | 六九 |
| 二一六街 | 虬江支路和平里 | 二八 |
| 二一六街 | 中正北一路永利坊 | 六〇 |
| 二一六街 | 昌平路全益里 | 八二 |
| 二一六街 | 普陀路滋豐坊 | 九一 |
| 二一七街 | 甘肅路厚德里 | 二三 |
| 二一七街 | 商邱路師善里一街 | 三五 |
| 二一七街 | 中正北一路威海衞路北 | 六三 |
| 二一八街 | 九江路慈裕里 | 三 |
| 二一八街 | 北京西路愛仁里 | 二〇 |
| 二一八街 | 唐家街七浦路南 | 二四 |
| 二一八街 | 臨潼路霍山路南 | 四一 |
| 二一八街 | 康樂路錢江新邨 | 五三 |
| 二一八街 | 海防路洪慶坊 | 八四 |
| 二一九街 | 浙江中路慈德里 | 一一 |
| 二一九街 | 山西北路順慶里三街 | 二四 |
| 二一九街 | 新會路合利坊 | 八六 |
| 二二〇街 | 浙江中路緐樂里 | 一一 |
| 二二〇街 | 哈爾濱路瑞慶里 | 三六 |
| 二二〇街 | 梧州路鴨綠江路北 | 三六 |
| 二二〇街 | 公平路公平坊 | 四〇 |
| 二二〇街 | 茂名北路震興里四街 | 六三 |
| 二二〇街 | 膠州路新閘路南 | 七六 |
| 二二〇街 | 延平路康定路南 | 七七 |

| 街號 | 地址 | 圖號 |
| --- | --- | --- |
| 二二一街 | 武進路乍浦路東 | 三〇 |
| 二二一街 | 新疆路永慶里 | 五四 |
| 二二一街 | 光復路永德里 | 五五 |
| 二二一街 | 昌平路成德坊 | 六六 |
| 二二一街 | 茂名北路豐盛里四街 | 六九 |
| 二二一街 | 延平路茂榮坊 | 九八 |
| 二二二街 | 西藏北路久和里 | 二三 |
| 二二三街 | 中正東路宏餘坊 | 九 |
| 二二三街 | 黃陂北路德福里 | 一八 |
| 二二三街 | 黃河路蘇州里 | 二〇 |
| 二二三街 | 海甯路餘慶坊 | 三〇 |
| 二二三街 | 東寶興路克明里 | 五一 |
| 二二三街 | 天目路永慶里 | 五三 |
| 二二四街 | 雲南中路福祥里三街 | 一一 |
| 二二四街 | 曲阜路洽興里 | 二三 |
| 二二四街 | 舟山路三益邨 | 四三 |
| 二二四街 | 寶通路樂善里二街 | 五二 |
| 二二五街 | 貴州路益豐里 | 一三 |
| 二二五街 | 武進路乍浦路東 | 三〇 |
| 二二五街 | 天潼路廣裕里 | 三二 |
| 二二五街 | 公平路熙華里 | 四〇 |
| 二二五街 | 大通路吳興里 | 五八 |
| 二二五街 | 長壽路永泉里 | 八六 |
| 二二六街 | 貴州路芝罘路北 | 一三 |
| 二二六街 | 唐家街恆餘里 | 二四 |
| 二二六街 | 福建北路恭慶里 | 二四 |
| 二二六街 | 長陽路保定路西 | 四二 |
| 二二六街 | 寶山路高福坊 | 五二 |
| 二二六街 | 康樂路錢江新邨 | 五三 |
| 二二七街 | 山東中路瑞康里 | 八 |
| 二二七街 | 七浦路謙慶里 | 二四 |
| 二二七街 | 唐山路集賢里 | 三八 |
| 二二七街 | 中正北一路同孚邨 | 六三 |
| 二二七街 | 泰興路南京西路北 | 六九 |
| 二二八街 | 鳳陽路同春坊 | 一四 |
| 二二八街 | 虬江路德康里 | 二九 |
| 二二八街 | 中正北一路錦興里 | 六〇 |
| 二二九街 | 浙江中路慈德里 | 一一 |
| 二二九街 | 廣西北路武陵坊 | 一一 |
| 二二九街 | 新閘路合興里 | 一四 |

| 街號 | 地址 | 圖號 |
| --- | --- | --- |
| 二二九街 | 山西北路順慶里四街 | 二四 |
| 二二九街 | 邢家橋路永豐坊 | 五一 |
| 二二九街 | 威海衛路福寶里 | 六一 |
| 二二九街 | 中正北二路善昌里 | 六四 |
| 二三〇街 | 中正東路瑞臨里 | 一 |
| 二三〇街 | 浙江中路漢口路南 | 一一 |
| 二三〇街 | 廈門路衍慶里 | 二二 |
| 二三〇街 | 開封路開封里 | 二三 |
| 二三〇街 | 武昌路恆豐里 | 三三 |
| 二三〇街 | 東寶興路安愼坊 | 五一 |
| 二三〇街 | 茂名北路榮康里 | 六三 |
| 二三一街 | 黃河路派克新邨 | 二〇 |
| 二三一街 | 東嘉興路瑞康里 | 四八 |
| 二三一街 | 邢家橋路德仁里 | 五一 |
| 二三二街 | 北蘇州路瑞泰里 | 二六 |
| 二三二街 | 閔行路新康里 | 三三 |
| 二三二街 | 昌平路永吉里 | 八二 |
| 二三三街 | 黃陂北路德福里 | 一八 |
| 二三三街 | 虬江路長春坊 | 五一 |
| 二三三街 | 淮安路世德里 | 六五 |
| 二三四街 | 寶通路樂善里三街 | 五二 |
| 二三四街 | 康樂路錢江新邨 | 五三 |
| 二三四街 | 烏鎮路新民路口 | 五六 |
| 二三四街 | 中正北一路華順里一街 | 六〇 |
| 二三五街 | 西安路新茂里 | 三五 |
| 二三五街 | 商邱路師善里 | 三五 |
| 二三五街 | 茂名北路豐盛里五街 | 六九 |
| 二三五街 | 愚園路新華園 | 七二 |
| 二三五街 | 江蘇路亘友別墅 | 一〇三 |
| 二三五街 | 長寧路江蘇路北 | 一〇五 |
| 二三六街 | 天津路山西南路西 | 六 |
| 二三六街 | 廣西北路慈德里 | 一一 |
| 二三六街 | 開封路永和里 | 二三 |
| 二三六街 | 唐家街雲昌里 | 二四 |
| 二三六街 | 威海衛路成都北路西 | 六〇 |
| 二三六街 | 長壽路西康路東 | 八七 |
| 二三七街 | 廣東路昌興里 | 一 |
| 二三七街 | 霍山路保定路西 | 四二 |
| 二三七街 | 大通路瑞德里 | 五八 |
| 二三七街 | 武定路鴻慶里總街 | 六七 |

| 街號 | 地址 | 圖號 |
| --- | --- | --- |
| 二三八街 | 黃河路北京西路北 | 一四 |
| 二三八街 | 西藏北路海寧路南 | 二三 |
| 二三八街 | 康樂路天樂坊 | 五三 |
| 二三九街 | 北京西路平和里 | 二〇 |
| 二三九街 | 山西北路順慶里五街 | 二四 |
| 二三九街 | 峨眉路愼安西里 | 三一 |
| 二三九街 | 武昌路金書里 | 三二 |
| 二四〇街 | 成都北路太和邨 | 一八 |
| 二四〇街 | 北京西路梅東新邨 | 二〇 |
| 二四〇街 | 茂名北路榮康里 | 六三 |
| 二四〇街 | 華山路中正西路北 | 七二 |
| 二四〇街 | 常德路春平坊 | 七三 |
| 二四〇街 | 銅仁路憶萩邨文德里 | 七四 |
| 二四一街 | 七浦路山西北路東 | 二四 |
| 二四一街 | 海寧路久遠里 | 三〇 |
| 二四一街 | 高陽路厚生里 | 三八 |
| 二四一街 | 威海衛路成德里 | 六一 |
| 二四二街 | 浙江中路鼎豐里 | 一一 |
| 二四二街 | 天潼路聯安里 | 三二 |
| 二四三街 | 雲南中路會樂里 | 一一 |
| 二四三街 | 廈門路鴻興里北街 | 一三 |
| 二四三街 | 黃陂北路德福里 | 一八 |
| 二四三街 | 開封路洽興里 | 二三 |
| 二四三街 | 海拉爾路通州路北 | 四六 |
| 二四三街 | 康樂路荼陽里 | 五三 |
| 二四三街 | 蒙古路餘慶坊 | 五五 |
| 二四三街 | 愚園路和平路街 | 七二 |
| 二四四街 | 雲南中路馥馨里 | 一一 |
| 二四四街 | 福建北路瑞源里 | 二四 |
| 二四四街 | 河南北路彭澤路口 | 二六 |
| 二四四街 | 梧州路海拉爾路南 | 三六 |
| 二四四街 | 寶通路樂善里四街 | 五二 |
| 二四五街 | 新昌路新中里 | 二〇 |
| 二四五街 | 梧州路蘭言里英明里 | 三六 |
| 二四五街 | 虬江路三安里 | 五一 |
| 二四五街 | 天目路北高壽里 | 五三 |
| 二四五街 | 大通路新鑫里 | 五八 |
| 二四五街 | 茂名北路豐盛里六街 | 六九 |
| 二四六街 | 福建中路景和里 | 七 |
| 二四六街 | 金陵東路中華里 | 九 |

| 街號 | 地址 | 圖號 |
| --- | --- | --- |
| 二四六街 | 西藏北路海寧路南 | 二三 |
| 二四六街 | 愚園路華山路西 | 七二 |
| 二四七街 | 天津路惟慶里 | 七 |
| 二四七街 | 西安路公益里 | 三五 |
| 二四七街 | 長春路啓秀坊 | 四九 |
| 二四七街 | 吟桂路四川北路西 | 五〇 |
| 二四七街 | 安遠路西康路東 | 八四 |
| 二四八街 | 常德路愚園路北 | 七三 |
| 二四九街 | 福建中路曲江里 | 一二 |
| 二四九街 | 黃陂北路盧花塘 | 一八 |
| 二四九街 | 山西北路順慶里六街 | 二四 |
| 二四九街 | 公平路熙華里 | 四〇 |
| 二四九街 | 昆明路安國路東 | 四三 |
| 二四九街 | 陝西北路西摩里 | 七四 |
| 二四九街 | 梵皇渡路樂安坊 | 九九 |
| 二五〇街 | 江蘇路四德邨 | 一〇三 |
| 二五〇街 | 寧海東路太源坊 | 一〇 |
| 二五〇街 | 武進路四川北路東 | 二九 |
| 二五〇街 | 士慶路四川北路西 | 五〇 |
| 二五〇街 | 大通路賽訓坊 | 五八 |
| 二五〇街 | 茂名北路榮康里 | 六三 |
| 二五〇街 | 銅仁路尚德坊 | 七四 |
| 二五〇街 | 昌平路新裕邨 | 八二 |
| 二五〇街 | 長壽路西康路東 | 八七 |
| 二五一街 | 西藏北路海寧路南 | 二三 |
| 二五一街 | 康樂路祥安里 | 五三 |
| 二五一街 | 威海衛路尚文里 | 六一 |
| 二五一街 | 中正北一路威海衛路北 | 六三 |
| 二五二街 | 福州路東中和里 | 八 |
| 二五二街 | 山海關路天寶里 | 五八 |
| 二五二街 | 中正北一路華順里二街 | 六〇 |
| 二五三街 | 雲南中路會樂里 | 一一 |
| 二五三街 | 黃河路承興里 | 二〇 |
| 二五三街 | 海寧路大慶坊 | 三〇 |
| 二五三街 | 國慶路新疆路南 | 五五 |
| 二五三街 | 常德路安慶坊 | 七三 |
| 二五三街 | 膠州路新閘路北 | 七七 |
| 二五四街 | 雲南中路慈和里 | 一一 |
| 二五四街 | 成都北路西鄰里 | 一八 |
| 二五四街 | 七浦路巽陽里 | 二四 |
| 二五四街 | 西安路師善里 | 三五 |
| 二五四街 | 舟山路三益邨 | 四三 |
| 二五四街 | 岳州路永興里 | 四五 |
| 二五四街 | 東寶興路和平坊 | 五一 |
| 二五四街 | 川公路賽通路東 | 五二 |
| 二五四街 | 常德路愚園路北 | 七三 |
| 二五五街 | 山西南路寧波路南 | 六 |
| 二五五街 | 吟桂路四川北路西 | 五〇 |
| 二五五街 | 成都北路輔安里 | 六〇 |
| 二五六街 | 北京西路光遠坊 | 二〇 |
| 二五六街 | 多倫路四川北路南 | 五〇 |
| 二五六街 | 大通路容邨 | 五八 |
| 二五六街 | 江蘇路愚園路北 | 一〇八 |
| 二五七街 | 七浦路謙福里 | 二四 |
| 二五七街 | 長春路啓秀坊 | 四九 |
| 二五七街 | 茂名北路蕃祉里一街 | 六九 |
| 二五七街 | 安遠路檳榔村 | 八四 |
| 二五八街 | 開封路同興里 | 二三 |
| 二五八街 | 唐山路東華里 | 三八 |
| 二五八街 | 武定路公安里和合里 | 六七 |
| 二五九街 | 河南中路中和里 | 八 |
| 二五九街 | 湖北路大新坊 | 一二 |
| 二五九街 | 山西北路順慶里七街 | 二四 |
| 二五九街 | 淮安路泰興路東 | 六五 |
| 二五九街 | 愚園路慶云里連生里 | 七二 |
| 二五九街 | 延平路康定路南 | 九八 |
| 二六〇街 | 福建北路毓秀坊 | 二四 |
| 二六〇街 | 武昌路益壽里 | 三一 |
| 二六〇街 | 吳淞路公安里二街 | 三一 |
| 二六〇街 | 如皋路鴨綠江路北 | 三六 |
| 二六〇街 | 新會路鴻壽坊 | 八六 |
| 二六一街 | 江西中路九江路北 | 三 |
| 二六一街 | 福建中路滙中里 | 一二 |
| 二六一街 | 武定路鴻慶里 | 六七 |
| 二六二街 | 浙江中路大甡坊 | 一二 |
| 二六二街 | 山西北路鑫益里 | 二四 |
| 二六二街 | 浙江北路和康里一街 | 五三 |
| 二六二街 | 大通路大興坊 | 五八 |
| 二六二街 | 中正北一路華順里三街 | 六〇 |
| 二六二街 | 江寧路新閘路南 | 六八 |
| 二六三街 | 武進路乍浦路西 | 二七 |
| 二六三街 | 峨眉路承業里 | 三一 |
| 二六三街 | 常德路安慶坊 | 七三 |
| 二六三街 | 膠州路新閘路北 | 七七 |
| 二六四街 | 黃河路北京西路北 | 一四 |
| 二六四街 | 成都北路順天邨 | 一八 |
| 二六四街 | 七浦路山西北路西 | 二四 |
| 二六四街 | 東漢陽路世昌里 | 三五 |
| 二六四街 | 蒙古路大統路東 | 五五 |
| 二六四街 | 山海關路寶興邨 | 五八 |
| 二六四街 | 茂名北路德慶里一街 | 六三 |
| 二六四街 | 常德路愚園路北 | 七三 |
| 二六四街 | 安遠路樂安坊 | 八七 |
| 二六四街 | 長壽路九如里 | 八七 |
| 二六五街 | 雲南中路會樂里 | 一一 |
| 二六五街 | 梧州路海拉爾路對面 | 三六 |
| 二六五街 | 天目路浙江北路東 | 五三 |
| 二六六街 | 福建中路陶朱里 | 七 |
| 二六六街 | 漢口路慶和里 | 七 |
| 二六六街 | 寧海東路合衆里 | 一〇 |
| 二六六街 | 西藏北路長智里 | 二三 |
| 二六六街 | 岳州路竟成坊 | 四五 |
| 二六七街 | 北海路越羣坊 | 一〇 |
| 二六七街 | 昆明路安國路東 | 四三 |
| 二六七街 | 長春路啓秀坊 | 四九 |
| 二六七街 | 茂名北路蕃祉里二街 | 六九 |
| 二六七街 | 安遠路德馨里 | 八四 |
| 二六八街 | 江西北路德興里西一街 | 二七 |
| 二六八街 | 安慶路河南北路西 | 五三 |
| 二六八街 | 泰興路北京西路南 | 六三 |
| 二六九街 | 直隸路順明里 | 六 |
| 二六九街 | 福州路東華里 | 八 |
| 二六九街 | 中正東路承業里 | 一七 |
| 二六九街 | 山西北路順慶里八街 | 二四 |
| 二六九街 | 哈爾濱路瑞康里 | 四八 |
| 二六九街 | 威海衛路威海里 | 六一 |
| 二六九街 | 淮安路三餘里 | 六五 |
| 二六九街 | 梵皇渡路山樂邨 | 九九 |
| 二七〇街 | 南京西路同福里 | 一九 |
| 二七一街 | 河南中路兆福里 | 八 |

| 街號 | 地址 | 圖號 |
| --- | --- | --- |
| 二七一街 | 漢口路兆福里 | 八 |
| 二七一街 | 江西北路德興里東二街 | 二七 |
| 二七一街 | 蒙古路大統路東 | 五五 |
| 二七一街 | 海防路海防里 | 八二 |
| 二七二街 | 福州路西中和里 | 八 |
| 二七二街 | 海寧路伍福里 | 三〇 |
| 二七二街 | 吳淞路公安里三街 | 三一 |
| 二七二街 | 武昌路吳淞路西 | 三一 |
| 二七二街 | 東寶興路和平坊總街 | 五一 |
| 二七二街 | 浙江北路和康里二街 | 五三 |
| 二七二街 | 中正北一路華順里四街 | 六〇 |
| 二七三街 | 虬江路祥豐里 | 五一 |
| 二七三街 | 天目路豐裕里 | 五三 |
| 二七三街 | 大通路大勝里 | 五八 |
| 二七三街 | 成都北路重慶里 | 六〇 |
| 二七三街 | 膠州路新閘路北 | 七七 |
| 二七四街 | 浙江中路福寧里 | 一二 |
| 二七四街 | 成都北路浦恆坊 | 一八 |
| 二七四街 | 通州路德慶里 | 四六 |
| 二七四街 | 大通路大勝里 | 五八 |
| 二七四街 | 山海關路安順里 | 五八 |
| 二七四街 | 茂名北路德慶里二街 | 六三 |
| 二七五街 | 浙江中路慈慶里 | 一二 |
| 二七五街 | 安慶路實業里 | 五三 |
| 二七五街 | 長壽路大旭里 | 八六 |
| 二七六街 | 海拉爾路高陽路南 | 四六 |
| 二七六街 | 江寧路新閘路南 | 六八 |
| 二七六街 | 西康路華山邨三街 | 七五 |
| 二七六街 | 江蘇路愚園路北 | 一〇八 |
| 二七七街 | 廣西北路慈和里 | 一二 |
| 二七七街 | 梧州路海拉爾路口 | 三六 |
| 二七七街 | 高陽路培德坊 | 三八 |
| 二七七街 | 新疆路滿州路西 | 五五 |
| 二七七街 | 茂名北路蕃祉里三街 | 六九 |
| 二七七街 | 陝西北路敦裕里二街 | 七四 |
| 二七八街 | 山東中路德興坊 | 七 |
| 二七八街 | 海防路怡如里 | 八四 |
| 二七九街 | 北海路越秀坊 | 一〇 |
| 二七九街 | 山西北路順慶里九街 | 二四 |
| 二七九街 | 公平路東長治路北 | 四四 |

| 街號 | 地址 | 圖號 |
| --- | --- | --- |
| 二七九街 | 哈爾濱路瑞康里 | 四八 |
| 二八〇街 | 新昌路道達里 | 二〇 |
| 二八〇街 | 陝西北路南京西路北 | 七四 |
| 二八一街 | 黃河路承興里 | 二〇 |
| 二八一街 | 滿州路新疆路南 | 二三 |
| 二八一街 | 海寧路餘慶坊 | 三〇 |
| 二八一街 | 峨眉路逢吉里 | 三一 |
| 二八一街 | 商邱路永祥里 | 三五 |
| 二八一街 | 昆明路源福里 | 四三 |
| 二八一街 | 滿州路新疆路南 | 五四 |
| 二八一街 | 常德路承蔭里 | 七三 |
| 二八二街 | 南京西路梅南坊 | 一九 |
| 二八二街 | 浙江北路和康里三街 | 五三 |
| 二八二街 | 茂名北路德慶里三街 | 六三 |
| 二八三街 | 東嘉興路瑞源里 | 三六 |
| 二八三街 | 銅仁路北京西路南 | 七三 |
| 二八三街 | 膠州路新閘路北 | 七七 |
| 二八四街 | 寧波路隆慶里 | 六 |
| 二八四街 | 南潯路漢陽路南 | 三三 |
| 二八四街 | 通州路海拉爾路東 | 四六 |
| 二八四街 | 海防路永業坊 | 八四 |
| 二八五街 | 中正東路寶裕里 | 九 |
| 二八五街 | 山海關路聚興里 | 五八 |
| 二八五街 | 茂名北路蕃祉里四街 | 六九 |
| 二八五街 | 長壽路永昌里 | 八六 |
| 二八六街 | 山東中路懷遠中里 | 七 |
| 二八六街 | 廣東路公順里 | 八 |
| 二八六街 | 福建北路太源里 | 二四 |
| 二八六街 | 武昌路吳淞路西 | 三一 |
| 二八六街 | 西康路華山邨二街 | 七五 |
| 二八六街 | 武夷路中正西路西 | 一〇九 |
| 二八七街 | 廣西北路慈和里 | 一二 |
| 二八七街 | 七浦路興昌里 | 二四 |
| 二八七街 | 安慶路致慶里 | 五三 |
| 二八七街 | 商邱路永祥里 | 三五 |
| 二八七街 | 陝西北路敦裕里一街 | 七四 |
| 二八八街 | 北京東路清遠里 | 五 |
| 二八八街 | 雲南中路慈和里 | 一二 |
| 二八八街 | 鳳陽路黃河路西 | 二〇 |
| 二八八街 | 周家嘴路鴨綠江路對面 | 三七 |

| 街號 | 地址 | 圖號 |
| --- | --- | --- |
| 二八八街 | 岳州路天厚里 | 四五 |
| 二八八街 | 通州路積餘里 | 四六 |
| 二八八街 | 安慶路永安里 | 五三 |
| 二八八街 | 長壽路西康路東 | 八七 |
| 二八九街 | 霍山路明華里 | 四二 |
| 二八九街 | 大通路西長鑫里 | 五八 |
| 二八九街 | 山海關路山海新邨 | 五八 |
| 二八九街 | 威海衛路倚雲里 | 六一 |
| 二九〇街 | 貴州路富潤里 | 一三 |
| 二九〇街 | 江西北路德興里西二街 | 二七 |
| 二九〇街 | 大通路東祥鑫里 | 五八 |
| 二九〇街 | 茂名北路德慶里四街 | 六三 |
| 二九一街 | 漢口路山東中路東 | 八 |
| 二九一街 | 武昌路同仁里 | 三二 |
| 二九一街 | 臨潼路泰福里 | 四二 |
| 二九二街 | 黃河路東福海里總街 | 一四 |
| 二九二街 | 浙江北路和康里四街 | 五三 |
| 二九二街 | 中正北一路華順里六街 | 六〇 |
| 二九二街 | 安遠路西康路西 | 八六 |
| 二九三街 | 福州路太和坊 | 八 |
| 二九三街 | 重慶北路三祝里 | 一八 |
| 二九三街 | 中正北一路人瑞里 | 六三 |
| 二九三街 | 茂名北路蕃祉里五街 | 六九 |
| 二九三街 | 膠州路新閘路北 | 七七 |
| 二九三街 | 海防路振華里 | 八二 |
| 二九五街 | 天津路富康里 | 七 |
| 二九五街 | 武勝路新馬德里 | 一六 |
| 二九五街 | 新昌路新餘里 | 二〇 |
| 二九五街 | 梧州路慶雲里 | 三六 |
| 二九五街 | 安慶路敬盛里 | 五三 |
| 二九五街 | 浙江北路福康里 | 五四 |
| 二九六街 | 峨眉路餘杭路南 | 三一 |
| 二九六街 | 南潯路漢陽路南 | 三三 |
| 二九六街 | 長甯路江蘇路北 | 一〇五 |
| 二九七街 | 廣西北路九江里 | 一二 |
| 二九七街 | 貴州路永平里 | 一三 |
| 二九七街 | 峨眉路壽甯里 | 三一 |
| 二九七街 | 安國路愛而坊 | 四五 |

| 街號 | 地址 | 圖號 |
|---|---|---|
| 二九七街 | 哈爾濱路瑞康里 | 四八 |
| 二九七街 | 康定路明耀邨 | 八一 |
| 二九八街 | 雲南中路慈和里 | 一二 |
| 二九八街 | 貴州路榮壽里 | 一三 |
| 二九八街 | 東寶興路勝利坊 | 五一 |
| 二九九街 | 廣東路寶善里 | 九 |
| 二九九街 | 重慶北路威海衛路南 | 一八 |
| 二九九街 | 岳州路華興里 | 四五 |
| 二九九街 | 新疆路滿州路西 | 五五 |
| 二九九街 | 大通路長慶里 | 五八 |
| 二九九街 | 陝西北路時應里 | 七四 |
| 三〇〇街 | 廣東路公順里 | 八 |
| 三〇〇街 | 重慶北路威海衛路北 | 一八 |
| 三〇〇街 | 新昌路三成坊 | 二〇 |
| 三〇〇街 | 臨潼路仁源里 | 四二 |
| 三〇〇街 | 新疆路滿州路西 | 五五 |
| 三〇〇街 | 大通路青雲里 | 五八 |
| 三〇〇街 | 茂名北路德慶里五街 | 六三 |
| 三〇〇街 | 膠州路武定路南 | 七七 |
| 三〇一街 | 南京東路冠羣坊 | 七 |
| 三〇一街 | 士慶路天德里 | 五〇 |
| 三〇一街 | 成都北路全福里 | 六〇 |
| 三〇一街 | 威海衛路耕莘里 | 六一 |
| 三〇二街 | 福建中路南京東路南 | 七 |
| 三〇二街 | 湖北路餘興里 | 一二 |
| 三〇二街 | 武昌路吳淞路西 | 三一 |
| 三〇二街 | 長陽路保定路東 | 四二 |
| 三〇二街 | 浙江北路和康里五街 | 五三 |
| 三〇二街 | 中正北一路華順里七街 | 六〇 |
| 三〇二街 | 陝西北路南陽路南 | 七四 |
| 三〇二街 | 海防路崇安里 | 八四 |
| 三〇三街 | 鳳陽路同福里 | 一九 |
| 三〇三街 | 七浦路順慶里北街 | 二四 |
| 三〇三街 | 臨潼路成志里 | 四二 |
| 三〇三街 | 茂名北路蕃祉里六街 | 六九 |
| 三〇四街 | 鳳陽路黃河路西 | 二〇 |
| 三〇四街 | 塘沽路吳淞路西 | 三一 |
| 三〇四街 | 南潯路漢陽路南 | 三三 |
| 三〇四街 | 東嘉興路瑞慶里 | 三六 |
| 三〇五街 | 天津路富康里 | 七 |

| 街號 | 地址 | 圖號 |
|---|---|---|
| 三〇五街 | 福建中路餘興里 | 一二 |
| 三〇五街 | 公平路東長治路北 | 四四 |
| 三〇五街 | 長安路梅園路東 | 五六 |
| 三〇六街 | 南京東路青陽里 | 七 |
| 三〇六街 | 貴州路榮壽里 | 一三 |
| 三〇六街 | 河南北路鴻興里 | 二七 |
| 三〇六街 | 吳淞路公安里四街 | 三一 |
| 三〇六街 | 餘姚路恒安坊 | 九四 |
| 三〇七街 | 雲南中路安康里 | 一二 |
| 三〇七街 | 中正東路承業里 | 一七 |
| 三〇七街 | 浙江北路六桂坊 | 五四 |
| 三〇八街 | 雲南中路九江里 | 一二 |
| 三〇九街 | 黃河路清華里 | 二一 |
| 三〇九街 | 武進路四川北路東 | 二七 |
| 三〇九街 | 梧州路一新坊 | 三六 |
| 三〇九街 | 岳州路義生里 | 四五 |
| 三一〇街 | 重慶北路威海衛路北 | 一八 |
| 三一〇街 | 新昌路三成坊 | 二〇 |
| 三一〇街 | 臨潼路長陽路南 | 四二 |
| 三一〇街 | 唐山路順樂里 | 四四 |
| 三一〇街 | 庫倫路和康里 | 四七 |
| 三一〇街 | 浙江北路和康里六街 | 五三 |
| 三一〇街 | 茂名北路德慶里六街 | 六三 |
| 三一〇街 | 愚園路靜安商場 | 七二 |
| 三一〇街 | 安遠路鼎吉里 | 八六 |
| 三一二街 | 七浦路松桐里 | 二四 |
| 三一二街 | 武進路承慶坊 | 二九 |
| 三一二街 | 南潯路漢陽路南 | 三三 |
| 三一二街 | 岳州路同慶里 | 四五 |
| 三一二街 | 威海衛路成都北路西 | 六〇 |
| 三一二街 | 新會路白玉坊 | 八六 |
| 三一三街 | 廣東路沙遜里 | 九 |
| 三一三街 | 七浦路順裕里 | 二四 |
| 三一三街 | 乍浦路會元里 | 二七 |
| 三一三街 | 新會路白玉坊南里 | 八六 |
| 三一四街 | 貴州路榮壽里 | 一三 |
| 三一四街 | 鳳陽路元興里 | 二〇 |
| 三一四街 | 愚園路靜安商場 | 七二 |
| 三一五街 | 新昌路和平邨 | 二〇 |
| 三一五街 | 霍山路金思里 | 四二 |

| 街號 | 地址 | 圖號 |
|---|---|---|
| 三一五街 | 大通路祥鑫里 | 五八 |
| 三一五街 | 中正北一路吳江路南 | 六三 |
| 三一五街 | 武定路大福里 | 六七 |
| 三一六街 | 江西中路南京東路北 | 三 |
| 三一六街 | 北京東路慶順里 | 五 |
| 三一六街 | 海甯路順天坊 | 二七 |
| 三一六街 | 梧州路江夏里 | 三六 |
| 三一六街 | 大通路祥鑫里 | 五八 |
| 三一六街 | 中正北一路柏德里 | 六〇 |
| 三一六街 | 陝西北路南陽路南 | 七四 |
| 三一七街 | 岳州路吉慶里 | 四五 |
| 三一八街 | 北京西路道達里 | 二〇 |
| 三一八街 | 天潼路新昌里 | 二六 |
| 三一八街 | 武定路歸化路西 | 六七 |
| 三一九街 | 重慶北路順天邨 | 一八 |
| 三一九街 | 膠州路通業里聚賢里 | 七七 |
| 三二〇街 | 臨潼路長陽路南 | 四二 |
| 三二〇街 | 茂名北路德慶里七街 | 六三 |
| 三二〇街 | 長壽路裕通里 | 九三 |
| 三二〇街 | 江蘇路忠和坊 | 一〇八 |
| 三二一街 | 廣西北路明智里 | 一二 |
| 三二一街 | 七浦路葆青坊 | 二四 |
| 三二一街 | 武昌路乍浦路東 | 三二 |
| 三二一街 | 長甯路富園邨 | 一〇五 |
| 三二一街 | 武夷路凱旋路東 | 一一〇 |
| 三二二街 | 廣東路榮吉里 | 八 |
| 三二二街 | 貴州路榮壽里 | 一三 |
| 三二三街 | 東寶興路順大里 | 五一 |
| 三二三街 | 常德路三德里 | 七三 |
| 三二四街 | 南京東路德馨里 | 七 |
| 三二四街 | 重慶北路威海衛路北 | 一八 |
| 三二四街 | 安遠路西康路西 | 八六 |
| 三二五街 | 武定路歸化路西 | 六七 |
| 三二六街 | 鳳陽路順德里 | 二〇 |
| 三二六街 | 武昌路順安里 | 三一 |
| 三二六街 | 梧州路永樂邨 | 三六 |
| 三二六街 | 周家嘴路瑞金路對面 | 三七 |
| 三二六街 | 保定路華興坊一街 | 四三 |
| 三二六街 | 武定路歸化路西 | 六七 |
| 三二六街 | 陝西北路文德里 | 七四 |

| 街號 | 地址 | 圖號 |
|---|---|---|
| 三二七街 | 甯波路保記里 | 六 |
| 三二七街 | 黃河路青蓮里椿桂里 | 二一 |
| 三二八街 | 福州路世界里 | 八 |
| 三二八街 | 重慶北路江陰路南 | 一八 |
| 三二八街 | 新昌路松柏里 | 二〇 |
| 三二八街 | 長陽路意大里 | 四二 |
| 三二九街 | 中正西路兩宜里 | 一〇一 |
| 三三〇街 | 西藏中路平樂里 | 一二 |
| 三三〇街 | 威海衛路成都北路西 | 六〇 |
| 三三〇街 | 銅仁路聯華公寓 | 七四 |
| 三三一街 | 山西南路福星坊 | 六 |
| 三三一街 | 新昌路京兆里 | 二〇 |
| 三三一街 | 丹徒路東安里一街 | 四五 |
| 三三一街 | 大通路大通里 | 五八 |
| 三三二街 | 山西南路種德里 | 六 |
| 三三二街 | 湖北路餘興里 | 一二 |
| 三三二街 | 吳淞路義豐里 | 三一 |
| 三三二街 | 武定路前江北里 | 六七 |
| 三三二街 | 常德路中興里 | 七三 |
| 三三二街 | 陝西北路南陽路對面 | 七四 |
| 三三二街 | 安遠路恆安里 | 八六 |
| 三三三街 | 河南中路慶和里 | 七 |
| 三三三街 | 昆明路贛華里 | 四三 |
| 三三四街 | 大通路信業里 | 五八 |
| 三三五街 | 北京西路景興里 | 二〇 |
| 三三五街 | 岳州路崇業里 | 四五 |
| 三三五街 | 威海衛路永業里 | 六一 |
| 三三五街 | 延平路康定路北 | 九八 |
| 三三六街 | 天津路福建中路東 | 六 |
| 三三六街 | 梧州路永亨坊 | 三六 |
| 三三六街 | 中正北一路柏德里 | 六〇 |
| 三三七街 | 福州路山東中路西 | 八 |
| 三三七街 | 成都北路江陰路北 | 六〇 |
| 三三七街 | 西康路新閘路北 | 八〇 |
| 三三八街 | 山東中路又新里 | 七 |
| 三三八街 | 南京東路親仁里 | 七 |
| 三三八街 | 七浦路福建北路東 | 二四 |
| 三三八街 | 峨眉路恆祥里西街 | 三〇 |
| 三三九街 | 武昌路共和坊 | 三二 |
| 三四〇街 | 四川中路南京東路南 | 三 |

| 街號 | 地址 | 圖號 |
|---|---|---|
| 三四〇街 | 中正東路春耕里 | 九 |
| 三四〇街 | 西藏中路平樂里 | 一二 |
| 三四〇街 | 廣西北路慈興里 | 一二 |
| 三四〇街 | 北京西路承德里 | 二〇 |
| 三四〇街 | 新昌路承興里 | 二〇 |
| 三四〇街 | 長陽路乾信坊 | 四二 |
| 三四〇街 | 通州路海拉爾路西 | 四六 |
| 三四一街 | 漢口路太平坊 | 八 |
| 三四一街 | 雲南中路大慶里 | 一二 |
| 三四一街 | 丹徒路東安里二街 | 四五 |
| 三四一街 | 泰興里北京西路北 | 六八 |
| 三四二街 | 河南北路永安里一街 | 二七 |
| 三四二街 | 武昌路乍浦路東 | 三一 |
| 三四二街 | 庫倫路瑞餘里 | 四七 |
| 三四二街 | 武定路江甯路東 | 六七 |
| 三四二街 | 陝西北路西摩別墅 | 七四 |
| 三四二街 | 長壽路集益里 | 九三 |
| 三四三街 | 長陽路誠信坊 | 四二 |
| 三四三街 | 餘姚路積善里 | 七七 |
| 三四四街 | 鳳陽路登賢里傳壽里 | 二〇 |
| 三四四街 | 乍浦路同慶里 | 三〇 |
| 三四四街 | 江甯路秀蘭邨 | 六七 |
| 三四四街 | 長壽路泰興邨 | 九三 |
| 三四五街 | 中正西路南京西路西 | 一〇一 |
| 三四六街 | 甯波路山西南路西 | 六 |
| 三四六街 | 保定路華興坊二街 | 四三 |
| 三四七街 | 乍浦路福蘭里 | 二七 |
| 三四七街 | 威海衛路萱春里 | 六一 |
| 三四七街 | 梵皇渡路富林邨 | 九九 |
| 三四七街 | 長寧路恆德里 | 一〇五 |
| 三四八街 | 威海衛路勤邨 | 六〇 |
| 三四九街 | 山西南路德和里 | 六 |
| 三四九街 | 塘沽路乍浦路東 | 三一 |
| 三四九街 | 舟山路東餘杭路南 | 四三 |
| 三四九街 | 河南北路海寧路北 | 五三 |
| 三五〇街 | 吳淞路餘杭路南 | 三一 |
| 三五〇街 | 舟山路東餘杭路南 | 四三 |
| 三五〇街 | 通州路通海里 | 四六 |
| 三五〇街 | 安慶路同發里 | 五三 |
| 三五一街 | 福建中路致富里 | 一二 |

| 街號 | 地址 | 圖號 |
|---|---|---|
| 三五一街 | 安慶路萬祥里 | 五三 |
| 三五一街 | 武夷路凱旋路東 | 一一〇 |
| 三五二街 | 福建中路永餘坊 | 七 |
| 三五二街 | 廣東路普慶坊 | 八 |
| 三五二街 | 峨眉路興業里 | 三〇 |
| 三五二街 | 武定路江寧路東 | 六七 |
| 三五三街 | 中正東路增和里 | 一〇 |
| 三五三街 | 廣西北路明智里 | 一二 |
| 三五三街 | 新昌路三德里 | 二〇 |
| 三五三街 | 新閘路和樂里 | 二一 |
| 三五四街 | 新閘路永壽里 | 二一 |
| 三五四街 | 江寧路秀蘭邨 | 六七 |
| 三五五街 | 吳淞路東長安里 | 三〇 |
| 三五五街 | 梧州路月安里 | 三六 |
| 三五五街 | 泰興路四維邨 | 六八 |
| 三五六街 | 通州路元成里 | 四六 |
| 三五六街 | 長壽路恆業里 | 九三 |
| 三五七街 | 天津路天福里 | 一二 |
| 三五七街 | 東大名路百福里 | 三四 |
| 三五七街 | 保定路合大里二街 | 四三 |
| 三五七街 | 威海衛路永寧里 | 六一 |
| 三五七街 | 餘姚路延平路東 | 七八 |
| 三五八街 | 七浦路同安里 | 二四 |
| 三五九街 | 中正中路煦成邨 | 六一 |
| 三六〇街 | 北京東路福星里 | 六 |
| 三六〇街 | 漢口路晝錦里 | 七 |
| 三六〇街 | 新昌路承興里 | 二〇 |
| 三六〇街 | 武昌路靜宜里 | 三一 |
| 三六〇街 | 通州路義興里 | 四六 |
| 三六〇街 | 江寧路大德坊 | 六七 |
| 三六一街 | 新昌路平泉別墅 | 二〇 |
| 三六一街 | 東長治路壽華里 | 三五 |
| 三六一街 | 大沽路合安坊 | 六一 |
| 三六一街 | 愚園路愚谷邨 | 一〇一 |
| 三六二街 | 梧州路經緯里 | 三六 |
| 三六二街 | 泰興路福田邨 | 六四 |
| 三六三街 | 寧波路耕興里 | 六 |
| 三六三街 | 塘沽路元慶里 | 三一 |
| 三六三街 | 江寧路德慶坊 | 六七 |
| 三六四街 | 北京西路裕洪里 | 二〇 |

| 街號 | 地址 | 圖號 |
| --- | --- | --- |
| 三六四街 | 江西北路審社里 | 二七 |
| 三六四街 | 保定路華興坊三街 | 四三 |
| 三六四街 | 岳州路大性里 | 四五 |
| 三六四街 | 新化路復興里 | 八四 |
| 三六五街 | 昆明路仁慶里 | 四二 |
| 三六五街 | 河南北路圖南里 | 五三 |
| 三六五街 | 大通路培德里 | 五八 |
| 三六六街 | 天潼路四川北路東 | 二六 |
| 三六六街 | 峨眉路壽椿南里 | 三〇 |
| 三六六街 | 安慶路均益里 | 五三 |
| 三六七街 | 中正中路崇福里 | 六一 |
| 三六七街 | 康定路長康里總街 | 八一 |
| 三六八街 | 九江路慈豐里 | 七 |
| 三六八街 | 西藏中路大慶里 | 一二 |
| 三六八街 | 河南北路和樂里 | 二七 |
| 三六九街 | 廣東路金壽里 | 九 |
| 三六九街 | 天津路福建中路西 | 一二 |
| 三六九街 | 泰興路新閘路南 | 六八 |
| 三七〇街 | 浙江中路寶德里 | 一二 |
| 三七〇街 | 雲南中路慈淑里 | 一二 |
| 三七〇街 | 武定路愼行邨 | 六七 |
| 三七〇街 | 西康路武定路南 | 八一 |
| 三七一街 | 岳州路寶元坊 | 四五 |
| 三七二街 | 天津路福建中路西 | 一二 |
| 三七二街 | 浙江北路寧康里 | 五三 |
| 三七三街 | 泰興路昌厚里 | 六八 |
| 三七三街 | 長壽路常德路西 | 八六 |
| 三七四街 | 南京東路集益里 | 七 |
| 三七四街 | 峨眉路壽椿北里 | 三〇 |
| 三七四街 | 江寧路武定路南 | 六七 |
| 三七五街 | 新昌路厚德里 | 二〇 |
| 三七五街 | 保定路合大里一街 | 四三 |
| 三七五街 | 安遠路西康路西 | 八五 |
| 三七六街 | 鳳陽路永年里 | 二〇 |
| 三七七街 | 歸化路昌平路口 | 八三 |
| 三七八街 | 成都北路同益邨 | 一九 |
| 三七九街 | 福州路東公和里 | 八 |
| 三八〇街 | 廣東路東貴興里 | 八 |
| 三八〇街 | 東長治路永康里二街 | 三四 |
| 三八〇街 | 大連路斯文里 | 四二 |
| 三八〇街 | 安慶路明德里 | 五三 |
| 三八〇街 | 威海衛路福安里 | 六〇 |
| 三八〇街 | 新化路三和里 | 八四 |
| 三八〇街 | 長壽路常德路東 | 九三 |
| 三八一街 | 昆明路華東里 | 四二 |
| 三八一街 | 寶山路積善里 | 五二 |
| 三八一街 | 安慶路耕山里 | 五三 |
| 三八一街 | 河南北路鵬程里 | 五三 |
| 三八一街 | 威海衛路振隆坊 | 六一 |
| 三八一街 | 常德路大鵬坊 | 七六 |
| 三八一街 | 長寧路恆德里 | 一〇五 |
| 三八二街 | 吳淞路德安里 | 三〇 |
| 三八二街 | 丹徒路海門路南 | 四五 |
| 三八二街 | 浙江北路寧康里 | 五三 |
| 三八二街 | 威海衛路儒林里 | 六〇 |
| 三八二街 | 普陀路西康路東 | 八七 |
| 三八三街 | 大沽路一品里 | 六一 |
| 三八三街 | 泰興路新閘路南 | 六八 |
| 三八四街 | 福州路復興里 | 八 |
| 三八四街 | 七浦路懷德里 | 二四 |
| 三八四街 | 江寧路武定路南 | 六七 |
| 三八五街 | 東長治路永昌里 | 三五 |
| 三八五街 | 中正中路安樂村 | 六一 |
| 三八五街 | 江寧路武定路南 | 六七 |
| 三八六街 | 漢口路東晝錦里 | 七 |
| 三八六街 | 保定路華興坊四街 | 四三 |
| 三八七街 | 南京東路慈豐里 | 七 |
| 三八八街 | 成都北路同益邨 | 一九 |
| 三八八街 | 安慶路上海里 | 五三 |
| 三八九街 | 漢口路延康里 | 八 |
| 三八九街 | 新昌路懋益里 | 二〇 |
| 三九〇街 | 浙江北路華興坊 | 五四 |
| 三九〇街 | 威海衛路安寧坊 | 六〇 |
| 三九〇街 | 長壽路富興里 | 九三 |
| 三九一街 | 公平路孝本里二街 | 四四 |
| 三九一街 | 舟山路通德里一街 | 四五 |
| 三九一街 | 海防路西康路東 | 八二 |
| 三九二街 | 天津路積福里 | 一二 |
| 三九二街 | 丹徒路海門路南 | 四五 |
| 三九二街 | 浙江北路寧康里 | 五三 |
| 三九二街 | 中正中路民安坊 | 六一 |
| 三九二街 | 安遠路柏蘭里 | 八六 |
| 三九三街 | 武進路四川北路西 | 二七 |
| 三九四街 | 東長治路永康里一街 | 三四 |
| 三九五街 | 七浦路唐家街 | 二四 |
| 三九五街 | 峨眉路祥和里 | 三〇 |
| 三九五街 | 岳州路永元坊 | 四五 |
| 三九五街 | 安慶路成德里 | 五三 |
| 三九五街 | 山海關路玉林里 | 五八 |
| 三九五街 | 中正中路鄰聖坊 | 六一 |
| 三九五街 | 愚園路湧泉坊 | 一〇一 |
| 三九六街 | 安慶路慶長里 | 五三 |
| 三九六街 | 泰興路維新里 | 六四 |
| 三九七街 | 九江路山西南路西 | 七 |
| 三九八街 | 西藏中路大慶里 | 一二 |
| 三九八街 | 成都北路同益邨 | 一九 |
| 三九八街 | 膠州路武定路北 | 七七 |
| 三九九街 | 鳳陽路鵬飛坊 | 一九 |
| 三九九街 | 新昌街懋益里 | 二〇 |
| 四〇〇街 | 北京東路萬安里 | 六 |
| 四〇〇街 | 新昌路春華里 | 二一 |
| 四〇〇街 | 江寧路武定路南 | 六七 |
| 四〇一街 | 中正東路太源坊 | 一〇 |
| 四〇一街 | 武勝路紹耕里 | 一八 |
| 四〇一街 | 公平路孝本里三街 | 四四 |
| 四〇一街 | 舟山路通德里二街 | 四五 |
| 四〇一街 | 丹徒路海門路南 | 四五 |
| 四〇一街 | 江寧路武定路南 | 六七 |
| 四〇二街 | 吳淞路泰威邨 | 三〇 |
| 四〇二街 | 浙江北路寧康里 | 五三 |
| 四〇三街 | 庫倫路瑞康里 | 四八 |
| 四〇三街 | 寶山路寶山里 | 五二 |
| 四〇三街 | 海防路德安坊 | 八二 |
| 四〇三街 | 安遠路東廠里 | 八五 |
| 四〇四街 | 七浦路餘森里 | 二四 |
| 四〇四街 | 海寧路長源里 | 二七 |
| 四〇四街 | 安慶路久安里 | 五三 |
| 四〇五街 | 峨眉路祥和里 | 三〇 |
| 四〇五街 | 東長治路慶餘里 | 三五 |
| 四〇五街 | 威海衛路榮樂里 | 六一 |

| 街號 | 地址 | 圖號 |
|---|---|---|
| 四〇六街 | 鳳陽路永年里 | 二〇 |
| 四〇六街 | 武昌路乍浦路西 | 二六 |
| 四〇六街 | 山海關路瑞靄里 | 五八 |
| 四〇六街 | 大沽路成都北路西 | 六一 |
| 四〇七街 | 吳淞路猛將街 | 三〇 |
| 四〇七街 | 岳州路同德坊 | 四五 |
| 四〇八街 | 成都北路同益邨 | 一九 |
| 四〇八街 | 周家嘴路敦本里 | 三七 |
| 四〇九街 | 四川中路慈昌里 | 三 |
| 四〇九街 | 安慶路春暉里 | 五三 |
| 四〇九街 | 河南北路榮慶里 | 五三 |
| 四一〇街 | 周家嘴路仁初里 | 三七 |
| 四一〇街 | 高陽路東餘杭路南 | 四四 |
| 四一〇街 | 膠州路膠州坊二街 | 七七 |
| 四一〇街 | 海防路海防邨 | 八四 |
| 四一一街 | 南京西路興和里 | 一九 |
| 四一一街 | 新閘路新橋路對面 | 二一 |
| 四一一街 | 公平路孝本里四街 | 四四 |
| 四一一街 | 舟山路通德里三街 | 四五 |
| 四一一街 | 大沽路成都北路西 | 六一 |
| 四一一街 | 江蘇路永樂邨 | 一〇三 |
| 四一二街 | 浙江北路甯康里 | 五三 |
| 四一三街 | 七浦路唐家街 | 二四 |
| 四一三街 | 吳淞路北長安里 | 三〇 |
| 四一三街 | 康定路增祥里 | 八一 |
| 四一三街 | 歸化路昌平路北 | 八二 |
| 四一四街 | 九江路慈豐里 | 七 |
| 四一四街 | 廣東路自由坊 | 八 |
| 四一四街 | 岳州路永業坊 | 四五 |
| 四一五街 | 唐山路養正中里 | 四四 |
| 四一五街 | 岳州路岳州坊 | 四五 |
| 四一六街 | 唐山路日新里 | 四四 |
| 四一六街 | 大通路經遠里 | 五八 |
| 四一七街 | 福建中路介祉里 | 一二 |
| 四一八街 | 新昌路樂安里 | 二一 |
| 四一八街 | 新閘路上吉坊 | 二一 |
| 四一八街 | 峨眉路久耕里 | 三〇 |
| 四一八街 | 安遠路光明邨森業里 | 八六 |
| 四一八街 | 江蘇路愚園路南 | 一〇八 |
| 四一九街 | 愚園路迪化北路西 | 一〇一 |

| 街號 | 地址 | 圖號 |
|---|---|---|
| 四二〇街 | 福州路崇讓里 | 八 |
| 四二〇街 | 廣東路德和里 | 八 |
| 四二〇街 | 武昌路同德里 | 二六 |
| 四二〇街 | 西康路武定坊 | 八一 |
| 四二〇街 | 歸化路西文德里 | 八三 |
| 四二一街 | 江西中路北京東路北 | 五 |
| 四二一街 | 新閘路康樂里 | 二一 |
| 四二一街 | 吳淞路長安里 | 三〇 |
| 四二一街 | 舟山路東餘杭路北 | 四五 |
| 四二一街 | 歸化路瑞德里 | 八二 |
| 四二二街 | 浙江北路寧康里 | 五三 |
| 四二三街 | 四川中路慈昌里 | 三 |
| 四二三街 | 岳州路興祥里 | 四五 |
| 四二四街 | 庫倫路瑞餘里 | 四八 |
| 四二四街 | 大通路經遠里 | 五八 |
| 四二四街 | 中正中路福明邨 | 六一 |
| 四二五街 | 東長治路仁德里 | 三五 |
| 四二五街 | 公平路公平里 | 四四 |
| 四二五街 | 岳州路勤業北里 | 四五 |
| 四二五街 | 威海衛路永樂新邨 | 六一 |
| 四二六街 | 河南中路南京東路北 | 三 |
| 四二六街 | 天津路龍興里 | 一二 |
| 四二六街 | 江西北路榮陞里 | 二七 |
| 四二六街 | 河南北路寶興里二街 | 二七 |
| 四二七街 | 北京東路仁美里 | 六 |
| 四二七街 | 河南中路協和里 | 七 |
| 四二七街 | 七浦路怡興里 | 二四 |
| 四二七街 | 東漢陽路祥裕里 | 三八 |
| 四二七街 | 山西北路泰來里 | 五三 |
| 四二七街 | 西康路武定路北 | 八〇 |
| 四二七街 | 長寧路江蘇路西 | 一〇八 |
| 四二八街 | 廣西北路德仁里 | 一二 |
| 四二八街 | 武昌路乍浦路西 | 二六 |
| 四二八街 | 公平路樹德里 | 四四 |
| 四二八街 | 大沽路成都北路西 | 六一 |
| 四二九街 | 漢口路清河里 | 八 |
| 四二九A街 | 中正東路友益里 | 一〇 |
| 四二九街 | 武勝路黃陂北路西 | 一八 |
| 四二九街 | 江西北路更富里 | 二七 |
| 四二九街 | 吳淞路大興里 | 三〇 |

| 街號 | 地址 | 圖號 |
|---|---|---|
| 四二九街 | 庫倫路瑞康里 | 四八 |
| 四二九街 | 中正中路同康里 | 六一 |
| 四二九街 | 西康路武定路北 | 八〇 |
| 四三〇街 | 寧波路錢江里 | 一三 |
| 四三〇街 | 武定路大康里 | 八一 |
| 四三一街 | 新昌路顧康里 | 二一 |
| 四三一街 | 東長治路師善里公街 | 三五 |
| 四三一街 | 中正西路晉仁坊 | 一〇一 |
| 四三二街 | 江西中路三和里 | 五 |
| 四三二街 | 新昌路醬園街 | 二一 |
| 四三二街 | 浙江北路華安坊 | 五四 |
| 四三三街 | 新閘路仁濟里 | 二一 |
| 四三三街 | 中正西路福康里 | 一〇一 |
| 四三三街 | 愚園路迪化北路西 | 一〇一 |
| 四三四街 | 鳳陽路聚興坊 | 二〇 |
| 四三四街 | 北京西路景星里 | 五八 |
| 四三四街 | 江寧路武定路北 | 六七 |
| 四三五街 | 武昌路四川北路口 | 二六 |
| 四三五街 | 舟山路通德里四街 | 四五 |
| 四三五街 | 歸化路文華坊 | 八二 |
| 四三六街 | 河南北路寶興里三街 | 二七 |
| 四三七街 | 四川中路滇池路對面 | 三 |
| 四三七街 | 武進路永吉里 | 二七 |
| 四三七街 | 大沽路合慶里 | 六一 |
| 四三八街 | 中正東路金玉里 | 九 |
| 四三八街 | 新昌路山海關路北 | 二一 |
| 四三九街 | 鳳陽路侯在里 | 一九 |
| 四三九街 | 武進路天福里 | 二七 |
| 四四〇街 | 廣東路紫金坊 | 八 |
| 四四〇街 | 天津路保安里 | 一二 |
| 四四〇街 | 山海關路延陵里 | 六四 |
| 四四〇街 | 武定路順泰里 | 八一 |
| 四四一街 | 新昌路顧康里 | 二一 |
| 四四一街 | 西康路武定路北 | 八〇 |
| 四四二街 | 海寧路四川北路西 | 二七 |
| 四四二街 | 周家嘴路通州路西 | 三七 |
| 四四二街 | 大沽路錫慶坊 | 六一 |
| 四四二街 | 江寧路武定路北 | 六七 |
| 四四三街 | 公平路雜鐵街 | 四四 |
| 四四三街 | 歸化路松蘭里 | 八二 |

| 街號 | 地址 | 圖號 |
| --- | --- | --- |
| 四四三街 | 海防路西康路東 | 八二 |
| 四四四街 | 九江路慈谿里 | 七 |
| 四四四街 | 新昌路山海關路北 | 二一 |
| 四四四街 | 吳淞路東興里 | 三〇 |
| 四四五街 | 九江路山西南路西 | 七 |
| 四四五街 | 天津路管鮑里 | 一二 |
| 四四五街 | 新閘路三益路 | 二一 |
| 四四五街 | 公平路鳳德里 | 四四 |
| 四四五街 | 泰興路中華新邨 | 六七 |
| 四四六街 | 福州路聚星里 | 八 |
| 四四六街 | 廣西北路德仁里 | 一二 |
| 四四六街 | 寧波路羣益坊 | 一三 |
| 四四六街 | 河南北路寶興里四街 | 二七 |
| 四四六街 | 唐山路潤德里 | 四四 |
| 四四八街 | 天津路浙江北路東 | 一二 |
| 四四八街 | 鳳陽路逸民里 | 二〇 |
| 四四八街 | 公平路樹德里 | 四四 |
| 四四九街 | 武昌路仁智里總街 | 二六 |
| 四四九街 | 東長治路師善里 | 三五 |
| 四四九街 | 山西北路三星里 | 五三 |
| 四五〇街 | 南京西路榮業新邨 | 一九 |
| 四五〇街 | 江寧路武定路北 | 六七 |
| 四五〇街 | 武定路江寧路西 | 八一 |
| 四五一街 | 新昌路順康里 | 二一 |
| 四五二街 | 大沽路和康里 | 六一 |
| 四五二街 | 康定路福康里 | 八一 |
| 四五三街 | 長壽路啓德里 | 八六 |
| 四五四街 | 新昌路山海關路北 | 二一 |
| 四五四街 | 高陽路復興里 | 四五 |
| 四五五街 | 漢口路同安里 | 八 |
| 四五五街 | 南京西路裕和坊 | 一九 |
| 四五五街 | 江寧路元吉里 | 八一 |
| 四五五街 | 海防路寶裕坊 | 八二 |
| 四五五街 | 歸化路淮安路南 | 八二 |
| 四五五街 | 梵皇渡路華邨 | 九九 |
| 四五六街 | 中正東路金玉里 | 九 |
| 四五六街 | 寧波路萃祥坊 | 一三 |
| 四五六街 | 新閘路聚慶里 | 二一 |
| 四五六街 | 河南北路寶興里五街 | 二七 |
| 四五七街 | 寧波路積福里 | 一二 |
| 四五七街 | 新閘路鑄范新里 | 二一 |
| 四五七街 | 山西北路吉慶里 | 五三 |
| 四五七街 | 威海衛路瑞興里 | 六二 |
| 四五八街 | 浙江北路華安坊 | 五四 |
| 四五九街 | 新昌路順康里 | 二一 |
| 四五九街 | 北京西路成都北路西 | 五九 |
| 四五九街 | 安遠路足足里 | 八五 |
| 四六〇街 | 北京西路成都北路西 | 五八 |
| 四六〇街 | 江寧路康定路南 | 六七 |
| 四六〇街 | 長寧路江蘇路西 | 一〇五 |
| 四六一街 | 公平路鳳德里 | 四四 |
| 四六一街 | 安慶路德潤坊 | 五三 |
| 四六二街 | 七浦路慶生里 | 二四 |
| 四六二街 | 威海衛路芝興里 | 六三 |
| 四六二街 | 江蘇路中正西路北 | 一〇九 |
| 四六三街 | 鳳陽路九如里 | 一九 |
| 四六三街 | 大通路斯文里 | 五七 |
| 四六三街 | 中正西路新邨 | 一〇二 |
| 四六四街 | 大通路東斯文里 | 五七 |
| 四六六街 | 西康路康定路南 | 八一 |
| 四六七街 | 中正西路江家邨 | 一〇二 |
| 四六八街 | 海寧路粵秀坊 | 二七 |
| 四六八街 | 大沽路昌運里 | 六一 |
| 四六八街 | 餘姚路膠州路西 | 九四 |
| 四六九街 | 山西北路福蔭里 | 五三 |
| 四六九街 | 江蘇路諸安新邨 | 一〇二 |
| 四六九街 | 長寧路鉅美里 | 一〇八 |
| 四七〇街 | 寧波路瑞芝里 | 一三 |
| 四七〇街 | 鳳陽路成都北路東 | 二〇 |
| 四七〇街 | 中正中路念吾新邨 | 六一 |
| 四七〇街 | 江寧路康定路南 | 六七 |
| 四七〇街 | 陝西北路北京西路北 | 六八 |
| 四七〇街 | 愚園路賢鄰別墅 | 一〇〇 |
| 四七一街 | 南京西路九福里 | 一九 |
| 四七一街 | 新閘路壽康里 | 二一 |
| 四七三街 | 寧波路升安里 | 一二 |
| 四七三街 | 大連路四達坊 | 四二 |
| 四七三街 | 北京西路聯珠里 | 五九 |
| 四七四街 | 北京西路三星里 | 五八 |
| 四七五街 | 西藏中路福源里 | 一四 |
| 四七五街 | 高陽路周家嘴路南 | 三七 |
| 四七六街 | 鳳陽路久興里 | 二〇 |
| 四七六街 | 北蘇州路河南北路西 | 二五 |
| 四七七街 | 河南北路富慶里 | 五三 |
| 四七八街 | 天津路德仁里 | 一二 |
| 四七八街 | 成都北路三多里六街 | 一九 |
| 四七八街 | 新閘路聚慶里 | 二一 |
| 四七八街 | 天潼路順和里總街 | 二六 |
| 四七八街 | 安慶路永慶里 | 五三 |
| 四七八街 | 威海衛路中正北一路西 | 六三 |
| 四七八街 | 西康路康定路南 | 八一 |
| 四七九街 | 河南中路濟陽里 | 七 |
| 四七九街 | 南京西路同益里 | 一九 |
| 四八〇街 | 河南中路天津路南 | 三 |
| 四八〇街 | 新昌路福祿里 | 二一 |
| 四八一街 | 新昌路順康里 | 二一 |
| 四八一街 | 泰興路壽春里 | 六七 |
| 四八二街 | 海寧路粵秀坊 | 二七 |
| 四八二街 | 北京西路福明里 | 五八 |
| 四八三街 | 成都北路修德新邨 | 五九 |
| 四八三街 | 愚園路愚園坊長生巷 | 一〇一 |
| 四八四街 | 長寧路百樂里 | 一〇七 |
| 四八五街 | 七浦路東普益里 | 二四 |
| 四八五街 | 山西北路安迪里 | 五三 |
| 四八五街 | 河南北路富慶里 | 五三 |
| 四八五街 | 威海衛路滄州坊 | 六二 |
| 四八六街 | 南京東路保安坊 | 七 |
| 四八七街 | 九龍路壽椿南里 | 三〇 |
| 四八七街 | 安慶路祥新里 | 五三 |
| 四八七街 | 餘姚路星懋街平民邨 | 九八 |
| 四八八街 | 安慶路德壽里 | 五三 |
| 四八八街 | 威海衛海中正北一路西 | 六三 |
| 四八八街 | 餘姚路膠州路西 | 九四 |
| 四八九街 | 大沽路中和新邨 | 六一 |
| 四九〇街 | 成都北路三多里五街 | 一九 |
| 四九〇街 | 愚園路迪化北路西 | 一〇〇 |
| 四九一街 | 西康路福源里 | 八〇 |
| 四九二街 | 西康路林琴坊 | 八一 |
| 四九三街 | 河南北路富慶里 | 五三 |
| 四九三街 | 成都北路修德新邨 | 五九 |

| 街號 | 地址 | 圖號 |
|---|---|---|
| 四九三街 | 陝西北路自在里 | 七五 |
| 四九七街 | 寧波路保安里 | 一二 |
| 四九七街 | 九龍路壽椿北里 | 三〇 |
| 四九七街 | 威海衛路中正北一路西 | 六二 |
| 四九八街 | 北蘇州路河南北路西 | 二五 |
| 四九八街 | 海寧路江西北路東 | 二七 |
| 四九八街 | 安遠路德和里 | 八六 |
| 四九九街 | 四川中路慈順里 | 三 |
| 四九九街 | 北京東路山西南路西 | 六 |
| 四九九街 | 塘沽路元濟里 | 二六 |
| 五〇一街 | 虬江路三善里 | 五二 |
| 五〇一街 | 康定路福源里 | 八〇 |
| 五〇一街 | 餘姚路星懋街西 | 九八 |
| 五〇二街 | 成都北路三多里四街 | 一九 |
| 五〇二街 | 武定路寶生里 | 二八 |
| 五〇二街 | 威海衛路威鳳里 | 六三 |
| 五〇三街 | 成都北路修德新邨 | 五九 |
| 五〇四街 | 中正中路多福里 | 六一 |
| 五〇五街 | 東餘杭路有恆新邨 | 三七 |
| 五〇五街 | 江蘇路憶庭邨 | 一〇二 |
| 五〇六街 | 四川北路北仁智里 | 二六 |
| 五〇六街 | 大沽路永慶坊 | 六一 |
| 五〇六街 | 泰興路永慶里 | 六五 |
| 五〇七街 | 泰興路壽春里 | 六七 |
| 五〇七街 | 海防路同樂坊 | 七九 |
| 五〇七街 | 安遠路建業里 | 八五 |
| 五〇七街 | 江蘇路大新邨 | 一〇二 |
| 五〇九街 | 四川中路北京東路南 | 三 |
| 五〇九街 | 福建中路福和里 | 一三 |
| 五〇九街 | 大連路明德里 | 四二 |
| 五〇九街 | 安慶路南高壽里 | 五三 |
| 五〇九街 | 大通路斯文里 | 五七 |
| 五一〇街 | 安慶路高壽里 | 五三 |
| 五一〇街 | 大通路斯文里 | 五七 |
| 五一一街 | 海甯路德興里 | 二七 |
| 五一二街 | 成都北路三多里三街 | 一九 |
| 五一四街 | 海寧路保安里 | 二七 |
| 五一四街 | 安遠路人龢里 | 八六 |
| 五一五街 | 成都北路修德新邨 | 五九 |
| 五一六街 | 江寧路武林邨 | 六六 |
| 五一七街 | 廣東路湖北路東 | 八 |
| 五一八街 | 海防路西康路西 | 八五 |
| 五一八街 | 長寧路松盛里 | 一〇七 |
| 五一九街 | 大沽路大裕坊 | 六一 |
| 五一九街 | 威海衛路中正北一路西 | 六二 |
| 五一九街 | 常德路新閘路北 | 七七 |
| 五一九街 | 康定路福源里 | 八〇 |
| 五二〇街 | 寧波路光華坊 | 一三 |
| 五二〇街 | 北蘇州路德安里總街 | 二五 |
| 五二〇街 | 愚園路迪化北路西 | 一〇〇 |
| 五二一街 | 武進路德年新邨 | 二七 |
| 五二二街 | 漢口路曲江里 | 一二 |
| 五二二街 | 虬江路中州里 | 二八 |
| 五二二街 | 山西北路興盛坊 | 五三 |
| 五二二街 | 泰興路瑞芝里一街 | 六五 |
| 五二二街 | 武定路陝西北路西 | 八一 |
| 五二三街 | 泰興路榮陽里 | 六七 |
| 五二四街 | 中正東路福申里 | 九 |
| 五二四街 | 成都北路三多里二街 | 一九 |
| 五二四街 | 北京西路晉福里 | 五八 |
| 五二四街 | 江寧路永順里 | 六六 |
| 五二四街 | 膠州路康定路北 | 七八 |
| 五二五街 | 公平路三陽里 | 四五 |
| 五二五街 | 陝西北路大同里 | 七五 |
| 五二六街 | 天津路慈安里 | 一二 |
| 五二六街 | 東餘杭路新建路東 | 三八 |
| 五二六街 | 大沽路鈞福里 | 六一 |
| 五二六街 | 康定路西康路西 | 七九 |
| 五二六街 | 餘姚路均泰里 | 九五 |
| 五二七街 | 山西北路紹興里 | 五三 |
| 五二七街 | 成都北路修德新邨 | 五九 |
| 五二八街 | 北京東路惠民里 | 六 |
| 五二九街 | 吳淞路季慶坊 | 三〇 |
| 五二九街 | 大連路善旌坊 | 四二 |
| 五三〇街 | 山西北路安慶路北 | 五三 |
| 五三〇街 | 泰興路瑞芝里二街 | 六五 |
| 五三〇街 | 常德路元福里 | 八〇 |
| 五三〇街 | 餘姚路黃浦街 | 九五 |
| 五三一街 | 河南中路吉祥里 | 六 |
| 五三一街 | 福州路波斯衛衕 | 一一 |
| 五三一街 | 武定路安逸坊 | 八一 |
| 五三一街 | 長寧路裕興里 | 一〇八 |
| 五三二街 | 成都北路三多里一街 | 一九 |
| 五三二街 | 威海衛路茂名北路東 | 六三 |
| 五三二街 | 愚園路迪化北路西 | 一〇〇 |
| 五三三街 | 福建中路厚德里 | 一三 |
| 五三三街 | 九龍路久耕里 | 三〇 |
| 五三四街 | 安慶路晉壽里 | 五三 |
| 五三五街 | 陝西北路大同里 | 七五 |
| 五三六街 | 東餘杭路新建路東 | 三八 |
| 五三六街 | 江寧路五和里 | 六六 |
| 五三七街 | 康定路三多里 | 八〇 |
| 五三七街 | 武定路懷蔭里 | 八一 |
| 五三八街 | 武進路羅浮路西 | 二八 |
| 五三八街 | 泰興路瑞芝里三街 | 六五 |
| 五三九街 | 西藏中路鳳陽路北 | 一四 |
| 五三九街 | 吳淞路武進路南 | 三〇 |
| 五三九街 | 周家嘴路高陽路西 | 三七 |
| 五三九街 | 山西北路長興里 | 五三 |
| 五三九街 | 西康路同餘里三街 | 七九 |
| 五四〇街 | 中正中路汾陽坊 | 六一 |
| 五四一街 | 河南中路寧波路北 | 六 |
| 五四一街 | 武進路鴻安里 | 二七 |
| 五四一街 | 東餘杭路德裕里 | 三七 |
| 五四一街 | 山西北路康樂里 | 五三 |
| 五四一街 | 鳳陽路老修德里 | 五九 |
| 五四一街 | 愚園路迪化北路西 | 一〇一 |
| 五四二街 | 寧波路渭水坊 | 一三 |
| 五四二街 | 公平路宏仁里 | 四五 |
| 五四二街 | 山西北路安慶路北 | 五三 |
| 五四二街 | 鳳陽路蕃衍里 | 五九 |
| 五四三A街 | 北京東路昇昌里 | 六 |
| 五四四街 | 常德路新閘路北 | 八〇 |
| 五四五街 | 常德路新閘路北 | 七七 |
| 五四五街 | 西康路永安新邨 | 七九 |
| 五四五街 | 康定路興義里 | 八〇 |
| 五四五街 | 安遠路膠州路東 | 八五 |
| 五四六街 | 新昌路永壽里 | 二一 |
| 五四六街 | 天潼路桃源坊 | 二六 |
| 五四六街 | 大通路斯文里東街 | 五七 |

| 街號 | 地址 | 圖號 |
|---|---|---|
| 五四七街 | 大連路興業里 | 四二 |
| 五四八街 | 四川中路騰鳳里 | 四 |
| 五四八街 | 九江路慈覺里 | 一二 |
| 五四八街 | 武進路餘慶里 | 二八 |
| 五四八街 | 新閘路建業里 | 五七 |
| 五四九街 | 西藏中路鳳陽路北 | 一四 |
| 五四九街 | 東長治路積善里 | 三八 |
| 五四九街 | 威海衛路壽萱里 | 六二 |
| 五四九街 | 長壽路膠州路西 | 九四 |
| 五五〇街 | 威海衛路茂名北路東 | 六三 |
| 五五〇街 | 江寧路戈登新邨 | 六六 |
| 五五一街 | 山西北路康樂里 | 五三 |
| 五五一街 | 新閘路泳吉里 | 五八 |
| 五五一街 | 武定路衆樂里 | 八一 |
| 五五二街 | 公平路宏仁里 | 四五 |
| 五五二街 | 常德路兆益里 | 八〇 |
| 五五二街 | 西康路康定路北 | 八一 |
| 五五二街 | 餘姚路均泰里西 | 九五 |
| 五五三街 | 大通路西蘇州路南 | 五七 |
| 五五五街 | 九江路華尊坊 | 一二 |
| 五五六街 | 山西北路棣隆里 | 五三 |
| 五五七街 | 東餘杭路有恒邨 | 三七 |
| 五五七街 | 長寧路警察分局東 | 一一一 |
| 五五八街 | 武昌路廣興里南街 | 二六 |
| 五五九街 | 四川中路三和里 | 五 |
| 五五九街 | 南京東路餘興里 | 一二 |
| 五五九街 | 西藏中路咸德里 | 一四 |
| 五五九街 | 江蘇路逸安邨 | 一〇二 |
| 五六〇街 | 康定路聯寶里 | 七九 |
| 五六〇街 | 西康路合興坊 | 八一 |
| 五六一街 | 中正東路普安路東 | 一六 |
| 五六一街 | 山西北路康樂里三街 | 五三 |
| 五六二街 | 公平路東餘杭路西 | 四五 |
| 五六二街 | 江寧路寶安坊 | 六六 |
| 五六二街 | 長壽路常德路西 | 九三 |
| 五六三街 | 浙江中路保康里 | 一三 |
| 五六三街 | 東大名路元芳里 | 三四 |
| 五六三街 | 公平路安康里一街 | 四五 |
| 五六三街 | 成都北路世述里 | 五九 |
| 五六三街 | 威海衛路晉鴻里 | 六二 |
| 五六三街 | 康定路紀園 | 八〇 |
| 五六四街 | 寧波路貴州路東 | 一三 |
| 五六五街 | 新閘路培德里總街 | 五八 |
| 五六六街 | 福建中路順明里 | 六 |
| 五六六街 | 福州路龢樂里 | 一一 |
| 五六六街 | 武進路同樂里 | 二八 |
| 五六六街 | 新閘路養和里 | 五七 |
| 五六六街 | 泰興路麒麟邨 | 六五 |
| 五六六街 | 西康路恆祥里 | 八一 |
| 五六七街 | 塘沽路廣興里北一街 | 二六 |
| 五六七街 | 西康路公安坊 | 七九 |
| 五六八街 | 東長治路永定路東 | 三九 |
| 五六八街 | 高陽路海門路南 | 四五 |
| 五六八街 | 山西北路棣隆里 | 五三 |
| 五六八街 | 新閘路斯文里 | 五七 |
| 五六九街 | 武進路東壽坊 | 二七 |
| 五六九街 | 唐山路昆明路東 | 四三 |
| 五六九街 | 西康路康定路北 | 七九 |
| 五六九街 | 長寧路康成路 | 一一一 |
| 五七〇街 | 海寧路同昌里 | 二七 |
| 五七一街 | 公平路安康里二街 | 四五 |
| 五七一街 | 山西北路康樂里四街 | 五三 |
| 五七二街 | 四川中路騰鳳里 | 四 |
| 五七二街 | 成都北路久興里 | 二〇 |
| 五七二街 | 塘沽路德興里南一街 | 二七 |
| 五七二街 | 高陽路海門路南 | 四五 |
| 五七三街 | 東長治路寶華里 | 三八 |
| 五七四街 | 唐山路同豐里 | 四三 |
| 五七五街 | 河南中路如意里 | 六 |
| 五七五街 | 浙江中路保康里 | 一三 |
| 五七五街 | 唐山路昆明路東 | 四三 |
| 五七六街 | 山西北路棣隆里四街 | 五三 |
| 五七八街 | 武昌路廣興里南二街 | 二六 |
| 五七八街 | 海防路海源坊 | 八五 |
| 五七九街 | 西藏中路永吉里 | 一四 |
| 五七九街 | 新昌路西蘇州路口 | 二一 |
| 五七九街 | 西康路康定路西 | 七九 |
| 五七九街 | 康定路常德路東 | 八〇 |
| 五七九街 | 長壽路三元坊 | 九四 |
| 五七九街 | 愚園路中實新邨 | 一〇一 |
| 五八〇街 | 河南中路興仁里 | 三 |
| 五八〇街 | 長壽路常德路西 | 九三 |
| 五八一街 | 公平路安康里三街 | 四五 |
| 五八三街 | 浙江中路保康里 | 一三 |
| 五八三街 | 威海衛路雲蘭坊 | 六二 |
| 五八四街 | 西藏中路長吉里 | 一三 |
| 五八六街 | 成都北路三鳳里 | 二〇 |
| 五八六街 | 吳淞路福祥里 | 二九 |
| 五八六街 | 歸化路安遠路南 | 八三 |
| 五八七街 | 寧波路慈安里 | 一二 |
| 五八七街 | 西藏中路永吉里 | 一四 |
| 五八七街 | 新閘路松壽里 | 五八 |
| 五八七街 | 泰興路駿蔚里 | 六七 |
| 五八七街 | 西康路康定路北 | 七九 |
| 五八七街 | 陝西北路西新別墅 | 八一 |
| 五八八街 | 漢口路大新坊 | 一二 |
| 五八八街 | 虬江路敦仁里 | 二八 |
| 五八八街 | 西康路昌平路南 | 八一 |
| 五八九街 | 漢口路鼎豐里 | 一一 |
| 五八九街 | 福建中路人豐里 | 一三 |
| 五八九街 | 成都北路東昇里 | 五九 |
| 五九〇街 | 海寧路鴻安里 | 二七 |
| 五九一街 | 西蘇州路大通路西 | 五七 |
| 五九一街 | 南京西路成都北路西 | 六〇 |
| 五九二街 | 東長治路永盛里 | 三九 |
| 五九三街 | 長壽路永安里 | 九四 |
| 五九四街 | 塘沽路德興里南二街 | 二七 |
| 五九四街 | 新閘路斯文里 | 五七 |
| 五九四街 | 西蘇州路斯文里 | 五七 |
| 五九四街 | 泰興路武定路北 | 六五 |
| 五九四街 | 中正西路大西新邨 | 一〇二 |
| 五九五街 | 東餘杭路合安坊合信里 | 三七 |
| 五九五街 | 西康路艮榮邨 | 七九 |
| 五九五街 | 江甯路康定路北 | 八一 |
| 五九六街 | 北京東路人豐里 | 一三 |
| 五九六街 | 海門路昌興里 | 四五 |
| 五九七街 | 天潼路恆康里南街 | 二五 |
| 五九七街 | 塘沽路廣興里北二街 | 二六 |
| 五九七街 | 成都北路眞吉里 | 五九 |
| 五九七街 | 陝西北路西新別墅 | 八一 |

| 街號 | 地址 | 圖號 |
|---|---|---|
| 五九七街 | 中正西路晉興邨汪家街 | 一〇二 |
| 五九八街 | 成都北路餘慶里 | 二〇 |
| 五九八街 | 中正中路中正北一路西 | 六二 |
| 五九八街 | 江甯路鴻章里 | 六六 |
| 五九九街 | 九江路福甯里 | 一二 |
| 五九九街 | 浙江中路洪德里 | 一三 |
| 五九九街 | 唐山路三益邨 | 四三 |
| 六〇〇街 | 康定路生生里 | 七九 |
| 六〇〇街 | 武定路武定坊 | 八一 |
| 六〇一街 | 北京西路王家沙花園 | 五九 |
| 六〇二街 | 中正西路南汪家街 | 一〇二 |
| 六〇三街 | 康定路常德路東 | 八〇 |
| 六〇四街 | 福州路平安里 | 一一 |
| 六〇四街 | 七浦路昇康里 | 二三 |
| 六〇四街 | 吳淞路嘉興路南 | 二九 |
| 六〇四街 | 新民路康吉里 | 五四 |
| 六〇五街 | 中正東路公安里 | 一六 |
| 六〇六街 | 泰興路武定路北 | 六五 |
| 六〇六街 | 江甯路戈登里 | 六六 |
| 大〇七街 | 北京東路敦貽里 | 一三 |
| 六〇七街 | 浙江中路洪德里 | 一三 |
| 六〇七街 | 陝西北路西新別墅 | 八一 |
| 六〇八街 | 北京東路松壽里 | 一三 |
| 六〇八街 | 成都北路同壽坊 | 二〇 |
| 六〇八街 | 餘姚路四合邨 | 九五 |
| 六〇八街 | 愚園路田莊 | 一〇〇 |
| 六〇九街 | 東長治路新建路東 | 三八 |
| 六〇九街 | 成都北路同壽里 | 五九 |
| 六〇九街 | 鳳陽路大通路對面 | 五九 |
| 六〇九街 | 泰興路裕益里 | 六七 |
| 六一〇街 | 七浦路松慶里 | 二三 |
| 六一〇街 | 康定路常德路東 | 七九 |
| 六一〇街 | 西康路太和里 | 八一 |
| 六一一街 | 成都北路北京西路南 | 五九 |
| 六一一街 | 愚園路迪化北路西 | 一〇一 |
| 六一二街 | 南京西路靜安新邨 | 五九 |
| 六一三街 | 中正東路森福里 | 一六 |
| 六一三街 | 新閘路經遠里 | 五八 |
| 六一三街 | 長壽路膠州路西 | 九四 |
| 六一四街 | 中正東路浙江中路西 | 一〇 |
| 六一四街 | 福州路同興里新星里 | 一一 |
| 六一五街 | 天潼路河南北路西 | 二五 |
| 六一六街 | 吳淞路克儉里 | 二九 |
| 六一六街 | 江甯路成德坊 | 六六 |
| 六一七街 | 陝西北路新閘路北 | 八一 |
| 六二〇街 | 甯波路永平安里 | 一三 |
| 六二〇街 | 周家嘴路同康坊 | 四五 |
| 六二一街 | 長壽路安遠路北 | 九四 |
| 六二二街 | 北京東路仁興里 | 一三 |
| 六二二街 | 新閘路斯文里 | 五七 |
| 六二三街 | 九江路慈慶里 | 一二 |
| 六二四街 | 鳳陽路崇敬邨 | 五九 |
| 六二五街 | 泰興路通安里總衖 | 六七 |
| 六二七街 | 北京東路松安里 | 一三 |
| 六二七街 | 康定路凌雲別墅 | 八〇 |
| 六二七街 | 愚園路新安里 | 一〇一 |
| 六二八街 | 東餘杭路尊德里 | 三八 |
| 六二九街 | 威海衛路怡廬 | 六二 |
| 六二九街 | 陝西北路新閘路北 | 八一 |
| 六三〇街 | 東長治路永定路東 | 三九 |
| 六三〇街 | 北京西路永安里 | 六四 |
| 六三二街 | 成都北路武昌里 | 二〇 |
| 六三二街 | 康定路常德路東 | 七九 |
| 六三三街 | 常德路恒德里 | 七七 |
| 六三五街 | 中正東路望亭路東 | 一六 |
| 六三五街 | 唐山路五福里 | 四三 |
| 六三五街 | 長壽路安遠路北 | 九四 |
| 六三六街 | 福州路大興里 | 一一 |
| 六三六街 | 西康路昌平路口 | 八二 |
| 六三七街 | 溧陽路常樂里 | 三六 |
| 六三七街 | 高陽路岳州路西 | 四六 |
| 六三七街 | 泰興路盛昌里 | 六七 |
| 六三八街 | 新閘路斯文里南衖 | 五七 |
| 六三九街 | 天潼路山西北路東 | 二五 |
| 六四〇街 | 北京東路餘隆里 | 一三 |
| 六四〇街 | 塘沽路德興里 | 二七 |
| 六四〇街 | 陝西北路武定路南 | 六七 |
| 六四一街 | 餘姚路養德里 | 九七 |
| 六四一街 | 愚園路迪化北路西 | 一〇一 |
| 六四二街 | 成都北路禮福坊 | 二〇 |
| 六四二街 | 東長治路明德南里 | 三九 |
| 六四三街 | 陝西北路武定路南 | 八一 |
| 六四四街 | 鳳陽路大通路西 | 五九 |
| 六四五街 | 北京東路福建中路西 | 一三 |
| 六四五街 | 安遠路膠州路西 | 九四 |
| 六四六街 | 天津路怡如里 | 二四 |
| 六四六街 | 南京西路鳴玉坊 | 五九 |
| 六四七街 | 北京東路修德坊 | 一三 |
| 六四七街 | 威海衛路茂名北路西 | 六二 |
| 六四八街 | 常德路致祥里 | 八〇 |
| 六四八街 | 西康路明福里 | 八二 |
| 六四九街 | 漢口路慈德里 | 一一 |
| 六四九街 | 西藏中路北興里 | 一四 |
| 六四九街 | 東大名路永成里 | 三九 |
| 六五〇街 | 牛莊路文明坊 | 一三 |
| 六五二街 | 吳淞路克儉里 | 二九 |
| 六五二街 | 公平路泰安坊一衖 | 四五 |
| 六五三街 | 新閘路武林里 | 五八 |
| 六五三街 | 陝西北路武定路南 | 八一 |
| 六五三街 | 梵皇渡路榮慶里總衖 | 九七 |
| 六五五街 | 長壽路安遠路北 | 九四 |
| 六五七街 | 甯波路增裕里 | 一二 |
| 六五七街 | 天潼路悅來坊 | 二五 |
| 六五七街 | 東長治路永吉里 | 三八 |
| 六五八街 | 北京東路新安餘里 | 一三 |
| 六五九街 | 四川中路香港路北 | 五 |
| 六五九街 | 康定路如陞里 | 八〇 |
| 六六〇街 | 海甯路河南北路西 | 五三 |
| 六六〇街 | 陝西北路武定路南 | 六七 |
| 六六一街 | 西藏中路北興里 | 一四 |
| 六六二街 | 公平路泰安坊二衖 | 四五 |
| 六六三街 | 陝西北路安逸坊 | 八一 |
| 六六四街 | 長壽路富源里 | 九四 |
| 六六五街 | 威海衛路梅邨 | 六二 |
| 六六六街 | 漢口路廣西北路東 | 一二 |
| 六六六街 | 甯波路鏞壽里 | 一三 |
| 六六六街 | 天潼路寶慶里 | 二四 |
| 六六六街 | 東長治路高陽路西 | 三九 |
| 六六七街 | 四川中里香港路北 | 五 |
| 六六七街 | 安遠路膠州路西 | 九四 |

| 街號 | 地址 | 圖號 |
|---|---|---|
| 六六七街 | 餘姚路品安坊 | 九七 |
| 六六八街 | 東長治路永貴里 | 三九 |
| 六六八街 | 愚園路文元坊 | 一〇〇 |
| 六六九街 | 周家嘴路海門路東 | 四五 |
| 六六九街 | 西康路燕華里 | 七九 |
| 六六九街 | 愚園路漁光邨 | 一〇三 |
| 六七〇街 | 吳淞路壽德里 | 二九 |
| 六七〇街 | 海甯路德泰里 | 五三 |
| 六七〇街 | 陝西北路北京西路北 | 六八 |
| 六七一街 | 福州路德順里 | 一一 |
| 六七一街 | 天潼路大吉里 | 二五 |
| 六七一街 | 梵皇渡路榮慶里 | 九七 |
| 六七二街 | 公平路泰安坊三街 | 四五 |
| 六七二街 | 新閘路斯文里 | 五七 |
| 六七二街 | 常德里康定路南 | 八〇 |
| 六七三街 | 塘沽路泰華里 | 二六 |
| 六七三街 | 陝西北路安逸坊 | 八一 |
| 六七四街 | 唐山路蕃興里 | 四三 |
| 六七五街 | 新閘路宏吉里 | 五八 |
| 六七六街 | 天潼路福祥里 | 二四 |
| 六七六街 | 鳳陽路大通路西 | 五九 |
| 六七六街 | 梵皇渡路康定路南 | 九七 |
| 六八二街 | 福州路福祥里 | 一一 |
| 六八二街 | 公平路泰安坊四街 | 四五 |
| 六八三街 | 天潼路山西北路東 | 二五 |
| 六八三街 | 餘姚路康定路東 | 九七 |
| 六八三街 | 梵皇渡路瑞福里元發邨 | 九七 |
| 六八四街 | 九江路懋興里 | 一二 |
| 六八四街 | 海甯路振興里 | 五三 |
| 六八四街 | 鳳陽路景星廬 | 五九 |
| 六八四街 | 長壽路合興里 | 九四 |
| 六八五街 | 東長治路蕃生里 | 三八 |
| 六八五街 | 唐山路業廣里 | 四三 |
| 六八五街 | 江甯路昌平路北 | 八二 |
| 六八七街 | 周家嘴路海門路東 | 四五 |
| 六八八街 | 北京東路宋家街 | 一三 |
| 六八八街 | 虬江路安樂坊 | 二八 |
| 六八八街 | 公平路泰安坊五街 | 四五 |
| 六八八街 | 南京西路同和里 | 五九 |
| 六八八街 | 常德路如陞里 | 八〇 |

| 街號 | 地址 | 圖號 |
|---|---|---|
| 六八九街 | 廣東路福裕里 | 一〇 |
| 六九〇街 | 東長治路餘慶里 | 三九 |
| 六九一街 | 海甯路新樂邨 | 二四 |
| 六九二街 | 鳳陽路雲福里 | 五九 |
| 六九三街 | 餘姚路康樂邨 | 九七 |
| 六九六街 | 成都北路浦行別墅 | 二〇 |
| 六九六街 | 唐山路鴻懋里 | 四三 |
| 六九六街 | 公平路泰安坊六街 | 四五 |
| 六九六街 | 海甯路順徵里 | 五三 |
| 六九六街 | 常德路如陞里 | 八〇 |
| 六九七街 | 西康路餘姚路南 | 七九 |
| 六九八街 | 鳳陽路中正北二路東 | 五九 |
| 七〇〇街 | 四川北路北仁智里 | 二六 |
| 七〇二街 | 北京東路德豐里 | 一三 |
| 七〇二街 | 江甯路戈登別墅 | 八二 |
| 七〇三街 | 海甯路永吉里 | 二四 |
| 七〇四街 | 西康路昌平路北 | 八二 |
| 七〇六街 | 公平路泰安坊七街 | 四五 |
| 七〇六街 | 安遠路祖德里 | 九四 |
| 七〇七街 | 北京西路中正北二路西 | 六三 |
| 七〇七街 | 江甯路元元里 | 八二 |
| 七〇七街 | 長壽路通亭里 | 九四 |
| 七〇八街 | 塘沽路鴻興里 | 二七 |
| 七〇九街 | 高陽路海拉爾路東 | 四六 |
| 七一〇街 | 鳳陽路永樂坊 | 五九 |
| 七一〇街 | 康定路常德路西 | 七八 |
| 七一一街 | 海甯路太源坊 | 二四 |
| 七一一街 | 成都北路金家宅 | 五八 |
| 七一二街 | 成都北路北京西路北 | 二〇 |
| 七一三街 | 北京東路福德里 | 一三 |
| 七一三街 | 江甯路梼蔭里 | 八二 |
| 七一三街 | 餘姚路康定路東 | 九七 |
| 七一四街 | 西康里華福里 | 八二 |
| 七一六街 | 康定路康甯邨 | 七八 |
| 七一六街 | 淮安路歸化路北 | 八三 |
| 七一七街 | 東長治路瑞慶里 | 三八 |
| 七一七街 | 東大名路高陽路西 | 三九 |
| 七一八街 | 愚園路雲壽坊 | 一〇三 |
| 七一九街 | 廣東路雲南中路西 | 一〇 |
| 七一九街 | 新閘路老泰德里新泰德里 | 六四 |

| 街號 | 地址 | 圖號 |
|---|---|---|
| 七二一街 | 東餘杭路高陽路東 | 四五 |
| 七二三街 | 陝西北路四雄邨 | 八一 |
| 七二四街 | 鳳陽路永樂坊 | 五九 |
| 七二四街 | 梵皇渡路信儀邨 | 九七 |
| 七二五街 | 西藏中路新垃圾橋南堍 | 一四 |
| 七二五街 | 唐山路承康里 | 四三 |
| 七二六街 | 福州路會樂里 | 一一 |
| 七二六街 | 天潼路順慶里 | 二四 |
| 七二六街 | 中正中路茂名北路西 | 六二 |
| 七二七街 | 天潼路泰安里 | 二五 |
| 七二七街 | 東餘杭路鴻興里 | 四五 |
| 七二七街 | 威海衛路威海別墅 | 六二 |
| 七二七街 | 江寧路達德里 | 八二 |
| 七二七街 | 餘姚路興隆莊 | 九七 |
| 七二八街 | 天潼路葆青坊 | 二四 |
| 七二九街 | 福州路三元坊 | 一一 |
| 七三〇街 | 常德路安君里 | 七九 |
| 七三一街 | 牛莊路德興里 | 一三 |
| 七三二街 | 梵皇渡路信儀邨 | 九七 |
| 七三三街 | 海寧路山西北路對面 | 二四 |
| 七三三街 | 周家嘴路順德里 | 四五 |
| 七三三街 | 康定路綠楊邨永寧坊 | 四七 |
| 七三四街 | 廣東路羣玉坊 | 一一 |
| 七三五街 | 長壽路安遠路北 | 九四 |
| 七三六街 | 鳳陽路永樂坊 | 五九 |
| 七三七街 | 東大名路仁興里 | 三九 |
| 七四〇街 | 中正中路康樂邨 | 六二 |
| 七四〇街 | 常德路康定路北 | 七九 |
| 七四〇街 | 梵皇渡路永樂邨 | 九七 |
| 七四一街 | 東餘杭路克明里 | 四五 |
| 七四一街 | 成都北路北京西路北 | 五八 |
| 七四三街 | 長壽路安遠路北 | 九四 |
| 七四四街 | 西康路茂林坊 | 八二 |
| 七四五街 | 新閘路鑫德里 | 六四 |
| 七四六街 | 天潼路歸化里 | 二四 |
| 七四六街 | 安遠路長壽路東 | 九四 |
| 七四七街 | 塘沽路河南北路西 | 二四 |
| 七四七街 | 梵皇渡路康定路南 | 九七 |
| 七四八街 | 淮安路歸化路北 | 八三 |
| 七四九街 | 蘇州路順康里 | 二五 |

| 街號 | 地址 | 圖號 |
|---|---|---|
| 七四九街 | 梵皇渡路永樂邨 | 九七 |
| 七四九街 | 愚園路江蘇路東 | 一〇三 |
| 七五〇街 | 周家嘴路同福里 | 四五 |
| 七五〇街 | 新閘路高照里 | 五七 |
| 七五〇街 | 常德路康定路北 | 七九 |
| 七五〇街 | 梵皇渡路永樂邨 | 九七 |
| 七五〇街 | 愚園路愚園新邨 | 一〇三 |
| 七五一街 | 北京東路鼎餘里 | 一三 |
| 七五一街 | 中正中路永道里 | 一六 |
| 七五一街 | 成都北路山海關路南 | 五八 |
| 七五一街 | 康定路膠州路東 | 七七 |
| 七五一街 | 餘姚路康定路東 | 九七 |
| 七五二街 | 塘沽路河南北路西 | 二四 |
| 七五二街 | 中正西路五柳別墅 | 一〇二 |
| 七五三街 | 周家嘴路嘉德里 | 四五 |
| 七五四街 | 天潼路歸仁里彩和里 | 二四 |
| 七五六街 | 中正東路福昌南里 | 一〇 |
| 七五六街 | 北京東路保康里 | 一三 |
| 七五六街 | 新民路滿州路西 | 五五 |
| 七五九街 | 天潼路泰安里 | 二五 |
| 七五九街 | 梵皇渡路永樂邨 | 九七 |
| 七六一街 | 北京東路鼎餘里 | 一三 |
| 七六二街 | 成都北路山海關路南 | 二〇 |
| 七六二街 | 周家嘴路慶福里 | 四五 |
| 七六四街 | 海寧路泰來里 | 五三 |
| 七六四街 | 淮安路歸化路東 | 八三 |
| 七六五街 | 蘇州路蘇潤里 | 二五 |
| 七六五街 | 唐山路正心里 | 四三 |
| 七六五街 | 長壽路振興里 | 九四 |
| 七六六街 | 梵皇渡路梅邨 | 九七 |
| 七六七街 | 蘇州路盛涇里 | 二五 |
| 七六九街 | 南京西路業華里 | 五九 |
| 七六九街 | 江寧路大裕里 | 八二 |
| 七七〇街 | 牛莊路福慶里 | 一三 |
| 七七一街 | 虬江路謀福里 | 五二 |
| 七七一街 | 成都北路山海關路南 | 五八 |
| 七七一街 | 常德路擇鄰處 | 七八 |
| 七七二街 | 成都北路義成坊 | 二〇 |
| 七七四街 | 海寧路山西北路西 | 五三 |
| 七七六街 | 北蘇州路裕安里 | 二五 |

| 街號 | 地址 | 圖號 |
|---|---|---|
| 七七六街 | 梵皇渡路梅邨 | 九七 |
| 七七七街 | 塘沽路預順里 | 二四 |
| 七七七街 | 虬江路寶山路東 | 五二 |
| 七七八街 | 唐山路成厚里 | 四三 |
| 七七九街 | 成都北路益豐里 | 五八 |
| 七八〇街 | 九江路大慶里 | 一二 |
| 七八〇街 | 海甯路春安里 | 五三 |
| 七八一街 | 唐山路逢源里 | 四三 |
| 七八一街 | 新閘路泰德里 | 六四 |
| 七八一街 | 常德路擇鄰處 | 七八 |
| 七八三街 | 周家嘴路安樂里 | 四五 |
| 七八六街 | 周家嘴路三多里 | 四五 |
| 七八八街 | 塘沽路新樂邨 | 二四 |
| 七九〇街 | 餘姚路星順里 | 九五 |
| 七九一街 | 海甯路人壽里 | 二四 |
| 七九一街 | 唐山路永德里 | 四三 |
| 七九二街 | 長壽路廣益里 | 九四 |
| 七九四街 | 周家嘴路永昌里 | 四五 |
| 七九四街 | 海甯路春桂里 | 五三 |
| 七九六街 | 北京東路永康里 | 一三 |
| 七九六街 | 塘沽路太源坊 | 二四 |
| 七九六街 | 安遠路長壽路南 | 九四 |
| 七九九街 | 南京東路大慶里 | 一二 |
| 七九九街 | 海甯路卿雲里 | 二四 |
| 七九九街 | 唐山路崇義里 | 四三 |
| 八〇〇街 | 餘姚路新樂邨 | 九六 |
| 八〇二街 | 北蘇州路愼餘里 | 二五 |
| 八〇五街 | 東長治路懷興里 | 四四 |
| 八〇五街 | 愚園路錦園 | 一〇三 |
| 八〇七街 | 溧陽路瑞吉里 | 二九 |
| 八〇七街 | 虬江路瑞和坊 | 五二 |
| 八〇八街 | 塘沽路河南北路西 | 二四 |
| 八〇八街 | 海甯路永平里 | 五三 |
| 八〇八街 | 餘姚路景雲邨 | 九六 |
| 八〇九街 | 中正東路行仁坊 | 一七 |
| 八〇九街 | 唐山路景餘里 | 四三 |
| 八〇九街 | 北京西路普益里 | 六三 |
| 八一〇街 | 東長治路祥光里 | 三九 |
| 八一〇街 | 常德路昌平路南 | 七九 |
| 八一〇街 | 西康路海防路北 | 八四 |

| 街號 | 地址 | 圖號 |
|---|---|---|
| 八一〇街 | 安遠路經德坊 | 九四 |
| 八一一街 | 海甯路永樂里 | 二四 |
| 八一一街 | 成都北路樂安坊 | 五八 |
| 八一二街 | 四川北路元濟里 | 二六 |
| 八一二街 | 新閘路中正北二路西 | 六五 |
| 八一四街 | 北蘇州路承吉里 | 二五 |
| 八一四街 | 海甯路福壽里 | 五三 |
| 八一四街 | 新民路順興里 | 五五 |
| 八一四街 | 安遠路長壽路東 | 九四 |
| 八一五街 | 陝西北路康定路北 | 八一 |
| 八一六街 | 餘姚路康定路口 | 九六 |
| 八一七街 | 塘沽路榮陸里 | 二四 |
| 八一七街 | 東餘杭路丹徒路東 | 四五 |
| 八一七街 | 西康路務安里 | 八五 |
| 八一八街 | 唐山路源福里 | 四三 |
| 八一八街 | 康定路安樂邨 | 七八 |
| 八一九街 | 北京東路五福里 | 一三 |
| 八二三里 | 九龍路德明里總街 | 二九 |
| 八二四街 | 陝西北路景德坊 | 八一 |
| 八二五街 | 中正東路永年里 | 一七 |
| 八二五街 | 成都北路燕慶里 | 五八 |
| 八二五街 | 南京西路康福公寓 | 六三 |
| 八二五街 | 安遠路均泰北里 | 九四 |
| 八二六街 | 海甯路華眞坊 | 五三 |
| 八二六街 | 膠州路安遠路南 | 八五 |
| 八二六街 | 餘姚路康定路口 | 九六 |
| 八二七街 | 唐山路生吉里 | 四三 |
| 八二七街 | 北京西路普益里 | 六三 |
| 八二七街 | 西康路務安里 | 八五 |
| 八二七街 | 膠州路安遠路南 | 九四 |
| 八二八街 | 塘沽路長春里 | 二四 |
| 八三〇街 | 北京東路瑞康里 | 一三 |
| 八三〇街 | 天潼路鑫順里 | 二四 |
| 八三〇街 | 長壽路德隆坊 | 九四 |
| 八三〇街 | 長壽路安遠路東 | 九五 |
| 八三一街 | 塘沽路福建北路東 | 二四 |
| 八三一街 | 天潼路四平里 | 二五 |
| 八三一街 | 梵皇渡路忻康里 | 九七 |
| 八三二街 | 成都北路長福里 | 二一 |
| 八三二街 | 陝西北路萬福里 | 八一 |

| 街號 | 地址 | 圖號 |
| --- | --- | --- |
| 八三四街 | 梵皇渡路公益里 | 九七 |
| 八三五街 | 中正東路興業里 | 一七 |
| 八三五街 | 周家嘴路舟山路口 | 四五 |
| 八三五街 | 成都北路燕慶里 | 五八 |
| 八三五街 | 陝西北路康定路北 | 八一 |
| 八三五街 | 長壽路安遠路西 | 九五 |
| 八三八街 | 愚園路江蘇路東 | 一〇三 |
| 八四〇街 | 中正中路陝西北路東 | 六二 |
| 八四二街 | 成都北路慶餘里 | 二一 |
| 八四二街 | 梵皇渡路公益里 | 九七 |
| 八四四街 | 威海衛路慈惠里 | 七〇 |
| 八四七街 | 天潼路慎餘里 | 二五 |
| 八四九街 | 東餘杭路恒安里 | 四五 |
| 八四九街 | 南京西路永吉里 | 六三 |
| 八四九街 | 陝西北路康定路北 | 八一 |
| 八五〇街 | 北京東路宏興里 | 一三 |
| 八五〇街 | 周家嘴路恆泰里 | 四五 |
| 八五〇街 | 康定路康邨 | 七八 |
| 八五〇街 | 梵皇渡路公益里 | 九七 |
| 八五二街 | 成都北路新閘路南 | 二一 |
| 八五二街 | 新閘路濟康里 | 六五 |
| 八五三街 | 成都北路祇陀林 | 五八 |
| 八五三街 | 新閘路善昌里 | 六四 |
| 八五六街 | 海寧路鑫德里 | 五三 |
| 八五八街 | 塘沽路慎吉里 | 二四 |
| 八五八街 | 海寧路泳源里 | 五三 |
| 八五八街 | 梵皇渡路大豐里 | 九六 |
| 八六〇街 | 陝西北路昌平路南 | 八一 |
| 八六〇街 | 梵皇渡路怡豐里 | 九六 |
| 八六二街 | 東餘杭路和壽坊 | 四四 |
| 八六三街 | 康定路慶餘坊 | 七七 |
| 八六四街 | 周家嘴路永安里 | 四五 |
| 八六四街 | 江寧路淮安路口 | 八二 |
| 八六五街 | 中正東路餘慶坊 | 一七 |
| 八六五街 | 愚園路江蘇路東 | 一〇三 |
| 八六七街 | 東餘杭路海門路西 | 四五 |
| 八六七街 | 長壽路榮慶西里 | 九五 |
| 八六八街 | 陝西北路昌平路南 | 八一 |
| 八七〇街 | 東長治路丹徒路東 | 四〇 |
| 八七〇街 | 梵皇渡路怡豐里 | 九六 |

| 街號 | 地址 | 圖號 |
| --- | --- | --- |
| 八七一街 | 溧陽路瑞康里 | 四八 |
| 八七一街 | 長寧路愚園路西 | 一一一 |
| 八七二街 | 塘沽路福建北路東 | 二四 |
| 八七二街 | 康定路涵仁里 | 七八 |
| 八七三街 | 中正東路馬福里 | 一七 |
| 八七四街 | 成都北路肇慶里 | 二一 |
| 八七六街 | 塘沽路省慶里 | 二四 |
| 八七六街 | 東餘杭路順興里 | 四四 |
| 八七七街 | 周家嘴路舟山路東 | 四五 |
| 八七七街 | 中正中路模範村 | 七〇 |
| 八七六街 | 新閘路新閘邨 | 六五 |
| 八七八街 | 常德路昌平路北 | 七九 |
| 八七九街 | 成都北路天寶里 | 五八 |
| 八八〇街 | 梵皇渡路怡豐里 | 九六 |
| 八八四街 | 中正東路留志坊 | 一〇 |
| 八八四街 | 成都北路肇興里 | 二一 |
| 八八八街 | 新閘路安宜坊 | 六五 |
| 八八八街 | 康定路春江別墅 | 七八 |
| 八九四街 | 中正東路保安坊 | 一〇 |
| 八九四街 | 東長治路汾安坊 | 四〇 |
| 八九四街 | 西康路三和里 | 八四 |
| 八九五街 | 成都北路泳吉里 | 五八 |
| 八九五街 | 中正西路江蘇路西 | 一〇九 |
| 八九六街 | 梵皇渡路怡豐里 | 九六 |
| 八九七街 | 溧陽路庫倫路北 | 四八 |
| 八九八街 | 海寧路康樂路西 | 五三 |
| 九〇〇街 | 周家嘴路羣賢里 | 四五 |
| 九〇二街 | 成都北路鼎昌里 | 二一 |
| 九〇二街 | 塘沽路福建北路東 | 二四 |
| 九〇二街 | 西康路三和里 | 八四 |
| 九〇五街 | 梵皇渡路存德坊 | 九六 |
| 九〇六街 | 新閘路福康里 | 六五 |
| 九〇八街 | 膠州路膠州邨 | 八六 |
| 九〇九街 | 東長治路潤德里 | 四四 |
| 九〇九街 | 成都北路泳吉里 | 五八 |
| 九〇九街 | 愚園路黎照邨 | 一〇三 |
| 九一〇街 | 威海衛路中正中路北 | 七〇 |
| 九一〇街 | 西康路三和里 | 八四 |
| 九一一街 | 新閘路大德里 | 六四 |
| 九一二街 | 東長治路熙華里 | 四〇 |

| 街號 | 地址 | 圖號 |
| --- | --- | --- |
| 九一五街 | 新閘路有餘里 | 六四 |
| 九一六街 | 武定路武定別墅 | 七七 |
| 九一七街 | 安遠路均益里 | 九五 |
| 九一七街 | 梵皇渡路存善里 | 九六 |
| 九二一街 | 歸化路五福里 | 八八 |
| 九二三街 | 海寧路咸寧里 | 二四 |
| 九二三街 | 安遠路均益里 | 九五 |
| 九二四街 | 海寧路康樂路西 | 五三 |
| 九二四街 | 歸化路浦益東里 | 八八 |
| 九二五街 | 中正東路重慶北路西 | 一七 |
| 九二八街 | 膠州路永盛坊 | 八六 |
| 九二八街 | 愚園路江蘇路東 | 一〇四 |
| 九二九街 | 海寧路富潤里 | 二四 |
| 九二九街 | 東餘杭路景興里 | 四五 |
| 九二九街 | 溧陽路裕興里 | 四七 |
| 九二九街 | 新閘路新興里 | 六四 |
| 九二九街 | 歸化路印雲里 | 八八 |
| 九二九街 | 長壽路中和燈泡公司對面 | 九六 |
| 九三〇街 | 東餘杭路公平路東 | 四三 |
| 九三〇街 | 中正中路慈惠南里 | 七〇 |
| 九三〇街 | 武定路膠州路東 | 七七 |
| 九三二街 | 東餘杭路銘興里 | 四三 |
| 九三五街 | 康定路新邨 | 九八 |
| 九三六街 | 東長治路公平坊 | 四〇 |
| 九三八街 | 膠州路啓德里 | 八六 |
| 九三九街 | 新閘路樹德里 | 六四 |
| 九三九街 | 歸化路又新邨 | 八八 |
| 九四〇街 | 成都北路聚慶里 | 二一 |
| 九四一街 | 溧陽路昆明里 | 四七 |
| 九四二街 | 海寧路南高壽里 | 五三 |
| 九四三街 | 東餘杭路公平路東 | 四五 |
| 九四四街 | 新閘路賚慶里 | 六五 |
| 九四五街 | 海寧路祥麟里 | 二四 |
| 九四五街 | 長壽路小新莊 | 九八 |
| 九四九街 | 歸化路長壽路北 | 八八 |
| 九五〇街 | 膠州路志蘭里 | 八六 |
| 九五〇街 | 長壽路安遠路西 | 九五 |
| 九五一街 | 東餘杭路柳蔭里 | 四五 |
| 九五一街 | 成都北路聚寶坊一街 | 五七 |
| 九五三街 | 中正東路爵德里 | 一七 |

| 街號 | 地址 | 圖號 |
| --- | --- | --- |
| 九五四街 | 南京西路上海新市場 | 六九 |
| 九五七街 | 海寧路榮華里 | 二四 |
| 九五七街 | 梵皇渡路存善里 | 九六 |
| 九五八街 | 北京西路泰興路西 | 六八 |
| 九六〇街 | 中正中路慈惠南里 | 七〇 |
| 九六一街 | 四川北路海寧路北 | 二七 |
| 九六一街 | 成都北路聚寶坊二街 | 五七 |
| 九六二街 | 成都北路新閘路北 | 二一 |
| 九六三街 | 中正西路順德里 | 一〇九 |
| 九六四街 | 歸化路浦益東里 | 八八 |
| 九六五街 | 新閘路永泰里 | 六四 |
| 九六五街 | 溧陽路麥加里 | 四七 |
| 九六六街 | 北京西路永吉里 | 六八 |
| 九六七街 | 膠州路長壽路口 | 九四 |
| 九七〇街 | 康定路沈吉里 | 九八 |
| 九七一街 | 蘇州路衍慶里 | 二二 |
| 九七一街 | 成都北路聚寶坊三街 | 五七 |
| 九七二街 | 成都北路祥安里 | 二一 |
| 九七二街 | 南京西路興業里 | 六九 |
| 九七二街 | 西康路安遠路北 | 八七 |
| 九七三街 | 中正西路合義里 | 一〇九 |
| 九七四街 | 塘沽路咸寧里 | 二四 |
| 九七四街 | 長寧路凱旋路東 | 一一二 |
| 九七六街 | 北京西路至德里 | 六八 |
| 九七七街 | 歸化路普陀路南 | 八八 |
| 九七八街 | 東餘杭路仁茂里 | 四三 |
| 九八〇街 | 武定路久仁里 | 七七 |
| 九八一街 | 塘沽路景德里 | 二四 |
| 九八一街 | 東餘杭路柳蔭里 | 四五 |
| 九八三街 | 海寧路文昌里 | 二四 |
| 九八三街 | 愚園路東華坊 | 一〇八 |
| 九八七街 | 塘沽路同和里 | 二四 |
| 九八八街 | 成都北路大興里 | 二一 |
| 九八九街 | 四川北路公益坊 | 二七 |
| 九九四街 | 溧陽路興業北里 | 四七 |
| 九九四街 | 歸化路普陀路對面 | 八八 |
| 九九六街 | 北蘇州路永康里 | 二二 |
| 九九七街 | 海寧路寧安里 | 二三 |
| 九九七街 | 塘沽路生葆里 | 二四 |
| 九九八街 | 成都北路新閘路北 | 二一 |
| 九九八街 | 海寧路福康里 | 五四 |
| 一〇〇〇街 | 江寧路光明邨 | 八八 |
| 一〇〇一街 | 中正中路安仁里 | 七一 |
| 一〇〇一街 | 西康路安遠路北 | 八六 |
| 一〇〇二街 | 康定路延平路西 | 九八 |
| 一〇〇四街 | 北京西路還善里寶善里 | 六八 |
| 一〇〇六街 | 中正東路三德里 | 一六 |
| 一〇〇七街 | 塘沽路生葆里 | 二四 |
| 一〇〇七街 | 成都北路新閘路北 | 五七 |
| 一〇〇八街 | 康定路長城邨 | 九八 |
| 一〇〇九街 | 溧陽路天同路南 | 四七 |
| 一〇一〇街 | 海寧路裕鑫里 | 五四 |
| 一〇一二街 | 成都北路西蘇州路南 | 二一 |
| 一〇一二街 | 塘沽路祥麟里 | 二四 |
| 一〇一三街 | 海寧路浙江北路西 | 二三 |
| 一〇一三街 | 新閘路椿壽里 | 六八 |
| 一〇一三街 | 中正中路民福里 | 七一 |
| 一〇一四街 | 溧陽路邢家宅路南 | 四七 |
| 一〇一四街 | 北京西路江寧路東 | 六八 |
| 一〇一四街 | 江寧路承德里 | 八八 |
| 一〇一八街 | 西康路新會路南 | 八七 |
| 一〇一九街 | 成都北路怡和里南街 | 五七 |
| 一〇二一街 | 海寧路浙江北路西 | 二三 |
| 一〇二一街 | 東餘杭路恭安坊 | 四五 |
| 一〇二二街 | 海寧路元亨里 | 五四 |
| 一〇二三街 | 江寧路安遠路北 | 八七 |
| 一〇二四街 | 常德路餘姚路北 | 八五 |
| 一〇二五街 | 南京西路靜安別墅 | 六九 |
| 一〇二七街 | 東大名路輔慶里 | 四〇 |
| 一〇二八街 | 成都北路春暉里 | 二一 |
| 一〇三〇街 | 東餘杭路德福里 | 四三 |
| 一〇三一街 | 歸化路澳門路南 | 九〇 |
| 一〇三二街 | 愚園路岐山邨 | 一〇八 |
| 一〇三二街 | 長寧路凱旋路口 | 一一二 |
| 一〇三三街 | 成都北路怡和里北街 | 五七 |
| 一〇三三街 | 江甯路集賢邨 | 八七 |
| 一〇三四街 | 江甯路安遠路北 | 八八 |
| 一〇三五街 | 梵皇渡路長壽路西 | 九六 |
| 一〇三七街 | 東大名路輔慶里 | 四〇 |
| 一〇三九街 | 新閘路星邨 | 六八 |
| 一〇四〇街 | 南京西路大華商場 | 六九 |
| 一〇四二街 | 長壽路華興里 | 九六 |
| 一〇四三街 | 歸化路澳門路南 | 九〇 |
| 一〇四五街 | 長壽路承善里 | 九六 |
| 一〇四七街 | 東長治路茂海新邨 | 四四 |
| 一〇四七街 | 西康路三餘坊 | 八六 |
| 一〇五〇街 | 成都北路西蘇州路南 | 二一 |
| 一〇五〇街 | 海甯路甘肅路對面 | 五四 |
| 一〇五〇街 | 新閘路新樂邨 | 六七 |
| 一〇五〇街 | 愚園路久安邨 | 一〇 |
| 一〇五一街 | 東餘杭路餘慶里 | 四五 |
| 一〇五一街 | 新閘路善福里 | 六八 |
| 一〇五三街 | 康定路致德邨 | 九八 |
| 一〇五六街 | 新閘路永善里 | 六七 |
| 一〇五八街 | 長壽路福森里 | 九六 |
| 一〇六〇街 | 北京西路望德里 | 六八 |
| 一〇六〇街 | 江甯路長壽路南 | 八八 |
| 一〇六〇街 | 愚園路江蘇路西 | 一〇 |
| 一〇六七街 | 長甯路凱旋路口 | 一一 |
| 一〇七〇街 | 北京西路家福里 | 六八 |
| 一〇七〇街 | 康定路金司徒廟街東 | 九八 |
| 一〇七三街 | 海寧路昇康里 | 二三 |
| 一〇七四街 | 中正東路永福里 | 一六 |
| 一〇七八街 | 東餘杭路金友里 | 四三 |
| 一〇七九街 | 長壽路南山邨 | 九六 |
| 一〇八〇街 | 北京西路榮陽里 | 六八 |
| 一〇八〇街 | 江寧路和樂坊 | 八八 |
| 一〇八〇街 | 長壽路森富里 | 九六 |
| 一〇八一街 | 海寧路松慶里 | 二三 |
| 一〇八一街 | 南京西路重華新邨 | 六九 |
| 一〇八二街 | 梵皇渡路曹義小學對面 | 一〇 |
| 一〇八四街 | 溧陽路華福里 | 四七 |
| 一〇八六街 | 愚園路宏業花園 | 一〇 |
| 一〇九二街 | 梵皇渡路華慶里 | 一〇 |
| 一〇九五街 | 長壽路梵皇渡路東 | 九六 |
| 一〇九六街 | 中正東路福興坊 | 一六 |
| 一〇九八街 | 長壽路秀德里 | 九六 |
| 一〇九九街 | 新閘路南安里 | 六八 |
| 一一〇四街 | 新閘路榮茂里 | 六七 |
| 一一〇七街 | 東大名路海門路口 | 四〇 |

| 街號 | 地址 | 圖號 |
| --- | --- | --- |
| 一一〇七街 | 東餘杭路祿壽里 | 四三 |
| 一一一〇街 | 北京西路寶壬里 | 六八 |
| 一一一二街 | 愚園路娥眉月路東 | 一〇八 |
| 一一一四街 | 梵皇渡路永慶里 | 一〇六 |
| 一一一五街 | 海寧路熱河路東 | 二三 |
| 一一一五街 | 西康路鳴德里 | 八六 |
| 一一一九街 | 康定路生甡里 | 九八 |
| 一一二〇街 | 中正東路新馬德里 | 一六 |
| 一一二一街 | 新閘路甄慶里 | 六八 |
| 一一二二街 | 南京西路慶福里 | 七四 |
| 一一二三街 | 西康路樂安坊 | 八六 |
| 一一二四街 | 新閘路沁園邨 | 六七 |
| 一一二五街 | 新民路華盛路東 | 五六 |
| 一一二八街 | 梵皇渡路致慶里 | 一〇六 |
| 一一二九街 | 南京西路安樂坊 | 六九 |
| 一一三二街 | 愚園路娥眉月路東 | 一〇八 |
| 一一三七街 | 康定路金司徒廟街西 | 九八 |
| 一一四〇街 | 東餘杭路泰昌里 | 四三 |
| 一一四〇街 | 南京西路安登別墅 | 七四 |
| 一一四一街 | 西康路五餘坊 | 八六 |
| 一一四三街 | 東餘杭路榮昌里 | 四三 |
| 一一四五街 | 康定路永記里 | 九八 |
| 一一四八街 | 中正東路新馬德里 | 一六 |
| 一一五二街 | 梵皇渡路鑫森里東 | 一〇六 |
| 一一五六街 | 溧陽路其美路西 | 四七 |
| 一一六一街 | 海寧路永和坊 | 二三 |
| 一一六六街 | 東大名路匯山里 | 四〇 |
| 一一七〇街 | 梵皇渡路鑫森里 | 一〇六 |
| 一一七二街 | 長壽路梵皇渡路東 | 九六 |
| 一一七三街 | 南京西路陝西北路東 | 六九 |
| 一一七四街 | 康定路翰綬坊 | 九八 |
| 一一七七街 | 北京西路觀森里 | 七四 |
| 一一八四街 | 梵皇渡路鑫森里西 | 一〇六 |
| 一一八六街 | 南京西路靜安里 | 七四 |
| 一一八八街 | 康定路金司徒廟街西 | 九八 |
| 一一九二街 | 北京西路愛文新邨 | 七五 |
| 一一九二街 | 江寧路源和里 | 八八 |
| 一一九六街 | 梵皇渡路德安里 | 一〇六 |
| 一一九七街 | 西康路福德里 | 九三 |
| 一〇九九街 | 新閘路南安里 | 六八 |

| 街號 | 地址 | 圖號 |
| --- | --- | --- |
| 一二〇三街 | 溧陽路四川北路東 | 四九 |
| 一二〇九街 | 新閘路憶梅邨 | 六八 |
| 一二〇九街 | 西康路長壽路北 | 九三 |
| 一二一〇街 | 中正東路德順里 | 一七 |
| 一二一一街 | 北京西路西康路東 | 七四 |
| 一二一二街 | 常德路櫻華里 | 八六 |
| 一二一二街 | 西康路長壽路北 | 八七 |
| 一二一三街 | 南京西路滄州別墅 | 七〇 |
| 一二一三街 | 常德路新會路北 | 八六 |
| 一二一四街 | 常德路櫻華里 | 八六 |
| 一二一五街 | 常德路新會路北 | 八六 |
| 一二一六街 | 中正東路佑福里 | 一七 |
| 一二一六街 | 常德路櫻華里 | 八六 |
| 一二一七街 | 常德路新會路北 | 八六 |
| 一二一八街 | 常德路櫻華里 | 八六 |
| 一二一九街 | 常德路新會路北 | 八六 |
| 一二二〇街 | 北京西路西康路東 | 七五 |
| 一二二〇街 | 常德路櫻華里 | 八六 |
| 一二二一街 | 常德路長壽路南 | 八六 |
| 一二二二街 | 常德路櫻華里 | 八六 |
| 一二二三街 | 常德路長壽路南 | 八六 |
| 一二二四街 | 常德路櫻華里 | 八六 |
| 一二二五街 | 常德路長壽路南 | 八六 |
| 一二二六街 | 常德路櫻華里 | 八六 |
| 一二二七街 | 常德路長壽路南 | 八六 |
| 一二二八街 | 中正東路福德里 | 一七 |
| 一二二八街 | 常德路櫻華里 | 八六 |
| 一二二八街 | 江寧路統益東里 | 八八 |
| 一二二九街 | 常德路長壽路南 | 八六 |
| 一二三〇街 | 常德路櫻華里 | 八六 |
| 一二三一街 | 北京西路西康路東 | 七四 |
| 一二三一街 | 常德路長壽路南 | 八六 |
| 一二三三街 | 西康路草鞋浜 | 九三 |
| 一二三七街 | 常德路長壽路北 | 九三 |
| 一二三八街 | 中正中路慈厚南里總街 | 七一 |
| 一二三八街 | 常德路長壽路北 | 九三 |
| 一二三八街 | 康定路餘姚路東 | 九七 |
| 一二三九街 | 常德路長壽路北 | 九三 |
| 一二四〇街 | 常德路櫻華里 | 九三 |
| 一二四一街 | 常德路長壽路北 | 九三 |

| 街號 | 地址 | 圖號 |
| --- | --- | --- |
| 一二四二街 | 江寧路普陀路南 | 八八 |
| 一二四二街 | 常德路櫻華里 | 九三 |
| 一二四三街 | 常德路長壽路北 | 九三 |
| 一二四四街 | 南京西路西康路東 | 七四 |
| 一二四四街 | 常德路櫻華里 | 九三 |
| 一二四五街 | 常德路長壽路北 | 九三 |
| 一二四六街 | 常德路櫻華里 | 九三 |
| 一二四七街 | 常德路長壽路北 | 九三 |
| 一二四八街 | 常德路櫻華里 | 九三 |
| 一二四九街 | 常德路長壽路北 | 九三 |
| 一二四九街 | 愚園路娥眉月路西 | 一一 |
| 一二五〇街 | 常德路櫻華里 | 九三 |
| 一二五一街 | 常德路長壽路北 | 九三 |
| 一二五二街 | 江寧路統益東里 | 八八 |
| 一二五二街 | 常德路櫻華里 | 九三 |
| 一二五三街 | 常德路長壽路北 | 九三 |
| 一二五四街 | 常德路櫻華里 | 九三 |
| 一二五四街 | 梵皇渡路鼎康里 | 一〇 |
| 一二五五街 | 西康路長壽路北 | 九三 |
| 一二五五街 | 常德路長壽路北 | 九三 |
| 一二五六街 | 中正東路連雲路西 | 一七 |
| 一二五六街 | 中正中路慈厚南里西總街 | 七一 |
| 一二五六街 | 常德路櫻華里 | 九三 |
| 一二五七街 | 常德路長壽路北 | 九三 |
| 一二五八街 | 常德路櫻華里 | 九三 |
| 一二五九街 | 常德路長壽路北 | 九三 |
| 一二六〇街 | 南京西路西康路東 | 七四 |
| 一二六〇街 | 常德路櫻華里 | 九三 |
| 一二六二街 | 常德路櫻華里 | 九三 |
| 一二六四街 | 中正東路連雲路西 | 一七 |
| 一二六四街 | 常德路櫻華里 | 九三 |
| 一二六五街 | 北京西路西康路西 | 七四 |
| 一二六六街 | 常德路櫻華里 | 九三 |
| 一二六八街 | 常德路櫻華里 | 九三 |
| 一二七〇街 | 常德路櫻華里 | 九三 |
| 一二七七街 | 愚園路娥眉月路西 | 一一 |
| 一二七八街 | 中正東路復新里 | 一七 |
| 一二八〇街 | 愚園路興德邨 | 一二 |
| 一二八一街 | 西康路長壽路北 | 九三 |
| 一二八五街 | 北京西路和平邨 | 七四 |

| 街號 | 地址 | 圖號 |
| --- | --- | --- |
| 一二八八街 | 康定路康樂邨 | 九七 |
| 一二九二街 | 中正東路均樂邨 | 一一七 |
| 一二九二街 | 愚園路極源坊 | 一一一 |
| 一三〇〇街 | 北京西路文德坊 | 七五 |
| 一三〇四街 | 康定路武陵邨 | 九七 |
| 一三一〇街 | 中正東路高陞里 | 一一七 |
| 一三一二街 | 北京西路愛文坊 | 七五 |
| 一三一二街 | 梵皇渡路民生新邨 | 一〇六 |
| 一三一六街 | 新閘路慈孝邨 | 八一 |
| 一三二〇街 | 愚園路長寧路東 | 一一一 |
| 一三二五街 | 康定路積善里 | 九七 |
| 一三二八街 | 康定路餘姚路東 | 九七 |
| 一三三五街 | 溧陽路閒雲草堂 | 四九 |
| 一三三五街 | 江寧路泰來里一街 | 九一 |
| 一三三五街 | 康定路志誠里 | 九七 |
| 一三三七街 | 愚園路長寧路東 | 一一一 |
| 一三四〇街 | 新閘路三元坊 | 八一 |
| 一三四一街 | 四川北路安寧里 | 二八 |
| 一三四四街 | 四川北路武進路北 | 二九 |
| 一三四五街 | 江寧路泰來里二街 | 九一 |
| 一三五二街 | 愚園路聯安坊 | 一一一 |
| 一三五三街 | 江寧路泰來里三街 | 九一 |
| 一三五三街 | 康定路太平坊 | 九七 |
| 一三五五街 | 溧陽路四川北路東 | 四九 |
| 一三五六街 | 康定路同康里 | 九七 |
| 一三六〇街 | 四川北路豐盛里 | 二九 |
| 一三六一街 | 江寧路泰來里四街 | 九一 |
| 一三七〇街 | 中正東路西興降坊 | 一一七 |
| 一三七〇街 | 康定路康星坊 | 九七 |
| 一三七一街 | 西康路長壽路北 | 九三 |
| 一三七六街 | 愚園路亭昌里 | 一一一 |
| 一三七七街 | 溧陽路四川北路東 | 四九 |
| 一三七八街 | 康定路餘姚路東 | 八七 |
| 一三八一街 | 康定路得發里 | 九七 |
| 一三八三街 | 康定路鶴壽里 | 九七 |
| 一三八五街 | 四川北路崇業里 | 二八 |
| 一三八六街 | 四川北路豐盛里 | 二九 |
| 一三九四街 | 中正東路桂林里 | 一一七 |
| 一三九五街 | 康定路永和邨 | 九七 |
| 一三九七街 | 溧陽路四川北路東 | 四九 |

| 街號 | 地址 | 圖號 |
| --- | --- | --- |
| 一四〇〇街 | 北京西路覺園 | 七五 |
| 一四〇三街 | 北京西路宏仁里 | 七三 |
| 一四〇六街 | 康定路榮寧里 | 九七 |
| 一四一二街 | 愚園路長寧路東 | 一一一 |
| 一四一三街 | 溧陽路求志里 | 四九 |
| 一四一三街 | 梵皇渡路華豐醬色廠對面 | 一〇七 |
| 一四一四街 | 中正東路恆業里 | 一一七 |
| 一四一六街 | 西康路元益坊 | 九一 |
| 一四三三街 | 北京西路福剛里 | 七三 |
| 一四五〇街 | 康定路諸邨 | 九六 |
| 一四五一街 | 南京西路慈厚北里 | 七一 |
| 一四五一街 | 新閘路同德里 | 七五 |
| 一四五四街 | 江寧路宜昌路南 | 九〇 |
| 一四五七街 | 北京西路鴻福里 | 七三 |
| 一四六二街 | 中正東路永貴里 | 一一七 |
| 一四六四街 | 康定路文劉里 | 九六 |
| 一四六六街 | 四川北路三新里總街 | 二九 |
| 一四六八街 | 江寧路宜昌路南 | 九〇 |
| 一四六九街 | 康定路忻康里 | 九七 |
| 一四七二街 | 康定路文劉里 | 九六 |
| 一四七五街 | 北京西路常德路東 | 七三 |
| 一四八四街 | 康定路東平里 | 九六 |
| 一四八六街 | 南京西路銅仁路西 | 七三 |
| 一四八七街 | 梵皇渡路秦家莊 | 一〇七 |
| 一四八八街 | 江寧路宜昌路南 | 九〇 |
| 一四八九街 | 北京西路鴻禧里 | 七三 |
| 一四八九街 | 新閘路福安坊 | 七五 |
| 一四九二街 | 新閘路西康路西 | 八〇 |
| 一四九七街 | 康定路忻康里 | 九七 |
| 一四九八街 | 江寧路宜昌路南 | 九〇 |
| 一五〇一街 | 西康路藥水街 | 九二 |
| 一五〇二街 | 康定路梵皇渡路東 | 九六 |
| 一五〇四街 | 江寧路宜昌路南 | 九〇 |
| 一五一二街 | 江寧路宜昌路南 | 九〇 |
| 一五一五街 | 四川北路永豐坊 | 五一 |
| 一五二二街 | 南京西路常德路東 | 七三 |
| 一五二三街 | 梵皇渡路秦家莊西 | 一〇七 |
| 一五二四街 | 江寧路宜昌路口 | 九〇 |
| 一五三六街 | 新閘路常德路東 | 八〇 |
| 一五三七街 | 南京西路金城別墅 | 七一 |

| 街號 | 地址 | 圖號 |
| --- | --- | --- |
| 一五四五街 | 四川北路大德里 | 五一 |
| 一五四八街 | 北京西路玉珊坊 | 七六 |
| 一五六四街 | 北京西路渭德里 | 七六 |
| 一五六九街 | 四川北路新祥里 | 五一 |
| 一五七四街 | 北京西路常德路西 | 七六 |
| 一五七六街 | 新閘路來安坊 | 八〇 |
| 一五八〇街 | 北京西路織榮坊 | 七六 |
| 一五八三街 | 南京西路常德路西 | 七一 |
| 一五八七街 | 南京西路益壽坊 | 七一 |
| 一五八九街 | 四川北路士德里 | 五一 |
| 一六〇〇街 | 南京西路吉美邨 | 七三 |
| 一六〇三街 | 南京西路延年坊 | 七一 |
| 一六〇四街 | 四川北路北四川里 | 五一 |
| 一六〇四街 | 北京西路嘉平里 | 七六 |
| 一六一〇街 | 南京西路吉美邨 | 七三 |
| 一六三四街 | 四川北路寶誠里 | 五一 |
| 一六三四街 | 南京西路廟街 | 七三 |
| 一六三五街 | 四川北路安愼坊 | 五一 |
| 一六六四街 | 南京西路泰利巷 | 七三 |
| 一六八九街 | 四川北路克明里 | 五一 |
| 一七〇二街 | 四川北路橫浜河南 | 五一 |
| 一七一四街 | 四川北路橫浜河南 | 五一 |
| 一七二六街 | 四川北路福德里 | 五一 |
| 一七二九街 | 北京西路柳迎邨 | 七二 |
| 一七五三街 | 南京西路華山路西 | 七二 |
| 一七五六街 | 南京西路聯吉里 | 七二 |
| 一七七四街 | 四川北路永樂坊 | 五一 |
| 一七八四街 | 四川北路永樂坊 | 五一 |
| 一七九〇街 | 南京西路迪化北路東 | 七二 |
| 一七九三街 | 南京西路迪化北路東 | 七二 |
| 一八〇二街 | 四川北路士慶路北 | 五一 |
| 一八〇四街 | 南京西路迪化北路東 | 七二 |
| 一八一一街 | 四川北路麥拿里 | 五〇 |
| 一八二〇街 | 新閘路海聯里 | 七七 |
| 一八五一街 | 四川北路慶壽里 | 五〇 |
| 一八五一街 | 新閘路膠州路西 | 七六 |
| 一八五四街 | 新閘路志文坊 | 七七 |
| 一八五六街 | 四川北路阿瑞里 | 四九 |
| 一八七五街 | 新閘路西金家街 | 七六 |
| 一八八一街 | 四川北路魏盛里 | 五〇 |

| 街號 | 地址 | 圖號 |
|---|---|---|
| 一八九二街 | 南京西路愚谷邨 | 一〇一 |
| 一九〇六街 | 四川北路餘慶坊 | 四九 |
| 一九一五街 | 南京西路迪化北路西 | 一〇一 |
| 一九二七街 | 四川北路安樂坊 | 五一 |
| 一九四〇街 | 南京西路迪化北路西 | 一〇一 |
| 一九五三街 | 四川北路永安里 | 五〇 |
| 一九五五街 | 南京西路百祿坊 | 一〇一 |
| 一九六三街 | 四川北路永安里 | 五〇 |
| 一九七三街 | 四川北路永安里 | 五〇 |
| 一九八四街 | 南京西路蝶來新邨 | 一〇一 |
| 一九九六街 | 四川北路求志里 | 四九 |
| 一九九九街 | 四川北路溧陽路對面 | 五〇 |
| 二〇二二街 | 四川北路求志里 | 四九 |
| 二〇四二街 | 南京西路永餘里 | 一〇一 |
| 二〇五二街 | 南京西路順餘里 | 一〇一 |
| 二〇六〇街 | 南京西路永順里 | 一〇一 |
| 二〇七四街 | 南京西路永康里 | 一〇一 |

# 醫師一覽

丁惠康　南京西路九三四號。電話三三八七七

朱鶴皋　長沙路149街30號。電話九二七五六

丁濟萬　鳳陽路六〇街三二號。電話九〇二九一

黃寶忠　鳳陽路三七六街五號。電話三一八四四

嚴倉山　太倉路一五〇號。電話八三五六三

屠企華　威海衛路黃陂北路口。電話三七六三四

朱小南　北京西路九六號。電話九七八二三

石筱山　連雲路五〇街三號。電話八四一五九

羅鑫泉　中正北一路227街18號。電話三二三一八

林洞省　馬浪路新民邨二三號。

# 上海市行號路圖錄上冊大樓索引

# 上海市行號路圖錄上冊廣告索引

| 行號名稱 | 業務 | 經理姓名 | 地址 | 電話 | 頁數 |
|---|---|---|---|---|---|
| **一劃** | | | | | |
| 一大行 | 工業原料 | 程國華 | 中正東路一四七號七樓七〇七室八樓八〇一室 | 八六六〇〇 八五六〇〇 | 三二九 |
| 一中行 | 進出口 | 張淵 | 金陵東路昇平里二二號 | 八二九八一 | 三八五 |
| **二劃** | | | | | |
| 丁濟萬 | 中醫師 | | 鳳陽路六〇衖三二號 | 九〇二九一 | 四五六 |
| 九豐搪瓷鋼精廠股份有限公司 | 搪瓷鋼精 | 徐朗星 | 福建中路三九二號 | 九〇三一六 | 三二一 |
| 人和織造廠 | 織造 | 孔祖安 | 黃陂南路三七三號 | 八四五二九 | |
| **三劃** | | | | | |
| 三禾公司 | 進出口 | 高礽清 | 江西路二六四號二樓 | 一二〇九四 一八五五八 | 四六三 |
| 三北輪埠股份有限公司 | 航業 | 虞順懋 | 廣東路九〇號 | 一二九五〇 | 四三三 |
| 三多內衣廠 | 內衣 | 葛仲高 | 寧波路渭水坊二號 | 九三五七三 | 四一三 |
| 三星咖啡製糖廠 | 糖果 | 楊記明 | 民國路小北門五二〇衖五六號 | | 二五〇 |
| 三樂大藥房 | 西藥 | 吳樂莘 | 六合路五八號 | 九〇九四四 九〇七二六 | 四一七 |
| 三慰公司 | 進出口 | 虞順慰 | 廣東路九三號 | 一三一三一 一三一三二 | 七六、四〇九 |
| 上海大理石廠 | 大理石 | 王劍偉 | 四川中路三四六號迦陵大樓一一三室 | 一六〇二三 一四三九七 | 三〇一 |
| 上海工業商業儲蓄銀行 | 金融 | 夏開明 | 四川中路四四〇號 | 一六四四二 一四〇九九 | 一〇〇 |
| 上海女子中學 | 學校 | 吳益之 | 新大沽路四五一號 | 三四八九九 | 三七〇 |
| 上海中國國貨公司 | 國貨 | 李康年 | 南京東路三四一號 | 九八四八四 | 四一 |
| 上海永亨銀行 | 銀行 | 朱蕙生 | 寧波路二六六號 | 九二〇九三 九二〇九四 | 三七 |
| 上海市銀行 | 銀行 | 道賢模 | 九江路五〇號 | 一六一五七 | 封面背頁 |
| 上海市興業信託社 | 信託地產 | 道賢模 | 南京東路二三三號哈同大樓四樓 | 一五四八〇 一〇七九九 | 二〇五 |
| 上海百佳股份有限公司 | 化粧品 | 謝傳銘 | 北京東路一九〇號 | 一三八八〇 一三三四一 | 一五四 |
| 上海京華股份有限公司 | 進出口 | 章振宇 | 滇池(仁記)路八一號 | 一九六六四 | 三七七 |
| 上海機聯會 | | 程守中 | 貴州路逢吉里一二號 | 九一三六四 | |
| 上海建國實業公司 | 棉織品 | 董一峯 | 長治路五一號 | 四五八七〇 四五九七〇 | 一四一 |
| 上海信孚印染廠 | 印染 | 吳曦春 | 虎丘路八八號 | 一四二四四 一七六五四 | |
| 上海紅星橡膠廠 | 套鞋跑鞋 | 滕忠和 | 中正東路三一八號 | 九二五〇六 九〇九一二 | 三九六 |
| 上海婦女補習學校 | 學校 | 周振韶 | 雁蕩路五四號 | 八一二八〇 | 二九七 |
| 上海國民銀行 | 銀行 | 趙復初 | 滇池路八一號 | 一三〇〇三 | 二六、二九五 |
| 上海商業儲蓄銀行 | 商業儲蓄 | 伍克家 | 寧波路五〇號 | 一二五六〇 | 二五 |
| 上海茂盛電機染織布廠 | 染織 | 施錫麟 | 北京東路八五〇衖三號 | 九五五五二 | 二一三 |
| 上海華中工廠 | 文具 | 王亨仁 | 黃陂南路四八號 | 八六七三四 | 三三一 |
| 上海鉛筆廠股份有限公司 | 製造鉛筆 | 章偉士 | 徐家匯路三二四號 | 六八〇〇三 | 二九七 |
| 上海綢緞公司 | 綢緞 | 嚴金聲 | 南京西路六五二——六號 | 三五三二四 | 一三〇 |

| 行號名稱 | 業務 | 經理姓名 | 地址 | 電話 | 頁數 |
|---|---|---|---|---|---|
| 上海綢業銀行 | 銀行 | | 漢口路四六○號 | 九三三五○ | 四一三 |
| 上海鴻章紡織染廠股份公司 | 紡織染 | 郭亮甫 | 天津路一七○街一八號 | 九三八二○　九四九○三 | 三六七 |
| 上海鐵業銀行 | 銀行 | 陳貴生 | 香港路一五○號 | 一二七四七 | 二六二 |
| 上海精美食品公司 | 酒菜食品 | 李賢影 | 南京路英華街二五號 | 九○四九三　九○三四一 | 五九 |
| 上海愛皮西糖果餅乾廠 | 糖果餅乾 | 馮百鏞 | 林森中路六二二街五六號 | 八八八六四　八五○一六 | 二八一 |
| 上海模範味粉廠股份公司 | 味粉工業 | 范樹元 | 愚園路一三五五街六九號 | 二二四一九 | 四五○ |
| 上海實業股份有限公司 | 運輸貿易 | 蘇大鈞 | 虎丘路八八號 | 一○四六二　一四九一七 | 七五 |
| 大中工業社股份有限公司 | 縫衣針 | 尹致中 | 泰康路(賈西義路)二二○號 | 七七○一三　七八○四六 | 五三 |
| 大中工業原料號 | 工業原料 | 朱惠鑑 | 山東路一六八號 | 九八七八五 | 三七七 |
| 大中行五金號 | 五金 | 袁文墉 | 河南中路景興大樓三一一室 | 九三六八八 | |
| 大中華貿易公司 | 進出口 | 劉茂林 | 寧波路四○號三一二室 | 一七九○七 | 三七六 |
| 大中華藥房 | 西藥 | 施亘轅 | 福州路七四六號 | 九四八四一 | 四○九 |
| 大中華鋼鐵廠 | 鋼鐵 | 樂俊賚 | 北蘇州路六五六號 | 四○八七六 | 二八五 |
| 大中華橡膠廠 | 橡膠工業 | 吳哲生 | 中正東路二七二街三二號 | 一五六○六─八 | 八四 |
| 大中銀行 | 銀行 | 徐勉之 | 河南中路五○一號 | 九八一二六　九八一二七 | 一二七 |
| 大北航業股份有限公司 | 航業 | 周恩源 | 四川南路二九號約克大樓一樓 | 八六○五八 | 四○九 |
| 大成印刷局 | 印刷 | 陸源臣 | 黃河南路二五三街K一二號 | 三三八一六 | 四○一 |
| 大成紡織染公司 | 紡織溧染 | 劉國鈞 | 山東北路四八號 | 九四五四七　九六二五二 | 一一二、三四五 |
| 大成製糖廠 | 糖果 | 江義彬 | 復興中路一九號 | 八三九八七 | 四一二 |
| 大成橡膠廠 | 橡膠製品 | 楊公庶 | 四川中路六六八號 | 一○八二九　一○九五七 | 三三 |
| 大同酒家 | 粵菜腌腊 | 陳廣海 | 林森中路七二五號 | 七六八一七　七七七七三 | 九一 |
| 大同商業銀行 | 銀行 | 張邦鐸 | 北京東路一五一號 | 一○一九八 | 四一三 |
| 大同華行 | 進出口 | 王鐖 | 四川中路六七七號 | | |
| 大同銀行上海分行 | 銀行 | 劉龍洲 | 河南路五七九號 | 九六六三三　九二八○一 | 四五八 |
| 大同元記禮品局 | 綢幃銀盾 | 范嘉生 | 九江路四八二號 | 九三七一三 | 四一二 |
| 大昌工業原料行 | 化學原料 | 林德源 | 廣東路三五二街四號(山東路口) | 九四六三八　九二九三七 | 三六一 |
| 大孚紡織五金號 | 貿易 | 林大濟 | 天潼路三○六號 | 四二四二○ | 一一五 |
| 大來商業儲蓄銀行 | 銀行 | 馮伯準 | 中正東路七號 | 八六三五三　八四九八二 | 二二四 |
| 大來照相材料公司 | 照相材料 | 朱今農 | 南京東路五五號 | 一四七七七　一六六三三 | 二五九 |
| 大陸染織廠 | 染織 | 潘士浩 | 福建中路二一○號 | 九一五二五　九六○八四 | |
| 大陸行 | 航業運輸 | 陳啓鋭 | 福州路三三號三樓 | 一九七四五─六 | 四二五 |
| 大陸銀行 | 銀行 | 許漢卿 | 九江路一一一號 | 一六九七九 | 二四 |
| 大陸橡膠廠 | 橡膠鞋 | 葛寶華 | 福建中路三五二街三號 | 九一八四二 | 四四 |
| 大公紡織印染機器製造公司 | 染織機器 | 唐性存 | 南京東路三五六號 | 九一二八六　九一四二五 | |
| 大公商業儲蓄銀行 | 銀行 | 俞壽松 | 寧波路一三○號 | 一三七五二　一六一七三 | 九二 |
| 大公報館 | 報紙 | 李子寬 | 南京東路二二二號 | 一九四八○ | 111 |
| 大升錢莊 | 銀錢 | | 漢口路五一八號 | 九三○二八 | 七八 |
| 大仁興記藥房 | 西藥 | 陳家驄 | 漢口路四九八號 | 九六九四八 | |
| 大方藥房 | 西藥 | 黃禮剛 | 廣東路六八九街三二號 | 九一六三八　九五七三五 | |
| 大可染料化學廠 | 染料 | 沈鼎三 | 南京路一九二號二樓 | 一四七五○ | 三四九 |

| 行號名稱 | 業務 | 經理姓名 | 地址 | 電話 | 頁數 |
| --- | --- | --- | --- | --- | --- |
| 大生第一紡織公司 | 棉紡織 | 張敬禮 | 南京路保安坊—(廠址南通唐家閘) | 九四〇二六 九二四一七 | |
| 大生第三紡織公司 | 棉紡織 | 張文潛 | 南京路保安坊—(廠址海門常樂鎮) | 九四〇二六 九二四一七 | |
| 大光明煙咀工藝社 | 煙咀 | 徐竹茂 | 南市老北門內計家街四五街三號 | (〇二)七〇八〇一轉 | 四一三 |
| 大有行 | 進口 | | 北京東路六〇號 | 一八三六二 | 三八九 |
| 大江農林企業股份有限公司 | 進出口 | 管春樹 | 寧波路四〇號上海銀行大樓二一六室 | 一〇五一二 | 三七六 |
| 大民鹽業股份有限公司 | 運銷食鹽 | 凌希超 | 中正東路中匯大樓四一七室 | 八一七〇〇 | 一九四 |
| 大民鹽業公司 | 鹽業 | 凌希超 | 中正東路中匯大樓四一七號 | 八一七〇〇 | 四五三 |
| 大東南煙草公司 | 煙廠 | 張雨文 | 徐家匯路四七四街一七號 | 七〇三一一 | 二七七 |
| 大明油漆廠 | 油漆 | 謝晉才 | 北京路八〇〇號 | 九四八六四 | 六六 |
| 大明實業廠 | 文具 | 謝錦堂 | 襄陽南路三七九號 | 七一三六七 | |
| 大華毛織股份有限公司 | 毛織品 | 王永鍾 | 南京東路三七四街一五號 | 九三六〇〇 | 一八四 |
| 大華工業原料顏料靛青有限公司 | 工業原料 | 曹隱雲 | 山東路二二九號 | 九一九〇四 九七二〇三 | 二七〇 |
| 大華五金號 | 五金 | 李友唐 | 南潯路一二四號 | 四二三四五 | 四一三 |
| 大業工業原料行 | 工業原料 | 江鼎康 | 交通路六二號 | 九七九一九、九〇八四七 | 111 |
| 大通紡織公司 | 紡織 | 胡國樑 | 江西路四〇六號 | 一六〇二二 | 封面裏頁 |
| 大通航業 大達輪船公司聯營處 | 輪船 | 李雲亙 | 中山東一路九號 | 一三五五五 | 四四八 |
| 大達織造廠 | 駱駝羢 | 劉贊臣 | 山東中路二二七街二〇號 | 九六一九四 | 四二〇 |
| 大偉行 | 進出口 | 王劍偉 | 四川中路三四六號迦陵大樓一一三—七室 | 一四三九七 一六〇二三 | |
| 大順公海味糖行 | 海味北貨 | 胡鑑人 | 新閘路三七四號 | 三三四九四 | 四五三 |
| 大新化學廠 | 肥皂 | 許希林 | 河南南路四七街一一號 | 八一一七六 | 三二九 |
| 大新旅店 | 旅店 | 張景堂 | 湖北路一〇八號 | 九四四二九 九五八七二 | 二八五 |
| 大新煙草公司 | 煙草 | | 北京西路一〇九四號 | 三九〇五七 | 四五三 |
| 大德化學廠 | 化學品 | 顧嘉齡 | 西康路四六五街五一號 | 三〇八一五 | 三六三 |
| 大德號 | 證券 | 王　鐵 | 四川中路六七七號 | 一三六九三 | 一〇 |
| 大興隆記皮革鞋料號 | 皮革 | 金永江 | 湖北路北海路六五—七號 | 九五一九三 | 四一七 |
| 大豐工業原料行 | 工業原料 | 方子藩 | 交通路二八號 | 九二八四四 九七四九二 | 二九一 |
| 大豐振靛青顏料號 | 顏料原料 | 單劍嵐 | 民國路三三二號 | 八六二二九 | 三六〇 |
| 大豐製車工廠 | 造自由車 | 沈全發 | 東餘杭路一一四〇街一五號 | 五一二一三轉 | |
| 久安工業原料行 | 工業原料 | 盛詠畊 | 山東中路一四四號 | 九六三九三 | 五〇 |
| **久安貿易地產公司** | 房地產 | 顧子餘 | 南京西路八九三號四樓 | 三二八四〇 | |
| 久昌盛記行 | 顏料靛青 | 葛子鵬 | 河南中路八〇街昌興里十五號 | 一二一八六 | 三七七 |
| 久康顏料號 | 顏料 | 陳惠民 | 九江路二九六街一二號 | 九〇六九八 九六〇一四 | 三七三 |
| 久新搪瓷廠 | 搪瓷工業 | 錢宗建 | 徐家匯路二二一號 | 七四七八〇 | 九一、二五一、二五四 |
| 久豐綢緞局 | 綢緞 | 羅立鑫 | 南京東路七三九號 | 九二六八八 | 三八一、六四 |
| 川大貿易行 | 貿易 | 王熾森 | 廣東路曹愛坊一〇號 | 九一七一一 | 三八八 |
| 川康平民商業銀行 | 銀行 | 雷浚濤 | 河南中路五一五號 | 九八五九六 | 一〇七 |
| **允中股份有限公司** | 貿易 | 趙莊書 | 九江路一一三號六一一室 | 一七六〇八 | |

## 四劃

| 行號名稱 | 業務 | 經理姓名 | 地址 | 電話 | 頁數 |
|---|---|---|---|---|---|
| 中一信託公司 | 銀行信託 | 嚴成德 | 北京東路二七〇號 | 一五二〇〇 | 一三五 |
| 中一染料廠 | 各種染料 | 蔡介忠 | 中正東路中匯大樓六〇一室 | 八四三八九 | 一八九 |
| 中央化學玻璃廠 | 化學用品 | 闞寶之 | 漢口路五六六號 | 九五五九三 | 二九七 |
| 中央香皂廠 | 香皂 | 李北海 | 山東路金壽里二七號 | 九四二六四 | 一二 |
| 中央藥房股份有限公司 | 新藥 | 徐定庚 | 南京路七四八號 | 九三三六六(三線) | 四〇九 |
| 中央殯儀館 | 殯殮寄柩 | 陳其芬 | 新會路三四號 | 三六九六三 | 三三八 |
| 中孚銀行 | 銀行 | 孫仲榮 | 滇池路一〇三號 | 一六八七五—九(五線) | 四四 |
| 中法大藥房 | 西藥 | 許曉初 | 北京東路八五一號 | 九二三三三 | 五、三五五、三七五 |
| 中法大藥房 | | | | | 三七九、三八三、三九九 |
| 中法大藥房 | | | | | 四〇七、四一八、四三五 |
| 中法大藥房 | | | | | 四三八、四六四 |
| 中和號 | 證券 | 張榮觀 | 證券大樓五一六—八室 | 九四三九八 九一四二八 | 三四〇 |
| 中英大藥房股份有限公司 | 新藥 | 徐新賚 | 河南路二三五號 | 九七一八四 | 四八 |
| 中南棉毛織造廠股份有限公司 | 棉布內衣 | 李源康 | 廣東路清遠街東廣福里九號 | 九一八五八 九二五二七 | 五〇、五二 |
| 中南銀行 | 銀行 | 黃浴沂 | 漢口路一一〇號 | 一五二二二 | 二一 |
| 中振藥房 | 西藥 | 吳振華 | 雲南路一二二—四號 | 九五五八八 九一九三〇 | 一一七 |
| 中美電業行 | 日光燈 | 徐輪伯 | 寧波路六六九號六合路口 | 九六九八一 九一六九三 | 四四四 |
| 中美烟廠 | 煙廠 | 孫　行 | 北京西路平和里四四號 | 六〇八五九 | 一六〇 |
| 中美乾洗公司 | 乾洗精染 | 羅　正 | 四川中路五四四號 | 一九二三八 | 一三一 |
| 中原藥廠 | 西藥 | 周大維 | 四川中路四一〇號三五二室 | 一四九二二 | 三三二 |
| 中國三新新記實業有限公司 | 染織 | 徐載庵 | 廈門路一三六衖四六號 | 九六三五六 九一六三三 | |
| 中國工鑛銀行 | 銀行 | 翟溫橋 | 中正東路九號 | 八二一六二 八二一六三 | 二四八 |
| 中國工業玻璃廠 | 玻璃用具 | | 閘北中山北路三九四號 | (〇二)六一〇二二 | 四一六 |
| 中國文化服務社 | 圖書文具 | 劉百閔 | 福州路六七九號 | 九一七〇五 九五九九五 | 五九 |
| 中國天一產物保險公司 | 水火保險 | 謝志方 | 北京東路二五五號 | 一一六三三 | |
| 中國立豐棉毛織造廠股份公司 | 機製棉織 | 章人偉 | 北京東路八五〇衖九號 | 九四五四八 三三九一七 | 六八 |
| 中國手帕織造廠 | 手帕 | 桂香庭 | 四川路三三號企業大樓三〇二室 | 一〇九二七 七七一二三 | 三〇九 |
| 中國內衣織染公司 | 紡織內衣 | 黃漢彥 | 康定路一〇九九號 | 三二九二〇 | 六四 |
| 中國印書館股份有限公司 | 印刷出版 | 孫翔風 | 福州路五一九號 | 九四七九九 九四三八八 | 二九三 |
| 中國申一橡膠帶廠 | 橡膠帶 | 穆銘三 | 北京東路四九八號 | 九〇六三八 三八三九九 | 四〇〇 |
| 中國公勝織染廠 | 織染 | 黃永清 | 滬西周家橋天山支路二一〇號 | 二九六七一 九三〇九〇 | 四一六 |
| 中國企業銀行 | 銀行 | 劉吉生 | 四川中路三三號一樓全部 | 一六九八〇 | 一八 |
| 中國乒乓公司 | 運動用品 | 王　一 | 北京西路福田邨四八號 | 三九一三一 | 二二八 |
| 中國地毯公司 | 地毯 | 姜光新 | 南京西路四四七號 | 六〇六〇三 | 四〇九 |
| 中國雨衣廠 | 雨衣 | 鄭耕梅 | 浙江路一九〇衖正豐大樓 | 九〇九七四 九一三六九 | 五八 |
| 中國南洋兄弟烟草公司 | 捲烟 | 潘銘新 | 中正東路一八三號 | 八二〇八三 | 一六〇 |
| 中國亞浦耳電器廠 | 電燈泡 | 胡西園 | 北京東路四九二號 | 九四四三三 | 三〇九 |
| 中國航運公司 | 航業 | 董浩雲 | 中山東一路一二號 | 一一二五七 一八七四九 | 四〇四 |
| 中國航空公司 | 航空運輸 | 劉敬宜 | 天津路二號 | 一七二四九 | 四〇四 |
| 中國紡織建設公司 | 紡布 | 東雲章 | 江西路一三八號 | 一三五九〇 | 112 |

| 行號名稱 | 業務 | 經理姓名 | 地址 | 電話 | 頁數 |
| --- | --- | --- | --- | --- | --- |
| 中國和成煙草公司 | 捲煙 | 倪是庸 | 馬白路三八號 | 三二六〇〇 | 三四四 |
| 中國海損理算事務所 | | | 寧波路四〇號一〇四室 | 一〇二五六 | 八五 |
| 中國旅行社 | 旅行業務 | 唐渭濱 | 四川北路四二〇號 | 一三四五〇 | |
| 中國國貨銀行 | 銀行 | 宋子亘 | 天津路八六號 | 一一六五(五線) | 封底裏頁 |
| 中國通商銀行 | 銀行 | 杜鏞 | 中山東一路七號 | 一五五五〇 | 九二 |
| 中國通商銀行儲蓄信託部 | 儲蓄信託 | 陳國華 | 河南中路三九〇—三九四號 | 一〇二九三 一三四〇二 | |
| 中國華明煙公司 | 捲烟廠 | 經綸 | 西康路四四六號 | 六二七〇九 六一二二五 | 三〇七 |
| 中國運輸有限公司 | 運輸 | 朱汝翔 | 廣東路四二號 | 一九七三九(三線) | 三八一 |
| 中國萃衆製造公司 | 被單毛巾 | 李亘康 | 南京路慈淑大樓三二〇號 | 九五九八八 | 二六五 |
| 中國景德瓷器公司 | 磁器 | 吳少樵 | 雲南南路餘慶里四街五號 | 八五八一九 | |
| 中國煤氣爐製造廠 | 煤氣爐 | 汪祖培 | 南京西路六八五號 | 三三六八一 | 三一七 |
| 中國農工銀行 | 銀行 | 沈天夢 | 河南中路三四八號 | 一八一三五 | 九六 |
| 中國製針廠 | 針業 | 李北海 | 廣東路三六九街二七號 | 九四二六四 | 九 |
| 中國精益眼鏡公司 | 眼鏡 | | 南京東路七九八號 | 九三八九五 | 一七三 |
| 中國僑民銀公司 | 銀行 | 舒子杰 | 九江路二五〇號 | 一〇一七七 一九〇八三 | 三九九 |
| 中國實業銀行 | 銀行 | 奚倫 | 北京東路一三〇號 | 一八七二五—九 | 二九 |
| 中國實業染織廠 | 染織 | 胡忠甫 | 中正南二路四一〇街七九號 | 七三四九五 | 二八七 |
| 中國興業熱水瓶廠 | 熱水瓶 | 陳西園 | 中正北一路三一五號 | 三九九九三 | 一三九、一七四、一七〇 |
| 中國興業熱水瓶廠 | | | | | 六七、一九 |
| 中國橡膠製品廠 | 橡膠 | 吳守善 | 南無錫路一三六街九號 | 九三六七五 | 三九七 |
| 中國墾業銀行 | 銀行 | 董建侯 | 北京東路二三九號 | 一六二九〇 | 二九 |
| 中國醫療器械聯營股份公司 | 醫療器械 | 曹時玉 | 北京西路九八一號 | 三二六七七 | |
| 中國啤酒廠 | 製造啤酒 | 林兆鶴 | 中正西路(大西路)一二〇號 | 二一四三五 | 三一三 |
| 中國福新烟公司 | 捲烟 | 丁盤泉 | 澳門路九七號 | 三四三〇二 | 四二四 |
| 中華汽車修理行 | 修理汽車 | 徐元傑 | 溧陽路一一九二號 | 四六〇四五 | 一九七 |
| 中華味上廠 | 調味粉 | 楊蘭芳 | 閘北寶山路七四八號 | | 三二一 |
| 中華風琴廠 | 風琴 | 徐湯亘 | 泰興路五〇六街三號 | 三六四八八 | 二九八 |
| 中華第一針織廠 | 針織 | 吳中一 | 澳門路一四〇號 | 三九八九〇 | 一七七 |
| 中華第一紡織廠 | 紡織 | 陸菊森 | 澳門路一四〇號 | 三九八九〇 | |
| 中華煤油股份有限公司 | 煤油 | 陳能才 | 外灘滙豐大樓三四九號 | 一六一〇六 一四六一八 | 三一三 |
| 中華銀行 | 銀行 | 羅伯康 | 北京東路二九〇號 | 一三一七三 一六一九〇 | 一一四 |
| 中華琺瑯廠股份有限公司 | 琺瑯 | 方劍閣 | 河南南路五〇—五六號 | 八四五二〇 | 四一六 |
| 中華實業工廠 | 安全油料 | 徐承緒 | 中正東路二二〇號—新閘路五六五街一八四號 | 一六三三四 三一六二三 | |
| 中華綢布呢絨公司 | 綢布呢絨 | 余源海 | 南京東路五二一號 | 九一八一七 | 三八 |
| 中華煙草公司(經濟部接管) | 捲煙 | 楊錫仁 | 江西路一一五號三樓 | 一八七六六 | 一六一 |
| 中華輾銅廠 | 製銅 | 余中南 | 海防路四三五號 | 六〇三一九 六一一三八 | 一六 |
| 中庸商業銀行 | 銀行業務 | 姚德餘 | 寧波路二〇四號 | 九六七二九 九五一八六 | 序文前頁 |
| 中級信用信託公司 | 信託 | 葉景灝 | 山西南路一九一號 | 九七二九七 九一七〇四 | 二三八 |
| 中紡紗廠股份有限公司 | 紡紗 | 王統元 | 寧波路三四九號 | 九三二一五 九七三八八 | 四一二 |
| 中建公司 | | 廖公邵 | 南京東路漢彌登大樓二五五室 | 一〇七九二 | |

| 行號名稱 | 業務 | 經理姓名 | 地址 | 電話 | 頁數 |
|---|---|---|---|---|---|
| 中貿銀行 | 銀行 | 陸允升 | 廣東路九三號 | 一八六六三—五 | 七七 |
| 中新工廠 | 經濟火爐 | 呂時新 | 江西中路一號 | 一九八四〇 | 二〇 |
| 中德醫院 | 醫院 | 俞松筠 | 中正中路四五七號 | 八四〇三四 | 四二三 |
| 中興汽水廠 | 汽水 | 黃續生 | 西康路一二一二街一〇八七號 | 三〇四七六 | 二九九 |
| 中興華行 | 進出口 | 顧文生 | 虎丘路一五號 | 一二〇九三 一四六九九 | 三〇 |
| 中興輪船公司 | 航業 | 程餘齋 | 四川路二六一號 | 一六三八七 | 四〇五 |
| 中聯企業股份有限公司 | 進出口 | 周曹裔 | 四川中路五四九號 | 一五五一〇 一五五一九 | 三六、三七七 |
| 中蘇化學製藥廠 | 西藥 | 趙銘綱 | 北京西路黃家沙花園B五號 | 六〇二九一 | 四一六 |
| 中鑫針織廠 | 針織 | 徐毓成 | 金陵東路一四二—四號 | 八一九二七 | |
| 天一機織印染廠 | 機織印染 | 唐永昌 | 寧波路二八四街一〇號 | 九五二四四 | |
| 天工化工廠 | 化工原料 | 劉長庚 | 漢口路一一五號三〇四室 | 一二二五八 | 二〇六 |
| 天元實業股份有限公司 | 進出口 | | 外灘一二號匯豐大樓三四四號 | 一八五一五 一三八九六 | 四三七 |
| 天天衣莊 | 衣業 | 王慶餘 | 福建路一一四號 | 九二七七一 | 四七 |
| 天生滋味廠 | 味廠 | 曾嘉儒 | 英士路二〇九號 | 八三九一一 | 八三 |
| 天和顏料號 | 顏料靛青 | 陳仁生 | 福建中路二七三號 | 九四九八三 | |
| 天香味寶廠 | 調味粉 | 何維石 | 北山西路五二七街六號 | 四三五〇八 四五二五六 | 二二五 |
| 天津航業公司 | 航業 | 王更三 | 江西路二一二號金城大樓三樓二〇〇室 | 一四四八四 | 四〇八 |
| 天然製墨廠 | 墨汁 | 杜衢聲 | 交通路一七街五號 | 九五八八六 | 四一三 |
| 天廚味精廠 | 調味粉 | 吳蘊初 | 順昌路三三〇號 | 八〇〇九九 | 二二五 |
| 天綸綢緞局 | 綢布呢絨 | 陶松漢 | 南京東路三〇〇號 | 九四四五九 | 四二 |
| 天豐地產公司 | 地產 | 徐永炎 | 北京東路三六〇街八號 | 九七一五六 | |
| 公和來股份有限公司 | 顏料 | 胡鎰卿 | 江西南路二九街一—三號 | 八二二四九 八四三三七 | 一二 |
| 公明電泡廠 | 電器 | 許石炯 | 紫金街B二號 | 八三九五六 | |
| 公信帳簿發行所 | 帳簿 | 龔懋德 | 河南中路五〇五號一樓 | 九〇三四五 九二九一一 | 三二五 |
| 公信電器製造廠股份有限公司 | 電器 | 李信惠 | 新昌路三一三號 | 三三三二〇 三九五九五 | 三〇一 |
| 公益祥顏料雜貨號 | 顏料雜貨 | 葉新之 | 河南中路昌興里一〇號新一九號 | 一九九二〇 | |
| 公裕行 | 進出口 | 鐘玉亭 | 中正東路七號三樓 | 八八三二二 | 三六〇 |
| 公裕行 | 顏料 | 趙慶濤 | 林森中路三五八街一〇號 | 八三一九一 | 三七三 |
| 文文金筆廠 | 自來水筆 | 王文斌 | 橫浜路二〇—二二號 | (〇二)六〇〇六一 | 一四九 |
| 王大吉國藥號 | 國藥 | 李康年 | 廣東路四三三號 | 九二二一八 | 四〇九 |
| 王伯元 | 西醫 | | 虹口提籃橋三三二號 | 五〇〇〇四 | 四五六 |
| 王壽安律師 | 律師 | | 南京東路六一四號三樓二〇七室 | 九二九一三 八四六四四 | 四五六 |
| 王思方會計師 | 會計 | | 北京東路鹽業大樓五樓 | 一四八五六 | 四五六 |
| 王維新炳記機器洗衣廠 | 洗衣 | 王炳華 | 江灣路三七八街莊家角五八號 | | 二七九 |
| 太平洋織造廠 | 棉織 | 趙才生 | 寧波路六六六街一四號 | 九八六三〇 | 八 |
| 太平洋南貨號 | 南貨海味 | 周鴻富 | 金陵東路二九二—四號 | 八五一〇八 | 四一二 |
| 太平產物保險公司 | 水火保險 | 丁雪農 | 江西路二一二號 | 一八〇二二 | |
| 元泰實業公司 | 電機馬達 | 張春炎 | 中正東路四〇二—四號 | 九五四三〇 九〇五二二 | 四九 |
| 元盛清記錢莊 | 錢業 | 吳幼玉 | 天津路一九五街一一號 | 九一三八五 | 二九五 |
| 元興工業原料號 | 原料 | 顧曾元 | 山東中路一〇三號 | 九二〇三五 | 三三七 |

| 行號名稱 | 業務 | 經理姓名 | 地址 | 電話 | 頁數 |
| --- | --- | --- | --- | --- | --- |
| 五洲襪廠 | 百貨 | 張立行 | 廣東路三九七號 | 九三〇八七 | 四〇八 |
| 六合文具有限公司 | 文具 | 傅玉堂 | 福州路三〇四號 | 九三一三五 九〇三四〇 | 四六 |
| 仁記和號 | 顏料 | 吳道善 | 中正東路三四〇街二五號 | 九二一七五 | |
| 仁豐機器染織廠 | 染織 | | 中正東路中匯大樓六三四號 | 八〇〇〇二—三 | 四〇八 |
| 日新增棉布號 | 棉布 | 周子澄 | 金陵東路一一四—六號 | 八八〇八〇 八〇五〇三 | |
| 友勤企業地產公司 | 房地產 | 邵文彬 | 江西路二六七號二〇二室 | 一〇一六七 | 三八一 |
| **五劃** | | | | | |
| 印度咞喱飯店 | | | 福州路七一一號 | 九〇八一一 | 2 |
| 永久進出口貿易行 | 進出口 | 黃永清 | 北京東路三七八號二一三室 | 九八七七〇 | 三九二 |
| 永生五金製造廠 | 五金 | 丁湧奎 | 牛莊路七三五號 | 九三八九八 | |
| 永安西藥行 | 西藥 | 張德霖 | 中正東路三八五街寶裕里一號 | 八八〇七六 八〇九四九 | 一三三 |
| 永利銀行上海分行 | 銀行 | 錢道五 | 天津路三〇號 | 一八四三二 | 一三七 |
| 永昌顏料號 | 顏料靛青 | 顧炳林 | 九江路四六八號 | 九三二二四 | 三七六 |
| 永和實業股份有限公司 | 橡膠化粧 | 葉翔庭 | 長壽路一四七號 | 六二八五九 六〇四〇九 | 二六一 |
| 永松泰時裝公司 | 成衣 | 鄒永泉 | 常德路一二三號 | 六〇二〇九 | |
| 永茂大藥房 | 西藥 | 鄭忠發 | 牛莊路七三二號 | 九三七八六 | 四〇九 |
| 永基新藥房 | 西藥 | 陳永遠 | 廣西路六九號 | 九六一二二 | |
| 永裕銀號 | 銀行 | 張彝仲 | 寧波路四四〇號 | 九六五一〇 | 一一〇 |
| 永源煙號 | 煙葉 | 馬則善 | 六合路八七號 | 九七三一八 | |
| 永嘉紗廠事務所 | | | 溪口路一五號 | 八三七四〇 | 三二五 |
| 永嘉公司 | 進出口 | 熊國祥 | 江西路四五一號二一二室 | 一九三七〇 | 三三 |
| 永興產物保險公司 | 保險 | 翟溫橋 | 廣東路五一號四樓 | 一七九九〇 | |
| 永新漢記雨衣製造廠 | 雨衣 | 陳漢泉 | 成都路四六四號 | 六〇九三七 | 三八一、三四三、三四七 |
| 永新漢記雨衣製造廠 | ADK | | | | 四〇八 |
| 永慶錢莊上海分莊 | 金融 | 賴善誠 | 寧波路一〇八號 | 一六〇七七—八 | 八五 |
| 永豐工業社 | 橡膠 | 馮玉叚 | 周家嘴路一二八五號 | 五二〇八二 | |
| 永豐泰南貨號無限公司 | 南北海味 | 汪步新 | 寧波東路一七四號 | 八〇三九九 | 四一六 |
| 四川建設銀行 | 銀行 | 曾還九 | 江西中路四五〇號 | 一九二五九 一八三八四 | 一二一 |
| 四川美豐銀行 | 銀行 | 褚兆希 | 河南路五二一號 | 九七一二〇 | 三七 |
| 四合貿易行 | 進出口 | 葉子遠 | 四川中路一一〇號五〇室 | 一四三一九 | 一四三 |
| 四明保險公司 | 保險 | 金瑞祺 | 北京路二五六號 | 一八一七〇 | |
| 四明銀行 | 銀行 | 吳啓鼎 | 北京路二四〇號 | 一五五〇五 | 三三 |
| 正大行 | 工業原料 | 徐正鑾 | 中正東路二七四號五一室 | 一四一六一 一七八五六 | 九四 |
| 正大會計師事務所 | 會計師 | 陳憲謨 | 廣東路九三號三樓 | 一二六六九 | 二〇五 |
| 正昌祥顏料靛青號 | 顏料 | 郁秉剛 | 寧波路一二〇街二四號 | 一五八一一 | 三七七 |
| 正泰信記橡膠廠 | 橡膠製品 | 洪福楣 | 大連灣路五一六號——中正東路五三號 | 八一五〇九 五〇一一〇 | 三九六 |
| 正源紙號 | 紙類 | 李炳章 | 中正東路中匯大樓四三六室 | 八二三二五 | |
| 正德大藥廠 | 化學藥品 | 陳星五 | 英士路二五—三一號 | 三二六八三 三二九四八 | 一一七 |
| 民生橡膠廠 | 橡膠靴鞋 | 唐和衷 | 安遠路一九〇號 | 二三二五三 | 四〇〇 |

| 行號名稱 | 業務 | 經理姓名 | 地址 | 電話 | 頁數 |
| --- | --- | --- | --- | --- | --- |
| 民生藥廠 | 製藥 | 余公範 | 九江路五四一號 | 九四五〇三 | 五四、一八五 |
| **民信法律會計事務所** | 法律會計 | 周鯤 | 江西中路四〇六號四三五室 | 一九一一〇 | 三三三 |
| 民益公司 | 報關運輸 | 王應麒 | 江西中路三一六—八號 | 一二六四四 | 四〇五 |
| 民衆法律事務所 | 律師 | 朱振陸 | 中正東路一六〇號四一五室 | 一〇一一〇 | 四五六 |
| 民華染織公司 | 染織 | 王有林 | 寧波路二四四街一號 | 九五六六〇 九七六九九 | 七四 |
| 民富貿易股份有限公司 | 進出口 | 唐漢聖 | 滇池路一一九號四樓五六—七室 | 一九三四二 | 二七二 |
| 民豐染織廠 | 染織 | 史中鏞 | 白利南路二六二號 | 二二九二三 | 一八二 |
| **立信會計師事務所** | 會計 | 潘序倫 | 江西路四〇六號 | 一九五二五 一四五五〇 | 三三三 |
| 立興長城熱水瓶廠 | 熱水瓶 | 傅瑞卿 | 江西南路二九街五號 | 八三四三九 三八三九六 | 一八一 |
| 申禾橡膠製品廠 | 膠鞋 | 謝禾泉 | 盛澤街承志里四號 | 八五一九一 八四九四九 | 序文前頁 |
| 申泰源顏料號 | 顏料 | 汪少卿 | 九江路四五一號 | 九二六四〇 九〇四四七 | 三七三 |
| 申報館 | 報紙 | 陳訓悆 | 漢口路三〇九號 | 九三二八四 | 111 |
| 可大公司 | 進出口 | 陳友泉 | 外灘一二號一五四室 | 一三三九七 一九一八三 | 四二五 |
| 世界地產建築公司 | 地產建築 | 王鐖 | 四川中路六七九號 | 一三六九三 | 一一 |
| 世界書局 | 書業 | 李熀瀛 | 福州路三九〇號 | 九二二九〇 | 四五三 |
| 世界電器廠 | 電器用品 | | 四川中路六七七號樓上 | 一三六九三 | |
| 兄弟毛織廠姊妹花服飾門市部 | 呢絨服飾 | 吳衡山 | 南京西路一一六九—七一號 | 三五四五三 | 三一九 |
| 丙康藥房 | 西藥 | | 大沽路一四二街四號 | | 一一七 |
| 旦華實業廠 | 熱水瓶 | 王志章 | 膠州路二三街二號 | 三一〇三七 | 三〇九 |
| 半月戲劇出版社 | 刊物 | 鄭子傒 | 中正南二路四三四街一〇號 | 七七二六五 | |
| 台灣航業有限公司 | 航業 | 鄺炎公 | 中山東一路三一號後面 | 一八二一九 | 一三九、四二九 |

## 六　劃

| 行號名稱 | 業務 | 經理姓名 | 地址 | 電話 | 頁數 |
| --- | --- | --- | --- | --- | --- |
| 同大祥顏料號 | 顏料靛青 | | 九江路四五五號 | 九七二八一 | 三七六 |
| 同心銀行 | 銀行 | 張受百 | 廣東路一四二號 | 一四四五九 | 二一九 |
| 同安進出口行 | 工業原料 | 丁似蘭 | 虎丘路一一八號 | 一三五五八 | 三七六 |
| 同昌五金號 | 五金 | 孫文浩 | 浙江中路五〇九號 | 九三五五六 | 四一六 |
| 同昌營造廠 | 營造 | 朱運鈞 | 中正東路二三〇街二五號 | 一〇三八六 | |
| 同信昌織造廠 | 棉織 | 林春生 | 永興街五五—五七號 | 八一六一三 | 四一二 |
| 同牲來顏料股份有限公司 | 顏料 | 王延三 | 北蘇州路五二〇街七號 | 四一三六一 | 三七三 |
| 同康工業原料行 | 工業原料 | 方名善 | 交通路七〇號 | 九二八五五 | 三四一 |
| 同康信託公司 | 銀行信託 | 金季玉 | 江西中路三八二—六號 | 一三六六八 一一三〇八 | 一〇、二七四 |
| 同勝顏料號 | 靛青顏料 | 胡樹勳 | 西藏南路一二二街一〇號 | 八九〇八五 | 三八一 |
| 同慶和顏料雜貨染料靛青號 | 顏料 | 徐承勳 | 民國路三六四—三六八號 | 八〇六四四 | 三七七 |
| 同藥德房 | 西藥 | 張志仁 | 北京東路一二一號三樓 | 一七六五六 | 三〇四 |
| 同德醫學院 | 醫院 | 顧毓琦 | 同孚路六七街一號 | 三二二九一 | 一九〇 |
| 同潤錢莊 | 金融 | 朱殿榮 | 天津路一九五街二一號 | 九二一七二 九七五三〇 | 一五五 |
| 同興昌 | 顏料靛青 | 馬寶生 | 九江路四五三號 | 九八七九九 | 三七六 |
| 同興油廠 | 火油 | 林兆鶴 | 中正西路一二〇號 | 二一四三五 | 三一三 |
| 同興祥顏料號 | 顏料 | 徐明艮 | 民國路三七〇號 | 八三一二一 | 三七三 |

| 行號名稱 | 業務 | 經理姓名 | 地址 | 電話 | 頁數 |
| --- | --- | --- | --- | --- | --- |
| 同濟酒精廠 | 酒精 | 林兆鶴 | 中正西路一二〇號 | 二一四三五 | 三一三 |
| 同豐印染公司 | 印染 | 韓長生 | 北京路五九六衖五一號 | 九五三八一 九七二五〇 | |
| 同豐泰顏料號 | 顏料 | 潘甫忠 | 北蘇州路五二〇衖一一號 | 四六五一二 | 三三七 |
| 光大熱水瓶桶罐廠 | 熱水瓶 | 徐文甫 | 馬當路六六一號 | 八三一六一 | |
| 光中銀行 | 銀行 | 沈楠生 | 寧波路二一四號 | 九八〇二三 | 四一三 |
| 光中染織廠 | 印織染 | 曲萬森 | 天津路四四衖七號 | 一四七八四 五一二六五 | 四一六 |
| 光明化學製藥廠 | 醫用藥品 | 朱文馨 | 南陽路一八六號 | 三五三三六 三三三三八 | 四〇九 |
| 光明咖啡館 | 西菜咖啡 | 石運堯 | 南京西路二二六—二三四號 | 三二三五六 三三四七五 | 四一三 |
| 光華營業股份有限公司 | 地產保險 | 陳有慶 | 天津路二一四號 | 九八三六六 | 一二九、三八一、四〇九 |
| 光華商業儲蓄銀行 | 銀行 | 陳光照 | 寧波路一二一號 | 一四一七二 一〇二六四 | 一〇二 |
| 光華製帽廠 | 各色帽類 | 華伯良 | 曲阜路一六號 | 四四七四四 四一一一一 | 四一二 |
| 朱小南醫師 | 內科中醫 | | 北京西路九六號 | 九七八二三 | |
| 朱叔屏醫師 | 內幼科 | | 長沙路五七號 | 九二〇一三 | |
| 朱素萼律師 | 律師 | | 重慶南路巴黎新邨一二號 | 八四〇四二 | 四五六 |
| 朱鶴皋醫師 | 內婦科 | | 北京西路九六號 | 九二七五六 | |
| 老九霞新記銀樓 | 銀樓 | 顧頁智 | 新閘路七五五號 | 三一三三八 | 四一六 |
| 老大房發記 | 糖果 | 卞福桂 | 南京西路九七六號 | 三八五一二 | 二六七 |
| 老大房(標準) | 食品糖果 | 許宗榮 | 四川北路一五二一—五號 | (〇二)六一一九五 | 二一四 |
| 老介綸綢緞局 | 綢緞 | 顧珏寶 | 南京路三八六號 | 九〇五九五 | 四一 |
| 老介福綢緞局 | 綢緞 | 程用六 | 南京路河南路口 | 一三三四八 | 二五 |
| 老裕泰酒菜館 | 酒菜 | 朱潤安 | 雲南路一三五—七號 | 九四五四一 | 六〇 |
| 江蘇省農民銀行 | 銀行 | 趙 英 | 寧波路三五號 | 一一八五三 一六八〇五 | 一三四 |
| 江蘇省銀行 | 銀行 | 許葆英 | 江西中路三七一號 | 一一二七七(兩線) | 九六、四三五 |
| 成昌煤號 | | 盧孝祚 | 廣西路二四九號 | 九六四六九 | |
| 成都商業銀行 | 銀行 | 朱慶雲 | 江西路三一九號 | 一〇〇七八 一三二七一 | 二八 |
| 成華工業西藥原料行 | 工業西藥 | 董 榕 | 山東中路永樂里二一四號 | 九六四九一 | 四〇八 |
| 成豐號 | 棉花 | 方肇周 | 中正東路中匯大樓五一五號 | 八一三二一 | |
| 吉大華行 | 進出口 | 楊長康 | 漢口路四二二號五〇五室 | 九二五三〇 九一三三四 | 三四九 |
| 吉普藥房 | 西藥 | 徐照明 | 廣東路六九五號 | 九六二二九 | |
| 百克進出口貿易行 | 進出口 | 鄭式欽 | 南京東路一四二號 | 一〇〇七六 | 三七六 |
| 百部洋行 | 化裝品 | 瑪 麗 | 廣東路一七號 | 一九七七五 | 三八四 |
| 百樂汽車公司 | 出租汽車 | 梁金浩 | 北京西路一六一〇號 | 三三八五三 | 四一二 |
| 百爾大藥房 | 西藥 | 陳達仁 | 北海路二三一號 | 九三八〇四 | 五六 |
| 合成百貨商店 | 百貨 | 王韞如 | 河南南路五八—六四號 | 八二〇三七 | 二五三 |
| 合衆煙草公司 | 捲煙 | 錢金發 | 中正東路一三九四衖一三一號 | 三〇四七四 | 四一二 |
| 合羣自來水筆公司 | 自來水筆 | 馮雄新 | 廣東路二七一號 | 九〇五五一 | 五一 |
| 至中銀行 | | | 寧波路一四四號 | 一一六九〇 一一六九七 | |
| 西冷印社滑泉印泥發行所 | 印泥文具 | 吳振平 | 廣東路二三九號 | 一八九三一 | 四一三 |
| 安利有限公司 | 顏料 | 許廷憲 | 南京路哈同大樓一一一號 | 一八五〇〇 | 二〇四 |
| 安達紡織公司 | 紡織 | 劉靖基 | 寧波路一八〇號—廠址靜安寺路一四八六號 | 九五八二二 三九七一七 | |

| 行號名稱 | 業務 | 經理姓名 | 地址 | 電話 | 頁數 |
| --- | --- | --- | --- | --- | --- |
| 企昌橡膠廠 | 橡膠物品 | 葉瑞珪 | 興業路二〇五衖四號 | 八二五四〇 | 四〇一 |
| 米高美舞廳 | 娛樂 | 鄭煒顯 | 西藏中路四四七號 | 九三〇六四 | 七三 |
| 交通印務局 | 印刷 | 衞鴻漸 | 黃河路二五三衖K十五號 | 三六七二四 | 一九七 |
| 交通西藥工業原料行 | 工業原料 | | 交通路三七號 | 九〇九八六 | |
| **七劃** | | | | | |
| 利用棉織廠 | 棉織品 | 方鼎燮 | 盛澤街六〇號 | 八七三七二 | |
| **利百達化學工業有限公司** | 化學原料 | 丁玉梅 | 四川路六二〇號 | 一八四四七 | 二六一 |
| 利泰五金號 | 五金 | 張祖慷 | 東大名路三五〇號 | 五三二三一 | |
| 利康公司 | 顏料 | | 台灣路四二號 | 九五八七五 | 三六八 |
| 利康顏料號 | 顏料 | 莊炳椿 | 河南北路三六衖一〇號 | 四〇九一六 | 三七三 |
| 利興煙公司 | 捲菸 | 包賚笙 | 塘沽路一〇二二號 | 四二八六七 | 一六一 |
| 冷香閣印社 | 刻印刻碑 | 王開霖 | 漢口路三四三號 | 九五〇八一 | 二八六 |
| 李立西藥行 | 西藥 | 李　立 | 浙江路四一五號 | 九一七八二 | |
| **李鴻壽會計師** | 會計師 | | 林森中路一四八七衖上海新邨一二號 | 七九五六九 | |
| 汪裕泰茶號 | 茶葉 | 汪振寰 | 金陵西路一九七號 | 八二八二九 | 三三〇 |
| 汪裕泰茶號支店 | 茶葉 | 汪振寰 | 浙江中路四四一號 | 九五四一四<br>七九七三〇 | 二五五 |
| 佑慈藥廠股份有限公司 | 藥材原料 | 方善均 | 廣東路九三號三樓 | 一六六七四 | 四〇九 |
| 志成行 | 化粧品 | 陳瑞芳 | 同孚路大中里三六號 | 六〇二〇八 | 72 |
| 志樂西藥行 | 西藥 | 張銀棠 | 寧波路六六六衖八號 | 九四三四三 | 二六二 |
| 宏利行 | 進出口 | 王學能 | 南京路哈同大樓五一三室 | 一七八二二 | 二〇八 |
| 宏甡商行股份有限公司 | | | 福州路八九號二四二室 | | 二九四 |
| 宏興印刷所 | 印刷 | 吳景明 | 江西北路二七四—六號 | 四〇七八三 | 二九三 |
| **宏豐公司** | | 王震歐 | 廣東路五一號三一五室 | 一一四五四 | |
| 阮耀記機襪針公司 | | | 鄭家木橋一二〇號 | 八二四六九 | 四四九 |
| **八劃** | | | | | |
| 協大祥綢布莊 | 綢布 | 孫照明 | 方浜東路一〇八號 | 八一〇六四 | 一三八 |
| 協大鎮記針織廠 | 針織 | 俞清泉 | 民國路九畝地露香園路仁安里三號 | | 二七一 |
| 協成火柴工業原料行 | 工業原料 | 王東莘 | 廣東路二八〇號 | 九六〇三二<br>九二二二八 | 三九三 |
| **協成紗布號** | 紗布 | 莊春榮 | 九江路新康大廈七〇六室 | 一九四二九 | |
| 協成運輸行 | 運輸 | 吳志賢 | 北京路中一大樓六三號 | 一四四七〇 | 四〇八 |
| 協和行 | 工業原料 | 吳鶴雲 | 天津路一九五衖五〇號 | 九〇一八四 | 一六九 |
| 協昌行 | 工業原料 | | 威海衞路三四八衖勤村二〇號 | 六一九一二 | 三七七 |
| **協昌縫紉機器股份有限公司** | 縫紉機器 | 沈耀庭 | 福建南路一三一—一九號 | 八一七二七 | |
| 協泰行 | 工業原料 | | 虎丘路三四號 | 一三三九一<br>一八九〇七 | 三二 |
| 協隆正記電料行 | 電器材料 | 鄭正仁 | 漢口路六二六—八號 | 九三八〇一<br>九七一六三 | 六〇 |
| 協新毛紡織染股份有限公司 | | 唐君遠 | 江西中路三和里四九號 | 一五七〇四 | 四三二、七九 |
| 協興內河輪船公司 | 運輸 | 陸根源 | 南蘇州路七四七號 | 九一八六二 | 四〇五 |
| 協興文記運動器具廠 | 運動器具 | 章仲文 | 中正東路一〇〇〇號 | 九五五七八 | 四一六 |

| 行號名稱 | 業務 | 經理姓名 | 地址 | 電話 | 頁數 |
|---|---|---|---|---|---|
| 協貿行 | 進出口 | 汪玉山 | 江西中路一二八號 | 一七九〇八 一九九一八 | 四四五 |
| 協錩錦記號 | 西服呢絨 | 周錦堂 | 南京西路二六二—六號 | 三四九二五 | 四一二 |
| (美商)協豐洋行 | 進出口 | J J RYAN | 福州路三〇號匯豐大樓一二二室 | 一六九〇六—七 | 四三七 |
| 金山工業貿易公司 | | 屠子金 | 北京東路一九〇號三樓一六室 | 一七六五一 | 二九二 |
| 金谷飯店 | 中西餐館 | 張益齋 | 西藏中路四三九號 | 九八〇二六 九〇六〇五 | 四一〇 8 15 |
| 金星工業原料行 | 化工原料 | 李一新 | 交通路二七號 | 九二七三九 九五一七三 | 四八 |
| 金星自來水筆製造廠 | 自來水筆 | 賀聚道 | 徐家匯路四七四衖三—四號A二號 | 七五三四二 | |
| 金城銀行 | 銀行 | 徐國懋 | 江西中路二〇〇號 | 一二四〇〇 | 二一 |
| 金剛公司 | 百貨貿易 | 薛銘三 | 南京東路五三六號 | 九六一四六 | 六三 |
| 金華出口貿易股份有限公司 | 進出口 | 李啓惠 | 江西路一七〇號漢彌登大樓二五九室二三二室 | 一六九一六 一九三七七 | |
| 金華南腿莊 | 南腿 | | 南京東路二八九號 | 九四二九八 | 四一二 |
| 金錢牌熱水瓶公司 | 熱水瓶 | 董叔英 | 中正東路二二四號 | 一五八九六 | 一八一 |
| 金嘗煙廠 | 捲菸 | 劉佐卿 | 金陵西路道德里一號 | 八五八五九 八七四五八 | 一九七 |
| 金鑫棉布號 | 棉布 | 胡忠甫 | 寧波東路九一號 | 八九〇七九 | |
| 怡大錢莊 | 錢業 | 羅炳銳 | 天津路一九一號 | 九〇五九二 九五四〇八 | 三一一 |
| 怡中號 | 顏料 | 陳榮臻 | 河南路六三九號 | 九四六一九 | 三六五 |
| 怡太運輸股份有限公司 | 運輸 | 徐挹和 | 廣東路四三號 | 一〇三二〇 一三八九一 | 八八 |
| 怡昌福織造廠 | 棉織 | 陸建如 | 永興街七二—七四號 | 八一八五四 | 四一六 |
| 怡和公記化學廠 | 顏料 | 沈士行 | 永興街二三—二五號 | 八三六七〇 | 二一七 |
| 怡茂肥皂廠 | 肥皂 | 董純熾 | 淮安路二三五號 | 三二九〇九 | 三八一 |
| 怡康行 | 報關運輸 | 包海濤 | 北京東路一二一號 | 一六五四二 一七六五六 | 四五三 |
| (教育部立案)東南中學 | 教育 | 吳宗漢 | 愚園路六八號 | 六〇三八七 | |
| 東南航業股份有限公司 | 航業 | 童 襄 | 福州路三五號 | 一二七六三 | 四〇八 |
| 東亞銀行 | 銀行 | 凌文禮 | 四川路二九九號 | 一〇四三四 一六八六三 | 一二六 |
| 東萊銀行 | 銀行 | 王子厚 | 天津路八五號 | 一六二二〇 | 二八 |
| 和平藥房 | 西藥 | 董安華 | 重慶中路五四號 | 九七九九〇 | 二〇六 |
| 和成銀行 | 金融 | 胡銘紳 | 九江路二七六—二八四號 | 九八四六八 九八四六〇 | 二九〇 |
| 和泰商業銀行 | 銀行 | 吳任勤 | 南京東路一三六號 | 一〇五五四 一三七六二 | 二九 |
| 和祥信託公司 | 信託 | 葉晉蕃 | 河南路三五九號 | 九七八九八 九八五四八 | 四一三 |
| (杭州)和康顏料號上海辦事處 | 顏料靛青 | 徐經鏞 | 河南北路三六衖一〇號 | 四〇九一六 | 三七三 |
| 阜豐麵粉廠 | 麵粉 | 席德炳 | 莫干山路一二六號公司滇池路九七號 | 三四三九〇 一二八九〇 | 四五三、四三六 |
| 昌生礦產原料公司 | 礦產原料 | 曹景福 | 寧波路四五七衖八號 | 九五四五四 九一三一〇 | 三四一 |
| 昌明化學工業廠 | 工業原料 | 葉克賢 | 新閘路一一二一衖五六號 | 三七五〇〇 | 四一三 |
| 昌興紡織印染公司 | 紡織印染 | | 長壽路一一號 | 六一八六五 | 二四五 |
| 長江實業銀行 | 金融 | 錢學洙 | 江西路四五一號 | 一七〇四九 一八二九三 | 三七六 |
| 長德油廠 | 食油 | 瞿頌嘉 | 金陵東路一二二—四號 | 八四六二〇 | |
| 亨利皂燭鹼廠 | 皂燭鹼 | 薛金鏞 | 西門路一九五號 | 八七九一〇 八二三一一 | 一一五 |
| 亨利西服號 | 西服 | 王漢禮 | 南京西路二七六號 | 三四七三三 | 四一二 |
| 周是齊律師 | 律師 | | 中正東路一六〇號四樓四一五號 | 一〇一一〇 | 四五六 |
| 周鯤律師事務所 | 法律 | 周 鯤 | 江西中路四〇六號四三四—五室 | 一九一一〇 | |

| 行號名稱 | 業務 | 經理姓名 | 地址 | 電話 | 頁數 |
| --- | --- | --- | --- | --- | --- |
| 明星香水廠 | 化裝品 | 周鳳儀 | 福州路三三五號 | 九八二〇〇 | 一三九 |
| 明華綢布呢絨商店 | 綢布呢絨 | 何逸洲 | 南京東路五六九號 | 九四八五一 | |
| 明藝針織廠 | 襪子 | 陳耀樓 | 順昌路三八五號 | 八〇八一五 | 四〇八 |
| 屈臣氏汽水公司 | 汽水 | 孫允中 | 膠州路三四三號 | 六〇〇五四 | 三一四 |
| 其昌錢莊 | 錢業 | 丁山桂 | 寧波路二七一號 | 九七三六八<br>九七三六〇 | 一二二 |
| 固齒靈牙膏廠 | 牙膏 | | 南京西路一五三七衖五號 | 三一三一三 | 三八四 |
| 佩誠行 | 顏料油漆 | 楊服誠 | 九江路五〇〇號 | 九八七一九 | 三七六 |
| 杭州第一紗廠股份有限公司 | 紗布 | 張文魁 | 虎丘路一三一號二樓二一五室 | 一〇一〇九 | 三二 |
| 直東輪船公司 | 航運 | 張占元 | 中正東路三九號三樓一六四—六室 | 八三〇四四 | 四〇九 |
| 虎標永安堂 | 新藥 | 胡桂庚 | 寧波路五九一——五號 | 九三一五九 | 110 |

## 九劃

| 行號名稱 | 業務 | 經理姓名 | 地址 | 電話 | 頁數 |
| --- | --- | --- | --- | --- | --- |
| 恆成五彩油墨廠 | 七八號燥油 | 鄭濟同 | 成都北路一一七衖一八號 | 三四一三三 | 三四二 |
| 恆利工業原料公司 | 化學藥品 | 葛景賢 | 寧波路四〇〇號四樓 | 九六九九〇 | 三七七 |
| 恆利銀行 | 銀行 | 傅彥臣 | 天津路一〇〇號 | 九二二二四—五 | 三八 |
| 恆泰祥顏料行 | 顏料 | 秦柏壽 | 西康路六二〇號 | 六二二七九轉 | 三七七 |
| 恆康棉織廠 | 棉織 | 晉忠康 | 金陵東路二一九號 | 八七〇二四 | |
| 恆隆證券號 | 證券 | 朱家麟 | 南京路哈同大樓一一〇A號二〇四A號 | 一七〇〇四 | |
| 恆義昇襪衫廠 | 襪衫 | 張文魁 | 中正東路五二四衖九號總店吳淞路一〇〇號 | 九五四五二<br>九三八四二 | 一三七 |
| 恆源祥公記絨線號 | 毛絨線 | 沈萊舟 | 金陵東路一三九—一四三號 | 八〇八七一<br>八六二七四 | 二四三、四二六 |
| 恆興久記棉織廠 | 內衣 | 張笠漁 | 黃陂南路七四三衖二號 | 八四二六一 | |
| 恆興工業原料廠 | 工業原料 | 樊寶林 | 南京西路一九一二衖B五六號 | 二三三五四 | 四一三 |
| (寧波)恆豐印染織廠 | 染織 | 王稼瑞 | 馬當路五七二號 | 八一一六〇<br>八六一七二 | 一五九、三五〇 |
| 美生紙行 | 洋紙 | 徐慎生 | 河南中路八一號 | 九〇九一六 | |
| 美泰化學工業廠 | 工業原料 | 朱純 | 徐家匯路三四一號 | 七七四八九 | 三四五 |
| 美商金鷹藥房 | 西藥 | 朱學靈 | 四川路六四一號 | 一七〇九七 | 三八六 |
| 美亞織綢廠 | 綢緞 | 童莘伯 | 天津路二〇七號 | 九四〇〇〇 | 三五五 |
| 美亞鐘表行 | 鐘表 | 金善鑣 | 金陵東路五〇一號 | 八〇五一八 | 四一六 |
| 美通電業廠 | 電器 | 顧振聲 | 威海衛路二六七號 | 三四一五四<br>三六二〇五 | |
| 美華酒樓 | 粵菜茶點 | 吳筱香 | 吳江路一五號 | 六〇一八七 | 二四七 |
| 美雲服飾公司 | 時裝 | 丁忠 | 南京西路九五二號 | 三九五五五 | 一四二 |
| 信大祥綢布莊 | 綢布 | 丁大富 | 南京路六一四號 | 九六八六三 | 4 |
| 信中行 | 染料顏料 | 董敬莊 | 中正東路中匯大樓六〇一號 | 八四三八九 | 三六九 |
| 信孚行 | | | 溪口路一五號 | 八六五七八 | 三二五 |
| 信孚印染廠股份有限公司 | 印染 | 吳曦春 | 莫干山路二四號 | 三九八五八 | 一、二三七 |
| 信孚實業公司 | 工業原料 | 瞿堯康 | 福州路四三一號 | 九七一四六—七 | 三六九 |
| 信昌水電工程材料行 | 電器材料 | 汪祖培 | 南京西路六八五號 | 三三六八一 | |
| 信裕錢莊 | 銀行業務 | 傅廷緒 | 天津一二〇號 | 九三六二〇 | 四一三 |
| 虹口舊貨公司 | 舊貨 | 吳悌羣 | 舟山路四四號 | 五〇三〇三 | 四一二 |
| 虹橋療養院 | 醫院 | 丁惠康 | 林森中路九九〇號 | 七六三二八<br>七五七八二 | 三四六 |

| 行號名稱 | 業務 | 經理姓名 | 地址 | 電話 | 頁數 |
| --- | --- | --- | --- | --- | --- |
| 茂生棉業公司 | 棉花 | 俞伯康 | 中匯大樓一〇四號 | 八〇〇二三 八一四六一 | 二四一 |
| 茂通顏料號 | 顏料 | 朱景祺 | 江西路六六街二號 | 一九三二九 | |
| 建成華行 | 進出口 | | 中山東一路一二號 | 一六一三七 | 二三一 |
| 建昌錢莊 | 錢業 | 張志清 | 天津路惟慶里二四七街七號 | 九五三三二 | 一八三 |
| 建華銀行 | 銀行 | 姚芳庭 | 寧波路八六號 | 一三九四九 | |
| 冠生園食品公司 | 食品 | 冼冠生 | 南京東路四四五—七號 | 九七〇一三 九七〇一四 | 四二 |
| 冠益食品製造廠 | 瓶罐食品 | 譚琴仿 | 河南北路二二四街二〇號 | 四五三五〇 | 二八一 |
| 施幼孚律師 | 法律 | | 北京西路四六五號 | 三九九一五 | 四五六 |
| 施拜休律師 | 法律 | | 南昌路一九八街一三號 | 八八二一四 | 四五六 |
| 郁良心堂藥號 | 藥材 | 祝懷芝 | 方浜路五〇九號 | (〇二)七〇〇三七 | 一〇八 |
| 咸昌永顏料號 | 顏料 | 張榮奎 | 北蘇州路五二〇街一一九號 | 四三二六三 | 三六九 |
| 科美照相材料公司 | 照相材料 | 杜永鏗 | 南京東路一八六號 | 一〇八八二 | 四〇八 |
| 科發大藥房 | 西藥 | 李祖董 | 南京東路二二六號 | 一八七九〇 | 九四 |
| 姚雲江醫師 | 中醫幼科 | | 白克路五九二街四號 | 三三九八八 | |
| 英達染織廠 | 染織 | 桂香庭 | 閘北光復路四號 | (〇二)六二三一二 | |
| 紅棉酒家 | 酒菜 | 鄒兆銘 | 中正東路八七〇號 | 九〇一八〇 | 五六 |
| 紅福棉織廠 | 棉織 | 戚元芳 | 成都北路一五五街三二號 | 三六四一九 | 四一二 |
| 炳華電器行 | 電器 | 陳海澄 | 金陵東路三〇二號 | 八二二一七 | |
| 俞傳鼎律師 | 法律 | | 新昌路平泉別墅 | 三三〇〇一 | 四五六 |
| 胡慶餘堂雪記 | 國藥 | 徐楚湘 | 北京東路六六四號 | 九七三七四 九四九六九 | 六五 |
| 南洋漂染廠 | 漂染 | 李晉陽 | 順昌路四二五街一一號 | 八四九九〇 | 二六九 |
| 南洋藥房 | 西藥 | 高寧 | 南京東路五〇六號 | 九三六九三 九三九四六 | 一七四 |
| 南陽肥皂廠 | 肥皂 | 張汝傳 | 金陵中路一二四號 | 八六三五四 | 二六七 |
| 南華染織廠 | 染織 | 徐永炎 | 北京東路三六〇街一一號 | 九八六四一 九六一二〇 | 一八九 |
| 哈巴特藥行 | 西藥 | 吳雲程 | 長樂路二三六街二號 | 八三一〇〇 | 三八 |
| 飛達車行 | 交通工具 | 陳洪紀 | 江寧路七五—七號 | 六二七二九 | 一三二、一六四、四三六 |
| 飛達車行 | | | | | 四四五 |
| 春茂錢莊 | 金融 | 陸汝舟 | 中正東路樅廣街二號 | 八三七二五 八九三七三 | 三五一 |
| 春華大藥房 | 西藥 | 陳新勳 | 漢口路七一〇號 | 九〇六二五 | 一三三 |
| 洪利行 | 工業原料 | 沃懷琴 | 交通路六一號 | 九〇四一一 九三四八一 | 四五 |
| 皇后大戲院 | 電影 | 張鏡壽 | 西藏中路二九〇號 | 九七七七七 | 四 |

## 十劃

| 行號名稱 | 業務 | 經理姓名 | 地址 | 電話 | 頁數 |
| --- | --- | --- | --- | --- | --- |
| 亞細亞廣告公司 | 廣告 | 崔泉聲 | 漢口路四五七號 | 九三四〇一 | 四一六 |
| 亞細亞鋼業股份有限公司 | 鑄鋼鐵機 | 唐漢宗 | 楊樹浦寧國路河間路三七九號 | 五二〇二〇 五二九二五 | 二三三 |
| 亞西實業銀行 | 金融 | 周其恆 | 漢口路三五六號 | 九〇五〇〇 九三九七九 | 四三 |
| 亞光實業公司 | 進出口 | 胡瑞祥 | 廣東路九三號二〇三室三北大樓二樓 | 一二〇三七 一四七二三 | 三九三 |
| 亞東商業儲蓄銀行 | 銀行 | 柳元颿 | 南京東路二五〇號 | 一四一四七 一六九五四 | 二三 |
| 亞洲潤記飯店 | 旅社 | 孫秋屏 | 中正東路一三五號 | 八四一六〇 | 二八五 |
| 亞美斯古香料廠 | 香料 | 陳瑞楨 | 愚園路八八四號 | 二一〇九〇 | 四二一 |

| 行號名稱 | 業務 | 經理姓名 | 地址 | 電話 | 頁數 |
|---|---|---|---|---|---|
| 亞美電器公司 | 電器 | | 江西中路三二三號 | 一二三三四 | |
| 亞華藥房 | 西藥 | 姜亞華 | 廣西路一五街七號 | 九三〇四九 | 四〇九 |
| 泰安企業股份有限公司 | 進出口 | 戴　振 | 南京東路六二七號永安新廈三樓 | 九三八〇九<br>九六〇三三 | 六九 |
| 泰來企業公司 | 企業 | 鄭魯齋 | 長治路八七號 | 四一四六〇 | |
| 泰來錢莊 | 錢業 | 張績卿 | 寧波路二七七號 | 九五一九六 | 四一三 |
| 泰和興銀行 | 銀行 | 崔聘西 | 寧波路五九號 | 一七三九〇<br>一七三九九 | |
| 泰康食品公司 | 食品 | 樂汝成 | 南京東路七六六—八號 | 九五九二四<br>九一二二四 | 六一 |
| 泰盛綢布染廠 | 染廠 | 孫又臣 | 九江路六七八號 | 九一四七一 | 二九八 |
| 泰豐棉織廠 | 毛巾 | 汪松亮 | 民國路八五八街三〇號 | 八〇四九一 | 四一二 |
| 秦祥興潤記瓷號 | 瓷器 | 秦潤生 | 金陵東路四二五號 | 八一四六二 | |
| 益中福記機器瓷電公司 | 機器瓷電 | 王雲漁 | 漢口路一一〇號 | 一四四〇八 | 二八九 |
| 益民染織廠 | 織造布疋 | 唐杏生 | 寧波路二四四街四號 | 九七九二五<br>二四〇二五 | 二三一 |
| 益和顏料靛青號 | 顏料 | 王雲伯 | 漢口路一二六號內一一三室 | 一四一六八 | 三五六 |
| 益祥輪船股份有限公司 | 航運 | 楊管北 | 廣東路四三號 | 一八八五二<br>一四四五二 | 四〇八 |
| 益豐搪瓷公司 | 搪瓷 | 董吉甫 | 中正東路二二四號 | 一五八九六 | 一八一 |
| 振華橡膠廠 | 橡膠 | 張鑑之 | 長壽路五七一號 | 二二八六二<br>八八八一二 | 三九七 |
| 振德染織廠 | 染織 | 姚味香 | 吉祥街三八街二號 | 八六七九五 | 一七九 |
| 振源地產公司 | 房地產 | 孫鈞卿 | 河南路五〇五號四一〇室 | 九二七三二 | 三七六 |
| 振業商業儲蓄銀行 | 銀行 | 唐伯耆 | 寧波路三一五號 | 九〇二四三<br>九六一二三 | 一〇〇 |
| 振藝針織廠 | 針織工業 | 徐昭侯 | 民國路五二五街惠順里九—一三號 | 八二九〇八<br>八六〇三五 | 二六五 |
| 振豐永顏料號 | 顏料 | 李振元 | 福建南路一二九街一號 | 八六三六四 | 三七七 |
| 浙江商業儲蓄銀行 | 銀行業務 | 洪楨良 | 江西中路四五四號 | 一一三七七<br>一一三七八 | 四五五 |
| 浙江建業銀行 | 銀行 | 金觀賢 | 山西路二二六號 | 九三七五六<br>九一三九五 | 三四八 |
| 浙江省銀行 | 銀行 | 樓啓鈞 | 溪口路八—一〇號 | 八七七七三 | 七七 |
| 浙江實業銀行 | 銀行 | 陳選珍 | 福州路一二三號 | 一八〇五〇<br>一八七四三 | 二四 |
| 浙江興業銀行 | 銀行 | 項叔翔 | 北京東路二三〇號 | 一五六六六 | 三三一 |
| 馬利工藝廠 | 教育用品 | 謝錦堂 | 重慶南路六九九號 | 八五七一二 | 二二六 |
| 馬福昌水菓行 | 水菓 | 丁順寶 | 北京西路六九九號 | 三二一〇五 | 四一二 |
| 晉華貿易公司 | 進出口 | 趙楷亭 | 九江路二一〇號二〇五室 | 一二一二七 | 二八 |
| 晉昌號 | | 周夢飛 | 九江路證券大樓三五四室 | 九六五一八 | |
| 晉豐恆鐵號 | 鋼鐵 | 沈俊三 | 北蘇州路七七六街二〇號 | 四五六八六 | |
| 浦東銀行 | 銀行 | 裴正庸 | 中正東路二八四號 | 一七四二七 | 一〇〇 |
| 浦海商業銀行 | 銀行 | 吳仲仁 | 寧波路九四號 | 一八二五七<br>一四八七八 | 一〇〇 |
| 高丹華律師 | 律師 | | 福建中路一四〇街一六號 | 九八六八〇<br>九五一四八 | 四五六 |
| 彩成香煙號 | 香煙 | 徐景岱 | 方浜東路八八—九〇號 | 八〇六八六 | 四一六 |
| 厚昌號 | 顏料 | 樂省三 | 福建中路一四〇街一二號 | 九五三一一 | 三六一 |
| 家庭工業社股份有限公司 | 化粧品 | 胡伯翔 | 漢口路四二九街一一號 | 九四〇一四—五 | 二七三 |
| 家庭工藝社 | 服裝 | | 南市蓬萊路二一九號 | | 一八一 |
| 梁新記兄弟牙刷公司 | 牙刷 | 梁日盛 | 徐家匯路五九七號A | 七六〇一〇 | 五〇 |
| 浴德池德記浴室 | 浴業 | 余春華 | 天津路四七九號 | 九〇七〇九 | 四五七 |

| 行號名稱 | 業務 | 經理姓名 | 地址 | 電話 | 頁 |
| --- | --- | --- | --- | --- | --- |
| 徐麗洲醫師 | 中醫兒科 | | 西藏中路六二〇號北京路口 | 九五二二六 | |
| 海新企業公司 | 進出口 | 章劍慧 | 江西路四五二號四樓 | 一六五〇九 一八〇九〇 | 四六一 |
| 海鷹輪船公司 | 輪船 | 魏文翰 | 寧波路四〇號一〇四室 | 一〇二五六 | 八五 |
| 致祥錢莊 | 金融 | | 天津路一五七衖四號 | 九三五〇五 | 一五八 |
| 悅康電料五金行 | 電料五金 | 丁惠康 | 河南中路二八七號 | 七五九二六 九五九三六 | 四四四 |

## 十一劃

| 行號名稱 | 業務 | 經理姓名 | 地址 | 電話 | 頁 |
| --- | --- | --- | --- | --- | --- |
| 國英藥房 | 西藥 | 池若谷 | 廣西路二九號 | | 四五三 |
| 國泰照相館 | 照相 | 沈樟松 | 南京東路五五九號 | 九〇三九三 | 六二 |
| 國泰藥廠 | 製藥 | 劉孚頁 | 蕪湖路四四號 | 九四三七〇 | 四三三 |
| 國華工業投資股份有限公司 | 進出口 | 張文魁 | 虎丘路一三一號 | 一七一〇四 一二八九四 | 四一六 |
| 國華美術絲織風景廠 | | 羅立燦 | 漢口路二七一衖五號 | 九一八三一 | |
| 國華煙廠 | 烟草 | 饒韜叔 | 天津路六六號惠中大樓 | 一二〇三八 | 六八 |
| 國華銀行 | 銀行 | | 北京東路三四二號 | 九二三二〇共八線 | 四一三 |
| 國營招商局 | 航業 | 徐學禹 | 廣東路二〇號 | 一九六〇〇 | 封底背頁 |
| 陸兆麟 | 中醫師 | | 龍泉園路善全里四四號 | 九〇四三六 | |
| 陸根記營造廠 | 建築 | 陸根泉 | 圓明園路一六九號二樓二一〇室 | 一七一三九 | 二八九 |
| 陸惠氏 | 律師 | | 中正東路浦東大樓四〇一室 | 三〇一六一 | 四五六 |
| 通業輪船運輸公司 | 運輸 | 彭德順 | 廣東路一六三號 | 一四一五一 一二六五七 | 四〇八 |
| 通易信託公司 | 信託地產 | 陳志皋 | 北京東路三八四號 | 九八一一八共五線 | 三七 |
| 通源洋酒食物號 | 洋酒食品 | 董祖鶴 | 北京西路六九一號 | 三一七八四 | 三八一 |
| 陳筱寶子盤根大年 | 中醫師 | | 鉅鹿路六九一號 | | |
| 陳震 | 律師 | | 鉅鹿路二八〇衖七號 | 七八四九七 | 四五六 |
| 陳憲謨 | 會計師 | | 廣東路九三號三樓 | 一二六六九 | |
| 康元製罐廠股份有限公司 | 印鐵製罐 | 周孝高 | 廣東路二四七號 | 一一六一〇 | 一八 |
| 康樂大酒樓 | 粵菜茶點 | 鍾君準 | 南京西路四五六號 | 三二六八四 六一〇九五 | 八二 |
| 盛和公記靛青顏料號 | 顏料 | 丁訓頁 | 福州路三七九衖二五號 | 九一三一二 | 三六八 |
| 梅林罐頭食品公司 | 罐頭食品 | 馮義祥 | 中正東路七五一衖五號黃陂南路口 | 八〇一三三 八〇一三二 | 一五七 |
| 雪園老正興館 | 酒菜館 | | 南京西路一二三五號 | 六〇一一六 | 一七三 |
| 章華毛絨紡織公司 | 呢絨 | 程年彭 | 四川路三三號六〇九室 | 一七一五一—三 | 一六五 |
| 麥强司 | 呢絨西服 | 沈德新 | 南京西路五一七號 | 三六六五七 | |
| 啓華企業股份有限公司 | 進出口 | 胡勤畬 | 四川北路一二七四號三樓 | 九二二五〇 | 三八五 |
| 張柏庭醫師 | 小兒內科 | | 漢口路四七〇號三二〇室 | 九二九〇四 | 四五六 |
| 張裕酒廠發行所 | 酒 | 朱仲强 | 南京西路二〇號 | 九二一二三 | |
| 崇信紡織股份有限公司 | 紡織 | 邊繼卿 | 寧波路二〇號 | 一二〇八九 一二〇九〇 | 二二九 |
| 培福藥廠 | 西藥 | 戎善堅 | 新聞路五六六衖二〇號 | 三八九九九 | 二三九 |
| 培豐股份有限公司 | 進出口 | 葉序馨 | 中正東路二七四號 | 一六九一〇 | 一六六 |
| 黃寶忠 | 中醫師 | | 鳳陽路三七六衖永年里五號 | 三一八四四 | |
| 益豐華行 | 進出口 | 馬仲達 | 中正東路一一七號 | 八一一六六 | 四四五 |

## 十二劃

| 行號名稱 | 業務 | 經理姓名 | 地址 | 電話 | 頁數 |
|---|---|---|---|---|---|
| 華大企業股份有限公司 | 進出口 | 沈畊原 | 中央路二四號 | 一八八七〇 一三二四七 | 四五三 |
| 華中工廠 | 文化用品 | 王亨仁 | 黃陂南路四八號 | 八六七三四 | 四一六 |
| 華中無線電器行 | 修理賣買 | 陳建中 | 華山路二一六號 | 三四〇〇二 | 三八一 |
| 華元化學廠股份有限公司 | 造漆原料 | 李祖範 | 武夷路五〇八街一九三號 | 二三三九六 | 一四二 |
| **華生電器廠** | 電器 | 葉友才 | 福建中路四三一—三號 | 九八四三二 九八四三三 | |
| 華成煙草公司 | 捲烟 | 陳楚湘 | 寧波路四七六號 | 九五六三五 | 六五 |
| 華成搪瓷廠 | 搪瓷 | 李佩成 | 寧波路五〇〇號 | 九三一八六 | |
| 華成德記五金電器行 | 電器五金 | 姚永耀 | 金陵東路四二五號 | 八五八一二 | 四一七 |
| 華成顏料行 | 顏料靛青 | 高丹華 | 福建中路一四〇街一六號 | 九五一四八 九八六八〇 | 三五七 |
| 華而登燈泡廠 | 燈泡 | 張志軒 | 景星路四九〇街 | | 三〇五 |
| 華年實業公司 | 進出口 | 黃師讓 | 四川中路三四六號八樓 | 一〇一七四 | 一九三 |
| 華光機器五金製造廠 | 五金 | 蔣乃立 | 新聞路一〇三九街一五號 | 三七九七一 | 二八二 |
| 華孚金筆廠 | 金筆 | 周荊庭 | 襄陽南路三九三街五號 | 七二〇五八 | |
| 華英企業公司 | 進出口 | 蔣脅堂 | 香港路四〇號 | 一七二三四 | 四五三 |
| **華利企業公司** | | 張軍光 | 河南中路三四八號四樓一號 | 一八一七五 | |
| 華東協記照相製版所 | 照相製版 | 陳炳章 | 北京西路一二〇街六號 | 九五八一一 | 九八 |
| 華東消防工業廠 | 滅火機 | 葛中孚 | 開封路一一八—一二二號 | 四一八五八 | 二七一 |
| 華東泰記棉毛織造廠 | 駝絨布疋 | 陳祖國 | 曲阜路一四八—一五六號 | 四四〇八六 四〇四五四 | 一〇四 |
| 華昌鋼精廠 | 鋼精器皿 | 郭耕餘 | 閘北吉祥路五四、六九號 | (〇二)六二〇〇二 | 二五三 |
| 華美號 | 顏料靛青 | 洪冶錦 | 北無錫路六四號 | 九三四二〇 | 三七三 |
| 華美煙草公司 | 捲烟 | 金亦耕 | 西藏中路六三〇號 | 九〇七〇六 九一一七三 | 六八、四〇一 |
| 華羙藥房 | 西藥 | 張昌敬 | 福州路三五六號 | 九一一八四 | 一二五 |
| 華洋藥房 | 西藥 | 裘少白 | 九江路五五一號 | 九二六二八 九七四七六 | 四〇九 |
| 華星烟草公司 | 捲烟 | 張楠昌 | 小北門同慶街三七號 | (〇二)七〇二一七 | 一六一 |
| 華威銀行 | 銀行 | 張胞興 | 寧波路一〇九號 | 一九五八五 | 五八 |
| 華康銀行上海分行 | 銀行 | 李時輔 | 天津路一四四號 | 九八一八三—六 | 三九 |
| 華康藥房 | 西藥 | 袁俊春 | 北海路二六九號 | 九五九六八 | 四五三 |
| 華商輪船公司 | 船務 | 葉傳芳 | 天津路一一〇街三號 | 九六九九二 | 四五三 |
| 華泰洋行 | 航海用具 | 王菊生 | 四川中路五六九號 | 一〇八〇五 | 四二四 |
| 華達藥廠 | 製藥 | 周鼎彝 | 江陰路一七六街七號 | 三二五九四 | 四四 |
| 華勝公司 | 化粧品 | 胥漢臣 | 金陵路一九七—九號 | 八一七六三 | 二一六 |
| 華菲烟草公司 | 捲烟 | 林朝聘 | 九江路五二九號 | 九一四四五 九四四二三 | 六一 |
| 華裕滋記行 | 進出口 | 丁滋華 | 虎丘路一二八號六二一室 | 一九〇九六 | 四四八 |
| 華裕工業原料行 | 工業原料 | 莊文波 | 天潼路仁智里七一號 | 四五一八一 | 三七七 |
| **華義毛刷廠** | 毛刷 | 謝惠恩 | 江寧路八六一號 | 六二八九八 | |
| 華新有限公司 | 百貨 | 梁正培 | 南京路六七三號 | 九四九四三 | |
| 華新絲業股份有限公司 | 繅絲廠 | 鄭煒顯 | 南京西路四號二樓 | 九〇六七二 | 2 |
| 華新印鐵製罐廠股份有限公司 | 印鐵製罐 | 曹用平 | 廣西北路十二街三號永安坊 | 九六四九〇 | 五三 |

| 行號名稱 | 業務 | 經理姓名 | 地址 | 電話 | 頁數 |
| --- | --- | --- | --- | --- | --- |
| 華德燈泡廠 | 燈泡 | 李慶祥 | 東京路二九一號 | 六〇九〇九 | 二四六、二七五 |
| 華慶織造有限公司 | 棉織 | 王薵卿 | 武昌路四〇〇—四〇四號 | 四四四二一 | |
| 華興工業社 | 工藝 | 吳鼎初 | 西藏中路一八九號 | 九八〇六八 | 六〇 |
| 華豐工業原料公司 | 工業原料 | 楊紹臣 | 金陵東路三三號 | 八一〇五〇<br>八七七一三 | 二五七 |
| 華豐染料化工廠 | 染料 | 蕭興漢 | 四川中路三四六號八樓 | 一〇一七四 | 一九三 |
| 華豐搪瓷公司 | 搪瓷 | 李眞士 | 河南路五八號 | 八二〇三六 | 二五三 |
| 華豐製釘廠 | 製釘 | 朱寶城 | 北蘇州路五七〇號 | 九二九〇四 | |
| 寧大椿醫師 | 肺癆女科 | | 西藏路永吉里四號 | | 四五六 |
| 惠中商業儲蓄銀行 | 銀行 | 王蓮勝 | 天津路六六號 | 一〇七六六<br>一二〇八五 | 一〇三 |
| 惠安實業股份有限公司 | 進出口 | 王友喜 | 吳淞路三二五號 | 四〇三二五 | 四六二 |
| 惠光藥房 | 西藥 | 朱水冰 | 漢口路五七四號 | 九〇三一八 | 四四〇 |
| 惠羅公司 | 百貨 | 孫亘讚 | 南京東路九八號 | 一九四九四<br>一八九五四 | 四三六 |
| 楊氏化學治療研究所 | 製藥 | 楊樹勳 | 愚園路一二六五號 | 二一六〇七 | 三四七 |
| 集成大藥房 | 新藥 | 屠開徵 | 南京東路二八六號 | 九一一四〇 | 三七九、三九五 |
| 森林籐柳草器廠 | 籐柳草器 | 吳春泉 | 北京西路一〇〇六號—一〇二〇號 | 三一三七三 | 三一七 |
| 森泰昌招牌油漆工程行 | 油漆工程 | 沈友麟 | 新閘路八七九號 | 三二四八五轉 | |
| 開明燈泡廠 | 燈泡 | 虞先得 | 嘉善路一五〇街六—七號 | 七八六一〇 | 二五九 |
| 雲南實業銀行 | 金融 | 翁希古 | 天津路四六〇號 | 九二八二六<br>九四九一二 | |
| 雲南礦業銀行上海分行 | 金融 | 譚秉文 | 江西路二七〇號 | 一三七三三<br>一七八二三 | 二八三 |
| 雲裳綢緞時裝公司 | 綢緞時裝 | 陸孟然 | 雁蕩路五號 | 八六五七三 | |
| 遠東皮鞋廠 | 皮鞋 | 宋文安 | 乍浦路七四號 | | 三八一 |
| 遠東織造廠 | 紡織 | 徐有庠 | 中正東路二九五號 | 八八六四〇 | 序文前頁 |
| 遠洋貿易股份有限公司 | 進出口 | 彭秉澄 | 江西路口漢彌登大廈樓下特一號 | 一三二七八 | 三九二 |
| 遠東建築帆石股份有限公司 | | 徐進才 | 江西路上海大樓四〇三室 | 一六一八三 | |
| 統原工業原料行 | 工業原料 | 陳文鑫 | 東台路二五號交通路七二號 | 八四二六五 | 二七五 |
| 統原商業儲蓄銀行 | 金融 | 陳繩武 | 北京東路三三〇號 | 一八四二一 | 三五、三五一 |
| 衆惠法律事務所 | 法律事務 | | 中正東路一四五四號浦東同鄉會三〇二室 | 三七二二四 | 四五六 |
| 富中實業公司 | 進出口等 | 漆履堂 | 中正東路一五〇號 | 一三七四三<br>一五八五二 | 二六四 |
| 富安紡織公司 | 紡織 | 倪葆生 | 北京東路二〇〇號 | 一三三五九 | 封面裏頁 |
| 富貝康無限公司 | 化粧品 | 顧植民 | 崇德路一一二—一一八號 | 八二三五一 | 71 |
| 富華織造廠 | 織造 | 楊煥南 | 中正東路四八九號 | 八五三八三 | |
| 敦裕錢莊 | 錢業 | 顧誠齊 | 九江路二一四號 | 一五五六六 | 三二二 |
| 彭履新 | 住宅 | | 陝西南路七二號 | 六八〇六九 | |
| 勝利營造廠 | 建築工程 | 王松基 | 北京西路五二四街五號 | 三二八一五 | |
| 勝德新藝化工廠 | 化學製造 | 顧衛丞 | 西康路四七一號 | 三六一七四 | 三二六 |
| 景倫襪彩廠 | 日用百貨 | 徐雨孫 | 四川路三三號四樓四 | 一〇二三四<br>一一九一九 | 八七 |
| 景德瓷器公司 | 瓷器 | 吳少樵 | 寧興街二六一街 | 八五八一九 | |
| 順興祥泰記雜貨號 | 雜貨 | 邵子衡 | 中正東二路華成里一四號 | 八六〇二二 | 四一六 |
| 偉通行 | 工業原料 | 林有通 | 中正東路七七街六號二樓 | 八四九五一<br>八八五〇四 | 二二六 |
| 港粵滬華美電器行 | 電器 | 陳知新 | 南京東路五六五號 | 九四一二二 | 六一 |

| 行號名稱 | 業務 | 經理姓名 | 地址 | 電話 | 頁數 |
|---|---|---|---|---|---|
| 湘成貿易公司 | | 傅湘丞 | 北京東路三六〇街福興里七號 | 九七七三四 | |

## 十三劃

| 行號名稱 | 業務 | 經理姓名 | 地址 | 電話 | 頁數 |
|---|---|---|---|---|---|
| 新大陸輪船公司 | 航運 | 陳滌生 | 中正東路中匯大樓一樓一一一室 | 八五〇三七 | 四〇八 |
| 新中鈕扣廠 | 鈕扣 | 鄭秀坤 | 康定路一一〇七號 | 二三五四七 | 二七三 |
| 新中國工業貿易公司 | 進出口 | 陳滋堂 | 雲南中路七號 | 九一九一四 | 四 |
| 新成元記顏料號 | 顏料 | 張明海 | 北蘇州路五二〇街德安里四街一二三號 | 四五〇五六 | 二四七 |
| 新生工業原料行 | 工業原料 | 林仰喬 | 交通路六九號 | 九三一〇一 | 二七五 |
| 新生偉記綢廠 | 綢廠 | 周景瑛 | 福建中路三〇五街一六號 | 三九八三三 | 111 |
| 新光標準內衣染織整理廠 | 染織內衣 | 傅頁駿 | 重慶南路二七號 | 八二一六七 八四四五二 | 一六三 |
| 新利香西菜社 | 西菜 | 張伯銘 | 廣西路一六四號 | 九四七六〇 | 四一二 |
| 新星化學製藥廠 | 新藥 | 姚俊之 | 黃河路藍屋派克路白克路口 | 三四一〇八 三七三一三 | 一二五 |
| 新華毛織廠 | 駱駝絨 | 徐美銓 | 成都北路九六一街三六號 | 三三七〇二 | 二三七 |
| 新華信託儲蓄銀行總行 | 金融 | 王志莘 | 江西中路三六一號 | 一八一〇二—九 | 九二 |
| 新華茶業股份有限公司 | 茶葉 | 毛國頁 | 漢口路一三一號三二七室 | 一四二六一 | |
| 新華酒家 | 粵菜茶點 | 關濟川 | 廣西中路三四五號 | 九一一九五 九一八四四 | 一〇三 |
| 新華顏料靛青號 | 顏料靛青 | 彭履新 | 永興街一九—二一號 | 八三八八六 | 三六四 |
| 新華玻璃廠 | 玻璃器皿 | 杜維藩 | 襄陽南路二八三街五〇號 | 七三〇七一 | 四二八 |
| 新綏公司 | 運輸貿易 | 朱 炳 | 黃浦路十七號禮查大樓二樓二一三—二一六室 | 四二二五五接五號分機 | 四五二 |
| 新雅粵菜館 | 粵菜 | 蔡建卿 | 南京東路七一九號 | 九〇〇八〇 | 2 |
| 新興印刷公司 | 印刷 | 周勤生 | 康樂路九〇號 | 四一六二九 | |
| 新新印刷廠 | 照相製版 | | 威海衛路五〇二街三一號 | 三四八九四 | 二九三 |
| 新新有限公司 | 百貨商場 | 蕭宗俊 | 南京東路七二〇號 | 九七二〇〇 | 一五三 |
| 新豐紡織印染有限公司 | 紡織印染 | 舒昭賢 | 南京東路一五三號二樓十二號 | 一二六一六 一六一六八 | 二四九 |
| 愼昌總行 | 鐘表 | 包伯寬 | 南京路二四五號 | 一八四八一 | 一〇二 |
| 裕民毛絨線廠 | 絨線 | 李潤生 | 興聖街四〇—四四號 | 八一六九三 | 二二一 |
| 裕民保險公司 | 保險 | 鄭國忠 | 滇池路八五號 | 一三〇〇三 | |
| 裕生號 | 顏料靛青 | 盛智强 | 北蘇州路五二〇街一九三號 | 四六〇三〇 | 三七七 |
| 裕昌祥呢絨西服號 | 呢絨西服 | 王嘉楨 | 南京東路七八一號 | 九一三三二 | 一一一 |
| 裕華貿易行 | 進出口 | 王嘉楨 | 南京東路七八一號 | 九一三三二 | 一一一 |
| 裕記成營造廠 | 營造 | 嚴成有 | 北京路顧家街八八號三樓八室 | 九四二七八 | 二八九 |
| 裕康新記鐵號 | 鋼鐵 | 傅隆才 | 北蘇州路四八六—四九〇號 | 四〇二一三 | |
| 裕華烟公司 | 捲烟 | 何英傑 | 中正南二路二七二號 | 七二三三八 | 一六〇 |
| 裕新貿易商行 | 進出口 | 李熙如 | 江西路聚興誠大樓三〇一室 | 一九二四六 | |
| 裕震興公記齒科材料行 | 齒科材料 | 徐國瑞 | 六合路二四—二六號 | 九三四七一 | |
| 裕豐盛 | 顏料 | 湯裕興 | 福州路二七二街九號 | 九〇五二〇 九八七一三 | 三七三 |
| 萬牛顏料號 | 顏料靛青 | 桑厚生 | 天津路一九五街二一號 | 九〇六九五 | 三七三 |
| 萬昌貿易商行 | 油脂白臘 | 陸庚生 | 泗涇路三七號二一室 | 一九二五七 | 三七七 |
| 萬國藥房總店 | 西藥 | 史致富 | 福州路三三〇號 | 九八一二二—五 | 四五 |
| 萬國藥房支店 | 西藥 | 陳祥爤 | 中正北一路七—九號 | 六〇〇七一—二 | 二二七 |

| 行號名稱 | 業務 | 經理姓名 | 地址 | 電話 | 頁數 |
| --- | --- | --- | --- | --- | --- |
| 萬國貿易股份有限公司 | 進出口 | 鄧熾仁 | 外灘十二號匯豐銀行大樓A一三八室 | 一六一四〇 | 三〇六、三一五 |
| 萬康祥顏料號 | 顏料 | 王文俊 | 天津路五福衖隨安里七號 | 九四〇八〇 | 三七三 |
| 萬象藥房 | 西藥 | 石惠麟 | 廣西路九三號 | 九四二七四 | |
| 萬壽山酒樓 | 酒菜點心 | 吳筱香 | 西藏中路二二〇號 | 九二五四九<br>九五九五四 | 一三八 |
| 萬豐機織印染廠 | 染織 | 方煒平 | 金陵東路一八三衖一號 | 八八六七〇 | 一六五 |
| 義生恆介記南號 | 毛絨 | 曹守春 | 興聖街六四—六六號 | 八一八五二 | 二七三 |
| 義生橡膠廠 | 橡膠品 | 屠殿臣 | 溪口路一四—一六號 | 八五〇二七<br>八七三五八 | 二〇 |
| 義昌電料行 | 電器 | 包松林 | 中正東路五七六號 | 九五三九六 | |
| 義和興機彩廠 | 百貨 | 目時楞 | 福州路四四三號 | 九六四一三 | |
| 義和織造廠 | 精製手帕 | 杜樹玉 | 吉安路順元里六六號 | 八七三五四 | 四一六 |
| 瑞安商輪公司 | 航運 | 姜　卿 | 中正東路中匯大樓一樓一一一室 | 八五〇三七 | 四〇八 |
| 瑞泰源顏料靛青號 | 顏料 | 汪瑞欽 | 九江路四六五號 | 九〇二三七 | 三六四 |
| 瑞象顏料靛青股份有限公司 | 顏料 | 陳逍颿 | 九江路四三八號 | 九六四六三 | 三七六 |
| 瑞潤顏料號 | 顏料 | 奚傳銘 | 福州路三九三衖六號 | 九〇九二六 | 三七三 |
| 源裕和記顏料號 | 顏料 | 徐蓉舫 | 盛澤街八〇衖六號 | 八六五六四 | 三七三 |
| 源源長銀行 | 金融 | 王荐藩 | 江西路四七三號 | 一一八五二<br>一二七七九 | 三一八 |
| 源源藥房 | 西藥 | 屈建民 | 南京西路一六〇九號 | 三九四二〇 | |
| 源豐工業原料行 | 工業原料 | 王愼祥 | 中正東路二七四號三六室 | 一七七六三 | 一六六 |
| 鼎大昌五金有限公司 | 五金 | 錢士明 | 河南路五五一號 | 九四五九九 | 三一七 |
| 鼎新染織廠 | 染織 | 姚義璋 | 寧波西路四二號 | 八四二九七<br>八二四四六 | 九五 |
| 鼎成棉布號 | 棉布 | 劉永清 | 河南路吉祥里二二號 | 九五七三八<br>九一九九〇 | |
| 鼎成顏料靛青號 | 顏料靛青 | 張美華 | 福建路二六六衖一四號 | 九一九六七 | 一四六 |
| 鼎豐粉撲廠 | 粉撲 | 應松山 | 中正中路四二四衖四〇號 | 三九七九五 | 一二二 |
| 勤業行 | 進出口 | 趙子周 | 四川路三四六號迦陵大樓一〇九室 | 一四一五〇 | |
| 勤康顏料號 | 顏料 | 孫孝鏞 | 浙江路四六二號二一八室 | 九五九九六 | 三七六 |
| 復華藥房 | 西藥 | 郭登瀛 | 金陵東路三〇〇衖一九號 | 八一四三八<br>八五八八五 | 四四〇 |
| 復興實業銀行 | 金融 | 瞿士鐸 | 天津路三七號 | 一三九〇〇<br>一九三一八 | 二七 |
| 復興恆新記號 | 顏料雜貨 | 汪辛人 | 漢口路三八六衖一六號 | 九五五二三 | 三七三 |
| 復興昶顏料號 | 顏料 | 嵇廷甫 | 九江路四五八號 | 九七五六〇 | 三七六 |
| 業安企業公司 | 房地產 | 郭寶樹 | 南京路六二七號永安新廈三樓 | 九三七〇三 | 三七六 |
| 業廣貿易行 | 貿易 | 羅毛潔人 | 四川中路三三號二〇二室 | 一四〇五四 | |
| 强華實業股份有限公司 | 輪船 | 王士燮 | 江西路二四六號三樓三一一室 | 一四六八五<br>一八四九二 | 四〇八 |
| 强華和記華行 | 電影機器 | 張天祚 | 南京西路五七〇號 | 三三五一二 | 三八一 |
| 塘山新旅社 | 旅業 | 許燮慶 | 塘山路四三四號 | 五一九〇一 | 一三六 |
| 誠孚染織公司 | 染織 | 趙志海 | 河南路如意里三三號 | 九〇八五九 | 四一三 |
| 誠信會計師事務所 | 會計師 | 李鴻壽 | 南京東路二三三號哈同大樓三〇三室 | 一〇一二七 | 二〇一 |
| 彙昌號 | 顏料雜貨 | 王忠廉 | 寧波路一二〇衖四號 | 一八五三八 | 三八〇 |
| 滄洲百貨公司 | 橡膠百貨 | 張智謌 | 南京西路一六〇七號 | 三五七五八 | |
| 愛華製藥社 | 製藥 | 高培艮 | 山東中路二三二號 | 九四三二二 | 九九 |
| 虞舜律師 | 法律 | 虞　舜 | 河南中路四九五號二〇三室 | 九二二六一<br>九六〇三五 | 四五六 |

| 行號名稱 | 業務 | 經理姓名 | 地址 | 電話 | 頁數 |
| --- | --- | --- | --- | --- | --- |
| 雷電霓虹電氣廠股份有限公司 | 電虹燈 | 孔祖彭 | 乍浦路一三八號 | 四二六五二 | 一四一 |
| 圓圓織造印染公司 | 織造印染 | 朱楞 | 福州路三八四街七號 | 九八二二二 九八三二〇 | 一六五 |
| 雍興公司峻山味晶駐滬發行所 | 調味粉 | 章彬僧 | 乍浦路蟠龍街一一號 | 四一六〇〇 | 一一三 |
| 達豐染織公司 | 染織 | 崔福莊 | 寧波路三四九號 | 九三二一三 | 二一三 |
| 鄒永興成衣舖 | 成衣 | 鄒永泉 | 舊安南路八〇街九號 | 六〇二〇九 | |
| 滋康錢莊 | 金融 | 施靄麟 | 天津路一一四號 | 九二七一五 九二四〇七 | 四一三 |
| 漢達利 | 醫療器械 | 王子中 | 河南南路三三—三五號 | 八五六三九 | 一五一 |
| 農業教育電影公司 | | 俞松嶽 | 九江路東亞大樓四〇四室 | 一九四二一 | |

## 十四劃

| 行號名稱 | 業務 | 經理姓名 | 地址 | 電話 | 頁數 |
| --- | --- | --- | --- | --- | --- |
| 榮山製帽店 | 軍帽 | 劉吉成 | 山西北路二八八號 | | 三〇九 |
| 榮孚顏料行 | 顏料 | 榮梅莘 | 中正東路中滙大樓五〇四室 | 八六四三七 | 三六五 |
| 榮康顏料號 | 顏料 | 徐明康 | 民國路四七〇—四七二號 | 八三三一二 | 三七六 |
| 榮康地產公司 | 地產 | 楊仲齡 | 南京路慈淑大樓五三一室 | 九五一〇四 | 二六八 |
| 榮記大世界 | 遊藝 | 丁永昌 | 西藏南路一號 | 八二五四二 | 五六 |
| 榮華工業原料顏料靛青有限公司 | 顏料 | 王廷猷 | 蕪湖路八—一四號 | 九四九〇五 九六〇六七 | 四九 |
| 榮豐寶業信託股份有限公司 | 進出口 | | 天津路二四四號 | 九二七八九 九八五五五 | |
| 榮豐寶業信託公司 | 進出口 | | 天津路二四四號 | 九二七八七 | 三五三 |
| 榮豐紡織公司 | 紡織 | 韓志明 | 天津路二三八號 | 九八三二四 | 四〇 |
| 榮豐股份有限公司 | 工業原料 | 楊青華 | 山東中路二一九號 | 九一二一〇 九三六四三 | 三〇二、三五七 |
| 福中工業原料號 | 工業原料 | 潘浩明 | 七浦路三〇三街五號 | 四三四五六 | 一〇八 |
| 福中化工廠 | 化工廠 | | 閘北宋公園路裴家橋二七號 | | 一〇八 |
| 福民輪船公司 | 輪業 | 陸東生 | 南京路哈同大樓五一八室 | 一〇八〇二 | 三八一 |
| 福民製藥廠 | 製藥 | 張雲誼 | 六合路六一號 | 九七九〇二 九五八八七 | 四一七 |
| 福民機帆運輸公司 | 運輸 | 林大濟 | 天潼路三〇六號 | 四二四二〇 | 一一五 |
| 福利營業股份有限公司 | 企業 | 葛福田 | 武昌路三二二號 | 四一三八九 | 三二七 |
| 福利汽水廠 | 鮮橘水 | 汪叔眞 | 克明路順大里一號 | (〇二)六〇四八六 | 三一七、三九二 |
| 福利錢莊 | 錢業 | 朱旭昌 | 四川路三三號 | 一〇五五九 一六一九六 | 一五四 |
| 福昌水菓行 | 水菓 | 哈開明 | 北京西路七〇七號 | | |
| 福星熱水瓶廠 | 熱水瓶 | 虞尚倫 | 歸化路四四四—六號 | 三二八四三 | 三八一 |
| 福泰工業原料顏料靛青號 | 工業原料 | 陳廷華 | 山東路一一八號 | 九一八九六 | 三七七 |
| 福康錢莊 | 金融 | 張達甫 | 天津路一一〇街九號 | 九一八九八 九七六七〇 | 一七九 |
| 福康餅乾廠 | 餅乾 | 姚興發 | 建國東路四七三號 | 八五五一七 | 二八二 |
| 福隆號 | | 董幹文 | 江西路三四〇號 | 一九三八八 | 四五三 |
| 福新煙廠 | 捲煙 | 丁盤泉 | 澳門路九七號 | 三四三〇二—三 | 一六〇 |
| 福新麵粉廠 | 麵粉 | 陸輔仁 | 西蘇州路五號 | 三〇四三一 | 四四一 |
| 福黎股份有限公司 | 進出口 | 應鍾福 | 南京東路慈淑大樓七一六號 | 九二八一七 | 四四一 |
| 嘉定商業銀行 | 金融 | 范回春 | 中正東路九六六號 | 九八二六四—六 | 七五 |
| 嘉財鞋帽莊 | 鞋帽 | 陳茂仁 | 新閘路五七五號 | | |
| 嘉隆行 | 顏料 | 莊履星 | 九江路二一〇號四〇三室 | 一四六六四 | |

| 行號名稱 | 業務 | 經理姓名 | 地址 | 電話 | 頁數 |
|---|---|---|---|---|---|
| 嘉豐號 | 顏料 | 陳渭蓀 | 金陵東路三七〇號 | 八四四〇六 | 二四二 |
| 廣大華行 | 進出口 | 盧緒章 | 中山東路一號 | 一四四五三 | 封面對頁 |
| 廣大藥房 | 西藥 | 楊延修 | 廣東路三八九號 | 九〇四九六 | 一二五 |
| 廣東銀行上海分行 | 金融 | 汪智湧 | 寧波路五二號 | 一六二八六 | 三八三 |
| 潤昌祥盛記顏料號 | 顏料 | 黃如蘭 | 民國路三八六—三九〇號永安路五六—六〇號 | 八二八九二 | 三九三 |
| 潤華企業公司 | 企業 | 浦心雅 | 江西路四五二號四〇八室 | 一八〇九〇 | 三七二 |
| 潤興工業原料號 | 工業原料 | 陸潤穗 | 中正東路五三六號 | 九〇四〇八 | 三七七 |
| 匯大錢莊 | 錢業 | 王秉澄 | 寧波路二四四衖五號 | 九七九二八<br>九八六八九 | 四一三 |
| 匯明電筒電池廠發行所 | 手電筒 | 丁熊照 | 西藏南路四二七衖一九號 | 八〇五六五<br>八一〇七九 | 三六六 |
| 匯衆烟草公司 | 捲烟 | | 中正東路六四六號 | 九〇六一八 | 四五三 |
| 匯達烟草公司 | 捲烟 | | 陝西南路七八一號 | 七八六〇一 | 一六一 |
| 聚康銀行上海分行 | 金融 | 孫蘊奇 | 中正東路九七號 | 八二三三九 | 二二二 |
| 聚興誠銀行 | 金融 | 袁尹邨 | 江西路二五〇號 | 一三四九七<br>一三四九三 | 二二 |
| 聚豐寶記航業公司 | 航業 | 方肇周 | 中山東一路八衖七號三〇六室 | 一七八五二 | 四〇九 |
| 聚豐園 | 川菜館 | 劉松濤 | 廣西路二二四號 | 九四六六一 | 四一二 |
| 維也納舞廳 | 娛樂 | 陸晉元 | 西藏路四三七號 | 九五〇〇五 | 七三 |
| 維多利亞公司 | 食品 | 黃文樵 | 南京西路一二〇一—三號 | 三一五〇四 | 三八一 |
| 精美食品公司 | 食品 | 李賢影 | 南京路英華街二五號 | 九〇四九三 | |
| 臺灣銀行上海分行 | 金融 | 謝惠元 | 大名路六五號 | 四六二九三 | 四六〇 |
| 林金公司 | 進出口 | 吳守餘 | 外灘匯豐銀行大樓七樓三三五室 | 一四八二五 | |
| 滬江照相材料行 | 照相材料 | 黃有靖 | 南京東路一二九號 | 一四七六四 | 二二九 |
| 肇興輪船公司 | 輪船業 | 李界平 | 廣東路一二二號 | 一二五八二 | 四〇八 |

## 十五劃

| 行號名稱 | 業務 | 經理姓名 | 地址 | 電話 | 頁數 |
|---|---|---|---|---|---|
| 慶大錢莊 | 錢業 | 葉秀純 | 天津路二一二衖四號 | 九五六三二<br>九〇五二一 | 一七九 |
| 慶成錢莊 | 錢業 | 席潤身 | 天津路一七〇衖十號 | 九一三九一<br>九一九一九 | 四三 |
| 慶成顏料號 | 顏料 | 徐昭隆 | 四川南路二五衖一六號 | 八四一二四<br>八四一二五 | 4 |
| 慶和永記銀樓 | 銀樓 | 俞九如 | 南京西路一七一一號 | 三三二九六 | |
| 慶華顏料化學廠 | 顏料 | 樂策斌 | 江西中路四五二號四〇八室 | 一八〇九〇 | 三六五 |
| 慶華顏料廠股份有限公司 | 化學顏料 | 樂策斌 | 江西中路四五二號四樓 | 一八〇九〇 | 三七二 |
| 慶裕化學工業廠 | 工業 | 王梅卿 | 江西中路四五二號四〇八室 | 一八〇九〇 | 三七二 |
| 慶餘工業原料行 | 工業原料 | 陳恩賢 | 金陵路崧厦街三〇號 | 八四四六一<br>八九三三三 | 三一四 |
| 慶餘堂松記國藥號 | 國藥 | 王孝芳 | 北京西路九六號 | 九三九三九 | |
| 慶德橡膠廠 | 橡膠品 | 吳文榮 | 湖北路二〇號 | 九一五五〇 | 二〇九 |
| 慶豐紡織漂染整理股份有限公司 | 紡織漂染 | 唐星海 | 北京東路四四四號 | 九二八一六<br>九二四一二 | 一八九 |
| 德心堂國藥號 | 國藥 | 郭慶標 | 茂名北路一九三號 | 三六五九七 | |
| 德和電池廠 | 電器 | 周連城 | 廣西路二八七衖四號 | 九六八六八 | 三〇五 |
| 德基藥品公司 | 西藥 | 朱永祥 | 四川路三三號八〇八室 | 一二七三九 | 一二六 |
| 德豐號 | | | 溪口路十五號 | 八六五七八 | 三二五 |
| 蔡小蓀診所 | 中醫師 | 蔡小蓀 | 北京路五九六衖一七號 | 九四三七九 | |

| 行號名稱 | 業務 | 經理姓名 | 地址 | 電話 | 頁數 |
|---|---|---|---|---|---|
| 鄭永昶皮球廠 | 體育用品 | 鄭永昶 | 成都北路七七一街一五號 | 六一三三八 | 九四、二九七 |
| 鄭秀範 | 西醫 | 鄭秀範 | 西康路五五二街一七號 | 六〇三七一 | 三三五 |
| 履泰昶布莊 | 棉布 | 方煒平 | 金陵東路 | | |
| 徵祥錢莊 | 金融 | 胡養吾 | 寧波路二三二號 | 九六二八七 九六八一一 | 一三四 |
| 震興號 | 顏料 | 湯滿興 | 南京東路一四六街一九號 | 一七六四二 一九九四八 | 二四八 |
| 億中銀公司 | 金融 | 董漢槎 | 中正東路一五〇號 | 一一二九九 一五六五二 | 八六 |
| 餘源隆號 | 進出口 | 樂誠 | 塘沽路二〇號 | 四二九四九 | 一〇一 |
| **十六劃** | | | | | |
| 錦章號股份有限公司 | 百貨 | 丁益生 | 廣東路三〇三號 | 九〇九一七 | |
| 錦華烟廠 | 捲烟 | 陳裕仁 | 中正南一路一四六街A四號 | 七五二九三 | 一四五 |
| 興泰水電工程材料公司 | 水電工程 | 葉康生 | 四川中路五六四號 | 一四一一九 | |
| 興泰織造廠 | 針織 | 馬雲龍 | 吉安路義業里一四號 | 八一四一四 | |
| 興華金屬製品廠 | 五金 | 徐承仁 | 陝西北路二七三號 | 三七八五五 | 三一一 |
| 興華工業貿易公司 | 貿易 | 陳滋堂 | 博物院路一〇七號 | 一九六八八 | 四六二 |
| 興業工業原料號 | 工業原料 | 林建 | 山東南路八號 | 八一三九八 | 三一一 |
| 龍昌南貨號 | 南貨 | 許伯頁 | 五馬路山東路五三號 | 九〇九六九 | 四一二 |
| 歐冶化學工業社 | 化工業 | 朱鐘清 | 泗涇路二二號 | 一二〇八六 | 九〇 |
| 歐海銀行 | 金融 | 鍾廈生 | 四川中路一四九號 | 一〇〇七二 | |
| 綠楊邨酒家 | 酒菜 | 何月鰲 | 南京西路七六三號 | 三七二二一 三八四二七 | 一三五 |
| 衛通錢莊 | 金融 | 陳鴻卿 | 寧波路一二〇街一三號 | 一三九三四 | 一四七 |
| 衛豐公司 | 百貨 | 徐昭明 | 林森中路三〇四—三〇六號 | 八六一七一 八八〇七三 | 三八九 |
| 鮑慷志會計師 | 會計 | 鮑慷志 | 北京東路鹽業大樓五樓 | 一四八五六 | 四五六 |
| 錢鏞記電業機械製造廠 | 電機 | 錢鏞森 | 小沙渡路三七〇街三〇號 | 三九六五七 | |
| **十七劃** | | | | | |
| 懋昌糖行 | 糖類 | 汪鑫生 | 龍潭街七—一一號 | 八六五八三 | |
| 鴻安輪船股份有限公司 | 航業 | 虞順懋 | 廣東路九三—九五號 | 一二九五〇 | 四三三 |
| 鴻怡泰茶行 | 茶葉 | 鄭錦才 | 金陵東路二八九—九一號 | 八〇五〇七 | 二六二 |
| 鴻康電料行 | 電器 | 袁永定 | 南京東路三一四號 | 九三二九八 | 四三 |
| 鴻興銀行上海分行 | 金融 | 游永薌 | 南無錫路一四號 | 九七七六四 | 二六三 |
| 鴻興織造廠 | 針織 | 李銘乘 | 南京路慈淑大樓三一一號 | 九〇一七二 | 二六五 |
| 鴻錩貿易公司 | 進出口 | 趙晉城 | 河南路中匯大樓三〇六室 | 八七一五五 | 三八八 |
| 鴻雲服師公司 | 時裝 | 曹節 | 南京西路七三七號 | 三四四四四 | 八六 |
| 聯合化學工業廠 | 油漆 | 楊服誠 | 九江路五三〇號 | 九六五七七 九三一〇〇 | 三七七 |
| 聯合行 | 進出口 | 鄭鑾驥 | 中山東一路一八號二一五室 | 一九〇四六 | |
| 聯合顏料廠 | 製造顏料 | 葉春華 | 河南路五四一街一四號 | 九〇四九七 | 三五六 |
| 聯和證券號 | 證券 | 吳仕森 | 九江路四二九號五五〇室 | 九一〇五六 九二〇一四 | 四一六 |
| 聯益商行 | 進出口 | | 四川中路三二〇號四〇五室 | 一四二四二 一二二七九 | 四六三 |
| 聯益工業原料顏料靛青行 | 工業原料 | 楊季琮 | 北京東路一五六號二樓三號 | 一九八七六 一〇六二四 | 三七七 |

| 行號名稱 | 業務 | 經理姓名 | 地址 | 電話 | 頁數 |
| --- | --- | --- | --- | --- | --- |
| 聯興貿易有限公司 | 進出口 | 祝順達 | 四川中路三二〇號一〇一室 | 一六〇一四 | 三八五 |
| 駿大華行 | 進出口 | 葉陰之 | 廣東路一七五號 | 一九〇七九 | 三七六 |
| 駿豐南腿莊 | 南腿 | | 河南中路三八三號 | 九〇九八二 | 四〇八 |
| 謙記行 | 工業原料 | 姚寧 | 塘沽路一一一號 | 四三〇二三 | 四〇八 |
| 謙泰商業銀行 | 金融 | 潘炳臣 | 四川路四六一號 | 一四一〇九 | 四一三 |
| 謙泰豫興業銀行 | 金融 | 楊鎮華 | 漢口路五六一號 | 九五三〇八 | 五七 |
| 環球內衣織造廠 | 襯衫 | 李光熾 | 北京西路王家沙花園B五號 | 六〇二九一 | 四一六 |
| 濟華堂藥房 | 西藥 | 袁鶴松 | 雲南路四七號 | 九八一六六 九一七二六 | 三一〇 |
| **十八劃** | | | | | |
| 禮百列行 | 人造金 | 李舶列 | 廣東路五八四號 | | 二〇、五八 |
| 禮益地產公司 | 房地產 | 朱潤生 | 四川中路四一六號一七室 | 九〇三八四 一七六六五 | 四一六 |
| **十九劃** | | | | | |
| 寶大祥綢布莊 | 綢布 | 徐和卿 | 金陵中路一四—一八號 | 八三五五〇 | 二四五 |
| 寶豐錢莊 | 錢業 | 沈景樑 | 天津路一二八號 | 九四八一七 | 三八 |
| 藝昌股票行 | 股票 | | 九江路證券大樓六樓四四九室 | 九三七〇六 | |
| 豐年公運輸報關行 | 運輸報關 | 李豐年 | 湖北路迎春坊一六號 | 九二三六五 | |
| 豐泰呢絨號 | 呢絨 | 吳新初 | 河南路九四號 | 一五九六五 | |
| 麗安百貨公司 | 百貨 | 金賢生 | 浙江中路四六二號三〇二室 | 九一三一五 | 四一二 |
| 麗華化學工業廠 | 化學工業 | 王煥民 | 江寧路一〇八〇衖一五五號 | 一二二六三 | 三五三 |
| 麗新公司 | 紡織印染 | 唐靜齋 | 四川路北京路三和里B一一號 | 一五七〇四 | 二四五 |
| 魏律師事務所 | 法律 | | 寧波路四〇號一〇四室 | 一〇二五六 | 八五 |
| **二十一劃** | | | | | |
| 鑑臣香精原料股份有限公司 | 香精原料 | 李潤田 | 滇池路一一〇號 | 一三四二〇 | 四一三 |
| **二十四劃** | | | | | |
| 鑫記大舞台 | 京劇 | 范恆艮 | 九江路六六三號 | 九〇二〇〇 九二〇二〇 | 111 |

## 律師

| 姓名 | 地址 | 電話 | 地址 | 電話 |
| --- | --- | --- | --- | --- |
| 王耀堂 | 北京西路福田村一四號 | 三二一三六 | | |
| 王效文 | 江西中路二一二號六樓 | 八八八一四<br>一八〇二三 | | |
| 王維楨 | 南京東路哈同大樓二一八室 | | 建國東路三六八號 | 八四三五三 |
| 王劍鍔 | 新昌路平泉別墅八號 | 三二四五〇 | | |
| 王忻堂 | 貴州路一二〇號三樓 | 九三五四四 | 江灣路三〇號 | (〇三)六一九三九 |
| 王逸公 | 八仙橋青年會四二七室 | 八一四七一 | 吳興路七三號 | 七五八〇五 |
| 王善祥 | 中山東二路九號七〇室 | 八八六七三・四 | 南匯路大華新村九號 | 六〇四三五 |
| 王祖勳 | 天津路四〇五號六室 | | | |
| 方積蕃 | 鳳陽路五九二衖一四號 | 三一九三五 | | |
| 方福樞 | 北京路二五五號一〇二室 | 一五八六四 | 林森中路二〇三號內三室 | 七一〇〇四 |
| 毛雲 | 貴州路二六三號湖社二樓 | 九八一三三・三 | 金陵中路大安里二九三號 | |
| 甘霖 | 南京西路二七〇衖一七號 | 三五五一七 | | |
| 申聰試 | 江西中路二六四號五〇九室 | 一四五六六 | | |
| 左德熹 | 九江路二一九號三樓 | 一三二一〇・九 | 興安路一四九號 | 八三七四五 |
| 江一平 | 廣東路五一號五〇一室 | 一四七二八 | 臯蘭路三〇號 | 七八四四九 |
| 江庸 | 四川中路三三號二一二室 | 一六五〇〇 | 迪化路三〇〇衖六號楊宅 | 七三六七一 |
| 朱扶九 | 中正東路一六〇號 | 一九四一一<br>一〇一一〇 | 復興中路桃源邨一八號 | 七三八八四 |
| 朱承勛 | 九江路一一三號七〇七室 | 一四三一四<br>一九一五七 | | |
| 朱亞揆 | 南京東路三五三號五二〇室B | 九一八七〇 | 安福路七八衖一七號 | 六六二四六 |
| 朱文德 | 中正東路一四五四號三〇二室 | 三三五三三<br>三七三二四 | 寧海西路勤餘坊二號 | 八六二五三 |
| 艾國藩 | 中正東二路九號六〇・一室 | 八五五五九 | 復興西路一四一號 | 七四〇三三 |
| 任作君 | 四川北路二〇號三樓 | 四三八七七 | | |
| 何世枚 | 寧波路四〇號四〇六室 | 一三六〇八 | 長樂路一二五五號 | 七〇八七八 |
| 何百謙 | 圓明園路一六九號五〇四室 | 一六四九七<br>一〇五三九 | 歸化路九六四衖三號 | 三五四八六 |
| 何孝元 | 四川中路五二四號二樓 | 一三三二四 | 愚園路岐山邨一一七號 | 二一五四三 |
| 何漢昌 | 中正東路四三八衖八號 | 九三八二四<br>九三一一三 | 襄陽南路三九三衖三九號 | |
| 何世楨 | 寧波路四〇號四〇六室 | 一三六〇八 | 高郵路八八號 | 七九二五〇 |
| 沈軼千 | 吳江路七五號 | 三三七七〇 | 中正北一路二八二衖一一號 | 三一四五八 |
| 沈鈞儒 | 南京路沙遜大廈二五六室 | 一六六〇二 | 愚園路愚園新邨一一號 | 二〇九九七 |
| 汪勵吾 | 福州路二二一號五〇三室 | | 牛莊路六九一號三三四室 | 九二四九六 |

| 姓名 | 地址 | 電話 | 地址 | 電話 |
| --- | --- | --- | --- | --- |
| 沙千里 | 南京路沙遜大廈二五六室 | 一六六〇二 | | |
| 宋雲濤 | 黃陂南路梅蘭坊二五號 | 八二八三四 | | |
| 宋啓文 | 九江路一九〇號三樓 | 一五〇二七・八 | | |
| 李寶森 | 中正東路一六〇號五一七室 | 一八四五七<br>一〇八三八 | 雁蕩路六號二樓一八號 | 八一五五七 |
| 李澤民 | 四川中路二九〇號二樓 | 一五四一〇 | 北京西路大通路同壽里九號 | 三〇八〇二 |
| 李文杰 | 江西中路四〇六號四二七室 | 一四四二九<br>一四三六四 | 興安路一六三衖一七號 | 八〇九〇九 |
| 李潮年 | 廣東路九三號三樓 | 一〇三九〇 | 新聞路一〇五一衖一六號 | 六〇三七四 |
| 李凌雲 | 思南路三四號 | 七七五八六 | 林森中路六〇六衖二二號 | 八八〇九五 |
| 李景文 | 四川中路三三號二一二室 | 一六五〇〇 | 中正中路明德里七四號 | 七五四七一 |
| 李公度 | 南京路哈同大樓二一八室 | | 鳳陽路四四八衖一九號 | 三七四七九 |
| 吳楚梁 | 北京東路鹽業大樓二三室 | 一九六九〇 | | |
| 余祥琴 | 四川中路三三號二一三・五室 | 一〇六四〇<br>一五三三三分機二號 | 威海衛路八八號 | 三〇五〇〇<br>三七三五八 |
| 余惠民 | 鳳陽路一五六號 | 九〇九八三 | | |
| 成正平 | 福州路八九號二二七室 | 一三三五九 | 漢口路二七一衖三號 | 九六六〇一 |
| 汝葆彝 | 九江路一一三號六〇六室 | 一三三〇四 | 長寧路兆豐別墅四號 | 三三三八二 |
| 金煜 | 林森中路六五衖七號 | 八四六六七 | | |
| 金忠圻 | 四川中路三三〇號二〇一室 | 一六三六〇 | 中正南二路一九八衖一八號 | 七六八六四 |
| 周孝庵 | 重慶南路一六九衖一〇號 | 八一四一八 | | |
| 周是儕 | 中正東路一六〇號四一五室 | 一〇一一〇 | 鉅鹿路八〇六號 | 七九〇五五 |
| 周永定 | 中正中路八三〇號三〇四室 | 三〇五〇六 | | |
| 周濂澤 | 西藏南路一〇衖五六號 | 八三三六〇 | | |
| 周春芳 | 中正東路九六〇號二樓北部 | 九三五七七 | 中正中路六三二衖一一三號 | 三五二四七 |
| 周靜宋 | 中山東二路九號七〇室 | 八八六七三・四 | 永嘉路六九三衖六九三號 | 七六八三五 |
| 周孝伯 | 中山東二路九號七〇室 | 八八六七三・四 | 永嘉路六九三號三室 | 七六八三五 |
| 宓季方 | 山東中路二〇九號 | | 長樂路七六四衖二三號 | 七七四〇五 |
| 杭石君 | 四川中路三四六號三〇四室 | 一〇三二〇 | | |
| 范剛 | 威海衛路一五五衖二〇號 | 三一二〇二 | | |
| 俞鍾駱 | 四川中路三三〇號二〇一室 | 一六三六〇 | 合肥路六〇四號 | 八四五七九 |
| 俞承修 | 成都北路四九三衖二四號 | 三四七一六 | | |
| 俞傳鼎 | 新昌路三六三號平泉別墅 | 三三〇〇一 | | |
| 俞恩㫖 | 四川中路四一〇號四五〇室 | 一四四三三 | 威海衛路七二七衖一四號 | 三一七一〇 |
| 胡永生 | 復興中路二二一衖一四號 | 八〇四七三 | | |
| 胡崇基 | 重慶南路二八八衖一一號 | 八六一六三 | 宛平路二〇八衖一四號 | |
| 胡浩奎 | 威海衛路一五五衖二〇號 | 三一三〇三 | 威海衛路五四九衖三號 | 三六〇〇八 |
| 姚永勵 | 香港路五九號三樓 | 一六〇八五 | 茂名南路三七九號 | 七三三一六 |

| 姓名 | 地址 | 電話 | 地址 | 電話 |
| --- | --- | --- | --- | --- |
| 姚肇第 | 南京東路三五三號六三〇室 | 九六一五八 | 襄陽南路永安別業三號 | 七四七九三 |
| 姚君喻 | 中正中路七二〇衖七號 | 三三三〇〇 | 林森中路上海新邨四號 | 七九六七三 |
| 姚兆里 | 南京路沙遜大廈一一三・四室 | 一三三四九 | | |
| 姚福園 | 新昌路三八衖M一六號 | 三三六三三 | 英士路五九號 | 八三六五五 |
| 郁挺 | 中正東路一四七號五二三室 | 八六四一三 八三二一四 | 鉅鹿路八二〇衖一二號 | 七九〇四〇 |
| 洪士豪 | 寧波路四〇號三〇二室 | 一三八五八 | 膠州路三〇〇衖一七號 | 三五一〇一 |
| 姜和椿 | 寧波路三三號 | 一七一八五 | 重慶路馬立斯新邨三四號 | |
| 姜屏藩 | 中正東路一六〇號二樓 | 一六二五八・九 | 中正北一路三一六衖一號 | 三三二一五 |
| 姜懷素 | 西藏中路三九號二樓 | 九〇六三一 | 中正中路四明邨四一號 | 七三九一五 |
| 唐鳴時 | 南京西路靜安別墅六七號 | 三一五五六 一八九九六 | | |
| 唐懷羣 | 滇池路一二〇號三室 | 一四三八九 | 英士路五〇衖九號 | 三一九六〇 |
| 唐世昌 | 寧波路四〇號四〇六室 | 一三六〇八 | 中正東路一四六二衖二七號 | 三五七三七 |
| 奚士昌 | 復興中路辣斐坊四九號 | 七四〇六一 | | |
| 奚孟起 | 中正東路一四五四號五一一室 | 三〇七七一 | | |
| 秦聯奎 | 中正東路一四七號二二〇室 | | | |
| 馬君碩 | 南京東路三五三號五〇六室 | 九四五六七 | 愚園路七三二號 | 二一二六七 |
| 馬楠庚 | 中正東路九六〇號 | 九三五七七 | 長樂路蒲石邨一五號 | |
| 倪光祖 | 江西路四五一號 | 一八八七九 一八四五四 | 太倉路二七二號 | 八二一〇三 |
| 徐左茛 | 虎丘路一四號三八室 | 一六一三三 一八九八四 | 浙江中路五六三衖一二號 | 九〇八六五 |
| 徐士浩 | 九江路二一九號三樓 | 一三一一〇・九 | 林森中路一八一三號 | 七六九二八 |
| 徐傑 | 四川中路一一〇號三八室 | 一二四五〇 | 襄陽南路敦和里內源源里一九號 | 七四四四〇 |
| 徐砥平 | 圓明園路一三三號四〇七室 | 一五一〇五・六 | 建國西路三三三號 | 七六四六七 |
| 袁漢雲 | 天津路二一四號一〇七室 | 九七〇二八 | 常德路七七一衖一八號 | 三三三六八 |
| 袁家潢 | 九江路三五三號五三六室 | 九三七一一 | 岷山路一三六衖六號一一室 | 四五九三三 |
| 袁希濂 | 中正東路一四五四號五〇五室 | 三六〇八二 | 常德路四一八號 | |
| 袁仰安 | 四川路三三號六一七室 | 一三七八八 一五二五三 | 英士路三一六號 | 八〇七〇九 |
| 袁叔平 | 中正北二路四一衖五〇號 | 三二〇九六 | | |
| 高丹華 | 福建中路一四〇衖一六號 | 九八六八〇 九五一四八 | | |
| 章士釗 | 中正中路七二〇衖七號 | 三三三〇〇 | | |
| 張福康 | 南京西路二七〇衖二五 | 六八八六六 | | |
| 張天百 | 圓明園路一六九號四樓 | 一八〇一〇24分機 | 老西門金家坊九九號 | (〇二)七〇七四一 |
| 張立時 | 雲南路三五一號 | 九一七三三 | | |
| 張賡麟 | 北京東路八五一號二樓 | 九二三三三 | 康定路六三二衖一一四號 | 三〇六八七 |
| 張旦平 | 華龍路七一號 | 八〇八二三 | | |
| 張迺作 | 貴州路新新大樓三〇一室 | 九七三〇〇轉 | | |
| 張紅薇 | 中正東路浦東大廈三二〇室 | 三七三二四 三三五五三 | 長樂路六七二衖二八號 | 七一四三九 |

| 姓名 | 地址 | 電話 | 地址 | 電話 |
| --- | --- | --- | --- | --- |
| 張佐劉 | 九江路二一〇號一一三室 | 一六八九八 | 成都北路六一一衖六二號 | 三四一六九轉 |
| 張翼 | 復興中路四〇六衖B四一六號 | 八〇一八二 | 嘉善路永盛里六四號 | 七六六一七轉 |
| 梁堅伯 | 寧波路四〇號四〇六室 | 一三六〇八 | 復興中路五八九衖七〇號四一室 | 七五四五〇 七五三三〇 |
| 梁朱明 | 九江路大陸大樓七〇六室 | 一三六二六 | 安遠路金城里三九號 | 六六一一七 |
| 巢紀梅 | 南京東路三五三號五四七—五三室 | 九一一〇〇 九二一二六 | 延平路延平邨一〇號 | 六二八〇九 |
| 陸超然 | 中正中路明德里一〇七號 | 七三三八一 | | |
| 陸家乘 | 建國西路三五五衖七號 | 七〇九八九 | | |
| 陸惠民 | 中正東路一四五四號四〇一・二室 | 三〇一六一 | 新閘路中華新邨一二號 | 六六一七六 |
| 陸鼎雄 | 中正東路七號四室 | 八七〇二六 八二一八八 | 山陰路祥德路一二四衖三號 | 三三五〇四 |
| 陸頌亞 | 四川中路六一五號三樓 | 一三六八六 | | |
| 陶一民 | 南京西路九六衖一二號 | 九二四六四 | 鳳陽路蕃衍里三號 | |
| 陳霆銳 | 虎丘路一三一號三樓 | 一三一七四 | 察哈爾路一五〇號 | 二〇〇二七 |
| 陳炳星 | 山海關路二〇一衖三號 | 三四〇四八 | | |
| 陳忠蔭 | 北京東路一三七號三樓 | 一五一二九 | 新閘路一一二四衖五〇號 | 三三八二〇 |
| 陳令莊 | 江西中路漢彌登大樓一四五室 | 一三一八五 | 中正中路模範邨六六號 | 七〇五八八 |
| 陳懋宣 | 浙江路四三〇號二一〇室 | 九二九一四 | 黃河路一〇七衖三一號 | 三六〇六三 |
| 陳芝藩 | 南京路三五三號四三八室 | 九一一〇八 | 鳳陽路四三四衖六號 | |
| 陳朝俊 | 中正東路一四五四號三〇二室 | 三七三二四 三三五五三 | 江蘇路九五衖一〇號 | 二一四九一 |
| 陳慶豐 | 南京路沙遜大廈一〇六室 | 一三七〇一 | 鳳陽路二二八衖一一號 | 九二一五〇 |
| 陳醒民 | 南京西路八六四衖二號二〇六室 | 三七七七八 | | |
| 陳承蔭 | 新閘路一五七六衖三號 | 三七四四四 | | |
| 陳錫甲 | 寧波路四〇號四〇六室 | 一三六〇八 | 陝西北路五七九衖一二號 | 六〇三三四 |
| 陳心田 | 寧波路四〇號二〇一室 | 一九四〇一・二 | 江寧路五三六衖三號 | 三一九二〇 |
| 陳榮發 | 六合路太和大樓三〇四室 | 九三九五七 | 海防路延齡坊四二號 | 三〇一六四 |
| 陳漢清 | 四川中路三三號四〇八室 | 一九五三六7分機 | 建國西路五〇六衖五四號 | |
| 陳宗禮 | 虹口梧州路二〇四衖A七號 | 五一一五〇 | 東嘉興路二三〇號樓上 | 四一八六八 |
| 郭承恩 | 虎丘路一〇四號一樓 | 一〇二七三 | 太原路二〇七號 | 七三三四六 |
| 郭衛 | 河南中路三二五號 | 九四五七五 | 林森中路六〇六衖八號 | 八〇九五二 |
| 鄂森 | 四川路二九九號 | 一一六六一 | 南京西路一五三七衖二三號 | 三一八三三 |
| 鄔鵬 | 鳳陽路二八八衖二五號 | 九五三二七 | | |
| 彭望棟 | 北京路國華大樓六〇二室 | 九五〇七六 | 富民路古柏公寓三八號 | 七六〇九一 |
| 黃展言 | 四川路三四六號三〇七室 | 一二〇三三 | 長寧路三七衖一四〇號 | 三三一〇四 |
| 黃修伯 | 黃河路梅福里二四號 | 三三九二七 | | |
| 黃曾杰 | 合肥路五五四號 | 八六七一九 | 重慶南路一六九衖一九號 | 八〇三四〇 |
| 黃益美 | 中正東路一四五四號三〇二室 | 三七三二四 三三五五三 | 中正南一路二衖五號 | 七八三〇八 |
| 黃洪祥 | 廣西路慈德里三八號 | | | |
| 傅德培 | 六合路太和大樓三〇四室 | 九三九五七 | 四川北路山陰路東照里六二號 | |

| 姓名 | 地址 | 電話 | 地址 | 電話 |
|---|---|---|---|---|
| 傅況鱗 | 南京西路七七八號二三室 | 三七一四四 | | |
| 湯有爲 | 八仙橋青年會八二一號 | 八四〇四〇 | | |
| 湯涵霖 | 中正中路一〇三七號 | 七四〇五三 | | |
| 馮樹華 | 長樂路蒲石郵內多福邨五〇號 | | | |
| 單毓華 | 思南路九二號 | 七三五一四 | | |
| 費席珍 | 林森中路五四二街二〇號 | 八四五五四 | 嘉善路三〇〇號 | |
| 閔憲章 | 茂名北路二七七街八號 | 三三四四四 | | |
| 楊昌熾 | 中正東路一四七號六一八—九室 | 八七五三七 | 南市文廟路一七一號 | |
| 楊濚知 | 四川中路六六八號四樓 | 一四五七八 | 江蘇路月邨八八號 | 二一一五四 |
| 楊瑞年 | 四川中路三三號二〇一室 | 一六三六〇 | 華山路二一二A號 | 六三四一六 |
| 楊清源 | 西藏中路三九號佛慈藥廠二樓 | 九〇六三一 | 中正南二路四三三街二號 | 七九七七三 |
| 楊伯鵬 | 四川中路五二四號 | 一三三三四 一七五六三 | 陝西北路六〇七街四號 | 三六八六七 |
| 楊氏惠 | 八仙橋青年會四一四室 | 八一四七一 | | |
| 楊紹彭 | 北京東路國華大樓六〇七室 | 九四八〇三 | 閘北交通路大洋橋潘家灣一八街二〇號 | |
| 葛璧基 | 膠州路一七〇街七號 | 三五九四〇 | | |
| 葛　成 | 陝西北路三五四號三樓三室 | 三八七四一 | | |
| 葛邦任 | 南京西路一〇八一街五三號B | 六〇八一三 | 中正中路模範村二九號 | 七七三九三 |
| 葛潤齋 | 南京東路二三三號二一八室 | 一四六八〇 | 天通庵路寶華里三〇號 | (〇二)六〇五三九 |
| 葉少英 | 寧波路四〇號二〇一室 | 一九四〇一·二 | 泰興路四〇街五號 | 三三三〇一 |
| 葉茀康 | 南京東路四五四號 | 九二八八五 | | |
| 虞　舜 | 河南中路四九五號 | 九二三六一 九四六七〇 九六〇三五 | 新閘路一七號 | 九八四六一 |
| 賈耀西 | 浙江北路一三八街二九號 | 四〇三〇三 | | |
| 萬維儉 | 北京東路二六六號六四室 | 一四五三七 | 淮安路二〇九街八號 | 三一六〇一 |
| 趙祖恩 | 北京路三八四號 | 九八一一八 | 鳳陽路三七六街一二號 | 三〇三二〇 |
| 趙傳鼎 | 南京東路四八〇號三〇六室 | 九三四五〇 | 茂名北路昇平街潤德里一七號 | 三四五一〇 |
| 趙志良 | 寧波路四〇號四〇九室 | 一七七九二 | 新閘路九一一街八號 | 六二五八九 |
| 鳳昔醉 | 中央路中央大廈二二室 | 一六四三六 | 中正中路七四〇街二〇號 | 三四六六四 |
| 路式導 | 南京東路三五三號六三〇室 | 九六一五八 | 長樂路六七〇街二號 | 七九七六四 |
| 鄭文同 | 北京西路二三九街六號 | 三一九一八 | | |
| 鄭麟同 | 鳳陽路大通里一六號 | 三三七九七 | | |
| 鄭文楷 | 福州路五洲大樓三〇一室 | 一九七五九 | 北京東路八五〇街一九號 | 九五〇七一 |
| 樂俊芬 | 南京東路三五三號四三九室 | 九一一〇〇 | 銅仁路二四〇街二五一號 | |
| 樂俊偉 | 南京東路三五三號四三八室 | 九一一〇〇 | 紹興路一六四號 | 七五一一四 |
| 潘振聲 | 雲南路安康里一四號 | 九四四三三 | | |
| 潘仁希 | 圓明園路一六九號二〇一一—八室 | 一八三四三 一七七八二 | 隆昌路二二六號 | 五一八六八 |
| 劉之謀 | 新昌路一五六號 | 九〇九八三 | | |
| 劉緒樺 | 寧波路四〇號三〇三室 | 一三〇九七 | 重慶南路呂班公寓一一一室 | 八〇八八二 |

| 姓名 | 地址 | 電話 | 地址 | 電話 |
|---|---|---|---|---|
| 劉　椿 | 天津路二一四號靜樓二樓 | 九七〇二九 | 長寧路三七街二七號 | 二〇〇九二 |
| 劉劍剛 | 圓明園路一四九號二樓 | 一〇三五〇 | 武定路八九三號 | 三二四八〇 |
| 劉道魁 | 中正南二路四〇八街北岸一六八號 | 七六九一五 一八〇四二 | | |
| 蔡汝棟 | 圓明園路一四九號二樓 | 一四〇七四 | 長寧路三七街九三號 | 二〇五七一 二一〇九四 |
| 蔡六乘 | 南京西路八八二號一〇三室 | | | |
| 蔡曉白 | 長樂路七〇號 | 八〇二六九 | | |
| 蔣保鎜 | 中正東路一六〇號二樓 | 一六三五八·九 | 善鐘路一三一號八五室 | 七三三五八 |
| 蔣國芳 | 南京東路四八〇號三〇六室 | 九三四五〇 | 康平路一九八號 | 七九九四三 |
| 蔣持平 | 中正東路一六〇號五一七室 | 一〇八三八 一八四五七 | 山陰路祥德路新邨里六號 | |
| 蔣光照 | 山東路三〇〇號二樓 | 九五五五六 | 林森中路六一三街二〇號 | 八二九五二 |
| 樓允梅 | 南陽路七七街二三號 | 六〇五五四 | 溧陽路六三九號 | 四二七六三 |
| 錢樹聲 | 四川路三三號六一七室 | 一三七六八 | 南京西路一四五街三〇號 | 三二〇七七 |
| 錢龍生 | 建國西路建業東街二五號 | | | |
| 錢　鉧 | 中正東路一六〇號四一五—六室 | 一〇一一〇 | | |
| 錢宗華 | 福州路八九號二二七室 | 一三三五九 | 新閘路一六八一 | 三六六一八 |
| 錢興中 | 六合路八一號四〇五室 | 九一四一三 | 建國中路一五五街三八號 | 七一六六四 |
| 錢家龍 | 圓明園路一三三號四一二室 | 一九〇七〇 | 愚園路六七街六二號 | 三五三四八 |
| 錢家楨 | 愚園路三六一街三號 | 二〇九三四轉 | | |
| 錢乃文 | 寧波路四〇號四〇九室 | 一七七九二 | 南京西路一一四〇街九號 | 三七〇四九 |
| 錢家驥 | 愚園路兆豐邨九號 | 二一九八三 | | |
| 盧興原 | 廣東路一七號五一〇室 | 一三三一五 | 青海路九〇街四八號 | 三四五五七 |
| 盧榮榦 | 虎丘路六一號 | 一一七八〇 | 北京西路一二三一街四號 | 六〇八二五 |
| 盧畬美 | 永嘉路恆慶里五號 | 六六九一五 | | |
| 謝居三 | 六合路八一號三〇九室 | 九五三五二 | | |
| 戴文華 | 南京東路哈同大樓 | | 呂班路二五六街三號 | 七四〇二〇 |
| 薛嘉圻 | 復興中路三六一街九號 | 八八五三六 | | |
| 薛福明 | 四川路三三號四一〇室 | 一七九〇六 | 南蘇州路六二一號 | 九二〇一九 |
| 魏文翰 | 寧波路四〇號一〇四室 | 一〇二五六 | 汶林路三〇〇號 | 七〇四五三 |
| 魏文達 | 寧波路四〇號一〇四室 | 一〇二五六 | 汶林路三〇〇號 | 七〇四五三 |
| 瞿　鉞 | 新昌路三八街M一六號 | 三二六三三 | 英士路五九號 | 八三六五五 |
| 瞿世基 | 西藏南路恆茂里五八號 | 八五五〇三 | | |
| 顏文碩 | 福州路四四號西樓 | 一七五八九 | 武夷路七〇街八號 | 二二三七三 |
| 顏澤閎 | 福州路四八〇號 | 九七九九六 | 黃陂南路梅蘭坊一六號 | 八六一九四 |
| 譚穀公 | 復興中路四七八號 | 八五六〇一 | | |
| 闞素人 | 福州路八九號二四三室 | 一六八四六·七 | 中正中路明德里九一號 | 六八〇二一 |
| 嚴蔭武 | 重慶南路三德坊七號 | 八四九一三 | | |
| 蕭　纕 | 九江路一〇三號三〇八室 | 一〇二八六 | 牯嶺路一三二號 | 九〇八七七 |
| 顧守熙 | 英士路二九〇號 | 八四五三八 | | |
| 鄺鰲奎 | 南京西路斜橋街天樂坊三〇號 | 六〇九一六 | | |

| 姓名 | 地址 | 電話 | 地址 | 電話 |
| --- | --- | --- | --- | --- |
| 龔同揆 | 襄陽南路四五二衖三四號 | 七五四一八 | | |
| 龔廷鶚 | 建國西路息邨七號 | 七五四一八 | 永嘉路三八四號 | |
| 龔楚吟 | 林森中路六五衖七號 | 八四六六七 | 牯嶺路人安里二五號 | 九三三四二 |
| 龔逸人 | 中正中路一〇三七號 | 七四〇五一 | | |
| 端木愷 | 中山東二路九號七〇室 | 八六六七三 | 五原路二五五號 | 七九七四九 |

## 銀錢業

| 行名 | 經理 | 地址 | 電話 |
| --- | --- | --- | --- |
| 中國銀行 | 徐維明 | 中山東一路二三號 | 一七四六六 |
| 交通銀行 | 李道南 | 中山東一路十四號 | 一三五〇四 |
| 浙江興業銀行 | 羅郁銘 | 北京路二三〇號 | 一五六六四 |
| 浙江實業銀行 | 陳朶如 | 福州路一二三號 | 一八〇五〇 |
| 上海商業儲蓄銀行 | 伍克家 | 寧波路五〇號 | 一二五六〇 |
| 鹽業銀行 | 王紹賢 | 北京路二八〇號 | 一五二一〇 |
| 聚興誠銀行 | 袁尹邨 | 江西路二五〇號 | 一三四九七 |
| 四明商業儲蓄銀行 | 徐瑞章 | 北京路二四〇號 | 一五五〇五 |
| 中華銀行 | 羅伯康 | 北京路二九〇號 | 一三一七三 |
| 金城銀行 | 徐國懋 | 江西路二〇〇號 | 一二四〇〇 |
| 新華信託儲蓄銀行 | 孫瑞璜 | 江西路二五五號 | 一二八六三 |
| 東萊銀行 | 王子厚 | 天津路八五號 | 一六二二〇 |
| 大陸銀行 | 談公遠 | 九江路一一一號 | 一六九七九 |
| 永亨銀行 | 朱蕙生 | 寧波路二六六號 | 九二〇九三 |
| 中國實業銀行 | 王酌清 | 北京路一三〇號 | 一八七二九 |
| 中國通商銀行 | 駱清華 | 中山東一路七號 | 一五五五〇 |
| 中南銀行 | 胡惠春 | 漢口路一一〇號 | 一五二二二 |
| 華僑銀行 | 陳維龍 | 九江路一二〇號 | 一三一七七 |
| 國華銀行 | 劉漸陸 | 北京東路三四二號 | 九二三二〇 |
| 中國墾業銀行 | 董建侯 | 北京東路二三九號 | 一六二九〇 |
| 東亞銀行 | 凌文禮 | 四川路二九九號 | 一六八六三 |
| 中國農工銀行 | 沈天夢 | 河南路三四八號 | 一八一三五 |
| 中興銀行 | 王天申 | 四川路福州路角 | 一四四七六 |
| 中國國貨銀行 | 莊永齡 | 天津路八六號 | 一一一六五 |
| 中匯銀行 | 徐懋棠 | 中正東路一四三號 | 八〇一六〇 |
| 上海綢業銀行 | 周松齡 | 漢口路石路口 | 九三三五〇 |
| 中國企業銀行 | 劉吉生 | 四川路三三號 | 一六九八〇 |
| 中華勸工銀行 | 孫同鈞 | 南京東路三二八號 | 九八五一五 |
| 女子商業儲蓄銀行 | 楊公度 | 南京路四八〇號 | 九四一四〇 |
| 四川美豐銀行 | 李公惕 | 河南路五二一號 | 九七一二〇 |
| 永大銀行 | 楊叔鼎 | 甯波路二四號 | 一九六九六 |
| 浦東商業儲蓄銀行 | 裴正庸 | 中正東路二八四號 | 一七四二七 |
| 至中銀行 | 陳子受 | 甯波路一四四號 | 一一六九九 |
| 川康平民商業銀行 | 康潔中 | 河南路五一五號 | 九八五九六 |
| 農商銀行 | 洪蓴樓 | 河南路三〇九號 | 九〇四二六 |
| 廣東銀行 | 汪智湧 | 寧波路五二號 | 一六二八六 |
| 正明銀行 | 劉堯夫 | 寧波路一〇三號 | 一四六三七 |
| 中和銀行 | 夏遐齡 | 南京東路四〇二號 | 九四二五七 |
| 恆利銀行 | 傅彥臣 | 天津路一〇〇號 | 九二二二五 |
| 惠中商業儲蓄銀行 | 戚仲樵 | 天津路六六號 | 一〇七六六 |
| 上海煤業銀行 | 潘紀言 | 北京路三一〇號 | 一三九七二 |
| 亞洲銀行 | 張服五 | 寧波路八九號 | 一七五〇〇 |
| 惇敍銀行 | 蔡松甫 | 天津路四五號 | 一七九三〇 |
| 建華銀行 | 姚芳庭 | 寧波路八六號 | 一三九三九 |
| 民孚銀行 | 劉祝三 | 天津路四〇號 | 一四九四七 |
| 光華銀行 | 陳光照 | 寧波路一二一號 | 一四一七二 |
| 浙江建業商業儲蓄銀行 | 孔仲山 | 山西路二二六號 | 九三七五六 |
| 和成銀行 | 胡銘紳 | 九江路二七六號 | 九八四六〇 |
| 大來商業儲蓄銀行 | 竺培農 | 中正東路七號 | 八二一八九 |
| 川鹽銀行 | 胡爲藎 | 九江路三四二號 | 九五九〇一 |
| 統原銀行 | 陳繩武 | 北京東路三三〇號 | 一八四二一 |
| 大康銀行 | 葛永祺 | 寧波路一一二號 | 一一七四四 |
| 大中銀行 | 徐勉之 | 河南路五〇一號 | 九八一二八 |
| 重慶銀行 | 朱芝菲 | 九江路八〇號 | 一六八一四 |
| 謙泰商業銀行 | 章正華 | 四川路四六一號 | 一二六四九 |
| 上海亞西實業銀行 | 周其恆 | 漢口路三五六號 | 九七三七七 |
| 中庸商業銀行 | 姚德餘 | 寧波路二〇四號 | 九六七二九 |
| 嘉定銀行 | 羅振南 | 中正東路九六六號 | 九八二六四 |
| 和泰商業銀行 | 仇慶森 | 南京路一三六號 | 一三七六二 |
| 大公商業儲蓄銀行 | 楊金門 | 寧波路一三〇號 | 九六五三三 |
| 中貿銀行 | 朱協卿 | 廣東路九三號 | 一八六六三 |
| 光中商業銀行 | 沈廷樑 | 寧波路二一四號 | 九八〇二三 |
| 華懋商業銀行 | 孔慶甯 | 天津路二〇二號 | 九六〇五四 |
| 上海鐵業銀行 | 陳貴生 | 香港路一五〇號 | 一二七四七 |
| 辛泰銀行 | 徐堯欽 | 江西中路一二〇號 | 一四九六四 |
| 國信銀行 | 王叔和 | 漢口路四二二號 | 九二三九六 |
| 永泰銀行 | 楊季鹿 | 四川路五〇一號 | 一三五二八 |
| 茂華商業銀行 | 林漢甫 | 北京路三〇〇號 | 一八六九〇 |
| 泰和興銀行 | 崔聘西 | 寧波路五九號 | 一七三九〇 |
| 中國農民銀行 | 王伯天 | 中山東一路一六號 | 一九七八〇 |
| 上海市銀行 | 包玉剛 | 九江路五〇號 | 一五四三〇 |
| 江蘇省銀行 | 張振堯 | 江西路三七一號 | 一一二七七 |

| 行名 | 經理 | 地址 | 電話 |
|---|---|---|---|
| 江蘇省農民銀行 | 趙　英 | 寧波路三五號 | 一七七七七 |
| 復興實業銀行 | 瞿士鐸 | 天津路三七號 | 一九三一八 |
| 長江實業銀行 | 錢景魯 | 江西路四五一號 | 一七〇四九 |
| 光裕銀行 | 何濬初 | 中央路二〇號 | 一七四九〇 |
| 中國工鑛銀行 | 翟温橋 | 中正東路九號 | 八二一六三 |
| 國孚銀行 | 傅炳章 | 北京東路五二二號 | 九四九一〇 |
| 郵政儲金匯業局 | 方根生 | 九江路三六號 | 一八〇〇三 |
| 四川農工銀行 | 賴嵩高 | 九江路三二二號 | 九七九九三 |
| 永成銀行 | 陳樹樓 | 河南路三六七號 | 九四二五一 |
| 通惠實業銀行 | 唐雲鴻 | 天津路二二四號 | 九八二四六 |
| 建業銀行 | 黄肇興 | 天津路二〇一號 | 九四五九三 |
| 開源銀行 | 蔣俊吾 | 江西路一三二號 | 一四二一八 |
| 振業銀行 | 潘祖永 | 寧波路三一五號 | 九〇二四三 |
| 上海國民商業儲蓄銀行 | 何津舫 | 滇池路八一號 | 一三〇〇二 |
| 四川建設銀行 | 曾還九 | 江西路四五二號 | 一九二五九 |
| 雲南實業銀行 | 翁希古 | 天津路四六〇號 | 九四九一二 |
| 昆明商業銀行 | 胡伯威 | 山東路三二九號 | 九五二〇〇 |
| 成都商業銀行 | 周鍾漢 | 江西路三一九號 | 一四六九二 |
| 四行儲蓄會 | 施濟元 | 四川路二六一號 | 一八〇六〇 |
| 中國僑民銀公司 | 舒子杰 | 九江路二五〇號 | 一〇一七七 |
| 億中企業銀公司 | 夏大棟 | 中山東路一五〇號二樓 | 一四三二四 |
| 花旗銀行 | 李萊德 | 九江路四一號 | 一一五〇〇 |
| 友邦銀行 | 史　帶 | 中山東一路一七號 | 一七七二五 |
| 大同銀行 | 劉龍洲 | 河南路五七九號 | 九六六三三 |
| 興文銀行 | 張仲賢 | 福州路一七號 | 一〇二〇二 |
| 大裕銀行 | 余漢陶 | 天津路一八號 | 一〇五九〇 |
| 謙泰豫興業銀行 | 楊鎭華 | 漢口路五六一號 | 九五三〇八 |
| 山西裕華銀行 | 武渭清 | 四川路二七六號 | 一八三三五 |
| 松江典業銀行 | 韋應祥 | 漢口路六三六號 | 九四九四七 |
| 同心銀行 | 張受百 | 廣東路一四二號 | 一四四五九 |
| 兩浙商業銀行 | 孫月樓 | 四川南路七號 | 八八八六〇 |
| 大通銀行 | 潘德聲 | 南京東路九九號 | 一一四四〇 |
| 中法工商銀行 | 威　永 | 中山東二路九號 | 八二一三〇 |
| 鴻興銀行 | 游永鄉 | 南無錫路一四號 | 九七七六四 |
| 源源長銀行 | 王薦藩 | 江西中路四七三號 | 一一八五二 |
| 東方匯理銀行 | 顧瑞艮 | 中山東一路二九號 | 一一三二六 |
| 益華商業銀行 | 胡萍齋 | 天津路一七八號 | 九七六一一 |
| 雲南鑛業銀行 | 譚秉文 | 江西路二七〇號 | 一七八二三 |
| 同孚商業儲蓄銀行 | 張宗鈺 | 金陵東路三八號 | 八八六五四 |
| 廣新銀業公司 | 王榮時 | 中山東路一〇七號 | 八八三五八 |

| 行名 | 經理 | 地址 | 電話 |
|---|---|---|---|
| 臺灣銀行 | 謝惠元 | 大名路六五號 | 四六二九三 |
| 浙江商業儲蓄銀行 | 洪楨艮 | 江西中路四五四號 | 一一三七七 |
| 怡豐銀行 | 白守謙 | 江西路四六七號 | 一五四六八 |
| 復華銀行 | 王紹均 | 廣東路一三七號 | 一三九八三 |
| 匯豐銀行 | 葛　瑞 | 中山東一路一二號 | 一二八三〇 |
| 麥加利銀行 | 汪清源 | 中山東一路一八號 | 一六三一〇 |
| 中孚銀行 | 孫仲肇 | 滇池路一〇三號 | 一六八七九 |
| 浙江儲豐銀行 | 葛成章 | 北京路慶順里一九號 | 一七九四三 |
| 聚康銀行 | 孫蘊奇 | 中正東路九七號 | 八二三三九 |
| 亞東商業儲蓄銀行 | 何稚聲 | 南京東路二五〇號 | 一六九五五 |
| 福昌銀號 | 裴醒伯 | 山東南路四五號 | 八七二五八 |
| 華威銀行 | 張胞與 | 寧波路一〇九號 | 一九五八五 |
| 上海工業商業儲蓄銀行 | 鄭俊亭 | 四川中路四四〇號 | 一六四四二 |
| 永裕銀號 | 張彝仲 | 寧波路四四〇號 | 九六五一〇 |
| 濟康銀行 | 江伯勤 | 山西南路五一四號 | 九二五八五 |
| 匯通銀行 | 劉絜敖 | 南京路哈同大樓五三八號 | 一七〇〇一 |
| 永利銀行 | 錢道五 | 天津路三〇號 | 一八四三二 |
| 浦海商業銀行 | 羅慶民 | 寧波路九四號 | 一四八七八 |
| 甄海實業銀行 | 鍾夏生 | 四川路B一四九號 | 一〇〇七三 |
| 華康銀行 | 李時輔 | 天津路一四四號 | 九八一八三 |
| 浙東商業銀行 | 鄭子榮 | 寧波路七四衖七號 | 一三八六四 |
| 正大商業儲蓄銀行 | 馬　然 | 天津路二五號 | 一四一六三 |
| 匯豐餘銀號 | 李方榮 | 北京東路八七二號 | 九六二六八 |
| 浙江省銀行 | 樓啓鈞 | 溪口路八號 | 八七七七三 |
| 中央合作金庫 | 駱美中 | 寧波路九號 | 一七二八七 |
| 福川銀行 | 李沛若 | 山西南路五四號三樓 | 九五〇五九 |
| 四川興業銀公司 | 楊文明 | 南京路哈同大樓三二七室 | 一〇二八九 |
| 其昌銀行 | 吳從周 | 九江路三三〇號 | 九五四八二 |
| 莫斯科國民銀行 | 密赫耶夫 | 中正東路九號 | 八七三六八 |
| 華比銀行 | 潘德安 | 中山東一路二〇號 | 一九五五六 |

## 保險業

| 公司名稱 | 代表姓名 | 地址 | 電話 |
|---|---|---|---|
| 上海海上產物保險公司 | 施家傳 | 四川中路三三〇號 | 一九三九六 |
| 上海聯保水火保險公司 | 馮佐芝 | 江西中路三五三號 | 一八〇〇九 一八〇〇〇 |
| 大安保險公司 | 郭雨東 | 北京東路三五六號 | 九八五四四 |
| 大東保險公司 | 王顯猷 | 天津路八五號 | 一七一二二 一四二五〇 |
| 大昌產物保險公司 | 金錫章 | 圓明園路一六九號 | 一七九一六 一二二三八 |

| 公司名稱 | 代表姓名 | 地址 | 電話 |
|---|---|---|---|
| 大南保險公司 | 江燾昌 | 中山東一路一八號 | 一二四九六、七 |
| 大信產物保險公司 | 茅子嘉 | 中正東路一六〇號 | 一〇四二九 |
| 大通產物保險公司 | 汪宗光 | 南京東路慈淑大樓 | 九一八八一 |
| 大華保險公司 | 陳紫垣 | 寧波路四〇號 | 一三二七三 |
| 大達保險公司 | 丁葆元 | 香港路四〇號 | 一七二三四 |
| 大豐保險公司 | 徐仲良 | 香港路六〇號 | 一三四三二、三 |
| 久安產物保險公司 | 朱彬元 | 北京東路三〇〇號二樓 | 一六五二八 一八六九〇 |
| 中央信託局人壽保險處 | 羅北辰 | 圓明園路八號 | 一一三九〇 一三三七三 |
| 中央信託局產物保險處 | 相壽祖 | 圓明園路八號 | 一一三九〇 一三三四六 |
| 中東產物保險公司 | 周貴俊 | 中正東路一六〇號 | 一〇四二九 |
| 中南產物保險公司 | 張廉君 張孟周 | 泗涇路一號 | 一三三一五 |
| 中國人事保險公司 | 王曉籟 林繩祐 | 中山東一路六號 | 一二五三三、七 |
| 中國人壽保險公司 | 陶聲漢 | 四川中路二七〇號 | 一八〇九一、二 |
| 中國再保險公司 | 羅北辰 唐雄俊 | 廣東路八六號 | 一八〇八〇 |
| 中國工商聯合產物保險公司 | 傅瑞慶 | 江西中路四八一號 | 一四七九八 |
| 中國工業聯合產物保險公司 | 林子和 | 江西中路四五二號 | 一八〇九〇 |
| 中國天一保險公司 | 謝志方 | 北京東路二五五號 | 一一六三三 |
| 中國平安保險公司 | 陸貴卿 | 中山東一路一八 | 一一八二三 一二四六九 |
| 中國企業產物保險公司 | 葛宇賚 | 四川中路三三號 | 一九五二八 |
| 中國保平產物保險公司 | 葉國良 | 九江路一九〇號 | 一〇四九九 |
| 中國海上意外保險公司 | 羅亮生 | 江西中路二一二號 | 一四二九三 |
| 中國航運保險公司 | 奚成美 | 中正東路一號 | 八九三八〇 八九一八七 |
| 中國第一信用保險公司 | 潘學安 | 寧波路四〇號 | 一五八七六 |
| 中國產物保險公司 | 過福雲 | 四川中路二七〇號 | 一八〇九一、二 |
| 中國農業保險公司 | 王伯天 任碩寶 | 中正東路一四二號 | 一九九六三 一二三一七 |
| 中國興業產物保險公司 | 唐連芳 | 新康路三號 | 一八七六八、九 |
| 中華產物保險公司 | 吳倚天 | 江西中路一七〇號 | 一一六八三 |
| 中興產物保險公司 | 談峻聲 | 寧波路三三號二樓 | 一七一八五 |
| 太平人壽保險公司 | 蔡燮昌 | 江西中路二一二號 | 一八〇二二 |
| 太平洋水火保險公司 | 王伯衡 | 四川中路二六一號 | 一六三八八 |
| 太平產物保險公司 | 金瑞麒 | 江西中路二一二號 | 一八〇二二 |
| 太安豐產物保險公司 | 金瑞麒 | 北京東路二五五號 | 一一八〇〇 一一六三三 |
| 天利產物保險公司 | 李雲良 | 九江路一五〇號 | 一九四二〇 |
| 天祥人壽保險公司 | 范德峯 | 南京西路大華公寓二一〇號 | |
| 天新產物保險公司 | 朱叔儀 | 天津路二五八號 | 九〇〇六四 |
| 友寧產物保險公司 | 朱孔嘉 | 中山東一路一七號 | 一一一四四 |
| 四明產物保險公司 | 王信豐 | 北京東路二五六號 | 一八一七〇 |
| 四海保險公司 | 朱孔嘉 | 中山東一路一七號 | 一一一四四 |
| 北美產物保險公司 | 俞文祥 | 四川中路四一〇號 | 一七五〇二、三 |
| 永大產物保險公司 | 張昌沂 | 中山東一路一八號 | 一二四九六、七 |
| 永中產物保險公司 | 李志豪 | 四川中路一一〇號四樓 | 一六八九二—四 |
| 永平產物保險公司 | 錢尚牲 | 天津路二三八號 | 九〇三五三 九四五六三 |
| 永平安產物保險公司 | 江燾昌 | 中山東一路一八號 | 一二四九六、七 |
| 永安人壽保險公司 | 李崇韶 | 南京東路六六八號 | 九八三四四 |
| 永安水火保險公司 | 容受之 | 南京東路六二七號 | 九四七三八 |
| 永泰產物保險公司 | 胡積安 | 中山東一路一八號四樓 | 一二四九六、七 |
| 永寧產物保險公司 | 王侃如 | 虎丘路一四號 | 一一八二三 一五六〇〇 一五六〇九 |
| 永興產物保險公司 | 翟溫橋 | 廣東路五一號 | 一七九九〇 |
| 民生產物保險公司 | 周蔚柏 | 北京東路一〇六號 | 一三〇一九 |
| 民安產物保險公司 | 盧緒章 | 中山東一路一號 | 一九九二九 |
| 民豐產物保險公司 | 王仁元 | 北京東路三三〇號 | 一八〇二六 |
| 世界產物保險公司 | 蔣望平 瞿文達 | 四川路三四六號迦陵大樓四〇一—三室 | 一一六四八、九 |
| 交通保險公司 | 翁新民 | 四川中路二六一號 | 一六八一六 |
| 全安產物保險公司 | 魏光榮 | 圓明園路一三三號 | 一七九四二 |
| 合安產物保險公司 | 彭可慰 | 南京路六二七號 | 九五四四五 九七七〇三 |
| 合衆產物保險公司 | 毛嘯岑 | 中山東一路二七號 | 一五二九〇 |
| 先施人壽保險公司 | 霍永樞 | 浙江中路四〇三號 | 九〇七五三 |
| 先施保險置業公司 | 梁國華 | 浙江中路四〇三號 | 九一九一一 |
| 光華保險公司 | 劉玉麒 | 中山東二路九號 | 八二一三三 |
| 兆豐產物保險公司 | 陸自誠 | 九江路一一三號 | 一〇七九七 一九八二〇 |
| 同信產物保險公司 | 胡樹勳 鄭龍寬 田宗培 | 西藏南路一二二街一五號 | 八九〇八五 |

| 公司名稱 | 代表姓名 | 地址 | 電話 |
| --- | --- | --- | --- |
| 好華產物保險公司 | 施家傳 | 四川中路三三〇號 | 一八二一〇、一九三九六 |
| 振興產物保險公司 | 陳翔九、周雨蒼 | 天津路一七〇街七號 | 九七六一五、九四八四〇 |
| 江南產物保險公司 | 高小文 | 江西中路一七〇號三四六室轉 | |
| 安平保險公司 | 居伯鈞 | 北京東路三三〇號 | 一八〇二六 |
| 安寧產物保險公司 | 李肅然 | 廣東路八六號 | 一八〇八〇 |
| 安衆產物保險公司 | 孫惠康 | 九江路一〇三號 | 一三二二五 |
| 安泰產物保險公司 | 程養恬 | 香港路六〇號 | 一三四二二、三 |
| 利華產物保險公司 | 王豐年 | 九江路二一〇號 | 一八八九八 |
| 亞洲產物保險公司 | 陳致平 | 四川中路一一〇號 | 一六八九二—四 |
| 金陵產物保險公司 | 林子和 | 江西中路四五二號 | 一八〇九〇 |
| 長城保險公司 | 吳醴祥 | 圓明園路一三三號 | 一一二七〇、一一二七九 |
| 長華產物保險公司 | 杜子傑 | 漢口路四六〇號 | 九三三五〇 |
| 怡太產物保險公司 | 李志一 | 四川中路三三號 | 一八四五六、一〇三二〇 |
| 東南產物保險公司 | 魏光榮 | 天津路八五號 | 一七一二二 |
| 保安產物保險公司 | 鄭學坊 | 四川中路一一〇號 | 一九三八三、四 |
| 美亞保險公司 | 朱孔嘉 | 中山東一路一七號 | 一一一四四 |
| 美聯保險公司 | 朱孔嘉 | 中山東一路一七號 | 一一一四四 |
| 南華產物保險公司 | 潘墀 | 河南中路三四八號 | 一八一三五轉 |
| 南隆產物保險公司 | 陳仲健 | 南京東路二三三號 | 一九八七一 |
| 信孚產物保險公司 | 裘嘉楨 | 九江路四五號 | 一七六九九 |
| 信義產物保險公司 | | 四川中路一一〇號 | 一九三八三、四 |
| 恆安產物保險公司 | 張祝華 | 滇池路八一號 | 一六四六九 |
| 恆昌產物保險公司 | 呂蒼岩 | 北京東路二一七號 | 一七四〇九、一七四〇〇 |
| 恆隆產物保險公司 | 裘佩之 | 南京路哈同大樓四樓 | 一五四八〇 |
| 恆豐產物保險公司 | 張祝華 | 滇池路八一號 | 一六四六九 |
| 建國產物保險公司 | 容受之 | 山西路一九一號 | 九一七〇四、九七二九七 |
| 建興產物保險公司 | 屠迅先 | 寧波路三三號二樓 | 一七一八五 |
| 茂德產物保險公司 | 楊志雄 | 南京東路二三三號 | 一五四八〇 |
| 泰山保險公司 | 楊培之 | 江西中路四〇六號 | 一七五七五 |
| 泰山人壽保險公司 | | 江西中路四〇六號 | 一七五七五、一八〇七四 |
| 泰安產物保險公司 | 黃璧卿 | 九江路一〇三號 | 一七七四二 |
| 泰東產物保險公司 | 許性初 | 圓明園路二〇九號 | 一三八七九 |
| 浙江產物保險公司 | 薛軼羣 | 朱葆三路八—十號 | 八七七七三 |

| 公司名稱 | 代表姓名 | 地址 | 電話 |
| --- | --- | --- | --- |
| 海龍產物保險公司 | 朱孔嘉 | 中山東一路一七號 | 一一一四四 |
| 國泰產物保險公司 | 朱善豐 | 虎丘路三四號 | 一六一三五 |
| 國際產物保險公司 | 朱儀鴻 | 滇池路一二〇號 | 一八三三三、一六一六〇 |
| 國豐產物保險公司 | 張靜涵 | 天津路二三八號 | 九四七四四 |
| 常安產物保險公司 | 丁趾祥 | 江西路二一二號 | 一八〇二二 |
| 盛安產物保險公司 | 朱孔嘉 | 中山東一路一七號 | 一一一四四 |
| 商務意外損害保險公司 | 朱孔嘉 | 中山東一路一七號 | 一一一四四 |
| 惠中產物保險公司 | 俞鼎鋭 | 天津路六六號 | 一二〇八五 |
| 裕民產物保險公司 | 鄭國忠 | 滇池路八一號 | 一三〇〇二 |
| 裕國產物保險公司 | 張錦章、白肖泉 | 圓明園路一六九號 | 一四三八八、一七九一六 |
| 華安水火保險公司 | 傅其霖 | 中正東路二九號 | 八〇九五〇、八一九六五 |
| 華安合羣保壽公司 | 龔匯百 | 南京西路一〇四號 | 九四〇七六 |
| 華成保險公司 | 勵賽輔 | 南京東路慈淑大樓六三〇號 | 九六一五八、九一一〇〇 |
| 華孚產物保險公司 | 沈楚寶 | 河南南路一六號 | 八四四七五 |
| 華茂產物保險公司 | 曹駿白、全寶琛 | 九江路一一三號 | 一五一六六 |
| 華泰保險公司 | 鮑北謙 | 四川中路一四九號 | 一九五四五、八 |
| 華通產物保險公司 | 郭信 | 九江路四五號 | 一八五一九 |
| 華商中華保險公司 | 潘咸榮 | 四川中路三二〇號 | 一八七〇四、五 |
| 華商聯合保險公司 | 張治甫 | 中正東路九號 | 八四一一六、七 |
| 華業保險公司 | 金性初 | 滇池路八一號 | 一七六一三、一五九七四 |
| 雲信產物保險公司 | 黃世傑、張祝華 | 福州路一七號 | 一〇四二六 |
| 寧波產物保險公司 | 虞仲言 | 廣東路九三號 | 一二九五〇 |
| 寧紹人壽保險公司 | 陳巳生 | 北京東路三五六號 | 九八五四四 |
| 寧紹水火保險公司 | 羅振英 | 寧波路八六號 | 一八七八一、三 |
| 寧遠產物保險公司 | 魏詩垣 | 圓明園路一三三號 | 一〇五一三 |
| 富滇產物保險公司 | 蔣志霄 | 四川中路二一二號 | 一八〇二二 |
| 資源委員會保險事務所 | 蔡致通、殷慶梅 | 北京東路二七號 | 一六一一六、一七一七五 |
| 新中國商業產物保險公司 | 吳子儀 | 九江路一〇三號 | 一九四二一 |
| 新亨產物保險公司 | 朱孔嘉 | 中山東一路一七號 | 一一一四四 |
| 新寧興產物保險公司 | 宣松濤 | 北京路三五六號六樓 | 九八五四四 |
| 新豐產物保險公司 | 張明昕 | 江西中路四〇六號 | 一九三四一 |
| 瑞士商業興保險公司 | 朱孔嘉 | 中山東一路一七號 | 一一一四四 |

| 公司名稱 | 代表姓名 | 地址 | 電話 |
| --- | --- | --- | --- |
| 福安產物保險公司 | 蔡燮昌 | 江西中路二一二號 | 一八〇二二 |
| 福美產物保險公司 | 朱孔嘉 | 中山東一路一七號 | 一一一四四 |
| 福華人壽保險公司 | 奚景高 | 中山東二路九號 | 八二一三三 |
| 羣安產物保險公司 | 陳其昇 | 福州路一七號 | 一〇二〇二 |
| 萬國產物保險公司 | 蔡允中 | 福州路八九號 | 一八二二五 |
| 榮豐產物保險公司 | 王廷艮 | 天津路二四四號 | 九二七八七 |
| 遠東產物保險公司 | 劉應呂 | 九江路四五號 | 一七六九九 |
| 肇泰保險公司 | 董國清 | 北京東路三五六號 | 九八五四四 |
| 維安產物保險公司 | 張醴泉 | 中正東路九號 | 八四一一七六 |
| 豐南產物保險公司 | 張家棟 | 廣東路八六號 | 一八〇八〇 |
| 興華產物保險公司 | 范寶華 | 江西中路二四六號 | 一二五二五四 |
| 歷陽產物保險公司 | 羅興讓 | 廣東路八六號 | 一八〇八〇 |
| 鴻福產物保險公司 | 畢弗溢 | 四川路一四九號 | 一九五四五 |
| 聯安產物保險公司 | 陳鳴皋 | 中山東一路一號 | 一九九二九 |
| 豐盛保險公司 | 陶德軒 | 江西路二一二號 | 一八〇二二 |
| 寶隆保險公司 | 湯爵龍 | 四川中路二九九號 | 一七七四二 |
| 寶豐產物保險公司 | 馬鳴鑾 | 寧波路四〇號 | 一九七四二～四 |

## 地產業

| 公司名稱 | 代表姓名 | 地址 | 電話 |
| --- | --- | --- | --- |
| 上海信託公司 | 盧培仁 | 北京東路一九〇號 | 一二九二三 |
| 上海市興業信託社 | 沈理平 莊祖荅 吳兆熊 | 南京路二三三號 | 一五四八〇 |
| 大西地產公司 | 楊樹豐 | 寧波路四〇號二〇三室 | 一九一七〇 |
| 大滬地產公司 | 顧文生 衛海江 | 虎丘路一五號 | 一二〇九三 |
| 大興實業公司地產部 | 王維騆 | 江西路四二一號三〇六室 | 一一九五三 |
| 大業房地產事務所 | 沈燮康 | 哈同大樓三二五室 | 一四九九九 |
| 大明房地產公司 | 趙維欽 趙銘綱 | 黃陂南路三七九號 | 八八八〇五 |
| 大華地產公司 | 陳仲康 | 八仙橋龍門路一四八號 | 八二六八六 |
| 工商法律事務所經租處 | 范愛偉 | 浙江中路一五九號三二一室 | 九八二一〇 |
| 中和地產公司 | 朱曉方 張文通 | 福州路五一四號四〇六室 | 九三一七一 |
| 久安房地產公司 | 顧子餘 顧省三 崔中 | 南京西路八九三號四樓 | 六〇〇九〇 |
| 友聯房地產業信託事務所 | 王治平 | 圓明園路一六九號三八室 | 一七〇九四 |
| 天豐房地產公司 | 陳德榮 | 南京西路九九六號 | 三二四一九 |
| 元益經租帳房 | 董杏生 | 中匯大樓六一三室 | 八九三〇六 |
| 永業地產公司 | 周仲潔 高君湘 | 九江路二一九號三樓 | 一三一一〇 |
| 世界地產建築公司 | 王 鐖 | 四川路六七九號 | 一三六九三 |
| 可成房地產公司 | 胡栢英 | 圓明園路一三三號三三室 | 一〇四〇七 |

| 公司名稱 | 代表姓名 | 地址 | 電話 |
| --- | --- | --- | --- |
| 正記經租帳房 | 李文杰 | 江西路四〇六號四二七室 | 一四四二九 |
| 垚鑫地產公司 | 徐俠鈞 | 虎丘路一四號三八室 | 一八九八四 |
| 同發房地產公司 | 周浩泉 王永康 金仁甫 金文福 | 南京東路一一九號 | 一一九九三 |
| 光華建築公司 | 王 虹 | 北京路一九〇號三二室 | 一〇四五四 |
| 光新地產公司 | 范少珊 范若英 朱慧英 | 仁記路八一號四〇一室 | 一〇四八二 |
| 光明地產公司 | 徐文印 | 江西路一七〇號一四三室 | 一八〇五〇 |
| 光華營業公司 | 陳有慶 | 天津路二一四號 | 九八三六六 |
| 企華建設公司 | 郁鍾耀 | 慈淑大樓六〇四號 | |
| 安康經租帳房 | 朱順慶 | 青海路一九衖三號 | 三二三三三 |
| 利亞實業公司 | 金翰齋 | 廣東路一二二號 | 一九〇〇五 |
| 周耕記經租帳房 | 周渭石 | 武勝路三七九號 | 三二六五五 |
| 昌業公司地產部 | 徐永輝 丁山桂 | 河南路四九五號三〇三室 | 九六九九四 |
| 昌興公司 | 丁文浩 | 江西路二四衖一號 | 一三八九〇 |
| 東南建築行 | 過養默 | 九江路一一三號八一一室 | 一二八五六 |
| 東亞貿易行 | 聶訓泰 | 復興中路一二四八A號 | 七六二三九 |
| 明豐地產經租事務所 | 孫芷濤 | 新閘路甄慶里一二號 | 三五六一七 |
| 承順記經租帳房 | 朱衍順 朱衍慶 | 北京中路福興里一四號 | 九六四四四 |
| 信發地產經管處 | 趙連生 | 南京西路一一七三衖二七號 | 六〇八二〇 |
| 信中房地產公司 | 馬少荃 張景艮 | 漢口路四七〇號四樓 | 九〇九八七 |
| 恆興地產公司 | 王一吾 謝膺前 | 金陵東路八號三樓 | 八〇一七五 |
| 恆義田地房產總經租處 | 王 義 | 東京路一三六號 | 三一〇七二 |
| 恆昌號 | 鄭際鏞 | 威海衛路七〇〇號 | 三二三四八 |
| 恆祥地產企業公司 | 王士艮 | 新閘路九二〇衖九八號 | 三八八二〇 |
| 恆茂地產公司 | 金栢生 | 四川北路二九三號（〇二） | 六一四八四 |
| 恆仁經租帳房 | 匡炯夆 | 山東南路六三號 | |
| 建隆地產公司 | 許瑞芳 陳敖青 | 北京路三八四號 | 九八一一四 |
| 建中企業公司地產部 | 趙慰三 | 合肥路五六四號 | 八五二八九 |
| 建華企業公司 | 張德華 孫子建 | 九江路一五〇號五一五室 | 一七五二八 |
| 南洋企業公司 | 顧道生 | 江西路二四六號 | 一七九三五 |
| 哈同洋行 | 徐潤泉 | 南京東路哈同大樓四樓 | 一〇一六一 |
| 茂華房地產公司 | 宋文傑 | 漢口路一二五號 | 一一〇〇〇 |
| 益茂企業公司 | 孫育駿 | 中央路二四號二〇五室 | 一二九〇七 |
| 通易信託公司 | 陳廷驤 潘魯岩 | 北京東路三八四號 | 九八一一八 |
| 通惠地產公司 | 郝伯揚 毛宗雄 | 南京西路九八五號 | 三四三五〇 |
| 徐金記福號經租帳房 | 徐維振 | 英士路一八四衖五號 | 八五二八〇 |
| 泰山房地產企業公司 | 郝伯揚 韓憲恆 | 寧波路三三號 | 一七一五〇 |
| 泰利地產公司 | 李景韓 李吉祥 鄒訪溪 | 江西中路三九一號 | 一一一六九 |
| 眞裕地產公司 | 李其光 王賚揚 | 南京路六六號四樓 | 一四八四九 |

| 公司名稱 | 代表姓名 | | 地址 | 電話 |
|---|---|---|---|---|
| 姚啓記帳房 | 姚啓型 | | 四川路二九〇號 | 一八二八七 |
| 姚新記經租處 | 姚清德 | | 江西路四〇六號三〇九室 | 一〇八六五 |
| 振源地產公司 | 孫鈞卿 | 曹仲麗 | 河南路五〇五號四一〇室 | 九二七三二 |
| 高易經租帳房 | 孫穀臣 | 孫以澄 | 四川中路四九號二樓 | 一五八二五 |
| 國華地產公司 | 徐淵 | | 中央路二四號三樓 | 一九二七〇 |
| 祥豐地產公司 | 張見雲 | | 仁記路一〇〇號一樓 | 一四二〇六 |
| 乾元兄弟產業公司 | 李光欽 | | 泗涇路三六號四五室 | |
| 程瑞記經租帳房 | 胡芝楣 | | 康定路八三四號 | 三八〇八五 |
| 鈞益地產公司 | 李品生 | | 九江路四二九號二〇八室 | 九七七〇一 |
| 森泰房地產經租處 | 黃申甫 | | 界路聯和新邨四號 | 四七一四八 |
| 新益地產公司 | 李伯涵 | 楊筱堂 | 南京西路九九六號 | 三三六九二 |
| 新亞聯合地產公司 | 趙汝調 | 楊筱堂 | 南京西路九九六號 | 三二〇五七 |
| 新華地產公司 | 周昌熾 | | 圓明園路一三三號四〇七室 | 一五一〇六 |
| 新亨營造廠地產部 | 徐鉅亨 | | 中正東路一六〇號五〇五室 | 一五六六〇 |
| 新中地產公司 | 史子權 | 劉崢卿 張致果 | 福州路八九號三一九室 | 一四三五二 |
| 裕康企業公司地產部 | 吳竹林 | | 中正東路二六〇號三三一室 | 一三五六一 |
| 裕華建業地產公司 | 鄭貞觀 | 鄭正浩 陳炎烈 | 南京路慈淑大樓七三五室 | 九七二五六 |
| 業安企業公司 | 章艮誠 | | 南京路六二七號 | 九八二八二 |
| 義誠公司 | 陳友三 | | 河南路四九五號一〇一室 | 九六八九七 |
| 萬維儉法律事務所地產部 | 萬仲傑 | | 參根路二〇九衖八號 | 三一六〇一 |
| 福森地產事務所 | 周福根 | 顧景亭 | 福州路一七號二〇六室 | 一〇六一〇 |
| 興業地產建築公司 | 許鍾錡 | | 中正東路崧廈街一〇號 | 八八一九三 |
| 綢記經租帳房 | 水桂卿 | | 青海路四四號 | 三八〇〇八 |
| 慶豐經租帳房 | 王慶豐 | | 靶子路五九〇號 | 四三三七〇 |
| 鴻記賬房 | 吳仲熊 | | 南京路沙遜大樓三二二室 | 一一四三〇 |
| 豐盛實業公司地產部 | 厲樹雄 | 孫不晉 | 中正東路一一〇號六樓 | 一一一三三 |
| 禮益地產公司 | 朱潤生 | | 滇池路一一九號一七室 | 一七六六五 |
| 寶和地產建築公司 | 謝和甫 | | 河南路五洲大樓一〇六室 | 一〇五一四 |
| 聯華房地產公司 | 陳述昆 | | 四川路三三號八一一室 | 一一八九四 |
| 蘇氏房地產管理經租辦事處 | 蘇敏如 | | 北京東路六九七號 | 九六一〇七 |
| 藏玉地產公司 | 周文明 | | 貴州路一二〇號三樓 | 九三五四四 |
| 大業地產公司 | 顧誠齋 | | 四川中路三四六號七〇一室 | 一六二七二 |
| 國華銀行信託部地產股 | 楊增化 | | 北京東路三四二號 | 九二三二〇 |
| 慈惠房地產經租處 | 羅友翔 | | 南京東路三三三號哈同大樓 | 一三七五五 |
| 星華公司 | 顧心逸 | | 四川中路三四六號七三五室 | |
| 協興地產公司 | 趙仲連 | | 九江路二一九號二一〇室 | 一三一一〇 |
| 美商達華公司 | 包德 | | 圓明園路二〇九號 | 一九二七七 |
| 美商美康公司 | 王才宏 | | 圓明園路二〇九號 | 一九二七七 |

| 公司名稱 | 代表姓名 | 地址 | 電話 |
|---|---|---|---|
| 友勤企業地產公司 | 邵文彬 | 江西路二六七號二〇一室 | 一〇一六七 一〇〇六二 |
| 三樂實業公司 | 姚家珉 | 福州路三三五號江西中路三一四號 | 一七八八七 一九五三五 九八二〇〇 |
| 張致果經租處 | 惲伯銘 | 江西路二六四號四一〇室 | 一三六五〇 |
| 德記地產事務所 | 陳春生 | 四川中路一一〇號五五室 | 一一九八二 |
| 滬江企業公司 | 姚肇弟 何玉峯 | 南京路慈淑大樓六三〇號 | 九六三五一 九六一五八 |
| 蘭星地產公司 | 鮑正璋 | 南京東路二二一號三樓 | |
| 畊記經租賬房 | 金畊舜 | 吳淞路三二一號 | 四一九六六 四二三八二 |
| 榮康地產公司 | 陳蜀生 | 南京路慈淑大樓五三一號 | 九五一〇四 |
| 聯益房產商行 | 施碧勒 | 南京路二三三號三〇七室 | 一三二三四 |
| 盛業有限公司 | 王信孚 | 漢口路證券大樓新號一二五號 | 九四三九四 九七一九六 |
| 保華建築無限公司地產部 | 車炳榮 | 中山東一路一號二〇六室 | 一八六一九 分機十六號 |

# 旅館業

| 旅館名稱 | 代表人姓名 | 地址 | 電話 |
|---|---|---|---|
| 大新旅店 | 方克文 | 湖北路一〇八號 | 九四四二九 |
| 東華旅社 | 徐艮坤 | 南香粉街三〇號 | 九〇四九九 |
| 振華合記旅社 | 顧冰俠 | 福州路六三六衖五號 | 九八四一四 |
| 金城旅社 | 周福敏 | 漢口路五七〇號 | 九五一五一 |
| 清和旅舍 | 俞乾元 | 浙江路一〇八衖一一號 | 九八五三七 |
| 爵祿飯店 | 朱錦山 | 西藏路二五〇號 | 九〇〇七〇 |
| 海洞春旅社 | 董鏞 | 雲南路一八衖一一號 | 九二一五一 |
| 源源餘記旅社 | 周潤森 | 九江路五二〇號 | 九二一九二 |
| 江蘇旅社 | 吳桂堂 | 福州路三七九衖五〇號 | 九三二五〇 |
| 蘇州同記旅社 | 李信山 | 浙江路六三衖三〇號 | 九三六三六 |
| 新三江旅社 | 李文德 | 廣東路四九五號 | 九三四九五 |
| 潤華旅社 | 范福生 | 福州路六〇四衖五號 | 九五九五一 |
| 東亞旅館 | 李健艮 | 南京路六九〇號 | 九三二六〇 |
| 鶴鳴旅社 | 毛樹華 | 浙江路一〇八衖 | 九二七四九 |
| 謙吉旅社 | 周慶華 | 山西路三七號 | 九〇七八五 |
| 金龍旅社 | 周庠記 | 吳淞路底五五號 | |
| 新東方旅社 | 宣仕康 | 虬江路德康里 | |
| 新銘旅社 | 宋國順 | 吳淞路底三七號 | |
| 虬江公旅社 | 黃國範 | 虬江路一三五衖四號 | |
| 華東旅社 | 唐衡 | 山東路二四衖六號 | 九四六九〇 |
| 蘇臺旅社 | 徐勤孫 | 福州路五三一衖五號 | 九四七三六 |

| 旅館名稱 | 代表人姓名 | 地址 | 電話 |
|---|---|---|---|
| 新中央旅社 | 樊廣剛 | 虬江路德康里六號 | |
| 永樂旅社 | 鄭福昌 | 廣東路四四街一一號 | 九三九四八 |
| 龍昇旅社 | 查文祥 | 福州路四四六街 | 九三八一三 |
| 大陸飯店 | 顏伯穎 | 西藏路六九號 | 九七〇九〇 |
| 天源旅社 | 陳敏貴 | 廈門路七八號 | 九七八七八 |
| 新新旅館 | 徐君仰 | 貴州路南京路口 | 九七二〇〇 |
| 瀘寧旅社 | 蔡文祥 | 康樂路二三九號 | |
| 平公正記旅社 | 王志莨 | 康樂路二五〇號 | |
| 東南萬記新旅社 | 馮文煥 | 鳳陽路二四號 | 九〇四八八 |
| 中社旅社 | 陸翔千 | 威海衛路六七四號 | 三五七四九 |
| 寧商旅社 | 夏大傳 | 天津路四九六號 | 九三三三六 |
| 星州旅社 | 馬葆廉 | 浙江路六三街四號 | 九三五四〇 |
| 神州旅社 | 虞和順 | 浙江路五九號 | 九八二一〇 |
| 孟淵旅社 | 華思九 | 湖北路二二七號 | 九八五六六 |
| 大中華飯店 | 戴步祥 | 西藏路二〇〇號 | 九〇〇九〇 |
| 浙江新旅社 | 徐順甫 | 浙江路六四三號 | |
| 德泰新旅社 | 畢光甫 | 浙江路六三九號 | |
| 洪福旅社 | 徐文照 | 蕪湖路八九號 | 九四七五一 |
| 大興旅社 | 張嘉卿 | 蕪湖路四一號 | |
| 愛文飯店 | 胡永池 | 大同路一四三四號 | 三〇二四四 |
| 滄洲飯店 | 姚松如 | 靜安寺路一一二五號 | 三四二〇〇 |
| 開泰旅館 | 王信定 | 湖北路五二號 | |
| 新華旅社 | 張福錦 | 靜安寺路一〇二五街七六號 | 三五二〇四 |
| 其昌旅社 | 談錦泰 | 漢口路五八八街六號 | 九三八七八 |
| 大發旅社 | 徐福生 | 廣東路西上麟路五四號 | |
| 順泰旅社 | 沈善根 | 廣東路西上麟路六四號 | |
| 新悅來旅社 | 倪錦堯 | 廣東路西上麟路五二號 | |
| 新順旅社 | 李朝惠 | 湖北路五一號 | |
| 靜安旅社 | 談文喜 | 靜安寺路一〇二五街三九號 | 三四七五二 |
| 吉陞旅社 | 張志華 | 福建路一九五街一〇號 | 九一六九二 |
| 大華旅社 | 袁寶根 | 直隸路二五〇號 | 九三三三〇 |
| 西摩飯店 | 趙關林 | 西摩路四四六號 | 三五七九三 |
| 太平洋飯店 | 李壽田 | 祁門路四七〇街一二號 | 三〇三七六 |
| 萬國飯店 | 周毛山 | 祁門路四六四號 | 三二九五〇 |
| 源興旅社 | 陶榮生 | 北山西路五二號 | |
| 安樂旅社 | 鮑蘩清 | 北浙江路三二一號 | 四〇五五九 |
| 統一旅社 | 丁培卿 | 中正東路五二四街二四號 | 九一三九三 |
| 悅來永記旅社 | 陸元亮 | 廣東路靖遠街七四街四號 | 九〇七三〇 |
| 大東旅社 | 劉協勛 | 金華街三〇號 | 九〇〇二〇 |
| 臨安旅社 | 姚頌年 | 廣東路五〇六街九號 | 九一二九一 |

| 旅館名稱 | 代表人姓名 | 地址 | 電話 |
|---|---|---|---|
| 春江昌記旅社 | 王桂生 | 山東路一一七街二〇號 | 九四六二三 |
| 老日陞旅社 | 董春祥 | 蕪湖路五五號 | |
| 瀘臺旅社 | 陳再慶 | 湖北路二〇三街三號 | 九二一四一 |
| 平江新旅社 | 陳志烈 | 漢口路五八八街一六號 | 九四三二七 |
| 三江安記旅社 | 王安慶 | 北海路三四號 | 九五四一七 |
| 百樂門飯店 | 顧森康 | 愚園路二三八號 | 三四三九三 |
| 老鼎陞旅社 | 章錫坤 | 福建路一四一街四號 | 九三八九六 |
| 大新飯店 | 葛品生 | 廣西路四四二號 | 九三六七〇 |
| 致遠協記旅社 | 朱永康 | 天津路二三四號 | 九三九五六 |
| 新世界飯店 | 陳松濤 | 靜安寺路一號 | 九〇一三〇 |
| 太平洋旅社 | 陸連卿 | 廣西路四三〇號 | 九〇五四三 |
| 安東旅社 | 王馥蓀 | 湖北路一三一號 | 九二二三〇 |
| 東安旅社 | 范拜竹 | 廣東路五〇六街一〇號 | 九一五七六 |
| 中正旅社 | 李國楨 | 福州路六〇四街一一號 | 九七九三七 |
| 源源旅社 | 許運舟 | 九江路五二八號 | 九三一〇〇 |
| 松鶴旅社 | 徐　鶴 | 新民路三九號 | |
| 德安旅館 | 胡立成 | 北浙江路四二八號 | |
| 來安旅社 | 徐　鶴 | 新民路來安里八號 | |
| 大中旅社 | 陳元生 | 寶山路三九號 | |
| 大明旅館 | 張寶山 | 北西藏路八四號 | 四四七四二 |
| 中華大旅社 | 李志綱 | 界路二四一號 | 四五〇九八 |
| 海龍公寓 | 李淦榮 | 寶山路五一號 | (〇二)六〇六九六 |
| 河南旅社 | 潘繼祥 | 北河南路四二六街三號 | |
| 通利公協記旅社 | 施榮林 | 福建路一九五街六號 | 九〇八一四 |
| 東方餘記旅社 | 支占恆 | 東長治路六四二街二號 | |
| 一新永記旅社 | 徐榮生 | 山東路一一七街三七號 | |
| 長華旅社 | 王瑞卿 | 福建路二一五街五號 | 九二八〇〇 |
| 老寶和旅社 | 涂應昌 | 廣東路四二〇街一一號 | 九六五二五 |
| 虹橋旅社 | 王建華 | 西安路七號 | |
| 寶華旅社 | 錢貴卿 | 東長治路五七三街七五號 | |
| 南方旅社 | 王瑞卿 | 九江路四六二號 | 九三六〇四 |
| 都會飯店 | 周祖溫 | 西摩路二〇街一二號 | 三六二五一 |
| 克成登飯店 | 周祖溫 | 西摩路三〇街一二號 | 三〇一七九 |
| 源源新旅社 | 楊玉麟 | 福州路五六六街三號 | 九二五一一 |
| 源盛新旅館 | 朱昌麟 | 寧波路口 | |
| 尙賓旅社 | 王懋康 | 浙江路二六二街三號 | 九二〇五七 |
| 花園飯店 | 王懋康 | 浙江路二一一號 | 九八四八九 |
| 天然豐記飯店 | 周鏡蓉 | 芝罘路六四號 | 九七一九三 |
| 華商任記旅社 | 任福奎 | 天津路四三三號 | 九七三一七 |
| 通裕旅社 | 戴順金 | 福建路二〇二街四號 | 九〇七四八 |

| 旅館名稱 | 代表人姓名 | 地址 | 電話 |
|---|---|---|---|
| 新上海飯店 | 陸丕章 | 浙江路南香粉街七九號 | 九六九六八 |
| 華商順記旅社 | 朱泳全 | 北海路三六街三號 | 九五九八二 |
| 雲昇旅社 | 金根全 | 福建路一一二街三六號 | 九四三六三 |
| 中南飯店 | 李金龍 | 中正路五六四號 | 九二二六二 |
| 瑞中卿記旅社 | 賈學文 | 浙江路二七五街八號 | 九五三七〇 |
| 新蘇台旅社 | 周裕泉 | 湖北路二〇三街四號 | 九四三一四 |
| 同慶公旅社 | 陳雨聲 | 福建路二六六街內 | 九一八一〇 |
| 西華財記旅社 | 成廣財 | 東長治路五六六街三號 | 五二八八二 |
| 福成興棧 | 邊永興 | 蕪湖路四五號 | |
| 連元旅社 | 吳吉雲 | 漢口路六六六街三號 | 九一二三五 |
| 泰安旅社 | 孫步山 | 平涼路汾州路七二街一三號 | 五〇八六三 |
| 浙紹日昇旅館 | 李英榮 | 蕪湖路五一號 | |
| 遠東飯店 | 張棠庭 | 西藏路九〇號 | 九四〇三〇 |
| 梅龍鎮合記飯店 | 許耀南 | 廣東路平望街六街五號 | 九二六六八 |
| 三泰旅館 | 葉守忠 | 九江路四八四號 | 九三七一三 |
| 永發棧 | 張龍祺 | 商邱路一七〇號 | |
| 永餘棧 | 楊德清 | 商邱路一六六號 | |
| 大上海飯店 | 李介眉 | 天津路四二三號 | 九四〇五〇 |
| 西安旅社 | 王安慶 | 西安路九八號 | 五二四二一 |
| 吳方旅社 | 吳紀慶 | 塘山路六九六街一〇號 | |
| 衛生旅館 | 曹雲彬 | 九江路五三六號 | 九二八七八 |
| 新華旅社 | 查文祥 | 福建路一一二街三號 | 九四四九六 |
| 順興棧 | 陳福增 | 廈門路二三六號 | |
| 立興棧 | 徐安榮 | 蕪湖路四九號 | |
| 東方旅社 | 陳翔九 | 浙江路二四五號 | 九〇一〇七 |
| 申江旅館 | 張祥甫 | 山東路一四〇街七號 | |
| 老大方旅社 | 王連生 | 福建路一一二街一三號 | 九五一六八 |
| 忻安旅社 | 朱文傳 | 康定路忻康里六七號 | |
| 公安旅社 | 殷炳卿 | 福建路一一二街五號 | 九〇四八〇 |
| 中央大旅社 | 陸家駿 | 廣東路五四五號 | 九八二三〇 |
| 玉庭旅社 | 徐玉庭 | 靜安寺路一二〇五街一號 | 三三四六五 |
| 大江南興記旅社 | 吳炳章 | 福建路四一〇號 | 九四一八〇 |
| 同安合記旅社 | 劉達三 | 通州路一二二街八號 | 五一二五五 |
| 大新旅社 | 武可鎮 | 韜朋路一七一街三四號 | |
| 新民協記旅社 | 張彬秋 | 湖北路二〇三街二二號 | 九三八〇七 |
| 滬杭大旅社 | 戴禮華 | 新民路來安里一號 | |
| 常州新旅社 | 呂金康 | 北浙江路四二二街三號 | 四六八八八 |
| 新恒昌旅社 | 李志綱 | 浙江路六六一號 | |
| 北站大旅社 | 許達海 | 天目路四三號 | 四四七一〇 |
| 界路飯店 | 曹茂生 | 天目路八一號 | 四七〇六四 |

| 旅館名稱 | 代表人姓名 | 地址 | 電話 |
|---|---|---|---|
| 鐵路飯店 | 楊近文 | 安慶路五一〇街八七號 | 四一四六一 |
| 湖州旅社 | 葉慶餘 | 北山西路一九街四號 | 九〇七九四 |
| 泰安旅社 | 干祥生 | 北山西路四〇街一七號 | 四四七四三 |
| 滬平旅社 | 陳根源 | 康樂路二四三街六號 | |
| 淮揚旅館 | 蔣仲興 | 安慶路五一〇街六四號 | 四二九九八 |
| 天僑新旅館 | 徐德祥 | 北河南路五八號 | |
| 連發棧 | 曹厚齡 | 海寧路九七三號 | |
| 德泰協記棧 | 張潤泉 | 北浙江路三七號 | 四六八四八 |
| 興昌棧 | 俞盛孝 | 天潼路六二三號 | |
| 永安棧 | 張龍祺 | 天潼路六五五號 | |
| 興發旅館 | 干上達 | 北浙江路三七四號 | |
| 百福旅社 | 孫珊瑚 | 虹口旅順路一八號 | |
| 四海家旅社 | 陸昌文 | 天津路四一四號 | 九六七一〇 |
| 同德新旅社 | 許燮慶 | 廣東路五一七街 | |
| 塘山旅社 | 許燮慶 | 塘山路四三四號 | 五一九〇一 |
| 名遠久記旅社 | 黃宗根 | 福州路五六六街七號 | 九三一七五 |
| 中山旅社 | 姜瑞康 | 天津路四八〇號 | 九一〇五〇 |
| 悅來飯店 | 嵇敖祥 | 靜安寺路五九一街一七八號 | 三〇〇四〇 |
| 嘉禾沅記旅社 | 沈鴻炳 | 福建路二一五街八號 | 九六四二三 |
| 吳錫旅社 | 鄭啓風 | 漢口路五〇六號 | 九〇九二四 |
| 松江旅社 | 錢家驥 | 福州路四四六街九號 | 九三六九五 |
| 天德旅社 | 吳裴林 | 大連路四七三街 | 五三〇三六 |
| 迎賓旅社 | 鄒子清 | 浙江路一二八街一一號 | 九六三五八 |
| 招商恆記旅社 | 王韶鈞 | 福州路五六六街一三號 | 九〇六七〇 |
| 中山旅社 | 丁榮庭 | 西安路四五號 | 五〇四七〇 |
| 五洲豐記旅社 | 胡毓麒 | 廣東路五一七街一〇號 | 九〇七九四 |
| 中洲旅社 | 陸金榮 | 山東路一一七街四號 | 九二三三〇 |
| 新新旅社 | 黃冬笙 | 虹口漢陽路一二九號 | 四七〇一二 |
| 興隆旅社 | 陳善勳 | 南潯路三二〇號 | 四七〇一二 |
| 吳信隆棧 | 吳信根 | 永定路三一街四號 | |
| 惠中旅舍 | 孫樹耀 | 漢口路五一五號 | 九三二〇〇 |
| 長春大旅社 | 張志敏 | 浙江路一一八街一一號 | 九〇三一七 |
| 滙山新旅社 | 吳悌羣 | 東大名路一一六六街六號 | |
| 申江宏記旅社 | 楊三麟 | 漢口路五二二街四號 | 九〇四七五 |
| 江西旅社 | 莊雲坤 | 北江西路四五二號 | 四三五三九 |
| 樂義大飯店 | 夏世昌 | 靜安寺路二〇〇四號 | 二一九三三 |
| 鹿鳴大旅社 | 馬嘯儀 | 福州路五六六街一七號 | 九〇三四八 |
| 東湖旅社 | 謝堯金 | 福州路三七九街九號 | 九〇九五一 |
| 九華旅社 | 潘警頁 | 廣東路三六九街三號 | 九三六二三 |
| 中新旅社 | 張戴庭 | 漢口路曲江里一一號 | 九〇九六〇 |

| 旅館名稱 | 代表人姓名 | 地址 | 電話 |
| --- | --- | --- | --- |
| 金門大酒店 | 鄧彥榮 | 靜安寺路一〇四號 | 九〇〇一〇 |
| 皇宮飯店 | 陸大霖 | 浙江路一三七街一〇號 | 九〇八三七 |
| 中和旅社 | 陳寶榮 | 福建路一五一街一〇號 | 九一九六〇 |
| 東方飯店 | 陳鞠春 | 西藏路一二〇號 | 九二二七二 |
| 梁溪飯店 | 童世昌 | 湖北路一四四號 | 九三九二七 |
| 永安旅社 | 張兆源 | 餘杭路五九八街四號 | |
| 全安旅社 | 張兆源 | 揚州路二〇八街五四號 | 五二八〇五 |
| 中南旅社 | 宓奎生 | 大同路七〇號 | 九二一〇五 |
| 滬西旅社 | 尙　勇 | 嘉定路一四三街八號 | 三二一一六 |
| 卡德旅社 | 王春霖 | 嘉定路善昌里一二號 | 三四〇五七 |
| 麥根旅社 | 周蔚章 | 淮安路二五三號 | |
| 永安㫗記旅社 | 唐慕㫗 | 麥根路順德里一〇四號 | |
| 進步永記旅社 | 王福林 | 麥根路順德里一〇號 | 三〇三三三 |
| 中華新旅社 | 馬海霖 | 大同路三八七號 | 三五六〇九 |
| 新閘大旅社 | 王朝㫗 | 新閘路八四一號 | 三二六九四 |
| 西藏旅社 | 陳林森 | 西藏路四七五號 | |
| 平喬旅社 | 羅㫗炳 | 西藏路五八七街一一〇號 | 九二五五一 |
| 鴻祥旅社 | 沈　琳 | 大同路二〇號 | 九〇三〇八 |
| 愛文沅記旅社 | 余昇章 | 大同路五一號 | 九三一六二 |
| 通商大旅社 | 李耕才 | 大同路四二號 | 九五二二二 |
| 明明文記旅社 | 王文賢 | 順德路七五號 | |
| 雲洲旅館 | 馮炳生 | 中正路五二四街二〇號 | 九〇六二四 |
| 滬江客棧 | 許春福 | 福生路一四一號 | (〇二)六一八七八 |
| 遼陽公寓 | 劉文松 | 遼陽路二三二號 | 五〇二五〇 |
| 國際大飯店 | 王　蕤 | 南京西路一六四號 | 九一〇一〇 |
| 三義旅社 | 彭勝武 | 順德路一〇三號 | |
| 太和旅舍 | 王子清 | 北京西路一二二〇街六號 | 三五五三四 |
| 進成旅館 | 汪璽榮 | 順德路一一四號 | 九五一五一 |
| 開泰旅社 | 劉繼㫗 | 天津路一一九三號 | 九〇六〇三 |
| 揚子飯店 | 趙永馨 | 雲南路二八九號 | 九八四〇〇 |
| 東昌旅社 | 陳毅甫 | 浦東東長里一二號 | |
| 大東旅社 | 靳恆勳 | 浦東東昌路昌興里 | |
| 泰安商棧 | 祁信華 | 金陵路九一街二號 | 八一五二五 |
| 長安旅社 | 王安慶 | 楊樹浦路三二三街九號 | |
| 九洲旅社 | 姜瑞康 | 大境路開明里一號 | |
| 大統旅社 | 金寶鴻 | 閘北蒙古路二四號 | |
| 西興忠記旅社 | 胡承忠 | 鉅鹿路二六九號 | 八四三一五 |
| 長發旅社 | 胡金發 | 北四川路仁智里六三〇號 | |
| 天寶客棧 | 王山下 | 舊倉街六五街三號 | |
| 天生合記旅社 | 周朝佩 | 新會路一三四街九三號 | 三九〇九六 |

| 旅館名稱 | 代表人姓名 | 地址 | 電話 |
| --- | --- | --- | --- |
| 新上海旅社 | 陳瑞榮 | 長壽路八三街一號 | |
| 三星旅社 | 張阿金 | 長壽路秀德里四號 | |
| 聚興新旅社 | 曹茂生 | 北浙江路四三六號 | |
| 南市興旅館 | 秦宏道 | 舊倉街和平里一二號 | |
| 大安旅館 | 秦宏道 | 南市大境路一五六號 | |
| 中興第二旅社 | 仇海濤 | 馬白路二三四街八一號 | 六〇三一二 |
| 中興濤記旅社 | 仇海濤 | 馬白路二三四街六四號 | 六〇三一二 |
| 化興旅館 | 范金翼 | 鉅鹿路二八五號 | |
| 源興旅館 | 裘翼鵬 | 徐家匯路三六九號 | |
| 順興旅館 | 潘佑貞 | 徐家匯路四〇二號 | |
| 中華旅館 | 何陳氏 | 徐家匯路四六四號 | |
| 大來旅館 | 李厚道 | 嘉善路一九號 | |
| 偉達飯店 | 陳偉達 | 泰山路九九三號 | 七四四七七 |
| 滙民旅館 | 顧思九 | 廣元路二一七號 | |
| 永康棧 | 朱少卿 | 迪化中路七一號 | |
| 順興旅館 | 周寒福 | 富民路八〇號 | |
| 重慶旅館 | 秦開隆 | 大沽路二八一號 | |
| 華洋旅館 | 郁福如 | 廣西路二〇五街四號 | 九四三七三 |
| 吳宮公記旅舍 | 金克卿 | 福建路一五二號 | 九四一七〇 |
| 瑞泰新旅社 | 朱錦瑞 | 康定路金司徒廟 | 三五三〇一 |
| 北站東方旅社 | 童涵之 | 北浙江路四四八號 | (〇二)八四一八三 |
| 北京公寓 | 李茂林 | 太倉路一八一街二號 | 五五七二一 |
| 南京飯店 | 葛圭如 | 山西路二〇〇號 | 九八〇〇〇 |
| 靜安旅社總店 | 談文喜 | 靜安寺路一〇二五街九六號 | 三七四五二 |
| 和平秋記旅社 | 董少南 | 梵皇渡路九四二號 | 二一六〇〇 |
| 憶定大旅社 | 談鐵城 | 江蘇路四六〇號 | 二三二九四 |
| 霓記旅社 | 右兆華 | 靜安寺路一〇二五街 | 三五三一八 |
| 偉來飯店 | 曹泗州 | 中正路九七三號 | 七五四三〇 |
| 惠英旅社 | 俞桂林 | 南京西路一〇二五街八五號 | 三四九四一 |
| 李記公寓 | 李　蓮 | 靜安寺路一〇二五街一五號 | |
| 上海招待所 | 章正明 | 北四川路五五號 | 四〇一一八 |
| 金山飯店 | 許澤民 | 漢口路六七八號 | 九八〇三〇 |
| 上海新旅社 | 陳熾昌 | 九江路五七九號 | 九一一二〇 |
| 中國飯店 | 徐通沛 | 貴州路一六〇號 | 九一〇八〇 |
| 一品香旅社 | 徐通湘 | 西藏路二七〇號 | 九三二七〇 |
| 新鹿鳴旅社 | 朱瑞平 | 山西路二五號 | 九三九四〇 |
| 華北旅社 | 東耀庭 | 馬當路四三一號 | 八四二三九 |
| 㫗安旅社 | 陳秦鶴 | 嵩山路一〇九號 | 八六二二六 |
| 福星棧 | 程祖芳 | 順昌路四二號 | |
| 武陵公寓 | 殷逸儒 | 順昌路二四四街二號 | 八〇九一三 |

| 旅館名稱 | 代表人姓名 | 地址 | 電話 |
| --- | --- | --- | --- |
| 新江旅館 | 高金林 | 順昌路二九六號 | |
| 興發旅館 | 王德强 | 順昌路二九九號 | |
| 永興旅館 | 吳雲根 | 興業路八七號 | |
| 新福興旅館 | 謝伯榮 | 黃陂南路六四三號 | |
| 慶和旅館 | 勵仲康 | 合肥路八號 | |
| 華安旅館 | 劉華堂 | 合肥路一一四號 | |
| 中央旅館 | 王財艮 | 安徽路二六一號 | |
| 和興旅館 | 李紹甫 | 安徽路二七九號 | |
| 寶興旅館 | 傅瑞棠 | 合肥路二五號 | |
| 寶華旅館 | 顧寶生 | 徐家匯路一〇號 | |
| 福興旅館 | 趙君賢 | 徐家匯路三〇號 | |
| 同福旅社 | 陳南松 | 順昌路一六五號 | 八一二六一 |
| 三興旅館 | 龐士宜 | 馬當路六八一號 | |
| 福興旅館 | 孫糜氏 | 黃陂路七一七號 | |
| 華興旅館 | 鄭安祥 | 黃陂路七二一號 | |
| 福興新旅館 | 姜邦傑 | 長興路四三九號 | |
| 龍宮飯店 | 丁子書 | 臨安路六三號 | 八三〇〇三 |
| 中央新旅社 | 李厚松 | 臨安路二七六號 | 八三九九〇 |
| 新中和棧 | 張鎭淼 | 桃源路三九號 | |
| 瑞裕旅館 | 陳林甫 | 泰山路三〇號 | |
| 民樂旅館 | 王維勛 | 泰山路四四號 | |
| 福興旅館 | 蔡昌華 | 泰山路七二號 | |
| 高陞旅館 | 沈阿慶 | 柳林路一〇街三七號 | |
| 華安旅館 | 王德章 | 瀏河路三二號 | |
| 榮安旅館 | 吳東海 | 瀏河路三四號 | |
| 明星旅館 | 樓祥根 | 瀏河路四〇號 | |
| 興祥旅館 | 樓財根 | 吉安路八二號 | |
| 新萬隆旅館 | 賀性淼 | 普安路一三六號 | |
| 雙龍旅館 | 姜永德 | 崇德路九八號 | |
| 銘華旅館 | 徐國銘 | 崇德路一〇〇號 | |
| 老德興棧 | 丁阿海 | 定安路一五五號 | |
| 亞洲飯店 | 孫秋屏 | 中正路一三五號 | 八四一六〇 |
| 長江飯店 | 朱煥卿 | 永泰路一四街二號 | 八五一九〇 |
| 大方飯店 | 沈仲英 | 永泰路三三號 | 八二一〇〇 |
| 永福旅館 | 周學文 | 中正路三五一號 | |
| 朱順興旅館 | 朱鴻昌 | 中正路三七四號 | |
| 大有旅館 | 楊友艮 | 中正路三八七號 | |
| 陳順興旅館 | 陳金寶 | 永壽街五號 | |
| 東安旅館 | 許兆昌 | 永壽街七號 | |
| 青雲旅館 | 王鎭昌 | 永壽街六〇街七二號 | |

| 旅館名稱 | 代表人姓名 | 地址 | 電話 |
| --- | --- | --- | --- |
| 祥榮旅館 | 徐根祥 | 桂平路二號 | |
| 東南旅社 | 計耶生 | 桂平路一二號 | 八五四〇五 |
| 大滬飯店 | 奚榮培 | 中正路三四三號 | 八四〇二〇 |
| 大華旅館 | 袁寶根 | 永平路八五號 | 八四四二五 |
| 國泰飯店 | 陳錦懷 | 永平路二八號 | 八三七三七 |
| 安商旅社 | 孫寶發 | 永平路三七號 | 八二七三八 |
| 大東新旅社 | 陳泉觀 | 永平路九四號 | 八四五七〇 |
| 春江第三旅館 | 姚肇基 | 永平路六三號 | 八三四七三 |
| 三朋旅社 | 袁寶根 | 永平路七五號 | 八四五六六 |
| 春記棧 | 陳孝章 | 寧海路二七二號 | |
| 昌興旅社 | 余文渭 | 寧海路二八一號 | 八〇四四八 |
| 春江第一旅館 | 姚肇基 | 寧海路三〇九號 | 八二二九二 |
| 興隆旅館 | 陳康艮 | 永平路一四二號 | |
| 老德泰旅館 | 邱翔蓀 | 永平路一五二號 | |
| 有發旅館 | 楊友艮 | 永平路一五四號 | |
| 德泰新旅館 | 劉銀生 | 永平路一六〇號 | |
| 新振和旅館 | 陳錢氏 | 永平路一七二號 | |
| 源發旅館 | 華新寶 | 永平路一一三號 | |
| 長發旅館 | 陳王氏 | 永平路一七六號 | |
| 榮記旅館 | 鞠子榮 | 永平路一三七號 | |
| 寧興旅社 | 鍾靜椿 | 中正路四七九號 | 八一九四〇 |
| 和興旅社 | 蔣禮楨 | 中正路四八三號 | 八三三八七 |
| 交通旅社 | 賀君岳 | 中正路四八七號 | 八三二一六 |
| 元旦新旅社 | 王福生 | 中正路四九一號 | 八三四四五 |
| 賽安旅館 | 李朝臣 | 中正路五七九號 | 八七一四八 |
| 京滬飯店 | 馬根甫 | 寧夏路五四街五六號 | 八〇四四四 |
| 八仙旅社 | 秦正記 | 寧夏路五八街一號 | 八五四六七 |
| 新生活旅社 | 李秉義 | 寧夏路五八街二三號 | 八七〇九七 |
| 世界旅館 | 李芝湘 | 寧海路九號 | 八〇四一〇 |
| 元旦旅館 | 王福生 | 寧海路一三號 | |
| 美美新旅館 | 李景芬 | 寧海路一五號 | |
| 源源旅館 | 李洪源 | 寧海路一七號 | |
| 安樂宮飯店 | 顧公茂 | 中正路五七號 | 八一五五二 |
| 復興旅館 | 鄒華氏 | 中正路三二三號 | |
| 春江第二旅館 | 姚肇基 | 中正路三七一號 | 八一七六八 |
| 聚和旅館 | 翁鳴思 | 中正路二八七號 | |
| 大中飯店 | 顧叔賓 | 中正路二四五號 | 八二〇一〇 |
| 德記旅館 | 張榮華 | 中正路二一七號 | |
| 新日陞棧 | 李杏芳 | 中正路二一三街二一五號 | |
| 榮發旅社 | 梁　傑 | 寧海路一二〇街五四號 | 八八九三一 |

| 旅館名稱 | 代表人姓名 | 地址 | 電話 |
|---|---|---|---|
| 中華旅館 | 華洪泉 | 寧海路一二〇街六八號 | 八四八六二 |
| 光明旅社 | 王明月 | 盛澤街一九號 | 八六二三二 |
| 中華棧 | 初儀堂 | 盛澤街壽康里三號 | 八一〇〇四 |
| 湘益公公寓 | 陳榮遠 | 青城路一〇街七號 | 八三六一八 |
| 新新旅社 | 楊長發 | 永壽路一一四號 | 八二四〇二 |
| 泰安飯店 | 畢可宗 | 民國路二五六號 | 八五二四四 |
| 永安旅社 | 錢裕民 | 永安街八三街八五號 | 八五一三一 |
| 長沙商棧 | 陶梓青 | 金門街二號 | 八一四三八 |
| 雲洲旅社 | 林瑞福 | 金陵路三〇〇街一九號 | |
| 新寶旅館 | 徐稚賚 | 紫陽路八五號 | |
| 源發旅館 | 李連生 | 紫陽路一三號 | |
| 元元旅館 | 唐銀元 | 紫陽路九號 | |
| 德興旅館 | 陳品山 | 民國路三七六號 | |
| 華安棧 | 陳桂保 | 民國路三六五號 | |
| 新康棧 | 徐陳氏 | 民國路三七五號 | |
| 發興棧 | 周明富 | 民國路三九四號 | |
| 迎安棧 | 鄭忠彬 | 民國路三九六號 | |
| 新全興棧 | 何友亭 | 民國路三九八號 | |
| 忠興棧 | 張臣新 | 民國路三九九號 | |
| 發興旅館 | 忻銀安 | 金門街二六號 | |
| 福興棧 | 何楊氏 | 盛澤街一二八號 | |
| 大方旅社 | 伊鶴甫 | 民國路二〇號 | 八七四一五 |
| 月賓旅館 | 張師戴 | 民國路一七號 | 八四五四〇 |
| 泰新旅館 | 吳雲槁 | 民國路二二號 | 八二九七四 |
| 月東旅社 | 沈德慶 | 民國路二三號 | 八七一〇四 |
| 浙江飯店 | 范恒良 | 彤雲街二五號 | 八一三八九 |
| 盧山旅社 | 李純鋼 | 鉅鹿路三一三街七號 | 八五九三五 |
| 南洋花園飯店 | 翁煥章 | 藍田路三一號 | 七三〇一五 |
| 祥生飯店 | 鄭惠庭 | 咸陽路二一九街五號 | 七七〇八八 |
| 德興旅館 | 陳孝春 | 鉅鹿路二九一號 | |
| 南京旅社 | 陳遠齡 | 寧海路九四街一號 | 八三七七三 |
| 新中華旅社 | 馮連生 | 寧海路九四街一〇號 | 八四九三七 |
| 春華旅社 | 周春明 | 寧海路九六號 | |
| 春安旅館 | 張阿四 | 定安路二二號 | |
| 仁和旅社 | 王禹根 | 永壽街一一四號 | 八三〇五一 |
| 八仙義記旅館 | 洪炳蓀 | 金陵路四九一號 | 八三九一四 |
| 逍遙旅社 | 黄元祥 | 紫陽路一七八號 | 八三〇三〇 |
| 三江旅館 | 陳寶興 | 永壽街一三二號 | |
| 新德旅館 | 應詩練 | 永壽街一六四號 | |
| 福安旅館 | 徐金生 | 桂平路一四八號 | |

| 旅館名稱 | 代表人姓名 | 地址 | 電話 |
|---|---|---|---|
| 美華棧 | 陳錢氏 | 永平路三二五號 | |
| 楊興記棧 | 李明德 | 民國路四八八號 | |
| 安興旅館 | 嚴梁龍 | 民國路四四七號 | |
| 榮華旅館 | 蔡賚鶴 | 寧夏路一四六號 | |
| 萬隆棧 | 俞壽賚 | 寧夏路一二四號 | |
| 永安旅館 | 樓承發 | 寧夏路一三二號 | |
| 長興棧 | 俞錦堂 | 寧夏路二七一號 | |
| 招商旅館 | 張阿福 | 寧夏路一七四號 | |
| 湧興旅館 | 鄖阿苗 | 寧夏路一八〇號 | |
| 通商旅館 | 應寅芳 | 寧夏路一七二號 | |
| 永興旅館 | 俞桂芳 | 寧夏路三一四號 | |
| 興祥旅館 | 蔡秋根 | 寧夏路三二〇號 | |
| 江南旅館 | 何大棣 | 寧夏路三三六號 | |
| 南陽新旅館 | 鐘金良 | 寧夏路三四二號 | |
| 華成旅館 | 張陳氏 | 會稽路六〇號 | |
| 正新旅館 | 蔡阿根 | 會稽路六六號 | |
| 安餘旅館 | 賀蓮生 | 會稽路六八號 | |
| 順興旅館 | 景阿桂 | 壽寧路一五號 | |
| 大陸旅社 | 忻潤泉 | 太倉路一六九號 | 八七一〇九 |
| 新平公寓 | 杜文奎 | 太倉路二三九街六號 | 八五三七六 |
| 大益公寓 | 閻春山 | 太倉路二四三號 | 八五七一〇 |
| 大成旅社 | 胡成章 | 太倉路二五八號 | 八二三七〇 |
| 大興旅館 | 陸庭秀 | 大興路六六號 | |
| 七寶旅館 | 錢根生 | 東台路二五九號 | |
| 同和旅館 | 蔡孝鍔 | 安徽路一八號 | |
| 新萬利旅館 | 陳遠程 | 安徽路二九號 | |
| 合興旅館 | 徐阿榮 | 濟南路三三四號 | |
| 萬茂旅館 | 杜陳氏 | 濟南路三二號 | |

萬金油

內服外搽兩用

虎標永安堂滬行

# 中國紡織建設公司

## 上海

業務綱要

### 第一門市部

銷售

百貨

布疋

呢絨

地址：南京西路九九三號

電話：三九六四三。六二四二二

三三八七一。三六三〇六

### 第二門市部

銷售

棉紗

布疋

地址：金陵東路五二五號

電話：八八八五八

# 上海沿革史

古上海係長江下游冲積層而成之沙洲自江南一帶迄杭州灣通稱爲江南三角洲其地卑濕爲吳民族居地蓋上海在春秋戰國時代本吳國沿海漁村無多居民風帆上下僅漁舟出沒其間耳後越滅吳遂屬越及楚滅越遂轉屬楚相傳爲楚相春申君黃歇封邑今之黃浦江或謂卽春申君所濬延至今人尙有稱春申江或黃歇浦者有逕稱上海謂申地足可徵信循吳淞江揚子江直走東南皆斥鹵之地宋建炎中黃海爲鹽以興大利故史載上海爲斥鹵之地三國時爲東吳國土唐朝稱之爲「場」宋朝稱之爲「鎭」元朝至正二十九年始改縣治明清兩朝因之清道光二十二年中英雅片戰爭訂立南京條約翌年上海卽在此不平等條約下成立租界之後法人繼起在洋涇浜以南創立租界其初租界範圍甚小遠不如後來之遼闊英租界初闢由黃浦灘至抛球場一段呼爲洋人居留地當時面積僅一百餘英畝因無地點規定及限制後逐漸侵佔寬拓道光二十八年始勘定泥城橋爲西界蘇州河爲北界面積已增至五百英畝矣法租界初時面積亦僅百餘英畝因限於南北洋涇浜城河浜無法發展逐漸迤西擴充租界初期市容並無今日繁盛因歷經變亂人民因租界有特殊地位可得安全競相遷入人口歷年增加漸形繁榮外人更利用條約爲藉口屢次推廣界限民國十六年國民政府成立設立上海特別市轄三十市區直屬行政院上海縣仍設治並遷於北橋所屬僅陳行塘灣北橋顓橋馬橋閔行曹行等八區然境域較前大蹙矣上海南市閘北經市府歷年經營漸臻繁榮民國十八年市政當局欲謀增進上海港口地位吳淞開港志在實行遂劃定引翔以北江灣以東吳淞以南地域作爲市中心區戰前已逐漸興建成績斐然惜遭強敵之忌二次戰火摧毀殆盡現市區光復已及二載國內戰亂未息凡百施政未復舊觀奢言重建似尙無暇及此也市府復員後爲行政上之便利分爲三十二區特製保甲行政圖於後查上海位置在江蘇省之東南部襟江帶湖形勢險要扼長江之門戶戰前吳淞設有炮台市區中心街道整潔房屋鱗櫛高樓大廈矗立雲表黃浦吳淞兩流縱橫交叉京杭鐵路啣接於此公路網則四境通達交通便利貨運暢達海洋巨舶尤能通行無阻故國際進出口貿易靡不集中於此惜乎抗戰八年市區建設水陸交通類多破壞水道失濬時有泛濫之虞今則租界收囘市區統一應有整個計劃是則有望於市政當局之努力則大上海市之興建其燦爛遠景不難使之一一實現矣

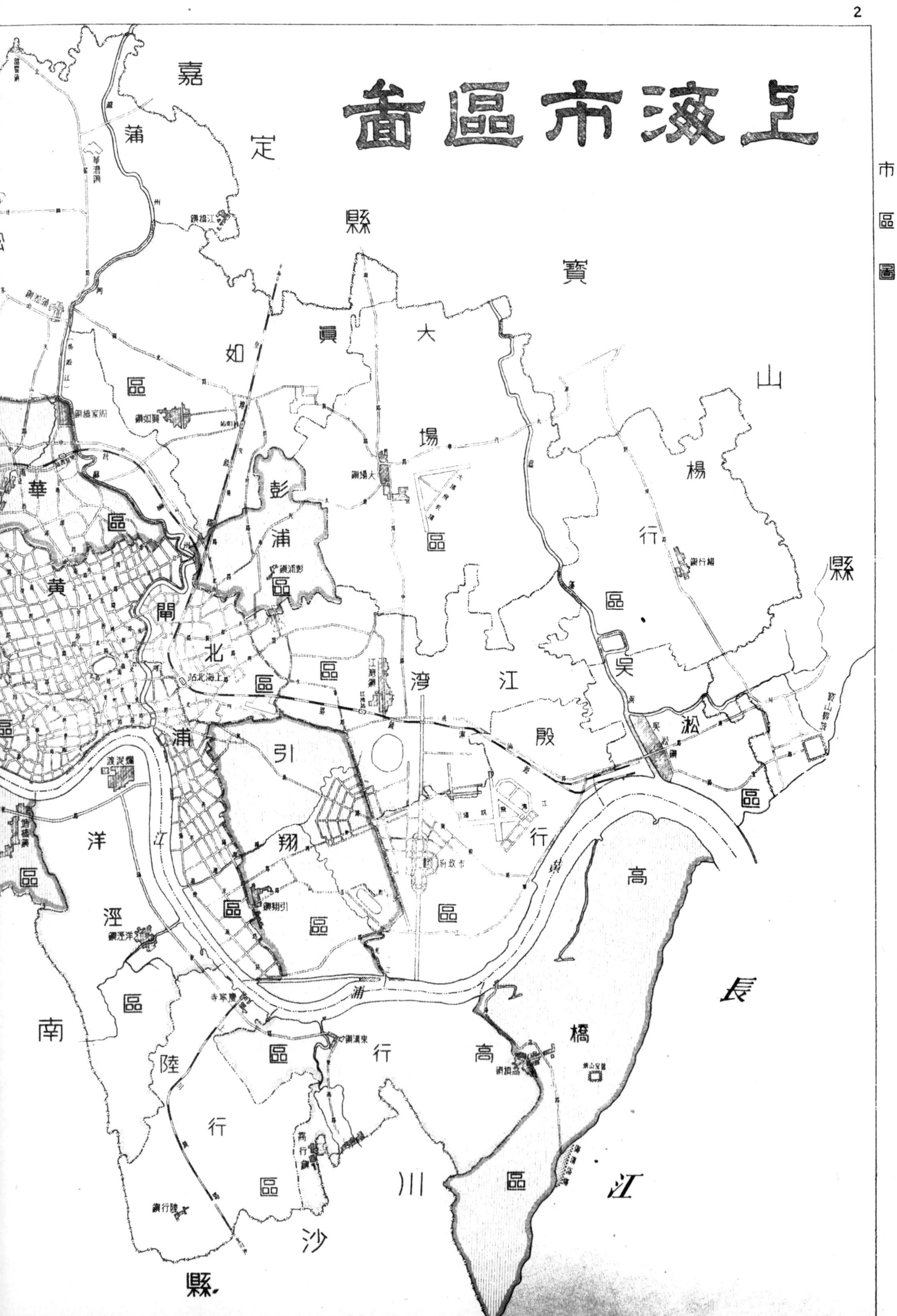
上海市區圖
嘉定縣
寶山縣
真如區
真如鎮
大場區
大場鎮
楊行區
楊行鎮
彭浦區
彭浦鎮
閘北區
上海北站
江灣區
江灣鎮
吳淞區
吳淞鎮
殷行區
引翔區
引翔鎮
市政府
洋涇區
洋涇鎮
高橋區
高行區
陸行區
陸行鎮
東溝鎮
爛泥渡
川沙縣
長江
黃浦江

市區圖

北

松江縣

浦

七寶區

閔行區

馬橋區

顓橋區

華莊區

北橋區

曹行區

塘灣區

漕涇區

周浦區

陳行區

三林區

楊思區

奉賢縣

南滙縣

黃浦江

吳會鎮　馬橋鎮　顓橋鎮　北橋鎮　閔行鎮　塘灣鎮　曹行鎮　莘莊鎮　翁板橋鎮　朱家行鎮　梅隴鎮　漕河涇鎮　虹橋鎮　七寶鎮　中心河　陳行鎮　橋頭鎮　三林塘鎮　楊思鎮　周家渡

比例尺

十四萬四千五百分之一

公尺1000　0　1　2　3　4

圖例

區界　鐵路　車站　道路　未接管區域　縣城　村鎮　江河　橋樑　碼頭　廟宇　沙灘　草地

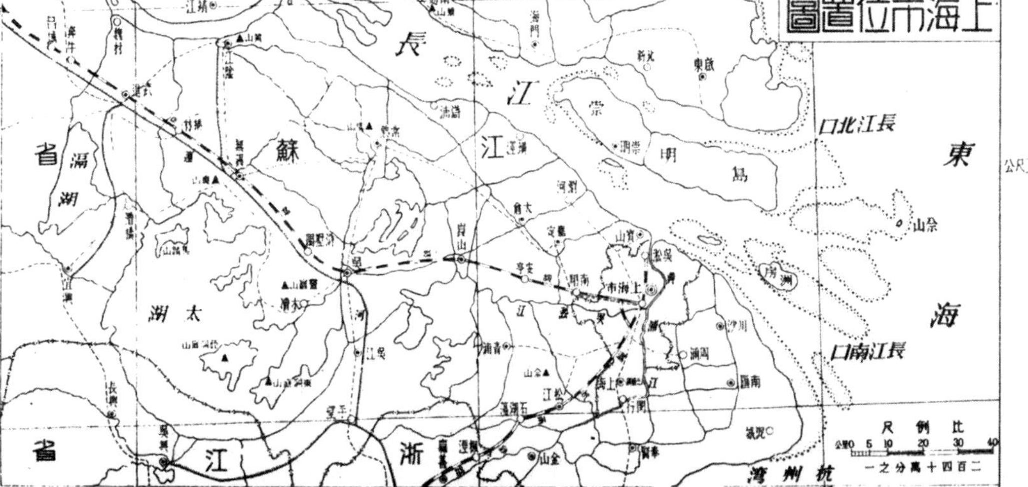

# 新中國工業貿易股份有限公司

資本國幣伍萬萬圓　上海雲南中路七號

董事長　王曉籟　常務董事　壽景偉　陳滋堂　朱惠清　胡秋原　蔡昕濤　陸允升

總經理　陳滋堂　副總經理　王道平

| | |
|---|---|
| 營業 | 主要出口貨品　生絲　綢緞　雜糧　花邊抽繡　豬鬃　腸衣　茶葉　桐油等 |
| 項目 | 主要進口貨品　棉花　蔴袋　檀香油　工業原料　五金材料等 |

電話 九一九一四　電報掛號·國內·三三二二　國外 NEWCHACORP　郵政信箱 四五三號

NEW CHINA TRADING CORPORATION

IMPORT & EXPOPT

7 YUNNAN ROAD (CENTRAL) SHANGHAI

PAID-UP CAPITAI: CNC$500,000,000.

MAIN EXPORTS: RAW SILK, SILK PIECE GOODS, TEA, BRISTLES, PIG-CASINGS, CEREAL, TUNG OIL, LACES & EMBROIDERIES.

MAIN IMPORTS: COTTON, GUNNY BAGS, SANDALWOOD OIL, CHEMICALS, METALS, ETC.

BOARD OF DIRECTORS:- KIN WEL SHAW, T.D. CHEN, W. C. TSU, C.Y. WU, S.D. CHAI, Y.S. LOO, GENERAL MANAGER: T.D. CHEN, ASSISTANT GENERAL MANAGER: D. P. WONG,

TEL. 91914 TELEGRAPHIC ADDRESS: DOMESTIC 3322

ABROAD NEWCHACORP P. O. BOX 453

# 中法藥房股份有限公司

董事長　趙棣華
總經理　許曉初
廠　長　周夢白
副廠長　沈濟川
主任藥師　吳冠民

## 總管理處

上海北京東路八五一號，自建鋼骨水泥大廈，電話九二三三一……主號轉社各部，電報掛號五六七三〇。

## 總製造廠

上海中正西路一七九〇號，佔地二十餘畝，設備完美，規模宏大，技術人員均為國內外著名大學畢業，經驗豐富。

## 分店分廠

本埠設有分店五處，聯號一處，國內外各大埠均設有分支店及辦事處，在重慶設有分廠一所，西南區分公司一所。

## 著名出品

賜爾福多延年益壽粉，艾羅補腦汁，艾羅療肺藥，羅威健身素，九一四藥膏，克敕伏，胃寧，果導，滅痛，蜂巢淨，肅疥，羅威水菓鹽，羅威沙而，及百吉牌各種醫用針藥化學合成製劑，雙孩兒面，雙獅牌花露水等藥品化粧品不下五百餘種。

## 創設簡史

創立於前清光緒十六年，迄今已閱五十餘載：歷史悠久，信用卓著，居全國新藥業之領導地位。

## 聯繫事業

中法化學製藥廠，中華製藥公司，中法油脂製造廠，中法血清苗廠，及中法化工實驗所、中法生物研究所等。

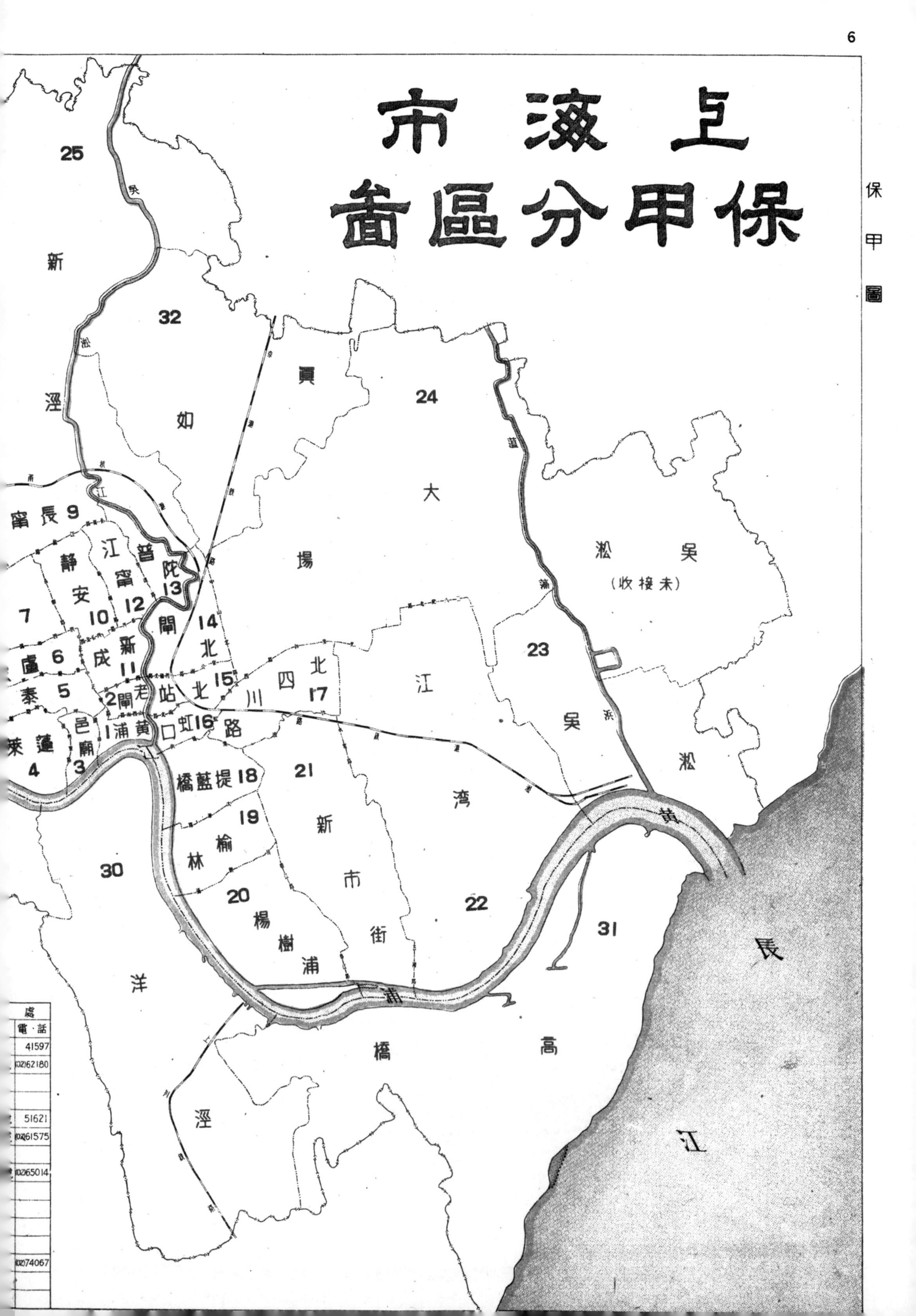

上海市
保甲分區圖
25
32
24
23
22
21
20
19
18
31
30
新涇
如
真如
大場
吳淞
(未接收)
江灣
新市街
楊樹浦
高橋
洋涇
長江
黃浦
9 長寧
7
6 盧
5 泰
4 蓬萊
3 廟
邑
1 黃浦
2 閘
老
站
北
16 虹口
路
15 北
17 北四川
14 北
閘
13 普陀
12 江寧
10 靜安
11 新成
18 提籃橋
19 榆林
處
電話
41597
(02)62180
51621
(02)61575
(02)65014
(02)74067

保甲圖

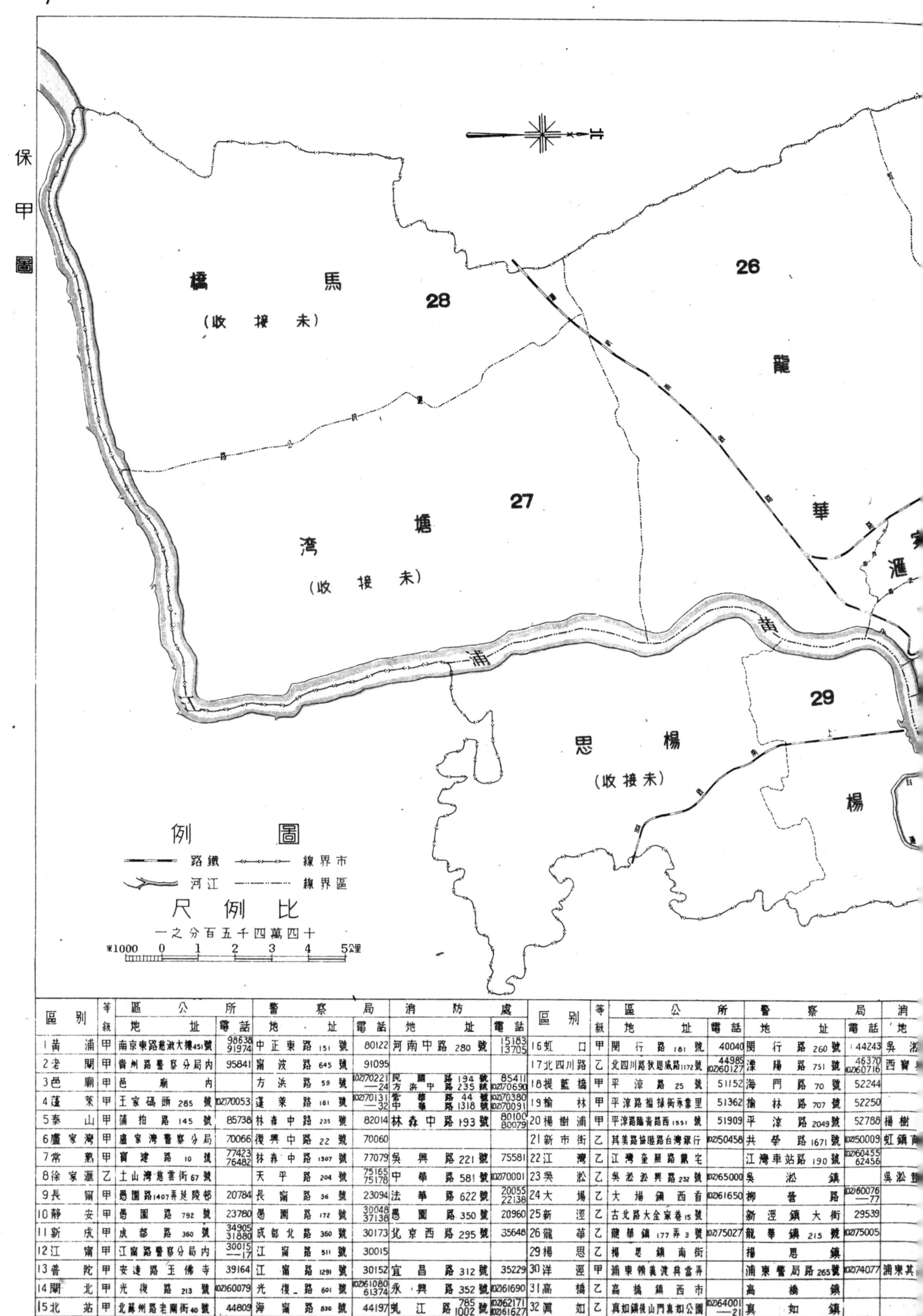


| 區別 | 等級 | 區公所 地址 | 區公所 電話 | 警察局 地址 | 警察局 電話 | 消防處 地址 | 消防處 電話 |
|---|---|---|---|---|---|---|---|
| 1黃浦 | 甲 | 南京東路慈淑大樓451號 | 98638 91974 | 中正東路151號 | 80122 | 河南中路280號 | 15183 13705 |
| 2老閘 | 甲 | 貴州路警察分局內 | 95841 | 寗波路645號 | 91095 | | |
| 3邑廟 | 甲 | 邑廟內 | | 方浜路59號 | (02)70221—24 | 民國路194號 方浜中路235號 | 85411 (02)70690 |
| 4蓬萊 | 甲 | 王家碼頭285號 | (02)70053 | 蓬萊路161號 | (02)70131—32 | 紫華路44號 中華路1318號 | (02)70380 (02)70091 |
| 5泰山 | 甲 | 蒲柏路145號 | 85738 | 林森中路235號 | 82014 | 林森中路193號 | 80100 80079 |
| 6盧家灣 | 甲 | 盧家灣警察分局 | 70066 | 復興中路22號 | 70060 | | |
| 7常熟 | 甲 | 寶建路10號 | 77423 76482 | 林森中路1307號 | 77079 | 吳興路221號 | 75581 |
| 8徐家滙 | 乙 | 土山灣慈雲街67號 | | 天平路204號 | 75165 75178 | 中華路581號 | (02)70001 |
| 9長寗 | 甲 | 愚園路1407弄延陵邨 | 20784 | 長寗路36號 | 23094 | 法華路622號 | 20055 22138 |
| 10靜安 | 甲 | 愚園路792號 | 23780 | 愚園路172號 | 30048 37138 | 愚園路350號 | 20960 |
| 11新成 | 甲 | 成都路360號 | 34905 31880 | 成都北路360號 | 30173 | 北京西路295號 | 35648 |
| 12江寗 | 甲 | 江寗路警察分局內 | 30015—17 | 江寗路511號 | 30015 | | |
| 13普陀 | 甲 | 安遠路玉佛寺 | 39164 | 江寗路1291號 | 30152 | 宜昌路312號 | 35229 |
| 14閘北 | 甲 | 光復路213號 | (02)60079 | 光復路601號 | (02)61080 61374 | 永興路352號 | (02)61690 |
| 15北站 | 甲 | 北蘇州路老閘街40號 | 44809 | 海寗路830號 | 44197 | 虯江路785 1002號 | (02)62171 (02)61627 |

| 區別 | 等級 | 區公所 地址 | 區公所 電話 | 警察局 地址 | 警察局 電話 | 消防處 地址 |
|---|---|---|---|---|---|---|
| 16虹口 | 甲 | 閔行路181號 | 40040 | 閔行路260號 | 44243 | 吳淞 |
| 17北四川路 | 乙 | 北四川路狄思威路1172號 | 44985 (02)60127 | 溧陽路751號 | 46370 (02)60716 | 西寶 |
| 18提籃橋 | 甲 | 平涼路25號 | 51152 | 海門路70號 | 52244 | |
| 19榆林 | 甲 | 平涼路福祿街永業里 | 51362 | 榆林路707號 | 52250 | |
| 20楊樹浦 | 甲 | 平涼路臨青路西1551號 | 51909 | 平涼路2049號 | 52788 | 楊樹 |
| 21新市街 | 乙 | 其美路協睦路台灣銀行 | (02)50458 | 共榮路1671號 | (02)50009 | 虹鎮 |
| 22江灣 | 乙 | 江灣奎照路黨宅 | | 江灣車站路190號 | (02)60455 62456 | |
| 23吳淞 | 乙 | 吳淞淞興路232號 | (02)65000 | 吳淞鎮 | | 吳淞 |
| 24大場 | 乙 | 大場鎮西首 | (02)61650 | 柳營路 | (02)60076—77 | |
| 25新涇 | 乙 | 古北路大金家巷15號 | | 新涇鎮大街 | 29539 | |
| 26龍華 | 乙 | 龍華鎮177弄3號 | (02)75027 | 龍華鎮215號 | (02)75005 | |
| 29楊思 | 乙 | 楊思鎮南街 | | 楊思鎮 | | |
| 30洋涇 | 甲 | 浦東賴義渡與富弄 | | 浦東警局路265號 | (02)74077 | 浦東其 |
| 31高橋 | 乙 | 高橋鎮西市 | | 高橋鎮 | | |
| 32眞如 | 乙 | 真如鎮後山門真如公園 | (02)64001—21 | 真如鎮 | | |

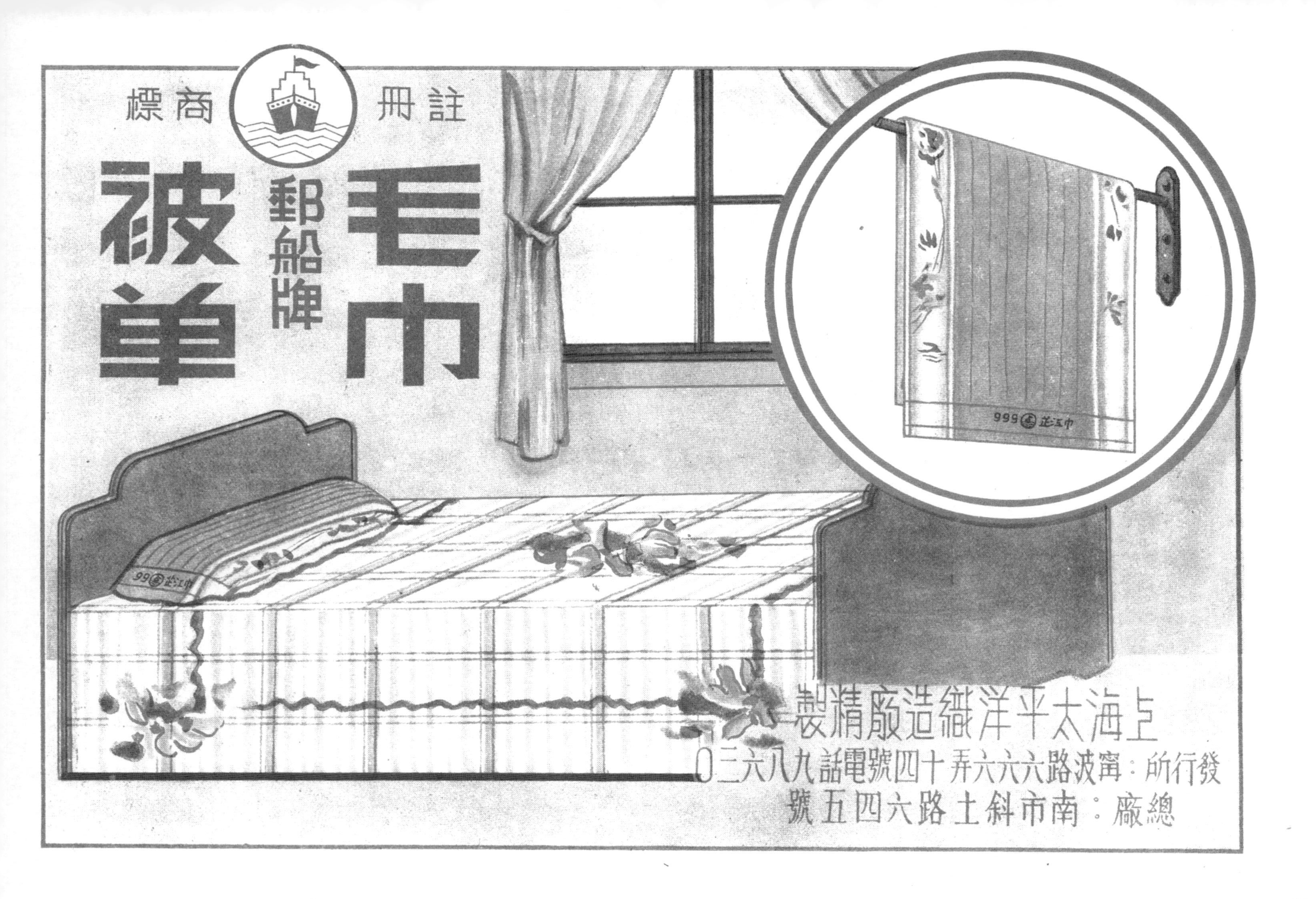
註冊商標
郵船牌
毛巾
被單
999
上海太平洋織造廠精製
發行所：寧波路六六六弄十四號電話九八六三〇
總廠：南市斜土路六四五號

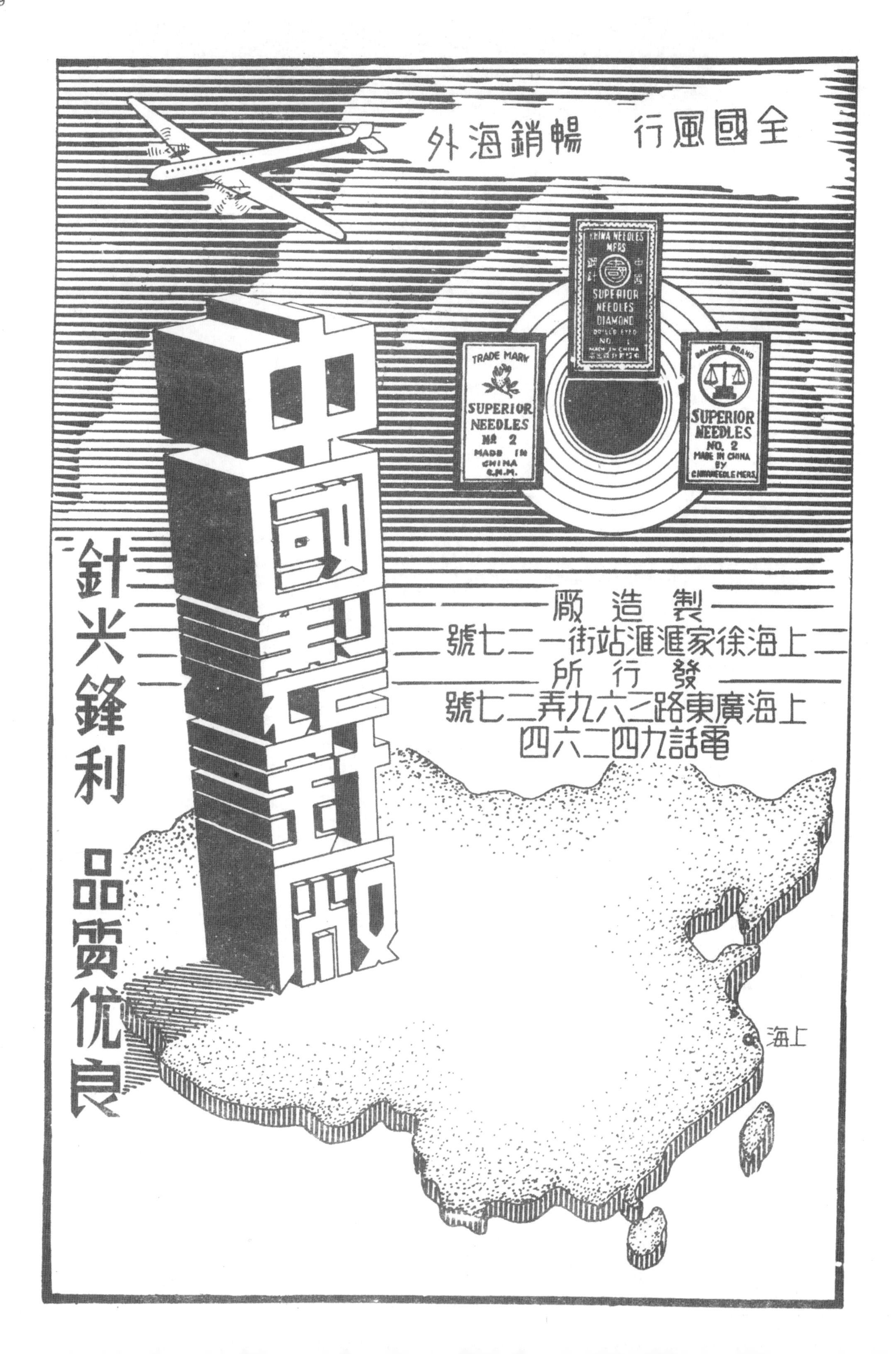

全國風行 暢銷海外
中國製針廠
CHINA NEEDLES MFRS
SUPERIOR NEEDLES DIAMOND
NO. 1
MADE IN CHINA
TRADE MARK
SUPERIOR NEEDLES
No. 2
MADE IN CHINA
C.N.M.
BALANCE BRAND
SUPERIOR NEEDLES
NO. 2
MADE IN CHINA BY
CHINA NEEDLE MFRS.
製造廠
上海徐家滙站街一二七號
發行所
上海廣東路三六九弄二七號
電話九四二六四
針尖鋒利 品質优良
上海

大德證券號
上海證券交易所51經紀人
買賣證券·代客套利
上海四川中路六
電3693
總圖
上海分幅總圖
比例尺
總圖圖例
鉄路
馬路
擬築馬路
河浜
橋梁
碼頭
分圖線
圖號
分圖圖例
鉄路
馬路
橋梁
河浜
碼頭
籬笆
平房
花園
草地
郵筒
汽車加油處
公共汽車
有軌電車
無軌電車
黄浦江
同康信
上海票據交換所215交換行
經營銀行信託業務

總圖

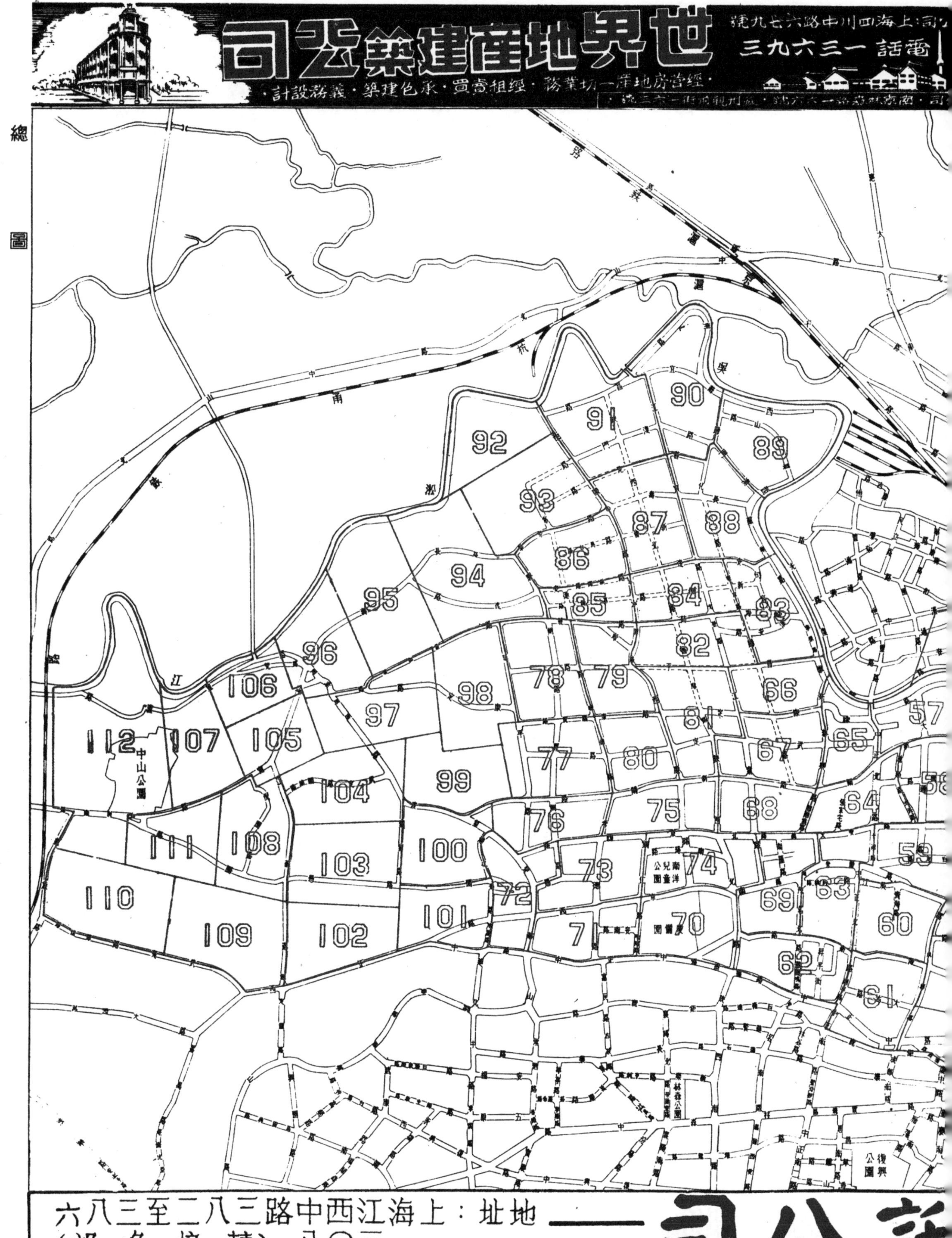
世界地產建築公司
上海四川中路六七九號
電話 一三六九三
經營房地產一切業務·經租賣買·承包建築·義務設計
南京林森路一六六號·蘇州觀前街一六三號
中山公園
南洋兒童公園
林森公園
復興公園
地址：上海江西中路三八二至三八六
電話：一一三〇八（轉接各部）
一三六六八（經理室）
託公司

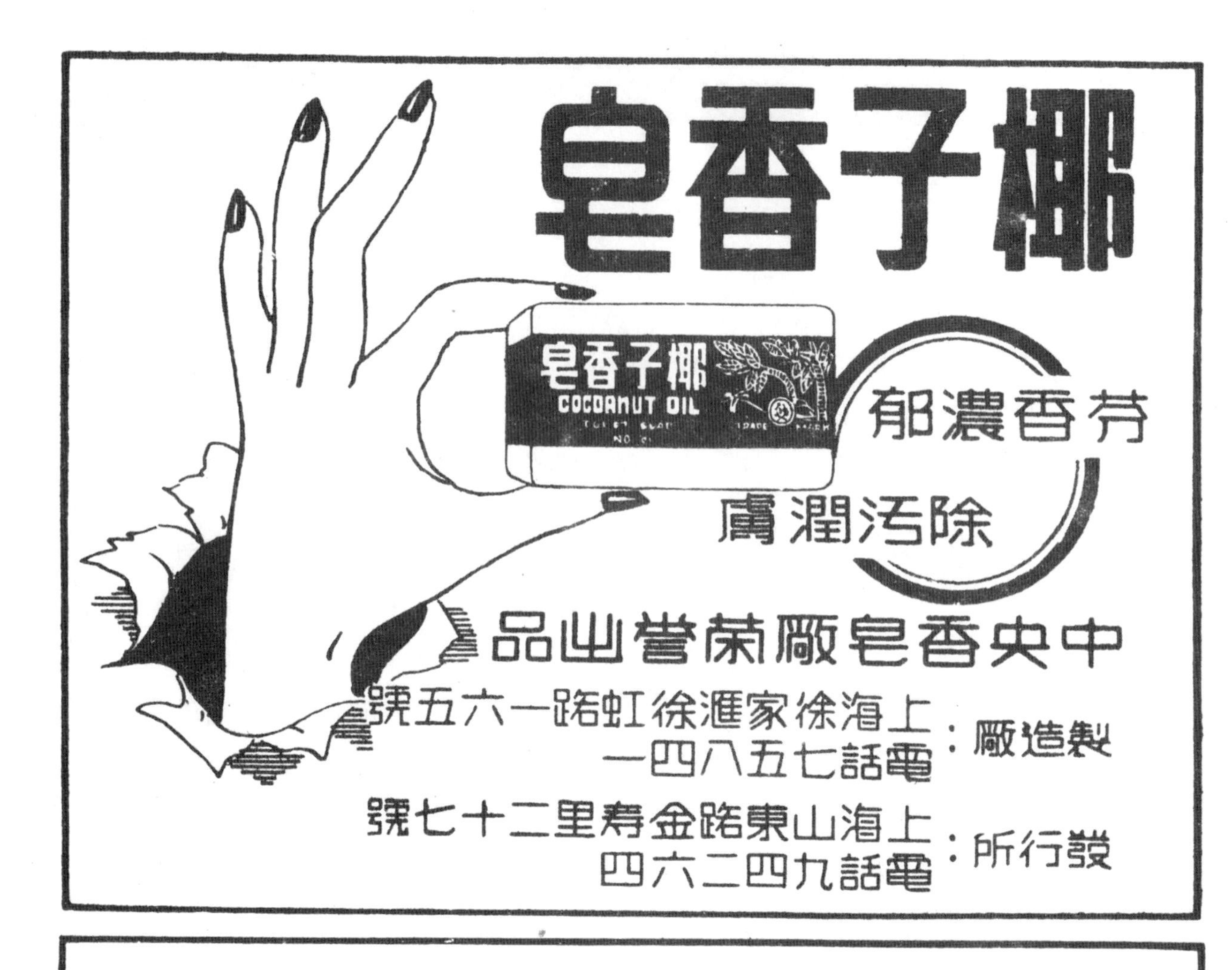
椰子香皂
椰子香皂
COCOANUT OIL
芬香濃郁
除污潤膚
中央香皂廠榮譽出品
製造廠：上海徐家滙徐虹路一六五號
電話七五八四一
發行所：上海山東路金壽里二十七號
電話九四二六四

## 電車行駛綫路說明表

| 類別 | 公司 | 路別 | 起訖地點 | 經行路綫 | 附註 |
|---|---|---|---|---|---|
| 有軌電車 | 英商電車公司 | 1 | 靜安寺——中正公園 | 南京西路常德路北京西路中正北二路南京西路南京東路中山東一路北苏州路四川北路 | 已經停駛各線路暫未絵入前頁圖與編列本表之内 |
| | | 2 | 靜安寺——外灘南京東路 | 南京西路常德路北京西路中正北二路南京西路南京東路 | |
| | | 3 | 中正東路浙江中路口——山海關路 | 湖北路浙江中路芝罘路新閘路 | |
| | | 5 | 中正東路浙江中路口——北站 | 湖北路浙江中路浙江北路天目路 | |
| | | 7 | 十六舖——提籃橋 | 中山東二路中山東一路長治路大名路東大名路 | |
| | | 8 | 廣東路外灘——楊樹浦路軍工路口 | 中山東一路長治路大名路東大名路楊樹浦路 | |
| | | 10 | 廣東路外灘——提籃橋 | 中山東一路長治路大名路東大名路 | |
| | | 11 | 廣東路外灘——中正公園 | 中山東一路北苏州路四川北路 | |
| | 法商電車公司 | 1 | 十六舖——武康路 | 中山東二路金陵東路龍門路林森中路 | |
| | | 2 | 十六舖——徐家滙 | 中山東二路金陵東路龍門路林森中路天平路 | |
| | | 4 | 十六舖——華山路常熟路口 | 中山東二路金陵東路龍門路林森中路常熟路 | |
| | | 10 | 十六舖——徐家滙路重慶南路口 | 中山東二路金陵東路龍門路林森中路重慶南路 | |
| 無軌電車 | 英商電車公司 | 14 | 中正東路福建中路口——北站 | 福建中路北京東路河南中路河南北路 | |
| | | 16 | 中正東路江西中路口——曹家渡 | 江西中路北京東路北京西路中正北二路淮安路江寧路長壽路 | |
| | | 17 | 大世界——四川路橋 | 西藏中路福州路江西中路北京東路四川中路 | |
| | | 20 | 中山公園——福州路外灘 | 愚園路梵皇渡路北京西路常德路新閘路陝西北路威海衛路武勝路西藏中路福州路江西中路漢口路中山東路 | |
| | | 24 | 中正中路陝西北路口——長壽路西康路口 | 陝西北路新閘路西康路 | |
| | 法商電車公司 | 17 | 大世界——打浦橋 | 西藏南路西門路順昌路建國東路建國西路中正南二路 | |
| | | 18 | 大世界——斜橋 | 西藏南路西門路順昌路徐家滙路 | |
| | | 24 | 西門——中正中路陝西南路口 | 復興中路陝西南路 | |

## 公共汽車行駛綫路說明表

| 公司 | 路別 | 起訖地點 | 經行路綫 | 附註 |
|---|---|---|---|---|
| 法商電車公司 | 21 | 中正東路外灘——大木橋 | 中正東路中正中路中正南一路中正南二路 | 右列各線路均爲現在行駛者並絵入前頁圖内 |
| | 22 | 中正東路外灘——徐家滙 | 中正東路中正中路茂名南路復興中路襄陽南路建國西路衡山路 | |
| 公共交通公司 | 1 | 環城圓路 | 中華路民國路 | |
| | 2 | 西門——虬江路 | 民國路 四川 河南 南中北路 武進路 寶山路 | |
| | 2甲 | 西門——中正公園 | 同右 | |
| | 3 | 北京東路外灘——番禺路 | 中山東一路中正東路中正中路華山路南京西路中正西路 | |
| | 4 | 北京東路外灘——蘭州路 | 中山東一路長治路東長治路長陽路（4甲延至臨青路） | |
| | 5 | 徐家滙——曹家渡 | 華山路梵皇渡路 | |
| | 6 | 西門——曹家渡 | 民國路雲南南路林森東路西藏南路西藏中路武勝路威海衛路中正北一路南京西路江寧路康定路 | |
| | 7 | 中正東路外灘——中正公園 | 中山東一路長治路天潼路吳淞路嘉興路溧陽路四川北路 | |
| | 9 | 南京東路外灘——楓林橋 | 南京東路南京西路中正北一路中正中路華山路廸化中路廸化南路徐家滙路 | |
| | 10 | 南京東路外灘——中山公園 | 南京東路南京西路華山路愚園路 | |
| | 11 | 中正東路外灘——臨青路 | 中山東一路長治路天潼路吳淞路漢陽路東漢陽路唐山路海門路長陽路大連路平涼路 | |
| | 12 | 提籃橋——新閘橋 | 海門路東長治路公平路唐山路高陽路周家嘴路鴨綠江路海寧路河南北路天目路浙江北路新疆路大統路 | |
| | 13 | 南碼頭——北站 | 國貨路車站路陸家浜路肇周路西藏(南,中,北)路新疆路浙江北路天目路 | |

# 上海市交通圖

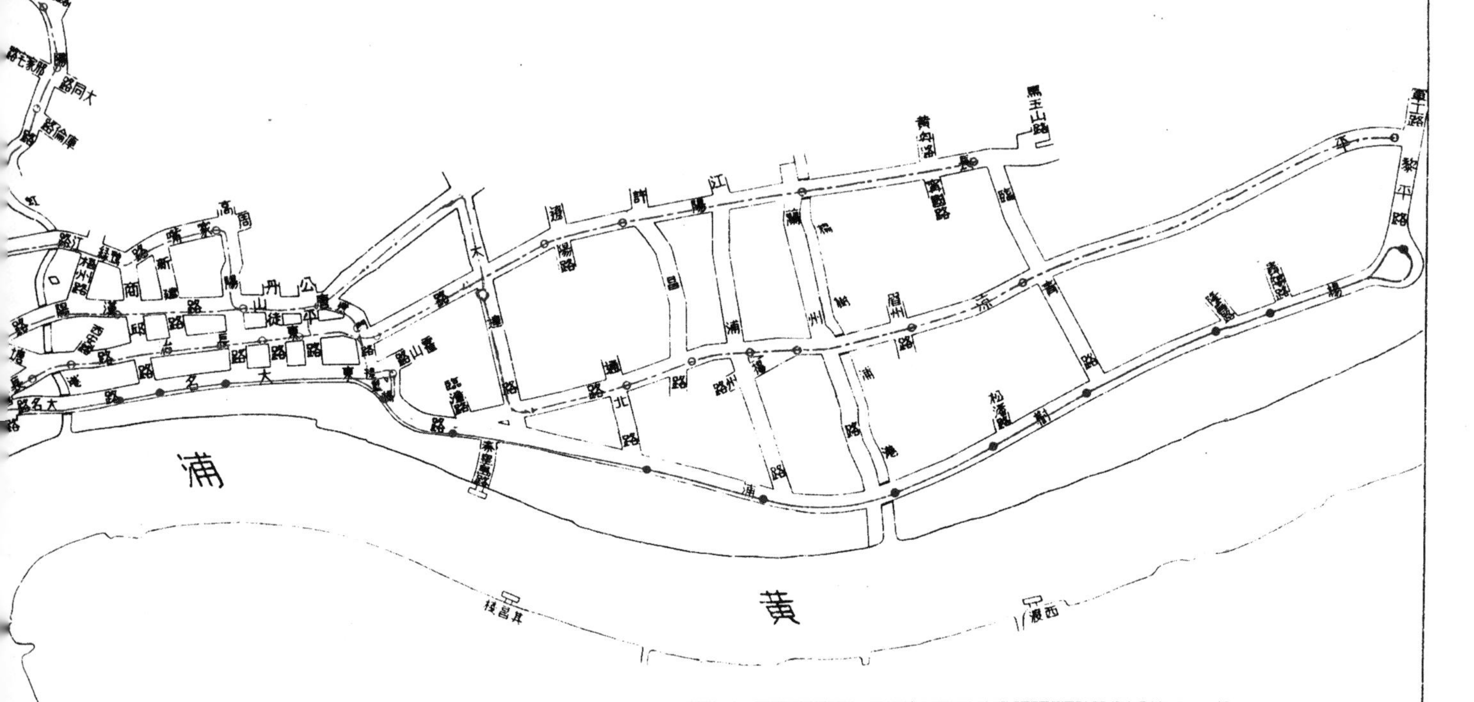


## 上海市區交通一覽表

| 類別 | 綫路名稱 | 起訖地点 | 經過路站 | 備注 |
|---|---|---|---|---|
| 有軌電車 | | | | 詳見本圖與後頁說明表 |
| 無軌電車 | | | | |
| 公共汽車 | | | | |
| 鉄路 | 京滬綫 | 上海——南京 | | |
| | 滬杭甬綫 | 上海——杭州 | | |
| | 淞滬綫 | 北站——吳淞 | 天通庵江灣高境廟張華浜 | |
| | 上南綫 | 周家渡——周浦 | 浦東路楊思三林天花 | 浦東小型鉄路 |
| | 上川綫 | 慶寧寺——江鎮 | 金家橋新陸邵家衖曹家路龔家路大湾小湾紫橋川沙小營房 | |
| 市輪渡 | 長渡綫 | 北京東路外灘——吳淞 | 西渡慶寧寺東溝高橋 | |
| | 其秦綫 | 秦皇島路——其昌桟 | | 對江市輪渡 |
| | 塘董綫 | 塘橋——董家渡 | | |
| | 東東綫 | 東門路——東昌路 | | |
| 長途汽車 | 滬太綫 | 光復路——瀏河 | 光復路烏鎮路新民路大統路共和新路中興路滬太路 | |
| | | 吳淞——羅店 | 外馬路東新路同济路羅宝路 | |
| | | 吳淞——楊行 | 外馬路東新路同济路羅宝路宝楊路刘行路 | |
| | 錫滬綫 | 虬江路——無錫 | 虬江路交通路桃浦西路真南路接錫滬路 | |
| | 青滬綫 | 太倉路——青浦 | 太倉路英士路復興中路林森中路林森西路虹橋路西接青滬路 | |
| | 滬閔綫 | 西藏南路——閔行 | 西藏南路徐家滙路謹記路斜土路漕溪路滬閔公路 | |
| | | 東昌路——南滙 | 東昌路浦東路 | |
| 郊區臨時客車 | | 曹家渡——大場 | 曹真路車站路桃浦西路真大路 | |
| | | 徐家滙——虹橋 | 虹橋路 | |
| | | 東昌路——高廟 | 東昌路浦東路 | |
| | | 中山公園——諸翟 | 長寧路北翟路 | |
| | | 溧陽路——市中心 | 溧陽路其美路翔殷路國和路府西内路 | |
| | | 老西門——漕河涇 | 中華路安瀾路黄家闕路陸家浜路製造局路斜土路龍華路中山西路漕溪路 | |
| 接客專車 | 北站一路 | 北站——北京西路 | 宝山路天目路浙江北路甘肅路開封路西藏路林森中路常熟路華山路北京西路 | |
| | 北站二路 | 北站——西藏南路 | 宝山路河南北路武進路四川北路蘇州路中山東一路中正東路河南南路民國路方浜路西藏南路 | |
| | 北站三路 | 北站——溧陽路 | 宝山路河南北路武進路吳淞路漢陽路唐山路昆明路大連路周家嘴路廉倫路溧陽路 | |
| | 高橋碼頭 | 高橋碼頭——高橋鎮 | 海高路 | |

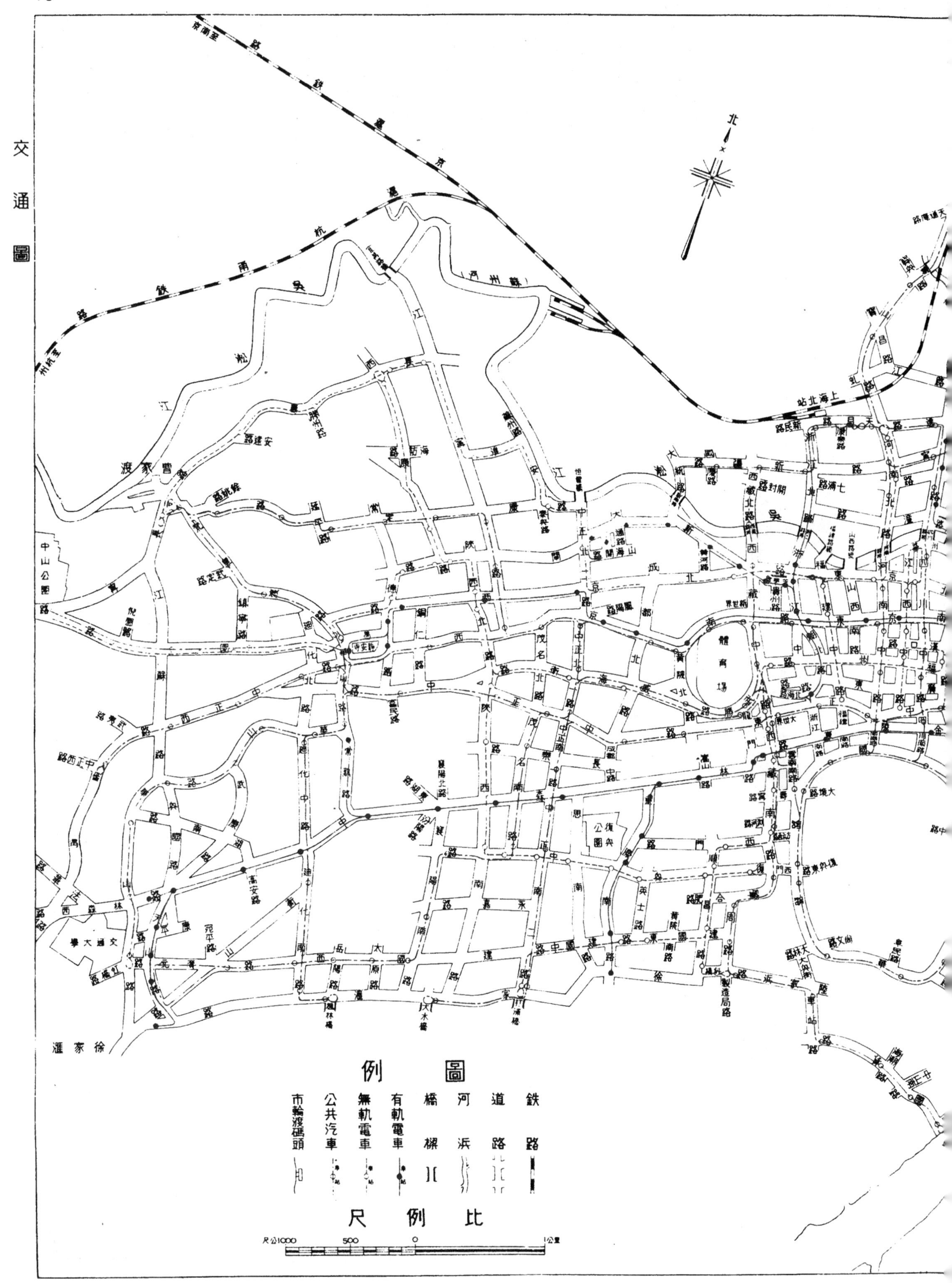
北
京滬鐵路
滬杭甬鐵路
上海北站
中山公園
交通大學
徐家滙
曹家渡
吳淞江
體育場
靜安寺
復興公園
圖例
鐵路
道路
河浜
橋樑
有軌電車
無軌電車
公共汽車
市輪渡碼頭
比例尺
公尺1000
500
0
1公里

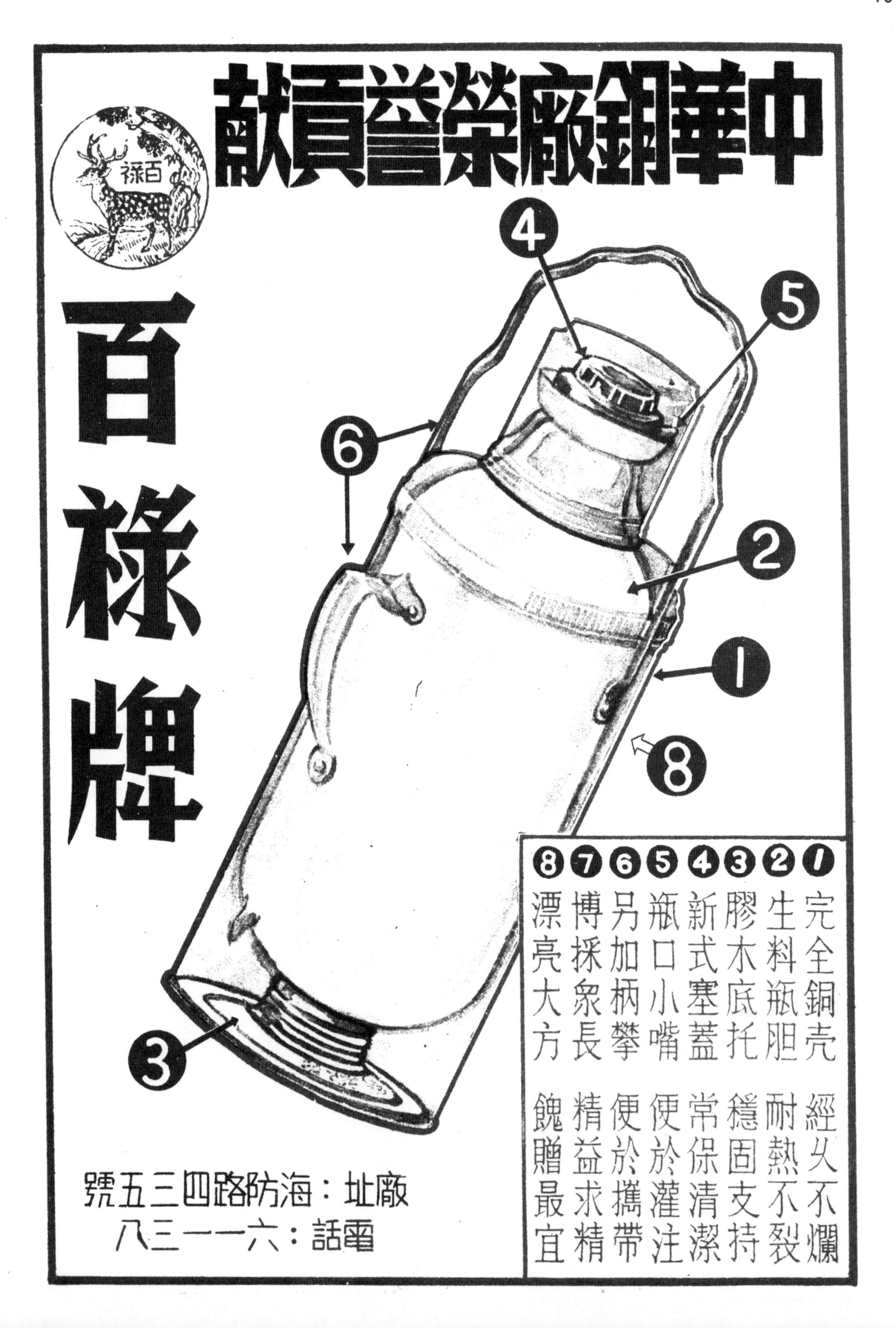
中華銅廠榮譽貢獻
百祿
百祿牌
4
5
6
6
2
1
8
3
① 完全銅殼 經久不爛
② 生料瓶胆 耐熱不裂
③ 膠木底托 穩固支持
④ 新式塞蓋 常保清潔
⑤ 瓶口小嘴 便於灌注
⑥ 另加柄攀 便於攜帶
⑦ 博採衆長 精益求精
⑧ 漂亮大方 餽贈最宜
廠址：海防路四三五號
電話：六一一三八

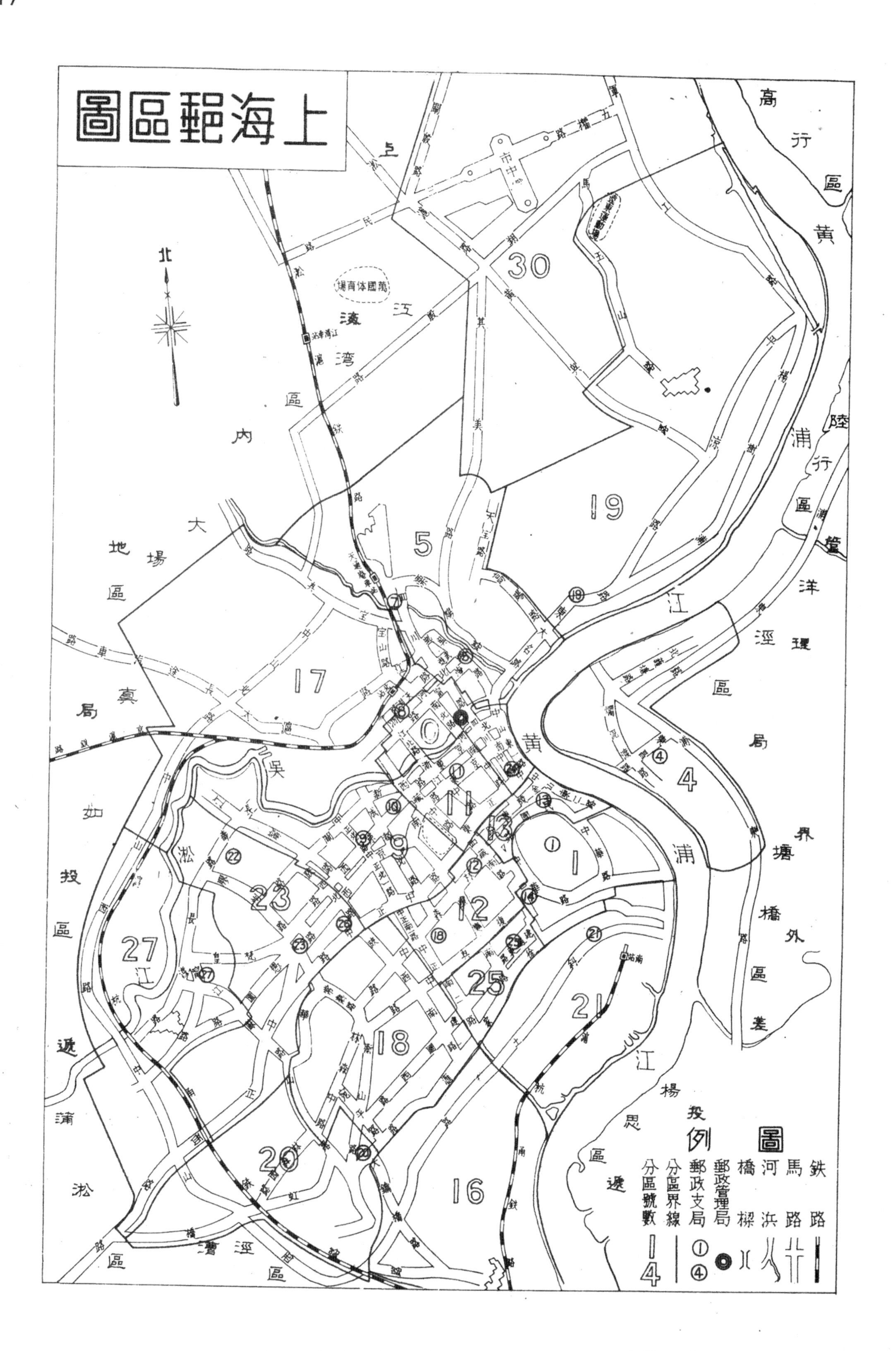
上海郵區圖
北
圖例
鉄路
馬路
河浜
橋樑
郵政管理局
郵政支局
分區界線
分區號數
高行區
黃浦江

中國企業銀行
行址 上海四川路三三号
電話 一六九八〇
第一圖
美孚大樓
Standard-Vacuum Company
中央信託局
中央信託局地產處
招商局
上海郵政局
有利銀行
有利大樓
有利棧房
American President Lines
美國總統輪船公司
怡太輪船公司
隆茂倉庫
上海總會
Shanghai Club
美孚停車處
空場
美孚油站
大北電報局
Great Northern Cables Office
民孚企業公司
亞細亞大樓
廣大華行
民安保險公司
上海市警察局水上黃浦碼頭派出所
上海氣象台
中國礦工銀行
大來銀行
美大晚報館
龍東棧房
L. Rondon & Co LTD
金剛公司總辦事處
中國輪船公司第二倉庫
中希棧
瑞豐轉運有限公司停車場
瑞豐轉運公司
ILFORD
Jimmy's
York Home
ESTA Cheesefactory Office
象孚倉庫
中法工商銀行
旅華法國商務總會
法國大使館商務參贊辦事處
法國總領事署
Frisco Cafe-Bar
太古輪船公司客票辦事處
Butterfield & Swire Passenger Office
四川中路
四川南路
中山東一路
中正東路
金陵東路
廣東路
黃浦灘
黃浦江
法蘭西外灘
天主堂街
愛多亞路
大馬路
比例尺
康元製罐廠股份有限公司
發行所：廣東路二四七號 電話 一一六一〇
製造廠：武定路九五六號 電話

第一圖

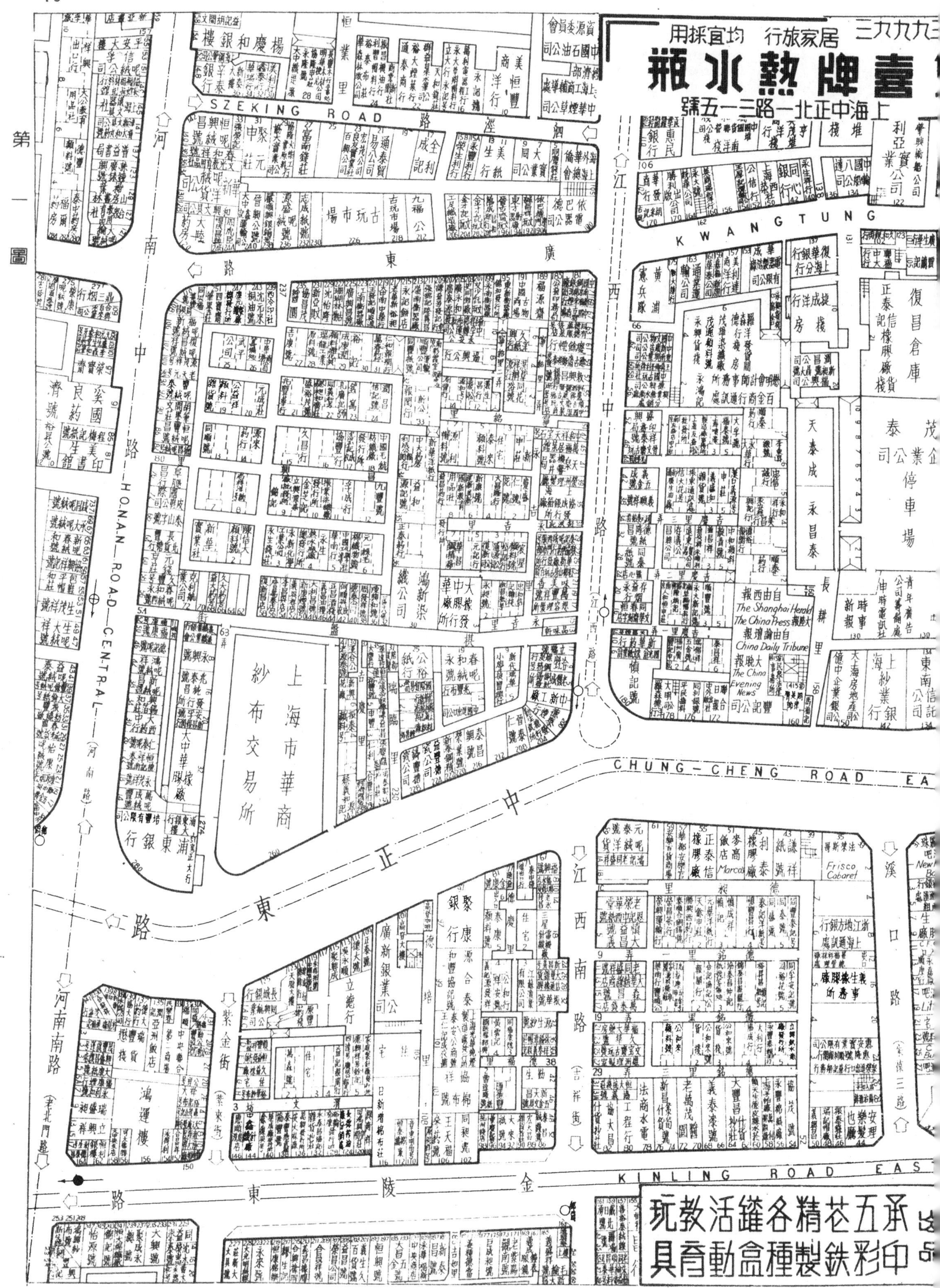

臺牌熱水瓶
居家旅行 均宜採用
上海中正北一路三一五號
三九九九三
SZEKING ROAD
泗涇路
KWANGTUNG
廣東路
河南中路
HONAN ROAD CENTRAL
江西中路
CHUNG-CHENG ROAD EA
中正東路
江西南路
河南南路
紫金街
溪口路
KINLING ROAD EAS
金陵東路
上海市華商紗布交易所
古玩市場
鴻運樓
天泰成
永昌泰
復昌倉庫
茂泰企業公司停車場
The Shanghai Herald
The China Press
China Daily Tribune
The China Evening News
Frisco Cabaret
承印五彩芯鉄精製各種鑵盒活動教育玩具

民廿創立 政府註冊 中國祇此一家

禮百列人造金首飾品

人造金禮百列首飾品

上海廣東路浙江路口三開間門面

中新工廠

出品 鋼精器具 經濟油炉

上海江西中路一肆號

電話：一九八四〇

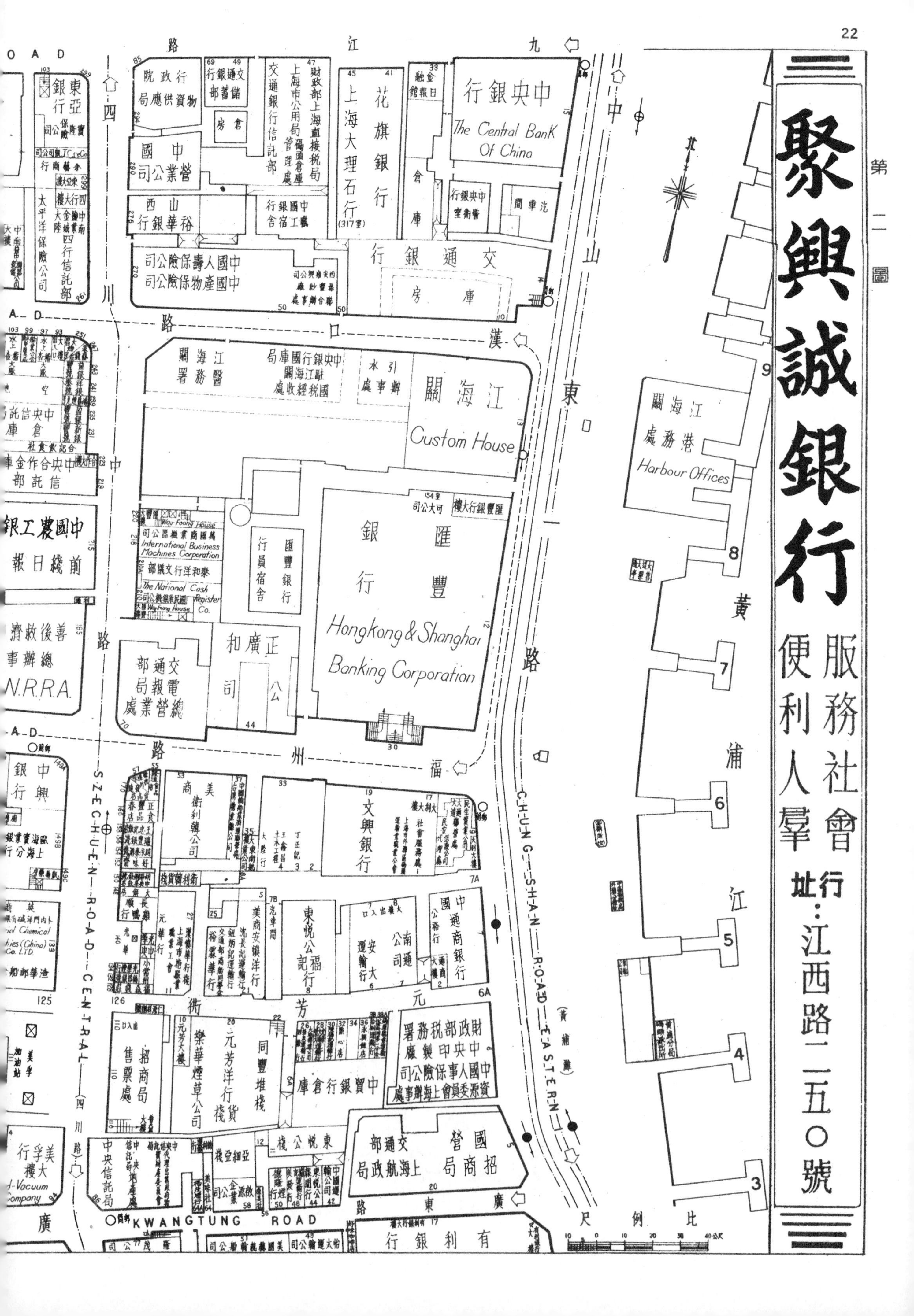
聚興誠銀行
服務社會
便利人羣
行址：江西路二一五〇號
第二圖
九江路
漢口路
福州路
廣東路
KWANGTUNG ROAD
四川中路
SZECHUEN ROAD CENTRAL
中山東一路
CHUNG SHAN ROAD EASTERN
黃浦江
中央銀行
The Central Bank Of China
花旗銀行
上海大理石行
金融日報
中央銀行警衛室
汽車間
倉庫
交通銀行
庫房
行政院物資供應局
交通銀行儲蓄部
財政部上海直接稅局
上海市公用局碼頭倉庫管理處
交通銀行信託部
中國營業公司
西山裕華銀行
中國銀行職工宿舍
中國人壽保險公司
中國產物保險公司
東亞銀行
太平洋保險公司
江海關
Custom House
江海關醫務署
中央銀行國庫局駐江海關國稅經收處
引水辦事處
江海關港務處
Harbour Offices
匯豐銀行
Hongkong & Shanghai Banking Corporation
匯豐銀行員宿舍
匯豐銀行大樓
Wah Foong House
International Business Machines Corporation
The National Cash Register Co.
中國農工銀行
前綫日報
善後救濟總署
N.R.R.A.
正廣和公司
交通部電報局總營業處
中興銀行
美商衛利韓公司
文興銀行
中國通商銀行
東悅公記福行
南通公司
安大運輸行
元芳路
財政部稅務署
中央印製廠
中國人事保險公司
資源委員會上海辦事處
中貿銀行倉庫
同豐堆棧
元芳洋行貨棧
樂華煙草公司
招商局售票處
國營招商局
交通部上海航政局
東悅公棧
亞細亞棧
中央信託局
有利銀行
美孚大樓
比例尺

第二圖

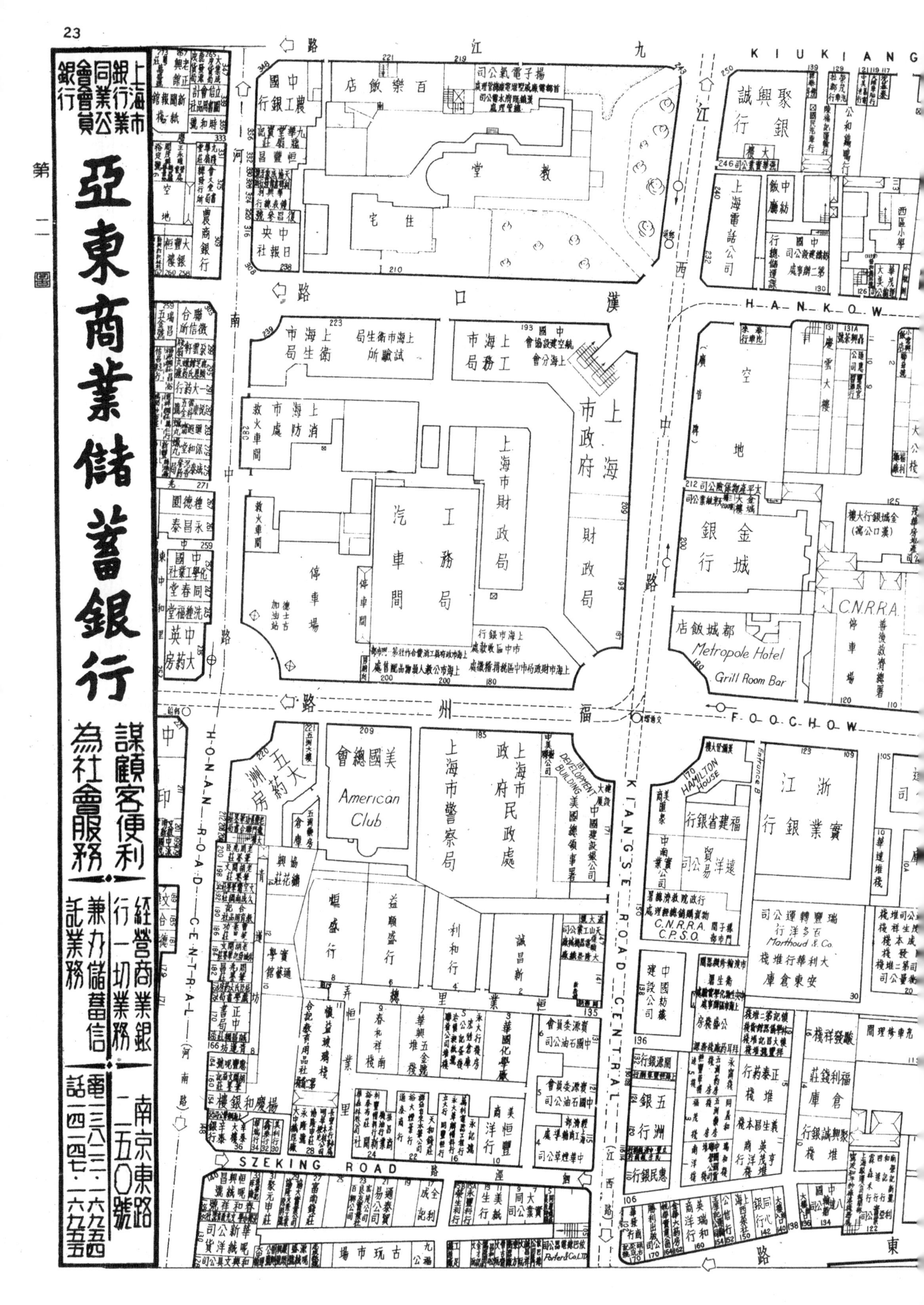
上海市銀行業同業公會會員
亞東商業儲蓄銀行
謀顧客便利
為社會服務
經營商業銀行一切業務
兼办儲蓄信託業務
南京東路二五〇號
電話一三六二二·一六九五四
一四四七二·一六九五五
九江路
KIUKIANG
漢口路
HANKOW
福州路
FOOCHOW
河南中路
HONAN ROAD CENTRAL
江西中路
KIANGSE ROAD CENTRAL
SZEKING ROAD
百樂飯店
教堂
住宅
中國農工銀行
中央日報社
聚興誠銀行
上海電話公司
上海市衛生局
上海市衛生局試驗所
上海市工務局
中國航空建設協會上海分會
上海市消防處救火車間
救火車間
上海市政府
上海市財政局
財政局
工務局汽車間
停車場
德士古加油站
空地
廣告牌
慶雲大樓
金城銀行
都城飯店
Metropole Hotel
Grill Room Bar
C.N.R.R.A.
善後救濟總署
美國總會
American Club
上海市警察局
上海市政府民政處
DEVELOPMENT BUILDING
美國總領事署
中國建設銀公司
五洲大藥房
HAMILTON HOUSE
福建省銀行
遠洋貿易公司
浙江實業銀行
瑞豐轉運公司
Marthoud & Co.
安東倉庫
中國紡織建設公司
五洲銀行
惠民銀行
福利錢莊
古玩市場
Porter & Co. LTD
Entrance B

民國四年創立

**上海商業儲蓄銀行**

素以服務社會之旨
經營銀行一切業務

總行及滬行：
上海寧波路五〇號
電話一二五六〇轉接各處部及本埠分行

本埠分行：
林森中路分行 林森中路五八九號
南京西路分行 南京西路七八七號
八仙橋分行 西藏南路一二一號
愚園路分行 愚園路二三二號
虹口分行 四川北路八一一號
提籃橋分行 東大名路一四二號

外埠分支行處：遍設全國各大都市

世界馳名 中國第一

綢緞 顧繡
呢絨 布疋

牌子最老
信用最好
花色最多
價鈿最巧

上海南京路河南路口
電話一三三四八

上海市銀行商業同業公會會員銀行
上海國民銀行
創立於民國十一年·專營一切商業銀行業務
定期存款 利惠優厚 期限隨訂
活期存款 手續簡便 存取便利
行址：仁記路八十五號 電話：總机一三〇〇三轉接各部經理室一二二八三
第三圖
ROAD EASTERN
東京路
北京東路
圓明園路
YUANMINGYUAN ROAD
TIENCHIN ROAD
天津路
滇池路
南京東路
九江路
四川路
CENTRAL ROAD
中山東一路
CHUNG-SHAN ROAD EASTERN
黃浦江
東方匯理銀行
Banque de L'Indo-Chine
美國軍用郵局
Headquarters-U.S Navy
Fleet Post Office U.S Navy Shore Patrol
Asia trade Investment Corp
Inniss & Riddle (China) LTD.
新民報館
中央銀行宿舍
中央銀行鈔票整理科
怡和棧房
Gande Price LTD
安和實業公司
An Wo Industries LTD
Far Eastern Freight Conference
Gibb, Livingston & Co. LTD
中央銀行餐廳
停車處
中央信託局
易貨處 儲蓄處 購料處
中央銀行
The Central Bank of China
中國銀行
Bank of China
中孚銀行
上海國民銀行
裕民產物保險公司
中國旅行社
中國旅行社停車場
交通部國際電台營業處
Mayfair
Renée
Thomas Tailor
惠羅有限公司
Whiteaway Laidlaw & Co. LTD.
藝寶書莊
安康商行
Yellow Lantern Shops
荷蘭銀行
Netherlands Trading Society
華比銀行
大通銀行
The Chase Bank
Shell
Josepho Studio
Crawford Building
Little Pagoda
Dollar Co
One Priceless Co
Palace Snack Restaurant
E.Frons
匯中飯店
英商麥加利銀行
Chartered Bank of India, Australia and China
美亞水火保險公司
American Asiatic Underwriters
字林西報
North-China Daily News
中國農民銀行
上海分行
上海市直接稅局
上海市銀行 代理 上海市公庫
上海市公用局
中華郵政儲金匯業局
重慶商業銀行 上海分行
中央銀行
花旗銀行
金融日報社
比例尺
13
12
11

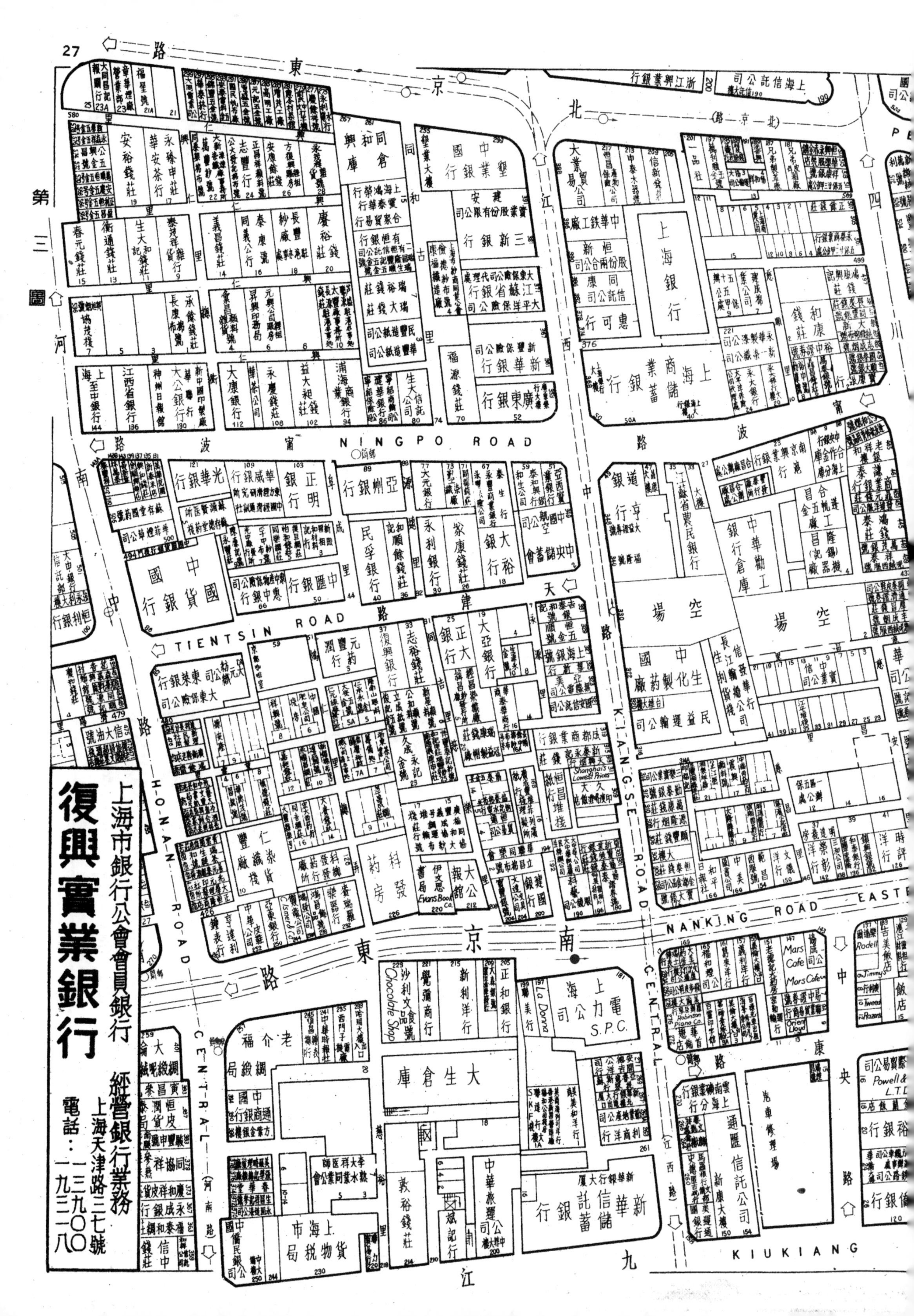

27
第三圖
北京東路
寧波路
NINGPO ROAD
天津路
TIENTSIN ROAD
南京東路
NANKING ROAD EAST
河南中路
HONAN ROAD CENTRAL
江西中路
KIANGSE ROAD CENTRAL
九江路
KIUKIANG
四川路
中央路
空場
中國墾業銀行
上海銀行
上海商業儲蓄銀行
中國國貨銀行
中匯銀行
廣東銀行
新華銀行
三新銀行
大東保險公司
中央儲蓄會
中國化學製藥廠
民益運輸公司
中華勸工銀行倉庫
亞洲銀行
光華銀行
正明銀行
民孚銀行
永利銀行
大裕銀行
復興銀行
大亞銀行
正大銀行
江蘇省農民銀行
道亨銀行
仁豐染織廠
科發藥房
大公報館
大生倉庫
上海電力公司
S.P.C.
新華信託儲蓄銀行
通匯信託公司
汽車修理場
上海貨物稅局
中華旅運公司
敦裕錢莊
老介福綢緞局
正和銀行
新利洋行
覺蒲商行
沙利文食品號
Chocolate Shop
La Donna
Mars Cafe
Evans Book Co.
Shanghai's Lowest Prices
復興實業銀行
上海市銀行公會會員銀行
經營銀行業務
上海天津路三七號
電話：一三九〇〇
一九三一八

# 晉華貿易股份有限公司

## CHIN IMPORT & EXPORT COMPANY LTD

進口 IMPORT

染料 顏料 紙張 汽車 摩托車 自行車 化工原料 毛織品 棉織品 汽油 火油 机器油 五金 測繪儀器 電器 工具

出口 EXPORT

桐油 羊毛 山羊皮 藥材 猪鬃

總公司

上海九江路二一0號 電話12127 電報掛號0889 & CHINAIMPCO

分公司

重慶 成都 蘭州 西安 太原

# 東萊銀行

中華民國七年創立

總行 上海天津路八十五号 電話一六二二〇

分行 天津‖濟南‖青島

支行 上海八仙橋八十六号 電話八五〇四〇

信託部 辦理下列各种業務

信託存款 倉庫 房地產經租 保管箱

地址 總行二樓

# 成都商業銀行

經營一切商業銀行業務

手續敏捷 服務週到

總行 成都北新街四九號 電報掛號〇三四二

上海分行 江西路三一九號 電話一〇〇七八 一三二七一 一四六九二 電報掛號〇三四二

樂山支行 樂山府街 電報掛號〇三四二

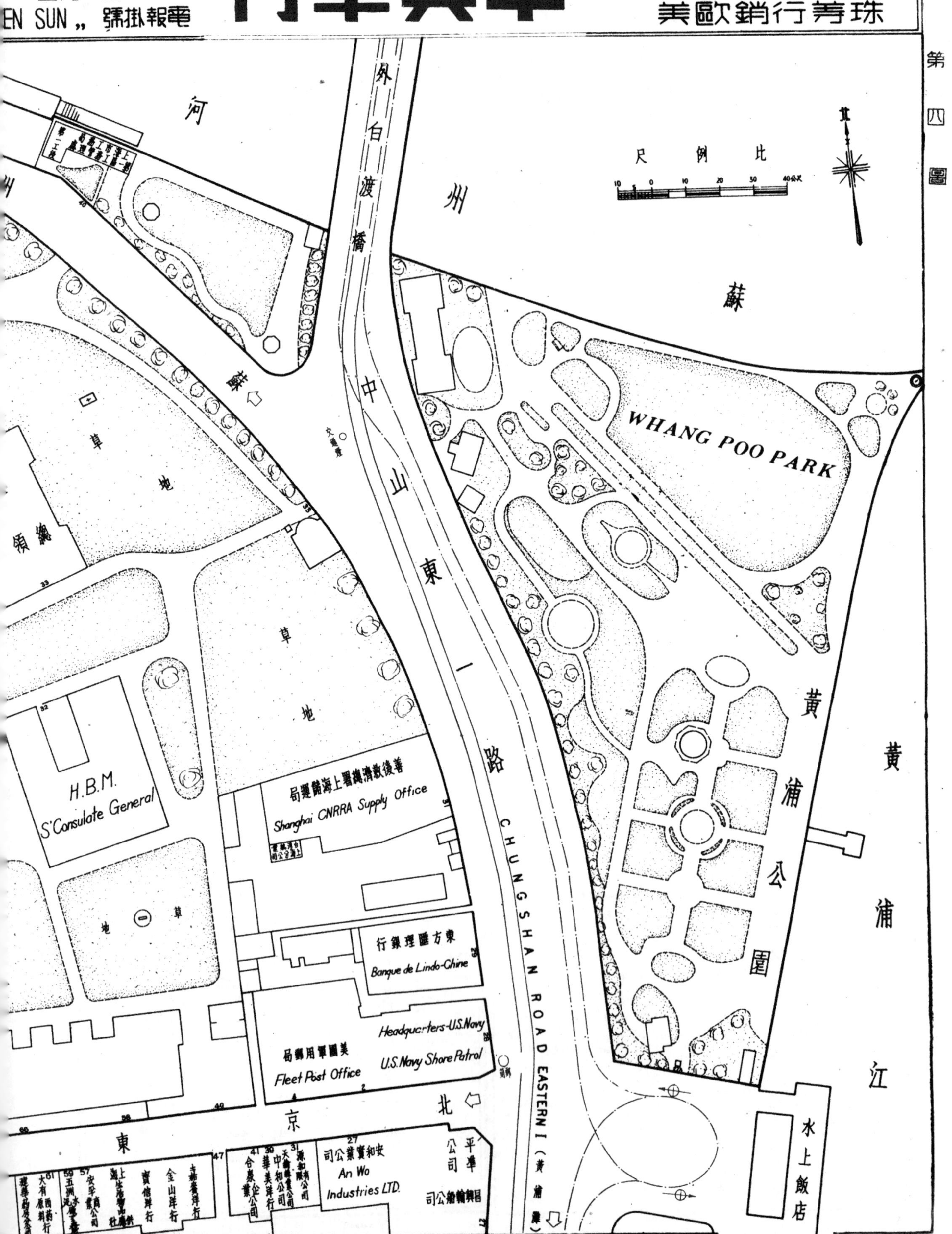
第八圖
比例尺
外白渡橋
蘇州河
WHANG POO PARK
黃浦公園
黃浦江
中山東一路
CHUNGSHAN ROAD EASTERN I (黃浦灘)
草地
H.B.M.
S'Consulate General
善後救濟總署上海儲運局
Shanghai CNRRA Supply Office
東方匯理銀行
Banque de Lindo-Chine
美國軍用郵局
Fleet Post Office
Headquarters-U.S.Navy
U.S.Navy Shore Patrol
北京東路
安和實業公司
An Wo
Industries LTD.
平準公司
水上飯店

第四圖

蘇州河
SOOCHOW ROAD
乍浦路橋
公共廁所
上海工部局工務處理管工區一第段工一第
材料倉庫
Shanghai Rowing Club
圓明園路
虎丘路
Y.T.T.D.
頤中烟草公司
上海電車公司
資源委員會材料供應事務所倉庫
光陸大戲院
Capitol Theater
Talow & Co.LTD
The Center
A Home away from home
上海女青年會寄宿舍
Union Church
禮拜堂
Gallia Building
The Continental Company
大豐洋行
大豐保險公司大樓
中華聖經會
China Bible House
HONGKONG ROAD
香港路
上海市銀行業同業公會
Army & Navy Y.M.C.A.
美國陸海軍青年會
Lyceum Godown 18
舟山輪船公司
Chung Yuan S.N. Co.
中元輪船局
立豐貨棧
Musum Building
信孚印染廠
L. Moon & Co. LTD
Ward Building
毛全泰木器公司
HUCHIU ROAD
Ben Godown 14
猶太教堂
J.H. Trachsler
YUANMINGYUAN ROAD
四川中路
SZECHUEN ROAD CENTRAL
中央銀行倉庫
中央信託局餐廳
中美乾洗公司
大成實業堆棧
上海信託公司
中國信託公司
廣協書局
中國實業銀行
達孚洋行倉庫
中國實業銀行大樓
瑞士商安培洋行
合中企業公司
浙江興業銀行
博物院路
PEKING ROAD EASTERN
北京東路
美豐堆棧
Millers Co. Foreign office
永華企業公司
信孚印染廠股份有限公司
事務所：虎丘路八十八號
電話：一四一四四　一七六五四
工廠：莫干山路一二〇四號
電話：三六〇五八

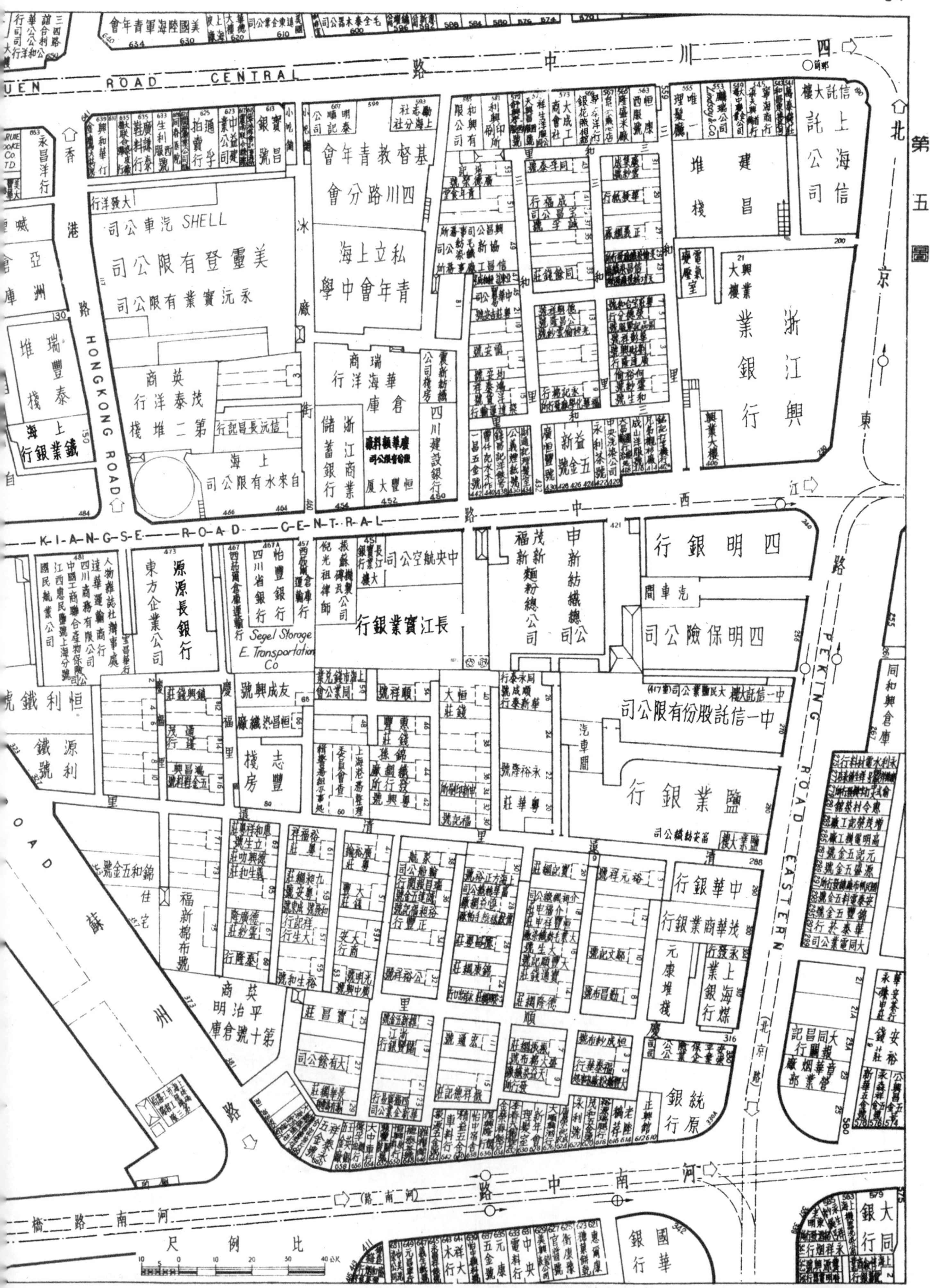
第五圖
四川中路
ROAD CENTRAL
北京東路
江西中路
KIANGSE ROAD CENTRAL
河南中路
PEKING ROAD EASTERN
HONGKONG ROAD
香港路
蘇州路
河南路橋
北京路
基督教青年會
四川路分會
私立上海青年會中學
美靈登有限公司
永沅實業有限公司
SHELL 汽車公司
英商茂泰洋行第二堆棧
上海自來水有限公司
瑞豐泰堆棧
上海鐵業銀行
浙江商業儲蓄銀行
瑞華洋商倉庫
恒豐大廈
四川建設銀行
建昌堆棧
上海信託公司
信託大樓
浙江興業銀行
興業大樓
四明銀行
汽車間
四明保險公司
申新紡織總公司
茂新福新麵粉總公司
中央航空公司
長江實業銀行
源源長銀行
東方企業公司
四川省銀行
怡豐銀行
Segel Storage E. Transportation Co
中一信託股份有限公司
鹽業銀行
中華銀行
茂華商業銀行
上海煤業銀行
元康堆棧
統原銀行
英商平治明第十號倉庫
福新棉布號
恒利鐵號
源利鐵號
志豐棧房
友成興號
國華銀行
大同銀行
比例尺
10 5 0 10 20 30 40公尺

第五圖

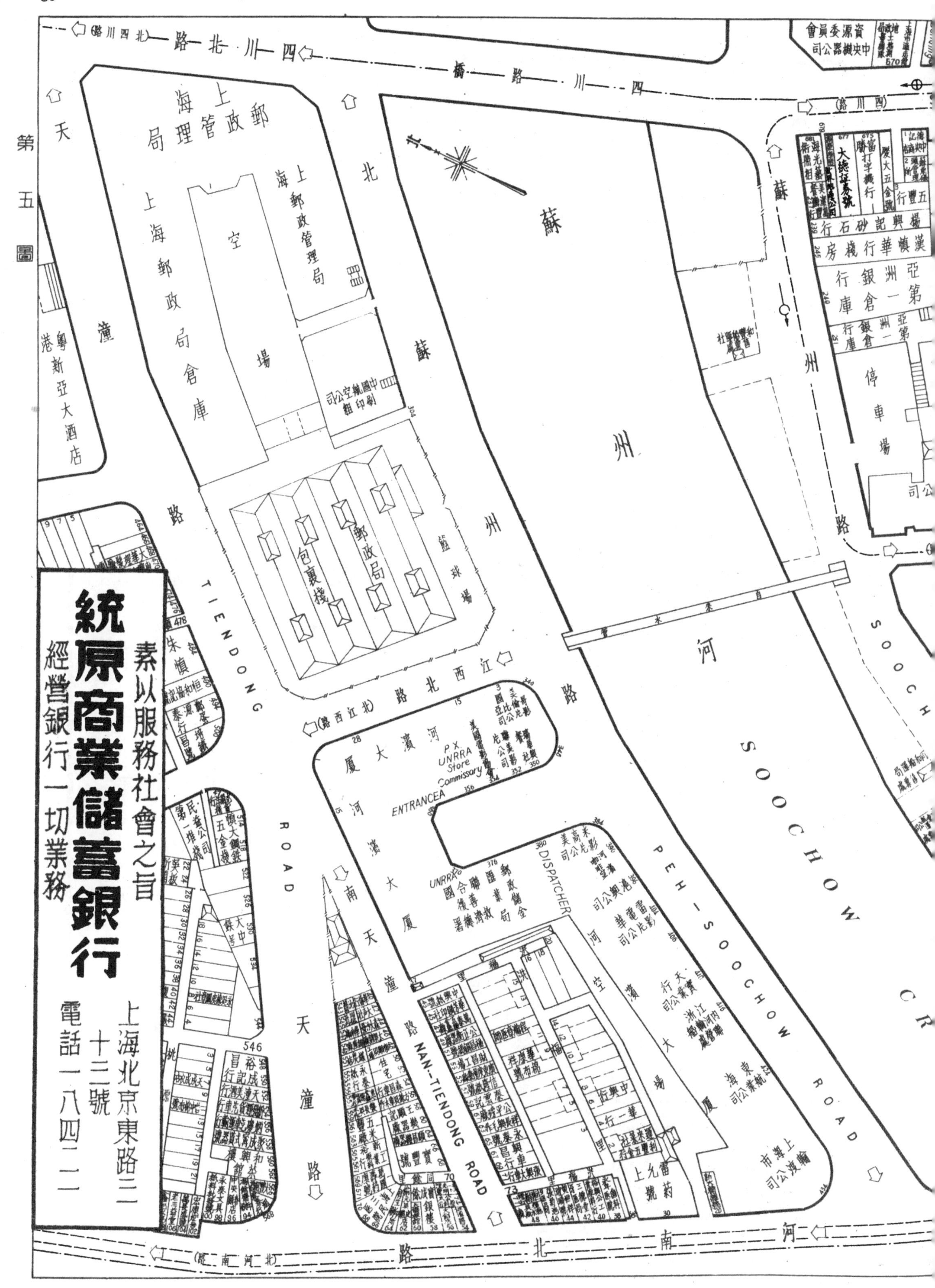
北四川路
四川路橋
四川路
上海郵政管理局
上海郵政管理局
上海郵政局倉庫
空場
中國航空公司印刷館
郵政局包裹棧
籃球場
天潼路
粵港新亞大酒店
北蘇州路
蘇州河
自來水管
TIENDONG ROAD
江西北路
河濱大厦
PX
UNRRA
Store
Commissary
ENTRANCE
UNRRA
DISPATCHER
聯合國善後救濟署
南天潼路
NAN-TIENDONG ROAD
PEH-SOOCHOW ROAD
SOOCHOW CREEK
SOOCHOW ROAD
上海市輪渡公司
蘇州路
停車場
第一倉庫
亞洲銀行
資源委員會中央機器公司
北河南路
統原商業儲蓄銀行
素以服務社會之旨
經營銀行一切業務
上海北京東路二十三號
電話一八四二二

# 中聯企業股份有限公司

宗旨：服務社會 福利人羣 開發事業

業務：
物產—經營國內外進出口貿易
投資—各種有關交通文化經濟生產建設事業
航業—客輪貨輪經常行駛上海南北洋長江及台灣等各線

## 華聯號客貨輪

設備富麗 艙位舒適
行駛穩速 侍應週到

定期行駛=台灣=上海=青島

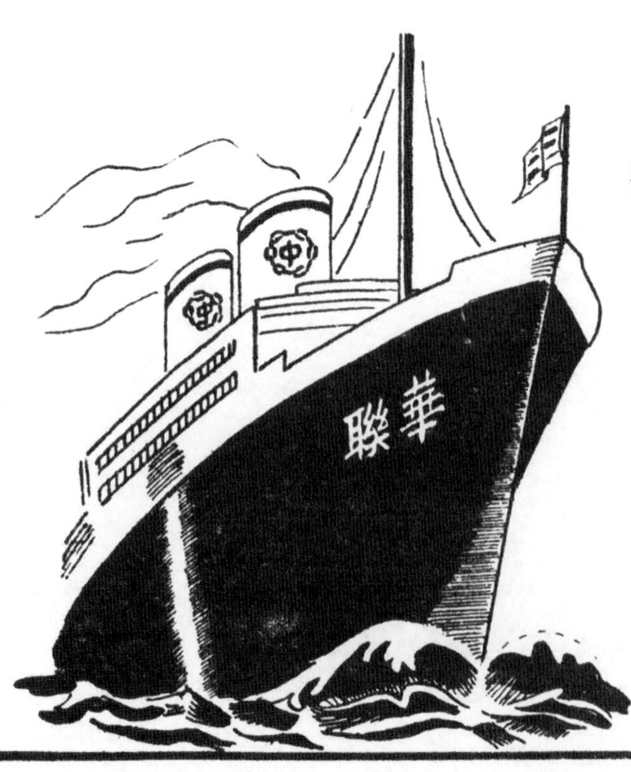


## 總公司

上海四川路五四九號
電話 一五五一〇
一五五一九
一九一五三
電報掛號 八八七八

## 分公司

天津 烟台道三一五號
杭州 學士路勸業坊
電話：二三一〇 二三一二
電報掛號：七〇〇七
台灣 台北重慶南路
四〇六一四〇八

## 辦事處

青島 營口 大連 温州 福州

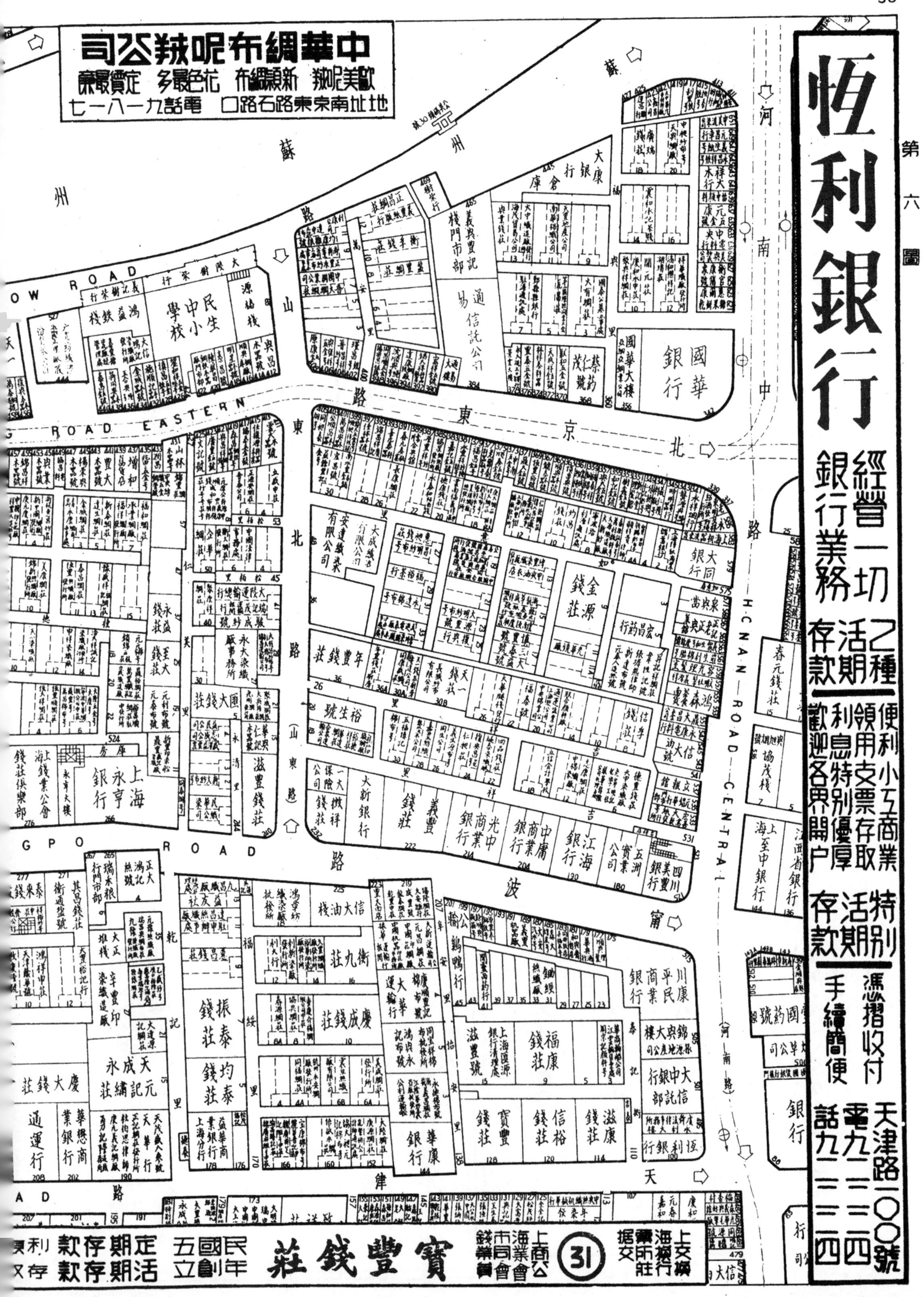
第六圖
中華綢布呢絨公司
歐美呢絨 新穎綢布 花色最多 定價最廉
地址南京東路石路口 電話九一八一七
恆利銀行
經營一切銀行業務
乙種活期存款
便利小工商業 領用支票存取 利息特別優厚 歡迎各界開戶
特別活期存款
憑摺收付 手續簡便
天津路一〇〇號
蘇州路
河南中路
北京東路
寧波路
天津路
山東北路
HONAN ROAD CENTRAL
國華銀行
大同銀行
金源錢莊
年豐錢莊
振泰錢莊
均泰錢莊
福康錢莊
信裕錢莊
寶豐錢莊
滋康錢莊
寶豐錢莊
民國五年創立
定期存款 活期存款
上海市商業公會 錢業同業公會
上海票據交換所交換行莊
31

第六圖

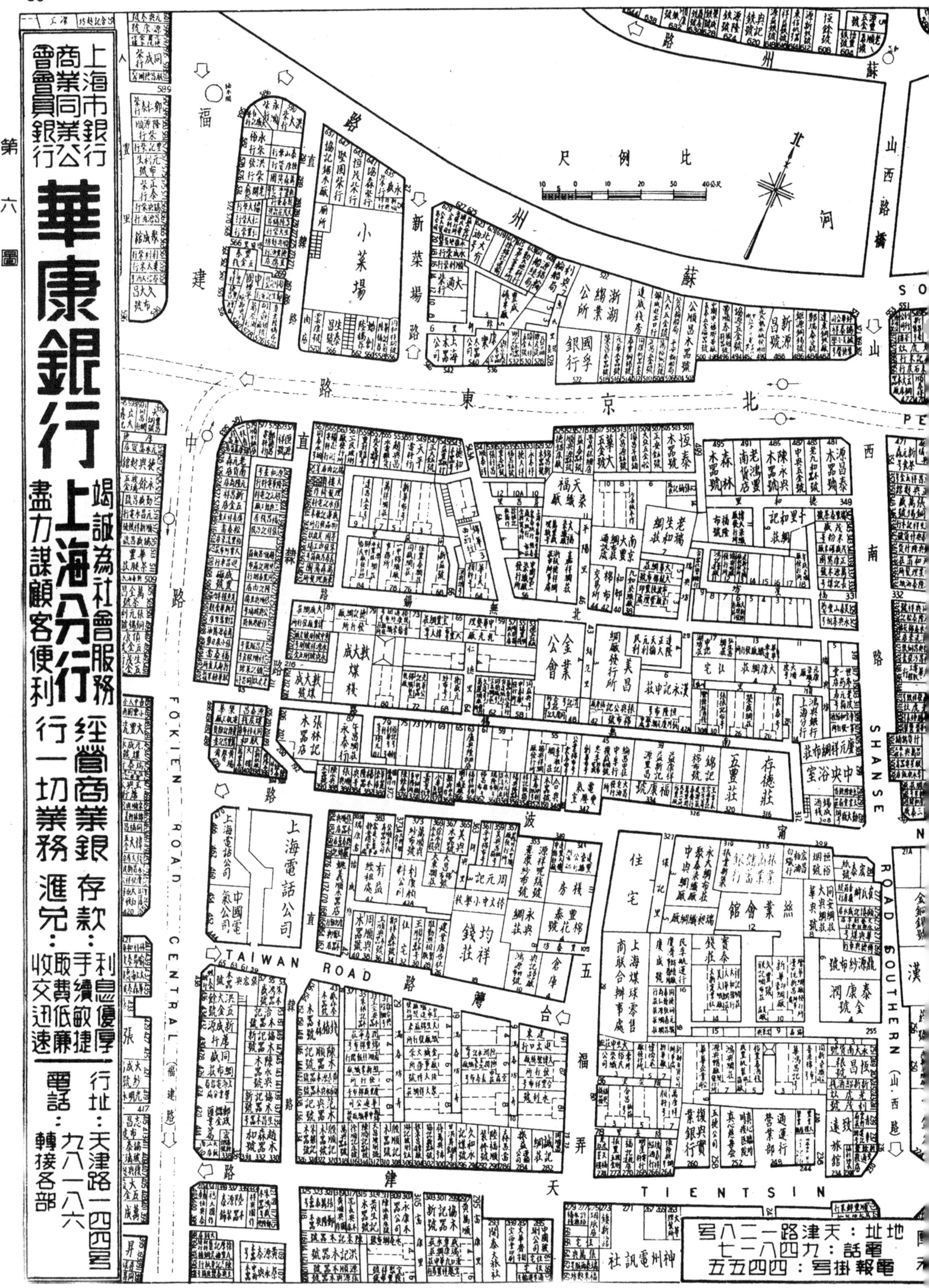
上海市銀行商業同業公會會員銀行
華康銀行上海分行
竭誠為社會服務
盡力謀顧客便利
經營商業銀行一切業務
存款：利息優厚 手續敏捷
匯兌：取費低廉 收交迅速
行址：天津路一四四号
電話：九八一八六 轉接各部
比例尺
北
蘇州河
山西路橋
蘇州路
福建路
新菜場路
小菜場
浙湖縐業公所
國孚銀行
北京東路
無錫路
金業公會
寧波路
上海電話公司
TAIWAN ROAD 台灣路
FOKIEN ROAD CENTRAL (福建路)
SHANSE ROAD SOUTHERN (山西路)
絲業會館
TIENTSIN 天津路
神州電訊社
地址：天津路一二八号
電話：九四八一七
電報掛号：四四五五

第七圖

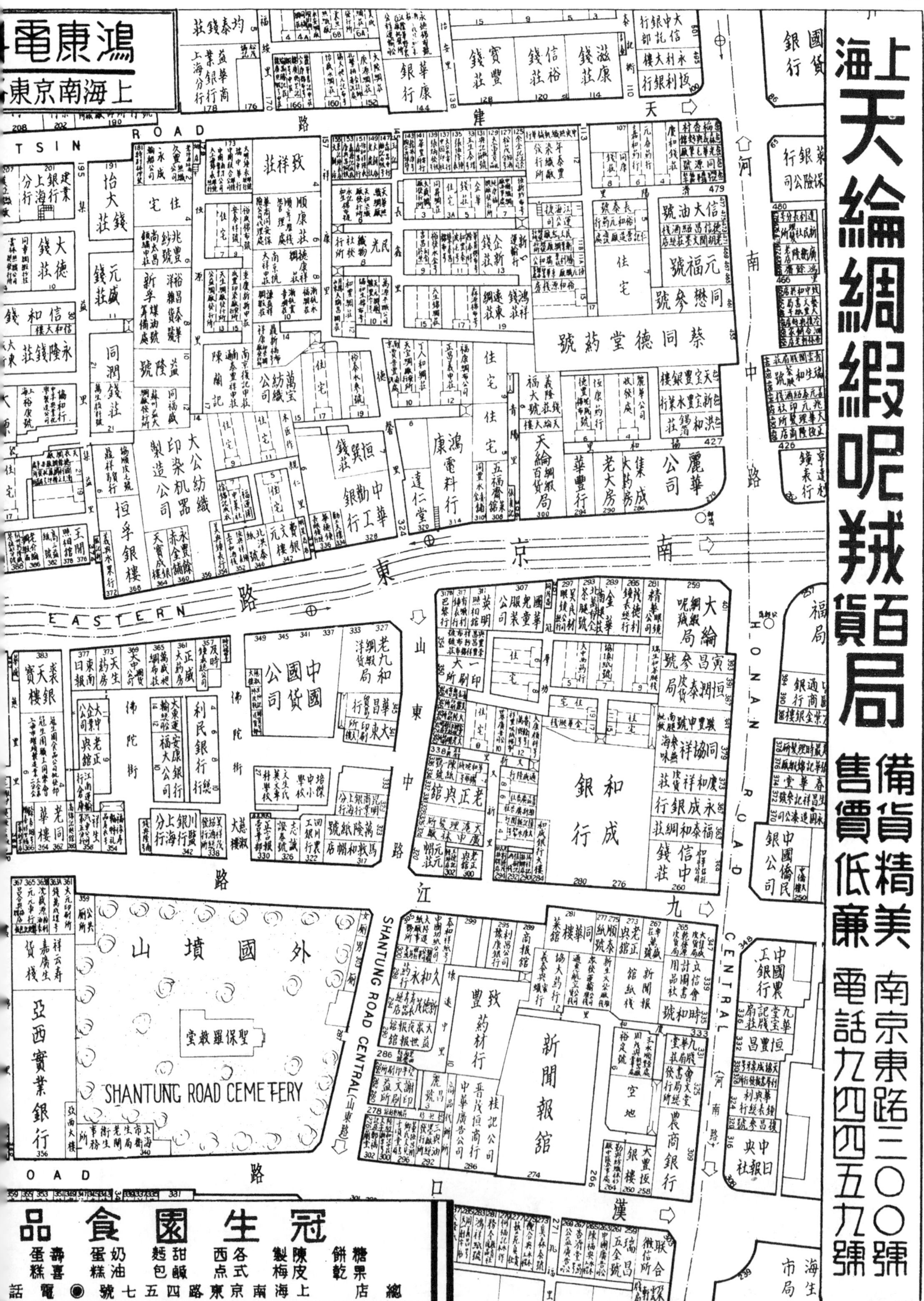

上海天綸綢緞呢絨百貨局
備貨精美
售價低廉
南京東路三〇〇號
電話九四四五九號
鴻東電
上海南京東
冠生園食品
糖果 餅乾 陳皮製梅 各式西点 甜鹹麵包 奶油蛋糕 壽喜蛋糕
總店 上海南京東路四五七號 ◉ 電話
南京東路
EASTERN ROAD
天津路
TSIN ROAD
河南中路
HONAN ROAD
CENTRAL
山東中路
SHANTUNG ROAD CENTRAL (山東路)
九江路
漢口路
外國墳山
聖保羅教堂
SHANTUNG ROAD CEMETERY
蔡同德堂藥號
麗華公司
天綸綢緞百貨局
大綸呢絨綢緞局
鴻康電料行
中華勸工銀行
恒孚銀樓
大公紡織印染機器製造公司
中國國貨公司
和成銀行
致豐藥材行
新聞報館
亞西實業銀行

第七圖

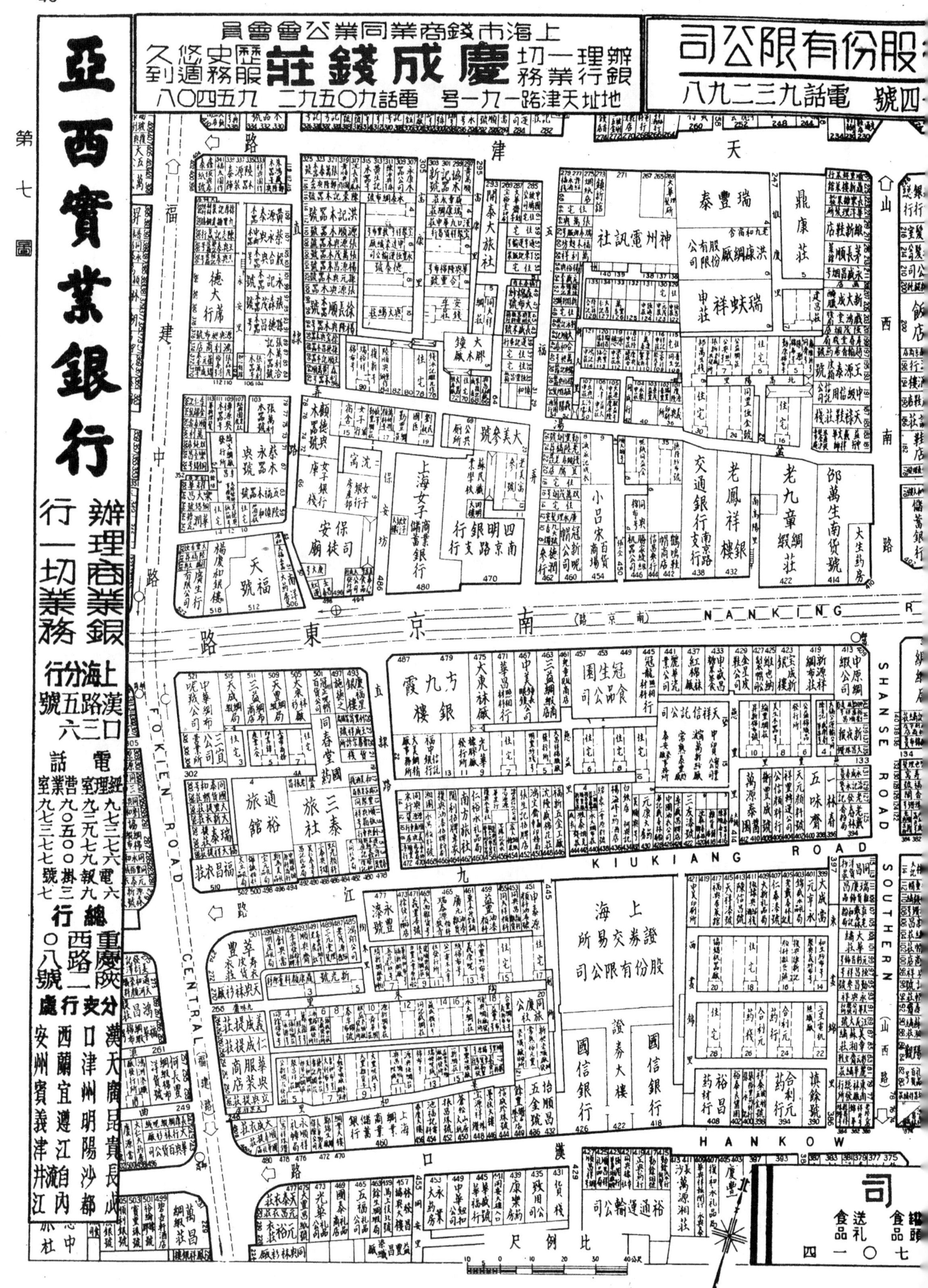

亞西實業銀行
辦理商業銀行一切業務
上海漢口路五三六號分行
電話 經理室 九七三七六 營業室 九三七九 九〇五〇〇 九七三七七
電報掛號 總行 重慶陝西路一〇八號
分支行處 漢口 天津 萬州 昆明 貴陽 長沙 成都 內江 自流井 西安 蘭州 宜賓 遵義
上海市錢商業同業公會會員
慶成錢莊
辦理銀行一切業務
歷史悠久 服務周到
地址天津路一九一号 電話九〇五九二 九四五〇八
股份有限公司
電話九三二九八
四號
天津路
福建中路
南京東路
NANKING ROAD
九江路
KIUKIANG ROAD
漢口路
HANKOW ROAD
FOKIEN ROAD
CENTRAL
SHANSE ROAD
SOUTHERN
山西南路
上海證券交易所股份有限公司
證券大樓
國信銀行
交通銀行南京路支行
老鳳祥銀樓
老九章綢緞莊
邵萬生南貨號
大生藥房
四明銀行南京路支行
上海女子商業儲蓄銀行
保安司徒廟
天福號
楊慶和銀樓
大美參號
大東綢緞局
方九霞銀樓
冠生園食品公司
天祥信記公司
中原綢緞公司
五味齋
萬源泰
通裕旅館
三泰旅社
同春堂國藥號
鼎康莊
瑞豐泰
神州電訊社
洪康綢緞股份有限公司
瑞蚨祥申莊
德大席行
大鐘膠木廠
開泰大旅社
仁成提莊
義成提莊
華央商店
裕通運輸公司
萬昌綢緞莊
比例尺
司
食品 送禮 食品
四一〇七

# 大陸橡膠廠

註冊 商標

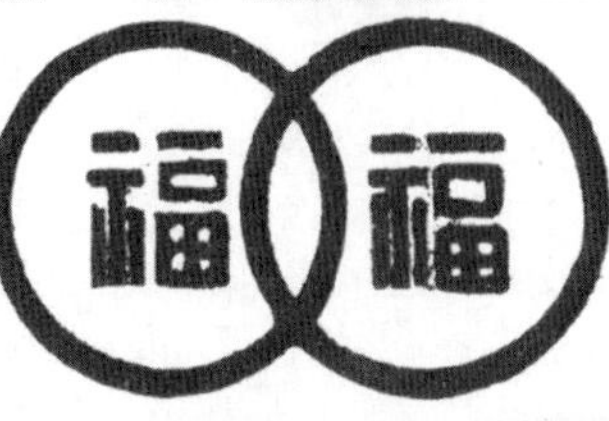


出品各種橡膠套鞋球鞋

與衆不同

经久耐穿

# 中孚銀行

民國五年創辦

辦理一切商業銀行業務兼營儲蓄

總行 上海滇池路一〇三號 電話 一六八七五一九(五線)

分行 天津 北平

支行 上海南京西路一〇〇九號 電話 三四〇六七

# 保健鈣

POTCAL

葯房均售

固齒健骨

助長發育

香甜可口

營養豐富

華達葯廠出品

# 洪利工業原料行

營業範圍

工業原料
化學藥品
純粹試藥
礦產油脂
塗料染料
以及有關
業務進出
口貿易等

交通路六十一號
電話九〇四一一 九三四八一
電報掛號四三〇四

# 萬國藥房

監製 藥典 製劑

經銷 環球 良藥

電話購貨
送達敏捷

定價準確
各貨齊備

總店福州路三三〇號 支店中正北一路七至九號
電話九八一二五(四線) 電話六〇〇七二(二線)

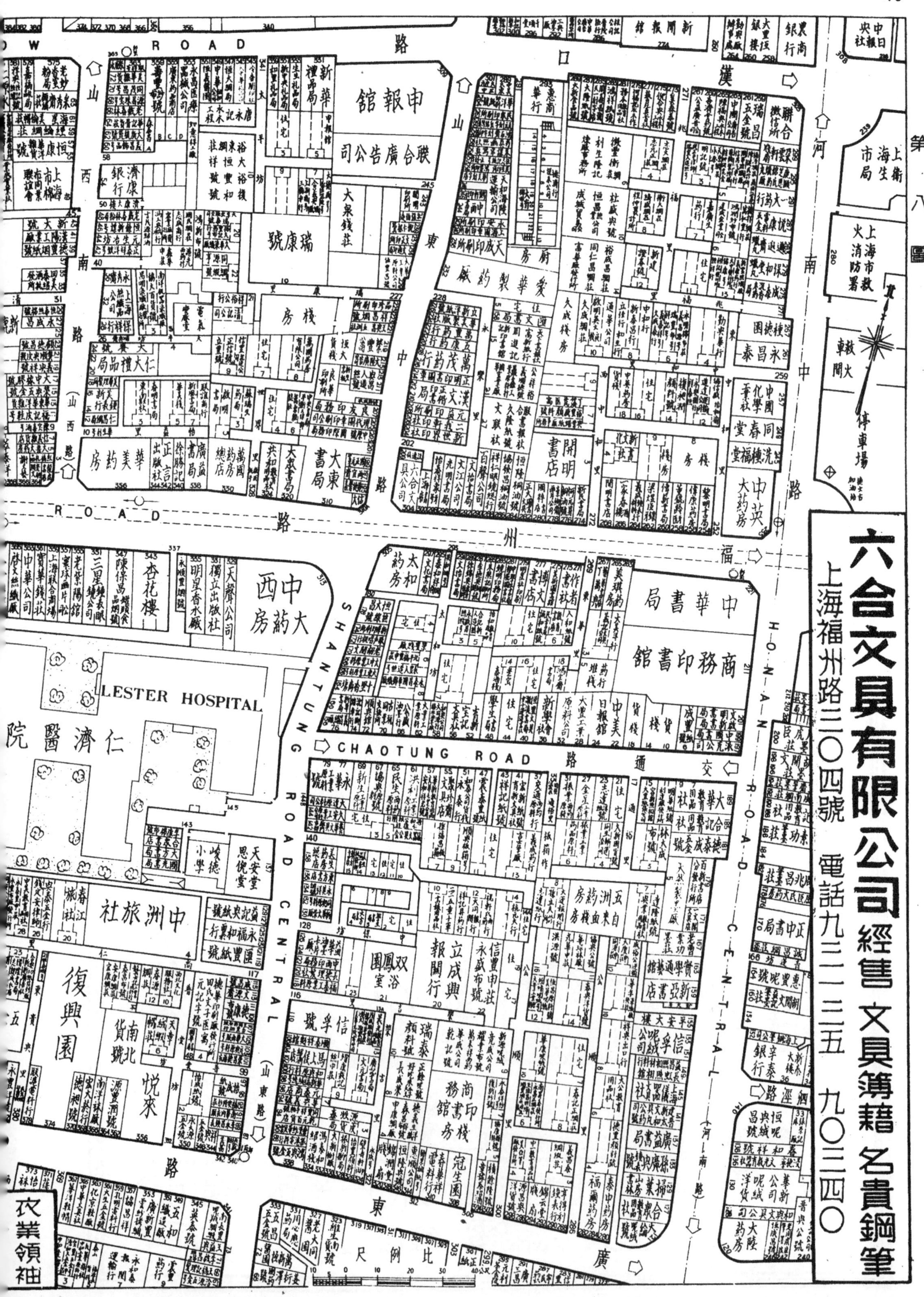
第八圖
申報館
聯合廣告公司
瑞康號
棧房
愛華製藥廠
天成印刷所
上海市衛生局
上海市救火消防署
停車場
中英大藥房
開明書店
大東書局
華美藥房
中華書局
商務印書館
中西大藥房
杏花樓
LESTER HOSPITAL
仁濟醫院
中洲旅社
復興園
CHAOTUNG ROAD
SHANTUNG ROAD CENTRAL
HONAN ROAD CENTRAL
河南中路
山西路
山東路
福州路
漢口路
廣東路
六合文具有限公司
經售 文具簿籍 名貴鋼筆
上海福州路三〇四號
電話九三一三五 九〇三四〇

第八圖

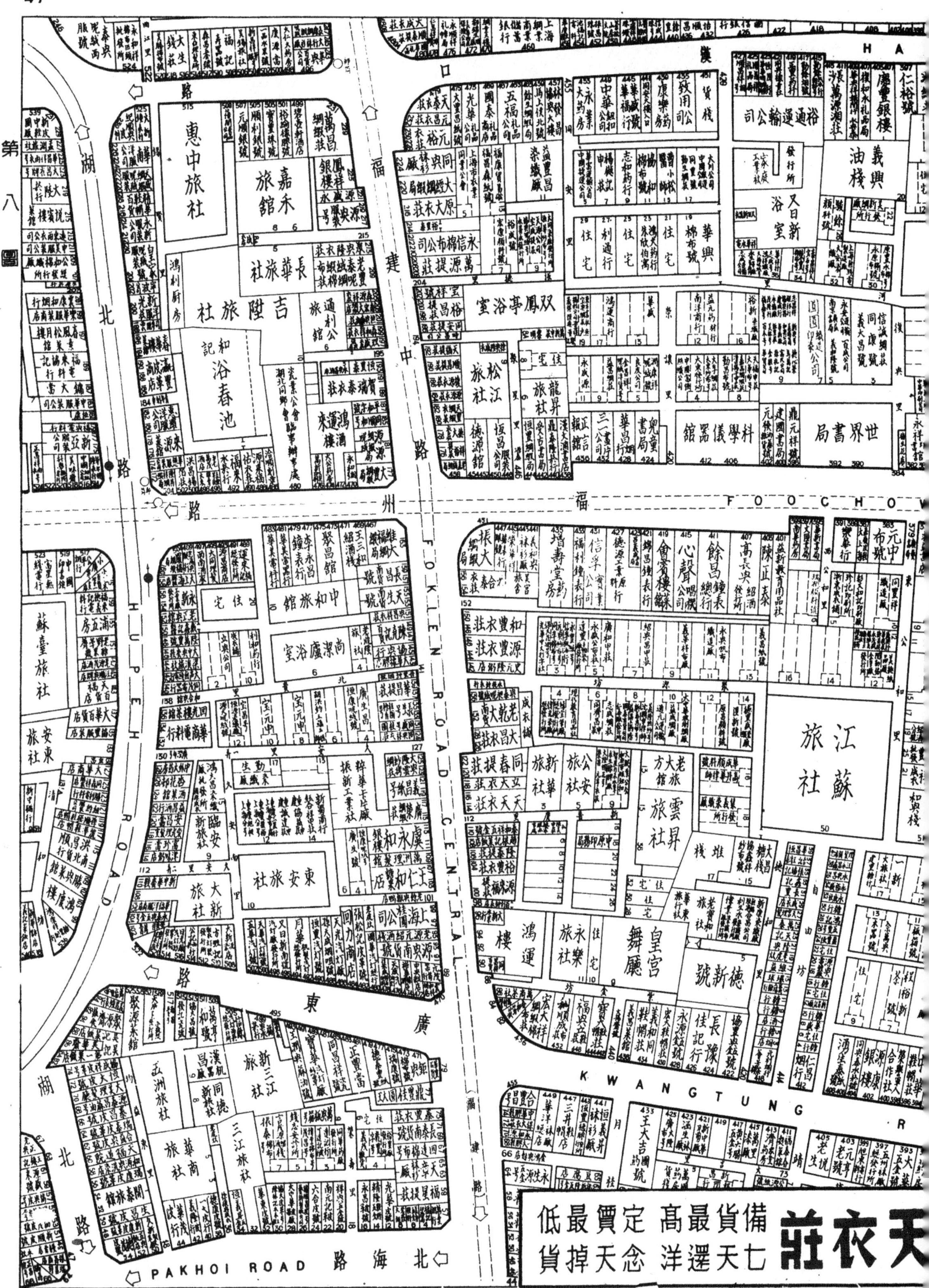
湖北路
HUPEH ROAD
福建中路
FOKIEN ROAD CENTRAL
福州路
FOOCHOW
廣東路
KWANGTUNG R
北海路
PAKHOI ROAD
漢口路
惠中旅社
嘉禾旅館
長華旅社
吉陞旅社
和記浴春池
松江旅社
龍昇旅社
双鳳享浴室
科學儀器館
世界書局
裕通運輸公司
義興油棧
仁裕號
慶豐銀樓
蘇臺旅社
安東旅社
中和旅館
尚潔廬浴室
聚昌館
心聲
會賓樓
餘昌鐘表行
增壽堂藥房
公安旅社
新華旅社
江蘇旅社
雲昇旅社
臨安新旅社
東安旅社
大新旅社
鴻運樓
永樂旅社
皇宮舞廳
德新號
新三江旅社
三江旅社
亞洲旅社
華商旅社
天衣莊
備貨最高 定價最低
七天還洋 念天掉貨

# 元泰實業股份有限公司

YUEN TAI INDUSTRIAL INVESTMENT CO., LTD.

總公司：上海中正東路四〇四號　電報掛號四六九八

貴廠如欲解決：

馬達疑難問題

購辦　設計　裝置　修理

請撥電話　九五四三〇　九〇五三一

元泰電業部　保君滿意

電業部：馬達引擎　鋼珠軸領　電器五金　水電材料

製造部：製造各種　電氣機械　五金材料　電器用具

貿易部：經銷國內　外工業用　具各種進　出口商品

投資部：投資國貨　工廠及其　他生產合　作事業等

第九圖
TUNG ROAD
KINGLOONKA
SHANTUNG ROAD CENTRAL
HONAN ROAD CENTRAL
EASTERN
SHANTUNG ROAD SOUTHERN
SHENGTSEH ROAD
KINLING ROAD EASTERN
山東中路
河南中路
東正中路
山東南路
河南南路
金陵東路
上海市警察局
黃浦分局
中匯銀行
中匯大樓
浦東商業儲蓄銀行
中南棉毛織造廠股份有限公司
雙十牌
萬歲牙刷
梁新記出品
久安工業原料行 山東路一四四號
IU AN INDUSTRIAL SUPPLY CO.
144 SHAN TUNG ROAD
工業原料．化學藥品 無毒色素 菓汁香精

合群自來水筆公司
經營 ⟵ 自來水筆
廣東路二七一一號 ◉ 電話九〇五五一
北海路
PAKHOI ROAD
福建中路
FOKIEN ROAD CENTRAL
湖北路
HUPEH ROAD
中正東路
CHUNG CHENG
浙江南路
CHEKIANG ROAD SOUTHERN
福建南路
FOKIEN ROAD SOUTHERN
寧海東路
NINGHAI ROAD EAS
雲洲旅館
中南飯店
華商旅社
比例尺

第九圖

# 中南棉毛織造廠
# 股份有限公司

## 精製各色

汗布　棉毛布　双紗布　絨布

總管理處：上海廣東路靖遠街東廣福里九號·
電話：九一八五八、九二五二七
製造廠：上海閘北臨平路十四號
電話：五一八六七〇二、六〇六八二

# 華新印鉄製罐廠股份有限公司

製造各種
精美罐頭

專門印刷
五彩鉄皮

地址 廣西北路十二弄(永安坊)三號 電話 九六四九〇

# 國貨老牌
# 縫衣鋼針

行銷二十餘年
國內外一致推崇

## 大中工業社股份有限公司出品

上海康泰路二二〇號 電話七七〇一三

第十圖
KWANGTUNG ROAD
廣東路
廣西北路
浙江中路
市立格致中學校
格致中學操場
公共廁所
回教堂
中央舞廳
中央旅社
蘇州旅社
春泉浴室
星洲旅社
明惠小學
海口路
HOIHOW ROAD
北海路
湖北路
HUPEH ROAD
PAKHOI ROAD
KWANGSE ROAD NORTHERN (廣西路)
CHEKIANG ROAD CENTRAL
松江街
中南飯店
中正東路
(愛多亞路)
大滬飯店
廣西南路
KWANGSE ROAD SOUTHERN
(自來火行西街)
永壽路
YUNGSHOW ROAD
(自來火行東街)
浙江南路
CHEKIANG ROAD SOUTHERN
(新橋街)
寧海東路
民生藥廠
九江路五四一號
電話九四五〇三

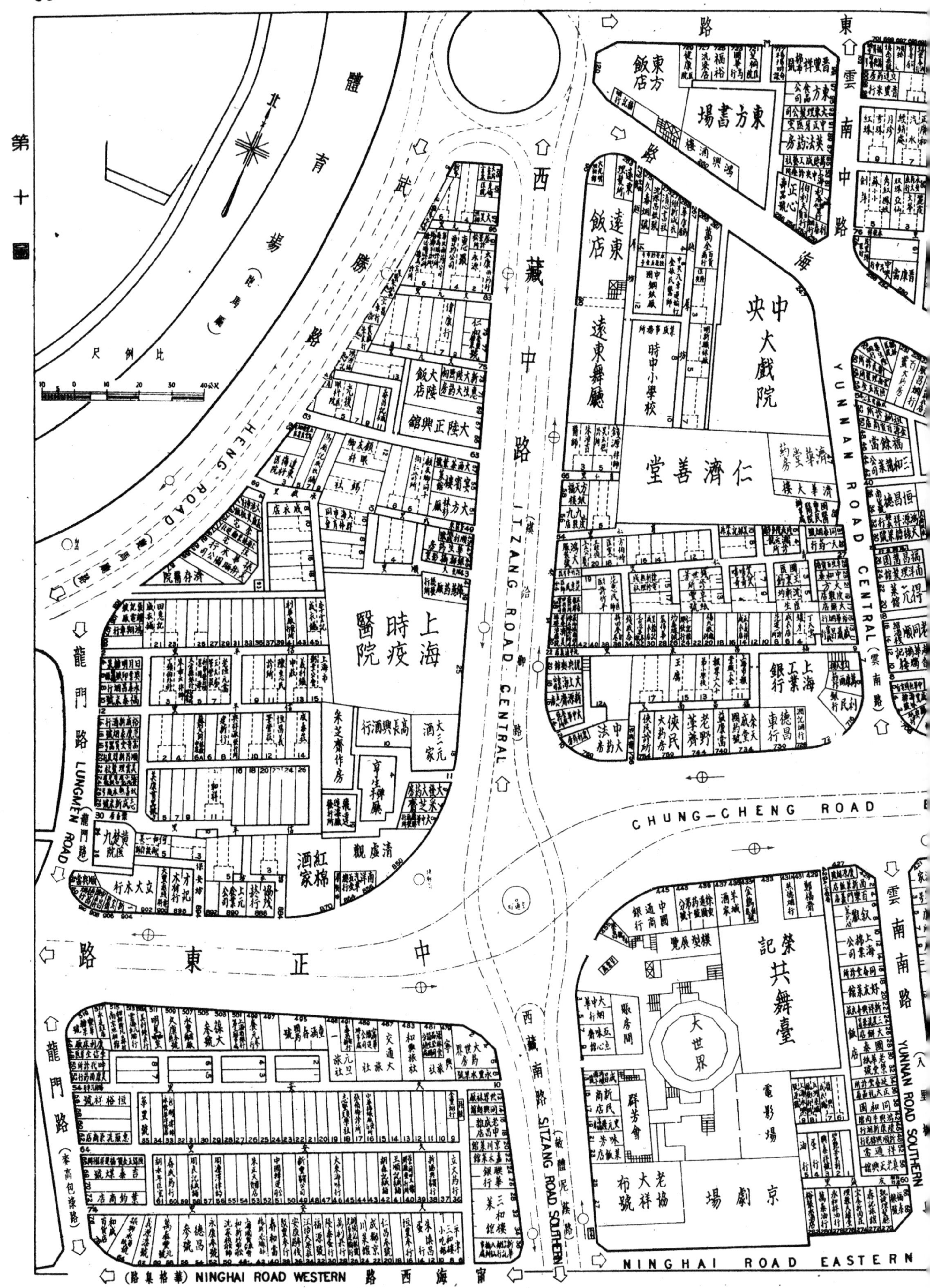
北
比例尺
10 5 0 10 20 30 40公尺
體育場
(跑馬廳)
武勝路
HENG ROAD
西藏中路
SITZANG ROAD CENTRAL
(虞洽卿路)
東方飯店
東方書場
遠東飯店
遠東舞廳
時中小學校
中央大戲院
仁濟善堂
上海時疫醫院
大陸飯店
大陸正興館
龍門路
LUNGMEN ROAD
(龍門路)
紅棉酒家
清虛觀
雲南中路
YUNNAN ROAD CENTRAL
(雲南路)
上海工業銀行
中正東路
CHUNG-CHENG ROAD
中國通商銀行
榮記共舞臺
大世界
電影場
京劇場
群芳會
老協大祥布號
西藏南路
SITZANG ROAD SOUTHERN
(敏體尼蔭路)
雲南南路
YUNNAN ROAD SOUTHERN
龍門路
(李高包祿路)
寧海西路
NINGHAI ROAD WESTERN
(華格臬路)
NINGHAI ROAD EASTERN

# 紅棉酒家

★ HOONG MIEN RESTAURANT ★

名廚烹製
高等粵菜
音樂茶座
喜慶禮堂

地址 中正東路八七〇號 電話 九〇一八〇

870 CHUNG-CHENG LU (EASTERN) TEL 90180

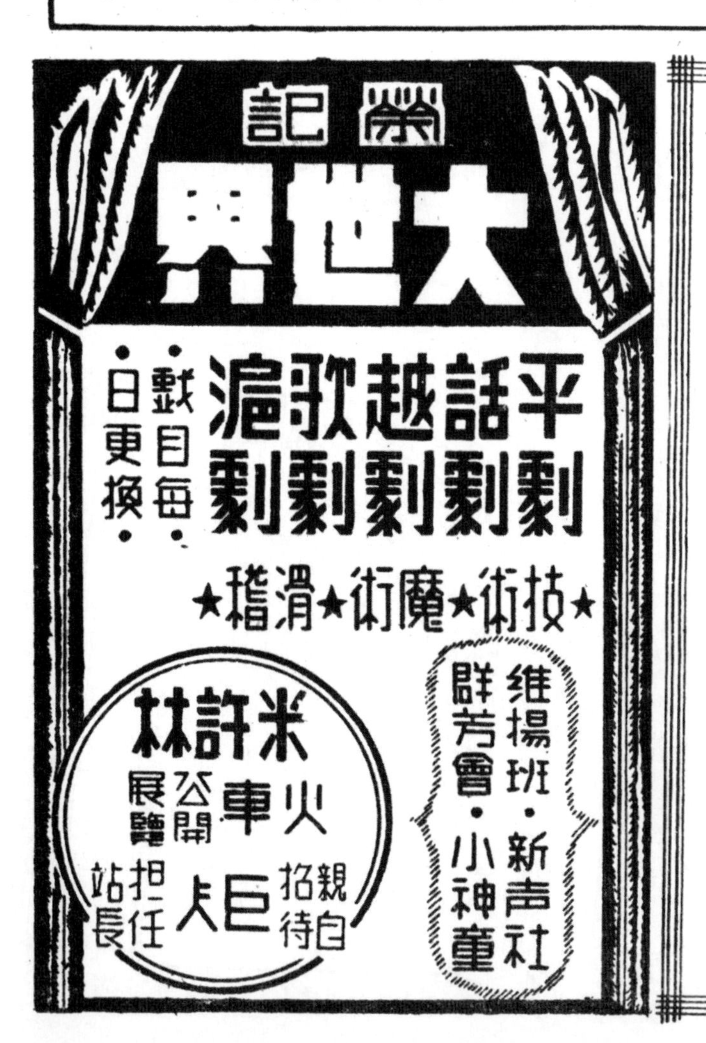


美國生殖器科泰斗霍立克博士發明

改小成大 轉弱為強

## 真空水治器

本器爲治療男子性器短小機能障碍之唯一有效最新發明品乃根據理學的療法之原理而製成其構造輕便而功妙患者可親自治療其局部穩妥舒暢且有驚人之功效能使局部神經衰弱者復活而健全每用一次即可促進其發育使**弱小**者漸成爲**強大**擧凡手淫過淫之害遺精夢遺早洩陽萎局部貧血性慾減退老衰無力機能衰弱等症均有迅速復活之效力生殖器既臻強健則腦力隨亦增強而愉快活潑矣

此種驚人之功效業經中外多數醫學博士實驗証明且蒙各界名流讚揚推崇認爲空前之大發明是誠有志自療者之唯一利器凡患有隱疾者幸早購用實驗俾得完成男子之資格飽享人生天賦之幸福可也

說明書承索即寄（請酌附郵費）

上海北海路二三一號百靈大藥房總經理　電話九三八〇四

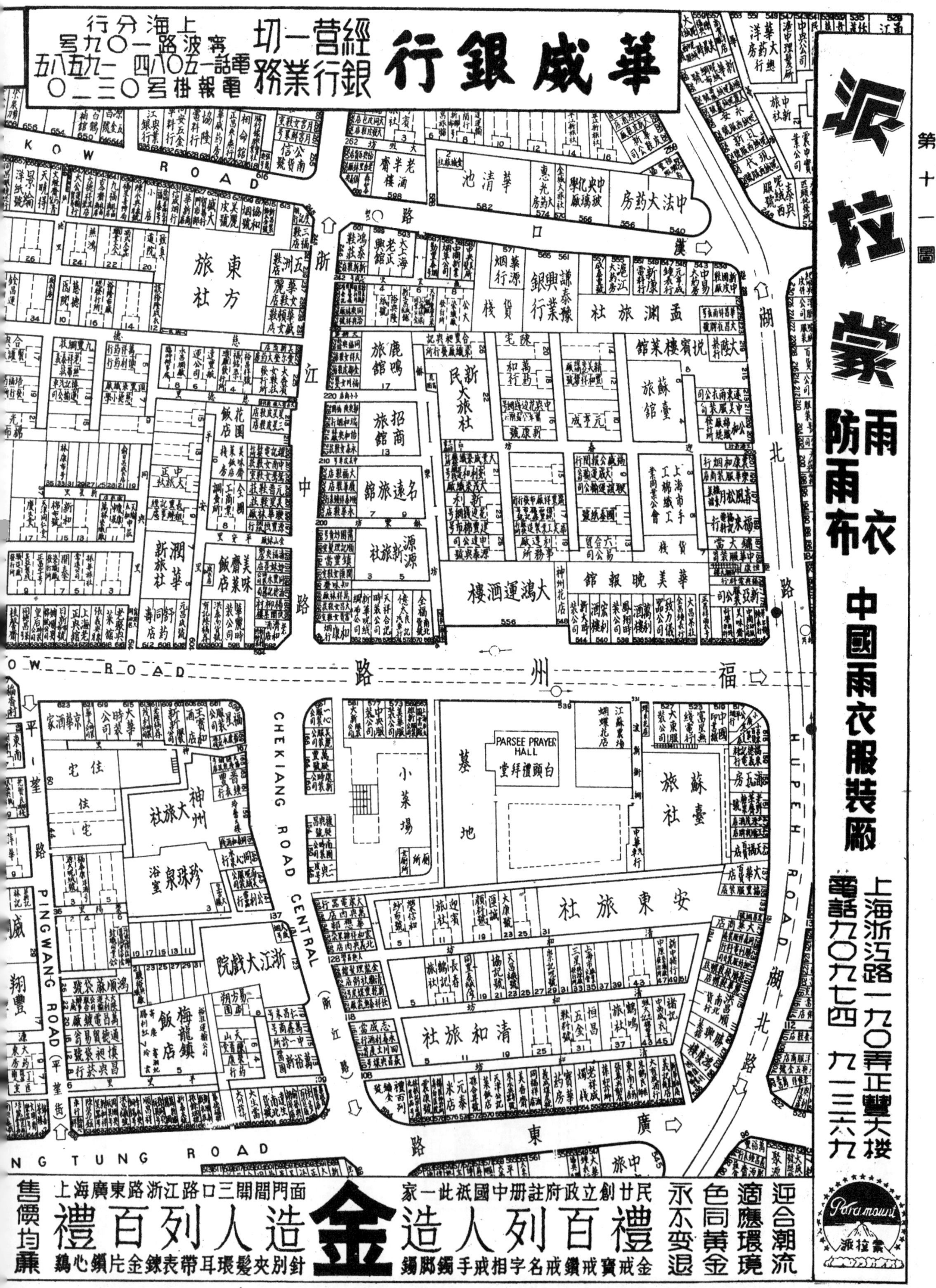
華威銀行
經營一切銀行業務
上海分行 寧波路一〇九号
電話一五〇八四 一九五八五
電報掛号〇三二〇
第十一圖
派拉蒙
雨衣
防雨布
中國雨衣服裝廠
上海浙江路一九〇弄正豐大楼
電話九〇九七四 九一三六九
Paramount
派拉蒙
KOW ROAD
漢口路
浙江中路
OW ROAD
福州路
湖北路
HUPEH ROAD
CHEKIANG ROAD CENTRAL
(浙江路)
PINGWANG ROAD (平望街)
平望街
NG TUNG ROAD
廣東路
東方旅社
中法大藥房
華清池
孟淵旅社
說賓樓菜館
新民大旅社
鹿鳴旅館
招商旅館
名遠旅館
源源新旅社
潤華新旅社
蘇臺旅館
大鴻運酒樓
華美晚報館
PARSEE PRAYER HALL
白頭禮拜堂
墓地
小菜場
蘇臺旅社
神州大旅社
珍珠泉浴室
浙江大戲院
梅龍鎮飯店
安東旅社
清和旅社
上海廣東路浙江路口三開間門面
民廿創立政府註冊中國祇此一家
禮百列人造
金
禮百列人造
鷄心鎖片金錶表帶耳環髮夾別針
金戒寶戒鑽戒名字戒相戒手鐲腳鐲
迎合潮流
適應環境
色同黃金
永不變退
售價均廉

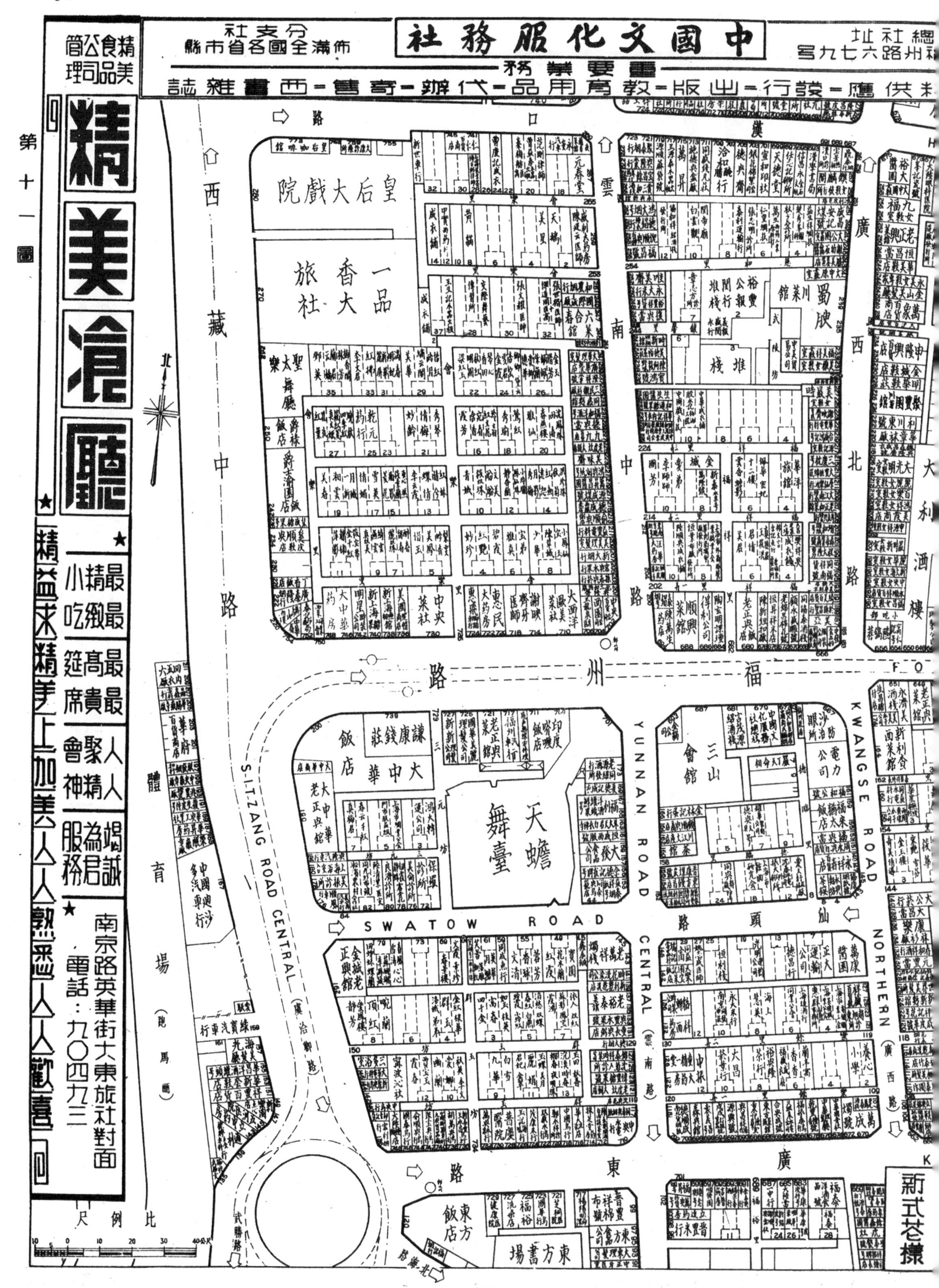
第十一圖
中國文化服務社
總社社址 福州路六七九号
分支社 佈滿全國各省市縣
重要業務
供應=發行=出版=教育用品=代辦=寄售=西書雜誌
精美食品公司管理
精美冷飲廳
竭誠為君服務
南京路英華街大東旅社對面
電話：九〇四九三
西藏中路
SI-TZANG ROAD CENTRAL
福州路
雲南中路
YUNNAN ROAD CENTRAL
汕頭路
SWATOW ROAD
廣西北路
KWANGSE ROAD NORTHERN
廣東路
皇后大戲院
一品香大旅社
天蟾舞臺
三山會館
大中華飯店
東方飯店
東方書場
體育場
跑馬廳
大利酒樓
新式茶樓
比例尺

# 上海華興工業社

（精製徽章銅牌）

營業部：西藏中路一八九號　電話：九八〇六八

製造廠：北蘇州路裕安里內　電話：四三七六九

## WHA SHING INDUSTRIAL WORKS

(BADGE AND NAME PLATE)

OFFICE‥189 SITZANG ROAD.(CENTRAL)　TEL.98068

FACTORY‥26 LANE 776 NORTH SOOCHOW ROAD. TEL.43769

(SHANGHAI)

# 協隆正記電料行

專營

電線電燈

電筒電池

中外電料

應有盡有

另售批發

均所歡迎

獨家經理

正成電業廠出品

## 金龍牌國貨皮線

經濟　安全　耐用

地址：漢口路六二六—二八

電話：九三八〇一

九七一六三

# 老裕泰酒菜館

高尚時菜

天香美酒

晨早茶点

隨意小酌

中午全部小吃

地址雲南路汕頭路口電話九四五四一號

金鷄餅乾
泰康公司出品
一鳴驚人
天下皆曉
各大食品店均有售

前進牌
煙中冠軍
華僑歸國創辦之
華菲煙草公司出品
前進牌香煙

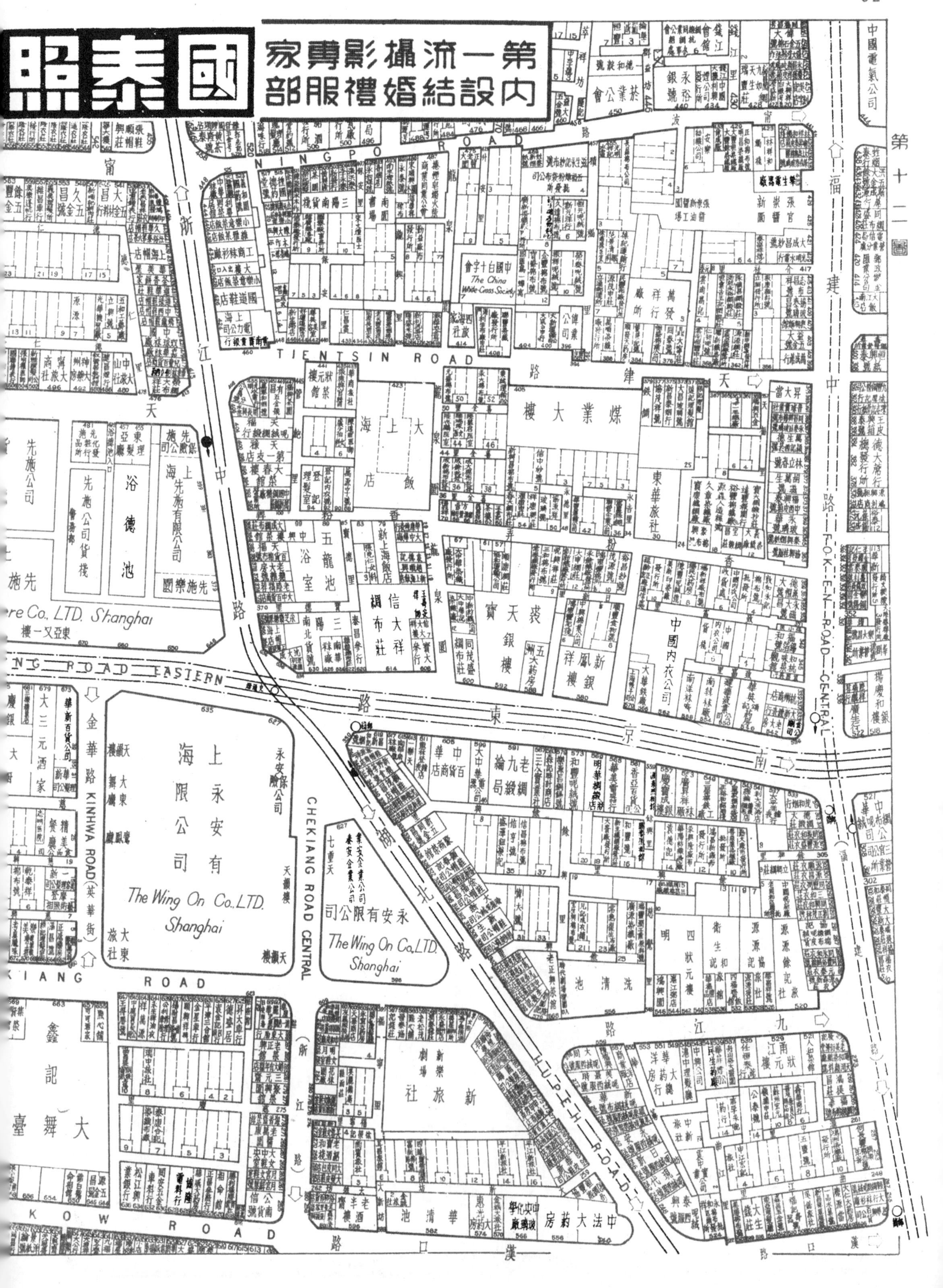

國泰照
第一流攝影專家
內設結婚禮服部
第十二圖
中國電氣公司
NINGPO ROAD
寧波路
TIENTSIN ROAD
天津路
NANKING ROAD EASTERN
南京東路
CHEKIANG ROAD CENTRAL
浙江中路
FOKIEN ROAD CENTRAL
福建中路
HUPEH ROAD
湖北路
九江路
漢口路
KINHWA ROAD (英華街)
金華路
中國白十字會
The China White Cross Society
大上海飯店
煤業大樓
東華旅社
中國內衣公司
五龍浴池
浴德池
先施公司
上海先施有限公司
上海永安有限公司
The Wing On Co.,LTD. Shanghai
永安有限公司
The Wing On Co.,LTD. Shanghai
洗清池
新旅社
大舞臺
鑫記
中法大藥房
華清池

南京東路石路口
電話九〇三九三
館
第十二圖
百貨貿易
郵售製造
上海 南京 漢口 重慶
(白克路)
FUNGYANG ROAD 鳳陽路
大上海大戲院
Metropol Theater
寧波同鄉會
大新有限公司職員宿舍
五層樓酒家
上海大新有限公司
The Sun Co. LTD.
Shanghai
大新遊樂場
西藏中路
六合路
LUHOH ROAD
(勞合路)
振綸綵廠
上海市警察局
老閘分局
Lou Za
Police Station
泰昌製造木器工廠
華豐行
泰康食品公司
泰昌公司
貴州路
KWEICHOW ROAD
新大銀行
上海新新有限公司
Sun Sun Co. LTD.
Shanghai
新都劇場
新新第一樓
萬象廳
新都飯店
廣西北路
南京東路
皇后劇場
時懋飯店
Smart Hall
體育場
(跑馬廳)
CENTRAL ROAD
(虞洽卿路)
雲南中路
南國酒家
貴州路
KWANGSE ROAD NORTHERN
九江路
YUNNAN ROAD
(雲南路)
慕爾堂
MOORE
Memorial Church
揚子舞廳
揚子飯店
漢口路
廣西路
比例尺
40公尺

A.B.C.
自紡自織自染自製

金鼎牌油漆
快燥磁漆 調合漆 厚漆 車漆
人造廣漆 凡立水 燥漆 船漆
大明油漆廠出品
第十三圖
福建中路
北京東路
EASTERN
FOKIEN ROAD CENTRAL
CHEKIANG ROAD CENTRAL
浙江中路
廈門路
牛莊路
寧波路
蘇州河
福建路橋
萬昇醬棧倉庫
住宅
空地
藥棧
堆棧
浙東大戲院
胡慶餘堂藥號
胡慶餘堂作場堆棧
萬昇醬園
金龍四大王廟
漂染工場
何元通號
私立大光中學
錢江小學校
錢江會館
上海中國濟生會
慈航仙觀
中國華成烟草公司
比例尺
O ROAD

第十三圖

要保熱耐用請買
電話三九九九三
雙臺牌熱水瓶
上海中正北一路三一五號
SHANGHAI GAS CO. LTD.
上海自來火公司
西藏中路
SITZANG ROAD CENTRAL
廈門路
AMOY
住宅
花園
祥生汽車出租公司
大明油漆廠
湖社
貴州路
金城大戲院
北京東路
PEKING R
中法大藥房
中法大樓
大加利酒樓
麗都大戲院
KWEICHOW ROAD
天然飯店
CHEFOO ROAD
六合路
LUHOH ROAD
新新公司棧房
雲南路
清涼禪寺
牛莊路
NEWCHWANG RO
廣西路
新光大戲院
中國飯店
東南新旅社
鳳陽路
寧波路
浴室

# 中國立豐棉毛織造廠股份有限公司

廠　址：上海南市西唐家街八十七號
電報掛號：一九七〇
事務所：上海北京路八五〇弄九號
電話：九四五四八
門市部：上海靜安寺路一六七四號
電話：三三九一七

烟中極品

大雷克斯

品質提高
烟枝加粗

聯合牌
香煙

聯合國致勝之道由於理直氣壯兵精械足
聯合牌受人歡迎由於品質高貴價格公道

上海國華菸廠出品

# 泰安企業股份有限公司

## Tai On Development & Investment Co., Ltd.

地址：上海南京東路六二七 永安新厦三樓

WING ON NEW BUILDING, 627NANKING ROAD(E)
SHANGHAI CHINA

電話 九三八〇九 九六〇三三 九八二八二

電報掛號＝三三八〇

Cable Address: "TAION" Shanghai

Codes: BENTLEY, ACME A.B.C. 5th & 6th Editions

Telephone: 93809, 96033, 98282

經營進出口及工程等業務

Import — Export — Engineering

經理美國名厰出品

◎ IMPORTERS & EXCLUSIVE DISTRIBUTORS OF LEADING AMERICAN MANUFACTURERS

| | |
|---|---|
| 紡織機器<br>Textile Machinery & Equipment | 化學產品及製葯<br>Chemicals & Pharmaceuticals |
| 建築材料<br>Construction Equipment | 大小五金<br>Metal & Hardware |
| 農業機器<br>Agricultural Machinery | 生熟皮革<br>Leather & Hides |
| 電力厰設備<br>Power Plant Equipment | 紙張及文具<br>Paper & Stationery |
| 造紙厰機器<br>Paper Mill Machinery | 呢絨布疋<br>Woolen & Piece Goods |
| 煉油厰機器<br>Oil Mill Machinery | 顏料<br>Dye Stuffs |
| 碾米厰機器<br>Rice Mill Machinery | 玻璃及玻璃製品<br>Glass & Glassware |
| 麪粉厰機器<br>Flow Mill Machinery | 精質油類<br>Essential Oils |
| 水泥厰機器<br>Cement Mill Machinery | 糖<br>Sugar |
| 製糖厰機器<br>Sugar Mill Machinery | 其他各種貨品<br>Sundry Goods |

經營本國主要出口商品

○ EXPORTERS OF ALL CHINESE PRODUCTS

上海大新有限公司
The Sun Co. LTD Shanghai
大上海戲院
寧波同鄉會
大新公司職員宿舍
南東新旅社
ROAD CENTRAL
西藏中路
南京東路
南京西路
NANKING ROAD WESTERN
鳳陽路
FUNGYANG ROAD
長沙路
KULING ROAD
牯嶺路
白克路
定興路
黃河路
WANGHO ROAD
國泰越劇院
國聯大戲院
米高美舞廳
維也納舞宮
福記商場
新世界商場
金谷飯店
鴻運大禮堂
K.M. Hospital
雜貨倉
金門大酒店
Hotel Pacific
體育場
(跑馬廳)
西僑青年會
Foreign Y.M.C.A.
國際大飯店
Park Hotel
四行儲蓄會
九福製藥公司
卡爾登戲院

第十四圖

西藏中路
(虞洽卿路)
新閘路
SINZA ROAD
北京西路
PEKING ROAD WESTERN
(愛文義路)
長沙路
温州路
WENCHOW ROAD
黄河路
(派克路)
上海電力公司
Shanghai Power Company
發電間
萬濟當
中南旅社
大觀園浴室
鴻祥旅社
慶餘堂藥號
張贊聲
張驥孫醫室
惠旅醫院
普陀山下院
協利鋼鉄號
太乙木棧
隆福慶記鉄號
同大鉄號
太乙堆棧
元泰與煤號
復與煤棧
源豐木行
祥泰公司
公廁
比例尺

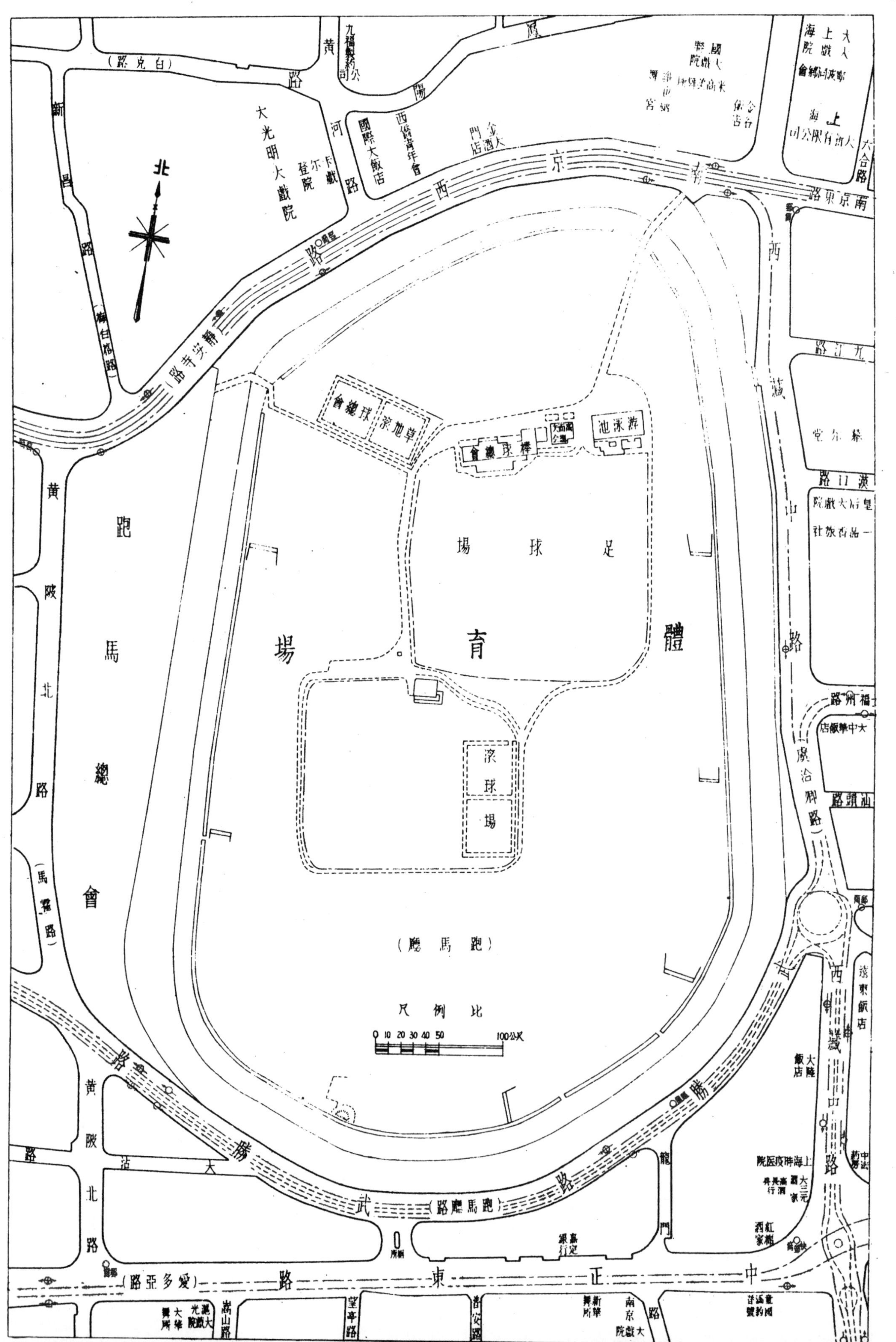
北
白克路
新昌路
梅白格路
黃河路
鳳陽路
大光明大戲院
卡爾登大戲院
國際大飯店
西僑青年會
金門大酒店
國際大戲院
大上海大戲院
六合路
南京西路
南京東路
靜安寺路
西藏中路
九江路
漢口路
皇后大戲院
一品香旅社
福州路
大中華飯店
虞洽卿路
汕頭路
遠東飯店
大陸飯店
上海時疫醫院
紅棉酒家
黃陂北路
馬霍路
跑馬總會
體育場
足球場
游泳池
草地滚球總會
棒球總會
滚球場
(跑馬廳)
比例尺
0 10 20 30 40 50 100公尺
武勝路
(跑馬廳路)
大沽路
龍門路
(愛多亞路)
中正東路
嵩山路
南京大戲院

第十五圖

紅星雲集
燕語鶯聲
歌星伴唱
音樂助奏
設備高尚
情調歐化
堂皇富麗
歡遊勝地

民豐染織公司
註冊商標
跑狗 香賓 猫蝶 千秋 行星 雙囍 新民
第十六圖
體育場
(跑馬廳)
比例尺
勝武路
ROAD
(跑馬廳路)
中正東路
(愛多亞路)
龍門路
普安路
PUAN ROAD
(維爾蒙路)
寧海西路
(華格臬路)
WESTERN
望亭路
WANGTING
南京大戲院
NANKING THEATER
南京大旅社
仁濟育嬰堂
永善路
(孟神父路)
小菜場

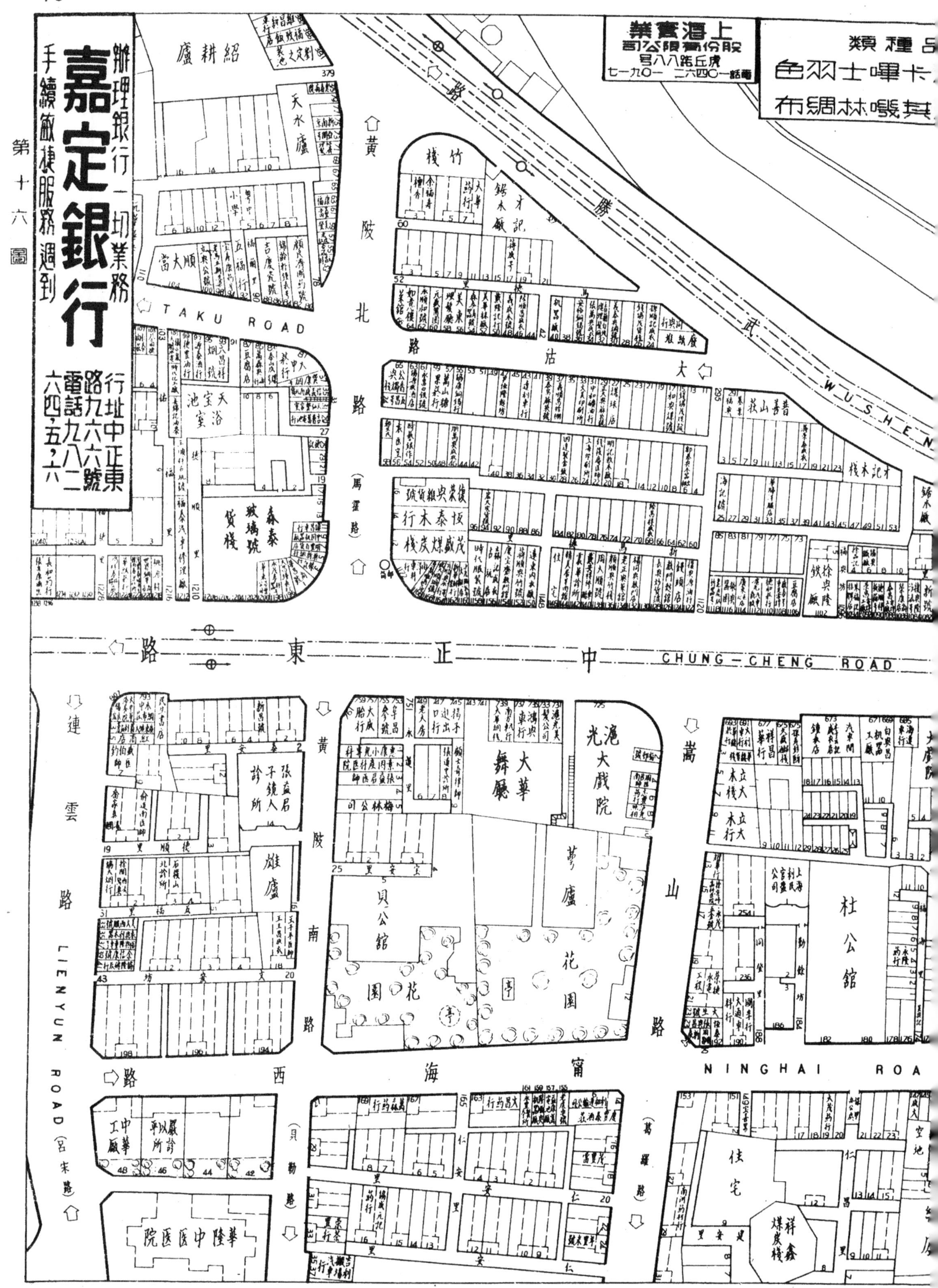
第十六圖
辦理銀行一切業務
手續簡捷服務週到
嘉定銀行
行址中正東路九六六號
電話九八二六四,五,六
上海實業股份有限公司
虎丘路八八號
電話一四〇六二 一〇九一七
品種類
卡嘰士羽色
其嘰林綢布
紹耕廬
天水廬
竹棧
才記木廠
大沽路
TAKU ROAD
天寶浴室
森泰玻璃號貨棧
黃陂北路
(馬霍路)
武勝路
WUSHEN
普善山莊
才記木棧
徐興隆鐵廠
中正東路
CHUNG-CHENG ROAD
連雲路
LIENYUN ROAD
(呂宋路)
張益君子鏡入診所
雄廬
黃陂南路
大華舞廳
滬光大戲院
貝公館
花園
夢廬
亭
嵩山路
杜公館
寧海西路
NINGHAI ROA
(貝勒路)
(葛羅路)
中華工廠
華隆中醫院
佳宅
祥鑫煤炭棧
空地

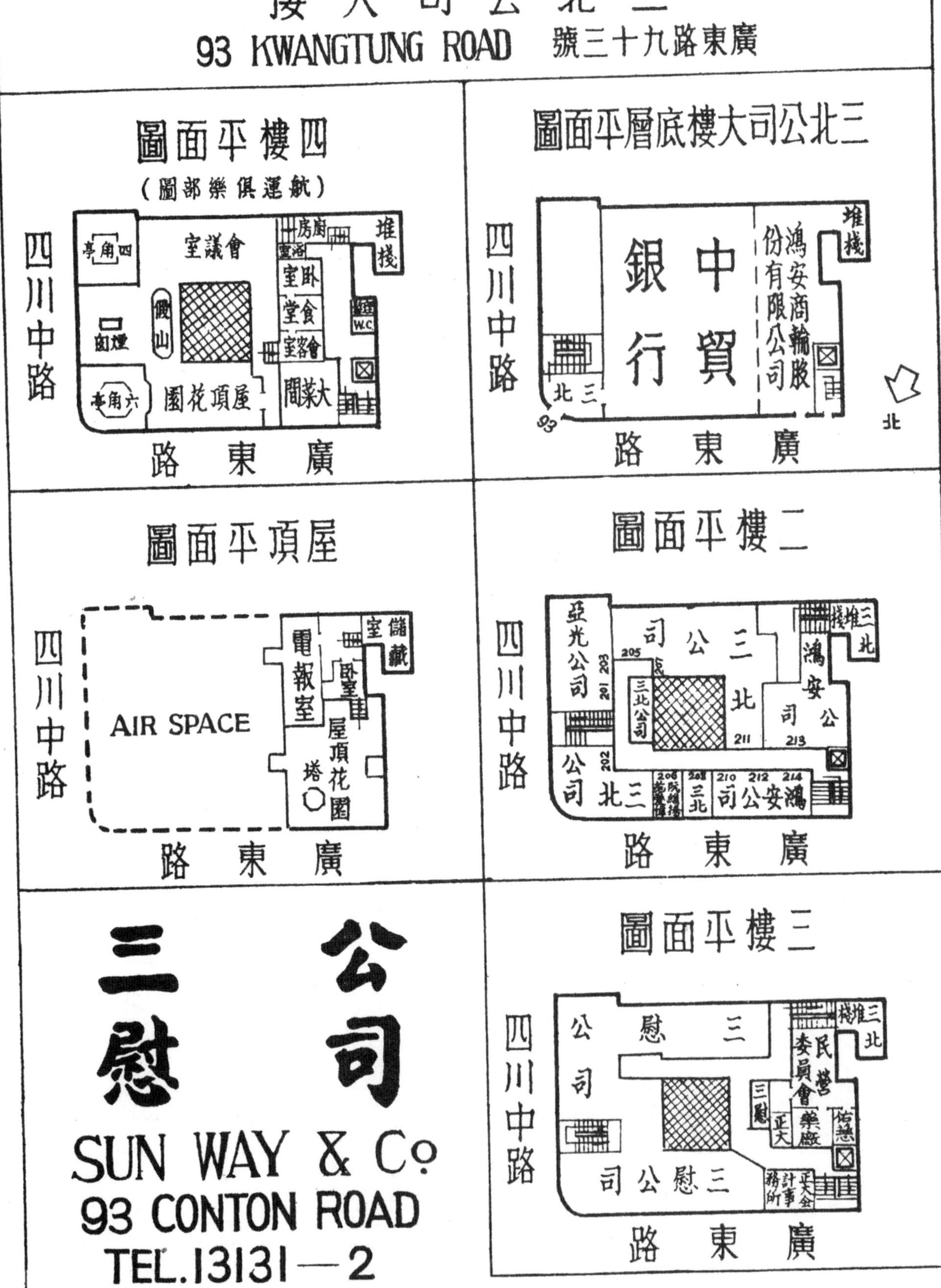

三北公司大樓
93 KWANGTUNG ROAD
廣東路九十三號
四樓平面圖
(航運俱樂部圖)
會議室
廚房
臥室
食堂
會客室
大菜間
屋頂花園
假山
四角亭
六角亭
四川中路
廣東路
三北公司大樓底層平面圖
中貿銀行
鴻安商輪股份有限公司
三北
堆棧
北
屋頂平面圖
AIR SPACE
電報室
儲藏室
臥室
屋頂花園
塔
二樓平面圖
亞光公司
三北公司
鴻安公司
三樓平面圖
三慰公司
民營委員會
三慰公司
SUN WAY & Co.
93 CONTON ROAD
TEL.13131—2
營業範圍－投資・貿易・運輸・企業・地產

上海市錢業商業同業公會會
大升錢莊
經營銀行業務　調劑工商金
地址：上海漢口路五一八號　電話：第九三〇二
電報掛號：八八二八　郵政信箱：第七六
第十七圖
大沽路
TAKU ROAD
黃陂北路
(馬霍路)
小菜場
中正東路
EASTERN ROAD
英士路
YING-SZE ROAD
(淡水路)
連雲路
(呂宋路)
金陵西路
LING ROAD WESTERN
關帝廟
運動場
正行女子中學
比例尺

第十七圖

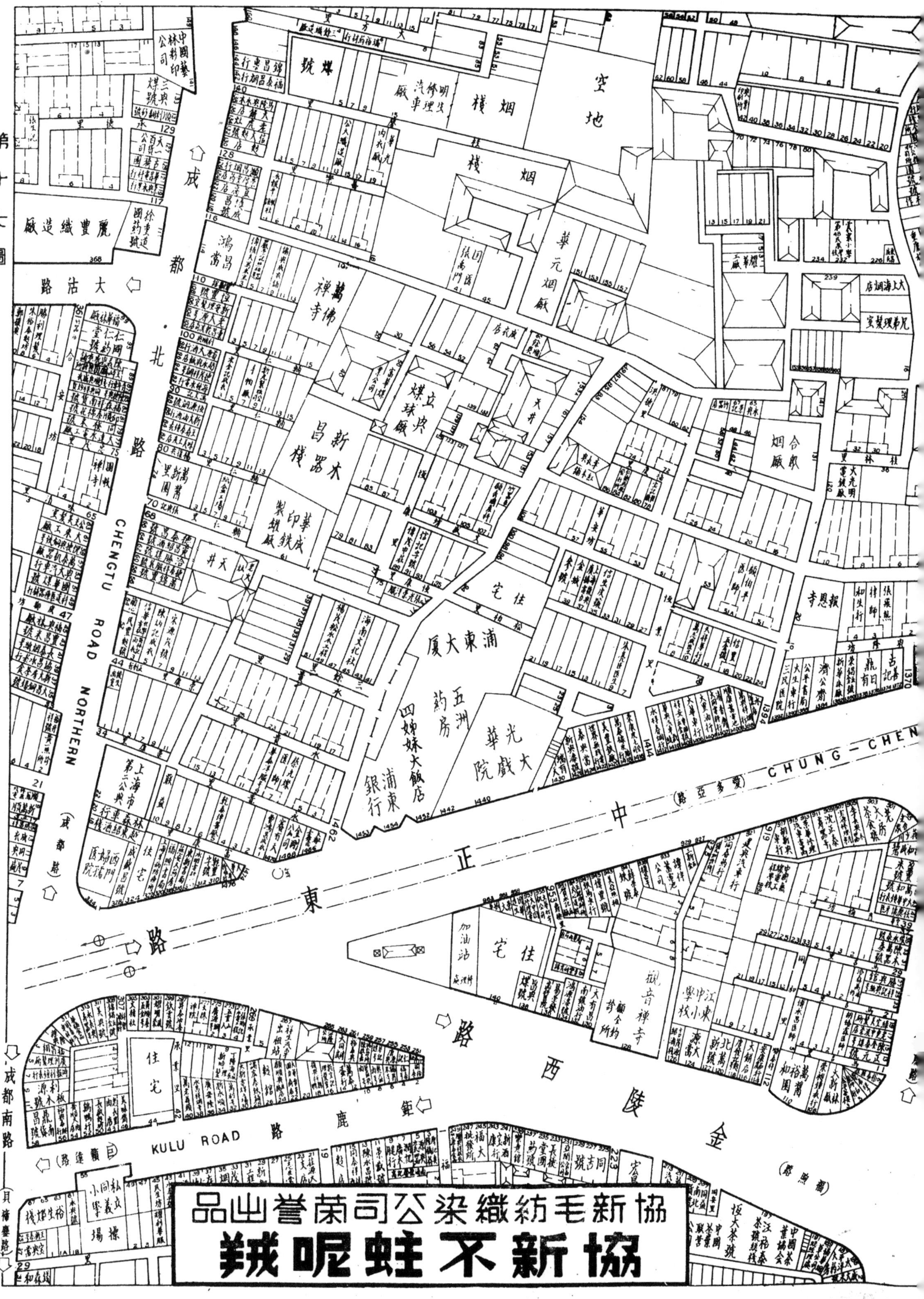
成都北路
CHENGTU ROAD NORTHERN
大沽路
中正東路
CHUNG-CHEN
（愛多亞路）
金陵西路
鉅鹿路
KULU ROAD
（巨籟達路）
成都南路
（成都路）
（貝禘鏖路）
空地
烟棧
華元烟廠
合众烟廠
報恩寺
萬佛禪寺
新昌木器棧
浦東大廈
五洲藥房
四姊妹大飯店
浦東銀行
大光華戲院
住宅
加油站
觀音禪寺
江東中小學
鴻昌當
麗豐織造廠
上海市第二公共
協新毛紡織染公司榮譽出品
協新不蛀呢絨

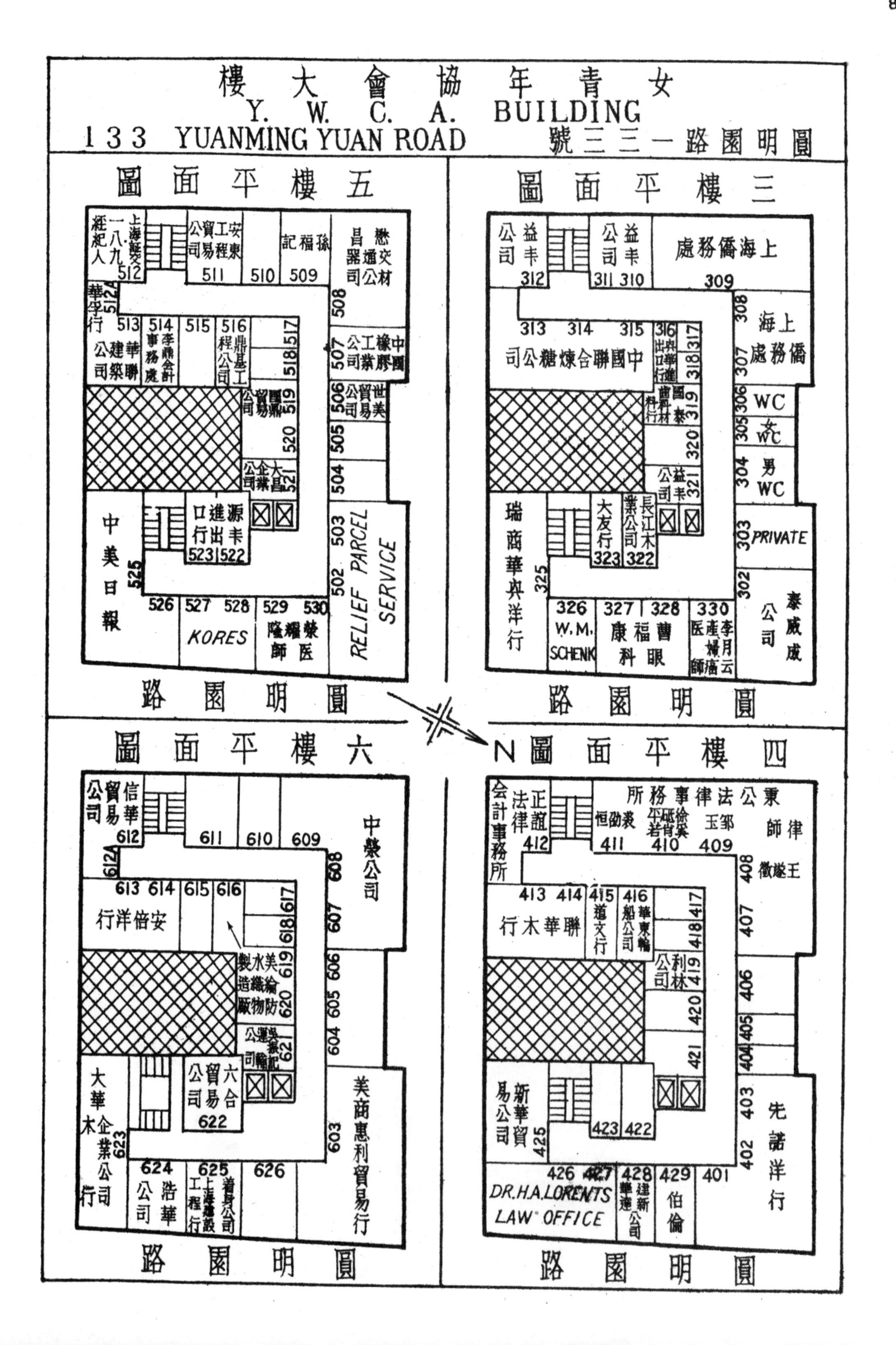

女青年協會大樓
Y. W. C. A. BUILDING
133 YUANMING YUAN ROAD
圓明園路一三三號
五樓平面圖
三樓平面圖
六樓平面圖
四樓平面圖
圓明園路
N
孫福記
安東工程貿易公司
華聯建築公司
中國橡膠工業公司
世美貿易公司
源丰進出口行
中美日報
KORES
RELIEF PARCEL SERVICE
上海僑務處
益丰公司
中國聯合煉糖公司
長江木業公司
大友行
瑞商華興洋行
W.M. SCHENK
曹福康眼科
泰威成公司
PRIVATE
WC
女WC
男WC
華信貿易公司
中榮公司
安倍洋行
美綸防水織物製造廠
六合貿易公司
大華企業公司
浩華公司
美商惠利貿易行
東公法律事務所
王懋徽律師
聯華木行
道文行
利林公司
新華貿易公司
DR. H.A. LORENTS LAW OFFICE
伯倫
先諾洋行

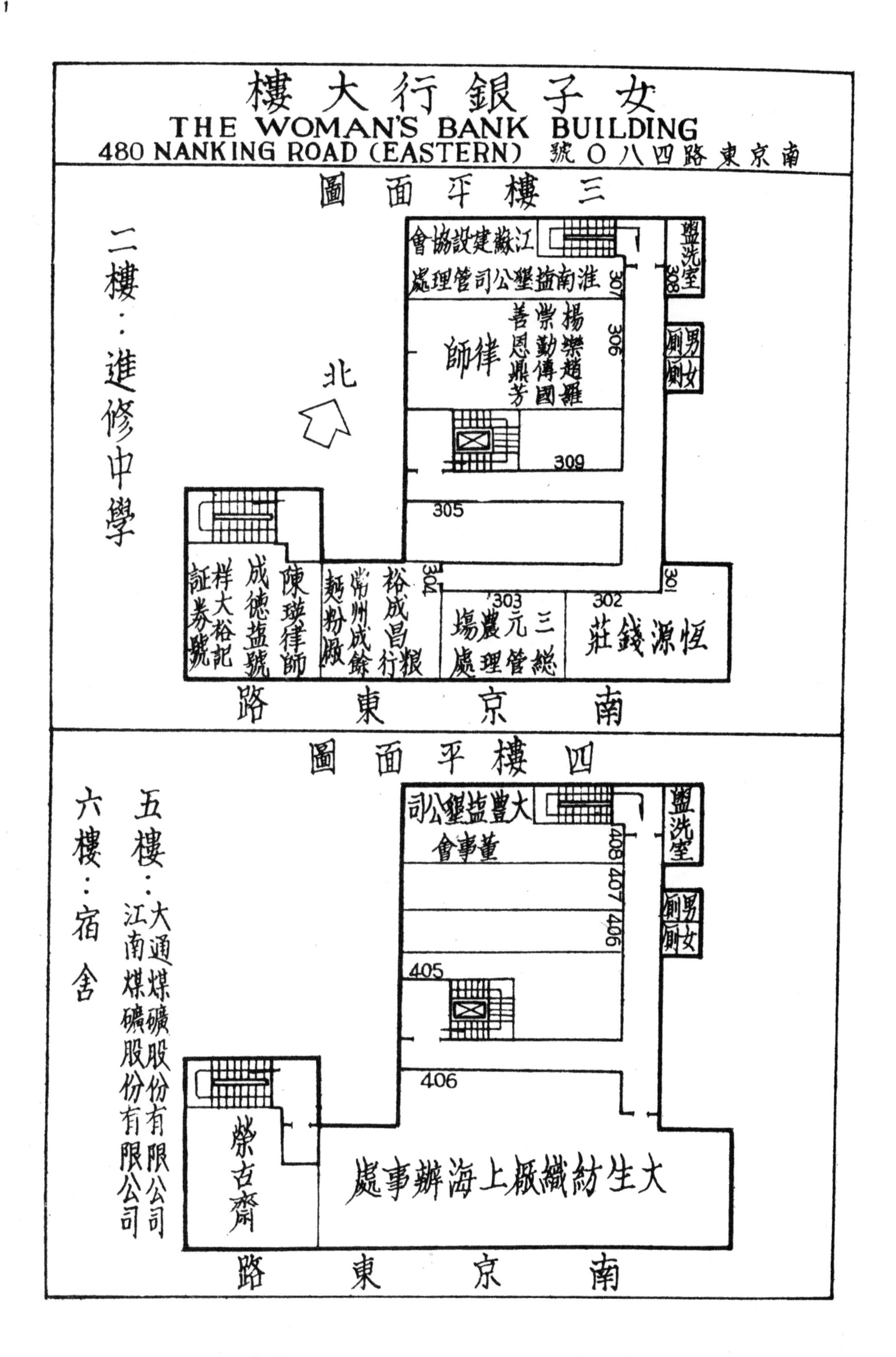

女子銀行大樓
THE WOMAN'S BUILDING
480 NANKING ROAD (EASTERN) 南京東路四八〇號
三樓平面圖
二樓：進修中學
北
江蘇建設協會
淮南鹽墾公司管理處
307
308
盥洗室
306
楊樂趙羅
崇勤傳國
善恩鼎芳
律師
男廁
女廁
309
305
304
301
303
302
陳瑛律師
成德鹽號
祥大裕記
証券號
裕成昌糧行
常州成餘麵粉廠
三元農場
總管理處
恒源錢莊
南京東路
四樓平面圖
五樓：大通煤礦股份有限公司
江南煤礦股份有限公司
六樓：宿舍
大豐鹽墾公司
董事會
408
407
406
405
406
榮古齋
大生紡織廠上海辦事處
南京東路

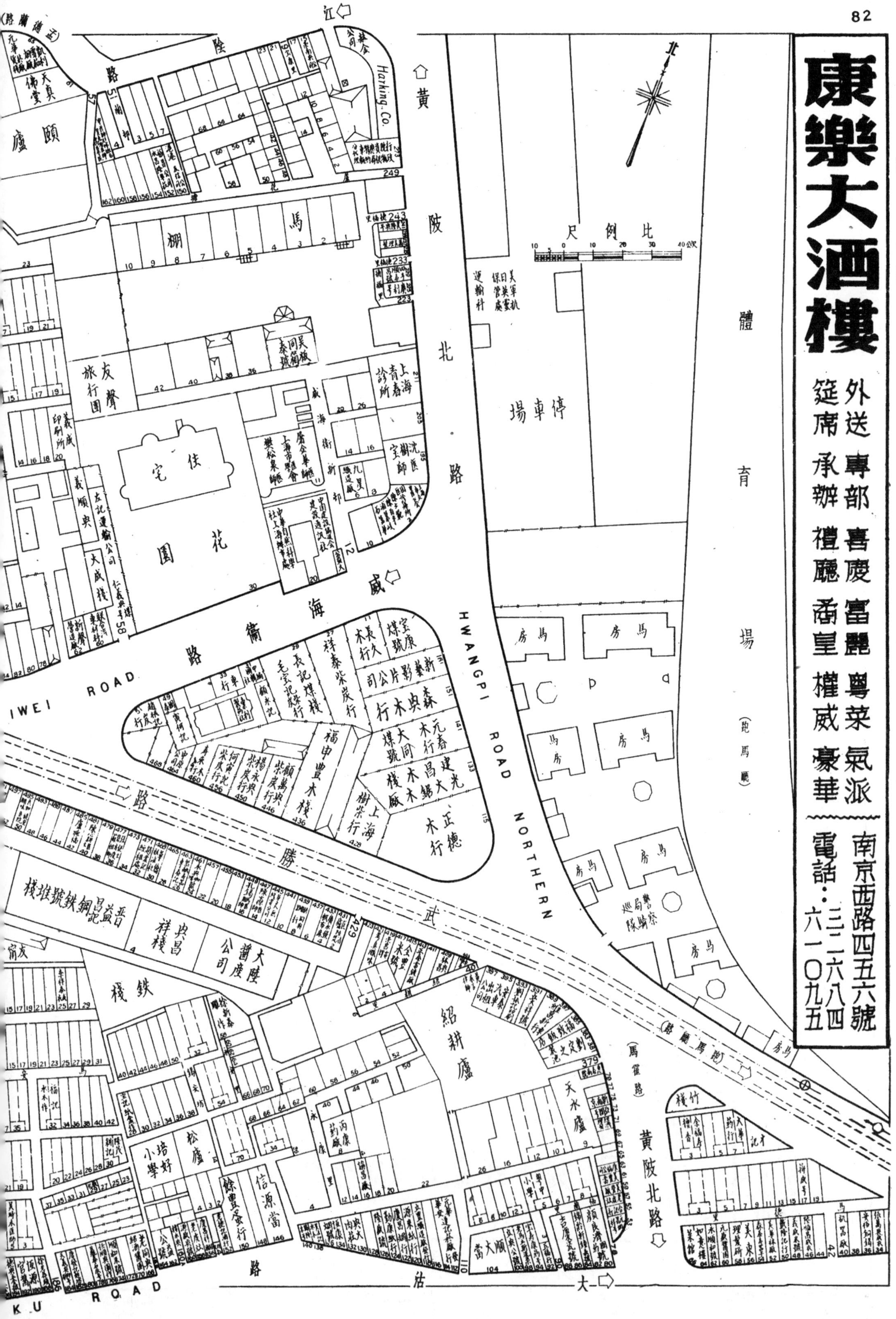
康樂大酒樓
外送筵席 專部承辦 喜慶禮廳 富麗堂皇 粵菜權威 氣派豪華
南京西路四五六號
電話：三三六八四 六一〇九五
黃陂北路
HWANGPI NORTHERN ROAD
威海衛路
IWEI ROAD
武勝路
大沽路
KU ROAD
比例尺
體育場
停車場
(跑馬廳)
馬房
住宅
花園
友聲旅行團
上海青春診所
紹耕廬
天永廬
松廬
信源當
福申豊木棧
森興木行
新藝影片公司
長記煤棧
上海柴行
正德木行
光大錫木廠
建昌木棧
元春木行
大同煤號
大陸實業公司
鉄棧
晉昌益記銅鉄號棧
Harking Co.

第十八圖

第十八圖

KIANGYIN ROA
江陰路
成都北路
重慶北路
CHUNGKING ROAD NORTHERN
CHENGTU ROAD NORTHERN
威海衛路
和興烟草公司
瑜伽精舍
通學院
中小學運動場
新建中學
運動場
草地
住宅
淞滬警備司令部第一稽查大隊
同興修理車胎工場
煤棧
勤豐木行
森泰木行
聯華建築公司
空地
烟棧
華元烟廠
萬佛禪寺
鴻昌當
東亭印書局運輸行
東昇源
省廬
光實中學
貨源泰棧號
番昌煤行
滋味素
豆麥商標
味神
八卦商標
上海天生滋味素廠股份有限公司
製造廠：第一廠：長壽路九一號 電話三三〇二
第二廠：昌平路歸化路二〇七號 電話六〇五〇九
發行所：英士路（隆坡賽路）二〇九號 電話八三九二一

# 雙錢牌

## 汽車胎 三輪車胎

國民政府採用

國民政府文官處用箋

處京字1078號

查本處現需600X16汽車輪胎內外胎拾套、350X16貳……650-16汽車輪胎內外胎四套、三輪車內外胎拾弍套，請以平價惠售，相應函達查照辦理為荷！此致

大中華橡膠廠

國民政府文官處啟

中華民國 年 月 日

大中華橡膠廠

取速件

南京 國民政府文官處緘

處京字 1078

各地均有出售

## 大中華橡膠廠興業股份有限公司

上海中正東路二七二衖三二號

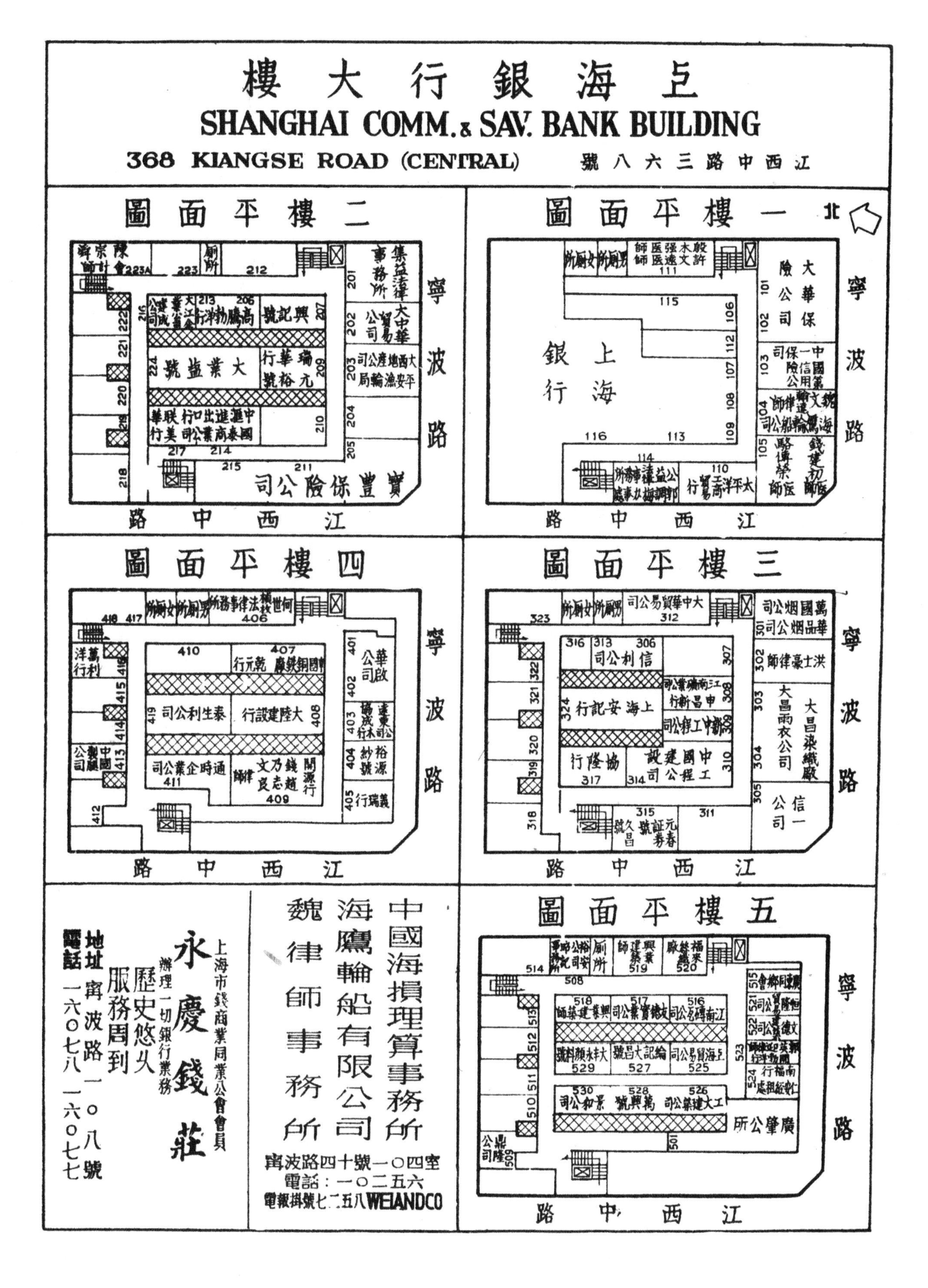

上海銀行大樓
SHANGHAI COMM. & SAV. BANK BUILDING
368 KIANGSE ROAD (CENTRAL)
江西中路三六八號
一樓平面圖
二樓平面圖
三樓平面圖
四樓平面圖
五樓平面圖
寧波路
江西中路
上海銀行
寶豐保險公司
大華保險公司
信一公司
廣肇公所
上海市錢商業同業公會會員
永慶錢莊
辦理一切銀行業務
歷史悠久
服務周到
地址 寧波路一〇八號
電話 一六〇七八 一六〇七七
中國海損理算事務所
海鷗輪船有限公司
魏律師事務所
寧波路四十號一〇四室
電話：一〇二五六
電報掛號七二五八 WEIANDCO

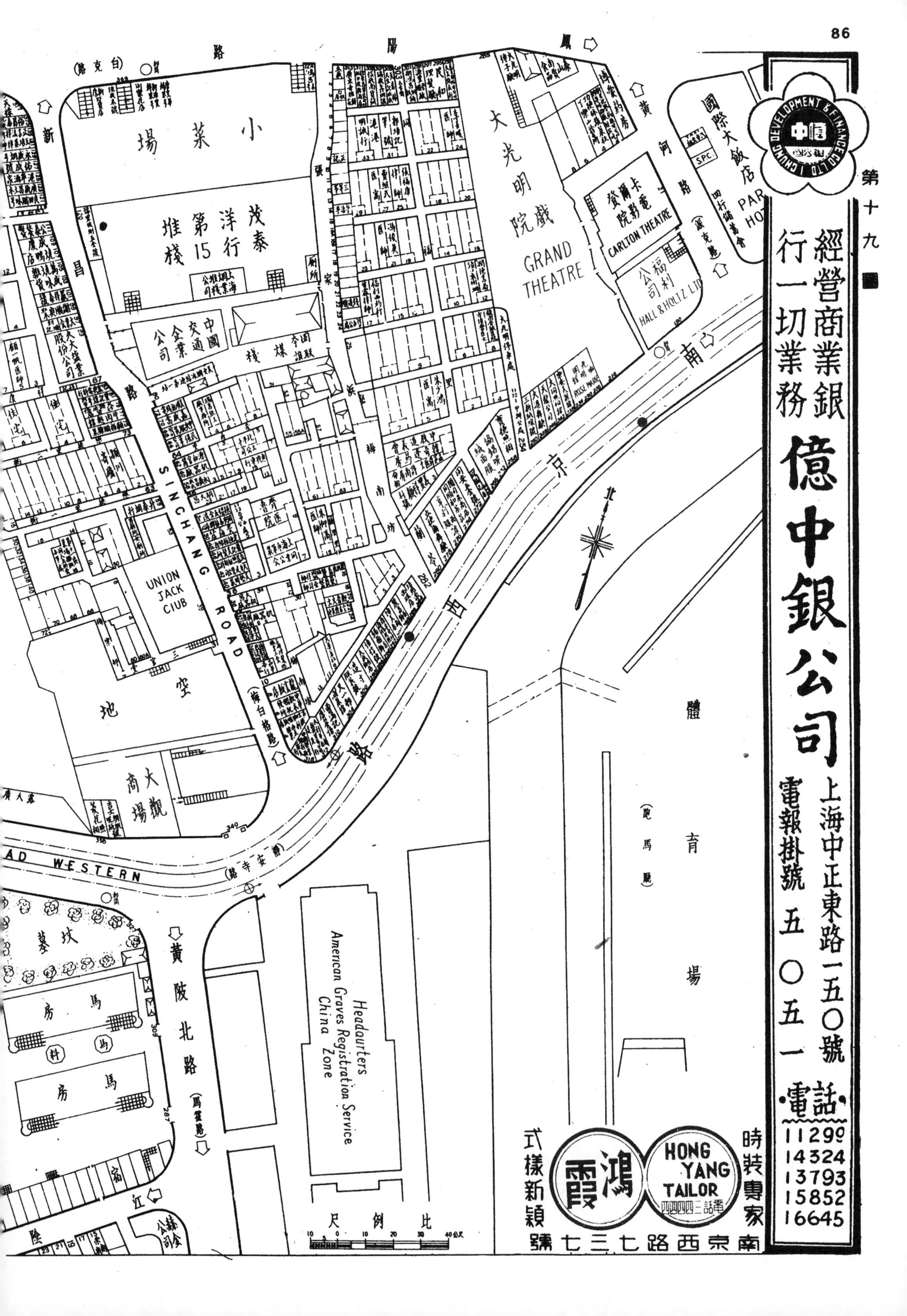
86
第十九圖
經營商業銀行一切業務
億中銀公司
上海中正東路一五〇號
電報掛號五〇五一
電話
11290
14324
13793
15852
16645
中信
小菜場
茂泰洋行第15堆棧
大光明戲院
GRAND THEATRE
卡爾登電影院
CARLTON THEATRE
福利公司
HALL & HOLTZ LTD
國際大飯店
鳳陽路
黃河路
(派克路)
新昌路
SINCHANG ROAD
UNION JACK CLUB
空地
大觀商場
(梅白格路)
南京西路
(靜安寺路)
AD WESTERN
體育場
(跑馬廳)
Headaurters
American Graves Registration Service
China Zone
黃陂北路
(馬霍路)
墳墓
馬房
比例尺
時裝專家
鴻霞
HONG YANG TAILOR
電話三四四四四
式樣新穎
南京西路七三七號

第十九圖



鳳陽路 FUNGYANG

成都北路 CHENGTU ROAD NORTHERN

南京西路 NANKIN

江陰路 KIANGYIN ROAD

國立同濟大學醫院

門診處

中美醫院 SINO AMERICAN HOSPITAL

中美醫院

信大公司

上海崇德中國會

仙樂舞宮 CIRO'S

康樂大酒樓

金魚商場

滄洲書場

住宅

空地

草地

汽車間

大中油行

四達實業公司

上海中國銀行成都路辦事處

海關進修會

球場

新成分局十一區公所

四益農產育種場

天井

花園

馬房

HSU BROS

成都路

新中華里

太怡
運輸股份有限公司
天津
蘭州
寶鷄
西安
渭南
靈寶
鄭州
開封
徐州
連雲港
南京
上海
杭州
漢口
武昌
九江
重慶
長江
長沙
貴陽
昆明
廣州
總公司
上海廣東路四十三號
電報掛號七六四九
電話
一〇三二〇
一三八九一
一四四五二
一八八五二
業務要目
承辦運輸 迅速安全
倉庫堆棧 碼頭躉船
自辦保險 代辦押滙
代理船務 手續簡捷
如蒙惠顧
竭誠服務

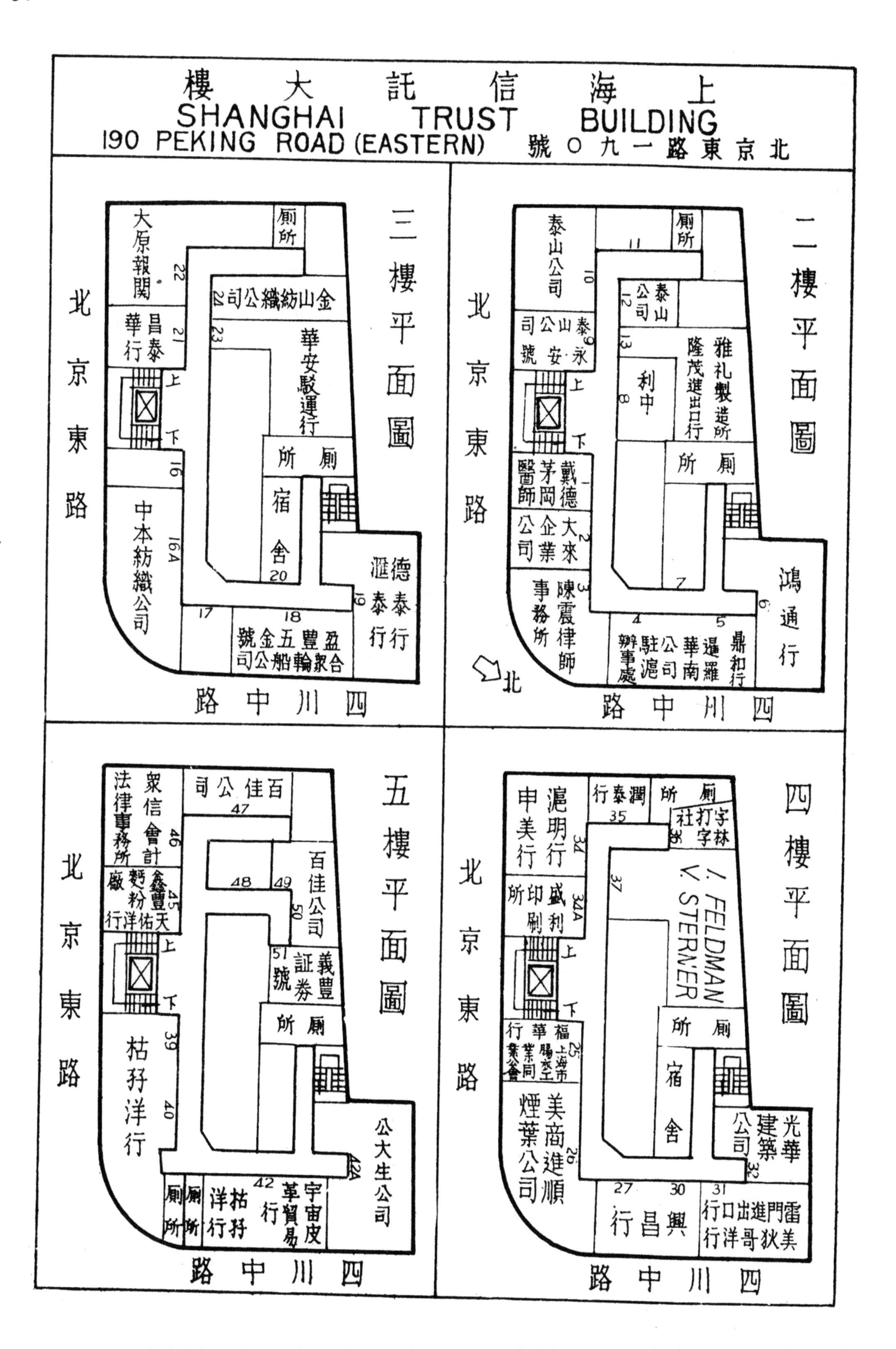
上海信託大樓
SHANGHAI TRUST BUILDING
190 PEKING ROAD (EASTERN) 北京東路一九〇號
二樓平面圖
三樓平面圖
四樓平面圖
五樓平面圖
北京東路
四川中路
J. FELDMAN
V. STERNER

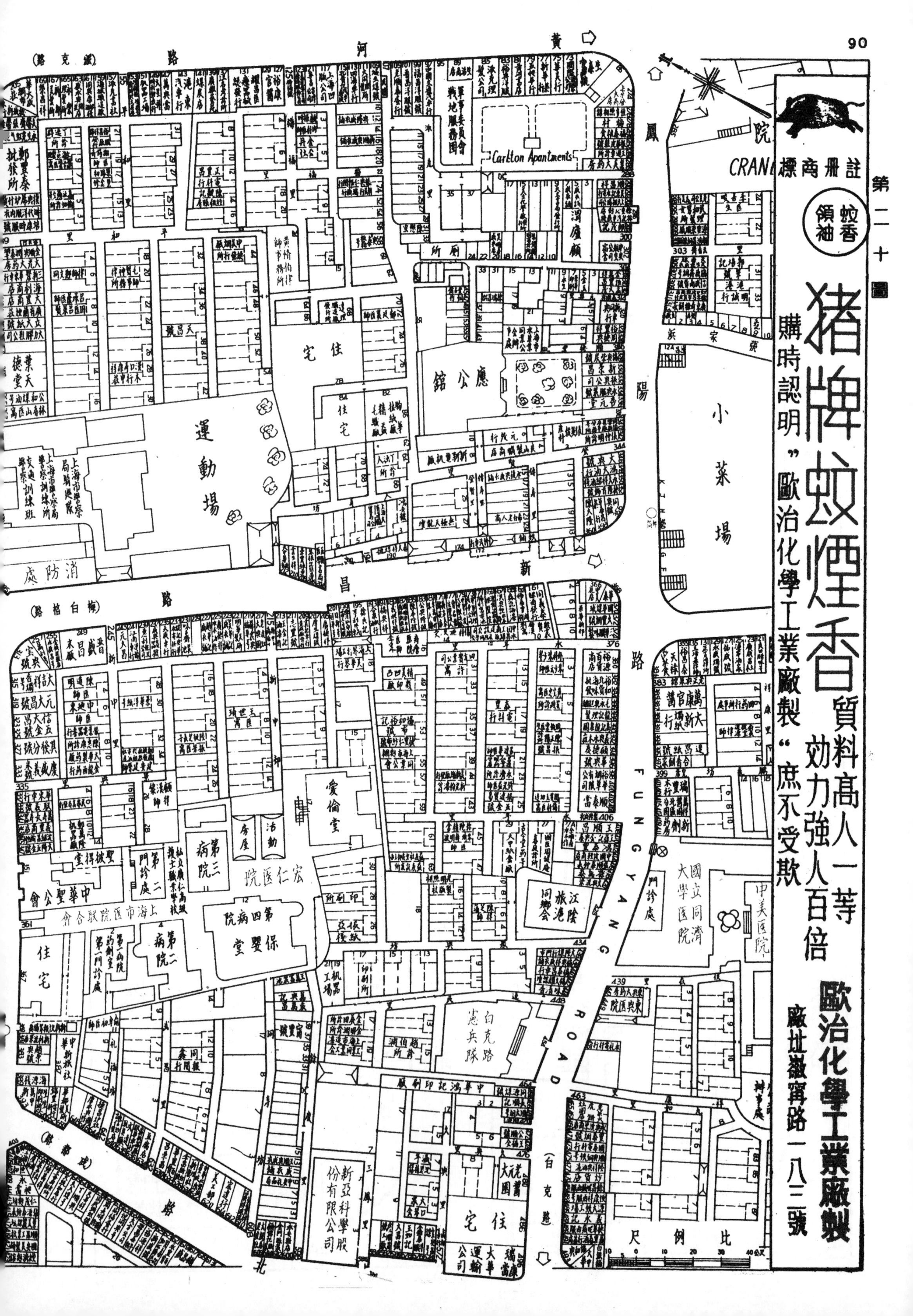
黄河路
(派克路)
鳳陽路
新昌路
(梅白格路)
(白克路)
Carlton Apartments
運動場
消防處
應公館
住宅
小菜場
愛倫堂
宏仁医院
第三病院
第四病院
保嬰堂
第二病院
聖彼得堂
中華聖公會
國立同濟大學医院
中美医院
江陰旅滬同鄉會
白克路憲兵隊
新亞科學股份有限公司
FUNG YANG ROAD
比例尺
註冊商標
蚊香領袖
CRANE
猪牌蚊烟香
質料高人一等
効力強人百倍
購時認明"歐治化學工業廠製"庶不受欺
歐治化學工業廠製
廠址徽寧路一八二號

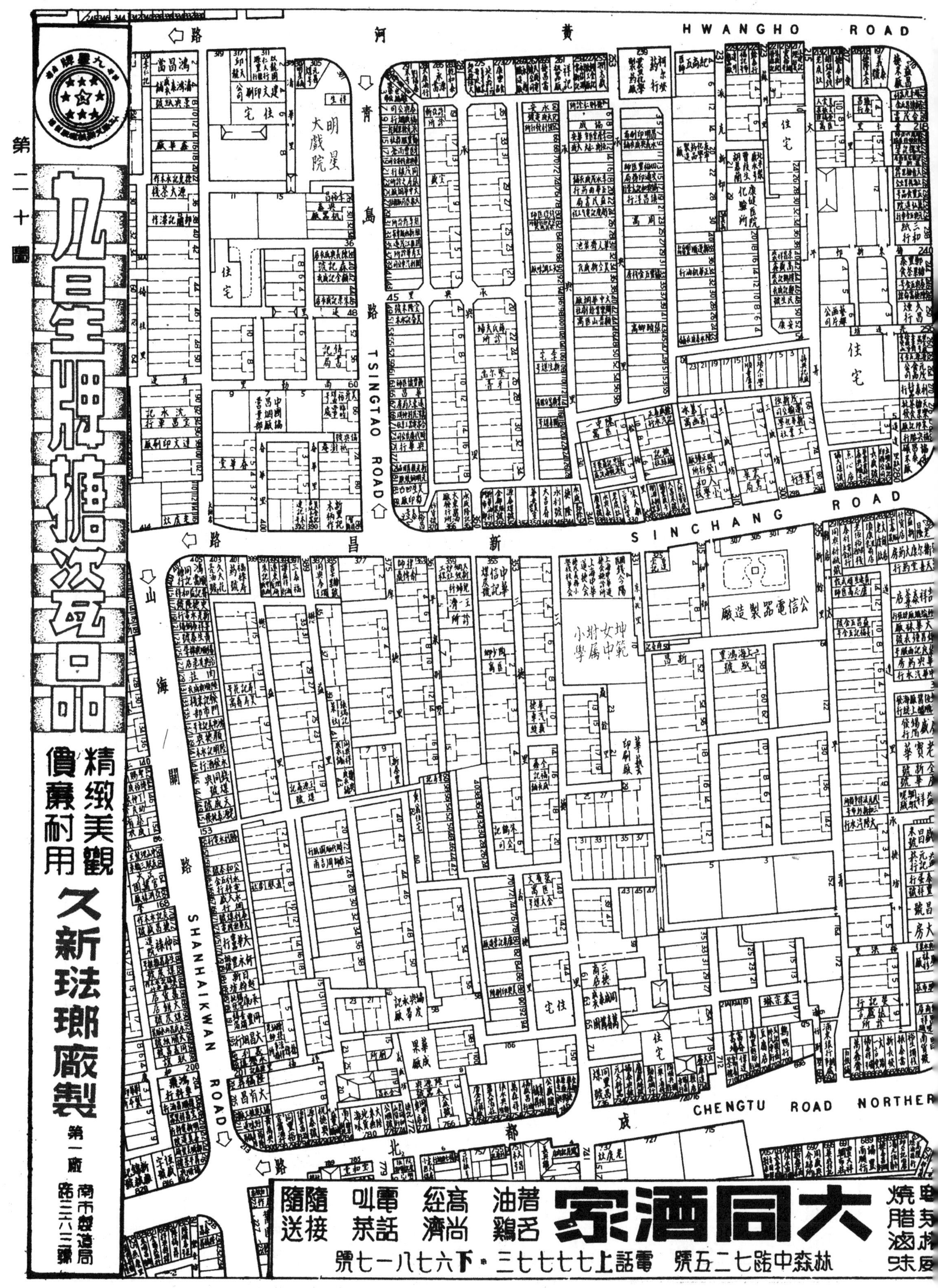

第二十圖
九星牌搪瓷品
精緻美觀
價廉耐用
久新琺瑯廠製
第一廠 南市製造局路三六三號
HWANGHO ROAD
黄河路
青島路
TSINGTAO ROAD
SINCHANG ROAD
新昌路
山海關路
SHANHAIKWAN ROAD
CHENGTU ROAD NORTHER
成都北路
明星大戲院
公信電器製造廠
坤範女中附屬小學
大同酒家
著名油鷄
高尚經濟
電話叫菜
隨接隨送
林森中路七二五號 電話上七七七三・下六七八一七號

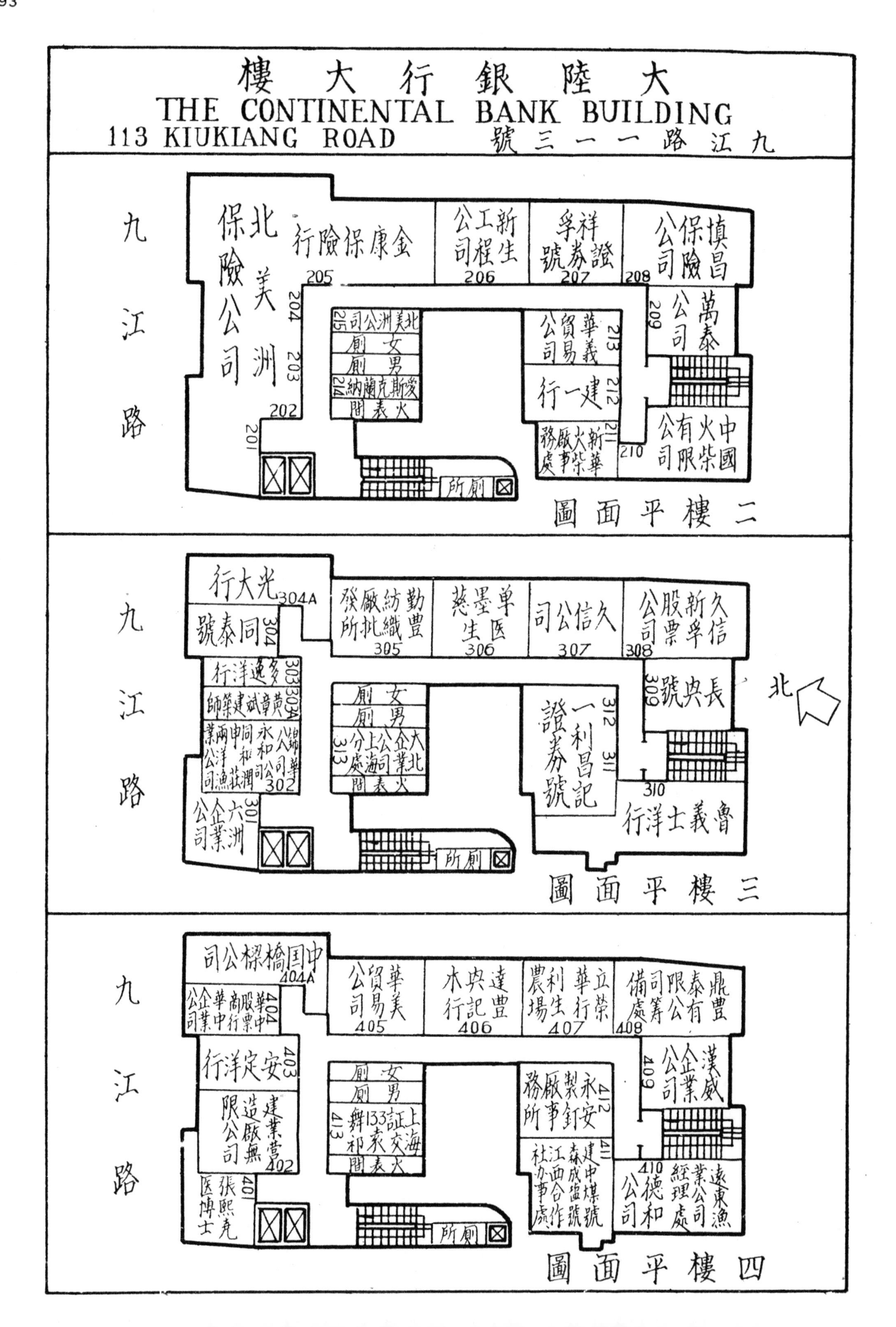

大陸銀行大樓
THE CONTINENTAL BANK BUILDING
113 KIUKIANG ROAD
九江路一一三號
九江路
北美洲保險公司 201 202 203 204
金康保險行 205
新生工程公司 206
祥孚證券號 207
慎昌保險公司 208
萬泰公司 209
中國火柴有限公司 210
新華火柴事務處 211
建一行 212
華義貿易公司 213
愛斯克蘭納 214
北美洲公司 215
女廁
男廁
火表間
廁所
二樓平面圖
光大行 304A
同泰號 304
勤豐紡織廠批發所 305
单墨慈医生 306
久信公司 307
久信新平股票公司 308
長央號 309
魯義士洋行 310
一利昌記證券號 311 312
大北企業公司上海分處 313
多逸洋行 303
黄章斌建築師 303A
錦華公司 永和公司 同和潤申莊 兩洋漁業公司 302
六洲企業公司 301
三樓平面圖
北
中国橋樑公司 404A
中華股票商行 華中企業公司 404
安定洋行 403
建業營造廠無限公司 402
張熙堯博士医 401
華美貿易公司 405
達豐央記木行 406
立榮華行 利生農場 407
鼎豐泰有限公司籌備處 408
漢威企業公司 409
遠東漁業公司經理處 德和公司 410
建中煤號 森成鹽號 江西合作社辦事處 411
永安製釘廠事務所 412
上海証交133表舞祁 413
四樓平面圖

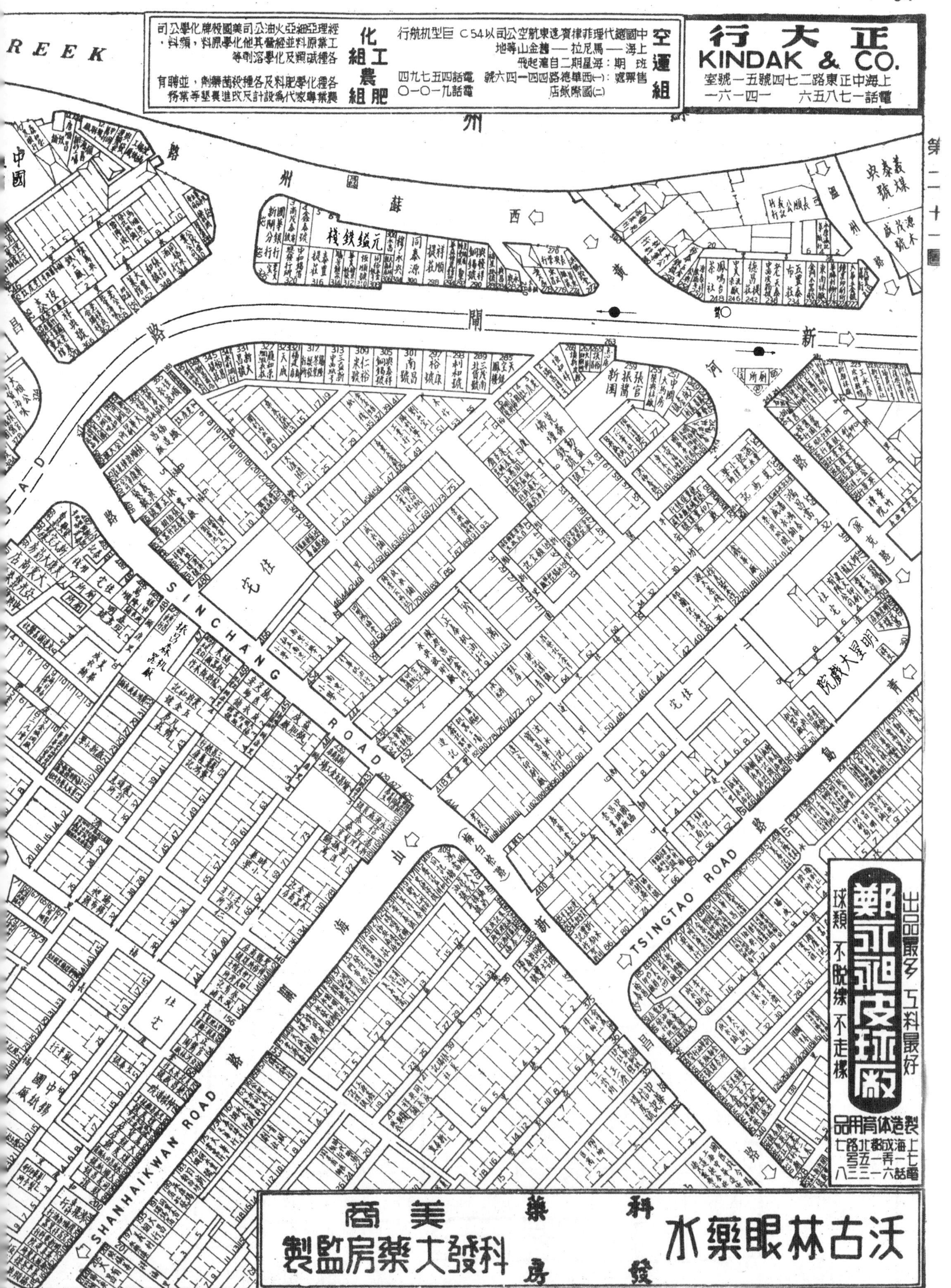
正大行
KINDAK & CO.
上海中正東路二七四號五一號室
電話一七八五六 一四一六一
空運組
中國總代理菲律賓遠東航空公司以C54巨型机航行
上海——馬尼拉——舊金山等地
班期：每星期二自滬起飛
售票處：(一)西華德路四一四六號 電話四五七九四
(二)國際飯店 電話九〇一〇一
化工組
經理亞細亞火油公司美國穀牌化學公司工業原料並經營其他化學原料，顏料，各種鹼類及化學溶劑等
化肥農組
各種化學肥料及各種殺菌藥劑，並聘有農業專家代為設計及改進農墾等業務
第二十一圖
REEK
新閘路
SINCHANG ROAD
TSINGTAO ROAD
青島路
SHANHAIKWAN ROAD
山海關路
明星大戲院
鄭永昶皮球廠
出品最多
球類 不脫綫 不走樣
製造体育用品
上海成都北路七
七一弄一五号
電話六一三二二八
沃古林眼藥水
科發藥房
美商
科發大藥房監製

第二十一圖
蘇州河
西蘇州路
SOOCHOW
SI-SOOCHOW
天祥打包廠
振興食粮有限公司特約倉庫
天祥實業股份有限公司
上海顧天威花廠
中國紡織建設公司第五倉庫
浦東銀行倉庫
浦東銀行第二倉庫
天祥水泥廠
大王廟
隆茂房棧
新大
和安小學
住宅
江甯會館
新閘路
成都北路
新橋路
SINJAO ROAD
CHENGTU ROAD NORTHERN
比例尺
各大棉布莊均售
深淺二種
霸王藍布
永不退色
鼎新染織廠標準出品

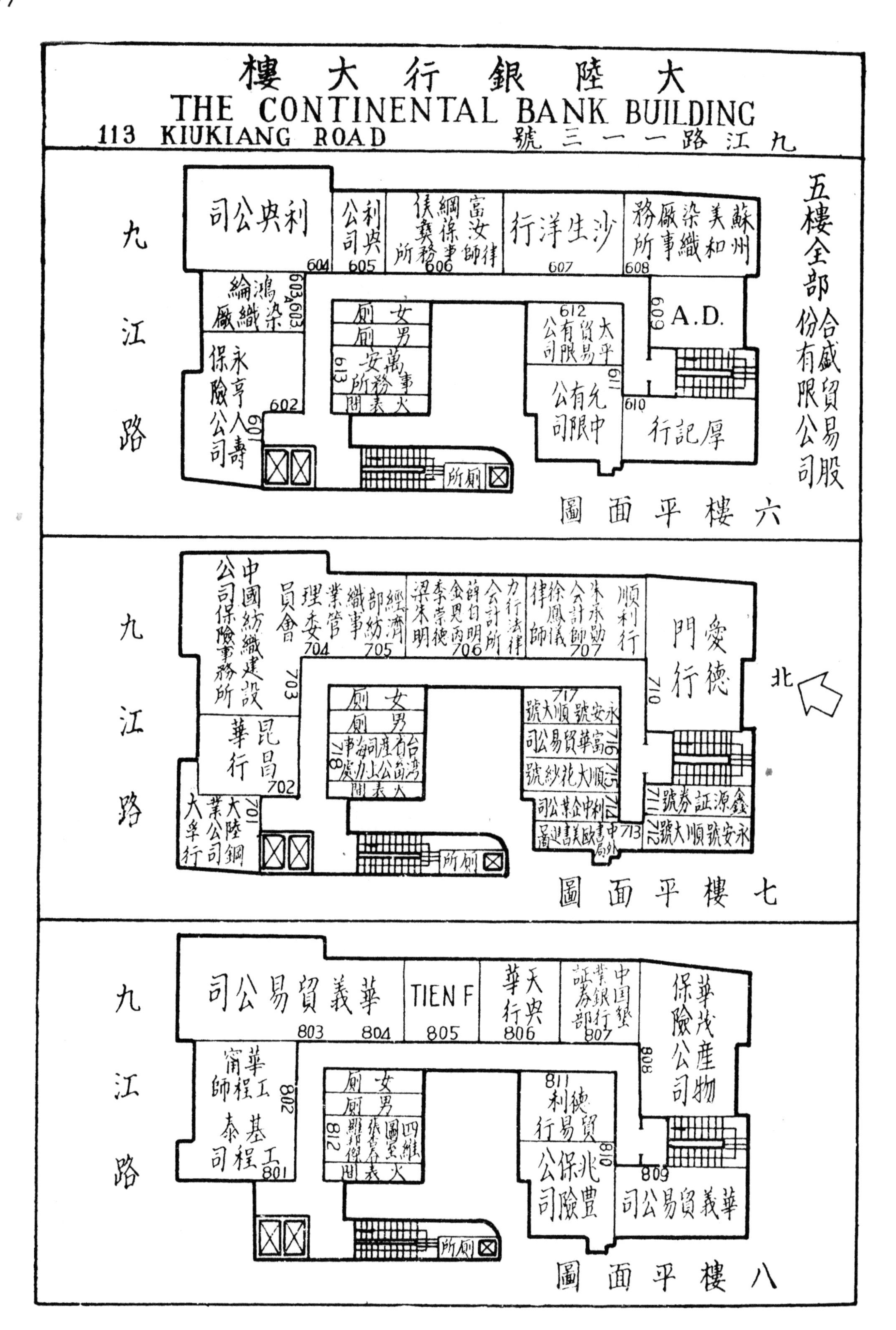
大陸銀行大樓
THE CONTINENTAL BANK BUILDING
113 KIUKIANG ROAD
九江路一一三號
九江路
利央公司 604
利央公司 605
606
沙生洋行 607
蘇州美和織染廠事務所 608
A.D. 609
鴻染織綸廠 603 603A
永亨人壽保險公司 602 601
女廁
男廁
萬安事務所 613
火表間
612 太平貿易有限公司
允中有限公司 611
610 厚記行
廁所
六樓平面圖
五樓全部 合盛貿易股份有限公司
九江路
中國紡織建設公司保險事務所 703
經濟部紡織事業管理委員會 704 705
706
順利行 707
愛德門行 710
北
昆昌華行 702
大陸鋼業公司 701
女廁
男廁
718
火表間
717 永安號 大順號
富華貿易公司 716
順大花紗號 715
利中企業公司 714
713
鑫源証券號 711
永安號 順大號 712
廁所
七樓平面圖
九江路
華義貿易公司 803 804
TIEN F 805
天央華行 806
807
華茂產物保險公司 808
802
801
女廁
男廁
812
火表間
811 德利貿易行
兆豐保險公司 810
809 華義貿易公司
廁所
八樓平面圖

第二十二圖
KUFOW ROAD
PEH-SOOCHOW ROAD
SOOCHOW ROAD
AMOY ROAD
北蘇州路
蘇州河
蘇州路
廈門路
浙江北路
浙江中路
甘肅路
曲阜路
天潼路
新華倉庫
浙江興業銀行貨棧
浦東銀行倉庫
揚子倉庫
金城銀行倉庫
中國工業銀行倉庫
溢康錢莊倉庫
中一信託公司倉庫
聚興誠銀行第一倉庫
江蘇農民銀行上海分行倉庫
中國紡織建設公司第二倉庫
怡和打包廠
糧食部上海第十一倉庫
永安公司木器工場
永安公司貨倉
源利茶棧
元大煤號
啟秀女子中學
上海東萊銀行貨棧
交通銀行第一倉庫
尊德倉庫
倉庫
清潔組
上海市工務局道路工場
鋼匠間
鉄工場
漆匠間
住宅
花園

第二十二圖

庫倫路
西藏北路
(北西藏路)
阜路
文昌路
安宜里
滿洲路
光復路
蘇州路
SOOCHOW CREEK
西藏路橋
西藏中路
(廣治卿路)
上海市蔬菜地貨業運銷联营商場
四行信託部倉庫
上海大陸銀行倉庫
中國銀行倉庫
中國銀行貨棧
中國銀行倉庫
上海商品檢驗局
大明旅館
SHANGHAI GAS CO. LTD.
上海自來水廠
比例尺
北
潤腸利便特效劑
大利特靈
上海山東中路二三二號
本品主治大便秘結痔瘡或習慣性便秘潤腸輕瀉增益健康考究衛生者不可不備
愛華製藥社發行

## 浦海商業銀行

手續敏捷

經營商業

銀行業務

服務週到

行址　上海寧波路九十四號

電話・一八二五七・一九〇四〇・一四八七八

## 浦東商業儲蓄銀行

辦理商業儲蓄

銀行一切業務

總行　中正東路一八四號　電話一七四二六一七

分行　中正東路一四五六號　電話三三六六八

辦事處　成都北路六九四號　電話三一六七四　常熟路九三A號　電話七九一六八　新橋路一二三號　電話三四六七七

倉庫　新橋路一二三號　新橋路五一弄三五號　電話三四四一八

## 振業商業儲蓄銀行

民國三十年創立

辦理商業銀行一切業務

行址：上海寧波路三二五號

電話：九〇二四三、九六二三三、

電報掛號：〇四二六

## 上海工業銀行

經營商業

銀行業務

行址：上海四川中路四四〇號

電話：一六四四二號轉接各部

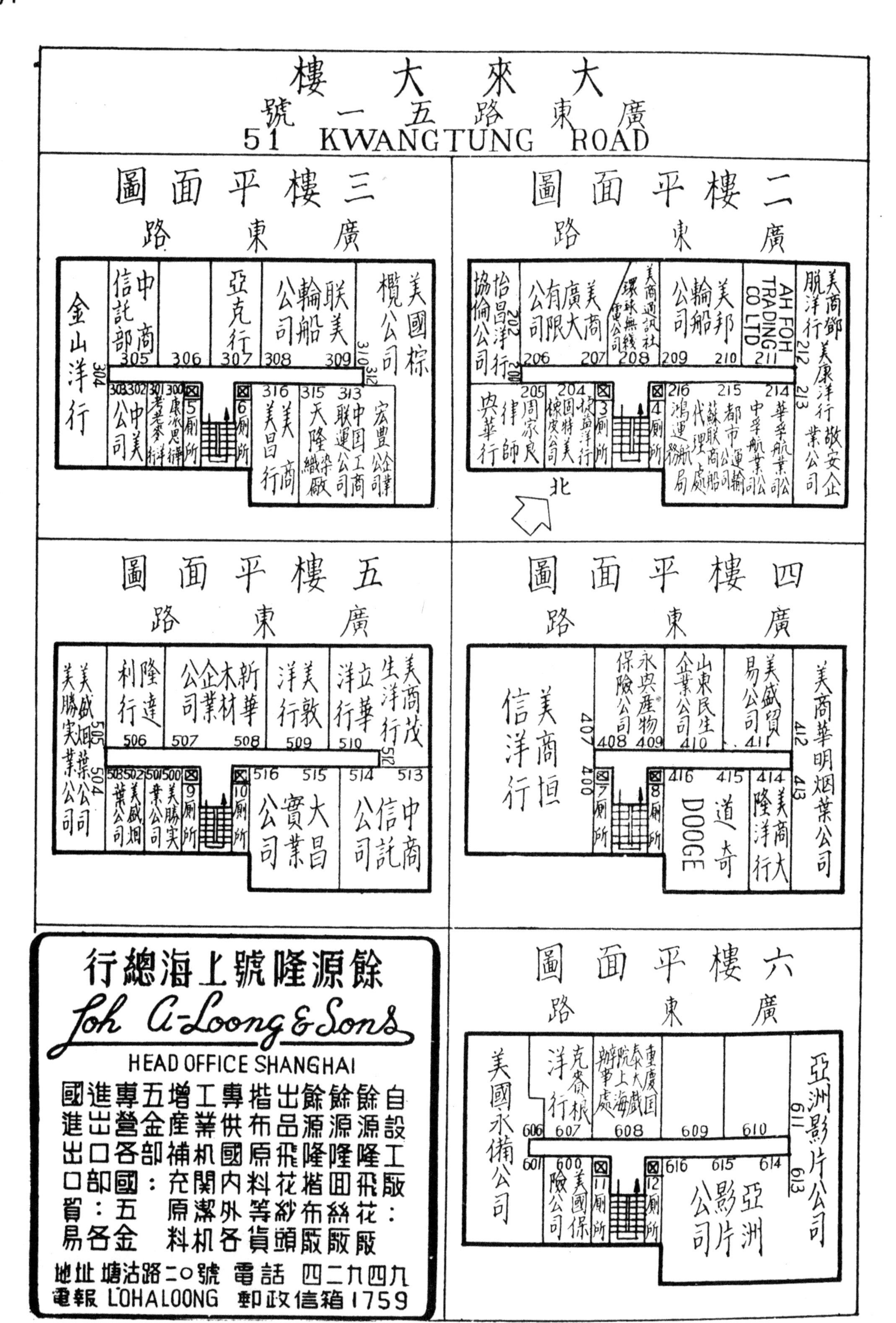
大來大樓
廣東路五一號
51 KWANGTUNG ROAD
三樓平面圖
廣東路
金山洋行
中商信託部
亞克行
美联輪船公司
美國棕欖公司
305 306 307 308 309 310 312 304
303 302 301 300 316 315 313
5 廁所
6 廁所
二樓平面圖
廣東路
怡昌洋行
協倫公司
美商廣大有限公司
美商通訊社環球無綫電公司
美邦輪船公司
AH FOH TRADING CO LTD
美商鄧美康洋行
脫洋行
敬安企業公司
202 206 207 208 209 210 211 212 213
205 204 216 215 214
周家良律師
3 廁所
4 廁所
北
五樓平面圖
廣東路
美盛烟葉公司
美勝實業公司
隆達利行
新華木材企業公司
美敦洋行
立華洋行
美商茂生洋行
505 504 506 507 508 509 510 512
503 502 501 500 516 515 514 513
大昌實業公司
中商信託公司
9 廁所
10 廁所
四樓平面圖
廣東路
美商恒信洋行
永興產物保險公司
山東民生企業公司
美盛貿易公司
美商華明烟葉公司
407 400 408 409 410 411 412 413
416 415 414
DOOGE
道奇
美商大隆洋行
7 廁所
8 廁所
六樓平面圖
廣東路
美國永備公司
克齊根洋行
重慶國泰大戲院上海辦事處
亞洲影片公司
606 607 608 609 610 611 613
601 600 616 615 614
美國保險公司
亞洲影片公司
11 廁所
12 廁所
餘源隆號上海總行
Loh A-Loong & Sons
HEAD OFFICE SHANGHAI
自設工廠：
餘源隆飛花廠
餘源隆囲絲廠
餘源隆楷布廠
出品飛花紗頭
指布原料等貨
專供國内外各
工業机閑潔机
增產補充原料
五金部：
專營各國五金
進出口部：
國進出口貿易
地址 塘沽路二〇號 電話 四二九四九
電報 LOHALOONG 郵政信箱1759

新
TEL. 91195
電話経理室一〇二六四
營業室一四一七二
民國二十三年五月開業
光華商業儲蓄銀行
有十餘年悠久之歷史堅強之信用
忠誠服務
辦事敏捷
行址：甯波路一二一號
第二十三圖
HAINING ROAD
海甯路
TSEPOO ROAD
七浦路
KANSUH ROAD
甘肅路
CHEKIANG ROAD NORTHERN
北浙江路
天潼路
曲阜路
金門浴室
上海高等法院
上海地方法院
中國道德總會
中華中小學
華僑公司貨棧
友寧烟草公司
公興煤號
英商平治明有限公司
第十四堆棧
安達運輸公司
平安木材公司
民眾玩具廠
濟養院
文貞紙棧
同和木行
興盛升煤號
林豐木棧
裕大煤號
上海濟養院
上海四明銀行倉庫
新華倉庫
中國瑞倫烟草公司
許豐錦木廠
中國公司
慎昌總行
名表最多
修理第一
南京路抛球場 電話一八四八一

廣西路三四五號 電話九一一九五
酒家 粵菜茶點
NEW CHINA REST AURANT
345 KWANGSE RO
後方總司令部
第七倉庫第三分庫
上海濟民醫院
湖州旅滬中小學
南洋女子中學
金源錢莊第二倉庫
藍球場
強華業餘体育會
張源興鐵床廠
龍泉浴室
大新印刷廠
新建煉染廠
勝興鐵廠
關聖帝廟
新疆路
海寗路
北西藏路
SITZANG ROAD NORTHERN
開封路
KAIFENG
文昌路
曲阜路
KUFOW ROAD
庫倫路
北
比例尺
惠中商業儲蓄銀行
天津路六六號 電話一〇七六六 一二〇八五

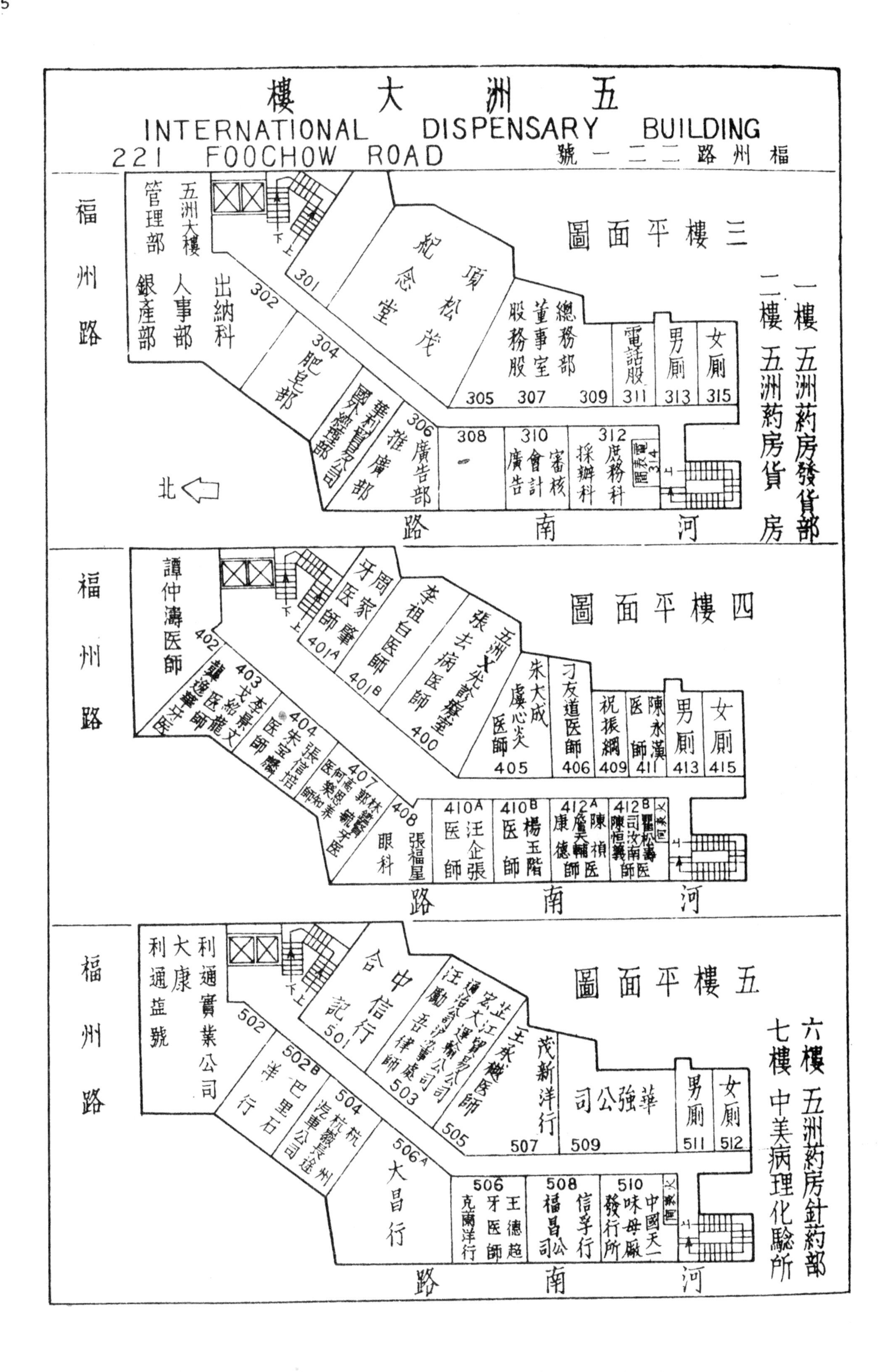

樓大洲五
INTERNATIONAL DISPENSARY BUILDING
221 FOOCHOW ROAD
號一二二路州福
圖面平樓三
一樓 五洲葯房發貨部
二樓 五洲葯房貨房
圖面平樓四
圖面平樓五
六樓 五洲葯房針葯部
七樓 中美病理化驗所
福州路
河南路
北

第二十八圖
海甯路
塘沽路
（文監師路）
ROAD
七浦路
ROAD
天潼路
ROAD
河南北路
NORTH HONAN ROAD
山西北路
（北山西路）
（北河南路）
小菜場
汪裕泰茶棧
久大煤球廠
浙紹醫院
植生醫院
漢文機器廠
震源機器廠
永升木行
滙森木行
大陸藥房貨棧
峻化聚善堂
世界製版印刷所
棧房
俊文小學
大禮堂
教室
操場
錢業中小學
錢業會館
大中煤號
汪萬利煤棧
宏祥印染廠
美華無綫電學校
洪源茶葉公司
丁森記水木作
同德中學
無錫同鄉會
吉祥寺
鴻基煤球行
和記煤號
大成印務工場
慎源茶葉公司

第二十四圖

川康平民商業銀行
上海分行
匯價克己 交款迅速
通匯
京津漢川陝
康滇等地
地址上海寧波路河南路口
第五一五号
電話九八五九六
HAINING
海寧路
球場
康樂路
福建路
TANGK
塘沽路
新裕染織廠
利興烟公司
KANGLO ROAD
七浦路
興藝軍服廠
上海高等法院
CHEKIANG ROAD NORTHERN
(北浙江路)
FOKIEN ROAD NORTHERN
(北福建路)
小菜場
天潼路
TIENDO
比例尺

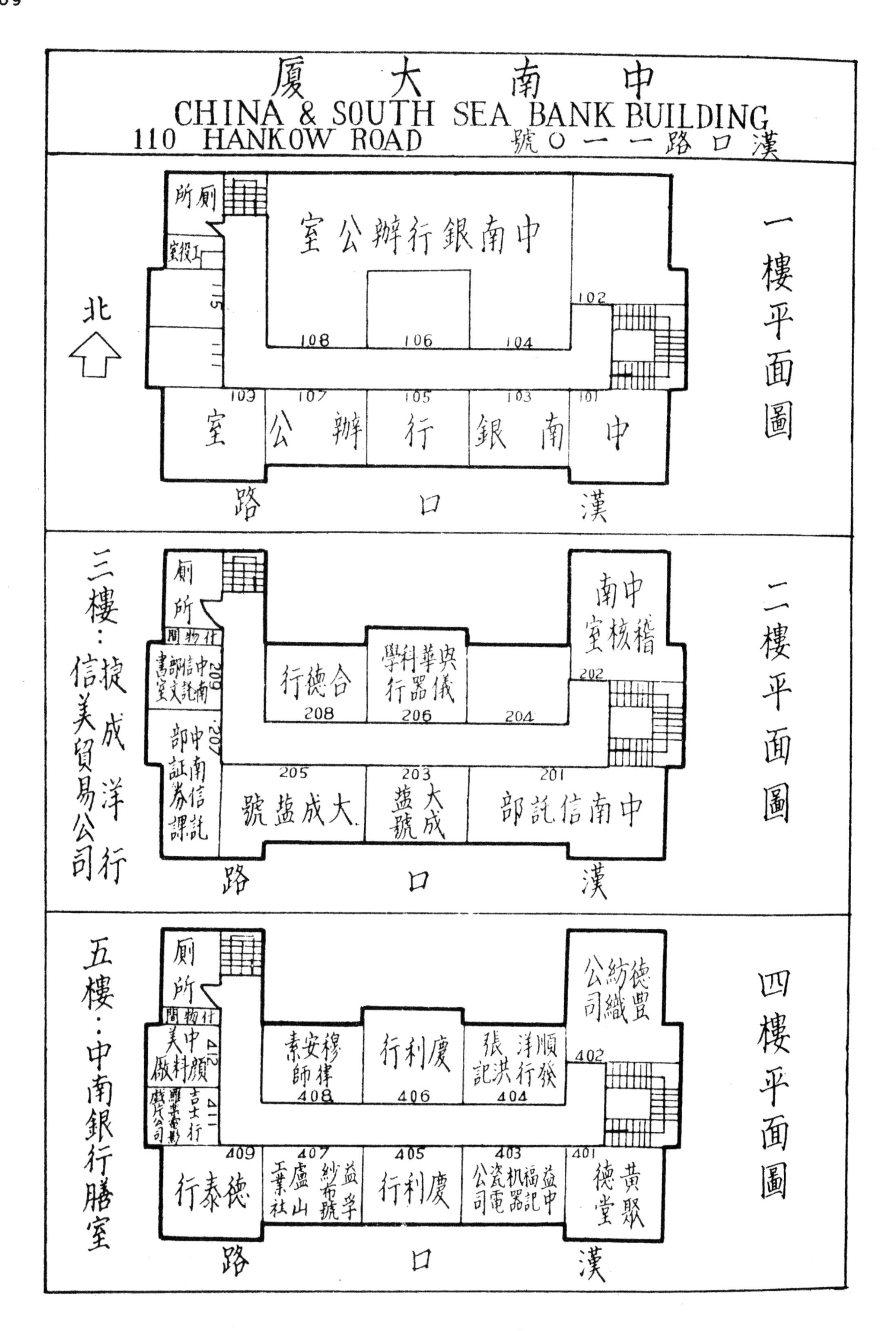
中南大厦
CHINA & SOUTH SEA BANK BUILDING
110 HANKOW ROAD
漢口路一一〇號
一樓平面圖
北
廁所
工役室
中南銀行辦公室
115
111
108
106
104
102
109
107
105
103
101
中南銀行辦公室
漢口路
二樓平面圖
廁所
付物間
209
中南信託部文書室
207
中南信託部證券課
合德行
208
央華科學儀器行
206
204
中南稽核室
202
205
大成鹽號
203
大成鹽號
201
中南信託部
漢口路
三樓：捷成洋行 信美貿易公司
四樓平面圖
廁所
付物間
412
中美顏料廠
411
吉士行
戲片公司
穆安素律師
408
慶利行
406
順發洋行 張洪記
404
402
德豐紡織公司
409
德泰行
407
益孚紗布號
盧山工業社
405
慶利行
403
益中福記機器瓷電公司
401
黃聚德堂
漢口路
五樓：中南銀行膳室

上海市銀行公會會員銀行
永裕銀號上海分號
經營商業銀行一切業務
行址：寧波路四四〇號　電話：九六五一〇
第二十五圖
ROAD
山西路
天潼路
河南北路
北蘇州路
蘇州河
SHANSE ROAD NORTHERN
北山西路
上海市商會
上海市商會辦公室
上海商業職業補習學校
天后宮
萬豐醬園
元和官醬園
張興華煤號
國民日報
亞洲實業公司倉庫
信隆昌
泰安旅社
亞洲實業公司
W ROAD

第二十五圖

裕昌祥呢絨西服號
最上等呢絨
發售高尚袍料
第一流工作
精製時代西服
地址 上海南京東路七八一號
電話 九一三三二一
天潼路
TIENDO
浙江路
北浙江路
福建路
FOKIEN ROAD NORTHERN
北福建路
SOOCHOW CREEK
SOOCHOW ROAD
蘇州路
北蘇州路
PEH-SOOC
厦門路
AMOY ROAD
浙江中路
浙江路橋
永安公司倉庫
上海銀行第二倉庫
威淨公所
上海市第十五區區公所
白雲寺
上海樹木行
安記堆棧
源亨鐵棧
慶昌鐵棧
合眾冷氣倉庫股份有限公司
順亨堆棧
瑞大鐵號
北
比例尺

# 大成紡織染股份有限公司

自紡自織 品質精良

自染自印 經久耐用

## 商標

六鶴　英雄　聚寶　雙兔　蝶球　兔牌　蝠鼎

鶴鼎　飛熊　征東　貓雀　紅六鶴　金八益

大成藍　大成殿　白太少獅　彩太少獅　恭喜發財　精忠報國

事務所　上海北山東路四八號　電話：九四五四七

辦事處　常州廟沿河九號　電話：二一四六

第一廠　常州大南門外　電話：十一・十二

第二廠　常州東門外　電話：二一十一

第三廠　常州東門外　電話：三一〇七

## 出品

各種粗細棉紗

各種棉織布疋

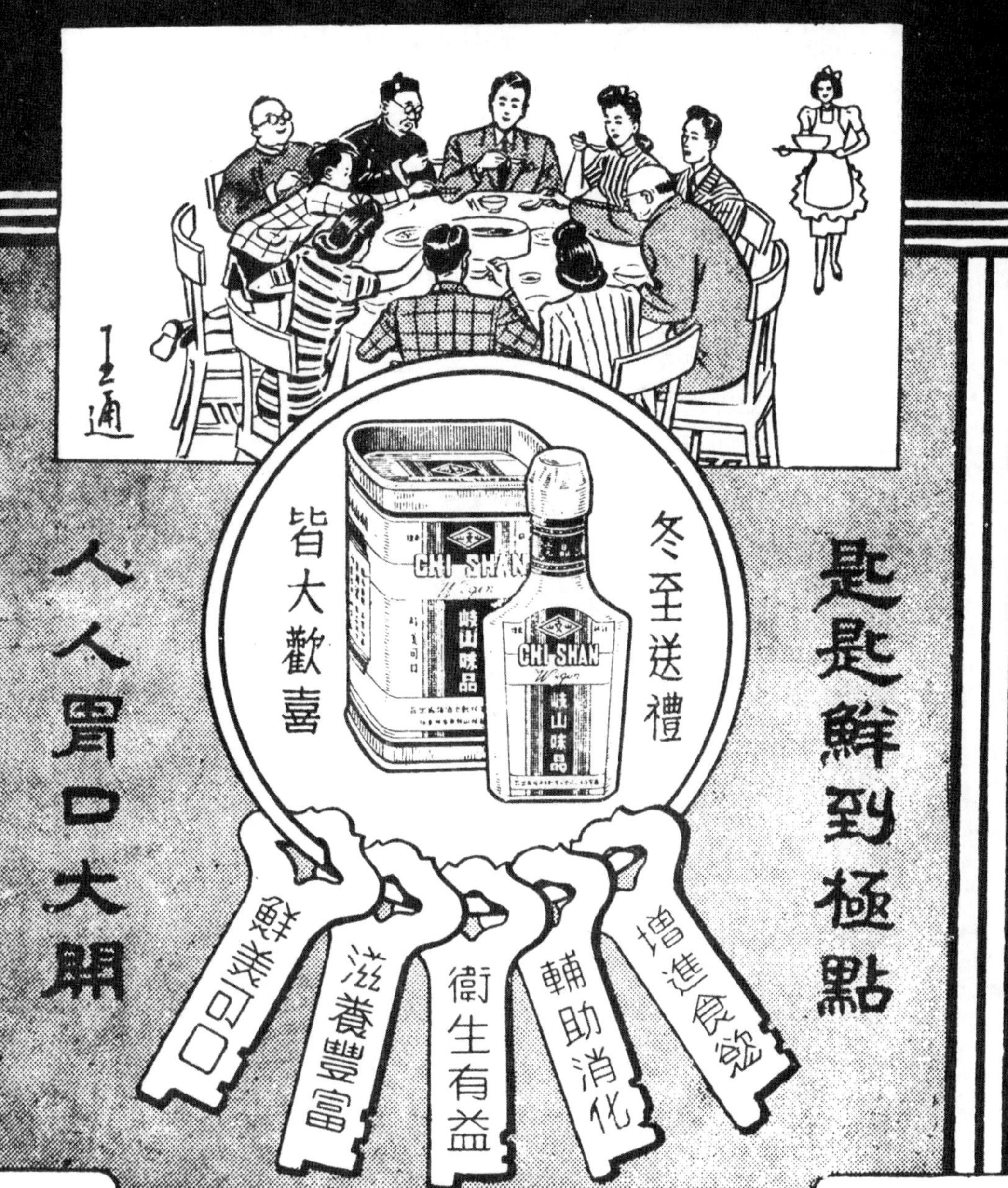
調味珍品
商標 岐山 註冊
風行全國
岐山味晶
人人胃口大開
匙匙鮮到極點
冬至送禮
皆大歡喜
CHI SHAN
岐山味晶
鮮美可口
滋養豐富
衛生有益
輔助消化
增進食慾
各大公司各大南貨店均有經售
上海發行所·作浦路蟠龍街十一號
電話四一六〇〇 電報掛號二八六四
西安雍興實業公司蔡家坡酒精廠出品

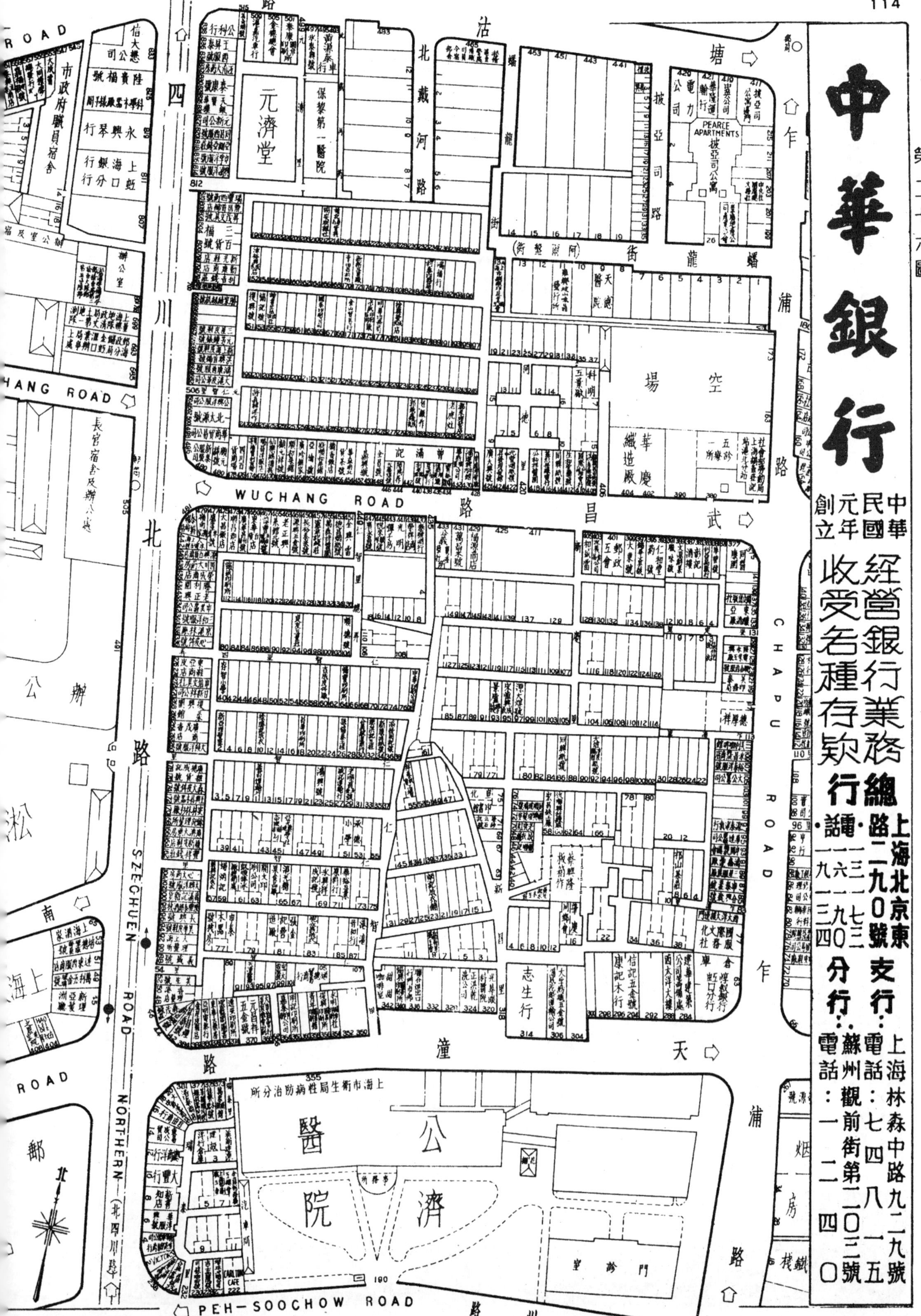
第二十六圖
中華銀行
中華民國元年創立
經營銀行業務
收受各種存欵
總行：上海北京東路二九〇號
電話：一三七三〇 一六一九〇 一九一三四
支行：上海林森中路九二九號
電話：七四八一五
分行：蘇州觀前街第二〇三號
電話：一二四〇
四川北路
SZECHUEN ROAD
NORTHERN
(北四川路)
WUCHANG ROAD
武昌路
CHAPU ROAD
乍浦路
PEH-SOOCHOW ROAD
北蘇州路
天潼路
塘沽路
北戴河路
蟠龍街
披亞司路
PEARCE APARTMENTS
披亞司公寓
元濟堂
保黎第一醫院
空場
華慶織造廠
志生行
上海市衛生局性病防治分所
公濟醫院
門診室
市政府職員宿舍
永興琴行
上海銀行虹口分行
陸福貴號
信大懋公司
電力公司
南海上
ROAD
HANG ROAD
北

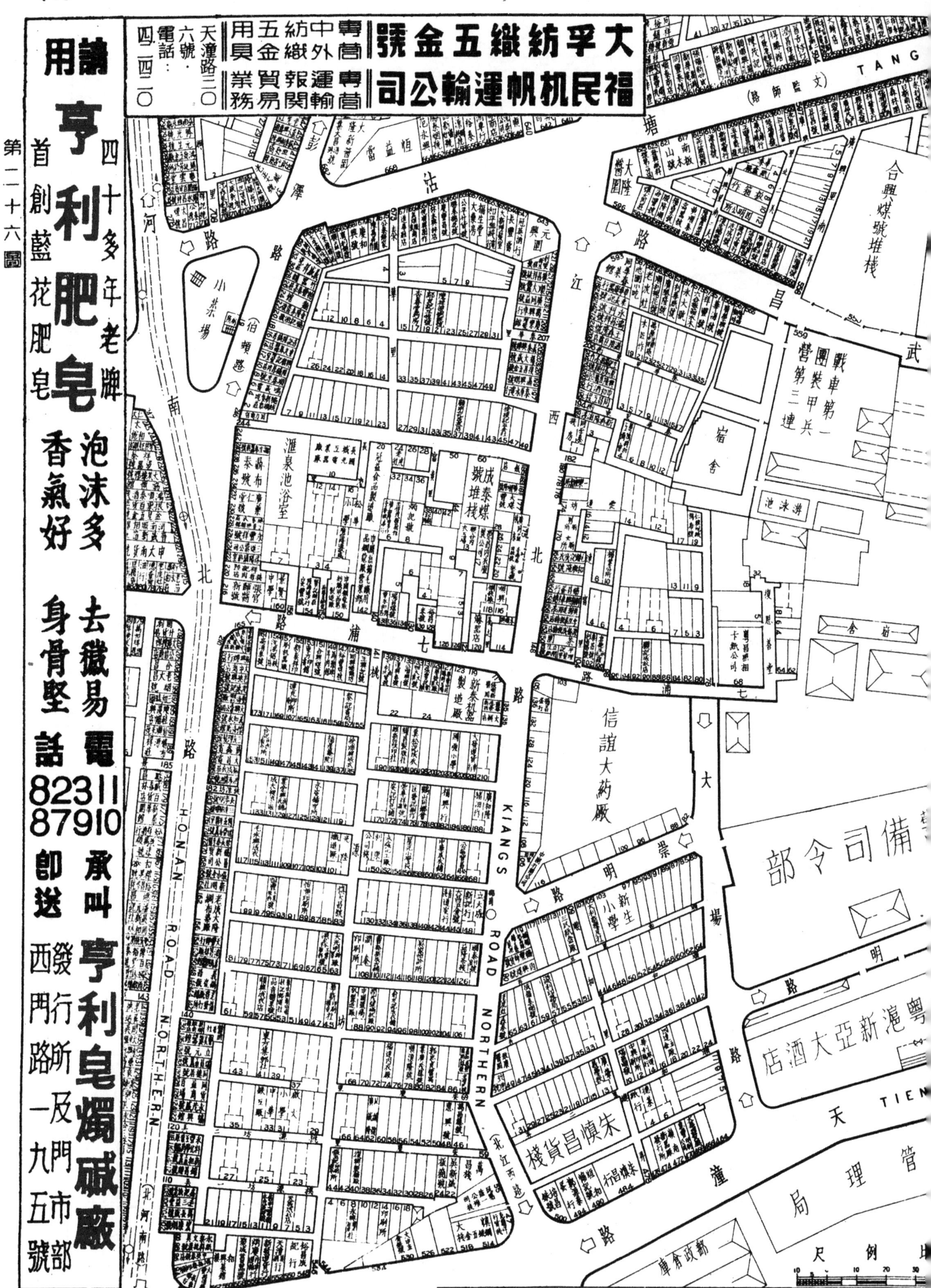
第二十六圖
請用
亨利肥皂
四十多年老牌
首創藍花肥皂
泡沫多
香氣好
去鐵易
身骨堅
電話 11910 82387
承叫即送
亨利皂燭廠
發行所及門市部
西門路一九五號
大平紡織五金號
專營中外紡織五金用具
福民机帆運輸公司
專營運輸報關貿易業務
天潼路三〇六號
電話：四二四二〇
塘沽路
TANG
彭澤路
武昌路
江西北路
七浦路
崇明路
天潼路
河南北路
NORTHERN HONAN ROAD
NORTHERN KIANGS ROAD
TIEN
合興煤號堆栈
戰車第一團裝甲兵第三連營
宿舍
游泳池
滙泉池浴室
成泰煤號堆栈
小菜場
新泰机器製造廠
信誼大药廠
新生小學
警備司令部
粤滬新亞大酒店
朱慎昌貨棧
管理局
比例尺

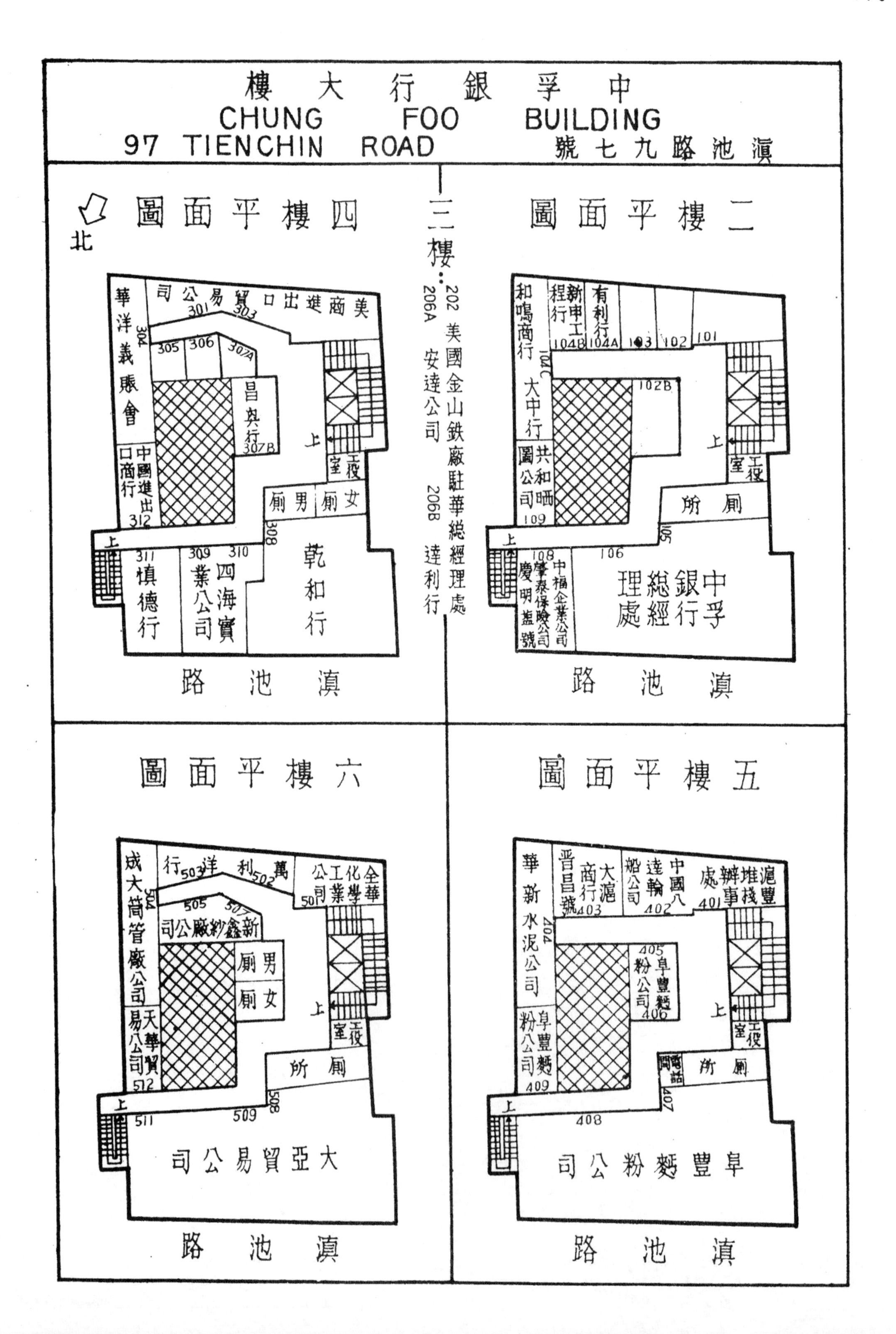
中孚銀行大樓
CHUNG FOO BUILDING
97 TIENCHIN ROAD
滇池路九七號
四樓平面圖
北
三樓：
202 美國金山鉄廠駐華總經理處
206A 安達公司
206B 達利行
二樓平面圖
美商進出口貿易公司
301
303
華洋義賬會
304
305
306
307A
昌興行
307B
中國進出口商行
312
厠男
厠女
工役室
上
308
311
慎德行
309
310
四海實業公司
乾和行
滇池路
和鳴商行
104C
新申工程行
104B
有利行
104A
103
102
101
大中行
102B
共和晒圖公司
109
108
中福企業公司
肇泰保險公司
慶明璽號
106
中孚銀行總經理處
105
厠所
工役室
上
滇池路
六樓平面圖
五樓平面圖
萬利洋行
503
502
成大筒管廠公司
504
全華化學工業公司
501
505
507
新鑫紗廠公司
男厠
女厠
天華貿易公司
512
工役室
厠所
上
511
509
508
大亞貿易公司
滇池路
滬豐堆棧辦事處
401
中國八達輪船公司
402
大滬商行
晋昌號
403
華新水泥公司
404
405
阜豐麪粉公司
406
阜豐麪粉公司
409
電話間
厠所
工役室
上
407
408
阜豐麪粉公司
滇池路

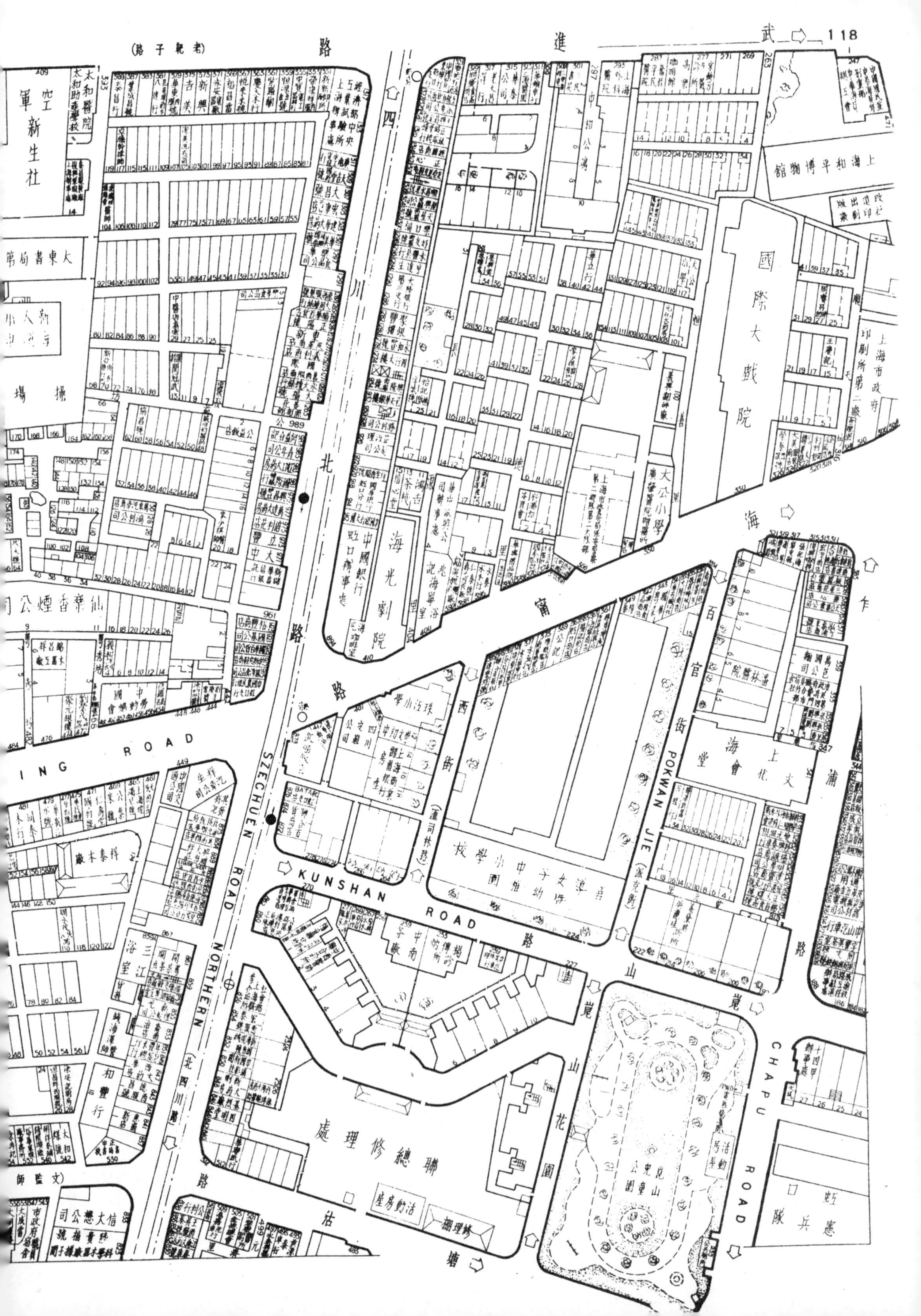
武進路
(老靶子路)
四川北路
SZECHUEN ROAD NORTHERN
海甯路
KUNSHAN ROAD
POKWAN JIE
百官街
CHAPU ROAD
乍浦路
崑山花園路
塘沽路
空軍新生社
太和醫院
大東書局
操場
仙華香煙公司
國際大戲院
上海和平博物館
上海市政府印刷所第二廠
大公小學
海光劇院
中國銀行虹口辦事處
珠江小學
上海文化會堂
崑山兒童公園
聯總修理處
活動房屋
三江浴室
和豐行
憲兵隊

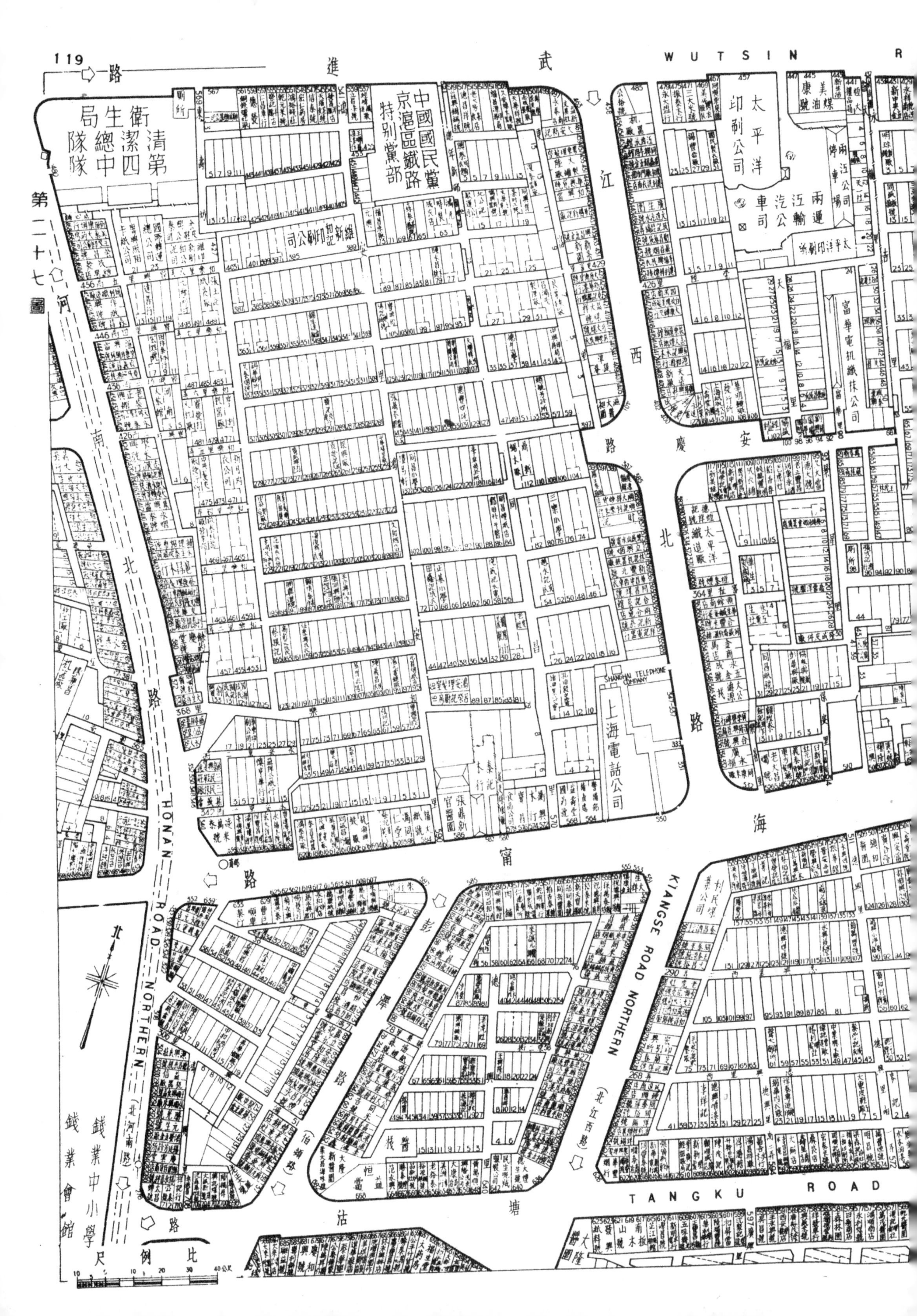
第二十七圖
武進路
WUTSIN R
衛生局清潔第四總隊中隊
中國國民黨京滬區鐵路特別黨部
太平洋印刷公司
康美號
兩江汽車公司
兩江運輸汽車公司
太平洋印刷所
富華電机織袜公司
維新印刷公司
江西北路
安慶路
河南北路
HONAN ROAD NORTHERN
(北河南路)
SHANGHAI TELEPHONE COMPANY
上海電話公司
張鼎新
海寧路
KIANGSE ROAD NORTHERN
(北江西路)
彭澤路
TANGKU ROAD
塘沽路
錢業中小學
錢業會館
比例尺
40公尺

# 中一信託大樓
# FIRST TRUST BUILDING

266 PIKING ROAD (EASTERN) 北京東路二六六號

## 二樓平面圖

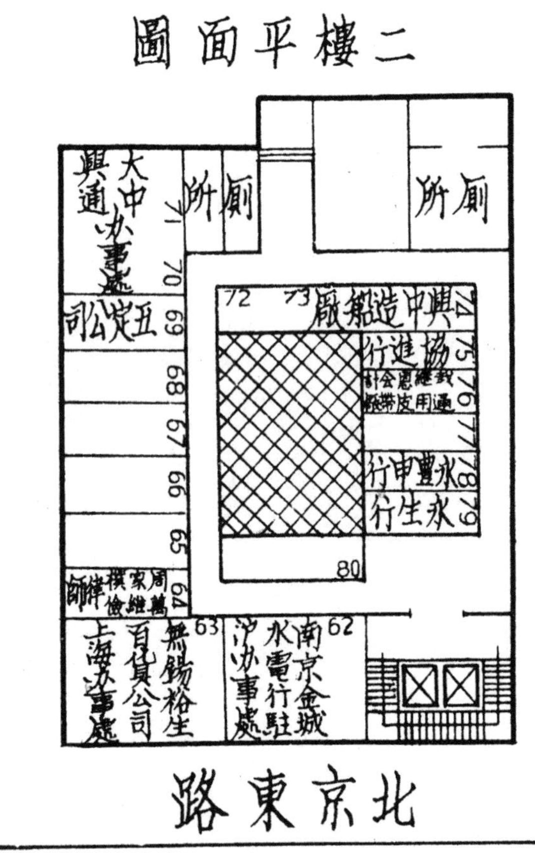


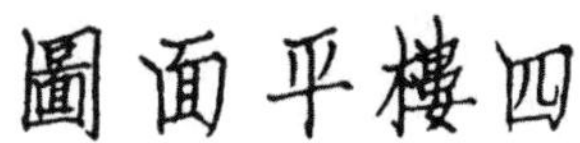


## 三樓平面圖

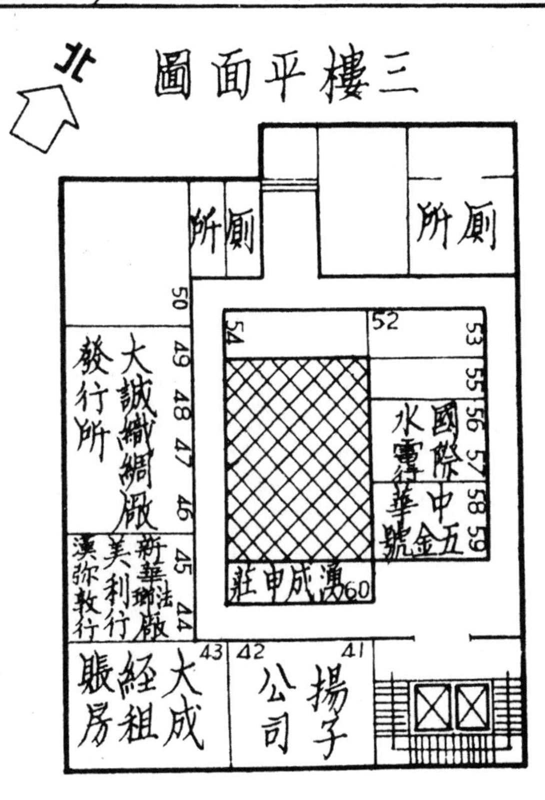


## 四樓平面圖

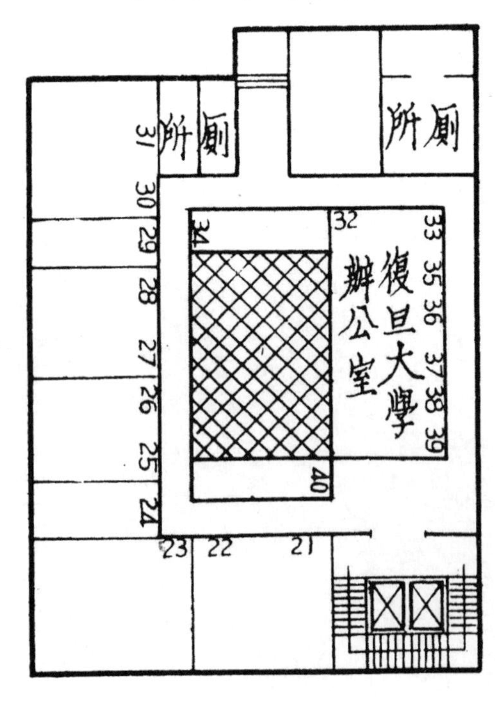


## 五樓平面圖

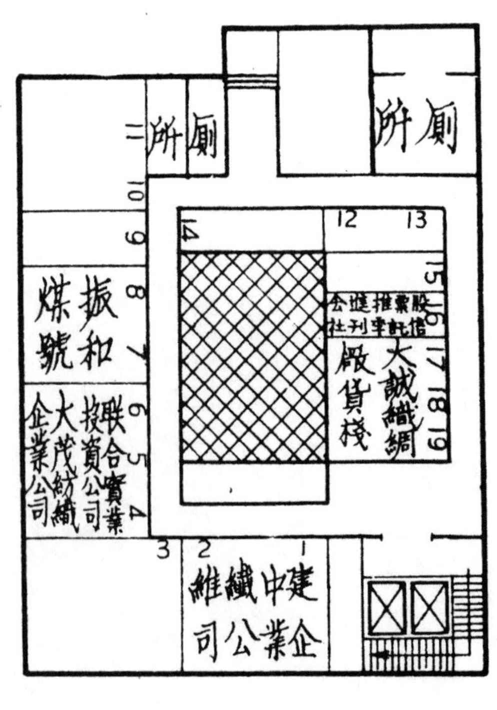

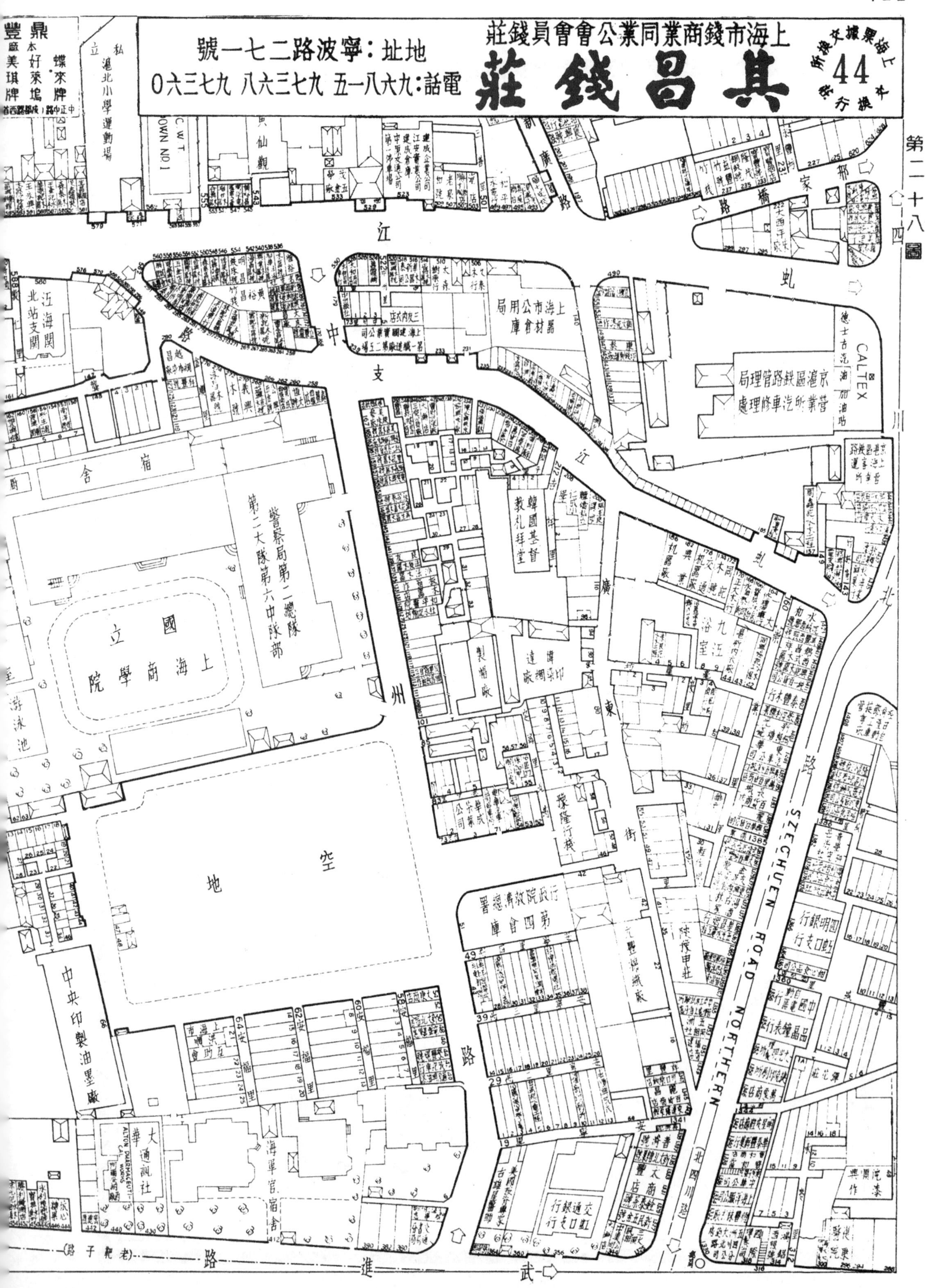

上海市錢商業同業公會會員錢莊
其昌錢莊
地址：寧波路二七一號
電話：九六八一五 九七三六八 九七三六〇
44
第二十八圖
私立滬北小學運動場
江海關北站支關
警察局第二總隊第二大隊第六中隊部
國立上海商學院
宿舍
游泳池
空地
中央印製油墨廠
海軍官宿舍
大華通訊社
上海市公用局器材倉庫
京滬區鐵路管理局營業所汽車修理處
德士古汽油加油站
CALTEX
韓國基督教禮拜堂
製帽廠
達謙印染廠
豫隆行棧
九江浴室
行政院救濟總署第四倉庫
交通銀行虹口支行
四明銀行虹口支行
陝豫申莊
SZECHUEN ROAD NORTHERN
北四川路
武進路
(老靶子路)

第二十八圖

聯合勤務總司令部第一工程器材補給庫
鴻茂木行
江逵小學
興華車間
泰豐銀樓
双喜牌
北站空場
天目路
泰大戲院
河南北路
德隆香烟廠
TUCK LOONG CIGARETTES CO.
大東一廠
大東書局第一廠
東新民路
國立上海商學院宿舍
中央日報社
武進路
W U T S I N R O A
比例尺
10 5 0 10 20 30 40公尺

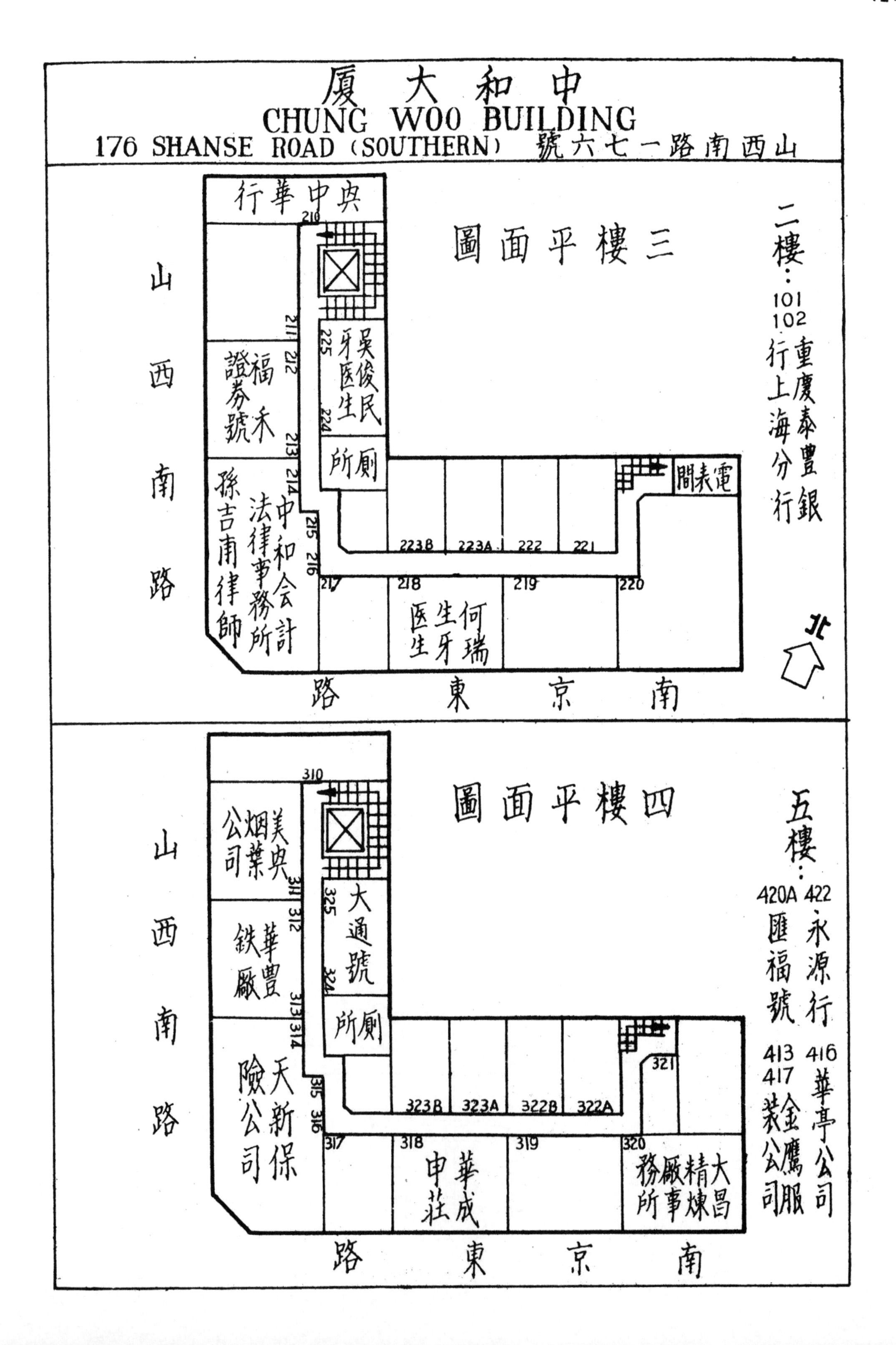

中和大厦
CHUNG WOO BUILDING
176 SHANSE ROAD (SOUTHERN) 山西南路一七六號
三樓平面圖
央中華行
210
211
212
福禾證券號
213
214
215
216
中和会計法律事務所
孫吉南律師
225
224
吳俊民牙医生
廁所
電表間
223B
223A
222
221
217
218
219
220
何瑞生牙医生
山西南路
南京東路
二樓:
101
102
重慶泰豐銀行上海分行
北
四樓平面圖
310
美央烟葉公司
311
312
華豐鉄廠
313
314
325
324
大通號
廁所
315
316
天新保險公司
323B
323A
322B
322A
321
317
318
319
320
華成中莊
大昌精煉廠事務所
山西南路
南京東路
五樓:
420A
422
永源行
匯福號
413
416
417
華亭公司
金鷹服裝公司

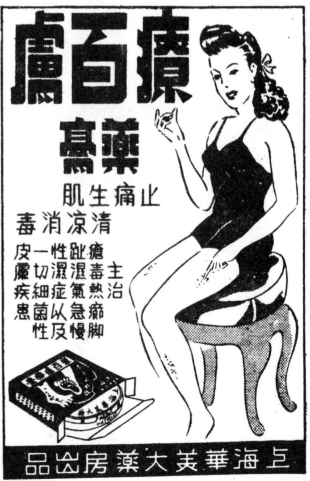

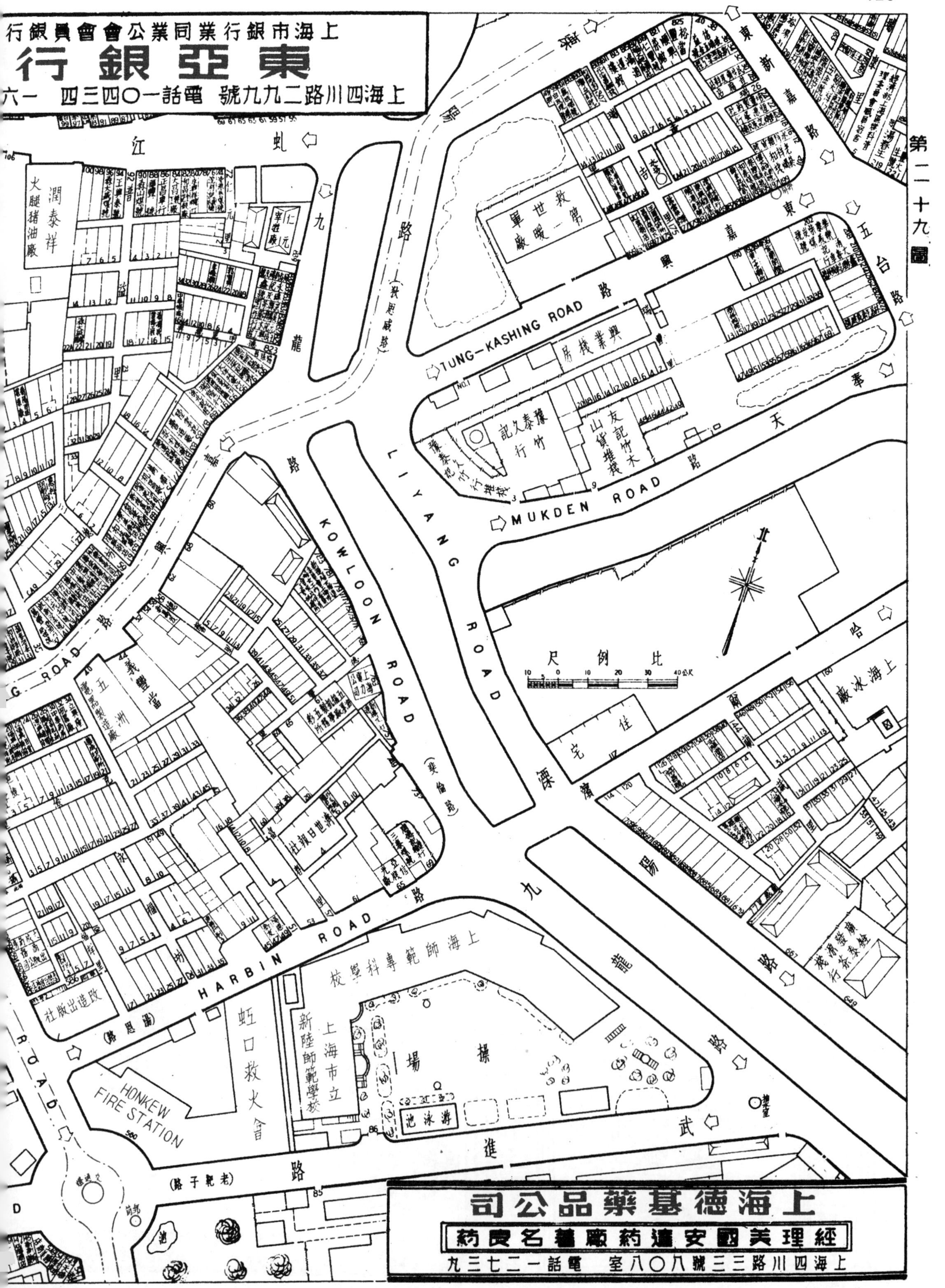

上海市銀行業同業公會會員銀行
東亞銀行
上海四川路二九九號 電話一〇四三四 一六
第二十九圖
TUNG-KASHING ROAD
MUKDEN ROAD
KOWLOON ROAD
LIYANG ROAD
HARBIN ROAD
HONKEW FIRE STATION
救世軍第一暖廠
興業棧房
上海冰廠
上海師範專科學校
上海市立新陸師範學校
虹口救火會
游泳池
操場
潤泰祥火腿豬油廠
比例尺
上海德基藥品公司
經理美國安達葯廠著名良葯
上海四川路三三號八〇八室 電話一二七三九

第二十九圖

上海市銀行業同業公會會員銀行
大中銀行
民國八年創設
辦理一切商業銀行及信託業務
行址：上海河南路五〇一號
電話九八一二六至八
分行：上海 天津 北平
徐州
支行：天津 東馬路 河東
辦事處 北平 東城 西城
四川北路
SZECHUEN ROAD NORTHERN
JUKONG ROAD
虬江路
虬江支路
吳淞路
海南路
海能路
武進路
WUTSIN
CALTEX
德士古汽油站
小菜場
東南皮鞋製造廠
淮南礦路公司
救火會
海軍第一基地司令部看守所
海軍人員宿舍
空軍供應司令部
黃大仙觀
大同銀行宿舍
復康醫院
公興茶樓

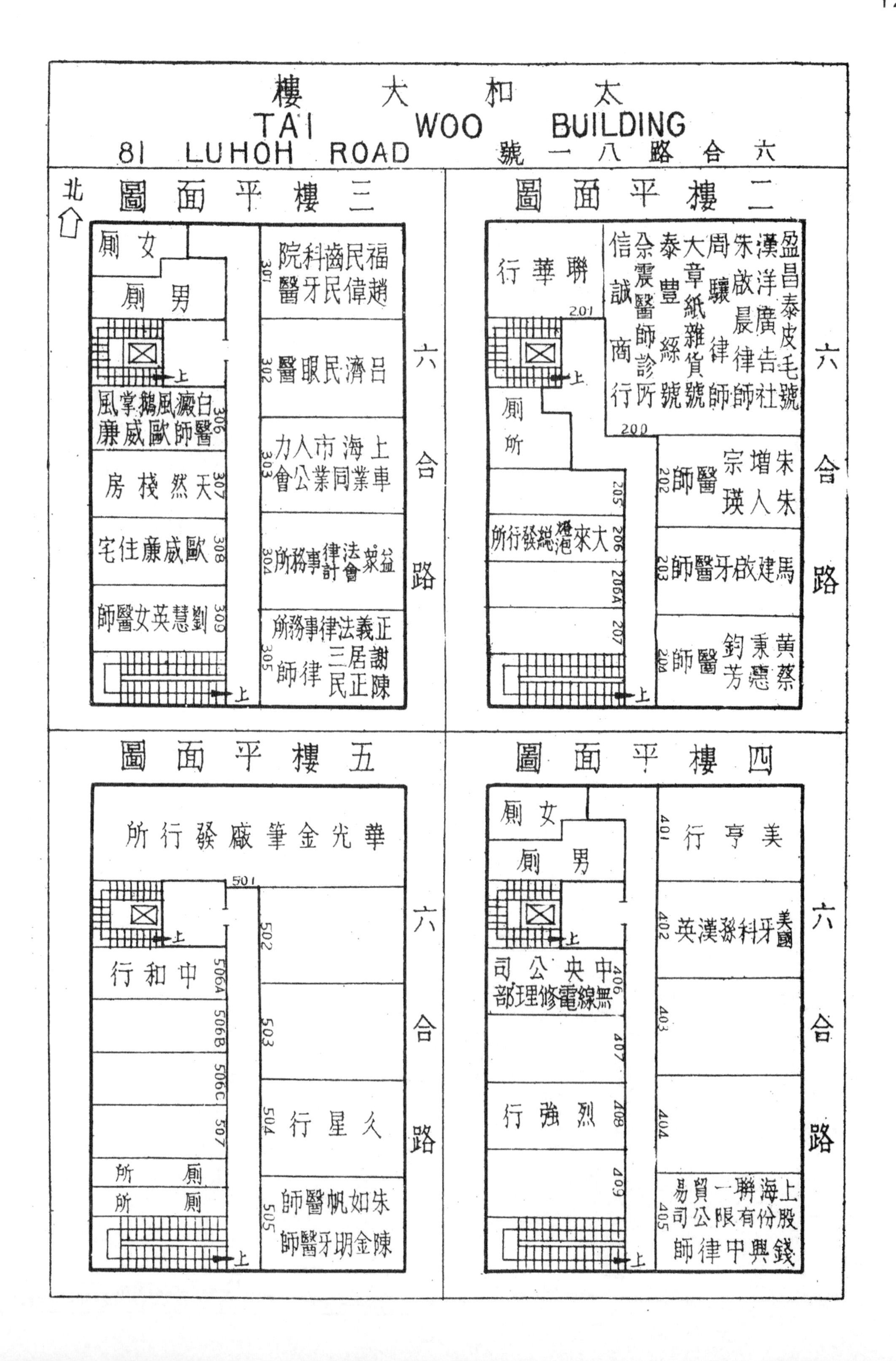
太和大樓
TAI WOO BUILDING
81 LUHOH ROAD
六合路八一號
三樓平面圖
北
女廁
男廁
上
301 福民齒科院 趙偉民牙醫
302 呂濟民眼醫
303 上海市人力車業同業公會
304 益眾法律會計事務所
305 正義法律事務所 陳正民 謝居三 律師
306 白癜風鵝掌風 醫師歐威廉
307 天然棧房
308 歐威廉住宅
309 劉慧英女醫師
六合路
二樓平面圖
201 聯華行
200
盈昌泰皮毛號
漢洋廣告社
朱啟晨律師
周驥律師
大章紙雜貨號
泰豐綵號
佘震醫師診所
信誠商行
廁所
202 朱增宗 朱入瑛 醫師
203 馬建啟牙醫師
204 黃秉鈞 蔡懿芳 醫師
205
206 大來燈泡總發行所
206A
207
六合路
五樓平面圖
華光金筆廠發行所
501
502
503
504 久星行
505 朱如帆醫師 陳金明牙醫師
506A 中和行
506B
506C
507
廁所
廁所
六合路
四樓平面圖
女廁
男廁
401 美亨行
402 美國牙科孫漢英
403
404
405 上海聯一貿易股份有限公司 錢興中律師
406 中央公司 無線電修理部
407
408 烈強行
409
六合路

第三十圖

武進路
上海市立第五醫院
九龍路
溧陽路
上海市立高級助產職業學校
上海市立婦嬰保健院
菜園
衛生局
洗衣所
海甯路
ROAD
KIUKIANG ROAD
大通堆棧
瑞綸繅絲廠
大公職業學校
環球印刷所
峨眉路
OMEI ROAD
美新沙發工廠
晨星孤兒院
大容小學校
餘杭路
東餘杭路
上海電力公司
修理工場
貯藏處
辦公室
森茂順煤號

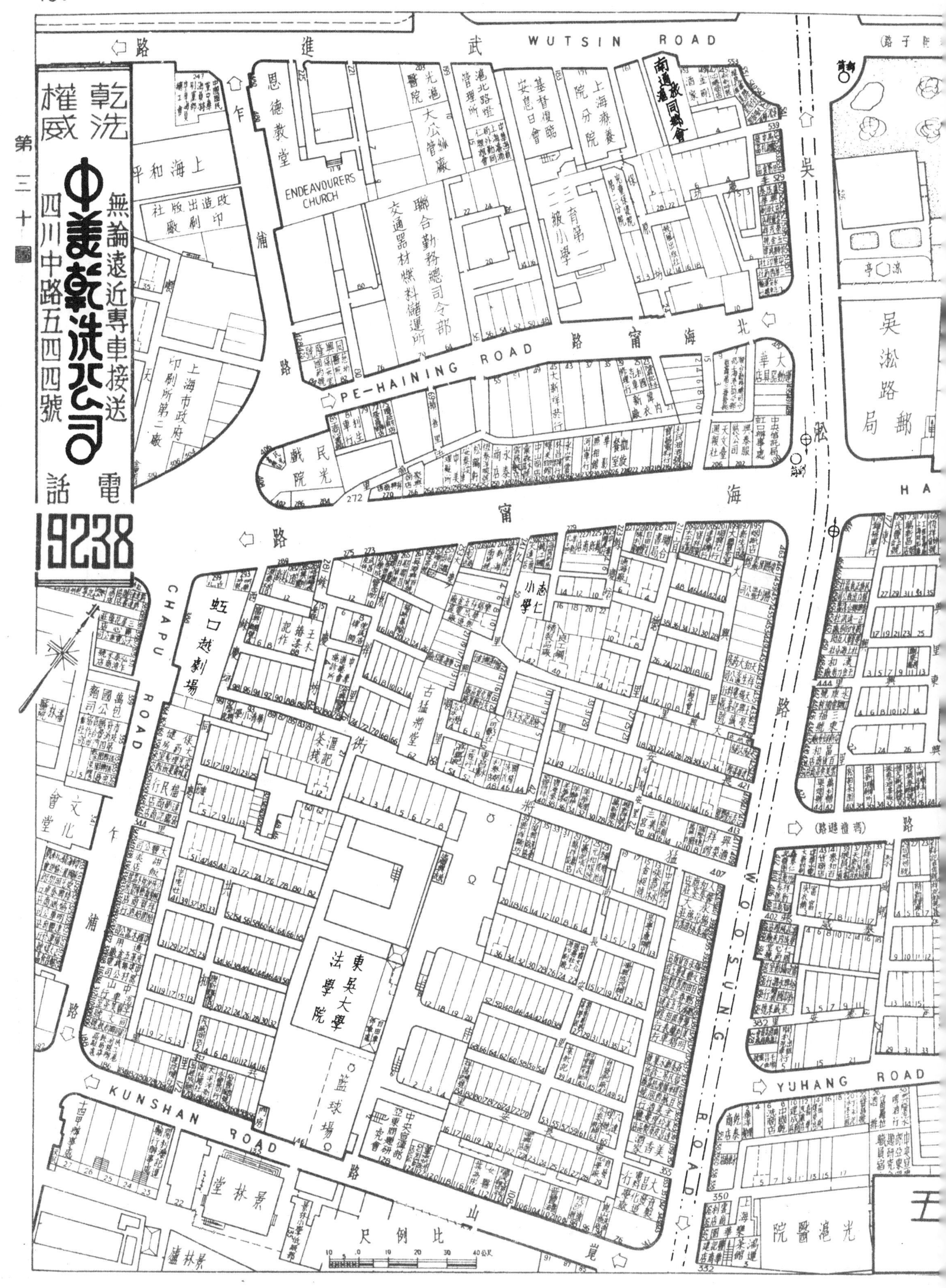
第三十圖
乾洗
權威
中美乾洗公司
無論遠近專車接送
四川中路五四四號
電話
19238
WUTSIN ROAD
武進路
PE-HAINING ROAD
北海甯路
海甯路
CHAPU ROAD
乍浦路
KUNSHAN ROAD
昆山路
WOOSUNG ROAD
吳淞路
YUHANG ROAD
恩德教堂
ENDEAVOURERS CHURCH
上海和平
改造出版社印刷廠
上海市政府印刷所第二廠
民光戲院
南通旅滬同鄉會
上海療養院分院
基督復臨安息日會
滬北路燈管理所
聯合勤務總司令部交通器材燃料儲運所
志仁小學
虹口越劇場
匯記茶棧
文化會堂
東吳大學法學院
籃球場
景林堂
景林廬
吳淞路郵局
涼亭
光滬醫院
比例尺
10 0 10 20 30 40公尺

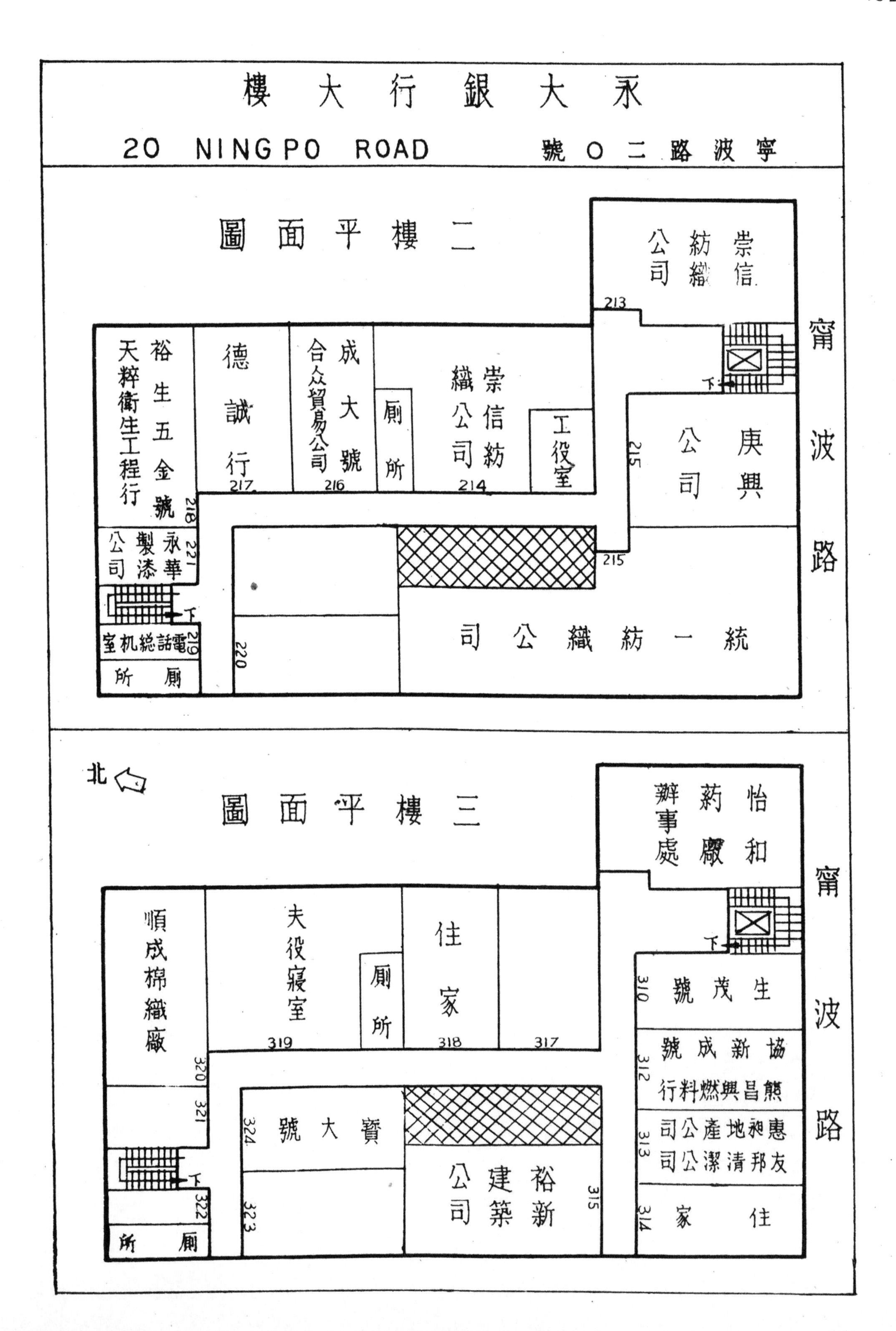

永大銀行大樓
20 NINGPO ROAD
寧波路二〇號
二樓平面圖
崇信紡織公司
213
裕生五金號
天粹衛生工程行
218
德誠行
217
成大號
合众貿易公司
216
廁所
崇信紡織公司
214
工役室
庚興公司
215
215
永華製漆公司
221
下
電話總机室
219
廁所
220
統一紡織公司
下
寧波路
北
三樓平面圖
怡和藥廠辦事處
順成棉織廠
320
321
夫役寢室
319
廁所
住家
318
317
下
生茂號
310
協新成號
熊昌興燃料行
312
惠昶地產公司
友邦清潔公司
313
住家
314
寶大號
324
323
裕新建築公司
315
下
322
廁所
寧波路

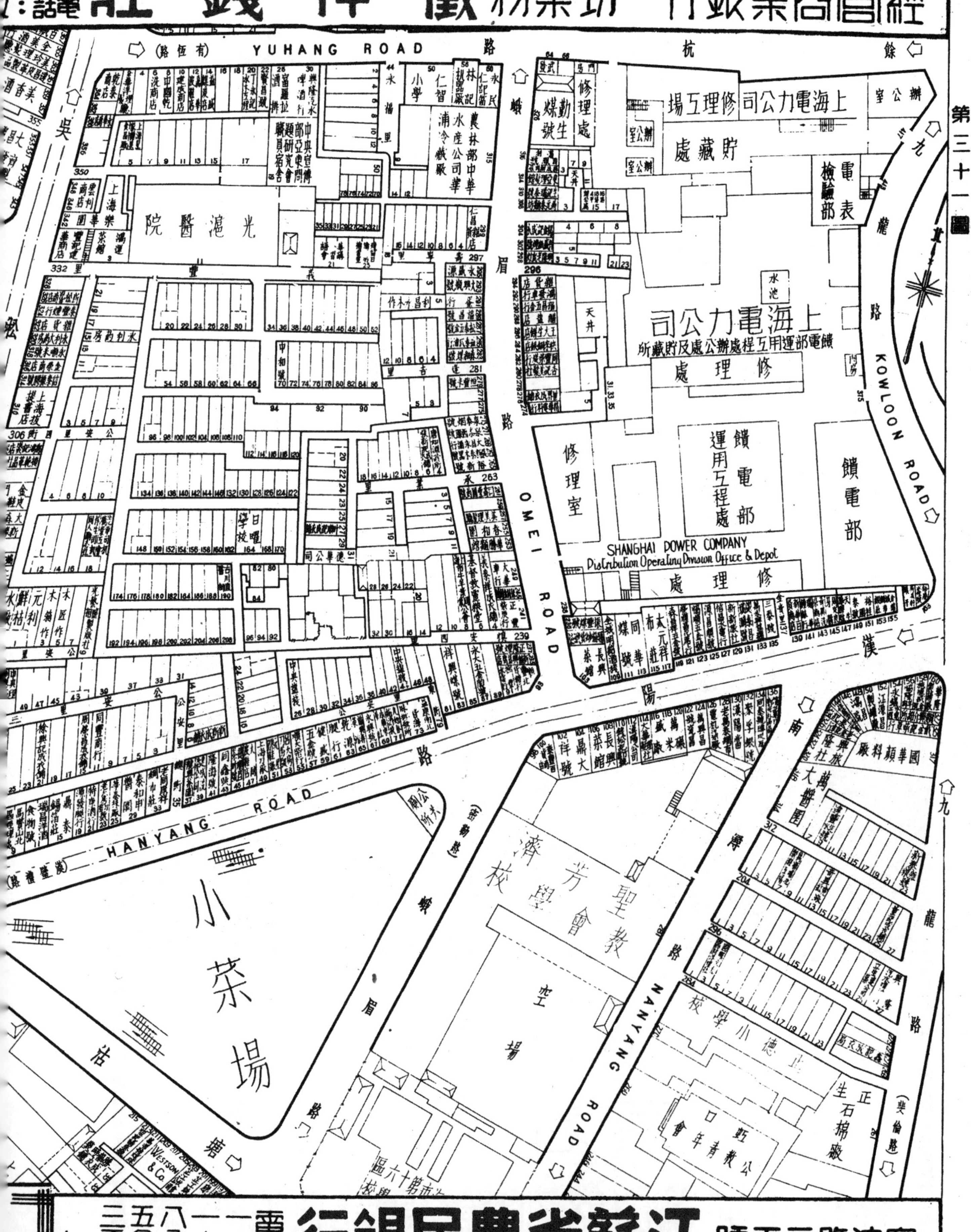
第三十一圖
YUHANG ROAD
餘杭路
OMEI ROAD
峨眉路
KOWLOON ROAD
九龍路
HANYANG ROAD
漢陽路
NANYANG ROAD
南潯路
吳淞路
上海電力公司
上海電力公司修理工場
上海電力公司 鐵電部運用工程處辦公處及貯藏所
SHANGHAI POWER COMPANY
Distribution Operating Division Office & Depot
貯藏處
電表檢驗部
修理處
修理室
鐵電部運用工程處
鐵電部
水池
光滬醫院
小菜場
聖教會芳濟學校
空場
正德小學校
公教青年會
正石棉廠
國華顏料廠
萬大醫院
WESTSON & Co.

第三十一圖

中一信託公司
信託部。儲蓄部。銀行部。保管庫。倉庫
總公司 上海北京東路二七〇號 電話一五二〇〇
西區辦事處 上海靜安寺路一二七〇號
倉庫 上海北蘇州路九八八號
餘姚分公司 餘姚新建路
寧波路二三二号
一一 九六八二七 九一二六六
KUNSHAN ROAD
崑山公園
景林堂
景林廬
虹口憲兵隊
軍之友俱樂部
CHAPU ROAD
TANGKU ROAD
WUCHANG ROAD
WOOSUNG ROAD
上海市立產科醫院
憲兵二十三團補充連
虹口分局
比例尺
楊邨酒家
路大華大戲院對面

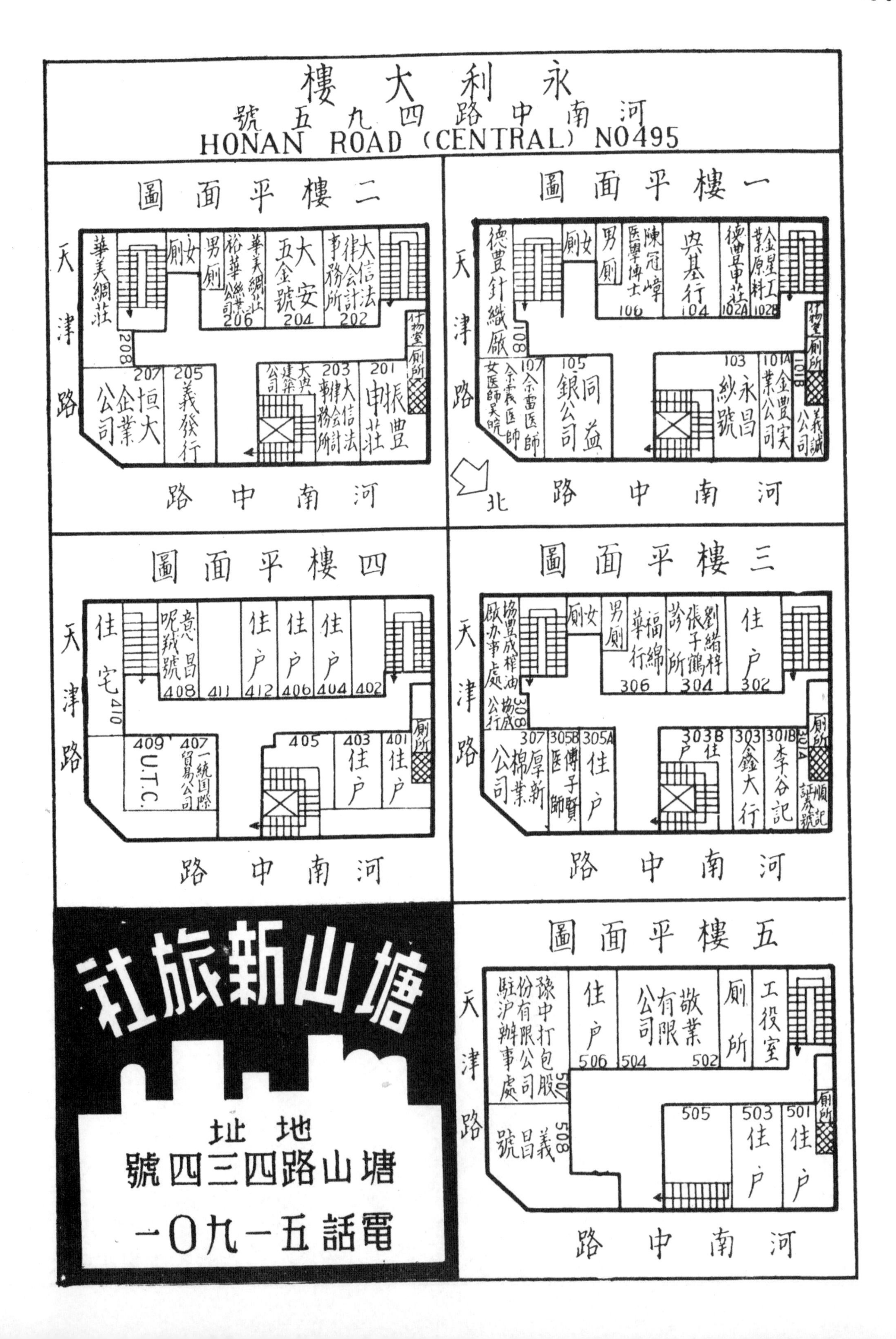
永利大樓
河南中路四九五號
HONAN ROAD (CENTRAL) NO495
一樓平面圖
天津路
德豐針織廠 108
女廁
男廁
陳冠嶂醫學博士 106
104
102A
金星工業原料 102B
什物室
廁所
101B
107 余雷醫師
女醫師吳皖
105 同益銀公司
103 永昌紗號
101A 金豐實業公司
義誠公司
北
河南中路
二樓平面圖
天津路
華美綢莊 208
女廁
男廁
華美綢莊 206
大安五金號 204
大信法律会計事務所 202
什物室
廁所
207 恒大企業公司
205 義發行
大興建築公司
203 大信法律会計事務所
201 振豐申莊
河南中路
三樓平面圖
天津路
協豐成榨油廠辦事處 308
協成公行
女廁
男廁
福綿華行 306
劉緒梓張子鶴診所 304
住戶 302
307 新厚業棉公司
305B 傅子賢醫師
305A 住戶
303B 住戶
303 鑫大行
301B 李谷記
301A 順記證券號
廁所
河南中路
四樓平面圖
天津路
住宅 410
意昌呢絨號 408
411
住戶 412
住戶 406
住戶 404
402
廁所
409 U.T.C.
407 一統国際貿易公司
405
403 住戶
401 住戶
河南中路
五樓平面圖
天津路
豫中打包股份有限公司駐沪辦事處 507
住戶 506
敬業有限公司 504 502
廁所
工役室
義昌號 508
505
503 住戶
501 住戶
廁所
河南中路
塘山新旅社
地址
塘山路四三四號
電話五一九〇一

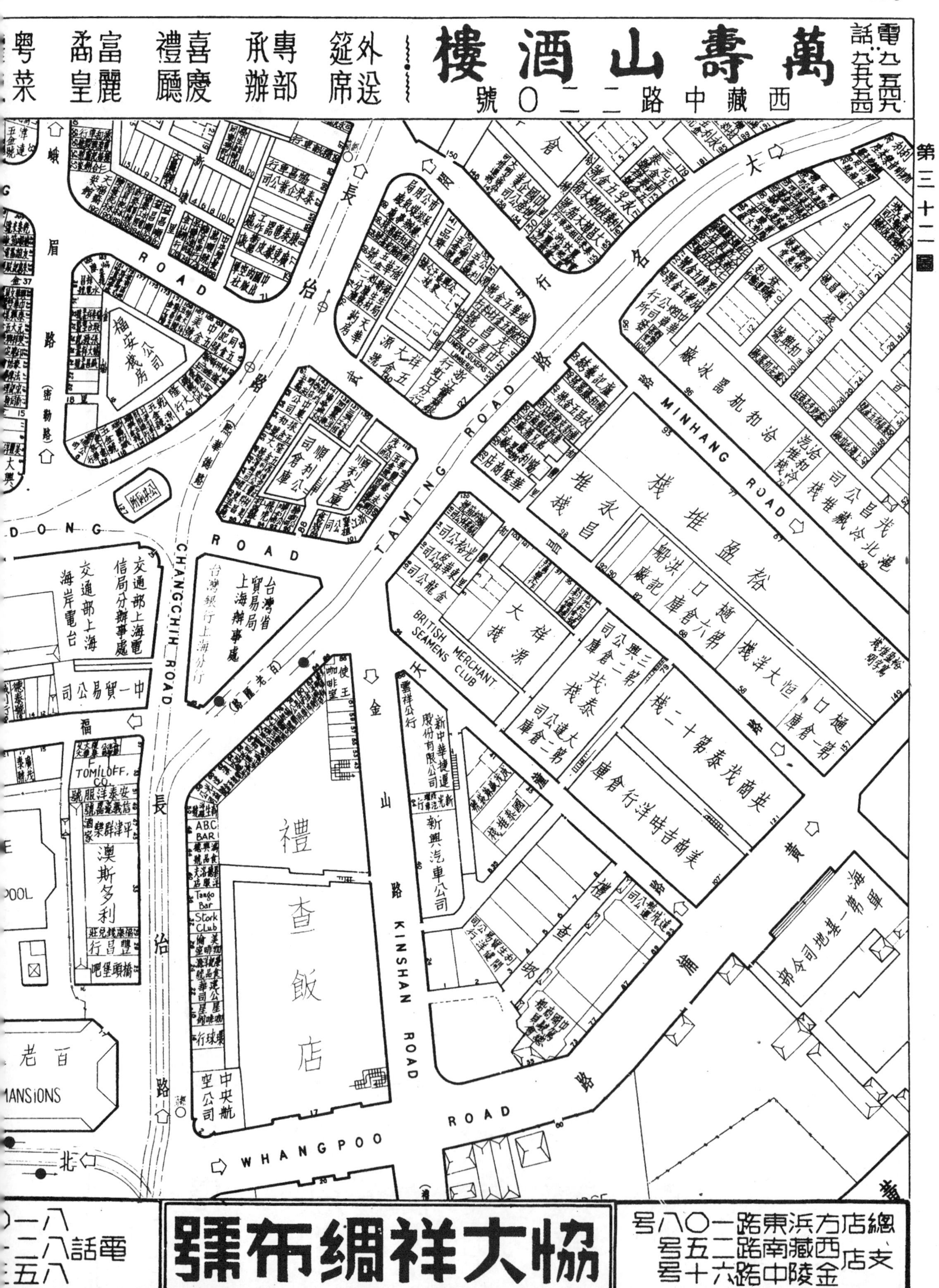

萬壽山酒樓
西藏中路二二〇號
外送筵席
專部承辦
喜慶禮廳
富麗堂皇
粵菜
第三十二圖
長治路
CHANGCHIH ROAD
大名路
TAMING ROAD
閔行路
MINHANG ROAD
金山路
KINSHAN ROAD
WHANGPOO ROAD
ROAD
福安堆房公司
交通部上海電信局分辦事處
交通部上海海岸電台
台灣省貿易局上海辦事處
台灣銀行上海分行
中一貿易公司
BRITISH MERCHANT SEAMENS CLUB
大祥源棧
永昌堆棧
裕盈堆棧
英商茂泰第十二棧
美商吉時洋行倉庫
新興汽車公司
禮查飯店
澳斯多利
TOMILOFF. CO.
ABC BAR
Tango Bar
Stork Club
中央航空公司
百老匯
MANSIONS
協大祥綢布號
總店 方浜東路一〇八号
支店 西藏南路二五二号
金陵中路六十号
電話

第三十二圖

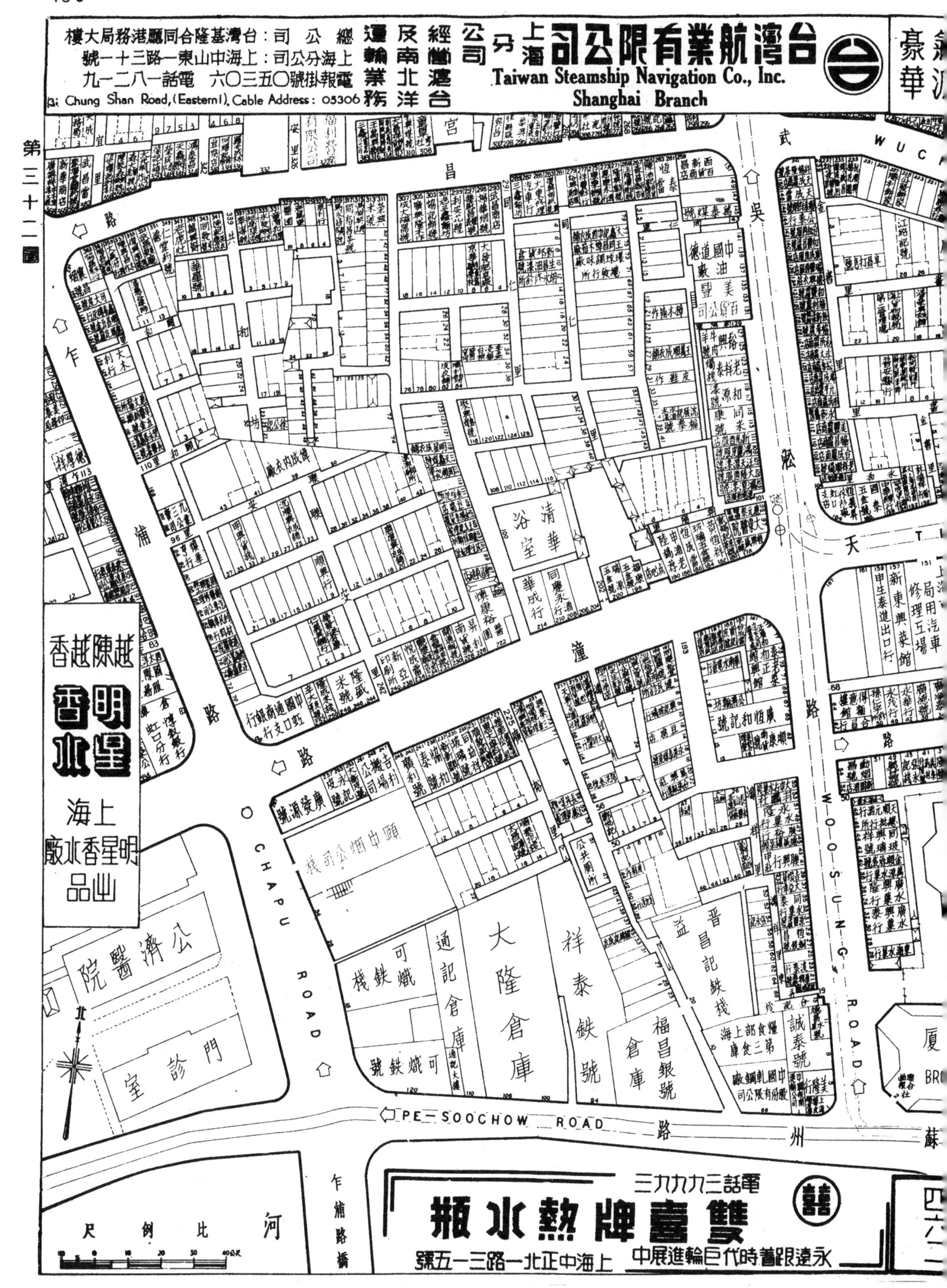
台灣航業有限公司
上海分公司
Taiwan Steamship Navigation Co., Inc.
Shanghai Branch
經營台灣南北洋航運及業務
總公司：台灣基隆合同廳港務局大樓
上海分公司：上海中山東一路三十一號
電報掛號〇五三〇六　電話一八二一九
Chung Shan Road, (Eastern 1), Cable Address: 05306
越陳越香
明星香水
上海明星香水廠出品
公濟醫院
門診室
頤中烟公司棧
清華浴室
可熾鉄棧
可熾鉄號
通記倉庫
大隆倉庫
祥泰鉄號
福昌銀號倉庫
晉昌記鉄棧
誠泰號
CHAPU ROAD
PE-SOOCHOW ROAD
WOOSUNG ROAD
乍浦路
吳淞路
北蘇州路
天潼路
武昌路
比例尺
河
乍浦路橋
雙喜牌熱水瓶
電話三九九九三
永遠跟着時代巨輪進展中
上海中正北路一三一五號

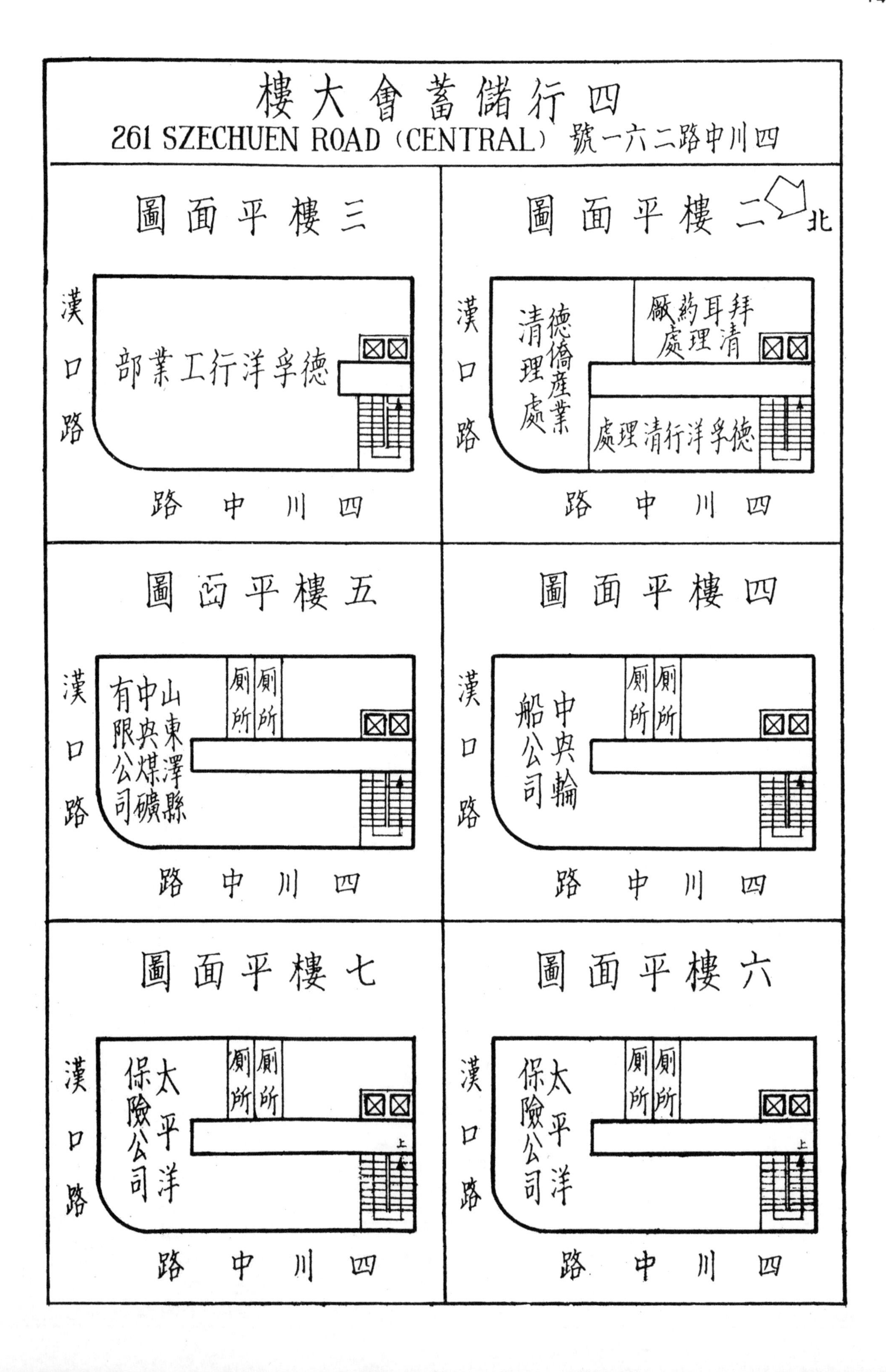
四行儲蓄會大樓
261 SZECHUEN ROAD (CENTRAL) 四川中路二六一號
三樓平面圖
漢口路
德孚洋行工業部
四川中路
二樓平面圖
北
漢口路
德僑產業清理處
拜耳藥廠清理處
德孚洋行清理處
四川中路
五樓平面圖
漢口路
山東澤縣中興煤礦有限公司
廁所
廁所
四川中路
四樓平面圖
漢口路
中興輪船公司
廁所
廁所
四川中路
七樓平面圖
漢口路
太平洋保險公司
廁所
廁所
上
四川中路
六樓平面圖
漢口路
太平洋保險公司
廁所
廁所
上
四川中路

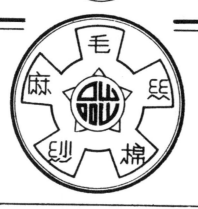

第三十二圖
黄浦江
招商局第二碼頭
辦公室
倉庫
KOWLOON ROAD
九龍路
TSINGPU ROAD
青浦路
TRANSPORTATION CORP SUPPLY NO.6 GODOWN SHANGHAI PORT COMMAND
堆棧
YANGTZEKIANG ROAD
揚子江路
行政院物資供應局物資倉庫
茂昌有限公司堆棧
上海電信局倉庫
TA MING ROAD
大名路
塘沽路
BATAAN CAFE
巴丹飯店
PORT RECEIVING WAREHOUSE GODOWN NO.5
南潯路
黄浦路
茂昌公司冷藏堆棧
怡和打包廠第七堆棧
茂昌堆棧
閔行路
WHANGPOO ROAD
裕盈堆棧
P.X. SALES STORE
U.S. ARMY
GODOWN # 2
海軍司令部第一補給站
交通警察第一分隊
WUCHANG ROAD
武昌路
英商茂泰第十二倉庫
英商吉時洋行倉庫
三興公司第二倉庫
茂泰棧
大達公司第二倉庫
大祥源棧
BRITISH MERCHANT
SEAMENS CLUB
海軍第一基地
治路
中國企業公司地產倉庫
LINEN SILKEMB LINGERIE
SANTAS FOOD SUPPLY CO
RIVER BAR
請用 華元化學廠股份有限公司出品
綠寶牌 油漆噴漆及
N-BUTYI ACETATE
ETHYI ACTATE
AMYI ACETATE
等原料
廠址：上海武昌路陶家宅一九三號 電話二三三九六
式樣新穎
美雲
MAYUN TAILOR
電話三九五五五
時裝專家
南京西路九五二號

第三十三圖
四合貿易行
經營名項進出口業務
上海四川中路一一〇號五〇一—五二號室
電話：一九九二二 一四三一九
漢陽路
HANYANG ROAD
九龍路
長治路
CHANGCHIH ROAD
塘沽路
TANGKU ROAD
NANZIN ROAD
峨嵋路
OMEI ROAD
閔行路
MINHANG ROAD
吳淞路
聖芳濟學校
三角地小菜場
虹口公教青年會
教堂
正德小學校
正生石棉廠
協興昌機器造船廠
同仁醫院
衛生署
和平日報館
昌明烟廠
NEW YORK BAR
上海市虹口區區公所
上海市警察局虹口分局
國華顏料廠
萬大工場
比例尺

# 安利大樓
# ARNHOLD BUILDING

320 SZECHUEN ROAD (CENTRAL) 四川中路三二〇號

## 二樓平面圖

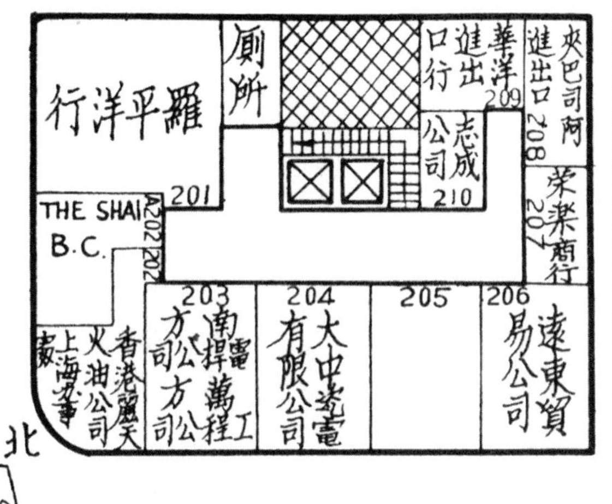


## 一樓平面圖

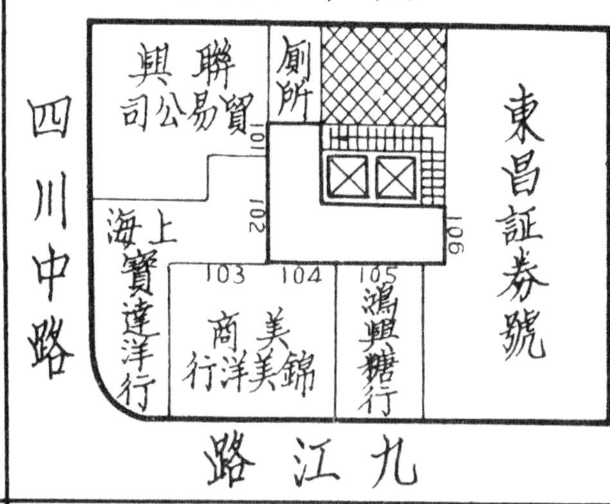


## 四樓平面圖

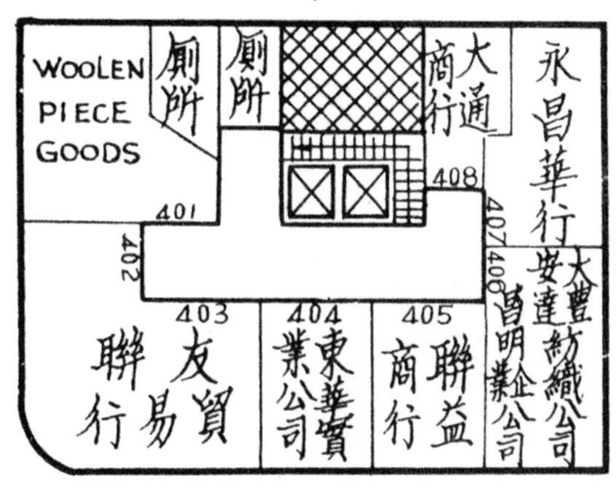


## 三樓平面圖

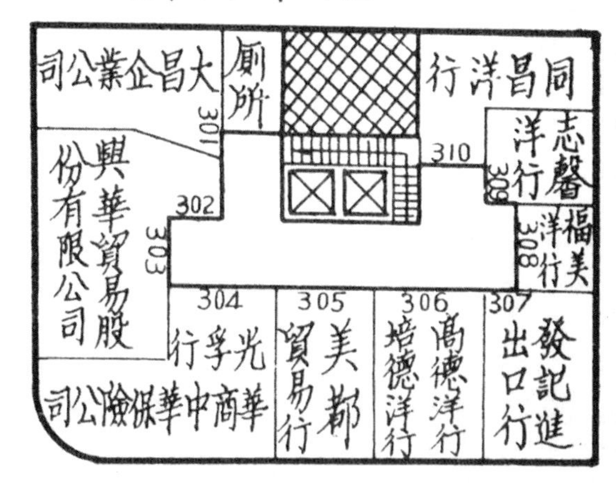


## 六樓平面圖

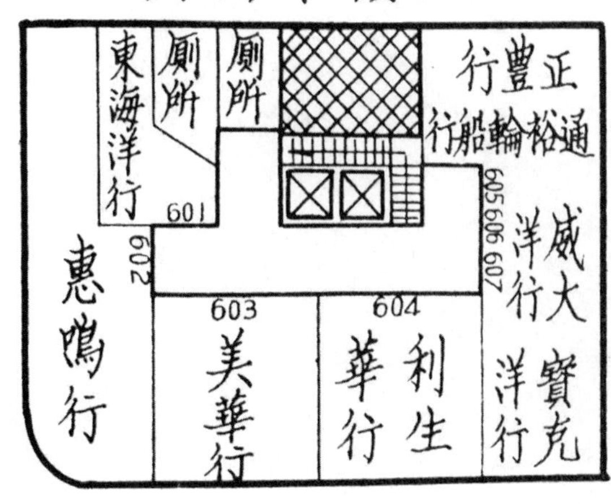


## 五樓平面圖

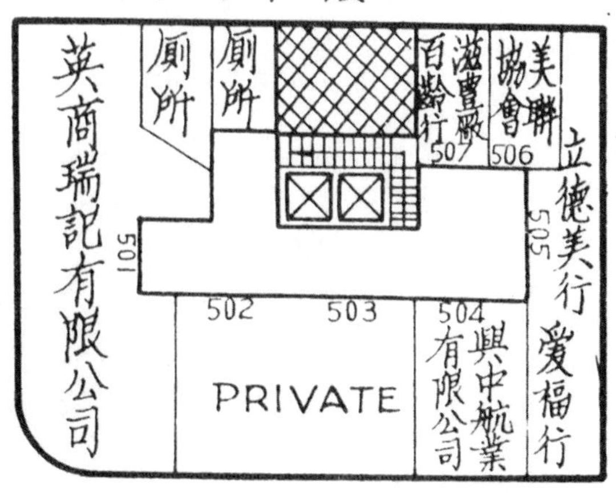

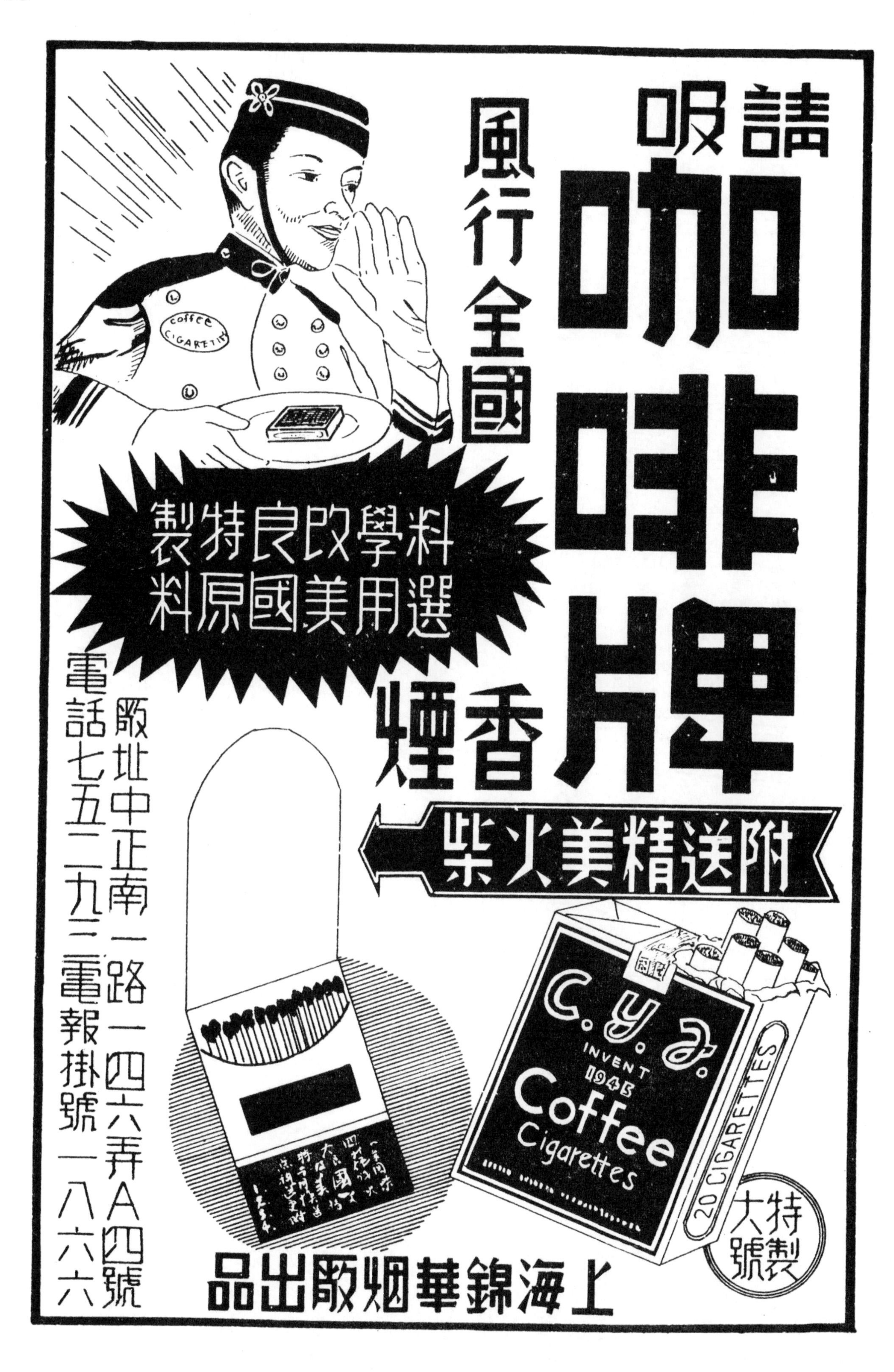

請吸
咖啡牌香煙
風行全國
料學改良特製
選用美國原料
附送精美火柴
廠址中正南一路一四六弄A四號
電話七五二一九三電報掛號一八六六
INVENT
1945
Coffee
Cigarettes
20 CIGARETTES
特製大號
上海錦華烟廠出品

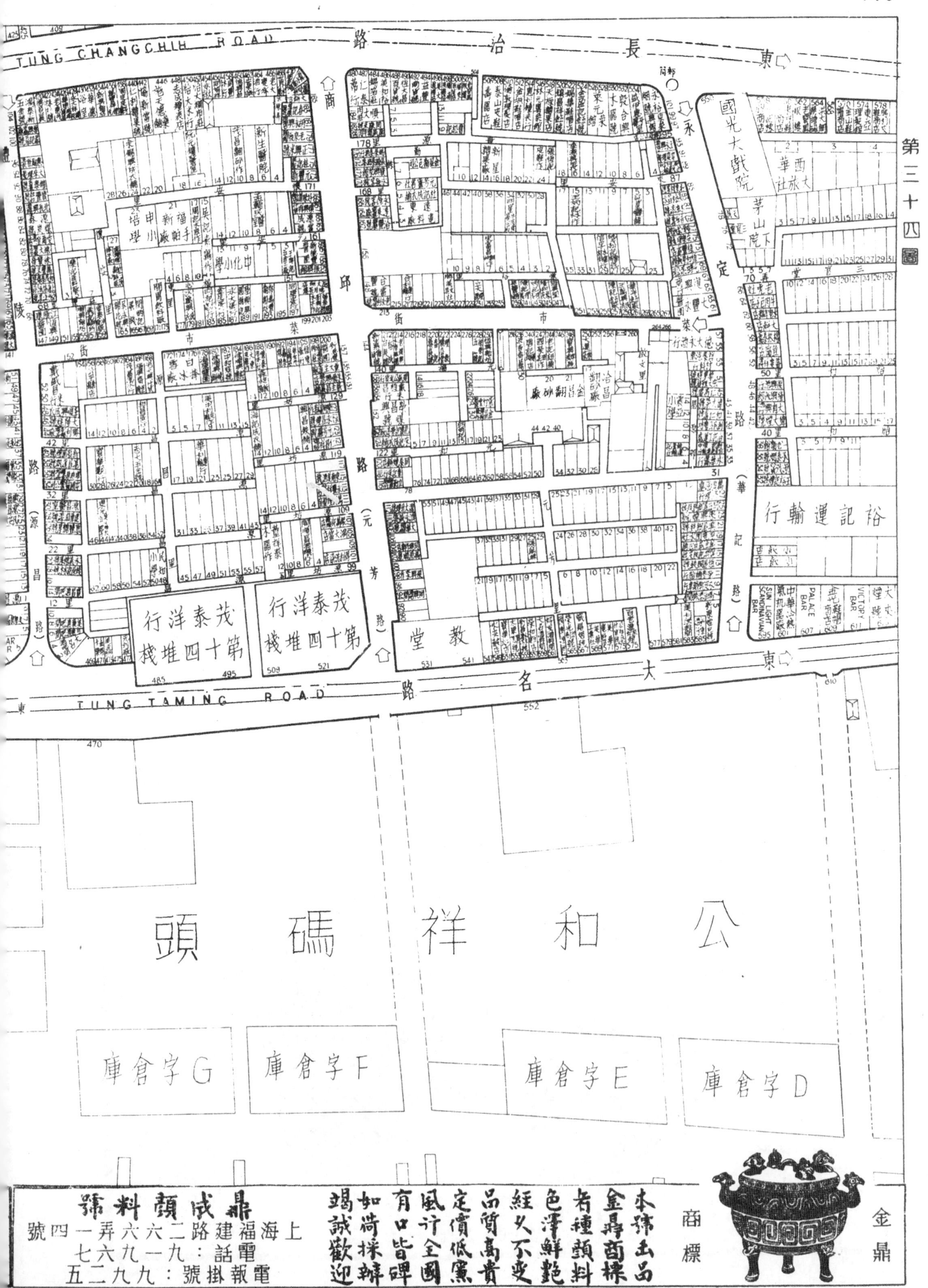
第三十四圖
TUNG CHANGCHIH ROAD
東長治路
TUNG TAMING ROAD
東大名路
國光大戲院
裕記運輸行
茂泰洋行第十四堆棧
茂泰洋行第十四堆棧
教堂
公和祥碼頭
G字倉庫
F字倉庫
E字倉庫
D字倉庫
PALACE BAR
VICTORY BAR
鼎成顏料號
上海福建路二六六弄一四號
電話：九一九六七
電報掛號：九九二五
本號出品金鼎商標各種顏料色澤鮮艷經久不變品質高貴定價低廉風行全國有口皆碑如荷採辦竭誠歡迎
商標
金鼎

第三十四圖

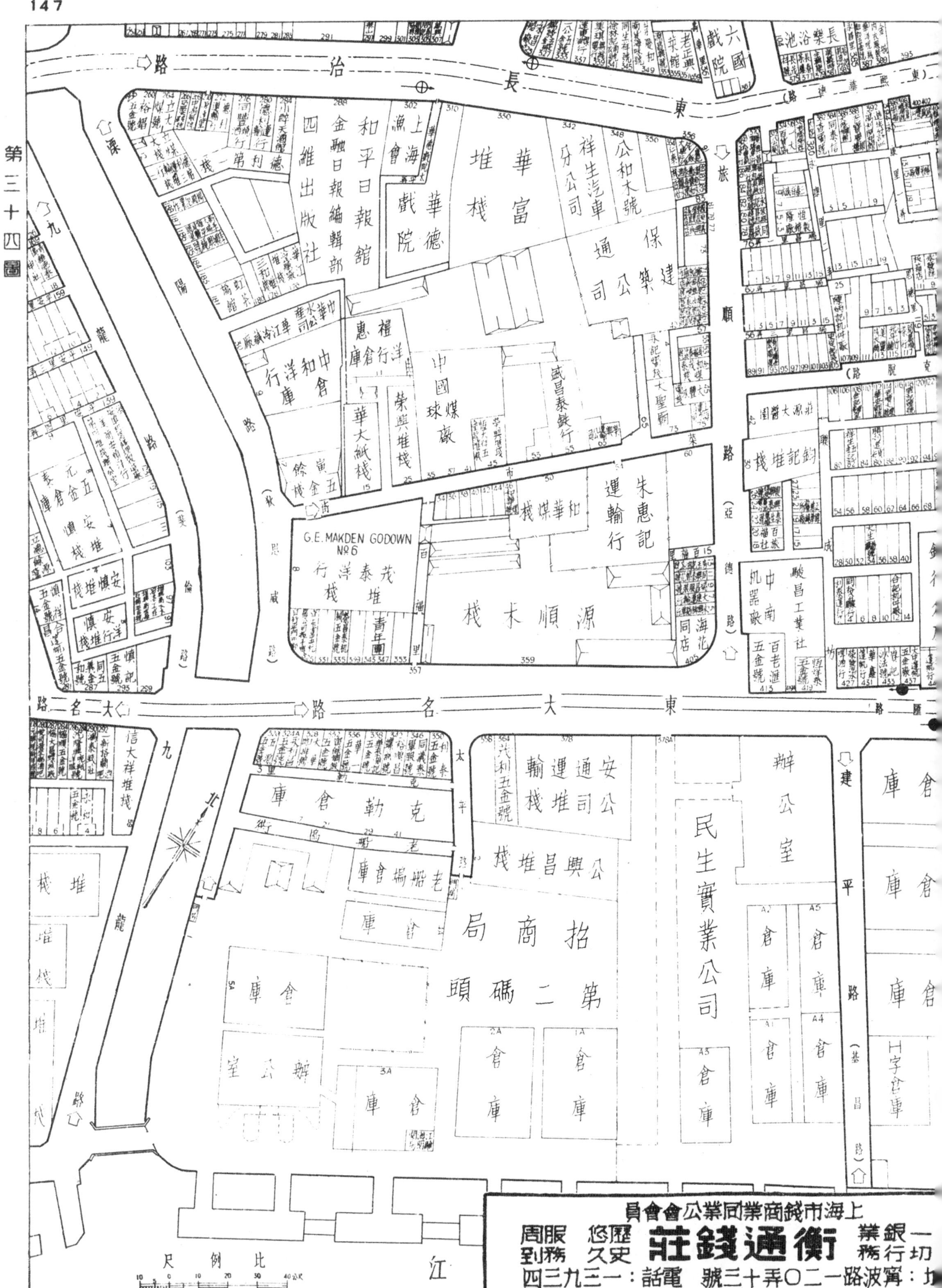
東長治路
東大名路
大名路
九龍路
溧陽路
旅順路
建平路
(基昌路)
長樂浴池
六國戲院
和平日報館
金融日報編輯部
四維出版社
上海漁會
華德戲院
華富堆栈
祥生汽車公司
公和木號
保通建築公司
中和洋行倉庫
中國煤球廠
盛昌泰鐵行
華大紙栈
榮興堆栈
朱惠記運輸行
和華煤栈
源順木栈
G.E. MAKDEN GODOWN
No.6
茂泰洋行堆栈
青年團
克勒倉庫
安通運輸公司堆栈
公興昌堆栈
老船塢倉庫
招商局
第二碼頭
民生實業公司
辦公室
倉庫
H字倉庫
比例尺
江
上海市錢商業同業公會會員
衡通錢莊
歷史悠久
服務周到
一切銀行業務
寧波路一二〇弄十三號
電話：一三九三四

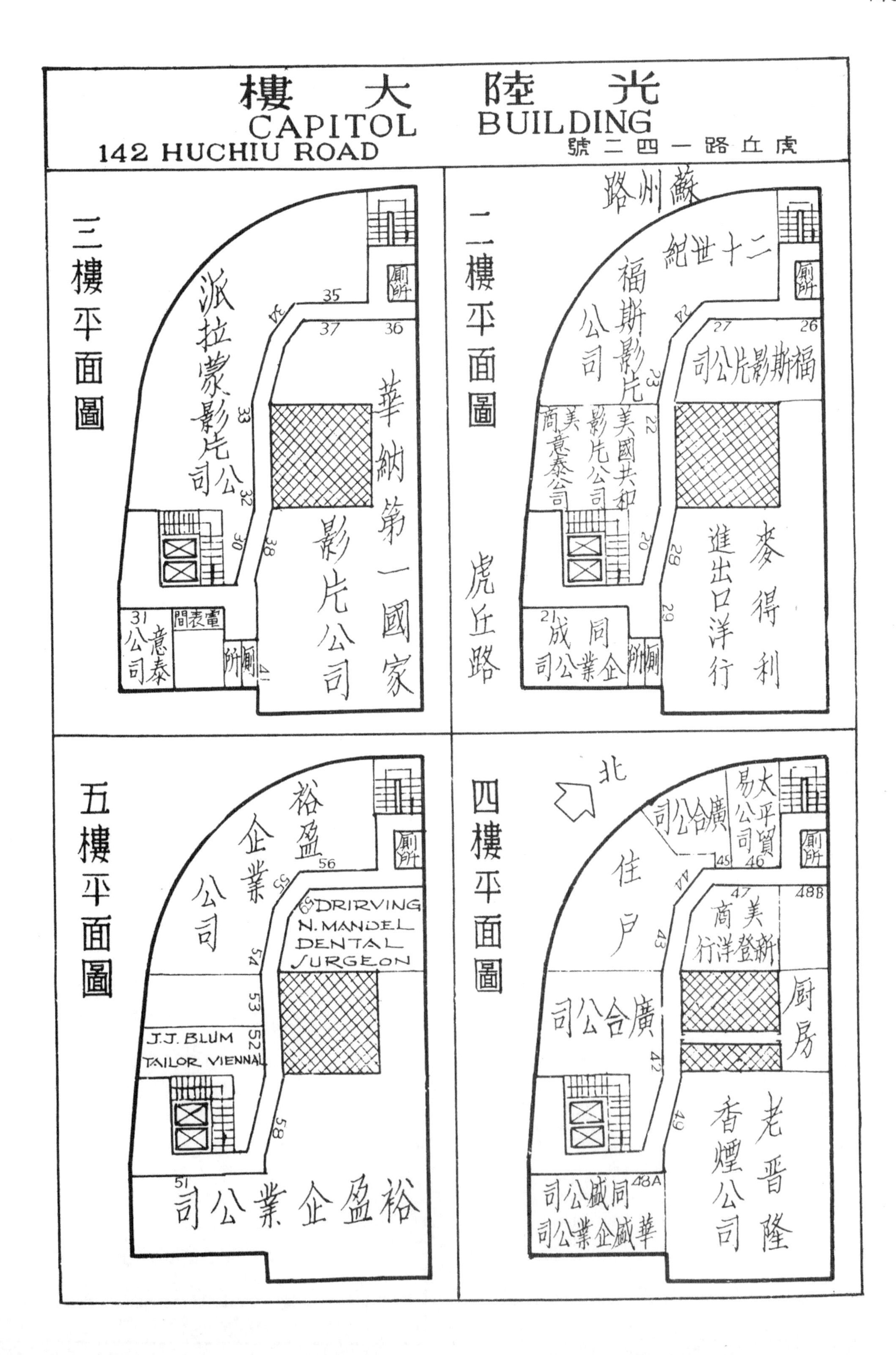

光陸大樓
CAPITOL BUILDING
142 HUCHIU ROAD
虎丘路一四二號
三樓平面圖
派拉蒙影片公司
華納第一國家影片公司
意泰公司
電表間
二樓平面圖
蘇州路
二十世紀福斯影片公司
福斯影片公司
美商意泰公司
美國共和影片公司
麥得利進出口洋行
同成企業公司
虎丘路
五樓平面圖
裕盈企業公司
DR. IRVING N. MANDEL DENTAL SURGEON
J.J. BLUM TAILOR VIENNA
裕盈企業公司
四樓平面圖
北
廣合公司
太平貿易公司
住戶
美商新登洋行
廣合公司
廚房
老晉隆香煙公司
同盛公司
華盛企業公司

文文金筆
枝枝保用
處處風行
人人滿意
真真國貨
樣樣自製
式式精美
本外埠名
大文具店
書局均售
VENVEN PEN
文文金筆
VENVEN PEN MFG CO
上海文金筆廠出品
四川北路東横浜路二十號 電話(〇二)六〇〇六一

第三十五圖

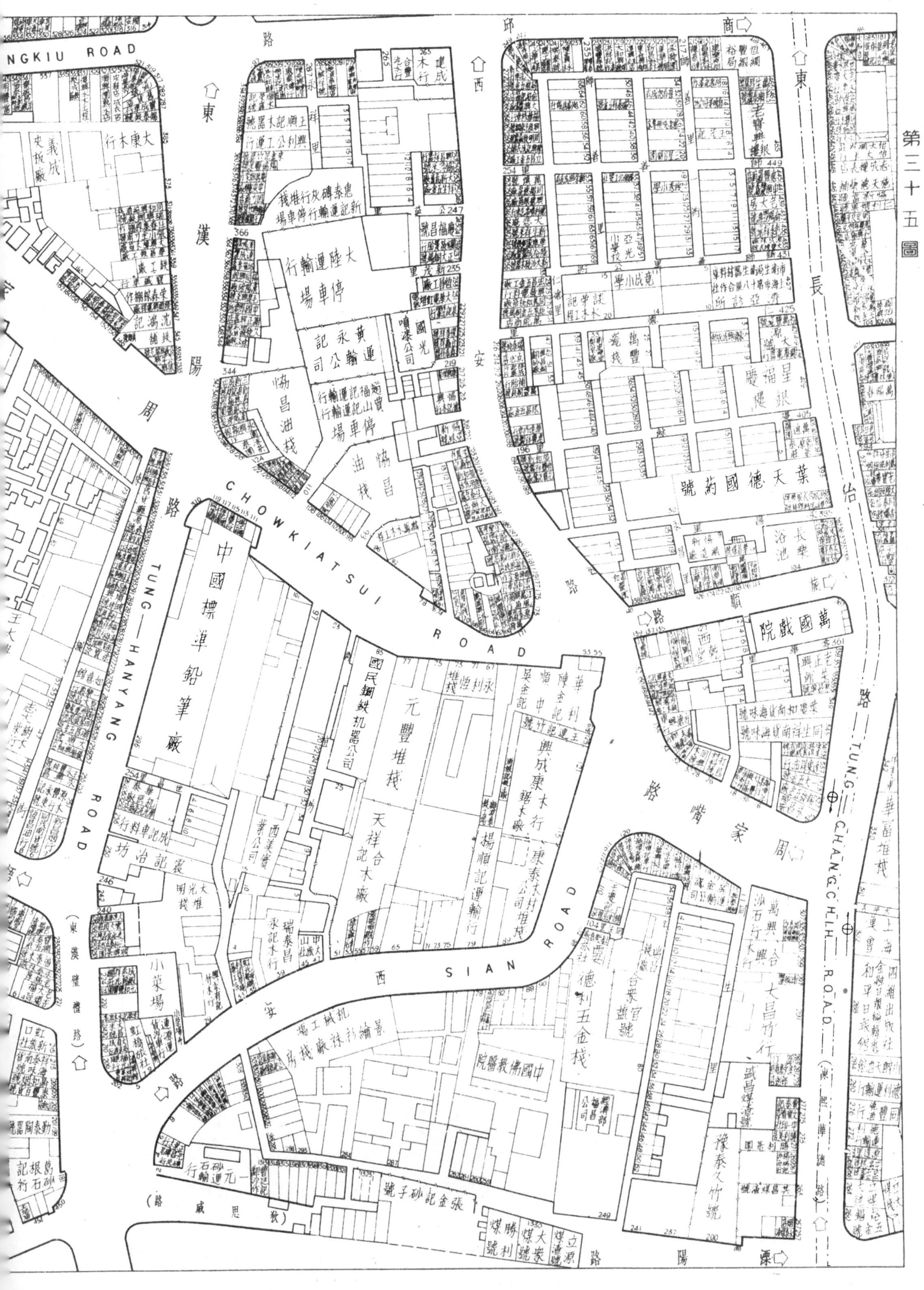
NGKIU ROAD
CHOWKIATSUI ROAD
TUNG—HANYANG ROAD
SIAN ROAD
TUNG CHANGCHIH ROAD
東漢陽路
周家嘴路
安西路
長治路
中國標準鉛筆廠
大陸運輸行停車場
黃永記運輸公司
協昌油棧
國民鋼鉄机器公司
元豐堆棧
天祥合記木廠
楊順記運輸行
萬國戲院
葉天德國藥號
長樂浴池
星福銀樓
中國佛教醫院
德利五金棧
合泰官醬號
大昌竹行
萬興合沙石行
小菜場
張金記砂子號
豫泰久竹號
大東木行
義成皮坊廠

第三十五圖



WUCHOW ROAD
梧州路

YALOKIANG ROAD
鴨綠江路

東餘杭路
東有恒路
海甯路
嘉興路
元芳路

元中木行
豐木行
同春
南華內六製造廠
祥和木行
永茂木行
公輸子廟
萬新茶園
中華棧
美亞運輸公司
遠昌鉄工廠
森茂慎煤號
美升棧
瑞綸絲廠
西山倉庫
文昌小學

比例尺
10 5 0 10 20 30 40公尺

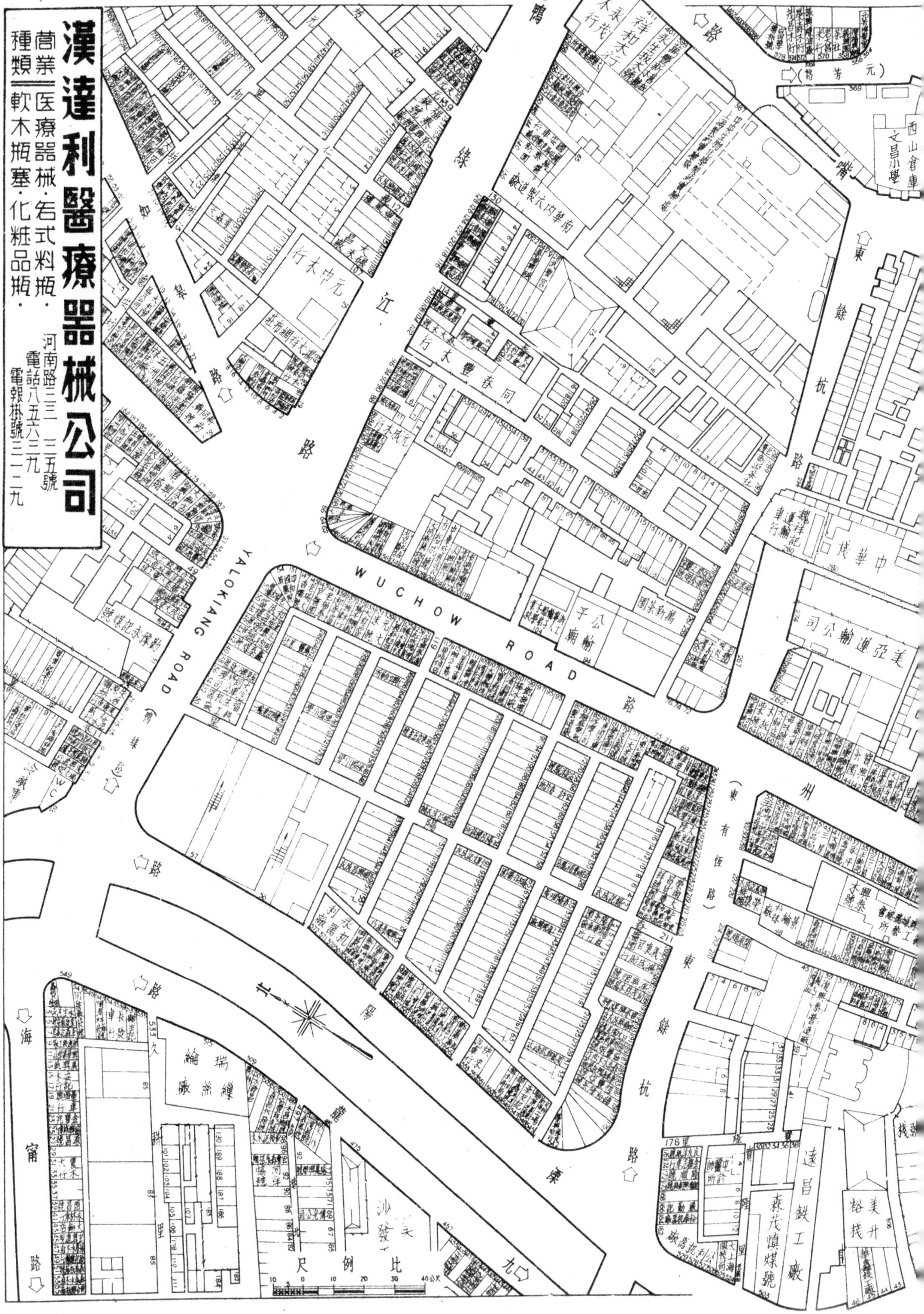

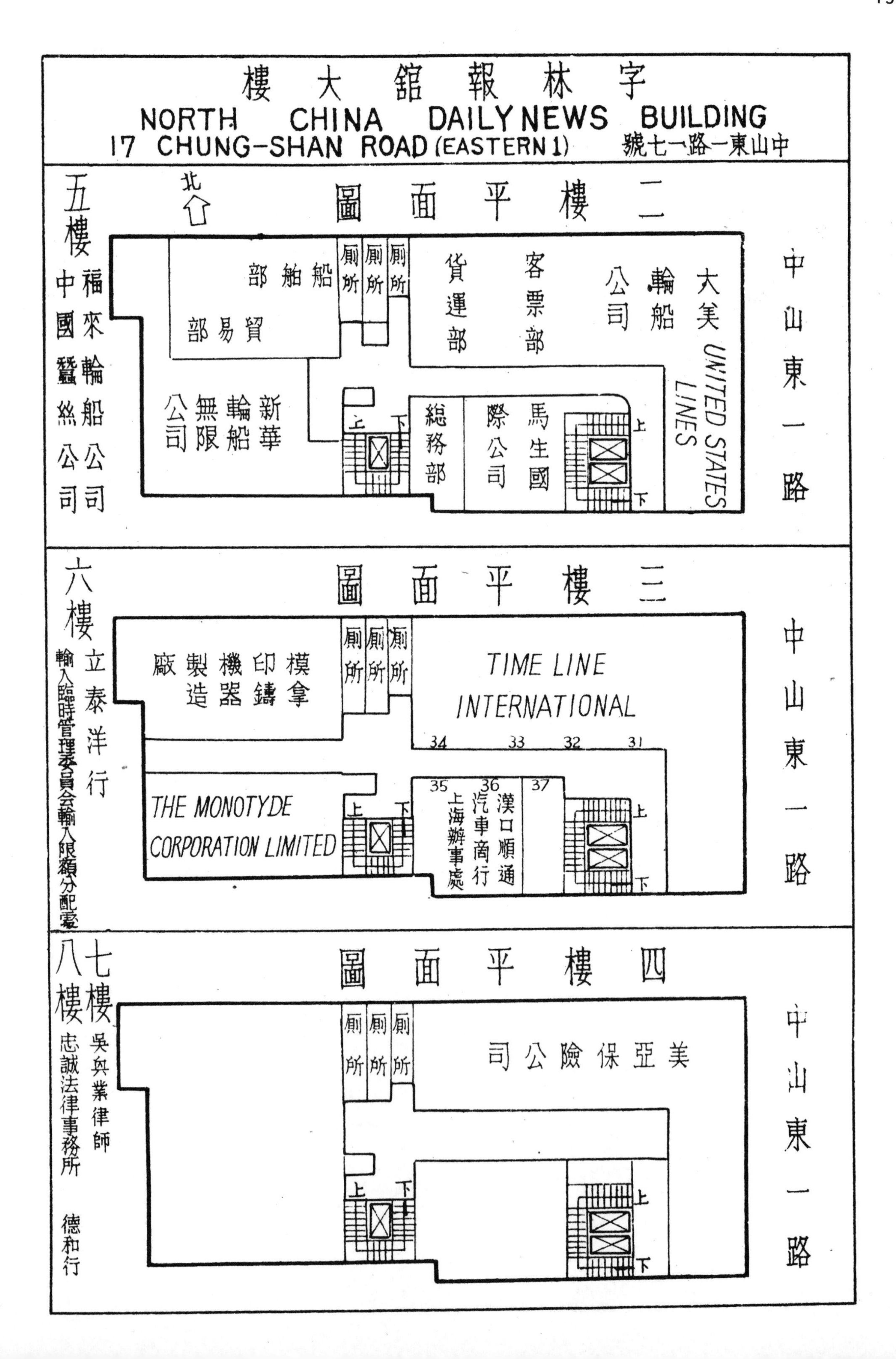

字林報館大樓
NORTH CHINA DAILY NEWS BUILDING
17 CHUNG-SHAN ROAD (EASTERN 1)
中山東一路十七號
二樓平面圖
北
五樓
福來輪船公司
中國蠶絲公司
船舶部
貿易部
廁所
貨運部
客票部
大美輪船公司
UNITED STATES LINES
新華輪船無限公司
總務部
馬生國際公司
上
下
中山東一路
三樓平面圖
六樓
立泰洋行
輸入臨時管理委員会輸入限額分配處
模拿印鑄機器製造廠
TIME LINE INTERNATIONAL
34
33
32
31
35
36
37
THE MONOTYDE CORPORATION LIMITED
漢口順通汽車商行上海辦事處
四樓平面圖
七樓
吳與業律師
八樓
忠誠法律事務所
德和行
美亞保險公司

上海

# 新新有限公司

## 各樓一覽表

### 鋪面 一 二樓

鋪面：

- 文房部
- 烟草部
- 巾襪部
- 西藥部
- 化裝部
- 服飾部
- 西裝部
- 五金部
- 罐頭部
- 火腿部
- 南貨部
- 參燕部

二樓：

- 疋頭部
- 綢緞部
- 時裝部
- 毡毯部
- 鞋子部
- 衣邊部
- 皮貨部

### 三樓

- 傢私部
- 鐘表部
- 首飾部
- 電器部
- 照相部
- 音樂部
- 玩具部
- 玻璃部
- 無線電部
- 磁器部
- 光學部
- 象牙部

### 四樓

- 總管理處

## 附業

- 新新第一樓 二樓
- 新新茶室 三樓
- 新新美髮廳 三樓
- 新新旅館 三樓
- 新新大樓 五樓
- 新都劇場 六樓
- 新都飯店 六樓
- 萬象廳 七樓

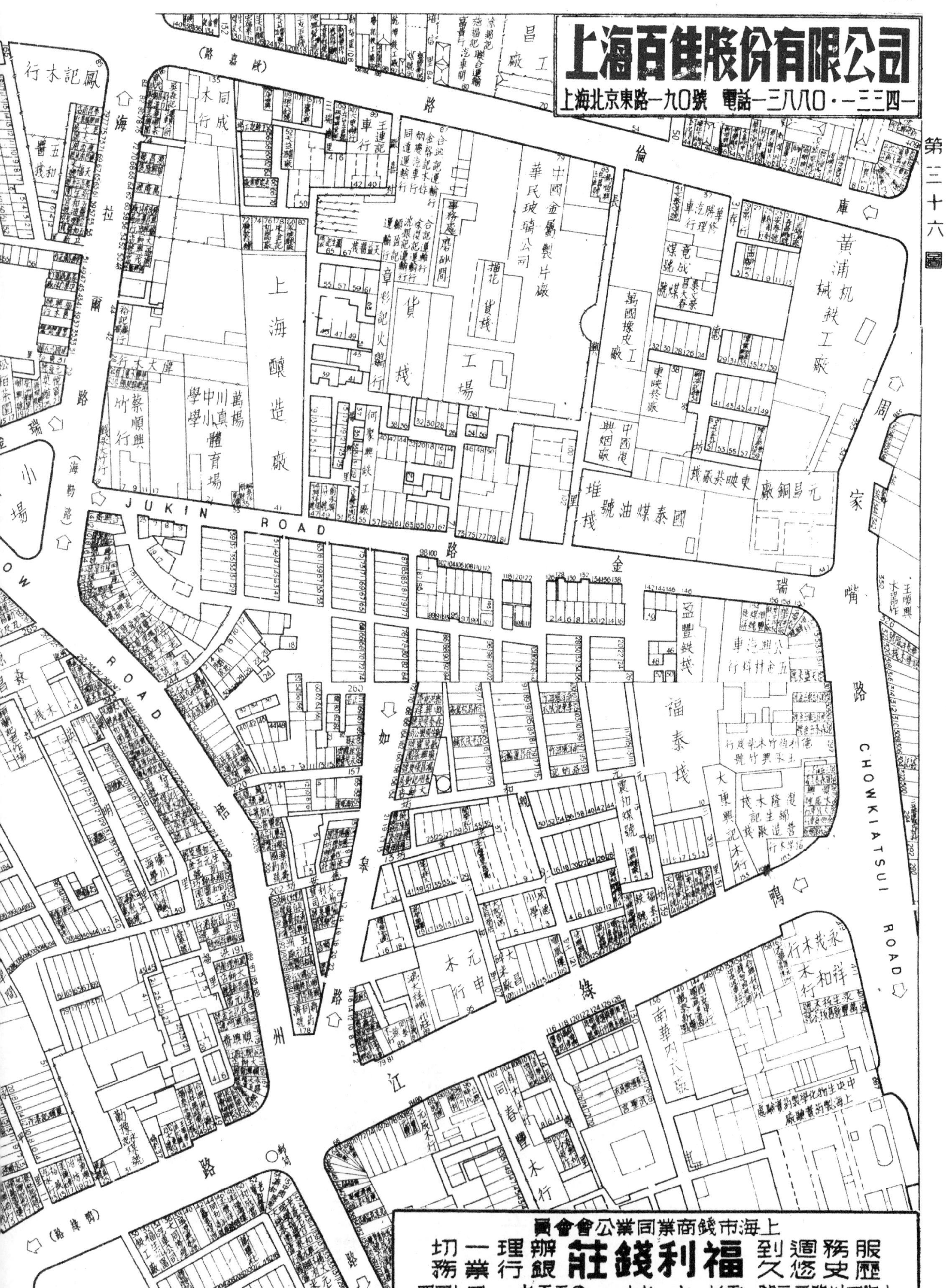
上海百佳股份有限公司
上海北京東路一九〇號 電話一三八八〇・一一三三四一
第三十六圖
JUKIN ROAD
CHOWKIATSUI ROAD
ROAD
上海釀造廠
黃浦机械鉄工廠
中國金屬製片廠
華民玻璃公司
萬國橡皮工廠
國泰煤油號
堆棧
福泰棧
元昌銅廠
東映菸廠
中國興烟廠
萬揚川真中小學體育場
蔡順興竹行
南華內衣廠
永茂木行
祥和木行
中央化學物製藥廠
上海製藥廠
元中木行
豐木行
同春
小場
上海市錢商業同業公會會員
服務週到
歷史悠久
福利錢莊
辦理一切
銀行業務
上海四川路三三號 電話一六一九六 一〇五五九 一四七四四

第三十六圖

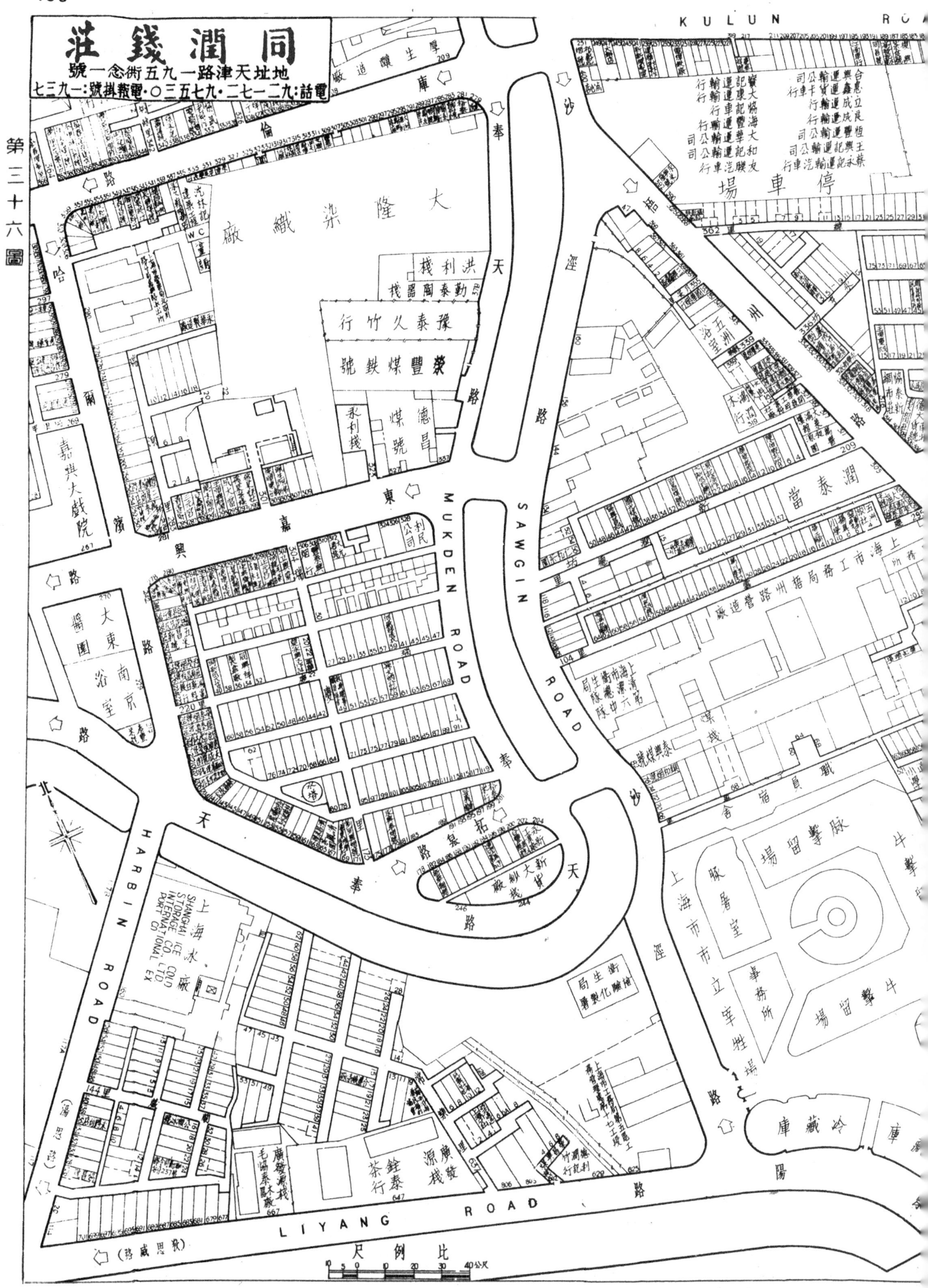
同潤錢莊
地址天津路一九五街念一號
電話:九二一七一二・九七五五三○・電報掛號:一九三七
KULUN RO
大隆染織廠
洪利棧
勤泰陶器棧
豫泰久竹行
榮豐煤鐵號
德昌煤號
永利棧
嘉興大戲院
大東醬園
南京浴室
五洲浴室
潤泰當
停車場
職員宿舍
冷藏庫
上海市立宰牲場
MUKDEN ROAD
SAWGIN ROAD
HARBIN ROAD
LIYANG ROAD
沙涇路
奉天路
嘉興路
哈爾濱路
溧陽路
比例尺
40公尺
北

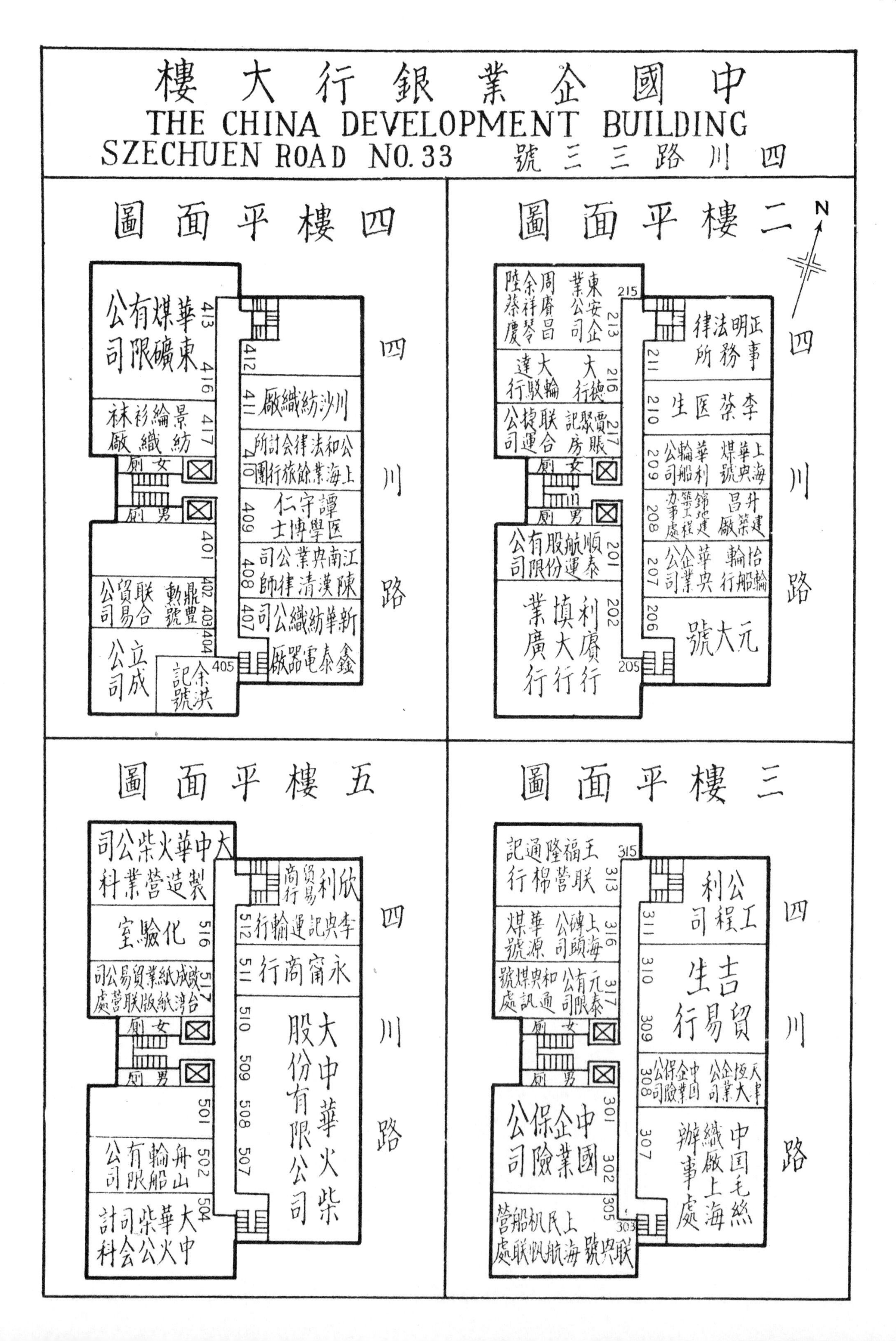
中國企業銀行大樓
THE CHINA DEVELOPMENT BUILDING
SZECHUEN ROAD NO. 33
四川路三三號
四樓平面圖
二樓平面圖
N
四川路
華東煤礦有限公司 413 416
景綸衫襪紡織廠 417
412
川沙紡織廠 411
公和法律会計所 上海業餘旅行團 410
譚守仁 医學博士 409
江南典業公司 陳漢清律師 408
新華紡織公司 鑫泰電器廠 407
女廁
男廁
401
联合貿易公司 鼎豐號 402 403 404
成立公司
余洪記號 405
東安企業公司 周賡昌 余祥琴 陸蔡慶 215 213
大達輪駁行 大德行 216
联合捷運公司 賈聚記賬房 217
順泰航運股份有限公司 201
利賡行 大填行 廣業行 202
205
正明法律事務所 211
李榮医生 210
上海華典煤號 華利輪船公司 209
升昌建築廠 錦地建築工程辦事處 208
恰輪輪船行 華典企業公司 207
元大號 206
五樓平面圖
三樓平面圖
大中華火柴公司 製造營業料
化驗室 516
台湾紙廠联營處 成紙業貿易公司 517
欣利貿易商行
李典記運輸行 512
永甯商行 511
大中華火柴股份有限公司 510 509 508 507
501
舟山輪船有限公司 502
大中華火柴公司会計科 504
王福隆 通記 联營棉行 315 313
上海碑頭公司 華源煤號 316
元泰有限公司 和通典煤號 通訊處 317
公利工程公司 311
吉生貿易行 310 309
天津大恆企業公司 中國企業保險公司 308
中国毛絲織廠上海辦事處 307
中國企業保險公司 301 302
305 303
上海民航帆船联營處 联典號

上海市錢商業同業公會會員
致祥錢莊
辦理一切銀行業務
天津路一五七弄四號　電話九三五○五
第三十七圖
上海市工務局總庫
周家嘴路
東餘杭路
通州路
TUNGCHOW ROAD
ROAD
高陽路
興業銀行倉庫
復興聯合軍裝廠
大中華玻璃廠
于義昌鉄廠
王長記鉄舖
堆棧
福慶鉄工廠
裕隆木行
全泰木棧
大成木行
培昌木行
林昌鉄廠
源昌木行堆棧
同興木行
森康木行
同源錫拉廠
中學製帽廠
萬邦印刷廠
中國鋼筆廠
泰昌五金號
振昇木號
永興木號
裕興木號
寶記木器號
滙通机廠
生大祥木行
普渡理教堂
油棧
永大油廠
籃球場
猶太學校
宿舍
友大机件廠
小菜場
元和木號
恒祥木號
興記水木作
遠東線織廠
中央訓練團上海分班
教育人員訓練班
北

第三十七圖

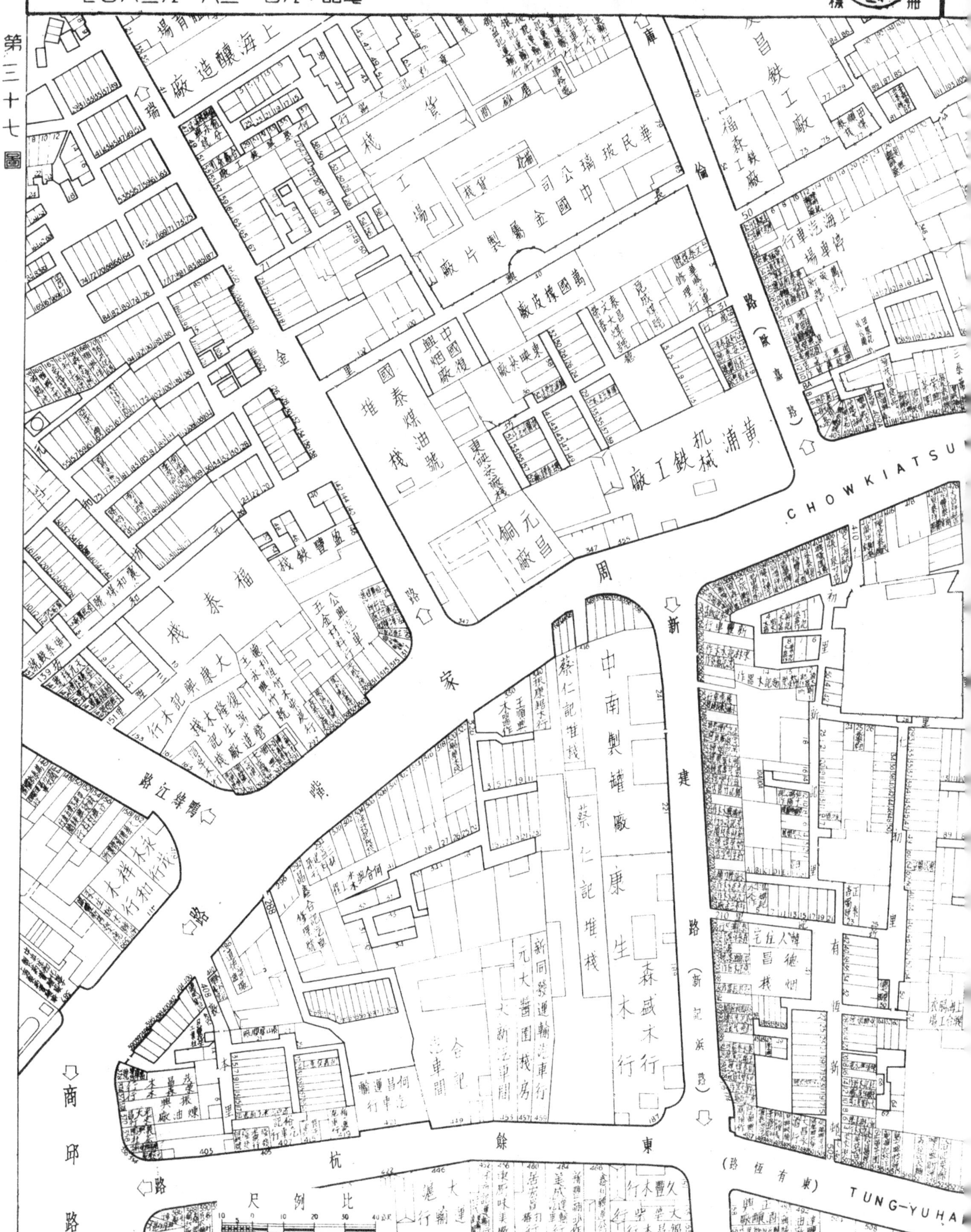

上海釀造廠
中華民國玻璃公司
中國金屬製片廠
萬國橡皮廠
黃浦機械鐵工廠
國泰煤油號堆棧
福泰棧
元昌銅廠
中南製罐廠
蔡仁記堆棧
康生木行
森盛木行
福泰鐵工廠
上海汽車行停車場
周家嘴路
CHOWKIATSU
新建路
(新記浜路)
東餘杭路
(東有恒路)
TUNG-YUHA
商邱路
比例尺

細腰苗條
吹氣幽香
弱不勝抱
倍媚倍嬌
紅金牌
PROSPERITY
紅金
20 CIGARETTES
中國
福新煙公司出品

銀行牌香煙
20 CIGARETTES
BANKER
CIGARETTES
N.Y. BROS. T.B.
CO. LTD. CHINA
南洋兄弟烟草公司出品

每包附有五彩畫片
注意
20 INDIAN CIGARETTES
Indian
Cigarettes
紅士牌
抗戰畫片張張好
紅士香煙人人愛
裕華烟草公司出品

黑牌
風行寰球第一名煙
老
國產煙之冠軍
舶來品之勁敵
中美煙廠
榮譽出品
Black Label
CIGARETTES
20 CIGARETTES

四美德

華星煙草公司出品

歡迎外埠經銷

總管理處：民國路同慶街三十七號

電　話：(〇二)七〇二一七號

中國利興烟公司

地址：塘沽路 1022

電話：42867 46182

電報掛號：9795

CLUB

裝潢 改善 品質 提高

The Great CLUB Grande Cigarettes

20 CIGARETTES

總會牌

中國滙達烟廠出品

第三十八圖
東餘杭路
ROAD
猶太學校
宿舍
永大油廠
中央訓練團教育人員訓練班上海分班
高陽路
大豪修理汽車及停車間
春和祥玻璃堆棧
楠木倉庫
德泰木行
勤豐軋鋼廠
華森木行
建育小學
春和祥 生茂祥 森泰興 黃根長 聯合玻璃堆棧
新記煤號
賬房間
新光内衣整理廠
新光中小學
之生冶坊
ROAD
東唐山路
新光標準内衣整理染織廠
宿舍
布机間
女工宿舍
行總交通部
爐子間
工作場
英商内門洋碱公司
ICI倉庫
華德茶室
KAOYANG ROAD
立信華行堆棧
行總汽車停車處
禧年堂
CHANGCHIH ROAD
東長治路
三和新
米號
永順昌

第三十八圖
比例尺
東餘杭路
(東有恆路)
TUNG—YUH
東漢陽路
(東廣豐路)
唐山路
(唐山路)
TANGSH
東長治路
(東熙華德路)
新建路
SINKIEN ROAD
(新記浜路)
商邱路
SHANGKIU ROAD
西安路
元芳路
(元芳路)
永定路
空地
興隆停車場
大鴻運輸行
三星油漆廠
整新油桶廠
小三角地小菜場
國立吳淞商船專科學校
德昌煙工廠
國光大戲院
大康木行
★BEST QUALITY★
SMART Shirt
新光標準內衣染織整理廠股份有限公司
總管理處：重慶南路廿七號．廠址：唐山路一一六號．南京路樓子間：南京東路七一三號
電話：八二二六七．八四四五二．電話：五〇七六七．五二〇三八．電話：九六三二三．
STANDARD SHIRT

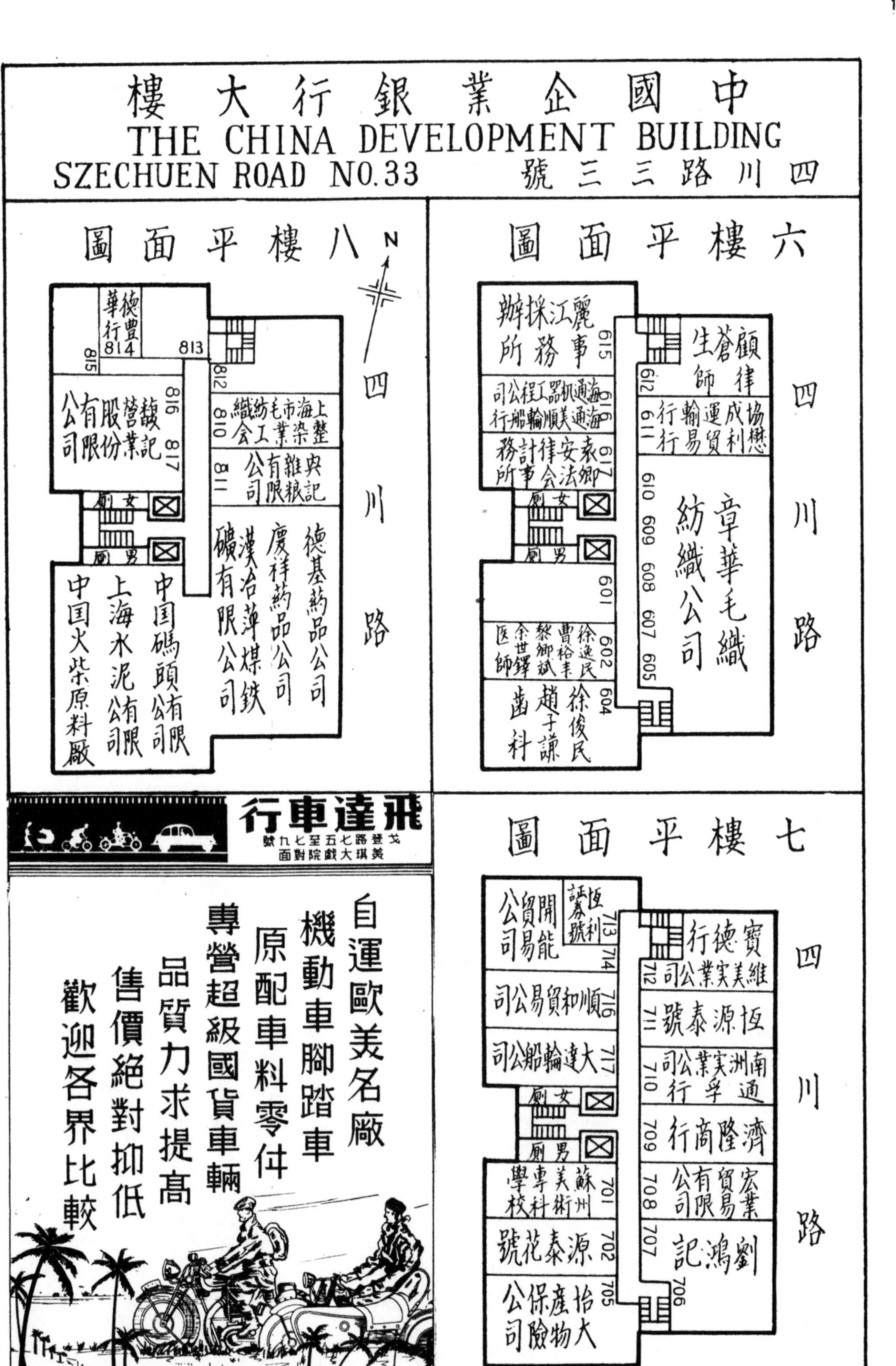
中國企業銀行大樓
THE CHINA DEVELOPMENT BUILDING
SZECHUEN ROAD NO.33
四川路三三號
八樓平面圖
N
德豐華行 814
815
813
812
韓記營業股份有限公司 816 817
上海市毛紡織染整工業公會 810
興記雜粮有限公司 811
女 廁
男 廁
德基藥品公司
慶祥藥品公司
漢冶萍煤鐵礦有限公司
中国碼頭有限公司
上海水泥有限公司
中国火柴原料廠
四川路
六樓平面圖
麗江採辦事務所 615
海通機器工程公司 海通美順輪船行 616
617
顧蒼生律師 612
協成運輸行 懋利貿易行 611
女 廁
男 廁
610 609 608 607 605
章華毛織紡織公司
601
徐逸民 曹裕丰 黎卿斌 余世鐸 醫師 602
徐俊民 趙子謙 齒科 604
四川路
飛達車行
戈登路七五至七九號
美琪大戲院對面
自運歐美名廠
機動車脚踏車
原配車料零件
專營超級國貨車輛
品質力求提高
售價絕對抑低
歡迎各界比較
七樓平面圖
開能貿易公司
恆利證券號 713 714
寶德行
維美實業公司 712
順和貿易公司 716
恆泰源號 711
大達輪船公司 717
南洲實業公司 通孚行 710
女 廁
濟隆商行 709
男 廁
蘇州美術專科學校 701
宏業貿易有限公司 708
源泰花號 702
劉鴻記 707
706
怡大物產保險公司 705
四川路

章 註冊  商標 華


毛絨紡織股份有限公司

首創國產呢絨

**品質精良**

總事務所
上海四川路三三號
電話一七一五一 一七一五二 一七一五三

製造廠
(一)浦東周家渡
(二)華山路七七六號 電話二三一〇九
(三)長寧路十五號 電話二〇三七〇
南京發行所 南京太平路一號

---

## 圓圓織造印染公司

註冊  商標

各種出品提要

色澤鮮艷·永不退色

摩登藍布 標準藍布 陰丹士林布 各色細布 各色細斜 各色光斜 軍衣黃斜 各色嗶嘰 各色直貢呢

清水漂布 標準色布 哥倫布色布 各種棉織品 各色麻紗 色素府綢 條子府綢 各色洋紗 直貢緞

代客整理·交貨迅速

總廠：建國路陝西南路西二五八號 電話：七七一五
發行所：四馬路石路東復興里七號 電話：九四六一七

---

## 萬豐機織印染廠股份有限公司

◀註冊商標▶

萬豐圓圖 萬峯圖 萬象圖 畫舫圖 金百萬 紅百萬 藍百萬 富家兒 花想容 銀河圖 卧美圖 美麗圖 雙童牧牛 四大金剛

◉出品種類◉

陰丹士林布 安安藍布 海昌藍布 摩登藍布 納富妥布 各種府綢 各色涼紗 各色斜紋 各種漂布 標準色布 各色花呢 各種貢呢 各色嗶嘰

發行所：金陵東路一八三弄一號 電報掛號：六七三八
電話：八八六七〇·八八六七九
染廠：安遠路五二號 電話：三九八三一
織廠：安遠路六八0號 電話：二三五一九

第三十九圖
春裕綢布莊
行總停車場
GCHIH ROAD
長治路
東
高陽路
KAOYANG ROAD
丹徒路
(郵政路)
商場
行政院善後救濟總署汽車管理總處
南洋兄弟煙草公司
明星香水廠第二廠
松茂貿易公司
兆豐紗廠
行政院物資供應倉庫
交通銀行信託部總倉庫
中華煙草第一倉庫
ING ROAD
大名路
東
住宅
兆豐路
國營招商局第一碼頭
怡和輪船公司材料部
INDO-CHINA S.N. CO., LTD
STORES DEPARTMENT
B.F.
培豐股份有限公司
經營進口出口
投資生產事業
地址：中正東路一七四號三四樓
電話：一六九二〇……三線
B.F.
源豐工業原料化學肥料行
中正東路二七四號浦東銀行大樓三六一室
電話一七七六三
電報掛號：FERTILY

第三十九圖

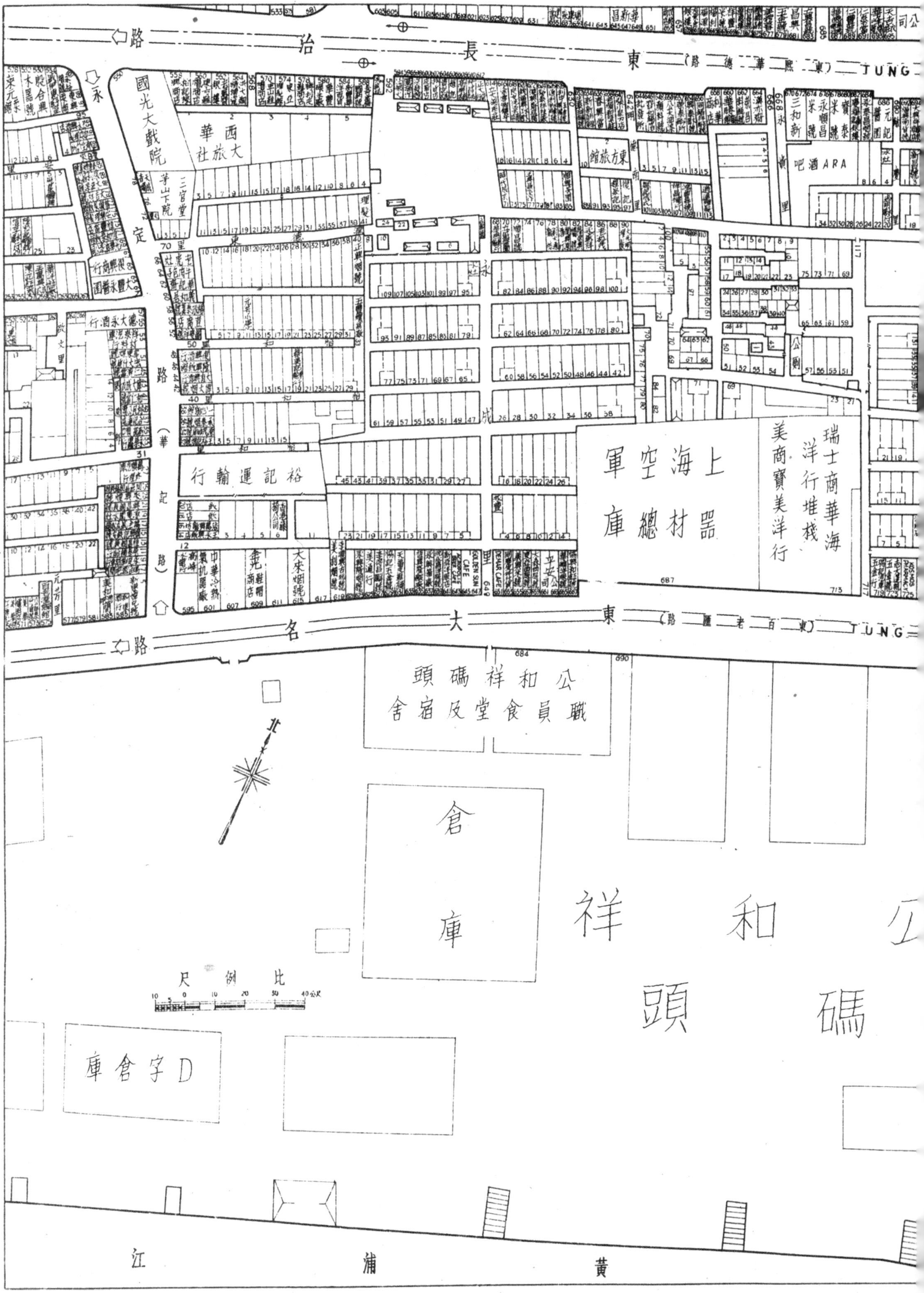

東長治路（東熙華德路）TUNG

東大名路（東百老匯路）TUNG

國光大戲院

西華大旅社

東方旅館

三和新

ARA 酒吧

裕記運輸行

上海空軍器材總庫

瑞士商華海洋行堆棧

美商寶美洋行

公和祥碼頭職員食堂及宿舍

倉庫

公和祥碼頭

D字倉庫

比例尺

黃浦江

同安大樓
441 HANKOW ROAD 漢口路四四一號


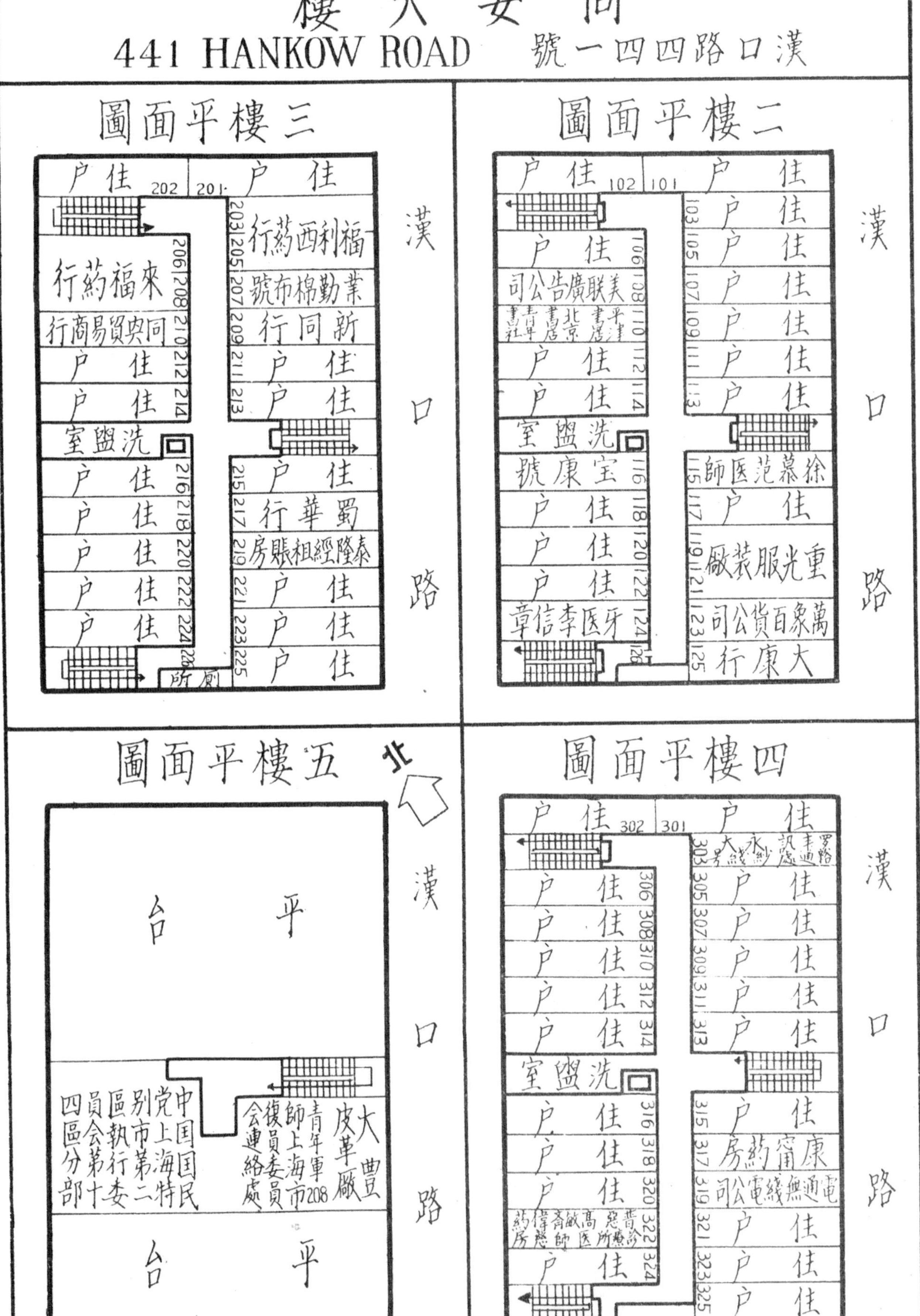

三樓平面圖
住户 202
201 住户
203 福利西药行
206 208 來福药行
205 207 業勤棉布號
210 同興貿易商行
209 新同行
212 住户
211 住户
214 住户
213 住户
洗盥室
216 住户
215 住户
218 住户
217 蜀華行
220 住户
219 泰隆經租賬房
222 住户
221 住户
224 住户
223 住户
226
225 住户
厠所
漢口路
二樓平面圖
住户 102
101 住户
103 住户
106 住户
105 住户
108 美联廣告公司
107 住户
110 平津書店 北京書店 青年書社
109 住户
112 住户
111 住户
114 住户
113 住户
洗盥室
115 徐慕范医師
116 宝康號
118 住户
117 住户
120 住户
119 121 重光服装廠
122 住户
124 牙医李信章
123 萬象百貨公司
126
125 大康行
漢口路
五樓平面圖
北
平台
中国国民党上海特别市第二區執行委員会第十四區分部
大豐皮革廠
青年軍208師上海市復員委員会連絡處
平台
漢口路
四樓平面圖
住户 302
301 住户
303
306 住户
305 住户
308 住户
307 住户
310 住户
309 住户
312 住户
311 住户
314 住户
313 住户
洗盥室
316 住户
315 住户
318 住户
317 康甯药房
320 住户
319 電通無綫電公司
322
321 住户
324 住户
323 住户
325 住户
漢口路

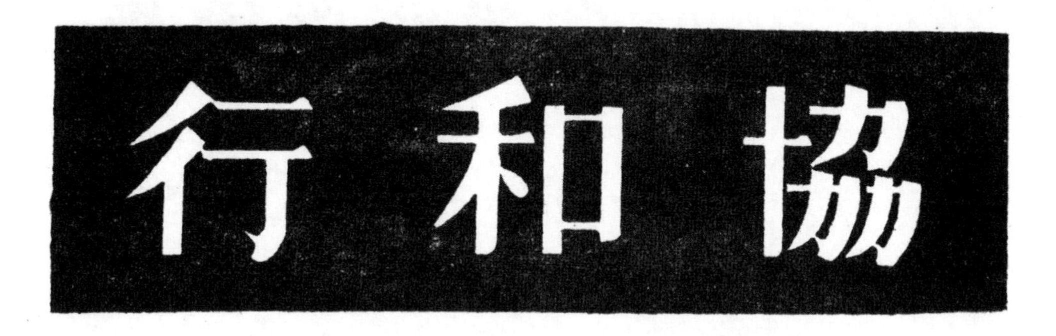


# HSIA HO HONG

化學醫藥原料電木氖氣等工業品進口

獨家經理下列各名廠出品

Carbide And Carbon Chemicals Corporation - solvents, glycols, acetic anhydride, triethanolamine, amines, ketones etc.

Bakelite Corporation - "Bakelite", "Vinylite", polystyrene, polyethylene plastic materials, varnish resins, adhesives etc.

Niacet Chemicals Division - acetic acid, sodium acetate and diacetate, vinyl acetate, aluminum and other acetates.

Hercules Powder Co. Inc - cellulose products, synthetic resins, naval stores and paper maker's chemicals.

Pennsylvania Salt Manufacturing Co. of Washington - chlorine, bleaching powder, "Perchloron", chlorates, hydrogen peroxide etc.

U. S. Rubber Export Co. Ltd - rubber chemicals, aromatics, aniline oil, synthetic rubber, latices etc.

Mutual Chemical Co. of America - chromic acid, bichromates and other chromium chemicals.

Stauffer Chemical Company - sulfur and heavy acids.

Harshaw Chemical Co - driers and plating chemicals.

United States Bronze Powder Works Inc - bronze, aluminum, copper and other metallic powders and pastes.

Witco Chemical Co - carbon blacks for rubber, paint, inks, lacquer etc.

Jacques Wolf & Co - hydrosulfites, wetting agents, textile and leather specialties.

H. Kohnstamm & Co - dry colors and aniline pigments.

Filtrol Corporation - "Filtrol" products.

The Asbury Graphite Mills Inc - graphite.

Barber Asphalt Corporation - gilsonite select, gilsonite standard etc.

Canadian Hanson & VanWinkle Co. Ltd - nickel anodes.

N.V. Fabriek van Chemische Producten - dyestuffs, formic and oxalic acids, etc.

N.V. Lijm-en Gelatinefabriek "Delft" - bone & hide glues, gelatin.

N.V.W.A. Scholten's Chemische Fabrieken - starches, gums and adhesives.

Christian J. Mohn - medicinal and industrial cod liver oil.

上海天津路一九五弄五十號　電話 九〇一八四（四線） 九五一八二　九六三八二

電報掛號　六九九八

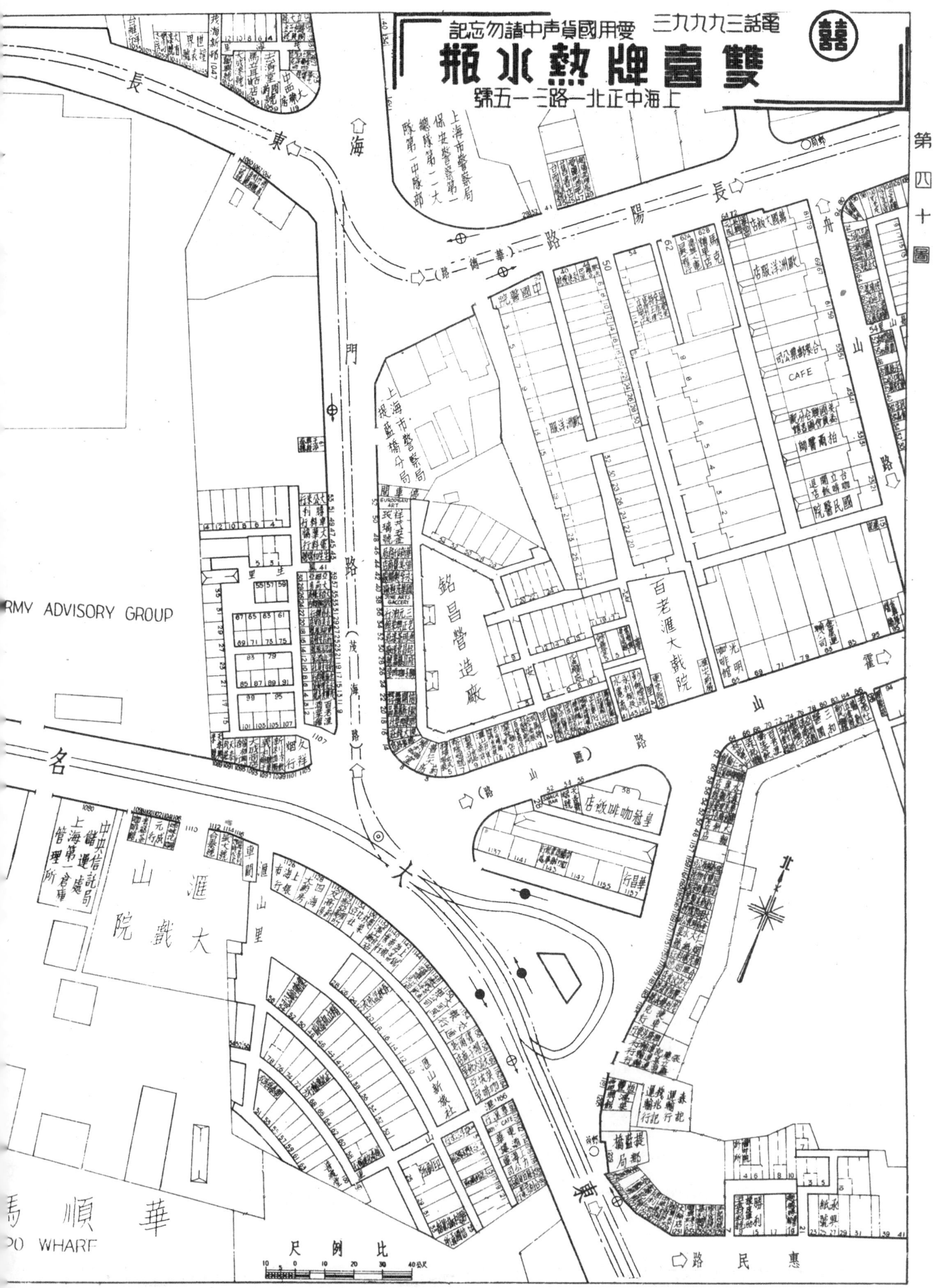
囍
電話三九九三
雙喜牌熱水瓶
上海中正北一路三一五號
愛用國貨声中請勿忘記
第四十圖
長
東
海門路
長陽路
華德路
舟山路
霍山路
茂海路
東大名路
惠民路
上海市警察局保安警察第一大隊第二中隊部
上海市警察局提籃橋分局
中國醫院
歐洲洋服
歐洲大飯店
CAFE
國民醫院
EUROPEAN ART
THE ARTS GALLERY
銘昌營造廠
百老滙大戲院
光明咖啡館
皇爵咖啡館
ARMY ADVISORY GROUP
中央信託局儲運處上海第一倉庫管理所
滙山大戲院
滙山里
滙山新旅社
提籃橋郵局
華順碼頭
WHARF
北
比例尺

正國商場
上海市公共交通公司停車場
上海市公共交通公司員工食堂及宿舍
公共汽車修理部
公共汽車停車工場
上海市公共交通公司籌備委員會
停車工場
容海中學
英商茂泰洋行第二十堆棧
東百老匯路
TUNG TAMING ROAD
路
東熙華德路
招商局宿舍
國營招商局第一碼頭
KUNGPING ROAD
公平路
加油站
CALTEX
茂吉第二堆棧
堆棧
茂吉堆棧
茂吉合記第二堆棧
大來兔絨帽坯廠
倉庫
頭
丹徒路
貨棧

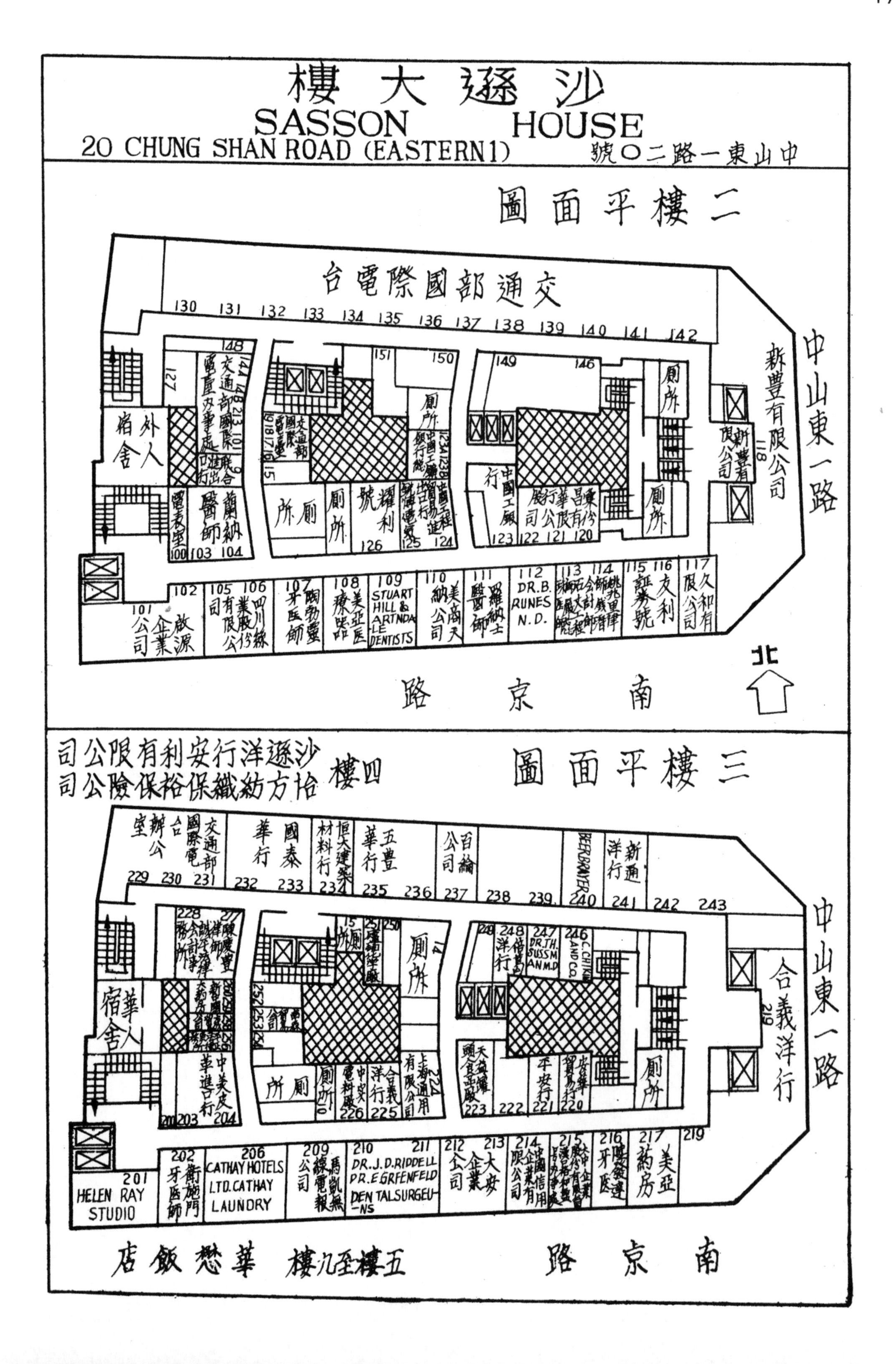
沙遜大樓
SASSON HOUSE
20 CHUNG SHAN ROAD (EASTERN 1)
中山東一路二〇號
二樓平面圖
交通部國際電台
中山東一路
新豐有限公司
南京路
北
沙遜洋行安利有限公司
恰方紡織保裕保險公司
四樓
三樓平面圖
中山東一路
合義洋行
南京路
華懋飯店
五樓至九樓
STUART HILL & ARTNDALE DENTISTS
DR. B. RUNES N. D.
CATHAY HOTELS LTD. CATHAY LAUNDRY
HELEN RAY STUDIO
DR. J. D. RIDDELL DR. E. GRFENFELD DENTAL SURGEONS
BEER BRAYER

# 香園老正興

菜餚豐富

招待週到

南京西路　電話六〇一一六

美商恒信洋行
江海關
滙山碼頭
揚樹浦路
上海電車公司
停車場
倉庫A
倉庫B
寫字間
茂泰洋行第一堆棧
永興貨棧
平涼路
臨潼
警察局提籃橋分局
提籃橋派出所
時代印刷廠
SZE ROAD
比例尺

第四十一圖

第四十一圖
保定路
永孚木行
上海市警察局
机動車大隊
第二中隊
惠民路
海軍造械廠修車所
藍球場
中紡公司
榆林路
海市衛生局材料倉庫
利達洋行堆棧
空地
LINTUNG ROAD
(秦克利克路)
榮泰車服廠
宿舍
工場
江海關職員宿舍
花園
德隆洋行
住宅
宗文小學
四德來路
霍山公園
霍山路
軍部停車處
菜園
BARBER SHOP
美國聯合會
國民印刷所
上海廠
HWEIMIN ROAD
(倍開爾路)
有限公司
貨棧
YUNG SHI
汽油站
SHELL
舟山路
金興隆煤號
金星運輸公司
國民醫院
光明咖啡館
百老滙大戲院
(匯山路)
提籃橋郵局

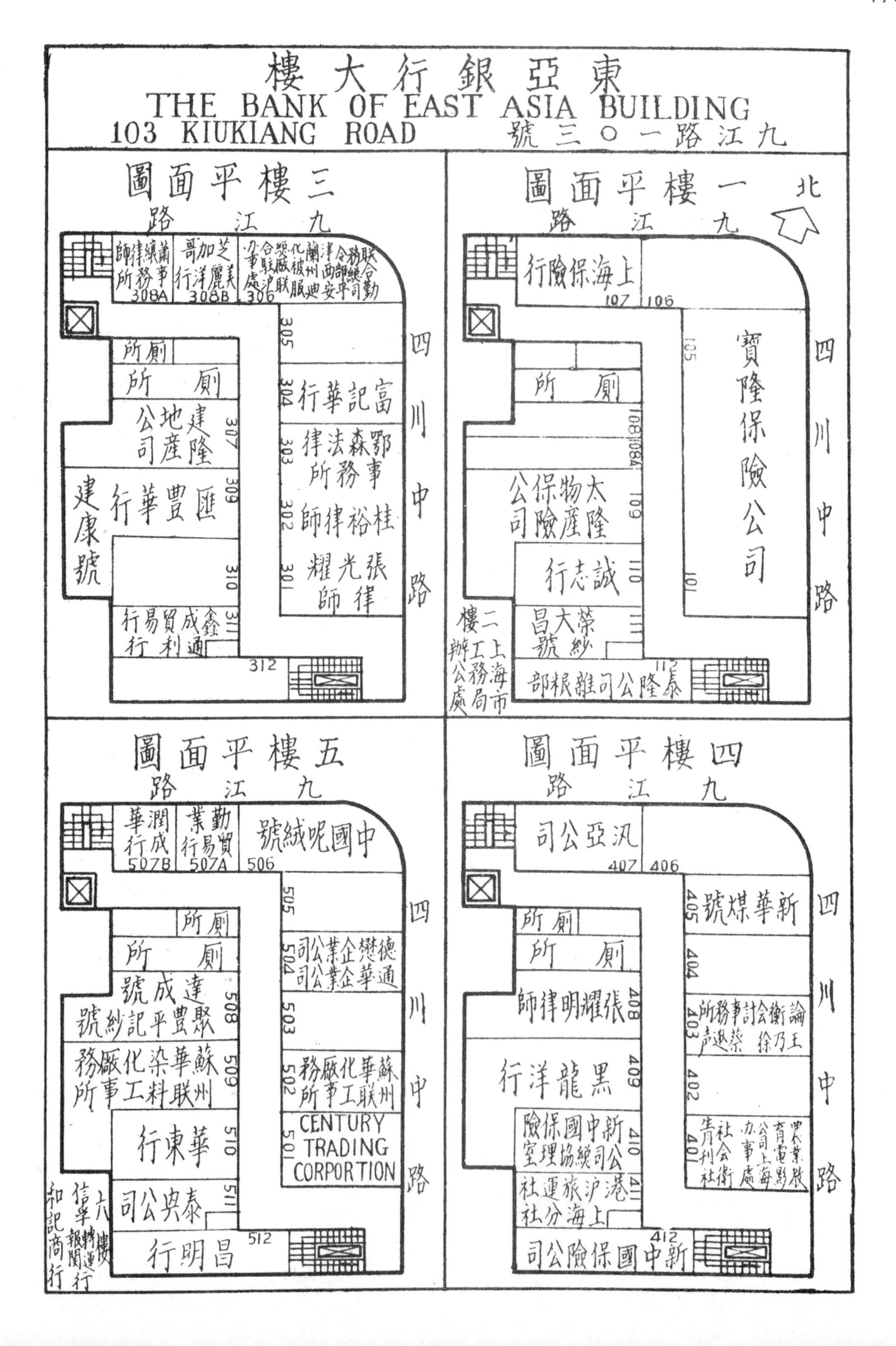
東亞銀行大樓
THE BANK OF EAST ASIA BUILDING
103 KIUKIANG ROAD
九江路一〇三號
三樓平面圖
九江路
四川中路
蕭續律師事務所
308A
芝加哥美麗洋行
308B
联合勤務總司令部平津西安蘭州迪化被服總廠联合駐沪办事處
306
305
富記華行
304
鄂森法律事務所
303
桂裕律師
302
張光耀律師
301
厠所
厠所
建隆地產公司
307
匯豐華行
309
建康號
310
鑫成貿易行
通利行
311
312
一樓平面圖
北
九江路
四川中路
上海保險行
107
106
寶隆保險公司
105
101
厠所
108
108A
太隆物產保險公司
109
誠志行
110
榮大昌紗號
111
泰隆公司雜粮部
112
二樓
上海市工務局辦公處
五樓平面圖
九江路
四川中路
潤華成行
507B
勤業貿易行
507A
中國呢絨號
506
505
德懋企業公司
通華企業公司
504
503
蘇州華联化工廠事務所
502
CENTURY TRADING CORPORTION
501
厠所
厠所
達成號
聚豐平記紗號
508
蘇州華联染料化工廠事務所
509
華東行
510
泰與公司
511
昌明行
512
六樓
信华報關轉運行
和記商行
四樓平面圖
九江路
四川中路
汎亞公司
407
406
新華煤號
405
404
論衡会計事務所
王乃徐 蔡逊声
403
402
農業教育電影公司上海办事處
社会衛生月刊社
401
厠所
厠所
張耀明律師
408
黑龍洋行
409
新中國保險公司協理室
410
滬港旅運社上海分社
411
新中國保險公司
412

# 菊花牌

棉毛衫
衛生衫
汗衫
麻紗襪
絲光線襪

註冊商標

經着耐穿 品質第一

上海中華第一針織廠出品
龍江路三七七号

風行全國

第四十二圖
天津銀行辦事處
明
保定路
平
CELL BLOCK R.S. 監
莱園
安
里
醫
英商廣大鐵工廠
協大鉄廠
長陽路
警
保定路警察公寓
停車場
中聯公司堆栈
莱園
其昌祥煤號
大業印刷
李金記鐵廠
重寶中小學
大達油墨廠
大成汽車修理廠
元康木行
中原煤號
祥生木行
上海市失業工人輔導委員會
福記銀鍊廠
福康銀樓
榮泰煤號
新發棉織廠
林廬
天德旅社
大中國菜館
大連路
勤豐棉織廠
上海電話公司
中國光明火柴煙廠
王德記車場
正豐金記翻砂廠
胡福記汽車行
PAOTING ROAD
保定路
華昌洋行堆栈
怡昌木號
大新木號
國新中興廠
醬油作場
BAKERY
華泰機器製造廠
大中華唱片廠
密勒轉運公司
MILLERS CO
DAIREN ROAD
大連灣路
華成煙草公司
HWOSHAN ROAD
霍山路
勵志社上海第八招待所

第四十二圖
上海市錢商業同業公会会員
慶大錢莊
辦理一切銀行業務
歷史悠久
服務周到
地址 天潼路二二三弄四號
電話 九五三一三·九五三二
上海市錢商業同業公會會員
福康錢莊
歷史悠久
服務週到
九弄九号 電話九一八九八 九七六七〇
KUNMING ROAD
昆明路
舟山路
CHUSAN ROAD
長陽路
CHANGYANG RD
海門路
安國路
CELL BLOCK H.I.
CELL BLOCK F.G.
CELL BLOCK C.D
CELL BLOCK A.B.
CELL BLOCK L.M.
CELL BLOCK N.C.
NEW WORK SHOP
外犯間
總辦公室
感化院
運動場
接見室
上海監獄
小菜場
瑞豐轉運公司
東海大戲院
申培中學操場
申培中學
MARRIED QUARTERS
FOREIGN QUARTERS
職員宿舍
華籍看守宿舍
外籍職員宿舍
外犯女監
菜園
印籍職員宿舍
工場
炊事洗灌
振德染織廠
上海徐虹路二六弄六號
吉祥街三八弄二號
電話八六七九五
中國醫院
永康
百老滙大戲院
萬國大飯店
歐洲洋服店
DR HANS KAMNITZER
PUBLIC STAMP CO
EUROPE CAFE
DELIKAT CAFE
國民醫院
DR FRIEDMANN
DR B.HERZOG
BARBER SHOP
美國聯合會
上海難民醫院
單部停車處
菜園
胡福記運輸行
白宮咖啡室
泰康木行
河海廟
雲房
四方電机工程公司
華電線槽板
普元理教堂
興進出口行運輸部
虹群小學校
華興運輸行
生長記木號
大中行堆棧
中和公司
環球公司車間
良友
晉華油棧
比例尺
0 5 10 20 30 40公尺

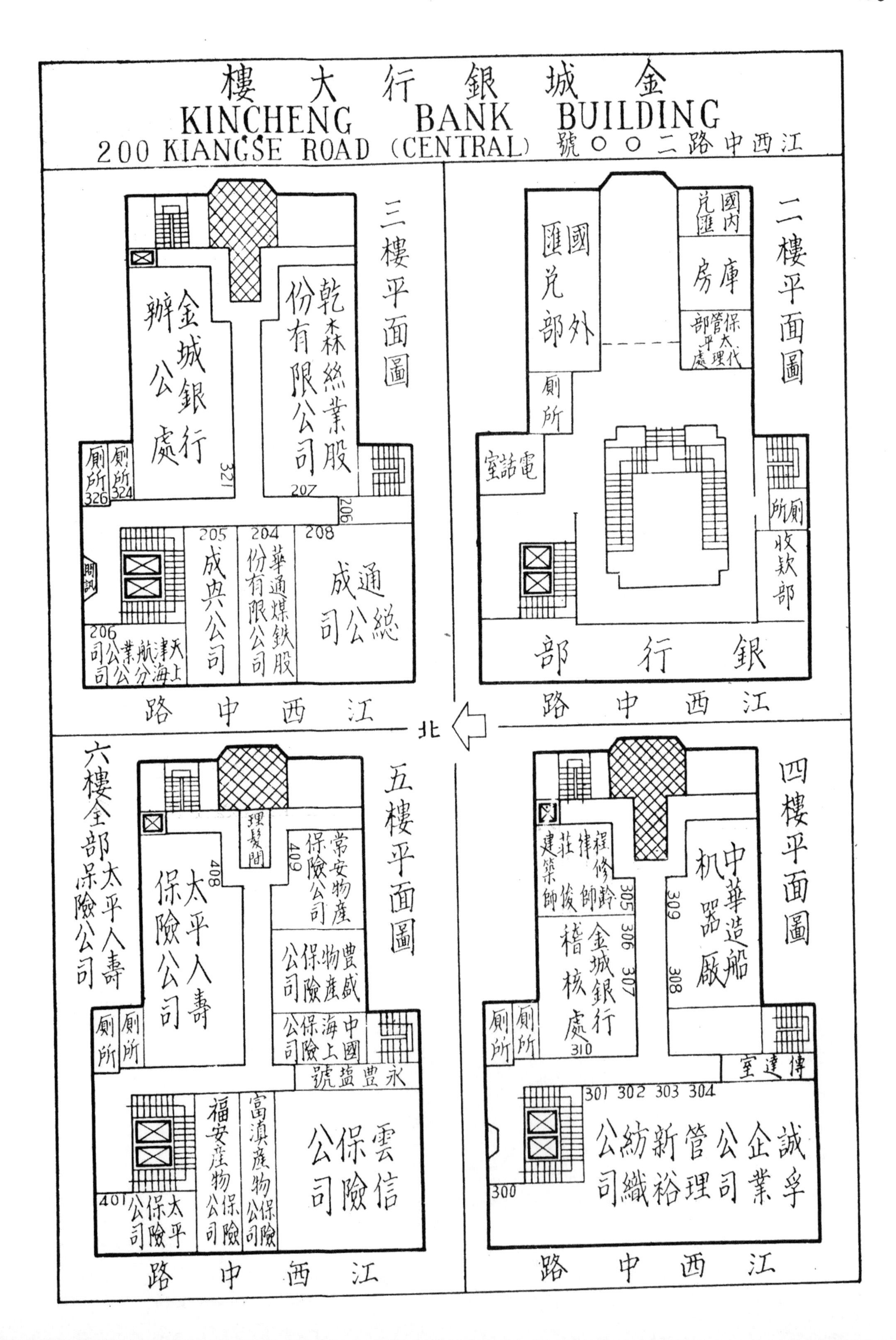
金城銀行大樓
KINCHENG BANK BUILDING
200 KIANGSE ROAD (CENTRAL) 江西中路二〇〇號
三樓平面圖
金城銀行辦公處
321
乾森絲業股份有限公司
207
廁所
326
廁所
324
206
205
成興公司
204
華通煤鉄股份有限公司
208
通成總公司
問訊
206
天津航業公司上海分公司
江西中路
二樓平面圖
國外匯兌部
國內匯兌
庫房
保管部 太平代理處
廁所
電話室
廁所
收款部
銀行部
江西中路
北
六樓全部太平人壽保險公司
五樓平面圖
理髮間
408
太平人壽保險公司
409
常安物產保險公司
豐盛物產保險公司
中國海上保險公司
永豐鹽號
廁所
廁所
401
太平保險公司
福安產物保險公司
富滇產物保險公司
雲信保險公司
江西中路
四樓平面圖
程修齡律師
莊俊建築師
305 306 307
金城銀行稽核處
310
309
308
中華造船機器廠
廁所
廁所
傳達室
301 302 303 304
300
誠孚企業公司 管理新裕紡織公司
江西中路

第四十三圖
上海
經營銀行
一切業務
地址天津路惟慶
張崇新
釀酒造醬廠
明星
香水廠
空地
華菲煙廠
住宅
東
保
定
唐
路
餘
杭
安
國
路
山
明
昆
上海提籃橋
興中倉庫
祥豐鉄管廠
工場
萬興銅鉄砂翻廠
大豐自由車工廠
衛綸毛織廠
廣生行
化粧品廠
虹口照相館
ROXY
FRISEUR
民豐染織廠
上海白利南路二六三號
電話
ANKWO ROAD
(愛而考克路)
PAOTING ROAD
上海高等法院
辦事處
上海高等法院
宿舍
新華煙廠
昌升營造廠堆棧
新民机器廠
後方勤務司令部
第二兵站支部
鼎大昌堆棧
順和堆棧
惇敘中學操場
住宅
花園
空地
空地
協大鉄廠
源豐壽器
偉成木行
新記木行
建華化學玻璃管廠
華美印刷所
公大油机行
長記木號
華興運輸行

第四十三圖
業同業公會會員
昌錢莊
歷史悠久
服務週到
TUNG YUHANG ROAD
東有恆路
CHUSAN ROAD
舟山路
TANGSHAN ROAD
唐山路
KUNMING ROAD
昆明路
張義昌机器廠
新知小學校
蔡仁茂堆栈
實業橡膠廠
中紡第一倉庫
楊記板栈
公興祥翻砂廠
泉鑫鉄廠
同興翻砂廠
協豐翻砂廠
復興記寬緊帶織造廠
中一綢布莊
亞中鉄工廠
瑞記板栈
皇毋宮廟
新華堆栈
大華企業公司堆栈
張福記鉄工廠
東益印務局
昌記鉄廠
大華鉄廠
嘉仁小學
亨茂洋行倉庫
No16
中國造木公司工場
華康木行
河海廟
四方机電工程公司
工場
益勝木行
天華煙廠
達民小學
吳方旅社
成德小學
印度教堂
徐洪興机器木廠
昌興裕記堆栈
恒興進出口行運輸部
空地
比例尺
獄

# 青年協會大樓

# Y. M. C. A. BUILDING

131 HUCHIU ROAD　虎丘路一三一號

## 二樓平面圖

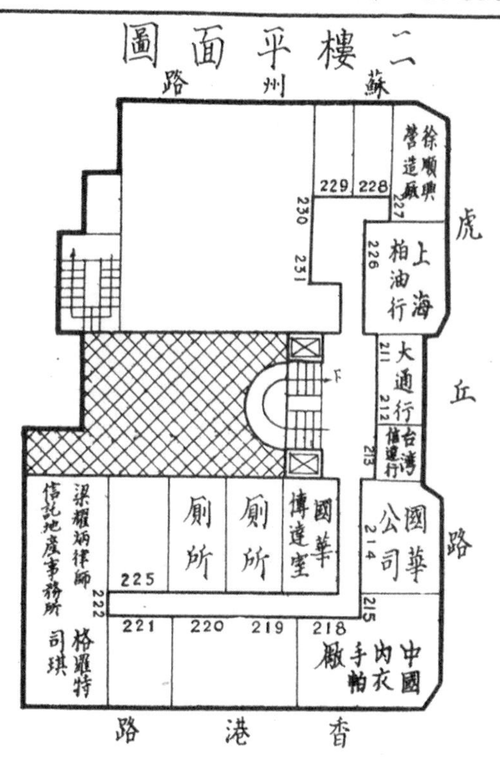


## 底層平面圖

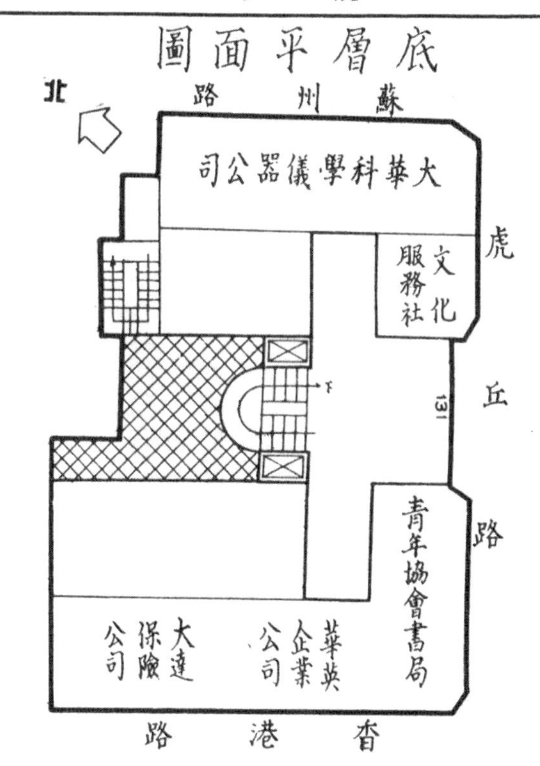


## 四樓平面圖

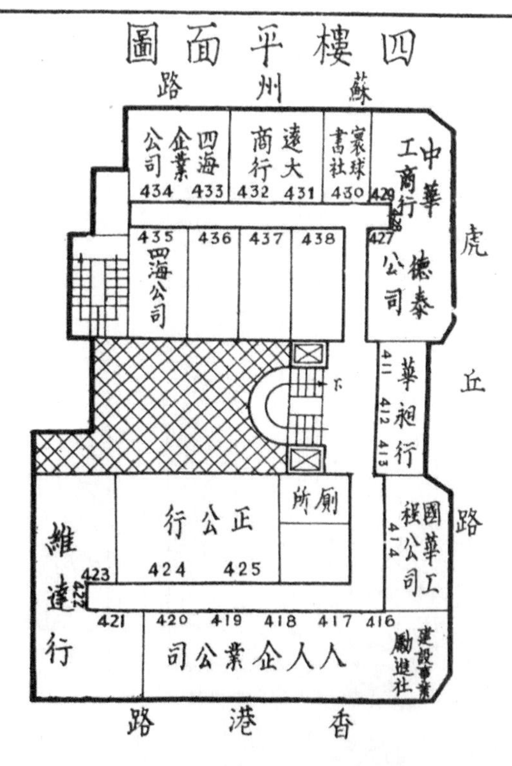


## 三樓平面圖

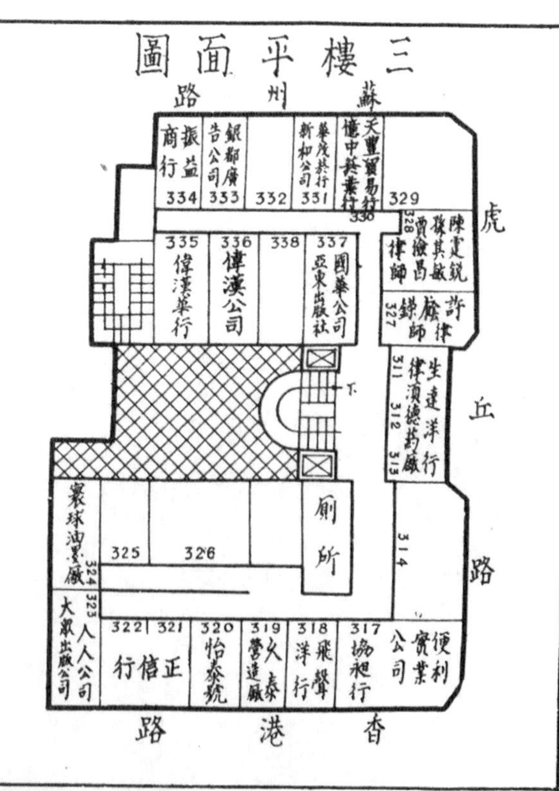

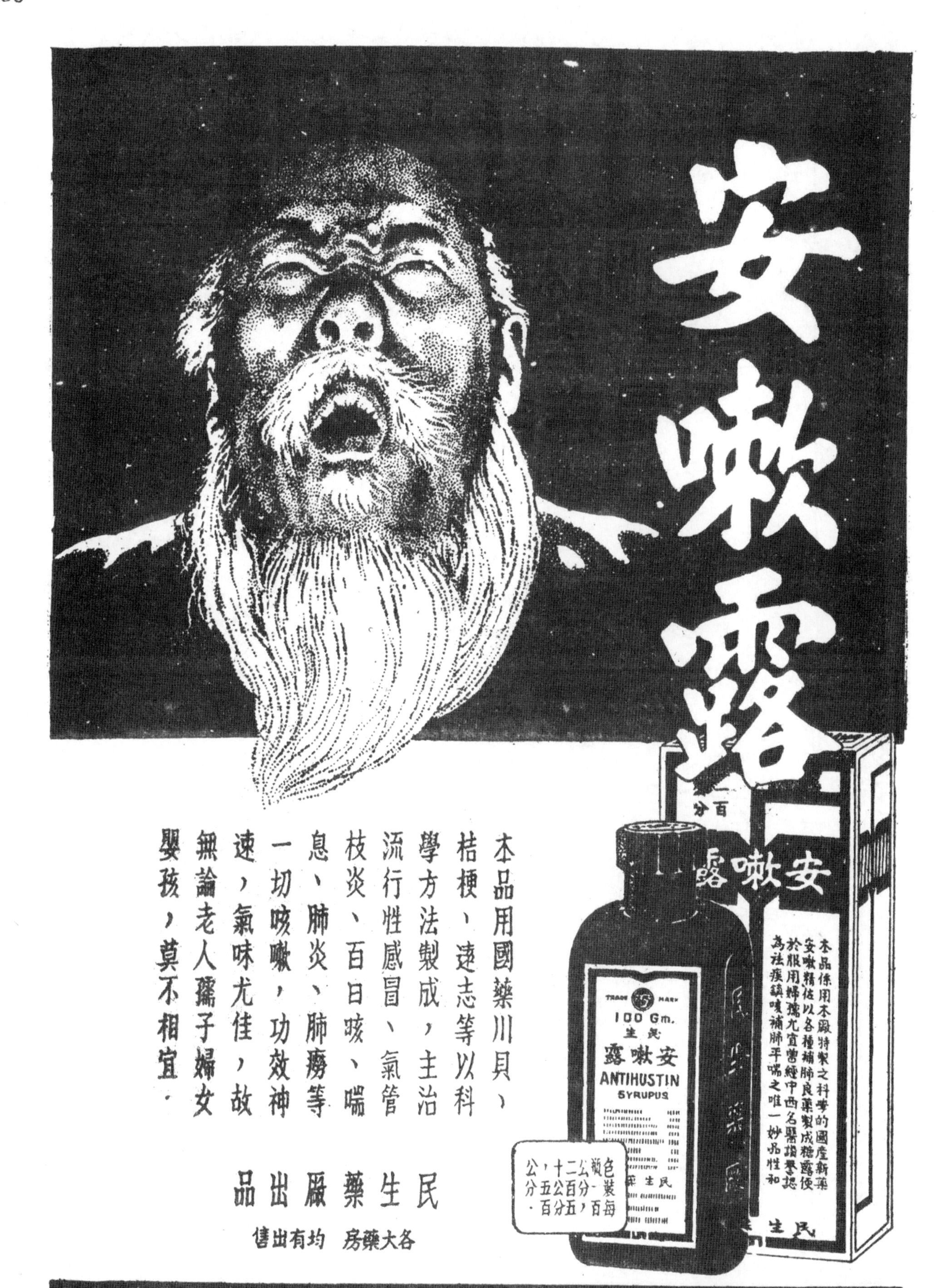

安嗽露
本品用國藥川貝、桔梗、遠志等以科學方法製成，主治流行性感冒、氣管枝炎、百日咳、喘息、肺炎、肺癆等一切咳嗽，功效神速，氣味尤佳，故無論老人孺子婦女嬰孩，莫不相宜.
民生藥廠出品
各大藥房 均有出售
100 Gm.
民生
安嗽露
ANTIHUSTIN
SYRUPUS
本品係用本廠特製之科學的國產新藥安嗽精佐以各種補肺良藥製成糖露便於服用婦孺尤宜嘗經中西名醫讚譽認為祛痰鎮咳補肺平喘之唯一妙品性和

第四十四圖
大華公業企司 堆栈
蔡仁茂 房栈
蔡仁茂堆栈
堆栈
昌記 鉄栈
太華 鉄廠
國際煤球廠
國華 殯儀館
茂泰企業公司 第十六號倉庫
亨茂洋行 倉庫
華康 木行
四方 電机 公司
中國造木公司
大雄寶殿
河海廟
同森木號
協記木號
發記 木號
空 場
鑫源 浴室
KUNGPING ROAD
公平路
山路
唐山路
舟山路
昆明路
海門路
長治路
東長治路
N. ROAD
ROAD
比例尺
40公尺

第四十四圖

北
元和木號
恆祥木號
中央訓練團上海分班
教育人員訓練班
上海市立第十八區中心國民學校
三友棧
運動場
私立澄衷中學校
堆棧
廚房
W. C.
門房
福音堂
華金機器廠
杭
丹徒路
TANTU ROAD
唐山路
TAN
高陽路
長治路
東長治路
(東熙華德路)
TUNG-CHANG
(東有恆路)
(光豐路)
(鄧脫路)
丹徒路
立信華行棧房
順茂木棧
行政院善後救濟總署汽車停車場
安慎停車場
學小義

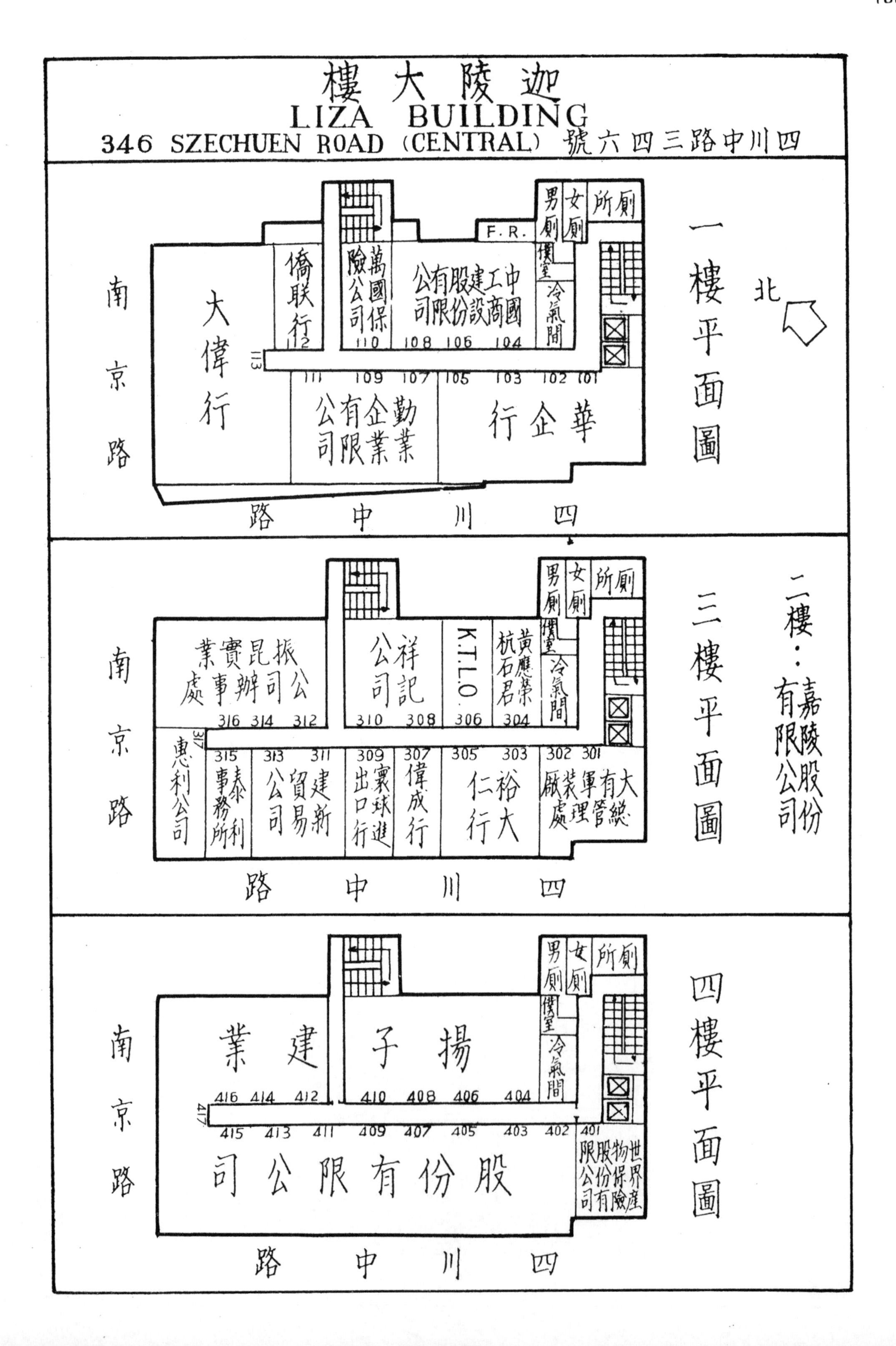
迦陵大樓
LIZA BUILDING
346 SZECHUEN ROAD (CENTRAL) 四川中路三四六號
一樓平面圖
北
南京路
四川中路
大偉行
僑联行
萬國保險公司
中國工商建設股份有限公司
勤業企業有限公司
華企行
男廁
女廁
廁所
F.R.
傭室
冷氣間
三樓平面圖
二樓：嘉陵股份有限公司
振昆公司辦事處
實業
祥記公司
K.T.L.O.
黃應棠杭石君
惠利公司
泰利事務所
建新貿易公司
寰球進出口行
偉成行
裕大仁行
大有總管理處
軍裝廠
四樓平面圖
建業
揚子
股份有限公司
世界物產保險股份有限公司

第四十五圖
中國
ROAD
路
州
岳
舟
山
嘴
家
周
安
國
TSUI ROAD
CHUSAN ROAD
ANKWO ROAD
YUHANG ROAD
餘
杭
東
大興實業社農具製造廠
兆豐机器廠
上海鑄鉄廠
鼎興恊板栈
觀音堂
永盛机器廠
馬源順鉄廠
慎記翻砂廠
明心堂院廟
南洋鉄工廠
中元企業公司栈房
熊昌興堆栈
鴻生木行栈房
朱茂記興木器鉄舖廠
德泰鉄廠
舟山浴室
開明書局栈房
新知小學校
中美煙廠堆栈
大中華梭子廠栈房
恒益織造廠
江南精鋼廠
大中華造紙廠貨栈
東南軍裝篷帆廠
倉庫
軍政部軍裝廠
大同木行
蔡仁栈房
(愛而考克路)
上海同孚路六七一弄一號
同德醫院
醫師顧毓琦
電話三二二九一

第四十五圖

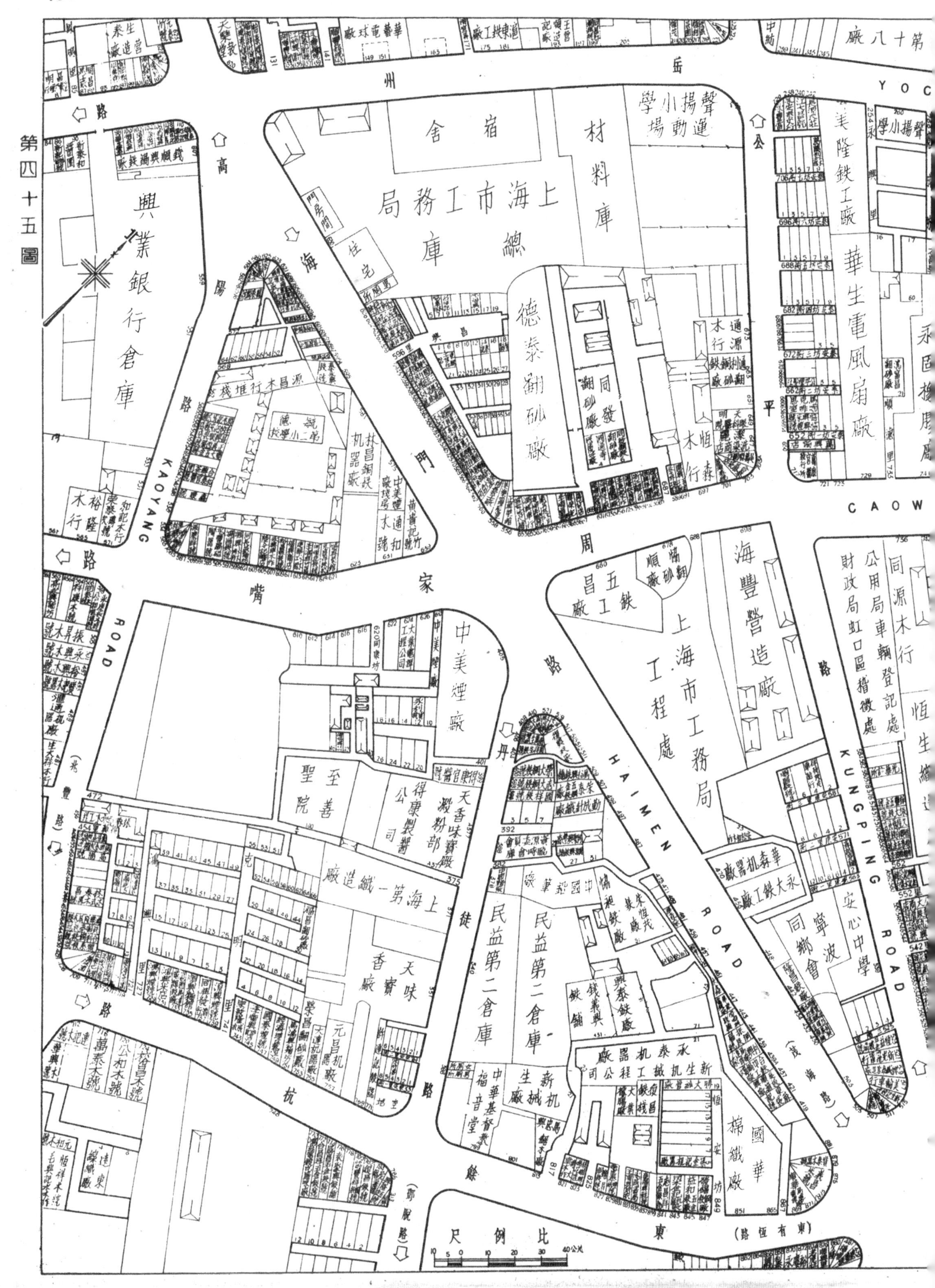
岳州路
YOC
第十八廠
上海市工務局總庫
材料庫
宿舍
聲揚小學運動場
聲揚小學
美隆鉄工廠
華生電風扇廠
興業銀行倉庫
高陽路
KAOYANG ROAD
海門路
HAIMEN ROAD
德泰翻砂廠
同發翻砂廠
公平路
KUNGPING ROAD
CAOW
周家嘴路
五昌鉄工廠
協順翻砂廠
海豐營造廠
上海市工務局工程處
同源木行
公用局車輛登記處
財政局虹口區稽徵處
中美煙廠
至聖善院
天香味寶廠
上海第一織造廠
民益第二倉庫
天香味寶廠
元昌机器廠
華森机器廠
永大鉄工廠
寧波同鄉會
安心中學
永泰机器廠
新生机械工程公司
新生机械廠
中華基督教福音堂
國華棉織廠
裕隆木行
杭
餘
東
比例尺
40公尺

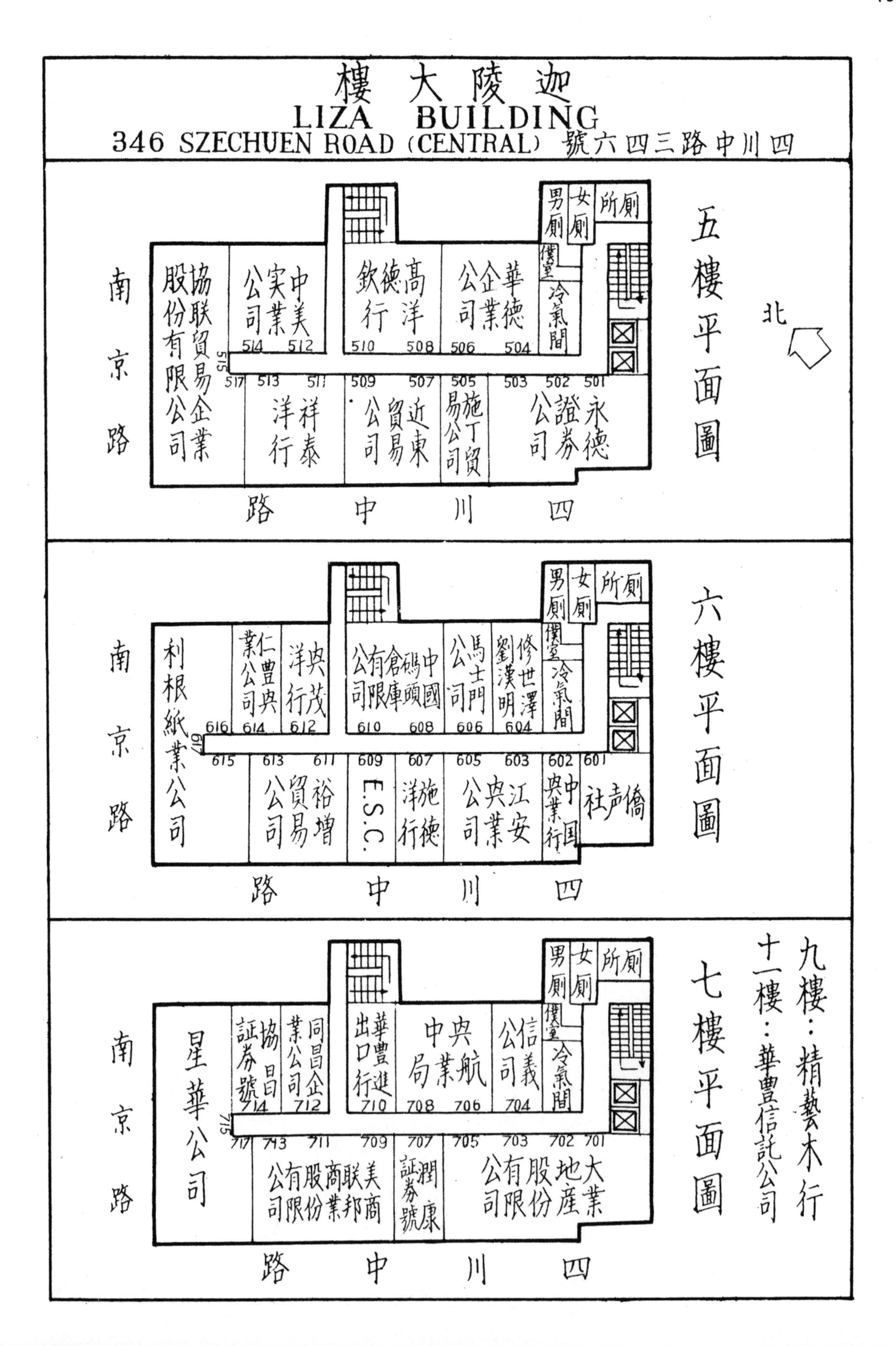

迦陵大樓
LIZA BUILDING
346 SZECHUEN ROAD (CENTRAL) 四川中路三四六號
五樓平面圖
南京路
四川中路
北
男廁
女廁
廁所
僕室
冷氣間
協联貿易企業股份有限公司
中美実業公司
高德洋行
高洋
欽德行
華德企業公司
永德證券公司
施丁貿易公司
近東貿易公司
祥泰洋行
514 512 510 508 506 504
515
517 513 511 509 507 505 503 502 501
六樓平面圖
利根紙業公司
仁豊典業公司
典茂洋行
中國碼頭倉庫有限公司
馬士門公司
修世澤
劉漢明
冷氣間
僑声社
中国典業行
江安典業公司
施德洋行
E.S.C.
裕增貿易公司
616 614 612 610 608 606 604
617
615 613 611 609 607 605 603 602 601
七樓平面圖
星華公司
協昌證券號
同昌企業公司
華豐進出口行
中典航業局
信義公司
冷氣間
大地產業股份有限公司
潤康證券號
美商联邦商業股份有限公司
714 712 710 708 706 704
715
717 713 711 709 707 705 703 702 701
九樓：精藝木行
十一樓：華豐信託公司

第四十六圖

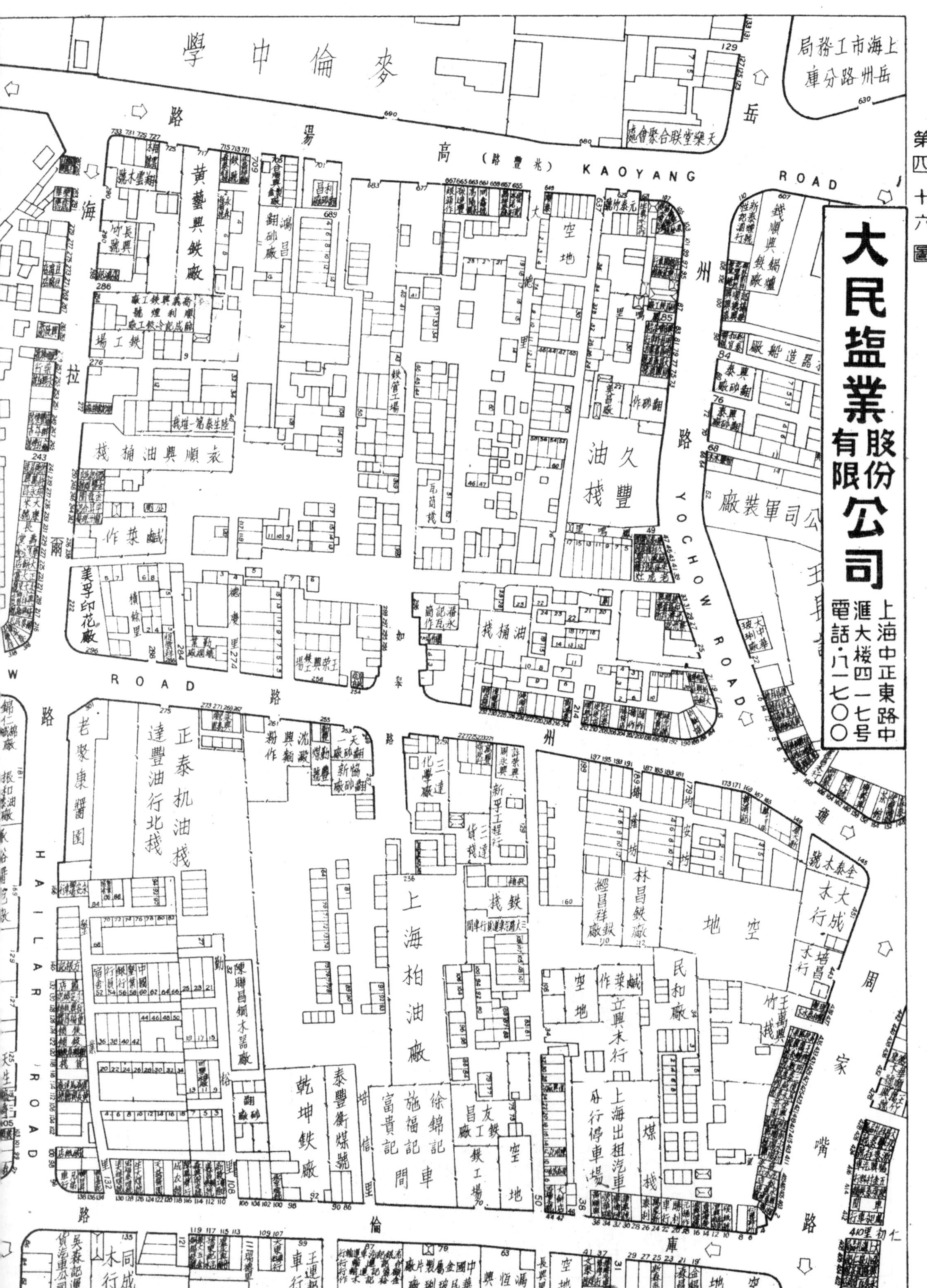

麥倫中學
上海市工務局岳州路分庫
天樂堂聯合聚會處
高陽路（光豐路）
KAOYANG ROAD
岳州路
YOCHOW ROAD
海拉爾路
HAILAR ROAD
如皋路
ROAD
周家嘴路
大民盐業股份有限公司
上海中正東路中滙大楼四一七号
電話·八一七〇〇
黃藝興鉄廠
久豐油栈
空地
衣順興油桶栈
鉄工場
美孚印花廠
正泰机油栈
達豐油行北栈
老聚康醬園
上海柏油廠
乾坤鉄廠
泰豐衡煤號
徐錦記車
施福記
富貴記間
林昌鉄廠
民和廠
立興木行
上海出租汽車行停車場
煤栈
大成木行
全泰木號

第四十六圖

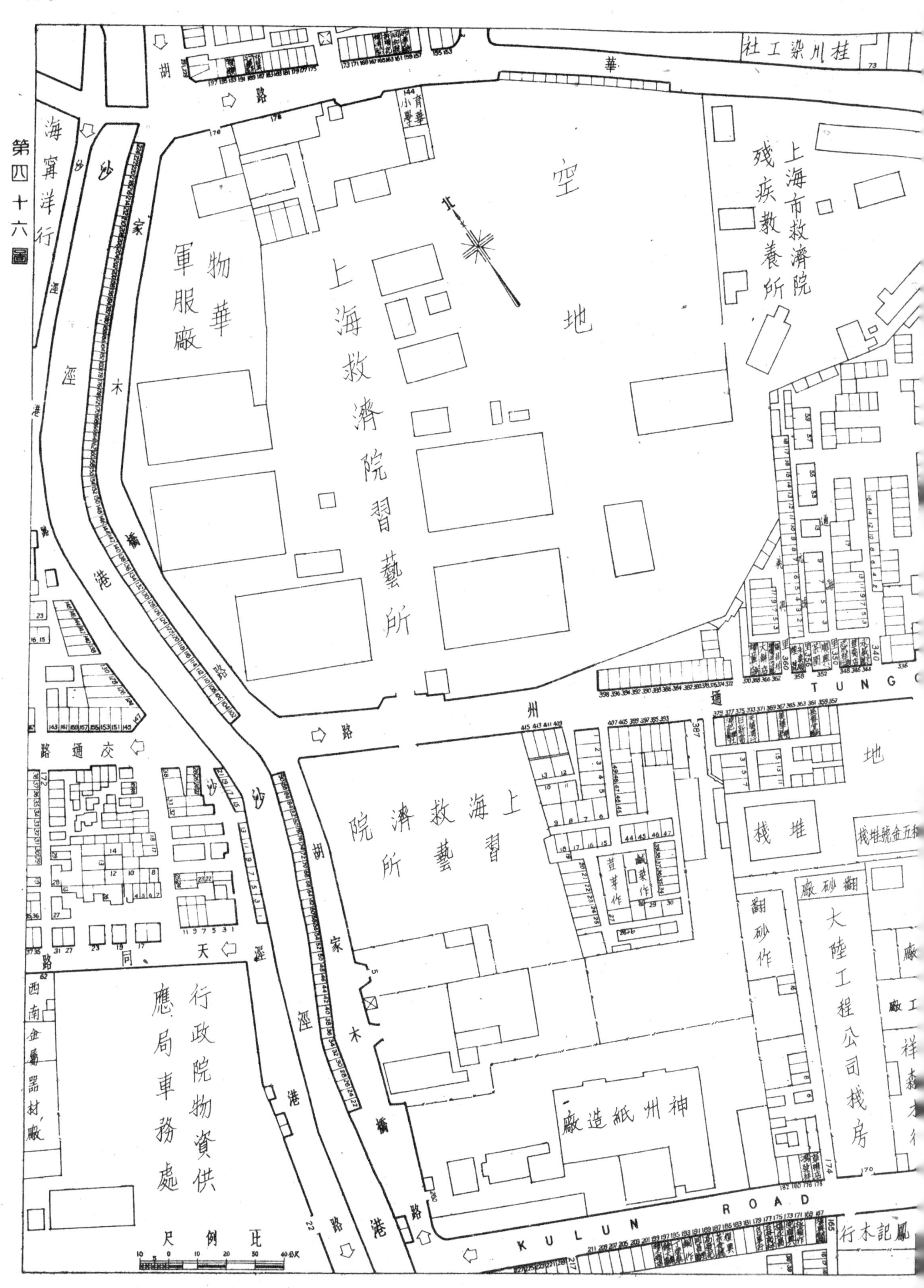

桂川染工社
華
胡
路
育華小學
空
地
上海市救濟院残疾教養所
海寧洋行
沙
家
木
浜
港
橋
路
物華軍服廠
上海救濟院習藝所
通
州
路
TUNG
交通路
天同路
上海救濟院習藝所
堆棧
五金號堆棧
翻砂廠
翻砂作
大陸工程公司棧房
神州紙造廠
行政院物資供應局車務處
西南金屬器材廠
比例尺
KULUN ROAD
鳳記木行
祥森

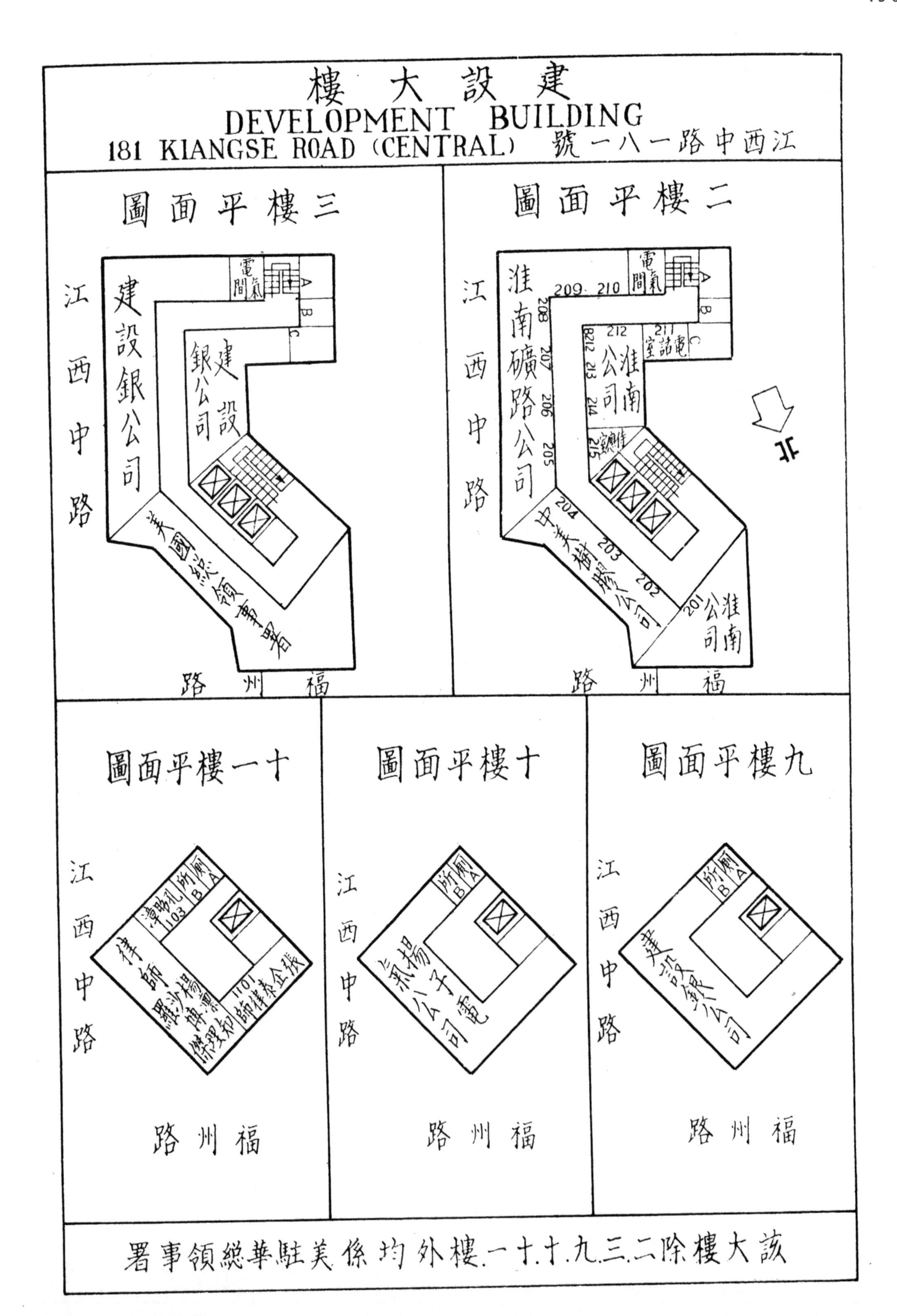
建設大樓
DEVELOPMENT BUILDING
181 KIANGSE ROAD (CENTRAL) 江西中路一八一號
三樓平面圖
江西中路
建設銀公司
建設銀公司
電氣間
美國總領事署
福州路
二樓平面圖
江西中路
淮南礦路公司
淮南公司
電氣間
電話室
209 210 208 207 206 205 204 203 202 201
212 211 B212 213 214 215
淮南公司
北
福州路
十一樓平面圖
江西中路
廁所
103
1101
福州路
十樓平面圖
江西中路
廁所
福州路
九樓平面圖
江西中路
廁所
福州路
該大樓除二.三.九.十.十一樓外均係美駐華總領事署

# 中華汽車修理行

經理徐元傑領導網羅第一流技工改造各式身精工修配各種汽車零件及噴漆賣買等快捷準確包証滿意

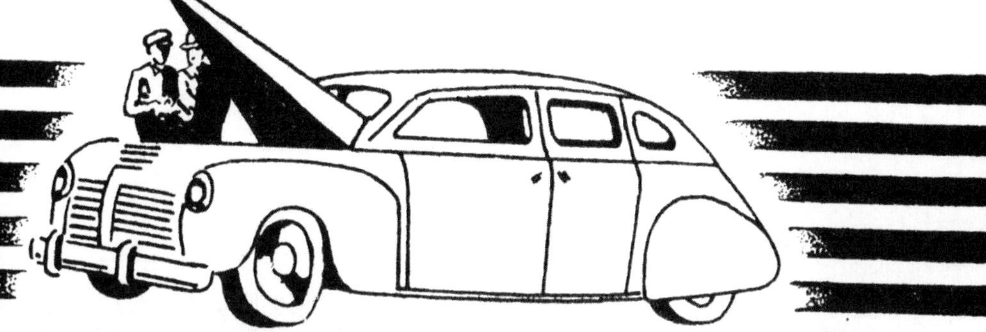

虹口漂陽路一一九二號（即狄思威路宝安路口）

電話：四六〇四五 （〇二）六二〇二五

# 交通印務局

承印各機關銀行廠商各種帳冊表格中西印刷品

印刷精良

交件迅速

地址黃河路二五三弄K十五號

電話三六七二四號

第四十七圖
海寧洋行
上海救濟院習藝所
北
大眾被服廠
華商軍裝皮件廠
大同造酒廠
閘北水電公司
空地
西南金屬器材廠
行政院物資供應局車務處
工場
利民路
上海市工務局橋樑工程總隊職工宿舍
震旦机器鉄工廠
無限公司第四廠
文友小學
花廠
謝源記花廠
新合眾机器廠
捷安搬運行
比例尺
10 0 10 20 30 40公尺

第四十七圖

寶安路
京滬中學
亞東協會
萬泰豐陶器棧
固本煤棧
其美路
中華汽車修理行
上海幼幼托兒所
大吉軋片製罐工廠籌備處
CHEEMEI ROAD
市立天同國民小學
靈糧小學
靈糧堂
YANG ROAD
怡泰木號
上海音樂研究所
東達小學校
同森泰煤號
小菜場
空地

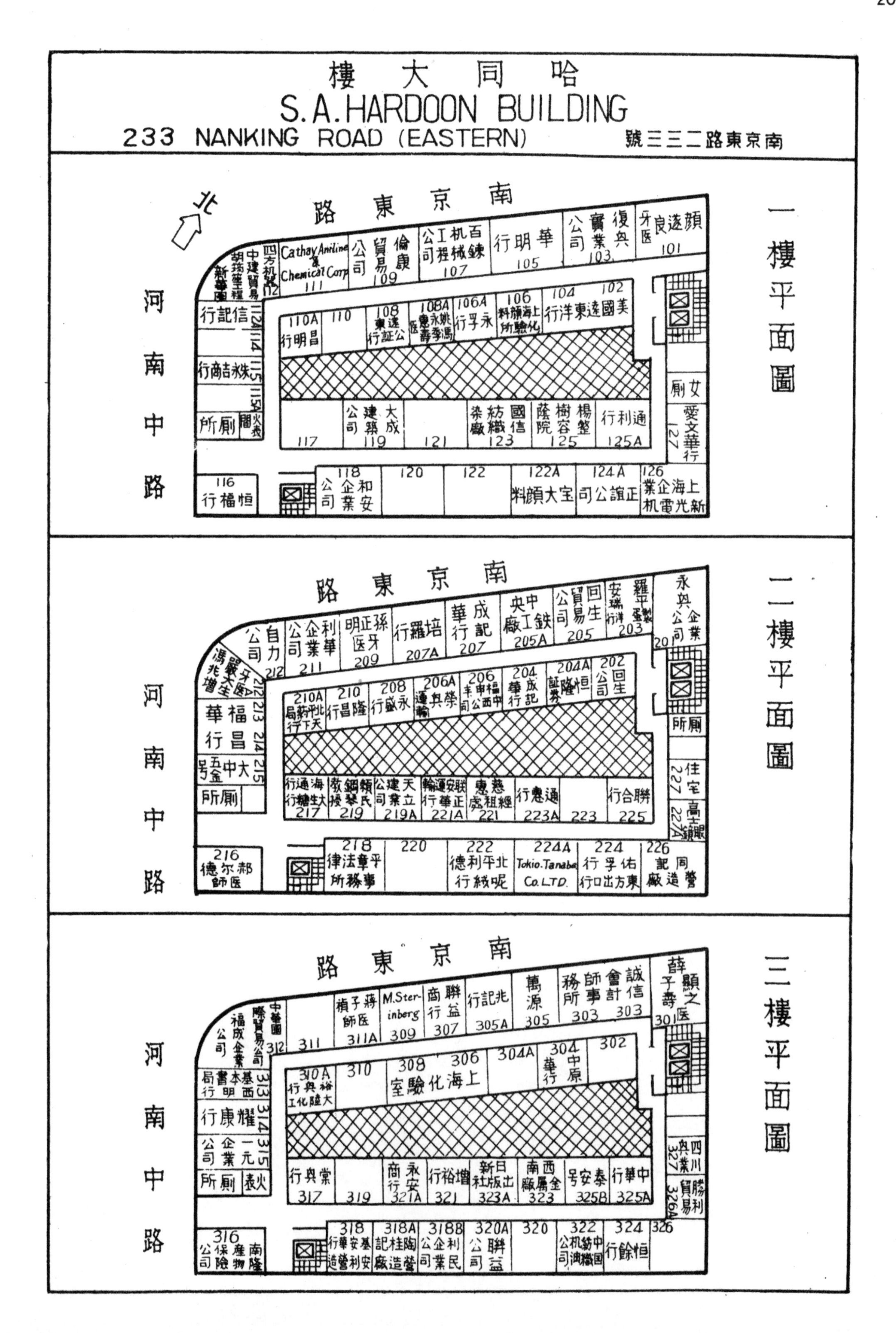
哈同大樓
S.A. HARDOON BUILDING
233 NANKING ROAD (EASTERN)
南京東路二三三號
南京東路
河南中路
北
一樓平面圖
二樓平面圖
三樓平面圖
Cathay Aniline & Chemical Corp. 111
Tokio.Tanabe Co.LTD.
M.Sterinberg 309
101 102 103 104 105 106 106A 107 108 108A 109 110 110A 111 112 114 115 115A 116 117 118 119 120 121 122 122A 123 124A 125 125A 126 127
201 202 203 204 204A 205 205A 206 206A 207 207A 208 209 210 210A 211 212 213 214 215 216 217 218 219 219A 220 221 221A 222 223 223A 224 224A 225 226 227 227A
301 302 303 304 304A 305 305A 306 307 308 309 310 310A 311 311A 312 313 314 315 316 317 318 318A 318B 319 320 320A 321 321A 322 323 323A 324 325A 325B 326 326A 327

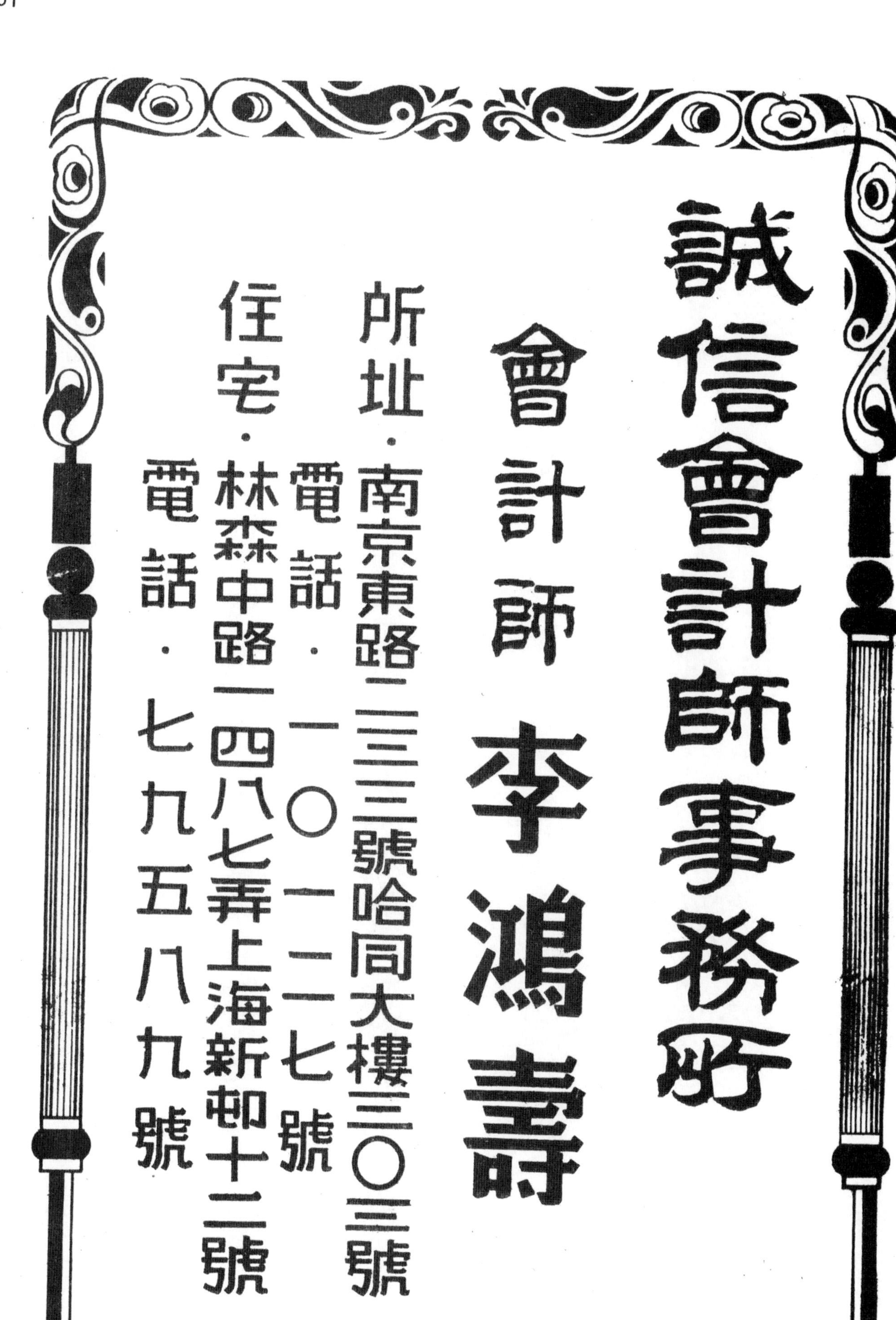
誠信會計師事務所
會計師 李鴻壽
所址·南京東路二三三號哈同大樓三〇三號
電話·一〇一一七號
住宅·林森中路一四八七弄上海新邨十二號
電話·七九五八九號

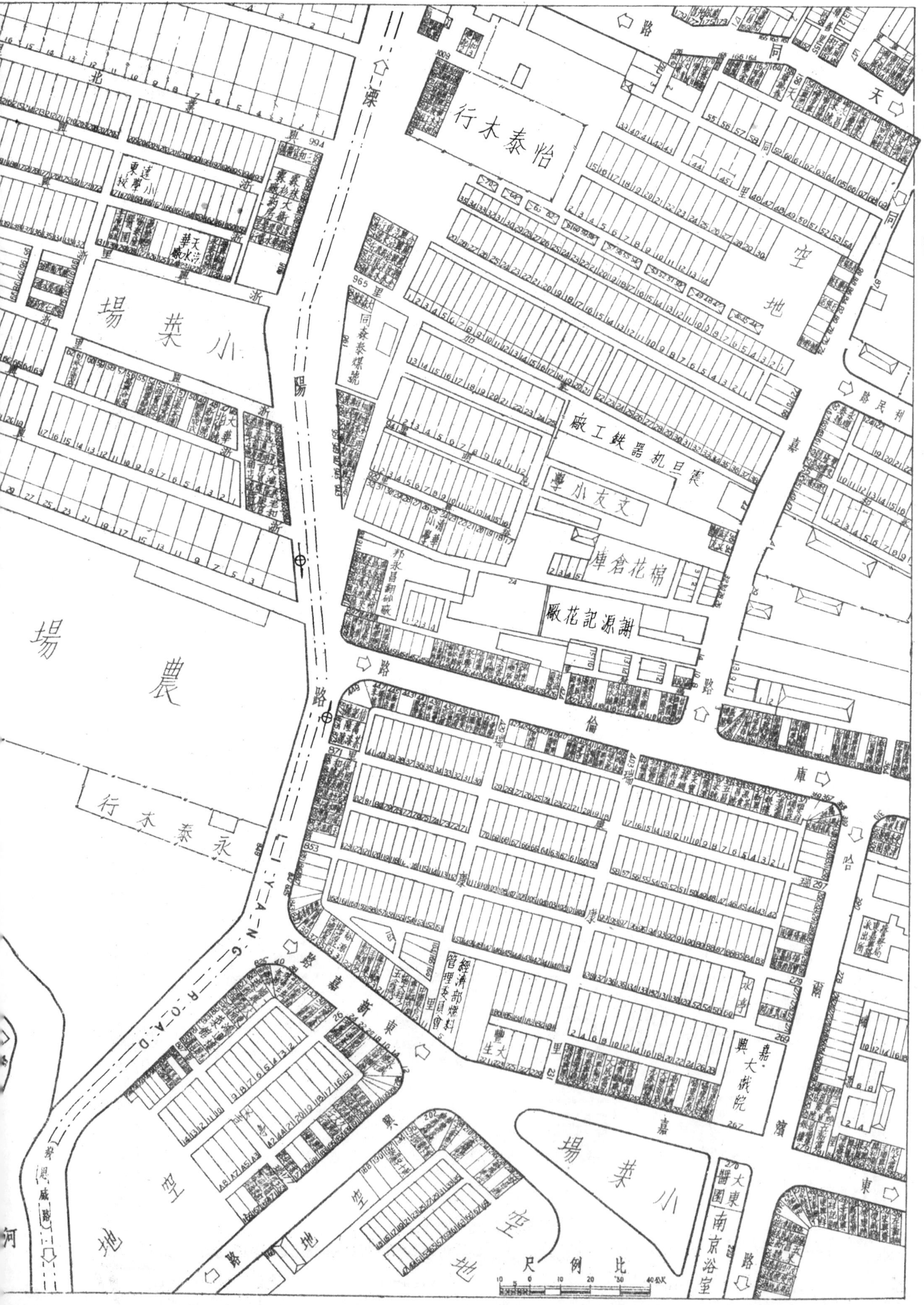
怡泰木行
小菜場
農場
永泰木行
文友小學
棉花倉庫
謝源記花廠
震旦机器鐵工廠
經濟部燃料管理委員會
嘉興大戲院
南京浴室
溧陽路
Y A N G R O A D
比例尺

第四十八圖

第四十八圖

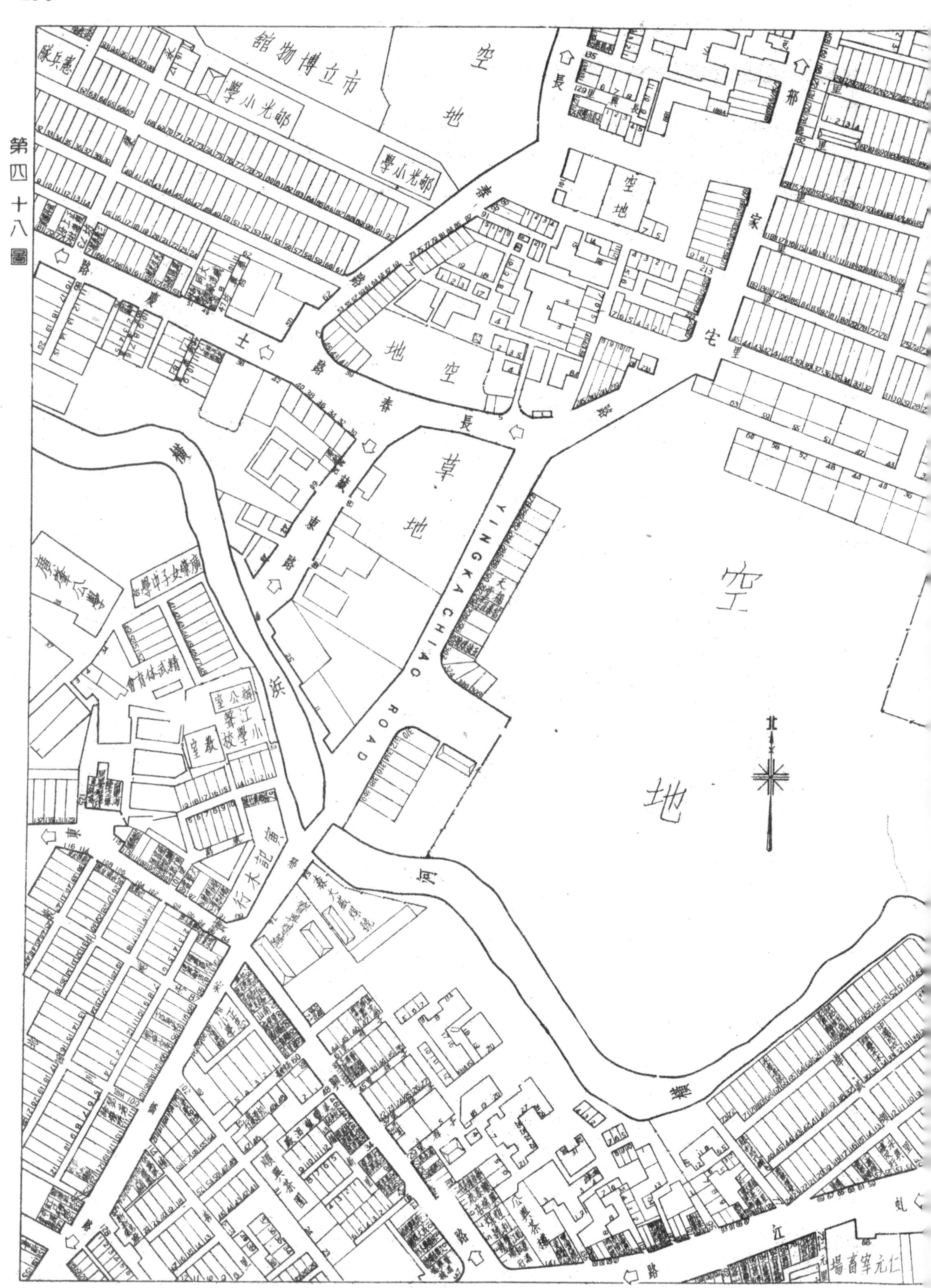
市立博物館
郁光小學
郁光小學
憲兵隊
空地
空地
空地
空地
草地
空地
長春路
士慶路
春長
宅里
家
部
長
YINGKACHIAO ROAD
北
廣肇公學
廣肇女子中學
精武体育會
江寧小學校
辦公室
教室
行木記富
泰大武茶號
順興茶園
茶棧
江
路
仁九宰畜場

美國碧克顏料廠出品

DYESTUFFS

BIXAMINE *Direct Colours*

碧晒靈直接性染料

BICK & CO. INC.

READING, PA. U.S.A.

SOLE DISTRIBUTORS FOR CHINA & HONGKONG

上海安利有限公司總經理

CATHAY ANILINE & CHEMICAL CORP

SHANGHAI—TSINGTAO—HONGKONG

上海南京路哈同大樓一一一室

上海市信託業同業公會會員

# 上海市興業信託社

創始於民國二十二年

經營銀行信託一切業務

並附設

地產部　證券課

地址：南京東路二三三號哈同大樓四樓

電話：一五四八〇一轉接各部

　　　一〇七九九一證券課營業室

# 正大會計師事務所

主任會計師陳憲謨

會計師盛沛權

會計師陳毓宏

會計師章啓宇

會計師蕭渭琳

地址：上海廣東路九三號三樓

電話：一二六六九

電報掛號：一二六八

天工化工廠
營業所 漢口路一一五号三〇四室 電話一二二五八
電報掛号中文六六二〇 英文TKCHEMICKS
製造廠 一廠徐家滙潘家宅九十号 電話（〇二）七五〇一七
二廠徐家滙裕德路一〇〇号 電話（〇二）七五〇四五
三廠徐家滙陳家宅九十号
四廠徐家滙站街一一四号 電話（〇二）七五〇二八
四廠徐家滙徐虹路一一〇号
和平藥房
滬重慶中路五十四號
電話 八七九九〇
第四十九圖
郝家宅路
春長
華孚造紙廠
吳長興棧
中央化工廠
GCHUN ROAD
上海市立第四醫院
閘北水電公司倉庫
阿瑞里
資源委員會倉庫
車間
閘北水電公司
資委會倉庫
市立博物館
市立復國小學
郇光小學
永安戲院
北四川路憲兵隊
三上電氣廠
中國民生運銷實驗院上海辦事處
ECHUEN ROAD NORTHERN
北四川路
上海電信局
比例尺
10 0 10 20 30 40公尺

第四十九圖

恆豐里

恆盛里

山陰路

施高塔路

四川北路

長春路

長春公寓

東南日報

狄思威路

YANG ROAD

警察局北四川路分局

達東汽車修理廠

閘雲草堂

汽車間

時興潮社

東南日報

中國經濟研究所

新沙遜洋行

文美茶室

大陸銀行

金星商店

重慶堂

永生商店

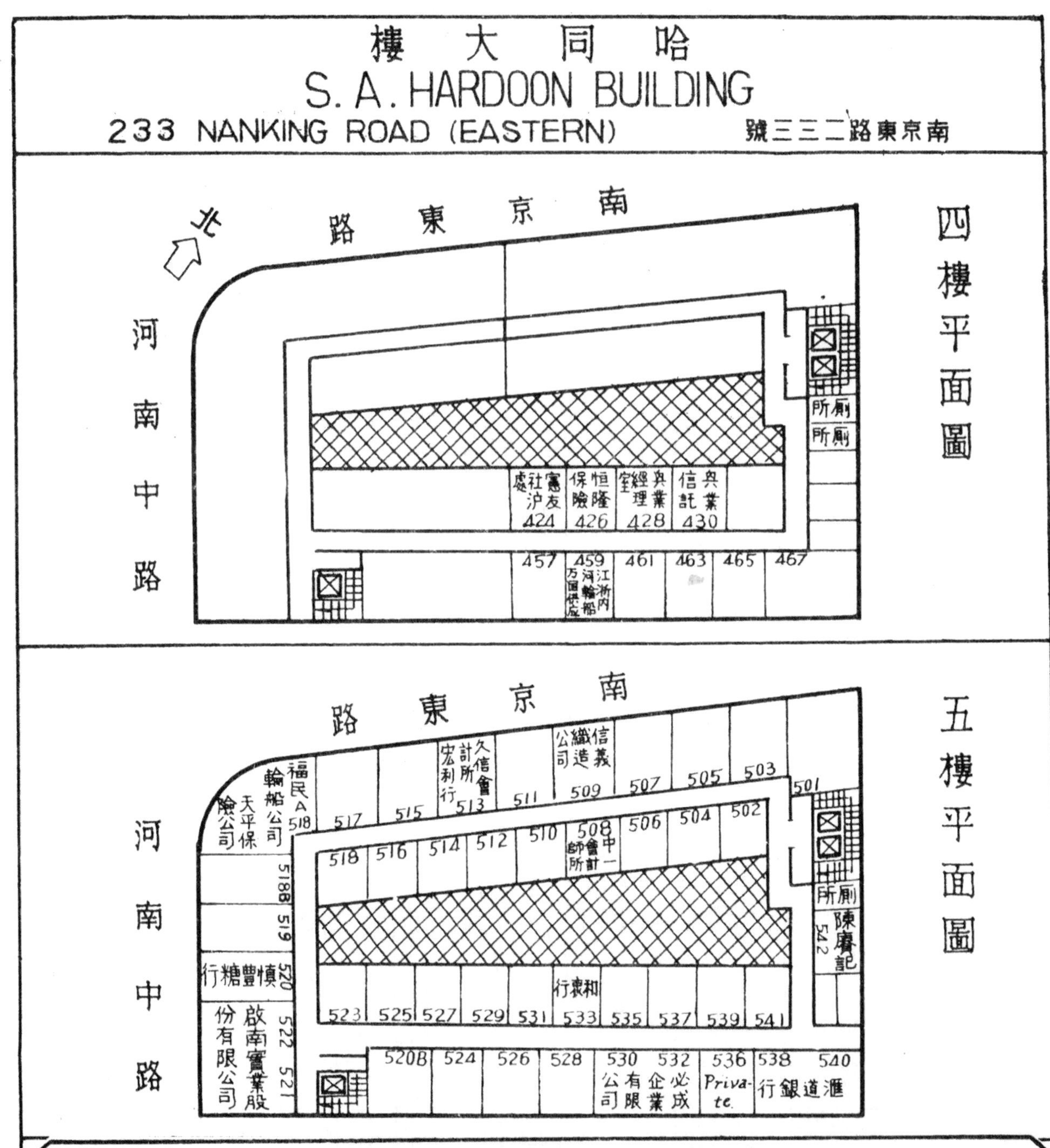
哈同大樓
S. A. HARDOON BUILDING
233 NANKING ROAD (EASTERN)
南京東路二三三號
四樓平面圖
五樓平面圖
南京東路
河南中路
北
廁所
恒隆保險 426
興業經理室 428
興業信託 430
424 426 428 430
457 459 461 463 465 467
江浙內河輪船
中一會計師所 508
信義織造公司 509
宏利行 513
福民輪船公司 518A
天平保險公司
慎豐糖行 520
啟南實業股份有限公司 522
陳賡記 542
成必企業有限公司 530 532
Private 536
501 502 503 504 505 506 507 510 511 512 514 515 516 517 518 518B 519 520B 521 523 524 525 526 527 528 529 531 533 535 537 538 539 540 541

KKK
橡膠底
K字球胆
K字橡皮
TRADE MARK
K字白皮球
品質優良 經久耐用
慶德橡膠廠出品
廠址寶山路八六二號 電話(二〇)六二二六八
發行所湖北路二〇號 電話九一五五〇

第五十圖

北四川路
永安戲院
北四川路憲兵隊
上海交通部電信局電報電話營業處
上海交通部電信局
美新印花廠
光華印花廠
四川北路菜場
空地
多倫路
上海資源委員會各電廠聯合辦事處
修德小學
鴻德堂
工礦出版社
三上電氣廠
電信局宿舍
福民藥廠
上海電信局倉庫
新成銅鐵製管廠
花園
上海第一製針廠
東橫浜路
橫浜路
寶山路
天廚味精廠澱粉部
比例尺

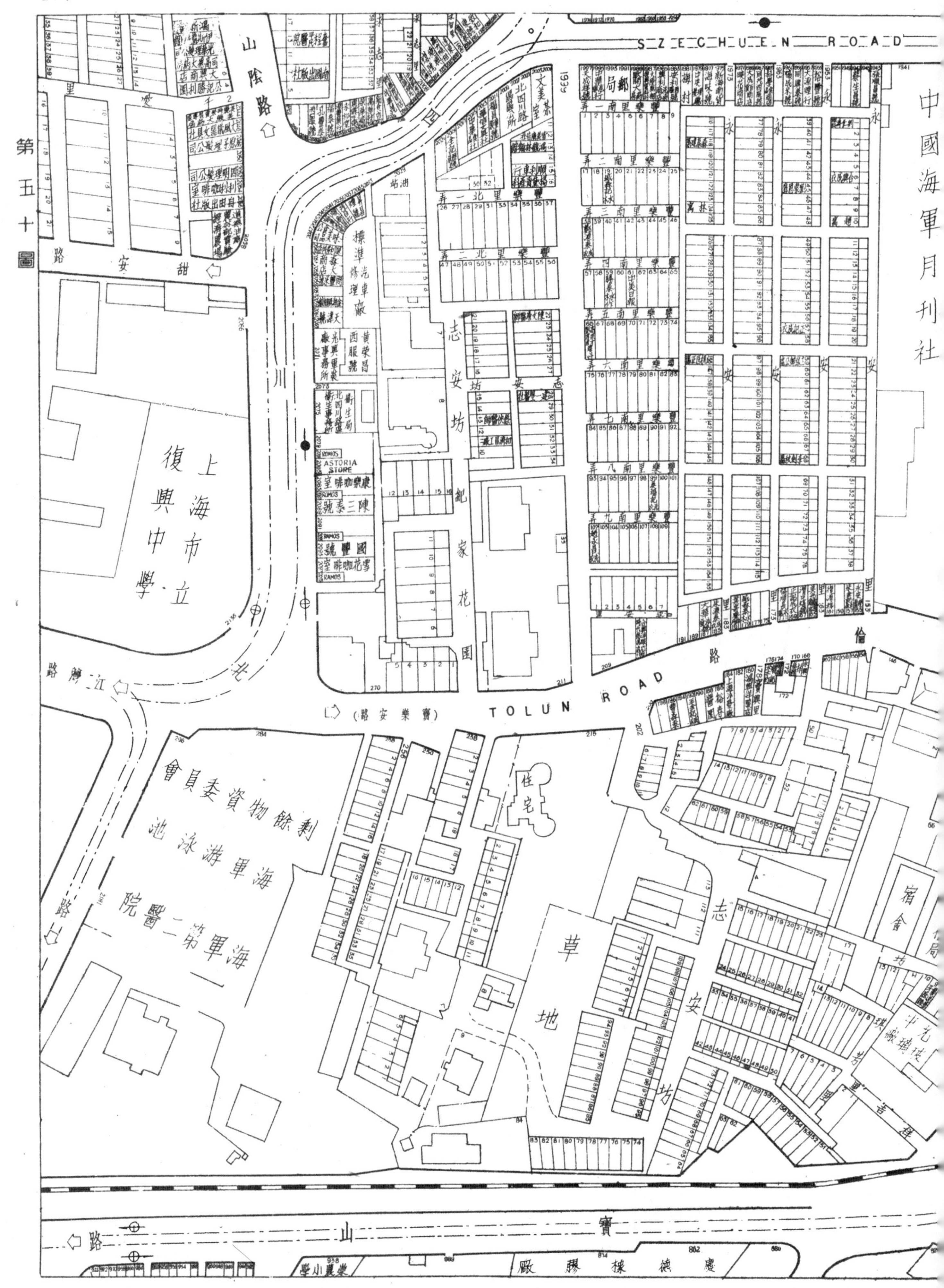
SZECHUEN ROAD
TOLUN ROAD
山陰路
甜安路
四川北路
中國海軍月刊社
上海市立復興中學
剩餘物資委員會
海軍游泳池
海軍第二醫院
志安坊
虬家花園
寶樂安路
草地
宿舍
寶山路
ASTORIA STORE
RAMOS

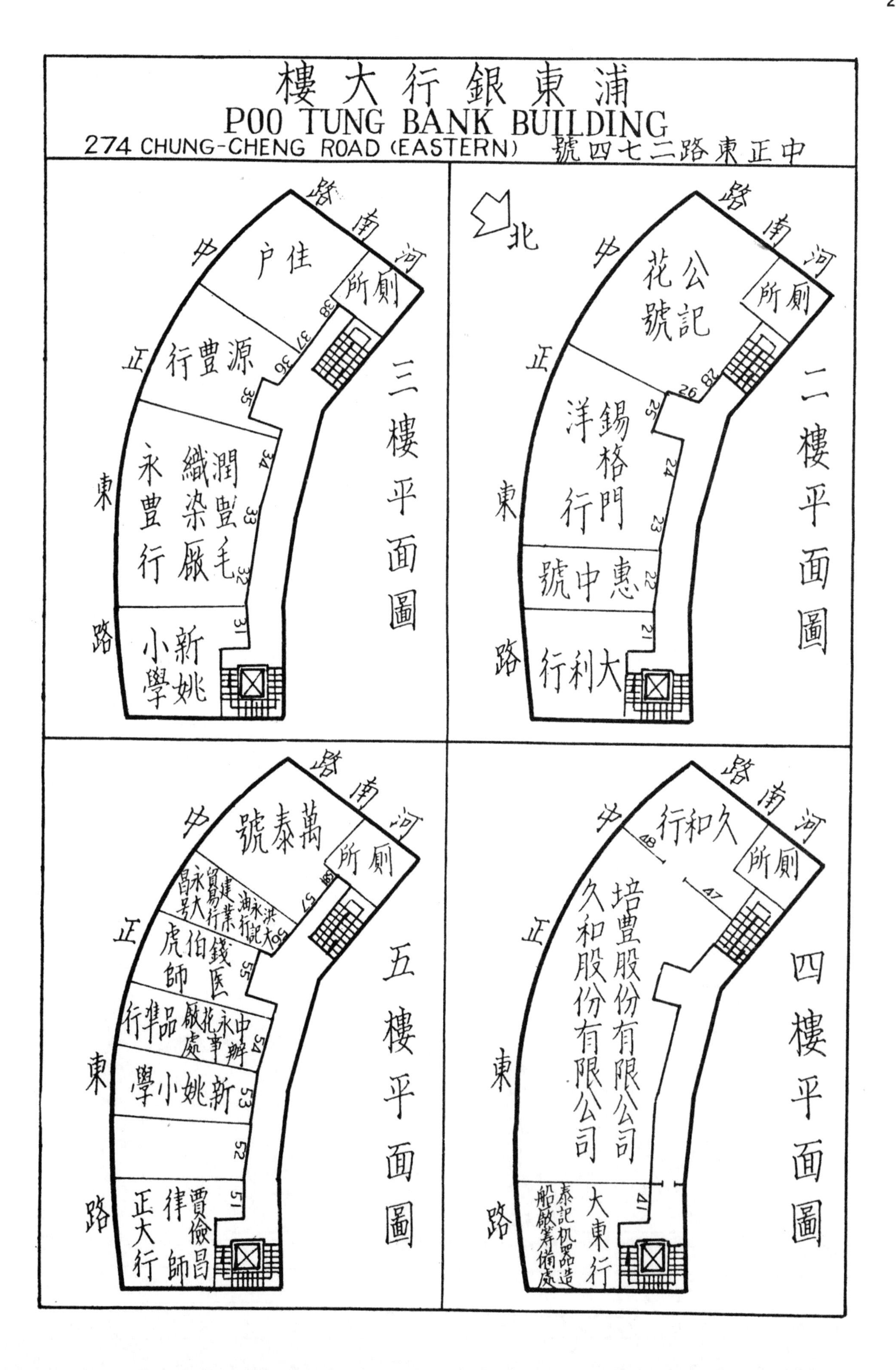

浦東銀行大樓
POO TUNG BANK BUILDING
274 CHUNG-CHENG ROAD (EASTERN) 中正東路二七四號
三樓平面圖
住户
廁所
源豐行
潤豐毛織染廠
永豐行
新姚小學
中正東路
河南路
二樓平面圖
北
公記花號
錫格門洋行
惠中號
大利行
廁所
五樓平面圖
萬泰號
廁所
洪永大記油行
錢伯虎醫師
品準行
新姚小學
賈儉昌律師
正大行
四樓平面圖
久和行
廁所
培豐股份有限公司
久和股份有限公司
大東行
泰記机器造船廠籌備處

# 達豐染織公司

中國首創

孔雀商標

出品

五子黃卡其

七子藍布

進竇府綢

送子印花嗶嘰

四喜直貢

一品印花布

寗波路三四九號

上海市機器染織工業同業公會

第六九號會員 69

# 茂盛染織廠

出品

美觀大方

雪亮司呢

凡立司呢

茂盛呢

派力司

原子呢

絹絲呢

陰丹士林

襯衫府綢

顏色鮮豔

發行所：北京東路八五〇弄三號　電話：九五五五二號

廠址：新閘路一四九二弄一〇八號　電話：六〇五七七號

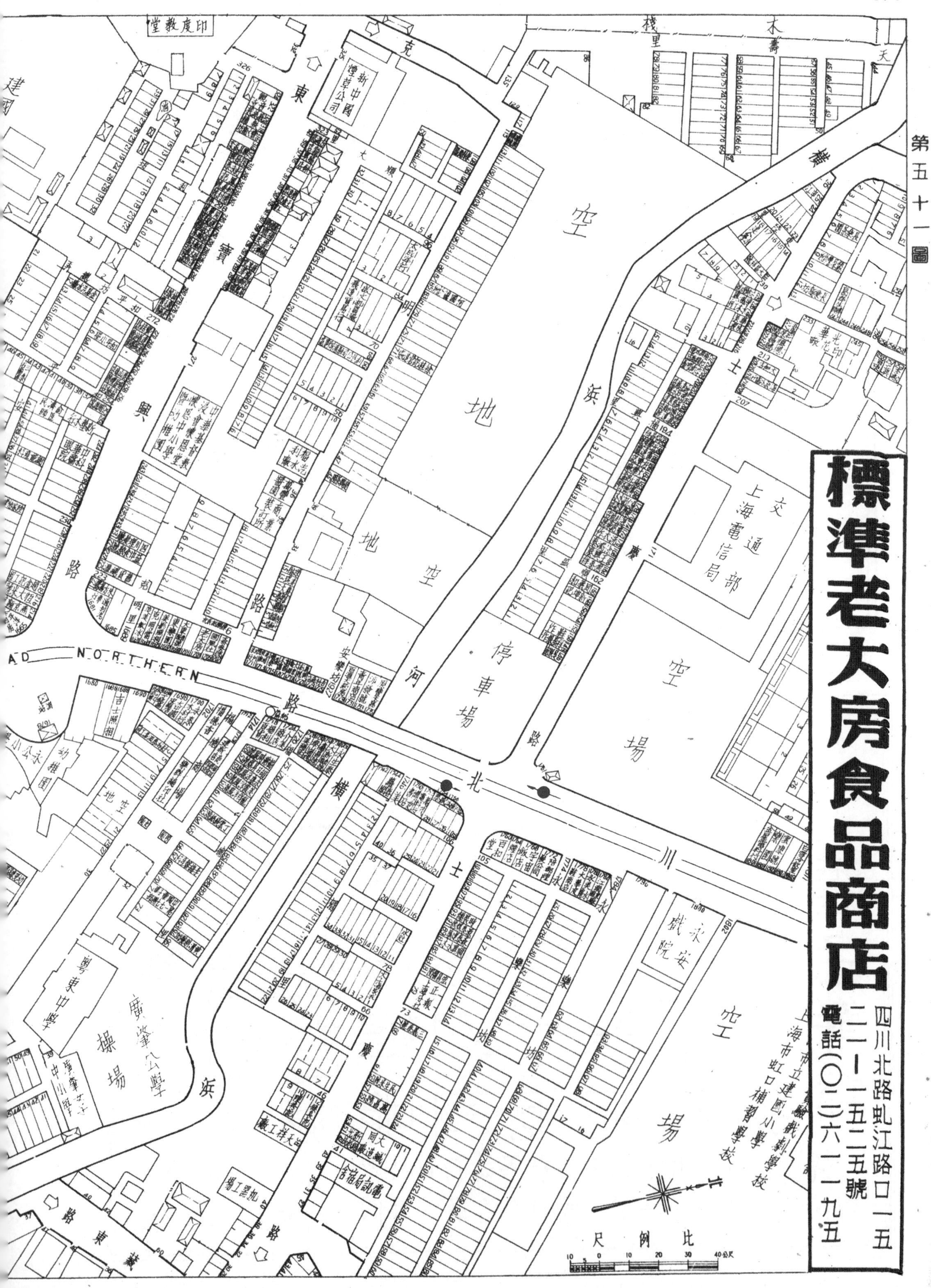
第五十一圖
印度教堂
新中國煙草公司
空地
空地
停車場
交通部上海電信局
空場
永安戲院
空場
粵東中學
廣肇公學操場
NORTHERN
北四川路
比例尺
10 5 0 10 20 30 40公尺
標準老大房食品商店
四川北路虬江路口一五
二一一五二五號
電話(〇二)六二一一九五

第五十一圖

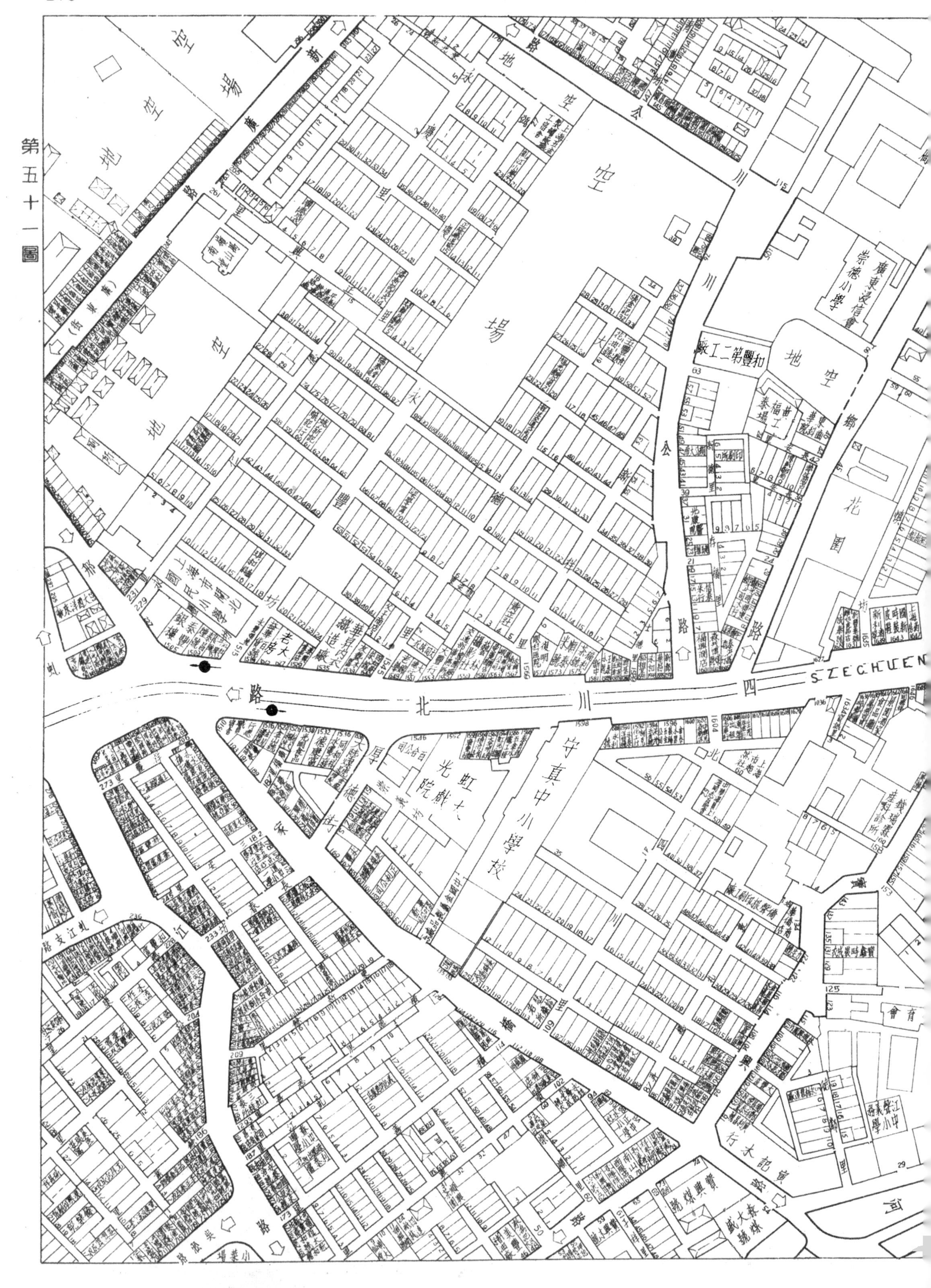
空地
空場
崇德小學
廣東浸信會
和豐第二工廠
花園
守真中小學校
虹光大戲院
SZECHUEN
四川北路
寶記木行
寶興煤號
盛大煤號

# 浦東大廈

中正中路一四五四號

1454 CHUNG-CHENG ROAD (CENTRAL)

## 二樓平面圖

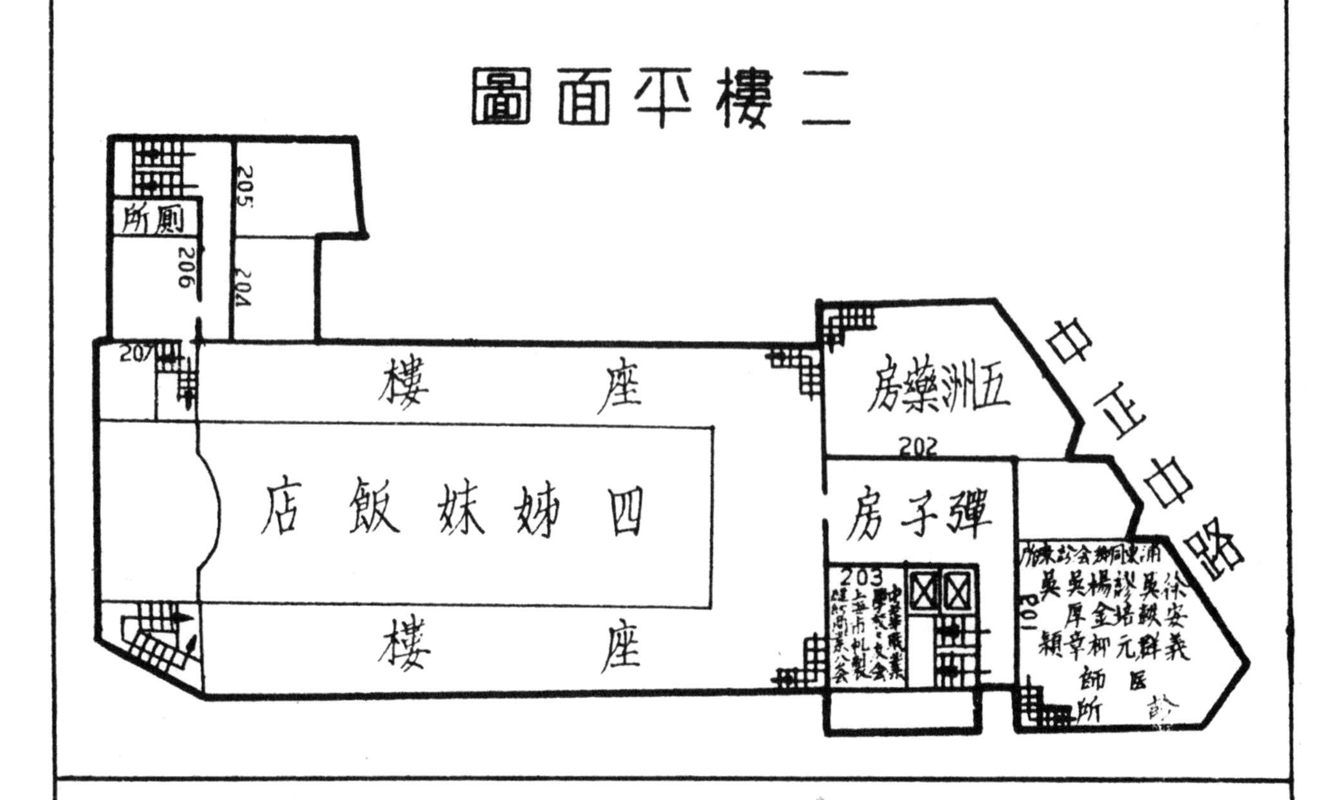


## 三樓平面圖

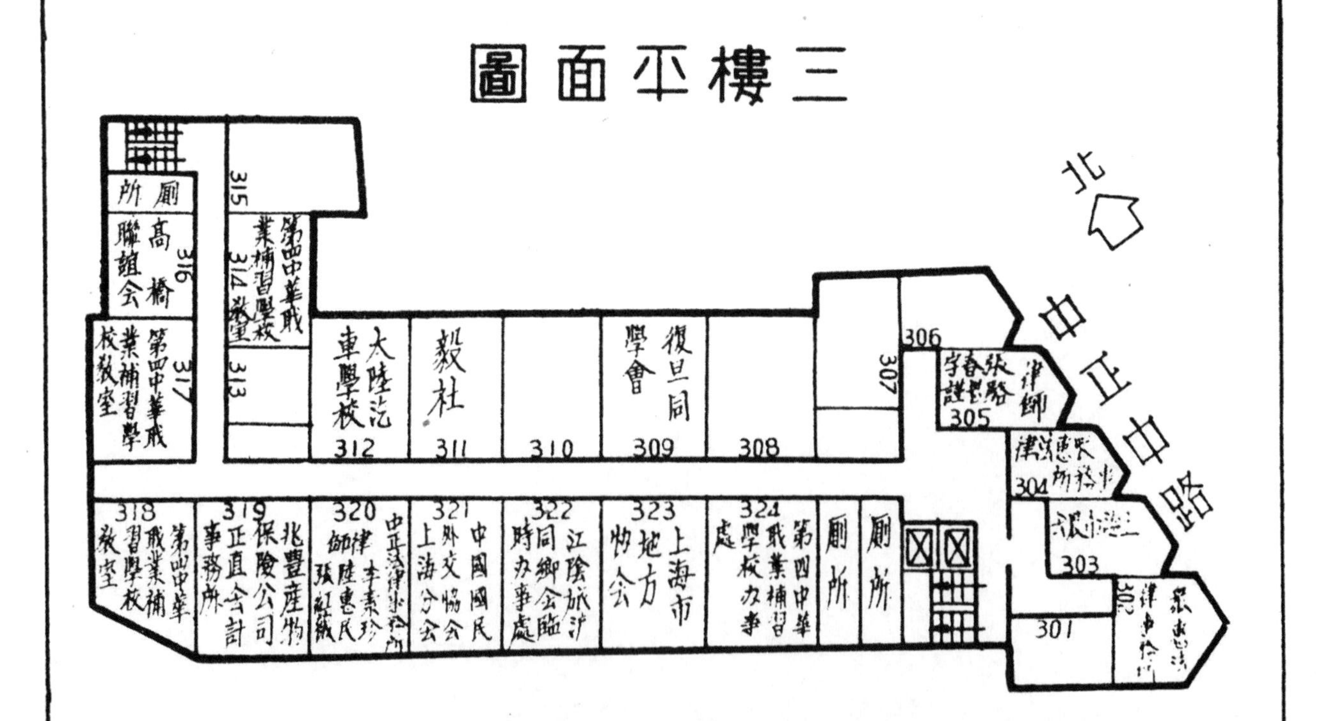

# 上海 怡和化學廠

EWO

## 各種化粧香品

辦事處：永興路二三—二五號

電話：八三六七〇

廠址：江灣路二〇六弄七號

電話：（〇二）六一五八一

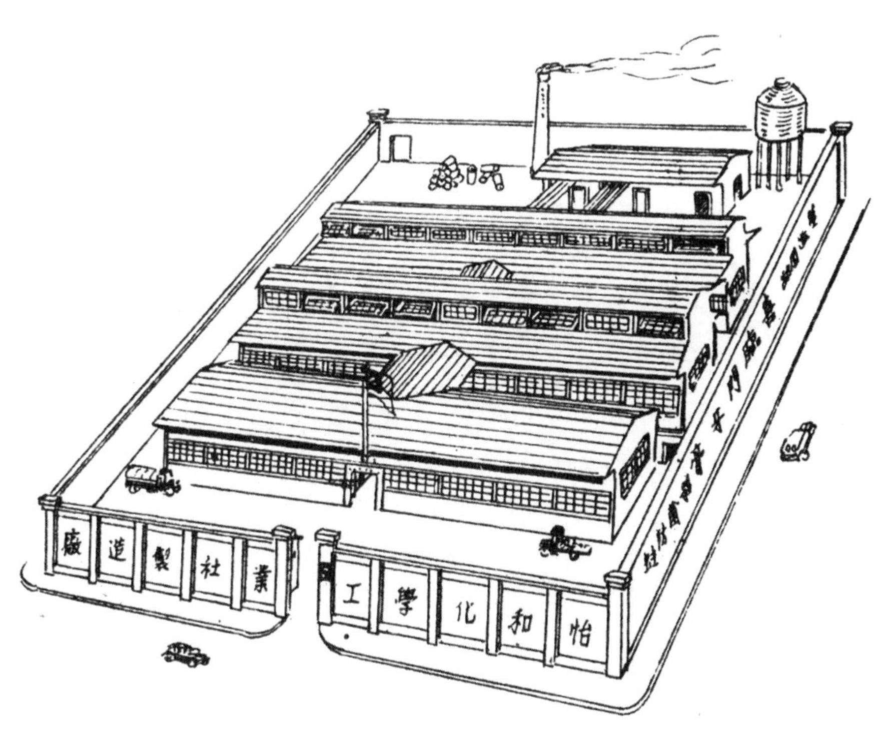


## 怡和公記顏料號

## E WO (KON KEE) DYES CO

名種顏料 洗晒不退

註冊商標：雙馬牌 飛馬牌 海盜牌 雙鯉牌 五子牌 雙貓牌 仙桃牌 球王牌

如蒙賜顧 竭誠歡迎

地址：永興路二三—二五號

電話：八三六七〇

電報掛號：〇〇六六

補血益腦 強壯人体
右筆藥房均售
哈巴特 維他命麥精魚肝油
哈巴特藥行出品
上海長樂路二三六弄二號
電話八三一〇〇
第五十二圖
中華汽車修理公司
商務印書館閘北貨棧
上海糧食總倉庫第九倉庫
小浜
柴炭棧
天水坊
振藝針織廠
茶廠
藏玉新村
德記汽油榨廠
郭信記木器工場
保安里
光復里
寶源浴室
益華油墨卡片廠
一大成衣館
朱森記營造廠
私立佐之實驗小學
中國儀器製造廠
宿舍
辦公室
整理間
世農小學校
工場間
鋁板廠
柴行
物資堆棧
中央信託局岩井倉庫
庫房
滬北中小學運動場
操場
空地
菜園
大殿
花園
住宅
黃仙觀
建成汽車修理廠
三吉里
寶
通
路
廣
公
東
虬
江
路

第五十二圖

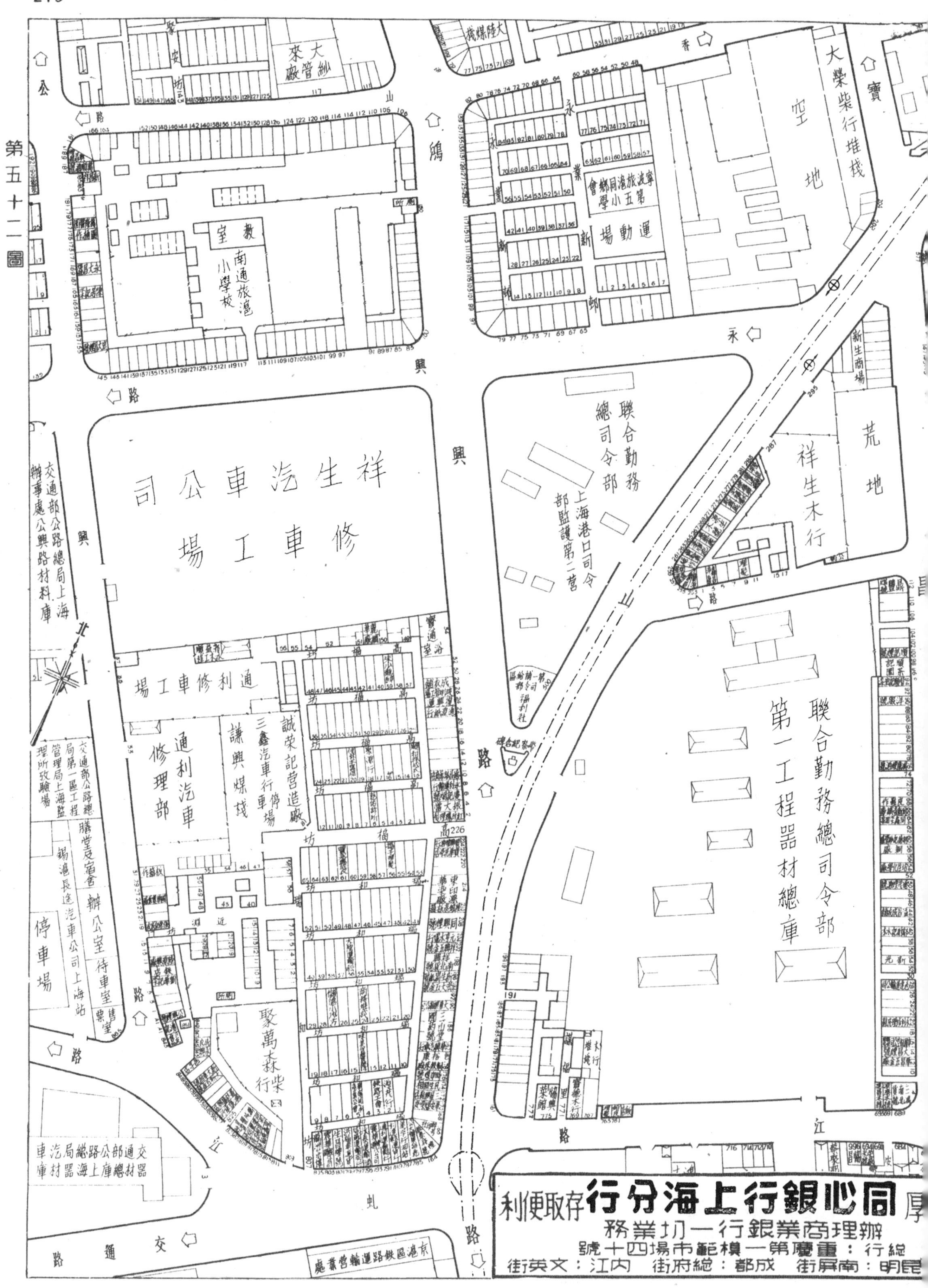

大來紗管廠
大陸煤棧
大業柴行堆棧
空地
南通旅滬小學校
教室
寧波旅滬同鄉會第五小學
運動場
祥生汽車公司修車工場
聯合勤務總司令部
上海港口司令部監護第二營
祥生木行
荒地
新生商場
交通部公路總局上海辦事處公興路材料庫
交通部公路總局第一區工程管理局上海監理所改驗場
通利修車工場
通利汽車修理部
謙興煤棧
三鑫汽車行停車場
誠榮記營造廠
膳堂及宿舍
辦公室
待車室
售票室
錫滬長途汽車公司上海站
停車場
聚萬森柴行
聯合勤務總司令部第一工程器材總庫
交通部公路總局器材總庫上海器材庫
京滬區鐵路運輸營業處
公興路
鴻興路
永興路
寶山路
虬江路
交通路
同心銀行上海分行 存取便利
辦理商業銀行一切業務
總行：重慶第一模範市場四十號
昆明：南屏街　成都：總府街　內江：文英街

# 浦東大廈

## 中正中路一四五四號

## 1454 CHUNG-CHENG ROAD (CENTRAL)

### 四樓平面圖

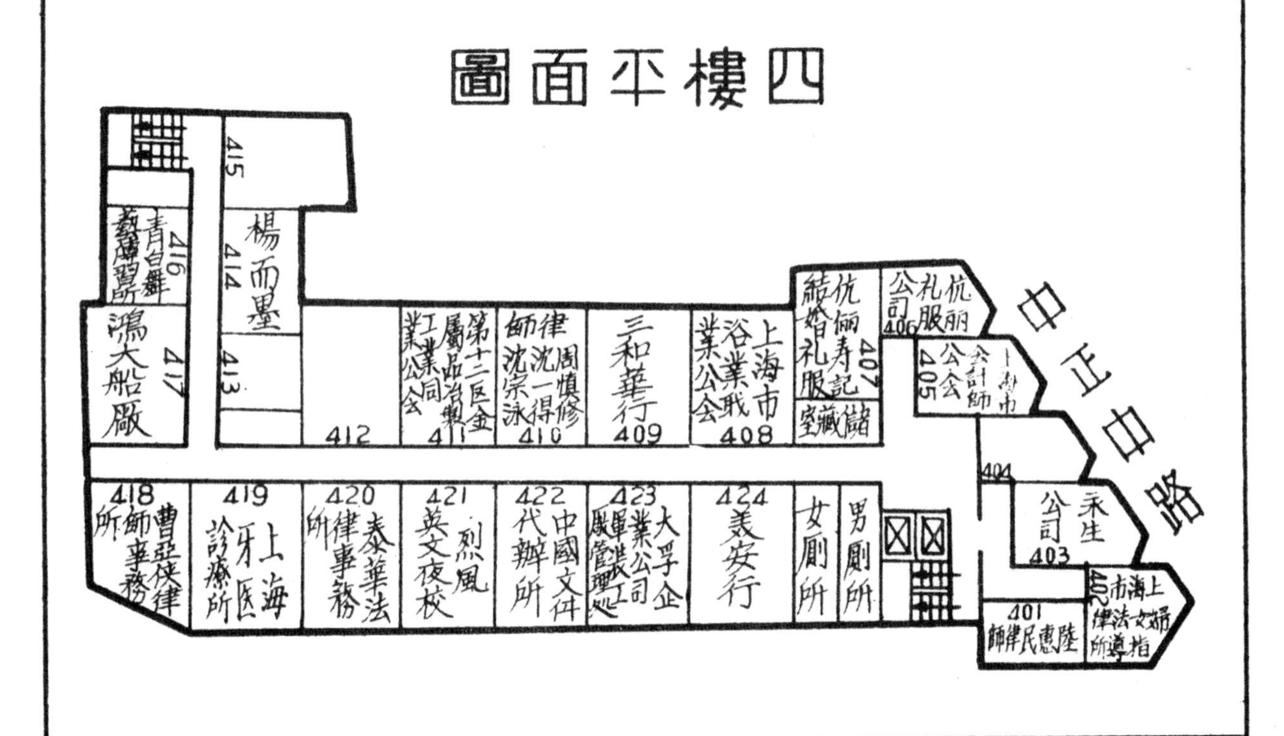


### 五樓平面圖

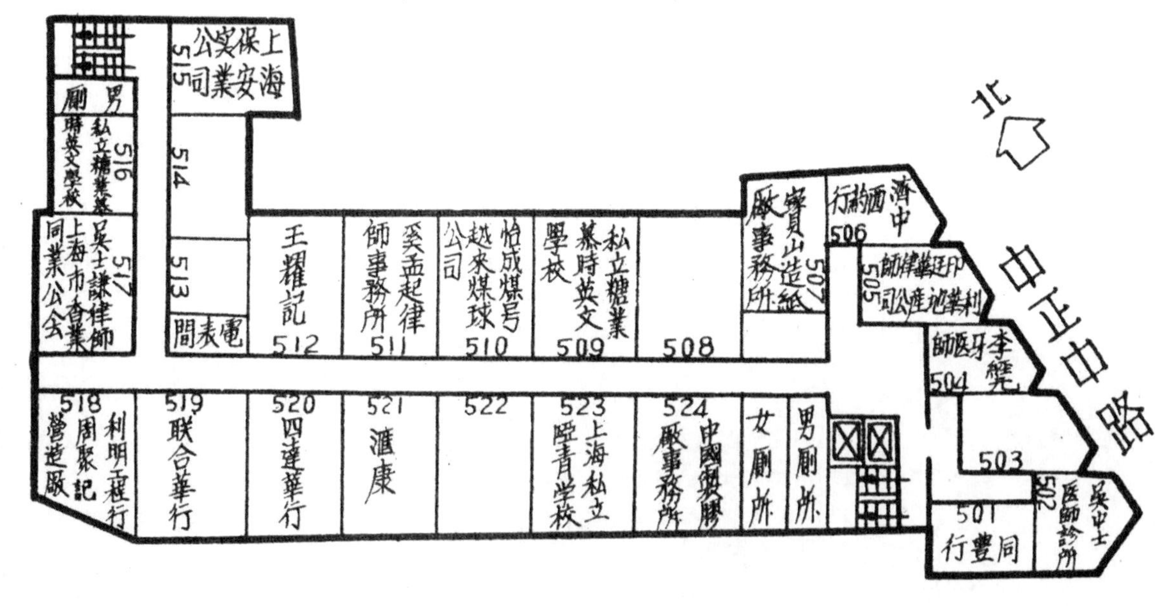


| 八樓 | | 七樓 | | 六樓 |
|---|---|---|---|---|
| 802 | 文化聯誼會 | 701 | 凌昌炎律師 | 浦東同鄉會辦事處 |
| 805 | 油漆工程業公會 | 701A | 中華業餘圖書館 | 浦東大廈餐所大礼堂 |
| | | 703 | 漢記華行 | |

國産最優等羢線
地球牌
雙洋牌

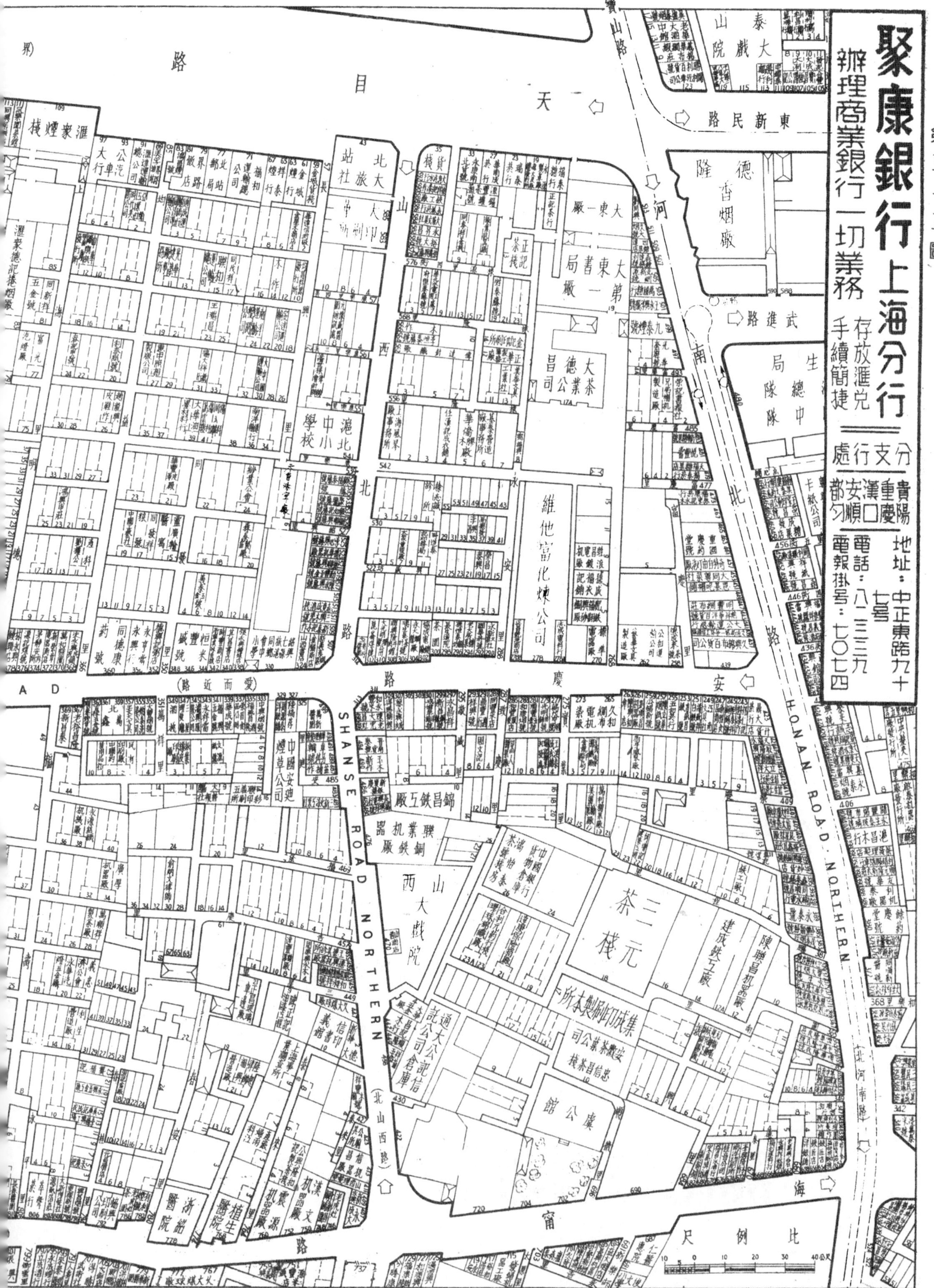

第五十三圖
聚康銀行上海分行
辦理商業銀行一切業務
存放滙兌
手續簡捷
分支行處
貴陽
重慶
漢口
安順
都勻
地址：中正東路九十七號
電話：八一三三九
電報掛號：七〇七四
天目路
寶山路
東新民路
武進路
河南北路
HONAN ROAD NORTHERN
山西北路
SHANSE ROAD NORTHERN
安慶路
海甯路
泰山大戲院
德隆香烟廠
大東書局第一廠
大東一廠
北站大旅社
滬北中小學校
大德昌茶業公司
維他富化煉公司
生總局中隊
三元茶棧
建成鐵工廠
陳聯昌机器廠
集成印刷製本所
安徽茶業公司
忠信昌茶棧
通大公記公司倉庫
山西大戲院
廣東公館
錫昌鐵工廠
聯業机器銅鐵廠
中國安迪煙草公司
滙泉煙棧
滙泉德記捲烟廠
浙紹醫院
植生醫院
漢文机器廠
震源机器廠
比例尺
10 5 0 10 20 30 40公尺

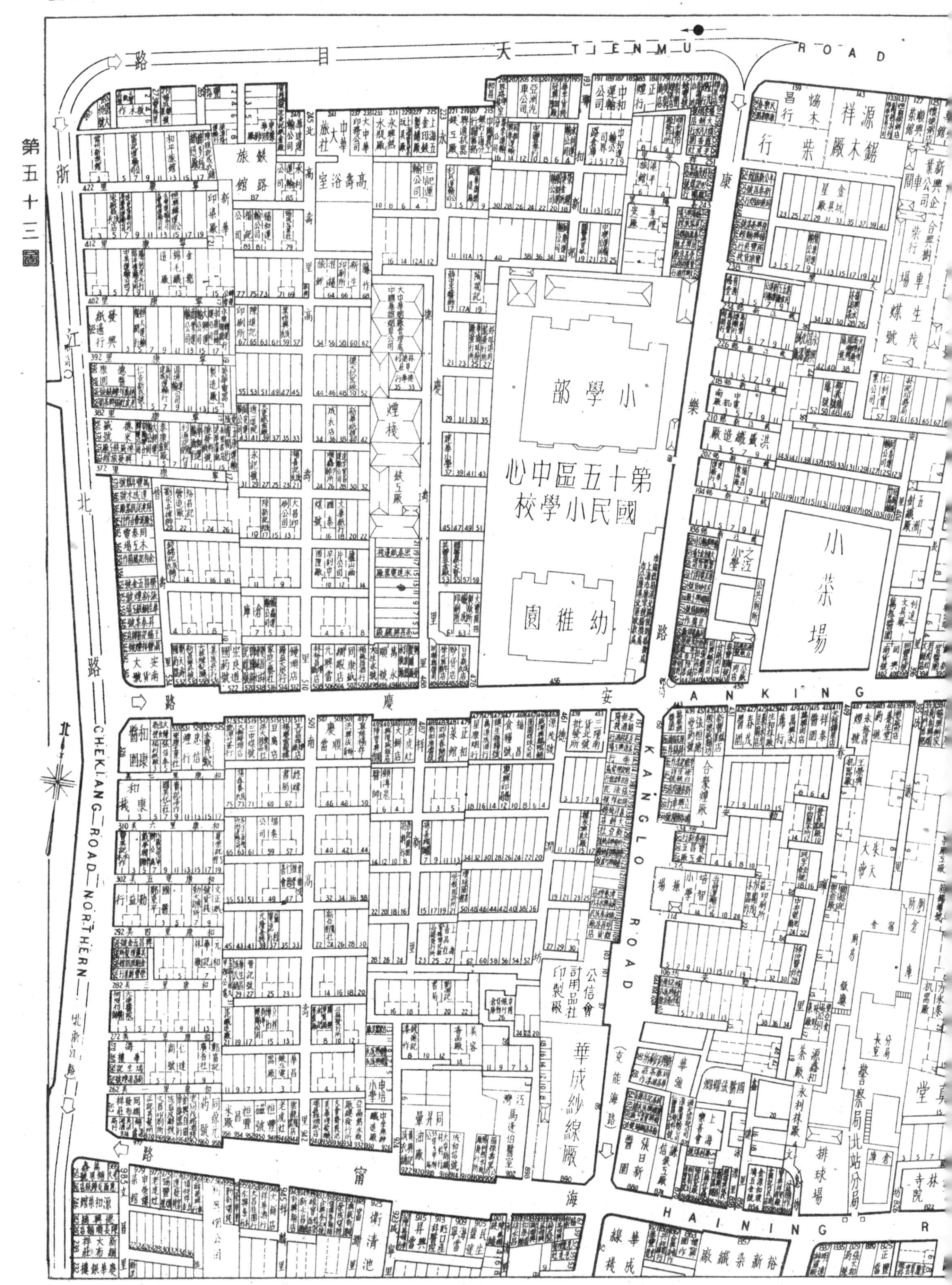
天目路
TIENMU ROAD
浙江北路
CHEKIANG NORTHERN ROAD
安慶路
ANKING
康樂路
KANGLO ROAD
海寧路
HAINING R
第五十區中心國民學校
小學部
幼稚園
小菜場
華成紗線廠
警察局北站分局
排球場
源祥木廠
協昌木行
衛清池
裕新染織廠
華成線棧
鐵路旅館
高壽浴室
大中華旅社
煙棧
公信會計用品社印製廠

第五十三圖

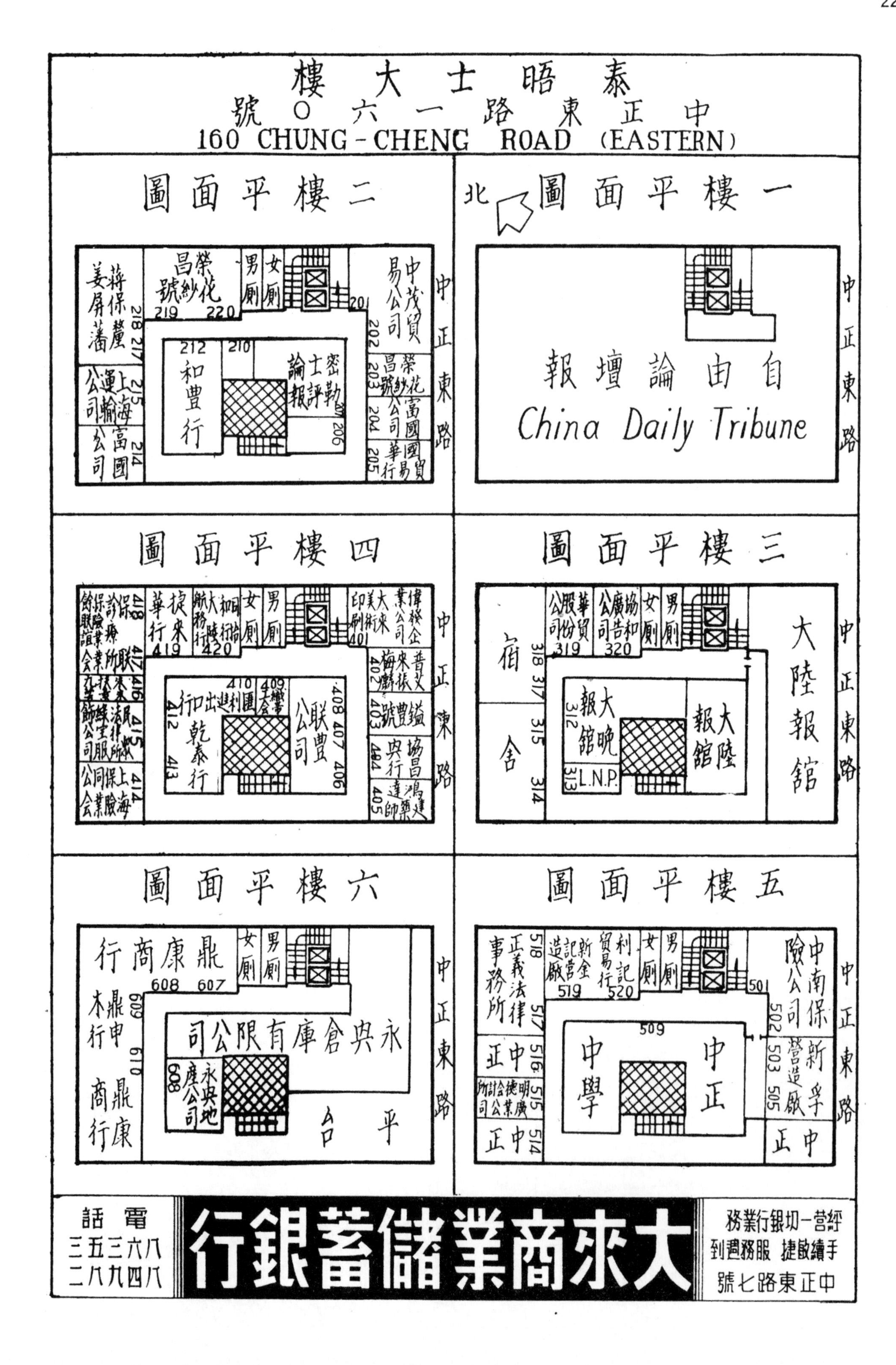
泰晤士大樓
中正東路一六〇號
160 CHUNG-CHENG ROAD (EASTERN)
一樓平面圖
北
自由論壇報
China Daily Tribune
中正東路
二樓平面圖
榮昌花紗號
中茂貿易公司
和豐行
密勒士評論報
上海運輸公司
富國公司
華國貿易行
男廁
女廁
三樓平面圖
大陸報館
大陸報館
大晚報館
L.N.P.
協和廣告公司
華貿服份公司
宿舍
四樓平面圖
聯豐公司
乾泰行
協昌鴻建築師
保險公會
五樓平面圖
中南保險公司
新孚營造廠
正義法律事務所
利記貿易行
新金記營造廠
中正中學
六樓平面圖
鼎康商行
永興倉庫有限公司
平台
電話
八六三五三
八四九八二
大來商業儲蓄銀行
經營一切銀行業務
手續敏捷 服務週到
中正東路七號

# 天香味寳廠

## 國產調味粉

## 鮮度高 售價廉

## 購用最為合算

本埠各大南貨店均有出售

總發行所：上海北山西路五二七弄六號

電話：四三五〇八 四五二五六

現代化最進步之調味品

# 天廚味精

佛手  老牌

信用最著·行銷最廣

歷史悠久·品質最佳

**總管理處**

上海順昌路三三〇號

電話八〇〇九九 電報掛號三二二五

| | | |
|---|---|---|
| 上海工廠 | 粗製工場 | 徐虹路二八九號．滬西陳家渡 |
| | 精製工場 | 順昌路三三〇號 |
| | 澱粉工場 | 寶山路七二八號．凱旋路七九八號 |
| 四川工廠 | 味精工場<br>麵粉工場 | 重慶化龍橋猫兒石 |
| 香港工廠 | 味精工場<br>酸碱工場 | 九龍北帝街 |

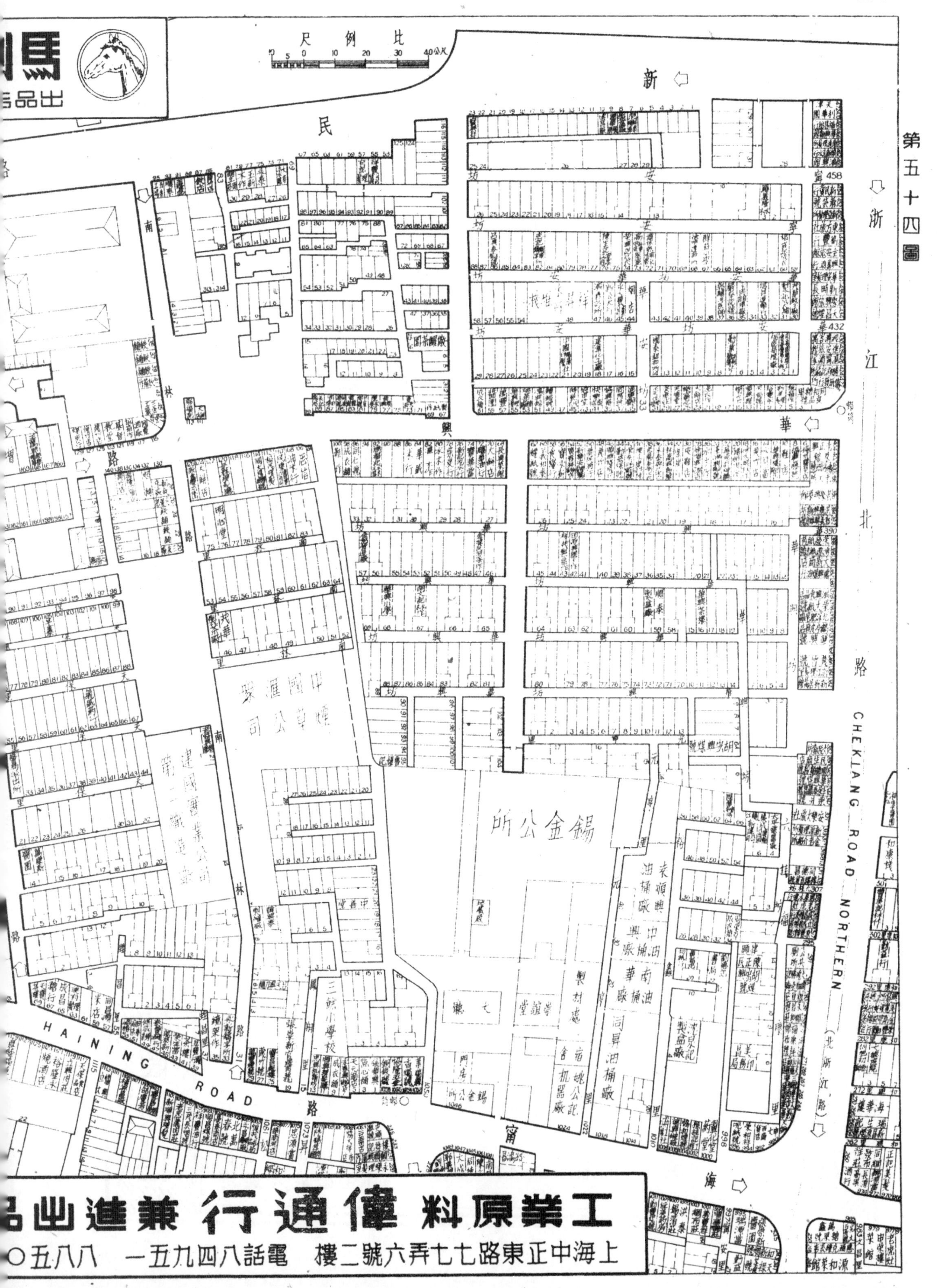

第五十四圖
比例尺
0 5 0 10 20 30 40公尺
新
民
南
林
路
浙江北路
CHEKIANG ROAD NORTHERN
(北浙江路)
HAINING ROAD
海寧路
華
興
坊
中國煙草公司
建國商業公司
第一織造廠
錫金公所
三餘小學校
錫金公所
馬
出品
工業原料 偉通行兼進出口
上海中正東路七七弄六號二樓 電話八四九五一 八五○

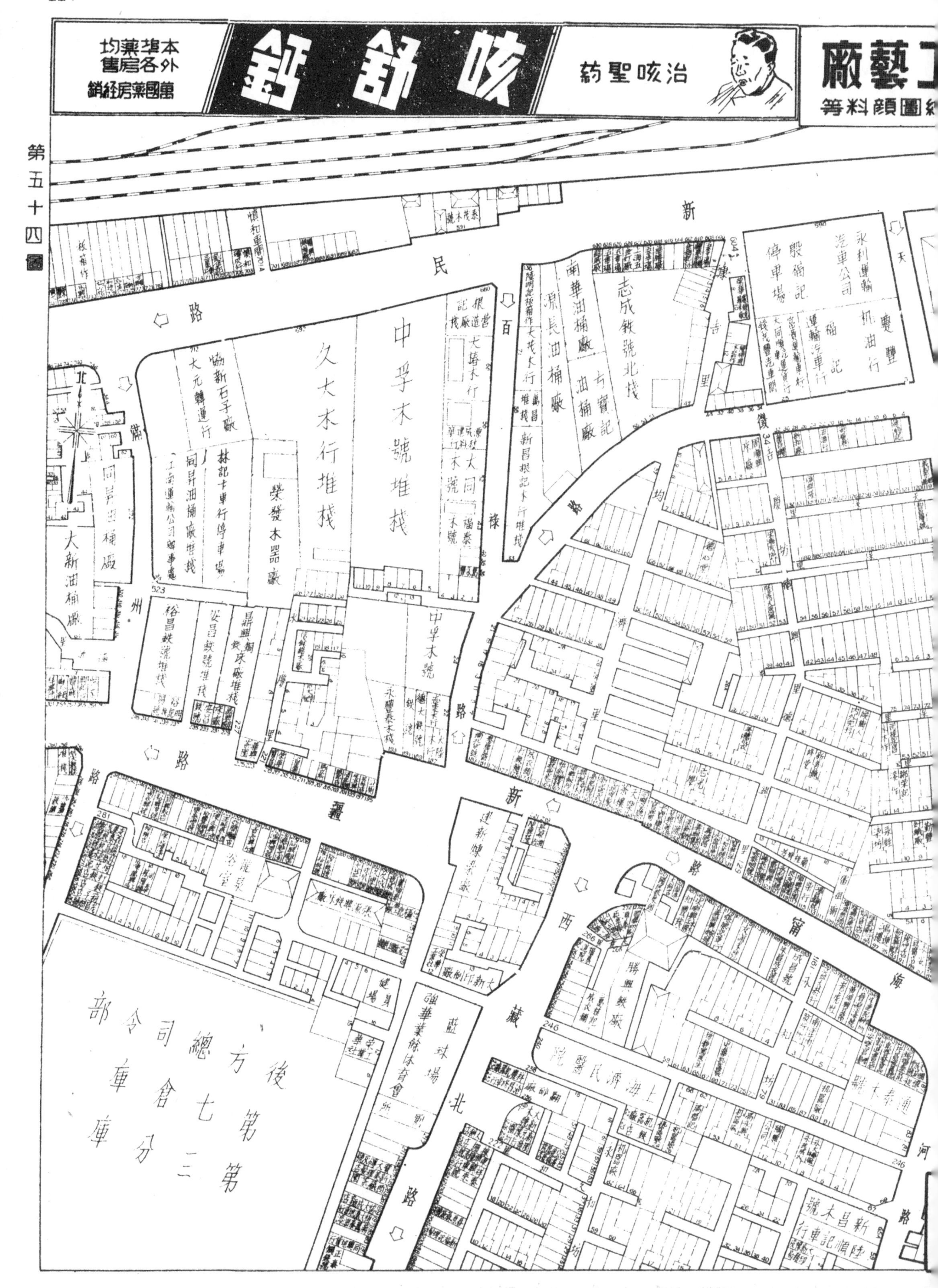
本埠藥房各外埠均有售
萬國藥房經銷
咳舒錠
治咳聖約
工藝廠
紙圖顏料等
新民路
百祿路
中孚木號堆棧
久大木行堆棧
榮發木器廠
南華油桶廠
源長油桶廠
志成鉄號北棧
永利運輸汽車公司
毅福記停車場
大新油桶廠
同昇油桶廠
裕昌鉄號堆棧
安昌鉄號堆棧
中孚木號
建新煉乳廠
勝興鉄廠
上海濟民醫院
藍球場
強華業餘体育會
後方總司令部
第七倉庫
第二分庫
新昌木號
海寧路
西藏北路
河南路

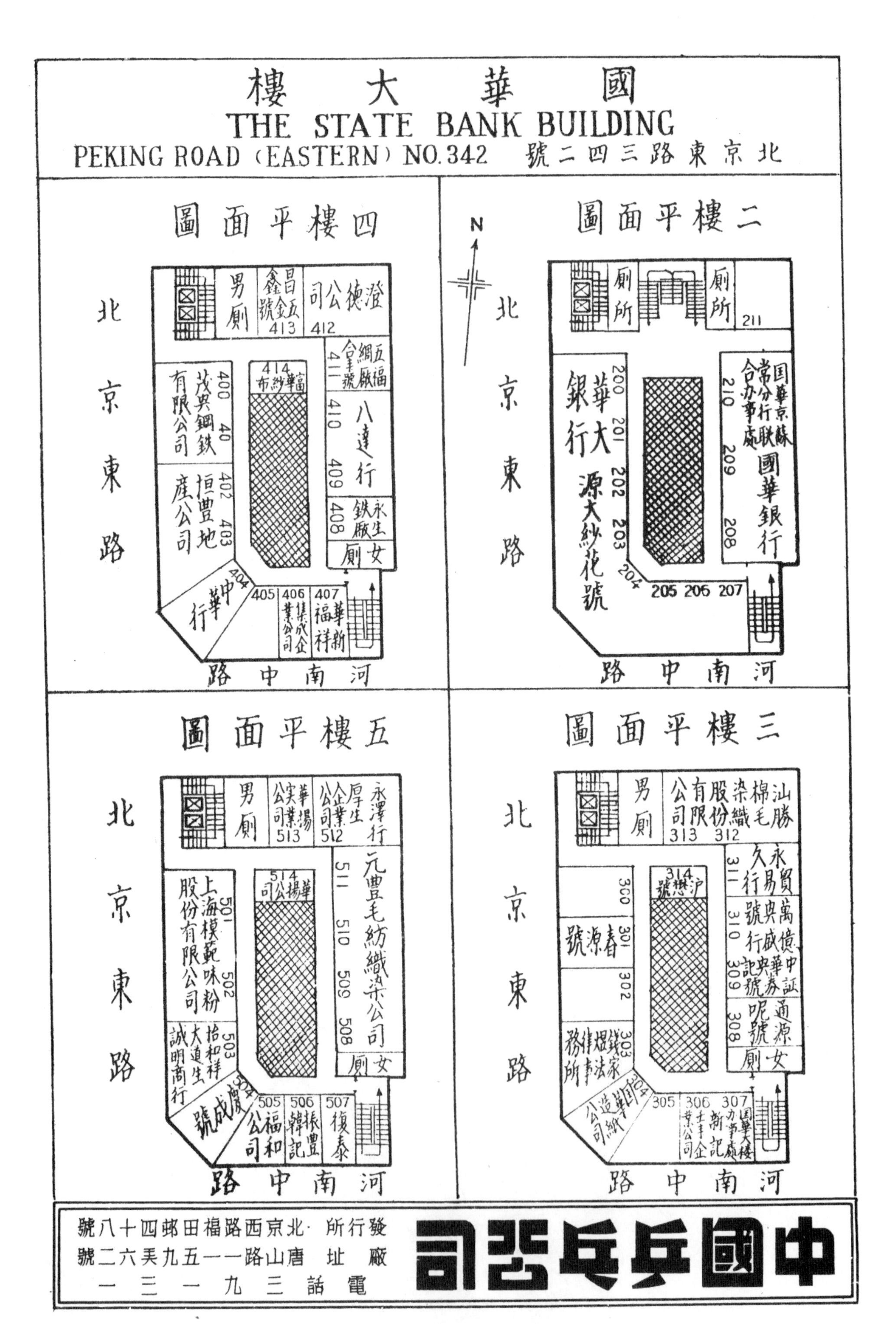
國華大樓
THE STATE BANK BUILDING
PEKING ROAD (EASTERN) NO. 342 北京東路三四二號
四樓平面圖
二樓平面圖
五樓平面圖
三樓平面圖
N
北京東路
河南中路
國華銀行
華大銀行
源大紗花號
八達行
恒豐地產公司
中華行
元豐毛紡織染公司
上海模範味粉股份有限公司
復泰
春源號
汕勝棉毛染織股份有限公司
男廁
女廁
廁所

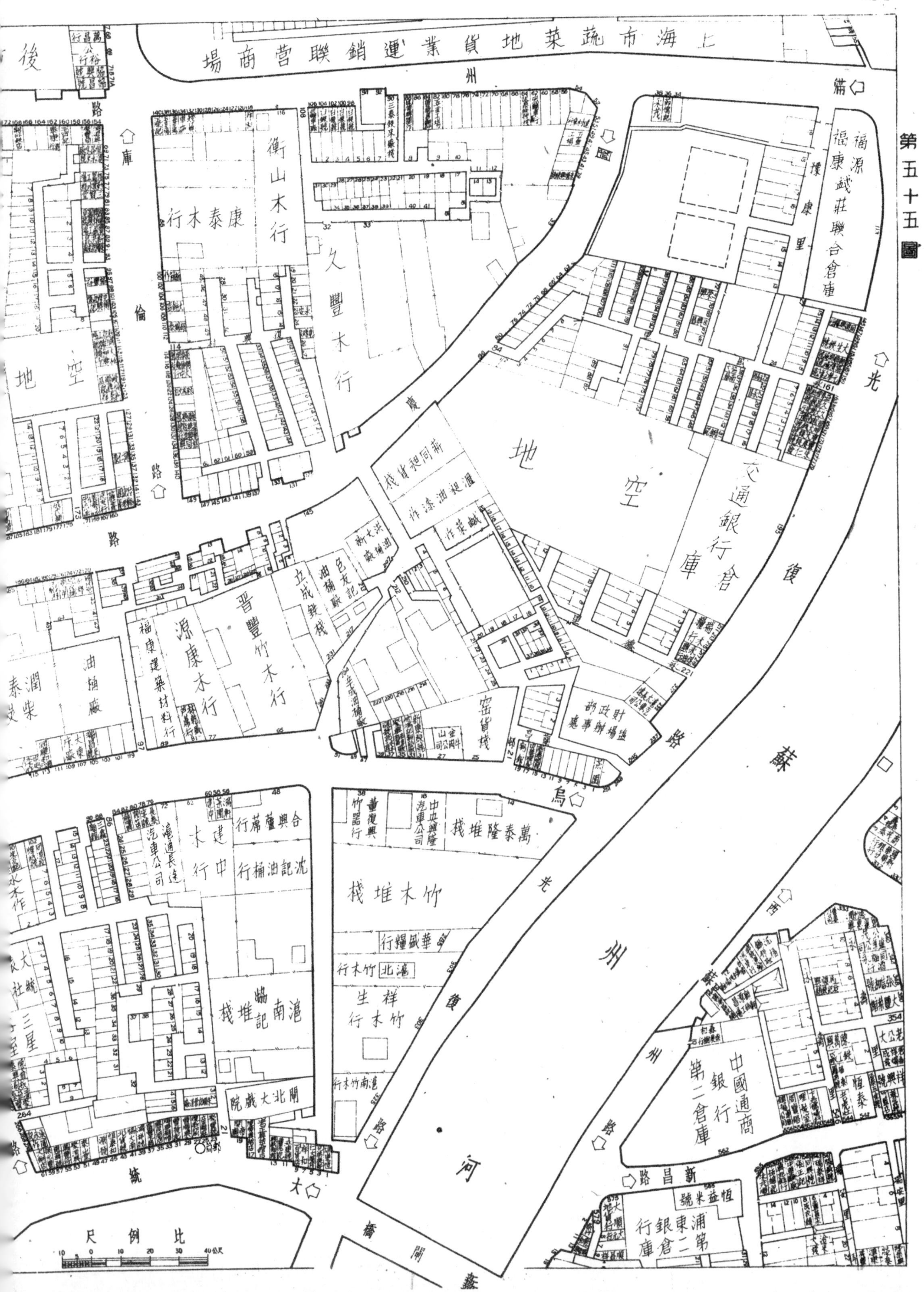
第五十五圖
上海市蔬菜貨地業運銷聯營商場
福源康彧莊聯合倉庫
衡山木行
康泰木行
久豐木行
交通銀行倉庫
空地
晉豐竹木行
源康木行
福東建築材料行
立成鐵棧
泰潤
油桶廠
財政部鹽場辦事處
萬泰隆堆棧
合興蘆蓆行
建中木行
沈記油桶行
滬通長途汽車公司
竹木堆棧
華盛糧行
滬北竹木行
祥生竹木行
滬南協記堆棧
閘北大戲院
中國通商銀行第二倉庫
恒益米號
浦東銀行第二倉庫
光復路
蘇州河
新昌路
比例尺

司令部第七倉庫第三分庫
同昇油桶廠
同昇油桶廠
洪大新油桶廠
同昇油桶廠
大成電机廠
楊子球場
祥椿木行
成豐木行
正誼堆棧
板箱廠
福慶小學校
新民行
北泰煤號
美亞五金廠
興泰汽車公司堆棧
滿洲路
蒙古路
國慶路
新民路
益民染織廠
經理 唐杏生
業務 布疋 織造
事務所 寧波路二四四弄四號 電話九七九二五
一廠址安遠路五四四号 電話二四〇二五
二廠址華山路春光坊二一一号
建成華行
SHING SHENE & CO.
中山東一路十二號 電話一六一三七

第五十五圖

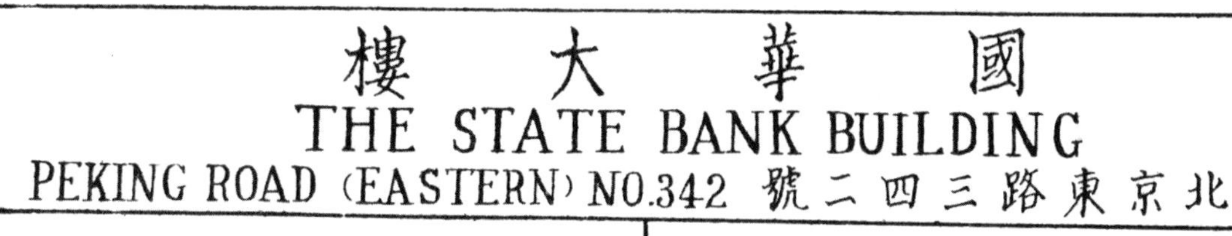

國華大樓
THE STATE BANK BUILDING
PEKING ROAD (EASTERN) NO.342 北京東路三四二號

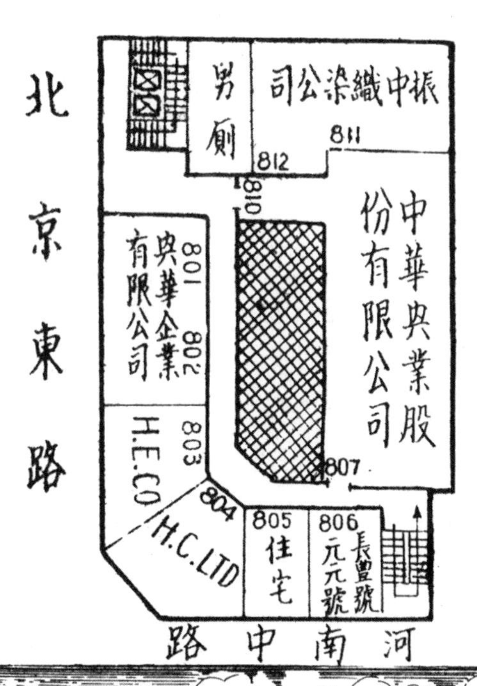


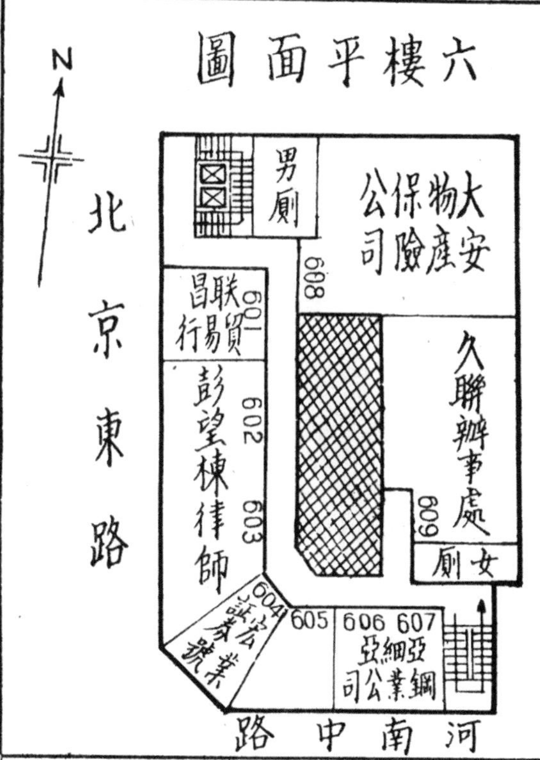


飛達車行

戈登路七五至七九號
美琪大戲院對面

自運歐美名廠
機動車腳踏車
原配車料零件
專營超級國貨車輛
品質力求提高
售價絕對抑低
歡迎各界比較

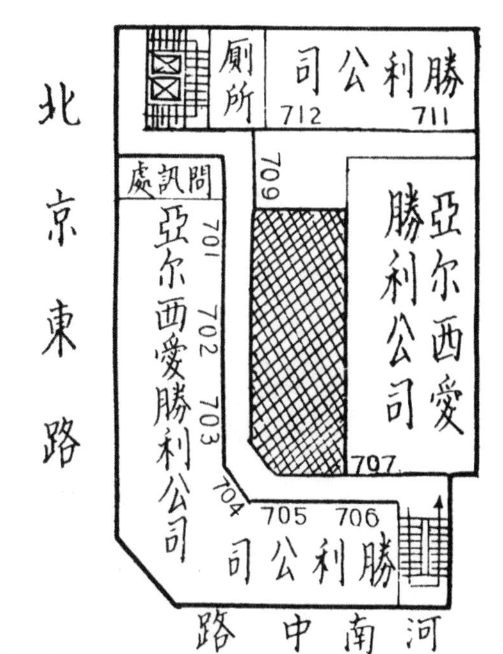

# 亞細亞鋼業股份有限公司

## ASIA STEEL COMPANY, LTD.

施工認真　售價公道　派員候教

用料正確　交貨迅速　服務週到

歡迎各埠新舊顧客惠顧指教

| | |
|---|---|
| 鑄鋼工場 | 冶煉各種鋼錠生鐵及鑄造各種普通鋼合金鋼件等最大鑄件可達四噸 |
| 鑄鐵工場 | 鑄造各種大小生鐵鑄件 |
| 五金工場 | 鑄造各種銅鋁及其他輕金屬鑄件 |
| 洋釘工場 | 製造大小洋釘(1/2"-6")靴釘 |
| 鋼索工場 | 製造粗細各種鋼索(直徑1/4"-1 1/2") |
| 木螺絲工場 | 製造各種木螺絲(1/2"×#4至3"×#14)及机器螺絲 |
| 拉絲工場 | 製造各種粗細鐵絲鉛絲(#6-#24)有刺鉛絲鍍鋅鐵絲等 |
| 拉管工場 | 拉製粗細鋼鐵管子(直徑3/8"-3 1/2") |
| 鍛鉚工場 | 鍛造各種鋼件承造鍋爐等鉚釘道釘魚尾板馬車螺絲 |
| 机械工場 | 承造及修理各種机器(鉋車,銑各種工程) |
| 金網工場<br>平板工場 | 正在積極準備復工 |

廠址：上海楊樹浦河間路三七九號

電話：總經理室五二九二〇　工務課五二〇三〇
工程師室五二九二五　業務課五二〇二〇
總務課五二〇一〇

辦事處：上海北京東路三五六號國華大樓六〇六—六〇七室

電話：九六四二五　九四八〇三
二〇三九

電報掛號 "ASIASTLCO"

第五十六圖
上海铁路管理局运务处
上海机务段上段客货车房
民
閘北小學
江淮小學
興泰汽車公司堆栈
美亞五金製造廠
新
烏鎮路
新
大
統
路
福新麵粉廠
福新麵粉公司
民生机製煤球廠
建業龜服廠
三星浴室
大統旅社
閘北大戲院
滬南協記堆栈
祥生竹木行
蘇
州
光
復
西
車倫路
煤炭行
比例尺
0 10 20 30 40公尺

聯合勤務總司
部交通署材儲
運部第一交
通物資倉庫
和路
華盛路
漢中路
長安路
光復路
梅園路
蘇州路
復記木行
中國糧油廠
SOOCHOW CREEK
北

第五十六圖

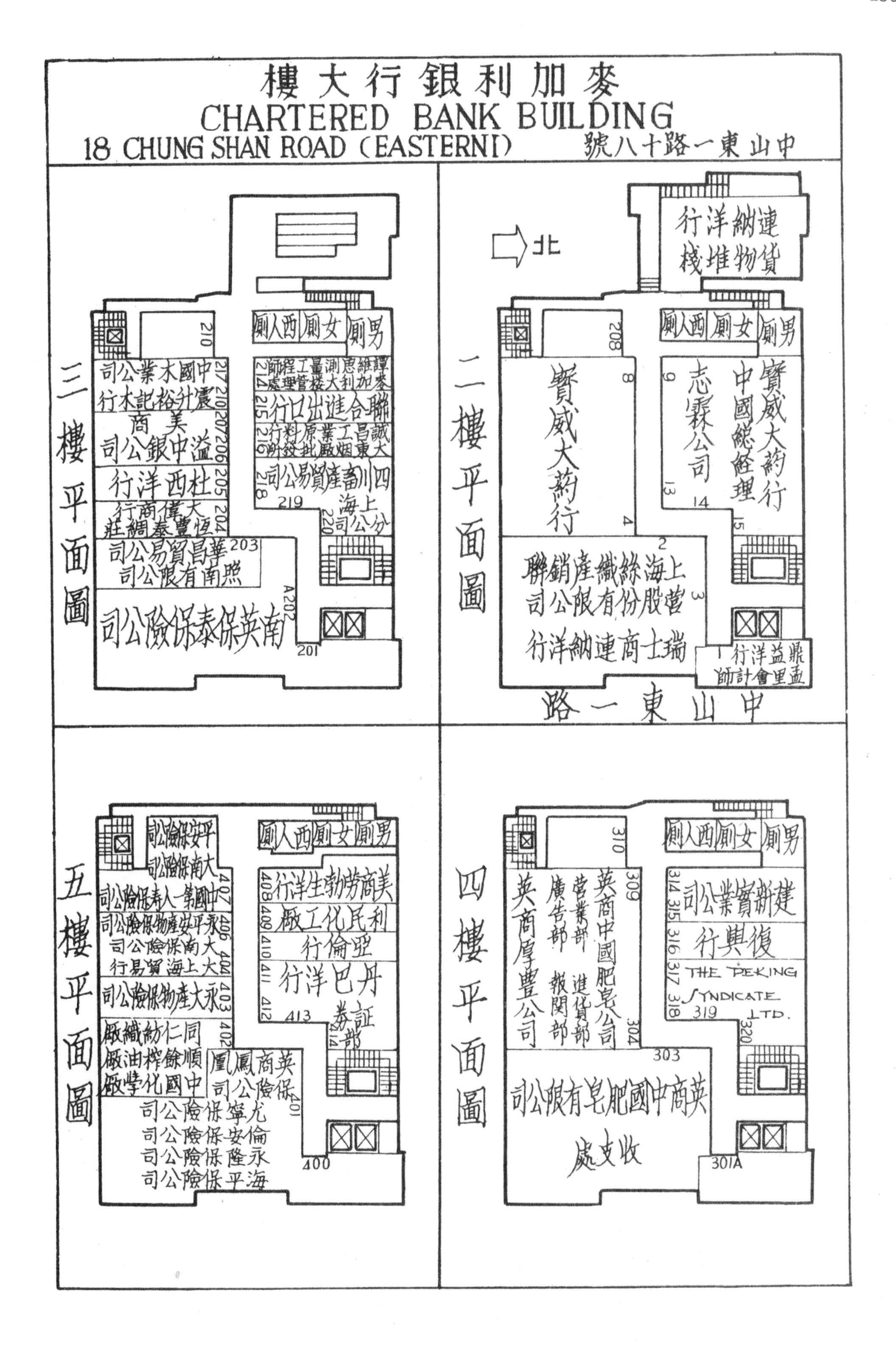
麥加利銀行大樓
CHARTERED BANK BUILDING
18 CHUNG SHAN ROAD (EASTERNI)
中山東一路十八號
二樓平面圖
北
連納洋行
貨物堆棧
西人廁
女廁
男廁
208
寶威大藥行
寶威大藥行
中國總經理
志霖公司
上海絲織產銷聯營股份有限公司
瑞士商連納洋行
鼎益洋行
孟里會計師
中山東一路
三樓平面圖
210
中國木業公司
震升裕記木行
美商溢中銀公司
杜西洋行
大偉商行
恆豐泰綢莊
華昌貿易公司
照南有限公司
南英保泰保險公司
A202
201
203
譚維恩測量工程師
麥加利大樓管理處
聯合進出口行
誠昌工業原料行
大東烟廠批發所
四川畜產貿易公司
上海分公司
219
220
五樓平面圖
平安保險公司
大南保險公司
中國第一人壽保險公司
永平安物產保險公司
大南保險公司
大上海貿易行
永大產物保險公司
同仁紡織廠
順餘榨油廠
中國化學廠
英商鳳凰保險公司
尤寧保險公司
倫安保險公司
永隆保險公司
海平保險公司
400
401
美商勞勃生洋行
利民化工廠
亞倫行
丹巴洋行
413
證券部
四樓平面圖
310
英商中國肥皂公司
營業部
廣告部
進貨部
報關部
英商厚豐公司
309
304
303
英商中國肥皂有限公司
收支處
301A
建新實業公司
復興行
THE PEKING
SYNDICATE
LTD.
319
320

# 康耐新花布

色彩「耐」久 花樣「新」穎

·花麻紗 ·花府綢 花洋紡

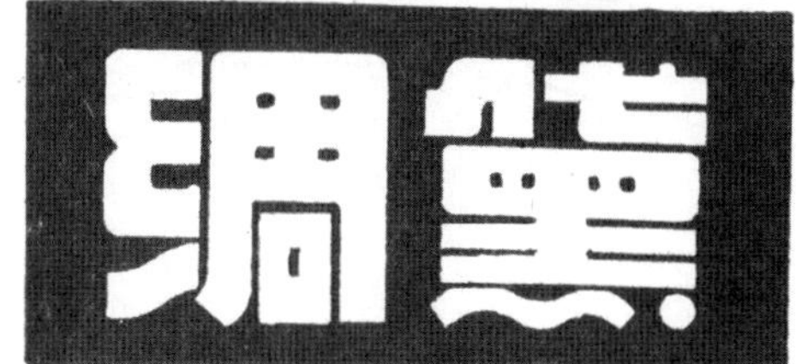


永不褪色之深色印花布

每碼有永不褪色保單為憑

信孚印染廠榮譽出品

事務所 虎丘路八十八号 電話一四二四四

一七六五四

工廠 莫干山路西四号 電話三九八五八

電報掛号一三一八

第五十七圖

蘇州河
蘇州路
福新第七麵粉廠
經濟部第十廠
金星造紙廠
裕商倉庫
隆茂棧房
大王廟
豐華造紙堆棧
G庫
F庫
E庫
D庫
教室
大礼堂
上海第十區中心國民學校
和安職業補習學校
日同書局棧房
住宅
和安小學
成都北路
CHENGTU ROAD NORTHERN
江甯會館
新閘路
順大祥綢布莊
聚慶當
徐松園醬園
醬作房

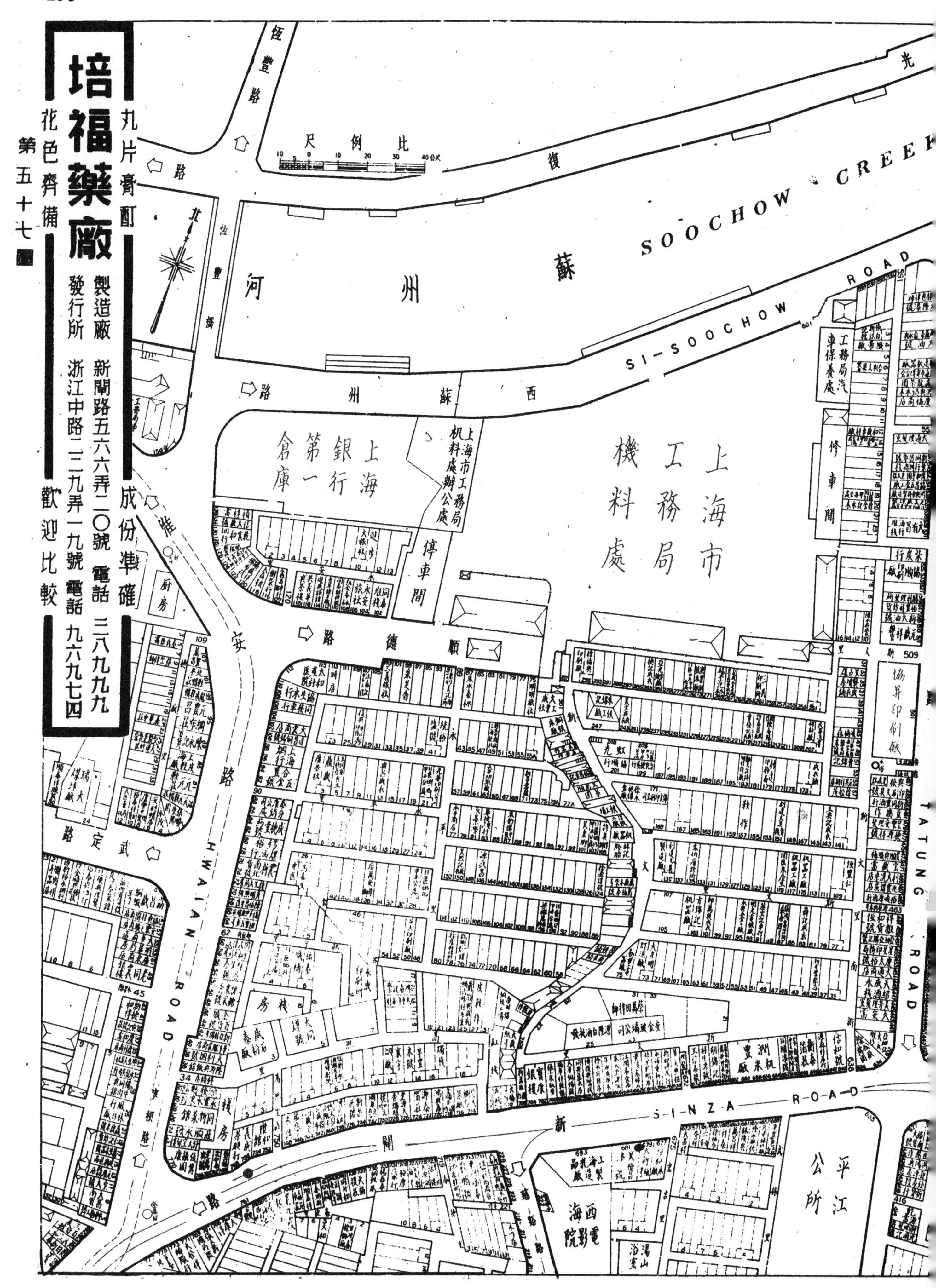

培福藥廠
丸片膏酊 成份準確
花色齊備 歡迎比較
製造廠 新閘路五六六弄二〇號 電話 三八九九九
發行所 浙江中路二三九弄一九號 電話 九六六九七四
第五十七圖
比例尺
恒豐路
光復路
蘇州河
SOOCHOW CREEK
西蘇州路
SI-SOOCHOW ROAD
上海銀行第一倉庫
上海市工務局機料處辦公處
上海市工務局機料處
工務局汽車保養處
修車間
停車間
順德路
淮安路
HWAIAN ROAD
武定路
廚房
棧房
協昇印刷廠
TATUNG ROAD
新閘路
SINZA ROAD
西海電影院
平江公所

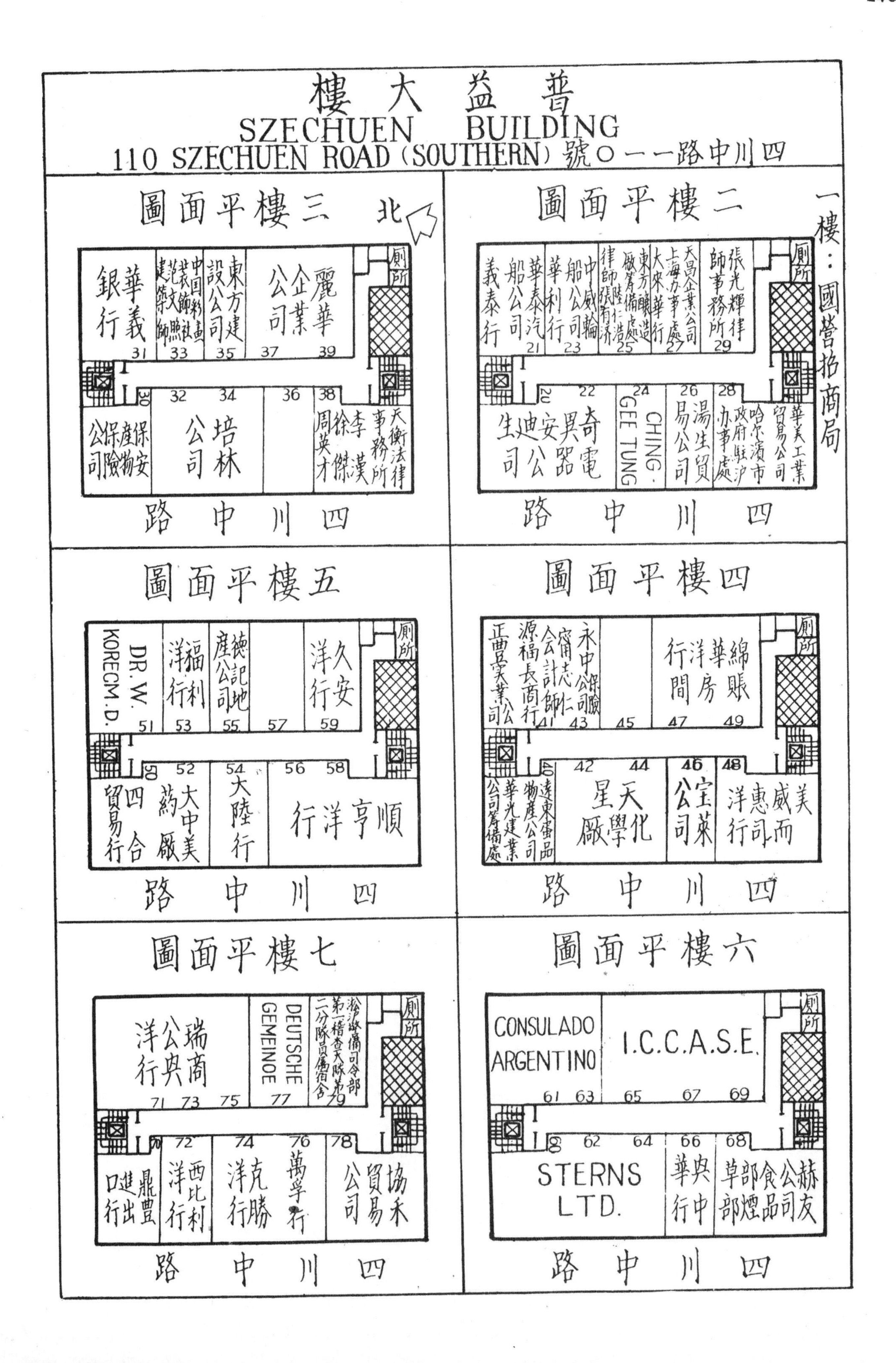

普益大樓
SZECHUEN BUILDING
110 SZECHUEN ROAD (SOUTHERN) 四川中路一一〇號
三樓平面圖
北
廁所
華義銀行
東方建設公司
麗華企業公司
保安產物保險公司
培林公司
天衡法律事務所
31 33 35 37 39
30 32 34 36 38
四川中路
二樓平面圖
張光輝律師事務所
天昌企業公司上海辦事處
大來華行
東方釀造廠籌備處
中威輪船公司
華利行
華泰汽船公司
義泰行
21 23 25 27 29
20 22 24 26 28
奇異安迪生電器公司
CHING GEE TUNG
湯生貿易公司
哈爾濱市政府駐滬辦事處
華美工業貿易公司
四川中路
一樓：國營招商局
五樓平面圖
DR. W. KORECM. D.
福利洋行
德記地產公司
久安洋行
51 53 55 57 59
50 52 54 56 58
四合貿易行
大中美藥廠
大陸行
順亨洋行
四川中路
四樓平面圖
綿華洋行賬房間
41 43 45 47 49
40 42 44 46 48
天星化學廠
四川中路
七樓平面圖
瑞商公興洋行
DEUTSCHE GEMEINOE
淞滬警備司令部第一稽查大隊第二分隊隊員宿舍
71 73 75 77 79
70 72 74 76 78
鼎豐進出口行
西比利洋行
克勝洋行
協禾貿易公司
四川中路
六樓平面圖
CONSULADO ARGENTINO
I.C.C.A.S.E.
61 63 65 67 69
60 62 64 66 68
STERNS LTD.
四川中路

# 茂生
# 棉業股份有限公司

## 經營業務

一. 供應中外花紗布疋及纖維製品

二. 設計製造及經營印染紡織業務

三. 軋花打包運輸報關及代理保險

四 代客買賣運輸及保管棉業貨品

總公司

上海河南南路十六號一〇四—五室

電話：八〇〇二三 八一四六一 八五四三一

分公司

西安 天津 漢口 廣州 沙市

CHENGTU ROAD NORTHERN
成都北路
北京西路
PEKING ROAD WESTERN
TZEKI ROAD
慈谿路
大通路
小菜場
衛生局宿舍
空場
空地
永泰和記木行
小學
西園分寺
宝昌銀作
東陽糖行
泰康大當
永安祥紙行
私立道中女子中學
中國牙科醫院
朱公館
上海中醫院
上海市職業補習學校第七校
避雨操場
匯康木棧
S.P.C. Substation
上海嘉豐顏料靛青號
本號專門供應各種染料及助染原料如蒙惠顧竭誠歡迎
上海金陵東路三七〇號
電話八四〇六 電報掛號五三七〇
KIA FOONG HONG


第五十八圖

第五十八圖

上海唯一專門絨線商店
恆源祥公記絨線號
名廠絨線 花色齊備 售價公道 歡迎比較
總店金陵東路一三九號
電話八〇八一七一
支店南京西路八二九號
電話三三一一九六
成都北路
新聞路
SINZA ROAD
大通路
TATUNG ROAD
江甯會館
留雲寺分院
太平寺
勤泰油脂公司倉庫
醬作房
徐松園醬
醬園曬場
私立求德女子中學
求德女子中學小學校
私立景德中學
天主堂景德小學
公教進行會
平江公所
蘇州旅滬小學
湯山浴室
西海電影院
洪興印刷所
上海私立務實小學
比例尺

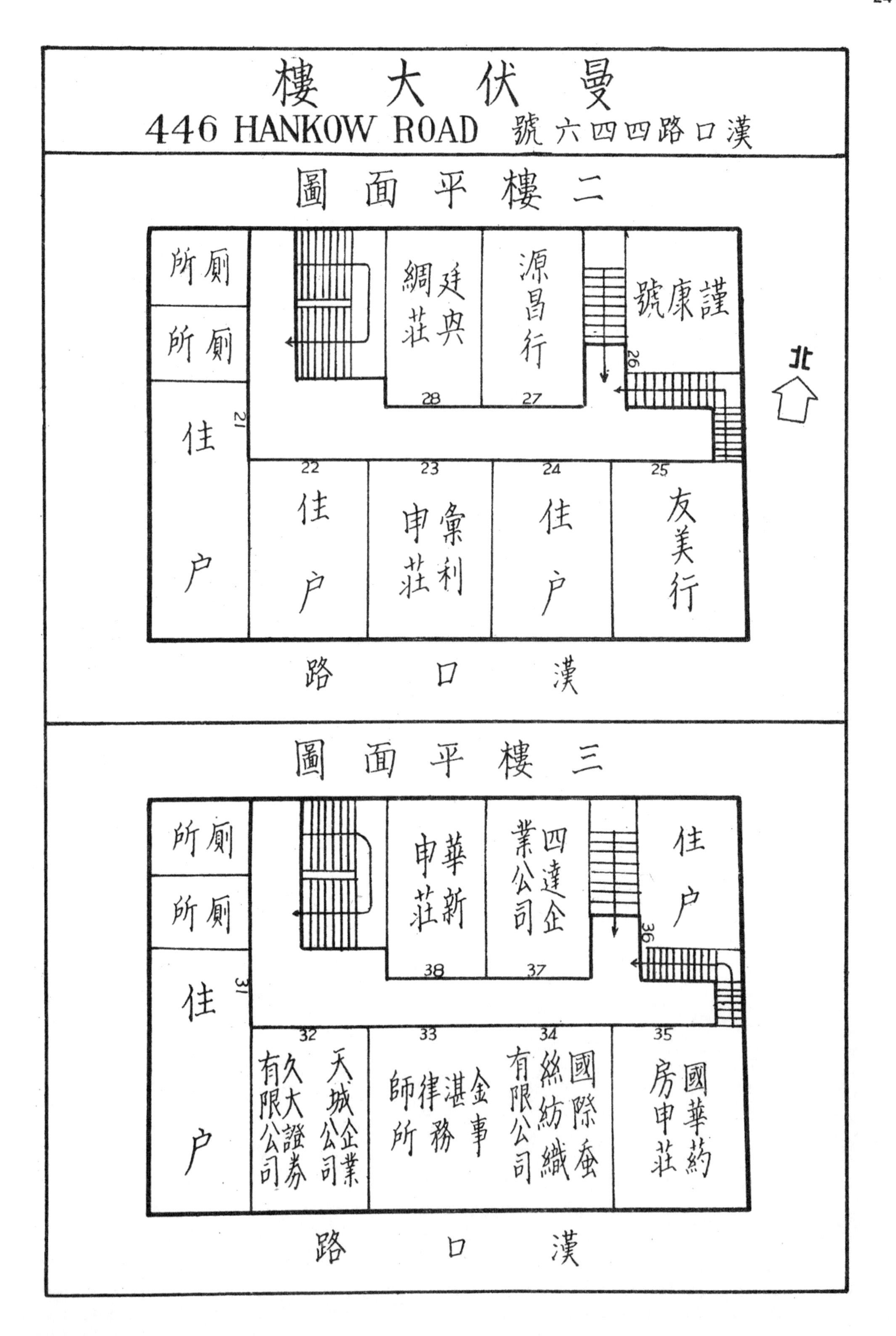
曼伏大樓
446 HANKOW ROAD 漢口路四四六號
二樓平面圖
廁所
廁所
住户
21
廷央綢莊
28
源昌行
27
謹康號
26
北
22
住户
23
彙利申莊
24
住户
25
友美行
漢口路
三樓平面圖
廁所
廁所
住户
31
華新申莊
38
四達企業公司
37
住户
36
32
天城企業公司
久大證券有限公司
33
金湛律師事務所
34
國際蠶絲紡織有限公司
35
國華藥房申莊
漢口路

# 麗新

永不褪色

規模最大
出品最好

印花麻紗 淺色
印花同心呢 深色
印花同心紗 淺色
印花麗光綢 深色 淺色
印花鳳尾呢 深色
花布 淺色
各種素條府綢
各種色布 深色 淺色

每隔兩碼有麗新不褪色保單

麗新紡織印染公司上海昌興廠出品

# 寶大祥

綢緞呢絨棉布莊
股份有限公司

如蒙惠顧
竭誠歡迎

首創足尺加三

上海八仙橋 總管理處 電話八〇五八〇
總公司 電話八三五五〇
上海小東門 第一分公司 電話八〇六三七
第二分公司 電話八五四六一

第五十九圖
WHA TEH LAMPS
華德老牌
華德工廠
北京西路
成都北路
南京西路
鳳陽路
大通路
TATUNG ROAD
CHENGTU ROAD NORTHERN
定興路
空地
大陸游泳池
花園
草地
滄洲書場
金魚商場
美園斜橋俱樂部
永安紙行
泰康
北長良院
小大私立學業
上海市五金業同業公會
住宅
建承中小學校
華福銅砂廠
上海中國銀行成都路倉庫
上海市婦女生活月刊
上海市婦女信用合作社
模範婦女補習學校

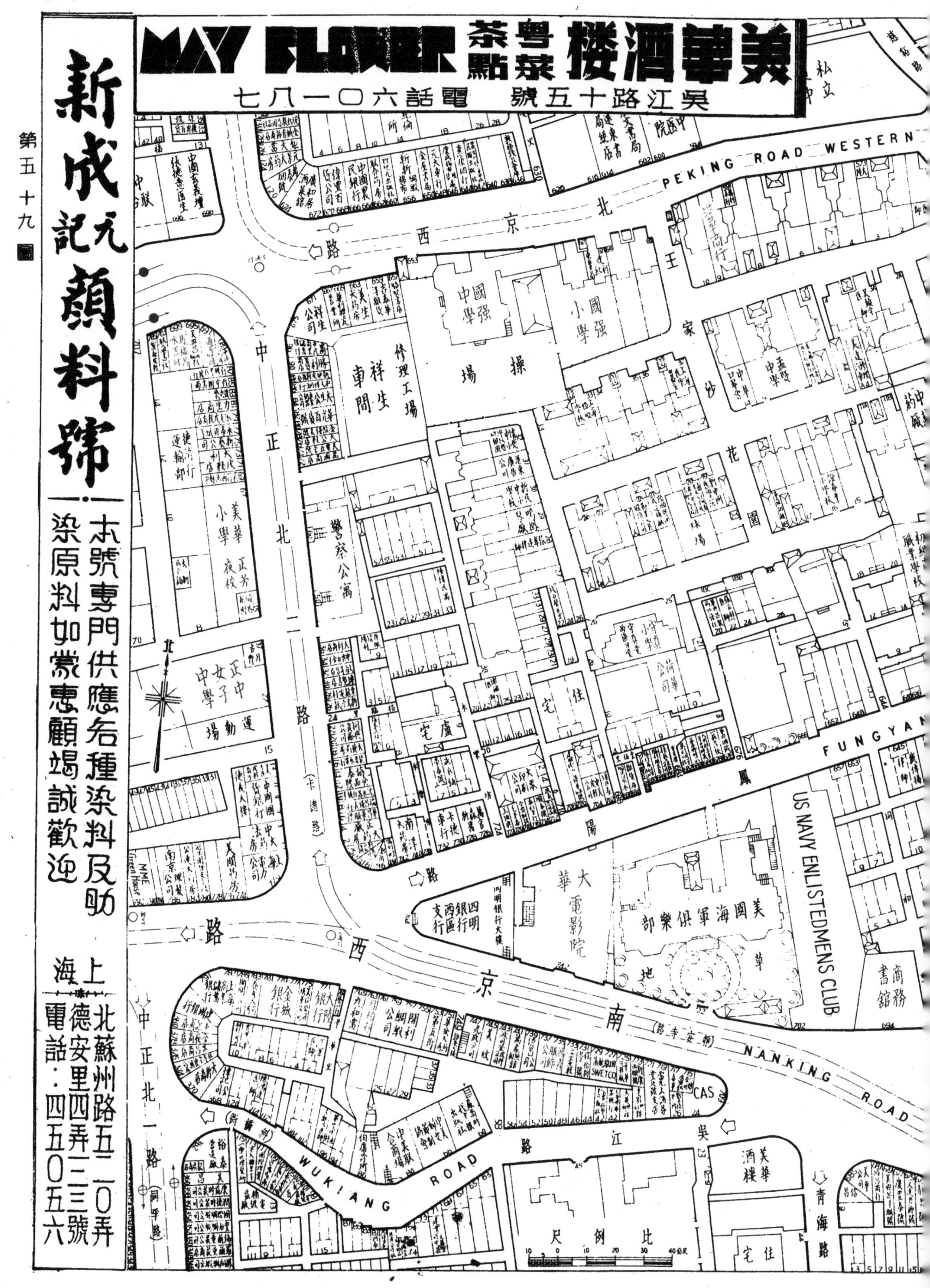

第五十九圖
新成元記顏料號
本號專門供應各種染料及助染原料如蒙惠顧竭誠歡迎
上海
北蘇州路五二〇弄
德安里四弄一三號
電話：四五〇五六
MAY FLOWER 粵菜茶點 美華酒樓
吳江路十五號 電話六〇一八七
PEKING ROAD WESTERN
北京西路
王家沙花園
中正北一路
卡德路
FUNGYANG
鳳陽路
US NAVY ENLISTEDMENS CLUB
美國海軍俱樂部
大華電影院
商務書館
南京西路
NANKING ROAD
WUKIANG ROAD
吳江路
青海路
比例尺
警察公寓
操場
正中女子中學
美華小學

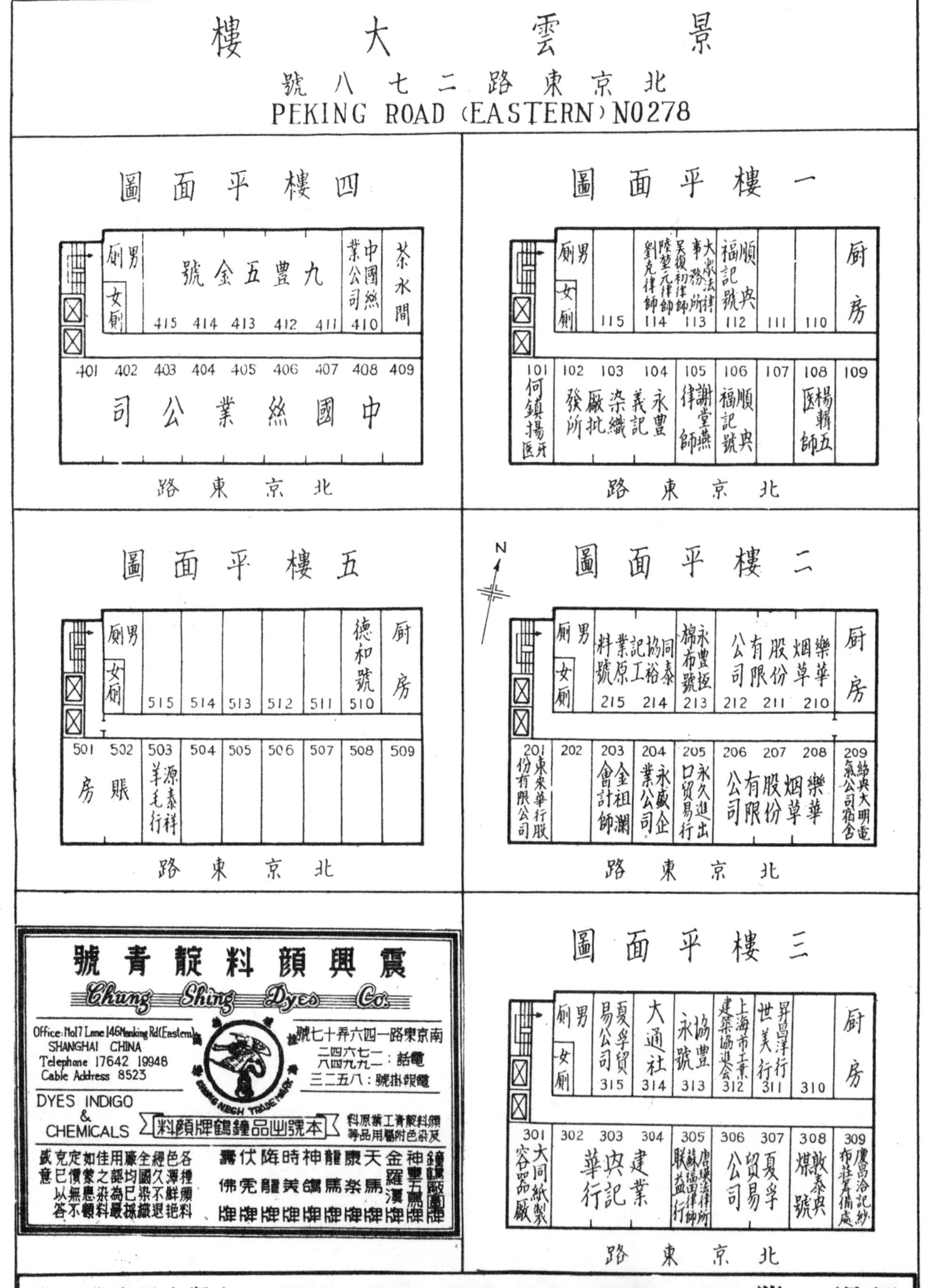
景雲大樓
北京東路二七八號
PEKING ROAD (EASTERN) NO278
一樓平面圖
男厠
女厠
廚房
順興福記號
大衆法律事務所
吳復初律師
陸埜元律師
劉克律師
101 102 103 104 105 106 107 108 109
110 111 112 113 114 115
何鎮揚医牙
發所
染織廠批
永豐義記
謝燕堂律師
順興福記號
楊五輔医師
北京東路
四樓平面圖
男厠
女厠
茶水間
中國絲業公司
九豐五金號
401 402 403 404 405 406 407 408 409
410 411 412 413 414 415
中國絲業公司
北京東路
二樓平面圖
N
男厠
女厠
廚房
樂華烟草股份有限公司
永豐振號
棉布
同泰協裕記工業原料號
201 202 203 204 205 206 207 208 209
210 211 212 213 214 215
東來華行股份有限公司
金祖瀾會計師
永威企業公司
永久進出口貿易行
樂華烟草股份有限公司
大明電氣公司宿舍
北京東路
五樓平面圖
男厠
女厠
德和號
廚房
501 502 503 504 505 506 507 508 509
510 511 512 513 514 515
賬房
源泰祥羊毛行
北京東路
三樓平面圖
男厠
女厠
廚房
昇昌洋行
世美行
上海市土木建築協進會
協豐永號
大通社
夏孚貿易公司
301 302 303 304 305 306 307 308 309
310 311 312 313 314 315
大同紙製容器廠
建業興記華行
唐懷法律師
夏孚貿易公司
敦泰興煤號
慶昌洽記紗布莊業備處
北京東路
震興顏料靛青號
Chung Shing Dyes Co.
Office: No17 Lane 146 Nanking Rd (Eastern)
SHANGHAI CHINA
Telephone 17642 19948
Cable Address 8523
南京東路一四六弄十七號
電話：一九九四八 一七六四二
電報掛號：八五二三
CHUNG SHING TRADE MARK
DYES INDIGO & CHEMICALS
本號出品鐘鶴牌顏料
專售靛青工業原料顏料及染色用品附屬
鐘鶴牌
鐘五羅漢牌
神金馬牌
天來馬牌
康龍牌
龍美牌
神鶴牌
時完牌
陣佛牌
伏壽牌
各色種種歷久不變為顏料中之最佳品

白貓花布
大衆花布
泡泡紗。
花洋紡。
花蔴紗。
花府綢。
花樣鮮艷
永不褪色
注意每隔兩碼
貼有白貓永不
褪色保單
上海新豐紡織印染廠出品
自紡·自織·自印·自染

第六十圖
南京西路
静安寺路
成都北路
CHENGTU ROAD NORTHERN
威海衛
COUNTRY CLUB OFFICF
美國斜橋俱樂部
AMBASCIATA D'ITALIA
高士滿舞廳
上海中國銀行成都路分行
新成分局十一區公所
警察公寓
和興烟草公司
四益農產育種場
精伽會
籃球場
池水
汽車零件堆棧
海上柏桐宮
修會
鴨牌咖啡茶
三星橡皮糖
名貴咖啡
高尚糖果
風行全國
口碑載道
三星咖啡製糖廠出品
上海民國路小北門
口五二〇弄五一六號

第六十圖
九星牌搪瓷品
精緻美觀
價廉耐用
久新琺瑯廠製
第二廠：盧家灣徐家滙路一二二號
電話：七四七八〇
中正北一路
CHUNG CHENG NORTHERN ROAD
WEI HAI WEI ROAD
吳江路
青海路
美華酒樓
花園
住宅
空地
新生活俱樂部
籃球場
網球場
同孚大戲院
中國熱水瓶廠
草地
比例尺

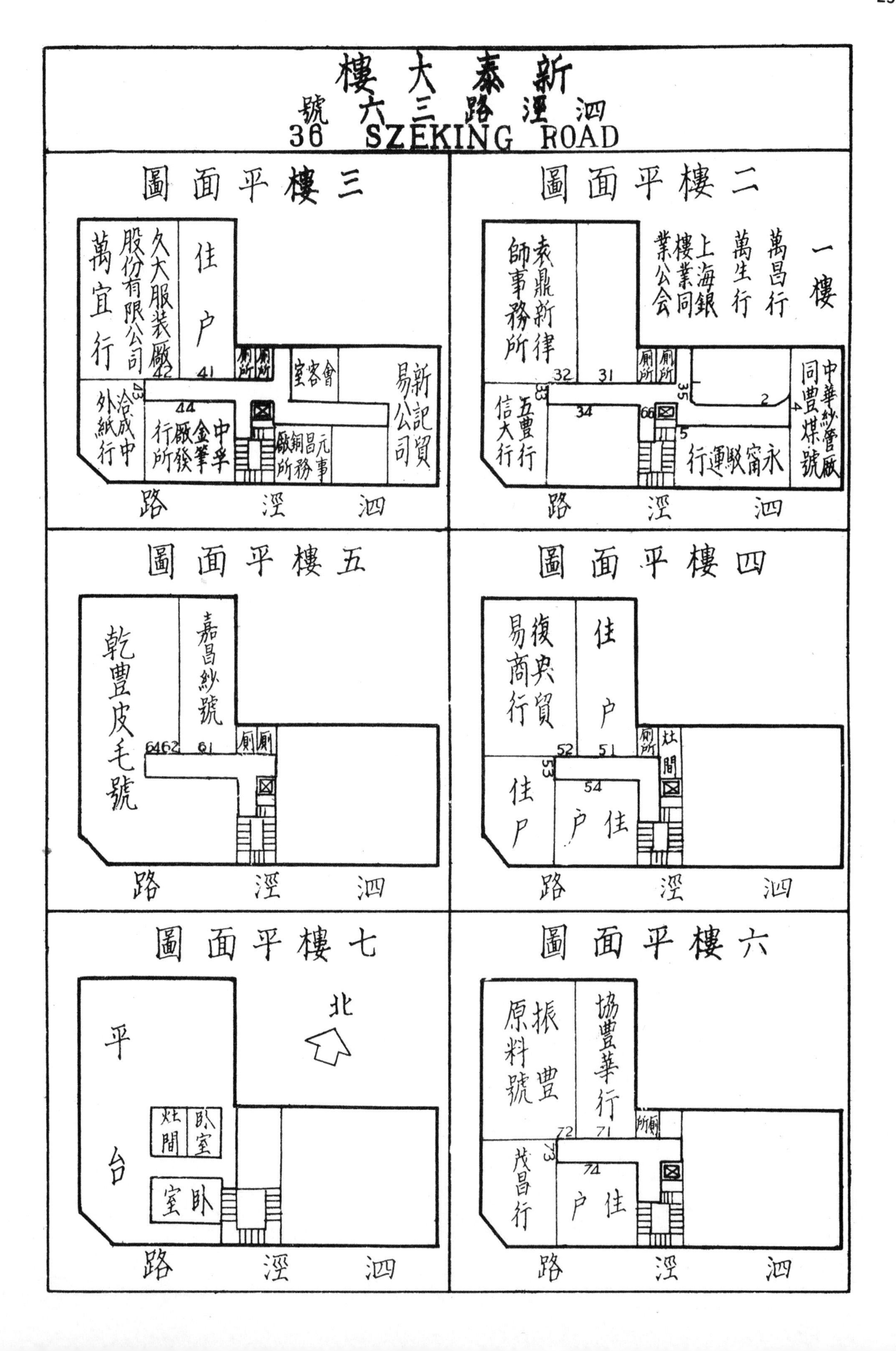
新泰大樓
泗涇路三六號
36 SZEKING ROAD
三樓平面圖
萬宜行
久大服装廠股份有限公司
住户
新記貿易公司
會客室
冷成中外紙行
中孚金筆發行廠所
元昌銅事務廠所
泗涇路
二樓平面圖
袁鼎新律師事務所
一樓
萬昌行
萬生行
上海銀樓業同業公会
中華紗管廠
同豐煤號
五豐信大行
永甯駁運行
泗涇路
五樓平面圖
乾豐皮毛號
嘉昌紗號
泗涇路
四樓平面圖
復興貿易商行
住户
住户
住户
泗涇路
七樓平面圖
平台
北
灶間
卧室
卧室
泗涇路
六樓平面圖
振豐原料號
協豐華行
茂昌行
住户
泗涇路

# 華昌鋼精廠

發行所
江西中路三一弄七號
電話：一四八一一
電報掛號：一〇二〇

製造廠
閘北吉祥路五四號
電話
[illegible]六二〇〇二

出品：專製各種鋼精器皿及鋁
片銅皮鋅版等工業原料

特點：自軋自製　專家設計
歷史悠久　品質優良

第六十一圖
九星牌搪瓷品
久新琺瑯廠製
精緻美觀
價廉耐用
第三廠：英士路三四五弄四號
電話八四〇三七
成都北路
成都南路
中正中路
CHUNG CHENG ROAD CENTRAL
巨鹿路
KULU ROAD
中正南一路
九星大戲院
華麗大戲院
信誼化學製藥廠
鐵華中小學校
忍廬
蓮花禪寺
中德醫院
上海市助產士公會
中德高級助產學校
花園
宿舍
花房
上海女子中小學校
運動
嚴公館
森潤木棧

第六十一圖



成都北路 CHENGTU ROAD NORTHER

威海衛路 WEI-HAI-WEI ROAD

大沽路 TAKU ROAD

CHUNG-CHENG ROAD NORTHERN

(同孚路)

中央汽車工程公司

鑫昌造船廠

棧房

油棧

堆棧

民中學國民小學

運動場

東南書局印刷運輸行

美電通業廠

麗豐織造廠

興企業公司第二堆棧

花園住宅

順風汽車股份有限公司

藍球場

上海市藥業公會製藥廠

國立同濟大學附設醫院

大康木行

萬昌木行

大鴻記元行

大同新木行

比例尺

10 0 10 20 30 40公尺

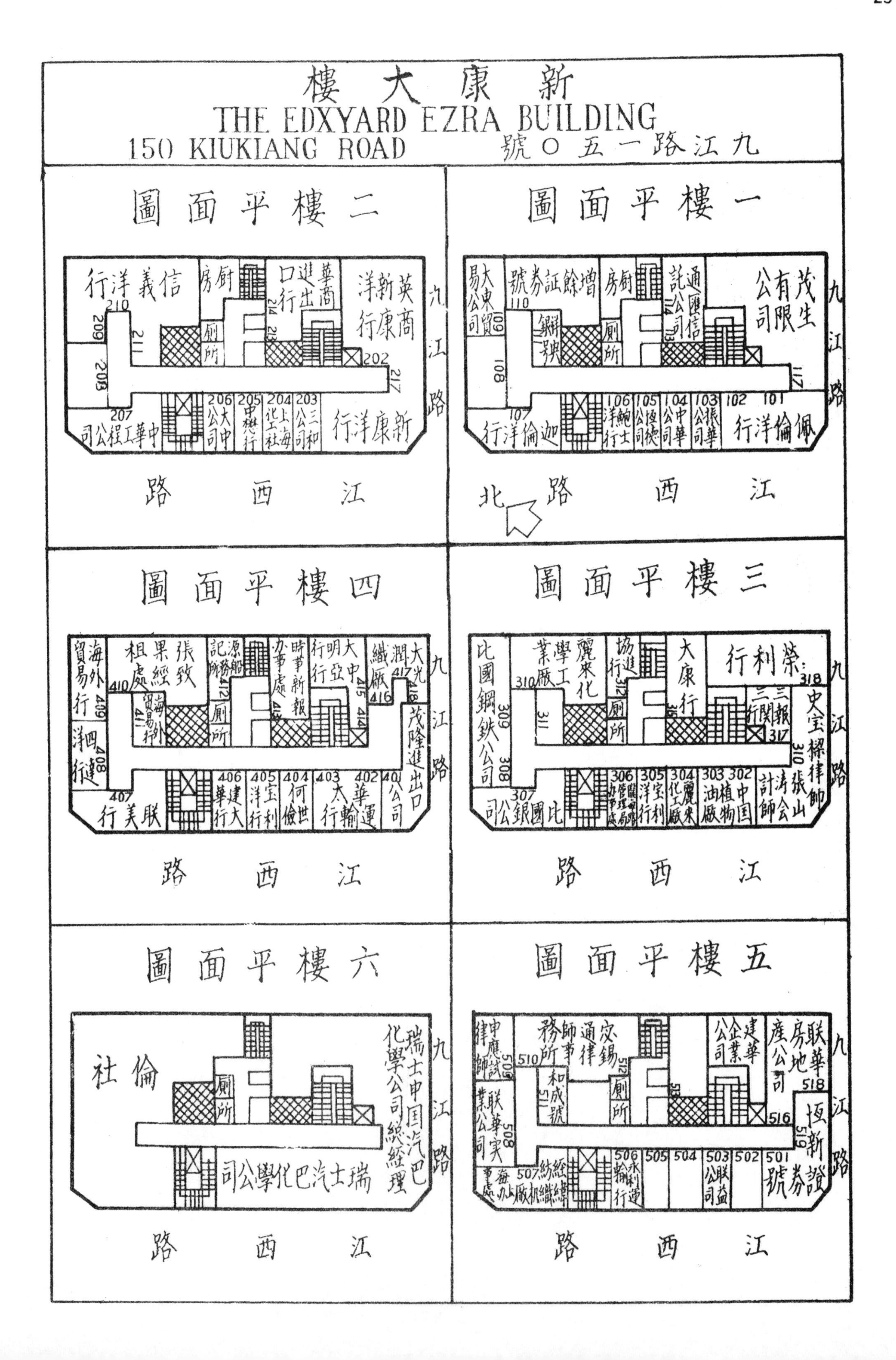

新康大樓
THE EDXYARD EZRA BUILDING
150 KIUKIANG ROAD
九江路一五○號
一樓平面圖
佩倫洋行
迦倫洋行
茂生有限公司
增餘証券號
大東貿易公司
通匯信託公司
廚房
廁所
二樓平面圖
信義洋行
英商新康洋行
華商進出口行
新康洋行
中華工程公司
三樓平面圖
榮利行
比國鋼鉄公司
比國銀公司
大康行
麗來化學工業廠
張山濤会計師
四樓平面圖
張致果經租處
海外貿易行
四達洋行
联美行
茂隆進出口
華運太輪行
五樓平面圖
恆新證券號
联華房地產公司
建華企業公司
和成號
联華實業公司
六樓平面圖
倫社
瑞士中国汽巴化學公司總經理
瑞士汽巴化學公司
九江路
江西路
北

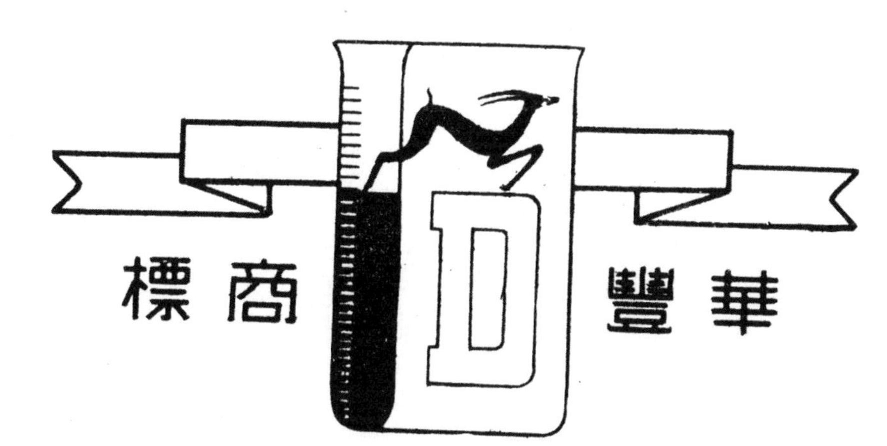


# 華豐工業原料

股份有限公司

價格低廉　專營　服務忠誠

HWA FOONG INDUSTRIAL SUPPLY CO.

工業原料　化學藥品

事務所　上海金陵東路三三號

電　話　八一〇五〇·八七七一三

電報掛號　〇三〇〇

OFFICE NO.33 KINLING ROAD (E.) SHAI.

TEL. 81050 87713

Cable Address 0300 "HFINTETRAD"

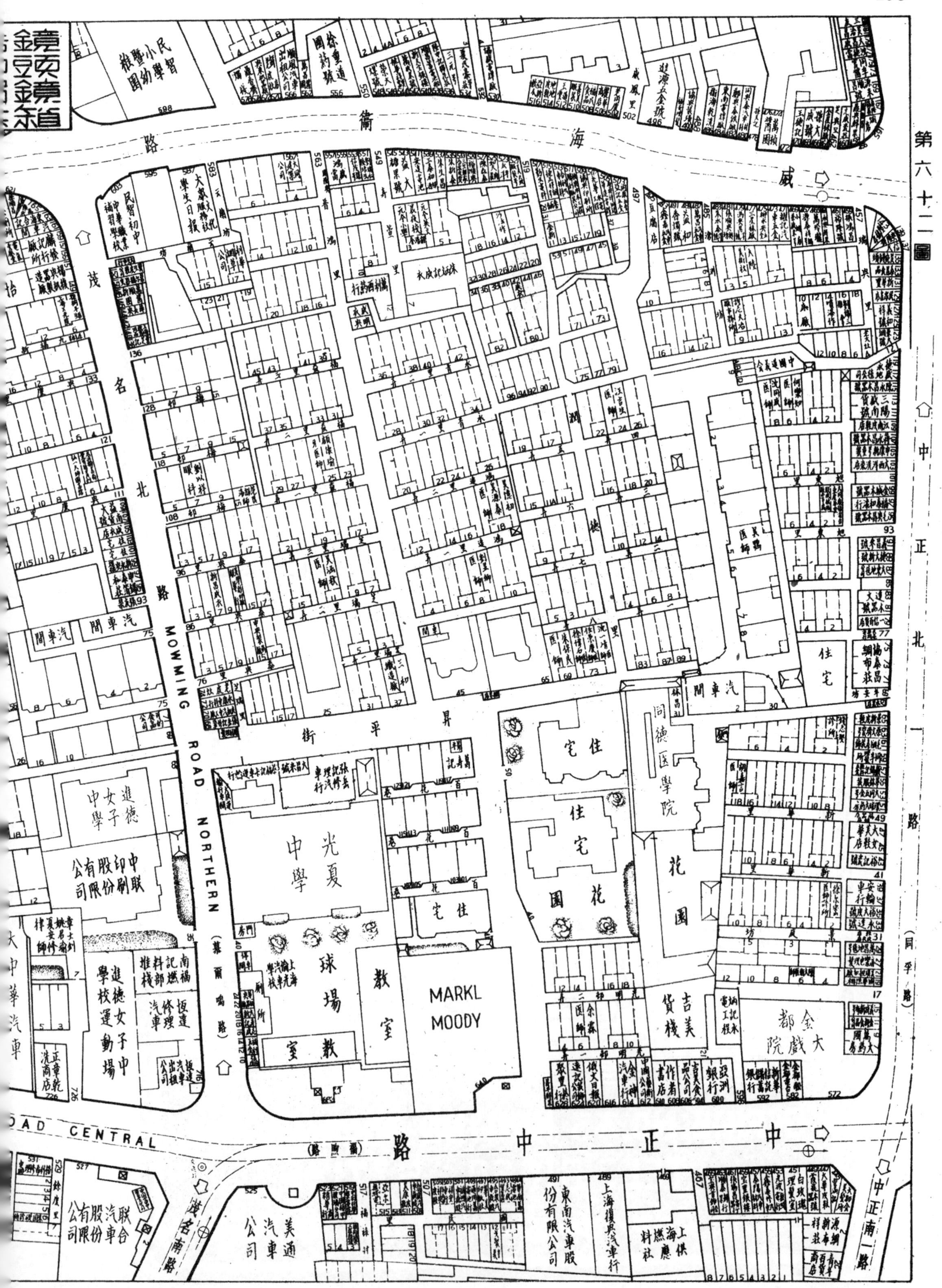
第六十二圖
威海衛路
茂名北路
MOWMING ROAD NORTHERN
(慕爾鳴路)
中正北一路
(同孚路)
中正中路
ROAD CENTRAL
茂名南路
中正南一路
昇平街
民智小學暨幼稚園
大眾文化服務社
學生日報
進德女子中學
中聯印刷股份有限公司
進德女子中學運動場
光夏中學
球場
教室
MARKL
MOODY
同德醫學院
花園
住宅
金都大戲院
汽車間
聯合汽車股份有限公司
美通汽車公司
東南汽車股份有限公司
上海復興汽車行
上海燃料供應社

第六十二圖

大來照相材料公司
南京東路五五號 電話：二四七七七 二六六三三 電報掛號：九一八九 DARAY
冲洗药料
放印晒纸
印像放大
出品精良
放大器具
照相灯件
威海衛路
WEIHAIWEI RO
上海市文化運動委員會
上海健身學院
上海新生活運動促進會
花園
瑞士國總領事館
SMISS CONSULATE GENERAL
威海別墅
汽車材料棧
料瓶棧
油桶棧
煤棧
Sun Apartment
SUN COURT
空地
住宅
嚴公館
池
今報館
中正中路
CHUNG-CHENG
陝西北路
(西摩路)
陝西南路
(亞爾培路)
信通汽車公司
金門大戲院
上海市教育會
大東醬油第六支店
中國科學儀器股份有限公司
比例尺
上海開明燈泡廠出品 電話七八一六一〇
註冊商標
超等國貨天球老牌
發光準確省電耐用
天球老牌

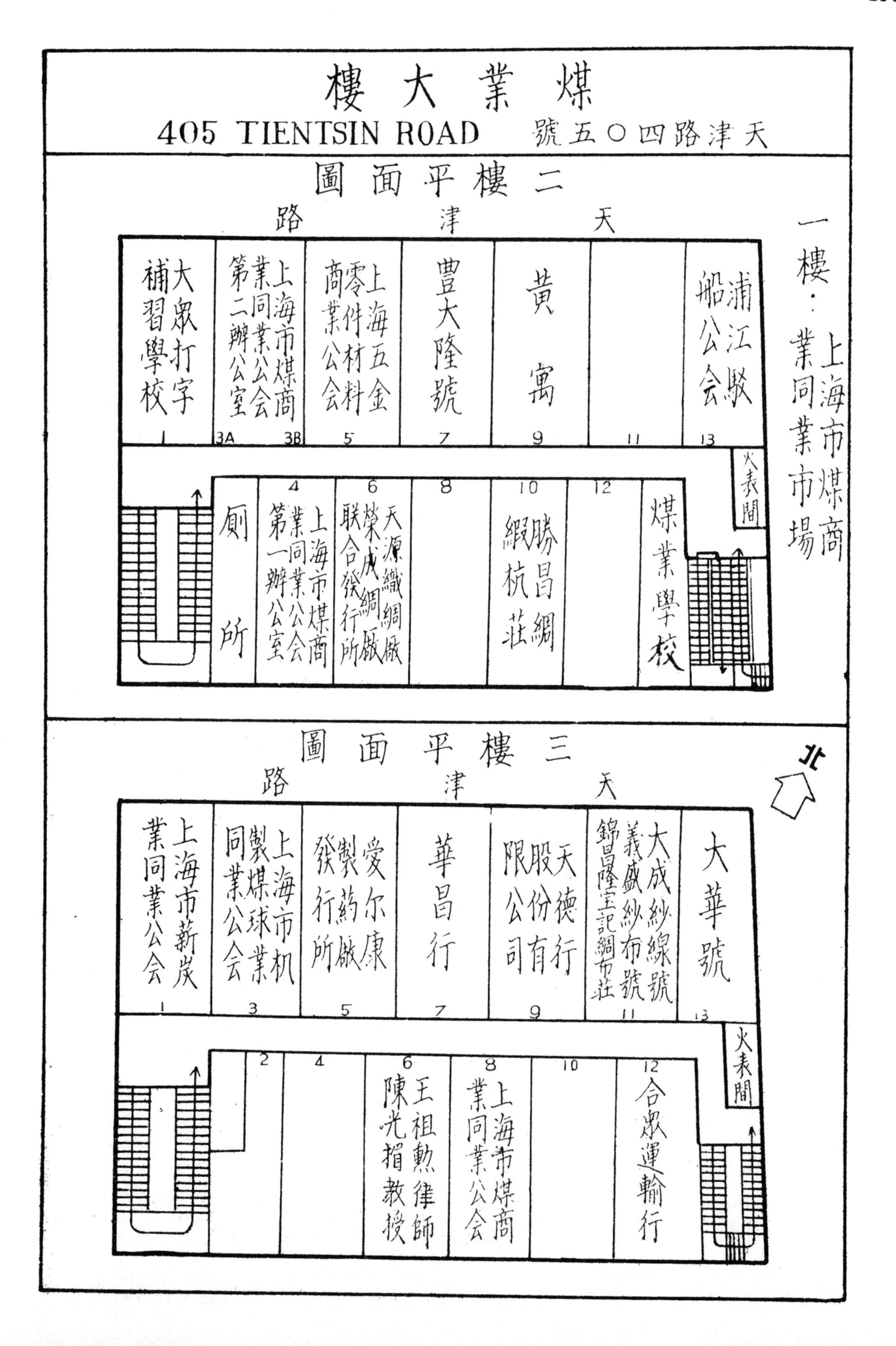
煤業大樓
405 TIENTSIN ROAD 天津路四〇五號
二樓平面圖
天津路
大衆打字補習學校
1
上海市煤商業同業公会第二辦公室
3A
3B
上海五金零件材料商業公会
5
豊大隆號
7
黄寓
9
11
浦江駁船公会
13
一樓：上海市煤商業同業市場
火表間
廁所
4
上海市煤商業同業公会第一辦公室
6
天源織綢廠
榮成綢廠
联合發行所
8
10
勝昌綢緞杭莊
12
煤業學校
三樓平面圖
天津路
北
上海市薪炭業同業公会
1
上海市机製煤球業同業公会
3
愛尔康製藥廠發行所
5
華昌行
7
天德行股份有限公司
9
大成紗線號
義盛紗布號
錦昌隆記綢布莊
11
大華號
13
火表間
2
4
6
王祖勲律師
陳光揖教授
8
上海市煤商業同業公会
10
12
合衆運輸行

永和實業股份有限公司
著名出品之一
雪花領袖
白雪
WHITE SNOW
白雪
WHITE SNOW
白嫩肌膚
雪花翹楚

MILLIONOS
TOOTH PASTE
美齡王
美齡王牙膏廠
美齡王牙膏廠
牙膏
總公司 西林路利百達大廈
發行所 博物院路十四號
電話 一四五二九
到處有售

上海鐵業銀行
行址 香港路一五〇號
電話 一三七四七號
志樂西藥行
寧波路六六六弄八號
電話：九四三四三號
第六十三圖
北正中路
ROAD NORTHERN I
同孚大戲院
覺盧
花園
住宅
運動場
威海衛路
WEIHAIWEI ROAD
北名茂路
MOWMING ROAD NORTHERN
請飲
HONG YEE TAI TEA CO
鴻怡泰茶號
茶葉
電話購貨 請撥八〇五〇七 隨接隨送
本號開設上海百有餘年專向著名產茶區採辦紅綠名茶及花茶等並特設各種美觀禮茶任意選購倘蒙惠顧無任歡迎
地址：金陵東路二八九—二九一號黃浦分局對面

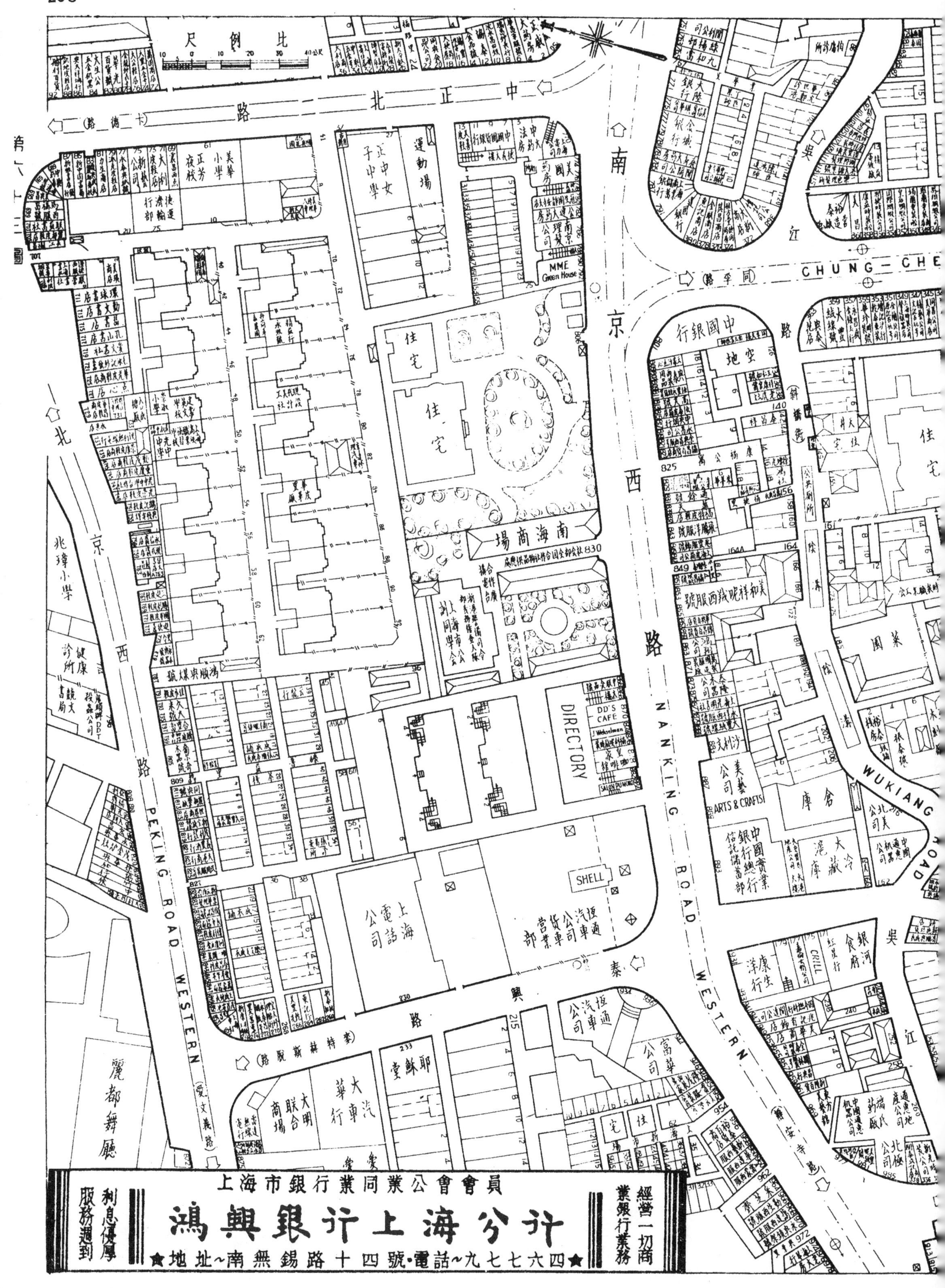

比例尺
中正北路
南京西路
NANKING ROAD WESTERN
北京西路
PEKING ROAD WESTERN
CHUNG-CHE
WUKIANG ROAD
泰興路
南海商場
正中女子中學
運動場
住宅
中國銀行
空地
美和祥呢絨西服號
DIRECTORY
DD'S CAFE
SHELL
ARTS & CRAFTS
美藝公司
倉庫
MME Green House
上海電話公司
麗都舞廳
耶穌堂
大華汽車行
大明聯合商場
富華公司
健康診所
北京小學
上海市銀行業同業公會會員
鴻興銀行上海分行
★地址~南無錫路十四號·電話~九七七六四★
經營一切商業銀行業務
利息優厚
服務週到

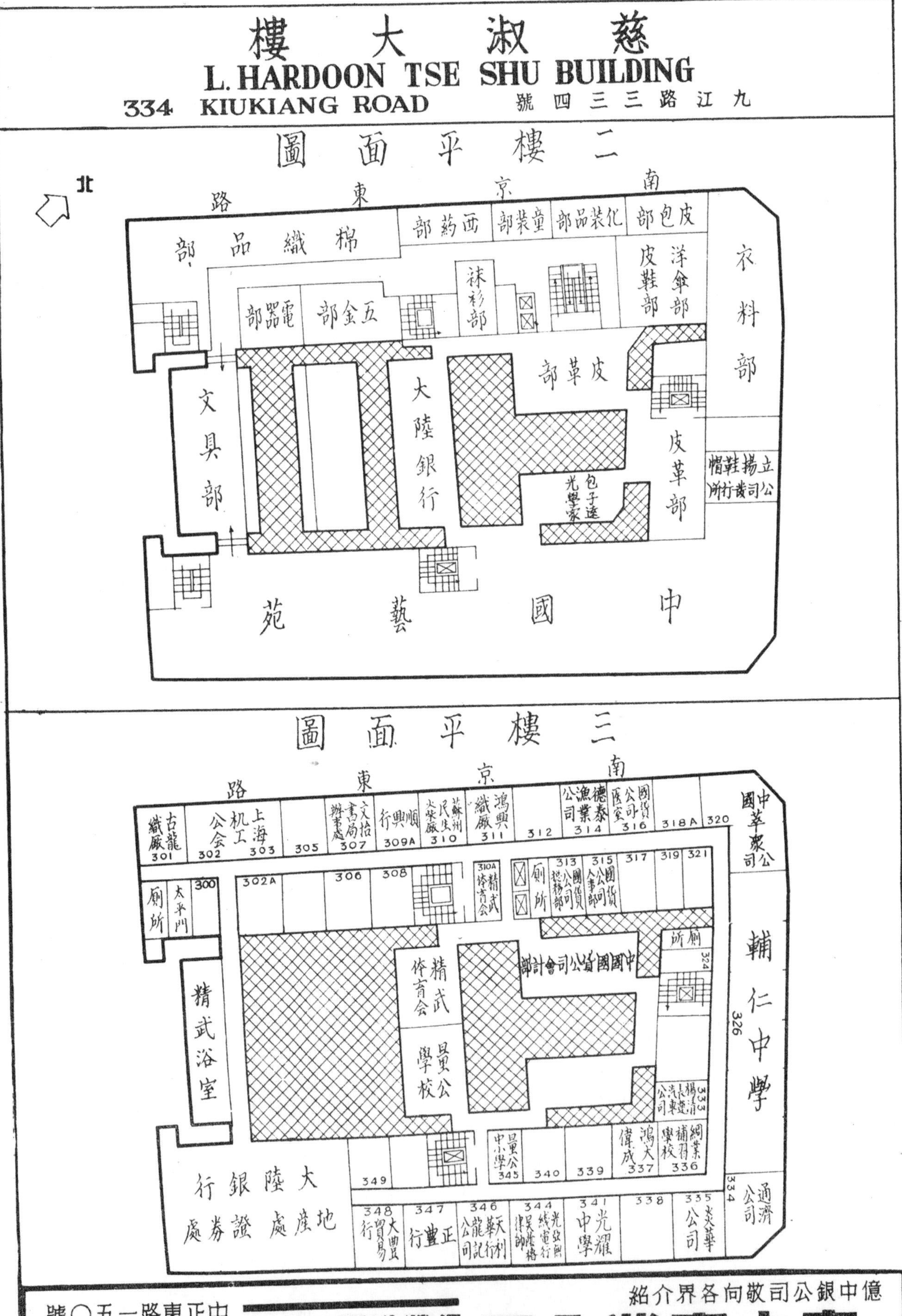
慈淑大樓
L. HARDOON TSE SHU BUILDING
334 KIUKIANG ROAD
九江路三三四號
二樓平面圖
南京東路
棉織品部
西藥部
童裝部
化裝品部
皮包部
衣料部
電器部
五金部
袜衫部
洋傘部
皮鞋部
皮革部
大陸銀行
文具部
皮革部
中國藝苑
三樓平面圖
南京東路
古龍織廠 301
上海機工公会 302 303
305
307
順興行 309A
310
鴻興織廠 311
312
德泰漁業公司 314
316
318A
320
300
太平門
廁所
302A
306
308
310A 精武体育会
廁所
317
319
321
中國國貨公司會計部
精武体育会
精武浴室
廁所
324
326
輔仁中學
333
大陸銀行
地產處
證券處
349
345
340
339
337
336
334
通濟公司
348
347
正豐行
346
344
341
光耀中學
338
335

舞襪
麻紗襪
線襪

各處有售

·優美絕倫·

上海鴻興織造廠出品
發行所南京路慈淑大樓三一一號
廠址順昌路三七三號

時代牌 論字牌
木蘭從軍牌 大上海牌
三星牌 愛字牌
各種絲光綫襪

民國二一年創設‖歷史悠久
具有卅載經驗‖製造精良

上海振藝針織廠出品

總管理處 民國路五二一五弄惠順里九至十三號 電話 八二一九〇八

總廠 閘北寶源路一四一至一五五號 電話（〇二）六一一三七

南京西
第六十四圖
新閘路
中正北路
(卡德路)
CHUNG-CHENG ROAD NORTHERN
ROAD
北京西路
(愛文義路)
ESTERN
山海關路
慈谿路
(池濱路)
TZEKI ROAD
上海市立育才中學
上海市立科學館第一附設實驗教育站
花園
陰雨操場
上海市職業補習學校第七校
同善堂
萬豐泰樹柴行
西海電影院
湯山浴室
洪興印刷所
小菜場
卡德池浴室
滬西大旅社
中國紅十字會上海市分會診療所
三輪車製造廠
康匯木行
中正北二路郵政局
S.P.C. Substation
私立道中女子中學
中國聯合行
比例尺

南陽皂燭廠
第一支店：老垃圾橋北堍 電話四二九八五
第二支店：八仙橋小菜場西 電話八三五七四
製造廠附設門市部華山路七四〇四號 電話二三二九六
事務所金陵中路一二二號 電話八六三五四
老大房
長沙路一二三九號
第六十四圖
新亞藥廠
民誼藥廠有限公司
廣業高級職業學校
住宅
新聞路
泰興路
TAI HING ROAD
SIZ
中江小學
張鶴年藥號
宿舍
游泳池
麗都飯店
麗都舞廳
辦公室
北京西路
PEKING ROAD
大明聯合商場
愛國小學第二
新中國法商學院

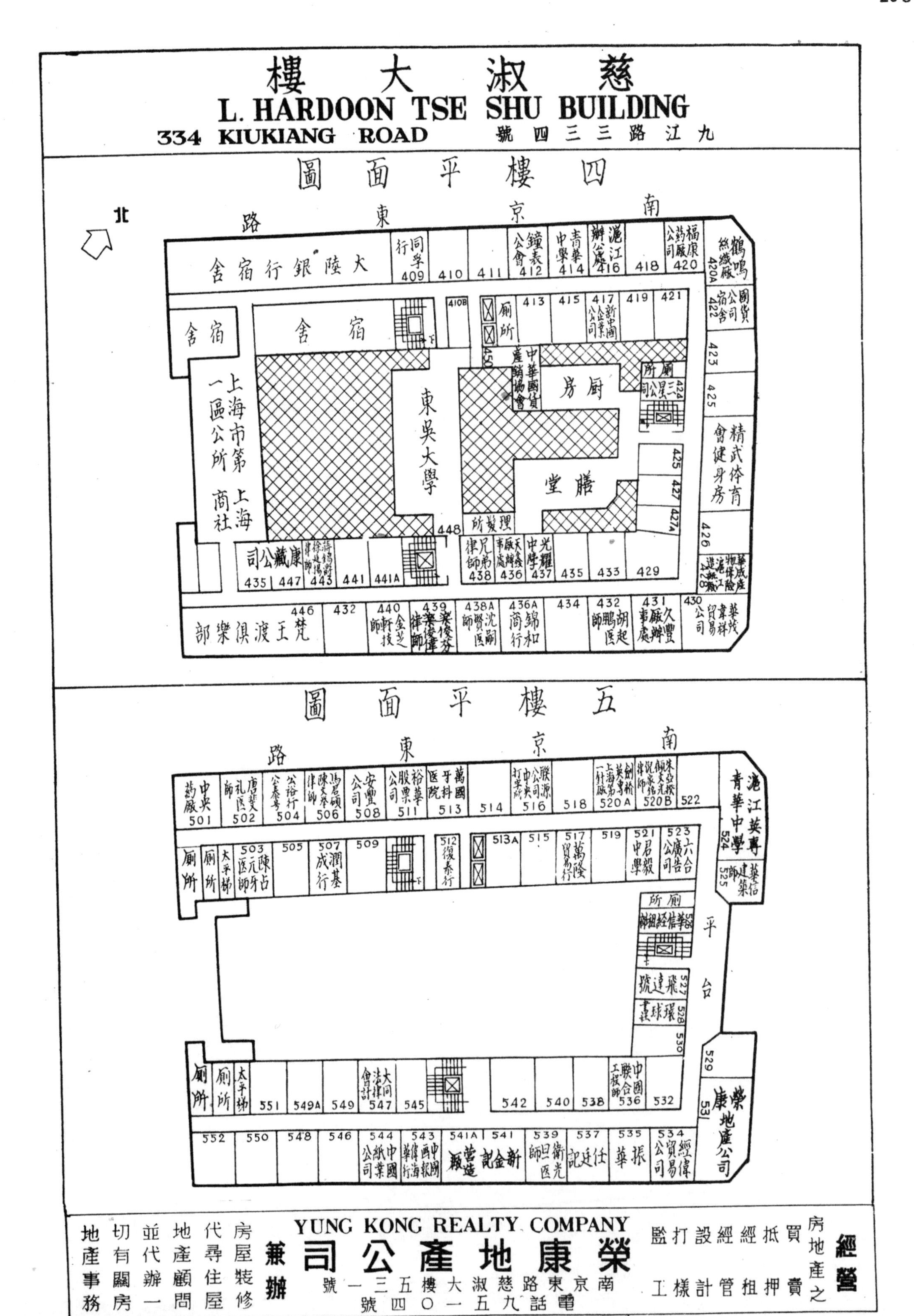
慈淑大樓
L. HARDOON TSE SHU BUILDING
334 KIUKIANG ROAD
九江路三三四號
四樓平面圖
南京東路
北
大陸銀行宿舍
宿舍
上海市第一區公所
上海商社
東吳大學
廚房
膳堂
理髮所
康藏公司
精武体育會健身房
梵王渡俱樂部
五樓平面圖
南京東路
平台
滬江英專青華中學
榮康地產公司
新金記營造廠
振華
任廷記
YUNG KONG REALTY COMPANY
榮康地產公司
南京東路慈淑大樓五三一號
電話九五一〇四四號
經營
房地產之買賣抵押經租管經計設樣打監工
兼辦
房屋裝修代尋住屋地產顧問並代辦一切有關房地產事務

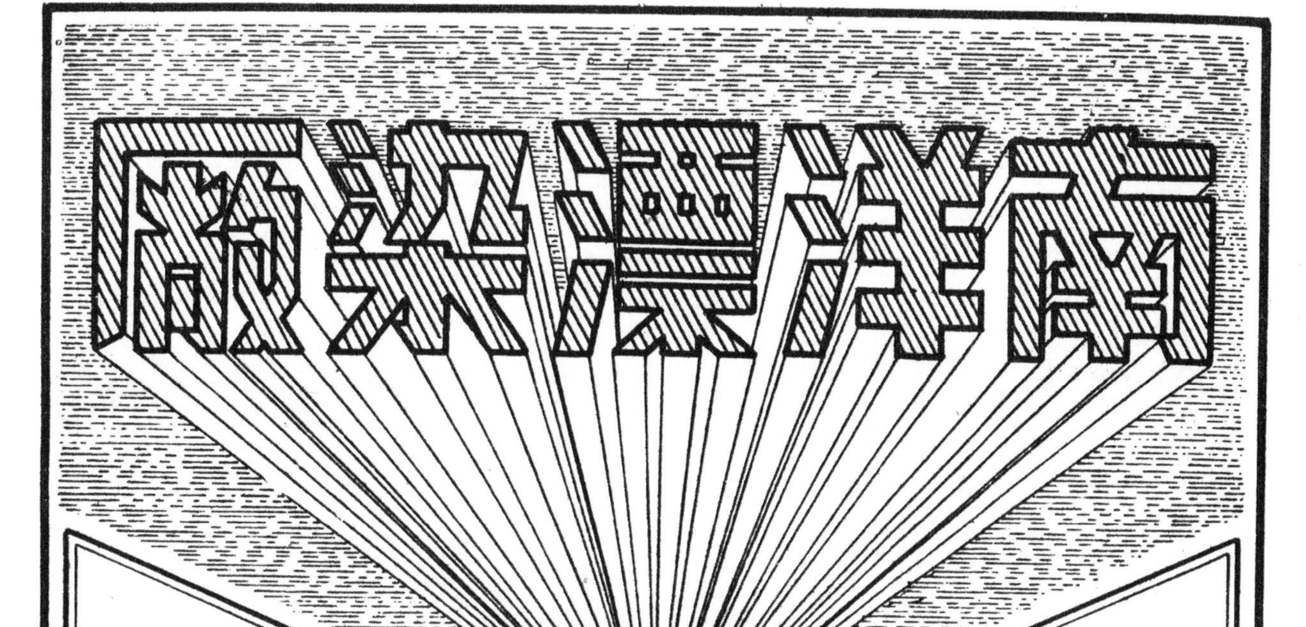
南洋漂染廠

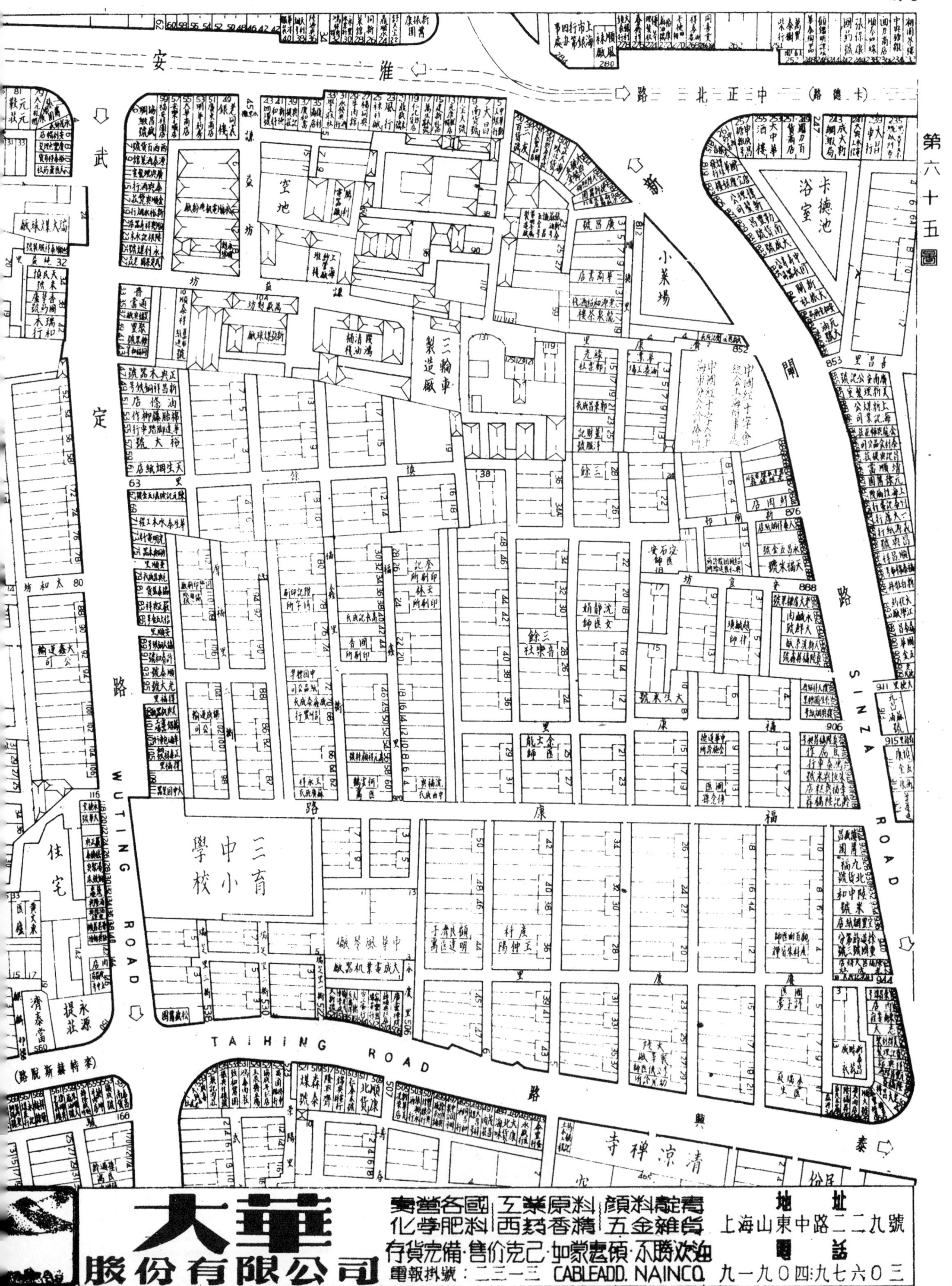
第六十五圖
淮安路
中正北路（卡德路）
新閘路
SINZA ROAD
武定路
WUTING ROAD
泰興路
TAIHING ROAD
麥特赫斯脫路
三育中小學校
住宅
小菜場
卡德池浴室
中國紅十字會
三輪車製造廠
空地
清涼禪寺
大華股份有限公司
專營各國工業原料顏料靛青
化學肥料西藥香精五金雜貨
存貨完備·售价克己·如蒙惠顧·不勝歡迎
電報掛號：二三一三 CABLEADD. NAINCO.
地址
上海山東中路二二九號
電話
九一九〇四·九七六〇三

第六十五圖

預防火災
華東滅火機
的確頂好
華東消防工業廠
上海開封路一二三一
電話四一八五八號
北
比例尺
蘇州河
SOOCHOW CREEK
恆豐路
恆豐橋
光復路
西蘇州路
上海銀行第一倉庫
新華薄荷公司
The New China Peppermint Co.
浦東第一玻璃廠
大小任學校
義泰興煤球有限公司
淮安路
HWAIAN ROAD
鴻章紡織廠
住宅
康定路
開美科學大藥房
空場
興泰
西晒場
中國製腿公司
潤泰祥火腿豬油廠
四如春湯飽店
經濟部江南區紡織廠建造市辦事處
市聯社
辦公室
宿舍
棧房
廚房
部材料儲轉處
玉皇山福星觀
鶴羊牌
註冊商標
上海協大鎮記針織廠出品

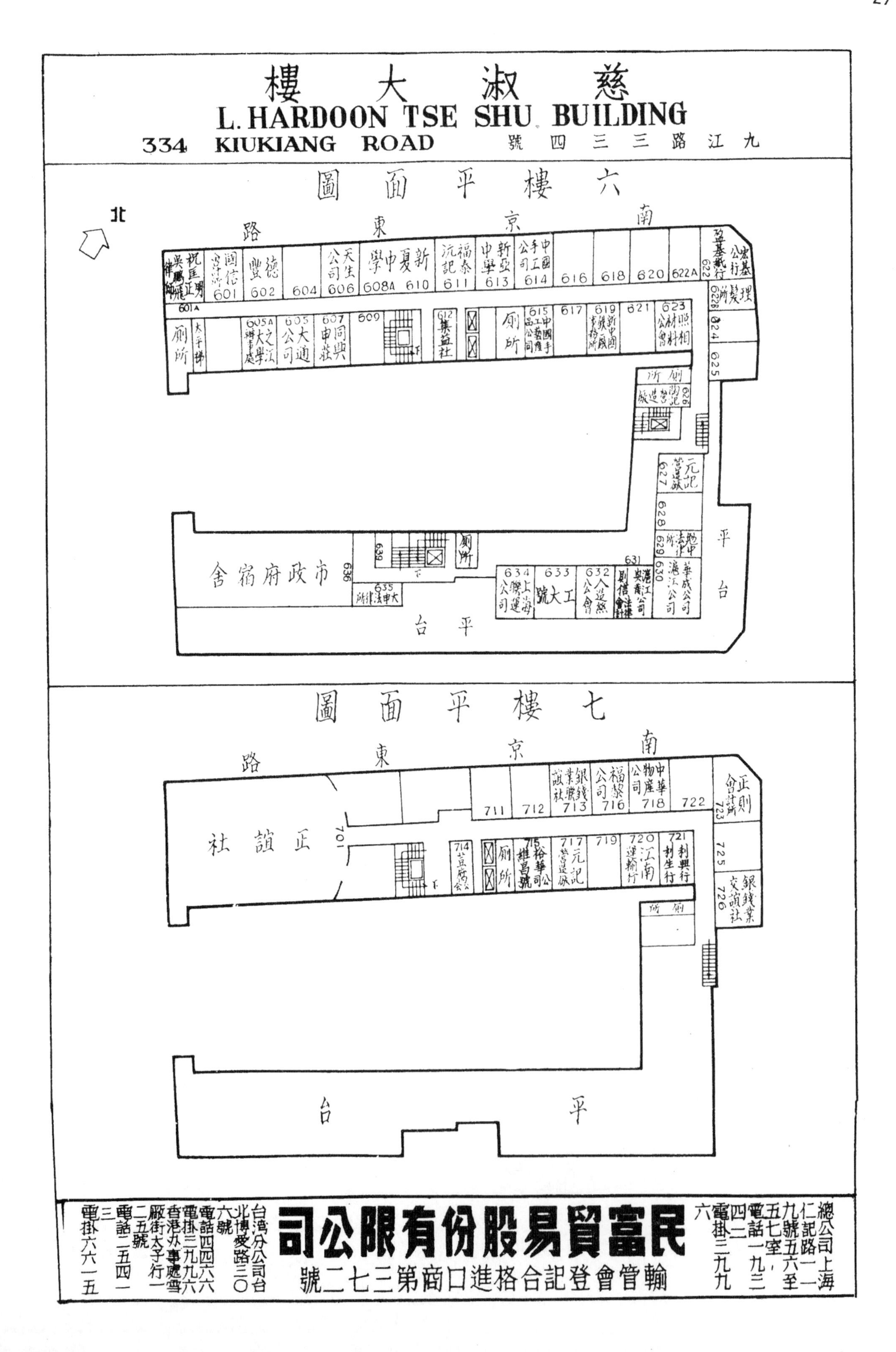

慈淑大樓
L. HARDOON TSE SHU BUILDING
334 KIUKIANG ROAD
九江路三三四號
六樓平面圖
南京東路
北
601 602 604 606 608A 610 611 613 614 616 618 620 622A 622
國信 豐德 天生公司 新夏中學 福泰沅記 新亞中學 中國手工公司 理髮所 宏基公行
601A 605A 605 607 609 612 615 617 619 621 623 622B 624 625
廁所 大平洋 大大學之江 大通公司 同興申莊 集益社 廁所 中國手工藝品公司 新中國 照相材料公會
廁所 626
627 元記 628 629 630 631 632 633 634 635 636
華成公司 滬江公司 滬江商業 人造絲公會 工大號 上海聯運公司 大申律師所
市政府宿舍
平台
七樓平面圖
南京東路
711 712 713 716 718 722 723 725 726
銀錢業聯誼社 福黎公司 中華物產公司 正則會計所 銀錢業交誼社
正誼社
701 714 715 717 719 720 721
廁所 裕華公司 維昌號 元記 江南運輸行 利興行 利生行
廁所
平台
民富貿易股份有限公司
輸管會登記合格進口商第三七二號
總公司上海仁記路一一九號五六至五七室，電話一九三四二，電掛三九九六
台灣分公司台北博愛路三〇六號 電話四四六六 電掛三九九六
香港辦事處雪廠街太子行一二五號 電話二五四一三 電掛六六一五

# 義生恆記南號

密豐廠

特約經銷

RR

敬請各界駕臨參觀比較

歡迎批發

經理密蜂廠名貴出品及國產名廠粗細光毛絨線

上海興聖街六四至六六號

電話八一八五二

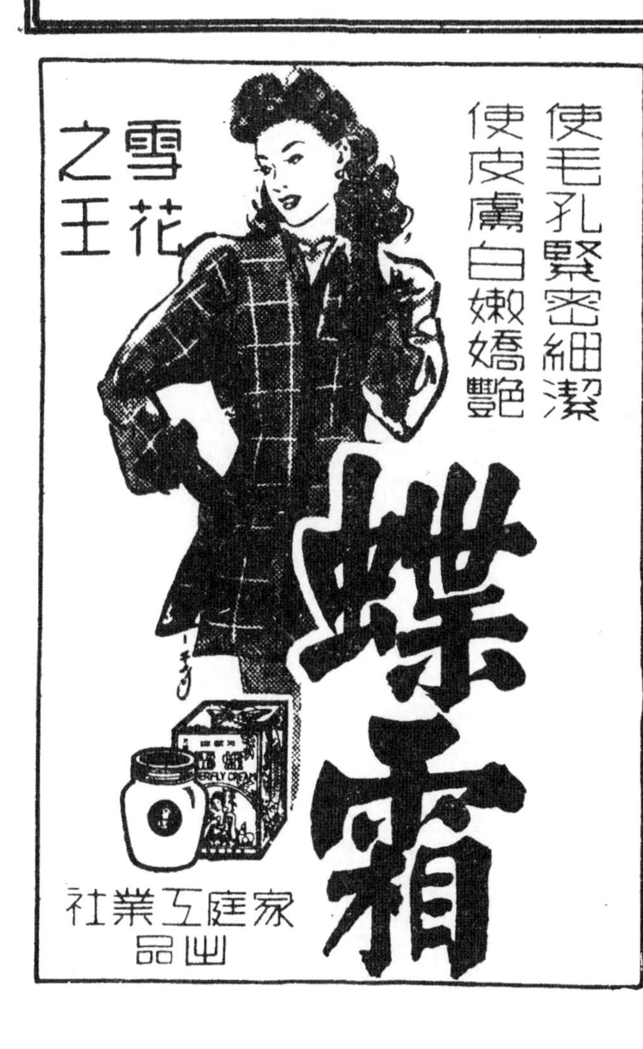


# 牙果牌

各種鈕扣

鈕扣雖是小東西

用了國貨就神氣

上海新中鈕扣廠出品

發行所：山西路一四三号

電話九〇八〇八

第一廠：康定路一一〇七号

A字 電話二三五四七

第二廠：北蘇州路四七六弄

三号 電話四六五七〇

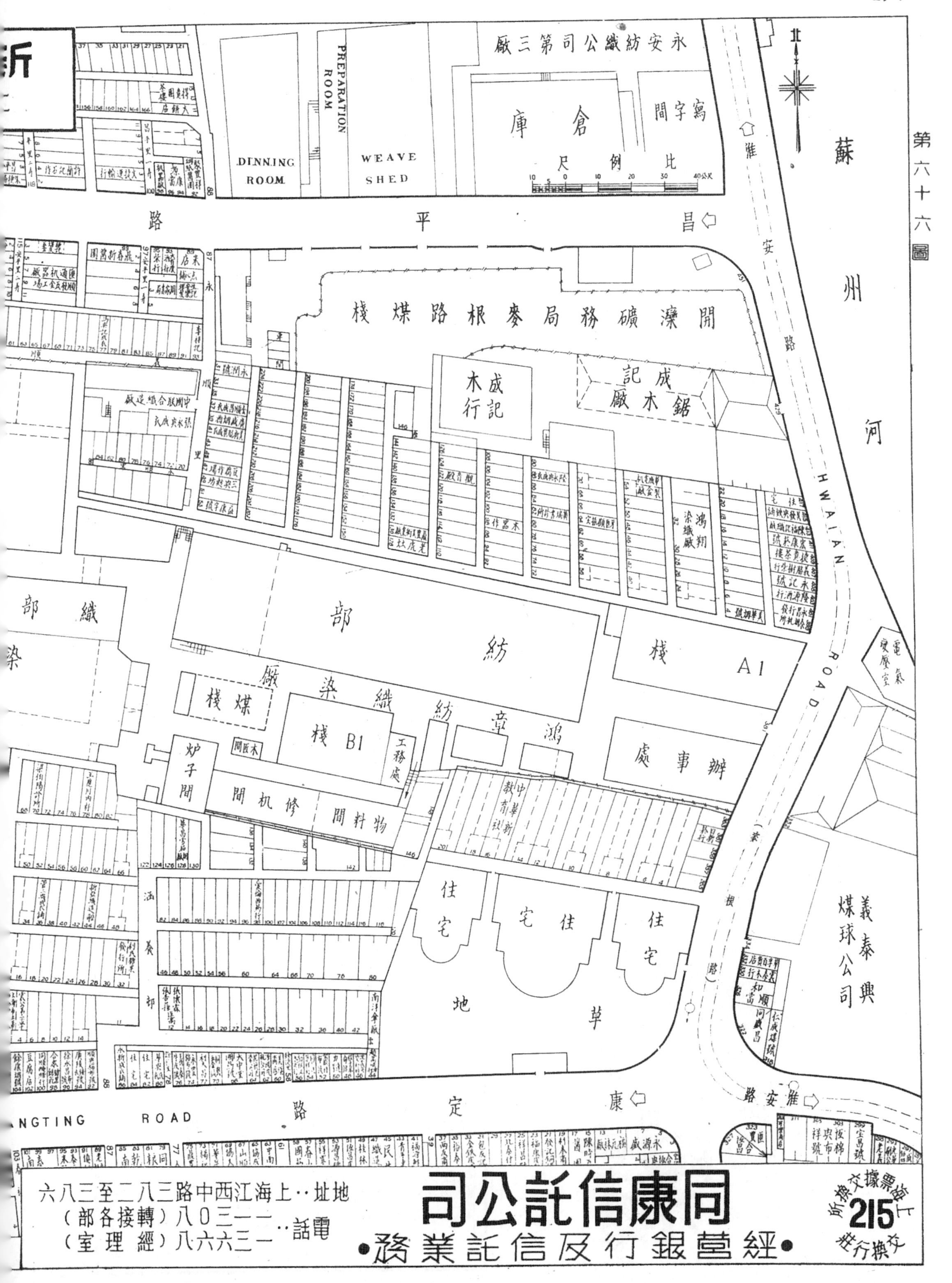
第六十六圖
北
永安紡織公司第三廠
寫字間
倉庫
比例尺
PREPARATION ROOM
DINNING ROOM
WEAVE SHED
昌平路
淮安路
HWAIAN ROAD
蘇州河
開灤礦務局麥根路煤棧
成記鋸木廠
成記木行
紡部
織部
染部
鴻章紡織染廠
煤棧
棧 A1
棧 B1
工務處
辦事處
炉子間
修机間
物料間
鴻翔染織廠
電氣變壓室
住宅
草地
義泰興煤球公司
康定路
NGTING ROAD
同康信託公司
經營銀行及信託業務
地址：上海江西中路三八二至三八六
電話：一一三〇八（轉接各部）
一三六六八（經理室）
上海票據交換所交換行莊
215

第六十六圖

統原工業原料行
統辦工業原料
上海東台路二五號 交通路七二號
電報掛號〇二五一
電話八四一六五
生工業原料行
通路六九號 電話九三一〇一
CHANGPING ROAD
昌平路
江甯路
KIANGNING ROAD
戈登路
康定路
康腦脫路
東京路
華成烟廠
昌興印染廠
昌平大戲院
天生味素廠
華德灯泡廠
中華紙廠總事務處
中華製紙第二廠
中華紙庫倉
同昌織造廠
利康製帽公司
久大木行
上海中華基督教青年會
Y.M.C.A.
永進機器工程公司
華德老牌
WHA TEH LAMPS
華德工廠出品
精良國貨

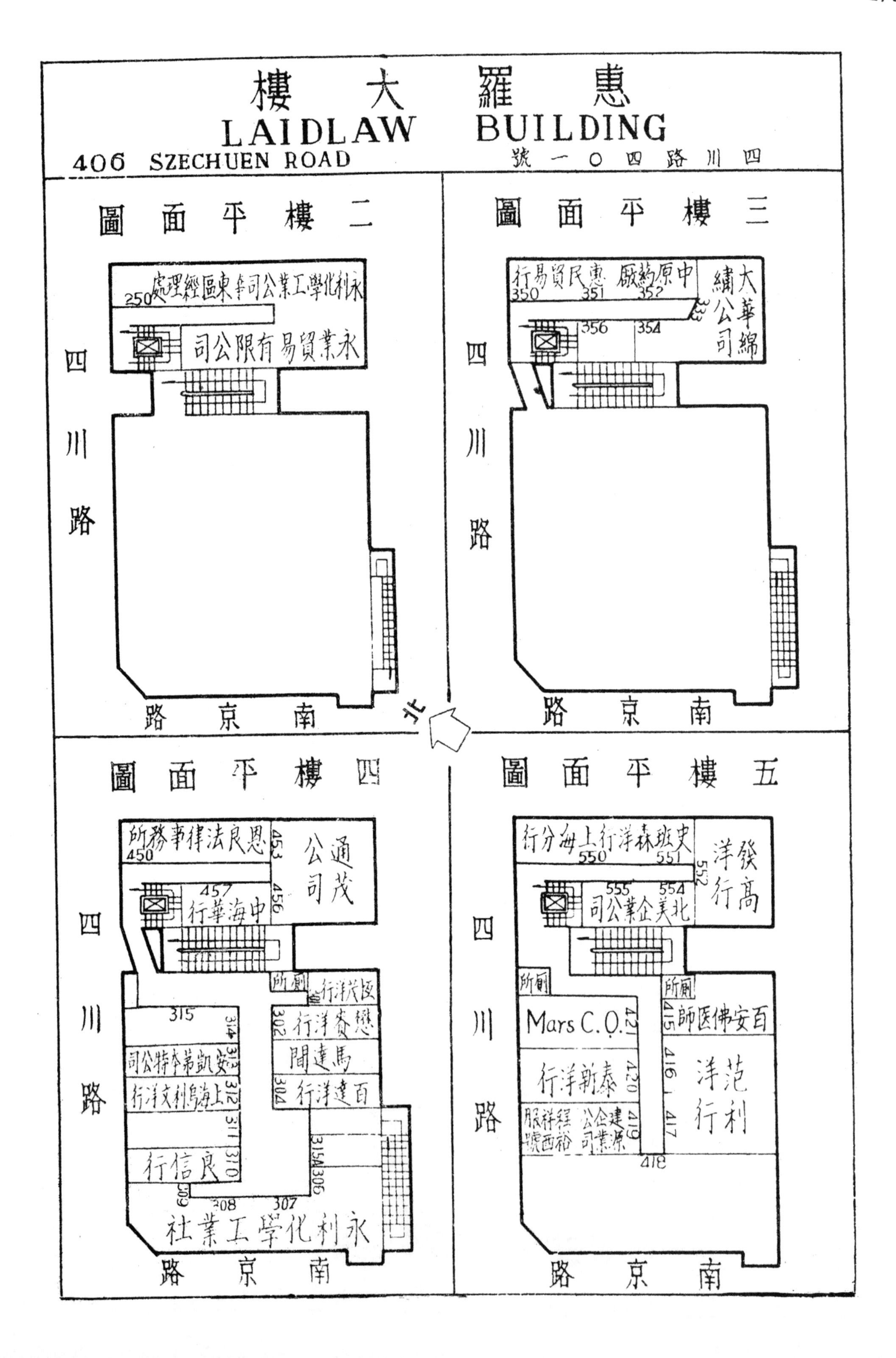

惠羅大樓
LAIDLAW BUILDING
406 SZECHUEN ROAD
二樓平面圖
永利化學工業公司東區經理處
250
永業貿易有限公司
三樓平面圖
中原紡廠
惠民貿易行
350
351
352
大華綿繡公司
356
354
四川路
南京路
北
四樓平面圖
恩良法律事務所
450
453
通茂公司
457
456
中海華行
廁所
302
304
百達洋行
315
314
313
312
311
310
良信行
309
308
307
315A
306
永利化學工業社
五樓平面圖
史班森洋行上海分行
550
551
552
高發洋行
555
554
北美企業公司
廁所
Mars C.O.
421
415
420
泰新洋行
416
范利洋行
417
419
418

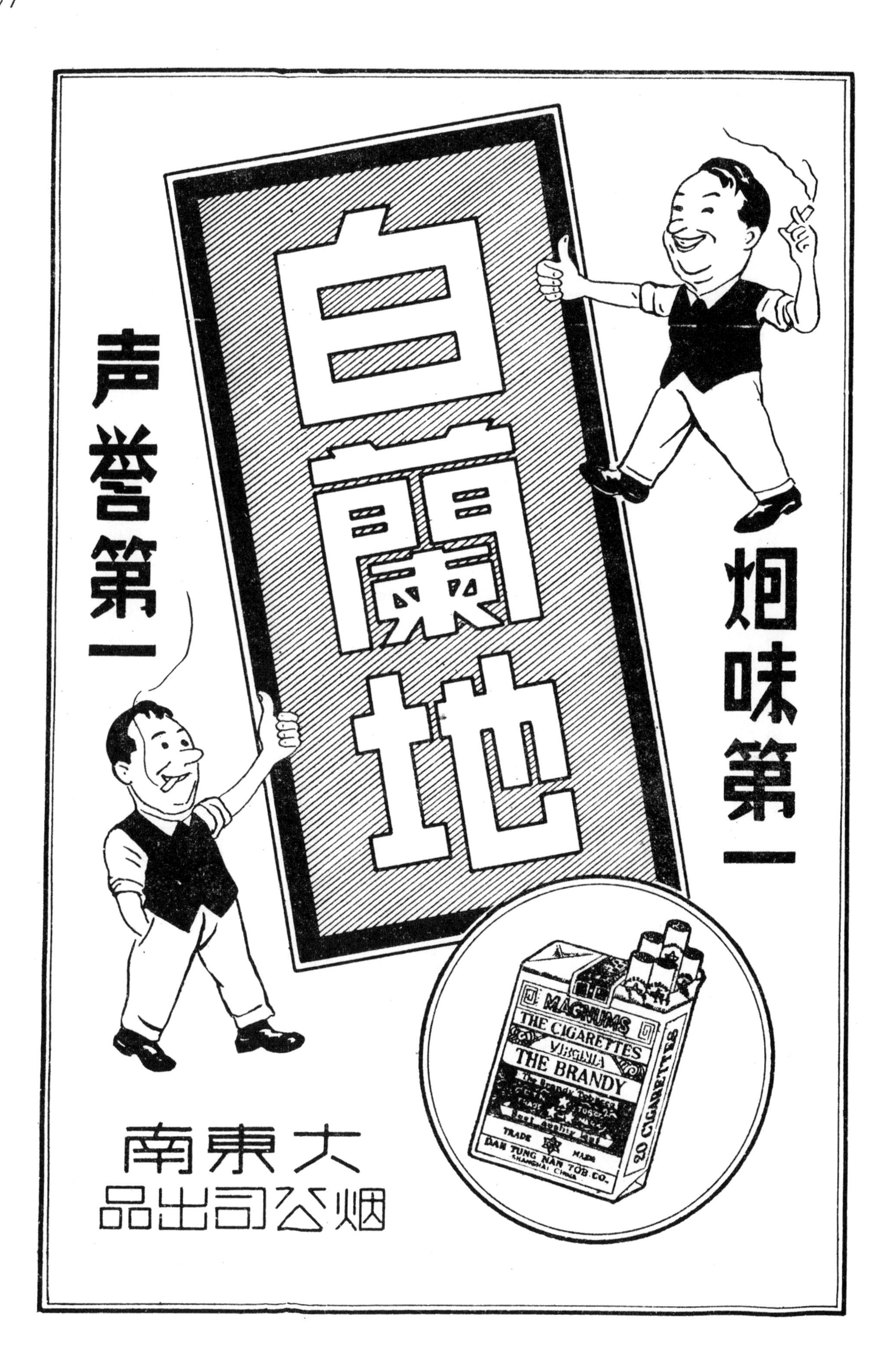
白蘭地
声誉第一
烟味第一
MAGNUMS
THE CIGARETTES
VIRGINIA
THE BRANDY
20 CIGARETTES
TRADE MARK
DAH TUNG NAN TOB. CO.
SHANGHAI CHINA
大東南
烟公司出品

第六十七圖
康定路
ROAD
武定路
泰興路
TAIHING ROAD
閘路
開美科學大藥房
空場
北
春江浴室
利民鐵工廠
信大油行
宿舍
教室
普善小學校
正泰橡膠廠
中一機器製造廠
永順木行
永順鋸木廠
工場
住宅
花園
佛祖殿
空地
大雄寶殿
天井
南樓
清涼禪寺
新亞藥廠
民誼藥廠
民誼藥廠股份有限公司
松茂洋行
張泰來南貨號
比例尺
0
10
20
30
40公尺

第六十七圖

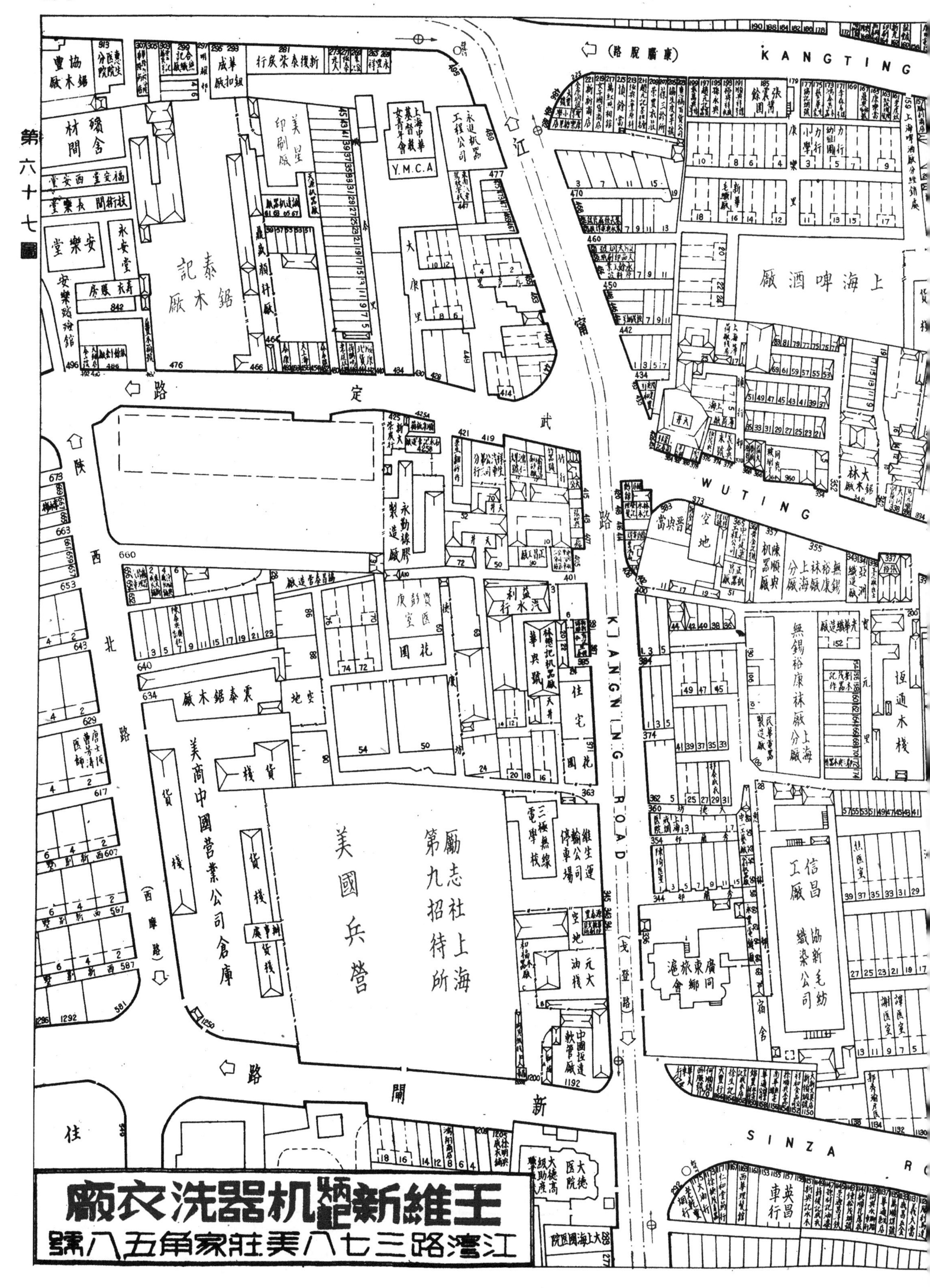
KANGTING
康腦脫路
江灣路
武定路
陝西北路
西摩路
新閘路
KIANGNING ROAD
戈登路
WUTING
SINZA
美國兵營
勵志社上海第九招待所
美商中國營業公司倉庫
上海啤酒廠
泰記鋸木廠
震泰鋸木廠
永勤橡膠製造廠
無錫裕康襪廠上海分廠
信昌工廠
協新毛紡織染公司
廣東同鄉旅滬會
恆通木棧
林大鋸木廠
利益汽水行
華興號
住宅
花園
空地
貨棧
安樂堂
永安堂
安樂殯殮館
協豐鋸木廠
鑛材間舍
Y.M.C.A
上海中華基督教女青年會
永進机器工程公司
美星印刷廠
大康里
三極無線電學校
維生運輸公司停車場
大元油棧
中國拉達軟管廠
大德醫院
英昌車行
王維新洗器机廠
江灣路三七八美莊家角五八號

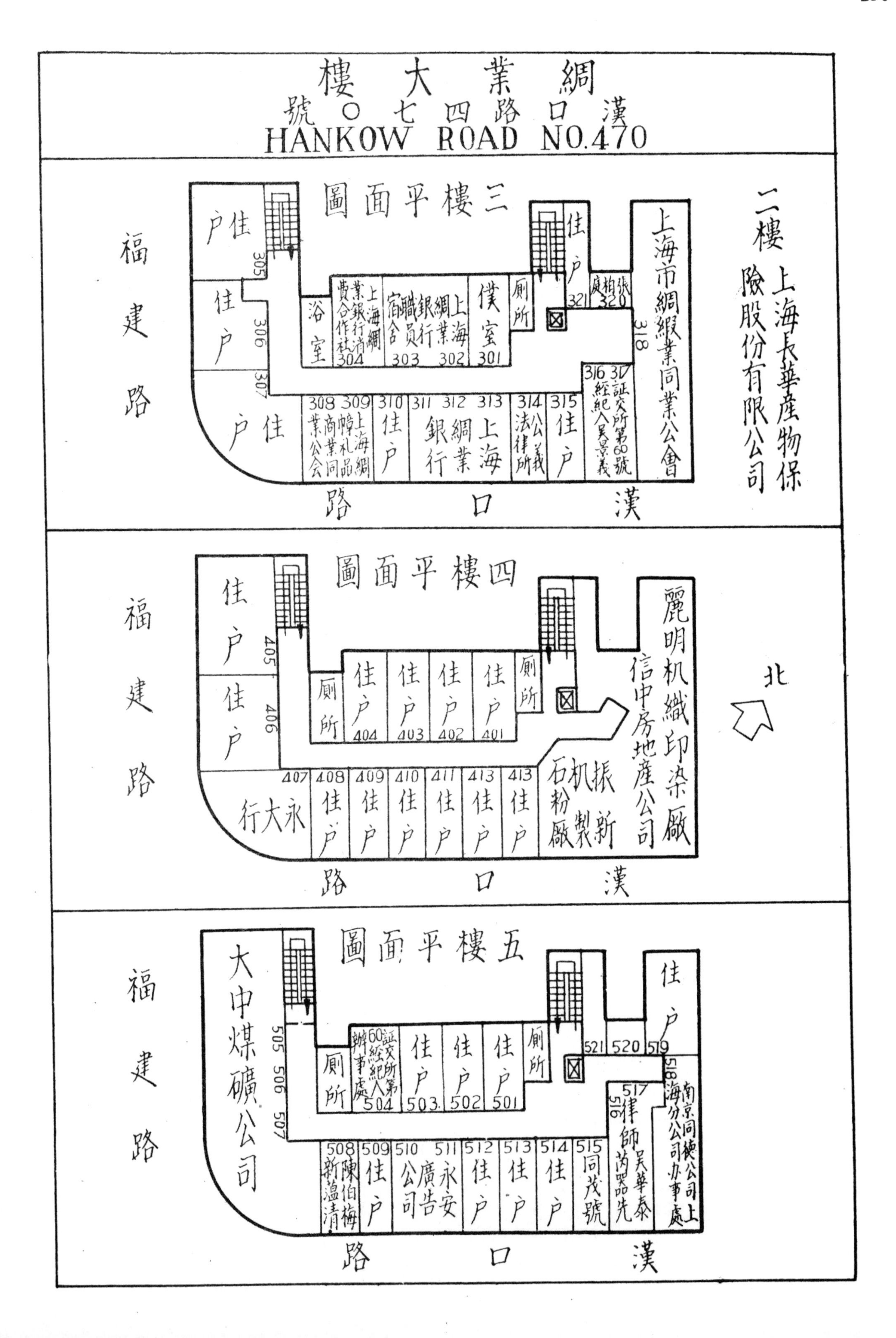
綢業大樓
漢口路四七〇號
HANKOW ROAD NO.470
三樓平面圖
福建路
漢口路
二樓 上海長華產物保險股份有限公司
上海市綢緞業同業公會
住戶 305
住戶 306
住戶 307
浴室
上海綢業銀行消費合作社 304
上海綢業銀行職員宿舍 303 302
僕室 301
厠所
住戶 321
張柏庭 320
318
316 經紀人吳景義
317 証交所第60號
308 業商業同業公会
309 上海綢帽礼品
310 住戶
311 312 313 上海綢業銀行
314 公義法律所
315 住戶
四樓平面圖
福建路
漢口路
住戶 405
住戶 406
厠所
住戶 404
住戶 403
住戶 402
住戶 401
厠所
麗明机織印染廠
信中房地產公司
振新机製石粉廠
407 永大行
408 住戶
409 住戶
410 住戶
411 住戶
413 住戶
413 住戶
北
五樓平面圖
福建路
漢口路
大中煤礦公司
505 506 507
厠所
証交所第60經紀人辦事處 504
住戶 503
住戶 502
住戶 501
厠所
521 520 519
住戶
518 南京同德公司上海分公司办事處
517 吳華泰律師
516 楊品先
508 陳伯梅 新溫清
509 住戶
510 511 永安廣告公司
512 住戶
513 住戶
514 住戶
515 同茂號

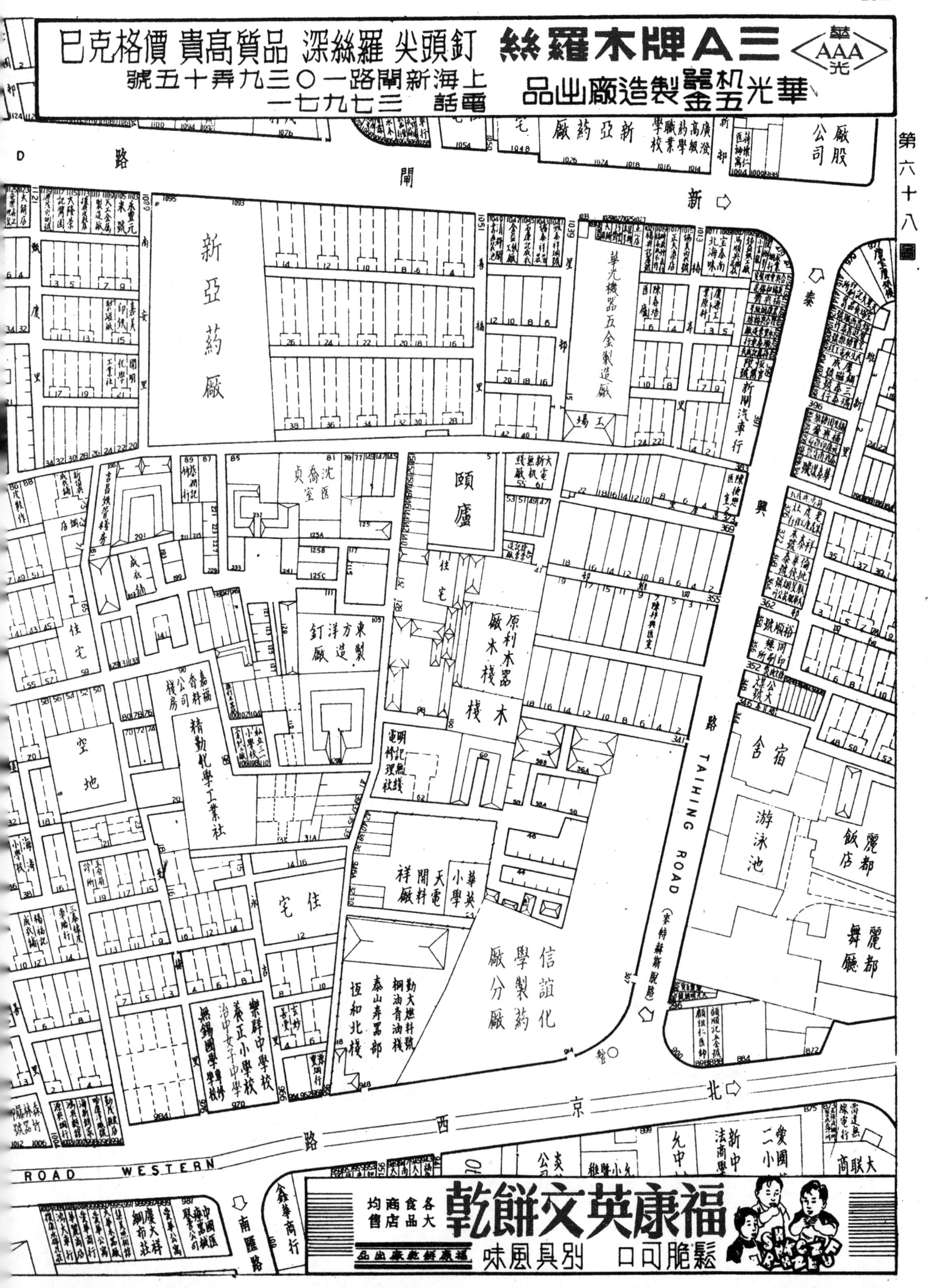

華光 AAA
三A牌木羅絲
釘頭尖 羅絲深 品質高貴 價格克已
華光機器五金製造廠出品
上海新閘路一〇三九弄十五號
電話 三七九七一
第六十八圖
新閘路
D 路
新亞藥廠
華光機器五金製造廠
頤廬
原利木器廠
木棧
東方洋釘製造廠
精勤化學工業社
空地
住宅
信誼化學製藥分廠
泰興路
TAIHING ROAD
宿舍
游泳池
麗都飯店
麗都舞廳
新閘汽車行
華英小學
天電閘料廠
樂群中學校
養正小學校
治中女子中學
無錫國學專修學校
北京西路
WESTERN ROAD
南匯路
鑫華商行
大聯商行
福康英文餅乾
各大食品商店均售
鬆脆可口 別具風味
福康餅乾廠出品

第六十八圖

新閘路
SINZA
江寧路
KIANGNING ROAD
(戈登路)
北京西路
(愛文義路)
PEKI
陝西北路
SHENSI ROAD NORTHERN
(西摩路)
美國兵營
勵志社上海第九招待所
美商中國營業公司倉庫
中國恆通軟管廠
廣東旅滬同鄉會
英昌車行
Shanghai Jewish School
草地
住宅
江海銀行第一倉庫
大德學校宿舍
大德高級助產職業學校
大德醫院
花園
空地
維央中小學校
太平洋飯店
西摩飯店
萬國洗染商店
竹器工場
大新烟草公司
地球洗染店
亙央地貨行
B.P. LALCACA
務光女中運動場
務光女子中學
教室
公寓
禮拜堂
比例尺
雲南鑛業銀行
利息優厚 存款方便
各地匯款 收費低廉
經營一切銀行業務
總行地址：昆明護國路七一號至七四號
上海分行地址：江西路二七〇號
電話：一三七三一 一七八三
電報掛號：八八二四

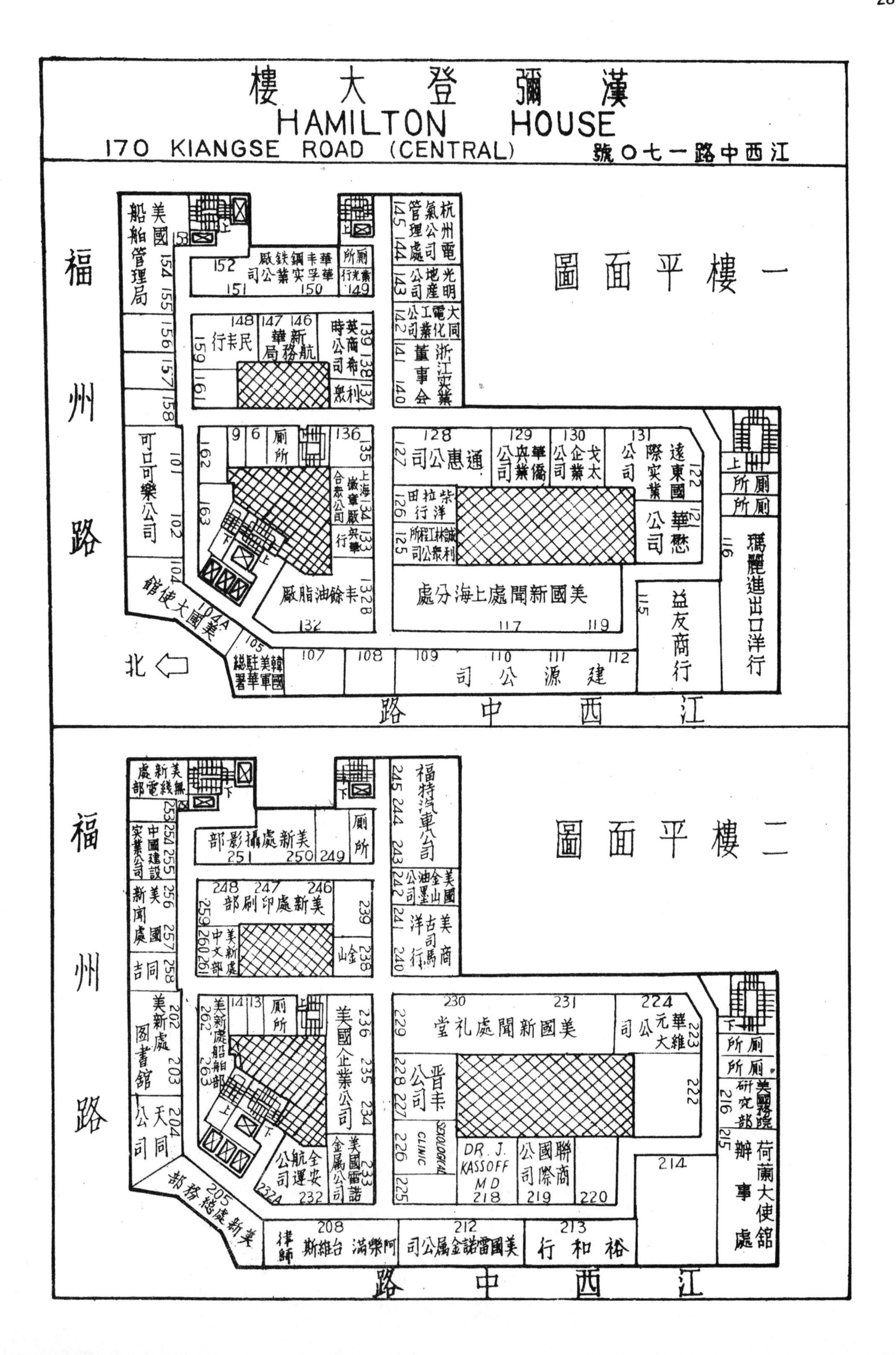
漢彌登大樓
HAMILTON HOUSE
170 KIANGSE ROAD (CENTRAL)
江西中路一七〇號
一樓平面圖
福州路
江西中路
北
美國船舶管理局
華孚實業鋼鉄公司
杭州電氣公司管理處
光明地產公司
大同電化工業公司
浙江實業董事会
民孚行
新航務局
英商希時公司
利泉
可口可樂公司
美國大使館
韓國駐華美軍總署
美國新聞處上海分處
遠東國際實業公司
華懋公司
益友商行
瑪麗進出口洋行
建源公司
通惠公司
華僑實業公司
太平企業公司
柴拉田洋行
誠林工程所利泉公司
上海徽章廠合眾公司
華興行
孚餘油脂廠
二樓平面圖
美新處無線電部
中國建設實業公司
美國新聞處
同吉
美新處圖書館
同天公司
美新處總務部
美新處攝影部
美新處印刷部
美新處中文部
美新處船舶部
福特汽車公司
美國金山油墨公司
美商馬司古洋行
金山
美國企業公司
美國雷諾金屬公司
安全航運公司
美國新聞處禮堂
華元公司
維大
晋丰公司
SEROLOGICAL CLINIC
DR. J. KASSOFF MD
聯商國際公司
美國務院研究部
荷蘭大使館辦事處
阿樂滿台維斯律師
美國雷諾金屬公司
裕和行

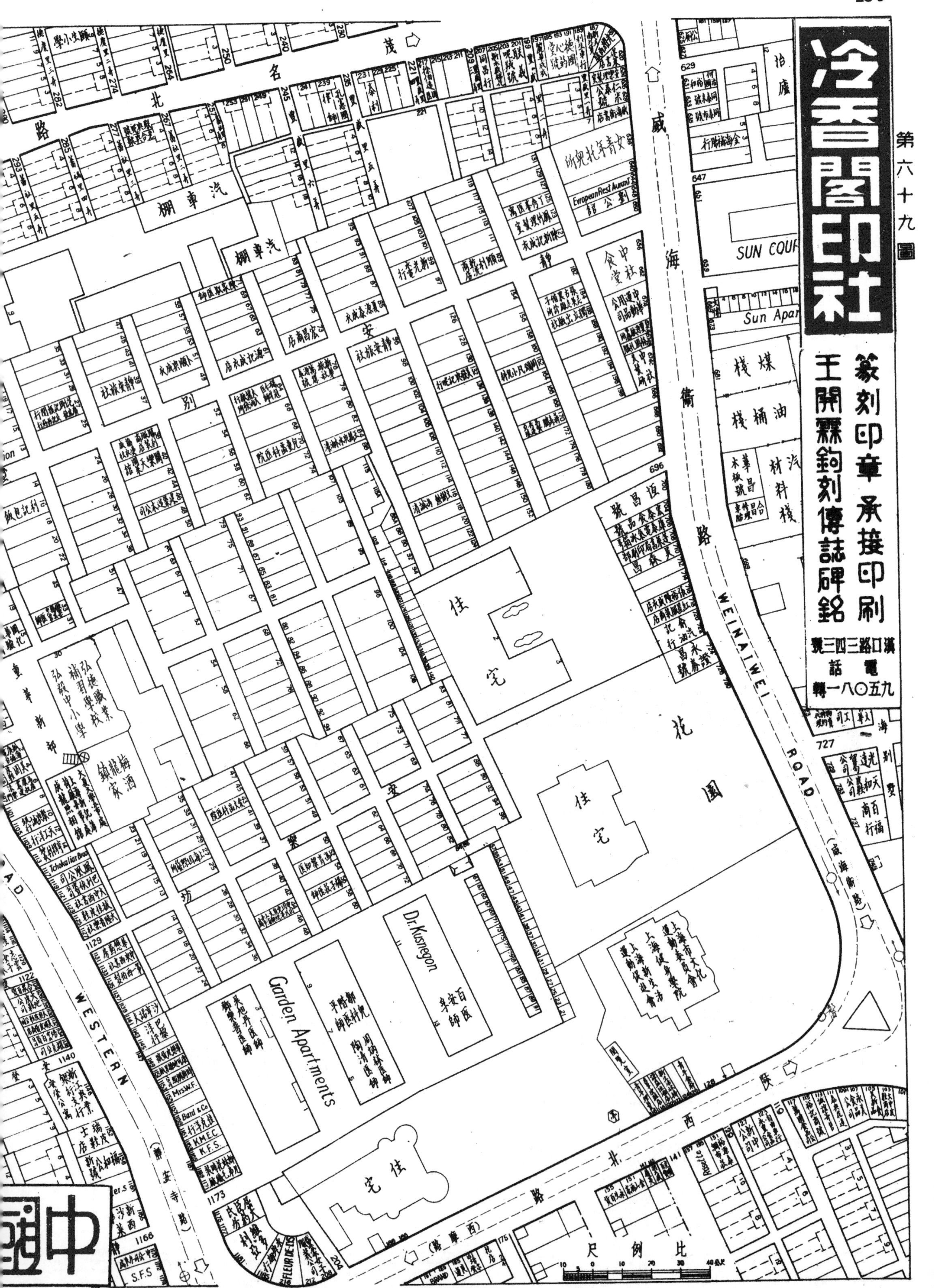
第六十九圖
冷香閣印社
篆刻印章 承接印刷
王開霖鈞刻傳誌碑銘
漢口路三四三號
電話
九五〇一八轉
威海衛路
WEINAIWEI ROAD
茂名北路
陝西北路
靜安寺路
WESTERN
汽車棚
花園
住宅
Garden Apartments
Dr. Kusnegon
SUN COUR
Sun Apar
European Rest Aurant
女青年會托兒所
煤棧
油桶棧
汽材料棧
比例尺
中

第六十九圖

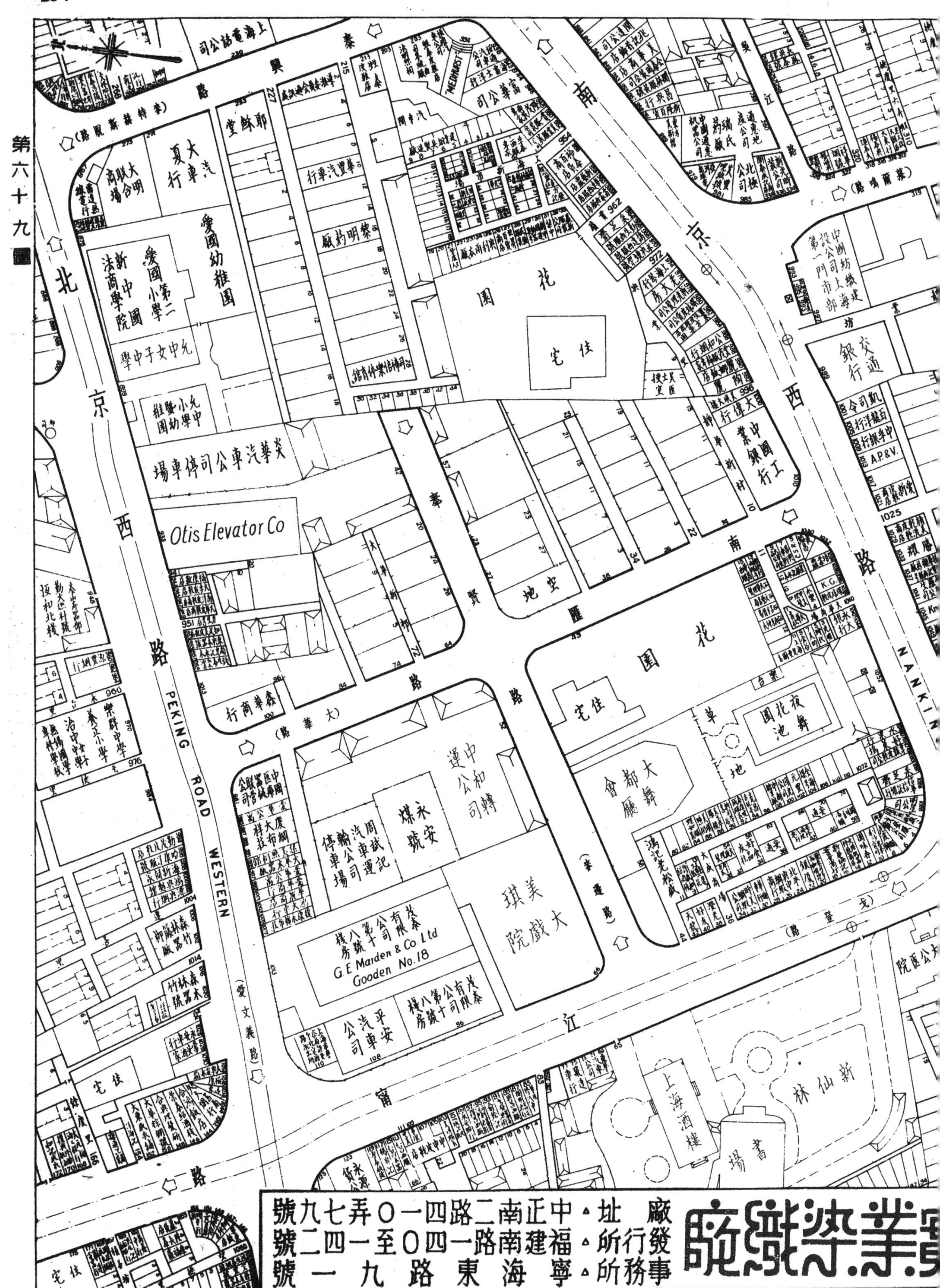
上海電話公司
南京西路
北京西路
PEKING ROAD WESTERN
NANKIN
大夏汽車行
愛國幼稚園
愛國第二小學
新中法商學院
允中女子中學
允中小學幼稚園
炎華汽車公司停車場
Otis Elevator Co
花園
住宅
空地
中國工業銀行
交通銀行
中國紡織建設公司上海門市部第一
夜花園舞池
大都會舞廳
美琪大戲院
中和轉運公司
永安煤號
周斌記汽車輪運公司停車場
G.E Marden & Co. Ltd
Gooden No.18
平安汽車公司
上海酒樓
新仙林
大華路
廠址▲中正南二路四一〇一弄七九號
發行所▲福建南路一四〇至一四二號
事務所▲寧海東路一九一號

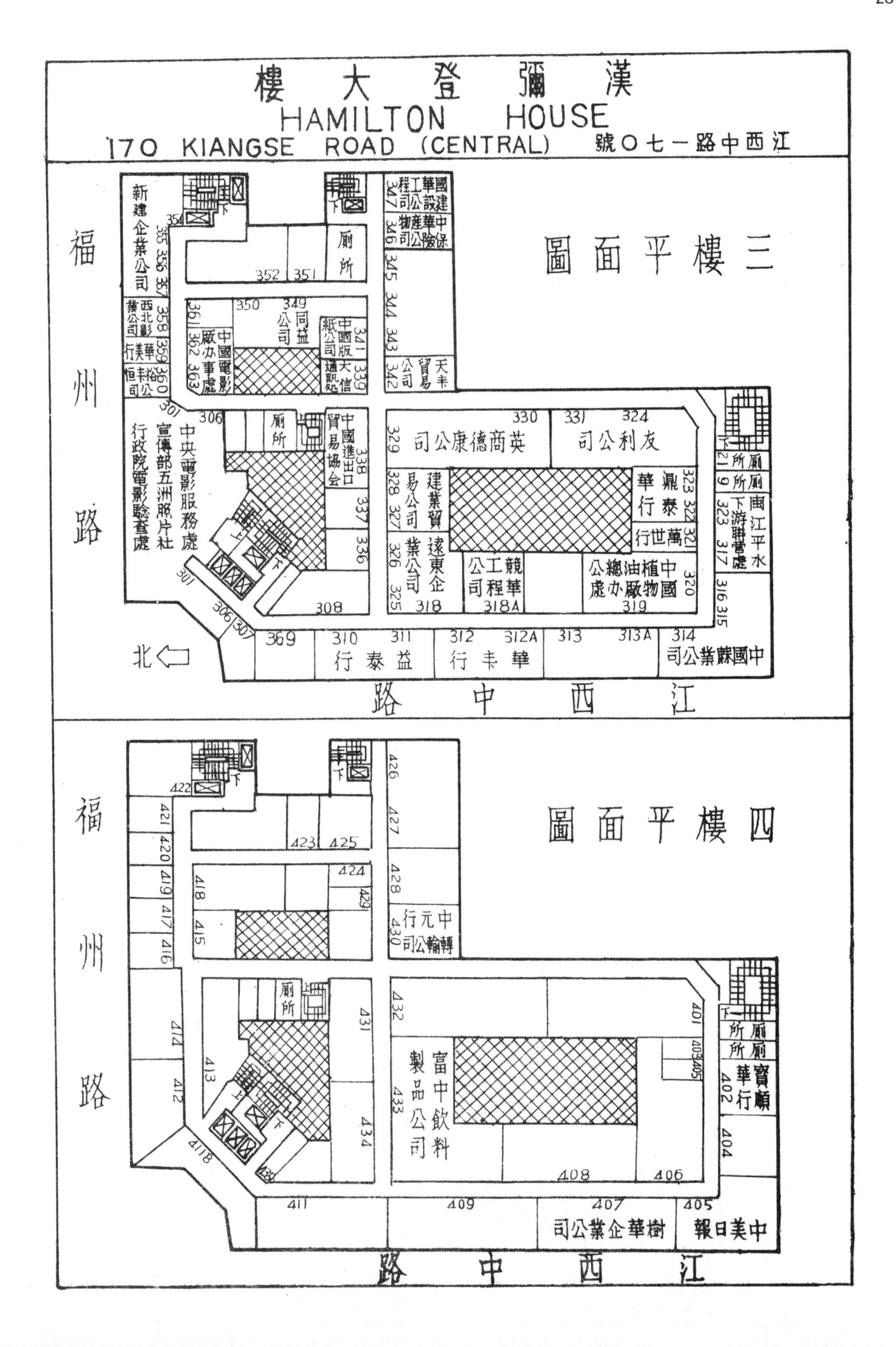
漢彌登大樓
HAMILTON HOUSE
170 KIANGSE ROAD (CENTRAL) 江西中路一七〇號
三樓平面圖
福州路
江西中路
北
新建企業公司
西北影業公司
華美行
裕丰公司恒
中國電影廠办事處
同益公司
中國紙版公司
大信通訊處
國華建設工程公司
中華保險物産公司
天丰貿易公司
廁所
中國進出口貿易協会
英商德康公司
友利公司
中央電影服務處
宣傳部五洲照片社
行政院電影驗查處
建業貿易公司
遠東企業公司
競華工程公司
鼎泰華行
萬世行
中國植物油總廠办處公
平江水下游聯營處
益泰行
華丰行
中國蘇業公司
四樓平面圖
中元轉輪公司
富中飲料製品公司
寶順華行
樹華企業公司
中美日報

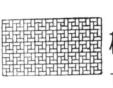

第七十圖
和成銀行
▲以服務社會為宗旨▼
經營商業銀行一切業務
兼辦各種儲蓄信託事項
▲以便利顧客為前提▼
總行 重慶
中正路一七六號
電話四一八一六
分行 上海
九江路二一七六號
電話九八四六〇
分支行處遍設全國
南京西路
陝西北路
SHENSI NORTH ROAD
威海衛路
WEIHAIWEI ROAD
中正路
滄洲飯店
滄洲別墅
平安大戲院
COSMOPOLITAN APARTMENTS
智仁勇女子中學小學校
空地
住宅
Garden
FLEURDE-LYS
BOFA CO
ROSETTE
DUPONT
KNITKROFT
比例尺
10 5 0 10 20 30 40公尺

大豐工業原料公司
地址交通路二八號 電話九二八四四 九七四九二
總廠：滬北交通路二三四五號
第七十圖
NANKING ROAD WESTERN
（靜安寺路）
TUNGJEN ROAD
安南路
（哈同路）
愛儷園
CHUNG CHENG ROAD CENTRAL
（福煦路）
S.W.P.

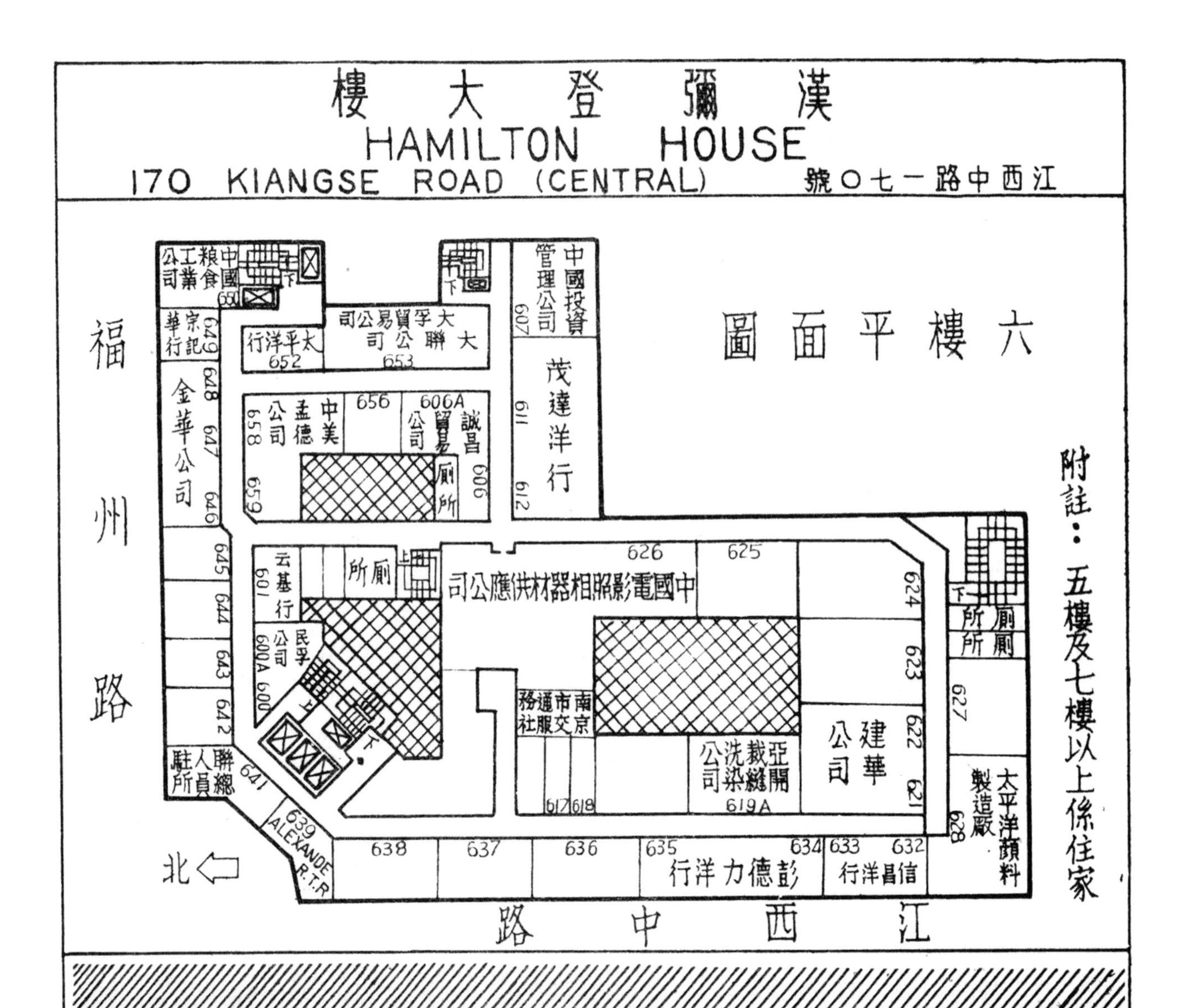
漢彌登大樓
HAMILTON HOUSE
170 KIANGSE ROAD (CENTRAL)
江西中路一七〇號
六樓平面圖
附註：五樓及七樓以上係住家
福州路
江西中路
北
中國糧食工業公司
650
大孚貿易公司
大聯公司
653
太平洋行
652
中國投資管理公司
607
茂達洋行
611
612
京記華行
649
金華公司
648
647
646
645
644
643
642
中美孟德公司
658
659
656
誠昌貿易公司
606A
廁所
606
中國電影照相器材供應公司
626
625
624
623
622
621
627
628
云基行
601
民孚公司
600A
600
南京市交通服務社
617
618
619A
建華公司
聯總人員駐所
641
639
ALEXANDER R.T.R
638
637
636
635
634
633
632
彭德力洋行
信昌洋行
太平洋顏料製造廠

宏甡商行股份有限公司
第七十一圖
南京西路
WESTERN ROAD
常德路
CHANGTEH ROAD
(赫德路)
安南路
ANNAM ROAD
銅仁路
TUNGJEN ROAD
(哈同路)
中正路
D CENTRAL
富民路
協進初級中學
金城別墅
空地
小菜場
中國信遠烟廠
上海電車公司
愛儷園
上海市銀行商業同業公會

第七十一圖

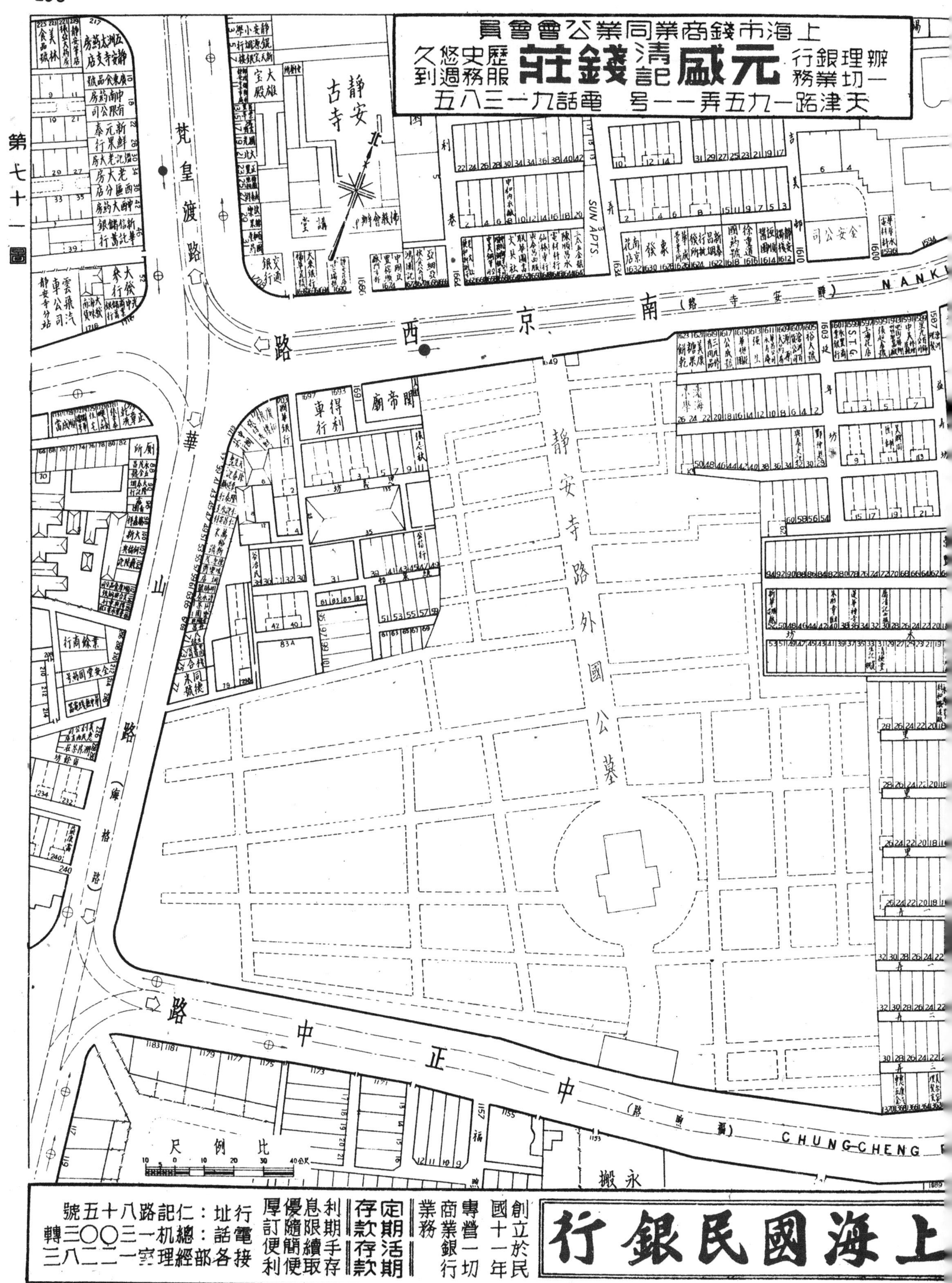

上海市錢商業同業公會會員
元威錢莊
清記
辦理銀行一切業務
歷史悠久 服務週到
天津路一九五弄一一号 電話九一三八五
靜安古寺
講堂
梵皇渡路
華山路
(海格路)
南京西路
(靜安寺路)
NANKI
靜安寺路外國公墓
關帝廟
得利車行
SUN APTS.
金安公司
中正中路
(福煦路)
CHUNG-CHENG
永搬
比例尺

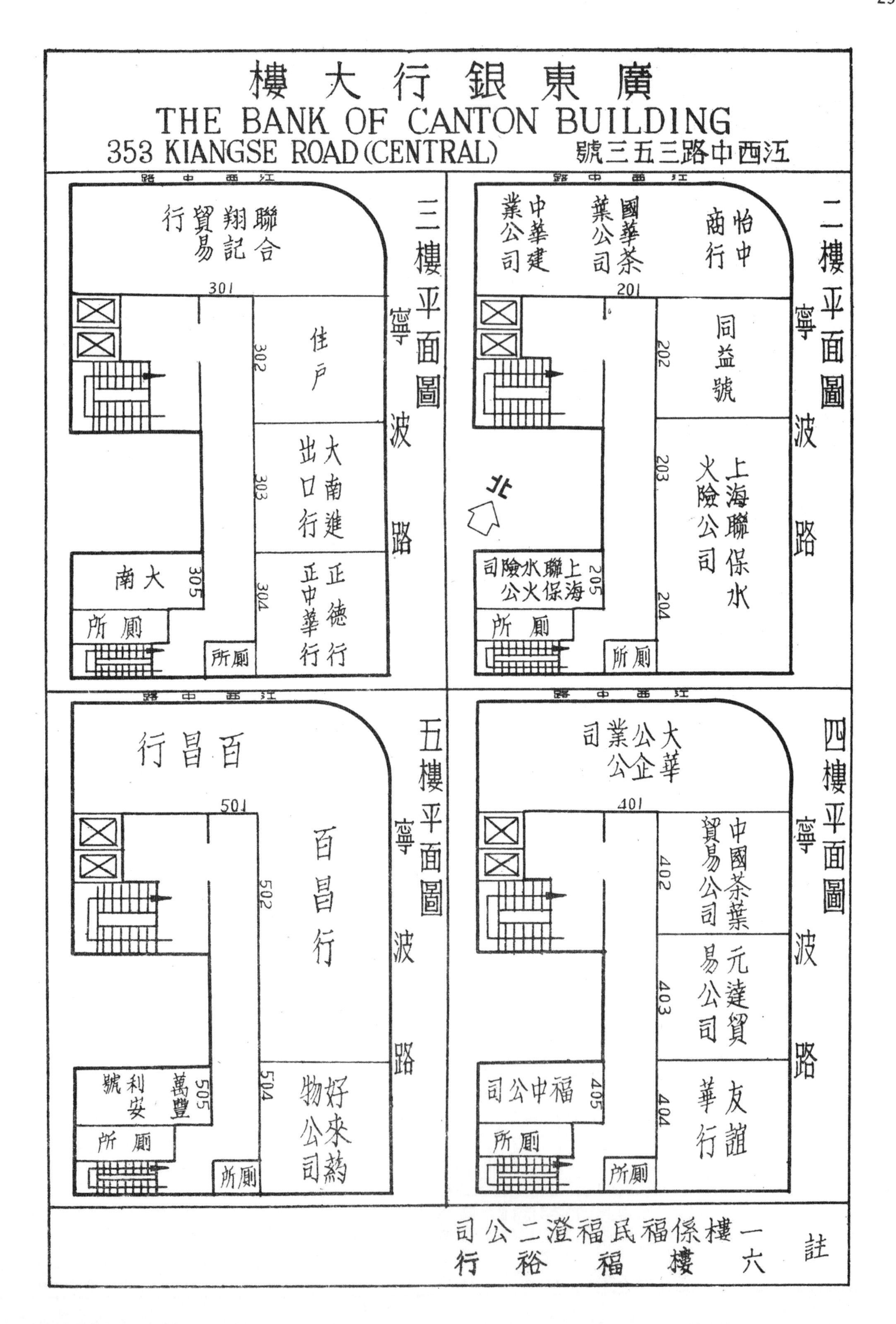
廣東銀行大樓
THE BANK OF CANTON BUILDING
353 KIANGSE ROAD (CENTRAL)
江西中路三五三號
江西中路
寧波路
二樓平面圖
201
怡中商行
國華茶葉公司
中華建業公司
202
同益號
203
204
上海聯保水火險公司
205
上海聯保水火險公司
北
廁所
三樓平面圖
301
聯合翔記貿易行
302
住戶
303
大南進出口行
304
正德行
正中華行
305
大南
廁所
四樓平面圖
401
大華企業公司
402
中國茶葉貿易公司
403
元達貿易公司
404
友誼華行
405
福中公司
廁所
五樓平面圖
501
百昌行
502
百昌行
504
好來葯物公司
505
萬豐利安號
廁所
註
一樓係福民福澄二公司
六樓福裕行

不限年齡不拘程度
一字不識亦可入學

# 上海婦女補習學校

專門教授失學婦女

（科目）國文 英文 算學 簿記 打字 家事 音樂

（時間）早班八時至十二時 午班一時至五時

校址

（第一校）華龍路三六號公園北首
（第二校）白克路三〇號大通路口
（第三校）靜安寺路一九八四號蝶來新邨

"THREE STARS"
DRAWING PENCILS
註冊 商標
三星繪圖鉛筆
·高等國貨·
上海鉛筆廠出品
SHANGHAI PENCIL MFG. CO., LTD.
廠址 上海徐家滙路三二四號

# 標準化學玻璃儀器

中央化學玻璃廠股份有限公司

| 製造廠 | 總發行所 | 南京發行所 |
| --- | --- | --- |
| 平涼路一三三二號 | 漢口路五六六號 | 太平路四一二號 |
| 上海 | 上海 | 南京 |

泰盛綢布染廠
專染綢緞呢絨布疋門市客貨
地址九江路六八七號大舞台對面 電話九一四一七
中華風琴廠
泰興路506弄3號
電話三六四八八
第七十二圖
南京西路
NANKING ROAD WESTERN
(靜安寺路)
華山路
HUASHAN ROAD
(海格路)
中正西路
(大西路)
寺公墓路
花園
靜安禪寺
靜安小學校
關帝廟
得利車行
雲飛汽車公司靜安寺分站
大新新戲院
大鑫汽車行
上海傳染病院
上海肺病療養院
花房
五國總會
草地
空地
中央銀行職員宿舍
NORTHERN
路

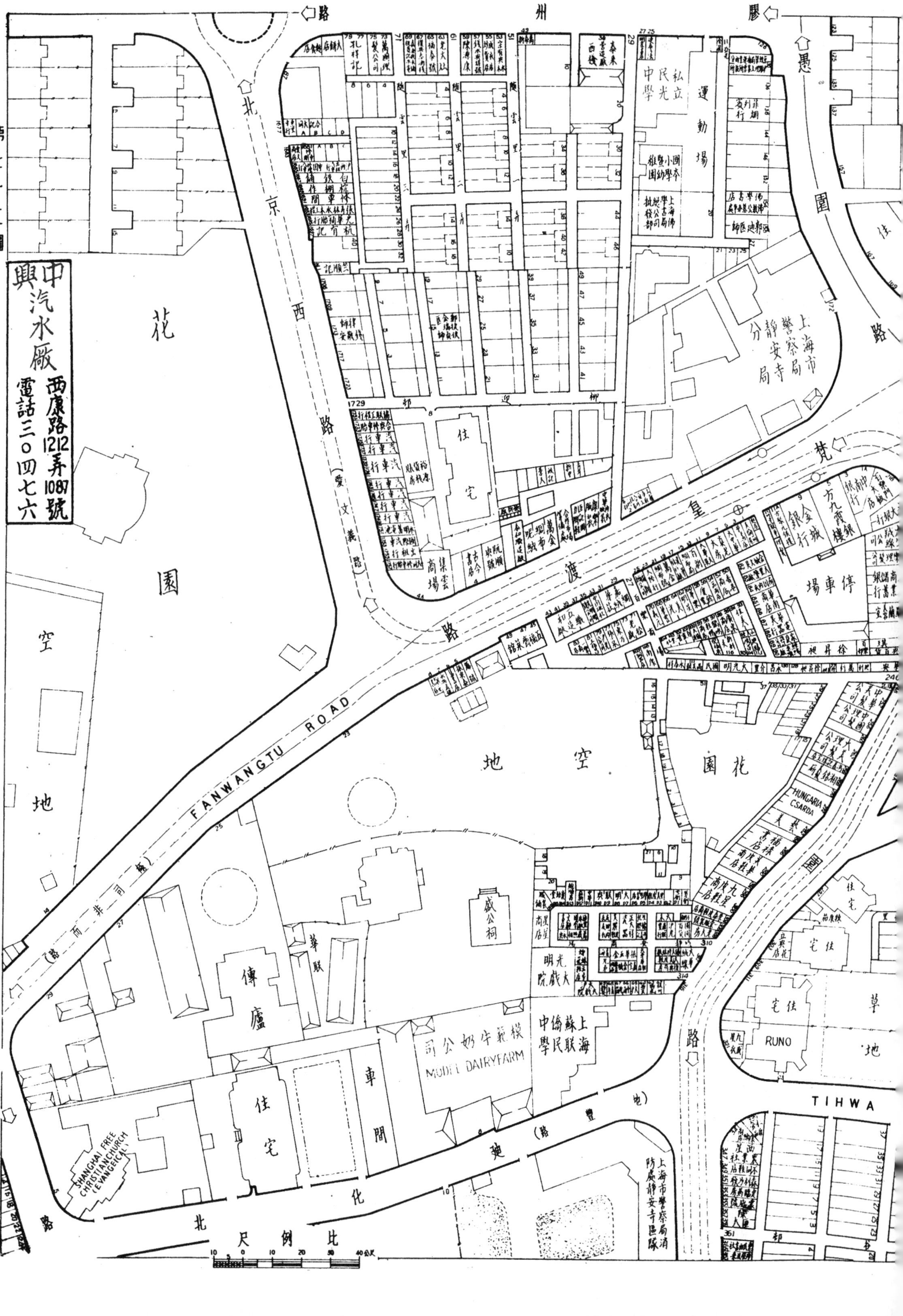

第七十二圖



膠州路
北京西路
(愛文義路)
愚園路
花園
空地
私立民光中學
運動場
上海市警察局靜安寺分局
梵皇渡路
FANWANGTU ROAD
(司非而路)
集雲商場
方九霞銀樓
金城銀行
停車場
空地
花園
HUNGARIA CSARDA
九星大戲院
明光大戲院
戲公祠
華聯
傳廬
上海蘇僑民中學
模範牛奶公司
MODEL DAIRYFARM
車間
住宅
SHANGHAI FREE CHRISTIAN CHURCH (EVANGELICAL)
迪化北路
(豐地路)
上海市警察局消防處靜安寺區隊
TIHWA
住宅
RUNO
草地
比例尺
10 0 10 20 30 40公尺

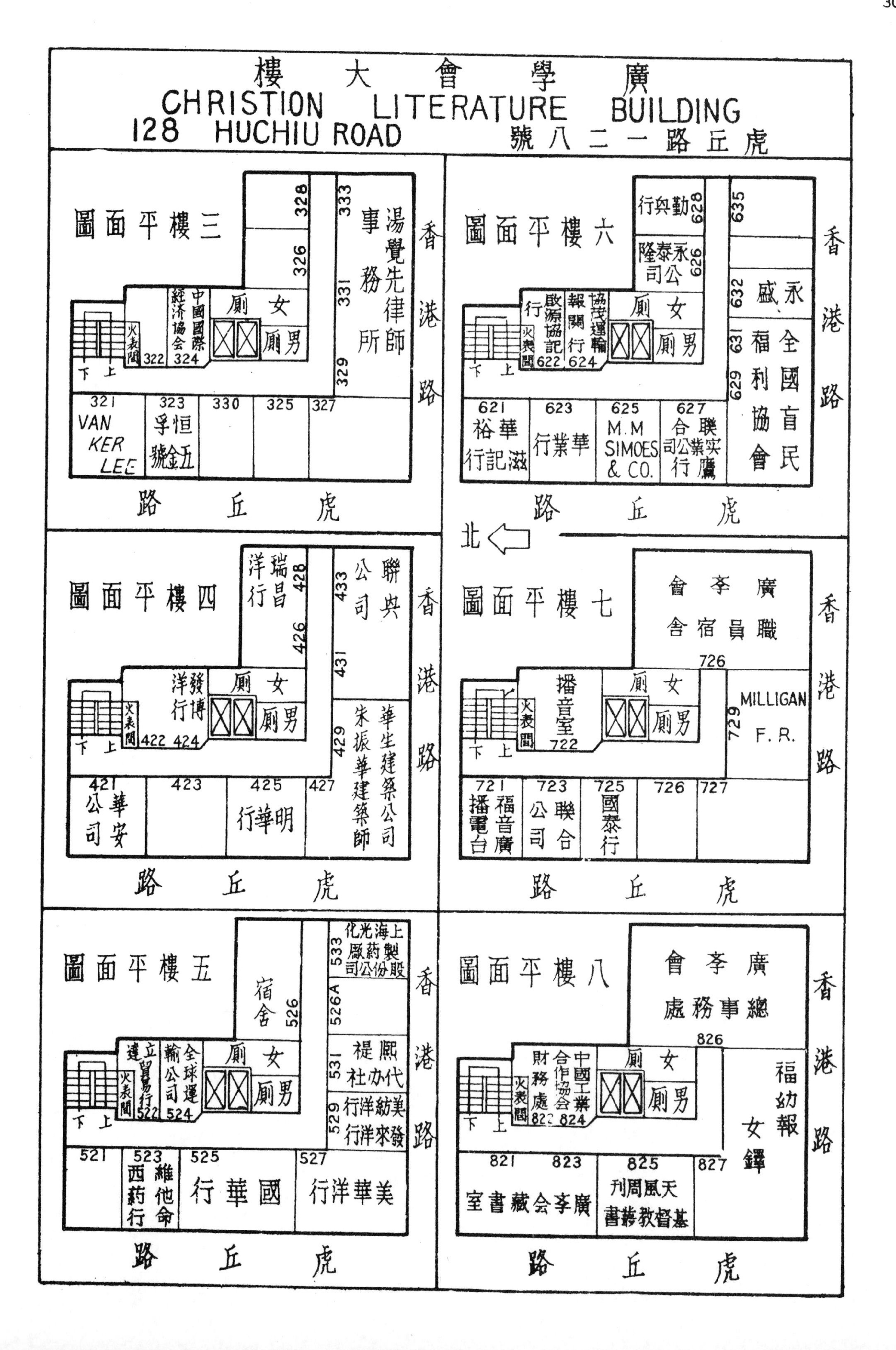

廣學會大樓
CHRISTION LITERATURE BUILDING
128 HUCHIU ROAD
虎丘路一二八號
三樓平面圖
328
326
333
331
329
湯覺先律師事務所
中國國際經濟協会
女廁
男廁
火表間
下 上
322 324
321 VAN KER LEE
323 恒孚五金號
330
325
327
香港路
虎丘路
六樓平面圖
勤與行 628
永泰隆公司 626
635
永盛 632
631 全國盲民福利協會 629
協茂運輸行
報關行
啟源協記行
622 624
621 裕華滋記行
623 華業行
625 M.M SIMOES & CO.
627 聯實業公司合行
北
四樓平面圖
瑞昌洋行 428
426
聯與公司 433
431
博發洋行
422 424
429 華生建築公司 朱振華建築師
421 華安公司
423
425 明華行
427
七樓平面圖
廣李職員宿舍
726
播音室
722
729 MILLIGAN F.R.
721 福廣播音電台
723 聯合公司
725 國泰行
726
727
五樓平面圖
宿舍 526
526A
533 上海光化製藥股份公司
531 熙提代办社
529 美紡洋行 發來洋行
立達貿易行
全球運輸公司
522 524
521
523 維他命西藥行
525 國華行
527 美華洋行
八樓平面圖
廣李會總事務處
826
中國工業合作協会財務處
822 824
福幼報 女鐸
821
823
825 天風周刊 基督教輔書
827
廣李会藏書室

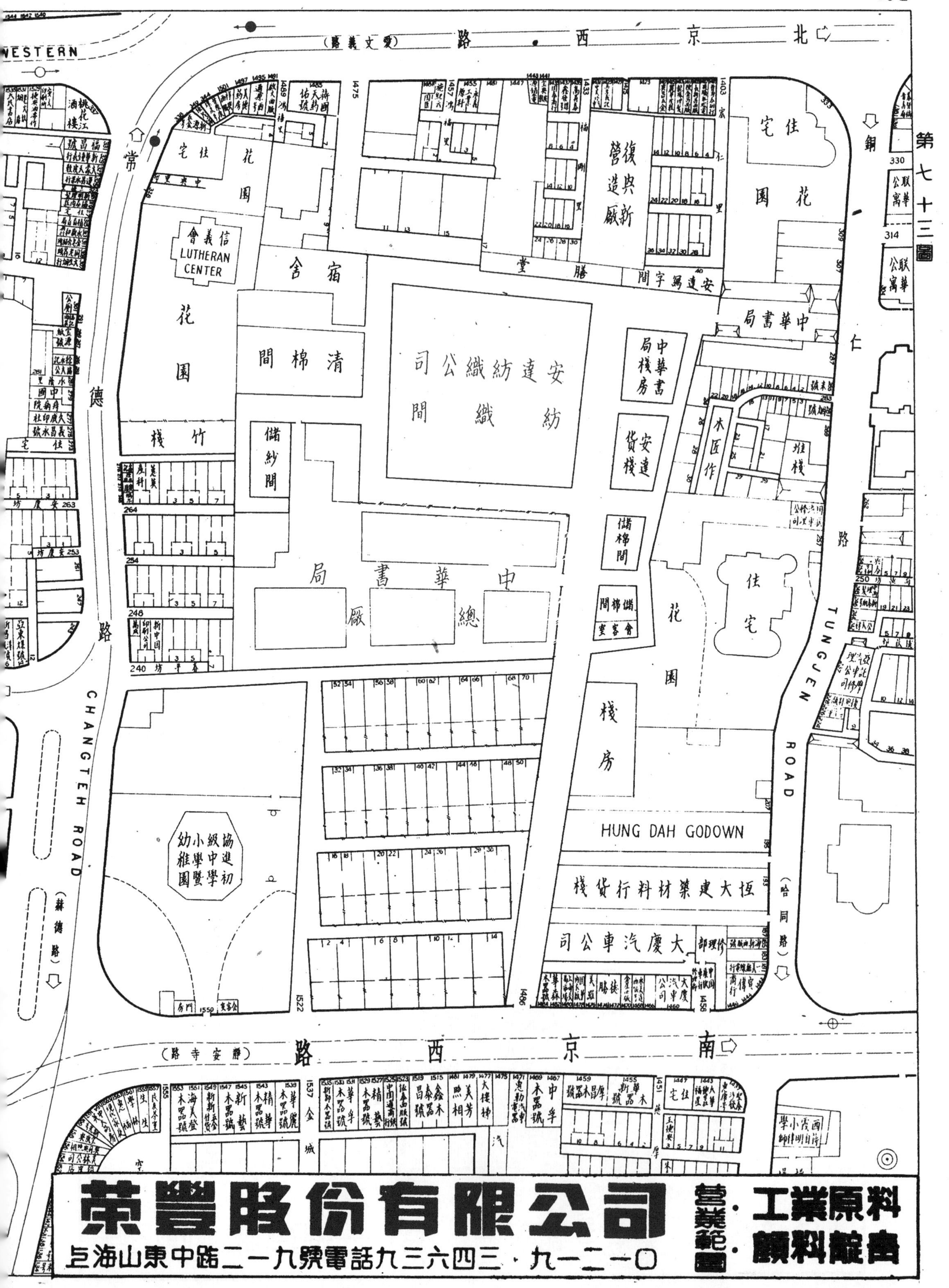
第七十三圖
北京西路
（愛文義路）
WESTERN
常德路
（赫德路）
CHANGTEH ROAD
南京西路
（靜安寺路）
仁路
（哈同路）
TUNGJEN ROAD
信義會
LUTHERAN CENTER
花園
住宅
宿舍
竹棧
清棉間
儲紗間
安達紡織公司
紡織間
中華書局總廠
復興營造新廠
勝堂
安達獨字間
中華書局
中華書局棧房
安達貨棧
儲棉間
會客室
木匠作
堆棧
棧房
HUNG DAH GODOWN
恆大建築材料行貨棧
大慶汽車公司
協進初級中學暨小學幼稚園
西霞小學
榮豐股份有限公司
上海山東中路二一九號電話九三六四三·九一二一〇
營業範圍
·工業原料
·顏料靛青

北京西路
PAKING R
First Church of Chirst Scientist
膠州路
勝利柴炭行
愚園路
上海市警察局静安寺分局
私立民光中學
運動場
祥生汽車出租公司
東南中學
復興泰營造廠
淞廬
公寓
錫珍女子中學
住宅
花園
静安小學校
静安禪寺
華山路
(海格路)
SUN APTS
金安公司
勝記印刷廠
南京西路
NANKING ROAD
比例尺

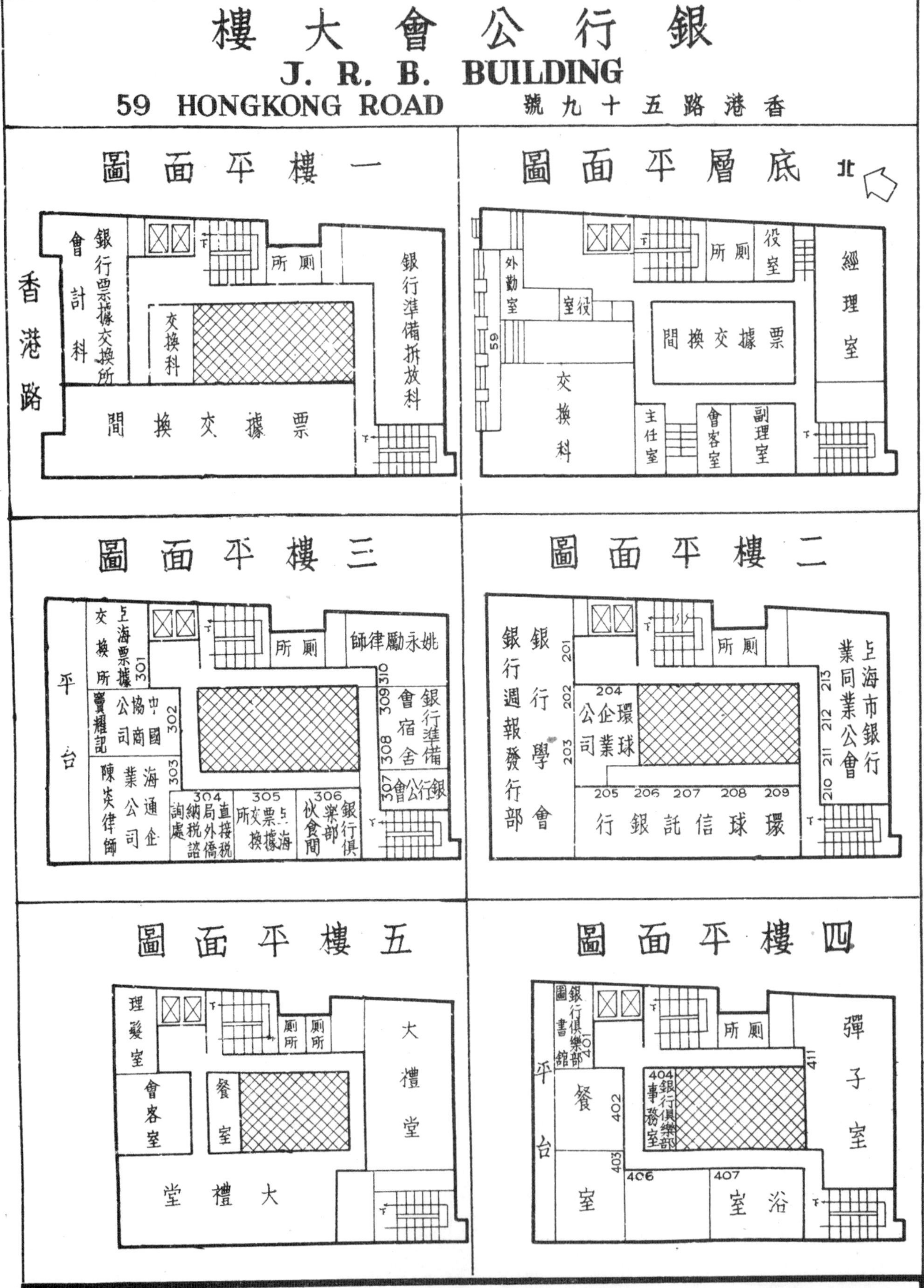
銀行公會大樓
J. R. B. BUILDING
59 HONGKONG ROAD
香港路五十九號
一樓平面圖
香港路
銀行會計科
銀行票據交換所
交換科
廁所
銀行準備拆放科
票據交換間
底層平面圖
北
外勤室
役室
59
交換科
廁所
役室
票據交換間
經理室
主任室
會客室
副理室
三樓平面圖
平台
上海票據交換所 301
中國協商公司 302
寶耀記
海通企業公司 303
陳炎律師
直接稅局外僑諮詢納稅處 304
上海票據交換所 305
銀行俱樂部伙食間 306
銀行公會 307
銀行準備會宿舍 308 309
姚永勵律師 310
廁所
二樓平面圖
銀行學會 201 202 203
銀行週報發行部
環球企業公司 204
205 206 207 208 209
環球信託銀行
上海市銀行業同業公會 210 211 212 213
廁所
五樓平面圖
理髮室
廁所
廁所
會客室
餐室
大禮堂
大禮堂
四樓平面圖
銀行俱樂部圖書館 401
平台
餐 402
室 403
銀行俱樂部事務室 404
406
407
浴室
彈子室 411
廁所

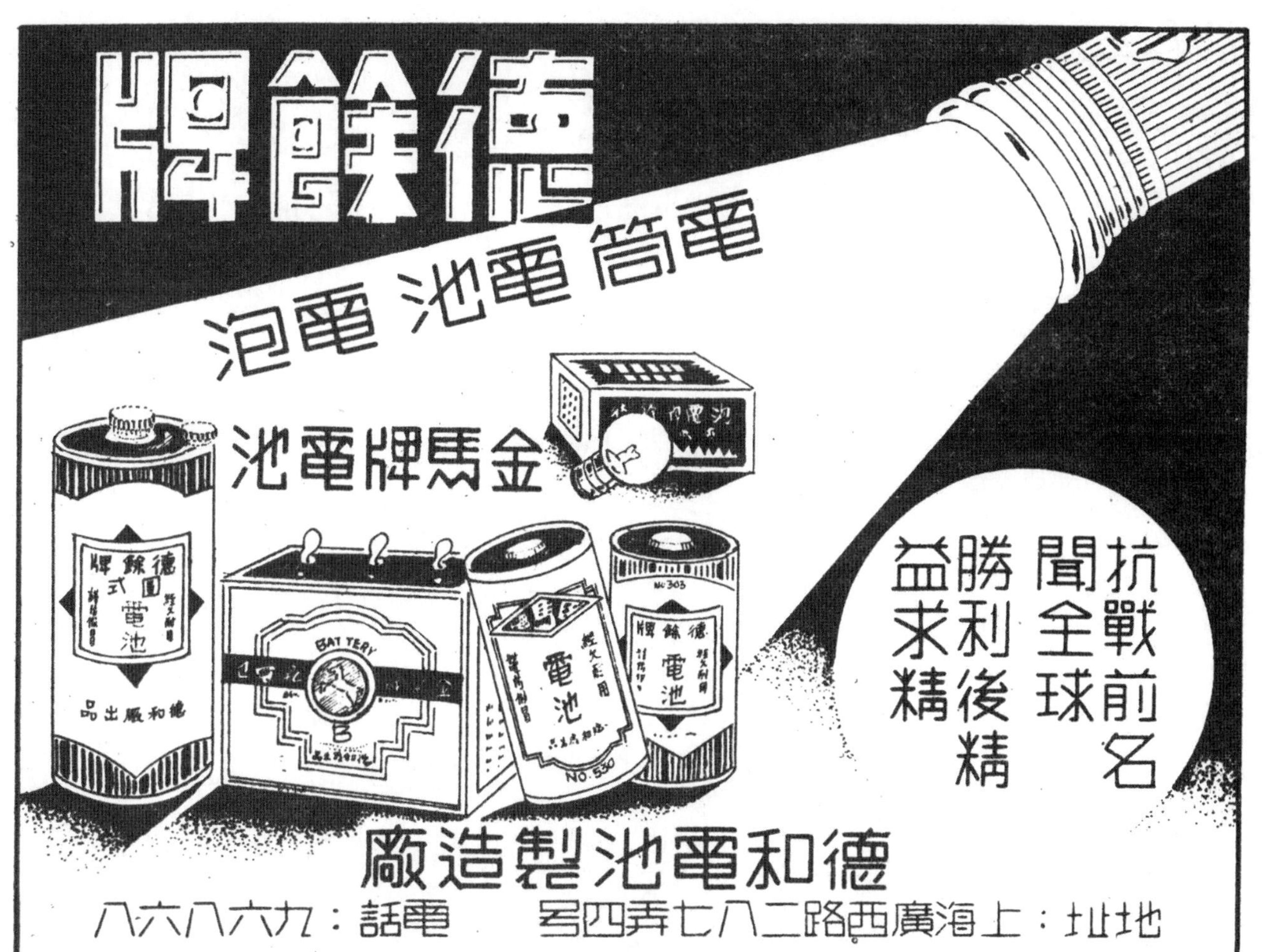
德餘牌
電筒 電池 電泡
金馬牌電池
BATTERY
NO.530
NO.303
抗戰前名聞全球
勝利後精益求精
德和電池製造廠
地址：上海廣西路二八七弄四号　電話：九六八六八

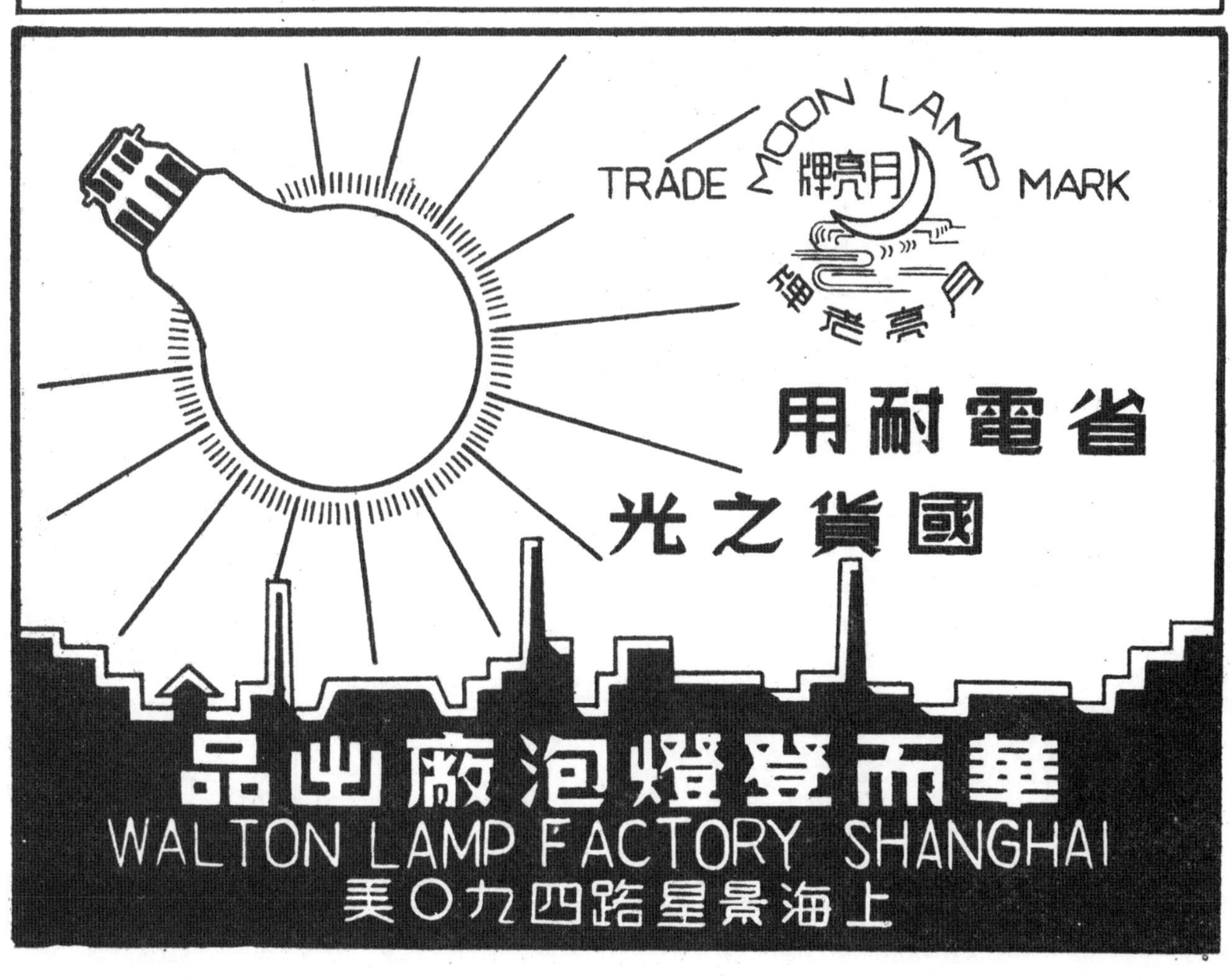
TRADE MOON LAMP MARK
月亮牌
省電耐用
國貨之光
華而登燈泡廠出品
WALTON LAMP FACTORY SHANGHAI
上海景星路四九〇美

第七十四圖
北京西路
南京西路
ROAD WESTERN
陝西北路
西摩路
江甯路
(戈登路)
南陽路
大新烟草公司
花園
小礼拜堂
中華基督教懷恩堂
廣東中學附小幼稚園
鴻泰煤號
永源百貨公司
紅寶有限公司
上海酒樓
新仙林書場
小菜場
憲兵第二十三團第一營本部
中國工業專科學校
汽車加油站
1222
馬飛
Mobilgas
大公醫院
Siberian Fur Store
Walter's
Annabella
進出口商
萬國貿易股份有限公司
經營
机械
木材
五金
化工
原料
ALLIED TRADING COMPANY, LTD. OTTAWA, NEW YORK, HONGKONG, SINGAPORE.
上海外灘十二號滙豐銀行大樓一三八A室 電話一六一四〇號

第七十四圖
雷氏德医學研究院
育英小學
住宅
北京西路
(愛文義路)
PEKI
联華公寓
联華公寓
联華公寓
光明化學製葯厰
貝公館
東方經濟研究所
財政部直接税局資料研究室
住宅
草地
草地
球場
住宅
西
花園
派拉蒙公寓
派拉蒙公寓
宅
南陽路
NANYANG ROAD
銅仁路
(哈同路)
愛國小學第一
礼堂
愛國女子中學
Mhg Bijou
操場
空地
住宅
草地
南陽兒童公園
花園
空地
康
路
培成女校
操場
小沙渡路
蘇联駐華商務代表處上海辦事處
南京西路
(靜安寺路)
NAN
比例尺
大百萬金
香烟
中國華明烟公司出品

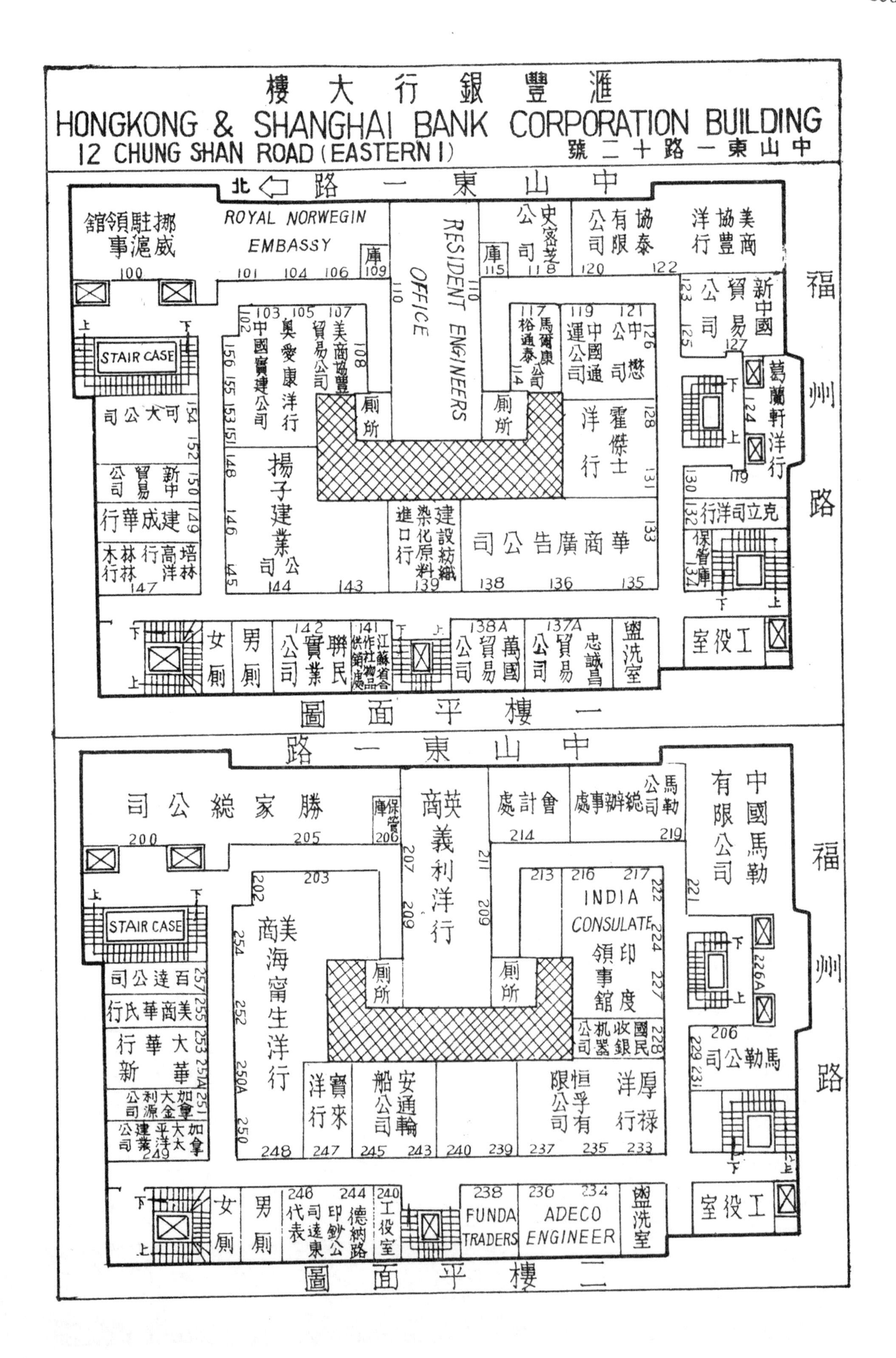
滙豐銀行大樓
HONGKONG & SHANGHAI BANK CORPORATION BUILDING
12 CHUNG SHAN ROAD (EASTERN I)
中山東一路十二號
中山東一路
北
挪威駐滬領事館
ROYAL NORWEGIN EMBASSY
RESIDENT ENGINEERS
OFFICE
史密芝公司
協泰有限公司
美商協豐洋行
新中國貿易公司
葛蘭軒洋行
霍傑士洋行
克立司洋行
保管庫
華商廣告公司
建設紡織染化原料進口行
揚子建業公司
中國實建公司
奧愛康洋行
美商協豐貿易公司
馬爾康裕通泰公司
中國通運公司
中懋公司
STAIR CASE
大可公司
新中貿易公司
建成華行
培林高洋行
林林木行
女廁
男廁
聯民實業公司
江蘇省合作社物品供銷處
萬國貿易公司
忠誠昌貿易公司
盥洗室
工役室
福州路
一樓平面圖
中山東一路
勝家總公司
保管庫
英商義利洋行
會計處
馬勒公司總辦事處
中國馬勒有限公司
STAIR CASE
美商海甯生洋行
INDIA CONSULATE
印度領事館
國民收銀機器公司
馬勒公司
百達公司
美商華民行
大華新華行
加拿大金源利公司
加拿大太平洋建業公司
寶來洋行
安通輪船公司
恒孚有限公司
厚祿洋行
女廁
男廁
德納路印鈔公司遠東代表
工役室
FUNDA TRADERS
ADECO ENGINEER
盥洗室
工役室
福州路
二樓平面圖

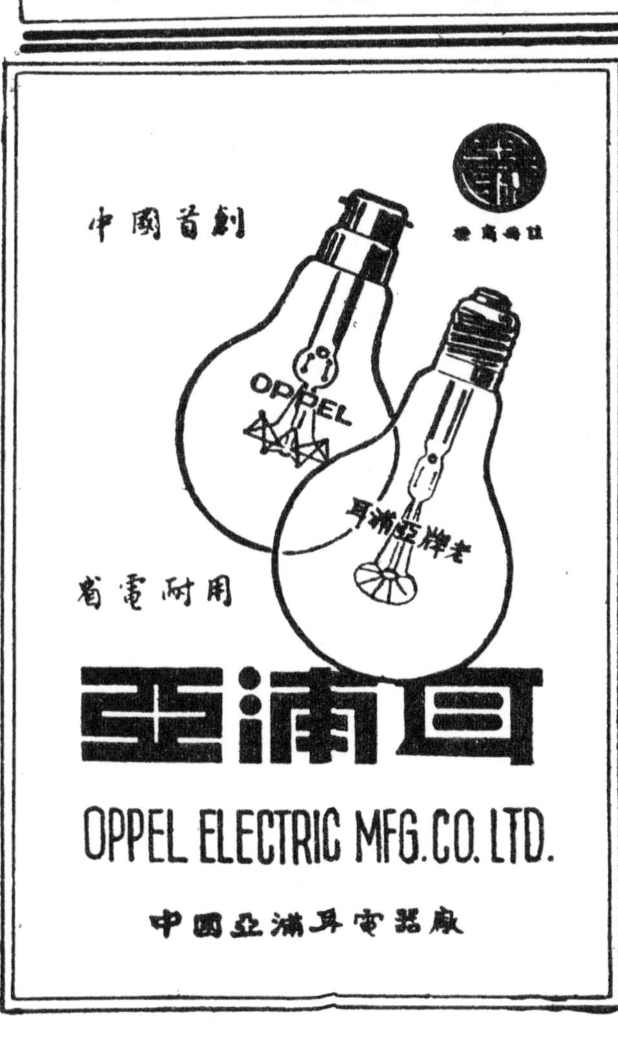

中國首創
註冊商標
OPPEL
老牌亞浦耳
省電耐用
亞浦耳
OPPEL ELECTRIC MFG.CO.LTD.
中國亞浦耳電器廠

雙魚牌
熱水瓶
上海
旦華實業廠
出品
不壞之身
純鋁製造
不銹不爛

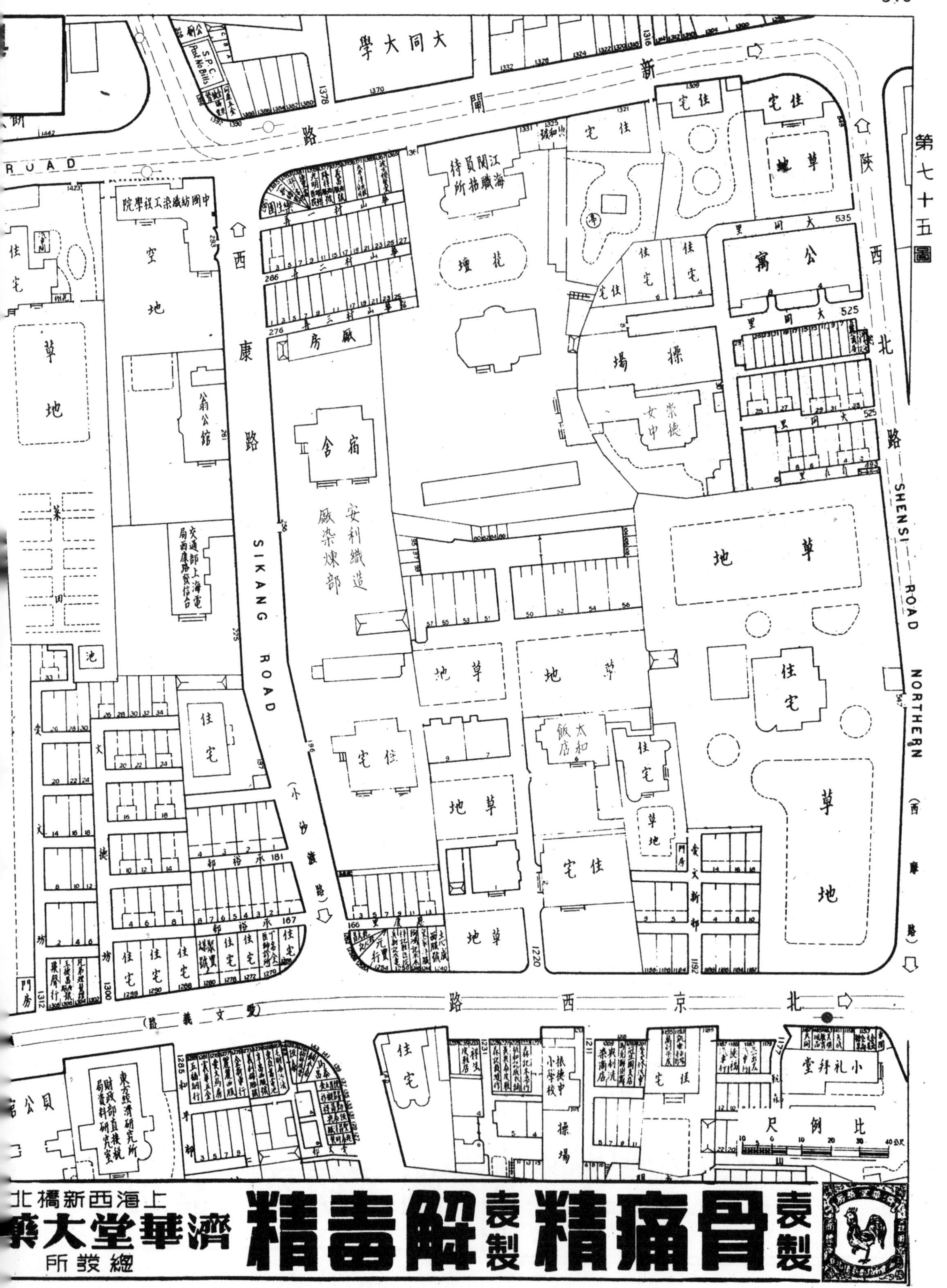

第七十五圖
大同大學
新閘路
陝西北路
SHENSI ROAD NORTHERN
西康路
SIKANG ROAD
北京西路
江海關人員俱樂部
中國紡織染工程學院
安利織造廠染練部
宿舍
花壇
崇德女中
操場
公寓
大同里
華山一村
華山二村
華山三村
廠房
交通部上海電信局西康路發信台
翁公館
草地
空地
住宅
太和飯店
愛文新邨
裕承邨
小禮拜堂
振德中小學校
東方經濟研究所
財政部直接稅局資料研究室
比例尺

上海市錢商業同業公會會員
怡大錢莊
辦理一切銀行業務
歷史悠久服務週到
地址天津路一九一号 電話九〇五九二 九五四〇八
業工業原料號
化學藥品
山東南路八號 電話八一三九八
第七十五圖
SINZA
新閘路
常德路
CHANGTEH ROAD
東遠煤球廠
內地會福音堂
上海市第十區中心國民學校
操場
培明女子中學
教室
寢室
膳堂
禮堂
內地會
草地
地
煤棧
住宅
大雄寶殿
覺園
佛教淨業社
覺園佛教淨業社施診所
克美療養院
克美產科醫院
育英中學
育英小學
宏興藥房宿舍
雷氏德醫學研究院
PEKING ROAD
北京西路
銅仁路
聯華公寓
狗牌門鎖
興華金屬製品廠出品
陝西北路二七三號
電話三七八五五
分設
鎮江，蘇州
南京，漢口
蚌埠，鹽城
徐州等處
各埠藥房
均有出售

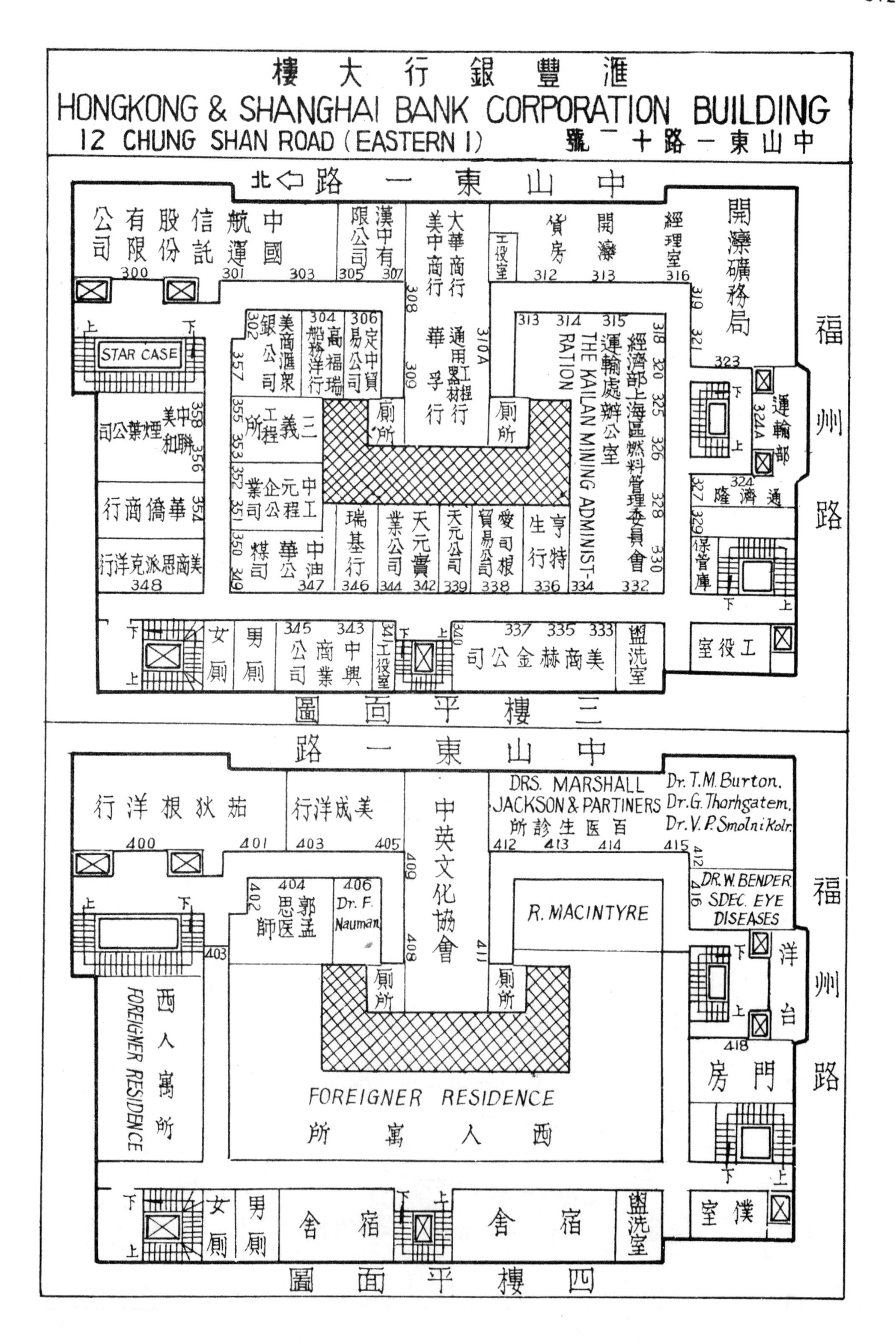
滙豐銀行大樓
HONGKONG & SHANGHAI BANK CORPORATION BUILDING
12 CHUNG SHAN ROAD (EASTERN I) 中山東一路十二號
中山東一路 北
中國航運信託股份有限公司
漢中有限公司
大華商行
美中商行
開灤礦務局
福州路
STAR CASE
THE KAILAN MINING ADMINISTRATION
經濟部上海區燃料管理委員會
運輸處辦公室
運輸部
通濟隆
保管庫
美商赫金公司
中興商業公司
工役室
盥洗室
男廁
女廁
三樓平面圖
中山東一路
茄狄根洋行
美成洋行
中英文化協會
DRS. MARSHALL JACKSON & PARTINERS
百医生診所
Dr. T.M. Burton.
Dr. G. Thorhgatem.
Dr. V.P. Smolni Kolr.
DR. W. BENDER SDEC. EYE DISEASES
R. MACINTYRE
郭孟思医師
Dr. F. Nauman
FOREIGNER RESIDENCE
西人寓所
洋台
門房
僕室
宿舍
四樓平面圖

# 史敦史各種機油

品質優良　全國各地

售價低廉　普遍採用

STERNS LIMITED. LONDON. NEW YORK

Sternol

Sole Agents for China

CHINA PETROLEUM CO., LTD.

史敦史公司出品

中國総經理

中華煤油股份有限公司

上海滙豐大樓三樓　電話一四六一八　一六一〇六

---

# 同濟酒精廠

# 中國啤酒廠

# 同興油廠

◎出品種類◎

酒精　啤酒　火油

欢迎批發惠顧

事務所－中央路一一四號八〇八室

電話－一三三七九

廠地－中正西路一〇四一號

電話－二一四三五

第七十六圖
WATSON'S
TEL: 60054
請飲屈臣氏汽水
勝州路三四三號
江海關稅務總司署
First Church of Chirst Scientist
信義會 Lucheran Center
花園住宅
私立振粹小學
南京西路
新閘路
ROAD
常德路
膠州路
慶餘工業原料行
上海金陵路崧厦街三〇號
電話八四四六一 八九三三三

第七十六圖

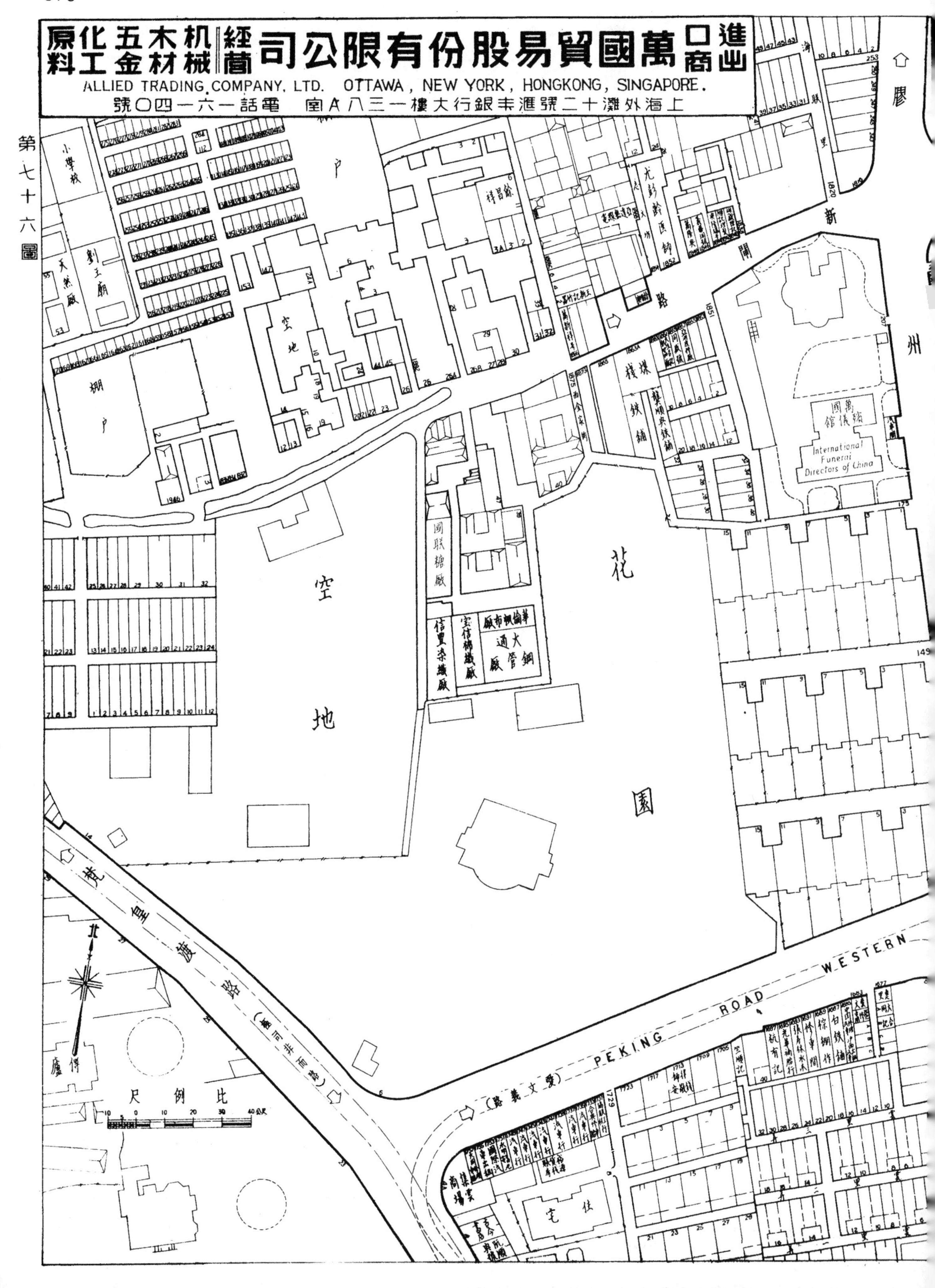

進出口商
萬國貿易股份有限公司
經售 机械 木材 五金 化工 原料
ALLIED TRADING COMPANY, LTD. OTTAWA, NEW YORK, HONGKONG, SINGAPORE.
上海外灘十二號滙豐銀行大樓一三八A室 電話一六一四〇號
小學校
劉王廟
天然廠
棚户
空地
花園
新閘路
膠州
萬國殯儀館
International Funeral Directors of China
國联糖廠
信豐染織廠
大通鋼管廠
西會家具
比例尺
北
PEKING ROAD WESTERN
(愛文義路)
住宅
集雲商場

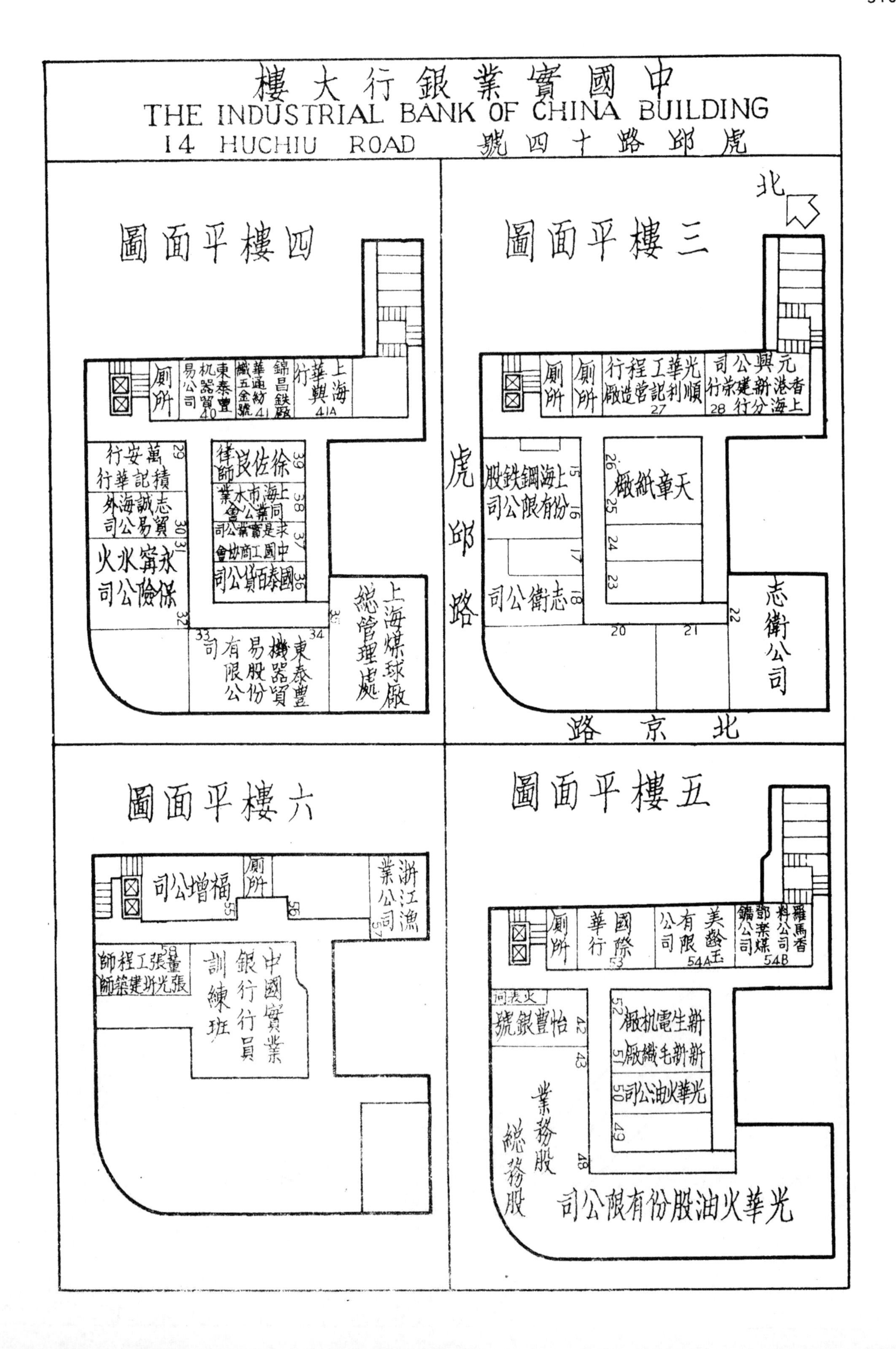

中國實業銀行大樓
THE INDUSTRIAL BANK OF CHINA BUILDING
14 HUCHIU ROAD 虎邱路十四號
四樓平面圖
廁所
東泰豊机器貿易公司 40
華通紡織五金號 41
錦昌鉄廠
上海華興行 41A
萬安行 積記華行 29
志誠貿易海外公司 30
永寧水火保險公司 31
32
徐佐良律師 39
上海市木業同業公會 38
37
中國工商協會
國泰百貨公司 36
35
上海煤球廠總管理處
33
34
東泰豊機器貿易股份有限公司
三樓平面圖
北
廁所
廁所
光華工程行 順利記營造廠 27
元興公司
28
上海鋼鉄股份有限公司 15 16
17
志衛公司 18
天章紙廠 26 25
24
23
20
21
22
志衛公司
虎邱路
北京路
六樓平面圖
福增公司 55
廁所
56
浙江漁業公司 57
58
中國實業銀行行員訓練班
五樓平面圖
廁所
國際華行 53
美齡玉有限公司 54A
54B
怡豐銀號 42
43
新生電机廠 52
新新毛織廠 51
光華火油公司 50
49
48
業務股
總務股
光華火油股份有限公司

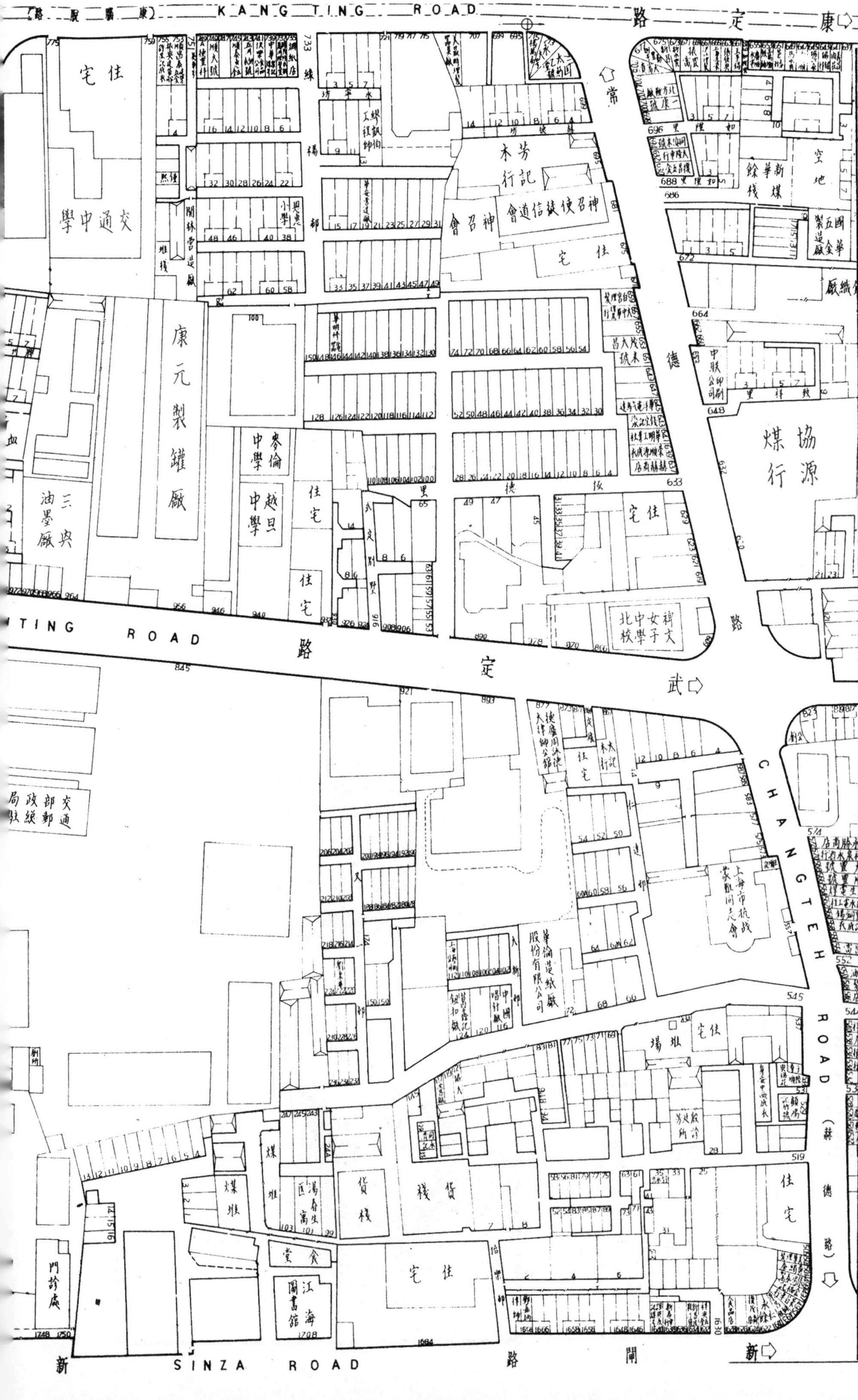

第七十七圖

(路 駅 嘉 康) KANG TING ROAD 路定康

# 源源長銀行

上海分行

江西路第四七三號

電話一一八五二 一二七七九

總行：江西南昌中正路四二號

吉安分行：吉安田候路第六十五號

贛縣辦事處：贛縣中正路第八十一號

浮梁辦事處：浮梁中山路

交通中學

康元製罐廠

三興油墨廠

麥倫中學

越旦中學

神召會

神召使徒信道會

木芳記行

協源煤行

華新餘煤棧

國華五金製造廠

中聯印刷公司

北中女子學校

神文

交通部郵政總局

上海市抗戰蒙難同志會

華倫造紙廠股份有限公司

江海圖書館

湯春生寓

貨棧

門診處

住宅

空地

TING ROAD 路定武

CHANGTEH ROAD (蔣德路) 常德路

SINZA ROAD 路閘新

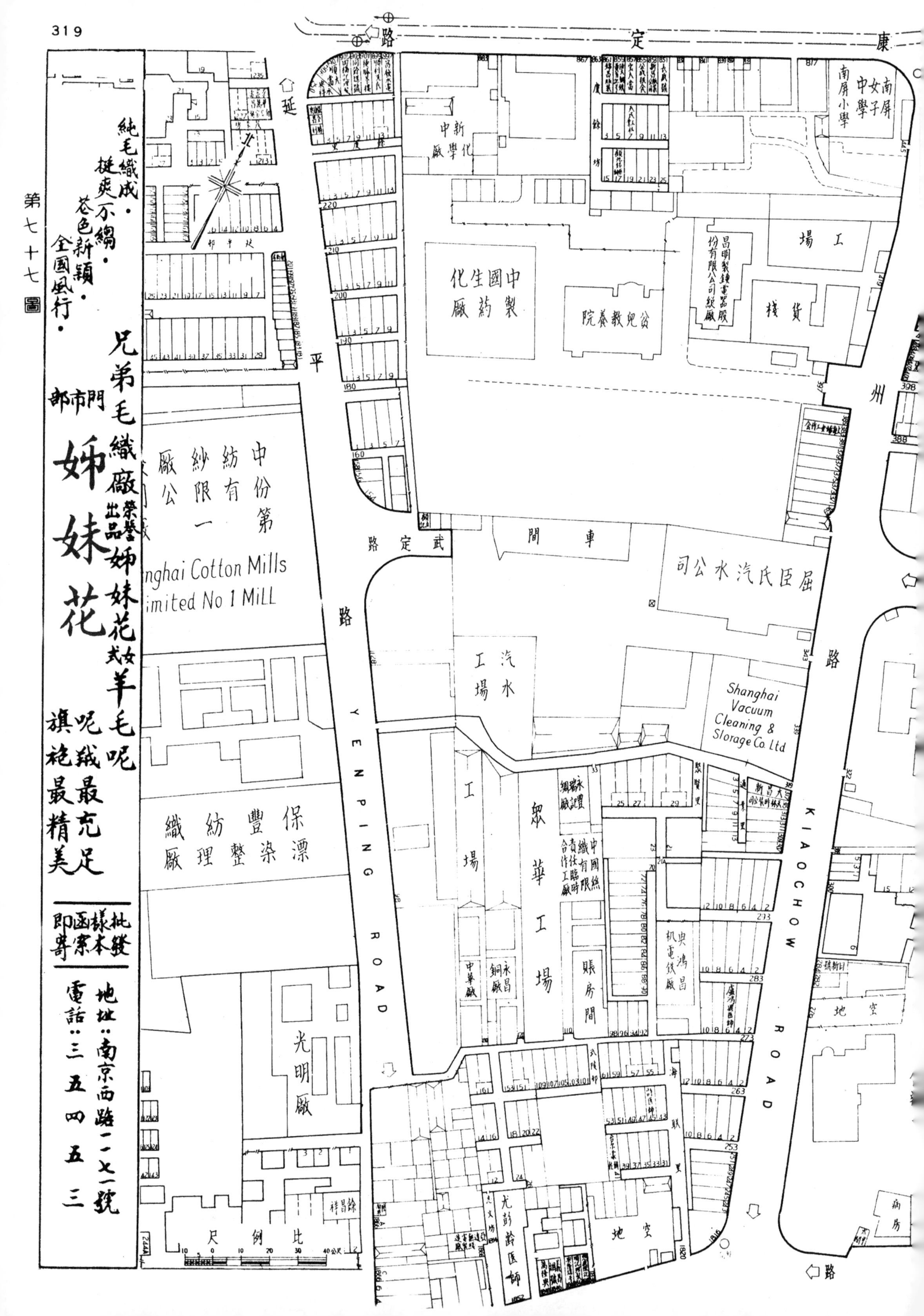
319
第七十七圖
純毛織成·
挺爽不縐·
花色新穎·
全國風行·
兄弟毛織廠出品
榮譽
姊妹花女式羊毛呢
門市部
姊妹花
呢絨最充足
旗袍最精美
批發
樣本函索即寄
地址：南京西路一一七一號
電話：三五四五三
康定路
延平路
武定路
膠州路
YENPING ROAD
KIAOCHOW ROAD
南屏女子中學
南屏小學
新中化學廠
中國生化製藥廠
公兒教養院
昌明製鐘電器股份有限公司總廠
工場
貨棧
中紡紗有限公司第一廠
Shanghai Cotton Mills Limited No 1 Mill
車間
屈臣氏汽水公司
汽水工場
Shanghai Vacuum Cleaning & Storage Co. Ltd
保豐紡織漂染整理廠
衆華工場
工場
中國絲織有限責任合作工廠
永記鋼廠
賬房間
中華廠
永昌銅廠
奥鴻昌電鍍機廠
光明廠
空地
尤彭齡醫師
廟房
比例尺

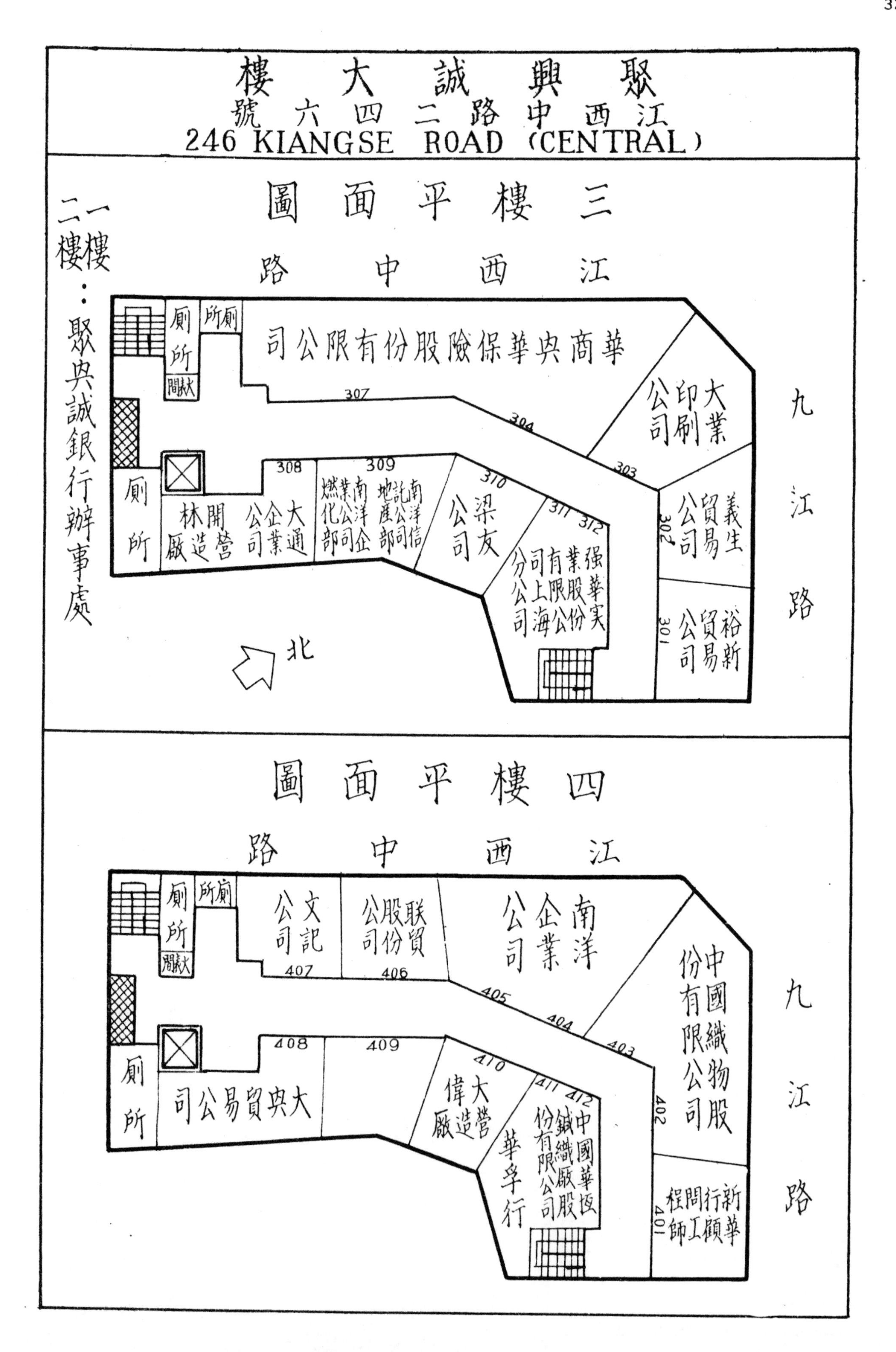

聚興誠大樓
江西中路二四六號
246 KIANGSE ROAD (CENTRAL)
一樓二樓：聚興誠銀行辦事處
三樓平面圖
江西中路
九江路
廁所
廁所
廁所
華商興華保險股份有限公司
307
304
303
大業印刷公司
義生貿易公司
302
裕新貿易公司
301
308
大通企業公司
開林營造厰
309
南洋企業公司燃化部
南洋信託公司地產部
310
梁友公司
311 312
强華實業股份有限公司上海分公司
北
四樓平面圖
江西中路
九江路
廁所
廁所
廁所
文記公司
407
联貿股份公司
406
南洋企業公司
405
404
403
中國織物股份有限公司
402
新華顧問工程師行
401
408
大興貿易公司
409
410
偉大營造厰
411 412
中國華頤鍼織厰股份有限公司
華孚行

中華味上廠
三大出品
價錢巧
鮮味強
WEY SHANG
上味
SEASONING POWDER
味養素
VE-YOUNG-SO
CHINA CONDIMENTS FACTORY
SHANGHAI
製造廠上海閘北寶山路七四八號

上海
九豐搪瓷鋼精廠
股份有限公司
製造廠
常德路八〇三號
電話三三七〇三六三三四四三
金雞牌
商標註冊
Manufactured by Kiu Fen Co. Ltd
Shanghai
總公司附設門市部
福建中路三九二號
電話九〇三一六
電報掛號四四三四

第七十八圖

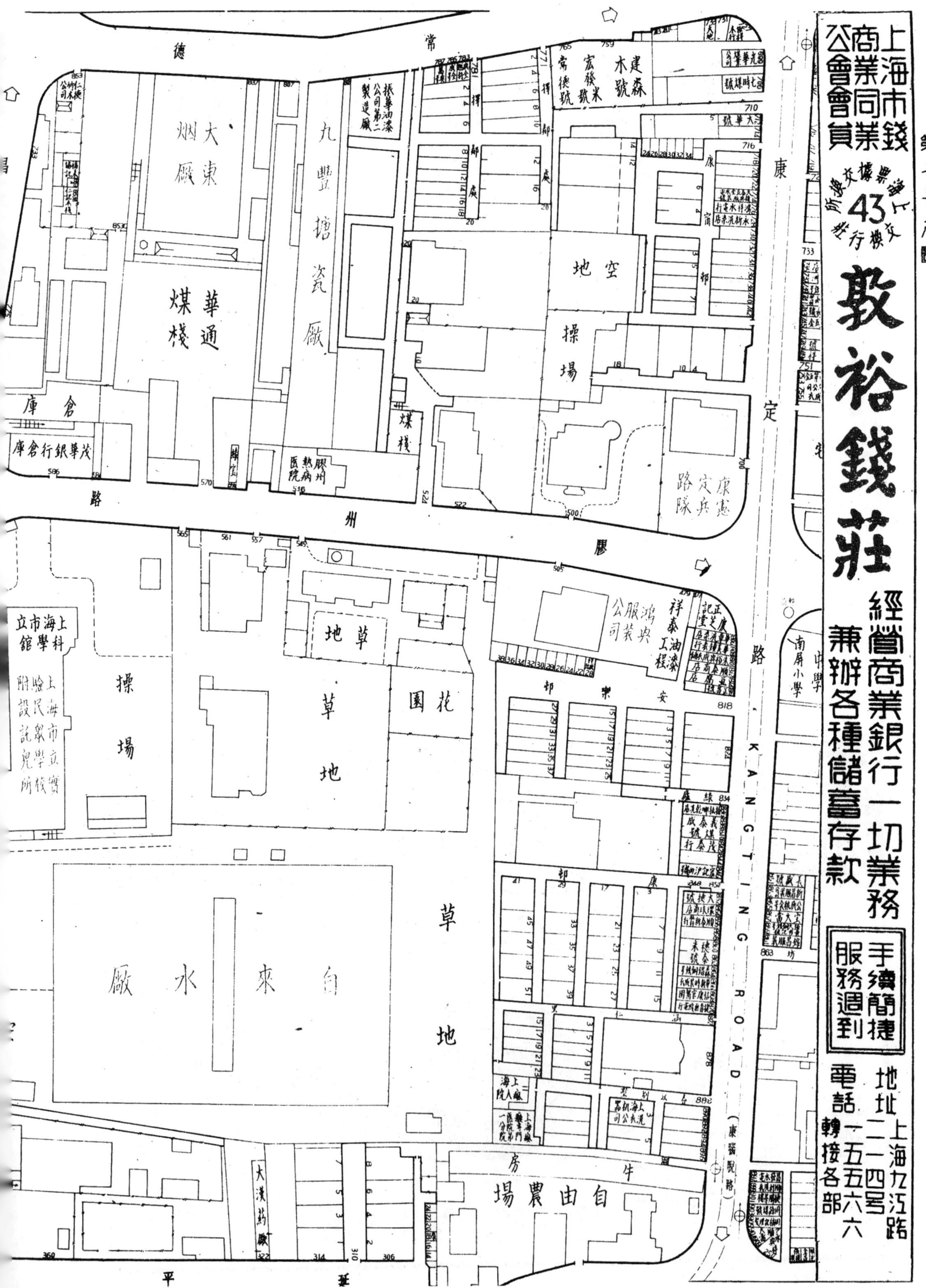
常德路
大東烟廠
華通煤棧
九豐搪瓷廠
振華油漆公司第二製造廠
建森木號
宏發米號
倉庫
茂華銀行倉庫
膠州熱病醫院
煤棧
空地
操場
康定路憲兵隊
膠州路
康定路
KANGTING ROAD
(康腦脫路)
上海市立科學館
上海市立實驗民衆學校附設託兒所
操場
草地
花園
鴻興服裝公司
祥泰油漆工程
南屏小學
中學
自來水廠
草地
大漢藥廠
自由農場
牛房
上海市錢商業同業公會會員
上海票據交換所交換行莊
43
敦裕錢莊
經營商業銀行一切業務
兼辦各種儲蓄存款
手續簡捷
服務週到
地址 上海九江路二二四号
電話 一五五六六 轉接各部

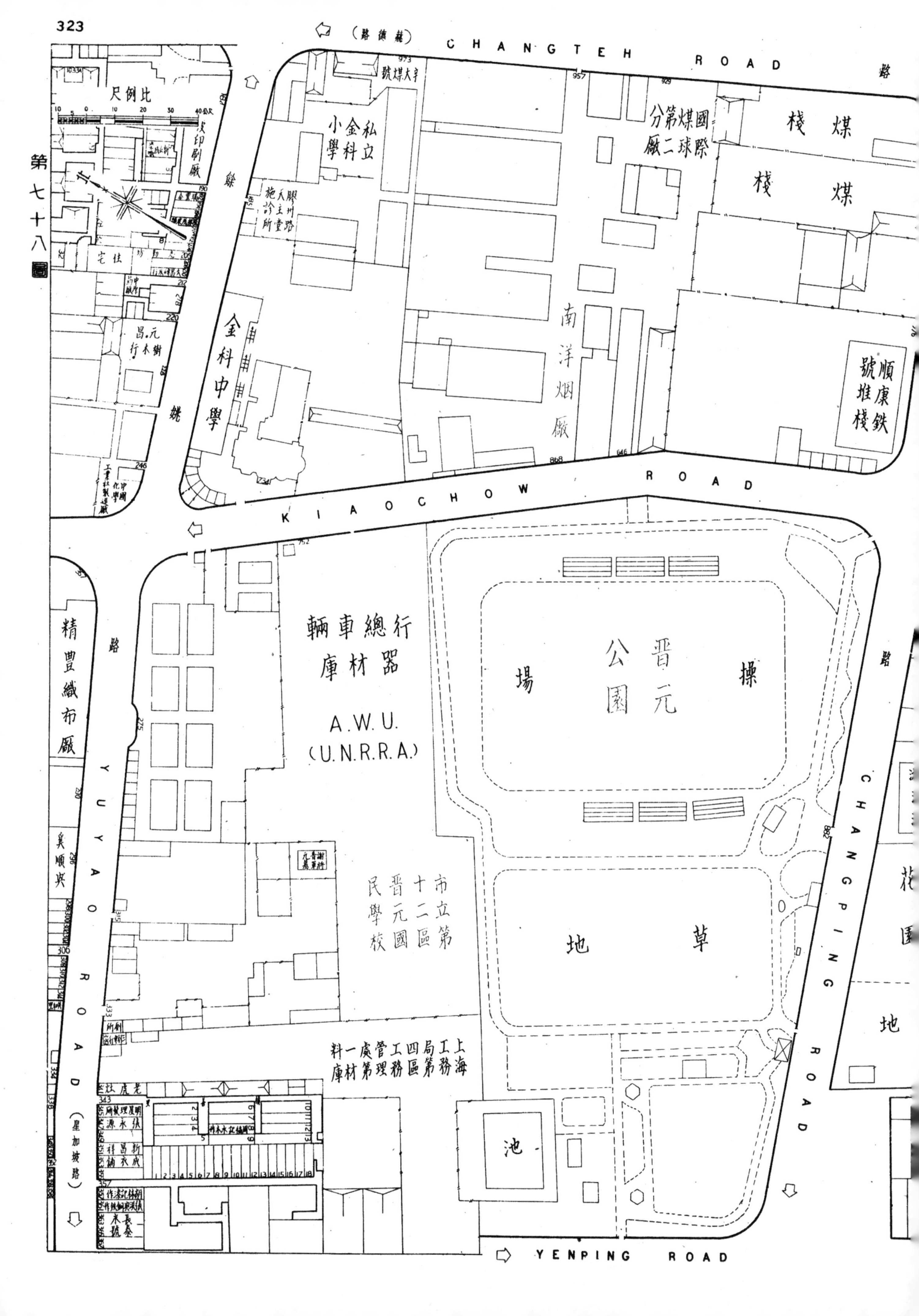
第七十八圖
比例尺
(常德路)
CHANGTEH ROAD
KIAOCHOW ROAD
YUYAO ROAD
餘姚路
CHANGPING ROAD
YENPING ROAD
(星加坡路)
辛大煤號
私立金科小學
國際煤球第二分廠
煤棧
煤棧
膠州路天主堂施診所
金科中學
南洋烟廠
順康號鉄堆棧
昌元木行
精豐織布廠
行總車輛器材庫
A.W.U.
(U.N.R.R.A.)
晉元公園
操場
草地
池
市立第十二區晉元國民學校
上海工務局第四區工務管理處第一材料庫
花園
地

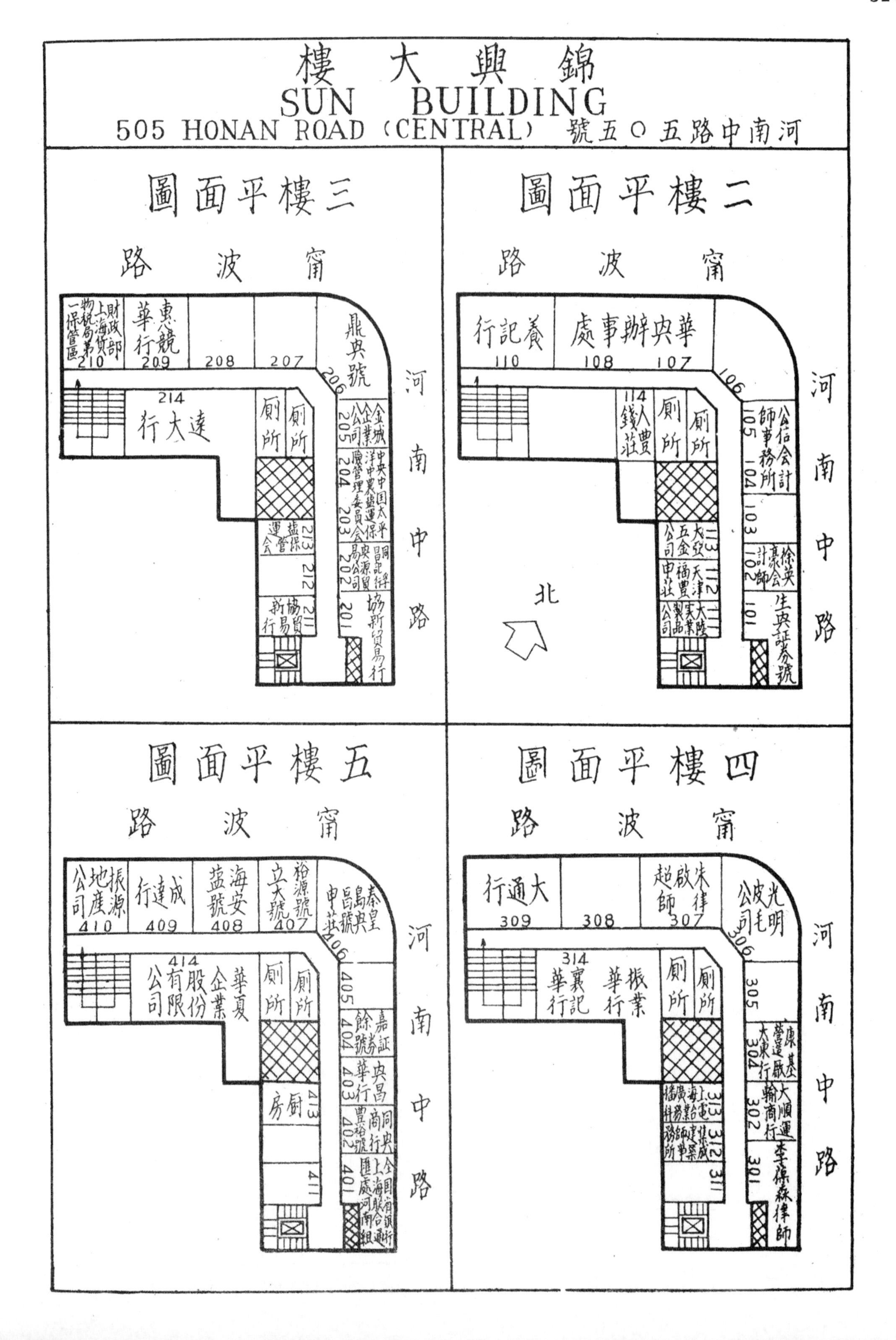
錦興大樓
SUN BUILDING
505 HONAN ROAD (CENTRAL) 河南中路五〇五號
三樓平面圖
二樓平面圖
五樓平面圖
四樓平面圖
甯波路
河南中路
北
養記行
110
108
107
106
105
104
103
102
101
114
113
112
111
210
209
208
207
206
205
204
203
202
201
214
213
212
211
遠大行
廁所
410
409
408
407
406
405
404
403
402
401
414
413
411
成達行
海安號
房廁
309
308
307
306
305
304
302
301
314
313
312
311
大通行
李文傑森律師

省時　省費　省力

招請外埠特約經銷　簡章備索

奚玉書氏校訂

龔懋德氏設計

# 公信帳簿

首先創製

帳簿權威

總發行所

公信會計用品社股份有限公司

上海河南中路五〇五號一樓

電話　九〇三四五　九二九一一

中外埠各大文具商店均有經售

---

# 永嘉紗廠事務所

# 信孚行

# 德豐號

上海溪口路一五一號

電話：八三七四〇

八六五七八

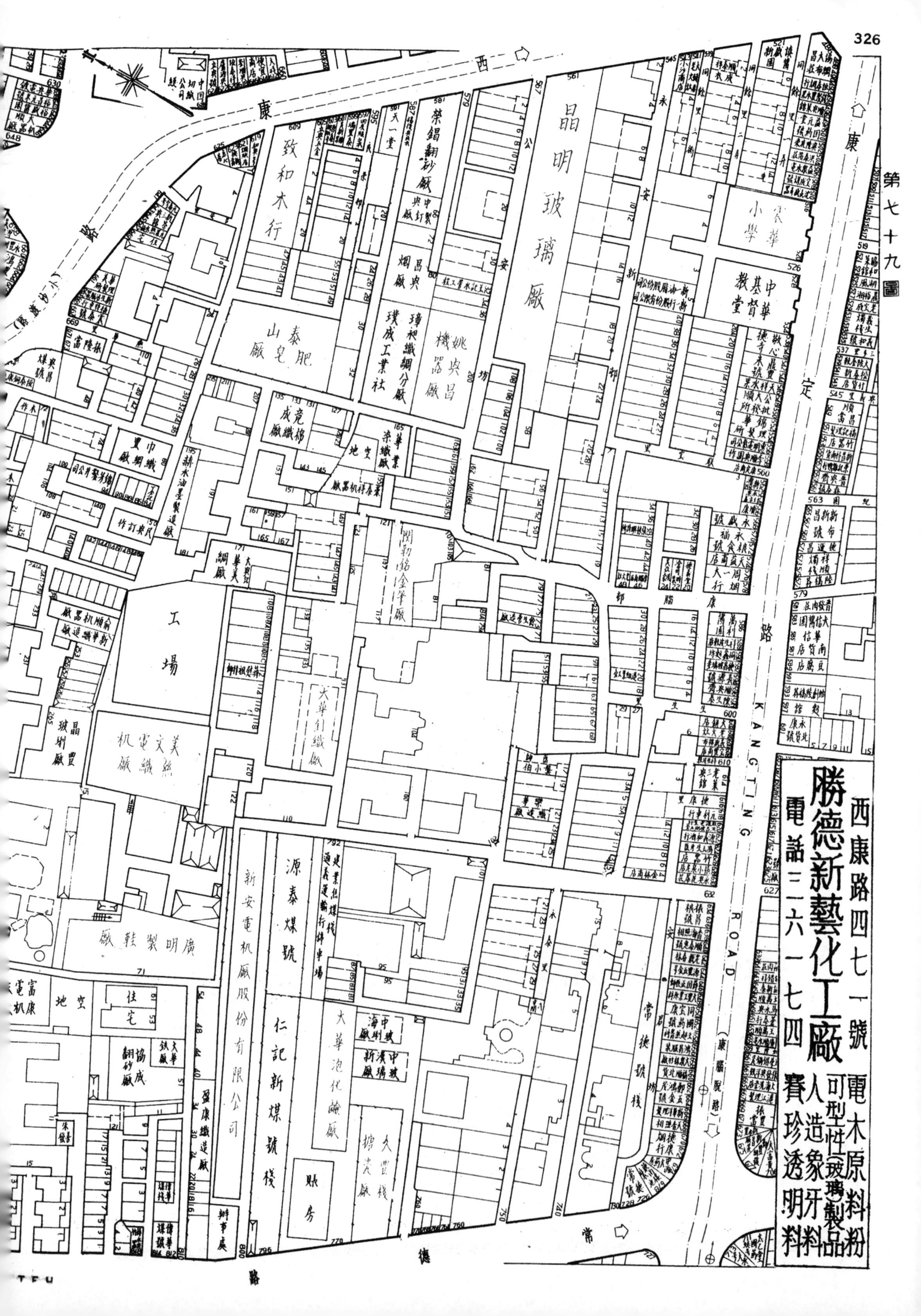
西康路
康定路
KANG TING ROAD
常德路
晶明玻璃廠
致和木行
榮錩翻砂廠
泰山肥皂廠
姚興昌機器廠
中華基督教堂
中華小學
工場
美文電机絲織廠
廣明製鞋廠
新安電机廠股份有限公司
源泰煤號
仁記新煤號棧
大華泡化鹼廠
大華針織廠
閔勒銘金筆廠
空地
賬房
西康路四七一號
勝德新藝化工廠
電話三一六一七四
電木原料粉
可塑性(玻璃)製品
人造象牙料
賽珍透明料

第七十九圖

西康路 SIKANG ROAD
餘姚路 YUYAO ROAD
海防路
常德路
（蘇德路）
昌平路
（星加坡路）

華倫毛紡織廠
環球橡膠廠
九合鉄廠
新一染織廠
住宅
新光鉄工廠
明記營造廠
空場
勉精机器廠
中國鋼品廠
中國鋼鉄工廠
尚賢山糖果銷製造廠
增泰紡織染廠
國術場
競華中小學
江甯大戲院
三元印刷紙廠
央化學工業廠
西海商場
江甯電影院
西海相館
格球室
公用電機製造廠
友聯建築公司工場
倫華染織廠
大華軟管廠
晶鑫廠
林記木電行
大成鋼管廠
新聯染織廠
大明絲廠
申大染織廠
劉紗場
康豐鋼廠
中央實業公司
德豐針織廠
鍋爐間
新泰陶器廠
大明絲廠棧
空地
上海市立女子第一中學
上海市立科學館附設第一化學實驗教育站
上海市立蘇德路小學校
上海市十二區中心國民學校
上海市救濟院
殘疾教養所
茂成營造廠工場
裕記營造廠工場
明思小學
教室
工部局驗屍所
厕所
何永順竹號
美國聖公會
利源織廠

比例尺
10 5 0 10 20 30 40公尺

CH

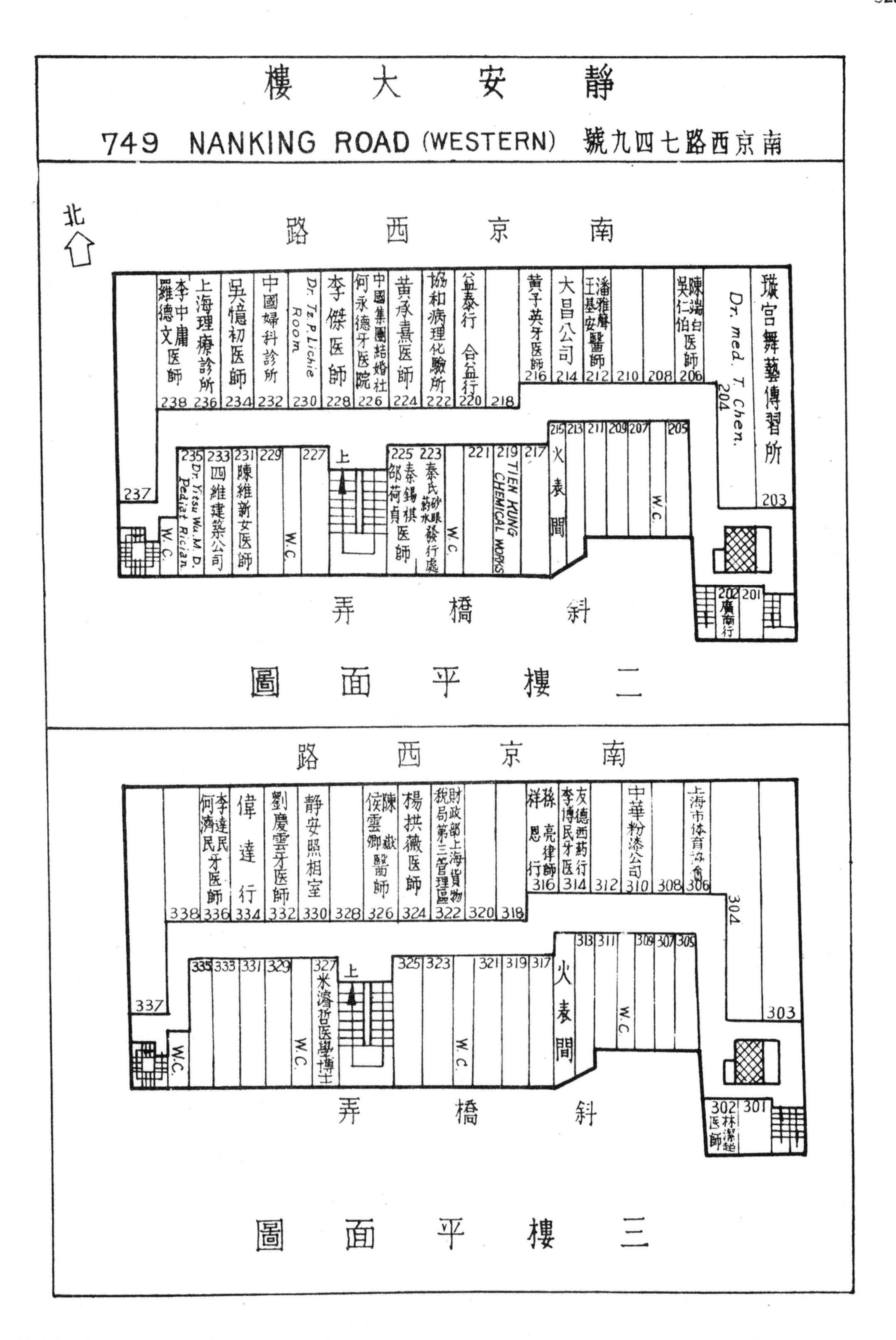

靜安大樓
749 NANKING ROAD (WESTERN) 南京西路七四九號
北
南京西路
璇宮舞藝傳習所 203
Dr. med. T. Chen 204
陳瑞白 吳仁伯 医師 206
208
210
潘雅聲 王基安 醫師 212
大昌公司 214
黃子英牙医師 216
218
益泰行 合益行 220
協和病理化驗所 222
黃承喜医師 224
中國集團結婚社 何永德牙医院 226
李傑医師 228
Dr. Tz. P. Lichie Room 230
中國婦科診所 232
吳憶初医師 234
上海理療診所 236
李中庸 羅德文 医師 238
237
235 Dr. Yitsu Wu. M. D. Pediatrician.
233 四維建築公司
231 陳維新女医師
229
227
上
225
223
泰氏砂眼藥水發行處
221
219 TIEN KUNG CHEMICAL WORKS
217
火表間
215 213 211 209 207 205
W.C.
202 廣南行
201
斜橋弄
二樓平面圖
南京西路
上海市体育協會 306
308
中華粉漆公司 310
312
友德西藥行 李博民牙医 314
孫亮律師 祥恩行 316
318
320
財政部上海貨物稅局第三管理區 322
楊拱薇医師 324
陳嶽 侯雲卿 醫師 326
328
靜安照相室 330
劉慶雲牙医師 332
偉達行 334
李達民 何濟民 牙医師 336
338
337
304
303
335 333 331 329
327 米濟哲医學博士
上
325 323 321 319 317
火表間
313 311 309 307 305
W.C.
302 林潔廷医師
301
斜橋弄
三樓平面圖

老牌國貨

耐用不縮

各處有售

上海大新化學廠出品

發行所：上海河南南路四七弄十一號

電話：八一一七六

---

上海中正東路中滙大樓七〇七室

一大行

工業原料

糊精漿粉

電話：八五六〇〇 八六六〇〇 七八五六五

度份準確

品質精良

請用 新泰液體燒碱

貴廠欲求減輕成本

新泰化工廠

上海虹橋路一八一弄四號（後胡家宅）

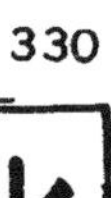

第八十圖



AD
西康路
武定路
新閘路
SINZA ROAD
常德路
(赫德路)

425 上海洗衣公司
423 兆豐烘
421 飛星車行
419 新新水果店
417 413 411
407 空地
401 397 395 393 391 387 383
375 373 371 369 367 365 363 361 359 357 355 353 347 345 343 341 339 337
新和机器廠
9 2 10 30 22 02
60 62 63 88
51 53 55 57 70 72 74 76
沙利文糖餅乾果廠
空地
184 178 176 174 170
160
文明印書所 96
中國電業机器廠
200 202 204 206
恆順興布
竹棧
260 250
空地
20 22 24 26
128 130 132 134
茂盛電机針織廠
276 280
300 302
165 163
141 117 119 121 123 125 127 129
環球復用電泡廠
74 72 70 68 66 64
52 50
101 79 75 77
木行
61 59 57 55
53 51 49
10 8 6
1484 1486 1488 1490 1492
1494 1496 1498 1500
128 126 124 122
鐵舖
118 116 114 112
天井
238
102 100 98 96
91 89 87 85
39 37 35 33
23 21 19 17
顏料廠 149
振昌軋光廠
109 107 105
82 84 86 88
東達煤球廠
1502 1504 1506 1508 1510 1512 1514 1516
花園 1520
1522 1524 1526 1528 1530 1532 1534
1536
康生小學
昌濟机器廠
空地
新中國五金廠
鐵舖
福興木棧
机器廠
華昌電机廠
三泰運輸公司
萬泰木廠
住宅
1556 1558 1560 1562 1566 1568 1570 1572 1574 1576
95 51
99 101 103 105 107 109 111 113 115 117 119 121 123 125 127
王盛記
邵祥泰煤棧
復旦實驗中學
4 6 8 10 12 14 16 18
水勝商店 572
裕泉水滷行 570
大豐號 568
順豐號 566
利生電焊 564
中國水電工程 562
合豐鋼鍋 560
鑫記成衣 558
556
隆昌當 554
552 里
天山煤油 550
常德理髮 548
豆腐店 546
544
仁和號 540
理髮店 538
和康衛行 536
瑞豐祥行 534
532
元福里 530
528
金城汽車行 526
生記成衣 524
和泰水號 522
573
比例尺
10 5 0 10 20 30 40公尺
545 537
內地会福音堂
上海市婦女運動委員會主辦婦女第一補習學校
上海市財政局沙涇征収處所
中國紡織染工程學院
培明女子中學
門房
堂
1451 1461 1471 1601
空地

第八十圖
商標
上海華中工廠
中華民國二十四年一月創立
專門製造各種文化用品
廠址 黄陂南路四八號
電話·八六七三四
電報掛號·〇三三五九
請 用
全國祇此一家
之國貨複寫紙
西康路
SIKANG
(小沙渡路)
康定路
KANGTING ROAD
常德路
CHANGTEH ROAD
(康腦脫路)
晶明玻璃
震華小學
中華基督教堂
正中書局印刷所
中國華明烟公司烟棧
天山第一化工廠
勤工絲織廠
小菜場
油桶棧
華成橡膠女工宿舍
華成橡膠廠
天賚五金製造廠
煤棧
協源煤行
新華餘煤棧
空地
大德化學廠
順昌木行
新大木行
樹棧
福記通鉛廠
豐源電机廠
新電生机廠
德豐染織廠
公益電机織針
棧房
勝德廠
源和染織廠發行所

# 興業大樓

# NATIONAL COMM. BANK BUILDING

**406 KIANGSE ROAD (CENTRAL) 江西中路四〇六號**

四樓平面圖

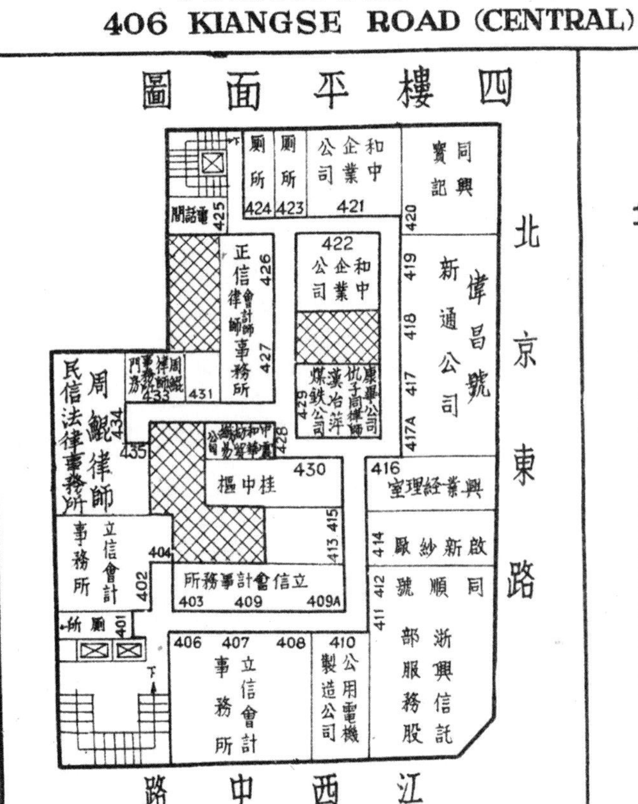


三樓平面圖

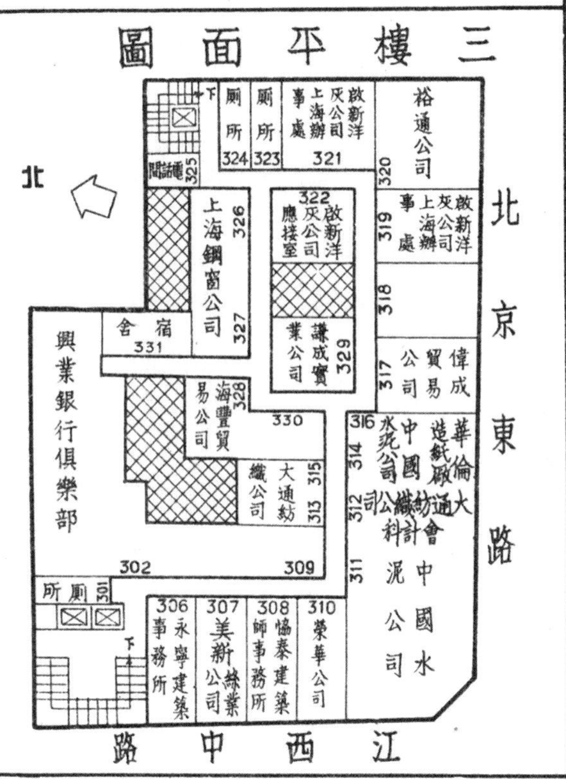


五樓平面圖

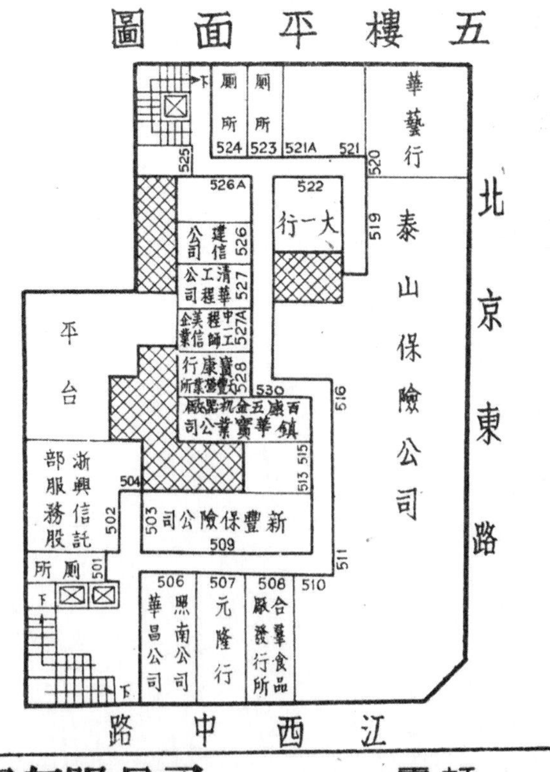

中和汽車工場
泰記鋸木廠
寄柩所
安樂堂
美星印刷廠
人和豐煤號
永勤橡膠製造廠
勵志社上海第九招待所
美國兵營
美商中國營業公司倉庫
貨棧
空地
住宅
震泰鋸木廠
比例尺
(西康路)
陝西北路
WUTING ROAD
武定路
康定路
西康路
新閘路
永豐棉織廠
中國華利烟草公司
國際洋傘廠
光育小學
修理部
翻砂間
中央机器廠
机器間
華英印務局
利民瓦盒製造廠
鎢鋁鉄廠
廣肇公學
大同大學
草地
恆豐貨棧
華明烟草公司
錢鏞記電業製造廠
新中興机器廠
新亞廠
別發印刷廠
S.P.C. Post No Bills

第八十一圖
鄭秀範醫學博士
肺癆專科
X光檢查
上海西康路五五二弄十七號
電話六〇三七一
江寧路
KIANGNING ROAD
陝西北路
KANGTING ROAD
西康路（小沙渡路）
SIKANG RO
康腦脫路
昌平路
華成煙草公司倉庫
華成工場
最高牛奶公司
空地
住宅
花園
警車間
射擊場
草地
上海製釘廠
正大製罐廠
馬源順機器廠
民通
恆新公司
中記印刷所
申一橡膠帶製造廠
三興銅鐵廠
利生煉廠
華豐製釘廠
上海煤球工業廠
永興金屬製品廠
華通電業機器廠
倉庫
榮芳印刷製盒廠
煮皂工場
製皂工場
上海五洲製皂廠
五洲大藥房
貨棧
恆豐貨棧
亞洲銀行經理
上海電力公司
餘豐樹行

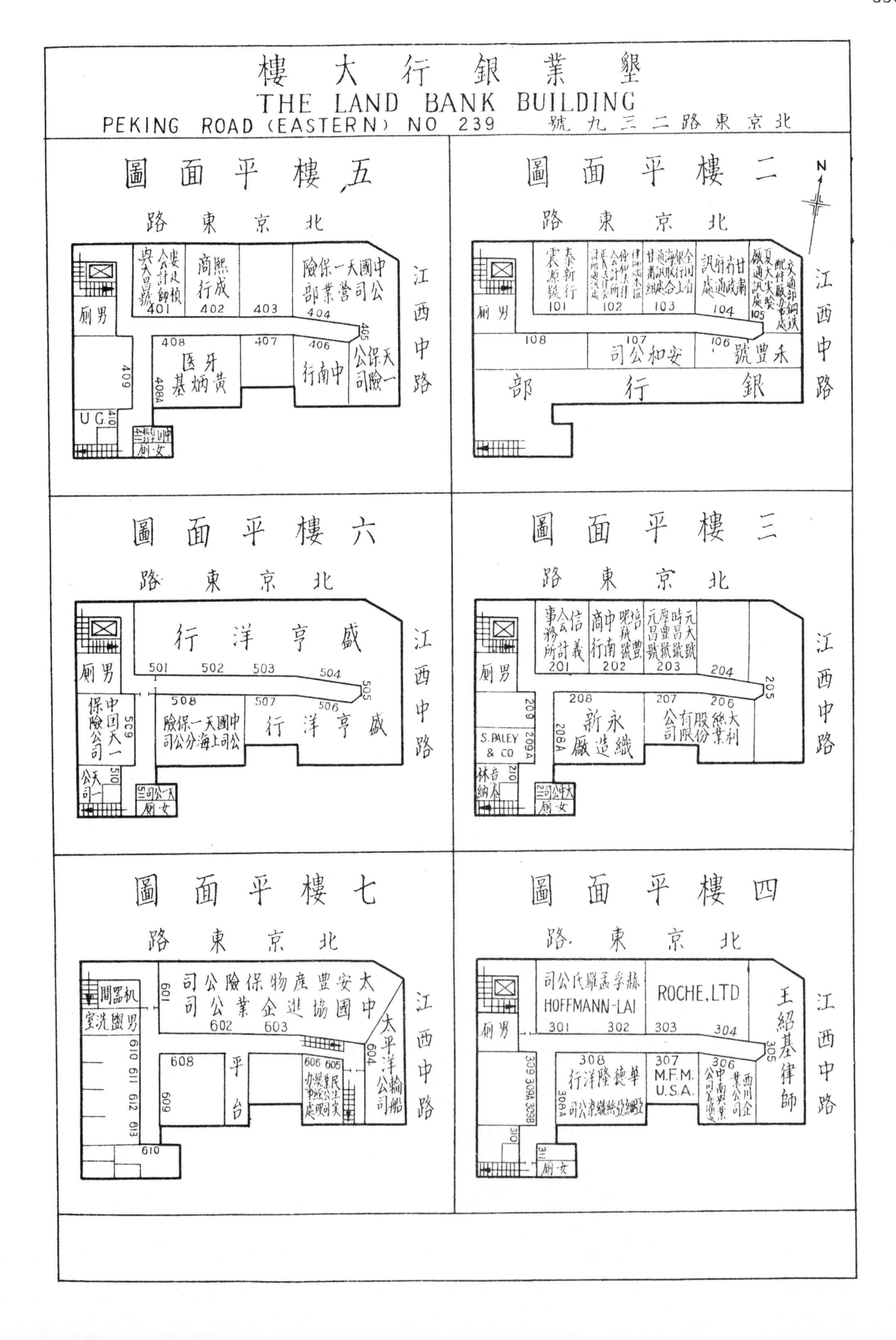
墾業銀行大樓
THE LAND BANK BUILDING
PEKING ROAD (EASTERN) NO 239 北京東路二三九號
五樓平面圖
二樓平面圖
六樓平面圖
三樓平面圖
七樓平面圖
四樓平面圖
北京東路
江西中路
N
男廁
女廁
銀行部
禾豐號
安和公司
中國天一保險公司營業部
中南行
天一保險公司
盛亨洋行
中國天一保險公司
中國天一保險公司上海分公司
天一公司
新永織造廠
大利絲股份有限公司
S. PALEY & CO
HOFFMANN-LAI
ROCHE, LTD
M.F.M. U.S.A.
華德隆洋行
王紹基律師
太中國安豐協進產業物保險公司
太平洋輪船公司
平台
U.G.
101 102 103 104 105 106 107 108
201 202 203 204 205 206 207 208 208A 209 209A 210 211
301 302 303 304 305 306 307 308 308A 309 309A 309B 310 311
401 402 403 404 405 406 407 408 408A 409 410 411
501 502 503 504 505 506 507 508 509 510 511
601 602 603 604 605 606 608 609 610 611 612 613

# 元興工業原料號

山東路一〇三號 電話九二〇三五

各種原料 化學藥品 應有盡有 品質高尚 成份準確 價格克已

如有詢問 自當詳細奉答 倘蒙惠顧 無不盡心效勞

**Yuen Shing Industrial Supply Co.**

NO. 103 SHANTUNG ROAD

TEL. 92035

---

# 同豐泰顏料號

DONG FOONG TAI DYES CO.,

專 營

靛青顏料 工業原料

地址北苏州路五二〇弄十一號電話四六五一二

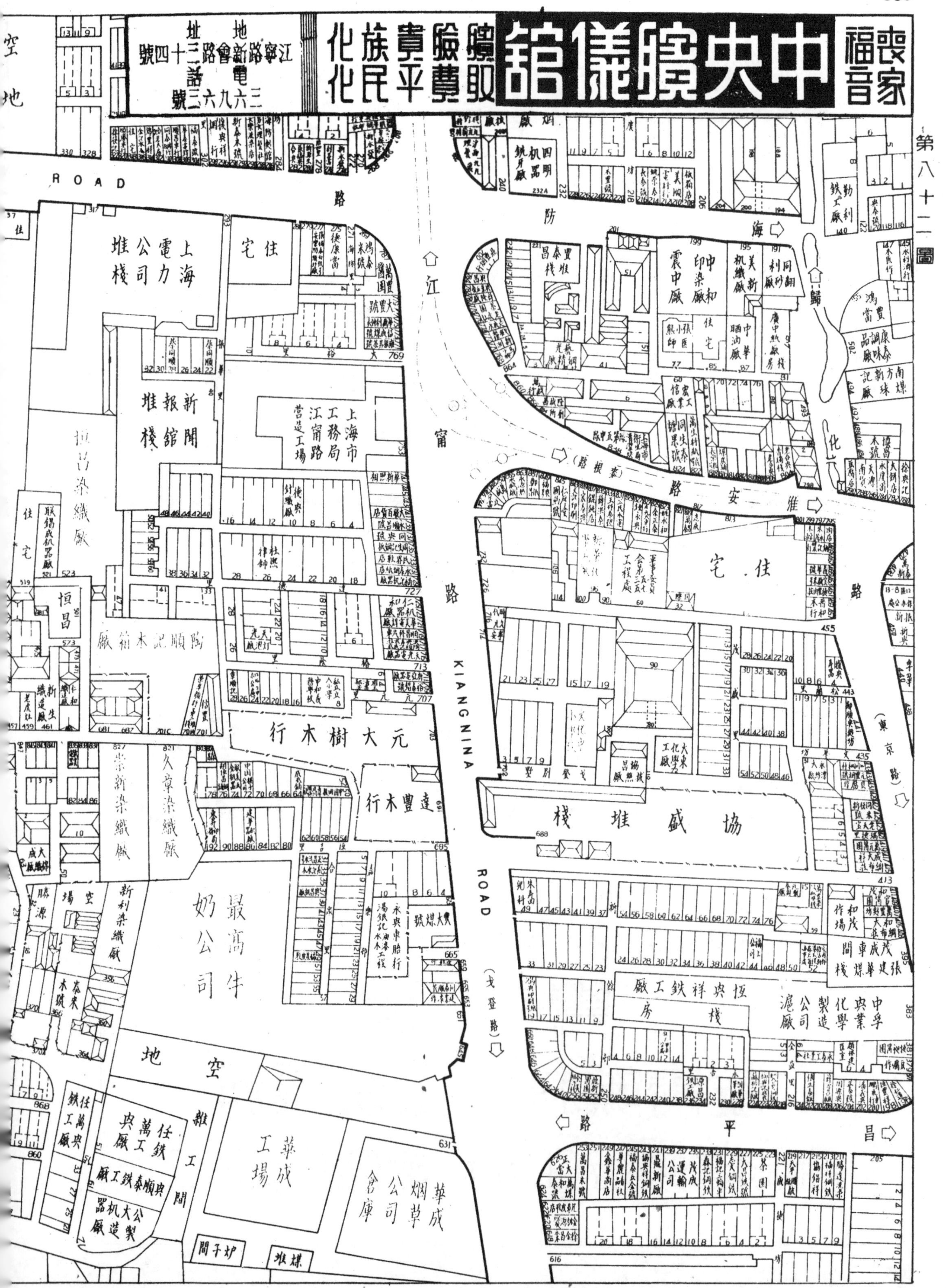
中央殯儀館
喪家福音
地址 江寧路新會路三十四號
電話 三六九六三號
第八十二圖
ROAD
KIANGNING ROAD
江寧路
海防路
淮安路
昌平路
戈登路
東京路
上海電力公司堆棧
住宅
新聞報館堆棧
上海市工務局江寧路營造工場
恒昌染織廠
恒昌
防順記木箱廠
元大樹木行
達豐木行
崇新染織廠
久章染織廠
新利染織廠
最高牛奶公司
空地
空場
華成工場
華成烟草公司倉庫
任萬興鉄工廠
興順泰鉄工廠
公大机器製造廠
雜工間
炉子間
煤堆
協盛堆棧
恆興祥鉄工廠棧房
中華興業化學製造公司滬廠
中和印染廠
震中廠
美新机織廠
同翻利紗廠
四明机器鉄廠
勤利鉄工廠
張建華煤棧
茂成車間
茂和炸場
協昌織廠

第八十二圖

崇茂倉庫
美福貨棧
棧房
環球橡膠廠
三木公司
海防路
HAIPHON
九合鉄廠
新一染織廠
中華碾銅廠
財政部直接稅局江普區辦事處
新昌肥皂廠
金星染織廠
錦孫綢織廠
大誠綢織廠
新華紡棉紗布廠
大誠第三綢廠
大豐堆棧
東南鉄工廠
双鹿布廠
明昌机織廠
六三洋釘廠
新光鉄工廠
住宅
空場
造炉廠
正泰肥皂廠
藝光鋼精廠
益昌机器廠
昌平路
西康路
新仝机器廠
三泰電氣廠
永興金属製品廠
華豐製釘廠
義和織造廠
新中科學用具廠
恆新公司
大東廠
玉皇山分院
上海工業煤球廠
公用廠
大乙製罐廠
上海製釘廠
華通電業机器廠
三興銅鉄廠
致和木行
比例尺
(小沙渡路)
中國鋼品廠
事務所
天一堂
昌興烟廠
中興製釘廠
荣昌翻砂廠
同豐手帕廠
倉庫
美納公司
三山小學

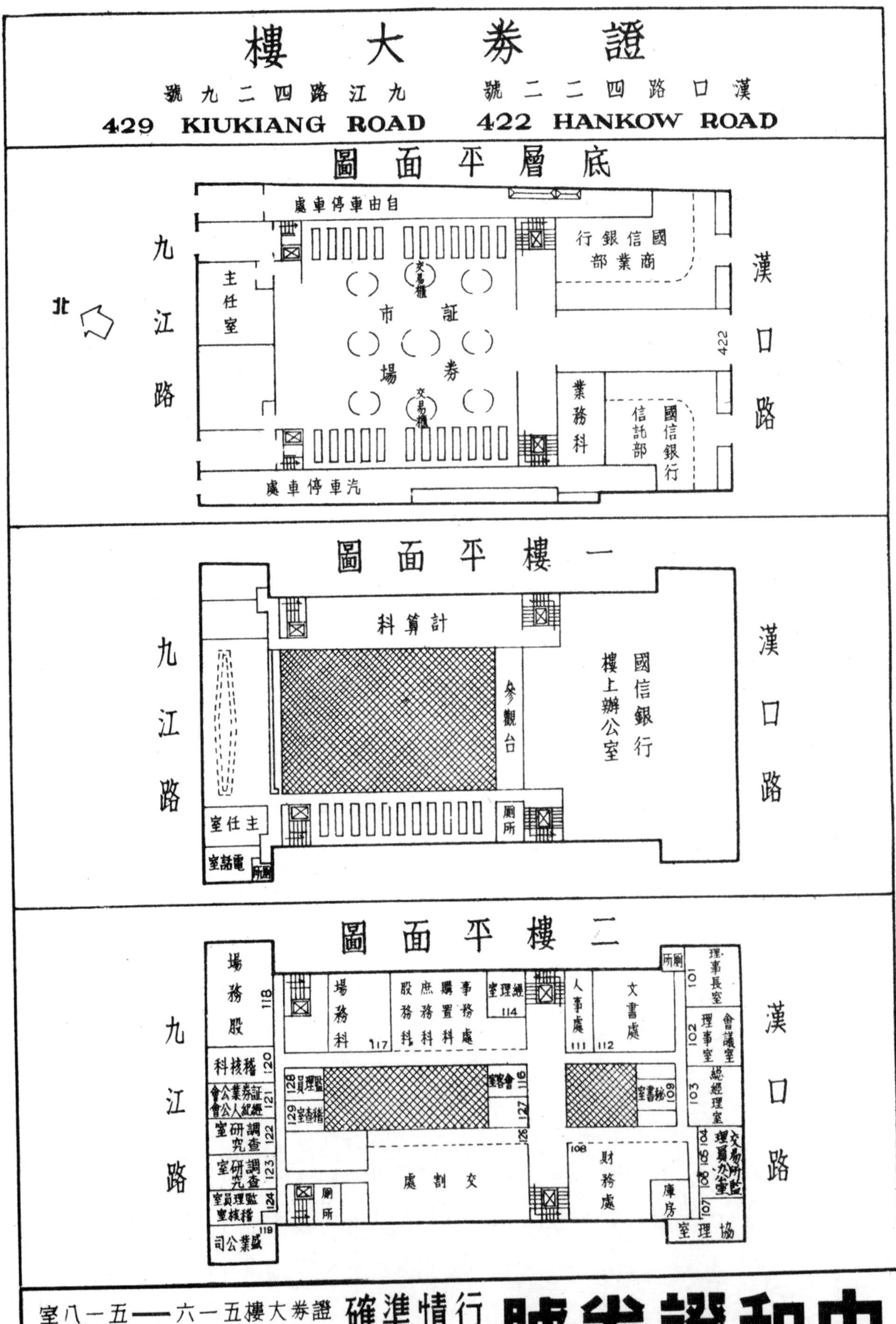
證券大樓
九江路四二九號 漢口路四二二號
429 KIUKIANG ROAD 422 HANKOW ROAD
底層平面圖
自由車停車處
國信銀行商業部
主任室
交易欄
證券市場
業務科
國信銀行信託部
汽車停車處
九江路
漢口路
北
422
一樓平面圖
計算科
國信銀行樓上辦公室
參觀台
主任室
電話室
廁所
二樓平面圖
場務股 118
場務科 117
事務處 購置科 庶務科 股務科
總理室 114
人事處 111
文書處 112
理事長室 101
會議室 理事室 102
總經理室 103
交易所監理員辦公室 104 105 106
稽核科 120
證券業公會人經紀公會 121
調查研究室 122
調查研究室 123
監理員室 稽核室 124
實業公司 119
監理員 128
稽查室 129
會客室 116
127
126
秘書室 109
交割處
財務處 108
庫房 107
協理室

# 昌生礦產原料有限公司

註冊 △ 商標

宗旨：以發展工業服務社會為宗旨

經營：礦產化工原料

地址：寧波路四五七弄八號

電話：九五四五四 九一三一〇

電報掛號：六五七五

---

# 同康工業原料行

**DONG KONG INDUSTRIAL SUPPLY CO.**

70 CHAOTUNG RD. SHANGHAI

TEL 92855

## 營業範圍

工業原料
化學藥品
純粹試藥
礦產油脂
塗料染料
以及有關
業務進出
口貿易等

上海交通路七十號

電話九二八五五號

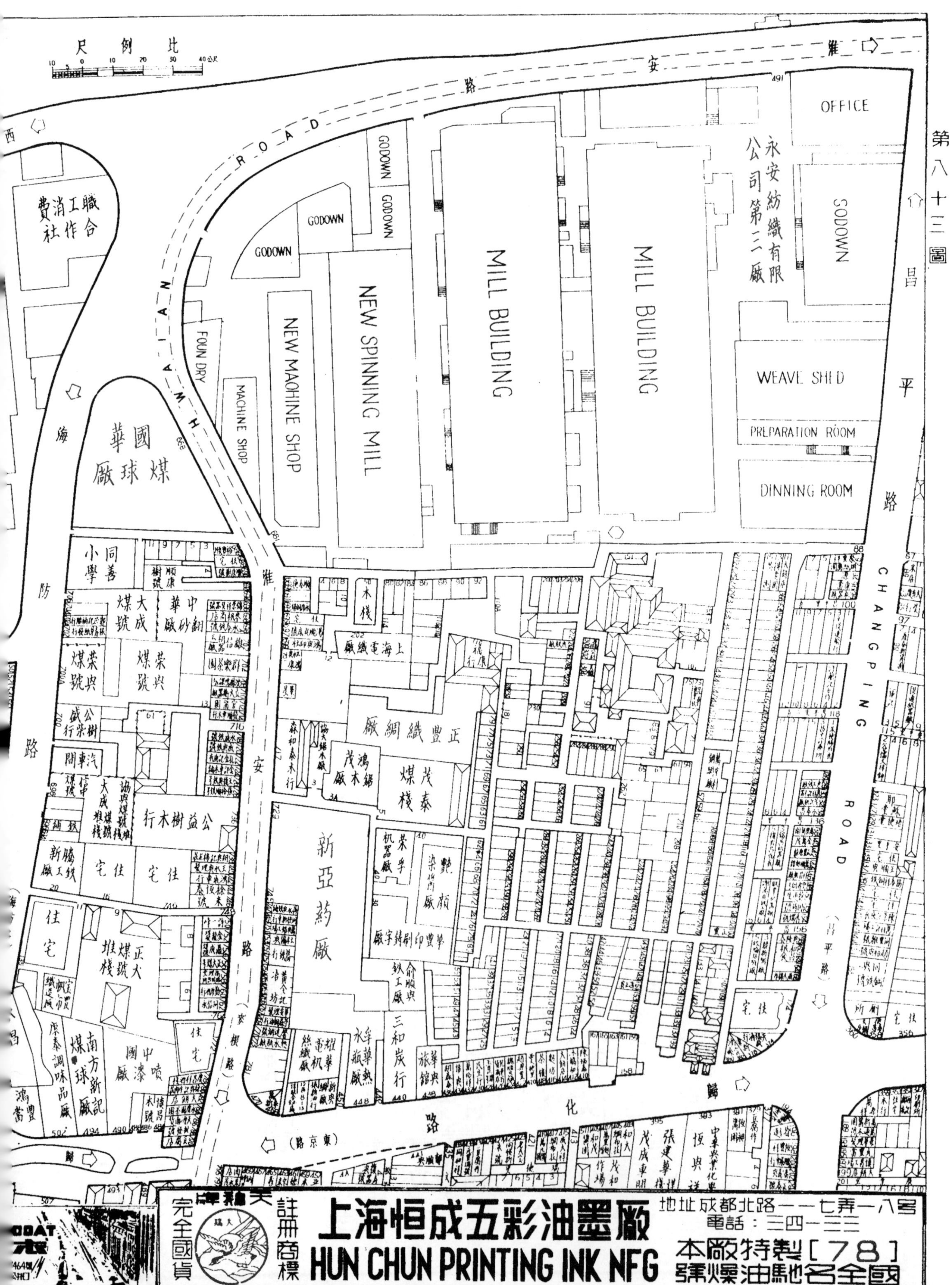
第八十三圖
比例尺
10 0 10 20 30 40公尺
淮安路
HWAI AN ROAD
永安紡織有限公司第二廠
OFFICE
GODOWN
GODOWN
GODOWN
GODOWN
SODOWN
MILL BUILDING
MILL BUILDING
NEW SPINNING MILL
NEW MACHINE SHOP
MACHINE SHOP
FOUNDRY
WEAVE SHED
PRLPARATION ROOM
DINNING ROOM
昌平路
CHANGPING ROAD
海防路
職工消費合作社
國華煤球廠
同善小學
上海電織廠
正豐織綢廠
茂泰煤棧
新亞藥廠
公益樹木行
歸化路
(東京路)
天鵝牌
完全國貨
註冊商標
上海恒成五彩油墨廠
HUN CHUN PRINTING INK NFG
地址成都北路一一七弄一八號
電話：三四一三三
本廠特製[78]號燥油馳名全國

SOOCHOW CREEK
蘇州河
光復路
廣肇路
SI-SOOCHOW ROAD
蘇州路
ANYAUN ROAD
安遠路
句容路
中國紡織建設公司上海第四紡織廠
車間
膳間
倉庫
煤棧
倉庫
運動場
萬豐機器印染廠
源華煤球廠
大賚織造廠
華一製帽廠
大新製釘廠
大新製釘廠
圓圓煤球廠
東方煤球廠
萬豐染織廠宿舍堆棧
鋼窗廠
永華製漆廠
振華板木廠
鑄呂銅鉄翻砂廠
先施化裝品有限公司製造廠
立華公司
協泰竹號
協泰翻砂廠
萬茂米號
大新橡膠廠
南洋鉄絲廠
孝友堂
民生鉄廠
永興合記机器廠
頤慎興机器廠
鴻安染織廠
順興昌翻砂廠
日陞武煤棧
東亞鉄工廠
大新玻璃廠
餘興翻砂廠
大鋼店
FAH COLOUR

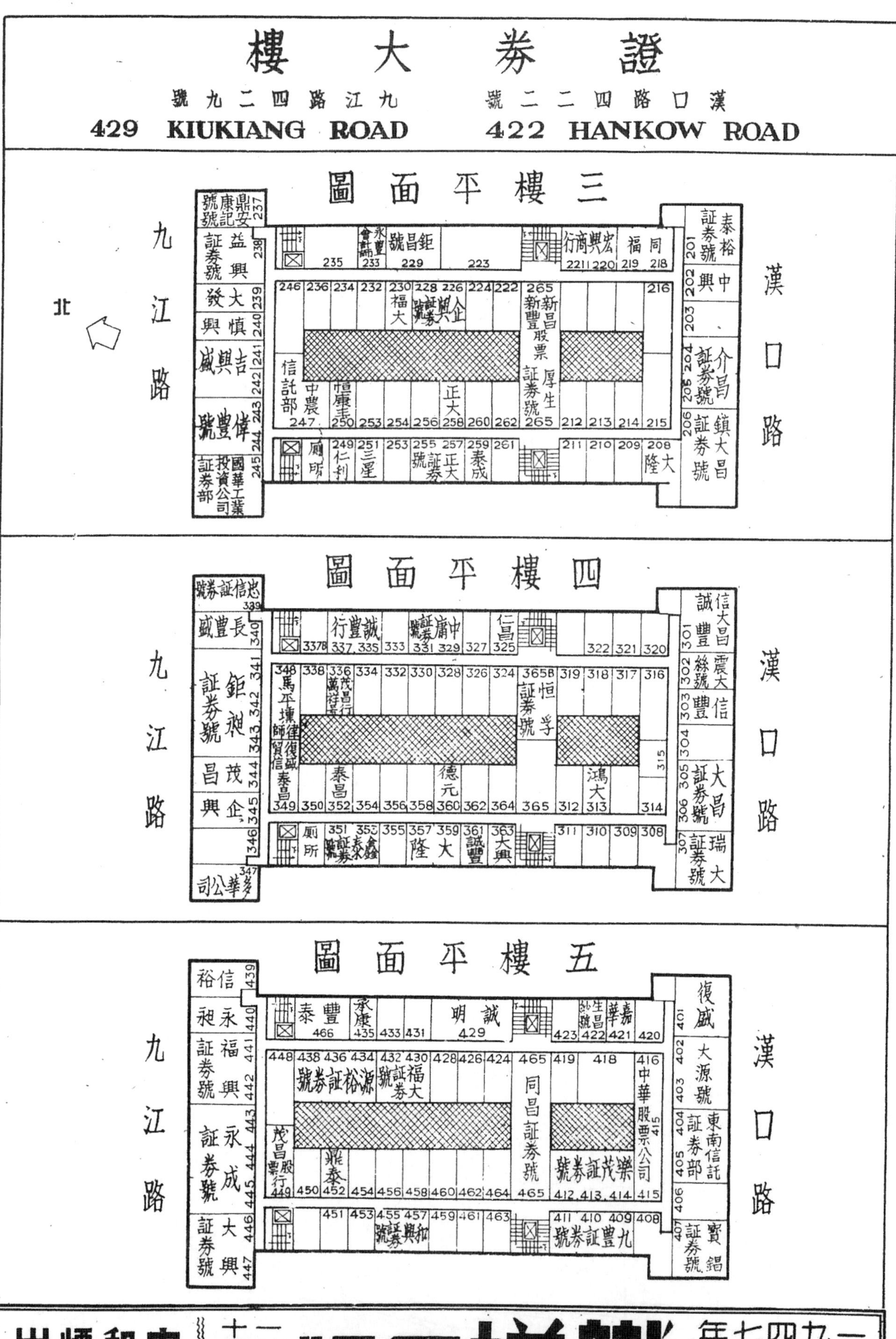

證券大樓
九江路四二九號
漢口路四二二號
429 KIUKIANG ROAD
422 HANKOW ROAD
三樓平面圖
四樓平面圖
五樓平面圖
九江路
漢口路
北

# 上海美泰化學工業廠

美字牌 註冊商標

炭酸鈣

鋅養粉

出品精良

質料純粹

徐家滙路三四一號

電話七四八九號

# 大成紡織染股份有限公司

商標

精忠報國

恭喜發財

双童聚寶

大成殿

大大成藍

彩八益

太少獅

蝶球

双兔

英雄

六鶴

貓雀

征東

飛熊

蝠鼎

鶴鼎

上海事務所：山東路四八號

電話九四五四七 九六二五二

電報掛號三〇二九

常州辦事處：廟治河九號

電話二一四六

電報掛號三〇二九

第一廠常州大南門外

電話十一 十二

第二廠常州東門外

電話二十一

第三廠常州東門外

電話二〇七

第八十四圖

AN ROAD
建安路
新生紗廠
江寧路
滬昌木行
上海電机針織廠
上海人和雪茄烟廠股份有限公司
東亞鉄工廠
日陞煤號棧
順興昌翻砂廠
資源委員會上海辦事處宿舍
鴻安染織廠
歸化路
大新製釘廠
中國紡織
中國紡織建設公司技術人員訓練班
資源委員會電信事務所
華通煤球廠
工場
大新玻璃廠
寫字間
國光軟木廠
與隆板箱廠
永華製漆廠
新化路
汝昌堆棧
振華鋸木板廠
東京路
KIANGNING ROAD
（戈登路）
華美牙刷廠
裕記成營造作棧
張文壇律師
作場
五豐醬園
中國軟管廠
德而可灯泡廠
立興熱水瓶廠
餘興翻砂廠
竹棧
中國膠木廠股份有限公司
長泰煤炭行
森寶興煤炭行
大運隆烟廠
天一拉鍊廠
四明机器銑牙廠
保權工廠
HONG ROAD
海防路
虹橋療養院
X光防癆檢查
林森中路九九〇号
電話七六三二八
七五七八二

第八十四圖

西康路
SIKANG ROAD
(小沙渡路)
安達路
新化路
海防路
海防村
新申營造廠
光中化學廠
大中振記鐵工廠
住宅
大新絨布廠
義生棧
義生橡膠廠
榮陽電机織造廠
義盛木號
鴻昌與鋸木廠
二友根記汽車停車場
美光染織廠
大成染織廠
永餘染織廠
油桶堆棧
瑞士啤酒廠
廣華漂染起毛廠
新記木棧
煤棧
福慶机器工廠
中國汽水號
空地
崇茂倉庫
大中華鐵工廠
大元織造廠
益豐鐵工廠
倫華毛紡織廠
美福貨棧
棧房
環球橡膠廠
三禾公司
育光小學
安樂紗廠
財直局江灣區
中華
比例尺
楊氏化學治療研究所
電話二一六〇七
RAINCOAT

# 證券大樓

九江路四二九號　漢口路四二二號

429 KIUKIANG ROAD　422 HANKOW ROAD

## 六樓平面圖

九江路　漢口路　北

大來 554A 554　532B 532 530 528 526 524 522 520 中華棉業公司 和豐 大鑫 和豐　518 517 516 中和証券號　廁所 515　元亨証券號

535 成大 533 大生 531 529 閏亨 527 525 523 萬祥証券號 521 長豐 519 泰昌　514 513 512 永康　501 鴻興

大成証券號　福源公司　503 503

538 540 542 544 寶隆號 546 548 聯和証券號 550 552 源豐 553 509 510 511　504

胡文記 555A　539 541 543 545 滙利 547 549 551 泰豐　廁所　508 507 恒泰証券號 506 506B　505 宏昌証券號

永裕號 555B

## 七樓平面圖

九江路　漢口路

628A 634 廁所 620 慎豐 622 慎豐 622 萬茂　618 617 616 同裕証券號 615 614

633 631 泰利 629 紹豐 627 625 久康 623 621 619 興業　613 612 611　601

全豐 635　602

鴻泰 638 636　603

639 641 大康成 643 645 立豐 647 649 大有 651 653 慶豐　608 610 益和証券號　604

豐泰 628　632　廁所 640 642 同茂証券號 644 646 648 650 652 大隆　607 606 605 廁所　605

## 八樓平面圖

九江路　漢口路

15 廁所 11 9 7 5 3 1　水池

16 14 12 10 8 6 4 2

廚房　禮堂　水池

# 大可硫化元 BS

貨高價廉
遐邇聞名

事務所：上海南京路一九二號
電話：一四七五〇
製造廠：上海貝美路董家宅
電話：（〇二）六一七九五
六〇一八〇
電報掛號：〇六五三
郵政信箱：六二四

大可染料化學廠出品
DYESCO PRODUCTS CO., LTD.

---

P. O. BOX 1255

TEL. 92530
91334
97656

# 吉大華行

CABLE ADDRESS
"BROYOUNGCO"

CODES
ACME & PRIVATE
A.B.C. 6TH EDITION

## YOUNG BROTHERS & CO

### EXPORTS 出口

"Plum Blossom" brand
"Stork" brand
"Bear" brand
Black and White BRISTLES

梅花牌
鶴 牌 黑白猪鬃出口
熊 牌

ANY BRAND
MENTHOL CRYSTALS 薄荷腦

### IMPORTS 進口

Sole Agents
"APECO" Photocopy Machine
愛倍可 影印機
"TIREWEWELD" VULCANIZER
大無畏 補胎機
"SMARTBRITE" Insect Killer Paints
司麥脫 殺蟲油漆
"THERMADOR" Heat-Fan
使美樂 冷熱風機
"TESTRONES" & "OVERONES"
男女用荷爾蒙葯片

郵政信箱
一二五五

上海漢口路四二二號
422 HANKOW ROAD SHANGHAI CHINA

電報掛號
九七九二

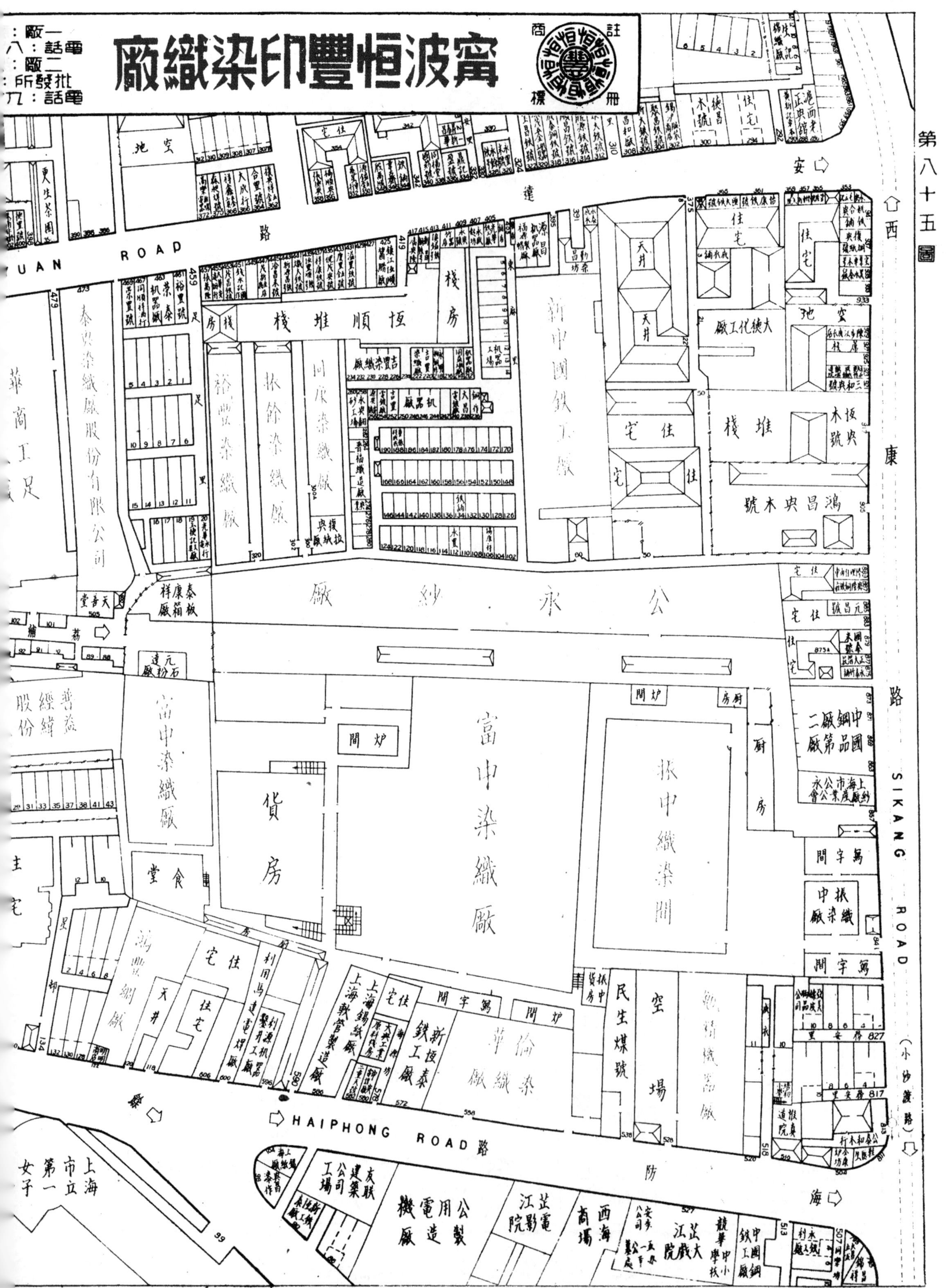

第八十五圖
甯波恒豐印染織廠
註冊商標
安遠路
YUAN ROAD
西康路
SIKANG ROAD
(小沙渡路)
HAIPHONG ROAD
海防路
恒順堆棧
裕豐染織廠
振餘染織廠
同康染織廠
泰興染織廠股份有限公司
新中國鐵工廠
大德化工廠
堆棧
鴻昌興木號
公永紗廠
富中染織廠
振中織染間
貨房
食堂
爐間
廚房
中國鋼品第二廠
上海市公永紗廠產業工會
振中染織廠
寫字間
民生煤號
空場
華倫染織廠
公用電機製造廠
芷江電影院
西海商場
芷江大戲院
中國鋼鐵工廠
上海市立第一女子

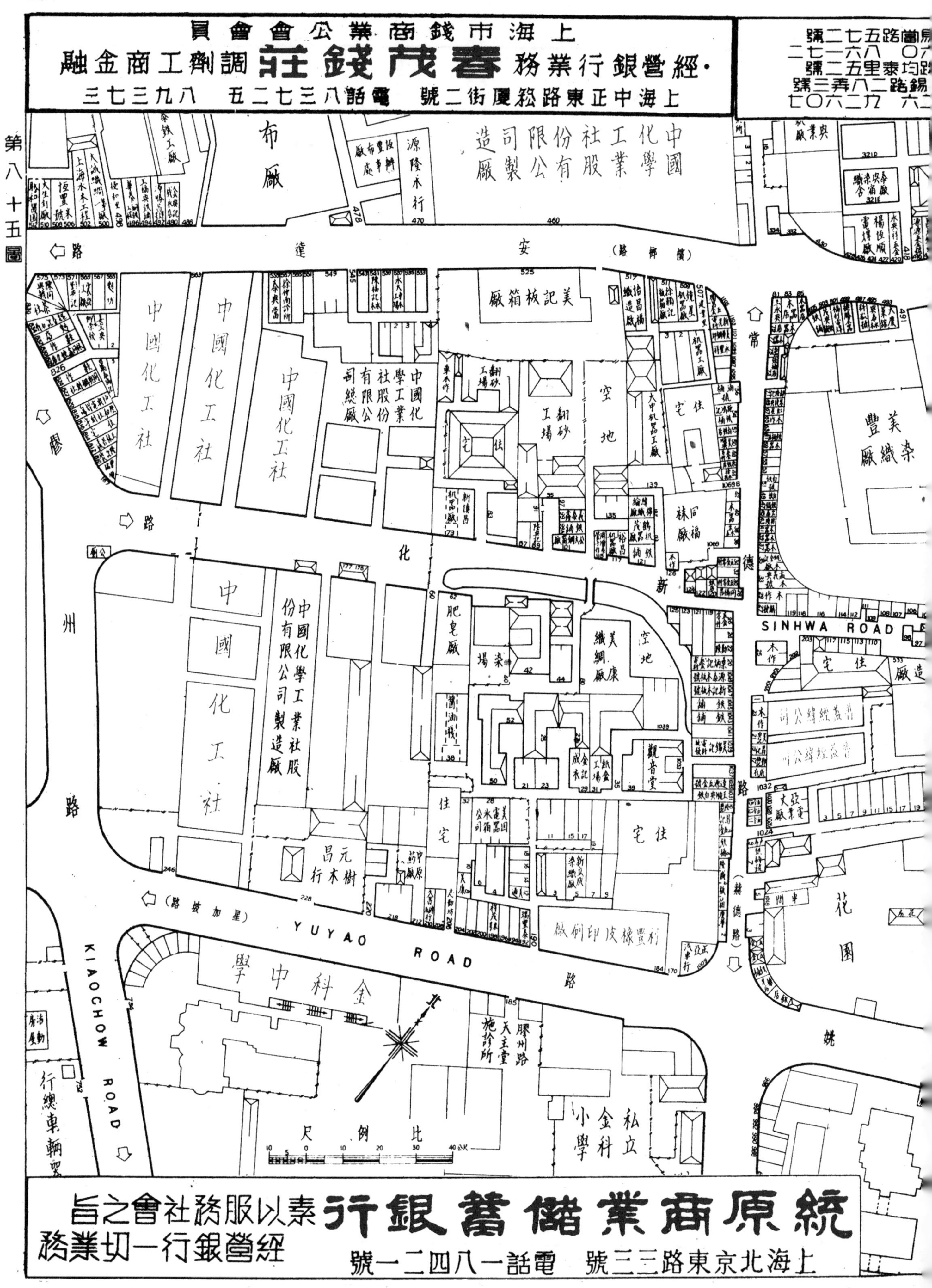
第八十五圖
上海市錢商業公會會員
經營銀行業務 春茂錢莊 調劑工商金融
上海中正東路紹厦街二號 電話八三七二五 八三九三七三
中國化學工業社股份有限公司製造廠
中國化工社
中國化學工業社股份有限公司總廠
安遠路
常德路
新化路
SINHWA ROAD
YUYAO ROAD
路
KIAOCHOW ROAD
膠州路
美豐染織廠
美記板箱廠
美康織綢廠
肥皂廠
觀音堂
住宅
空地
花園
金科中學
私立金科小學
天主堂施診所
比例尺
統原商業儲蓄銀行
素以服務社會之旨
經營銀行一切業務
上海北京東路三三號 電話一八四二一號

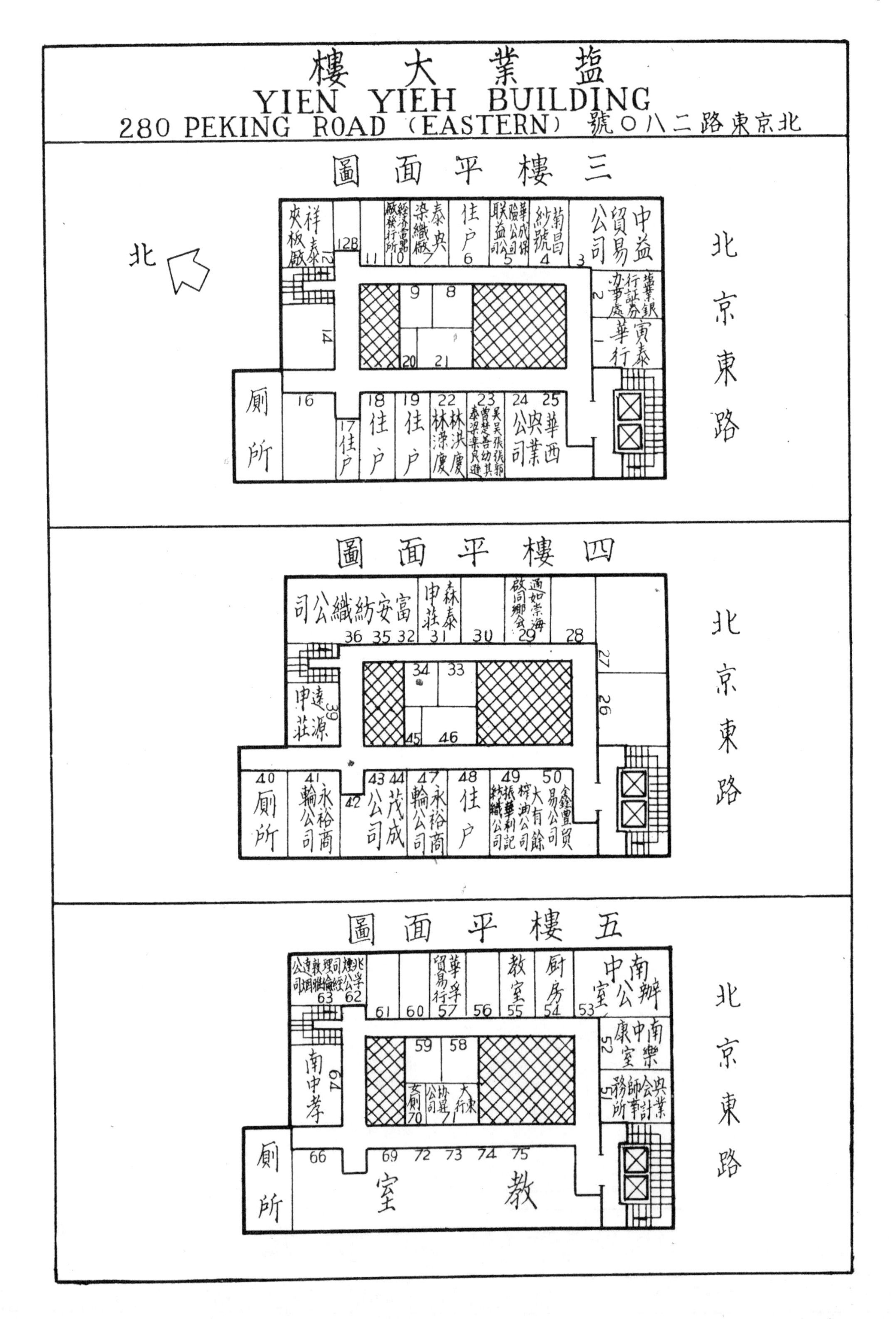

盐業大樓
YIEN YIEH BUILDING
280 PEKING ROAD (EASTERN) 北京東路二八〇號
三樓平面圖
北
北京東路
中益貿易公司
廁所
四樓平面圖
北京東路
富安紡織公司
廁所
五樓平面圖
北京東路
廁所
教室

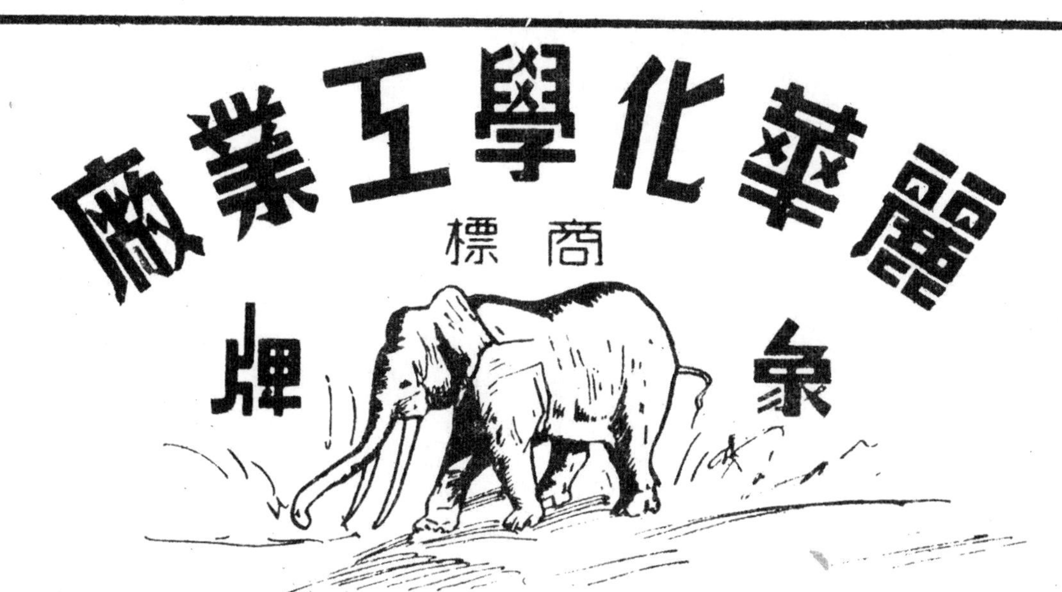


**象牌 顏料(PIGMENT)化學工業品**

製造廠 江寧路一〇八〇弄一五五號

事務所 福州路八九號四樓四二二＝三室

電話 一二二六三 電報掛號 六〇四一

上海市進出口商業同業公會會員

# 榮豐實業信託股份有限公司

**營業項目**

**進口**

紡織五金

照相材料

工業原料

科學儀器

呢絨棉布

棉花

腳踏車

**出口**

生絲

綢緞

上海天津路二四四號

電話：九八五五五

九二七八七

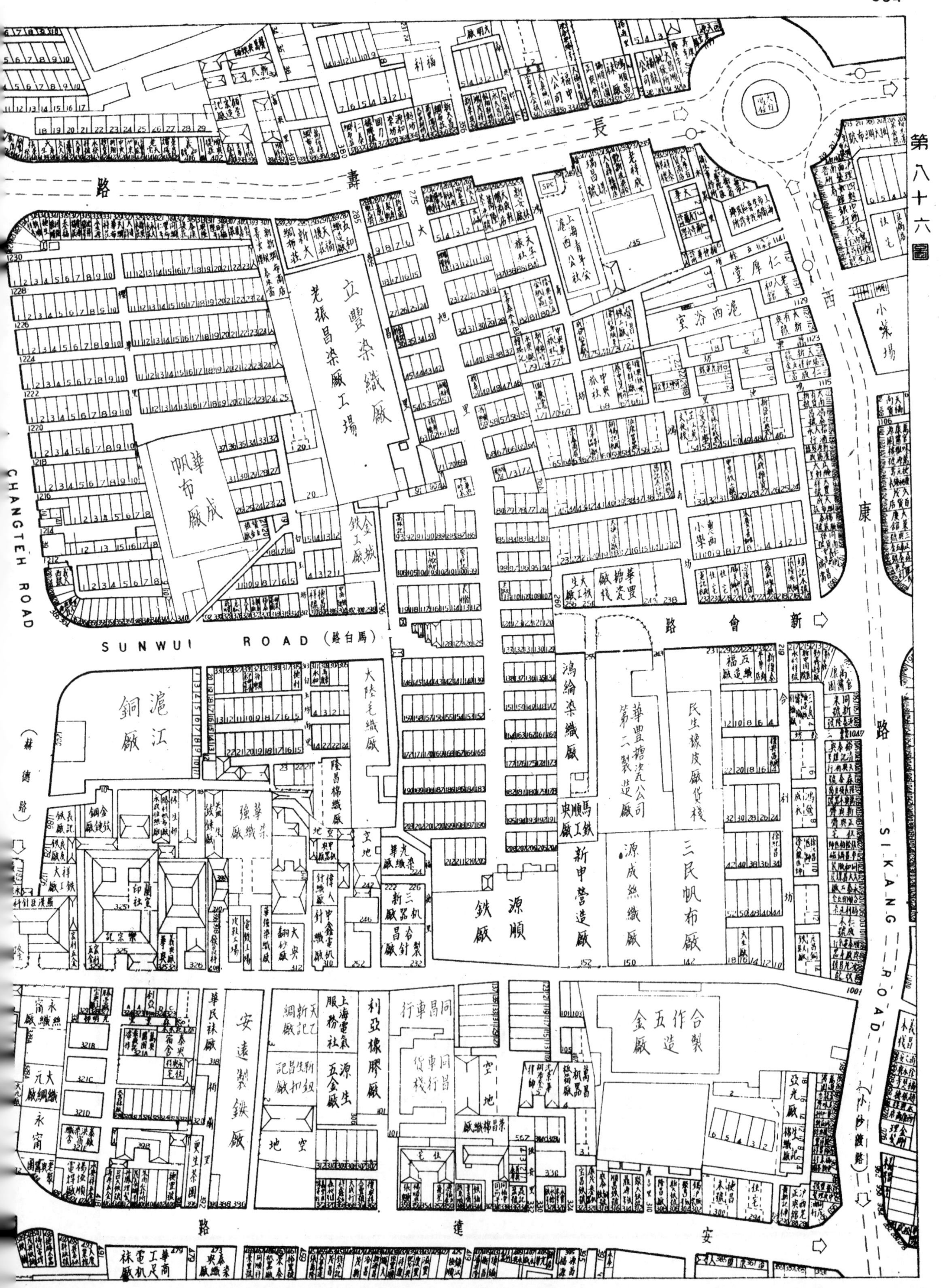
第八十六圖
長壽路
CHANGTEH ROAD
SUNWUI ROAD (馬白路)
新會路
西康路
SIKANG ROAD
安遠路
小沙渡路
立豐染織廠
老振昌染廠工場
華成帆布廠
金城鉄工廠
滬西浴室
小菜場
滬江銅廠
大陸毛織廠
隆昌棉織廠
華強染織廠
鴻綸染織廠
華豐搪瓷公司第二製造廠
民生橡皮廠貨棧
三民帆布廠
源成絲織廠
新申營造廠
源順鉄廠
合作五金製造廠
同昌車行
利亞橡膠廠
上海電氣服務社
源生五金廠
華民襪廠
安遠製鉄廠
空地

第八十六圖

美亞綢緞到處風行
美亞織綢廠
上海天津路二〇七號
中國紡織建設公司上海第一紡織廠
CHANGSHOW ROAD
長壽路
中華織造第一廠
工人宿舍
管理處
三星大戲院
順康木行
高陞大戲院
廚房
倉庫
紡織工場
廣勤紡織股份有限公司
沈合興木廠
職員宿舍
事務所
會路
膠州路
KIAOCHOW ROAD
群華織造廠
天利
振華針織染廠
空地
美亞織綢第四廠
民豐布廠
長豐織印染股份有限公司
中國化學工業社股份有限公司製造廠
維一毛織廠
工場
民益染織廠
比例尺
大誠織綢第一廠
森泰鐵工廠
恒豐布廠
辦事處
源隆木行
中國化學工業社
ANYUAN ROAD
安遠路

# 華成行

# HWA CHEN HONG

DEALERS OF INDUSTRIAL CHEMICALS DYESTUFFS INDIGO & ETC

TRADE MARK

快楽商標

顏料靛青　工業原料

上海福建中路一四〇弄十六號　電話 九五一四八 九八六八〇

電報掛號 二七五六

LANE 140-16 FOKIEN ROAD CENTRAL SHANGHAI CHINA

TELS 96148 98680 TELEGRAPHIC ADDRESS 2756

---

上海

山東中路二一九號

# 榮豐行

股份有限公司

電話 九一二一〇 九三六四三

電報掛號 三〇五四

榮豐分公司　香港必打街畢打行六樓

專營：各國化學工業原料香料<br>顏料靛青西藥五金雜貨

成份準確．價格特廉．零躉批發．竭誠歡迎

YOUNG FOONG CHEMICAL INDUSTRIES CO LTD

219 SHANTUNG ROAD CENTRAL

SHANGHAI

CABLE 3054　TEL 93643 91210

BRANCH OFFICE PEDDER BLDG 5TH FLOOR HONGKONG

DEALER IN

ALL KINDS OF INDUSTRIAL CHEMICALS DYESTUFFS INDIGO PHARMACEUTICALS ESSENTIAL OILS HARD-WARES & SUNDRIES

KIANGNING ROAD
江甯路
天平化學製葯廠
遠東汽水廠
永新織造廠
遠東汽水廠
上海佛學院
上海佛學會
玉佛禪寺
覺群週報編輯部
中國紡織建設公司第二辦公室
精華玻璃廠
生活小學
木棧
中央殯儀館
三大大福益通汽車停車處
晉元中學
上海市職業補習學校第一民衆學校
住宅
草地
運動場
純昌染織廠
華成搪瓷棧
堆棧
匯通瓦筒廠
西摩路
陝西北路
二友根記停車場
ANYUAN ROAD
安遠路
鉄工廠
興業製銅廠
震昌机器鉄工廠
勤昌五金膠木廠
華成烟公司
仁益製
馬白路
大無畏電筒廠
永昌分廠
堆棧
木作
華粹
大滬銅廠
劉砂廠
石粉作
徐萬興帶廠
机器廠
紅木作
大中振記鉄工廠
中光化學廠
一大復記机器廠
鉄舖
煤棧
新申營造廠
榮陽電機織造廠
義生廠
義生棧
大新綫布廠
昌明電器公司
厚仁鉄工廠
大康菜館
新會路
木棧
順興机器模型工場
上海工勞醫院
義昌木棧
義盛木號
鴻興昌木廠
ROAD
西康路
比例尺
10 0 10 20 30 40公尺

第八十七圖

第八十七圖

江寗路
普陀路
PUTO ROAD
長壽路
CHANGSHOW ROAD
陝西北路
西康路
小沙渡路
勞勃生路
戈登路
SIKAG
申新紡織第九廠棧房
棧房
機器廠
協裕翻砂廠
新康化學藥水廠
上海濟良所新心學校
中華銅鐵廠
信華記肥皂廠
中國興業螺絲廠
鐵工廠
福鑫木箱廠
天福織造廠
競新工業社
生生染織廠
勝利棋球廠
永興帆布廠
新林記
回達電機織釘廠
新永興號
中興汽水公司
黃金烟廠
德成廠
鐵鍋工廠
富華廠
蘭亭晨夜校
中行力小學校
住宅
自強小學
韓金鐵工廠
滬西貧兒小學
複盛木棧
永和實業公司
倉庫
小菜場
仁厚堂

厚昌顏料靛青號

上海福建中路一四　弄十二號　電話九五三一一

專營　靛青顏料　工業原料

HOU CHANG DYES & INDIGO CO.

DEALERS IN DYES, INDIGO, & CHEMICALS.

12/140, FUKIEN ROAD, SHANGHAI,

CHINA.

TEL. 95311　　CABLE ADD. 3238

大昌工業原料行

各種原料
化學藥品
應有盡有
品質高尚
成份準確
價格克已

如有詢問
自當詳細奉答
尚蒙惠顧
無不盡心效勞

上海廣東路三五二弄四號
電話九四六三八號
電報掛號六三二三

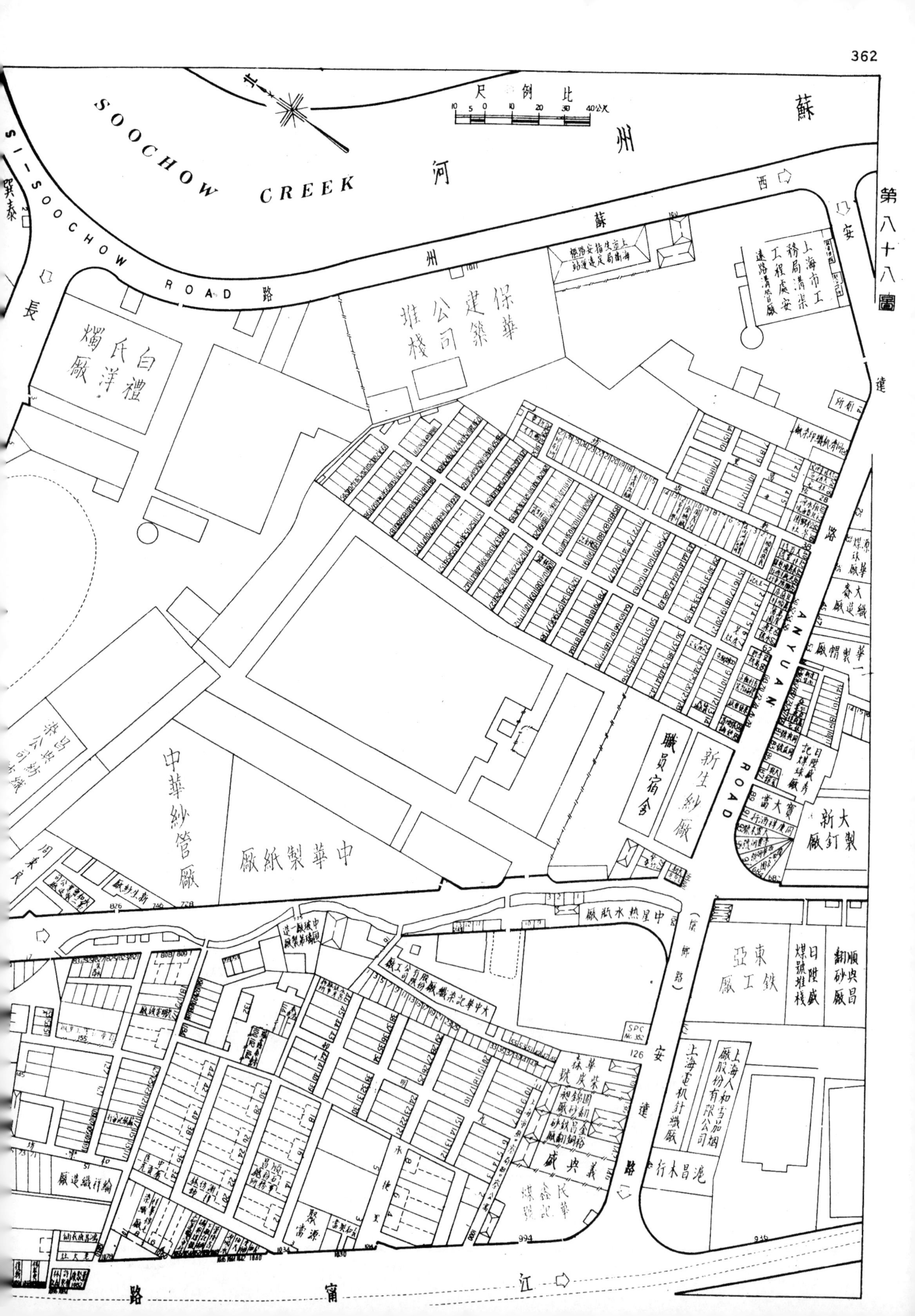
第八十八圖
比例尺
10 5 0 10 20 30 40公尺
北
SOOCHOW CREEK
蘇州河
SI-SOOCHOW ROAD
西蘇州路
白禮氏洋燭廠
保華建築公司堆棧
ANYUAN ROAD
安遠路
中華紗管廠
中華製紙廠
新生紗廠
職員宿舍
大新製釘廠
華一製帽廠
中星熱水瓶廠
大中華記染織廠股份有限公司
東亞鉄工廠
日陞煤號堆棧
順昌翻砂廠
上海電机針織廠
上海人和雪茄烟股份有限公司
滬昌木行
義興廠
民華鑫記煤號
聚源當
輪祥織造廠
SPC No. 352
江寗路

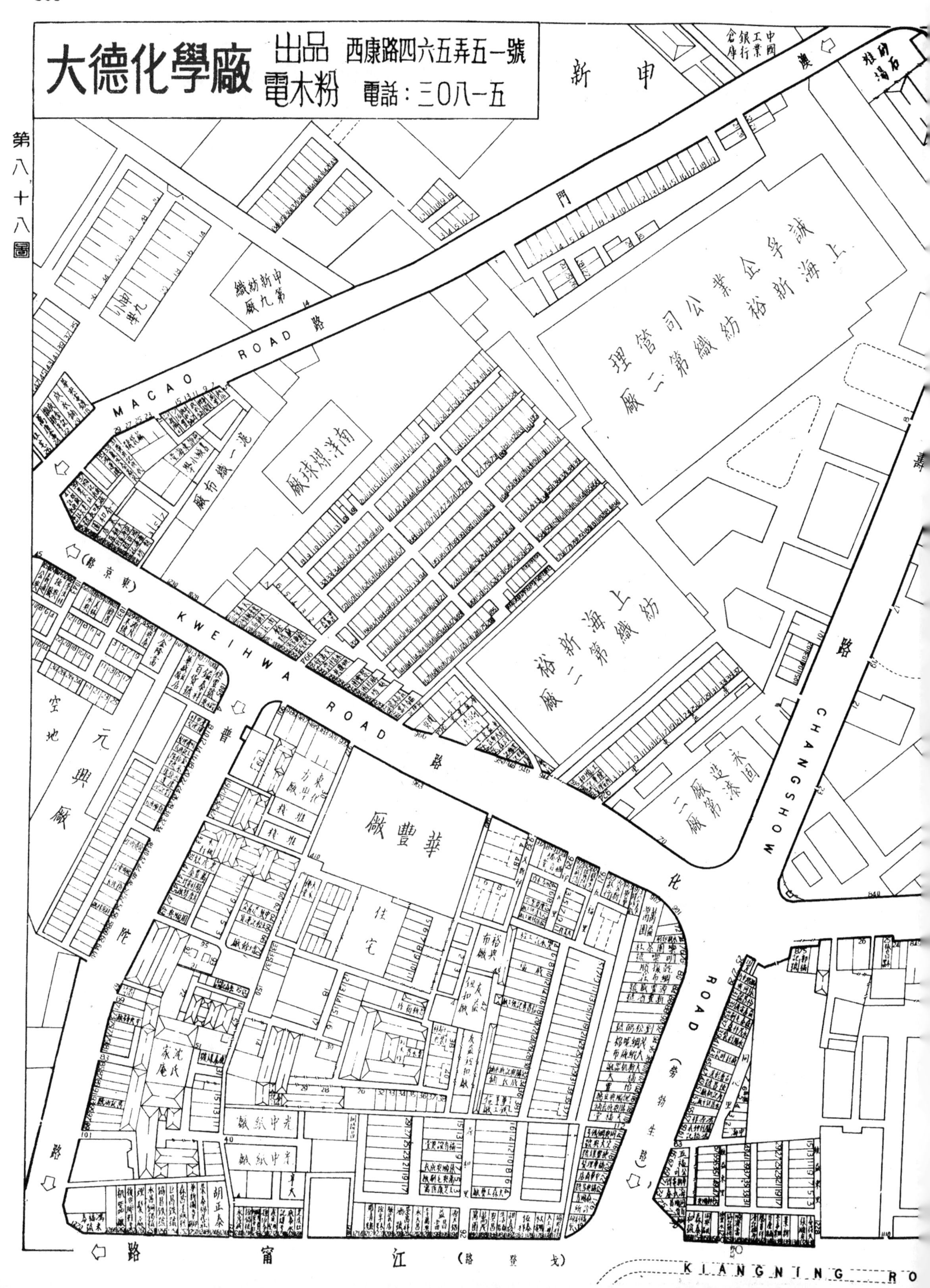
大德化學廠
出品
電木粉
西康路四六五弄五一號
電話：三〇八一五
新申
中國工業銀行倉庫
澳
門
MACAO ROAD 路
誠孚企業公司管理
上海新裕紡織第二廠
中新紡織第九廠
南洋煤球廠
滬一織布廠
(東京路)
KWEIHWA ROAD 路
元興廠
空地
普
陀
路
華豐廠
永固造漆第二廠
CHANGSHOW
路
住宅
裕興織布
沈氏家庵
光中紙廠
化
ROAD
(勞勃生路)
江甯路
(戈登路)
KIANGNING RO

第八十八圖

# 新華顏料靛青號

本號出品鷹球商標，錦鳥圖、三笑圖、虎邱圖、祈年殿圖、大上海圖之各種顏料靛青·硫化元·經售各國顏料靛青工業原料

顏色鮮艷

永不退色

電話八三八八六號

電報掛號五八八八五號

地址上海金陵東路興聖街十九至廿一

# 瑞泰源顏料靛青號

## SOUY TAI YUEN & CO.

經　　銷



各種顏料靛青製茶顏料及油漆雜貨

Dyestuffs & Indigo,

Tea, Colours, Paints & Sundries

上海九江路四六五號

電報掛號一〇九二

電話九二五八四·九〇二三七　Tels. 92584, 90237

465 Kiukiang Road, Shanghai

第八十九圖

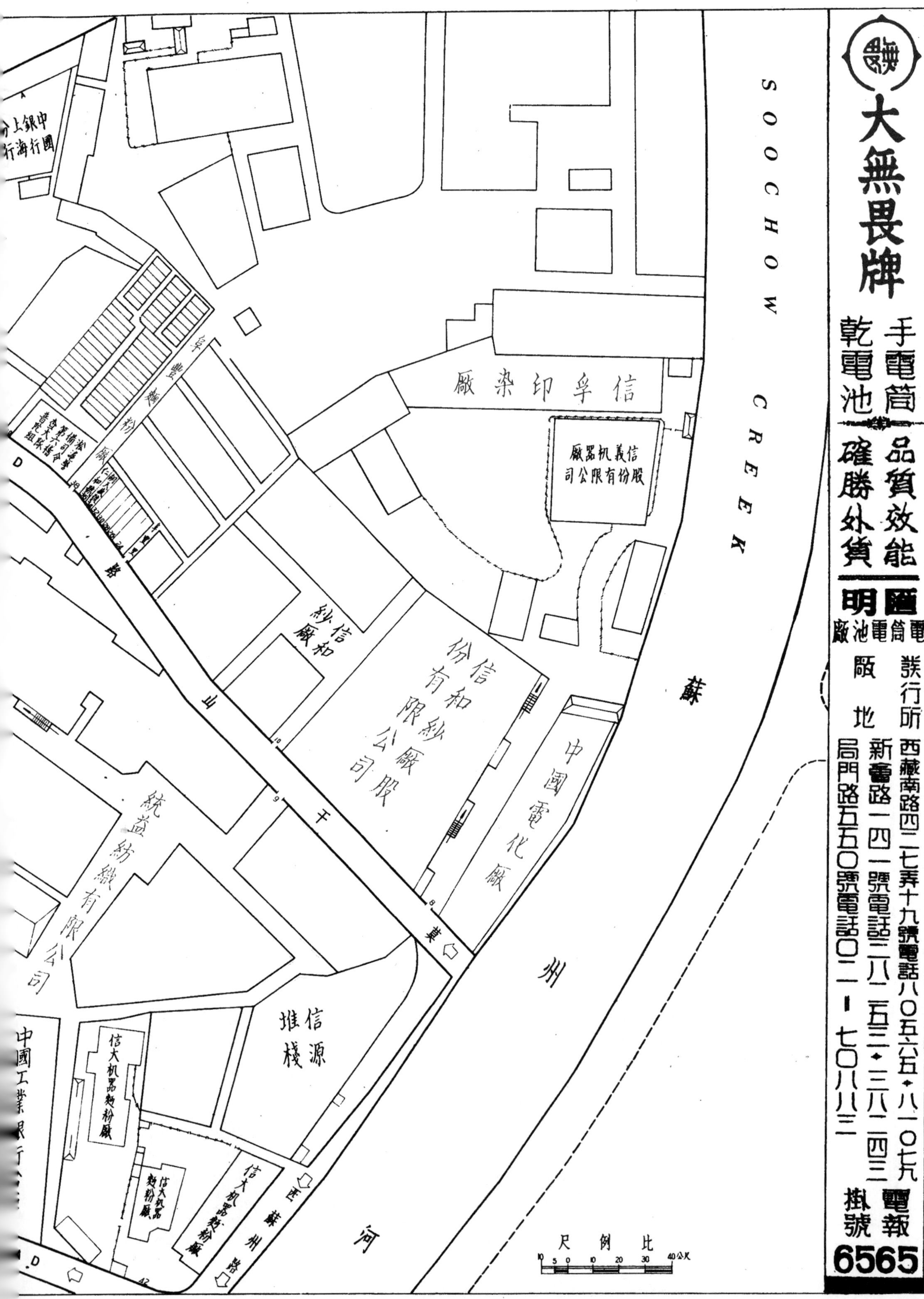
中國銀行上海分行
SOOCHOW CREEK
信孚印染廠
信義机器廠
股份有限公司
阜豐麵粉廠
信和紗廠
信和紗廠股份有限公司
中國電化廠
統益紡織有限公司
莫干山路
信源堆棧
信大机器麪粉廠
信大机器麪粉廠
中國工業銀行
蘇州路
蘇州河
比例尺
0 10 20 30 40公尺
大無畏牌
手電筒
乾電池
品質效能
確勝外貨
圖明電筒電池廠
發行所 西藏南路四二七弄十九號電話八〇五六五・八一〇七九
廠地 新閘路一四一號電話三八一五三・三八二四三
局門路五五〇號電話〇二一ー七〇八八三
電報掛號
6565

第八十九圖
上海鴻章紡織染廠股份有限公司
自紡 自織 自染
SOOCHOW CREE
蘇州河
中國銀行上海分行質物倉庫
交通銀行上海分行質物倉庫
西蘇州路
歸化路
中
S.P.C.
MOKANSHAN
莫干山路
棧房
申新紡織廠棧房
宏大橡膠有限公司
東京路
申九小學
申新紡織第九廠
申新紡織第九廠
門
滬一織布廠
南洋煤球廠
元興漂染起毛廠
KWEIHWA ROAD
普陀路
澳門
MACAO

# 盛和公記靛青顏料號

ZUNG WOO DYESTUFF & CHEMICAL CO.

中文電報掛號 一六〇三
電話：九一三一二 九二五〇四

註冊商標

狗頭牌

上海福州路三七九弄二五號
門市部山東中路一〇一號

成份準確

本號出品狗頭牌各色鮮艷顏料
三鵝牌及三白鵝牌硫化元青

永不退色

# 利康顏料靛青公司

LEE KONG & COMPANY

◀經　售▶

富貴牌

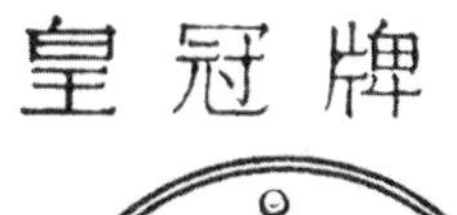

各種顏料
及工業原料

DYES INDIGO & CHEMICALS

上海台灣路四二號

電報掛號八八一六

電話（九五八七五 九四二〇八）　TEL.（95875 94208）

# 信孚實業公司

THE SINCERE INDUSTRIAL Co.

431, Foochow Road Shanghai　上海福州路四三一號
Telephone 97146-7　電話九七一四六……七
Cable Address: AURUM　電報掛號 AURUM
Shanghai p.o. box NO 2220　上海郵政信箱第二二二〇

專營

歐美各國
化工原料
顏料靛青
大小五金
藥品雜貨

經銷

荣孚顏料行出品

熊虎牌
勇虎牌
大喜牌
皇后牌
荣華富貴牌
群英会牌
各種上菁
鮮艷顏料

# 信中行

SHIN JONG COMPANY, LTD.

染料部
各色染料

原料部
代理孟山都出品
促進劑
防老劑
其他橡膠原料藥品

上海　中正東路一四七號
中滙大楼六〇一號
電話：八四三八九

校址：新大沽路四五一號　電話三四八九九九
教育部備案　教育局立案
上海女子中學
本校為吳志騫烈士創辦　已有十七年之光榮歷史
附設　完全小學　暨幼稚院
校舍寬敞　設備完善　管教嚴密　交通便利　為滬上唯一之女子中學
第九十圖
西蘇州路
莫干山路
歸化路
KWEIHWA ROAD（東京路）
澳門路
MACAO ROAD
普陀路
KIANGNING ROAD
江寧路
戈登路
中國紡織建設公司上海第一紡織廠
中國紡織建設公司上海第二紡織廠
中國紡織建設公司上海第二印染廠第一工場
中國紡織建設公司機器廠
申新第九紡織廠
宏大橡膠有限公司
福源錢莊倉庫
豐記光明染織廠
空地
元興漂染廠
晶華玻璃廠

第九十圖

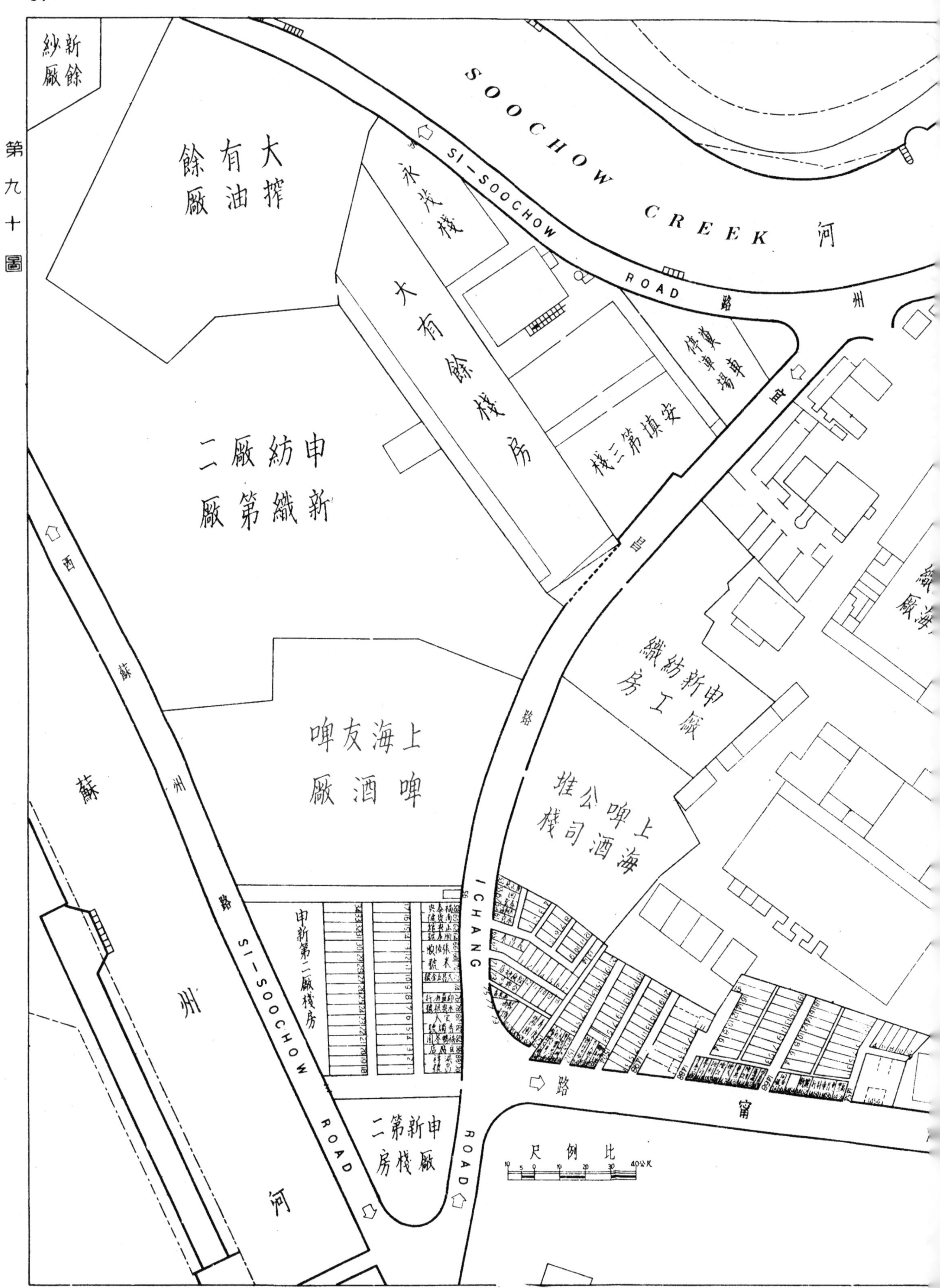

新餘紗廠
大有餘榨油廠
申新紡織第二廠
永茂棧
大有餘棧房
安慎第三棧
停車場
SOOCHOW CREEK
河
SI-SOOCHOW ROAD
西蘇州路
宜昌路
申新紡織廠工房
上海友啤啤酒廠
上海啤酒公司堆棧
ICHANG ROAD
申新第二廠棧房
蘇州河
申新第二廠棧房
比例尺
10 5 0 10 20 30 40公尺

# 慶華顏料化學廠股份有限公司

## CHING HWA DYESTUFFS & CHEMICAL INDUSTRIES CO., LTD.

精製頭等黑靛精

慶華顏料化學廠

本廠出品

硫化黃
硫化藍
硫化青
硫化碱
各種雜色顏料

Our Production
Sulphur Black
Sulphur Brown
Sulphur Yellow
All Kinds Of Dyes

Hankow Office 61
Sun Li Kai
Telegraphic Address:
"CHINWADYES"
Telephone 18090
Ext. 8—19
Head Office Chungking
44 Kiu Chi kan

完全國貨

---

# 慶裕化學工業公司

## Ching Yu Chemical Works

Production
Sulphur Black
Phosphorus Red
Caustic Soda
Ete. Etc

◀出品▶

燒碱
硫化碱
硫化元
赤燐

Cable Add. "CHINYUCHIN"
Tel 18090 Ext 8, 14, 19,

# YUIN HWA
## Industries Corporation

潤華企業股份有限公司

專營進出口業務

Importer of:
All Kinds of Dyestuffs
And Chemicals
Exporter of:
Skins, Hides; Wood Oil And Bristles

▲進口▼
各種染料
工業原料

▲出口▼
牛羊皮
桐油
猪鬃

Hankow Branch
61 Sun Li kai
Telegraphic Addrez:
0118
Telephone 18090
Ext 8-14-19

Teleraphic Addrez
Yuinhwa
Chungking Branch
39 Kiu Chi-Kan
Telegraphic Addrez
7703

總公司：上海江西中路四五二號　電話：一八〇九〇

HEAD OFFICE: NO. 452 KIANGSE ROAD, SHANGHAI TEL. 18090

**復興恒新記號**
專營顏料雜貨
上海漢口路三八六弄十六號
電話：九五五二三號
電報掛號：七二二五號

**杭州和康行**
杭州中山中路七八四號
電話二一八八號
電報掛號一六六〇號
駐申辦事處河南北路三六弄十號

**利康顏料行**
上海河南北路三六弄十號
電話四〇九一六號
電報掛號九一二八號

**同興祥顏料號**
上海民國路三七〇號
電話：八三一二一

**瑞潤顏料號**
本號經營歐美各國鮮艷顏料靛青硫化元等
本牌出品註冊虎頭商標
福州路三九三弄六號
電話：九〇九二六號

**萬康祥顏料號**
天津路五福弄隨安里七號
電話：九四〇八〇

經售
註冊商標
**天平牌**
顏料工業　染料原料　靛青川廣　塗料雜貨

**美華顏料靛青號**
上海北無錫路六四號
電話：九三四二〇

**久康顏料號**
上海九江路二九六弄十二號
電話：九〇六九八　九六〇一四

**裕豐盛**
上海福州路二七二弄九號
電話：九〇五二〇　九八七一三

**萬生顏料號**
天津路一九五弄二一號
電話：九〇六九五

**公裕顏料行**
上海林森中路三五八弄十號
電話：八三一九一

**源和記裕顏料號**
上海盛澤街八〇弄六號
電話：八六五六四

**同牲來顏料股份有限公司**
經營　歐美各國鮮艷顏料　靛青及工業原料
地址：北蘇州路五二〇弄七號
電話：四一三六一號

**申泰源顏料號**
九江路四五一號
電話：九二六四〇　九〇四四七

第九十一圖

(戈登路) KIANGNING ROAD 路
江 ⇨
普陀路 PUTO ROAD
澳門路 MACAO ROAD
陝西路
北 路
康 路 KANG ROAD
潘順興竹號
中新第九紡織廠
中華書局永寧印刷廠
上海市警察局普陀路派出所
辦公室
正大棉毛織廠股份有限公司
中華書局
中國福新烟廠股份有限公司
貨棧
亞光製造有限公司
中國興業螺絲廠
王福機製釘廠
新公友鐵工廠
四達實業製造公司
滬江製紙
慶濟紡織
經濟部接管內外紗廠職員宿舍
振業房產公司
永德染織廠
誠孚鐵工廠
中紡子弟第二分校
中國紡織建設
潤泰新沙廠
工房
祥泰汽車公司
印刷製盒所
中國紡織建設公司上海第四
員工子弟學校
鐵絲廠
鐵工廠
福鑫木箱廠
天福織造廠
鐵鋼工廠
富華廠
源興木號
益和洪昌煤棧
義興水煤棧
森昌木號

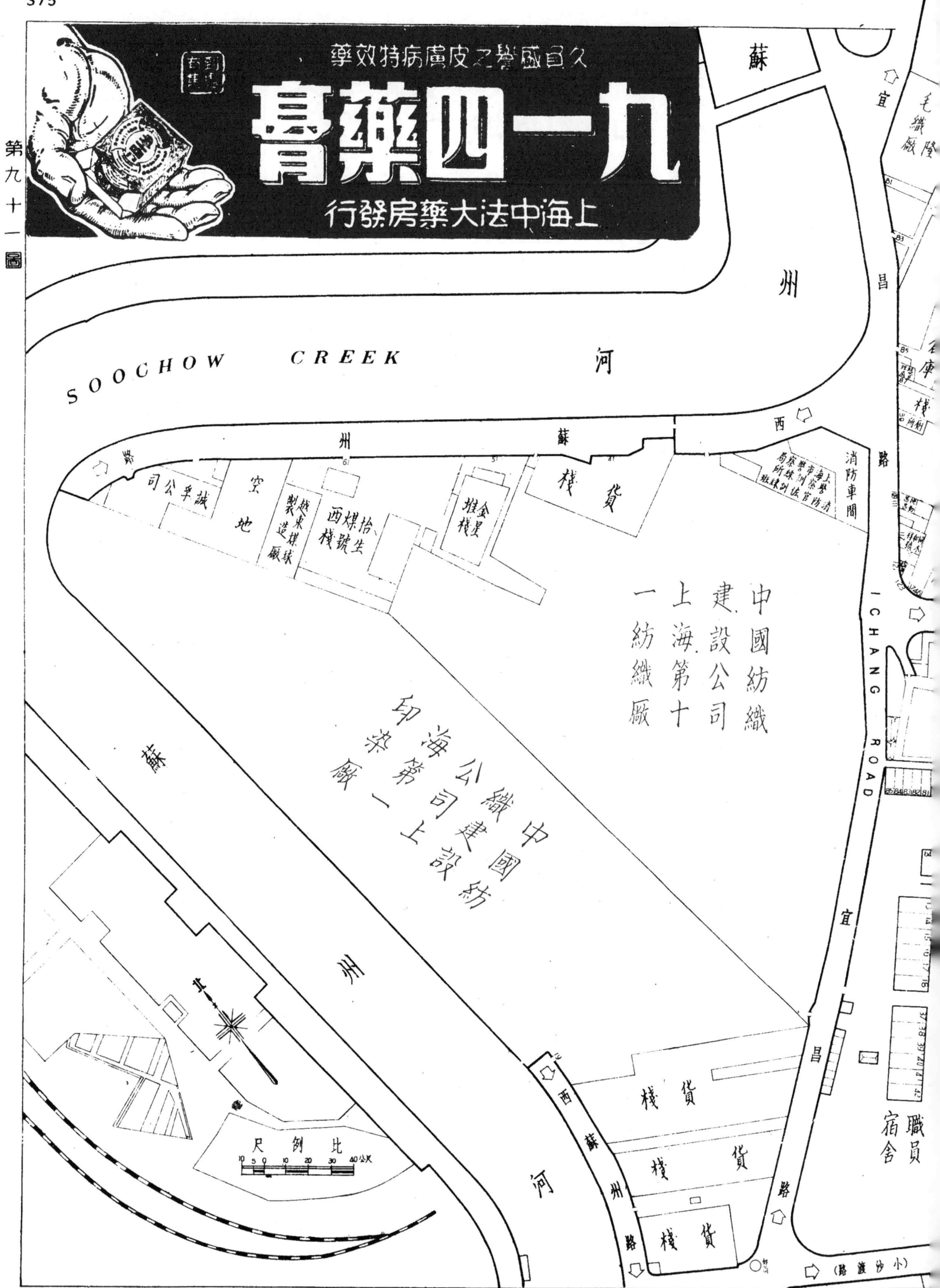

久負盛譽之皮膚病特效藥
九一四藥膏
上海中法大藥房發行
SOOCHOW CREEK
蘇州河
蘇州路
西蘇州路
宜昌路
ICHANG ROAD
中國紡織建設公司上海第十一紡織廠
中國紡織建設公司上海第一印染廠
貨棧
空地
誠孚公司
消防車間
職員宿舍
小沙渡路
比例尺

大中華貿易公司
經營：進出口 房地產
寧波路四〇號三二一室
電話：一七九〇七

百克
進出口貿易行
南京東路一四二號
電話：一〇〇七六

駿大華行
廣東路一七五號
電話一九〇七九

振源地產公司
河南路五〇五號四一〇室
電話：九二一七三二

同安進出口行
工業原料 醫療器械 科學儀器
虎丘路一一八號 電話：一三五五八

大江蔭林
企業公司
寧波路四〇號上海
銀行大樓二一六室
電話：一〇五一二

復興昶
顏料號
上海九江路四五八號
電話：九七五六〇號

上海市銀行業同業公會會員銀行
長江實業銀行 上海分行
辦理銀行 各種業務
手續敏捷 服務週到
行址：江西路四五一號
電話：一八二一九三二·一七〇四九
總行 昆明
分行 重慶 成都 漢口 天津 蘭州 瀘州 內江

勤康
顏料號
上海浙江路四六
三號二一八號室
電話九五九九六

榮康顏料號
上海民國路四七〇至四七二號
電話：八三三一二

同興昌號
經營
顏料 靛青 襪貨
上海九江路四五三號
電話九八七九九

瑞彖
顏料靛青股份有限公司
上海九江路四三八號
電話九六四六三

永昌顏料號
上海九江路四六八號
電話：九二二二四號

業安企業公司
南京路六二七號永安新廈三樓
電話九三七〇三

佩誠行
經營：顏料 油漆
上海九江路五百號 電話九八七一九

同大祥顏料靛青號
上海九江路四五五號
電話九七二八一一

**正昌祥**

顏料靛青號

上海寧波路一二〇二弄四號

電話：一五八一一

---

**久昌行** 盛記

顏料靛青

工業原料

上海河南中路八〇弄昌興里十五號

電話：一一二一八六

---

**協昌行**

顏料靛青

工業原料

上海威海衛路三四八弄勤村二〇號

電話六一九一二

---

**恒泰祥顏料號**

上海西康路六二〇号

電話：六二三二七九轉

---

**大中工業原料行**

上海山東路一六八號

電話：九八七八五 九二七一九

---

**華裕工業原料行**

上海天潼路仁智里七一號

電話四五一八一

---

**中聯**

企業股份有限公司

四川中路五四九号

電話：一五五一〇 一五五一九

---

**聯益工業原料顏料靛青行**

上海北京東路一五六号二樓三号

電話：一九八七六 一〇六二四

---

**同慶和號**

專營

顏料雜貨 染料靛青

原料塗料 金粉銀粉

礬碱膠棓 銅瓦綢金

總號

上海民國路三六四至三六八號

電話八〇六四四

電報掛號一二六五號

分號

杭州東街路(金洞橋)三三七號

電話一九八五號

電報掛號三九八五號

---

**潤興工業原料號**

經售 國產工業原料 各國化學藥品

上海中正東路五三六 電話九〇四〇八

電報掛号：ZUNG SHING

---

**聯合化学工業廠**

上海九江路五三〇號

電話：九六五七〇號 九三一〇〇號

---

上海

**京華**

股份有限公司

上海濱池(仁記路)八一號

電話：一九六六四～五

---

**恒利化學藥品工業原料公司**

事務所：上海寧波路四〇〇号四楼 電話九六六九九〇

棧房：上海海防路二〇一至二二一号 電話三二八五八一

---

**萬昌貿易商行**

專營工業油脂 各種白臘買賣

上海泗涇路三六號二二室

電話：一九二一五七

---

**振豐永**

顏料號

福建南路一二九弄一號

電話八三六四六號

---

**裕生顏料靛青號**

YUE SUN DYES & INDIGO CO.

經銷

直接性 酸性 鹽基性 硫化染料

龙造靛青及助染剂等

上海北苏州路五二〇弄一九三号 電話四六〇三〇

---

**福泰號** FOH TAI COMPANY

工業原料 化學藥品 INDUSTRIAL CHEMICALS.

顏料靛青 菓汁香精 DYESTUFFS, INDIGO & ESSENCES.

上海山東路一一八號 電話九一八九六

第九十二圖
協順昌造船廠
泰山石粉廠
祥泰金炉廠
江蘇藥水廠
蘇州河
光復路
蘇州河
福新麵粉廠
中華絲綢廠
染坊
住宅
花園
住宅
美紋染織廠
大成紡織第四廠
華建工業廠
華建工業廠
S.P.C.
空地
車間
華陽染織廠
第二宿舍
貨棧
西康路
安泰鉄廠
華陽紡織染織部
何壽康醬園棧
物料庫
辦事處
空地
瑞和磚瓦廠
上海匯通毛紡織絲製染所廠
鉄皮棧
製琺工場
中華琺瑯廠
搪瓷工場
華陽紡織染織部
何壽康醬園
東瀛里
(小沙渡路)

第九十二圖

北

SOOCHOW CREEK

蘇州河

華豐麵粉廠

華昌化學廠

中國紡織建設公司上海第一紡織廠

田

比例尺

# 彙昌顏料雜貨號

## 註冊商標

### 四方牌

顏料 塗料 石粉 染料 油漆

石羔粉

### 光輝商標

顏料 染料 塗料 油漆

## 經營業務

### 顏料類

砂綠 群青 鋅白粉 立德粉 白鉛粉 密陀僧 黃丹 紅鉛丹 硃磦 硍硃 普魯士藍 鉻綠 鉻黃 硃紅 紫紅 入漆洋硃 銀粉 金粉 牆粉 水坭顏料 藤黃 糠青 黃坭粉 礬紅 氧化鐵 氧化紅 氧化綠 氧化黃 窑煤 墨灰

### 染料類

油漆染料・雜色染料・

### 原料雜貨類

硫酸鉄・姜黃粉・綢金紙・松膠・姜黃・瓦金紙・松香・五棓子・銅金紙・皮硝・青蔴・砂紙・明礬・白蔴・雄黃・月石・棕絲・紅信石・小蘇打・棕片・白信石・滑石粉・栲膠・蘇木屑・煅熟石膏粉・栲皮・蘇木 石膏 皂礬・花樹菓・

### 總號

上海寧波路一二〇弄四號

電報掛號 六六二七

電話一八五三八 一四六四五

### 製粉廠

國貨路普育東路口

### 東棧

浦東張家浜路五九一弄一號

### 南棧

南市楊家渡橫街四八號

### 南號

上海中山南路一九二八號

### 杭州棧

清泰路一四〇號

總發行所
上海成都路四六四號南京西路口
南京發行所
太平路二〇三號楊公井口

# 維多利亞食品公司

地址：南京西路一二〇一至一二〇三號
電話：三一五〇四

# 同勝顏料號

經售各種顏料靛青
上海西藏南路一二二弄一〇號
電話八九〇八五

# 光華營業股份有限公司

光華建築師事務所
建築設計．房產代管．買賣估價．經租管理．代理保險．
上海天津路二二四號 電話九八三六六

# 久豐綢緞局

南京路貴州路口
電話九二六八八

# 通源 洋酒食物號

北京西路六九一號
電話三一七八四

# 遠東皮鞋廠

飛輪牌皮鞋
乍浦路七十四號

# 中國運輸有限公司

業務：運輸．拖輪．鐵駁．
上海廣東路四二號
電話 一九七三九 三線 一五九九五

# 強華和記華行

業務 電影機器 運動器具
南京西路五七〇號
電話：三三五一二

# 友勤企業地產公司

業務 房地產買賣．營造．經租．堆棧．
上海江西路二六七號二〇二室
電話一〇一六七

# 家庭工藝社

專製 中西服裝．內衣襯衫．大衣翻新．式樣新穎．定價低廉．
地址：南市蓬萊路二一九號

# 福星熱水瓶廠

吉祥牌熱水瓶
歸化路四四四一六號
電話三二八四三

# 怡茂肥皂廠

淮安路二三五號
電話三二九〇九

# 福民輪船公司

上海南京路哈同大樓五七八室
電話一〇八〇二

# 華中無線電器行

賣買 修理 製造 進口
華山路二一六號靜安寺南
電話三四〇〇二

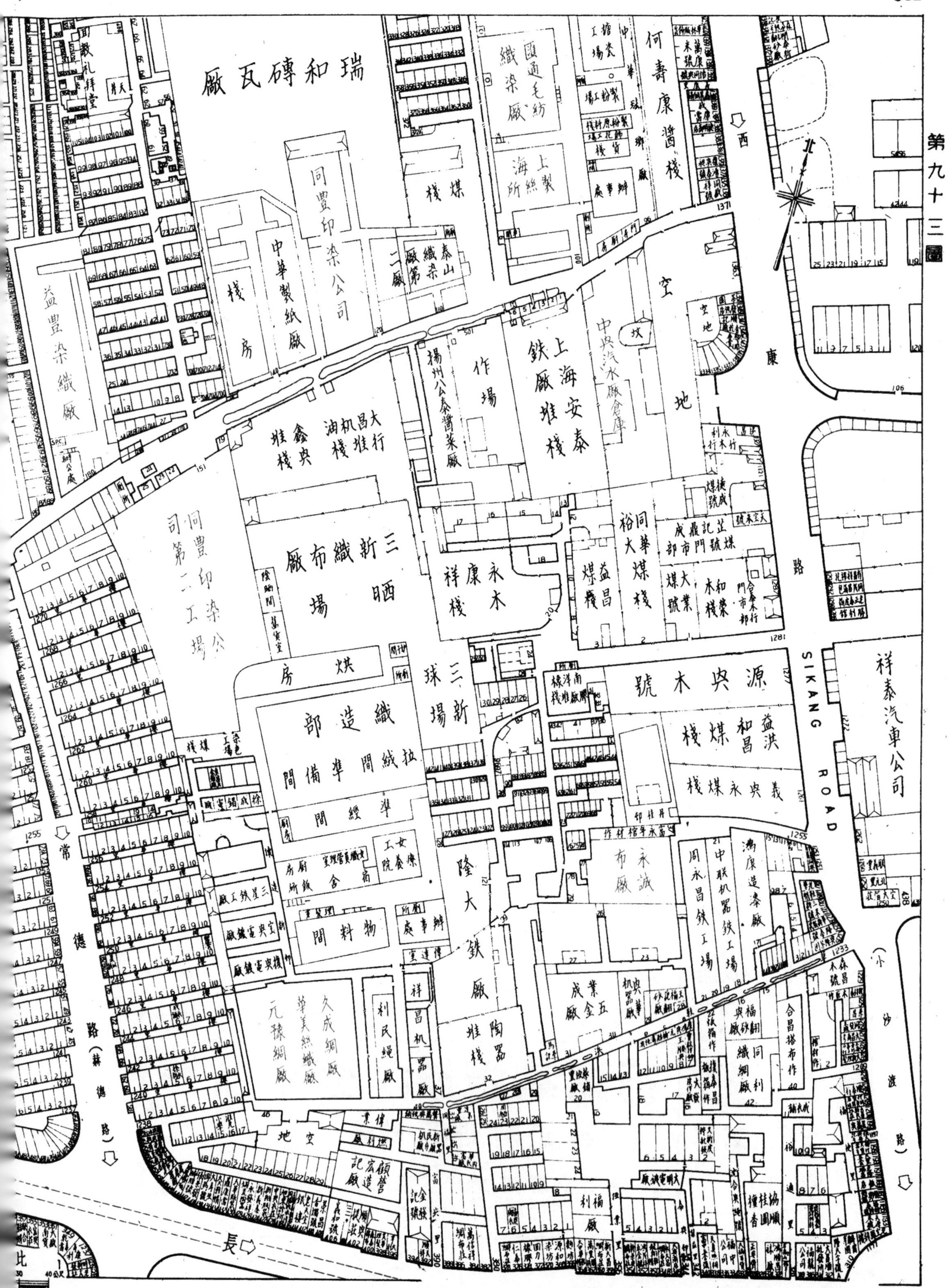

第九十三圖
瑞和磚瓦廠
同豐印染公司
中華製紙廠
棧房
益豐染織廠
三新織布廠
晒場
同豐印染公司第二工場
永康祥木棧
上海安泰鉄堆棧
空地
源典木號
益洪和昌煤棧
祥泰汽車公司
SIKANG ROAD
康路
常德路（赫德路）
小沙渡路
長

第九十三圖

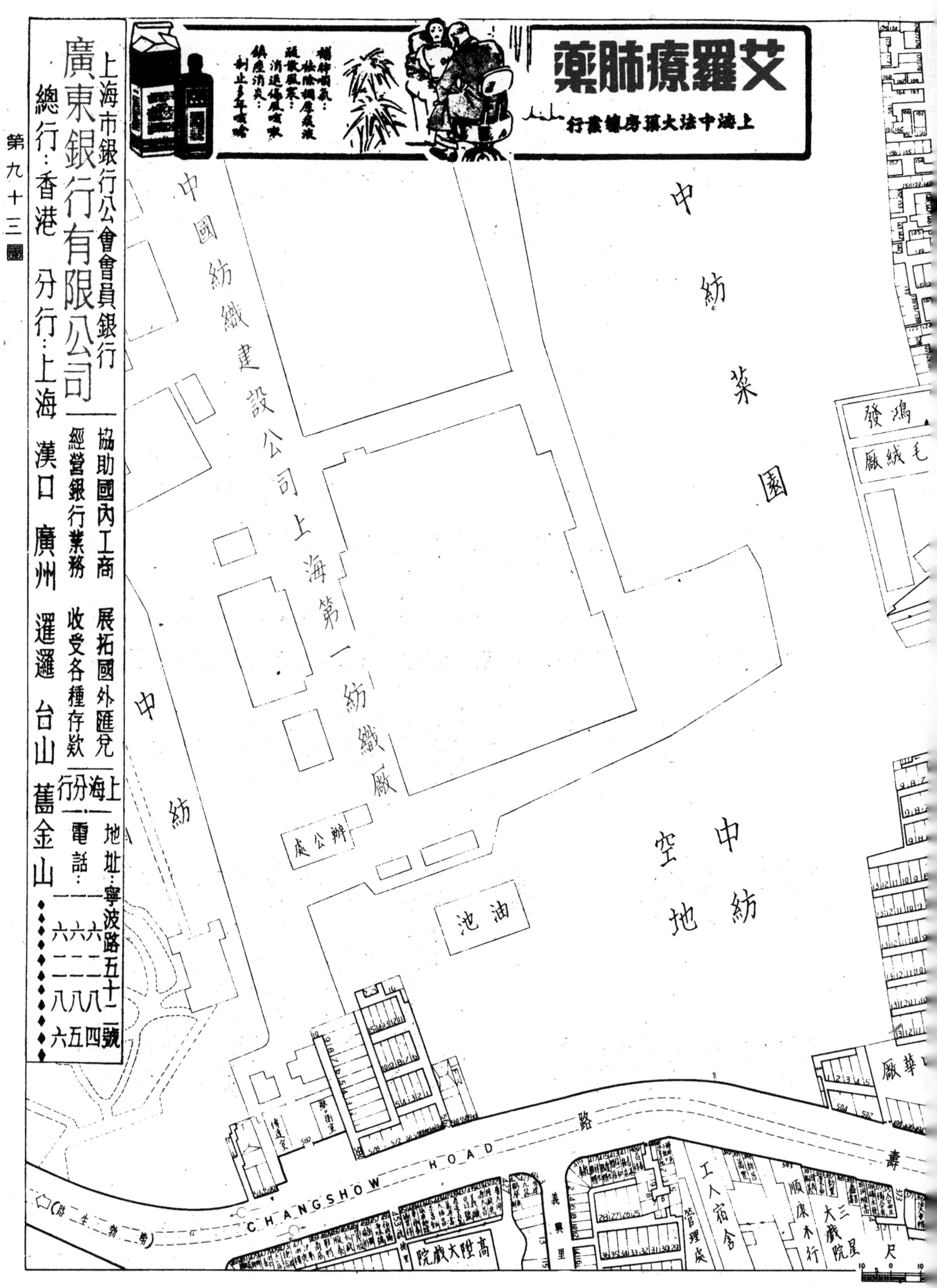

艾羅療肺藥
上海中法大藥房總發行
上海市銀行公會會員銀行
廣東銀行有限公司
總行：香港 分行：上海 漢口 廣州 暹邏 台山 舊金山
協助國內工商 展拓國外匯兌
經營銀行業務 收受各種存欵
上海分行 地址：寧波路五十二號
電話：六二八四 六二八五 六二八六
中國紡織建設公司上海第一紡織廠
中紡菜園
中紡空地
中紡
辦公處
油池
鴻發毛絨廠
長壽路
CHANGSHOW ROAD
勞勃生路
傳達室
高陞大戲院
義興里
工人宿舍管理處
順康木行
三星大戲院
尺

鈣化治療之理想藥

# 三鈣劑

內服 注射

TRICALCINE

主治：肺結核·衰弱症·妊娠期·齲齒鈣化不全·小兒發育不全等

風行全球·鈣劑之王

健牙齒
加食慾
增力量
助健康

100 95 90 85 80 75 70 65 60 55 50 45 40 35 30 25 20 15 10

葉綠素藥膏

## 瑙琪飛爾

NOGYPHYL

「瑙琪飛爾」藥膏，係葉綠素，羊毛脂肪，維他命A.D.等之混合防腐劑。葉綠素對於滋生肉芽及組織表皮之偉力，決非他藥所可比擬。「瑙琪飛爾」藥膏，即首先根據此種原則所製成，其中所含水溶與油溶兩種葉綠素，為量極富。

『瑙琪飛爾』主治

鏈球菌及葡萄球菌傳染性皮膚病，丹毒，濕疹，瘡癬，香港足，刀傷，裂傷，燙傷等等。雖化潰極深，如即使用「瑙琪飛爾」藥膏，收效亦極迅速。

上海廣東路十七號法商百部洋行總經理 電話一九七七五

Tel 19775 BABOUD, MARY & CIE 17 Canton Road

# 固齒靈牙膏廠

兩大榮譽貢獻

防蛀牙膏

南京西路一五三七弄五號

電話三一二一三

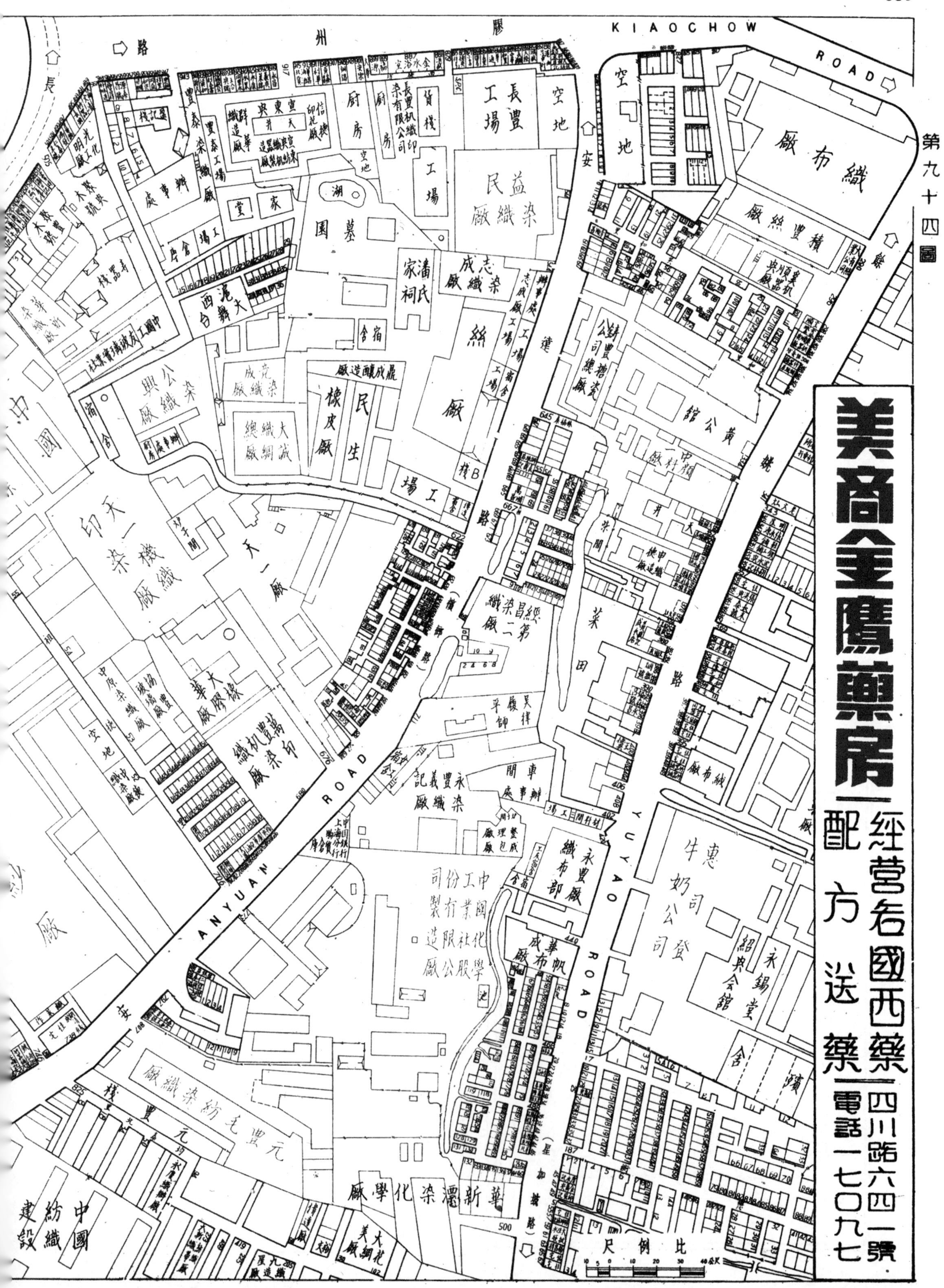
第九十四圖
KIAOCHOW ROAD
膠州路
ANYUAN ROAD
安遠路
YUYAO ROAD
餘姚路
建平路
長壽路
織布廠
積豐絲廠
益民染織廠
長豐工場
空地
墓園
志成染織廠
潘氏家祠
絲廠
民生橡皮廠
大誠織綢總廠
公興染織廠
天一染織機廠
黄公館
菜田
惠牛奶公司
紹興會館
永錫堂
中國化學工業社股份有限公司製造廠
華新灃染化學廠
元豐毛紡染織廠
中國紡織建設
永豐染織部
成華帆布廠
永義豐記染織廠
比例尺
美商金鷹藥房
經營各國西藥
四川路六四一號
配方送藥
電話一七〇九七

第九十四圖

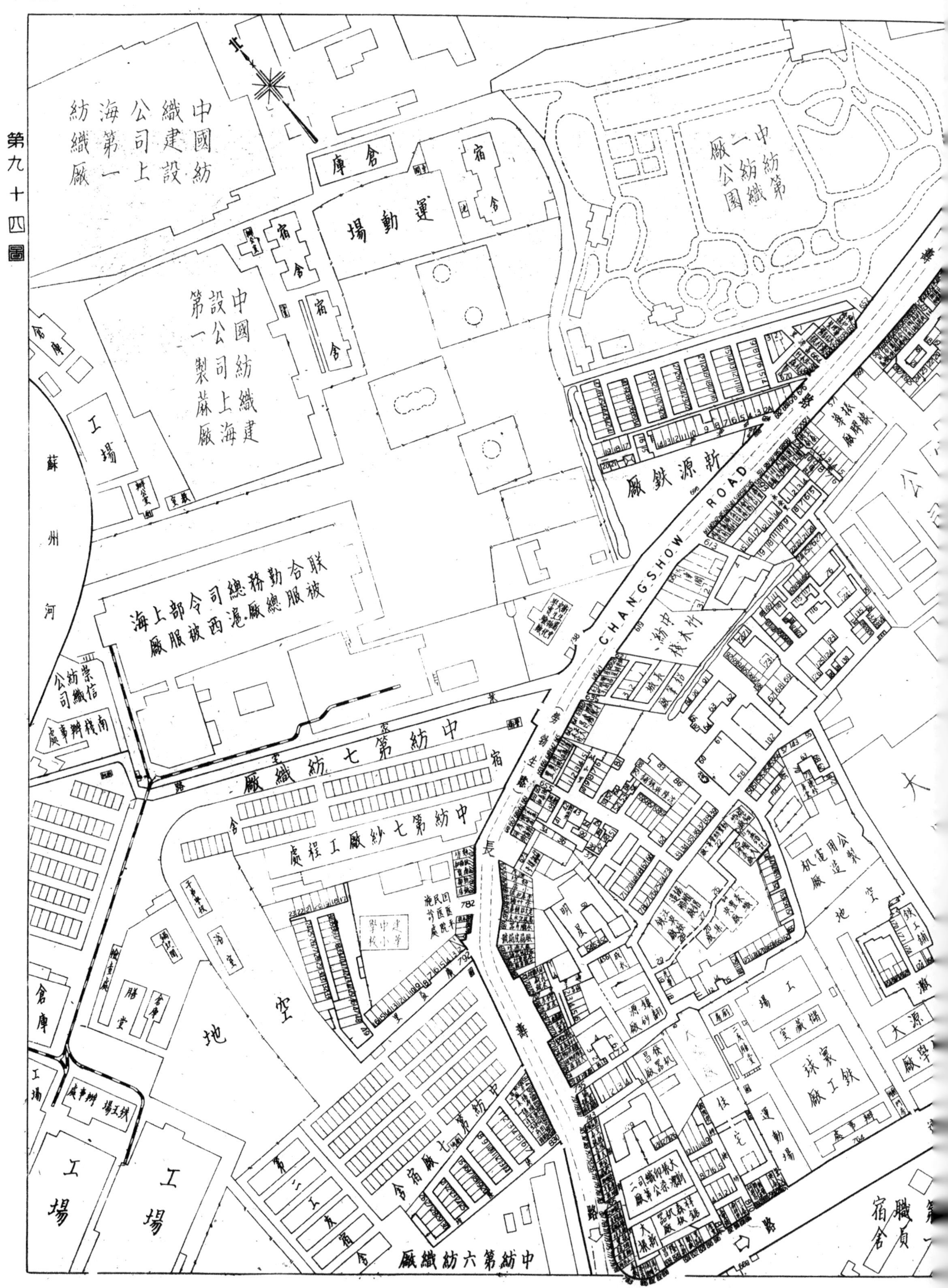
北
中國紡織建設公司上海第一紡織廠
倉庫
宿舍
運動場
中紡第一紡織廠公園
中國紡織建設公司上海第一製麻廠
工場
蘇州河
新源鉄廠
CHANGSHOW ROAD
聯合勤務總司令部上海被服總廠滬西被服廠
崇信紡織公司
南棧辦事處
中紡第七紡織廠
中紡第七紗廠工程處
浴室
空地
倉庫
膳堂
長
壽
路
公用電機製造廠
寰球鉄工廠
運動場
中紡第六紡織廠
職員宿舍

上海

# 川大貿易行

運銷四川榨菜及各種著名特產

售價低廉

貨色上等

地點：廣東路普愛坊十號　電話：九一七一一轉

# 鴻錩貿易有限公司

進出口：

煙白礦煤

焦炭熟煤

五金機器

工業原料

地址：中正東路中滙大樓三〇六號　電話八七一五五

堆棧：南市半淞園路花園路四號

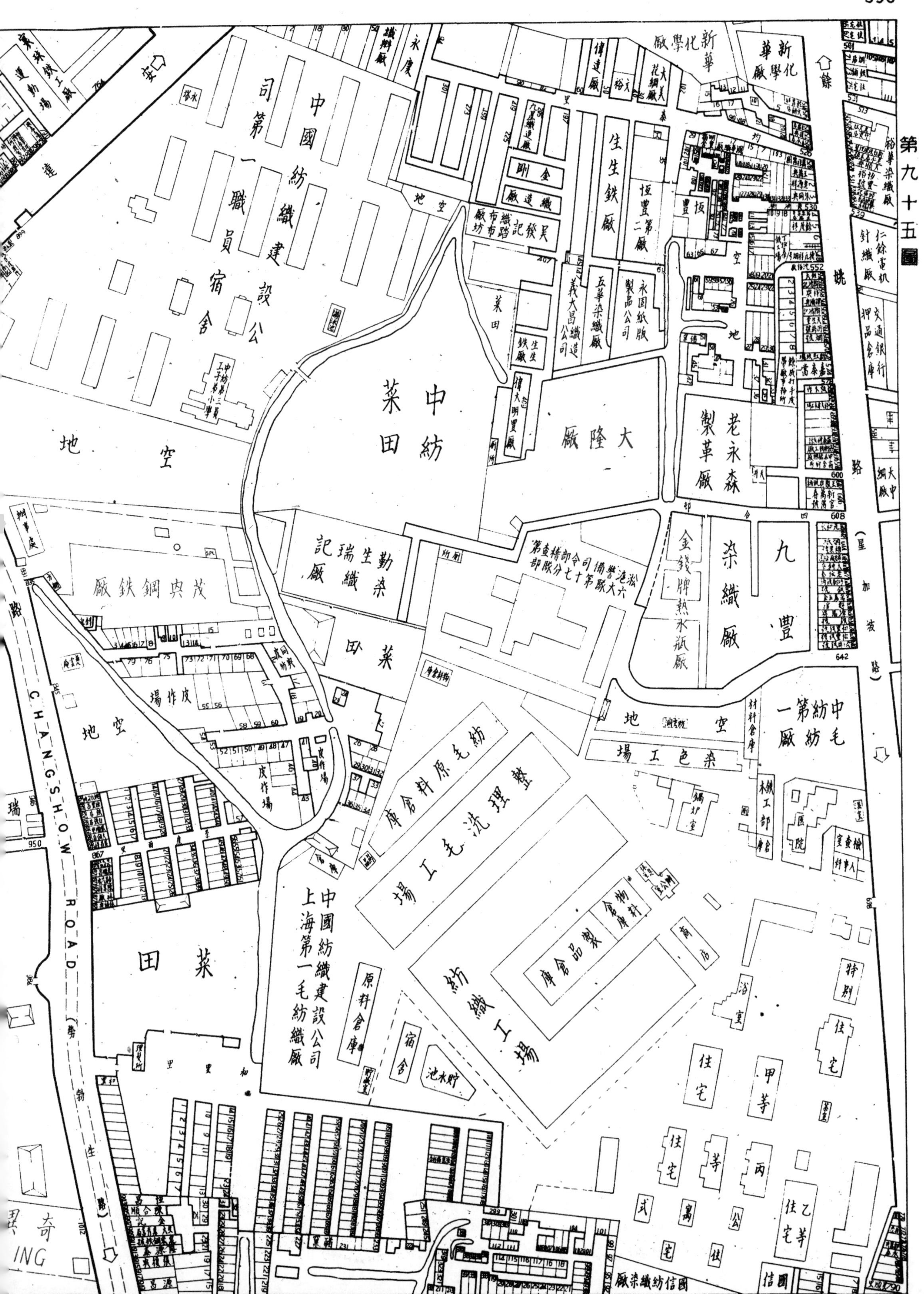
第九十五圖
中國紡織建設公司第一職員宿舍
中紡菜田
大隆廠
老永森製革廠
九豐染織廠
金錢牌熱水瓶廠
中紡第一毛紡廠
整理洗毛工場
紡毛原料倉庫
中國紡織建設公司上海第一毛紡織廠
原料倉庫
紡織工場
製品倉庫
物料倉庫
宿舍
貯水池
菜田
空地
茂興鋼鉄廠
勤生瑞記染織廠
淞滬警備司令部稽查第六大隊第十七分隊部
皮作場
染色工場
材料倉庫
鍋爐室
醫院
特别住宅
甲等住宅
乙等住宅
丙等住宅
公寓式住宅
商店
浴室
國信紡織染廠
新華化學廠
新化學廠
生生鐵廠
恒豐第二廠
五華染織廠
永固紙版製品公司
義大昌織造公司
吴發記踏布織布坊
金剛
織造廠
偉達廠
大美花綢廠
裕華染織廠
仁餘電机針織廠
交通銀行押品倉庫
大中鋼廠
環球鉄工廠
運動場
水塔
姚
路
星加坡路
CHANGSHOW ROAD
勞勃生路

第九十五圖

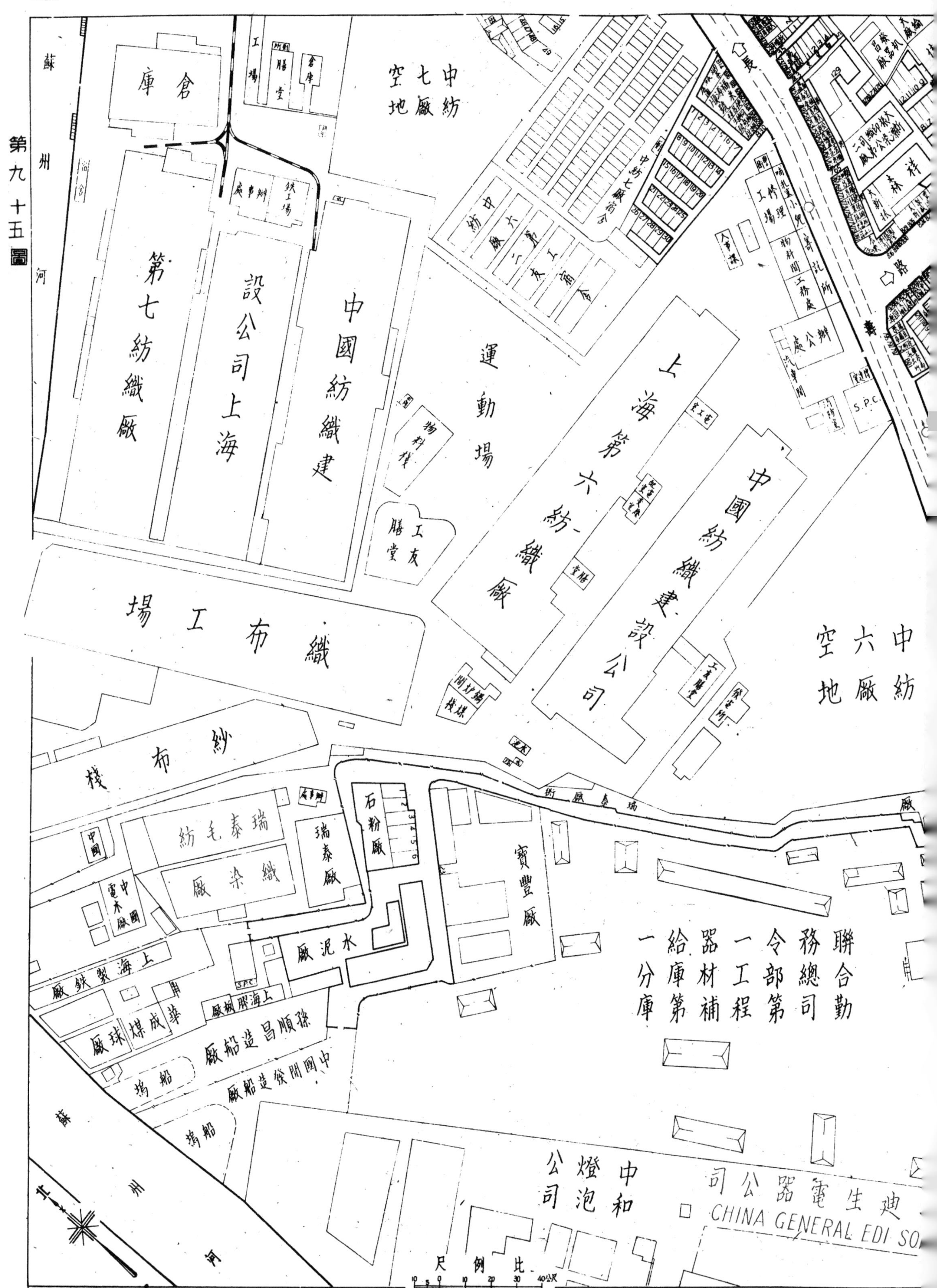
蘇州河
倉庫
工場
膳堂
倉庫
中紡七廠空地
鉄工場
辦事廳
第七紡織廠
中國紡織建設公司上海
運動場
物料棧
工友膳堂
中紡六廠工友宿舍
中紡七廠宿舍
上海第六紡織廠
中國紡織建設公司
中紡六廠空地
人事課
修理工場
物料間
工務處
辦公處
汽車間
S.P.C.
長壽路
織布工場
紗布棧
鍋炉間
煤棧
瑞泰廠街
瑞泰毛紡
織染廠
瑞泰廠
石粉廠
寶豐廠
中國電木廠
水泥廠
上海製鉄廠
華成煤球廠
孫順昌造船廠
船塢
船塢
聯合勤務總司令部第一工程器材補給庫第一分庫
中和燈泡公司
迪生電器公司
CHINA GENERAL EDI SO
北
比例尺
40公尺

B ENTRANCE
HAMILTON HOUSE
KIANGSE ROAD SHANGHAI

CODE: ACME
CABLE ADDRESS
TOCEANS SHANGHAI

# THE TRANS-OCEAN TRADING CO.,LTD.

# 遠洋貿易股份有限公司

## 經營業務

進出口貿易運銷西藥電療器械各地土產
自備萬噸巨輪行駛中國沿海及南洋各地

總公司

上海江西路漢彌登大厦電掛9054

分公司

重廣汕漢天香新曼台梅長昆興加
慶州頭口津港坡谷灣縣沙明寧

請飲

# 福利鮮桔水
# 福利康樂

料純潔
氣味芬芳

TRADE
FREE
MARK

永久

# 進出口貿易行

# YUNG KIU TRADING COMPANY

GENERAL MERCHANTS
INPORTERS-EXPORTERS

進口貨：各種建築材料、各種顏料、各種紙料、各種西藥、各種化學原料

出口貨：本國產品及製造品

國外代理行

美國紐約舊金山 英國倫敦 澳洲雪梨

上海北京東路三七八號二〇五——二一三室

電報掛號"YUNKIU"電話 九八七七〇 九二五七八

# 亞光實業公司

ASIATIC INDUSTRIAL COMPANY

獨家經理下列意大利各大名廠出品

阿爾泰山廠 "Altessano" 人造絲

美廉廠 "Marelli" 各種馬達 發電機 變壓器 電扇 各種電氣用具 幫浦 無線電收音機等

西奇愛司廠 "C.G.S." 火錶 各種電錶等

查奇廠 "Zacchi" 水錶

加力理歐廠 "Galileo" 紡織機械 精密電錶 照像器材 測量器具 望遠鏡 各種光學器材等

上海廣東路93號203室 電話14723/12037 電報掛號5017或ASMAC.

---

# 協成火柴工業原料行

專營

氯酸鉀·赤燐·紅矾鉀·

硫磺華·松香·白腊·

梗片·膠·紙·其他·

地址：上海廣東路二八〇號

電話：九六〇三二 九二二二八

---

# 潤昌祥盛記顏料號

註冊商標

立人 順全隆 人槍

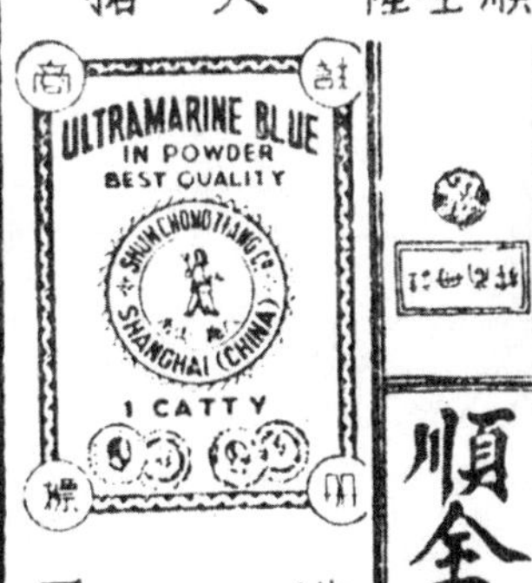


順全隆

青雲

中西顏料金粉銀粉雲青砂綠各度鉛粉硃磦硍硃黃丹鉛粉銅瓦綱金黃錫白錫牛膠以及入漆入油各色塗料

地址民國路三八六〇三八八即永安路口六十號

電話八二八九二

第九十六圖

中紡第一毛紡織廠
國信紡織染廠
天生味製廠
豐板玻璃廠
萬昌漂煉染廠
長壽支路
國民壽學校
大中廠
打鉄廠
泰順鋼砂廠
五金廠
染坊
大光明染織廠
空場
順大染工廠
餘姚路
康定路
梵皇渡路
CHANGSHOW ROAD
長壽路
信一木行
滬西联合商場
和平大旅社
西海舞台
滬西大戲院
長寧支路
同森木行
心源雅貨棧
三民大戲院
公和官醬
虹棧

第九十六圖

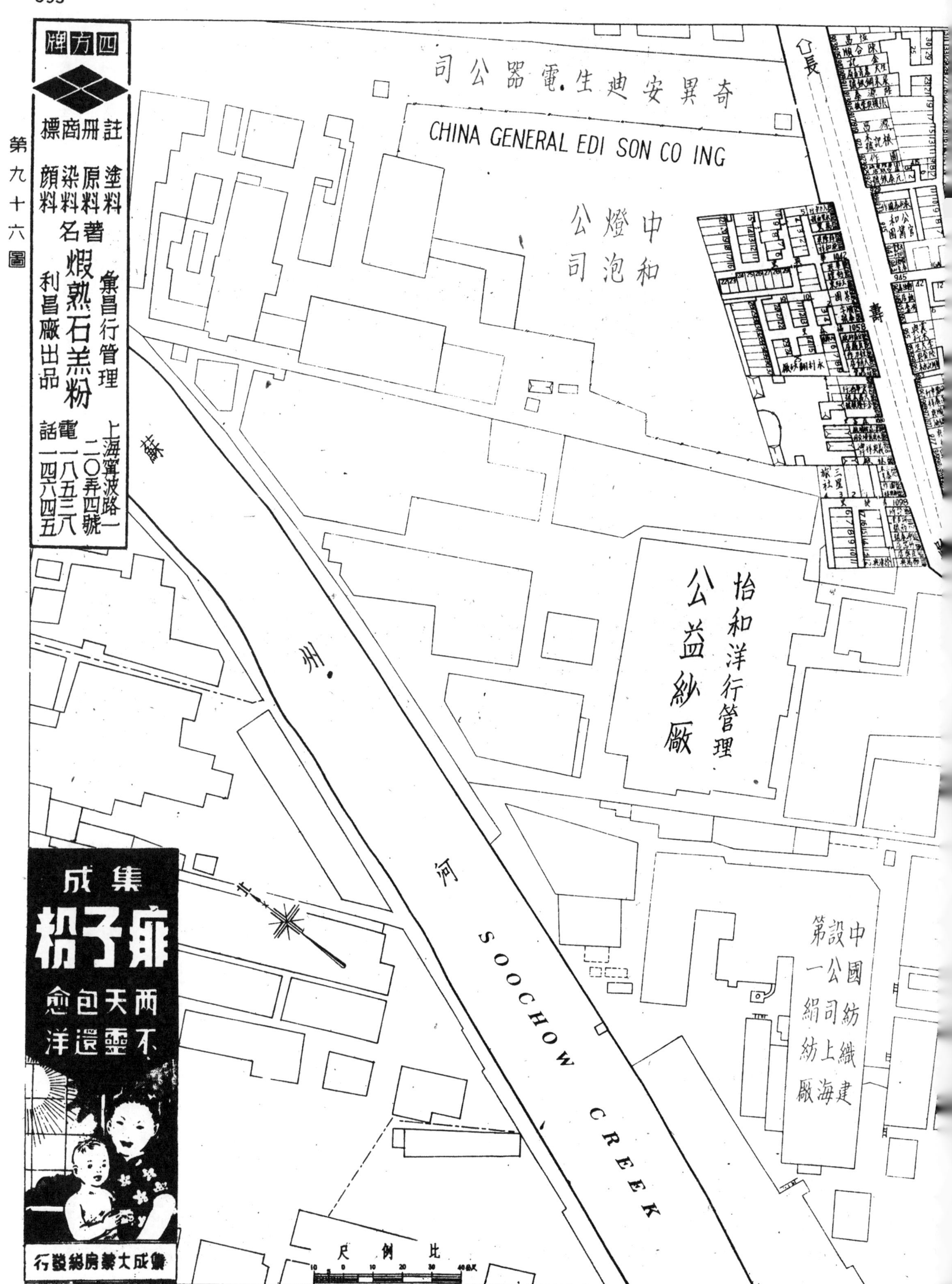

奇異安迪生電器公司
CHINA GENERAL EDI SON CO ING
中和燈泡公司
怡和洋行管理
公益紗廠
中國紡織建設公司上海第一絹紡廠
蘇州河
SOOCHOW CREEK
長壽
比例尺

高尚仕女一致愛用
T.T. RUBBER FACTORY
回力
Warrior
SHANGHAI
回力牌
WARRIOR BRAND
套鞋・球鞋
品質兼優 高人一等
下列各項均為本廠著名出品
人力車內外胎 機械膠帶
三輪車內外胎 膠皮電線
自由車內外胎 回力鞋底
正泰信記橡膠廠
發行所：上海中正東路五五号 電話：八一五〇九九号 廠址：上海大連灣路 電話：五〇一一〇号

上海紅星橡膠廠
歷史悠久 全國馳名
品質高超 堅固耐穿
註冊商標
天
製造廠武東路一七〇號電話二一〇四九
發行所中正東路三一八號
電話九〇九一二 九二五〇六 電報掛號二六四三
紅星
榮譽出品
上海紅星橡膠廠
紅星橡膠廠
天字牌各種膠鞋

中國橡膠製品廠
各式男女套鞋
註冊商標
金獅牌
發行所 上海 南無錫路一三六弄九號
製造廠 東法華鎮敦惠路四〇号
電話 九三六七五

上海
振華橡膠廠
事務所：金陵東路金門街二號四〇四室
電話：八八八一一二
製造廠：長寿路五七一號
電話：二二八六二
註冊商標
好
製造各种球鞋套鞋時靴女鞋橡膠物品巧精料佳經久耐用包不斷底包不脱膠

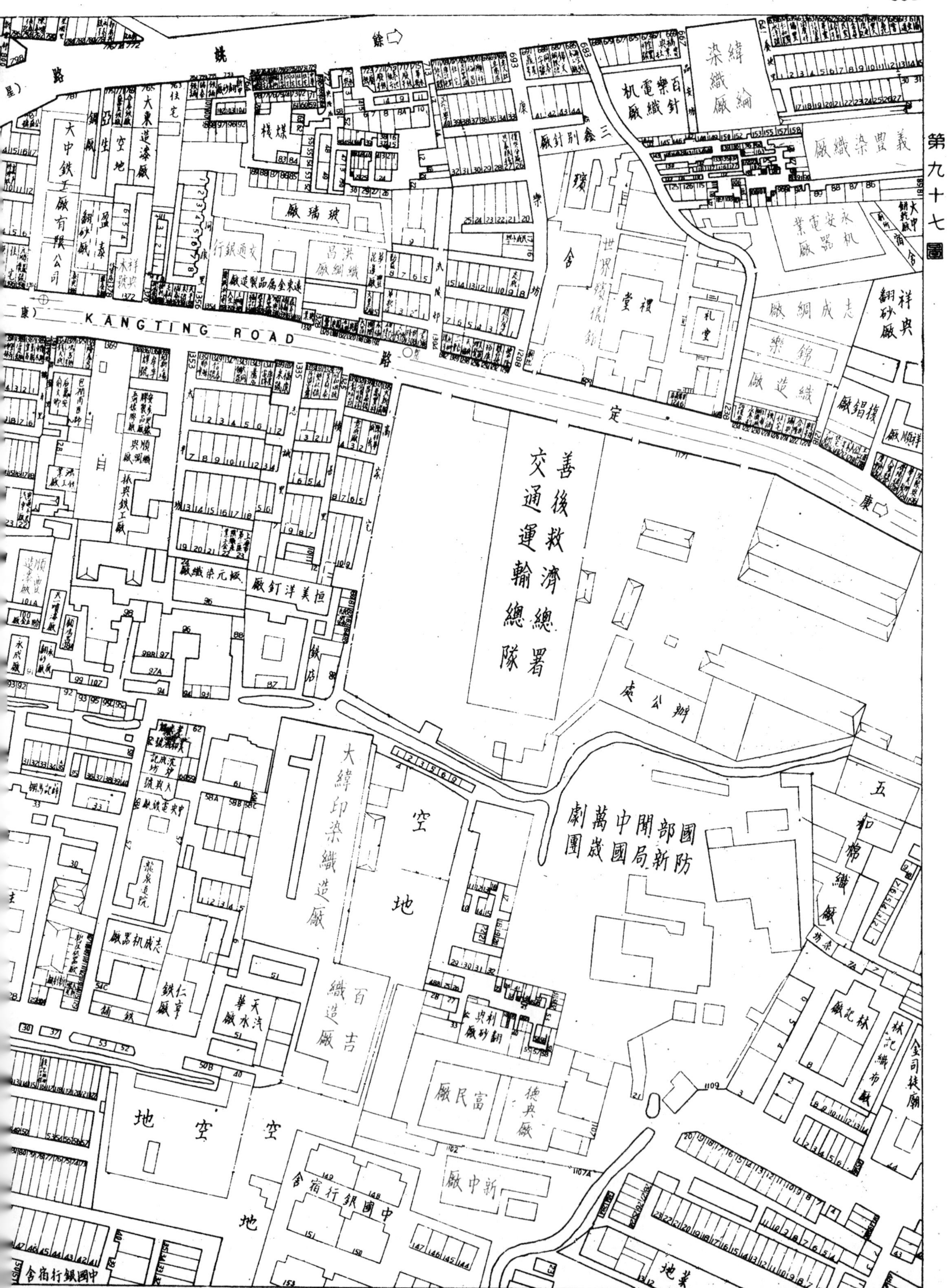
第九十七圖
KANGTING ROAD
善後救濟總署
交通運輸總隊
國防部新聞局中國萬歲劇團
大綿印染織造廠
百吉織造廠
富民廠
新中廠
中國銀行宿舍
空地
五和棉織廠
林記廠
林記織布廠
義豐染織廠
永安電業機器廠
緯綸染織廠
百樂電機針織廠
三鑫別針廠
玻璃廠
大中鉄工廠有限公司
大東造漆廠
恒美洋釘廠
志成機器廠
志成綢廠
錦樂織造廠
世界殯儀館
禮堂
煤棧

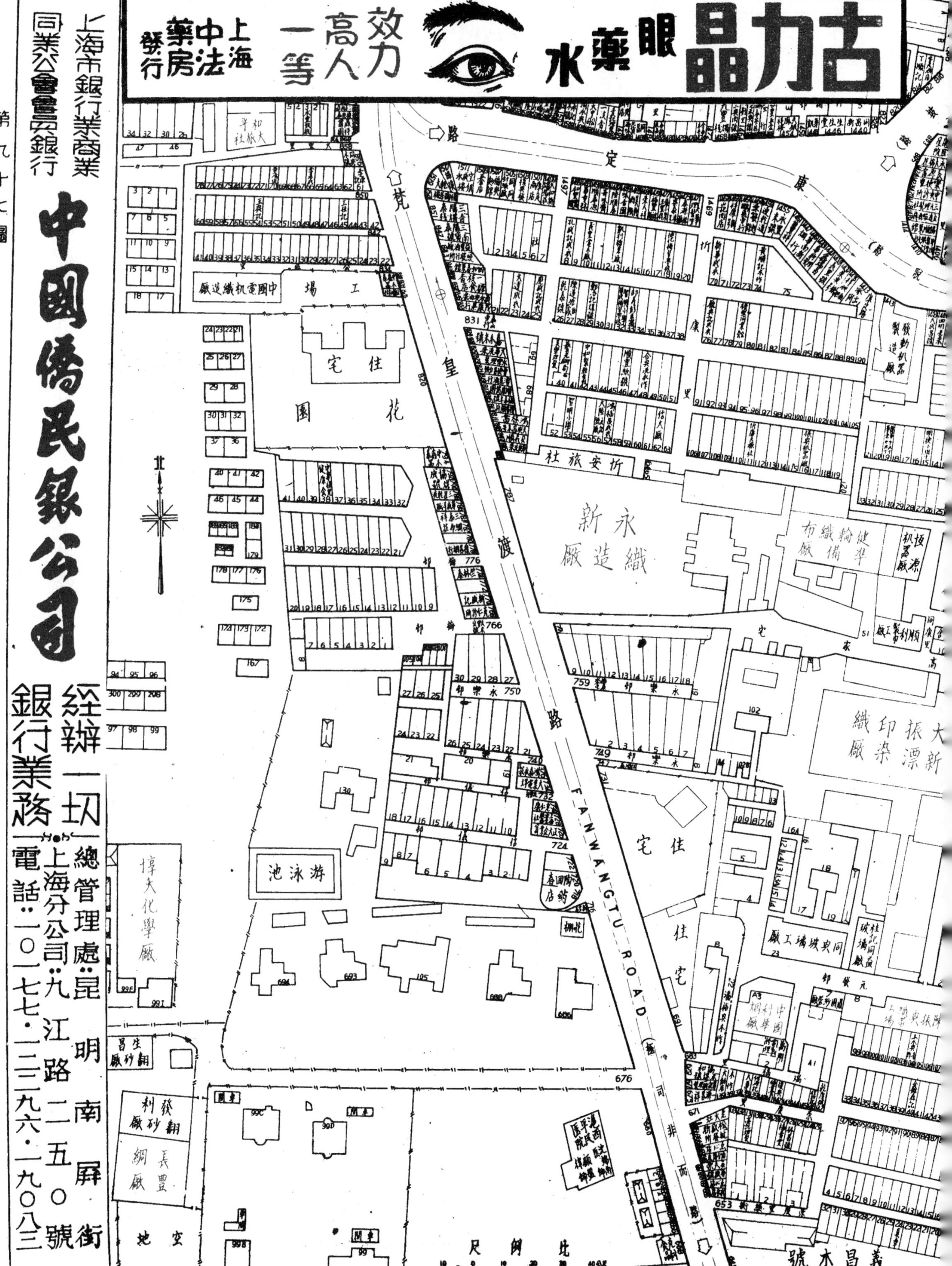
古力晶
眼藥水
效力高人一等
上海中法藥房發行
上海市銀行業商業同業公會會員銀行
中國僑民銀公司
經辦一切銀行業務
總管理處:昆明南屏街
上海分公司:九江路二五〇號
電話:一〇一七七・一三九六・一九〇八三
康定路
梵皇渡路
FANWANGTU ROAD
中國電机織造廠
工場
住宅
花園
北
永新織造廠
健華輪織布廠
大振印染漂新廠
折安旅社
游泳池
住宅
同興玻璃工廠
生昌翻砂廠
發利翻砂廠
長豐綢廠
空地
比例尺
義昌木號

第九十七圖

MING SUNG RUBBER FACTORY
乙鐘牌
各式男女套鞋球鞋
特製彈性底籃球鞋
榮譽出品
精工選製 堅韌耐穿
上海安遠路九一〇號 民生橡皮廠出品 電話二三二二五三

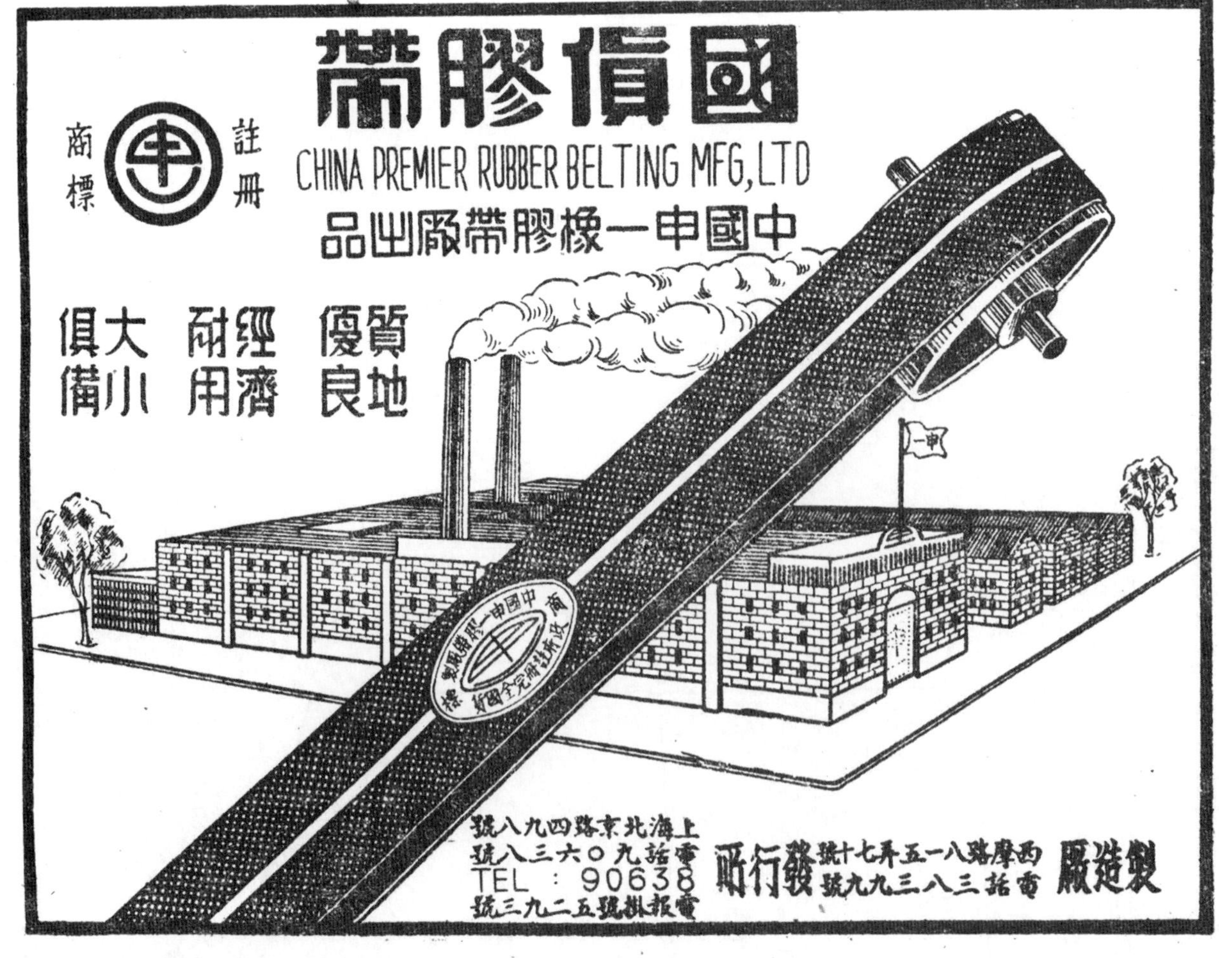
國貨膠帶
商標註冊
CHINA PREMIER RUBBER BELTING MFG, LTD
中國申一橡膠帶廠出品
質地優良 經濟耐用 大小俱備
製造廠 西摩路八一五弄七十號 電話三八三九九號
發行所 上海北京路四九八號 電話九〇六三八號
TEL：90638
電報掛號五二九三號

THE "GREYS"
SECOND TO NONE
烟中極品
大克雷斯

三八牌
橡膠底
888
比任何鞋底堅韌經着
比任何鞋底經濟合算
發行所：上海興業路二〇五弄B三号
企昌橡膠廠
電話：八一一五四〇
本外埠各鞋料五金號均有售

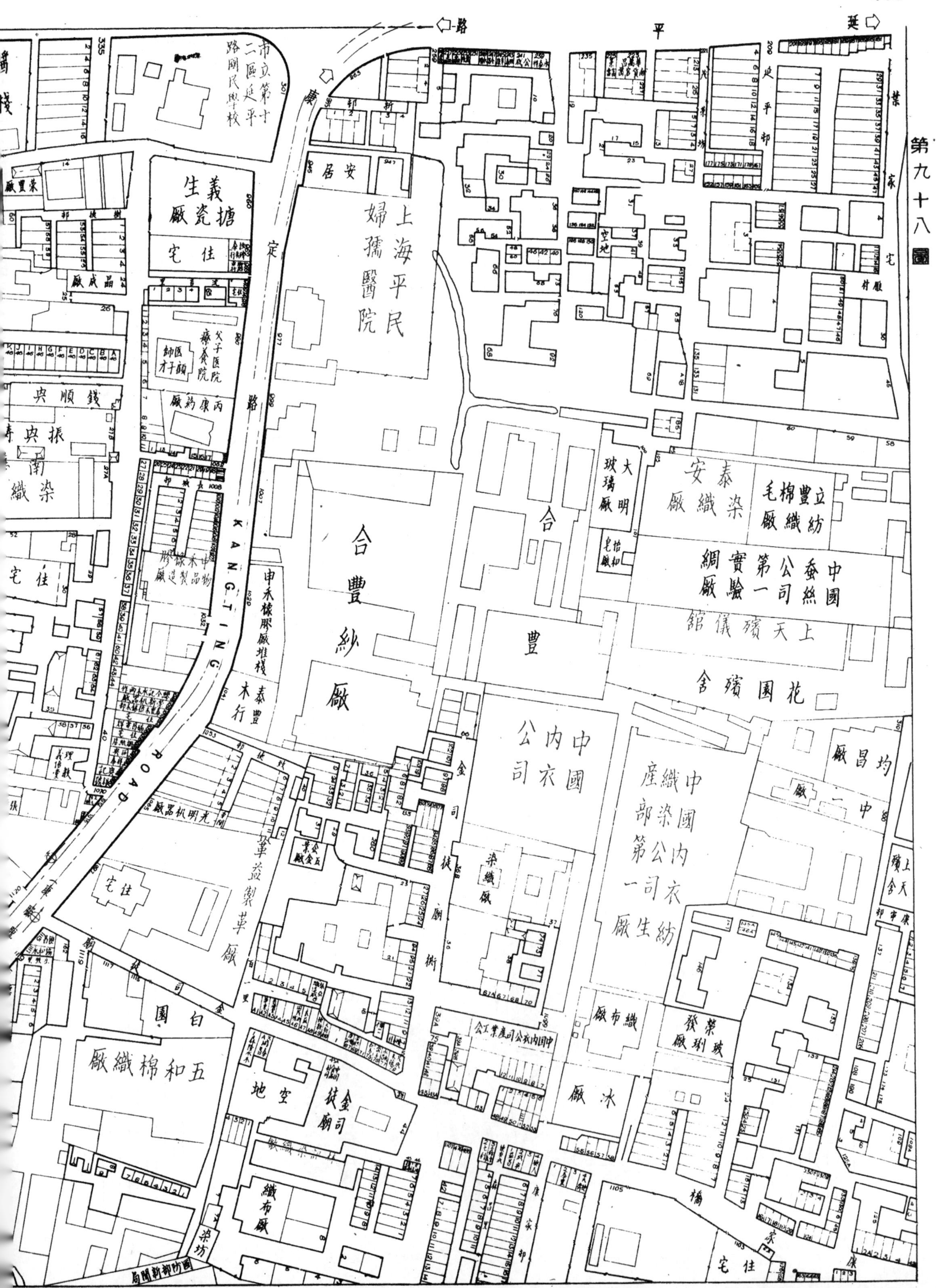

延平路
第九十八圖
市立第十二區延平路國民學校
上海平民婦孺醫院
安居
義生搪瓷廠
住宅
晶成廠
錢順興
振興壽
南染織
丙康藥廠
康定路
KANG TING ROAD
合豐紗廠
合豐
大明玻璃廠
泰安染織廠
立豐棉毛紡織廠
中國蠶絲公司第一實驗絹廠
上天殯儀館
花園殯舍
中國內衣公司
均昌廠
中一廠
泰豐木行
光明机器廠
益華製革廠
染織廠
白園
五和棉織廠
空地
金司徒廟
織布廠
冰廠
榮發玻璃廠
國防部新聞局

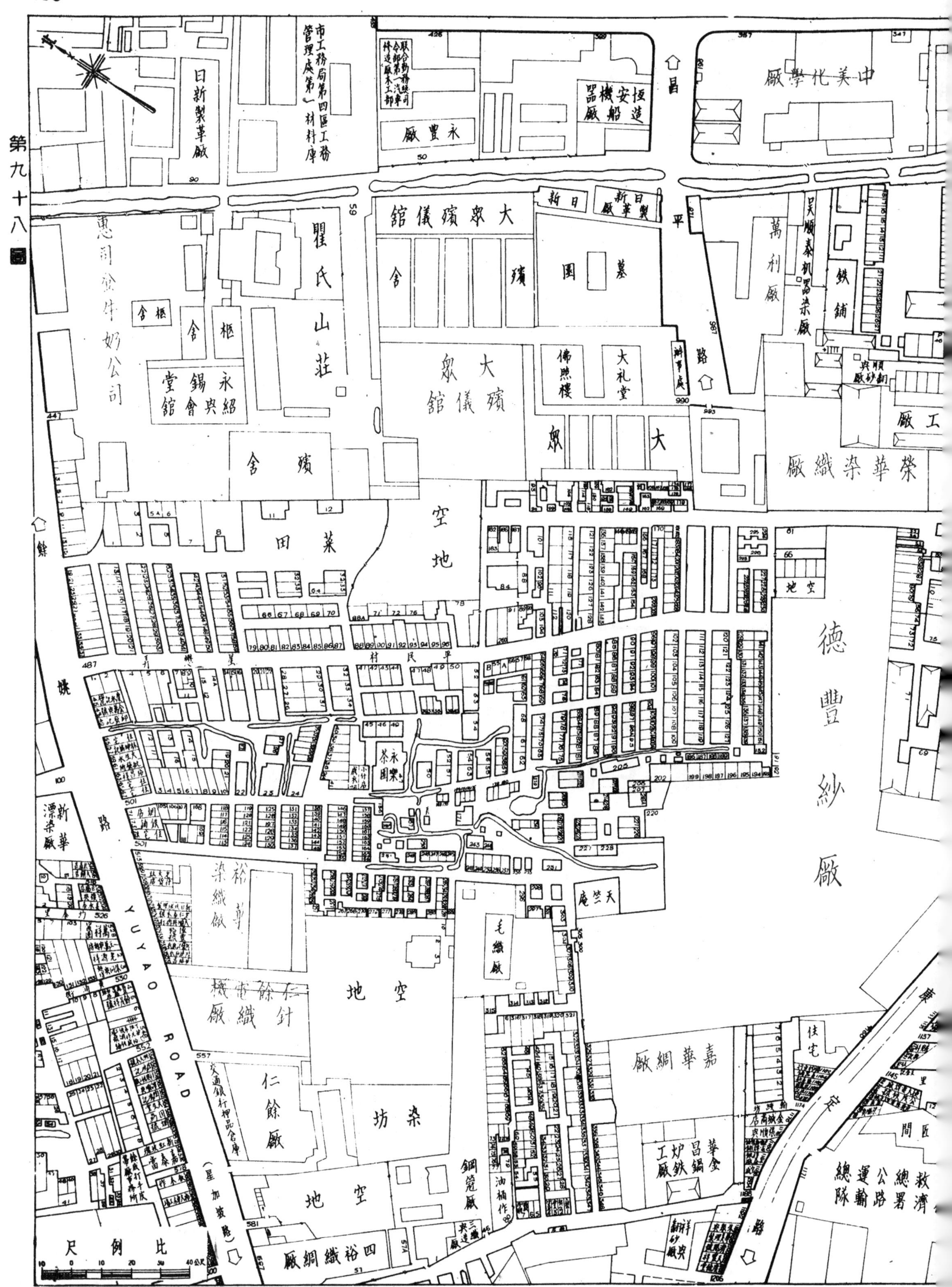

日新製革廠
市工務局第四區工務管理處第一材料庫
聯合勤務總司令部第一汽車修造廠木工部
永豐廠
恆安機器造船廠
中美化學廠
大衆殯儀館
瞿氏山莊
永錫堂紹興會館
殯舍
柩舍
墓園
佛照樓
大礼堂
萬利廠
吳順泰机器染廠
鉄舖
榮華染織廠
昌平路
菜田
空地
平民村
德豐紗廠
茶園
天竺庵
毛織廠
裕華染織廠
餘姚路
YUYAO ROAD
新華漂染廠
嘉華綢廠
仁餘廠
染坊
交通銀行押品倉庫
鋼瓷廠
油桶作
華金昌鍋炉鉄工廠
救濟總署公路運輸總隊
四裕織綢廠
(星加坡路)
康定路
比例尺

# 中國航空股份有限公司

現用新型四引擎機

# 空中霸王

經常飛航

上海・北平・香港・昆明・加爾各答・馬尼剌・檀香山・舊金山・各地

**安全迅速　經濟舒適　服務週到**

總公司联運課：天津路二號
電話：一七二四九接轉
上海售票處：南京路沙遜大廈
電話：一五七五七

班期票價等
詳情請洽詢

---

# 中國航運股份有限公司

## CHINESE MARITIME TRUST, LIMITED.

SHIPOWNERS, OPERATORS,
CHARTERERS, BROKERS, & AGENCIES

Room 300-304
Hongkong-Shanghai
Banking Corp Building
12, Chun Shan Road,
(Eastern 1) Shanghai

Telephone Nos.
11257 (3 Lines)
18749
Cable Address:
"FIDES" SHANGHAI
4911

第九十九圖
延平路
中國內衣紡織染公司生產部
花園殯舍
上天殯儀館
中國蠶絲公司第一實驗綢廠
立豐毛棉紡織廠
中一化學廠
均昌漂染整理廠
上天殯舍
滬西汽車停車場
上天殯儀館
中紡第一廠
中紡紗廠股份有限公司第一廠
南華染織廠
保豐廠
民華染織公司
南陽橡膠廠
大新電業器材廠
保豐漂染整理紡織廠
華光廠
永大染織廠
華光染織廠
光明廠
合記統一織造廠
甘光小學
空地
運動場
天然廠
小學校
劉王廟
永固化學工業廠
中特化學利
良友乾洗商店
空地
梵

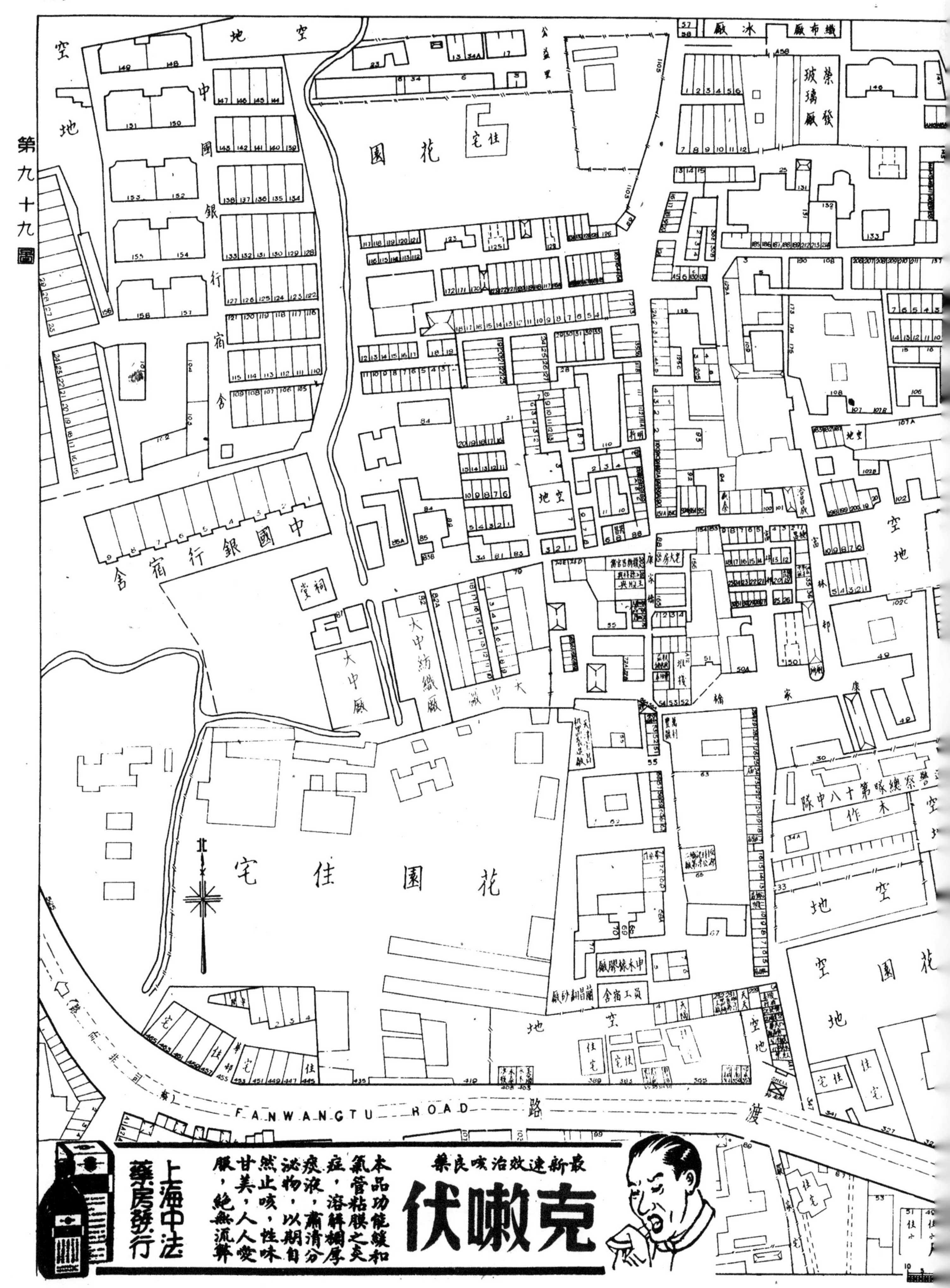

第九十九圖
中國銀行宿舍
花園住宅
冰廠
織布廠
榮發玻璃廠
公益里
祠堂
大中紡織廠
大中廠
康家橋
富林郵
警察總隊第十八中隊
木作
員工宿舍
空地
北
FANWANGTU ROAD
梵王渡路
最新速效治咳良藥
克嗽伏
本品功能鎮和氣管粘膜之炎症，溶解稠厚痰液，肅清分泌物，以期自然止咳，性味甘美，人人愛服，絕無流弊
上海中法藥房發行

專營
工業原料 西藥原料 化學藥品 香精香汁

**成華工業西藥原料行**

上海山東中路永樂里二一四號
電話九六四九一
電報掛號九七六八

**天津航業公司**
**上海分公司**

江西中路二一二號金城大樓三樓二〇〇室
電話：一四四四八四
電報掛號五三一六（船）

**肇興**
**輪船公司**

廣東路一二二號
電話一二五八二

**駿豐南腿莊**

上海河南中路三八三號
電話：九〇九八二

**瑞安商輪**
**新大陸輪船公司**

中正東路中匯大樓一樓二一二室
電話八五〇三七

益祥輪船股份有限公司
**輪船運輸**

廣東路四三號 電話一八八五二 一四四五二

總發行所
上海成都路464號南京西路口
南京發行所：太平路203號攜公井口

**協成**
**運輸行**

上海北京路中一大樓六三號
電話：一四四七〇

**通業輪船運輸公司**

自置輪船並兼營代客運輸報關
廣東路一六三號
電話：一四一五一 一二六五七

東南航業股份有限公司

地址 福州路三五號
電話一二七六三

強華實業股份有限公司

上海江西路二四六號三樓三一一室
電話一四六八五 一八四九二

上海
**明藝針織廠**
出品

首創玻璃紗襪

**蟹美牌**
**海鳥牌**

貼脚耐用
洗不起毛

蟹美牌標準蘇紗線襪
海鳥牌標準蘇紗線襪

中國唯一針織專家
上海順昌路三八五號
電話八〇八一五

**仁豐**
**機器染織廠**

中滙大樓六樓
電話：八〇〇〇二三

**五洲襪廠**

發行所：廣東路三九七號
電話三九〇八七
廠址安慶路三九六弄七號

**科美**照相材料公司
**兼售照相材料**

上海南京東路一八六號 電話一〇八八二

**謙記工業原料行**

上海塘沽路一一一號
電話四三〇二四

## 中國地毯

股份有限公司

CHINA RUG CO.,LTD.

南京西路四四七至九號

電話 六〇六〇三

專營國名廠西藥原料成藥

經理皮膚聖藥 靈奈藥膏

批發另售 定價特廉

## 永茂大藥房

上海牛莊路七三二號

電話 九三七八六

## 直東輪船公司

上海中正東路三九號三樓一六四室至一六六室

電話八三〇四四

## 大北航業股份有限公司

上海四川南路二九號 約克大樓一樓

電話：八六〇五八號

## 大中華藥房

出品駱駝牌痧藥水

上海福州路七四六号

・電話九四八四一・

## 華洋藥房

地址 上海九江路五五一号

電話：九二六二八 九七四七六

電報掛号：有線無線八七八六

## 佑慈藥廠股份有限公司

製售中西成藥原料

廣東路九三號三樓 電話一六六七四

## 光華營業股份有限公司

光華建築師事務所

建築設計 房産代管 買賣估價 經租管理 代理保險

上海天津路二一四號 電話九八三六六

## 光明化學製藥廠

南陽路一八六號

電話三五三三六 三三三三八

## 王大吉國藥號

廣東路四三三號

電話九一一一八

## 聚豐寶記航業公司

上海中山東一路八弄七號三〇六室

電話一一七八五二號

南京路七四八號貴州路口

電話九三三六六（三線）

## 中央大藥房

專營

各國新藥 工業原料 化粧用品 醫療器械 自製良藥 日夜配方 專家主持 接方送藥 迅速便利

二樓特設醫師診療所

各科著名医師二十餘名全日應診

註冊藥師主持配方日夜服務

## SUN WAY & CO

93 CANTON ROAD

TEL. 13131-2

CABLE ADRESS

"SUN WAY"

IMPORTER

&

EXPORTER

## 亞華藥房

廣西路一五弄七號

電話九三〇四九號

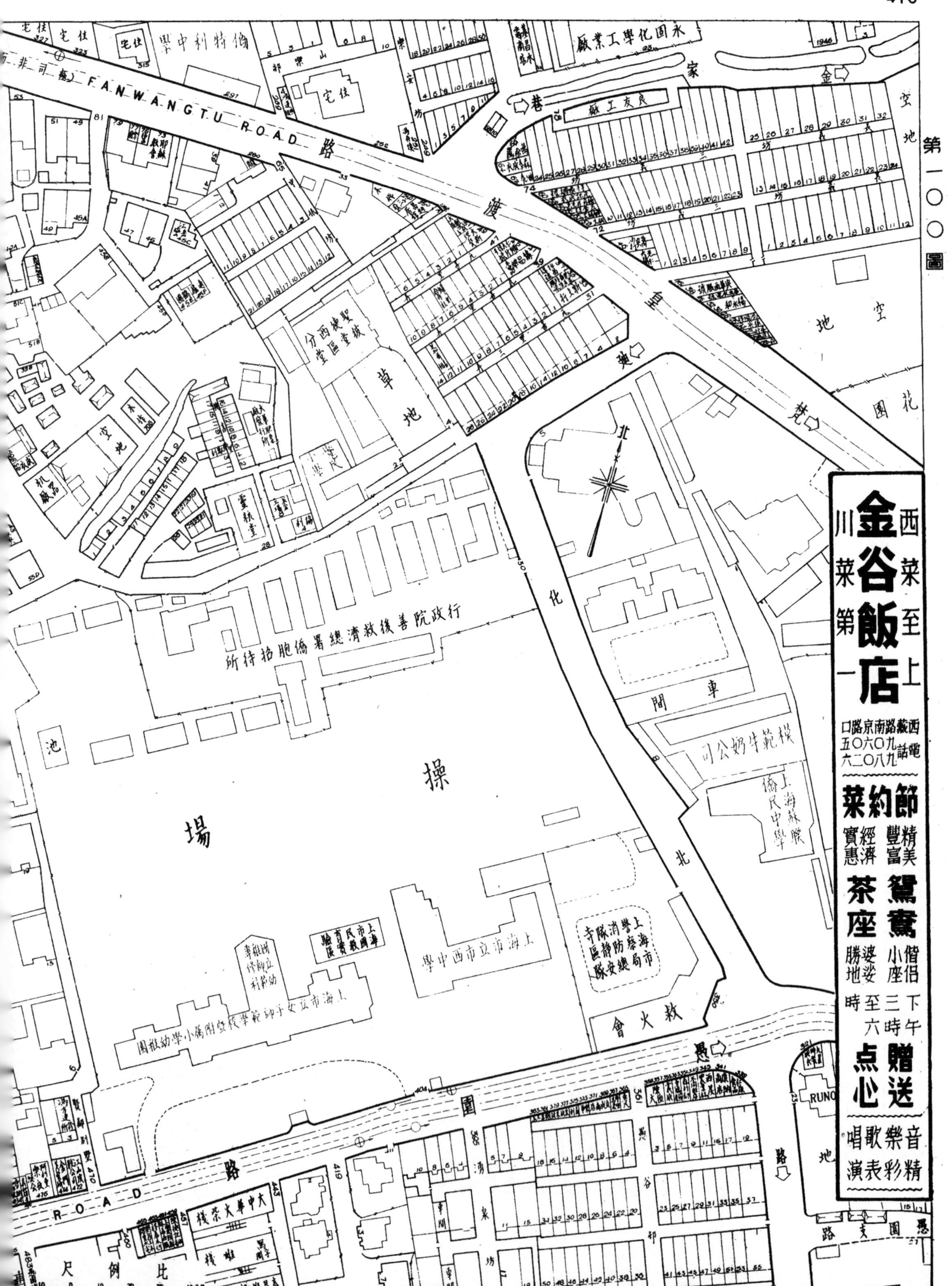
第一〇〇圖
金谷飯店
西菜至上
川菜第一
西藏路南京路口
電話 九〇六〇五 九八〇二六
節約菜
精美豐富
經濟實惠
鴛鴦茶座
情侶小座
婆娑勝地
下午三時至六時
贈送点心
音樂歌唱
精彩表演
FANWANGTU ROAD
路
渡
ROAD
路
倫特利中學
永固化學工業廠
良友工廠
空地
花園
草地
操場
池
車間
行政院善後救濟總署僑胞招待所
模範牛奶公司
上海蘇聯僑民中學
上海市立西中學
上海市女子師範學校附屬小學幼稚園
上海市警察局消防總隊靜安寺區隊
救火會
北
愚
園
愚園支路
大中華大榮棧
比例尺
RUNO

第一〇〇圖

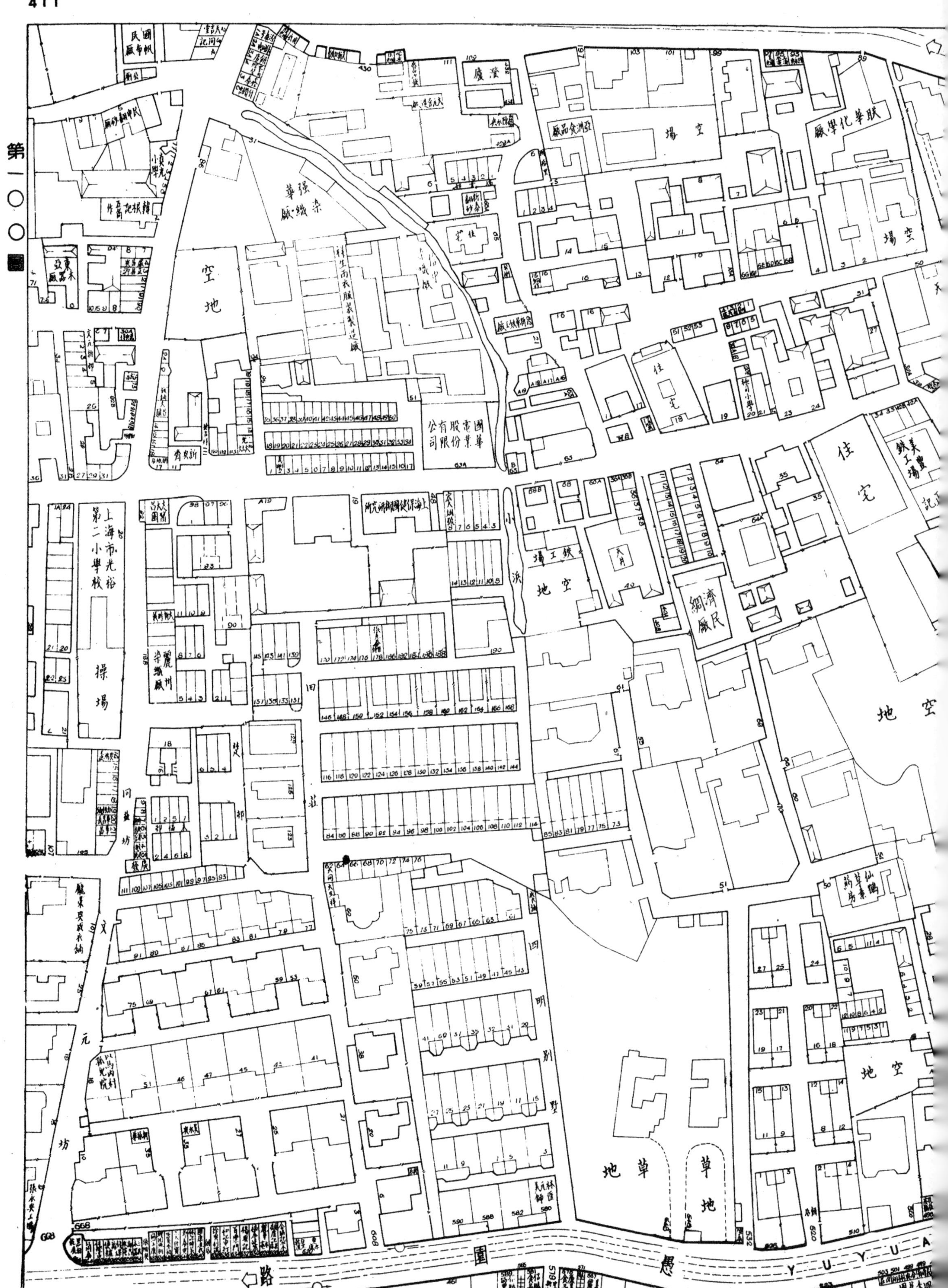

聯華化學廠
空場
強華染織廠
空地
上海市光裕第二小學校
操場
國華電業股份有限公司
住宅
濟民網廠
鐵工場
小浜
草地
愚園路
YUYUA

上海

匯大錢莊

地址寧波路水清里五号

電話 九七九二八二号 / 九八六八九号

---

上海市錢業商業同業公會會員錢莊

上海票據交換所三七号交換行莊

上海信裕錢莊

竭誠社會服務

創設於民國四年

經營業務

存款：放款

國內匯兌：

票據貼現：

工商貸款：

其他商業銀行業務：

力謀顧客便利

地址：上海天津路一二〇号

電話：九三六三〇

---

大華五金號

GRAND CHINA HARDW ARE CO.

南潯路一二四号

電話四二三四五

---

西泠印社

潛泉印泥

上海廣東路二三九号

電話：二八九三一号

細膩濃厚 沉着鮮明

閱時愈久 色澤愈艷

冬不凝凍 夏不透油

調劑盡善 燥濕得宜

---

謙泰商業銀行

四川路四一六號

電話一四一〇九

---

上海綢業銀行

漢口路四六〇號

電話九三三五〇

---

民國十九年創立

上海市銀行公會會員

大同商業銀行

經營商業銀行業務

行址：北京東路一五一号

電話：一〇一九八：一七〇五八

---

和祥信託公司

河南路三五九號

電話 九七八九八 / 九八五四八

---

滋康錢莊

天津路一一四号

電話 九二七一五 / 九二四〇七

---

國華銀行

北京東路三四二號

電話九二三二〇八共八線

---

誠孚

染織公司

河南路如意里三三號

電話：九〇八五九號

---

光明咖啡館

南京西路二二六号

電話 三三二六五号 / 三三四七五号

---

鑑臣香精原料公司

滇池路一一〇號

電話一三四二〇

---

光中銀行

上海寧波路二一四号

電話九八〇二三号

---

三多內衣廠

註冊 商標

浙江路寧波路渭水坊二号

電話九三五七三号

---

大光明煙咀工藝社出品

各式新穎

煙咀

免使手指燻黃齷齪

吸煙必備價廉物美

老北門計家弄懷德里三号

電話(〇二)七〇八〇一轉

---

泰來錢莊

經營商業銀行一切業務

地址 寧波路二七七號 電話 九五一九八六

---

油漆顏料 註冊 商標 油墨顏料

昌明化學工業廠

各種五彩油墨

股份有限公司出品

新閘路一一二一弄五六号電話三七五〇〇

---

恒興工業原料廠

南京西路一九一二弄B五六号

電話：二三三五四号 / 一九二九九号

---

天然墨廠

交通路一七弄五号

電話九五八八六号

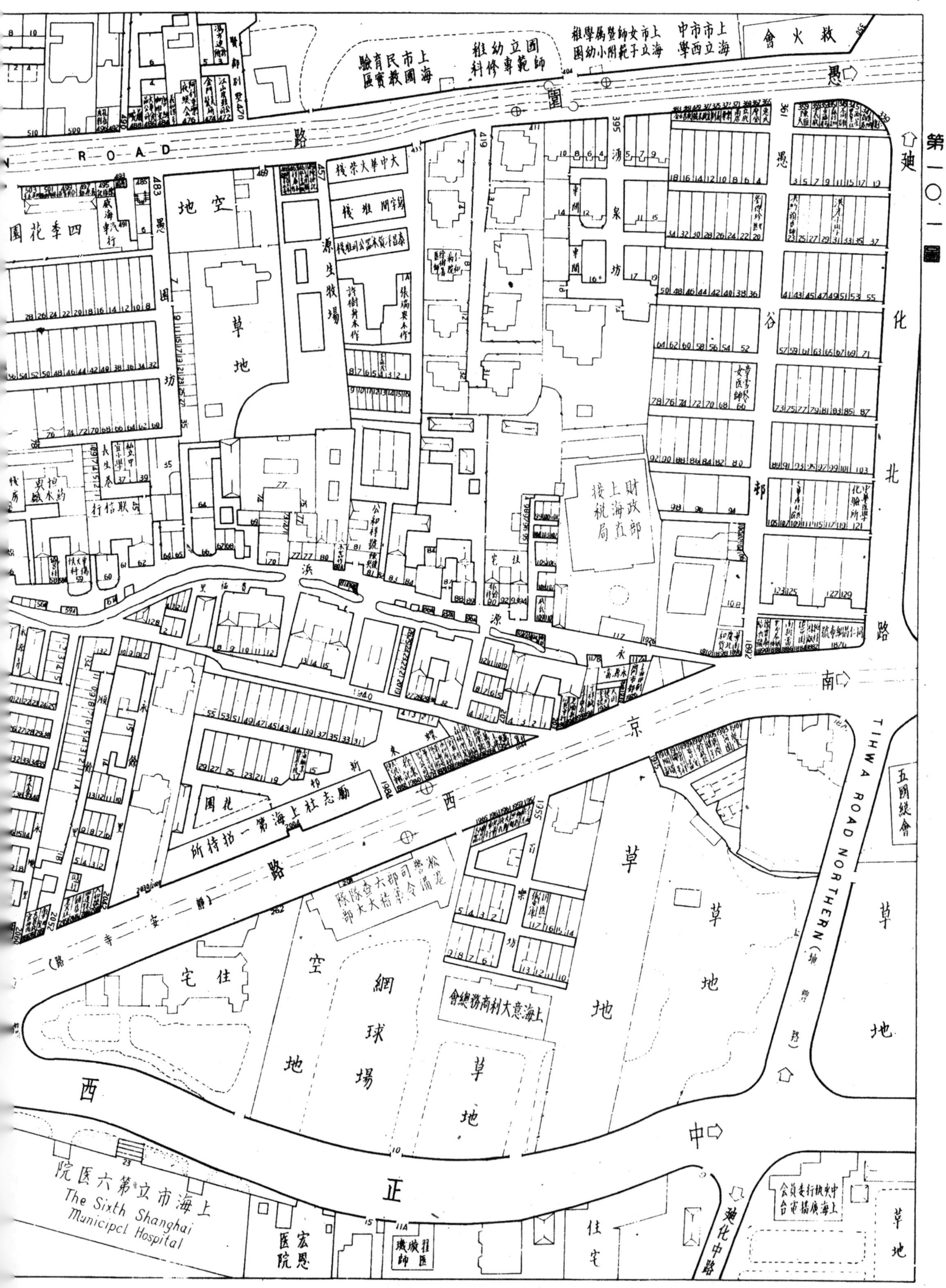
第一〇一圖
救火會
上海市立市西中學
國立幼稚師範專修科
愚園路
ROAD
四季花園
空地
草地
源生牧場
財政部上海直接稅局
迪化北路
南京西路
TIHWA ROAD NORTHERN
五國總會
勵志社
上海第一招待所
花園
上海意大利商務總會
網球場
空地
住宅
西
中正
上海市立第六醫院
The Sixth Shanghai
Municipicl Hospital
宏恩醫院
住宅
迪化中路
中央執行委員會上海廣播電台
靜安寺路

愚園路
YUYU
北
漁光邨
華中机器瓷電公司
華麗電線廠
空地
草地
花園
網球場
花園
中國經濟通訊社社員宿舍
仁裕棉毛染織工廠
世界佛教經堂
空地
浜
空場
空地
民華染織工廠
製皮工場
製皮工場
太平有限公司
匯裕有限公司
宜里
白宮殯儀館
空場
草地
明園講堂
廣顧化學製藥廠
新園
路
CHUNG-CHENG ROAD WESTERN
(大西路)
草地
草地
比例尺
10 5 0 10 20 30 40公尺

上大興隆記海

皮革鞋料號

DAH SHING LOONG KEE

LEATHER CO.

地址六馬路湖北路657號

電話九五一九三

軟硬皮革
鞋料五金
製靴用品
一應俱全

零躉批發　無任歡迎

---

華成德記五金電器行

專營歐美各國電器五金材料
專為各大廠商機関服務

地址金陵東路四二五—四二七號

電話八五八一二

---

知蜜之心

衛生部化驗合格

商標局[illegible]

知蜜予草學名百里香草其原植物本產於歐洲三樂藥廠藥師在亞洲中國北部首先發明其原植物故成份準確功效靈驗知蜜之心氣香味甜性質和平兒童喜服確能治療百日咳咽喉及呼吸器等疾病能緩解咽喉緩和氣管內之痰液使其易於咯出

三樂化學製藥廠出品

廠址永嘉路四八五弄七號

150 Grm

Thymetuschen

TRADE MARK

COMPOUND SYRUP OF EXTRACT THYMI VULGARIS

Whooping Cough Bronchitis and Sedative

Dose-15-20 drops for Infant 1 teaspoonful for Children 1 tablespoonful for Adult 4 times daily, after meals and before the sleeping with warm or by physician

Dilute 4 times its volumes with warm water. or other cold drinks

Prepared By San Loh Dispensary SHANGHAI

發行所：三樂大藥房　上海南京路勞合路五八號

電話九〇七二六　九〇九四四

---

福民砂眼藥水

上海福民製葯廠出品

發行所：上海六合路六一號

電話：九七九〇二　九五八八七

中國首創
功效第一
砂眼特效
紅眼更靈

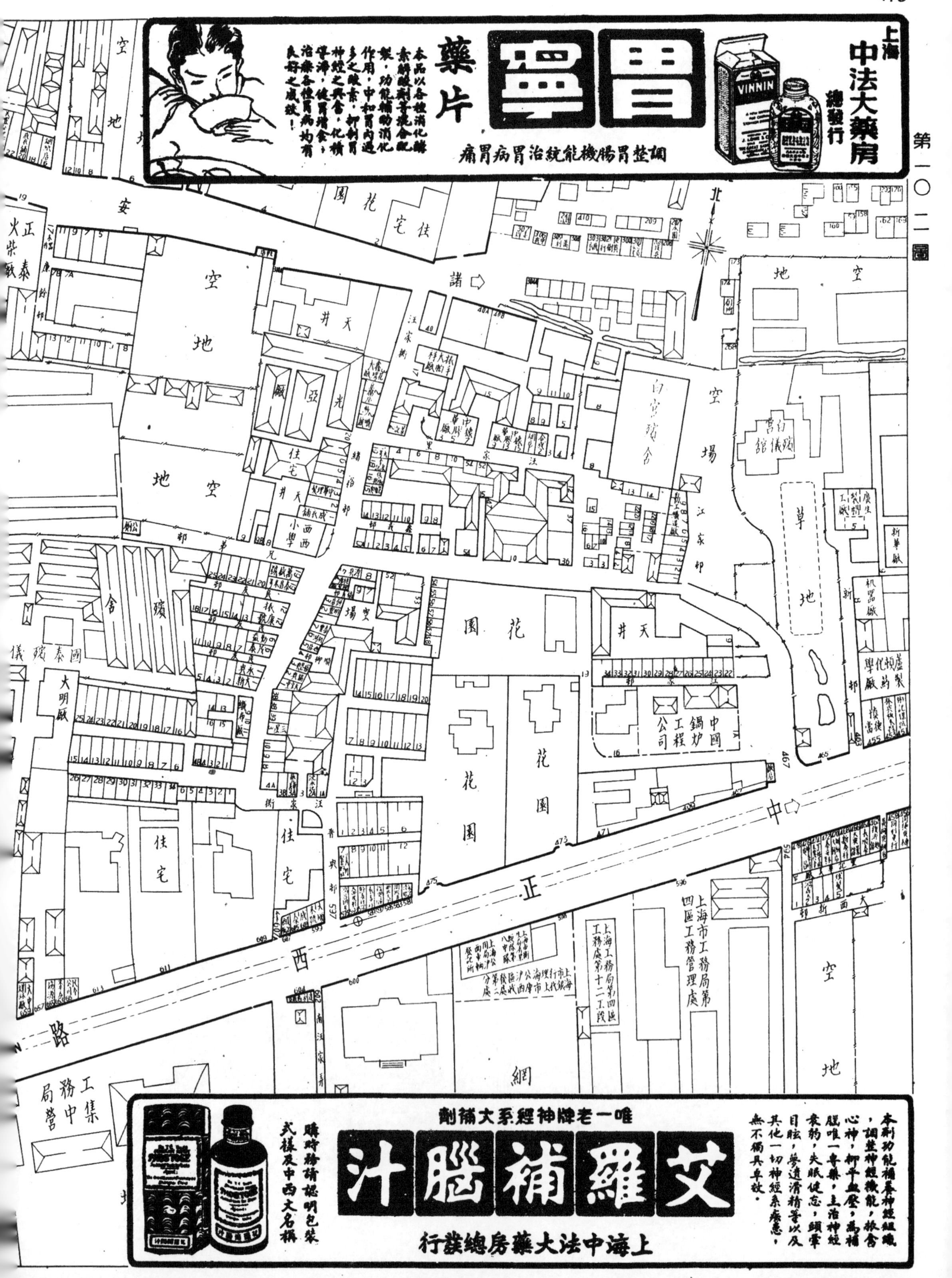
上海
中法大藥房
總發行
胃寧
藥片
VINNIN
本品以各種消化酵素解酸劑等混合配製，功能補助消化作用，中和胃內過多之酸素，抑制胃神經之興奮，化積導滯，健胃増食，治療各種胃病均有良好之成效！
調整胃腸機能統治胃病胃痛
安
諸
中
正
西
路
空地
花園
住宅
天井
汪家衖
殯舍
國泰殯儀
大明廠
中國鍋炉工程公司
白宮殯舍
空場
草地
上海市工務局第四區工務管理處
上海工務局第四區工務處第十二工段
工務局集中營
唯一老牌神經系大補劑
艾羅補腦汁
上海中法大藥房總發行
本劑功能補養神經組織，調整神經機能，故含心神，抑平血壓，為補腦唯一專藥，主治神經衰弱，失眠健忘，頭暈目眩，夢遺滑精等以及其他一切神經系疾患，無不獨具卓效。
購時務請認明包裝式樣及中西文名稱

第一〇二圖
江蘇路
KIANGSU ROAD
(憶定盤路)
CHUNG CHENG ROAD WEST
泰利鉄廠
堆場
恆豐粉廠
天井
住宅
翻砂廠
紡織廠
熱水瓶廠
新亞鉄廠
新東鉄廠
潔園牧場
冠生園工場
上海電話公司
同樂劇場
榮豐紡織第一廠
堆栈
大明廠
禮堂
開泰順記染織廠
雲飛汽車公司
停車場
花園
池
乙大紗管廠
比例尺

# 亞美斯古香料廠出品

各種著名亞美斯古(AMESCO)牌

香煙調味香精

汽水調味香精

糖果食品香精

牙膏香皂香精

製藥調香香料

種類最多

亞美斯古香料廠無限公司

地址:上海愚園路八八四號

電話:二〇一九〇號

第一〇三圖
花園
空場
空地
勤昌鋼精廠
上海光裕第二小學
操場
煤棧
花園
花園
花園
花園
愚園路
ROAD
漁光村
草地
草地
比例
10 20 30 40公尺

中德醫院
普通部 病房寬敞 光線充足
平民部 收費低廉 服務週到
施診部 貧病不計 免費診治
附設＝X光部、化驗部、接生部、免費接生部等
★中正中路四五七號
★電話：八四〇三四
江蘇路
KIANGSU ROAD
愚園路
YUYUAN
謙信化學廠
群英中學小學校
空地
草地
織布工場
新紗廠
天井


第一〇三圖

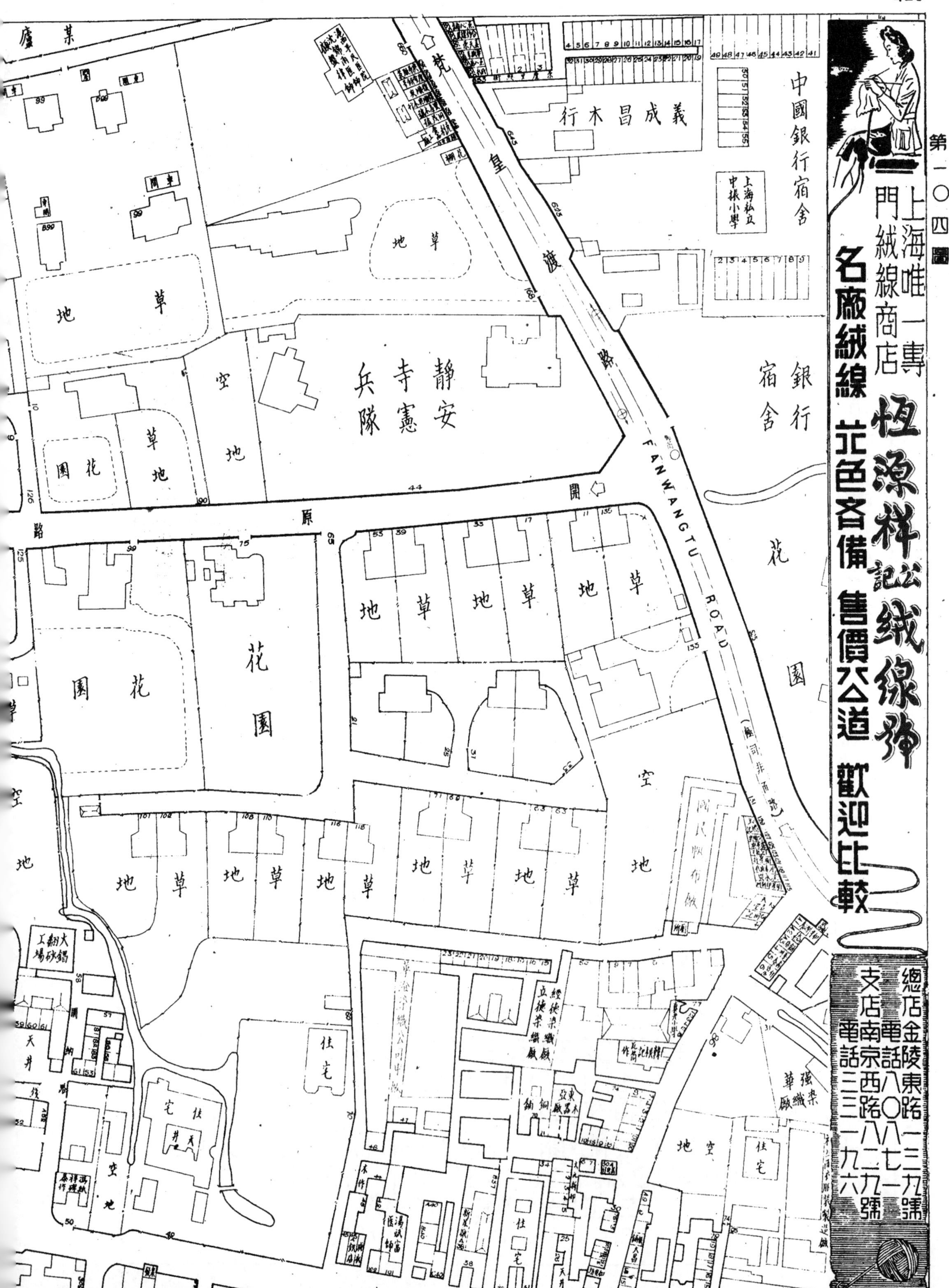
第一〇四圖
梵皇渡路
FANWANGTU ROAD
靜安寺憲兵隊
義成昌木行
中國銀行宿舍
上海私立中振小學
銀行宿舍
花園
草地
空地
原路
國民帆布廠
住宅
上海唯一專門絨線商店
恆源祥公記絨線號
名廠絨線 花色齊備 售價公道 歡迎比較
總店金陵東路一三九號
電話八〇八一七三號
支店南京西路一八二九號
電話三三一九六號

上海鉄管廠
工場
機器間
天業毛織廠
大同机器廠
天源綢廠
倉庫
大新振染織廠
空地
紫陽宮
住宅
花園
草地
天井
閘納公寓
KEIYUAN ROAD
(閘納路)
江蘇路
KIANG SU ROAD
(憶定盤路)
中西女校
MCT YEIRE SCHOOL
江海關職員宿舍
三星牧場
北
比例尺

第一〇四圖

# 台灣航業有限公司

## 上海分公司

TAIWAN STEAMSHIP NAVIGATION CO., INC.

SHANGHAI BRANCH

31 Chung Shan Road Eastern 1

Cable Address: 05306

**經營滬台及南北洋運輸業務**

總　公　司：台灣基隆合同廳港務局大樓

上海分公司：上海中山東一路十三號

電報掛號：〇五三〇六

電　　話：一八二一九

第一〇五圖
CHANGNING ROAD
長寧路
大元冶坊
水池
空地
中國蠶絲公司第二實驗綢廠
陶桂記棧房
民豐染織廠
棧房
華昌机器廠
上海鉄管廠机器間
中國鋼業工廠
大同机工廠工場
天源綢廠
機工廠
草地
華東鉄工廠
仁泰机器廠
航德小學
機器廠
鉄鋪
張順興竹舖
中國火柴廠
梗子棧
紙類棧
染坊間
倉庫
机器間
沙棚間
工場
工房間
章華倉庫
大明染織廠
竹源興行
永新綢廠
美新織造廠
大通机器廠
光明花邊廠
利華染織廠
新華毛織廠
工人住宅
南曹家宅

第一〇五圖

比例尺
10 0 10 20 30 40公尺
祥豐皮廠
支
硝皮作
硝皮廠
林泰廠
金水皮廠
義利綢廠
棧房
硝皮作
隆昌翻砂廠
美華織造廠
工房
保鑫
三友製革廠
菜園
永盛機器廠
空地
文捷運輸行
新星藥廠
經濟部中央工業試驗所第一試驗所
長
南路
寧 427
新友機工廠
中源興綢廠
成業綢廠
福德綢廠
美新綢廠
和興綢廠
同順機工廠
福田織廠
大公紡線廠
亞洲機器廠
大中華橡膠廠
鞋子間
爐子間
車間
美鉅倉庫
路
路

協新
不蛀呢絨
全國唯我獨有
每碼印有
保証永久不蛀
派力斯
啥味呢
凡立丁
直貢呢
螺絲呢
華達呢
西裝花呢
細嗶嘰
法蘭絨
女色呢
協新毛紡織染公司榮譽出品
廠址 上海 無錫

江蘇省銀行
總行：上海江西
電話一一
辦事處：上海龍潭
電話八三
第一〇六圖
蘇
州
中國紡織建設公司上海第一絹紡廠
倉庫
鴻豐麵粉廠
鴻豐倉庫
鴻豐倉庫
鴻豐倉庫
鴻豐倉庫
曹義小學
後
渡
皇
渡
皇
梵
梵
住宅
拔義公米號
三官殿
興昌翻砂廠
益豐當
市西小學
弥格小學
操場
教室
天主堂
花園
運動場
育吾中學
草地
依盧
公和官醬號
紅棧
長
長
支

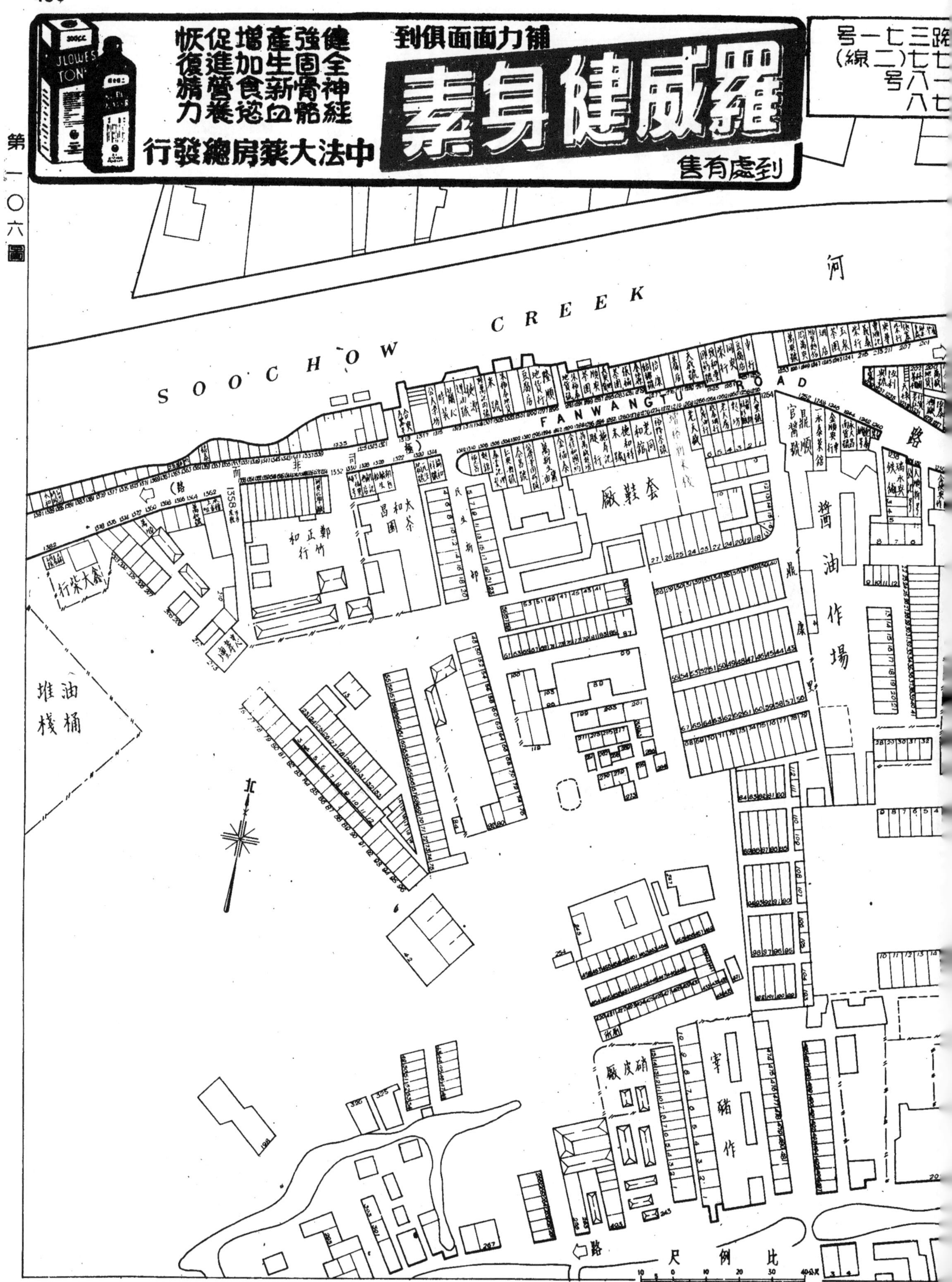

羅威健身素
補力面面俱到
健全神經
強固骨骼
產生新血
增加食慾
促進營養
恢復精力
中法大藥房總發行
到處有售
SOOCHOW CREEK
河
FANWANGTU ROAD
套鞋廠
醬油作場
鄭正和竹行
太和昌茶園
油桶堆棧
硝皮廠
北
比例尺
第一〇六圖

滬上唯一專售環球高等貨品之百貨大公司

# 惠羅公司

南京東路四川路轉角

規模宏大　聲譽洋溢　價廉物美　全球獨一

品質高超　備貨充足　搜羅齊全　應有盡有

創立以來四十餘年・歷史悠久貢獻最多・服務週到歡迎參觀

◀電話購貨一九四九四 ◉ 郵政信箱第一五二號▶

# 阜豐麵粉股份有限公司

◉ 機製麵粉麩皮 ◉

上海滇池路九十七號

電話：一二八九〇

商　美

# 行洋豐協

CHINA PAPER CO FEDRAL INC., U.S.A.

口出進營經

等刷器印張上美專
材及刷文等名營
料印机具紙種歐

室二二一樓大行銀豐滙號〇三路州福

九三五四一　七一六〇九六一：話電

---

# 天元實業股份有限公司

TIEN YUEN INDUSTRIAL CORPORATION, LTD.

12 THE BUND　　SHANGHAI, CHINA　　TELEPHONES 18515 & 13896

總管理處

上海外灘十二號

匯豐大樓三四四號

電話 ( 18515 / 13896

電報掛號 3861

註册商標

香港分公司

香港國民銀行大廈

天津分公司

天津中正路新華銀行大廈

漢口分公司

漢口四明銀行大樓

業務：棉　蘇　紡　織　染　及　麵　粉　等　工　廠

兼營：原料及各種製成品進出口貿易並經理下列各廠出品

一、美國維司可司有限公司（American Viscose Corporation,　係美國最大嫘縈製造公司）

二、美國謨愛斯坦因有限公司（ H. Muehlstein & Co., Inc.,　係美國廢橡皮製品之出口商）

三、美國發勃立塔克司有限公司（ Fabritex Corporation,　係美國棉織品羊毛嫘縈編織物出口商）

四　英國司丹姆有限公司（ Stamm & Partners,　係英國轉輪式耕耘動力抽水机及農業上應用製鉄工具之出口商）

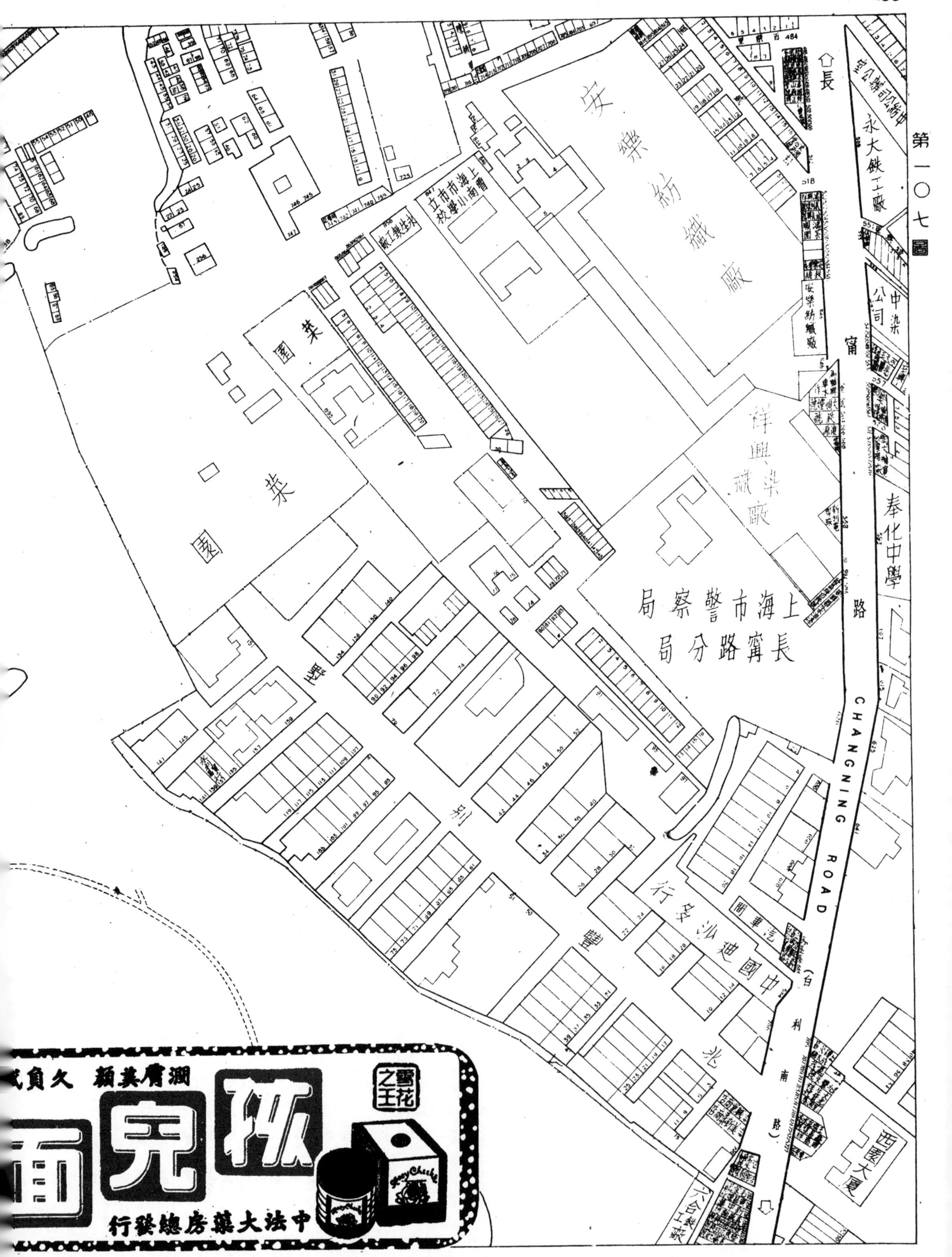
第一〇七圖
安樂紡織廠
上海市立南洋小學校
上海市警察局
長寧路分局
祥興染織廠
奉化中學
永大鐵工廠
中染公司
長寧路
CHANGNING ROAD
(白利南路)
中國建沙發行
西園大廈
雪花之王
潤膚美顏
久負盛名
中法大藥房總發行

第一〇七圖

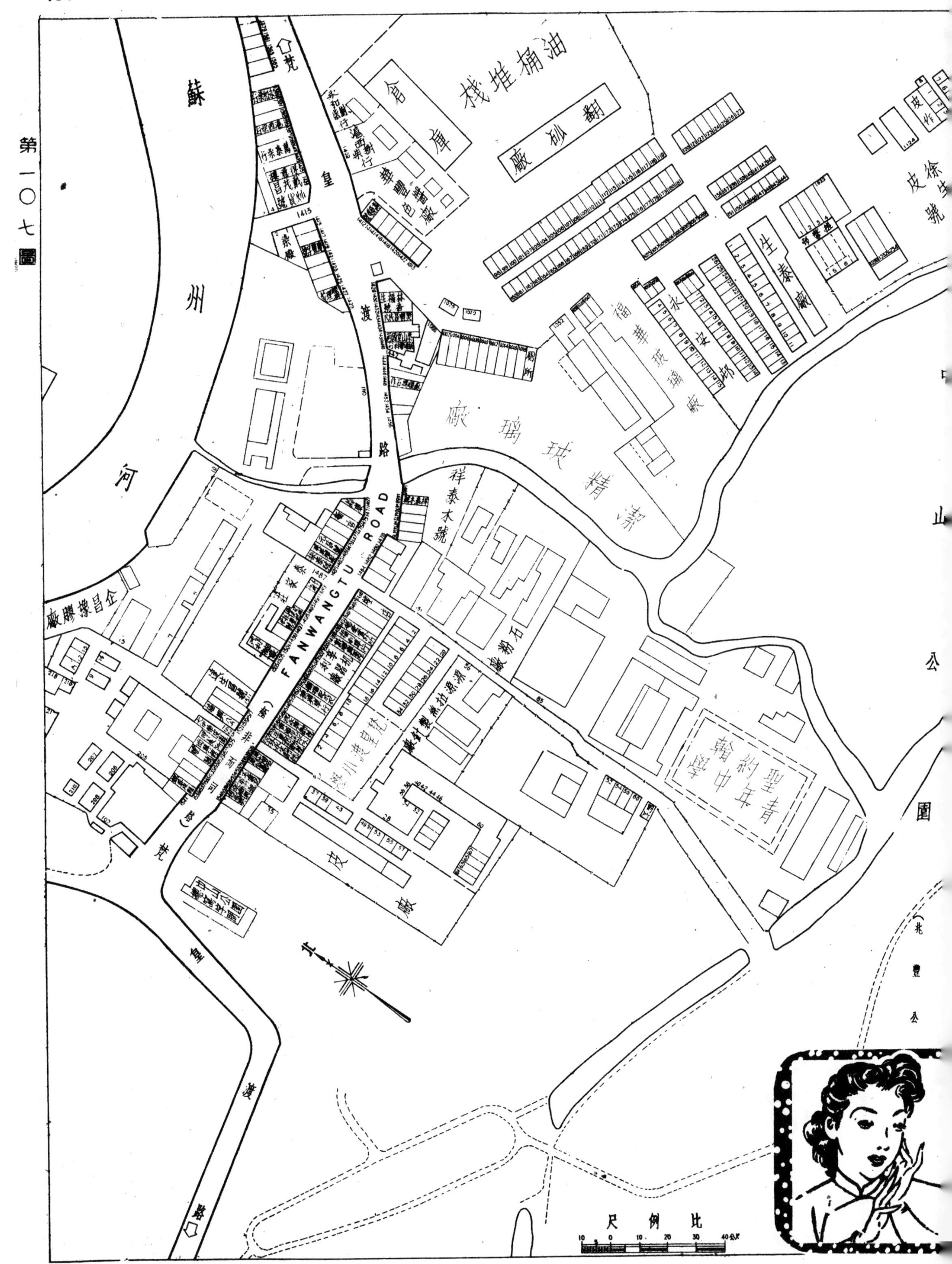
蘇州河
油桶堆栈
倉庫
紗廠
皇
渡
路
FANWANGTU ROAD
祥泰木號
生泰廠
石粉廠
皮廠
聖約翰青年中學
中山公園
比例尺
10 0 10 20 30 40公尺

# 復華大藥房

早發夕明眼葯水

消炎止痛　功効第一

早發夕安葯膏

強力殺菌　皮膚聖葯

復華大藥房

滬行：上海金陵東路東新橋寶興里十九號

八五八八五

電話八六四〇二　電報掛號三一二二

八一四三八

津行：天津一區陝西路二五八號

電話二四六九〇　電報掛號八八五八

二五六六八

平行：北平宣外校場五條甲二十四號

電話三三九六七　電報掛號二九六七

瀋行：瀋陽和平區南五馬路一四六號

---

上海

# 惠光大藥房

規模宏大　備貨充足

環球新葯

全部集中

盡量供應

比衆特廉

上海漢口路五七四號　電話九〇三一八

## 上海 福新麵粉公司

**商標**

綠兵船　綠漁翁　紅藍福壽　紅綠天竹

總公司：上海江西路四二一號

第一製造廠：上海閘北東光復路

第二四八製造廠：上海西蘇州路

第三六製造廠：上海西光復路

第五製造廠：漢口礄口宗關

第七製造廠：上海成都路

## 福黎股份有限公司

## FOH LEE COMPANY, LTD.

716 Tse Shu Building, Nanking Road　Tel 92817　Cable Address:"FOHLEECO"

南京東路慈淑大樓七一六號

**進口部** 大小五金雜貨,香港白棕繩,鋼絲繩,織針,湯姆針,電器用品,洋干漆等.

**出口部** 袜針,膠木電器用品,熱水瓶及中國土産品等.

**運輸部** 代客報關運輸,自備堆棧.

**工程部** 馬達,帮浦,引擎,各種机器,代為工廠設計.

**本公司經理：**

瑞士 Sfindex S.A.廠各種出品

香港 Hongkong Manila Rope Mfg Co.,Ltd.(Phoenex Brand)出品鳳凰牌白棕繩索等.

美國 American Pacific Industrail Corp.

第一〇八图

金城工場
萬昌成衣舖
五龍池第二浴室
983 東華坊
空地
時民鐘廠
岐山邨
宏業花園
四海電池廠
愚園路
YUYUAN ROAD
志豐棧
滬江机器廠
偉光布廠
愚園咖啡館
比例尺

第一〇八圖

武定路
中西女校
江蘇路
江海關職員宿舍
安定邨
空地
草地
充星堂
兒童教室
兒童宿舍
鉅美倉庫
球場
中紡公司宿舍
安樂紡織廠
中紡公司

飛達車行
戈登路七五至七九號
美琪大戲院對面
自運歐美名廠
機動車腳踏車
原配車料零件
專營超級國貨車輛
品質力求提高
售價絕對抑低
歡迎各界比較

第一〇九圖

大中皮廠
上海市第九區靜安國民學校
瑞士總會
SWISS CLUB
草地
老聚康官醫棧
正大鋼管廠
復泰森記木行
協源昌製革廠
精益鉄廠
大華搪瓷廠
大華染織廠
大華銅廠
葉園
生宅
倉庫
福昌號字
空地
利記染織廠
建華布廠
仲記布廠
新潭製造廠
立興翻砂廠
大元老醬園酒廠
五豐染織廠
新永K.D.A雨衣染織廠
信昌祥染織廠
五洲染織廠
拙園
木興昌行
池
MARS CHOCOLATE & CANDY FACTORY
馬爾斯糖果廠
同樂劇場
蘇
路
KIANGSU ROAD
江
新安
鄭家
東
武
正
西
路
(大西路)
中
(憶定盤路)
比例尺

第一〇九圖

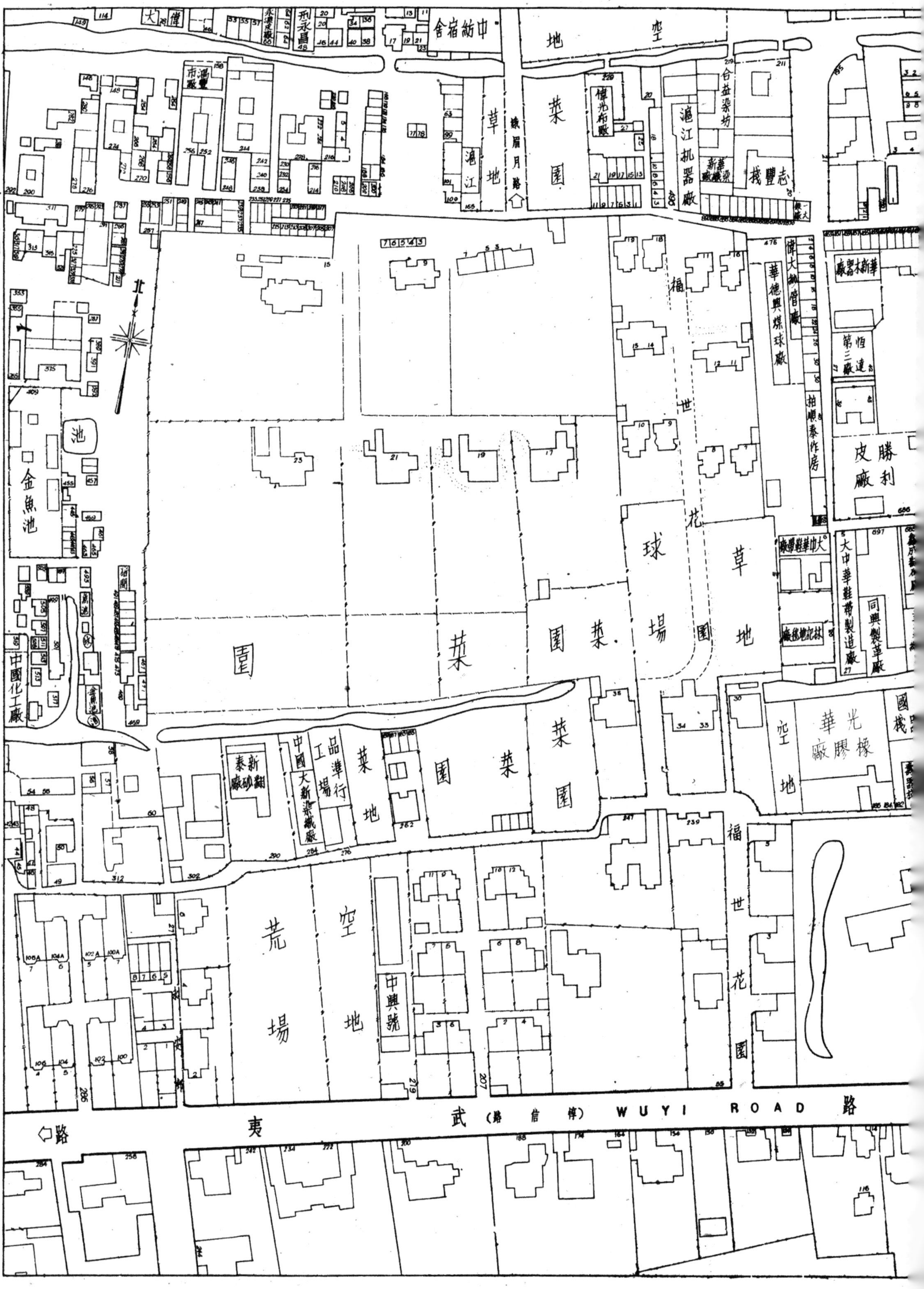

中紡宿舍
空地
菜園
偉光布廠
合益染坊
滬江机器廠
新華織染廠
志豐棧
草地
滬江
市滬豐廠
永昌
池
金魚池
中國化工廠
福世花園
華德興煤球廠
偉大鋼管廠
拍順泰作房
勝利皮廠
第三廠
大中華鞋帶廠
大中華鞋帶製造廠
同興製革廠
林記地毯廠
球場
草地
菜園
泰新翻砂廠
中國大新染織廠
品準行工場
菜地
光華橡膠廠
空地
國
荒場
空地
中興號
福世花園
武夷路(偉信路) WUYI ROAD 路
路

# 上海

負責保用　**阮耀記**　機器堅固

# 製造縫紉機器廠

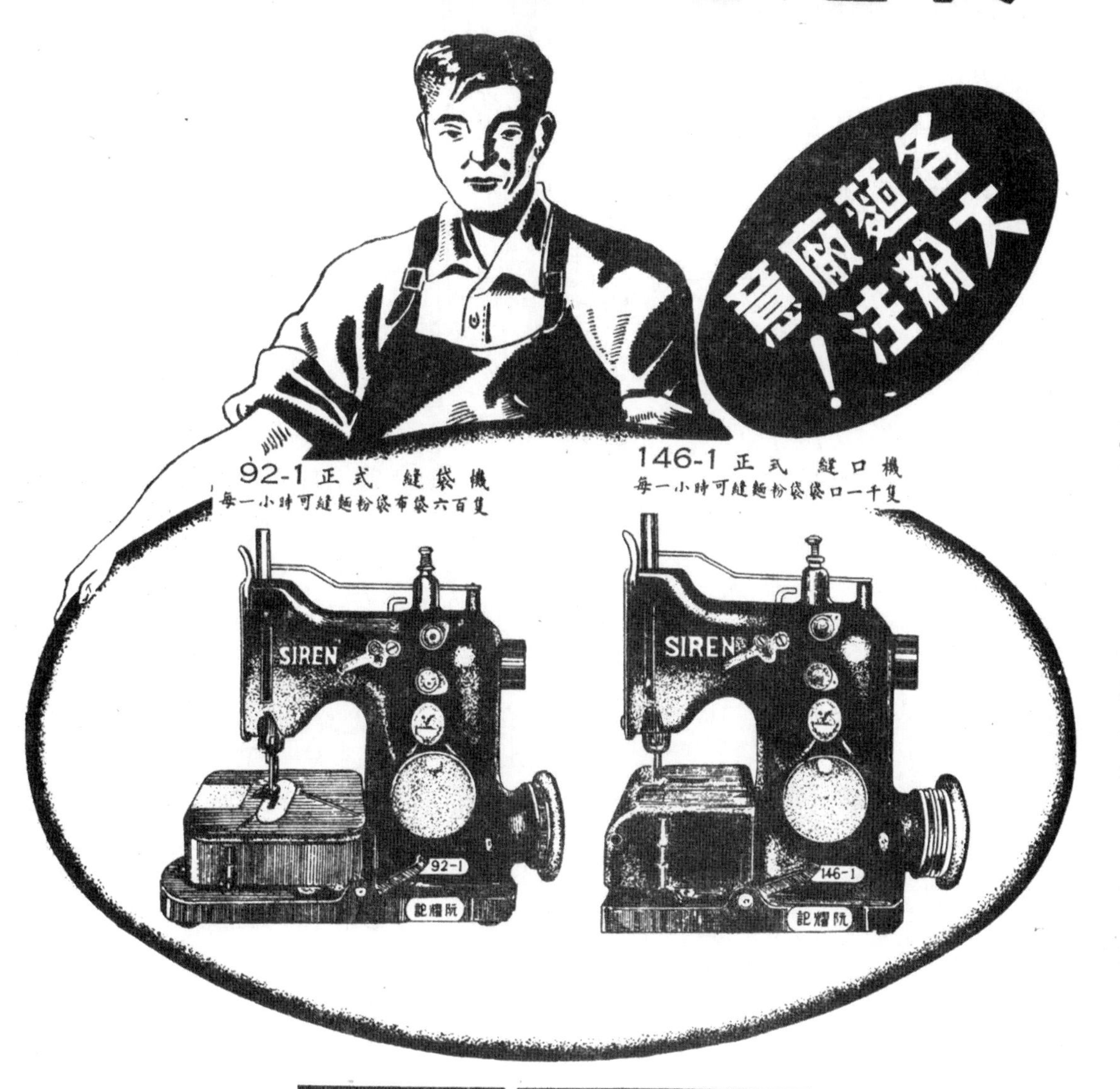


本廠出品（一四六）縫口机（九二）縫袋机行銷全國早具信譽備有現貨机器堅固保用十年

地址：鄭家木橋三〇號　電話：八二四六九

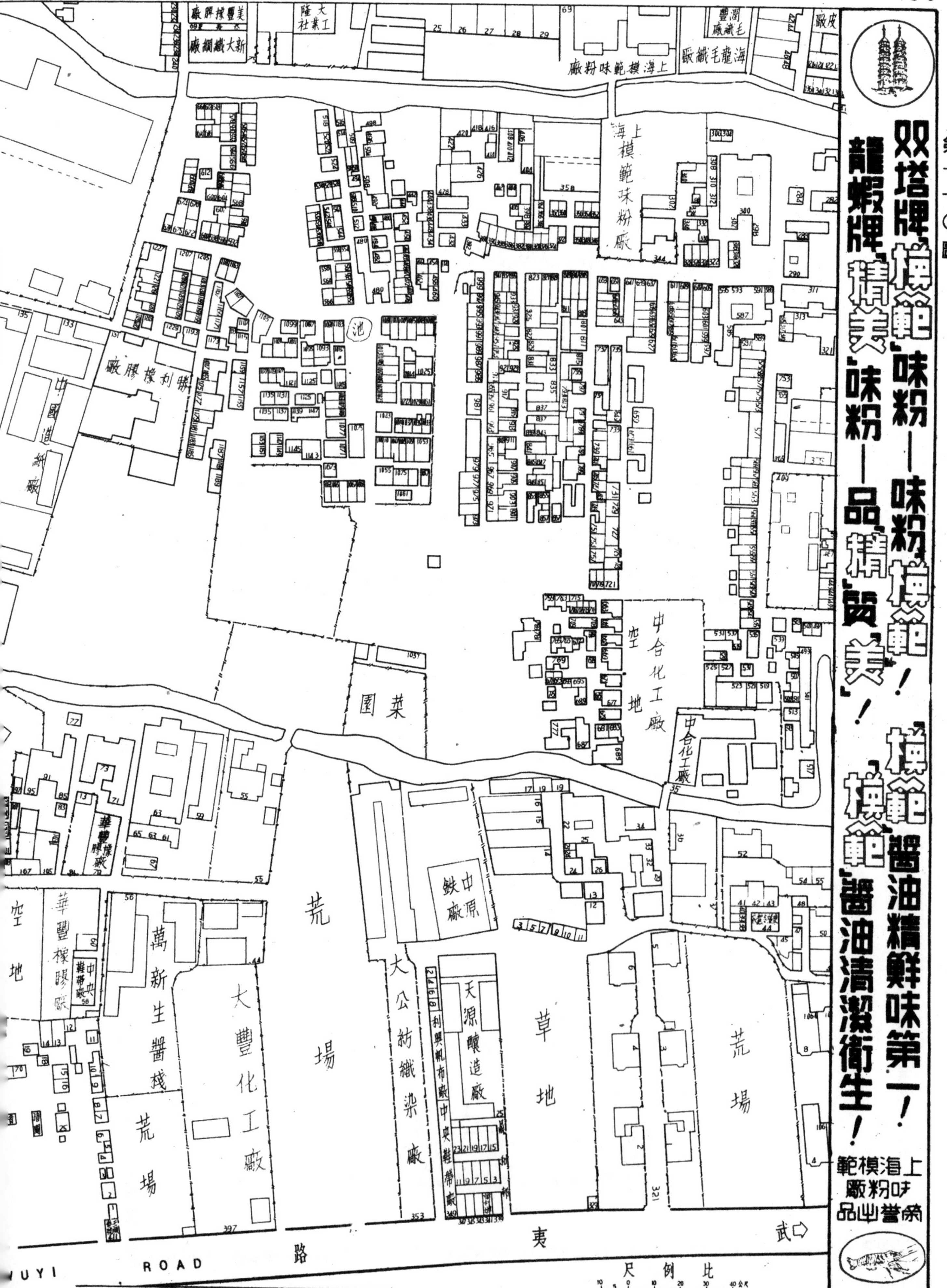
第一一〇圖
双塔牌"模範"味粉—味粉"模範"！
龍蝦牌"精美"味粉—品"精"質"美"！
"模範"醬油精鮮味第一！
"模範"醬油清潔衛生！
上海模範味粉廠
上海模範味粉廠
海龍毛織廠
豐潤毛織廠
新大織綢廠
美豐橡膠廠
大隆工業社
勝利橡膠廠
中國造紙廠
中合化工廠
空地
菜園
華豐橡膠廠
中央鞋帶廠
萬新生醬棧
大豐化工廠
荒場
大公紡織染廠
利興帆布廠
天源釀造廠
中原鐵廠
草地
武夷路
WUYI ROAD
比例尺

第一一〇圖
北
凱旋路
KAISUAN ROAD
新記煉焦廠
大興澱粉廠
利興澱粉廠
金剛橡膠廠
友寧藥廠
榮昌豐煉焦廠
池
空地
豐德染織廠
菜園
菜園
紹興釀造廠
寶山造紙廠
永樂染織廠
華興焦炭廠
上海新巧鉄廠
標準味粉廠
光新机織印染廠
大華殯儀館
大美化學廠
德一煤球廠
大中華砂廠
永生染織廠
三元化學廠
華通煙廠
紅星橡膠廠
大有餘染織廠
倉庫
牛棚
牛棚
畜植牛奶公司
長豐木行
益昌橡膠廠
萬德和陶器棧
益昌橡膠廠
富華染織廠
公利鉄廠
中國製針廠
武

# 新綏公司

廿年前　西北交通第一開闢之先鋒

抗戰期　公商運輸唯一依賴之津梁

勝利後　運輸界獨一健全之機構

## ◉營業科目◉

國內各地各種運輸　代辦關稅手續

出口進口貿易　茶葉產製運銷

## 分公司及辦事處

**國內**：重慶，廣元，西安，蘭州，

天水，寶鷄，吟窑，歸綏，

張家口，天津，徐州，漢口，

鄭州，洛陽，長沙，

**國外**：紐約，香港　**製茶廠**：安化，涇陽

上海黃浦路十七號二樓二一三一二一六號室

電話四二二五五　電報掛號四〇七三

世界書局

福州路三九〇號
電話九二二九〇

滙衆
煙草公司

中正東路六四六號
電話：九〇六一八

大新
煙草公司

北京西路一〇九四號
電話三九〇五七

大順公海味糖行

◉海味◉糖◉南北貨◉

地址新閘路三七四號　電話三三四九四

華商
輪船公司

天津路一一〇弄三號
電話九六九九二

阜豐麵粉廠

◉機製麵粉麩皮◉

莫干山路一二六號
電話：三四三九〇

福隆號

上海江西路三四〇號
電話一九三八八

華康藥房

電話購貨 95968 隨接隨送
經售中外名廠葯品 零躉批發售價特廉
地址：北海路二六九號（即六馬路中央大戲院西）

大民鹽業公司

上海中正東路中滙大樓四一七號
電話：八一七〇〇

怡康行

經營報關運輸業務
地址北京東路一二一號
電話：一六五四二　一七六五六

華大企業
股份有限公司

上海中央路二四號
電話：一八八七〇 一三二四七

華英企業公司

進出口商
香港路四十號
電話一七二三四

國英藥房

環球西葯　售價公道

上海廣西路二九號

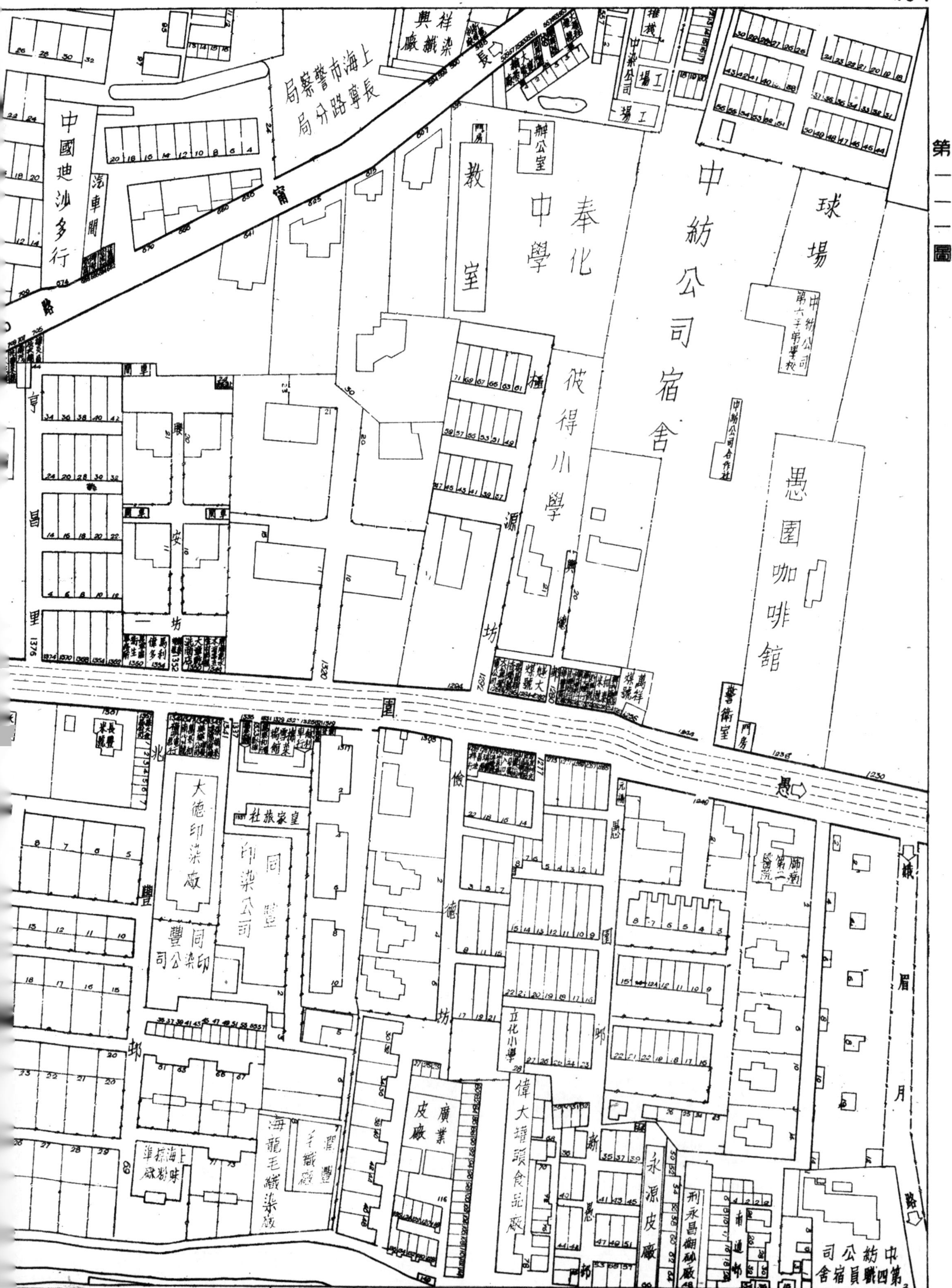
上海市警察局長寧路分局
祥興染織廠
長寧路
中國地沙多行
汽車間
中紡公司宿舍
奉化中學
教室
辦公室
球場
中紡公司第六子弟學校
中紡公司合作社
彼得小學
源坊
愚園咖啡館
警衛室
門房
亨昌里
安一坊
偉多利
愚園路
兆豐
大德印染廠
同豐印染公司
同豐印染公司
皇家旅社
儉德坊
立化小學
偉大罐頭食品廠
廣業皮廠
豐潤手織廠
海龍毛織染廠
上海標準味粉廠
永源皮廠
永昌翻砂廠
南通
愚園邨
新邨
鎮寧路
月眉路
中紡公司第四職員宿舍
萬祥煤號
大煤號

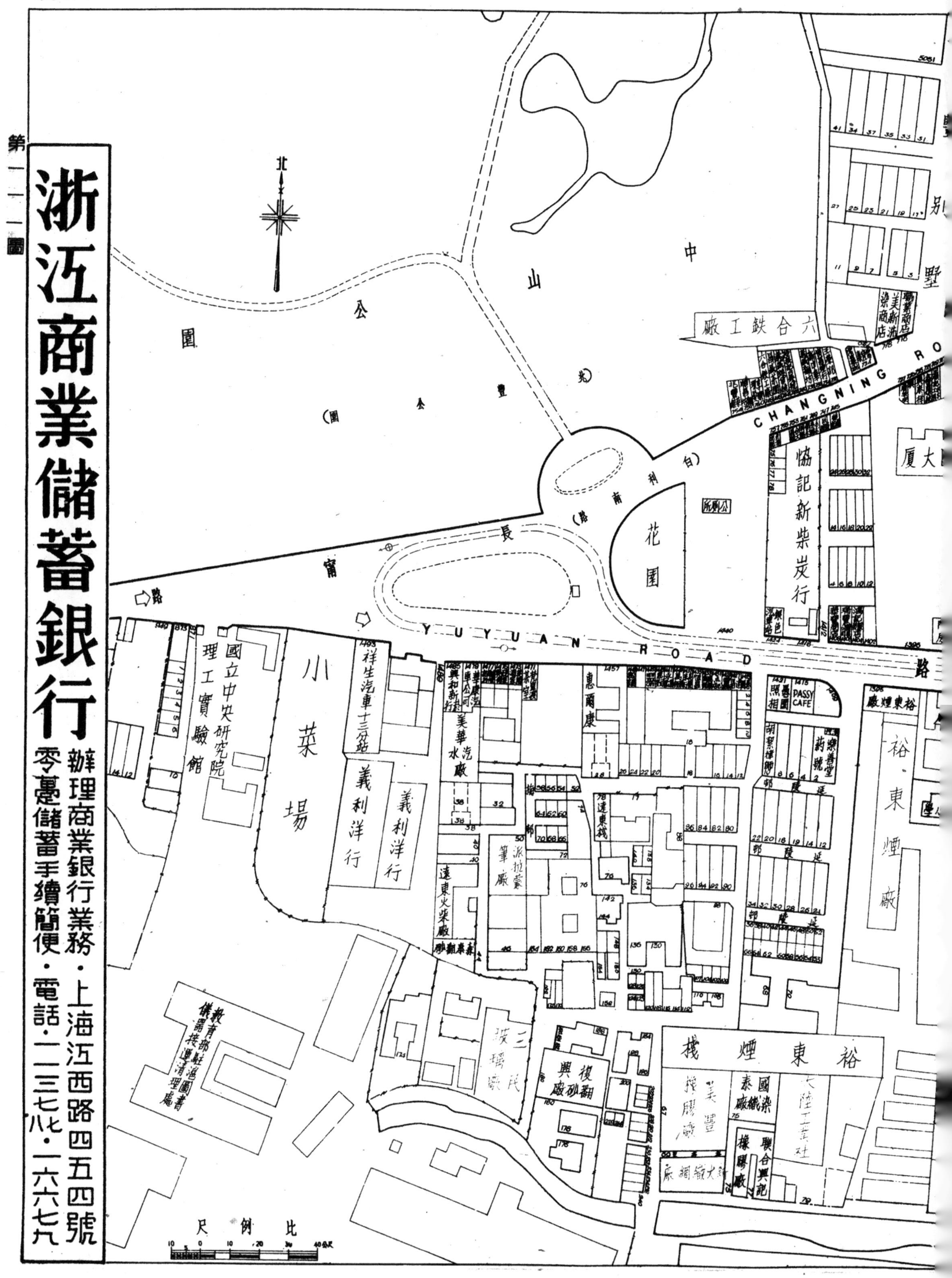
第一二一圖
浙江商業儲蓄銀行
辦理商業銀行業務・上海江西路四五四號
零星儲蓄手續簡便・電話・一二三七八七・一六六七九
北
中山公園
（兆豐公園）
長甯路
（白利南路）
CHANGNING RO
YUYUAN ROAD
路
六合鉄工廠
花園
公廁所
協記新柴炭行
大厦
國立中央研究院理工實驗館
小菜場
祥生汽車十三分站
義利洋行
美華汽水廠
惠爾康
PASSY CAFE
裕東煙廠
裕東煙廠
遠東火柴廠
派拉蒙筆廠
遠東棧
延陵邨
裕東煙棧
三民玻璃廠
復興翻砂廠
教育部駐滬圖書儀器接運清理處
國泰染織廠
美豐橡膠廠
大陸工業社
聯合興記橡膠廠
比例尺
10 5 0 10 20 30 40公尺

**朱素萼律師**
重慶南路巴黎新邨十二號
電話：八四〇四二

**施拜休律師**
南昌路一九八弄十三號
電話：八八二一四

**俞傳鼎律師**
地址：新昌路平泉別墅
電話：三三二〇〇一

**周是膺律師**
中正東路一六〇號四樓四一五號
電話：一〇一一〇

**施幼孚律師**
地址：北京西路四六五號
電話：三九九一五

**王壽安律師**
事務所：南京東路六一四號信大祥大樓三樓二〇七室
住宅：浙江南路（東新橋街）六六弄（振新北里）三號
電話：事務所：九二九一三
住宅：八四六四四

大信法律會計事務所主任
**虞舜律師 會計師**
事務所：上海河南中路四九五號二樓
電話：九二三六一 九四六七〇
九六〇三五 九八四六一

**高丹華律師**
事務所：福建中路一四〇弄十六號
九八六八〇
電話：九五一四八
九八六七九
電報掛號二七五六號

**衆惠法律事務所**
毛家駒 朱文德 張光宗 鍾覺民 陳朝俊 黃益美 律師
浦東大厦三〇二—三〇三室
電話三七二二四號

**陸惠民律師**
中正東路浦東大樓四〇一室
電話：三〇一六一

**陳震律師**
事務所：常熟路一三五號
電話：七九四〇四 七六六三六
住宅：鉅鹿路二八〇弄七號
電話 七八四九七

**民衆法律事務所**
中正東路一六〇號四一五室
電話：一〇一一〇

興業會計師事務所
主任會計師
**王思方會計師**
事務所上海北京路二八〇號五樓
電話一四八五六號
住宅電話八五九七八號

興業會計師事務所
副主任會計師
**鮑懷志會計師**
事務所上海北京路二八〇號五樓
電話一四八五六號
住宅電話三一四四七號

興業會計師事務所
**林贊民會計師**
事務所上海北京路二八〇號五樓
電話 一四八五六

民信會計事務所
**陶公文會計師**
江西中路四〇六號興業大樓四樓
電話 一九一一〇

**丁濟萬醫師**
鳳陽路六十弄三二號
電話：九〇二九一

**張柏庭醫師**
主治小兒科內科
時間：上午十一時至十二時
下午四時至六時
地址：漢口路四七〇號三二〇室
電話：九一一二五

**甯大椿醫師**
肺癆女科專家
上海西藏路永吉里四號
電話：九二九〇四

**王伯元西醫師**
提籃橋三十二號
電話五〇〇〇四

為全滬唯一最高尚之浴室

浴池寬大

房间精緻

毛巾消毒

清潔衛生

裝修全新

富麗堂皇

招待週到

訂價低廉

地址：天津路四七九號

電話：九〇七〇九

大同
上海市銀行業同業公會會員銀行
手續敏捷・服務週到
第一一二圖
長寧路
CHANGNING ROAD
中山
皮廠晒皮處
硝皮廠
皮廠
菜園
小菜場
國立中央研究院理工實驗館
美華汽水廠
義利洋行
義利洋行
祥生汽車公司分站
中國木材乾燥第一廠
中國化學廠
維揚戲院
元元橡膠廠
新記煉焦廠
益豐搪瓷廠
凱旋路
(白利南路)
花園
比例尺

第一二二圖



中山公園

公園

聖約翰大學

梵皇渡路

司非而路

蘇州河

硝皮廠

菜園

光華製革廠

動物園

北

# 臺灣銀行

本行承辦台滬匯兑手續簡便交款迅速如蒙 賜顧曷勝歡迎

總行 台北

上海分行 大名路六十五號

電報掛號 五零七一

電話 四六二九一至三轉接各部

南京辦事處 建康路二五三號

台灣分支行 基隆 台中 彰化 嘉義 台南 高雄 新竹 屏東 宜蘭 台東 澎湖 花蓮港

# 海新企業公司

## THE CHINA TRADE & INDUSTRIAL SERVICE INC.

Importers, Exporters, Architects and Engineers

Agents & Distributors for

美國 ALLIS CHGLMERS 廠出品各種，麵粉機器，馬達，方棚，發電機，帮浦，三角膠帶等等。

**麵粉機器** 自日產三百袋以上起至壹萬餘袋均有出售其零件如 **磨棍** 用特種鑄鐵製成堅靭耐用，如 **篩絹** 質地均匀

**馬達** 有交流直流各式，最著名者為三相交流鼠籠式感應馬達自 ½ 匹馬力至 200 匹馬力，構造簡單且堅固

**方棚** 有户外式户内式。單相，三相。自 1½ 千伏特安培至一萬以上千伏特安培其優點為不易發熱。

**發電機** 有交流直流各式。**引擎式交流電機** 自一百千瓦特至一萬以上千瓦特。**引擎式直流電機** 自廿五千瓦特至二千五百千瓦特。其優點為絕緣完備。

**帮浦**。離心帮浦。其中 "SSU" 式自 1¼"-1¼" 到 8"-6" 其優點為水頭高且打水量大

美國 O'DONNELL BROTHERS CO. 各種 **美棉及墨西哥棉** 等。

英國 BROOK MOTORS. 廠專出各式馬達不論單相，雙相或三相 **慢車頭**或**快車頭** 其中 **保護式 感應馬達** 自 1/3匹馬力至 200匹馬力均有出售。其優點為效率高起動電流不大故該廠所出各種馬達極為耐用

美國 LEWIS-SHEPARD 出品各種起重運轉設備。該項設備廣用於倉庫及碼頭

(一) **吊車** 自 ¼ 噸吊量至一噸半

(二) **動力運轉車** 自一噸至二噸

(三) **起重車** 自 半噸至三噸

(四) **昇重車** 自 ¼ 噸至二噸半

美國 THOMGS C WILSON INC. 廠出品各種 **清管機** 能清潔 **直管** 及 **灣管** 。其外徑自 ½" 到 4" 用壓縮空氣，水蒸汽，壓力水，直流電或交流電推動之。通常應用於輪船或動力廠中之鍋爐間及化學工業之金屬管等等。

美國 SUN CHEMICAL CORPORATION 公司 各種化學用品。計有紡織化學用品 **染料媒劑 發光漆** 等。

Head Office:
452 Kiangse Road---Tel 18090, 16509
Cable Address: "Haising" Shanghai
Branch Office:
42 Broadway, New York U.S.A.
17 Gerrard Street, London W. I.

總 公 司
上海江西中路四五二號
電話：一八〇九〇 一六五〇九
分 公 司
紐約百老滙路四十二號
倫敦喬札街十七號

# 興華工業股份有限公司

資本總額國幣叁拾億圓

自營實業：光華化學製品廠出品・液體燒碱・光華家用皂・國華纖絲廠・製造出口標準廠絲

貿易：進出口業務

總公司・地址・上海虎丘路一〇七號　電話・一九六八八八號

電報・國內・二六〇五　國外・SHINCO

台灣分公司地址　台北開封街四四七號

# 惠安實業股份有限公司

## HUEY AN INDUSTRIES CORPORATION LTD.

MANUFACTURERS,
SOLE AGENTS,
EXPORTERS & IMPORTERS.
STEAMSHIP AGENCY.

**總公司：**
上海吳淞路三三五號
電話四〇三三五號
四三八三七號

**上海分辦事處：**
上海朱葆三路二三號
電話八五〇二〇號

**分公司：**
仰光・加爾各答・
孟買・香港・
台灣・泉州・

電報掛號：
"HUIADUSCOR"
SHANGHAI

國營招商局緬甸及印度總代理

# 中法藥房股份有限公司

董事長　趙棣華
總經理　許曉初
廠　長　周夢白
副廠長　沈濟川
主任藥師　吳冠民

上海總店

**總管理處**

上海北京東路八五一號，自建鋼骨水泥大廈，電話九二三三一……三號轉社各部，電報掛號五六七三〇。

**總製造廠**

上海中正西路一七九〇號，佔地二十餘畝，設備完美，規模宏大，技術人員均為國內外著名大學畢業，經驗豐富。

**分店分廠**

本埠設有分店五處，聯號一處，國內外各大埠均設有分支店及辦事處，在重慶設有分廠一所，西南區分公司一所。

**著名出品**

賜爾福多延年益壽粉，艾羅補腦汁，艾羅療肺藥，羅威健身素，九一四藥膏，克雌伏，胃寧，果導，滅痛，蜂窠淨，肅疥，羅威水菓鹽，羅威沙而，及百吉牌各種醫用針藥化學合成製劑，雙孩兜面，雙獅牌花露水等藥品化粧品不下五百餘種。

**創設簡史**

創立於前清光緒十六年，迄今已閱五十餘載；歷史悠久，信用卓著，居全國新藥業之領導地位。

**聯繫事業**

中法化學製藥廠，中華製藥公司，中法油脂製造廠，中法血清菌苗廠，及中法化工實驗所、中法生物研究所等。

上海總廠

## 福利營業股份有限公司

營業種類：

棉織廠——各種布疋毛巾

汽水廠——出品汽水鮮橘水

出版部——編印實用圖書

測繪部——測繪輿地圖形

代理部——代辦商業事務

廣告部——辦理廣告事務

運輸部——辦理運輸業務

營業特色

（一）服務週到

（二）取費低廉

---

中華民國三十六年十月 再版

**上海市行號路圖錄 上册**

布面精裝一册定價 國幣伍拾萬元

（外埠酌加運費匯費）

監製人 張震西

發行人 葛福田

測繪 鮑士英 顧懷賓

編輯 鮑士英

總發行所 **福利營業股份有限公司**
地址 上海武昌路三二二號
電話 四一三八九號

印刷者 **百宋鑄字印刷局**
地址 上海浙江路六八九號
電話 九二九八八號

**圖書在版編目（CIP）數據**

中國近代建築史料匯編. 第三輯, 上海市行號路圖録: 全四册/中國近代建築史料匯編編委會編. -- 上海 : 同濟大學出版社, 2019.10

ISBN 978-7-5608-7166-0

Ⅰ. ①中… Ⅱ. ①中… Ⅲ. ①建築史－史料－匯編－中國－近代 Ⅳ. ①TU-092.5

中國版本圖書館CIP數據核字(2019)第224092號

**中國近代建築史料匯編（第三輯）**

**——上海市行號路圖録（第三册）**

中國近代建築史料匯編編委會 編

責任編輯 姚建中 高曉輝
裝幀設計 陳益平
責任校對 李 傑
出版發行 同濟大學出版社 www.tongjipress.com.cn
地　　址 上海市四平路1239號 郵編：200092 電話：（021-65985622）
經　　銷 全國各地新華書店、建築書店、網絡書店
印　　刷 上海安楓印務有限公司
開　　本 889mm×1194mm 1/16
印　　張 140.25
字　　數 4488 000
版　　次 2019年10月 第1版 2019年10月 第1次印刷
書　　號 ISBN 978-7-5608-7166-0
定　　價 6800.00元（全四冊）